机电一体化图表手册

[德]海因里希·达尔霍夫等——著

杨祖群——译

[中文版第二版]

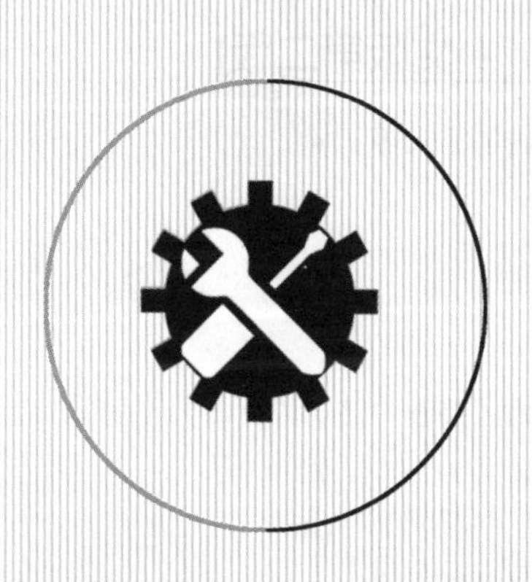

·第 10 版·

CNS | 湖南科学技术出版社

图书在版编目（CIP）数据

机电一体化图表手册[中文版第二版]/[德]海因里希·达尔霍夫等著；杨祖群译. —长沙：湖南科学技术出版社，2020.9（2024.10 重印）
ISBN 978-7-5710-0568-9

Ⅰ. ①机… Ⅱ. ①海… ②杨… Ⅲ. ①机电一体化—图集 Ⅳ. ①TH-39

中国版本图书馆 CIP 数据核字(2020)第 069410 号

Original Title: Tabellenbuch Mechatronik

JIDIAN YITIHUA TUBIAO SHOUCE [ZHONGWENBAN DIERBAN]

机电一体化图表手册 [中文版第二版]

著　　者：[德]海因里希·达尔霍夫等
译　　者：杨祖群
出 版 人：潘晓山
责任编辑：杨　林
出版发行：湖南科学技术出版社
社　　址：湖南省长沙市开福区芙蓉中路一段 416 号泊富国际金融中心 40 楼
　　　　　http://www.hnstp.com
邮购联系：本社直销科 0731-84375808
印　　刷：长沙艺铖印刷包装有限公司
　　　　　（印装质量问题请直接与本厂联系）
厂　　址：湖南省长沙市宁乡高新区金洲南路 350 号亮之星工业园
邮　　编：410604
版　　次：2020 年 9 月第 1 版
印　　次：2024 年 10 月第 4 次印刷
开　　本：710mm×970mm　1/16
印　　张：38
字　　数：988 千字
书　　号：ISBN 978-7-5710-0568-9
定　　价：148.00 元

欧罗巴教材出版社　　机电一体化专业书籍

机电一体化图表手册

［中文版第二版］

表格—公式—标准

第 10 版，完整改编和扩编版

由专业院校的教师和生产企业的工程师编制
翻译：杨祖群

欧罗巴教材出版社，诺尔尼，富尔玛股份有限公司及合资公司
杜塞尔博格大街 23 号， 42781 哈恩 – 格鲁腾市

欧洲书号：45011

机电一体化作者名单：

作者	地区
海因里希·达尔霍夫（Heinrich Dahlhoff）硕士物理学家	Meppen
哈特穆特·弗利彻（Hartmut Fritsche ）工程硕士	Massen
格里格·海布勒（Gregor Häberle）工程硕士，科长	Tettnang
海茵茨·海布勒（Heinz Häberle）硕士教师	Kressbronn
罗兰·基尔古斯（Roland Kilgus）硕士教师，高级中学校长	Neckartenzlingen
鲁道夫·克拉尔（Rudolf Krall）工程教育硕士，职业学校高级教师	Gartenau–St.Leonhard
维尔纳·鲁勒（Werner Röhrer ）工程硕士，硕士教师	Balingen
本特·诗曼（Bernd Schiemann ）工程硕士，专业职校校长	Durbach
迪特·施密特（Dietmar Schmid ）工程硕士，专业职校校长	Biberach a.d.Riß
西格弗里德·施密特（Siegfried Schmitt ）技术员，高级技术教师	Bad Bergzabern
马蒂亚斯·舒特海斯（Mathias Schultheiß ）工程硕士，职教委员会成员	Biberach a.d.Riß
托马斯·乌利安（Thomas Urian ）电气工长	Vilshofen

图像处理：欧罗巴教材出版社图像办公室，奥斯特费尔德（Ostfiildern）

工作团队队长：格里格·海布勒，泰棠（Tettnang）

本书所采用的标准均为最新版本，均可在 VDE（德国电气工程师协会）有限责任出版公司（柏林，俾斯麦大街 33 号，邮编 10625）和博伊特（Beuth）有限责任出版公司（柏林，布格拉芬大街 6 号，邮编 10787）购得。

第 10 版，2019 年出版
第 5 次印刷
本版次的各次印刷均可平行使用，因为纠正印刷错误前未做改动。

ISBN 978-3-8085-4528-7

http: //www.europa-lehrmittel.de
文本：rkt, 42799 蕾西灵根（Leichlingen），www.rktypo.com
封面：braunwerbeagentur，42477 拉德符瓦尔特（Radevormwald）
封面照片：西门子新闻图片
印刷：mediaprint solutions 股份有限公司，33100 帕德伯恩市

第 10 版前言

工业	4.0
数字化	

本书专为机电一体化技术人员实作型职业教育设计编撰。机电一体化集电气技术，金属加工制造技术和信息技术为一体，其关键技术的作用日渐上升，已成为满足工业 4.0 以及数字化发展要求的支柱。

- **M 部分：工程物理**

新增公式符号，用于例如回转型电动机器，L 型和 C 型基本电路的综合计算，电抗电路的电压计算，导线计算过程等。

- **K 部分：技术通信**

新增例如气动基本管路，气动和液压管路图线路符号，形位公差等。

- **WF 部分：化学，材料，加工**

更新内容，例如车刀，量规，辐射光学，通讯电缆敷设隔离等级，安装和拆卸。

- **BM 部分：元器件，检测，控制，调节**

新增例如传感器和执行元件的联网，智能电网的电力监视，位移检测，角度检测，调节器选择，LED 变光技术。

更新内容，例如接近开关，模拟调节器，电气调节器，可编程序控制器（PLC）的控制电路，可编程序控制器（PLC）的数据库式编程。

- **A 部分：电气设备及其驱动，机电一体化系统**

新增例如电力工程变压器，电网频率的调节，鼠笼转子电动机的驱动数据，90℃时导线的电流负荷能力，电控柜的制造与安装，安全防护功能，软启动器，机床电气装置的检验。

- **D 部分：数字技术，信息技术**

新增内容例如视窗键盘缩写符号，蓝牙技术的应用，WLAN 的分区，物联网，远程维护，车间内无线电传输故障，限位开关。

更新内容，总线系统的安全性，计算机数控机床（CNC）的程序结构。

- **V 部分：连接技术，环境工程**

新增内容例如木螺钉，更新内容如危险材料，危险警示。

- **企业及其环境**

新增工作前准备事项，劳动法的概念，企业安全条例，PLM，PPS，MES 和 VDE 标准。

扩展内容如重要标准表，并标出其在本书采用章节的页数。

已更新的标准亦为本书所采用，例如 DIN VDE 0298-4 的导线电流负荷能力。普遍应予以注意的是，允许标准以不同形式发行，例如 DIN EN 61082（电气技术文献，调节技术）中有或无“点”或导体的电流方向指示标记等。所有在实际应用中出现的公式，本书均予以采纳。

补充教学法内容，通过关键词的表述，可对教学内容进行检查。

作者和出版社衷心感谢大量的用户意见，它们使本书得到进一步的改进。对于本书未来结构的建议，在此一并表示诚挚谢意。

作者工作团队

2018/2019 冬季

目　录

A 部分：电气设备及其驱动，机电一体化系统 ··· 283

D 部分：数字技术，信息技术 ······ 395

M 部分：数学，工程物理

数学

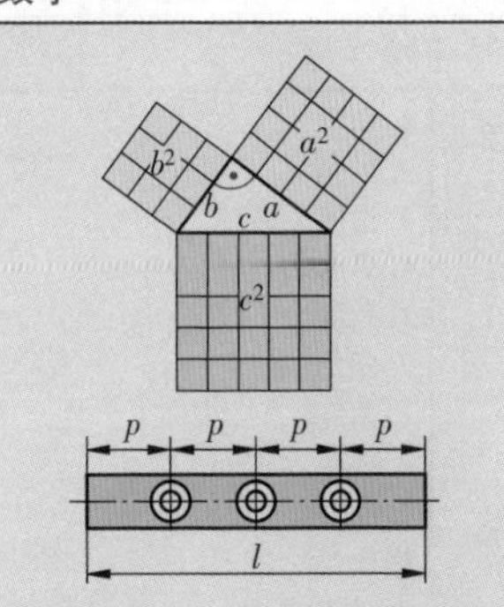

工程物理

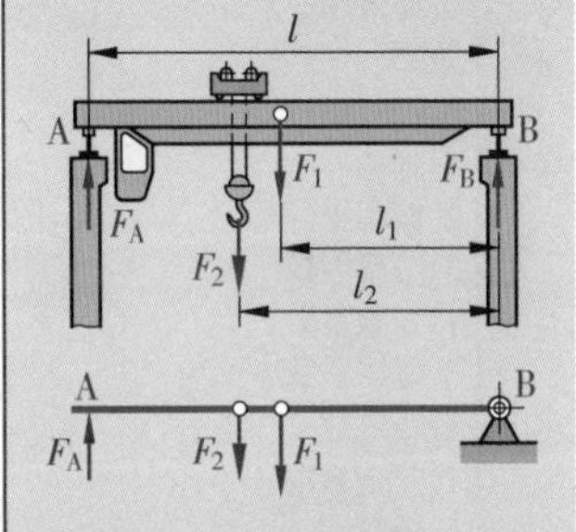

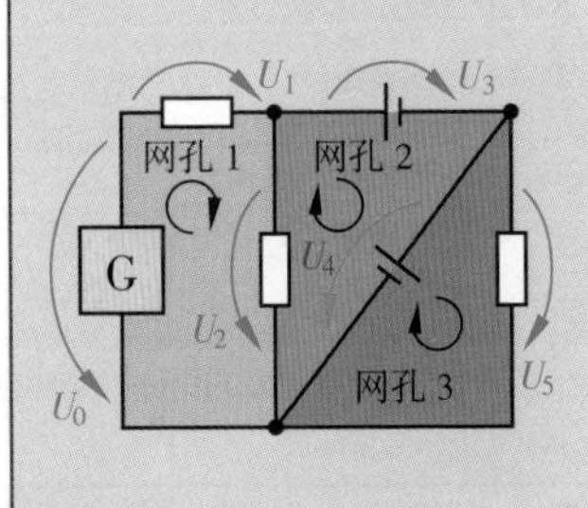

本书采用的公式符号

小写字母

符号	含义
a	1. 加速度 2. 热导率
b	宽度
c	1. 比热 2. 齿轮啮合顶隙 3. 轴的膨胀速度 4. 切削速度
d	1. 直径 2. 间距
e	1. 元电荷 2. 调差
f	1. 频率　2. 进给量 3. 挠曲 4. 滚动摩擦系数 5. 系数　6. 焦距
g	1. 自由落体加速度 2. 接触度　3. 数量 4. 位置系数
h	1. 高度　2. 深度 3. 厚度 4. 相对频度
i	1. 与时间相关的电流强度 2. 传动比
j	脉冲
k	1. 常数　2. 系数
l	1. 长度　2. 间距
m	1. 质量　2. 模量 3. 常数　4. 总数
n	1. 转速，转动频率 2. 整数 1，2，3… 3. 折射率
p	1. 极对数　2. 压力 3. 压强
q	熔化潜热
r	1. 直径　2. 率 3. 差动电阻
s	1. 距离，厚度 2. 行程 3. 标准偏差
t	时间，时长
u	与时间相关的电压
$\ddot{u}$	传动比
v	速度
w	1. 能量密度 2. 给定参数
x	调节量
y	设定量
z	整数，例如齿数，层数

大写字母

符号	含义
A	1. 面积，横截面 2. 断裂延伸率 3. 衰耗常数
B	1. 磁通量　2. 电纳 3. 数基
C	1. 电容　2. 热容量
D	1. 电流密度 2. 阻尼系数 3. 直径
E	1. 电场强度 2. 弹性模量
F	1. 力　2. 系数 3. 故障
G	1. 电导，有效电导 2. 放大因数 3. 最大尺寸，最小尺寸
H	1. 磁场强度　2. 热值
I	1. 电流强度　2. 面积矩
J	1. 电流密度　2. 惯性矩
K	系数
L	1. 电感　2. 电平
M	1. 转矩，参见 T 2. 存储器容量
N	1. 整数　2. 线圈匝数 3. 标称尺寸
P	1. 功率，有效功率 2. 间隙，过盈尺寸 3. 螺距　4. 概率
Q	1. 电荷　2. 热 3. 无功功率　4. 燃烧热 5. 体积流量
R	1. 有效电阻 2. 弹力常数　3. 强度
S	1. 视在功率 2. 转差率（绝对） 3. 信号　4. 横截面
T	1. 周期时长 2. 温度，单位:K 3. 公差 4. 转矩（参见 12 页） 5. 传输系数
U	电压
V	1. 体积　2. 放大因数
W	1. 功　2. 能 3. 抗扭截面模量
X	电抗
Y	视在导纳
Z	阻抗

小写希腊字母

符号	含义
α	1. 角度 2. 后角 3. 温度系数 4. 点火角
β	1. 角度 2. 楔角
γ	1. 角度 2. 前角 3. 电导率
δ	损耗角
ε_0	电场常数
ε	1. 介电常数 2. 膨胀率
ζ	工作效率，利用率
η	效率
ϑ	温度，单位:℃
λ	1. 轴长 2. 倾角 3. 功率因数
μ	1. 导磁系数 2. 摩擦系数
μ_0	磁场常数
ν	1. 安全系数 2. 序数词
π	圆周率 3.1415…
ρ	1. 电阻系数 2. 密度
σ	1. 漏电系数 2. 机械应力
τ	1. 时间常数 2. 机械应力
φ	角度，特指相位差
ω	1. 角速度 2. 角频率

大写希腊字母

符号	含义
Δ	差
Θ	电磁势
Σ	总数
Φ	1. 磁通量 2. 光通量 3. 热通量
Ψ	1. 电通量 2. 横刃角
Ω	立体角

在公式符号字母前加挂一个索引或多个索引或其他符号，即可构成专用的公式符号。

本书公式符号的索引和符号

数字，符号

索引，符号	含义
0	1. 空转 2. 真空状态 3. 基数
1	1. 输入端 2. 顺序
2	1. 输出端 2. 顺序
3，4…	顺序
ˆ，例如 $\hat{u}$	最大值，最高值
ˬ，例如 u̬	最低值，最小值
ˆˬ，例如 û̬	1. 峰值－谷值 2. 振荡范围
′ 例如 u'	1. 与……相关 2. 提示 3. 导数
△	三角形接线法
Y	星形接线法

小写字母

索引，符号	含义
a	1. 关断 2. 输出端 3. 外部 4. 推导的 5. 电枢
ab，out，2	已给出
auf，in，1	已接收
b	1. 运行 2. Bit- 3. 无功值 4. 弯曲的
c	1. 极限（cut-off） 2. 形式（crest） 3. 切削的
d	1. 涉及直流电 2. 持续的 3. 数字的 4. 减震
e	1. 输入端 2. 接收端 3. 超过
eff	有效值
f	1. 频率 2. 根部的 3. 进给量
ges	总的
h	高，上部
i	1. 内部 2. 感应的 3. 电流的 4. 理想的 5. 实际的 6. 脉冲
j	阻挡层（结面）
k	1. 短接的 2. 动力学的 3. 弯曲的
l	左边
m	1. 磁性的 2. 检测装置 3. 已测的
max	最大，最高
mec	机械的
min	最小，最少
n	标称的
o	1. 振荡 2. 上部
p	1. 平行 2. 间歇 3. 脉冲 4. 电位 5. 压力 6. 过程
r	1. 系列的 2. 测量 3. 上升的 4. 谐振 5. 右边 6. 结果
s	1. 筛选的 2. 信号的 3. 串联，系列 4. 位移方向 5. 冲击的 6. 设定的 7. 在……之上的
sch	步骤
t	1. 深，下部 2. 扭矩
th	1. 热学的，热的 2. 理论的
tot	全部的，总的
u	1. 电压 2. 下部 3. 环境
v	1. 前面的 2. 损耗 3. 对比
w	1. 有效－，有效的 2. 给定参数 3. 轴的
x	1. 未知参数 2. x 方向
y	1. 调节量 2. y 方向
z	1.……之间的 2. 向心的 3. 齿
zu，in，1	供给的
zul	允许的

大写字母

索引，符号	含义
A	1. 电流计 2. 调谐的 3. 阳极 4. 紧固，启动 5. 设备接地线 6. 扫描的
B	1. 基础 2. 运行接地线（电网） 3. 强度 4. 孔
C	1. 集电极 2. 电容的 3. 脉冲；行程 4. 矫顽磁的
D	1. 排水管 2. 数据
E	1. 发射极 2. 放电 3. 地；接地
F	1. 向前 2. 面积 3. 故障
C	1. 门 2. 重量 3. 平波；平整
H	1. 滞后 2. 霍尔－ 3. 最高的
K	1. 阴极 2. 耦合 3. 冷却体 4. 最大的 5. 槽，距离
L	1. 电感 2. 负荷 3. 左边 4. 装载 5. 最大允许接触电压 6. 洛伦茨－
M	正反馈
N	1. 检测的 2. 有效的 3. 正态的
Q	横向的
R	1. 回程 2. 有效电阻 3. 右边 4. 调节的 5. 红色 6. 摩擦
S	1. 源 2. 磨削 3. 鞍点 4. 开关 5. 闸 6. 区域
T	1. 变压器的 2. 支架 3. 磁道，轨迹
U	环境
Ü	过盈尺寸
V	1. 电压表 2. 放大的 3. 视频的 4. 垂直的
W	轴
X	X 方向
Y	1. Y 输入端 2. 亮度
Z	1. 齐纳－ 2. 行 3. 允许的 4. 点火－

希腊小写字母

索引，符号	含义
α	α 角方向
σ	扩散，偏差
φ	与相位移相关的

索引可以组合，例如 U_{CB} 指集电极发射极电压。如果不必担心产生误解，多个字母组合而成的索引可以缩写至起始字母。材料符号可以用于材料标记，例如 P_{vCu} 指铜线损耗功率。

回转型电动机器的公式符号

参照 DIN EN 60027-2

量	公式符号	国际通用符号		单位，单位符号
		优选符号	避用符号	
功率及其所使用的量				
额定功率	P_N	P_{rat}	P_N	瓦特，W
额定视在功率	S_N	S_{rat}	S_N	电压电流 VA
标称功率	P_n	P_n 或 P_{nom}	取消	瓦特，W
输入功率	P_1 或 P_a	P_{in}		
输出功率	P_2 或 P_a	P_{out}		
机械功率	P	P_{mec}		
损耗功率	P_v	P_t		
功率因数，见下表	$\cos\varphi$	λ		1（没有单位）
有效因数，见下表	—	$\cos\varphi$		
转矩，力矩				
转矩，力矩	M	T（转矩）	M	牛顿米，Nm
标称转矩	Mn	取消	取消	
额定转矩	M_N	T_{rat}	M_{rat} 或 M_r	
最大转矩	M_K	T_b	M_b	
停机转矩	M_H	T_H	M_H	
鞍点转矩	M_S	T_U	M_U	
启动转矩	M_A	T_I	M_I	
电流强度及其所使用的量				
额定电流	I_N	I_{rat}	I_N	安培，A
标称电流	I_n	I_n 或 I_{nom}	—	
持续断路电流	I_{kd}	I_k	I_{SC}	
短路冲击电流	I_s	I_k	I_s	
短路冲击电流交流成分	i_s	I_{k0}	I_{SC0}	
瞬态电流（短时电流）	i	I_k'	I_{SC}'	
冲击电流（极短时电流）	is	I_k''	I_{SC}''	
电流负荷	I'	A	取消	安培每米，A/m
电压及其所使用的量				
额定电压	U_N	Urat	U_N	伏，Volt
标称电压	U_n	取消	取消	
感应电压	U_i	U_g		
空载电压	U_0	U_0		

功率因数 = 有功功率 P 与视在功率 S（含谐波）的比例
有效因数 = P 与（基波）S（不含谐波）的比例

量与单位 1

量，符号	SI 单位（其他单位）	单位符号 单位公式
长度，面积，体积，角		
长度 l	米	m
	（海里）	1 sm = 1852 m
	（英里）	1 m = 1609.34
	（英尺，英寸）	1" = 25.4mm
面积 A	平方米	m^2
体积 V	立方米	m^3 = 1000 L
	（升）	1L = 1 dm^3
角（平面）	弧度，RAD	rad
	（度，DEG）	$1° = \frac{\pi}{180}$ rad
立体角 Ω	立体角单位	
	（Sterandiant）	sr
时间，频率，速度，加速度		
时间 t	秒	s
	（分）	1 min = 60 s
	（小时）	1 h = 60 min = 3600 s
	（天）	1 d = 24 h
频率 f	赫兹	1Hz = 1/s
转速，	每小时	1/s = 60/min
转动频率 n	（每分钟）	(1/min)
角频率 ω	每秒	1/s
速度 v	米每秒	m/s
		$1\ km/h = \frac{1}{3.6}\ m/s$
	节	1 kn = 1 sm/h =1.852 km/h
角速度 ω	弧度每秒	rad/s
加速度 a	—	m/s^2
脉冲 j	—	m/s^3
机械		
质量 m	千克	kg
	（克拉）	1 ct = 0.2 g
	（吨）	1t = 1000 kg
	（盎司）	1 oz = 28.35 g
密度 ρ	—	kg/m^3，kg/dm^3
抗扭截面模量 W	—	m^3，cm^3
转动惯量 J	—	$kg \cdot m^2$
力 F	牛顿	$1\ N = 1\ kg \cdot m/s^2$
力矩，转矩 M	—	Nm
脉冲 p	牛顿秒	$1\ Ns = 1\ kg \cdot m/s$
压力 p	帕斯卡（Pascal）	1 Pa
	巴（bar）	1 bar = 0.1 MPa = 10 N/cm^2
压强 p	—	N/cm^2
强度 R_p，R_e	—	N/cm^2
弹性模量 E	—	N/cm^2
功 W	焦耳（Joule）	1 J = 1 Nm = 1 Ws
能 E，W	（电子伏特）	1 eV = 0.1602 aJ
功率 P	瓦特	1 W = 1 J/s = 1 Nm/s = 1 VA

量，符号	SI 单位（其他单位）	单位符号 单位公式
电学		
电荷 Q	库仑	$1\ C = 1\ A \cdot 1\ s = 1\ As$
电通量 Ψ		
表面电荷密度 σ，	库仑每平方米	C/m^2
电通量密度 D		
空间电荷密度 ρ	库仑每立方米	C/m^3
电压 U，电位 φ，V	伏特	1 V = 1 J/C
电场强度 E	伏特每米	1 V/m =1 N/C
电容 C	法拉（farad）	1 F = 1 As/N = 1 C/V
电流负荷 A	安培每米	A/m
介电常数，介质常数 ε	法拉每米	1 F/m = 1 C/(Vm)
电流强度 I	安培	1 A = 1 C/s
电流密度 J	—	A/m^2
电阻，有效电阻 R，	欧姆	1Ω = 1 V/A
电抗 X，阻抗 T	西门子	$1\ S = \frac{1}{1\ \Omega}$
有效电导 G，		
电纳 B，		
视在导纳 Y	欧姆米	1 Ωm = 100 Ωm
电阻率 ρ		$1\ \Omega mm^2/m = 1 \mu\Omega m$
	S/m	$1\ Sm/mm^2 = 1\ MS/m$
电导率 γ		
	瓦特	$1\ W = 1\ V \cdot 1\ A$
功率 P	乏（Var 无功伏安）	$1\ var = 1\ V \cdot 1\ A$
无功功率 Q		$1\ VA = 1\ V \cdot 1\ A$
视在功率 S	VA	1 H = 1 Vs/A
电感 L	亨利（Henry）	1 J = 1 Ws
功 W，能 E	焦耳	1 Wh = 3.6kNm
	（瓦特小时）	
	（电子伏特）	
磁学		
磁化力 Θ，	安培	A
磁势 U_m		
磁场强度 H	安培每米	A/m
磁化		
磁通量 Φ	韦伯（Weber）	$1\ Wb = 1T \cdot 1\ m^2$
磁通量密度 B	特斯拉（Tesla）	$1\ T = 1\ Wb/m^2 = 1\ Vs/m^2$
磁极化强度 J		
电感 L	亨利（Henry）	1 H = 1 Vs/A = Ωs
导磁率 μ	亨利每米	1 H/m = 1 Vs(Am)
磁阻 R_m	—	1 H
磁导 G_m	亨利	H
电磁矩 m	—	$A \cdot m^2$

量与单位 2

量，符号	SI 单位（其他单位）	单位符号 单位公式
电磁辐射（光除外）		
辐射能 Q_e	焦耳	1 J = 1 Nm = 1 Ws
辐射功率 Φ_e	瓦特	1 W = 1 J/s
辐射强度 I	瓦特 / 立体角单位（Steradiant）	1 W/sr
辐射密度 L	—	W/（sr · m^2）
照射密度 E	—	W/m^2
光，光学		
光强 I_v	烛光（Candela）	cd
光密度 L_v	烛光每平米	cd/m^2
光通量 Φ_v	流明（Lumen）	lm
光效率 η_v	流明每瓦特	lm/W
光照强度 E_v	勒克斯（Lux）	1 lx = 1 lm/m^2
透镜折射值 D	— （屈光度）	1/m 1 dpt = 1 m/s
热		
摄氏温度 θ	摄氏度	℃
热动力学温度 T	开尔文（Kelvin）	K
温差 ΔT	开尔文	K
热能 Q，内能 U	焦耳	1 J = 1 Ws
热通量 Φ，Q	瓦特	1 W = 1 J/s
热阻（标准元件）R_{th}	开尔文每瓦特	Nm
热导率 λ	—	W/（K · m）
热传导系数 h	—	W/（K · m^2）
热容量 C，熵 S	焦耳每开尔文	J/K
比热 c	—	J/（kg · K）
化学，分子物理学		
物质的量 n	克分子（Mol）	mol
物质量浓度 c	—	mol/m^3
物质量相关的体积（克分子体积）V_m	—	m^3/mol
克分子浓度 b	—	mol/kg
克分子质量 M	—	kg/mol
克分子热容量 c_p，c_v	—	J/（mol · K）
扩散系数 D	—	m^2/s

w 量，符号	SI 单位（其他单位）	单位符号 单位公式
核反应，离子射线		
放射性物质的活性 A	贝克勒尔（Becquerel）	1 Bq = 1/s
吸收辐射剂量 D	戈瑞（Gray）	1 Gy = 1 J/kg
辐射剂量吸收率 D'	戈瑞每秒	Gy/s
吸收辐射剂量当量 H	西弗特（Sievert）	1 Sv = 1 J/kg
辐射吸收剂量当量率 H'	西弗特每秒	1 Sv/s = 1 J/（kg · s）
离子剂量 J	库仑每千克	C/kg
离子剂量率 J'	安培每千克	1 A/kg = 1 C/（kg · s）
声学		
声压 p	帕（斯卡）（Pascal）	1 Pa = 1 N/m2 dB
加权声压级 L_p	分贝（Dezibel）	dB（A）
响度级 L_s	昉（Phon）	phon ≈ dB（A）
声速 V	米每秒	m/s
音速 c_s（传播速度）	米每秒	m/s
声通量 q	—	1 m^3/s = 1 m^2 · 1 m/s
声强 I	—	W/m^2
声阻抗率 Z	—	Pa · s/m
声阻抗 Z_F	—	Pa · s/m^3
机械阻抗 Z_M	—	N · s/m
等效吸收面 A	平方米	m^2
其他领域		
天文学距离 l	（天文学单位） 秒差距（Parsec）	1 AE = 149.6 Gm[1] 1 pc = 30.857Pm[1]
核物理学的质量 m	（原子质量单位）	1 u = 1.66 · 10^{-27} kg
纺织线和纱的质量线密度 T_t	特克斯（Tex）	1 tex = 1 g/km
土地面积 A	公亩（Ar） 公顷（Hektar）	1 a = 100 m^2 1 ha = 100 a

1）单位词头 G，P 请参阅第 20 页

分数运算，前置符号，括号

定律	数字运算举例	代数运算举例
分数运算		
同分母分数的加减运算时，仅分子作加减法，而分母保持不变。	$\frac{5}{8}+\frac{2}{8}-\frac{1}{8}=\frac{5+2-1}{8}$ $=\frac{6}{8}=\frac{3}{4}$	$\frac{5}{a}-\frac{3}{a}+\frac{7}{a}=\frac{5-3+7}{a}$ $=\frac{9}{a}=9/a$
异分母分数运算时，需算出公分母后才能进行加减运算。公分母是所有分数分母的最小整数公约数。各分数均需按公分母进行扩展。	$\frac{1}{2}+\frac{2}{3}-\frac{3}{4}=$ 公分母是$3\cdot4=12$ $=\frac{1\cdot6}{2\cdot6}+\frac{2\cdot4}{3\cdot4}-\frac{3\cdot3}{4\cdot3}$ $=\frac{6}{12}+\frac{8}{12}-\frac{9}{12}$ $=\frac{6+8-9}{12}=\frac{5}{12}$	$\frac{a}{b}+\frac{c}{d}=$ 公分母是$b\cdot d$ $=\frac{a\cdot d}{b\cdot d}+\frac{c\cdot b}{b\cdot d}$ $=\frac{a\cdot d+c\cdot b}{b\cdot d}$
分数乘法时，分子与分子相乘，分母与分母相乘。	$\frac{3}{5}\cdot\frac{2}{7}=\frac{3\cdot2}{5\cdot7}=\frac{6}{35}$	$\frac{a}{b}\cdot\frac{c}{d}=\frac{a\cdot c}{b\cdot d}=a\cdot c/(b\cdot d)$
分数除法时，被除数（分数分子）与除数（分数分母）的倒数相乘	$\frac{3}{4}:\frac{3}{5}=\frac{\frac{3}{4}}{\frac{3}{5}}=\frac{3\cdot5}{4\cdot3}$ $=\frac{5}{4}=1\frac{1}{4}$	$\frac{a}{b}:\frac{c}{d}=\frac{\frac{a}{b}}{\frac{c}{d}}=\frac{a\cdot d}{b\cdot c}$
前置符号规则		
两个因数的前置符号相同时，其积为正。	$2\cdot5=10$ $(-2)\cdot(-5)=10$	$a\cdot x=ax$ $(-a)\cdot(-x)=ax$
两个因数的前置符号不同时，其积为负。	$3\cdot(-8)=-24$ $(-3)\cdot8=-24$	$a\cdot(-x)=-ax$ $(-a)\cdot x=-ax$
分子与分母以及除数与被除数的前置符号相同时，分数及商均为正。	$\frac{15}{3}=15:3=5$ $\frac{-15}{-3}=(-15):(-3)=5$	$\frac{-a}{-b}=\frac{a}{b}=a/b$
分子与分母以及除数与被除数的前置符号不同时，分数及商均为负。	$\frac{15}{-3}=15:(-3)=-5$ $\frac{-15}{3}=(-15):3=-5$	$\frac{a}{-b}=-\frac{a}{b}$ $\frac{-a}{b}=-\frac{a}{b}$
先乘除（·和：）后加减（＋和－）。	$8\cdot4-18\cdot3=32-54$ $=-22$ $\frac{16}{4}+\frac{20}{5}-\frac{18}{3}=4+4-6$ $=2$	$4a\cdot b-c\cdot3d$ $=4ab-3cd$
括号运算		
加号后的括号可省略。但括号内的符号保持不变。	$16+(9-5)$ $=16+9-5$ $=20$	$a+(b-c)$ $=a+b-c$
如果所有加数（括号内合数的项）获得相反的前置符号，则减号后的括号仅可简化（省略）。	$16-(9-5)$ $=16-9+5$ $=12$	$a-(b-c)$ $=a-b+c$

括号运算，乘方

定律	数字运算举例	代数运算举例
括号运算		
一个括号表达式与一个因数相乘时，括号内各项分别与该因数相乘。	$7\cdot(4+5)=7\cdot4+7\cdot5=63$	$a\cdot(b+c)$ $=ab+ac$
一个括号表达式与另一个括号表达式相乘时，一个括号的各项分别与另一个括号的各项相乘。	$(3+5)\cdot(10-7)$ $=3\cdot10+3\cdot(-7)+5\cdot10+5\cdot(-7)$ $=30-21+50-35=24$	$(a+b)\cdot(c-d)$ $=ac-ad+bc-bd$
可用两项式公式简化和的乘方。 该法则亦适用于$(a+b)\cdot(a-b)$的乘法运算。	$(4+5)^2=4^2+4\cdot5+4\cdot5+5^2$ $=16+20+20+25=81$ $(7-2)^2=7^2-7\cdot2-7\cdot2+2^2$ $=49-14-14+4=25$ $(4+3)\cdot(4-3)=4^2-4\cdot3+4\cdot3-3^2$ $=16-9=7$	$(a+b)^2=a^2+ab+ab+b^2$ $=a^2+2ab+b^2$ $(a-b)^2=a^2-ab-ab+b^2$ $=a^2-2ab+b^2$ $(a+b)\cdot(a-b)=a^2-ab+ab-b^2$ $=a^2-b^2$
一个括号表达式除以一个数值（数，字母，括号表达式）时，括号内各项分别除以该数值。	$(16-4):4$ $=16:4-4:4$ $=4-1=3$	$(a+b):c=a:c+b:c$ $\frac{a-b}{b}=\frac{a}{b}-1$
分数线所含表达式与括号表达式的适用规则相同。	$\frac{3+4}{2}=(3+4):2$	$\frac{a+b}{2}\cdot h=(a+b)\cdot\frac{h}{2}$
括号表达式四则混合运算时，需首先简化括号，再按先乘除后加减原则进行运算。	$8\cdot(3-2)+4\cdot(16-5)$ $=8\cdot1+4\cdot11$ $=8+44=52$	$a\cdot(3x-5x)-b\cdot(12y-2y)$ $=a\cdot(-2x)-b\cdot10y$ $=-2ax-10by$
前置符号规则		
相同底数的幂相乘时，指数相加，底数不变。	$3^2\cdot3^2=3\cdot3\cdot3\cdot3\cdot3$ $=3^5$ 或 $3^2\cdot3^2=3^{(2+3)}=3^5$	$x^4\cdot x^2=x\cdot x\cdot x\cdot x\cdot x\cdot x=x^6$ 或 $x^4\cdot x^2=x^{(4+2)}=x^6$
相同底数的幂相除时，指数相减，底数不变。	$\frac{4^3}{4^2}=\frac{4\cdot4\cdot4}{4\cdot4}=4$ 或 $4^3:4^2=4^{(3-2)}=4^1=4$	$\frac{m^2}{m^3}=\frac{m\cdot m}{m\cdot m\cdot m}=\frac{1}{m}=m^{-1}$ 或 $m^2:m^3=m^{(2-3)}=m^{-1}=\frac{1}{m}=1/m$
一个因数与幂相乘时，首先需计算幂值。幂运算优先于乘除运算。	$6\cdot10^3=6\cdot1000$ $=6000$ $7\cdot10^{-2}=7\cdot\frac{1}{100}=0,07$	$a\cdot10^2=a\cdot100=100a$ $b\cdot10^{-1}=b\cdot\frac{1}{10}=b/10=0,1$
任何指数为零的幂均等于1。	$\frac{10^4}{10^4}=10^{(4-4)}=10^0=1$	$(m+n)^0=1$

开方，方程式

定律	数字运算举例	代数运算举例
开方		
若被开方数是一个乘积，则即可开方乘积，亦可分别开方乘积各因数。	$\sqrt{9 \cdot 16} = \sqrt{144} = 12$ 或 $\sqrt{9 \cdot 16} = \sqrt{9} \cdot \sqrt{16} = 3 \cdot 4 = 12$	$\sqrt[3]{a \cdot b} = \sqrt[3]{a} \cdot \sqrt[3]{b}$
若被开方数是一个加法或减法算式，则只能开方该算式的和或差。	$\sqrt{9 + 16} = \sqrt{25} = 5$ $\sqrt{5^2 - 4^2} = \sqrt{25 - 16} = \sqrt{9} = 3$	$\sqrt[3]{a - b} = \sqrt[3]{(a - b)}$
根号可写成幂。	$\sqrt[3]{27} = 27^{\frac{1}{3}} = 3^{3 \cdot \frac{1}{3}} = 3^{\frac{3}{3}} = 3^1 = 3$	$\sqrt{a} = a^{\frac{1}{2}}$
相同底数和相同根指数的根式可进行加减运算。	$3 \cdot \sqrt[3]{64} + 4 \cdot \sqrt[3]{64}$ $= 7 \cdot \sqrt[3]{64} = 7 \cdot 4 = 28$ $4 \cdot \sqrt{36} - 2 \cdot \sqrt{36}$ $= 2 \cdot \sqrt{36} = 2 \cdot 6 = 12$	$a \cdot \sqrt[3]{y} + b \cdot \sqrt[3]{y} = (a + b) \cdot \sqrt[3]{y}$ $a \cdot \sqrt{x} - b \cdot \sqrt{x} = (a - b) \cdot \sqrt{x}$
相同根指数的根式作乘除运算时，则开方积和商。	$\sqrt{4} \cdot \sqrt{49} = \sqrt{4 \cdot 49} = \sqrt{196} = 14$ $\sqrt{36} : \sqrt{4} = \sqrt{\frac{36}{4}} = \sqrt{9} = 3$	$\sqrt[n]{x} \cdot \sqrt[n]{y} = \sqrt[n]{x \cdot y}$ $\sqrt[m]{a} : \sqrt[m]{b} = \sqrt[m]{\frac{a}{b}}$
开方根式时，用根指数的乘积开方被开方数。	$\sqrt{\sqrt[3]{64}} = \sqrt[2 \cdot 3]{64} = \sqrt[6]{64} = 2$	$\sqrt[m]{\sqrt[n]{x}} = \sqrt[m \cdot n]{x}$
方程式转换		
在方程式两边加上相同的数，所求的数仅出现在方程式右边。	$y - 5 = 9$ $y - 5 + 5 = 9 + 5$ $y = 14$	$y - c = d$ $y - c + c = d + c$ $y = d + c$
在方程式两边减去相同的数，所求的数仅出现在方程式右边。	$x + 7 = 18$ $x + 7 - 7 = 18 - 7$ $x = 11$	$x + a = b$ $x + a - a = b - a$ $x = b - a$
在方程式两边除以相同的数，所求的数仅出现在方程式右边。	$6 \cdot x = 23$ $\frac{6 \cdot x}{6} = \frac{23}{6}$ $x = \frac{23}{6} = 3\frac{5}{6}$	$a \cdot x = b$ $\frac{a \cdot x}{a} = \frac{b}{a}$ $x = \frac{b}{a} = b/a$
在方程式两边乘以相同的数，所求的数仅出现在方程式右边。	$\frac{y}{3} = 7$ $\frac{y \cdot 3}{3} = 7 \cdot 3$ $y = 21$	$\frac{y}{c} = d$ $\frac{y \cdot c}{c} = d \cdot c$ $y = d \cdot c$
在方程式两边同时乘方，所求的数仅出现在方程式右边。	$\sqrt{x} = 4$ $(\sqrt{x})^2 = 4^2$ $x = 16$	$\sqrt{x} = a + b$ $(\sqrt{x})^2 = (a + b)^2$ $x = a^2 + 2ab + b^2$
在方程式两边同时开方，所求的数仅出现在方程式右边。	$x^2 = 36$ $\sqrt{x^2} = \sqrt{36}$ $x = \pm 16$	$x^2 = a + b$ $\sqrt{x^2} = \sqrt{a + b}$ $x = \pm\sqrt{a + b}$

数制，二进制数

数制

概念	解释	举例
底数 B	数制的基础	$B=10$，十进制
数的数量 B	数的数量 = 底数值	十进制的 10 个数
数 0，数（$B-1$）	最小的数，最大的数	十进制的 0 或 9
一个数的位值	底数的幂	十进制中 10 的幂
小数点左边第一位	位值 B^0	八进制的 8^0
小数点左边第 n 位	位值 B^{n-1}	十六进制的 16^{n-1}
小数点右边第一位	位值 B^{-1}	二进制的 2^{-1}
小数点右边第 n 位	位值 B^{-n}	十进制的 10^{-n}
幂值	位值与数的乘积	十进制中 $27=2\cdot10^1+7\cdot10^0$
1 进位下一个更高的位	最大的数进一位	十进制中 $9+1=10$，是 $9+1$ 时的进位
名称	Z_B，Z 是数，底数 B 作指数	13_{10}，13 是十进制的数

方程式转换

定律	方法	举例
加法 0 + 0 = 0 0 + 1 = 1 1 + 0 = 1 1 + 1 = 10	二进数的写法是数位上下对齐。 加法从右边数位开始。1+1 指 1 进位至下一个更高的位。	110010 + 10011 1 1 1000101
减法 0 − 0 = 0 1 − 0 = 1 1 − 1 = 0 10 − 1 = 1	二进数的写法是数位上下对齐。减法从右边数位开始。 0 − 1 指 1 从下一个更高的位借位。	11101 − 1011 1 100101
用求补加法作减法 **无前置符号位的方法** 减数 10010 第 1 补数 01101 第 2 补数 + 1 01110 带前置符号位的方法 前置符号位 0 → 正数 前置符号位 1 → 负数 加上减数的第 1 补数。 前置符号位的进位 → + 1 至最后一位。 无进位 → 答案的前置符号反转。	减数通过反转构成第 1 补数。由此通过加 1 即构成第 2 补数并加上被减数。若进位至最高位，则删去该被减数。若不进位至最高位，则答案为负数。 通过构成第 2 补数，可获取数值。 由减数构成第 1 补数并加上被减数。若在前置符号位上出现进位，该进位加上答案数的第 1 位。但若没有进位，则答案数反转。该答案是负数。	**例 1：** 10110 − 101 减数：00101 第 1 补数：11010 第 2 补数：11011 10110（被减数） + 11011 1 1 1 ~~1~~10001 ≙ 10001 **例 2：** 1101 − 110 0 1101 + 1 1001 1 1 1 10 0110 → + 1 0 0111 **例 3：** 111 − 1011 0 0111 + 1 0100 1 1011 = − 100
乘法和除法 1 · 1 = 1　0 · 1 = 0 1 · 0 = 0　1 · 1 = 1 0 · 0 = 0	与十进制相同，通过部分乘积的位移加法进行乘法运算。除法运算与之相同。	101 · 110 101 101 000 11110

二进制数，十六进制数，二进制码

二进制数和十六进制数（十六进制数）

十进制	二进制	十进制	二进制	十进制	十六进制	十进制	十六进制	十进制	十六进制
0	0	5	101			10	A	15	F
1	01	6	110	0	0	11	B	16	10
2	10	7	111	bis	bis	12	C	17	11
3	11	8	1000	9	9	13	D	18	12
4	100	9	1001			14	E	19	13

二进制换算为十进制或相反

类型	原理	举例
二进制换算为十进制	从右至左形成底数 2 的幂值并相加。 小数点后的数从 20 开始向右，依次为 2^{-1}，2^{-2}，2^{-3}，以此类推。	某二进制数 1001010 a）底数 2 的幂值是多少？ b）该二进制数的十进制数如何表达？

二进制数	1	0	0	1	0	1	0
数位	6	5	4	3	2	1	0
a）幂值	$1\cdot2^6$	$0\cdot2^5$	$0\cdot2^4$	$1\cdot2^3$	$0\cdot2^2$	$1\cdot2^1$	$0\cdot2^0$
b）十进制数	64 +	0 +	0 +	8 +	0 +	2 +	0

十进制数　答案：74

类型	原理	举例
十进制换算为二进制	用 2 除各数并写下余数。 从而产生自下而上读法的二进数。	将十进制数 78 换算为二进制数。

除法	余数	二进制数
78 : 2 = 39	0 ⇒	0
39 : 2 = 19	1 ⇒	1
19 : 2 = 9	1 ⇒	1
9 : 2 = 4	1 ⇒	1
4 : 2 = 2	0 ⇒	0
2 : 2 = 1	0 ⇒	0
1 : 2 = 0	1 ⇒	1

78 ≙ 1 0 0 1 1 1 0

十六进制换算为十进制或相反

类型	原理	举例
十六进制换算为十进制	先将十六进数 0 至 F 换算成二进数，然后再换算为十进制数。	2 → 0010；A → 1010；3 → 0011 512 + 128 + 32 + 2 + 1 $2A3_{16} = 675_{10}$
十进制换算为十六进制	先将十进制数换算成二进数。再将该数从右开始分为四组，并将该数换算成十六进数 0 至 F。	$85_{10} = \underbrace{1\cdot2^6 + 0\cdot2^5 + 1\cdot2^4}_{101 = 5} + \underbrace{0\cdot2^3 + 1\cdot2^2 + 0\cdot2^1 + 1\cdot2^0}_{0101 = 5}$ 64 + 16 + 4 + 1 $85_{10} = 55_{16}$

二进码（节选）

十进制数	BCD 码（二进制编码的十进制码）：10 中取 1 码	8–4–2–1 码	二五进制码	5 中取 2 码	其他编码：格雷码（Gray）	Glixon 码
0	0000000001	0000	0000101	11000	00000	0000
1	0000000010	0001	0001001	00011	00001	0001
2	0000000100	0010	0010001	00101	00011	0011
3	0000001000	0011	0100001	00110	00010	0010
4	0000010000	0100	1000001	01001	00110	0110
5	0000100000	0101	0000110	01010	00111	0111
6	0001000000	0110	0001010	01100	00101	0101
7	0010000000	0111	0010010	10001	00100	0100
8	0100000000	1000	0100010	10010	01100	1100
9	1000000000	1001	1000010	10100	01101	1000
位值	9876543210	8421	4321050	74210（数 1 至 9）	—	—

BCD 码时对十进制数的每个数位进行二进制编码，不做组合编码。

对数，十的幂，单位词头，百分比计算

对数

定律	数举例	算术举例
一个乘积的对数等于其各因数的对数和。	$\lg(4\cdot3)$ $=\lg3+\lg4$ $=0.47712+0.60206$ $=1.07918$	$\lg(a\cdot b)=\lg a+\lg b$
一个分数的对数等于其分子的对数减去分母的对数。	$\lg\frac{20}{4}$ $=\lg20-\lg4$ $=1.30103-0.60206$ $=0.69897$	$\lg\frac{a}{b}=\lg a-\lg b$
一个幂的对数等于其指数与底数对数的乘积。	$\lg4^3$ $=3\cdot\lg4$ $=3\cdot0.606206$ $=1.80618$	$\lg a^n=n\cdot\lg a$

绘图比例尺

x	$\lg x$	x	$\lg x$
1	0	10	1
2	0.3	20	1.3
3	0.48	30	1.48
4	0.6	40	1.6
5	0.7	50	1.7
6	0.78	100	2
7	0.85	200	2.3
8	0.9	500	2.7
9	0.95	1000	3
10	1	2000	3.3

10 等分
1 2 4 5 8 10
3 等分 3 等分 1等分 2等分 1等分

绘图比例尺

十的幂

大于 1 的数均可概括表述为带正指数十的幂的倍数。小于 1 的数均可概括表述为带负指数十的幂的倍数。

数	0.001	0.01	0.1	1	10	100	1000	10000	100000	1000000
十的幂	10^{-3}	10^{-2}	10^{-1}	10^{0}	10^{1}	10^{2}	10^{3}	10^{4}	10^{5}	10^{6}

举例：将数转换为十的幂的乘积：

$4300=4.3\cdot1000=4.3\cdot10^3$; $14638=1.4638\cdot10000=1.4638\cdot10^4$; $0.07=\frac{7}{100}=7\cdot10^{-2}$

国际通用的十进制单位词头

符号	词头	因数	符号	词头	因数
y	幺（科托）(Yokto)	10^{-24}	da	十（Deka）	10^{1}
z	仄（普托）Zepto	10^{-21}	h	百（Hekto）	10^{2}
a	阿（托）(Atto)	10^{-18}	k	千（Kilo）	10^{3}
f	飞（母托）(Femto)	10^{-15}	M	兆（Mega）	10^{6}
p	皮（可）(Piko)	10^{-12}	G	吉（咖）(Giga)	10^{9}
n	纳（诺）(Nano)	10^{-9}	T	太（拉）(Tera)	10^{12}
μ	微（Mikro）	10^{-6}	P	拍（它）(Peta)	10^{15}
m	毫（Milli）	10^{-3}	E	艾（可萨）(Exa)	10^{18}
c	厘（Zenti）	10^{-2}	Z	泽（它）(Zetta)	10^{21}
d	分（Dezi）	10^{-1}	Y	尧（它）(Yotta)	10^{24}

二进制单位词头

符号	词头	因数
Ki（K）*	Kibi	2^{10}
Mi（M）*	Mebi	2^{20}
Gi（G）*	Gibi	2^{30}
Ti（T）*	Tebi	2^{40}
Pi（P）*	Pebi	2^{50}
Ei（E）*	Exbi	2^{60}
Zi（Z）*	Zebi	2^{70}
Yi（Y）*	Yobi	2^{80}

举例：128 Kib = 128· 2^{10}Byte
2 Gib（Gibibyte）= 2· 2^{30}Byte
= 2.147· 10^9 B = 2.147 GB

* 此外通用 1 Kbyte = 1 KB = 1024 B；1024 KB = 2^{20} B = 1 MB；2^{30} B = 1 GB；2^{40} B = 1 TB；2^{50} B = 1 PB

百分比计算，利息计算

百分率是基值按一百等分均分后的百分数。
基值是用来计算百分比的数值。
百分值是表示所占基值百分比的量。
P_s 百分率，百分比　P_w 百分值　G_w 基值
举例：工件毛坯重 250 kg（基值）；铸件熔损 2%（百分率），
问：熔损率（kg）=?（百分值）

$$P_W=\frac{G_W\cdot P_S}{100\%}=\frac{250\,\text{kg}\cdot2\%}{100\%}=5\,\text{kg}$$

K_0 启动资金　Z 利息　t 期限，单位：天数，计息时间
p 年利率
1 个计息年（1 a）= 360 天（360 d）
1 个计息月 = 30 天

举例：$k_0=2800.00\,€$; $p=\frac{6\%}{a}$; $t=½\,a$, $z=?$　$Z=\frac{2800.00\,€\,6\%a\cdot0.5\,a}{100\%}=84.00\,€$

百分值

$$P_W=\frac{G_W\cdot P_S}{100\%}$$ 1

百分率

$$P_S=\frac{P_W}{G_W}\cdot100\%$$ 2

利息

$$Z=\frac{K_0\cdot p\cdot t}{100\%\cdot360}$$ 3

对数因数，分贝

概念，解释	公式，说明	附注，举例
传输系数 *T* 放大系数 *V* 阻尼系数 *D*	增加＞1 和减少＜1： $T = V = S_2/S_1$ 1 $D = S_1/S_2$ 2	S_1 传输距离 S_2 S_1，S_1 指传输量，例如 U。
对数分度 在数字差距极大时，相较于线性分度具有优点。 用对数表达刻度。	1　10　100　1000　10000 10^0　10^1　10^2　10^3　10^4 使用对数标注大数字更为准确。	在 1 至 10 000 的数字范围内，1 至 10 范围内的线性分度只能达到千分之一，否则无法识别。
功率因数 放大因数 G 阻尼量 A 为识别对数因数，在无单位数值后的单位位置添加一个单位 dB。	$G = 10\lg(P_2/P_1)$ 3 $A = 10\lg(P_1/P_2)$ 4 $G = -A$ 5　$A = -G$ 6 分贝（dB）的写法:Dezibel （根据美国科学家贝尔（Bell）命名）	一个滤波电路耗用功率 500 mW，输出 250 mW。 问： a）阻尼系数 D 是多少？ b）阻尼量 A 是多少？ 解： a）$D = S_1/S_2$ $= 500\ \text{mW}/250\ \text{mW} = 2$ b）$A = 10\lg(500\ \text{mW}/250\ \text{mW})$ $= 3.01\ \text{dB}$
电压因数，压力因数 放大因数 G 阻尼量 A 声压传输因数 Üp 这里同样在单位位置添加一个单位 dB。	$G = 20\lg(U_2/U_1)$ 7　$G = -A$ 8 $A = 20\lg(U_1/U_2)$ 9　$A = -G$ 10 $\ddot{U}_p = 20\lg(p_1/p_2)$ 11	某放大器启动电压 3mV，输出 5V。 问： 放大系数和放大因数分别是多少？ 解： a）$V = U_2/U_1 = 5\ \text{V}/3\ \text{mV} = 1667$ b）$G = 20\lg(U_2/U_1)$ $= 20\lg(5\ \text{V}/3\ \text{mV}) = 64.4\ \text{dB}$

电平，单位：dB*

（* 用于补充说明）

电平，常用	电平是与指定基准值的距离。	在电平说明中应列出基准值。
功率电平 L_p 标记为 dB（1mW）或 dBm， 电（压电）平 L_u 标记为 dB（1μV）或 dBμ 声（压电）平 L_p 标记为 dB（$20\text{mN}/\text{m}^2$）	$L_p = 10\lg(P/1\ \text{m/W})$ 12 $L_U = 10\lg(U/1\ \mu\text{V})$ 13 $L_p = 20\lg(p/20\ \mu\text{N/m}^2)$ 14	L_p 的指定基准值是 1 mW，L_u 的是 1 μV，L_p 的是 $20\ \text{mN/m}^2$。 一个天线提供 80 mV. L_U =? $L_U = 20\lg(U/1\ \mu\text{V}) = 20\lg(80000)$ $= 98\ \text{dB}\mu$
计算声平 根据修正系数的不同，分别标记为 dB（A），dB（B）或 dB（C）。优先使用 dB（A）。	若测量声平，频率不等于 1000Hz 时，需用滤波器 A，B 或 C 修改测值	已计算的声平［单位:dB（A）］很大程度上相当于推荐的响度（单位:Shon）。

A　阻尼量（英:Attenuation）
D　阻尼系数
G　放大因数（英:Gain）
L_p　功率电平（英:Level）
L_p　声平
L_u　电压电平
lg　常用对数
P　功率
p　压力
T　传输系数
U　电压
V　放大系数
索引：
传输距离上：
1 输入端，2 输出端

比例运算法则，混合比例计算

比例运算法则（比例法）

用于正比比例的比例法

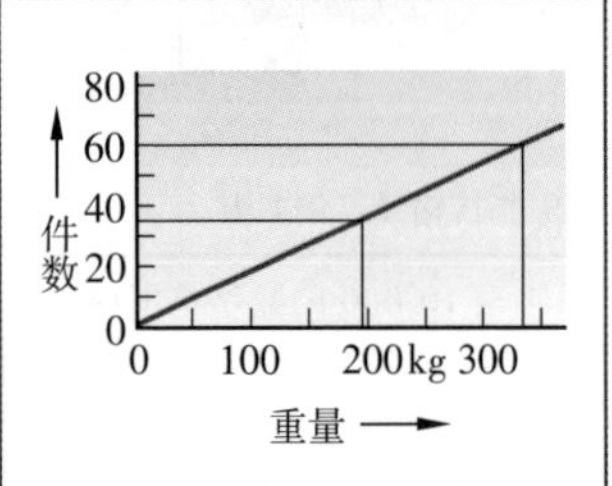

举例：60 件弯管，重 330kg。35 件弯管的重量是多少？

第 1 步：确定 60 件弯管重 330kg

第 2 步：带单位计算：除法

单个弯管重量 $\frac{330\ \text{kg}}{60}$

第 3 步：带单位计算：乘法

35 个弯管重量 $\frac{330\ \text{kg} \cdot 35}{60} = 192.5\ \text{kg}$

用于正比比例的比例法

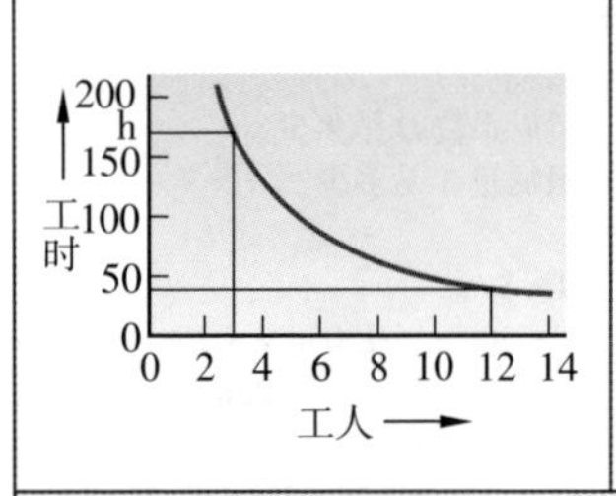

举例： 一个加工任务需 3 个工人耗时 170 小时。同一任务 12 个工人需耗时多少小时？

第 1 步：确定 三个工人需 170 小时

第 2 步：带单位计算：乘法

一个工人需耗时 3· 170 h

第 3 步：带单位计算：除法

12 个工人需耗时 $\frac{3 \cdot 170\ \text{h}}{12} = 42.5\ \text{h}$

用于多项比例的比例法

举例：

5 台机床耗时 24 天加工完成 660 件工件。

9 台机床加工完成同类工件 312 件需多少时间？

比例法第 1 步： 5 台机床加工 660 件工件需 24 天。

1 台机床加工 660 件工件需 24· 5 天。

9 台机床加工 660 件工件需天 $\frac{24 \cdot 5}{9}$ 天。

比例法第 2 步： 9 台机床加工 660 件工件需 $\frac{24 \cdot 5}{9}$ 天。

9 台机床加工 1 件工件需天 $\frac{24 \cdot 5}{9 \cdot 660}$ 天。

9 台机床加工 312 件工件需 $\frac{24 \cdot 5 \cdot 312}{9 \cdot 660} = 6.3$ 天。

混合比例计算

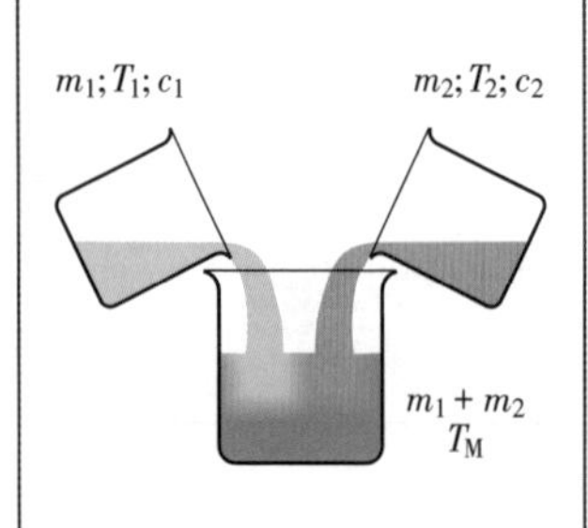

m_1，m_2	单个组分的重量
T_1，T_2	单个组分的温度（单位：K）
c_1，c_2	单个组分的比热（参见 134 页，135 页）
T_M	混合液温度

混合液温度

$$T_M = \frac{c_1 \cdot m_1 \cdot T_1 + c_2 \cdot m_2 \cdot T_2}{c_1 \cdot m_1 + c_2 \cdot m_2}$$ 1

举例：

钢制容器内装 m_1，其温度 $T_1 = 293$ K，现倒入温度为 $T_2 = 318$ K 的 $m_2 = 24$ 升水完全混合。混合液温度 T_M 应设置为多少？

$$T_M = \frac{c_1 \cdot m_1 \cdot T_1 + c_2 \cdot m_2 \cdot T_2}{c_1 \cdot m_1 + c_2 \cdot m_2}$$

$$= \frac{0.49 \frac{\text{kJ}}{\text{kg} \cdot \text{k}} \cdot 6\ \text{kg} \cdot 293\ \text{K} + 4.18 \frac{\text{kJ}}{\text{kg} \cdot \text{k}} \cdot 24\ \text{kg} \cdot 318\ \text{k}}{0.49 \frac{\text{kJ}}{\text{kg} \cdot \text{k}} \cdot 6\ \text{kg} + 4.18 \frac{\text{kJ}}{\text{kg} \cdot \text{k}} \cdot 24\ \text{kg}} = 317.29\ \text{K} = 44.29\ ℃$$

直角三角形

毕达哥拉斯定理（勾股定理）

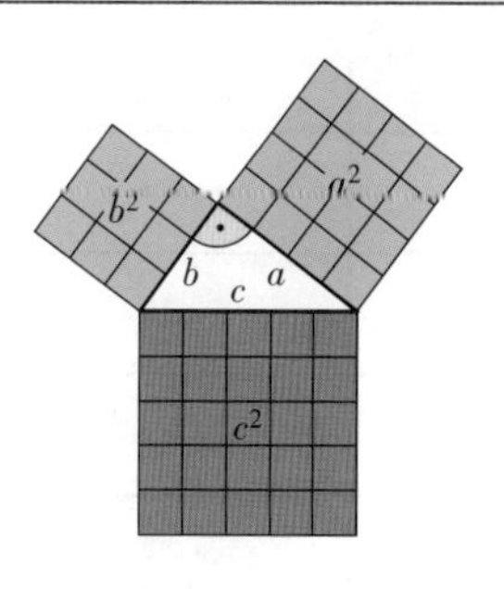

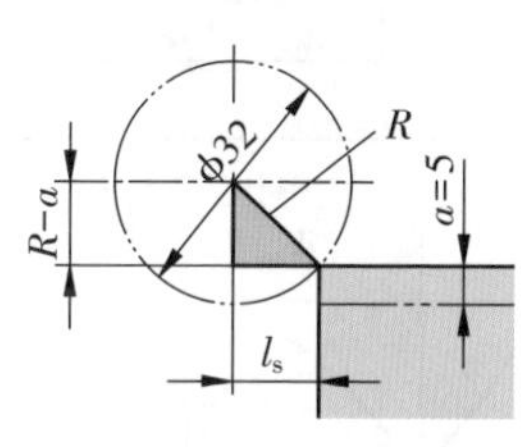

直角三角形的斜边平方等于两直角边平方之和。

a 直角边
b 直角边
c 斜边

举例 1：

$c = 35\text{mm}; a = 21\text{mm}, b = ?$

$b = \sqrt{c^2 - a^2} = \sqrt{(35\text{mm})^2 - (21\text{mm})^2} = 28\text{mm}$

举例 2：

$a = 9\text{mm}; b = 12\text{mm}, c = ?$

$c = \sqrt{a^2 + b^2} = \sqrt{(9\text{mm})^2 + (12\text{mm})^2} = 15\text{mm}$

举例 3：

铣刀直径 $d = 32\text{mm}; a = 5\text{mm}, l_s = ?$

$c^2 = a^2 + b^2$

$R^2 = l_s{}^2 + (R - a)^2$

$l_s = \sqrt{R^2 - (R - a)^2} = \sqrt{16^2\text{mm}^2 - (16 - 5)^2\text{mm}^2} = 11.62\text{ mm}$

斜边平方

$$c^2 = a^2 + b^2 \quad (1)$$

斜边

$$c = \sqrt{a^2 + b^2} \quad (2)$$

直角边

$$a = \sqrt{c^2 - b^2} \quad (3)$$

$$b = \sqrt{c^2 - a^2} \quad (4)$$

欧几里得定理（直角边定理）

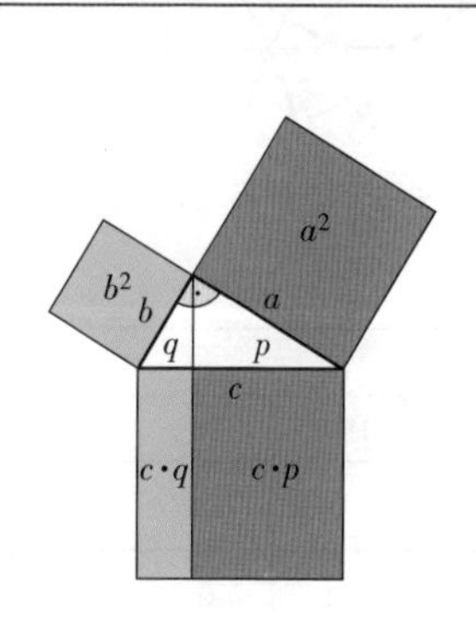

过一个直角边的正方形面积等于由斜边和相邻斜边截距构成的矩形。

a，b 直角边
c 斜边
p，q 斜边截距

举例：

现将 $c = 6\text{cm}$ 和 $p = 3\text{cm}$ 的矩形转变为一个面积相等的正方形。
正方形的 a 边长是多少？

$a^2 = c \cdot p$

$a = \sqrt{c \cdot p} = \sqrt{6\text{cm} \cdot 3\text{cm}} = 4.24\text{cm}$

直角边正方形

$$b^2 = c \cdot q \quad (5)$$

直角边

$$b = \sqrt{c \cdot q} \quad (6)$$

直角边正方形

$$a^2 = c \cdot p \quad (7)$$

直角边

$$a = \sqrt{c \cdot p} \quad (8)$$

高度定理

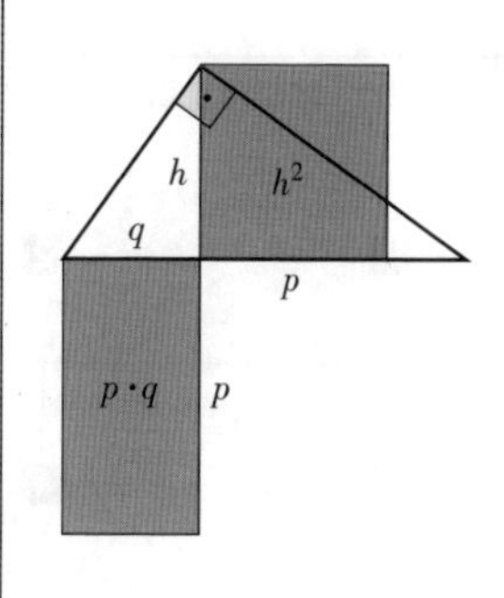

过高 h 的正方形面积等于由斜边截距构成的矩形。

h 高
p，q 斜边截距

举例：

直角三角形

$p = 6\text{ cm}; q = 2\text{ cm}; h = ?$

$h^2 = p \cdot q$

$h = \sqrt{p \cdot q} = \sqrt{6\text{ cm} \cdot 2\text{ cm}} = \sqrt{12\text{ cm}^2} = 3.46\text{ cm}$

高的正方形

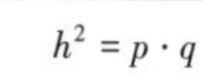

$$h^2 = p \cdot q \quad (9)$$

直角边

$$h = \sqrt{p \cdot q} \quad (10)$$

角函数，斜度

直角三角形的角函数

直角三角形内各边的名称	各边比例的名称	应用 用于∢a	用于∢b
斜边；α 角的 α 对边；α 角的 b 邻边	正弦 = $\frac{对边}{斜边}$	$\sin\alpha = \frac{a}{c}$	$\sin\beta = \frac{b}{c}$
	余弦 = $\frac{邻边}{斜边}$	$\cos\alpha = \frac{b}{c}$	$\cos\beta = \frac{a}{c}$
斜边；β 角的 α 邻边；β 角的 b 对边	正切 = $\frac{对边}{邻边}$	$\tan\alpha = \frac{a}{b}$	$\tan\beta = \frac{b}{a}$
	余切 = $\frac{邻边}{对边}$	$\cot\alpha = \frac{b}{a}$	$\cot\beta = \frac{a}{b}$

标准圆角函数的变化

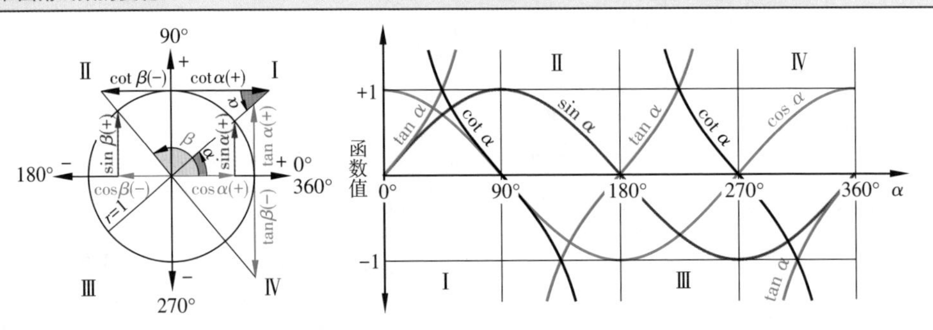

大于 90° 角的函数值的求取方法可使其等于小于 90° 角的函数值（$\beta = \alpha + 90°$）并根据标准圆确定其前置符号。也可从角函数表中查取。

举例： $\sin 120° = \sin(180° - 120°) = \sin 60°$；$\tan 320° = -\tan(360° - 320°) = -\tan 40°$

选定角度的函数值

类型	0°	30°	45°	60°	90°	180°	270°	360°
sin	0	$\frac{1}{2} = 0.5000$	$\frac{1}{2}\cdot\sqrt{2} = 0.7071$	$\frac{1}{2}\cdot\sqrt{3} = 0.8660$	1	0	−1	0
cos	1	$\frac{1}{2}\cdot\sqrt{3} = 0.8660$	$\frac{1}{2}\cdot\sqrt{2} = 0.7071$	$\frac{1}{2} = 0.5000$	0	−1	0	1
tan	0	$\frac{1}{3}\cdot\sqrt{3} = 0.5774$	1	$\sqrt{3} = 1.7321$	∞	0	∞	0
cot	∞	$\sqrt{3} = 1.7321$	1	$\frac{1}{3}\cdot\sqrt{3} = 0.5771$	0	∞	0	−∞

斜面的坡度

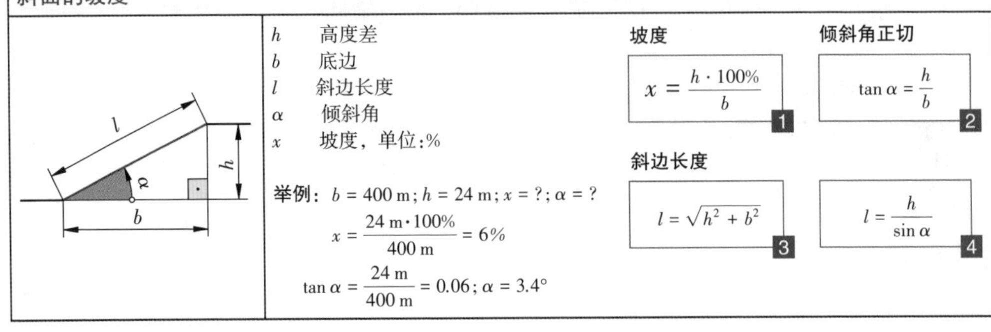

h 高度差
b 底边
l 斜边长度
α 倾斜角
x 坡度，单位：%

举例： $b = 400\ \text{m}$；$h = 24\ \text{m}$；$x = ?$；$\alpha = ?$

$$x = \frac{24\ \text{m}\cdot 100\%}{400\ \text{m}} = 6\%$$

$$\tan\alpha = \frac{24\ \text{m}}{400\ \text{m}} = 0.06;\ \alpha = 3.4°$$

坡度

$$x = \frac{h\cdot 100\%}{b}$$ 1

倾斜角正切

$$\tan\alpha = \frac{h}{b}$$ 2

斜边长度

$$l = \sqrt{h^2 + b^2}$$ 3

$$l = \frac{h}{\sin\alpha}$$ 4

长度

展开长度

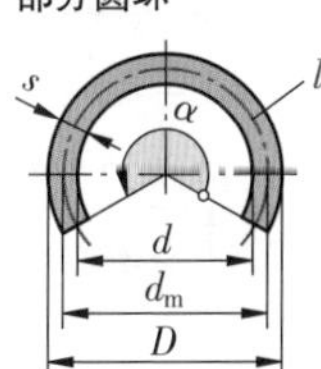

组合长度

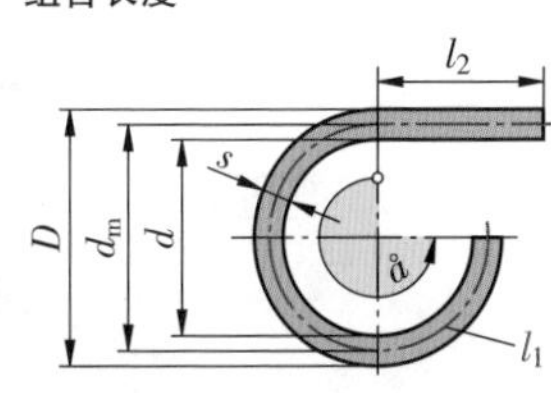

D	外径
d	内径
d_m	平均直径
s	厚度
l	展开长度
l_1，l_2	部分长度
L	组合长度

举例： 组合长度（见左图）

$D = 360\ \text{mm};\ s = 5\ \text{mm};\ \alpha = 270°,\ l_2 = 70\ \text{mm};$

$d_m = ?,\ L = ?$

$d_m = D - s = 360\ \text{mm} - 5\ \text{mm} = 355\ \text{mm}$

$$L = l_1 + l_2 = \frac{\pi \cdot d_m \cdot a}{360°} + l_2$$

$$= \frac{\pi \cdot 355\ \text{mm} \cdot 270°}{360°} + 70\ \text{mm} = 906.45\ \text{mm}$$

圆环的展开长度

$$l = \pi \cdot d_m \quad (1)$$

部分圆环的展开长度

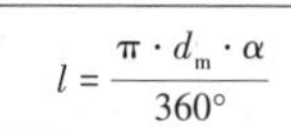

$$l = \frac{\pi \cdot d_m \cdot \alpha}{360°} \quad (2)$$

平均直径

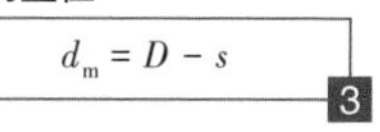

$$d_m = D - s \quad (3)$$

$$d_m = d + s \quad (4)$$

组合长度

$$l = l_1 + l_2 + \cdots \quad (5)$$

钢丝长度

圆形线圈

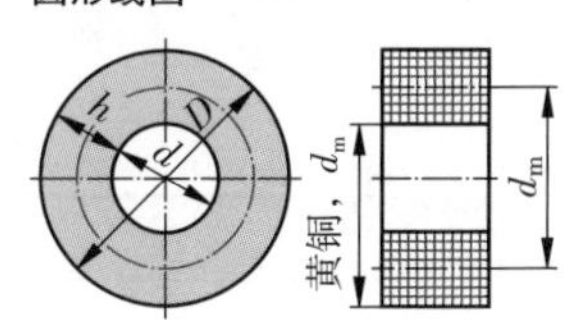

矩形线圈

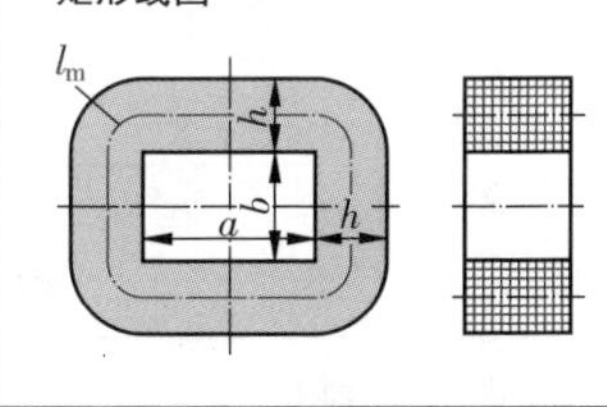

D	外径
d	内径
d_m	平均直径
l	钢丝长度
l_m	钢丝平均长度
N	线圈匝数
a	宽度
b	高度
h	厚度

举例：

圆形线圈 $D = 30\ \text{mm},\ d = 12\ \text{mm},$

$N = 1000$ 匝，$l = ?$

$$d_m = \frac{D + d}{2} = \frac{30\text{mm} + 12\text{mm}}{2} = 21\ \text{mm}$$

$l = \pi \cdot d_m \cdot N = \pi \cdot 21\ \text{mm} \cdot 1000$

$= 65973.4\ \text{mm} \approx 66\ \text{m}$

圆形线圈

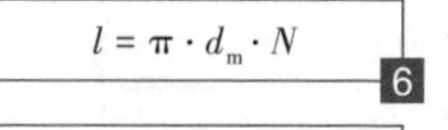

$$l = \pi \cdot d_m \cdot N \quad (6)$$

$$l = l_m \cdot N \quad (7)$$

$$l_m = \pi \cdot d_m \quad (8)$$

矩形线圈

$$l = (2a + 2b + \pi \cdot h) \cdot N \quad (9)$$

$$l = l_m \cdot N \quad (10)$$

$$l_m = 2a + 2b + \pi \cdot h \quad (11)$$

等分长度

边距 ≠ 等分

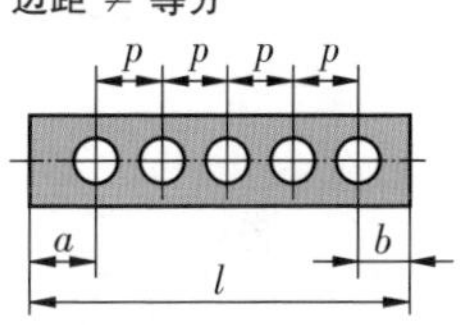

l	总长度	n	孔数，锯切
p	等分	a，b	边距

举例： $l = 1950\ \text{mm};\ a = 100\ \text{mm};$

$b = 50\ \text{mm};\ n = 25$ 孔；$p = ?$

$$p = \frac{l - (a + b)}{n - 1} = \frac{1950\ \text{mm} - 150\ \text{mm}}{25 - 1} = 75\ \text{mm}$$

等分

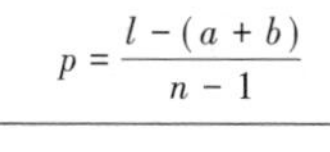

$$p = \frac{l - (a + b)}{n - 1} \quad (12)$$

边距 = 等分

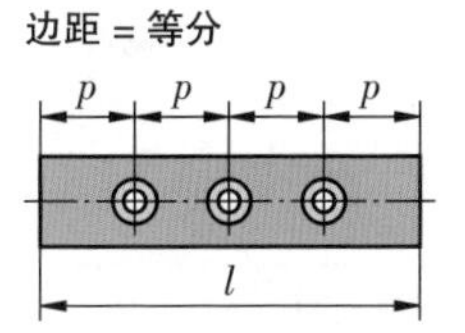

l	总长度	n	孔数，锯切
p	等分	z	等分数量

举例：

$l = 2\ \text{m};\ n = 24$ 孔；$p = ?$

$$p = \frac{1}{n + 1} = \frac{2000\ \text{mm}}{24 + 1} = 80\ \text{mm}$$

等分

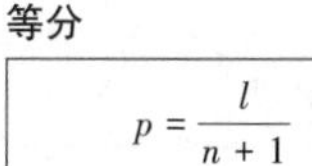

$$p = \frac{l}{n + 1} \quad (13)$$

等分数量

$$z = n + 1 \quad (14)$$

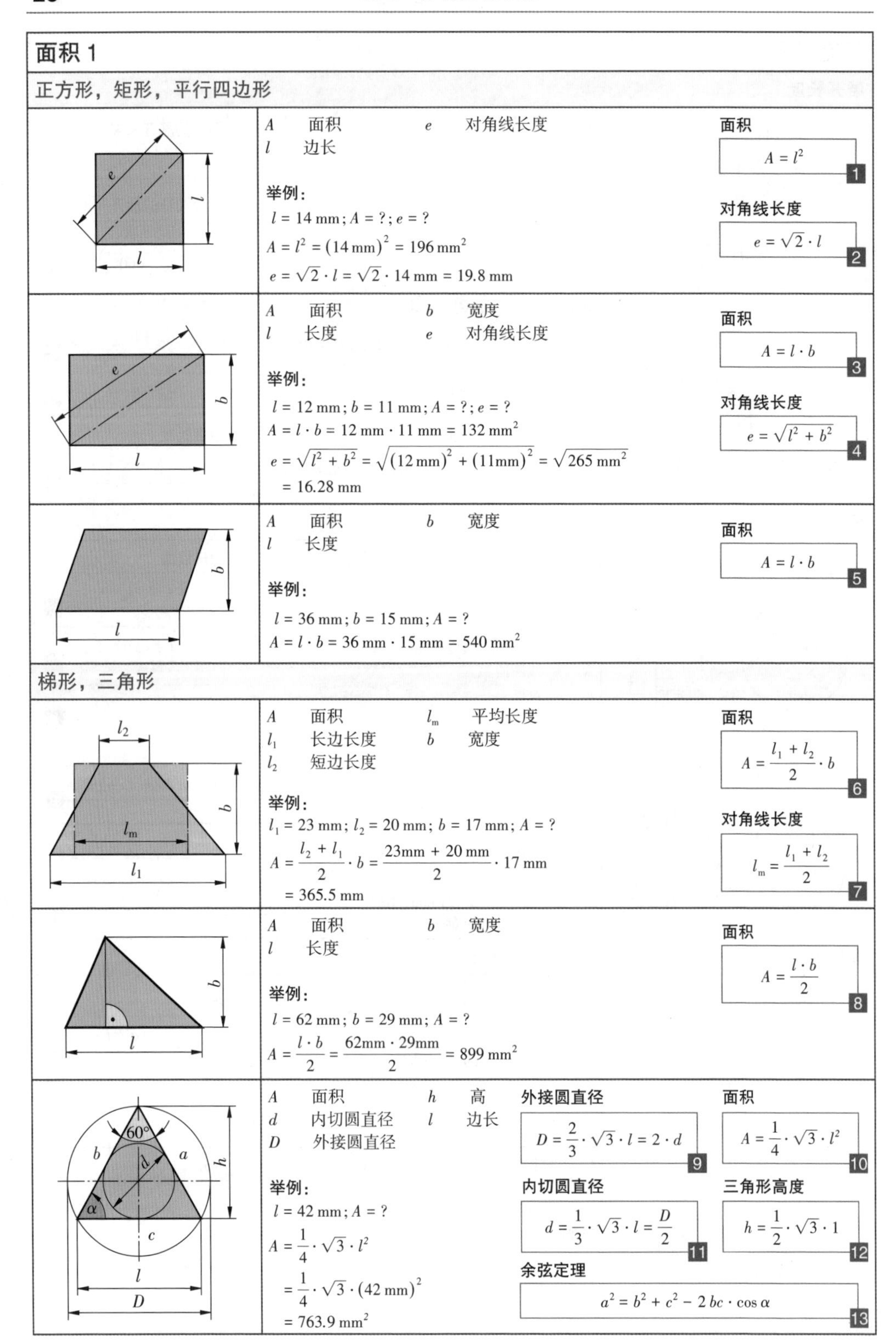

面积 1

正方形，矩形，平行四边形

A 面积　e 对角线长度
l 边长

举例：

$l = 14\,\text{mm}; A = ?; e = ?$

$A = l^2 = (14\,\text{mm})^2 = 196\,\text{mm}^2$

$e = \sqrt{2}\cdot l = \sqrt{2}\cdot 14\,\text{mm} = 19.8\,\text{mm}$

面积

$A = l^2$ 1

对角线长度

$e = \sqrt{2}\cdot l$ 2

A 面积　b 宽度
l 长度　e 对角线长度

举例：

$l = 12\,\text{mm}; b = 11\,\text{mm}; A = ?; e = ?$

$A = l\cdot b = 12\,\text{mm}\cdot 11\,\text{mm} = 132\,\text{mm}^2$

$e = \sqrt{l^2 + b^2} = \sqrt{(12\,\text{mm})^2 + (11\,\text{mm})^2} = \sqrt{265\,\text{mm}^2}$

$= 16.28\,\text{mm}$

面积

$A = l\cdot b$ 3

对角线长度

$e = \sqrt{l^2 + b^2}$ 4

A 面积　b 宽度
l 长度

举例：

$l = 36\,\text{mm}; b = 15\,\text{mm}; A = ?$

$A = l\cdot b = 36\,\text{mm}\cdot 15\,\text{mm} = 540\,\text{mm}^2$

面积

$A = l\cdot b$ 5

梯形，三角形

A 面积　l_m 平均长度
l_1 长边长度　b 宽度
l_2 短边长度

举例：

$l_1 = 23\,\text{mm}; l_2 = 20\,\text{mm}; b = 17\,\text{mm}; A = ?$

$A = \frac{l_2 + l_1}{2}\cdot b = \frac{23\text{mm} + 20\,\text{mm}}{2}\cdot 17\,\text{mm}$

$= 365.5\,\text{mm}$

面积

$A = \frac{l_1 + l_2}{2}\cdot b$ 6

对角线长度

$l_m = \frac{l_1 + l_2}{2}$ 7

A 面积　b 宽度
l 长度

举例：

$l = 62\,\text{mm}; b = 29\,\text{mm}; A = ?$

$A = \frac{l\cdot b}{2} = \frac{62\text{mm}\cdot 29\text{mm}}{2} = 899\,\text{mm}^2$

面积

$A = \frac{l\cdot b}{2}$ 8

A 面积　h 高
d 内切圆直径　l 边长
D 外接圆直径

举例：

$l = 42\,\text{mm}; A = ?$

$A = \frac{1}{4}\cdot\sqrt{3}\cdot l^2$

$= \frac{1}{4}\cdot\sqrt{3}\cdot(42\,\text{mm})^2$

$= 763.9\,\text{mm}^2$

外接圆直径

$D = \frac{2}{3}\cdot\sqrt{3}\cdot l = 2\cdot d$ 9

面积

$A = \frac{1}{4}\cdot\sqrt{3}\cdot l^2$ 10

内切圆直径

$d = \frac{1}{3}\cdot\sqrt{3}\cdot l = \frac{D}{2}$ 11

三角形高度

$h = \frac{1}{2}\cdot\sqrt{3}\cdot 1$ 12

余弦定理

$a^2 = b^2 + c^2 - 2\,bc\cdot\cos\alpha$ 13

面积 2

圆

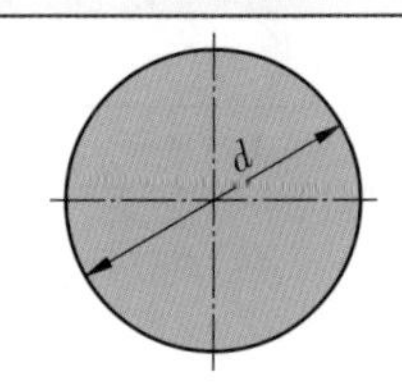

A 面积　　U 周长

d 直径

举例：$d = 60\,\text{mm}$；$A = ?$；$U = ?$

$$A = \frac{\pi \cdot d^2}{4} = \frac{\pi \cdot (60\text{mm})^2}{4} = 2827\,\text{mm}^2$$

$$U = \pi \cdot d = \pi \cdot 60\,\text{mm} = 188.5\,\text{mm}$$

面积

$$A = \frac{\pi \cdot d^2}{4} \quad \boxed{1}$$

周长

$$U = \pi \cdot d \quad \boxed{2}$$

A 面积　　D 外径

b 宽度　　d 内径

d_m 平均直径

举例：$D = 160\,\text{mm}$；$d = 125\,\text{mm}$；$A = ?$

$$A = \frac{\pi}{4}\left(D^2 - d^2\right)$$

$$= \frac{\pi}{4} \cdot \left(160^2\ \text{mm}^2 - 125^2\ \text{mm}^2\right) = 7834\,\text{mm}^2$$

面积

$$A = \pi \cdot d_m \cdot b \quad \boxed{3}$$

$$A = \frac{\pi}{4} \cdot \left(D^2 - d^2\right) \quad \boxed{4}$$

扇形，弓形

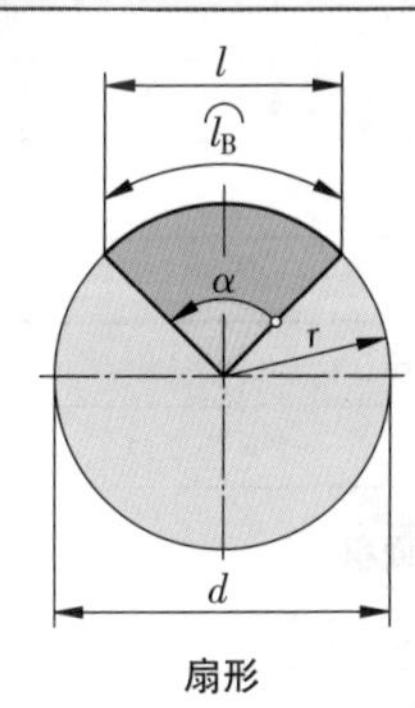

扇形

A 面积　　l 弦长

d 直径　　r 半径

$\widehat{l_B}$ 弧长　　α 中心角

举例：

$d = 48\,\text{mm}$；$\alpha = 110°$；$\widehat{l_B} = ?$；$A = ?$

$$\widehat{l_B} = \frac{\pi \cdot r \cdot \alpha}{180°} = \frac{\pi \cdot 24\,\text{mm} \cdot 110°}{180°}$$

$$= 46.1\,\text{mm}$$

$$A = \frac{\widehat{l_B} \cdot r}{2} = \frac{46.1\,\text{mm} \cdot 24\,\text{mm}}{2}$$

$$= 553\,\text{mm}^2$$

面积

$$A = \frac{\pi \cdot d^2}{4} \cdot \frac{\alpha}{360°} \quad \boxed{5}$$

$$A = \frac{\widehat{l_B} \cdot r}{2} \quad \boxed{6}$$

弦长

$$l = 2 \cdot r \cdot \sin\frac{\alpha}{2} \quad \boxed{7}$$

弧长

$$\widehat{l_B} = \frac{\pi \cdot r \cdot \alpha}{180°} \quad \boxed{8}$$

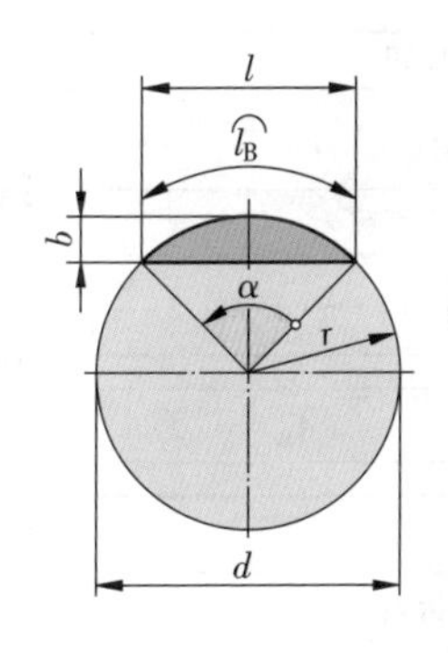

$\alpha < 180°$ 的弓形

A 面积　　b 宽度

d 直径　　r 半径

$\widehat{l_B}$ 弧长中心角

l 弦长

举例：

$b = 15.1\,\text{mm}$；$l = 52\,\text{mm}$；$\widehat{l_B} = 62.83\,\text{mm}$；

$r = ?$；$A = ?$

$$r = \frac{b}{2} + \frac{l^2}{8 \cdot b}$$

$$= \frac{15.1\,\text{mm}}{2} + \frac{(52\text{mm})^2}{8 \cdot 15.1\,\text{mm}} = 30\,\text{mm}$$

$$A = \frac{\widehat{l_B} \cdot r - l \cdot (r - b)}{2}$$

$$= \frac{(62.83 \cdot 30)\,\text{mm}^2 - 52 \cdot (30 - 15.1)\,\text{mm}^2}{2}$$

$$= 555.1\,\text{mm}^2$$

面积

$$A = \frac{\pi \cdot d^2}{4} \cdot \frac{\alpha}{360°} - \frac{l \cdot (r - b)}{2} \quad \boxed{9}$$

$$A = \frac{\widehat{l_B} \cdot r - l \cdot (r - b)}{2} \quad \boxed{10}$$

弦长：参见公式 7

$$l = 2 \cdot \sqrt{b \cdot (2 \cdot r - b)} \quad \boxed{11}$$

宽度

$$b = \frac{l}{2} \cdot \tan\frac{\alpha}{4} \quad \boxed{12}$$

$$b = r - \sqrt{r^2 - \frac{l^2}{4}} \quad \boxed{13}$$

弧长参见公式 8

半径

$$r = \frac{b}{2} + \frac{l^2}{8 \cdot b} \quad \boxed{14}$$

面积，体积，表面积

组合面积

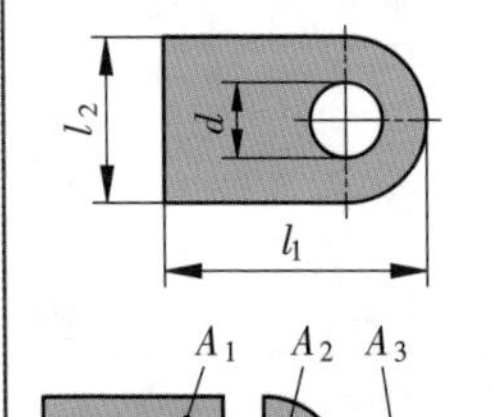

A 总面积　　A_1，A_2⋯ 分面积

d 直径　　l_1，l_2⋯ 长度

举例：$l_1 = 60\,\text{mm}$；$l_2 = 30\,\text{mm}$；$d = 15\,\text{mm}$；$A = ?$

$$A_1 = \left(l_1 - \frac{l_2}{2}\right) \cdot l_2 = 45\,\text{mm} \cdot 3\,\text{mm} = 1350\,\text{mm}^2$$

$$A_2 = \frac{1}{2} \cdot \frac{\pi \cdot l_2^2}{4} = \frac{\pi \cdot 30^2\,\text{mm}^2}{8} = 353.4\,\text{mm}^2$$

$$A_3 = \frac{\pi \cdot d^2}{4} = \frac{\pi \cdot 15^2\,\text{mm}^2}{4} = 176.7\,\text{mm}^2$$

$$A = A_1 + A_2 - A_3 = (1350 + 353.4 - 176.7)\,\text{mm}^2 = 1526.7\,\text{mm}^2$$

总面积

$$A = A_1 + A_2 - A_3 \quad \text{1}$$

正方体

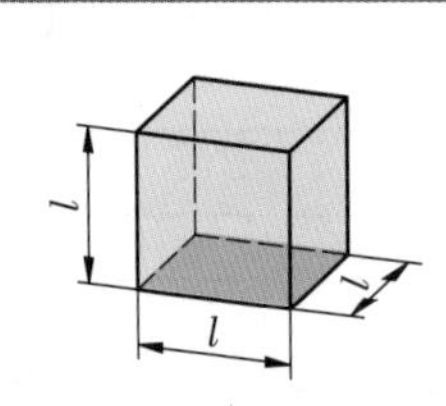

V 体积　　l 边长

A_0 表面积

举例：

$l = 20\,\text{mm}$；$V = ?$；$A_0 = ?$

$V = l^3 = (20\,\text{mm})^3 = 8000\,\text{mm}^3$

$A_0 = 6 \cdot l^2 = 6 \cdot (20\,\text{mm})^2 = 2400\,\text{mm}^2$

体积

$$V = l^3 \quad \text{2}$$

表面积

$$A_0 = 6 \cdot l^2 \quad \text{3}$$

长方体

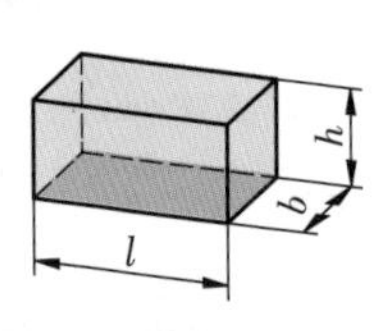

V 体积　　h 高度

A_0 表面积　　b 宽度

l 边长

举例：

$l = 6\,\text{cm}$；$b = 3\,\text{cm}$；$h = 2\,\text{cm}$；$V = ?$

$V = l \cdot b \cdot h = 6\,\text{cm} \cdot 3\,\text{cm} \cdot 2\,\text{cm} = 36\,\text{cm}^2$

体积

$$V = l \cdot b \cdot h \quad \text{4}$$

表面积

$$A_0 = 2(l \cdot b + l \cdot h + b \cdot h) \quad \text{5}$$

圆柱体

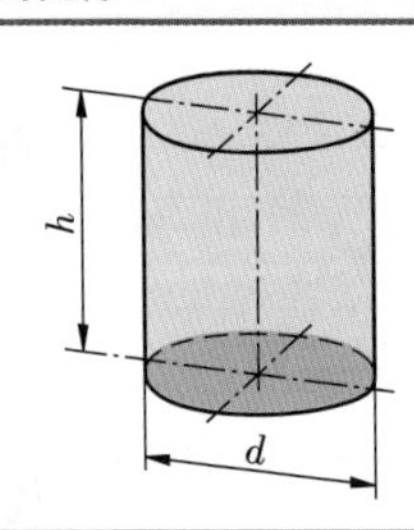

V 体积　　d 直径

A_0 表面积　　h 高度

A_M 外形轮廓面积

举例：

$d = 14\,\text{mm}$；$h = 25\,\text{mm}$；$V = ?$

$$V = \frac{\pi \cdot d^2}{4} \cdot h = \frac{\pi \cdot (14\text{mm})^2}{4} \cdot 25\,\text{mm}$$

$$= 3848\,\text{mm}^3$$

体积

$$V = \frac{\pi \cdot d^2}{4} \cdot h \quad \text{6}$$

表面积

$$A_0 = \pi \cdot d \cdot h + 2 \cdot \frac{\pi \cdot d^2}{4} \quad \text{7}$$

$$A_M = \pi \cdot d \cdot h \quad \text{8}$$

空心圆柱体

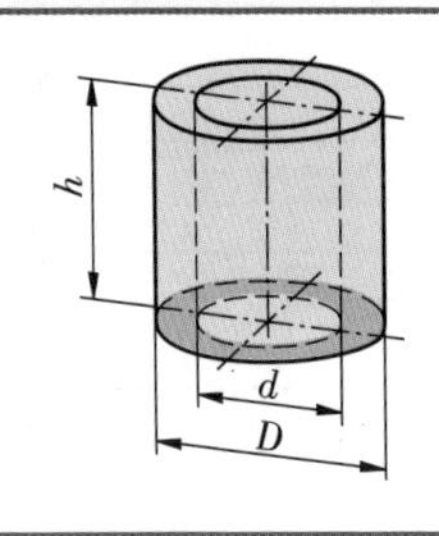

V 体积　　D，d 直径

A_0 表面积　　h 高度

举例：$D = 42\,\text{mm}$；$d = 20\,\text{mm}$；$h = 80\,\text{mm}$；

$V = ?$

$$V = \frac{\pi \cdot h}{4} \cdot (D^2 \cdot d^2)$$

$$= \frac{\pi \cdot 80\,\text{mm}}{4} \cdot (42^2\,\text{mm}^2 - 20^2\,\text{mm}^2)$$

$$= 85703\,\text{mm}^3$$

体积

$$\text{V} = \frac{\pi \cdot h}{4} \cdot (D^2 - d^2) \quad \text{9}$$

表面积

$$A_0 = \pi \cdot (D + d) \cdot \left[\frac{1}{2} \cdot (D - d) + h\right] \quad \text{10}$$

体积，表面积

棱锥体

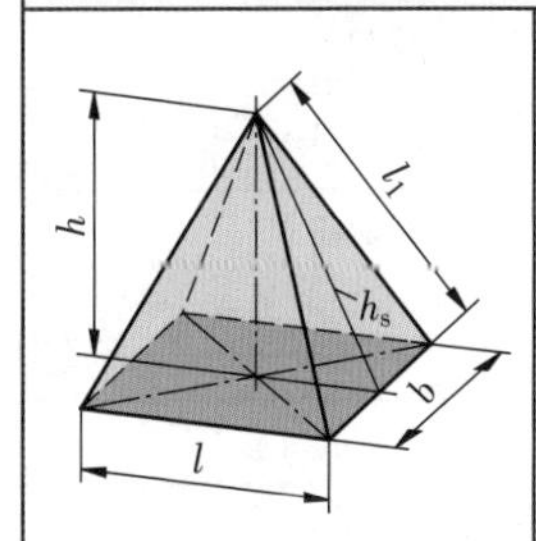

V	体积	l	边长
h	高度	l_1	棱长
h_s	斜高		

举例：

$l = 16\ \text{mm}$；$b = 21\ \text{mm}$；
$h = 45\ \text{mm}$；$V = ?$

$$V = \frac{l \cdot b \cdot h}{3} = \frac{16\ \text{mm} \cdot 21\ \text{mm} \cdot 45\ \text{mm}}{3}$$
$$= 5040\ \text{mm}^3$$

体积

$$V = \frac{l \cdot b \cdot h}{3} \quad (1)$$

棱长

$$l_1 = \sqrt{h_s^2 + \frac{b^2}{4}} \quad (2)$$

斜高

$$h_s = \sqrt{h^2 + \frac{l^2}{4}} \quad (3)$$

圆锥

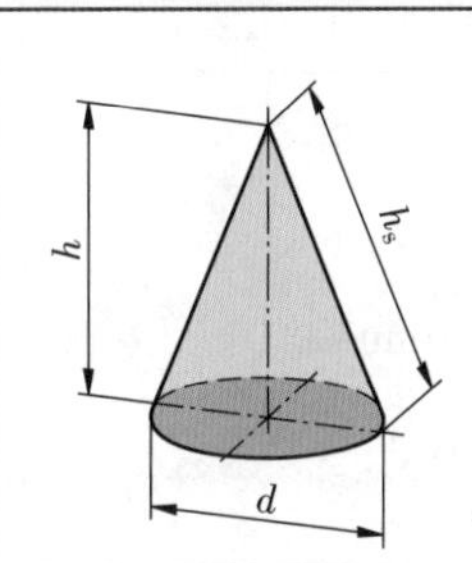

V	体积	h	高度
A_M	外形轮廓面积	h_s	斜高
d	直径		

举例：

$d = 52\ \text{mm}$；$h = 110\ \text{mm}$；$V = ?$

$$V = \frac{\pi \cdot d^2}{4} \cdot \frac{h}{3}$$
$$= \frac{\pi \cdot (52\ \text{mm})^2}{4} \cdot \frac{110\ \text{mm}}{3}$$
$$= 77870\ \text{mm}^3$$

体积

$$V = \frac{\pi \cdot d^2}{4} \cdot \frac{h}{3} \quad (4)$$

外形轮廓面积

$$A_M = \frac{\pi \cdot d \cdot h_s}{2} \quad (5)$$

斜高

$$h_s = \sqrt{h^2 + \frac{d^2}{4}} \quad (6)$$

锥台

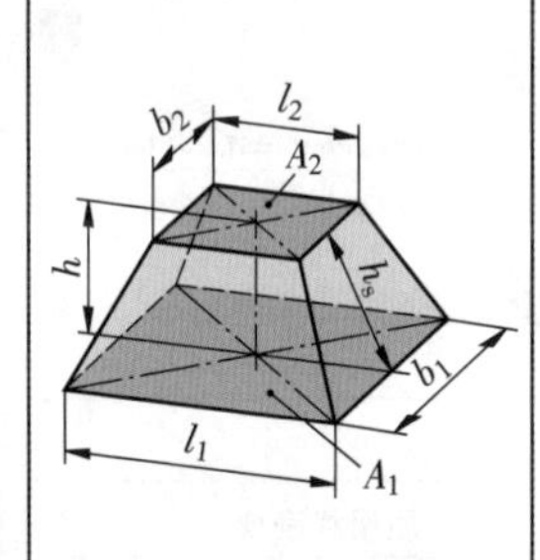

V	体积	h_s	斜高
A_1	底面面积	l_1，l_2	边长
A_2	顶面面积	b_1，b_2	宽度
h	高度		

举例：

$l_1 = 40\ \text{mm}$；$l_2 = 22\ \text{mm}$；$b_1 = 28\ \text{mm}$；
$b_2 = 15\ \text{mm}$；$h = 50\ \text{mm}$；$A_1 = 1120\ \text{mm}^2$；
$A_2 = 330\ \text{mm}^2$；$V = ?$

$$V = \frac{h}{3} \cdot \left(A_1 + A_2 + \sqrt{A_1 \cdot A_2}\right)$$
$$= \frac{50\ \text{mm}}{3} \cdot \left(1120 + 330 + \sqrt{1120 \cdot 330}\right)\text{mm}^2 = 34299\ \text{mm}^3$$

体积

$$V = \frac{h}{3} \cdot \left(A_1 + A_2 + \sqrt{A_1 \cdot A_2}\right) \quad (7)$$

斜高

$$h_s = \sqrt{h^2 + \left(\frac{l_1 - l_2}{2}\right)} \quad (8)$$

圆台

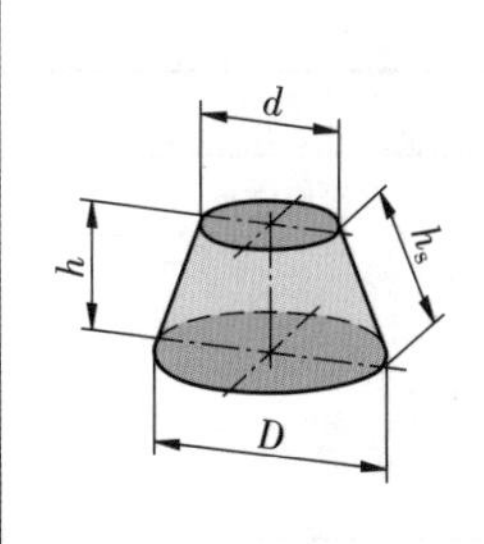

V	体积	h	高度
A_M	外形轮廓面积	h_s	斜高
D	下底圆直径	d	上底圆直径

举例：

$D = 100\ \text{mm}$；$d = 62\ \text{mm}$；$h = 80\ \text{mm}$；
$V = ?$

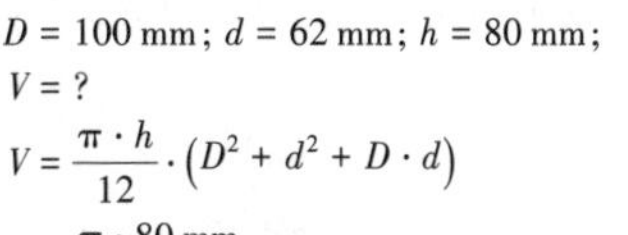

$$V = \frac{\pi \cdot h}{12} \cdot \left(D^2 + d^2 + D \cdot d\right)$$
$$= \frac{\pi \cdot 80\ \text{mm}}{12} \cdot \left(100^2 + 62^2 + 100 \cdot 62\right)\text{mm}^2$$
$$= 419800\ \text{mm}^3$$

体积

$$\text{V} = \frac{\pi \cdot h}{12} \cdot \left(D^2 + d^2 + D \cdot d\right) \quad (9)$$

外形轮廓面积

$$A_M = \frac{\pi \cdot h_s}{2} \cdot (D + d) \quad (10)$$

斜高

$$h_S = \sqrt{h^2 + \left(\frac{D - d}{d}\right)^2} \quad (11)$$

体积，表面积，质量

球体

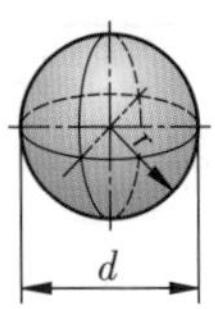

V 体积　　A_0 表面积
d 球体直径

举例：

$d = 9\ \text{mm};\ V = ?$

$$V = \frac{\pi \cdot d^3}{6} = \frac{\pi \cdot (9\ \text{mm})^3}{6} = 382\ \text{mm}^3$$

体积

$$V = \frac{\pi \cdot d^3}{6} \quad (1)$$

表面积

$$A_0 = \pi \cdot d^2 \quad (2)$$

组合体体积

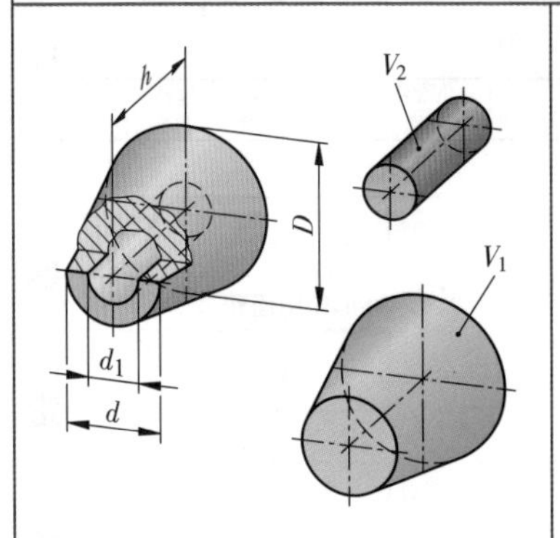

计算分体体积时需将组合体拆分，然后加和减分体体积。

V 总体积
V_1，V_2 分体体积

总体积

$$V = V_1 + V_2 + \ldots - V_3 - V_4 \quad (3)$$

举例：锥形轴套

$D = 42\ \text{mm};\ d = 26\ \text{mm};$

$d_1 = 16\ \text{mm};\ h = 45\ \text{mm};\ V = ?$

$$V_1 = \frac{\pi \cdot h}{12} \cdot (D_2 + d_2 + D \cdot d)$$

$$= \frac{\pi \cdot 45\ \text{mm}}{12} \cdot (42^2 + 26^2 + 42 \cdot 26)\ \text{mm}^2 = 41610\ \text{mm}^3$$

$$V_2 = \frac{\pi \cdot d^2}{4} \cdot h = \frac{\pi \cdot 16^2\ \text{mm}^2}{4} \cdot 45\ \text{mm} = 9048\ \text{mm}^3$$

$$V = V_1 - V_2 = 41610\ \text{mm}^3 - 9048\ \text{mm}^3 = 32562\ \text{mm}^3$$

质量

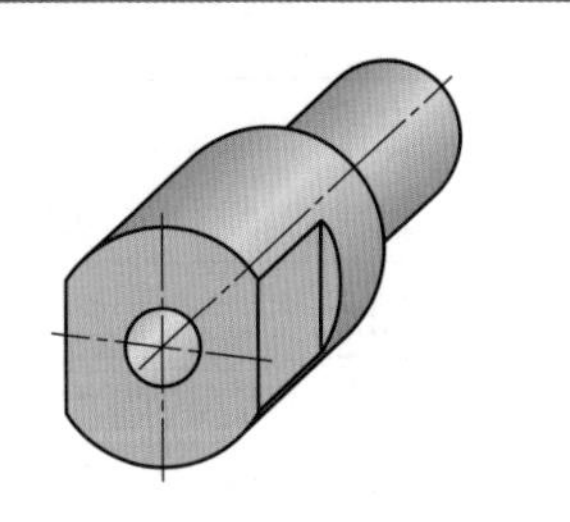

物体的质量由其体积和密度计算得出。

m 质量　　ρ 密度
V 体积

质量

$$m = V \cdot \varrho \quad (4)$$

举例：铝工件

$V = 6.4\ \text{dm}^3;\ \varrho = 2.7\ \text{kg/dm}^3;\ m = ?$

$$m = V \cdot \varrho = 6.4\ \text{dm}^3 \cdot 2.7 = \frac{\text{kg}}{\text{dm}^3} = 17.28\ \text{kg}$$

$1000\ \text{kg/m}^3 = 1\ \text{kg/dm}^3$

$1\text{kg/dm}^3 = 1\ \text{g/cm}^3$

固体和液体的密度单位常用 kg/dm³，气体的密度单位采用 kg/m³，（参见 134，135 页）。

质量线密度[1]

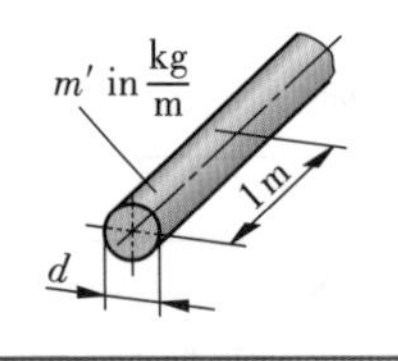

m 质量　　l 长度
m' 质量线密度（单位长度质量的多少）

质量线密度

$$m' = \frac{m}{l} \quad (5)$$

举例：圆钢 $d = 14\ \text{mm}$；

$m' = 1.21\ \text{kg/m};\ l = 3.86\ \text{m};\ m = ?$

$$m = m' \cdot l = 1.21 \frac{\text{kg}}{\text{m}} \cdot 3.86\ \text{m} = 4.67\ \text{kg}$$

质量面密度[1]

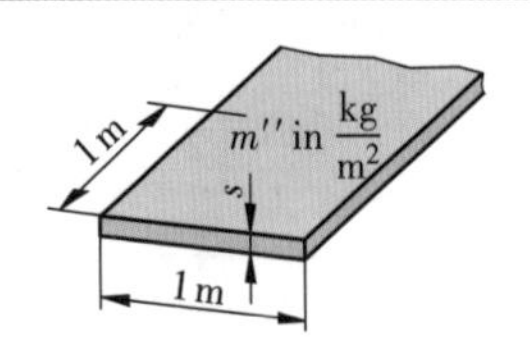

m 质量　　A 面积
m'' 质量面密度（单位面积质量的多少）

质量面密度

$$m'' = \frac{m}{l} \quad (6)$$

举例：钢板 $s = 1.5\ \text{mm}$；

$m'' = 11.8\ \text{kg/m}^2;\ A = 7.5\ \text{m}^2,\ m = ?$

$$m = m'' \cdot A = 11.8 \frac{\text{kg}}{\text{m}^2} \cdot 7.5\ \text{m}^2 = 88.5\ \text{kg}$$

[1] 一般借助型钢、管材、线材等 1 m 的质量线密度 m′ 或板材、涂层等 1m² 的质量面密度 m″ 表值计算半成品的质量。

力

表达法，力的合成与分解

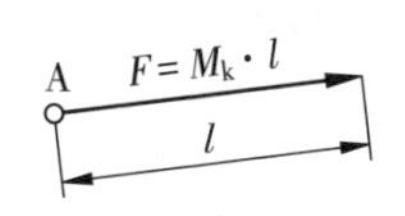

F_1，F_2，F_i　分力　　l　矢量大小（长度）
F_r　合力　　M_K　力的标度
　力是矢量，用箭头表示。箭头线的长度 l 对应力 F 的量，起始点 A 对应力的作用点和箭头的作用方向。

矢量大小

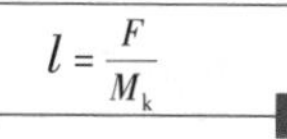

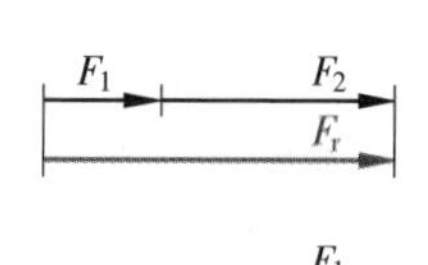

同方向作用的共线力相加

举例：

$F_1 = 80\ \mathrm{N}; F_2 = 160\ \mathrm{N}; F_r = ?$

$F_r = F_1 + F_2 = 80\ \mathrm{N} + 160\ \mathrm{N} = 240\ \mathrm{N}$

同方向作用的共线力相减

举例：

$F_1 = 240\ \mathrm{N}; F_2 = 90; F_r = ?$

$F_r = F_1 - F_2 = 240\ \mathrm{N} - 90\ \mathrm{N} = 150\ \mathrm{N}$

相加

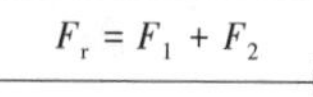

相减

$$F_r = F_1 - F_2$$ 3

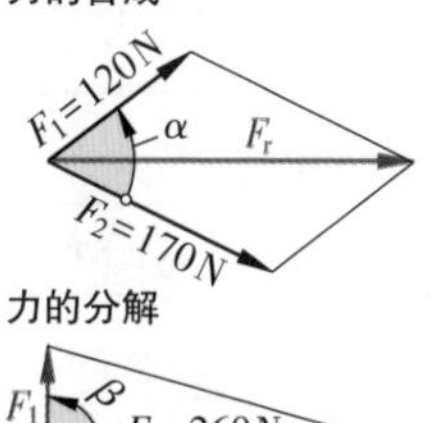

分力的合成

举例：

$F_1 = 120\ \mathrm{N}; F_2 = 170\ \mathrm{N}; \alpha = 60°; F_r = ?$

现测得 $l = 25\ \mathrm{mm}$

$F_r = l \cdot M_k = 25\ \mathrm{mm} \cdot 10\frac{\mathrm{N}}{\mathrm{mm}} = 250\ \mathrm{N}$

力分解成分力

举例：

$F_r = 260\ \mathrm{N}; \alpha = 15°; \beta = 90°; F_1 = ?; F_2 = ?;$

现测得：$l_1 = 7\ \mathrm{mm}; l_2 = 27\ \mathrm{mm};$

$F_1 = l_1 \cdot M_k = 7\ \mathrm{mm} \cdot 10\frac{\mathrm{N}}{\mathrm{mm}} = 70\ \mathrm{N}$

$F_2 = l_2 \cdot M_k = 27\ \mathrm{mm} \cdot 10\frac{\mathrm{N}}{\mathrm{mm}} = 270\ \mathrm{N}$

所有举例中力的比例：

$M_k = 10\frac{\mathrm{N}}{\mathrm{mm}}$

F_r = 合力（相同作用的备用力，与分力的合成相同）

加速力和减速力

使一个质块加速和减速，力是必要的。
F　加速力
a　加速度　　m　质量

举例：

$m = 50\ \mathrm{kg}; a = 3\frac{\mathrm{m}}{\mathrm{s}^2}; F = ?$

$F = m \cdot a = 50\ \mathrm{kg} \cdot 3\frac{\mathrm{m}}{\mathrm{s}^2} = 150\ \mathrm{kg} \cdot 3\frac{\mathrm{m}}{\mathrm{s}^2} = 150\ \mathrm{N}$

加速力

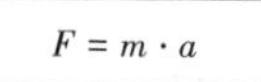

$[F] = \mathrm{N} = \frac{\mathrm{kg} \cdot \mathrm{m}}{\mathrm{s}^2}$

重力

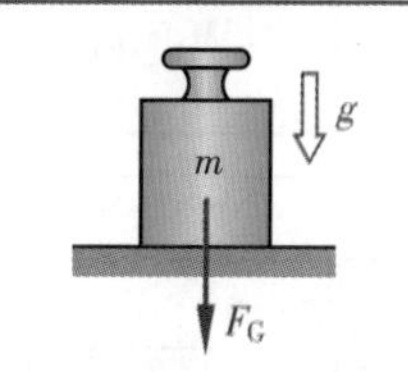

作用在质块上的地球引力构成重力。
F_G　重力　　g　重力加速度
m　质量　　地域系数

举例：

钢梁，$m = 1200\ \mathrm{kg}, F_G = ?$

$F_G = m \cdot g = 1200\ \mathrm{kg} \cdot 9.81\frac{\mathrm{m}}{\mathrm{s}^2} = 11\ 772\ \mathrm{N}$

重力

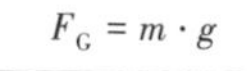

$g = 9.81\frac{\mathrm{m}}{\mathrm{s}^2} \approx 10\frac{\mathrm{m}}{\mathrm{s}^2}$

弹力（胡克定律）

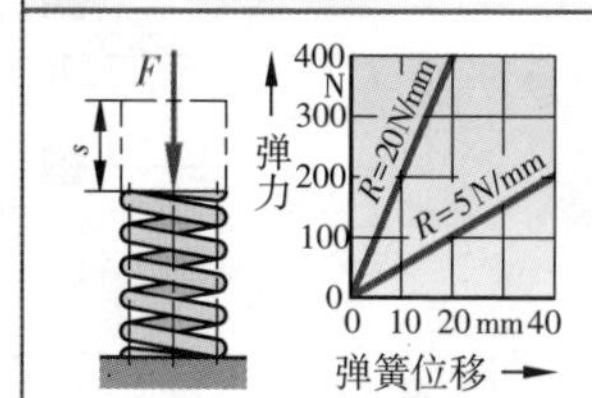

在弹性范围内，力与对应的弹簧线性变形呈比例关系。
F　弹力　　s　弹簧位移
R　弹力常数，或用 D

举例：

压簧，$R = 8\ \mathrm{N/mm}; s = 12\ \mathrm{mm}; F = ?$

$F = R \cdot s = 8\frac{\mathrm{N}}{\mathrm{mm}} \cdot 12\ \mathrm{mm} = 96\ \mathrm{N}$

弹力

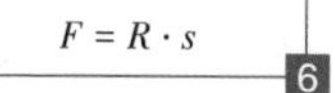

转矩，杠杆，离心力

转矩和杠杆

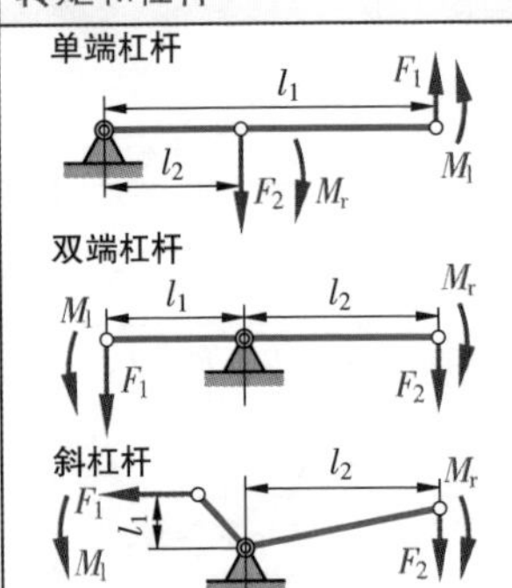

盘盖类回旋体零件的杠杆臂等于其半径 r。

M 力矩，转矩，矩
F 力
l 有效杠杆臂
ΣM_l 所有逆时针方向力矩之和
ΣM_r 所有顺时针方向力矩之和

举例：
斜杠杆，$F_1 = 30\ \text{N}; l_1 = 0.15\ \text{m};$

$l_2 = 0.45\ \text{m}; F_2 = ?$

$$F_2 = \frac{F_1 \cdot l_1}{l_2} = \frac{30\ \text{N} \cdot 0.15\ \text{m}}{0.45\ \text{m}} = 10\ \text{N}$$

转矩

$$M = F \cdot l \quad (1)$$

杠杆原理

$$\Sigma M_l = \Sigma M_r \quad (2)$$

仅施加两个力的杠杆原理

$$F_1 \cdot l_1 = F_2 \cdot l_2 \quad (3)$$

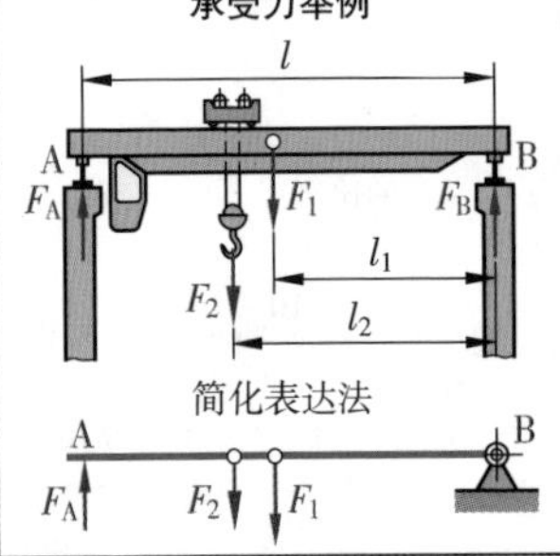

为计算第一个承受力，设一个支撑点为旋转点。并从与负载力 $F_1 + F_2 \cdots$ 的平衡中计算出第二个承受力。

F_A，F_B 承受力　　l，l_1，$l_2 \cdots$ 有效杠杆臂
F_1，F_2 力

举例：
行车，$F_1 = 40\ \text{kN}; F_2 = 15\ \text{kN}; l_1 = 6\ \text{m};$

$l_2 = 8\ \text{m}; l = 12\ \text{m}; F_A = ?$

$$F_A = \frac{F_1 \cdot l_1 + F_2 \cdot l_2 + \cdots}{l} = \frac{40\text{kN} \cdot 6\ \text{m} + 15\ \text{kN} \cdot 8\ \text{m}}{12\ \text{m}} = 30\ \text{kN}$$

A 点的承受力

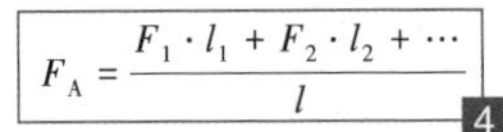

$$F_A = \frac{F_1 \cdot l_1 + F_2 \cdot l_2 + \cdots}{l} \quad (4)$$

力的平衡

$$F_A + F_B = F_1 + F_2 \quad (5)$$

齿轮传动转矩

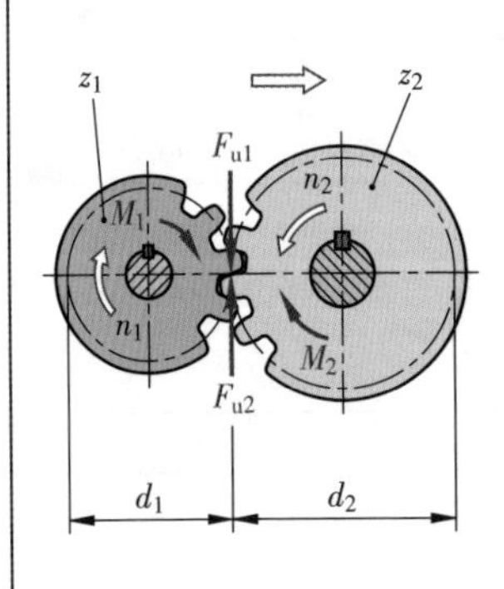

齿轮的杠杆臂是其节圆直径 d 的一半。如果两个相互啮合齿轮的齿数不相同，其产生的转矩不同。

主动轮		从动轮	
F_{u1}	切向力	F_{u2}	切向力
M_1	转矩	M_2	转矩
d_1	节圆直径	d_2	节圆直径
z_1	齿数	z_2	齿数
n_1	转速	n_2	转速
i	传动比		

举例：
变速箱；$i = 12; M_1 = 60\ \text{N} \cdot \text{m}; M_2 = ?$

$$M_2 = i \cdot M_1 = 12 \cdot 60\text{N} \cdot \text{m} = 720\text{Nm}$$

转矩

$$M_1 = \frac{F_{u1} \cdot d_1}{2}$$

$$M_2 = \frac{F_{u2} \cdot d_2}{2}$$

$$M_1 = i \cdot M_1$$

$$\frac{M_2}{M_1} = \frac{z_2}{z_1}$$

$$\frac{M_2}{M_1} = \frac{n_1}{n_2} \quad (6)$$

离心力

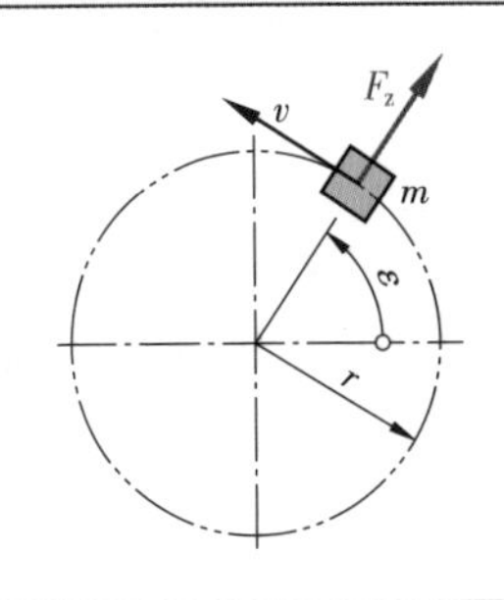

当质块沿曲线轨迹例如一个圆运动时，产生离心力 F_Z。

F_z 向心力，离心力　ω 角速度
m 质量　　　　　　v 圆周速度
r 半径

举例：
透平机叶片，$m = 160\ \text{g}, v = 80\ \text{m/s};$

$d = 40\ \text{mm}; F_z = ?$

$$F_z = \frac{m \cdot v^2}{r} = \frac{0.16\ \text{kg} \cdot (80\ \text{m/s})^2}{0.2\ \text{m}} = 5120\ \text{N}$$

离心力

$$F_z = m \cdot r^2 \cdot \omega^2 \quad (7)$$

$$F_z = \frac{m \cdot v^2}{r} \quad (8)$$

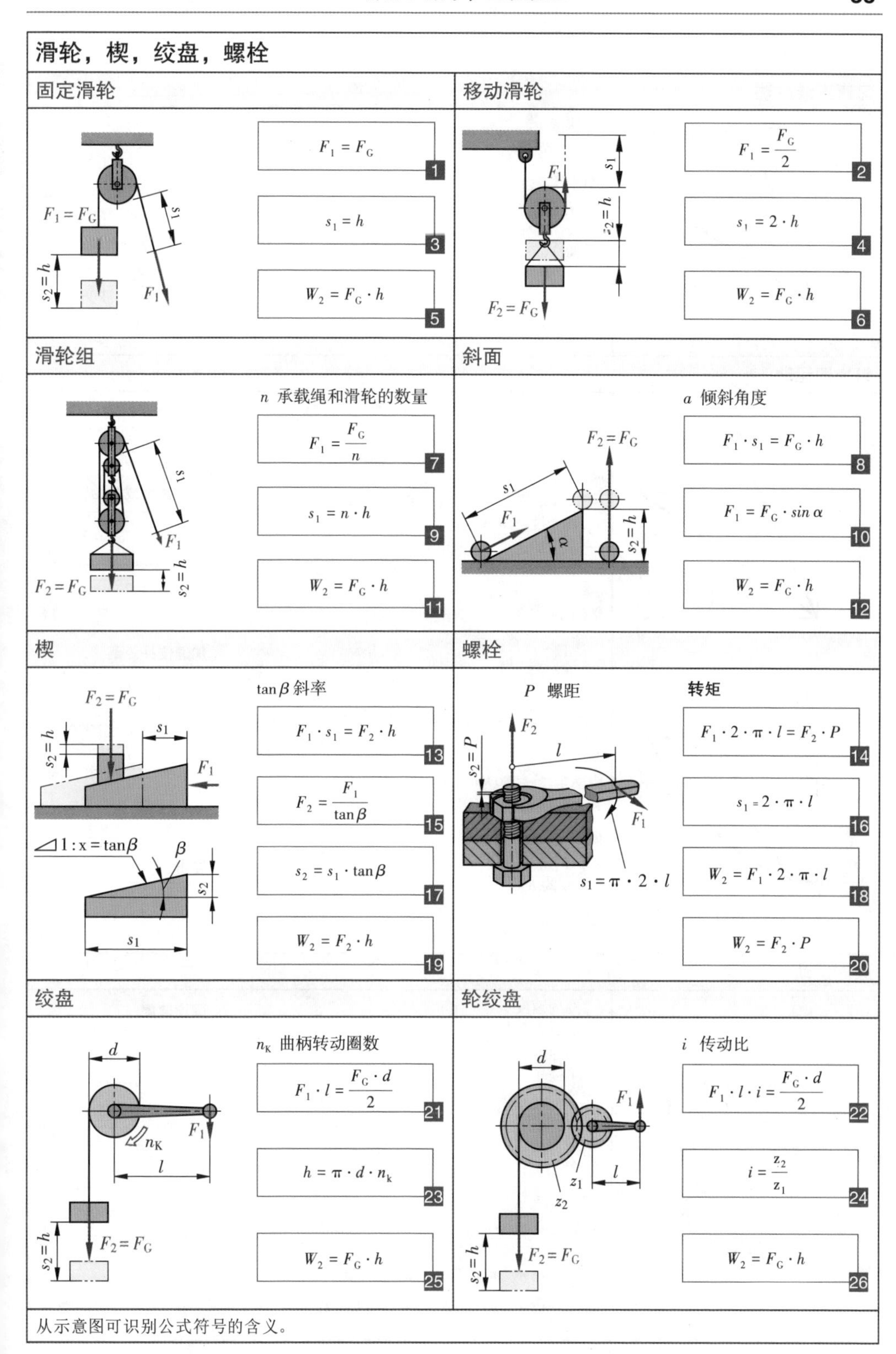

从示意图可识别公式符号的含义。

运动理论

匀速直线运动

位移距离 – 时间曲线图

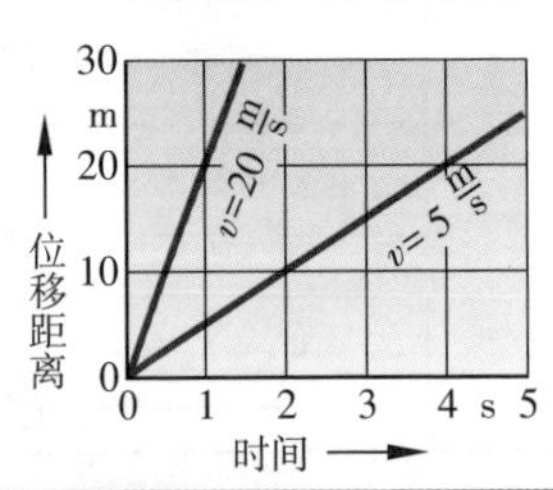

v 速度　　t 时间

s 位移距离

举例：

$v = 48\ \text{km/h};\ s = 12\ \text{m};\ t = ?$

$v = 48\ \text{km/h} = \frac{48\,000\ \text{m}}{3\,600\ \text{s}} = 13.33\frac{\text{m}}{\text{s}}$

$t = \frac{s}{v} = \frac{12\ \text{m}}{13.33\frac{\text{m}}{\text{s}}} = 0.9\ \text{s}$

速度

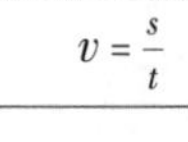

1

$1\frac{\text{m}}{\text{s}} = 60\frac{\text{m}}{\text{min}} = 3.6\frac{\text{km}}{\text{h}}$

$1\frac{\text{km}}{\text{h}} = 16.667\frac{\text{m}}{\text{min}}$

$= 0.2778\frac{\text{m}}{\text{s}}$

匀加速运动

速度 – 时间曲线图

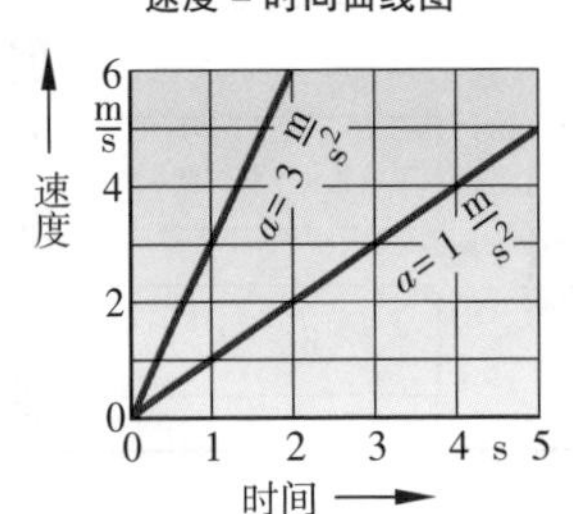

位移距离 – 时间曲线图

12
m
8
4
0
位移距离
$a=3\frac{m}{s^2}$
$a=1\frac{m}{s^2}$
0 1 2 3 4 s 5
时间

速度的均匀增加称为加速，速度的降低称为减速。自由落体是匀加速运动，它是重力加速度 g 的作用。

v 加速度的最终速度，减速度的初始速度

s 位移距离　　t 时间

a 加速度，减速度

g 重力加速度（9.81m/s²）
　地域系数（9.81N/kg）

举例 1：

落锤；$s = 3\ \text{m};\ v = ?$

$a = g = 9.81\frac{\text{m}}{\text{s}^2}$

$v = \sqrt{2 \cdot a \cdot s} = \sqrt{2 \cdot 9.81\ \text{m/s}^2 \cdot 3\ \text{m}} = 7.7\frac{\text{m}}{\text{s}}$

举例 2：

机动车，$v = 80\ \text{km/h};\ a = 7\ \text{m/s}^2$；

刹车距离 $s = ?$

换算：$v = 80\ \text{km/h} = \frac{80\,000\ \text{m}}{3\,600\ \text{s}} = 22.22\frac{\text{m}}{\text{s}}$

$v = \sqrt{2 \cdot a \cdot s}$

$s = \frac{v^2}{2 \cdot a} = \frac{(22.22\ \text{m/s})^2}{2 \cdot 7\ \text{m/s}^2} = 35.3\ \text{m}$

下列公式适用于从静止至加速或从减速至静止：

最终速度或初始速度

$v = a \cdot t$

$v = \sqrt{2 \cdot a \cdot s}$

2

加速位移距离

$s = \frac{1}{2} \cdot v \cdot t$

$s = \frac{1}{2} \cdot a \cdot t^2$

3

$g = 9.81\frac{\text{m}}{\text{s}^2} \approx 10\frac{\text{m}}{\text{s}^2}$

冲击

$j = \frac{a}{t}$

4

圆周运动

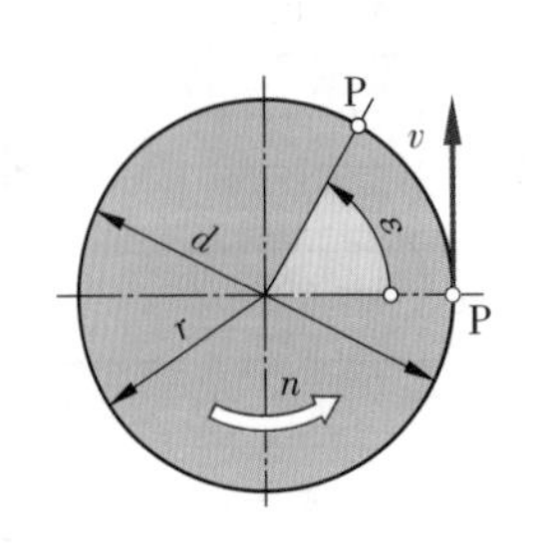

v 圆周速度

n 转速，旋转频率

ω 角速度

r 半径

d 直径

举例：

皮带轮，$d = 250\ \text{mm};\ n = 1400\ \text{min}^{-1}$；

$v = ?;\ \omega = ?$

换算：$n = 1400\ \text{min}^{-1} = \frac{1400}{60\ \text{s}} = 23.33\ \text{s}^{-1}$

$v = \pi \cdot d \cdot n = \pi \cdot 0.25\ \text{m} \cdot 23.33\ \text{s}^{-1} = 18.3\frac{\text{m}}{\text{s}}$

$\omega = 2 \cdot \pi \cdot n = 2 \cdot \pi \cdot 23.33\ \text{s}^{-1} = 146.6\ \text{s}^{-1}$

圆周速度

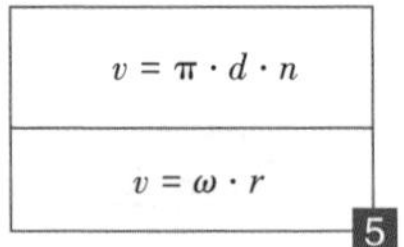

角速度

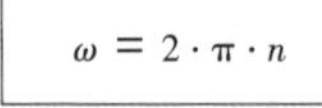

6

$\frac{1}{\text{min}} = 1\ \text{min}^{-1} = \frac{1}{60\text{s}}$

机床速度

进给速度

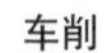

车削

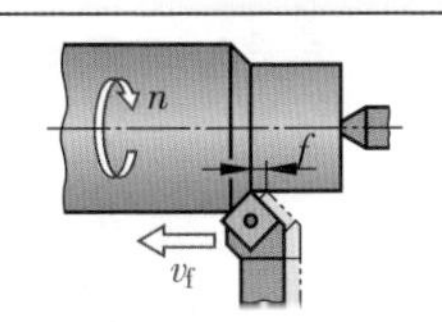

铣削

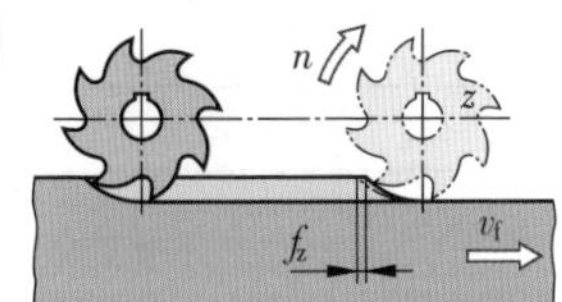

丝杠传动

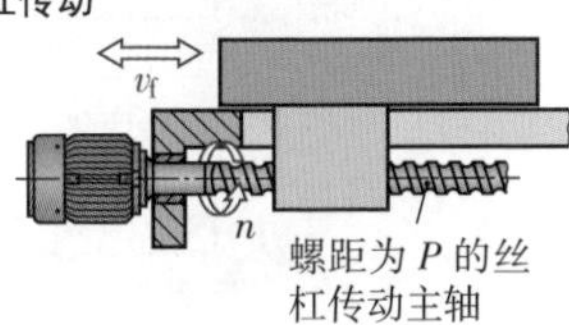

齿条传动

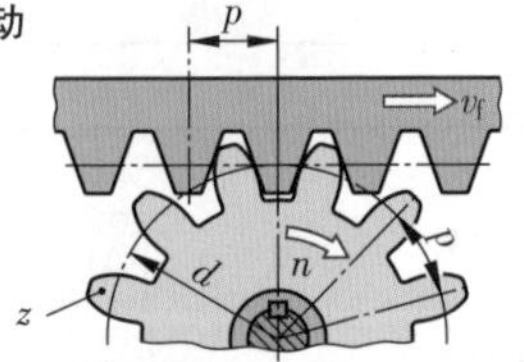

v_f 进给速度
n 转速
f 进给量
f_z 每刃进给量
z 切削刃数量，小齿轮齿数
P 螺距
p 齿条齿距
$[v_f]$ = mm/min
$[f]$ = mm
$[n]$ = 1/min

举例：

圆柱平面铣刀，$z = 8; f_z = 0.2\ \text{mm}$；

$n = 45/\text{min}; v_f = ?$

$$v_f = n \cdot f_z \cdot z$$

$$= 45 \frac{1}{\text{min}} \cdot 0.2\ \text{mm} \cdot 8\ \text{mm}$$

$$= 72 \frac{\text{mm}}{\text{min}}$$

钻孔和车削进给速度

$$v_f = n \cdot f \quad (1)$$

铣削进给速度

$$v_f = n \cdot f_z \cdot z \quad (2)$$

丝杠传动进给速度

$$v_f = n \cdot P \quad (3)$$

齿条传动进给速度

$$v_f = n \cdot z \cdot P \quad (4)$$

$$v_f = \pi \cdot d \cdot n \quad (5)$$

切削速度，圆周速度

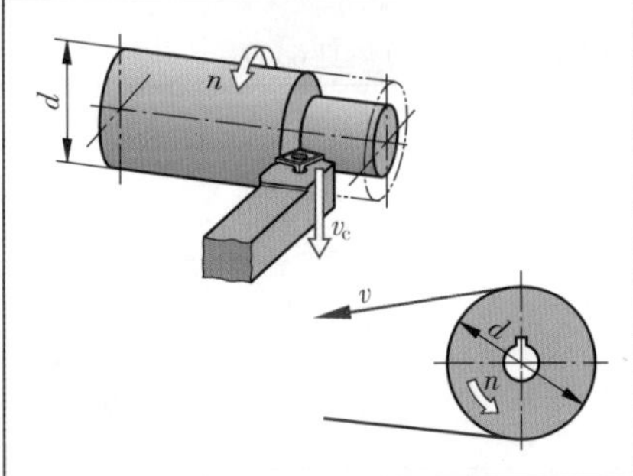

v_c 进给速度　　v 圆周速度
d 直径　　n 转速

举例：

车削，$n = 1200/\text{min}$；

$d = 35\ \text{mm}; v_c = ?$

$$v_c = \pi \cdot d \cdot n$$

$$= \pi \cdot 0.035\ \text{m} \cdot 1200 \frac{1}{\text{min}}$$

$$= 132 \frac{\text{m}}{\text{min}}$$

切削速度

$$v_c = \pi \cdot d \cdot n \quad (6)$$

圆周速度

$$v = \pi \cdot d \cdot n \quad (7)$$

曲轴传动机构的平均速度

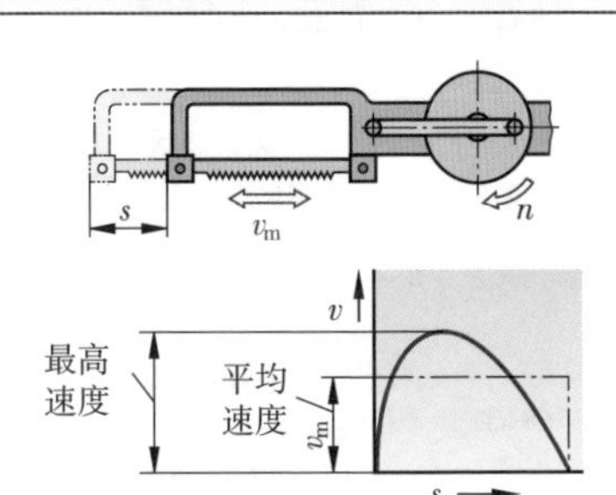

v_m 平均速度　　n 往复行程次数
s 行程长度

举例：

机用弓锯，$s = 280\ \text{mm}; n = 45/\text{min}$；

$v_m = ?$

$$v_m = 2 \cdot s \cdot n$$

$$= 2 \cdot 0.28\ \text{m} \cdot 45 \cdot \frac{1}{60\ s}$$

$$= 25.2 \frac{\text{m}}{\text{s}}$$

平均速度

$$v_m = 2 \cdot s \cdot n \quad (8)$$

热工技术 1

温度

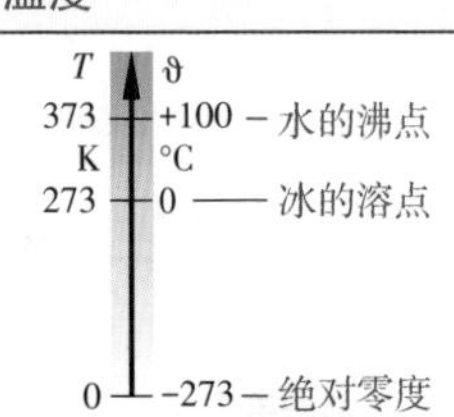

温度测量采用开氏温标（K），摄氏温标（℃）和华氏温标（℉）。开氏温标原点是最低可能温度，即绝对零度（–273℃）。摄氏温标原点为冰的溶点。

T 温度，单位：K　　ϑ 温度，单位：℃

t_F 温度，单位：℉

摄氏温度用开尔文（K）作单位时，标注为 $\Delta\vartheta = \Delta T$

开氏温标温度

$$T = \vartheta + 273 \quad (1)$$

华氏温标温度

$$t_F = 1.8 \cdot \vartheta + 32 \quad (2)$$

长度变化，直径变化

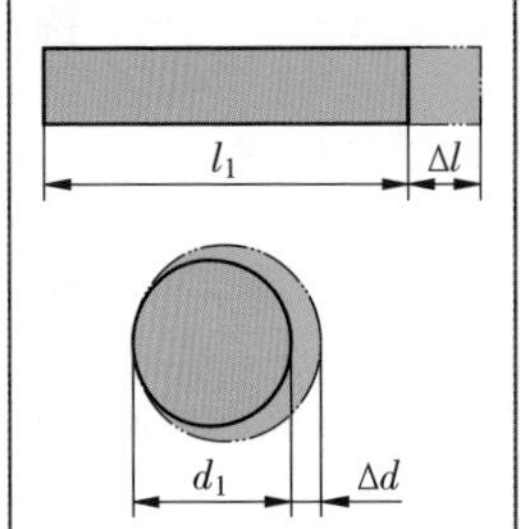

α_1 线性膨胀系数　　Δd 直径变化

Δ 温度变化　　l_1 初始长度

Δ_1 长度变化　　d_1 初始直径

举例：

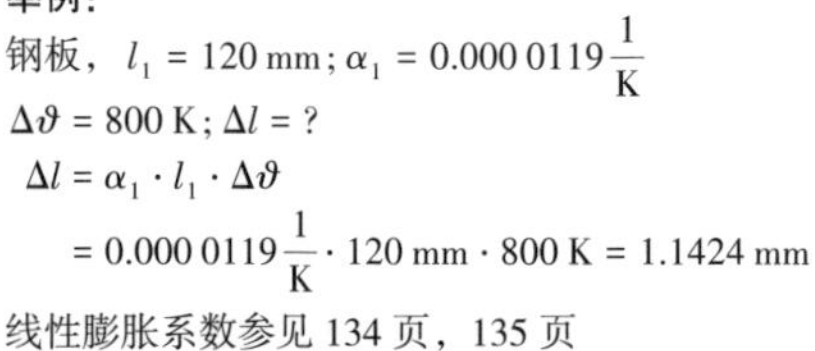

钢板，$l_1 = 120\,\text{mm}; \alpha_1 = 0.000\,0119 \frac{1}{\text{K}}$

$\Delta\vartheta = 800\,\text{K}; \Delta l = ?$

$\Delta l = \alpha_1 \cdot l_1 \cdot \Delta\vartheta$

$= 0.000\,0119 \frac{1}{\text{K}} \cdot 120\,\text{mm} \cdot 800\,\text{K} = 1.1424\,\text{mm}$

线性膨胀系数参见 134 页，135 页

长度变化

$$\Delta l = \alpha_1 \cdot l_1 \cdot \Delta\vartheta \quad (3)$$

直径变化

$$\Delta d = \alpha_1 \cdot d_1 \cdot \Delta\vartheta \quad (4)$$

体积变化

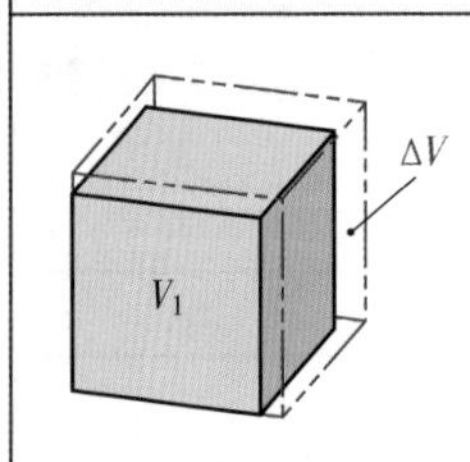

α_v 体积膨胀系数　　ΔV 体积变化

$\Delta\vartheta$ 温度变化　　V_1 初始体积

举例：

汽油，$V_1 = 60\,\text{l}; \alpha_V = 0.001 \frac{1}{\text{K}}; \Delta\vartheta = 32\,\text{K}; \Delta V = ?$

$\Delta V = \alpha_V \cdot V_l \cdot \Delta\vartheta = 0.001 \frac{1}{\text{K}} \cdot 60\,\text{l} \cdot 32\,\text{K} = 1.9\,\text{l}$

体积膨胀系数参见 134 页，气体的体积膨胀（状态变化）参见 66 页。

体积变化

$$\Delta V = \alpha_V \cdot V_l \cdot \Delta\vartheta \quad (5)$$

固体材料：

$\alpha_V = 3 \cdot \alpha_1$

收缩

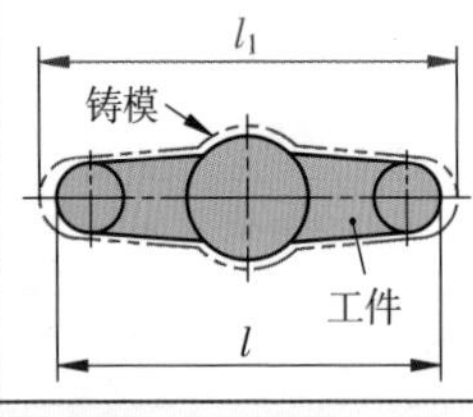
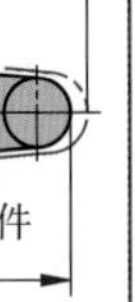

S 收缩尺寸，单位：%　　l_1 铸模长度

l 工件长度

举例：

铸铝件，$l = 680\,\text{mm}; S = 1.2\%; l_1 = ?$

$l_1 = \frac{l \cdot 100\%}{100\% - S} = \frac{680\,\text{mm} \cdot 100\%}{100\% - 1.2\%} = 688.3\,\text{mm}$

铸模长度

$$l_1 = \frac{l \cdot 100\%}{100\% - S} \quad (6)$$

温度变化产生的热能

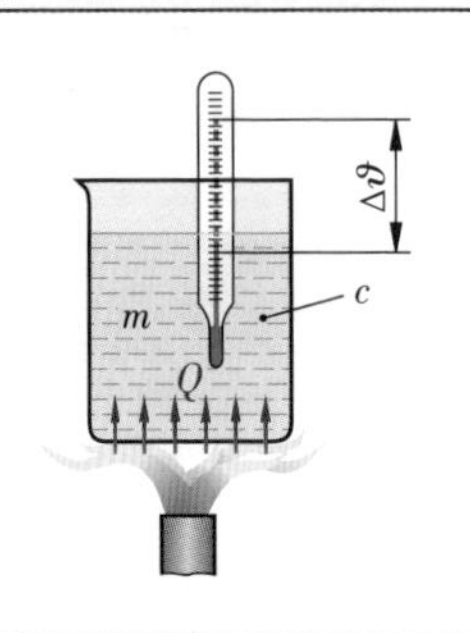

比热容 c 指将 1 kg 物质加热 1℃所需热量。冷却时则释放相同的热量。

c 比热容　　Q 热量

$\Delta\vartheta$ 温度变化　　m 质量

举例：

钢轴，$m = 2\,\text{kg}; c = 0.48 \frac{\text{kJ}}{\text{kg} \cdot \text{K}};$

$\Delta\vartheta = 800\,\text{K}; Q = ?$

$Q = c \cdot m \cdot \Delta\vartheta = 0.48 \frac{\text{kJ}}{\text{kg} \cdot \text{K}} \cdot 2\,\text{kg} \cdot 800\,\text{K} = 768\,\text{kJ}$

比热容参见 134 页，135 页

热，热量

$$Q = c \cdot m \cdot \Delta\vartheta \quad (7)$$

$1\,\text{kJ} = \frac{1\,\text{kWh}}{3600}$

$1\,\text{kWh} = 3.6\,\text{MJ}$

热工技术 2

熔化热和气化热

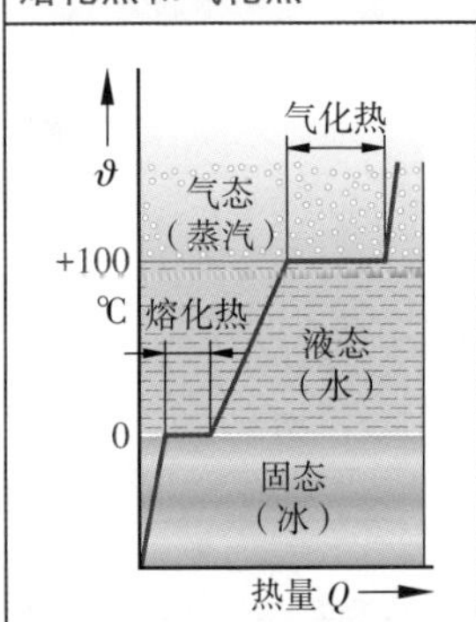

物质熔化和气化时需吸收热量，但温度并未上升。

Q_s 熔化热 q_v 气化潜热
Q_v 气化热 q_s 气化潜热
m 质量

举例：
铜，$m = 6.5\ \text{kg}; q_s = 213\dfrac{\text{kJ}}{\text{kg}}; Q_s = ?$

$$Q_s = q_s \cdot m = 213\frac{\text{kJ}}{\text{kg}} \cdot 6.5\ \text{kg} = 1\ 384.5\ \text{kJ} \approx 1.4\ \text{MJ}$$

熔化潜热和气化潜热参见 134 页，135 页

熔化热

$$Q_s = q_s \cdot m \quad (1)$$

气化热

$$Q_v = q_v \cdot m \quad (2)$$

热通量

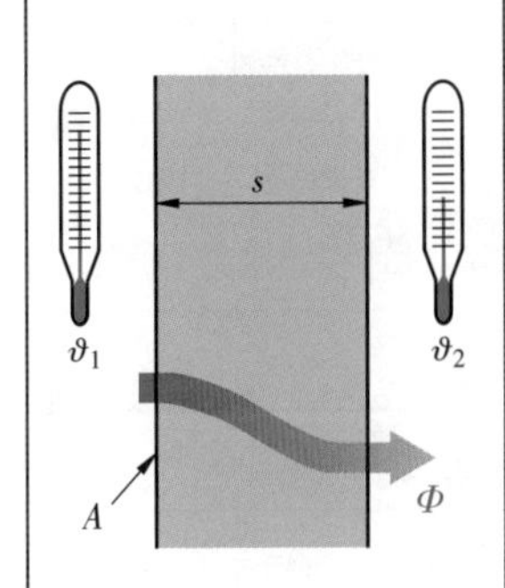

物质内从高温变为低温的过程中其内部持续产生热通量 $\varPhi$。
导热系数 k 兼顾工件的导热性能和工件边界面的热传导阻力。

$\varPhi$ 热通量 $\Delta\vartheta$ 温度差
λ 导热率 s 工件厚度
k 导热系数 A 工件面积
ϑ 温度

举例：
隔热玻璃，$k = 1.9\dfrac{\text{W}}{\text{m}^2 \cdot \text{K}}; A = 2.8\ \text{m}^2$
$\Delta\vartheta = 32\text{K}; \varPhi = ?$

$$\varPhi = k \cdot A \cdot \Delta\vartheta = 1.9\frac{\text{W}}{\text{m}^2 \cdot \text{K}} \cdot 2.8\ \text{m}^2 \cdot 32\ \text{K} = 170\ \text{W}$$

导热率数值 λ 参见 134，135 页，导热系数 k 见本页下表。

温差

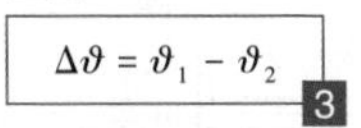

热传导的热通量

$$\varPhi = \frac{\lambda \cdot A \cdot \Delta\vartheta}{S} \quad (4)$$

热传输的热通量

$$\varPhi = k \cdot A \cdot \Delta\vartheta \quad (5)$$

燃烧热

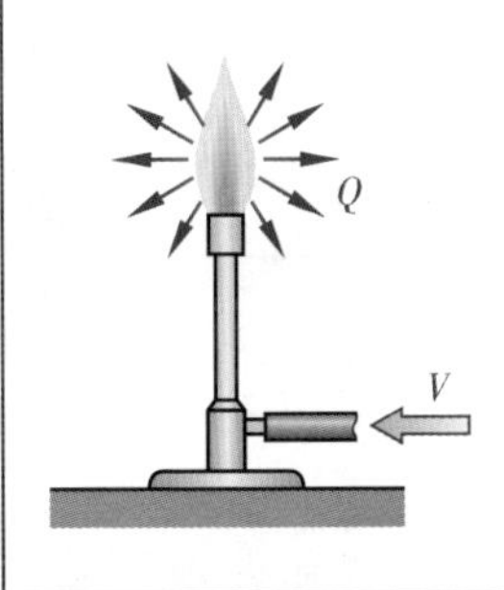

物质的净发热值 H_u 指 1 kg 或 1 m³ 物质完全燃烧过程中释放的热能减去含水蒸气废气的气化热。

Q 燃烧热
H_u 净发热值（见下表）
m 固体和液体燃料的质量
V 燃气体积

举例：
天然气，$V = 3.8\ m^3; H_u = 35\dfrac{\text{MJ}}{\text{m}^3}; Q = ?$

$$Q = H_u \cdot V = 35\frac{\text{MJ}}{\text{m}^3} \cdot 3.8\ m^3 = 133\ \text{MJ}$$

固体或液体物质的燃烧热

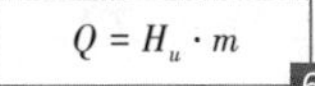

气体的燃烧热

$$Q = H_u \cdot V \quad (7)$$

燃料的净发热值 H_u

固体燃料	H_u MJ/kg	液体燃料	H_u MJ/kg	气体燃料	H_u MJ/m³
木材	15～17	酒精	27	氢	10
生物燃料（干）	14～18	苯	40	天然气	34～36
褐煤	16～20	汽油	43	乙炔	57
焦炭	30	柴油	41～43	丙烷	93
石煤	30～34	重油	40～43	丁烷	123

导热系数 k

工件	s mm	k W/（km²）
门，钢板	50	5.8
复合窗	12	1.3
砖墙	365	1.1
防弹衣	125	3.2
隔热板	80	0.39

机械功，机械功率，能

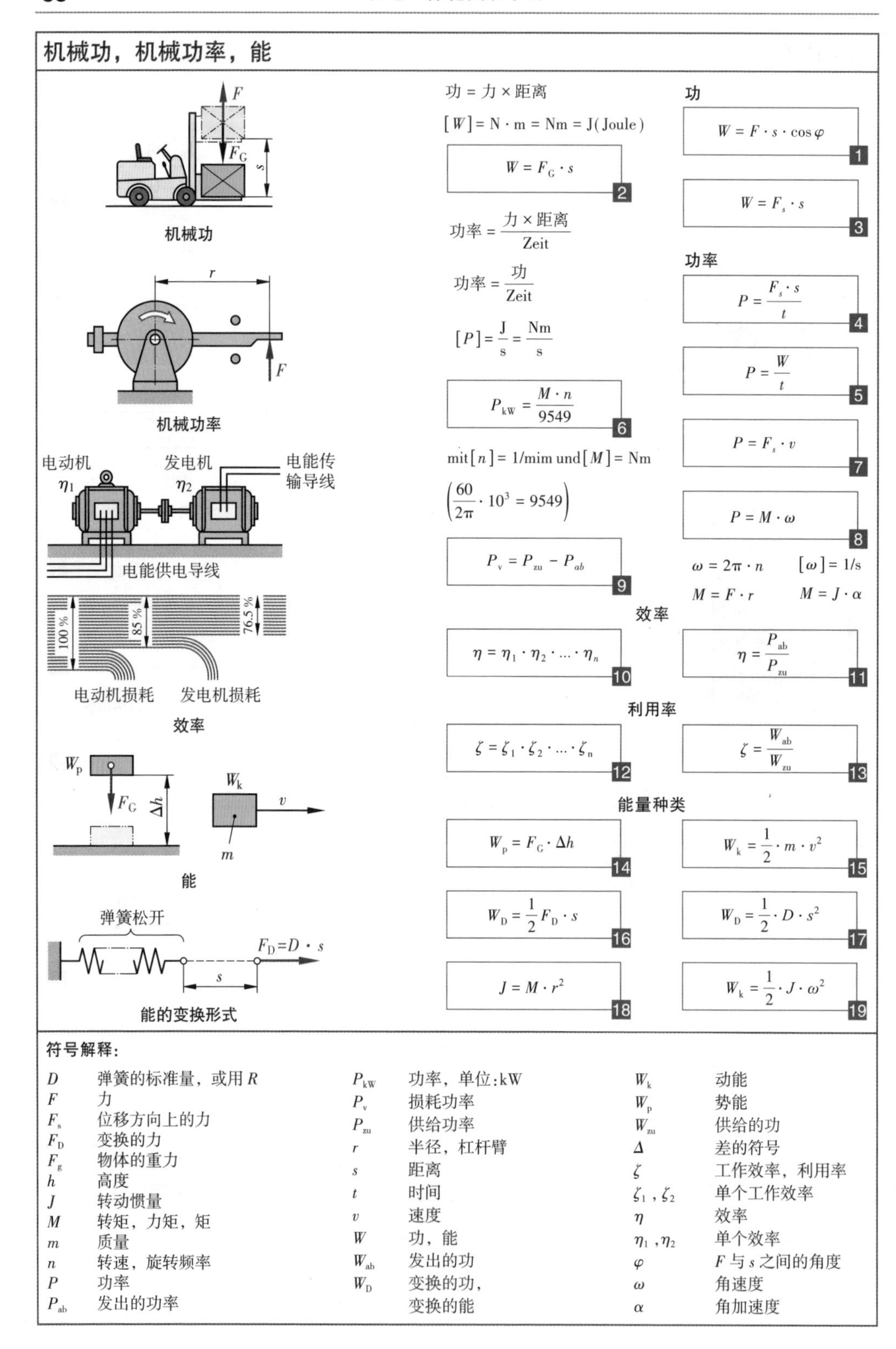

功 = 力 × 距离

$[W] = N \cdot m = Nm = J(Joule)$

功

$$W = F \cdot s \cdot \cos\varphi \quad (1)$$

$$W = F_G \cdot s \quad (2)$$

$$W = F_s \cdot s \quad (3)$$

$$\text{功率} = \frac{\text{力} \times \text{距离}}{\text{Zeit}}$$

$$\text{功率} = \frac{\text{功}}{\text{Zeit}}$$

$$[P] = \frac{J}{s} = \frac{Nm}{s}$$

功率

$$P = \frac{F_s \cdot s}{t} \quad (4)$$

$$P = \frac{W}{t} \quad (5)$$

$$P_{kW} = \frac{M \cdot n}{9549} \quad (6)$$

mit $[n] = 1/\text{mim}$ und $[M] = \text{Nm}$

$$\left(\frac{60}{2\pi} \cdot 10^3 = 9549\right)$$

$$P = F_s \cdot v \quad (7)$$

$$P = M \cdot \omega \quad (8)$$

$$P_v = P_{zu} - P_{ab} \quad (9)$$

$\omega = 2\pi \cdot n$ $[\omega] = 1/s$

$M = F \cdot r$ $M = J \cdot \alpha$

效率

$$\eta = \eta_1 \cdot \eta_2 \cdot \ldots \cdot \eta_n \quad (10)$$

$$\eta = \frac{P_{ab}}{P_{zu}} \quad (11)$$

利用率

$$\zeta = \zeta_1 \cdot \zeta_2 \cdot \ldots \cdot \zeta_n \quad (12)$$

$$\zeta = \frac{W_{ab}}{W_{zu}} \quad (13)$$

能量种类

$$W_p = F_G \cdot \Delta h \quad (14)$$

$$W_k = \frac{1}{2} \cdot m \cdot v^2 \quad (15)$$

$$W_D = \frac{1}{2} F_D \cdot s \quad (16)$$

$$W_D = \frac{1}{2} \cdot D \cdot s^2 \quad (17)$$

$$J = M \cdot r^2 \quad (18)$$

$$W_k = \frac{1}{2} \cdot J \cdot \omega^2 \quad (19)$$

符号解释：

D	弹簧的标准量，或用 R	P_{kW}	功率，单位：kW	W_k	动能
F	力	P_v	损耗功率	W_p	势能
F_s	位移方向上的力	P_{zu}	供给功率	W_{zu}	供给的功
F_D	变换的力	r	半径，杠杆臂	Δ	差的符号
F_g	物体的重力	s	距离	ζ	工作效率，利用率
h	高度	t	时间	ζ_1，ζ_2	单个工作效率
J	转动惯量	v	速度	η	效率
M	转矩，力矩，矩	W	功，能	η_1，η_2	单个效率
m	质量	W_{ab}	发出的功	φ	F 与 s 之间的角度
n	转速，旋转频率	W_D	变换的功，变换的能	ω	角速度
P	功率			α	角加速度
P_{ab}	发出的功率				

电荷，电压，电流强度，电阻

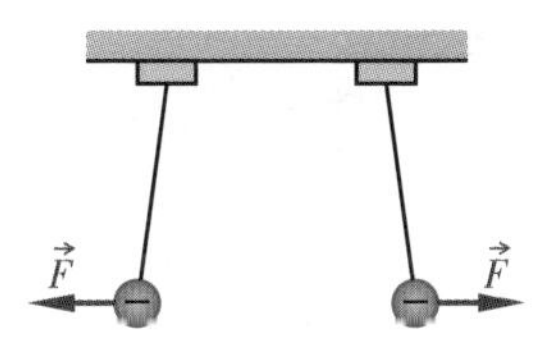

同性电荷相斥

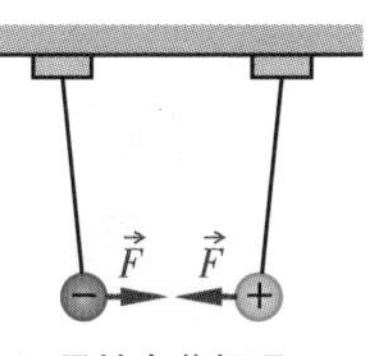

异性电荷相吸

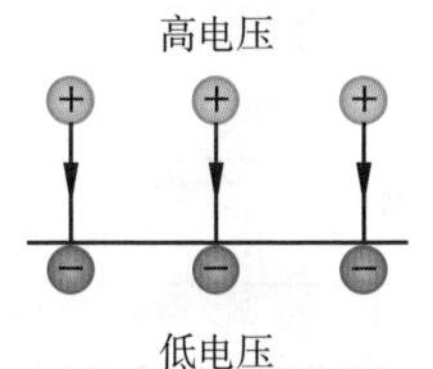

电压的产生

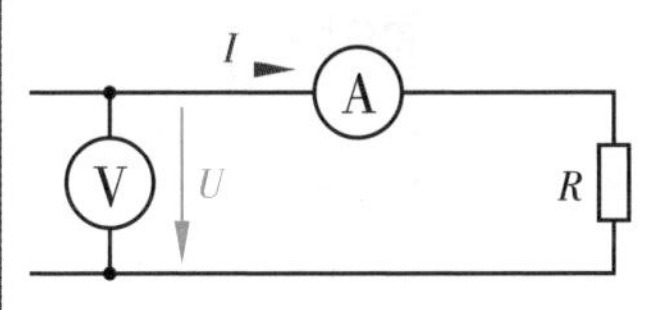

电流，电压，电阻

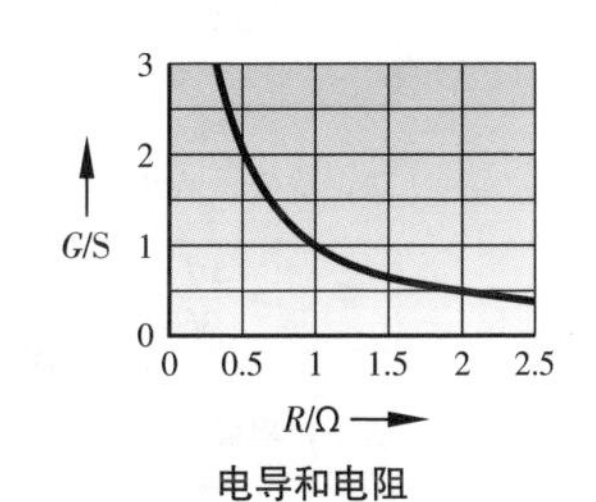

电导和电阻

$[Q] = \mathrm{A \cdot s = As = C}$（库仑）

$[I] = \mathrm{A}$

$[t] = \mathrm{s}$

$[F] = \mathrm{N}$

$[I] = \dfrac{\mathrm{C}}{\mathrm{s}} = \dfrac{\mathrm{As}}{\mathrm{s}} = \mathrm{A}$

力 F 的计算
参见 41页

电荷

不带电物体

$$Q = I \cdot t \quad \boxed{1}$$

带电物体

$$\Delta Q = I \cdot \Delta t \quad \boxed{2}$$

电流强度，电流

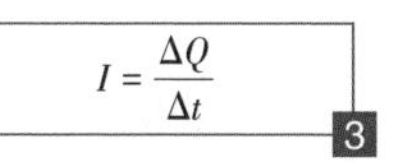

$$I = \frac{\Delta Q}{\Delta t} \quad \boxed{3}$$

$$I = \frac{Q}{t} \quad \boxed{4}$$

$[J] = \dfrac{\mathrm{A}}{\mathrm{m_2}}$

$[J] = \dfrac{\mathrm{A}}{\mathrm{mm_2}}$（例如导线内）

$[U] = [W]/[Q] = \mathrm{J/C}$

$= \mathrm{Ws/As = W/A = V}$

电流密度

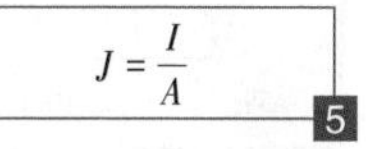

$$J = \frac{I}{A} \quad \boxed{5}$$

电压

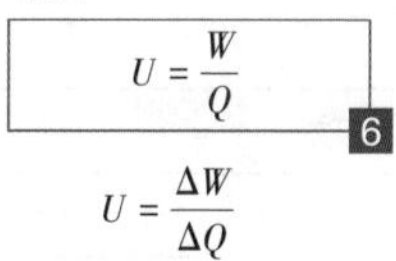

$$U = \frac{W}{Q} \quad \boxed{6}$$

$$U = \frac{\Delta W}{\Delta Q}$$

欧姆定律的**特性公式**

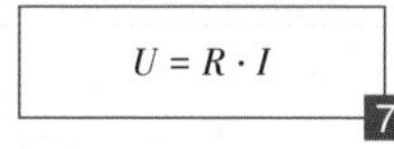

$$U = R \cdot I \quad \boxed{7}$$

$[R] = \Omega$（电导）

$[G] = 1/\Omega = \mathrm{S}$（西门子）

欧姆定律

$$R = \frac{U}{I} \quad \boxed{8}$$

金属：

$[\varrho] = \dfrac{\Omega \cdot \mathrm{mm^2}}{\mathrm{m}}$

$[\gamma] = \dfrac{\mathrm{m}}{\Omega \cdot \mathrm{mm^2}} = \dfrac{\mathrm{S \cdot m}}{\mathrm{mm^2}}$

非金属：

$[\varrho] = \Omega \cdot m$

电导

$$G = \frac{1}{R} \quad \boxed{9}$$

电阻率

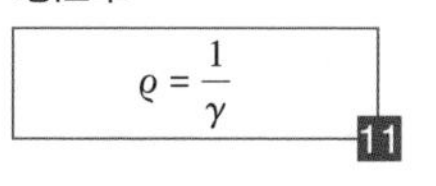

$$\varrho = \frac{1}{\gamma} \quad \boxed{11}$$

ρ 数值参见 130 页，131 页

导体电阻

$$R = \frac{l}{\gamma \cdot A} \quad \boxed{10}$$

$$R = \frac{\varrho \cdot l}{A} \quad \boxed{12}$$

符号解释：

A	导线横截面	Q	电荷	W	功，能
F	力	R	电阻	Δ	差的符号
G	电导	t	时间	γ	电导率
I	电流强度	U	电压	ρ	电阻率 参见 134 页，135 页
J	电流密度				

提示： 标准 DIN 1304–1 中，电导率 γ 称为前置符号。σ 和 χ 也可用作偏差符号。

电功率，电功

交流电电功率或直流电有效电阻的电功率

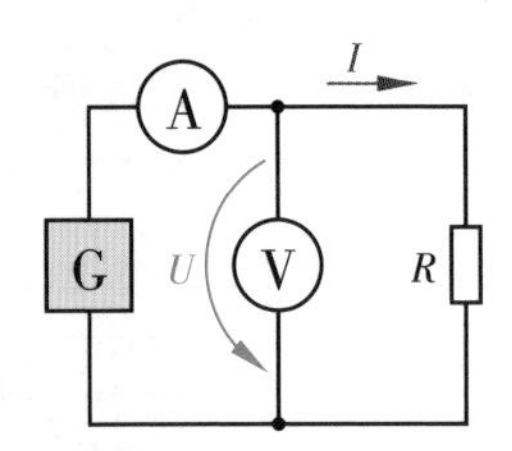

电流表和电压表测功率

$[P] = \mathrm{V \cdot A = AV = W = J/s}$

电阻 R 相同时
其他电压下的功率：

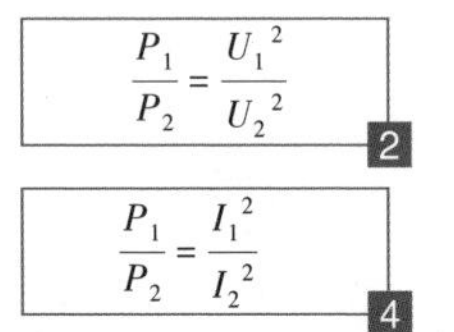

$$\frac{P_1}{P_2} = \frac{U_1^2}{U_2^2} \quad (2)$$

$$\frac{P_1}{P_2} = \frac{I_1^2}{I_2^2} \quad (4)$$

索引 1 和 2 适用于不同工况。

功率

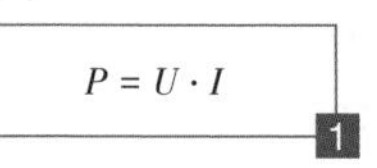

$$P = U \cdot I \quad (1)$$

$$P = I^2 \cdot R \quad (3)$$

$$P = \frac{U^2}{R} \quad (5)$$

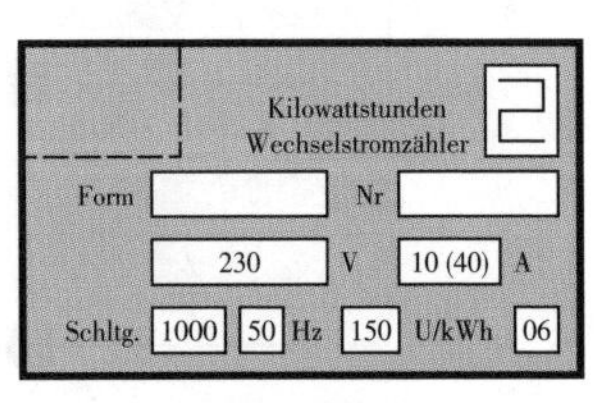

电量计功率铭牌

用电量计测功率：

举例：

n = 2分钟8圈

$Cz = 150 / \mathrm{kWh}$; P = ?kW

解：

$$P = \frac{n}{C_z} = \frac{8/(2\ \mathrm{min}) \cdot 60\ \mathrm{min/h}}{150/\mathrm{kWh}} = 1.6\ \mathrm{kW}$$

$$P = \frac{\text{圈数}}{t \cdot C_z}$$

$$P = \frac{n}{C_z} \quad (6)$$

电功

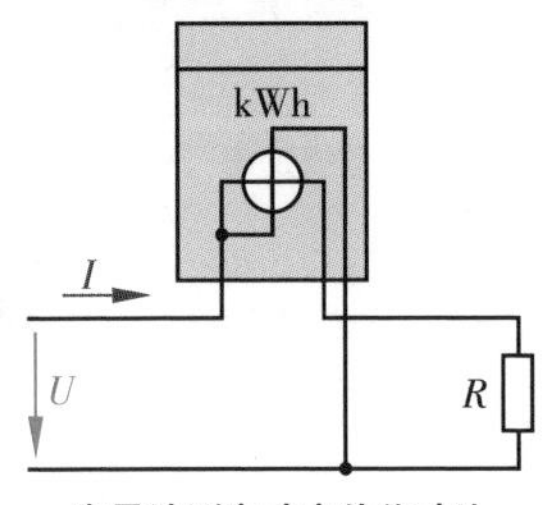

电量计测电功电价作功比

$[W] = \mathrm{Ws = J = Nm}$

$3.6\ \mathrm{MJ} = 1\ \mathrm{kWh}$

电热（焦耳热）

（热量）

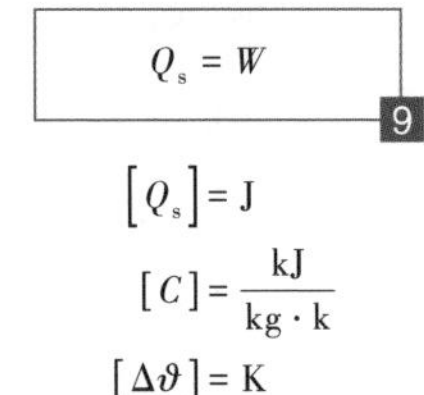

$$Q_s = W \quad (9)$$

$[Q_s] = \mathrm{J}$

$[C] = \frac{\mathrm{kJ}}{\mathrm{kg \cdot k}}$

$[\Delta\vartheta] = \mathrm{K}$

功

$$W = P \cdot t \quad (7)$$

电价作功比

$$K_A = W \cdot T \quad (8)$$

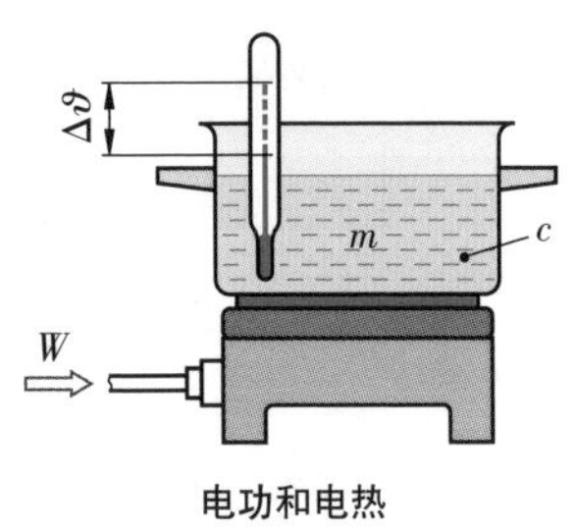

电功和电热

c 值参见 134 页

举例：

$W = 70\ \mathrm{kWh}$; $T = 0.21 \frac{€}{\mathrm{kWh}}$;

K_A = ?

解：

$$K_A = W \cdot T = 70\ \mathrm{kWh} \cdot 0.21 \frac{€}{\mathrm{kWh}} = 14.70\ €$$

电热

（热量）

$$Q_s = \frac{\Delta\vartheta \cdot c \cdot m}{\zeta} \quad (10)$$

功，单位：kWh

$$W_{\mathrm{kWh}} = \frac{\Delta\vartheta \cdot c \cdot m}{3600 \cdot \zeta} \quad (11)$$

功率，单位：kW

$$P_{\mathrm{kW}} = \frac{\Delta\vartheta \cdot c \cdot m}{3600 \cdot \zeta \cdot t} \quad (12)$$

符号解释：

c	比热容	n	转数	T	每 kWh 的协约电价
C_z	电量计常数	P	功率	U	电压
I	电流强度	Qs	电热	W	功，电能消耗
K_A	m 质量的电价作功比（例如水量）	R	电阻	Δ	温差
		t	时间	ζ	热功效率

电场，电容

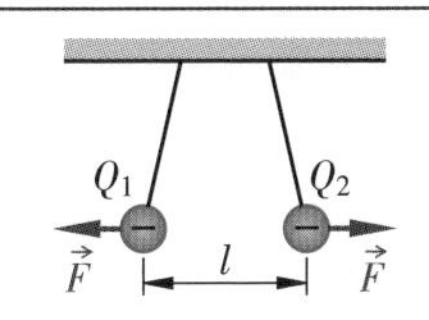

库仑定律（力的作用）

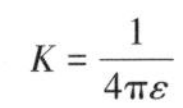

$$K=\frac{1}{4\pi\varepsilon}$$

空气：$K\approx 9\cdot 10^9\,\frac{\mathrm{Vm}}{\mathrm{As}}$

电场强度 E 指电场内作用在 $Q=1$ As 电荷上的力。

力

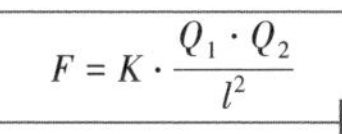

$$F=K\cdot\frac{Q_1\cdot Q_2}{l^2} \quad (1)$$

吸引力，平板电容器

$$F=\frac{1}{2}E\cdot Q \quad (2)$$

电场强度

$$[E]=\frac{\mathrm{V}}{\mathrm{m}}=\frac{\mathrm{N}}{\mathrm{As}}$$

电场强度

$$E=\frac{F}{Q} \quad (3)$$

均强电场：

$$E=\frac{U}{l} \quad (4)$$

$$[D]=\frac{\mathrm{As}}{\mathrm{m}^2}$$

通量密度，表面电荷密度

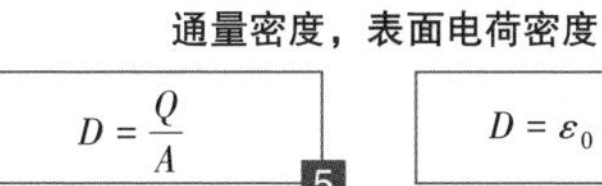

$$D=\frac{Q}{A} \quad (5)$$

$$D=\varepsilon_0\cdot\varepsilon_r\cdot E \quad (6)$$

介电常数 ε_r	空气 1 氮气 1 氧气 1	矿泉水 2~2.4	玻璃 4~8 云母 6~8 金红石 40~60

$$\varepsilon=\varepsilon_0\cdot\varepsilon_r$$

$$\varepsilon_0=8.85\,\frac{\mathrm{pAs}}{\mathrm{VM}}=8.85\ \mathrm{pF/m}$$

$$[C]=\frac{\mathrm{As}}{\mathrm{V}}=\mathrm{F}(法拉第)$$

电容

$$C=\frac{\varepsilon\cdot A}{l} \quad (7)$$

$$[D]=\frac{\mathrm{As}}{\mathrm{V}}\cdot\mathrm{V}=\mathrm{As}=\mathrm{C}(库仑)$$

$$[\Delta t]=s$$

电荷

$$Q=I\cdot t \quad (8)$$

$$\Delta Q=i\cdot\Delta t$$

$$Q=C\cdot U \quad (9)$$

$$\Delta Q=C\cdot\Delta u$$

电容的能

$$[W]=\frac{\mathrm{As}}{\mathrm{V}}\cdot\mathrm{V}^2=\mathrm{Ws}=\mathrm{J}(焦耳)$$

充电电流能

$$i=C\cdot\frac{\Delta u}{\Delta t} \quad (10)$$

Energie

$$W=\frac{1}{2}\cdot C\cdot U^2 \quad (11)$$

$W=\frac{1}{2}Q\cdot U=\frac{1}{2}C\cdot U^2$，$Q=C\cdot U$

$$[W]=\frac{J}{\mathrm{m}^3}$$

能量密度

$$w=\frac{W}{V} \quad (12)$$

$$W=\frac{1}{2}\cdot D\cdot E \quad (13)$$

电场的能量密度是电场单位体积内存储的电能。

交流电压电容器

这里流过的是无功电流（持续地充电和放电）

角频率

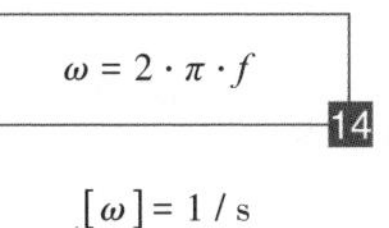

$$\omega=2\cdot\pi\cdot f \quad (14)$$

$$[\omega]=1/\mathrm{s}$$

电抗

$$X_C=\frac{1}{\omega C} \quad (15)$$

$$[X_C]=\Omega$$

无功电流

$$I_{bC}=\frac{U}{X_C} \quad (16)$$

$$[I_{bC}]=\mathrm{A}$$

符号解释：

A	板面积	K	系数	V	体积
C	电容	l	电荷的间距，平板的间距	W	能
D	电通量密度，表面电荷密度	Q	电荷，充电	w	能量密度
E	电场强度	ΔQ	电荷变化	X_C	容抗
F	力	t	时间	ε	介电常数
f	频率	Δt	时间差	ε_0	电场常数
I, i	电流强度	U	电压	ε_r	介电常数数值
		Δu	电压变化	ω	角频率

磁场，线圈

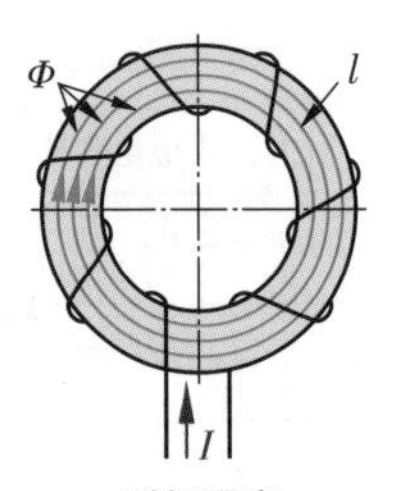

磁场强度

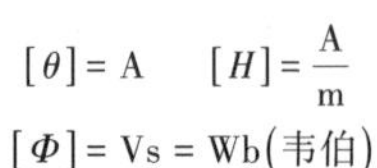

$[\Phi] = \mathrm{Vs} = \mathrm{Wb}$（韦伯）

磁化安匝

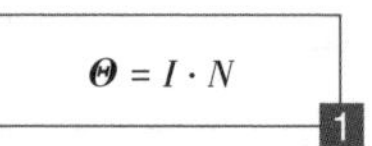

磁场强度

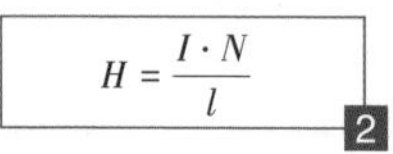

$[B] = \frac{\mathrm{Vs}}{\mathrm{m}^2} = \mathrm{T}$（特斯拉）

磁通量

$$\Phi = \frac{\Theta}{R_m} \quad (3)$$

磁通量密度

$$B = \frac{\Phi}{A} \quad (4)$$

$\mu = \mu_0 \cdot \mu_r$

空气中：

$$B = \mu_0 \cdot H \quad (5)$$

磁化材料中：

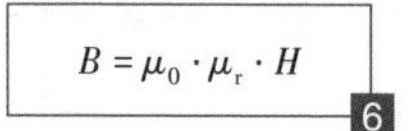

A= 1 m²

磁通量密度，感应

介电常数μ_r给出物质内核部位磁导率大于空气中磁导率的因数。

空气：$\mu_r = 1$　　$\mu_r \le 5$

$[F] = \frac{\mathrm{T}^2 \cdot \mathrm{m}^2 \cdot \mathrm{Am}}{\mathrm{Vs}} = \frac{\mathrm{Ws}}{\mathrm{m}} = \mathrm{N}$（牛顿）

力

$$F = \frac{B^2 \cdot A}{2\mu_0} \quad (7)$$

$[L] = \frac{\mathrm{As}}{\mathrm{V}} = H$（Henry）

$[\Delta t] = \mathrm{s}$

Fe

B

空气

H

磁化特性曲线

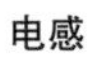

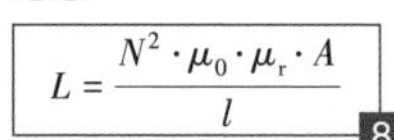

$$L = N^2 \cdot A_L \quad (9)$$

$[W] = \frac{\mathrm{As}}{\mathrm{V}} \cdot \mathrm{V}^2 = \mathrm{Ws} = \mathrm{J}$（焦耳）

能量密度

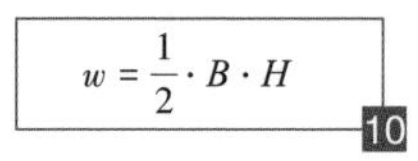

能

$$W = \frac{1}{2} L \cdot I^2 \quad (11)$$

$[W] = \frac{\mathrm{J}}{\mathrm{m}^3}$

$$w = \frac{1}{2} \cdot \frac{B^2}{\mu_0 \cdot \mu_r} \quad (12)$$

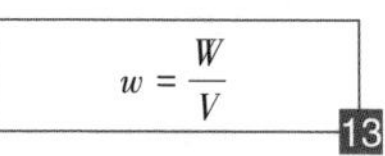

A

I

l

电感

对交流电压的感应

对施加的电压持续感应出一个电压。该电压的作用是电抗。

角频率

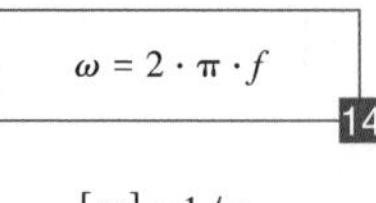

$[\omega] = 1/\mathrm{s}$

感应电抗

$$X_L = \omega \cdot L \quad (15)$$

$[X_L] = \Omega$

无功电流

$$I_{bL} = \frac{U}{X_L} \quad (16)$$

$[I_{bL}] = \mathrm{A}$

符号解释：

A	极面积，线圈横截面	l	磁力线平均长度，线圈长度	Φ	磁通量
A_L	线圈常数	N	线圈匝数	θ	磁化安匝
B	磁通量密度	R_m	磁阻	μ	介电常数
F	力（电磁）	V	体积	μ_0	磁场常数
f	频率	W	能	μ_τ	介电常数数值
I	电流强度	ω	能量密度	ω	角频率
L	电感	X_L	感应电抗		

磁场电流，感应

磁场电流

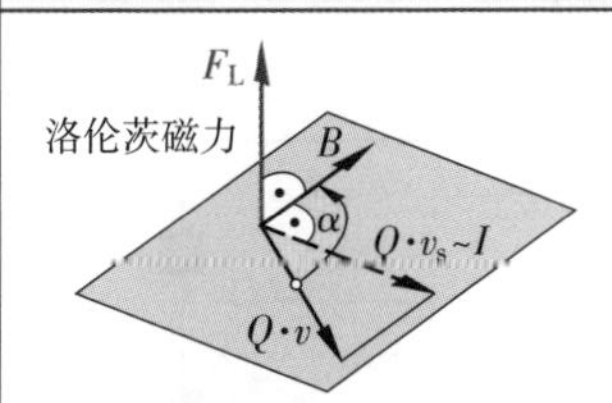

洛伦茨磁力的方向

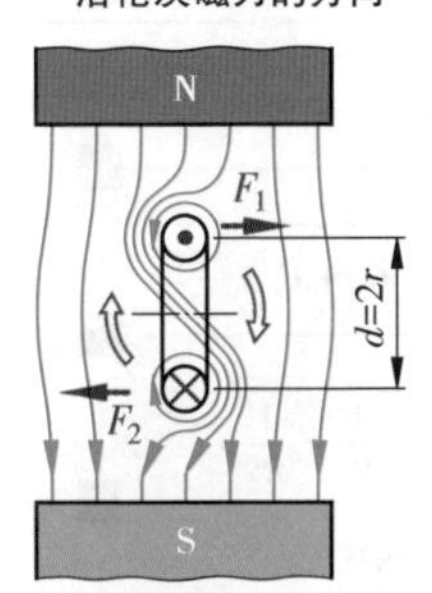

转矩的产生

移动电荷在磁场内被偏转(洛伦茨磁力)。施加给电荷的磁力作用方向垂直于电流并垂直于磁场方向。

$$[F_L] = \frac{As \cdot m}{s} = \frac{Vs}{m^2} = \frac{Ws}{m} = N$$

$$F = Q \cdot v_s \cdot B = I \cdot t \cdot \frac{l}{t} \cdot B = B \cdot I \cdot l$$

$$[F] = \frac{Vs}{m^2} \cdot A \cdot m = \frac{Ws}{m} = N$$

$F_1 = F_2 = F$(见图)时：

$M = F \cdot r + F \cdot r = 2F \cdot r$

$[M] = N \cdot m \cdot Nm$

洛伦茨磁力

$$F_L = Q \cdot v \cdot B \cdot \sin\alpha \quad (1)$$

$$F_L = Q \cdot v_s \cdot B \quad (2)$$

通用偏转力：

$$F = B \cdot I \cdot l \cdot z \cdot \sin\alpha \quad (3)$$

$\alpha = 90°$:

$$F = B \cdot I \cdot l \cdot z \quad (4)$$

转矩

$$M = F \cdot d$$

$$T = F \cdot d \quad (5)$$

感应

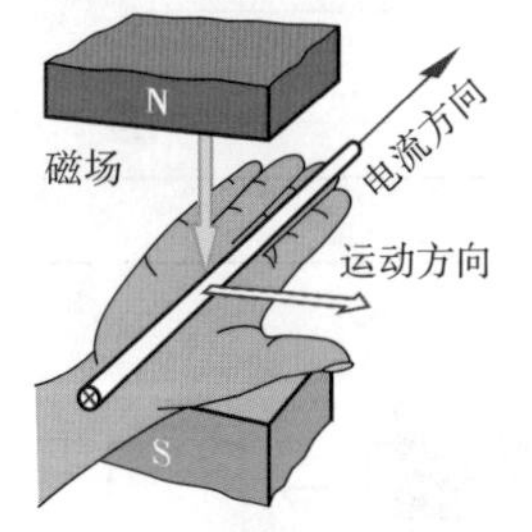

右手定律

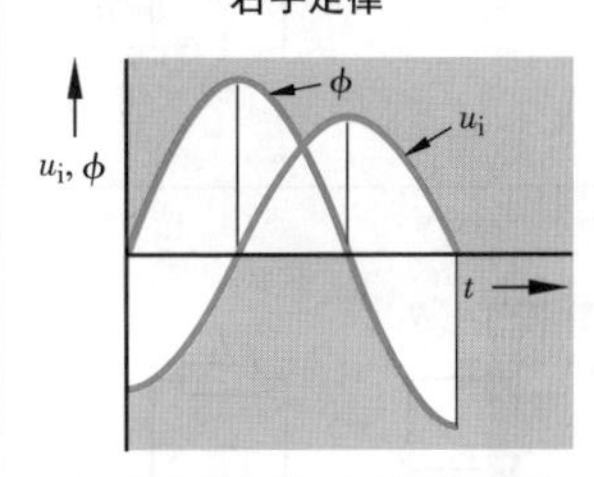

与 t 相关的μ_i 和 Φ 的变化曲线

$$[u_i] = \frac{Vs}{m^2} \cdot m \cdot \frac{m}{s} = V$$

矩形线圈在磁场中旋转时：

$$\hat{u}_i = 2 \cdot N \cdot B \cdot l \cdot v_s \quad (8)$$

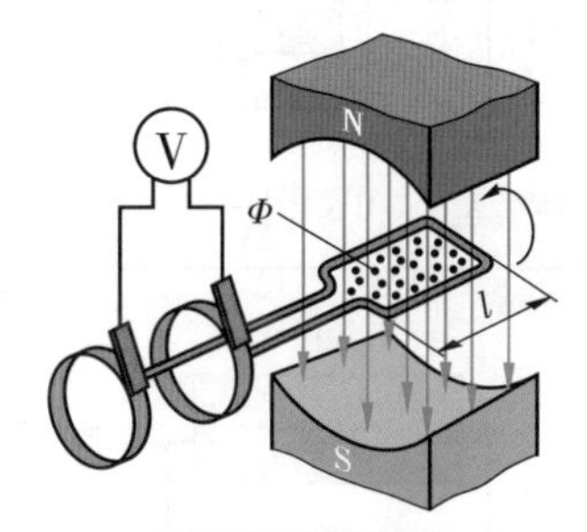

磁场内的矩形线圈

感应电压

运动感应：

$$u_i = z \cdot B \cdot l \cdot v \cdot \sin\alpha \quad (6)$$

$$u_i = z \cdot B \cdot l \cdot v_s \quad (7)$$

磁流变化的感应

$$u_i = N \cdot \frac{\Delta\Phi}{\Delta t} \quad (9)$$

$$[U_i] = \frac{Vs}{s} = V$$

电流变化的感应

$$u_i = -L \cdot \frac{\Delta i}{\Delta t} \quad (10)$$

$$[U_i] = H \cdot \frac{A}{s} = \frac{Vs}{A} \cdot \frac{A}{s} = V$$

符号解释：

B	磁通量密度	l	磁场内导线的有效长度	vs	垂直于磁场的速度
d	线圈直径	M	转矩	Δ_t	时间差
F	线圈侧的偏转力	N	线圈匝数	z	导线数量
F_L	洛伦茨磁力	Q	电荷	α	v 或导线与磁场的角度
H	磁场强度	T	扭矩	Φ	磁通量
I	电流强度	μ_i	感应电压	$\Delta\Phi$	磁流变化
Δ_i	电流变化	v	速度		
L	电感				

电阻电路

基本电路

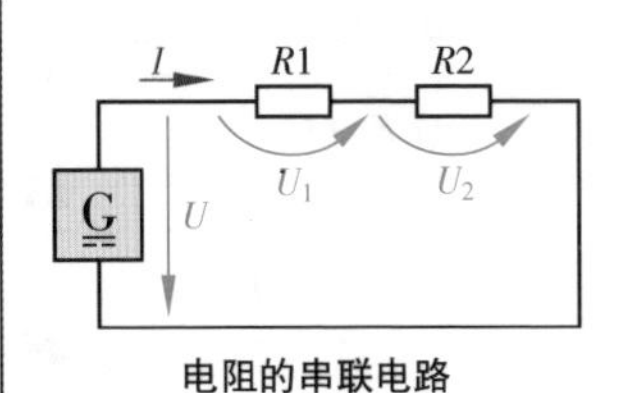

电阻的串联电路

串联电路：

电流强度相同

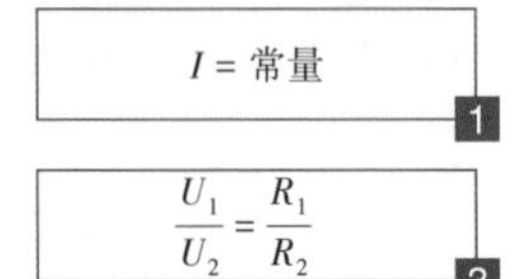

$I = 常量$ (1)

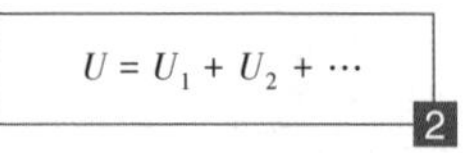

$U = U_1 + U_2 + \cdots$ (2)

$\frac{U_1}{U_2} = \frac{R_1}{R_2}$ (3)

$R = R_1 + R_2 + \cdots$ (4)

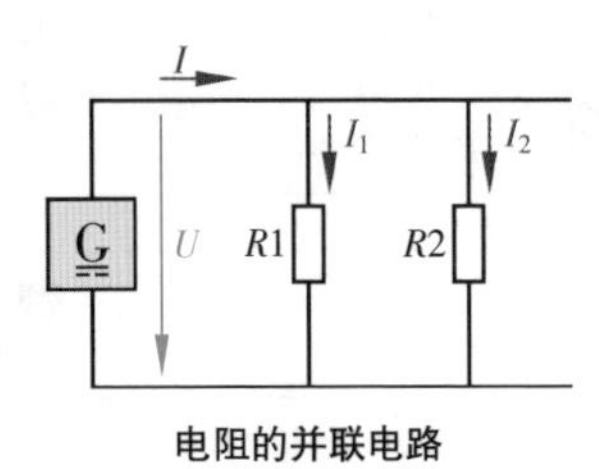

电阻的并联电路

并联电路：

电压相同

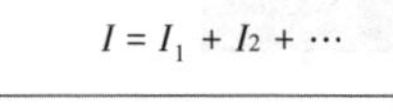

$I = I_1 + I_2 + \cdots$ (5)

$U = 常量$ (6)

$G = G_1 + G_2 + \cdots$ (7)

两个电阻时：

$R = \frac{R_1 \cdot R_2}{R_1 + R_2}$ (8)

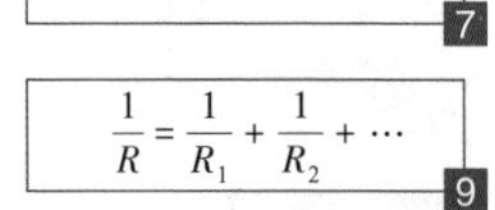

$\frac{1}{R} = \frac{1}{R_1} + \frac{1}{R_2} + \cdots$ (9)

$R_1 = \frac{R_2 \cdot R}{R_2 - R}$ (10)

$\frac{I_1}{I_2} = \frac{R_2}{R_1}$ (11)

$R_2 = \frac{R_1 \cdot R}{R_1 - R_2}$ (12)

n 个相同电阻时：

$R = \frac{R_1}{n}$ (13)

$[I] = A$； $[U] = V$

$[G] = S$； $[R] = \Omega$

多个相同电阻的并联电路

混合电路

举例 1：

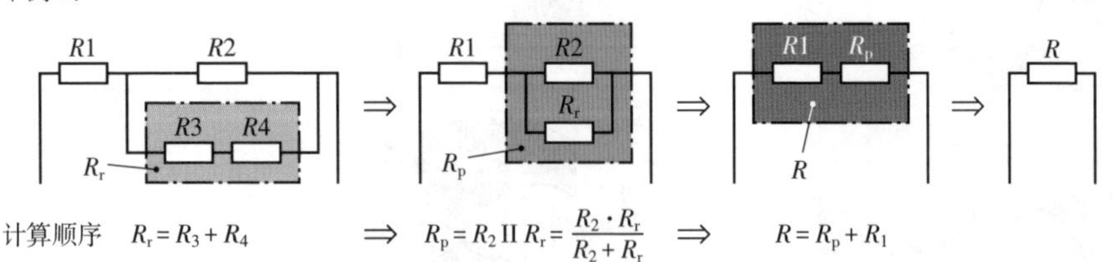

计算顺序 $R_r = R_3 + R_4$ ⇒ $R_p = R_2 \text{ II } R_r = \frac{R_2 \cdot R_r}{R_2 + R_r}$ ⇒ $R = R_p + R_1$

举例 2：

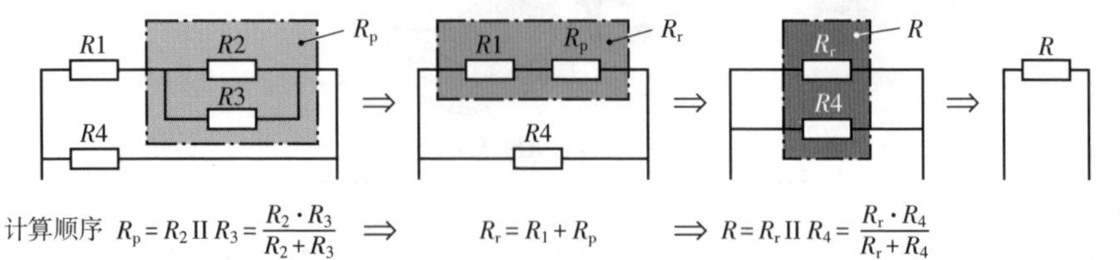

计算顺序 $R_p = R_2 \text{ II } R_3 = \frac{R_2 \cdot R_3}{R_2 + R_3}$ ⇒ $R_r = R_1 + R_p$ ⇒ $R = R_r \text{ II } R_4 = \frac{R_r \cdot R_4}{R_r + R_4}$

符号解释：

G	等效电导	R	等效电阻	U	总电压
G_1, G_2	单个电导	R_1 至 R_4	单个电阻	U_1, U_2	分电压
I	总电流	R_p	并联电路的等效电阻	‖	并列符号
I_1, I_2	分电流	R_r	串联电路的等效电阻		
n	1，2，3…				

基准箭头，基尔霍夫定律，分压器

基本电路

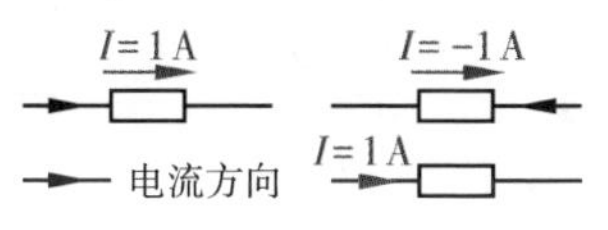

电流基准箭头

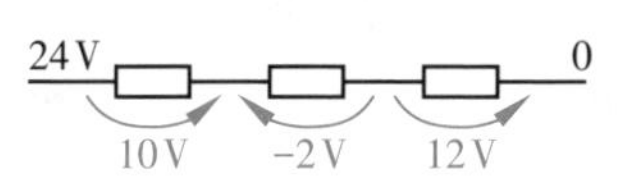

电压基准箭头

电流方向与基准箭头方向相同时，称为正电流。

施加一个正电压，即指电压方向(+ 向 −) 与基准箭头方向相同。

$$I_1 + I_2 + \cdots = 0 \quad \text{1}$$

$$\Sigma I_i = 0 \quad \text{2}$$

$i = 1, 2, 3, \cdots$

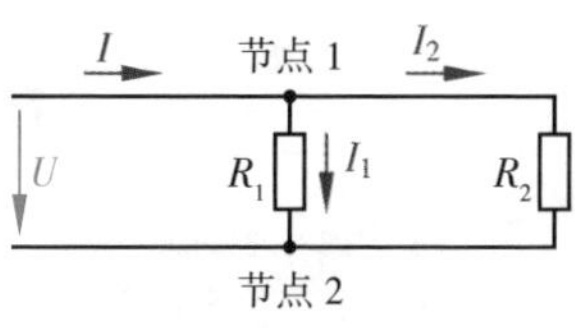

节点

节点定律

（第 1 基尔霍夫定律）：

流向某节点的总电流等于流出该节点的总电流。

$I = I_1 + I_2$

节点定律

$$\Sigma I_{zu} = \Sigma I_{ab} \quad \text{3}$$

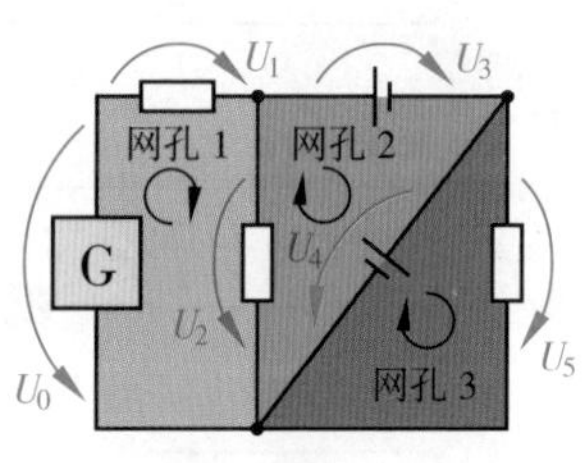

网孔

网孔定律

（第 2 基尔霍夫定律）：

电力网中，如果从某个节点经任意途径穿过某网孔，该网孔的总电压为零。

在“网孔电路图”中：

$$U_1 + U_2 - U_0 = 0$$
$$U_3 + U_4 - U_2 = 0$$
$$U_5 - U_4 = 0$$

网孔定律

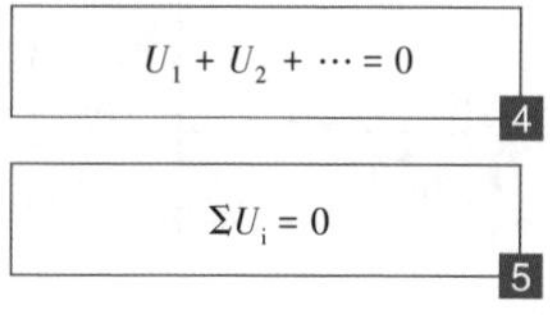

$$U_1 + U_2 + \cdots = 0 \quad \text{4}$$

$$\Sigma U_i = 0 \quad \text{5}$$

$i = 1, 2, 3, \cdots$

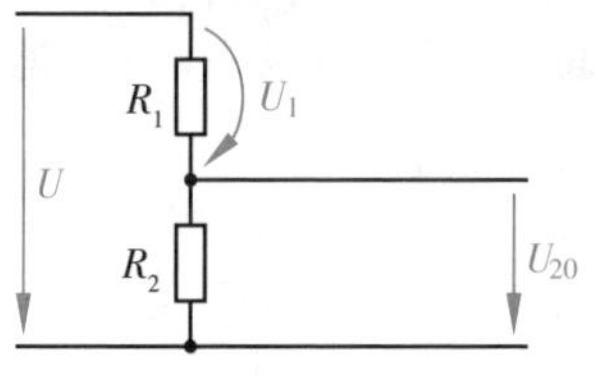

未加负载的分压器

未加负载的分压器

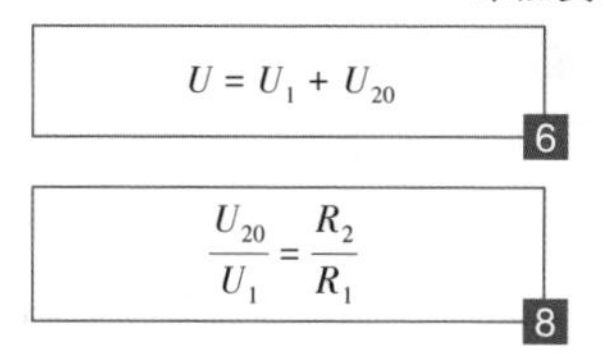

$$U = U_1 + U_{20} \quad \text{6}$$

$$\frac{U_{20}}{U_1} = \frac{R_2}{R_1} \quad \text{8}$$

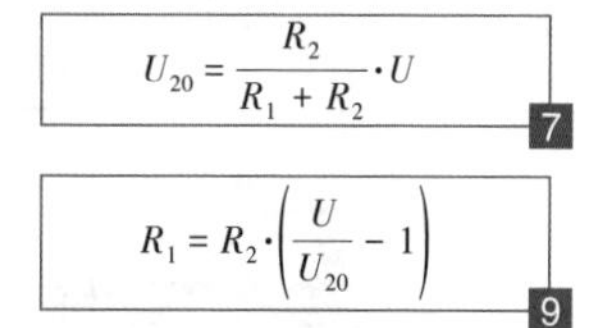

$$U_{20} = \frac{R_2}{R_1 + R_2} \cdot U \quad \text{7}$$

$$R_1 = R_2 \cdot \left(\frac{U}{U_{20}} - 1\right) \quad \text{9}$$

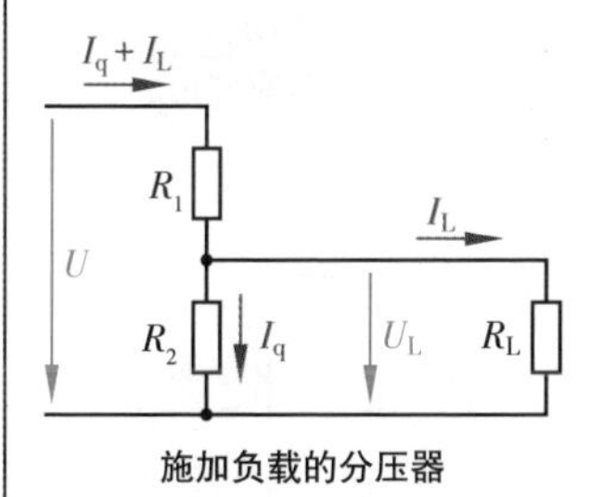

施加负载的分压器

施加负载的分压器

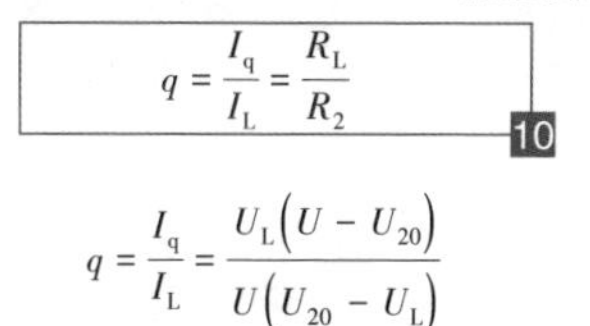

$$q = \frac{I_q}{I_L} = \frac{R_L}{R_2} \quad \text{10}$$

$$q = \frac{I_q}{I_L} = \frac{U_L\left(U - U_{20}\right)}{U\left(U_{20} - U_L\right)}$$

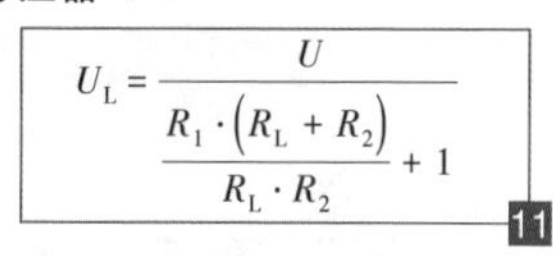

$$U_L = \frac{U}{\dfrac{R_1 \cdot \left(R_L + R_2\right)}{R_L \cdot R_2} + 1} \quad \text{11}$$

$$R_2 = R_L \cdot \frac{U}{U_L} \cdot \left(\frac{U_{20} - U_L}{U - U_{20}}\right) \quad \text{12}$$

如果 q 大，负载波动时 U_L 的变化小，例如 $q \geqslant 10$，常用 $q \approx 5$

符号解释：

I	电流强度	I_{zu}	流入的电流	U	电压
I_1，I_2	单个电流	i	计数索引	U_1，U_2	单个电压，分电压
I_{ab}	流出的电流	q	贯穿电流比例	U_L	负载电压
I_L	负载电流	R_1，R_2	分电阻	U_{20}	空载的分电压 2
I_q	贯穿电流	R_L	负载电阻	Σ	总量符号

电感和电容基本电路

串联电路： I = 常数 $U = U_1 + U_2 + \cdots$

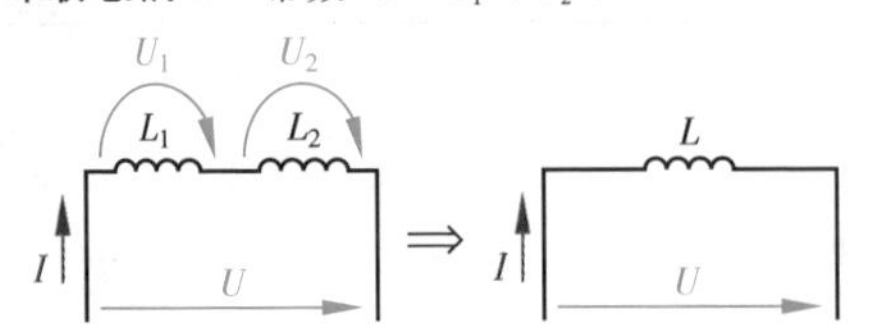

U1 U2 C1 C2 ⇒ C I U

交流电压时：

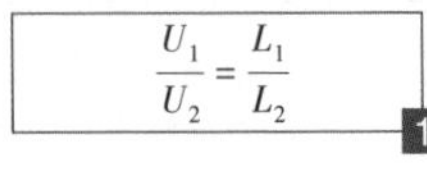

$$\frac{U_1}{U_2} = \frac{L_1}{L_2} \quad \text{1}$$

$Q = Q_1 = Q_2$

$$\frac{U_1}{U_2} = \frac{C_2}{C_1} \quad \text{3}$$

n个相同电容时：

$$C = \frac{C_1}{n} \quad \text{5}$$

无磁耦合线圈时：

$$L = L_1 + L_2 + \cdots \quad \text{2}$$

$$\frac{Q}{C} = \frac{Q}{C_1} + \frac{Q}{C_2}$$

$$\frac{1}{C} = \frac{1}{C_1} + \frac{1}{C_2} + \cdots \quad \text{4}$$

双电容时：

$$C = \frac{C_1 \cdot C_2}{C_1 + C_2} \quad \text{6}$$

并联电路： U = 常数 $I = I_1 + I_2 + \cdots$

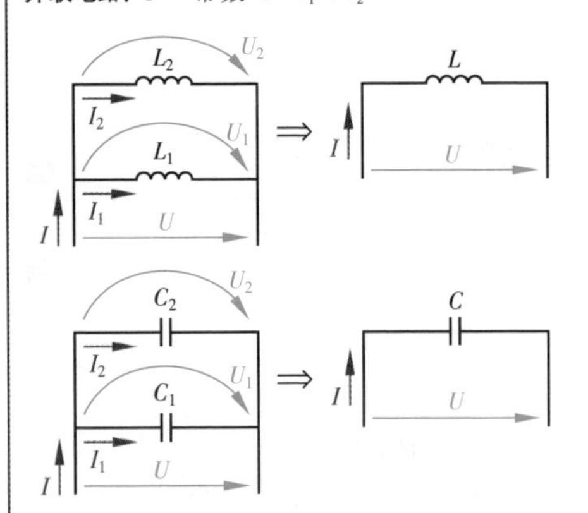

交流电流时：

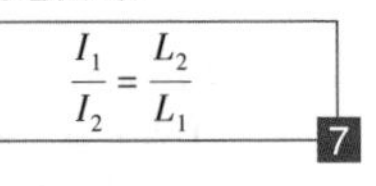

$$\frac{I_1}{I_2} = \frac{L_2}{L_1} \quad \text{7}$$

n个相同线圈时：

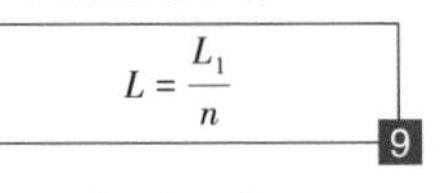

$$L = \frac{L_1}{n} \quad \text{9}$$

$Q = Q_1 = Q_2$

$$\frac{I_1}{I_2} = \frac{C_1}{C_2} \quad \text{11}$$

无磁耦合线圈时：

$$\frac{1}{L} = \frac{1}{L_1} + \frac{1}{L_2} + \cdots \quad \text{8}$$

双线圈时：

$$L = \frac{L_1 \cdot L_2}{L_1 + L_2} \quad \text{10}$$

$U \cdot C = U \cdot C_1 = U \cdot C_2$

$$C = C_1 + C_2 + \cdots \quad \text{12}$$

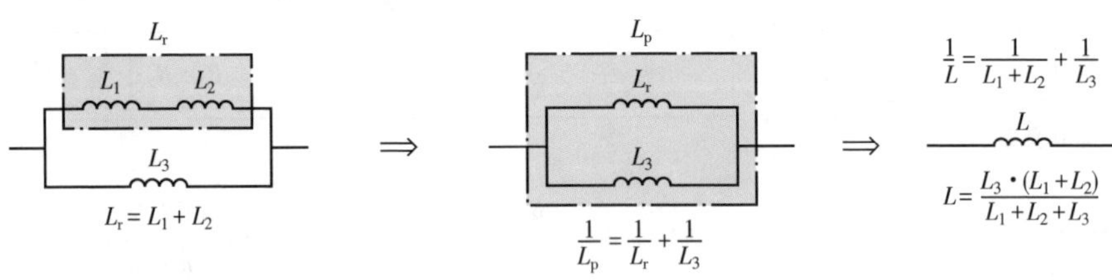

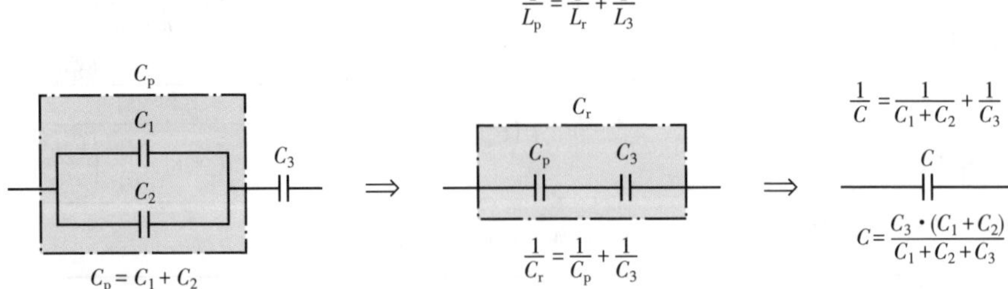

符号解释：

C	等效电容	L	等效电感	Q_1, Q_2	单个电荷
C_1, C_2	单个电容	L_1, L_2	单个电感	U_1, U_2	分电压
I	总电流	n	整数因数	索引	p 并联
I_1, I_2	单个电流	Q	总电荷		r 串联

综合计算

数学基础

定义：$\sqrt{-1} = \mathrm{j}$ 1

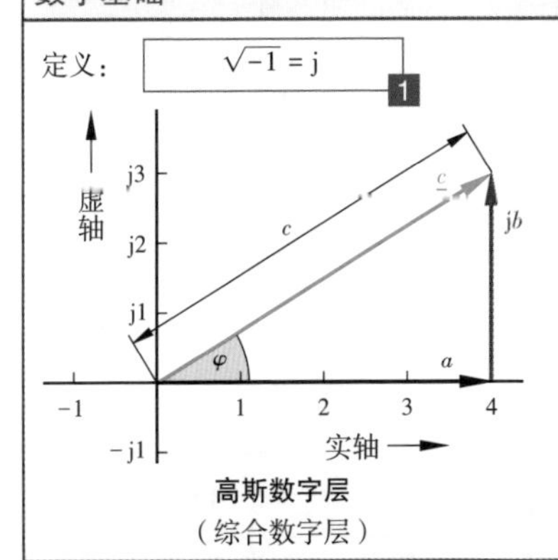

高斯数字层
（综合数字层）

一个综合数字是综合数字层中的一个数字。确定一个综合数字 c 需两个数据：

a）真实部分 a 和虚拟部分 b

b）$\underline{c}$ 的数值 c 和角度 φ

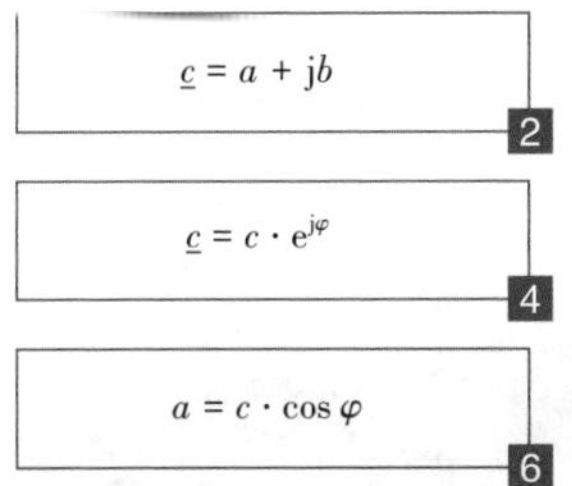

$$\underline{c} = a + \mathrm{j}b \quad (2)$$

$$\underline{c} = c \cdot \mathrm{e}^{\mathrm{j}\varphi} \quad (4)$$

$$a = c \cdot \cos\varphi \quad (6)$$

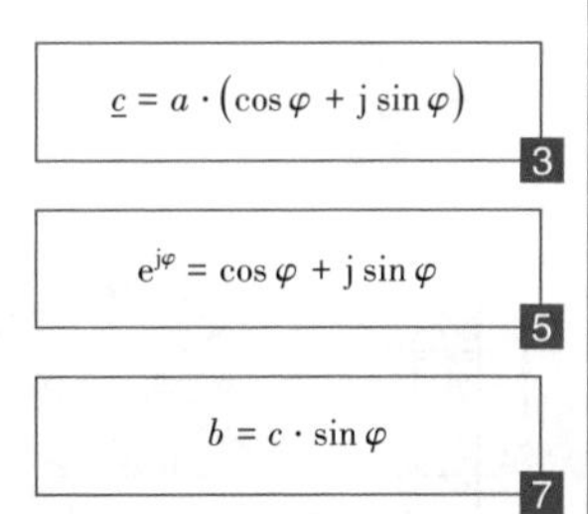

$$\underline{c} = a \cdot (\cos\varphi + \mathrm{j}\sin\varphi) \quad (3)$$

$$\mathrm{e}^{\mathrm{j}\varphi} = \cos\varphi + \mathrm{j}\sin\varphi \quad (5)$$

$$b = c \cdot \sin\varphi \quad (7)$$

RLC 电路阻抗的综合计算

串联电路

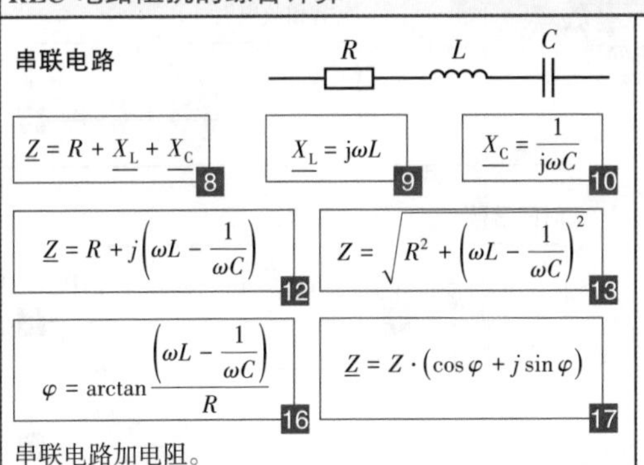

$$\underline{Z} = R + \underline{X}_\mathrm{L} + \underline{X}_\mathrm{C} \quad (8)$$

$$\underline{X}_\mathrm{L} = \mathrm{j}\omega L \quad (9)$$

$$\underline{X}_\mathrm{C} = \frac{1}{\mathrm{j}\omega C} \quad (10)$$

$$\underline{Z} = R + \mathrm{j}\left(\omega L - \frac{1}{\omega C}\right) \quad (12)$$

$$Z = \sqrt{R^2 + \left(\omega L - \frac{1}{\omega C}\right)^2} \quad (13)$$

$$\varphi = \arctan\frac{\left(\omega L - \frac{1}{\omega C}\right)}{R} \quad (16)$$

$$\underline{Z} = Z \cdot (\cos\varphi + j\sin\varphi) \quad (17)$$

串联电路加电阻。

并联电路

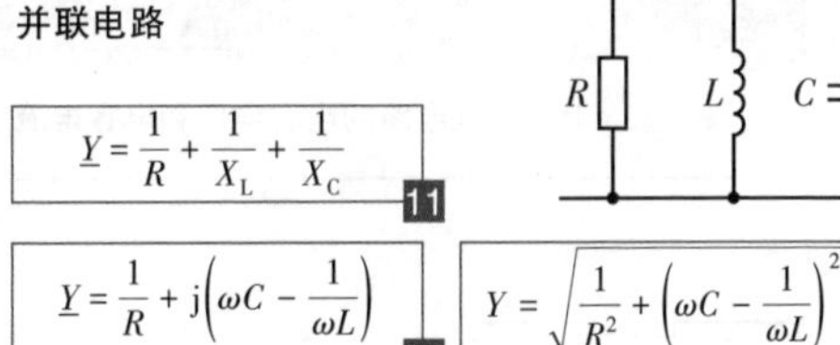

$$\underline{Y} = \frac{1}{R} + \frac{1}{\underline{X}_\mathrm{L}} + \frac{1}{\underline{X}_\mathrm{C}} \quad (11)$$

$$\underline{Y} = \frac{1}{R} + \mathrm{j}\left(\omega C - \frac{1}{\omega L}\right) \quad (14)$$

$$Y = \sqrt{\frac{1}{R^2} + \left(\omega C - \frac{1}{\omega L}\right)^2} \quad (15)$$

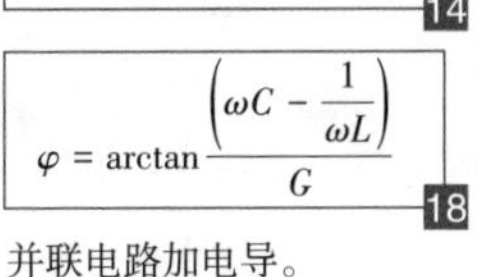

$$\varphi = \arctan\frac{\left(\omega C - \frac{1}{\omega L}\right)}{G} \quad (18)$$

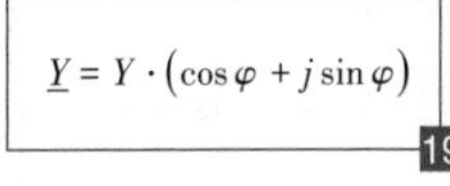

$$\underline{Y} = Y \cdot (\cos\varphi + j\sin\varphi) \quad (19)$$

并联电路加电导。

正弦量的综合表达式

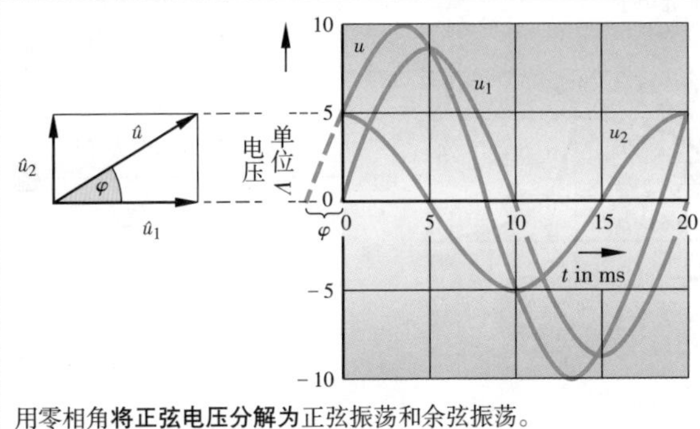

用零相角**将正弦电压分解为**正弦振荡和余弦振荡。

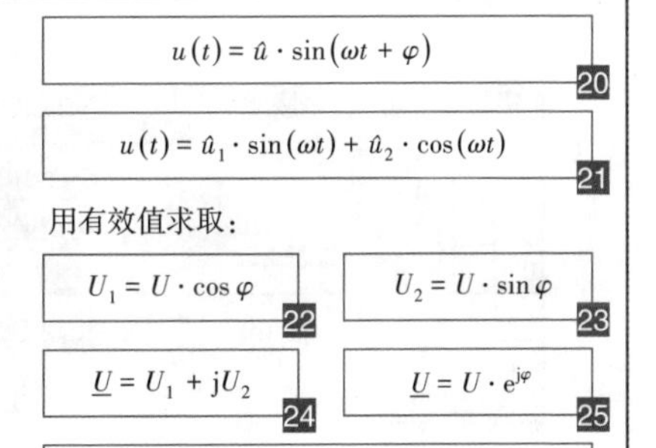

$$u(t) = \hat{u} \cdot \sin(\omega t + \varphi) \quad (20)$$

$$u(t) = \hat{u}_1 \cdot \sin(\omega t) + \hat{u}_2 \cdot \cos(\omega t) \quad (21)$$

用有效值求取：

$$U_1 = U \cdot \cos\varphi \quad (22)$$

$$U_2 = U \cdot \sin\varphi \quad (23)$$

$$\underline{U} = U_1 + \mathrm{j}U_2 \quad (24)$$

$$\underline{U} = U \cdot \mathrm{e}^{\mathrm{j}\varphi} \quad (25)$$

$$\underline{U} = U(\cos\varphi + \mathrm{j}\sin\varphi) \quad (26)$$

符号解释：

$\underline{c}$	综合数值	$e^{\mathrm{j}\varphi}$	$\underline{c}$ 的单位矢量	u	交流电压
c	$\underline{c}$ 的数值	$\underline{Z}$	综合阻抗	u_1	u 的分电压 1
a	$\underline{c}$ 的真实部分	$\underline{Y}$	综合视在导纳	u_2	u 的分电压 2
b	$\underline{c}$ 的虚拟部分	$\underline{X}_\mathrm{L}$，$\underline{X}_\mathrm{C}$	综合电抗	U，U_1，U_2	有效数值
φ	$\underline{c}$ 的自变量	L	电感	$\underline{U}$	U 的综合有效数值
j	虚拟单位	C	电容	t	时间
e	欧拉数字（2.71828…）	R	有效电阻	ω	角频率（$\omega = 2\pi f$）

接通电容器和线圈

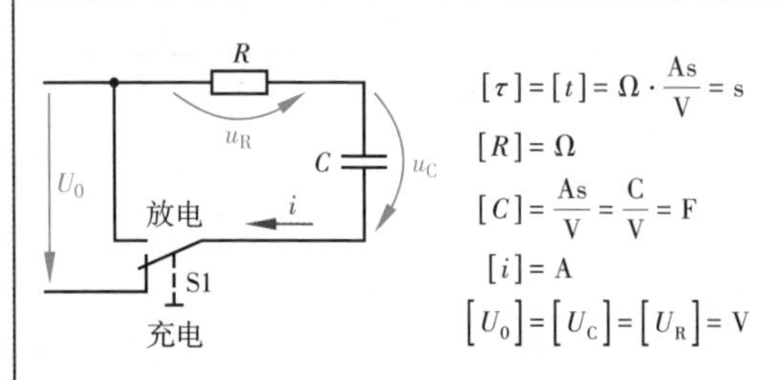

时间常数

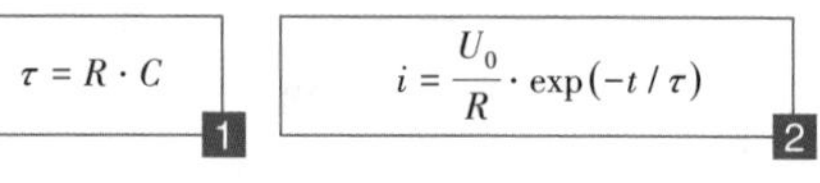

$$u_C=U_0[1-\exp(-t/\tau)] \quad (3)$$

放电时（短接）：

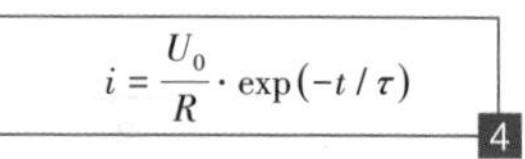

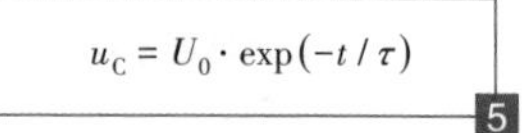

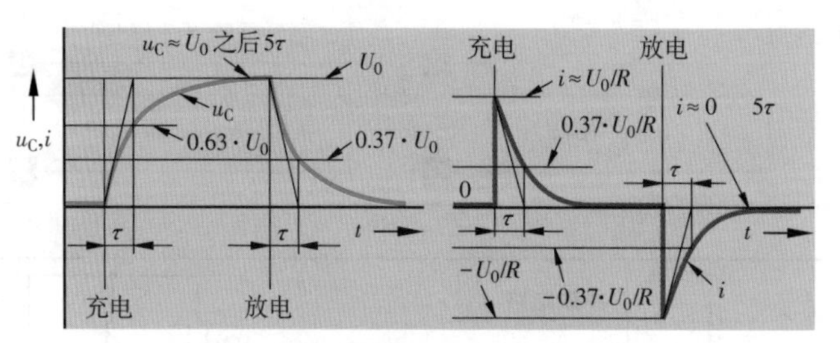

RC 串联电路的电容电压和电容电流

充电和放电时：

$$u_R=i\cdot R \quad (6)$$

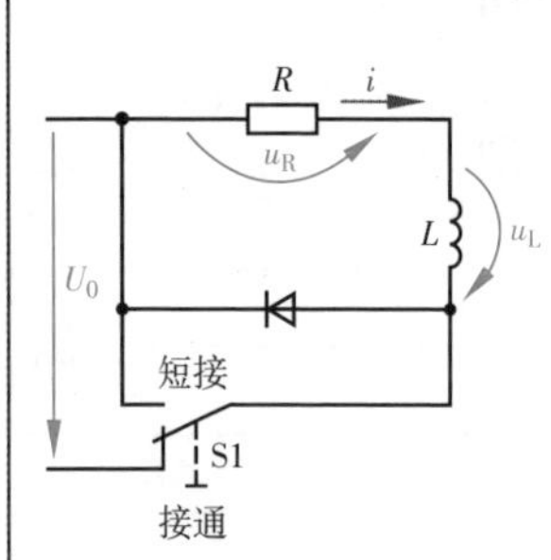

$[\tau]=\frac{H}{\Omega}=s$

$[R]=\Omega$

$[L]=\frac{Vs}{A}=H$

$[i]=A$

$[t]=s$

$[U_0]=[U_R]=[U_R]=V$

时间常数

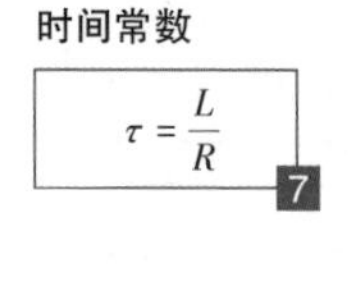

接通时：

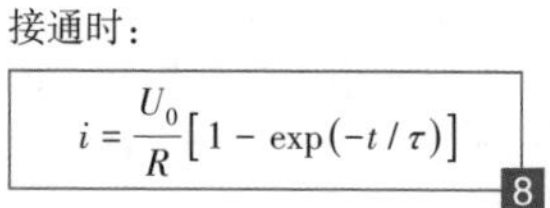

$$u_L=U_0\cdot\exp(-t/\tau) \quad (9)$$

短接时：

$$i=\frac{U_0}{R}\cdot\exp(-t/\tau) \quad (10)$$

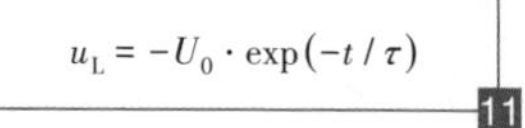

接通和短接时：

$$u_R=i\cdot R \quad (12)$$

接通 短接 $0.37\cdot U_0$ U_0 u_L,i 0 τ t u_L $-U_0$ $-0.37\cdot U_0$ 接通 短接 U_0/R i $0.37\cdot U_0/R$ $0.63\cdot U_0/R$

RL 串联电路的线圈电压和线圈电流

符号解释：

C	电容	t	时间	u_C	电容电压
i	电流强度（瞬时值）	u	电压（瞬时值）	u_L	线圈电压
L	电感	U_0	馈电直流电压	U_R	给 R 的电压
R	有效电阻	τ	时间常数		

exp（$-t/r$）是 $\exp^{-t/r}$ 的标准书写方式。使用袖珍计算器时，必须按 e^x 键，不能按 exp 键。
时间常数表明在 e^x 指定过程走完之后的时间，如果该过程仍以初始速度继续进行。这一点可从正切图中看出。当 $t\approx 5r$ 之后可达到 u 和 i 最终数值。

变量，谐波

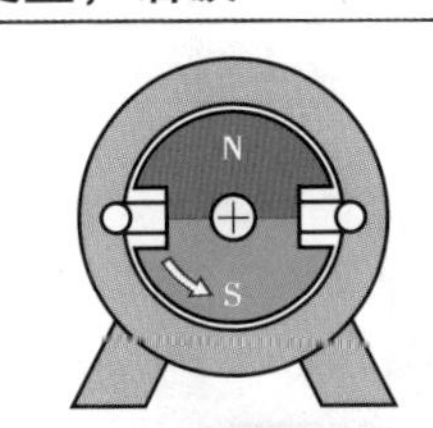

带一个极偶的隐极式发电机

频率

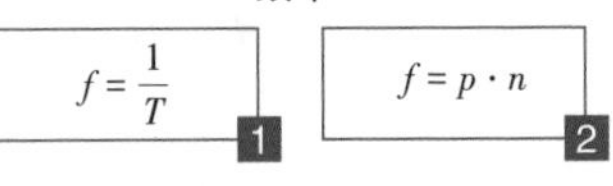

$$f = \frac{1}{T} \quad (1) \qquad f = p \cdot n \quad (2)$$

角频率

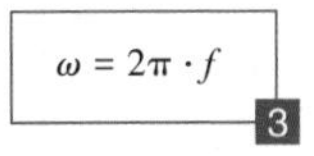

$$\omega = 2\pi \cdot f \quad (3)$$

峰值因数

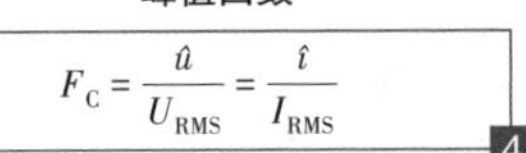

$$F_C = \frac{\hat{u}}{U_{RMS}} = \frac{\hat{\imath}}{I_{RMS}} \quad (4)$$

正弦波有效数值

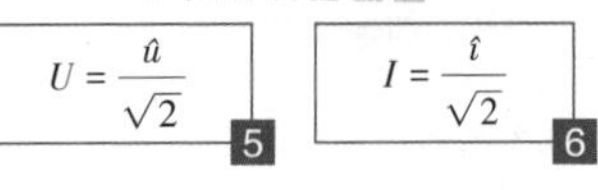

$$U = \frac{\hat{u}}{\sqrt{2}} \quad (5) \qquad I = \frac{\hat{\imath}}{\sqrt{2}} \quad (6)$$

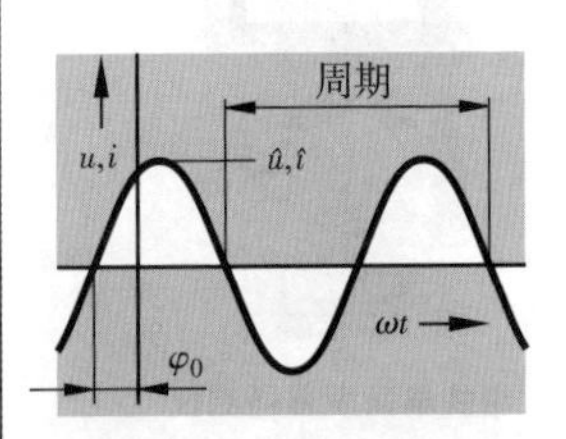

带起始相位角的正弦电压

RMS	平均功率数值，平均数值的平方
R	根
M	平均数值
S	平方

通用有效数值

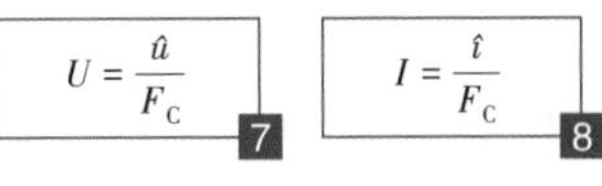

$$U = \frac{\hat{u}}{F_C} \quad (7) \qquad I = \frac{\hat{\imath}}{F_C} \quad (8)$$

u_1 把 u_2 提前了一个相位差 φ 从时间点过零点

$$\varphi = \frac{2\pi \cdot \varphi^\circ}{360^\circ} \qquad \varphi^\circ = \Delta t \cdot \frac{360^\circ}{T}$$

$[\varphi]$ = 余略　　$[\varphi^\circ]$ = °

瞬时值

$$u = \hat{u} \cdot \sin(\omega t + \varphi 0) \quad (9)$$

$$u = \hat{u} \cdot \sin(360^\circ \cdot f \cdot t + \varphi 0^\circ) \quad (10)$$

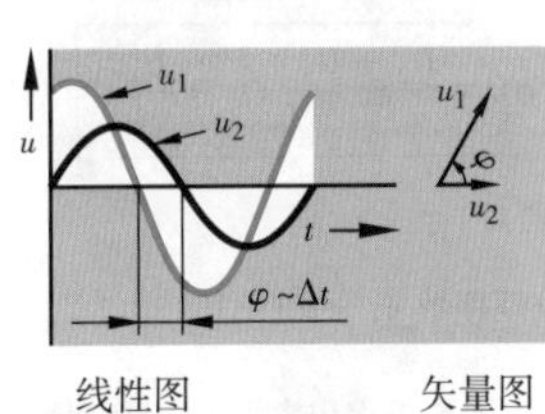

线性图　　矢量图

相位移

峰 – 谷值

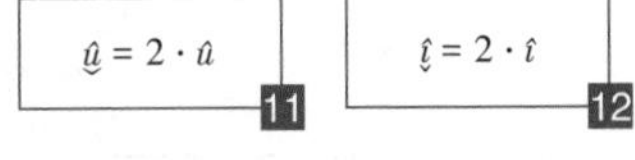

$$\hat{\hat{u}} = 2 \cdot \hat{u} \quad (11) \qquad \hat{\hat{\imath}} = 2 \cdot \hat{\imath} \quad (12)$$

开始（$\varphi_0 = 0$）：

$$u = \hat{u} \cdot \sin(360^\circ \cdot f \cdot t) \quad (13)$$

谐波

概念	解释	附注，公式
正弦电压	发电机设计时使其电压波动呈正弦曲线，例如 50 Hz。	谐波是基波的倍数。
基波	这种电压称为基波或第 1 分振荡或带序数词 1 的振动波。简单的发电机，例如自行车摩电灯，产生周期性交流电压，但不是正弦电压。	**序数 ν** AC 时：$\nu = k + 1$ (14) 3AC 无 N 时：$\nu = \pm 3k + 1$ (15)
法国物理学家傅里叶，1768 年至 1830 年	傅里叶发现，所有的交流电压均可由基波和谐波组成。	$k = 0, 2, 4, 6$
谐波	谐波是基波整数倍数的振荡谐波	
谐波的后果	谐波导致更小的功率因数，并由此产生更大的功率损耗。三相交流发电机还会因谐波出现额外的旋转磁场，对抗基波的旋转磁场。	直流电压部分还需补加偶次谐波 3AC 时也会在 N 极出现更强电流。公式 15 中的负 ν 可导致电机出现对抗基本旋转磁场的反向旋转磁场。

符号解释：

f	频率	N	中性线	$\hat{\hat{u}}$	电压的峰 – 谷值
F_C	峰值因数	p	电机极偶数量	U	电压有效值
i	电流瞬间值	t	时间	ν	序数
$\hat{\imath}$	电流峰值	ti	脉冲时间	φ	相位差
$\hat{\hat{\imath}}$	电流峰 – 谷值	T	周期时间	φ_0	起始相位角
l	电流有效值	u	电压瞬间值	ω	角频率，角速度
n	旋转磁场转速	$\hat{u}$	电压峰值		

谐波的检测

过程，任务 | **解释，解题** | **图，公式**

采用电网分析仪检测谐波，例如用于单相电力网的专用钳式电流互感器（见下方图）。

它的显示屏显示电流和电压的变化过程，如一台示波仪。

此外还可将谐波显示为直方图（见下方图）。

从 U 和 I 的示波图形显示中可识别是否存在谐波。

可按序数分开检测这些波形的有效数值，例如基波和第 3 分振荡。

此外，可检测总有效值（THD- 值，Total Harmonie Distortion- 谐波总失真），并与单个有效值一起显示为直方图。

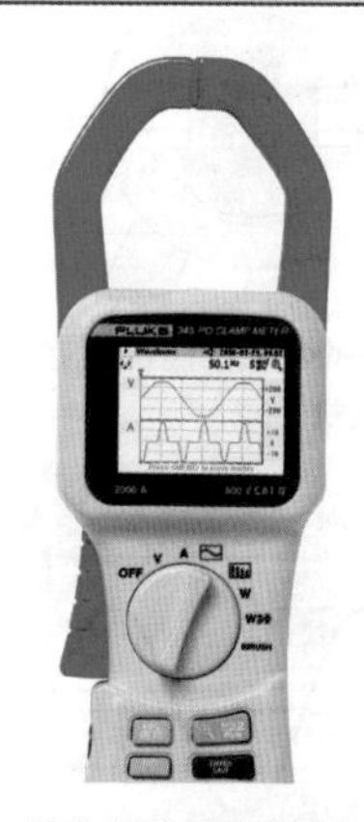

钳式电网质量检测仪

举例 1：

单相检测装置测出 $U_1 = 230\text{ V}$，$U_3 = 120\text{ V}$，$U_5 = 50\text{ V}$，$U_7 = 8\text{ V}$

问：

THD 值多大？

数据单位一般采用 %。

解题后答案是

0.3207 = 32.07%

谐波部分达 32.07%

解题：

$$THD = \frac{U_3^2 + U_5^2 + U_7^2}{U_1^2}$$

$$= \frac{(120\text{V})^2 + (50\text{V})^2 + (8\text{V})^2}{(230\text{V})^2}$$

$$= \frac{14400 + 2500 + 64}{52900} = 0.3207$$

电压的 *THD* 值

$$THD = \frac{U_2^2 + U_5^2 + U_7^2 \cdots U_n^2}{U_1^2} \quad \boxed{1}$$

U_x 带电压序数 x，$x = 1，3，5，7$

用相同方法也可求出电流 *I* 的 THD 值。

动力技术中将电压的 *THD* 值规定为 THD_V 值。

举例 2：

某电压有效值达 232 V，基波有效值为 230 V。

问：

THD_V 值是多少？

数据单位一般采用 %。

解题后答案是

$THD_V = 0.132 = 13.2\%$

解题：

$$THD_V = \frac{\sqrt{V^2 - V_1^2}}{V_1}$$

$$= \frac{\sqrt{(232\text{V})^2 - (230\text{V})^2}}{230\text{V}}$$

$$= \frac{\sqrt{53824 - 52900}}{230} = 0.132$$

动力技术中电压的 THD_V 值

$$THD_V = \frac{\sqrt{V^2 - V_1^2}}{V_1} \quad \boxed{2}$$

式中：

V 含谐波电压

V_1 基波

V 电压单位：伏

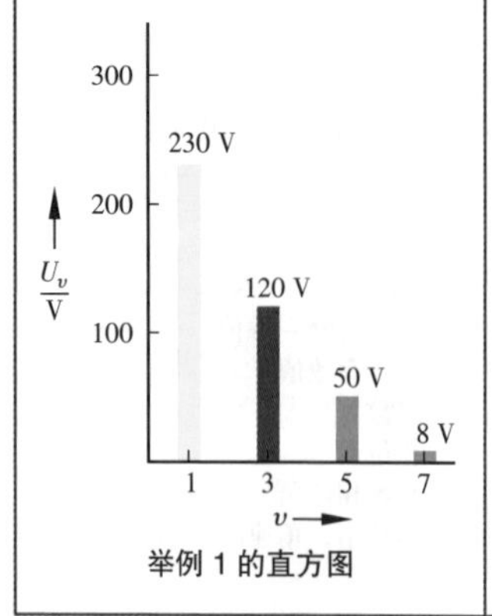

举例 1 的直方图

生产设备，例如 PV 设备，沼气设备或风力发电设备等，均不允许超过表 1 所列的谐波电流极限值，否则将导致电网的谐波电压过大。

表 1：
生产设备许用谐波电流
参照 VDE-AR-N 4105

ν	设备的 I_ν，单位：mA/ kVA
3	3
5	1.5
7	1
9	0.7
11	0.5

ν（希腊字母）序数

交流电数值矢量图

正弦曲线和矢量

记录与旋转角度相关的左旋矢量（逆时针方向）达到矢量峰值高度时，出现正弦曲线。同理，用矢量可表达正弦电压和正弦电流。

也可相应表达由电流强度和电压推导出来的功率，电阻和电导等物理量，虽然它们与矢量并无关系。矢量角与相位差相同。

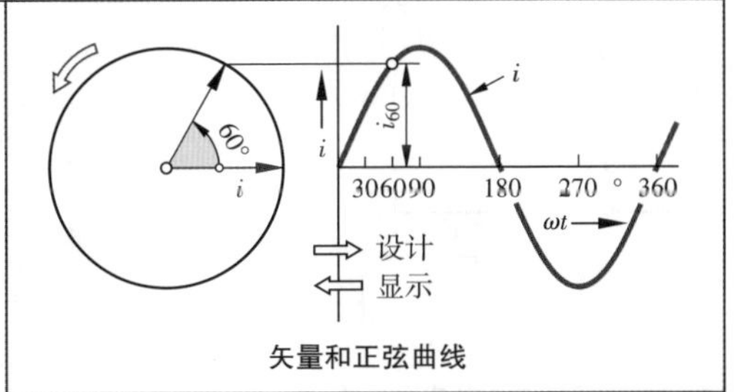

矢量和正弦曲线

正弦交流电流基本电路曲线图

电路	电流和电压	功率	电阻或电导
U_1 U_2 A B C I	A B C U_1 U_2 I $U = U_1 + U_2$	A B C P_1 P_2 $P = P_1 + P_2$	A B C R_1 R_2 $R = R_1 + R_2$
U_{bL} L A B I 出现电感时电流延迟	B A U_{bL} I	B A Q_L	B A X_L
I I_w I_{bL} U	U φ I_w I_{bL} I	P φ Q_L S	$G = \frac{1}{R}$ φ $Y = \frac{1}{Z}$ $B_L = \frac{1}{X_L}$
U_w U_{bL} I U	U φ U_{bL} U_w I	S φ Q_L P	Z φ X_L R
U_w U_{bL} I U	I U_w φ U_{bC} U	P φ Q_C S	R φ X_C Z
U_w U_{bL} U_{bC} I U	U_{bC} U U_{bL} φ I U_w	Q_C S Q_L φ P	X_C Z X_L φ R
I_w I I_{bL} I_{bC} U	U φ I_w I I_{bL} I_{bC}	P φ S Q_L Q_C	G φ Y B_L B_C

符号解释：

B 电纳
G 有效电导
I 电流强度
P 有效功率
Q 无功功率
R 有效电阻
S 视在功率
X 电抗
Y 视在导纳
Z 阻抗
φ 相位差

索引：

b 无功的
L 电感的
C 电容的
w 有效的

正弦交流电的功率，脉冲

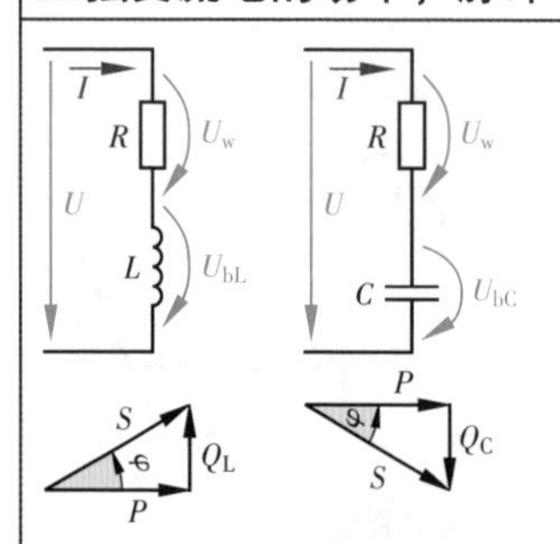

有效电阻和电抗的串联电路

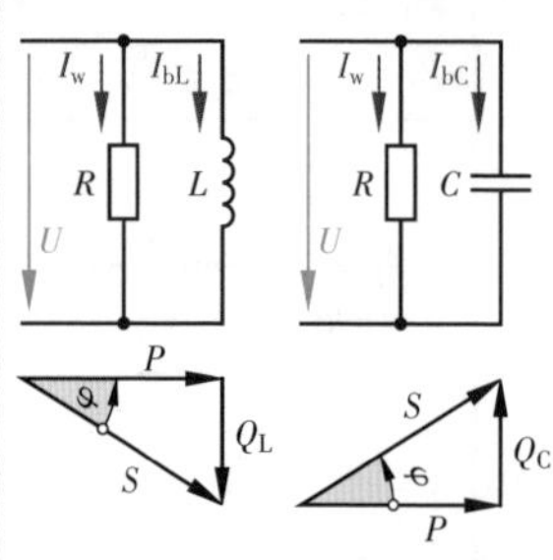

有效电阻和电抗的并联电路

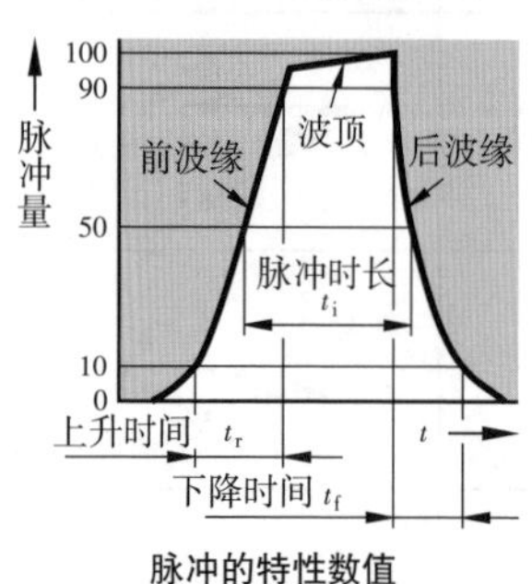

脉冲的特性数值

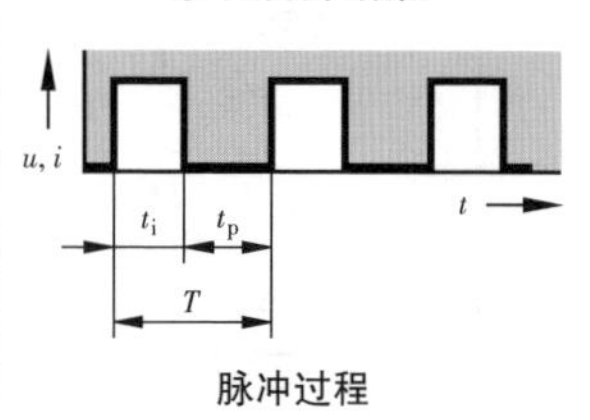

脉冲过程

发电设备向任意电路发出一个视在功率。

$$[S] = V \cdot A = VA$$

在有效电阻内出现有效功率

$$[P] = V \cdot A = W$$

在电抗内出现无功功率

$$[Q] = V \cdot A = var$$

var = 伏 – 安 – 反馈

公式 6适用于基波(无谐波)，公式 8 适用于含谐波。

无功系数

$$\sin\varphi = \frac{Q}{S} \quad (4)$$

有效系数

$$\cos\varphi = \frac{P}{S} \quad (6)$$

功率系数

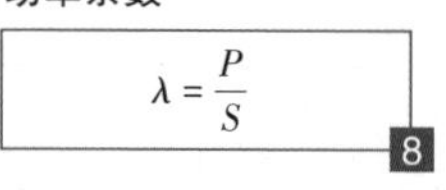

$$\lambda = \frac{P}{S} \quad (8)$$

脉冲量在上升时间和下降时间测得 10%至 90%之间的数值波动。

在 50%脉冲值之间测得脉冲时长和间隔时长。

$$[S_\Delta] = \frac{V}{S} \text{或} \frac{A}{s}$$

频率

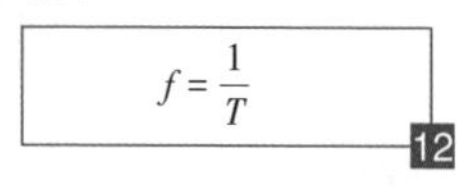

$$f = \frac{1}{T} \quad (12)$$

占空系数

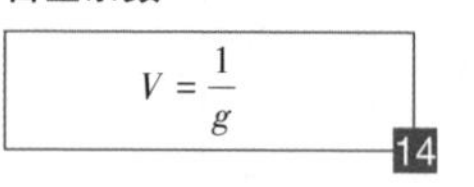

$$V = \frac{1}{g} \quad (14)$$

视在功率

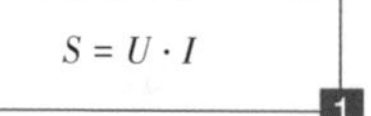

$$S = U \cdot I \quad (1)$$

有效功率

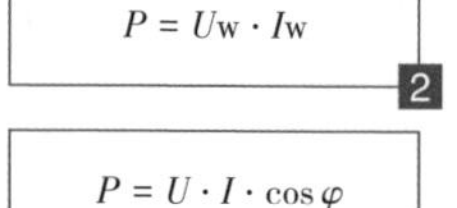

$$P = U_w \cdot I_w \quad (2)$$

$$P = U \cdot I \cdot \cos\varphi \quad (3)$$

Q 是 Q_C 或 Q_L，U_b 是 U_{bC} 或 U_{bL}，I_b 是 I_{bC} 或 I_{bL}

无功功率

$$Q = U_b \cdot I_b \quad (5)$$

视在功率

$$Q = U \cdot I \cdot \sin\varphi \quad (7)$$

$$S = \sqrt{P^2 + Q^2} \quad (9)$$

上升波缘陡度

$$S_\Delta = \frac{\Delta u}{\Delta t} \quad (10)$$

$$S_\Delta = \frac{\Delta i}{\Delta t} \quad (11)$$

周期时长

$$T = t_i + t_p \quad (13)$$

占空率

$$g = \frac{t_i}{T} \quad (15)$$

符号解释：

f	频率	T	周期时长	λ	功率系数
g	占空率	t_f	下降时间	φ	相位差
I，i	电流强度	t_i	脉冲时长	$\cos\varphi$	有效系数
I_b	无功电流	t_p	间隔时长	$\sin\varphi$	无功系数
I_w	有效电流	t_r	上升时间		
P	有效功率	U_b	无功电压		
Q	无功功率	U_w	有效电压	索引：	
S	视在功率	V	占空系数（未标准化）	b 无功的	C 电容的
S_Δ	上升波缘陡度	Δ	差的符号	L 电感的	w 有效的

R，L，C 串联电路

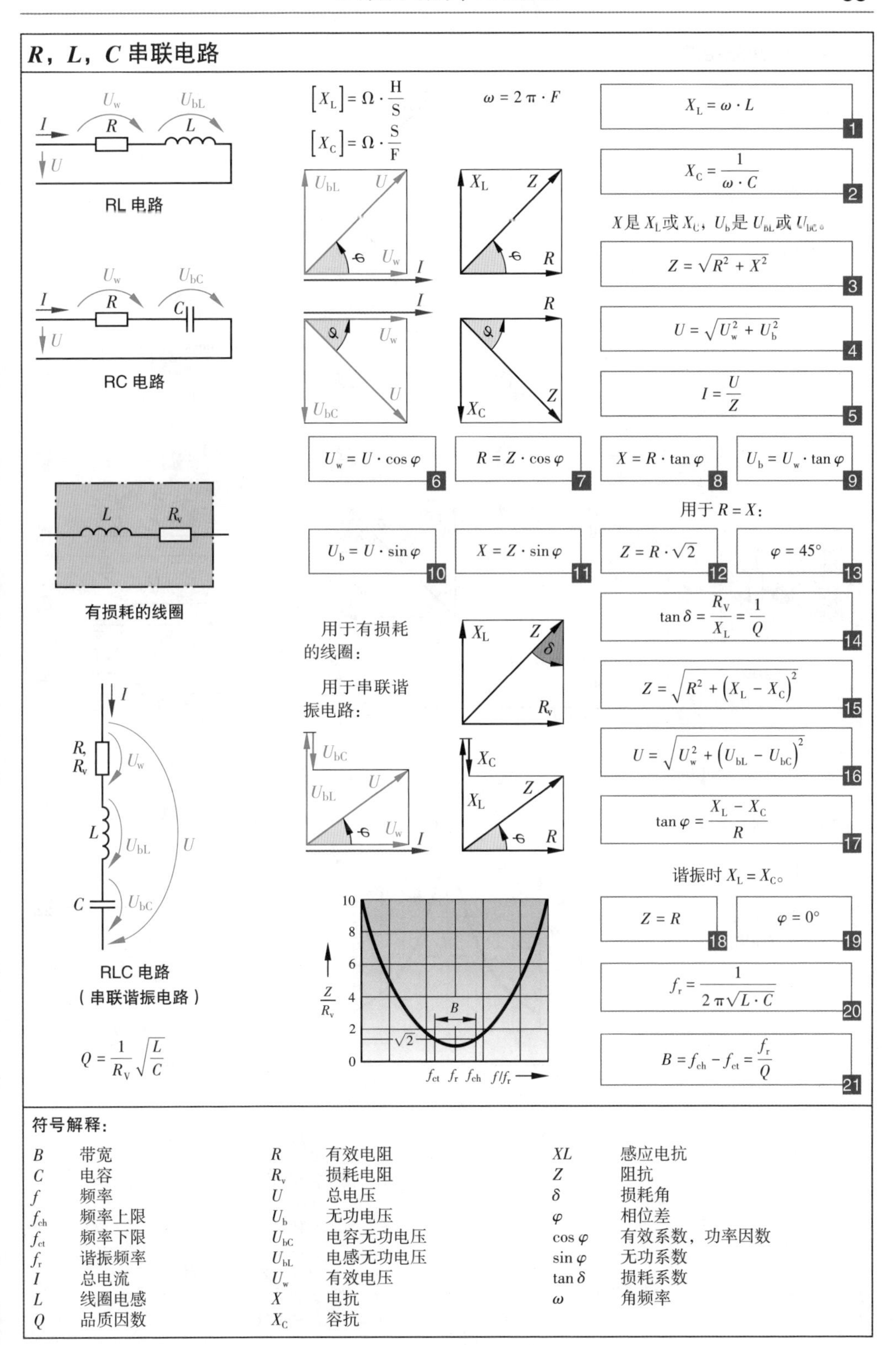

符号解释：

B	带宽	R	有效电阻	XL	感应电抗
C	电容	R_v	损耗电阻	Z	阻抗
f	频率	U	总电压	δ	损耗角
f_{ch}	频率上限	U_b	无功电压	φ	相位差
f_{ct}	频率下限	U_{bC}	电容无功电压	$\cos\varphi$	有效系数，功率因数
f_r	谐振频率	U_{bL}	电感无功电压	$\sin\varphi$	无功系数
I	总电流	U_w	有效电压	$\tan\delta$	损耗系数
L	线圈电感	X	电抗	ω	角频率
Q	品质因数	X_C	容抗		

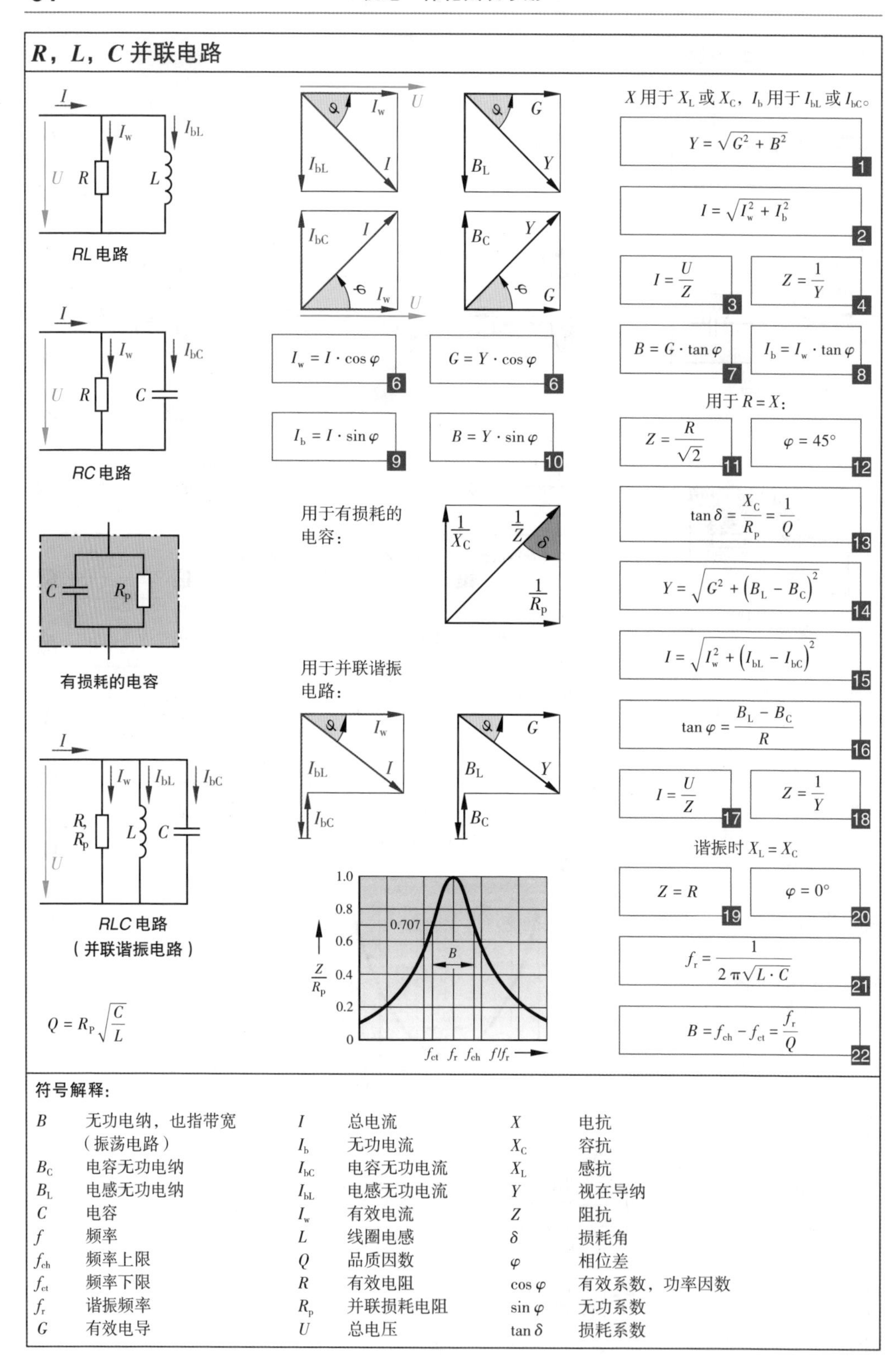
R，L，C 并联电路
RL 电路
RC 电路
有损耗的电容
RLC 电路
（并联谐振电路）
$Q = R_P\sqrt{\frac{C}{L}}$
X 用于 X_L 或 X_C，I_b 用于 I_{bL} 或 I_{bC}。
$Y = \sqrt{G^2 + B^2}$ 1
$I = \sqrt{I_w^2 + I_b^2}$ 2
$I = \frac{U}{Z}$ 3
$Z = \frac{1}{Y}$ 4
$I_w = I \cdot \cos\varphi$ 6
$G = Y \cdot \cos\varphi$ 6
$B = G \cdot \tan\varphi$ 7
$I_b = I_w \cdot \tan\varphi$ 8
$I_b = I \cdot \sin\varphi$ 9
$B = Y \cdot \sin\varphi$ 10
用于 $R = X$：
$Z = \frac{R}{\sqrt{2}}$ 11
$\varphi = 45°$ 12
用于有损耗的电容：
$\tan\delta = \frac{X_C}{R_p} = \frac{1}{Q}$ 13
$Y = \sqrt{G^2 + (B_L - B_C)^2}$ 14
$I = \sqrt{I_w^2 + (I_{bL} - I_{bC})^2}$ 15
用于并联谐振电路：
$\tan\varphi = \frac{B_L - B_C}{R}$ 16
$I = \frac{U}{Z}$ 17
$Z = \frac{1}{Y}$ 18
谐振时 $X_L = X_C$
$Z = R$ 19
$\varphi = 0°$ 20
$f_r = \frac{1}{2\pi\sqrt{L \cdot C}}$ 21
$B = f_{ch} - f_{ct} = \frac{f_r}{Q}$ 22
0.707
Z/R_p
f_{ct} f_r f_{ch} f/f_r
符号解释：
B 无功电纳，也指带宽（振荡电路）
B_C 电容无功电纳
B_L 电感无功电纳
C 电容
f 频率
f_{ch} 频率上限
f_{ct} 频率下限
f_r 谐振频率
G 有效电导
I 总电流
I_b 无功电流
I_{bC} 电容无功电流
I_{bL} 电感无功电流
I_w 有效电流
L 线圈电感
Q 品质因数
R 有效电阻
R_p 并联损耗电阻
U 总电压
X 电抗
X_C 容抗
X_L 感抗
Y 视在导纳
Z 阻抗
δ 损耗角
φ 相位差
cos φ 有效系数，功率因数
sin φ 无功系数
tan δ 损耗系数

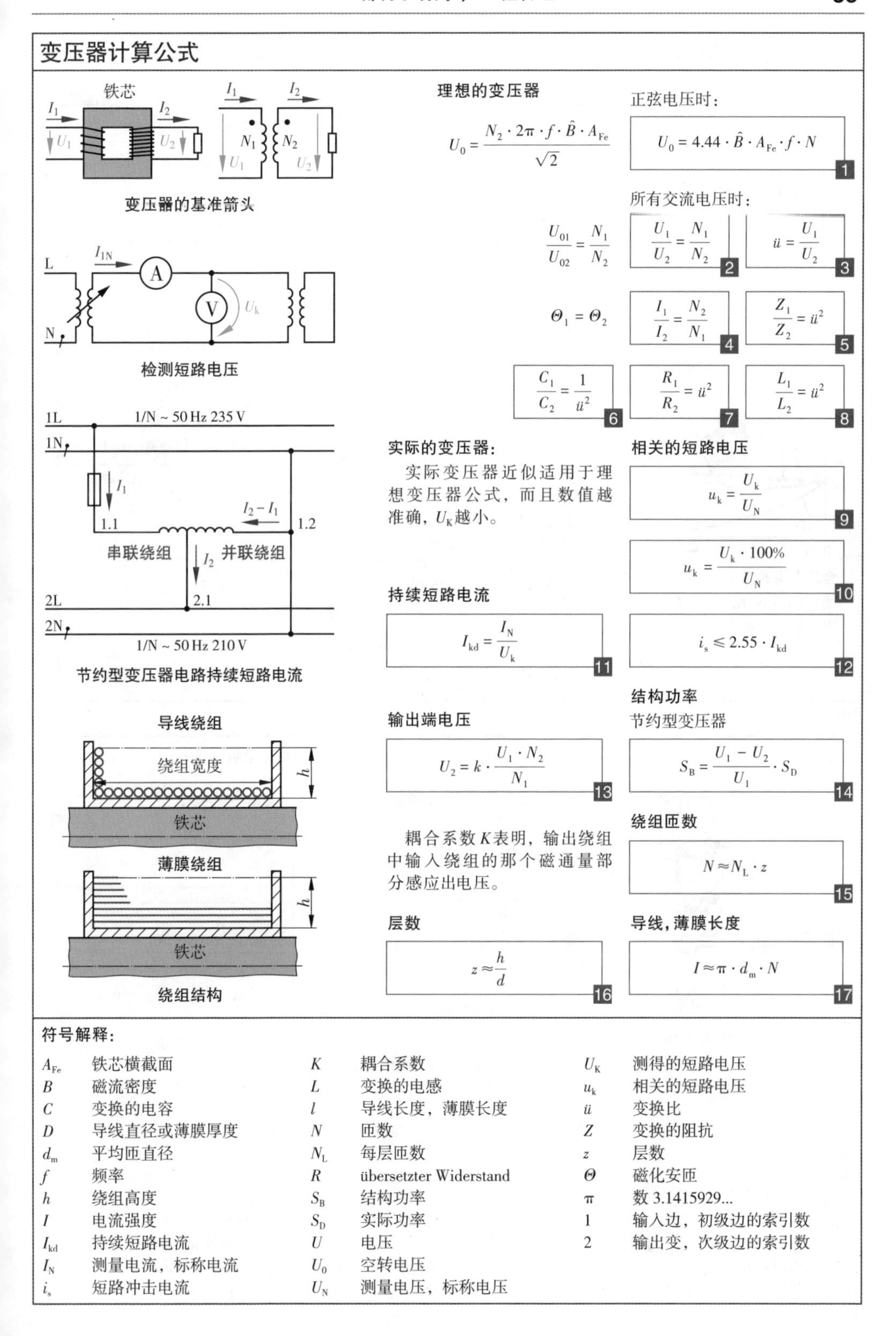

变压器计算公式

变压器的基准箭头

检测短路电压

节约型变压器电路持续短路电流

绕组结构

理想的变压器

$$U_0 = \frac{N_2 \cdot 2\pi \cdot f \cdot \hat{B} \cdot A_{Fe}}{\sqrt{2}}$$

正弦电压时：

$$U_0 = 4.44 \cdot \hat{B} \cdot A_{Fe} \cdot f \cdot N \quad (1)$$

所有交流电压时：

$$\frac{U_{01}}{U_{02}} = \frac{N_1}{N_2}$$

$$\frac{U_1}{U_2} = \frac{N_1}{N_2} \quad (2)$$

$$\ddot{u} = \frac{U_1}{U_2} \quad (3)$$

$$\Theta_1 = \Theta_2$$

$$\frac{I_1}{I_2} = \frac{N_2}{N_1} \quad (4)$$

$$\frac{Z_1}{Z_2} = \ddot{u}^2 \quad (5)$$

$$\frac{C_1}{C_2} = \frac{1}{\ddot{u}^2} \quad (6)$$

$$\frac{R_1}{R_2} = \ddot{u}^2 \quad (7)$$

$$\frac{L_1}{L_2} = \ddot{u}^2 \quad (8)$$

实际的变压器：

实际变压器近似适用于理想变压器公式，而且数值越准确，U_K越小。

相关的短路电压

$$u_k = \frac{U_k}{U_N} \quad (9)$$

$$u_k = \frac{U_k \cdot 100\%}{U_N} \quad (10)$$

持续短路电流

$$I_{kd} = \frac{I_N}{U_k} \quad (11)$$

$$i_s \leq 2.55 \cdot I_{kd} \quad (12)$$

结构功率

节约型变压器

输出端电压

$$U_2 = k \cdot \frac{U_1 \cdot N_2}{N_1} \quad (13)$$

$$S_B = \frac{U_1 - U_2}{U_1} \cdot S_D \quad (14)$$

耦合系数K表明，输出绕组中输入绕组的那个磁通量部分感应出电压。

绕组匝数

$$N \approx N_L \cdot z \quad (15)$$

层数

$$z \approx \frac{h}{d} \quad (16)$$

导线，薄膜长度

$$l \approx \pi \cdot d_m \cdot N \quad (17)$$

符号解释：

A_{Fe}	铁芯横截面	K	耦合系数	U_K	测得的短路电压
B	磁流密度	L	变换的电感	u_k	相关的短路电压
C	变换的电容	l	导线长度，薄膜长度	$\ddot{u}$	变换比
D	导线直径或薄膜厚度	N	匝数	Z	变换的阻抗
d_m	平均匝直径	N_L	每层匝数	z	层数
f	频率	R	übersetzter Widerstand	Θ	磁化安匝
h	绕组高度	S_B	结构功率	π	数 3.1415929...
I	电流强度	S_D	实际功率	1	输入边，初级边的索引数
I_{kd}	持续短路电流	U	电压	2	输出变，次级边的索引数
I_N	测量电流，标称电流	U_0	空转电压		
i_s	短路冲击电流	U_N	测量电压，标称电压		

温度变化时的电阻，热态电阻

热与电阻

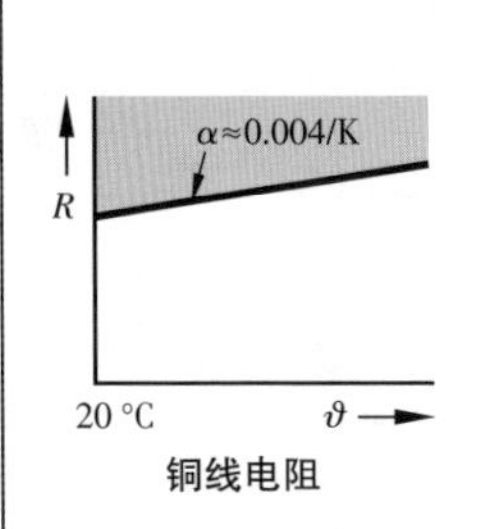

铜线电阻

$[\Delta R] = \Omega$ $[\vartheta] = °C$

$[\Delta\vartheta] = K$ $[\alpha] = 1/K$

温度系数 α 指电阻 20℃时，温度变化 1 K时的电阻变化为 1 Ω。

铜：$\alpha_{Cu} = 0.0039\ 1/K$

铝：$\alpha_{Al} = 0.004\ \ 1/K$

电阻变化

$$\Delta R = R_2 - R_1 \quad (1)$$

温度变化

$$\Delta\vartheta = \vartheta_2 - \vartheta_1 \quad (2)$$

用于 Δϑ <300 K：

$$\Delta R = \alpha \cdot R_1 \cdot \Delta\vartheta \quad (3)$$

$$\varrho_2 = \varrho_1(1 + \alpha \cdot \Delta\vartheta) \quad (4)$$

$$R_2 = R_1 + \Delta R \quad (5)$$

$$\gamma_2 = \gamma_1 / (1 + \alpha \cdot \Delta\vartheta) \quad (6)$$

$$R_2 = R_1(1 + \alpha \cdot \Delta\vartheta) \quad (7)$$

$[\varrho] = \Omega \cdot mm^2 / m$

$[\gamma] = m / (\Omega \cdot mm^2)$

$$\Delta\vartheta = \frac{R_2 - R_1}{R_1 \cdot \alpha} \quad (8)$$

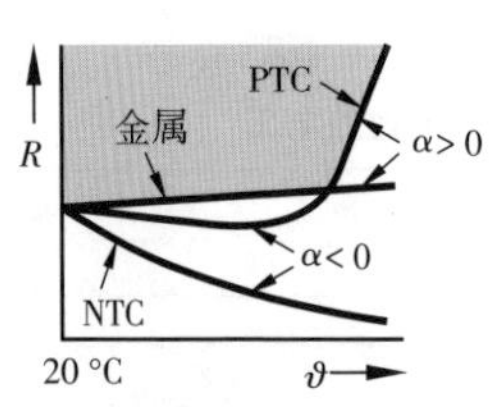

金属电阻的 *R*（ϑ）特性曲线，PTC 电阻和 NTC 电阻（参见 208 页）

电机绕组温升，铜线时：

$$\vartheta_2 = \frac{R_2}{R_1}(\vartheta_1 + 235\ K) - 235\ K \quad (9)$$

$$\alpha_1 = \frac{1}{235\ K + \vartheta_1} \quad (10)$$

铝线时在数字 235 处出现数值 225。

所有纯金属的 $\alpha \approx \frac{1}{250} 1/K = 0.004\ 1/K.$

热态电阻

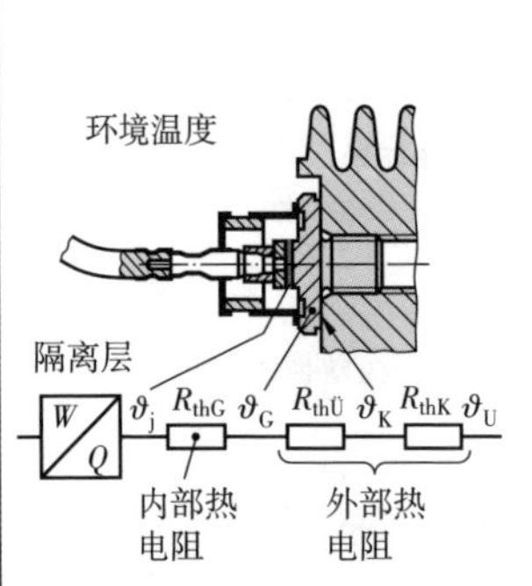

三极管内的热态电阻

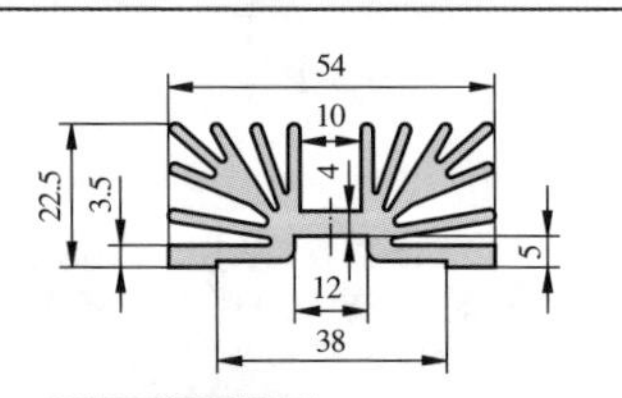

$R_{thK} = 3.8\ K/W$
长度 235 处

$[R_{thK}] = Keivin / W = K / W$

冷却体举例

热态电阻

$$R_{th} = \frac{\Delta\vartheta}{P_V} \quad (11)$$

$$R_{thG} = \frac{\vartheta_j - \vartheta_G}{P_V} \quad (12)$$

$$R_{thU} = \frac{\vartheta_j - \vartheta_u}{P_V} \quad (13)$$

$$R_{thU} = R_{thG} + R_{thÜ} + R_{thK} \quad (14)$$

数据页给出作为热电阻用于无冷却体组件的总热电阻 R_{thU}，对于带有冷却体的组件，仅用内部热电阻 R_{thG}。

符号解释：

P_v	损耗功率	$R_{thÜ}$	机壳与冷却体之间的热电阻（亦作 R_{thGK}）	ρ	电阻率
Q	热，热能	W	功		
R	电阻	α	温度系数		
R_{th}	普通热电阻	γ	电导率		
R_{thG}	内部热电阻（亦作 R_{thjG}）	Δ	差的符号		
R_{thK}	冷却体与冷却剂之间的热电阻（亦作 R_{thKU}）	$\Delta\vartheta$	温差，单位:K（1 K = 1℃）		
R_{thU}	热电阻（亦作 R_{thjU}）	ϑ	温度，单位:℃		

索引：

1	温度变化前的量	G	机壳
2	温度变化后的量	K	物体
j	接合（隔离层）	U	环境
th	热的		

三相交流电，无功功率补偿

三相交流电流（交流电流）

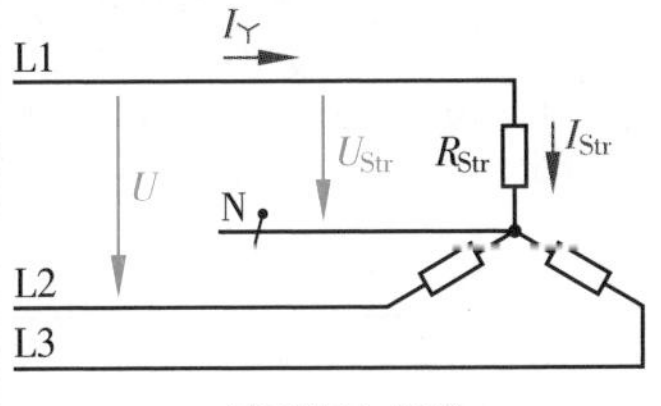

星形接法（Y）

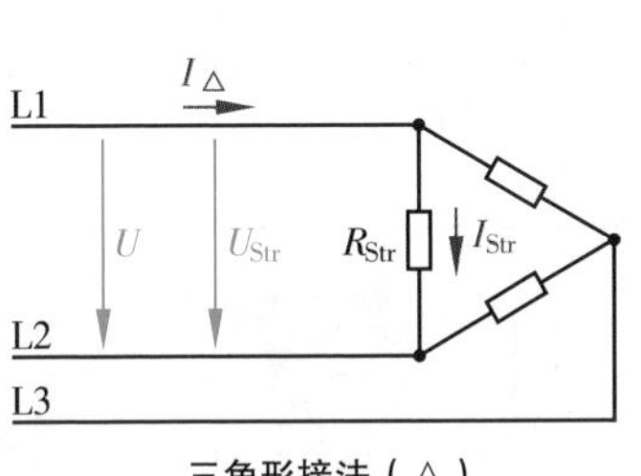

三角形接法（△）

星形接法时：

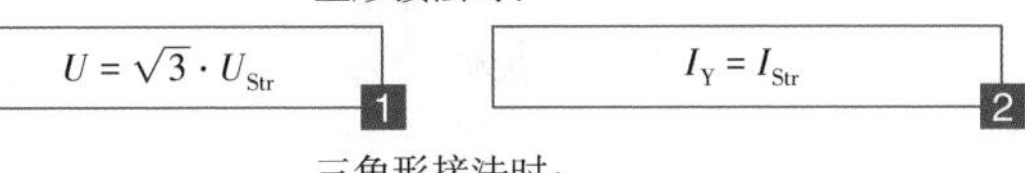

$U = \sqrt{3} \cdot U_{Str}$ **1**

$I_Y = I_{Str}$ **2**

三角形接法时：

$I_\Delta = \sqrt{3} \cdot I_{Str}$ **3**

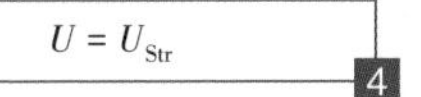

$U = U_{Str}$ **4**

对称负载（$I = I_Y$ 或 I_Δ）时：

视在功率

$[S] = V \cdot A = VA$

$S = \sqrt{3} \cdot U \cdot I$ **5**

有效功率

$[P] = V \cdot A = W$

$P = \sqrt{3} \cdot U \cdot I \cdot \cos\varphi$ **6**

无功功率

$[Q] = V \cdot A = var$

$Q = \sqrt{3} \cdot U \cdot I \cdot \sin\varphi$ **7**

实际应用中，cos φ 常称为功率因数，此时一般忽略谐波。

视在功率

$S = \sqrt{P^2 + Q^2}$ **8**

相 –有效功率

$P_{Str} = I_{Str}^2 \cdot R_{Str}$ **9**

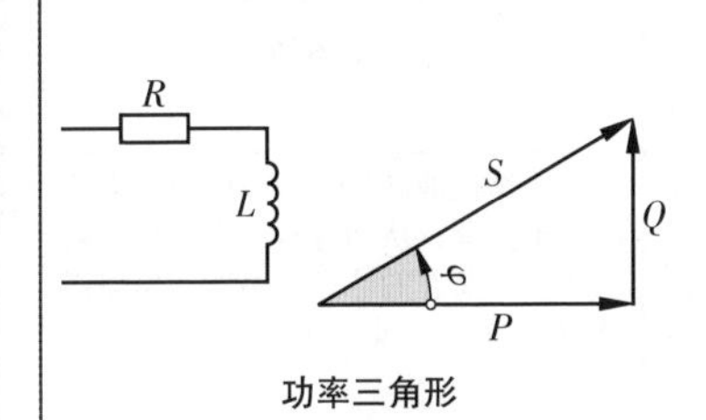

功率三角形

电路有效功率

对称负载时：

$P = 3 \cdot P_{Str}$ **10**

相同电网电压时：

$P_\Delta = 3 \cdot P_Y$ **11**

补偿

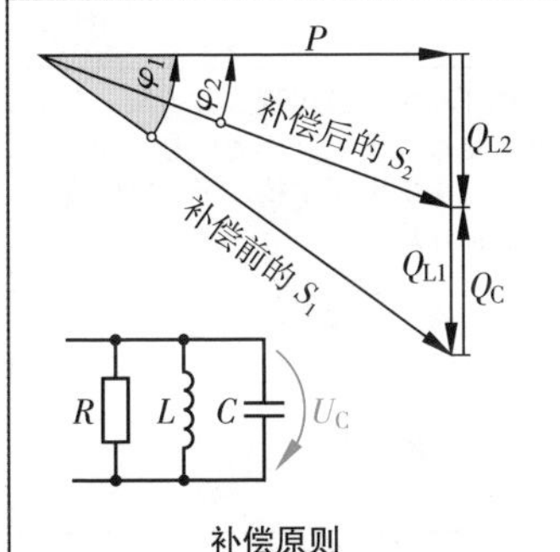

补偿原则

计算过程：

$\tan\varphi_1 = \frac{Q_{L1}}{P} \Rightarrow Q_{L1} = P \cdot \tan\varphi_1$

$\tan\varphi_2 = \frac{Q_{L2}}{P} \Rightarrow Q_{L2} = P \cdot \tan\varphi_2$

$Q_C = Q_{L1} - Q_{L2}$

或：

$\cos\varphi_1 \Rightarrow \sin\varphi_1 \Rightarrow Q_{L1}$

$\cos\varphi_2 \Rightarrow \sin\varphi_2 \Rightarrow Q_{L2}$

$Q_C = Q_{L1} - Q_{L2}$

电容器无功功率

$Q_C = P \cdot (\tan\varphi_1 - \tan\varphi_2)$ **12**

AC并联电路的电容

$C = \frac{Q_C}{\omega \cdot U_C^2}$ **13**

串联电路

$C = \frac{I_{bC}^2}{\omega \cdot Q_C}$ **14**

符号解释：

C	电容	R_{Str}	相电阻	**索引：**	
cos φ	有效因数，功率因数	S	视在功率	1	补偿前
I	外部导体电流	sin φ	无功系数	2	补偿后
I_{Str}	相电流	U	导线电压，电压	b	无功的
P	功率	U_{Str}	相电压	C	电容的
P_{Str}	相功率	φ	相位差	L	电感的
Q	无功功率	ω	角频率	Y	星形接法 Y
				△	三角形接法△

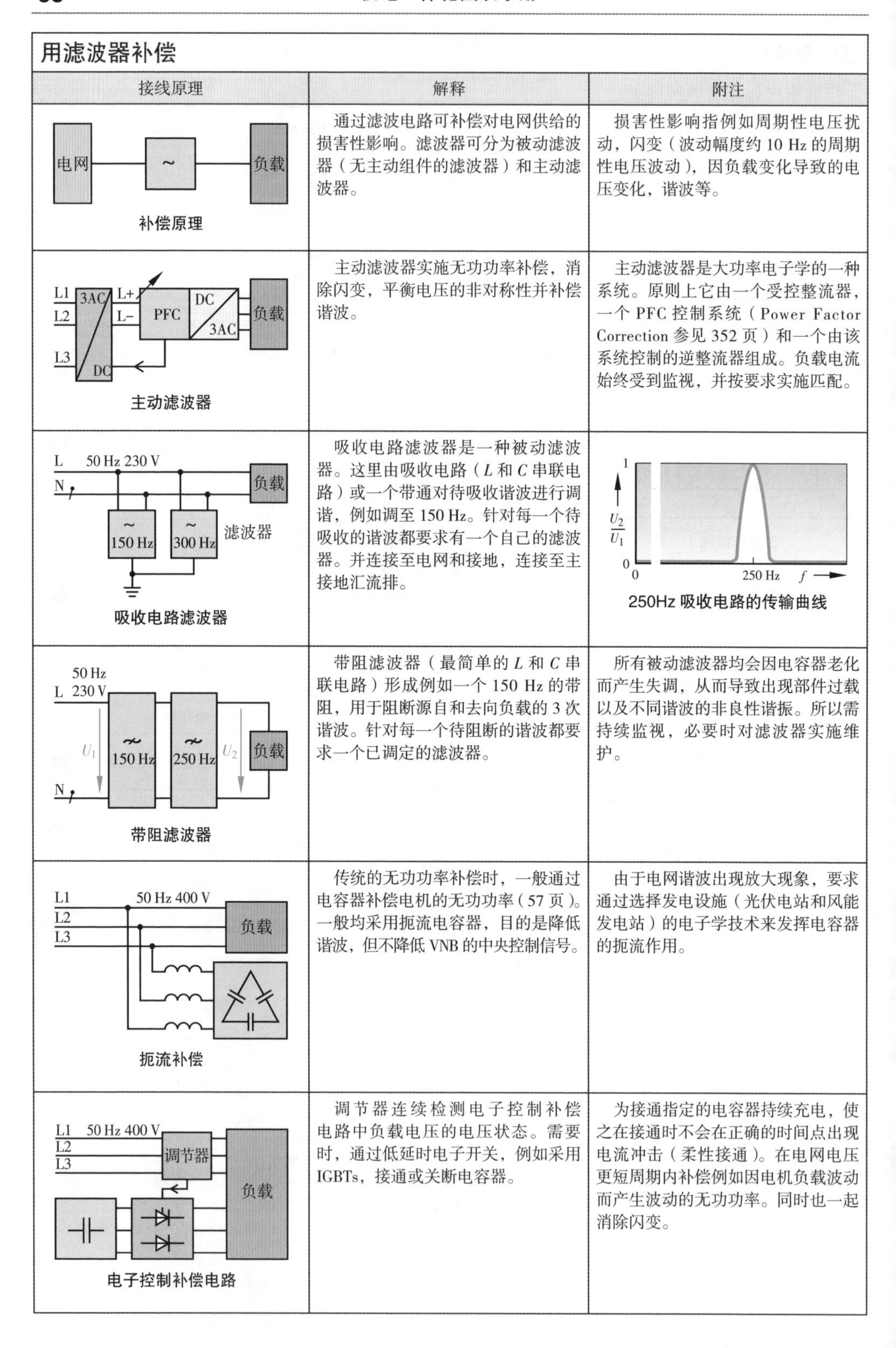

用滤波器补偿

接线原理	解释	附注
补偿原理	通过滤波电路可补偿对电网供给的损害性影响。滤波器可分为被动滤波器（无主动组件的滤波器）和主动滤波器。	损害性影响指例如周期性电压扰动，闪变（波动幅度约 10 Hz 的周期性电压波动），因负载变化导致的电压变化，谐波等。
主动滤波器	主动滤波器实施无功功率补偿，消除闪变，平衡电压的非对称性并补偿谐波。	主动滤波器是大功率电子学的一种系统。原则上它由一个受控整流器，一个 PFC 控制系统（Power Factor Correction 参见 352 页）和一个由该系统控制的逆整流器组成。负载电流始终受到监视，并按要求实施匹配。
吸收电路滤波器	吸收电路滤波器是一种被动滤波器。这里由吸收电路（L 和 C 串联电路）或一个带通对待吸收谐波进行调谐，例如调至 150 Hz。针对每一个待吸收的谐波都要求有一个自己的滤波器。并连接至电网和接地，连接至主接地汇流排。	250Hz 吸收电路的传输曲线
带阻滤波器	带阻滤波器（最简单的 L 和 C 串联电路）形成例如一个 150 Hz 的带阻，用于阻断源自和去向负载的 3 次谐波。针对每一个待阻断的谐波都要求一个已调定的滤波器。	所有被动滤波器均会因电容器老化而产生失调，从而导致出现部件过载以及不同谐波的非良性谐振。所以需持续监视，必要时对滤波器实施维护。
扼流补偿	传统的无功功率补偿时，一般通过电容器补偿电机的无功功率（57 页）。一般均采用扼流电容器，目的是降低谐波，但不降低 VNB 的中央控制信号。	由于电网谐波出现放大现象，要求通过选择发电设施（光伏电站和风能发电站）的电子学技术来发挥电容器的扼流作用。
电子控制补偿电路	调节器连续检测电子控制补偿电路中负载电压的电压状态。需要时，通过低延时电子开关，例如采用 IGBTs，接通或关断电容器。	为接通指定的电容器持续充电，使之在接通时不会在正确的时间点出现电流冲击（柔性接通）。在电网电压更短周期内补偿例如因电机负载波动而产生波动的无功功率。同时也一起消除闪变。

线路计算

求导线横截面，用换算系数求电流负荷能力

条件	最常用的检测基础	举例
检测电流极小，导线不长	机械强度（最小横截面参见 328 页）	手工仪表，$I_N = 5$ A，$l = 2$ m
任意检测电流，普通导线长度	电流负荷能力，参见 333 至 336 页	照明设备，$I_N = 16$ A，$l = 30$ m
极长导线，任意检测电流	电压降，见下文	电动机，$I_N = 16$ A，$l = 150$ m
导线介于普通和极长之间	电流负荷能力和电压降构成较大横截面	电动机，$I_N = 16$ A，$l = 80$ m

出现 333至 336页所述运行条件偏差时，借助 336页，337页(例如环境温度偏差 30℃，导线堆集等）表值计算出换算系数f_1, f_2…的乘积 F，并从 333至 335页的电流负荷能力I_r计算出电流负荷能力I_z。

对电导率γ的说明：为准确计算电压降，针对导线运行温度 b的温升需加入 γ。如 b = 50℃时，铜导线的γ_{50} = 50 m(Ω · mm²)，ϑ_b = 20 ℃时，γ_{20} = 56 m(Ω· mm²)。

$$F = f_1 \cdot f_2 \cdot ... \quad (1)$$

$$I_z = F \cdot I_r \quad (2)$$

电压降和功率损耗

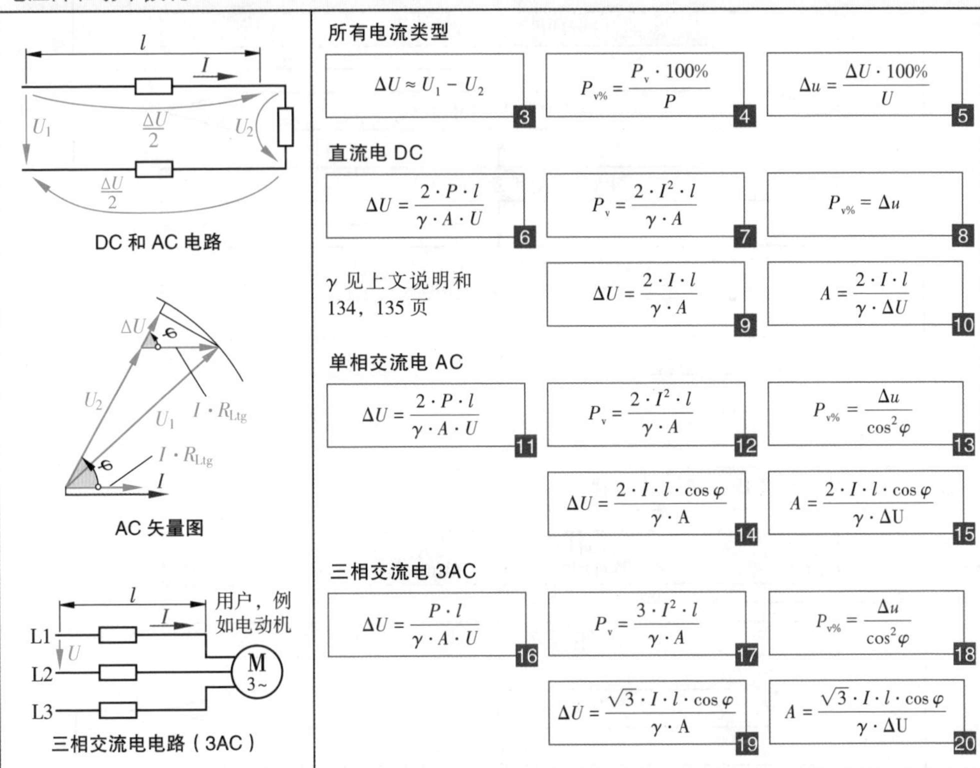

DC 和 AC 电路

AC 矢量图

三相交流电电路（3AC）

所有电流类型

$$\Delta U \approx U_1 - U_2 \quad (3)$$

$$P_{v\%} = \frac{P_v \cdot 100\%}{P} \quad (4)$$

$$\Delta u = \frac{\Delta U \cdot 100\%}{U} \quad (5)$$

直流电 DC

$$\Delta U = \frac{2 \cdot P \cdot l}{\gamma \cdot A \cdot U} \quad (6)$$

$$P_v = \frac{2 \cdot I^2 \cdot l}{\gamma \cdot A} \quad (7)$$

$$P_{v\%} = \Delta u \quad (8)$$

γ 见上文说明和 134，135 页

$$\Delta U = \frac{2 \cdot I \cdot l}{\gamma \cdot A} \quad (9)$$

$$A = \frac{2 \cdot I \cdot l}{\gamma \cdot \Delta U} \quad (10)$$

单相交流电 AC

$$\Delta U = \frac{2 \cdot P \cdot l}{\gamma \cdot A \cdot U} \quad (11)$$

$$P_v = \frac{2 \cdot I^2 \cdot l}{\gamma \cdot A} \quad (12)$$

$$P_{v\%} = \frac{\Delta u}{\cos^2 \varphi} \quad (13)$$

$$\Delta U = \frac{2 \cdot I \cdot l \cdot \cos\varphi}{\gamma \cdot A} \quad (14)$$

$$A = \frac{2 \cdot I \cdot l \cdot \cos\varphi}{\gamma \cdot \Delta U} \quad (15)$$

三相交流电 3AC

$$\Delta U = \frac{P \cdot l}{\gamma \cdot A \cdot U} \quad (16)$$

$$P_v = \frac{3 \cdot I^2 \cdot l}{\gamma \cdot A} \quad (17)$$

$$P_{v\%} = \frac{\Delta u}{\cos^2 \varphi} \quad (18)$$

$$\Delta U = \frac{\sqrt{3} \cdot I \cdot l \cdot \cos\varphi}{\gamma \cdot A} \quad (19)$$

$$A = \frac{\sqrt{3} \cdot I \cdot l \cdot \cos\varphi}{\gamma \cdot \Delta U} \quad (20)$$

符号解释：

A	导线横截面	I_z	导线的电流负荷能力	U_1	导线始端电压
$\cos\varphi$	有效因数	L	导线长度	U_2	导线终端电压
f_1, f_2	换算系数，例如导线堆集	P	负载的功率	ΔU	电压降（电压差）
F	换算系数的乘积	P_v	导线内功率损耗	Δu	电压降百分比（与检测电压相关）
I	导线电流（负载的检测电流）	$P_{v\%}$	功率损耗百分比（与负载功率相关）		
I_r	333 至 335 页所述的电流负荷能力			γ	电导率（参见上文说明）
I_N	检测电流	U	电网或负载的检测电压	φ	相位差

线路计算过程

步骤 1：根据电流负荷能力选择导线

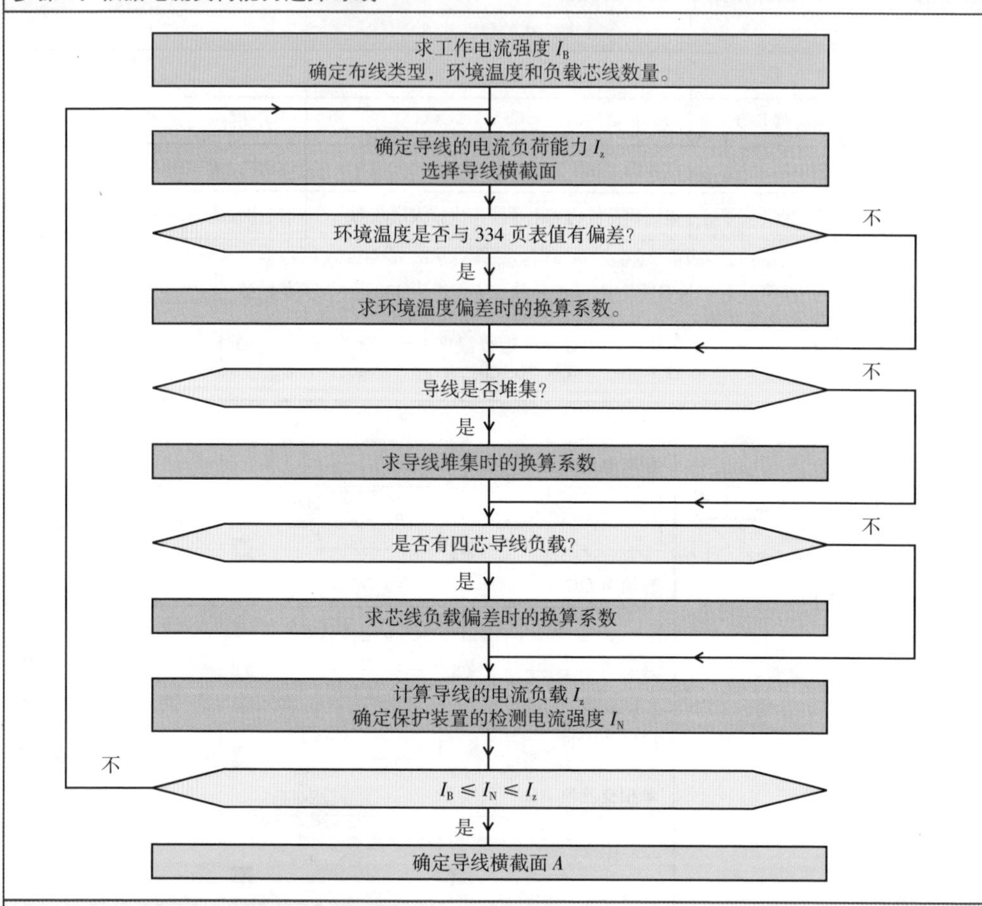

步骤 2：根据最大许用电压降选择导线

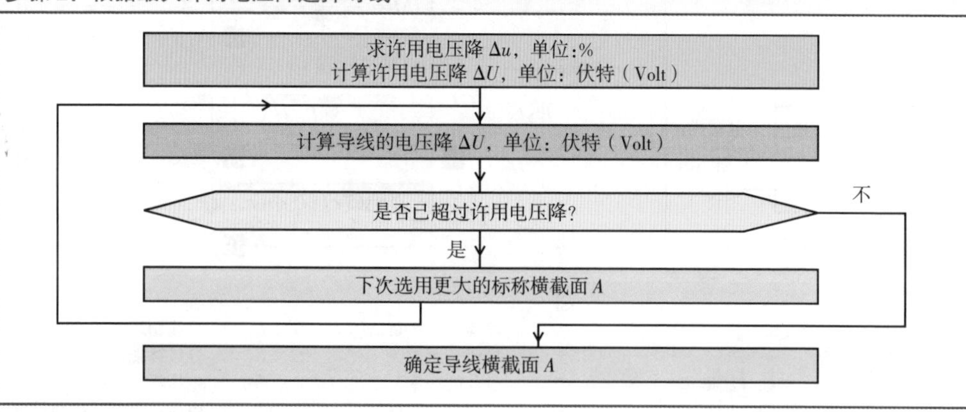

步骤 3 计算环线总电阻，用于确定是否已满足低压设备的关断条件。根据设备条件进行检测。

符号解释： I_B 工作电流　I_N 保护装置的检测电流　I_z 导线的许用电流负荷能力

电抗线路的电压降（1）

概念	解释	公式，等效电路
单相导线的电压降		
等效电路 电气导线	等效电路通过已知组件表明一个电气元器件的基本运行规则。电气芯线的运行规则与电阻和电感构成的电路相同。 芯线之间出现一个产生容抗的电容。只有在长导线时才考虑该电抗，例如架空线。	X_C R X_L 一个多芯导线的等效电路
单相 AC 设备 R 端电压降（参见 59 页）	电气设备的电压降指馈电点的电压差 U_1—U_2（公式 1）。 系数 2 是电流至负载并返回导线的结果。$\cos\varphi$ 指负载和导线内的电抗。 公式 2 中 R 可由 $\frac{1}{(\gamma \cdot A)}$ 代替。	$\Delta U = U_1 - U_2$ $\Delta U_R = 2 \cdot R \cdot I \cdot \cos\varphi$ 1 $\Delta U_R = \frac{2 \cdot l \cdot I \cdot \cos\varphi}{\gamma \cdot A}$ 2
设备中电感 L 的电压降 总电压降	导线的感抗位置也可产生额外的电压降（公式 3）。$\sin\varphi$ 指负载和导线内的电抗。 从公式 2 和公式 3 推导出公式 4，其公式符号可在 DIN VDE 0100–520 中查取。	$\Delta U_L = 2 \cdot X_L \cdot I \cdot \sin\varphi$ 3 $X_L = X_L' \cdot l$ $\Delta U = \Delta U_R + \Delta U_L$ $\Delta U = 2 \cdot l \cdot I \cdot \left(\frac{\cos\varphi}{\gamma \cdot A} + X_L' \cdot \sin\varphi\right)$ 4
计算举例 结果 架空线	两芯室内导线长度 10 m，1.5 mm² 铜线。 X_L' 测得 $0.2\ \text{m}\Omega/\text{m}$, $I = 16\ \text{A}$, $f = 50\ \text{Hz}$, $\cos\varphi = 0.8$, $\sin\varphi = 0.6$ $X_L = X_L' \cdot l = 0.2\ \text{m}\Omega/\text{m} \cdot 20\ \text{m} = 4\ \text{m}\Omega$ 多芯室内电线时，可忽略小的电感电阻。 安装架空线时，由于导线间距更大，X_L' 则大得多，所以必须考虑电感对电压降的影响。	用公式 2 求电压降： $\Delta U_R = \frac{2 \cdot 16\text{A} \cdot 10\ \text{m} \cdot 0.8}{50\text{m}/(\Omega\text{mm}^2) \cdot 1.5\ \text{mm}^2} = 3.4\ \text{V}$ 用公式 3 求许用电感电压降： $\Delta U_L = 2 \cdot X_L \cdot l \cdot \sin\varphi$ $= 2 \cdot 4\ \text{m}\Omega \cdot 16\ \text{A} \cdot 0.6$ $= 76.8\ \text{mV} = 0.077\ \text{V}$ $\Delta U = \Delta U_R + \Delta U_L$ $= 3.4\ \text{V} + 0.077\ \text{V} = 3.477\ \text{V}$

符号解释：

A	导线横截面	XC	容抗	γ	电导率
f	频率	XL	感抗	$\cos\varphi$	有效因数
I	电流强度	X_L'	线性电抗（后页）	$\sin\varphi$	无功因数
L'	电感	ΔU	电压降	μ_0	磁场常数（1.257μH/m）
l	导线长度	ΔU_L	X_L 处电压降	π	3.1415….
U_1	无负载电压	ΔU_R	R 处电压降	ω	角频率
U_2	带负载电压				

电抗线路的电压降(2)

概念	解释	公式，等效电路
线性电感和电压降		
线性电阻 线性电感 线性电抗	线性是一个长度单位量，例如1m或1km的线性，例如 Ω/m或 mH/m。 线性的公式符号采用带’的量的公式符号，例如R'或L'。 线性电感的公式可从公式汇编查取。 公式 1和公式 2适用于 50Hz并联导线。 此类导线可用于 AC负载的单相架空线。	$L' = L / l \qquad X_L' = X_L / l$ $L' = \frac{\mu_0}{\pi} \cdot \ln \frac{2a}{d}$ **1** $X_L' = 2\pi f \cdot L'$ **2** 用于 $l \gg a \gg d$
计算举例 线性电感 结果	双芯架空线 Al/St 25/4， 长度 100 m，25 mm^2Al，d = 6.8 mm，α = 800 mm，γ = 32 m/(Ω mm^2)，I = 50 A，50 Hz，μ_0 = 1.257 μH/m，cos φ = 0.8，sin φ = 0.6 $L' = \frac{\mu_0}{\pi} \cdot \ln \frac{2a}{d} \mu H/m = 2.18\ \mu H/m$ $X_L' = 2\pi f \cdot L' = 314/s \cdot 2.18\ \mu H/m = 0.686\ m\Omega/m$ 架空线的α，l和I均大于室内导线，所以必须考虑其电感影响。	用前页公式 2求电压降： $\Delta U_R = \frac{2 \cdot 50A \cdot 100\,m \cdot 0.8}{32\,m/(\Omega mm^2) \cdot 25\,mm^2} = 10\,V$ 用前页公式 3求额外的电压降： $\Delta U_L = 2 \cdot X_L \cdot l \cdot \sin\varphi = 2 \cdot 68\,m\Omega \cdot 50\,A \cdot 0.6 = 4\,V$ $\Delta U = \Delta U_R + \Delta U_L = 10\,V + 4\,V = 14\,V$
三相交流电导线的电压降		
三相交流电 设备电感 L的电压降 总电压降	三相交流电的适用公式类似于单相 AC导线，因为三相交流电含三个单相电流。 但零线不含有效电流，所以也取消了前页公式 1的系数 2。 无系数的三相交流电导线直至星形接线点都有电压降。 但却在两根外部导线之间测电压降。此测法使电压降达到倍。 所以三相交流电公式中系数 2由系数代替。	$\Delta U_R = \frac{\sqrt{3} \cdot l \cdot I \cdot \cos\varphi}{\gamma \cdot A}$ **3** $\Delta U_L = \sqrt{3} \cdot X_L \cdot I \cdot \sin\varphi$ **4** $X_L = X_L' \cdot l \qquad \Delta U = \Delta U_R + \Delta U_L$ $\Delta U = \sqrt{3} \cdot l \cdot I \cdot \left(\frac{\cos\varphi}{\gamma \cdot A} + X_L' \cdot \sin\varphi\right)$ **5**

说明：电子装置内部单芯和多芯导线的电感电压降一般很小，所以 61页公式 2和本页公式 3已足够精确。

符号解释：

A	导线横截面	l	导线长度	γ	电导率
α	导线间距	In	自然对数	cos φ	有效因数
d	导线直径	X_L	感抗	sin φ	无功因数
f	频率	X_L'	线性电抗	μ_0	磁场常数(1.257 μH/m)
I	电流强度	ΔU	电压降	π	3.1415….
L	电感	ΔU_L	X_L处电压降	ω	角频率
L'	线性电感	ΔU_R	R处电压降		

含谐波多芯导线的电流负荷能力

参照 DIN VDE 0298–4

图，表，解释	附注	补充，公式
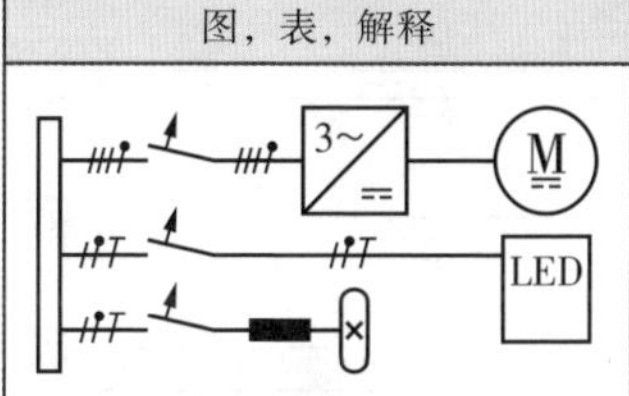有谐波的电气设备	有谐波的电气设备一般采用多芯导线连接，单相设备采用三芯导线（L，N 和 PE），三相交流电设备采用四芯和五芯导线（L1，L2，L3，N 和 PE）。	多芯导线的所有芯线均具相同横截面 A（导线横截面参见例如 334 页）。从 334 页根据导线标称电流负荷能力 I_r 查取导线横截面（表值）。

表 1：电流负荷能力 I_z 降低

原因	页数
环境温度高	337
导线堆集	337
芯线电流含谐波	本页

多芯导线的导线横截面和检测电流适用于所有芯线（所有导线）。

由于所述原因，导线的实际电流负荷能力 I_z 小于 334 页所列标称电流负荷能力 I_r 表值。

如果用例如 334 页的换算系数（减缩系数）f 相乘（公式 1），可得 I_z。

一般均已知电流负荷能力并找出所要求的检测电流（公式 2），用于查出 334 页的横截面。

电流负荷能力

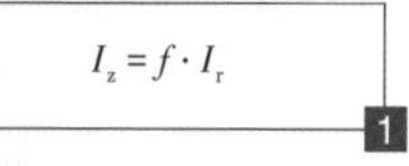

$$I_z = f \cdot I_r \quad (1)$$

检测电流

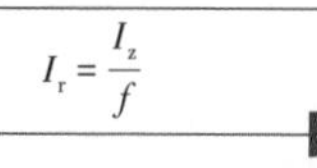

$$I_r = \frac{I_z}{f} \quad (2)$$

标准的系数适用于序数 3 的谐波。对此，零线电流 I_3 与 3 根外导线的谐波总量相等。

求谐波所致的换算系数（减缩系数）

$I_3' = \frac{I_3}{I_L}$

I_3' 至 33%f 时查表 2 求 I_L，

$I_3' > 33\%f$ 时查表求 I_{NL}。

表 2：换算系数

谐波占比 I_3'	电流的减缩系数 f	
	外导线电流 I_L	零线电流 I_{NL}
≤ 15%	1.0	—
> 15% 至 33%	0.86	—
> 33% 至 45%	—	0.86
> 45%	—	1.0

计算 4 芯和 5 芯导线 I_3，< 33% 时的导线横截面 I_N

这里所用导线均用外导线横截面。

1. 求 I_L，
2. 查表 2 求 f，
3. 计算 I_r（公式 2），
4. 查 334，335 页求横截面

$$I_z = f \cdot I_L \quad (3)$$

谐波占比< 15% 时，导线的电流负荷能力保持不变。

计算 4 芯和 5 芯导线 I_3，> 33% 时的导线横截面 I_{NL}

这里所有导线均用零线横截面。

1. 求 I_L，
2. 查表 2 求 f，
3. 计算 I_{NL}（公式 4），
4. 计算 I_r（公式 5），
5. 查 334 页和 335 页求横截面

$$I_{NL} = 3 \cdot I_L \cdot I_3' \quad (4)$$

$$I_r = \frac{I_{NL}}{f} \quad (5)$$

符号解释：

A	导线横截面	I_z	电流负荷能力
f	换算系数和系数乘积	I_3	谐波电流，$\nu = 3$
I_L	外导线电流，负载电流	I_3'	谐波占比
I_{NL}	零线电流	OS	谐波
Ir	检测电流，表值	ν	谐波序数

外导线非对称负载或出现其他序数的谐波时，必须减少换算系数 f。

齿轮计算

外啮合直齿正齿轮尺寸

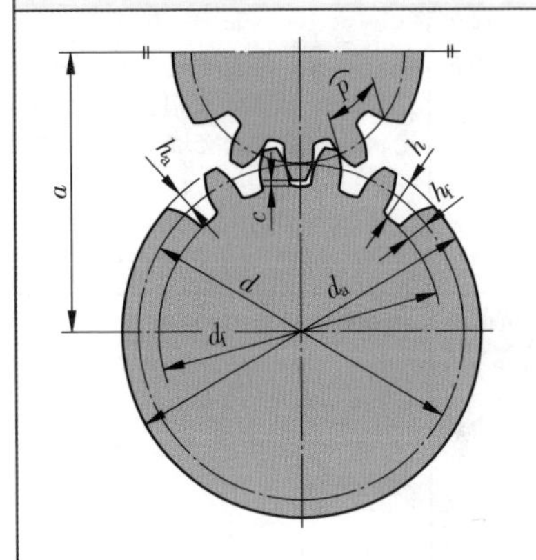

α 轴间距 p 分度
m 模数
d 节圆直径
d_a 齿顶圆直径
d_f 齿根圆直径
z 齿数
h_a 齿顶高 h 齿高
h_f 齿根高 c 齿顶间隙

模数 $m = 1\text{mm}$ 的直齿正齿轮的分度
$p = \pi \cdot m = \pi \cdot 1\ \text{mm} = 3.142\ \text{mm}$。
该值可在节圆上测得。

模数
$$m = \frac{P}{\pi} = \frac{d}{z}$$ 1

分度
$$p = \pi \cdot m$$ 2

齿数
$$z = \frac{d}{m} = \frac{d_a - 2 \cdot m}{m}$$ 3

齿顶间隙
$c = 0.1 \cdot m$ 至 $0.3 \cdot m$
常用 $c = 0.167 \cdot m$ 4

齿顶高
$$h_a = m$$ 5

节圆直径
$$d = m \cdot z = \frac{z \cdot p}{\pi}$$ 6

齿顶圆直径
$$d_a = d + 2 \cdot m = m \cdot (z + 2)$$ 7

齿根圆直径
$$d_f = d - 2 \cdot (m + c)$$ 8

齿高
$$h = 2 \cdot m + c$$ 9

齿根高
$$h_f = m + c$$ 10

轴间距

外啮合配对齿轮

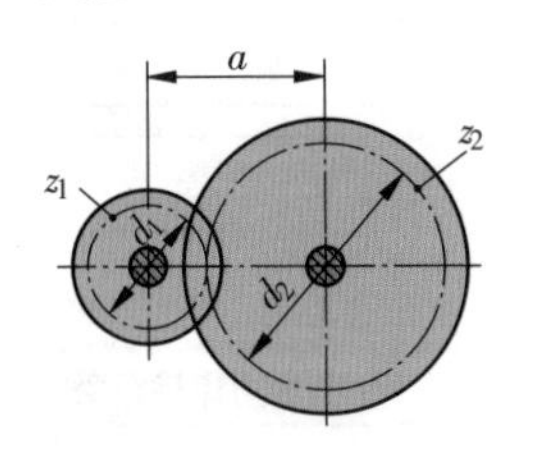

内啮合配对齿轮

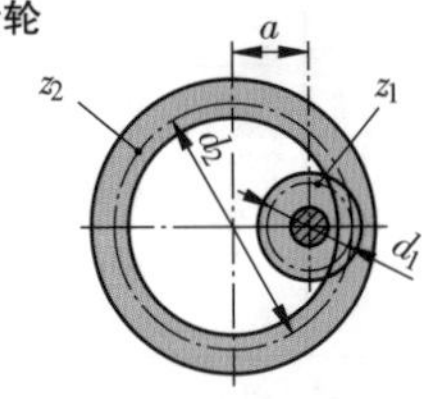

α 轴间距
d_1，d_2 节圆直径
z_1，z_2 齿数

内啮合直齿正齿轮

齿顶圆直径
$$d_a = d - 2 \cdot m = m \cdot (z - 2)$$ 11

齿根圆直径
$$d_f = d + 2 \cdot (m + c)$$ 12

齿数
$$z = \frac{d}{m} = \frac{d_a - 2 \cdot m}{m}$$ 13

其他齿轮尺寸的计算与外啮合直齿正齿轮的计算相同。

举例：内啮合正齿轮，
$m = 1.5\ \text{mm};\ z = 80;\ c = 0.167 \cdot m;\ d = ?;\ d_a = ?;\ h = ?$
$d = m \cdot z = 1.5\ \text{mm} \cdot 80 = 120\ \text{mm}$
$d_a = d - 2 \cdot \text{m} = 120\ \text{mm} - 2 \cdot 1.5\ \text{mm} = 117\ \text{mm}$
$h = 2 \cdot m + c = 2 \cdot 1.5\ \text{mm} + 0.167 \cdot 1.5\ \text{mm} = 3.25\ \text{mm}$

直齿啮合的轴间距

外啮合配对齿轮的轴间距
$$a = \frac{d_1 + d_2}{2} = \frac{m \cdot (z_1 + z_2)}{2}$$ 14

内啮合配对齿轮的轴间距
$$a = \frac{d_2 - d_1}{2} = \frac{m \cdot (z_2 - z_1)}{2}$$ 15

传动比

皮带传动

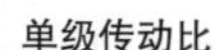

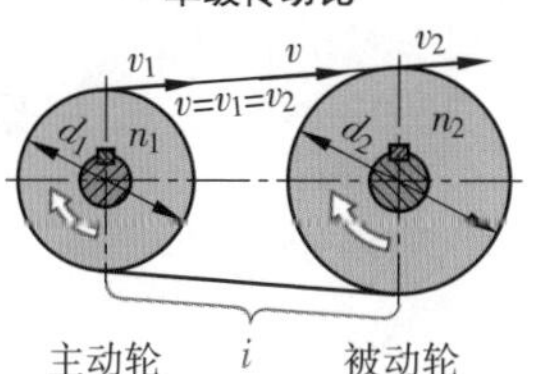

多级传动比

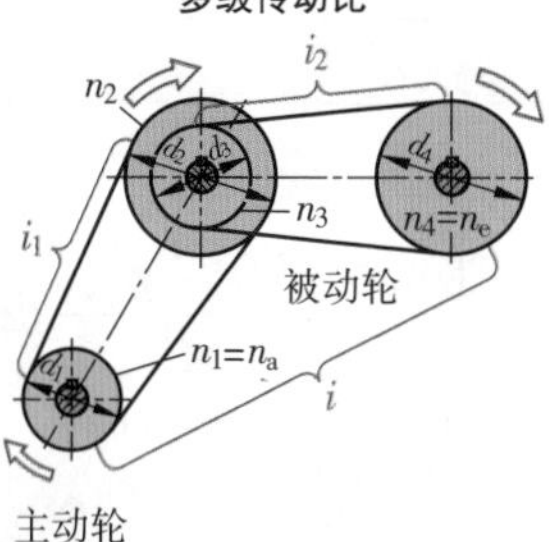

$d_1, d_3, d_5\cdots$ 直径 }主动轮
$n_1, n_3, n_5\cdots$ 转速 }

$d_2, d_4, d_6\cdots$ 直径 }被动轮
$n_2, n_4, n_6\cdots$ 转速 }

n_a 初始转速
n_e 极限转速
i 总传动比
$i_1, i_2, i_3\cdots$ 单个传动比
v, v_1, v_2 圆周速度

举例：

$n_1 = 600 / \min \cdot n_2 = 400 / \min$;
$d_1 = 240\ \text{mm}; i = ?; d_2 = ?$

$$i = \frac{n_1}{n_2} = \frac{600 / \min}{400 / \min} = \frac{1.5}{1} = 1.5$$

$$d_2 = \frac{n_1 \cdot d_1}{n_2} = \frac{600 / \min \cdot 240\text{mm}}{400 / \min} = 360\ \text{mm}$$

速度

$$v = v_1 = v_2 \quad (1)$$

驱动公式

$$n_1 \cdot d_1 = n_2 \cdot d_2 \quad (2)$$

传动比

$$i = \frac{d_2}{d_1} = \frac{n_1}{n_2} = \frac{n_a}{n_e} \quad (3)$$

总传动比

$$i = \frac{d_2 \cdot d_4 \cdot d_6 \ldots}{d_1 \cdot d_3 \cdot d_5 \ldots} \quad (4)$$

速度

$$i = i_1 \cdot i_2 \cdot i_3 \ldots \quad (5)$$

齿轮传动

单级传动比

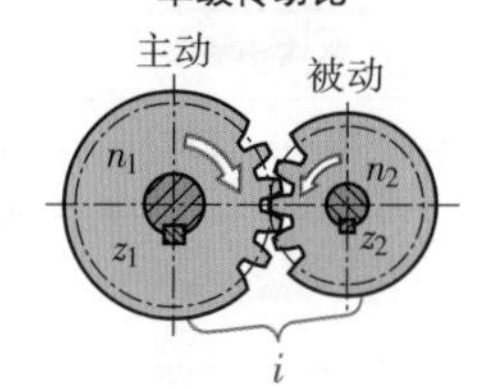

多级传动比

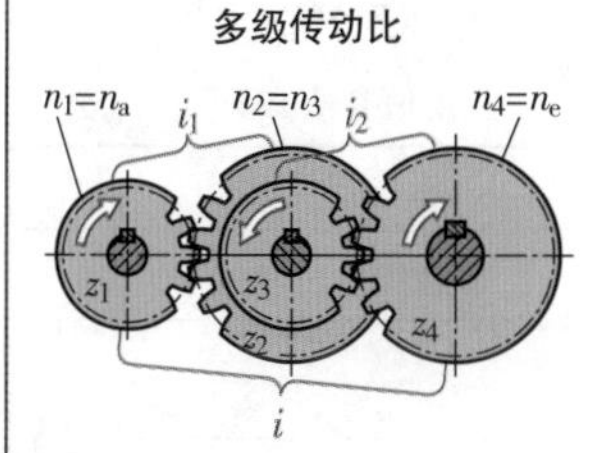

$z_1, z_3, z_5\cdots$ 齿数 }主动轮
$n_1, n_3, n_5\cdots$ 转速 }

$z_2, z_4, z_6\cdots$ 齿数 }被动轮
$n_2, n_4, n_6\cdots$ 转速 }

n_a 初始转速
n_e 极限转速
i 总传动比
$i_1, i_2, i_3\cdots$ 单个传动比

举例：

$i = 0.4; n_1 = 180 / \min; z_2 = 24$;
$n_2 = ?; z_1 = ?$

$$n_2 = \frac{n_1}{i} = \frac{180 / \min}{0.4} = 450 / \min$$

$$z_1 = \frac{n_2 \cdot z_2}{n_1} = \frac{450 / \min \cdot 24}{180 / \min} = 60$$

驱动公式

$$n_1 \cdot z_1 = n_2 \cdot z_2 \quad (6)$$

传动比

$$i = \frac{z_2}{z_1} = \frac{n_1}{n_2} = \frac{n_a}{n_e} \quad (7)$$

总传动比

$$i = \frac{z_2 \cdot z_4 \cdot z_6 \ldots}{z_1 \cdot z_3 \cdot z_5 \ldots} \quad (8)$$

速度

$$i = i_1 \cdot i_2 \cdot i_3 \ldots \quad (9)$$

蜗轮蜗杆传动

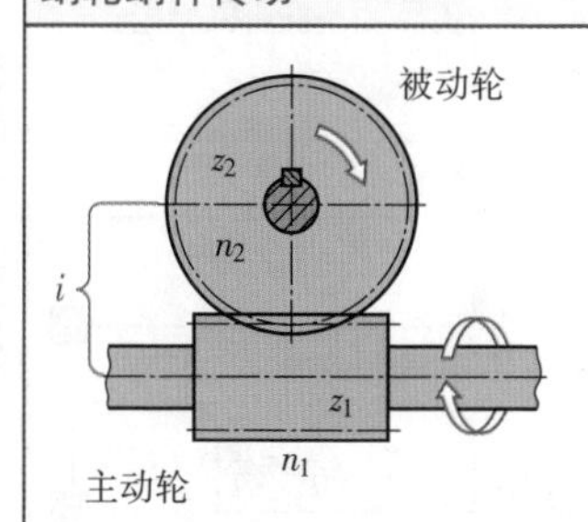

z_1 蜗杆齿数
n_1 蜗杆转速
z_2 蜗轮齿数
n_2 蜗轮转速
i 传动比

举例：

$i = 25; n_1 = 1500 / \min; z_1 = 3; n_2 = ?$

$$n_2 = \frac{n_1}{i} = \frac{1500 / \min}{25} = 60 / \min$$

驱动公式

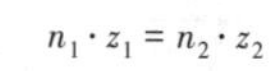

$$n_1 \cdot z_1 = n_2 \cdot z_2 \quad (10)$$

传动比

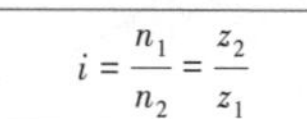

$$i = \frac{n_1}{n_2} = \frac{z_2}{z_1} \quad (11)$$

液体压力和气体压力

压力

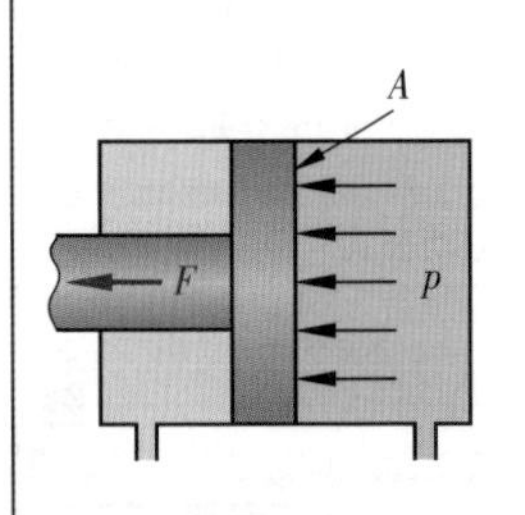

p 压力 A 面积
F 力

举例：

$F = 2$ MN；活塞直径 $d = 400$ mm；$p = ?$

$$p = \frac{F}{A} = \frac{2\text{MN}}{\frac{\pi \cdot (0.4\text{m})^2}{4}} = 15.92\frac{\text{MN}}{\text{m}^2} = 159.2\ \text{bar}$$

液压和气动的计算参见 75 页。

压力

$$P = \frac{F}{A} \quad (1)$$

压力单位

$$1\ \text{Pa} = 1\frac{\text{N}}{\text{m}^2} = 10^{-5}\text{bar}$$

$$1\ \text{bar} = 10\frac{\text{N}}{\text{cm}^2} = 0.1\frac{\text{N}}{\text{mm}^2}$$

1 mbar = 100 Pa = 1 hPa

正压力，大气压力，绝对压力

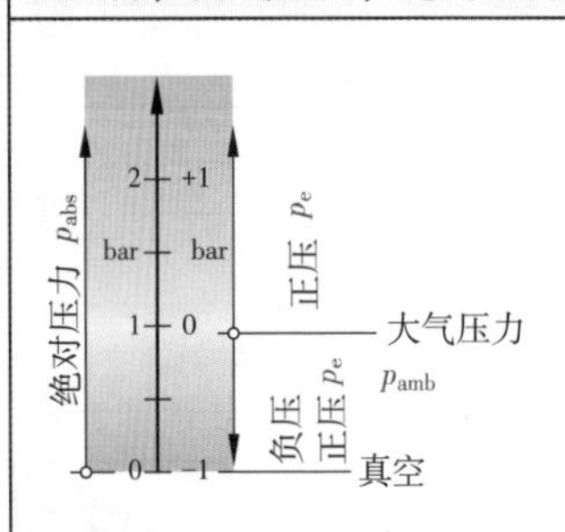

P_e 正压力
P_{amb} 大气压力
P_{abs} 绝对压力

压力：
- $P_{abs} > P_{amb}$ 为正，
- $P_{abs} < P_{amb}$ 为负（负压）

举例：

汽车轮胎，$p_e = 2.2$ bar；$p_{amb} = 1$ bar；$p_{abs} = ?$

$p_{abs} = p_e + p_{amb} = 2.2\ \text{bar} + 1\ \text{bar} = 3.2\ \text{bar}$

正压力

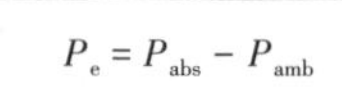

(2)

$P_{amb} = 1.013\ \text{bar} \approx 1\ \text{bar} \approx 100\ \text{kPa}$

液体静压力

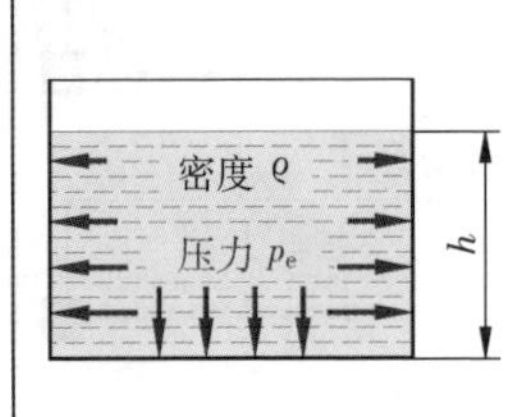

P_e 液体静压力 ρ 液体密度
h 液体深度
g 重力加速度，地域系数

举例：

10 m水深时的液体静压力是多少？

$$p_e = g \cdot \varrho \cdot h = 9.81\frac{\text{m}}{\text{s}^2} \cdot 1000\frac{\text{kg}}{\text{m}^3} \cdot 10\ \text{m}$$

$$= 98100\frac{\text{kg}}{\text{m} \cdot \text{s}^2} = 98\,100\ \text{Pa} \approx 1\ \text{bar}$$

液体静压力

$$P_e = g \cdot \varrho \cdot h \quad (3)$$

$[g] = \text{m/s}^2 = \text{N/kg}$

1 bar ≙ 10 m水柱

$$g = 9.81\frac{\text{m}}{\text{s}^2} \approx 10\frac{\text{m}}{\text{s}^2}$$

密度值参见 134 页，135 页

气体的状态变化

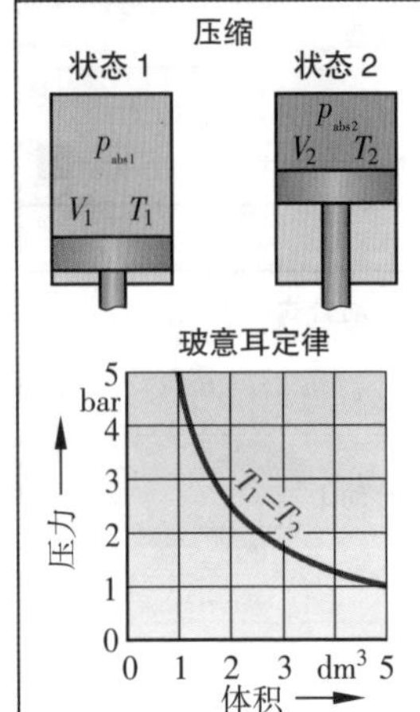

状态 1		状态 2	
P_{abs1}	绝对压力	P_{abs2}	绝对压力
V_1	体积	V_2	体积
T_1	绝对温度	T_2	绝对温度

举例：

压缩机抽吸 $P_{abs1} = 1$ bar和 $\vartheta_1 = 15$℃的空气 $V_1 = 30\ \text{m}^3$ 并将之压缩至 $V_2 = 3.5\ \text{m}^3$ 和 $\vartheta_2 = 150$℃。

问：压力 P_{abs2} 多大？

$$P_{abs2} = \frac{p_{abs1} \cdot V_1 \cdot T_2}{T_1 \cdot V_2}$$

$$= \frac{1\text{bar} \cdot 30\text{m}^3 \cdot 423\ \text{K}}{288\ \text{K} \cdot 3.5\text{m}^3} = 12.6\ \text{bar}$$

标准体积 V_N 是压力 $P_{abs} = 1013$ bar，温度 $T = 273$ K（=℃）时空气的体积。

普通气体方程式

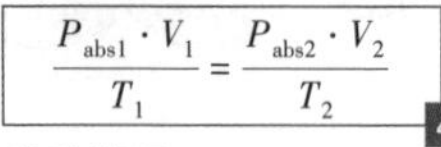

(4)

特殊情况：

等温：

$$p_{abs\,1} \cdot V_1 = p_{abs\,2} \cdot V_2 \quad (5)$$

等容：

$$\frac{P_{abs1}}{T_1} = \frac{P_{abs2}}{T_2} \quad (6)$$

等压：

$$\frac{V_1}{T_1} = \frac{V_2}{T_2} \quad (7)$$

摩擦，浮力

摩擦力

静摩擦，滑动摩擦

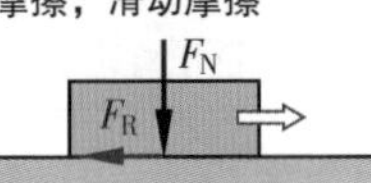

静摩擦，滑动摩擦

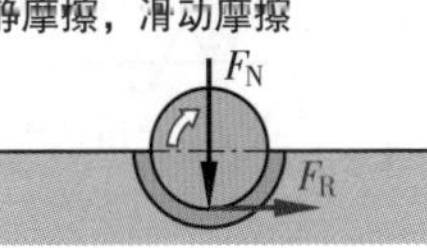

滚动摩擦

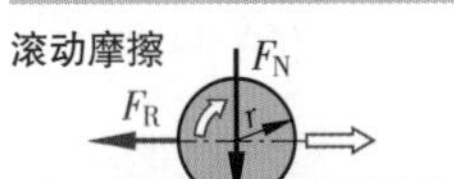

F_N　法向力（压力）　　f　滚动摩擦长度
F_R　摩擦力　　　　　r　滚动体半径
μ　摩擦系数

滚动轴承中出现的摩擦大多可简化为摩擦系数 $\mu = f / r = 0.001$至 0.003的滑动摩擦进行计算。

举例 1:

滑动轴承，$F_N = 100\ \text{N}$；$\mu = 0.03$；$F_R = ?$

$F_R = \mu \cdot F_N = 0.03 \cdot 100\ \text{N} = 3\ \text{N}$

举例 2:

钢轨上的吊车车轮，$F_N = 45\ \text{kN}$；

$d = 320\ \text{mm}$；$f = 0.5\ \text{mm}$；$F_R = ?$

$$F_R = \frac{f \cdot F_N}{r} = \frac{0.05\text{mm} \cdot 45\,000\ \text{N}}{160\ \text{mm}} = 14.06\ \text{N}$$

静摩擦和滑动摩擦的摩擦力

$$F_R = \mu \cdot F_N \quad (1)$$

滚动摩擦的摩擦力

$$F_R = \frac{f \cdot F_N}{r} \quad (2)$$

$[F_R] = [F_N] = \text{N}$

$[f] = [r] = \text{mm}$

摩擦系数（标准值）

材料配对	静摩擦系数μ		滑动摩擦系数μ		滚动摩擦长度f，单位:mm	
	无润滑	有润滑	无润滑	有润滑		
钢 / 铸铁	0.2	0.15	0.18	0.1 ~ 0.08		
钢 / 钢	0.2	0.1	0.15	0.1 ~ 0.05		
钢 / 铜锌合金	0.2	0.1	0.1	0.06 ~ 0.03	钢 / 钢，软	0.05
钢 / 铅锌合金	0.15	0.1	0.1	0.05 ~ 0.03		
钢 / 聚酰胺	0.3	0.15	0.3	0.12 ~ 0.05		
钢 / 聚四氯乙烯	0.04	0.04	0.04	0.04	钢 / 钢，硬	0.01
钢 / 铁	0.03	—	0.015	—		
钢 / 摩擦衬套	0.6	0.3	0.55	0.3 ~ 0.2		
钢 / 木材	0.55	0.1	0.35	0.05		
铸铁 / 铜锌合金	0.28	0.16	0.21	0.2 ~ 0.1	汽车轮胎碾压沥青	4.5
传动皮带 / 铸铁	0.5	—	—	—		
滚动轴承	—	—	—	0.003 ~ 0.001		

轴承的摩擦力矩和摩擦功率

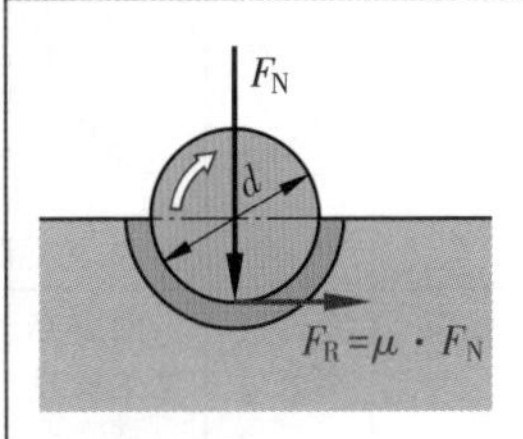

M　摩擦力矩　　　μ　摩擦系数
F_N　法向力　　　　d　直径
P　摩擦功率　　　n　转速

举例:

套入铜锌滑动轴承的钢轴，$\mu = 0.05$；

$F_N = 6\ \text{kN}$；$d = 160\ \text{mm}$；$M = ?$

$$M = \frac{\mu \cdot F_N \cdot d}{2} = \frac{0.05 \cdot 6000\text{N} \cdot 0.16\ \text{m}}{2} = 24\ \text{Nm}$$

摩擦力矩

$$M = \frac{\mu \cdot F_N \cdot d}{2} \quad (3)$$

摩擦功率

$$P = \mu \cdot F_N \cdot \pi \cdot d \cdot n \quad (4)$$

液体浮力

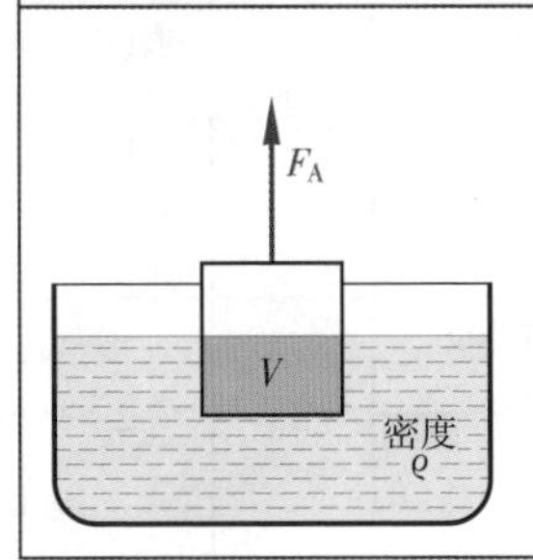

F_A　浮力　　　V　排水体积
ρ　密度　　　g　重力加速度，地域系数

举例:

液态铸铁的浇铸泥芯，$V = 2.5\ \text{m}^3$；

$\varrho = 7.3\ \text{kg/dm}^3$；$F_a = ?$

$$F_A = g \cdot \varrho \cdot V = 9.81 \frac{\text{m}}{\text{s}^2} \cdot 7.3 \frac{\text{kg}}{\text{dm}^3} \cdot 2.5\ \text{dm}^3$$

$$= 179 \frac{\text{kg} \cdot \text{m}}{\text{s}^2} = 179\ \text{N}$$

浮力

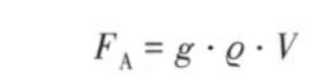

$$F_A = g \cdot \varrho \cdot V \quad (5)$$

$g = 9.81 \frac{\text{m}}{\text{s}^2} \approx 10 \frac{\text{m}}{\text{s}^2}$

$g = 9.81 \frac{\text{N}}{\text{kg}} \approx 10 \frac{\text{N}}{\text{kg}}$

载荷状态，载荷类型

载荷状态

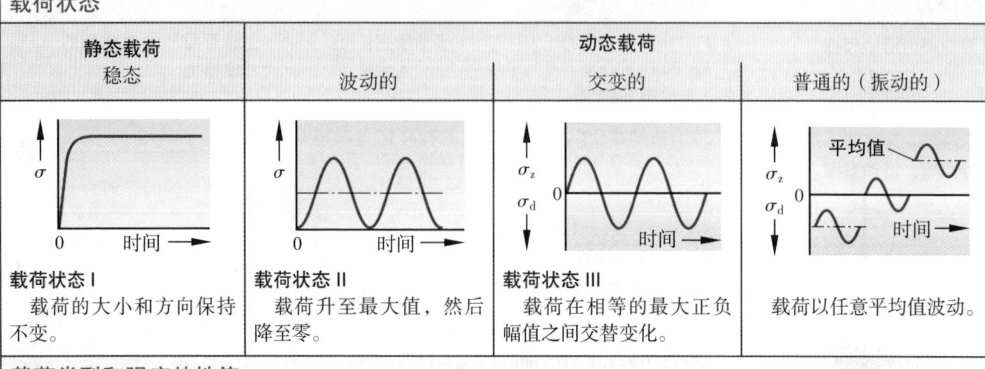

静态载荷 稳态	动态载荷 波动的	动态载荷 交变的	动态载荷 普通的（振动的）
载荷状态 I 载荷的大小和方向保持不变。	**载荷状态 II** 载荷升至最大值，然后降至零。	**载荷状态 III** 载荷在相等的最大正负幅值之间交替变化。	载荷以任意平均值波动。

载荷类型和强度特性值

载荷类型	机械应力	材料特性值			各载荷状态的主要极限应力 σ_{lim}		
		强度	塑性形变极限值	形变	Ⅰ	Ⅱ	Ⅲ
拉力	拉应力 σ_z	抗拉强度 R_m	屈服强度 R_e 0.2% 屈服强度 $R_{p0.2}$	延伸率 ε 断裂 延伸率 A	材料 韧性（钢）R_e $R_{p0.2}$ 脆性（铸铁）R_m	抗拉疲劳强度 $\sigma_{z\,Sch}$	拉拉交变应力疲劳强度 σ_{zW}
压力	压应力 σ_d	抗压强度 σ_{dB}	抗压屈服极限 σ_{dF} 0.2% 抗压屈服极限 $\sigma_{d0.2}$	压缩比 ε_d 断裂 压缩比 ε_{dB}	材料 韧性（钢）σ_{dF} $\sigma_{d0.2}$ 脆性（铸铁）σ_{dB}	抗压疲劳强度 $\sigma_{d\,Sch}$	拉压交变应力疲劳强度 σ_{dW}
剪切力	剪切应力 τ_a	抗剪强度 τ_{aB}	—	—	抗剪强度 τ_{aB}	—	—
弯曲力	弯曲应力 σ_b	抗弯强度 σ_{bB}	弯曲屈服极限 σ_{bF}	纵弯 f	弯曲屈服极限 σ_{bF}	抗弯疲劳强度 $\sigma_{b\,Sch}$	弯曲应力交变疲劳强度 σ_{bW}
扭力（扭转）	扭转应力 τ_t	抗扭强度 τ_{tB}	扭转屈服极限 τ_{tF}	扭转角度 φ	扭转屈服极限 τ_{tF}	抗扭疲劳强度 $\tau_{t\,Sch}$	扭转应力交变疲劳强度 τ_{tW}
翘曲力	翘曲应力 σ_k	抗翘曲强度 σ_{kB}	—	—	抗翘曲强度 σ_{kB}	—	—

拉力，压力，表面压力

拉力载荷

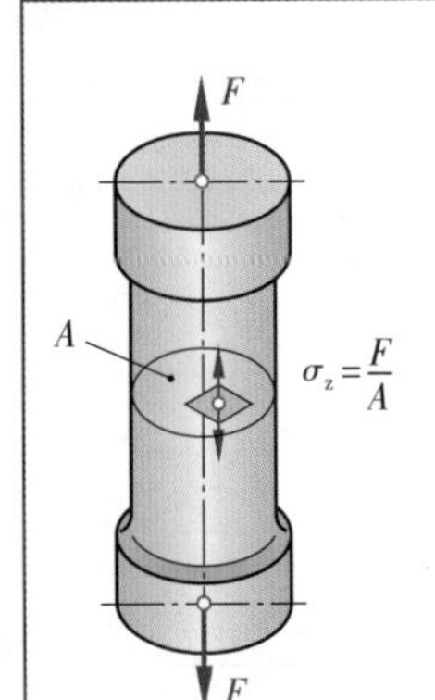

拉力载荷试验中所得材料特性值适用于静态载荷(载荷状态 I)。

σ_z	拉应力	A	横截面积
$\sigma_{z\,zul}$	许用拉应力	R_e	屈服强度
F	拉力	R_m	抗拉强度
F_{zul}	许用拉力	v	安全系数

举例:

圆钢，$F_{zul} = 8.4\ \text{kN}$

$\sigma_{zzul} = 80\ \text{N/mm}^2;\ d = ?$

$$A = \frac{F_{zul}}{\sigma_{z\,zul}} = \frac{8400\text{N}}{80\ \text{N/mm}^2} = 105\ \text{mm}^2$$

$d = 12\ \text{mm}$

强度数值参见 141 至 143，146 页

拉应力

$$\sigma_z = \frac{F}{A} \quad (1)$$

许用拉应力

用于钢：

$$\sigma_{zzul} = \frac{R_e}{\nu} \quad (2)$$

用于铸铁：

$$\sigma_{zzul} = \frac{R_m}{\nu} \quad (3)$$

许用拉力

$$F_{zul} = \sigma_{zzul} \cdot A \quad (4)$$

压力载荷

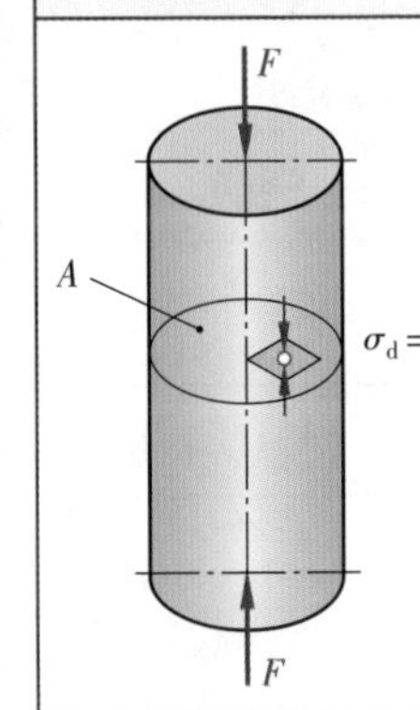

压力载荷试验中所得材料特性值适用于静态载荷(载荷状态 I)。

F	压力	A	横截面积
F_{zul}	许用压力	R_m	抗拉强度
σ_{dF}	抗压屈服极限	v	安全系数
$\sigma_{z\,zul}$	许用压应力	σ_d	

举例:

架子材料 EN-GJL-300；$A = 2800\ \text{mm}^2$;

$\nu = 2.5;\ F_{zul} = ?$

$$F_{zul} \approx \frac{4 \cdot R_m}{\nu} \cdot A = \frac{4 \cdot 300\ \text{N/mm}^2}{2.5} \cdot 2800\ \text{m}^2$$

$= 1\,344\,000\ \text{N} \approx 1.3\ \text{MN}$

压应力

$$\sigma_d = \frac{F}{A} \quad (5)$$

许用压应力

用于钢：

$$\sigma_{dzul} = \frac{\sigma_{dF}}{\nu} \quad (6)$$

用于铸铁：

$$\sigma_{dzul} \approx \frac{4 \cdot R_m}{\nu} \quad (7)$$

许用压力

$$F_{zul} = \sigma_{dzul} \cdot A \quad (8)$$

表面压力载荷（孔内表面）

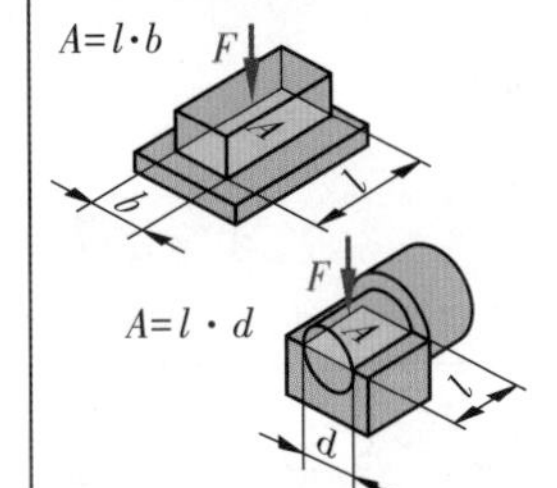

F	力	A	接触面积（投影面积）
p	表面压力（孔内表面）		

表面压力

$$p = \frac{F}{A} \quad (9)$$

孔内表面举例:

用一根 DIN 1445 10h11 ×16 × 30的轴连接两块各厚 8 mm的板。许用表面应力 280 N / mm²时，传输的力是多少?

$$F = p \cdot A = 280 \frac{\text{N}}{\text{mm}^2} \cdot 8\ \text{mm} \cdot 10\ \text{mm}$$

$= 22400\ \text{N} = 22.4\ \text{kN}$

静止组件的许用表面压力 p_{zul}，单位：N/mm^2

S235	E295	E360	GS-45	EN-GJL-150	EN-GJL-300	EN-GJS-400	EN AW-AlCu4Mg1
140 ~ 160	210 ~ 240	240 ~ 280	120 ~ 160	160 ~ 200	300 ~ 400	200 ~ 250	100 ~ 160

许用表面压力（轴承压力）p_{zul}，单位：N/mm^2 用于充分润滑的滑动轴承

载荷状态	SnSb12Cu6Pb	PbSb15Sn10	G-CuSn12Pb2	G-CuSn10P	EN-GJL-250	PA 66	Hgw2082
静态载荷 I	19 ~ 30	15 ~ 25	30 ~ 50	30 ~ 50	10 ~ 20	14 ~ 19	19 ~ 30
动态载荷 II，III	15	12.5	25	25	5	7	15

剪切，纵向弯曲

剪切载荷

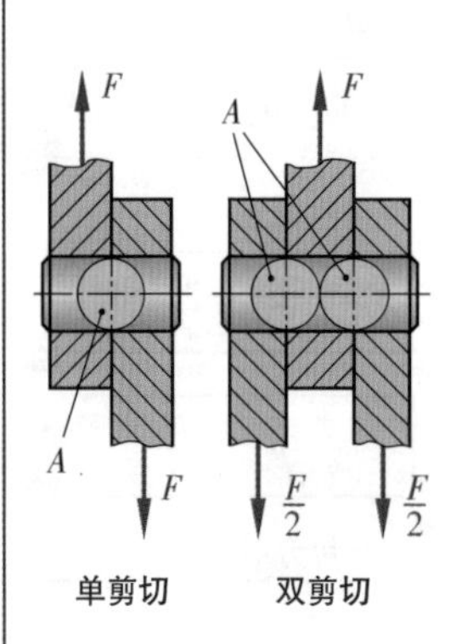

τ_a	剪切应力	A	横截面积
τ_{azul}	许用剪切应力	F_{zul}	许用剪切力
τ_{aB}	抗剪强度	v	安全系数
R_e	屈服强度	R_m	抗拉强度

举例：

圆柱销直径 $\Phi = 6$ mm，单剪切载荷；

$$\tau_{aB} = 295\ \text{N/mm}^2;\ \nu = 2;\ F_{zul} = ?$$

$$\tau_{a\,zul} = \frac{\tau_{aB}}{\nu} = \frac{295\ \text{N/mm}^2}{2} = 148\,\frac{\text{N}}{\text{mm}^2}$$

$$A = 28.3\ \text{mm}^2$$

$$F_{zul} = A \cdot \tau_{a\,zul} = 28.3\ \text{mm}^2 \cdot 148\,\frac{\text{N}}{\text{mm}^2} = 4188\ \text{N}$$

剪切应力

$$\tau_a = \frac{F}{A} \quad \text{(1)}$$

许用剪切应力

$$\tau_{a\,zul} = \frac{\tau_{aB}}{\nu} \quad \text{(2)}$$

许用剪切力

$$F_{zul} = A \cdot \tau_{a\,zul} \quad \text{(3)}$$

抗剪强度

用于柔韧金属，例如钢

$$\tau_{aB} \approx 0.8 \cdot R_m \quad \text{(4)}$$

材料的裁切

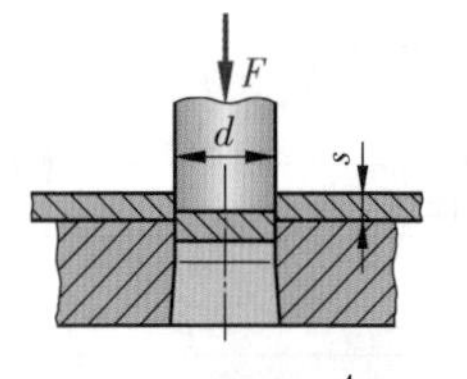

$\tau_{a\,Bmax}$	最大抗剪强度	A	剪切面积
$R_{m\,max}$	最大抗拉强度	F	裁切力

举例：

在 3 mm 厚材料为 S235JR 的板材上打孔；

$$d = 16\ \text{mm};\ F = ?$$

$$R_{m\,max} = 470\ \text{N/mm}^2$$

$$\tau_{a\,Bmax} \approx 0.8 \cdot R_{m\,max} = 0.8 \cdot 470\,\frac{\text{N}}{\text{mm}^2} = 376\,\frac{\text{N}}{\text{mm}^2}$$

$$A = \pi \cdot d \cdot s = \pi \cdot 16\ \text{mm} \cdot 3\ \text{mm} = 150.8\ \text{mm}^2$$

$$F = A \cdot \tau_{a\,Bmax} = 150.8\ \text{mm}^2 \cdot 376\ \text{N/mm}^2 = 56\,701\ \text{N} = 56.7\ \text{kN}$$

最大抗剪强度

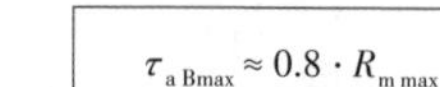

$$\tau_{a\,Bmax} \approx 0.8 \cdot R_{m\,max} \quad \text{(5)}$$

裁切力

$$F = A \cdot \tau_{a\,Bmax} \quad \text{(6)}$$

纵向弯曲载荷（根据欧拉定律）

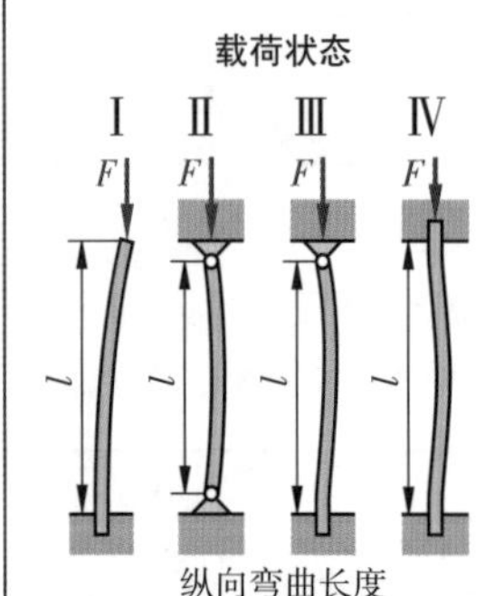

F_{kzul}	许用纵向弯曲力	l	长度
E	弹性模量	l_k	纵向弯曲长度
I	圆截面极惯性矩的二次矩	v	安全系数

举例：

钢架，$E = 210\,\frac{\text{kN}}{\text{mm}^2}$，$l = 3.5$ m；

拉紧 $\nu = 12;\ F_{kzul} = ?$

$$F_{kzul} = \frac{\pi^2 \cdot E \cdot I}{l_k^2 \cdot \nu} = \frac{\pi^2 \cdot 21 \cdot 10^6\,\frac{\text{N}}{\text{cm}^2} \cdot 2000\ \text{cm}^4}{(0.5 \cdot 350\ \text{cm}^2) \cdot 12} = 1.13 \cdot 10^6\ \text{N} = 1.13\ \text{MN}$$

圆截面极惯性矩的二次矩参见 72 页，73 页

许用纵向弯曲力

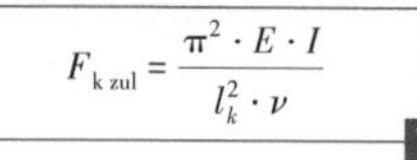

$$F_{k\,zul} = \frac{\pi^2 \cdot E \cdot I}{l_k^2 \cdot \nu} \quad \text{(7)}$$

本公式仅适用于长条型工件和材料弹性范围之内。

20℃时的弹性模量 E，单位：kN / mm²

Stahl	EN-GJL-150	EN-GJL-300	EN-GJS-400	GS-38	EN-GJMW-350-4	Cuzn40	Al-Leg.	Ti-Leg.
196～326	80～90	110～140	170～185	210	170	80～100	60～80	112～130

弯曲，扭转

弯曲载荷

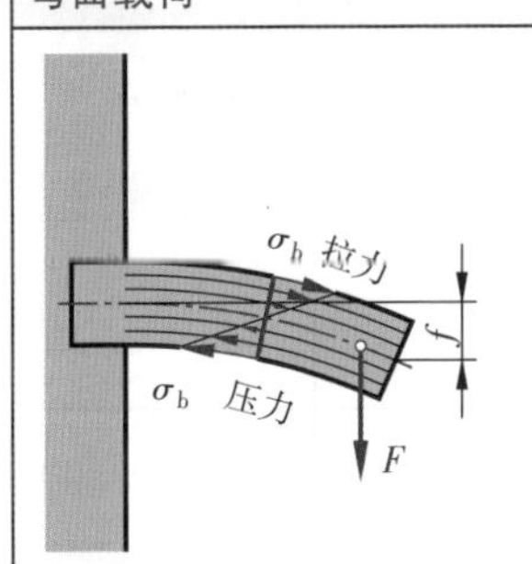

弯曲载荷时，工件上出现拉应力和压应力。计算工件表层区的最大应力，因为不允许超过许用弯曲应力。

σ_b	弯曲应力	F	弯曲力
M_b	弯曲力矩	f	弯曲
W	轴向抗扭截面模量		

弯曲应力

$$\sigma_b = \frac{M_b}{W} \quad (1)$$

举例：

钢架，$W = 324\ cm^3$；一端固定；

单个力 $F = 25\ kN$；$l = 2.6\ m$；$\sigma_b = ?$

$$\sigma_b = \frac{M_b}{W} = \frac{F \cdot l}{W} = \frac{25\,000\ N \cdot 260\ cm}{324\ cm^3}$$

$$= 20061\frac{N}{cm^2} = 200\frac{N}{mm^2}$$

工件的弯曲载荷状态

单力载荷的支架

一端固定

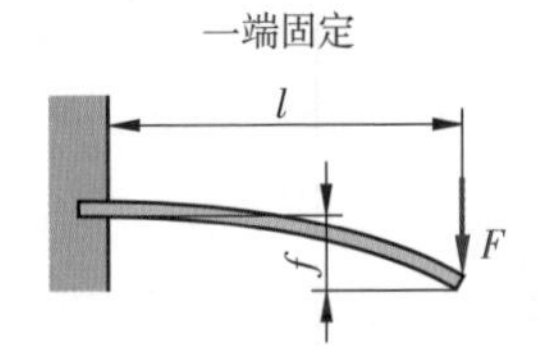

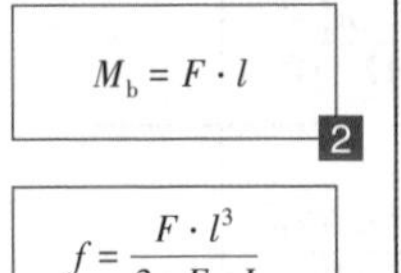

$$M_b = F \cdot l \quad (2)$$

$$f = \frac{F \cdot l^3}{3 \cdot E \cdot I} \quad (3)$$

两端支撑

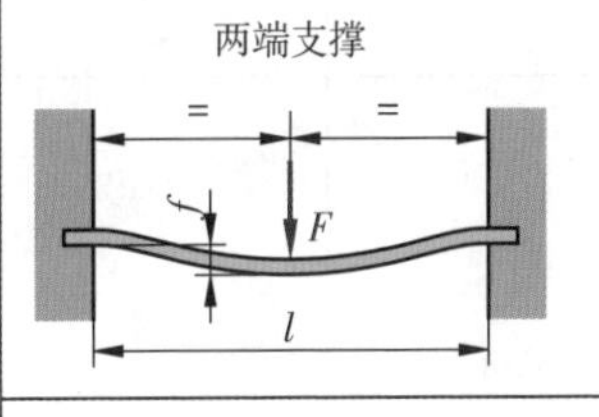

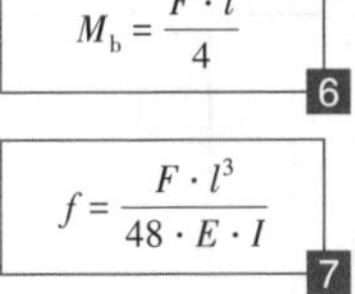

$$M_b = \frac{F \cdot l}{4} \quad (6)$$

$$f = \frac{F \cdot l^3}{48 \cdot E \cdot I} \quad (7)$$

两端固定

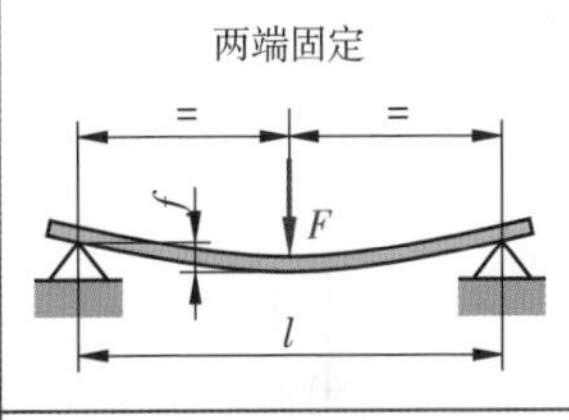

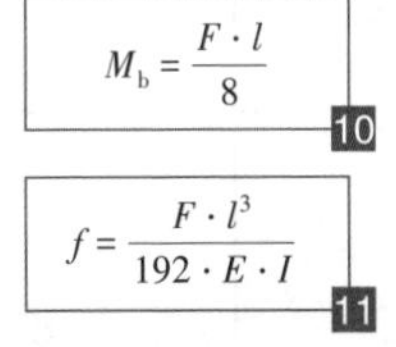

$$M_b = \frac{F \cdot l}{8} \quad (10)$$

$$f = \frac{F \cdot l^3}{192 \cdot E \cdot I} \quad (11)$$

匀布载荷的支架

一端固定

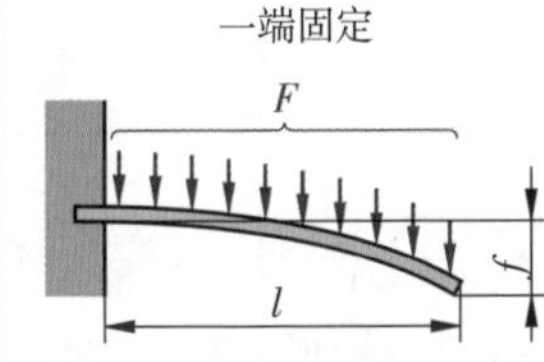

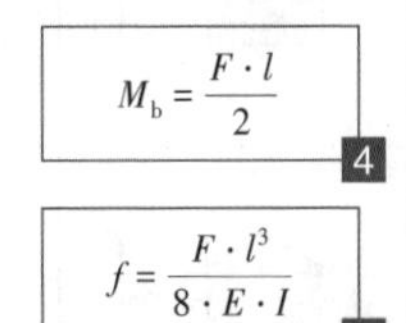

$$M_b = \frac{F \cdot l}{2} \quad (4)$$

$$f = \frac{F \cdot l^3}{8 \cdot E \cdot I} \quad (5)$$

两端支撑

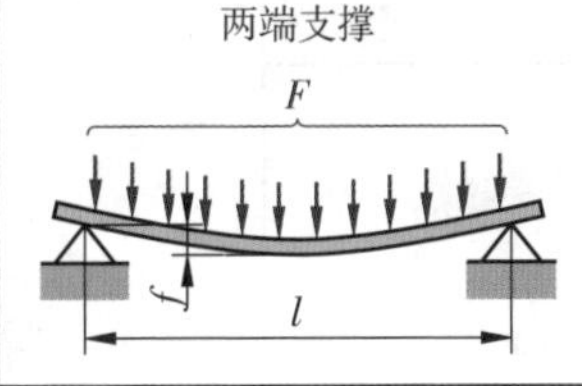

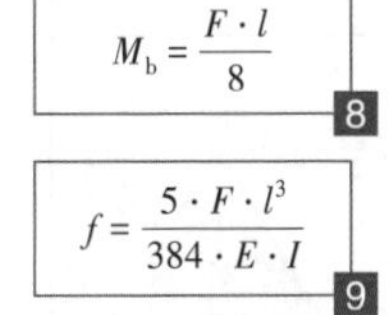

$$M_b = \frac{F \cdot l}{8} \quad (8)$$

$$f = \frac{5 \cdot F \cdot l^3}{384 \cdot E \cdot I} \quad (9)$$

两端固定

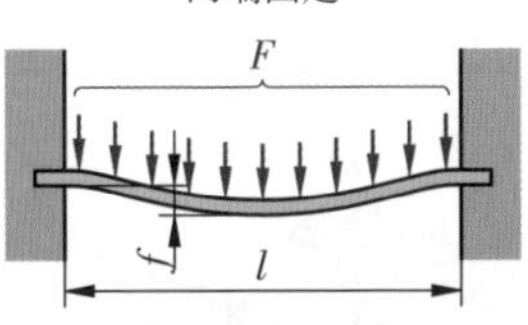

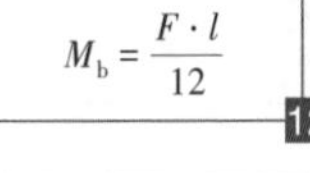

$$M_b = \frac{F \cdot l}{12} \quad (12)$$

$$f = \frac{F \cdot l^3}{384 \cdot E \cdot I} \quad (13)$$

I　弹性模量；数值见 70 页

I　圆截面极惯性矩的二次矩，公式见 72 页

扭转载荷（扭转）

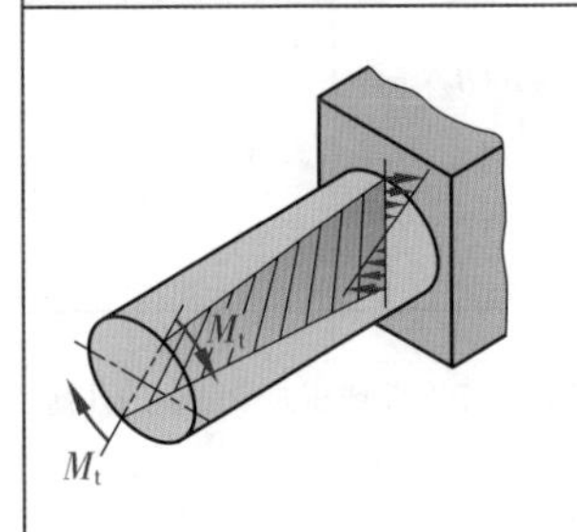

M_t	扭矩	τ_t	扭转应力
W_p	极抗扭截面模量		

扭转应力

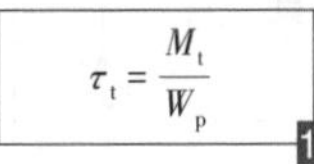

$$\tau_t = \frac{M_t}{W_p} \quad (14)$$

举例：

轴，$d = 32\ mm$；$\tau_t = 65\ N/mm^2$；$M_t = ?$

$$W_p = \frac{\pi \cdot d^3}{16} = \frac{\pi \cdot (32mm)^3}{16} = 6434\ mm^3$$

$$M_t = \tau_t \cdot W_p = 65\frac{N}{mm^2} \cdot 6434\ mm^3$$

$$= 48210\ N \cdot mm \approx 418.2\ N \cdot m$$

强度特性值参见 88 页；抗扭截面模量参见 72 页。

材料力学的力矩

对比不同形状横截面

横截面形状	弯曲和翘曲		扭转极抗扭截面模量 W_p	惯性力矩 J
	圆截面极惯性矩的二次矩	轴向抗扭截面模量 W		
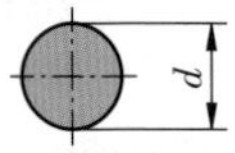	$I=\frac{\pi\cdot d^4}{64}$	$W=\frac{\pi\cdot d^3}{32}$	$W_p=\frac{\pi\cdot d^3}{16}$	$J=\frac{m\cdot d^2}{8}$
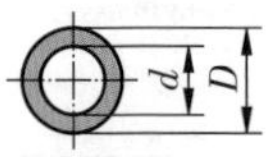	$I=\frac{\pi\cdot\left(D^4-d^4\right)}{64}$	$W=\frac{\pi\cdot\left(D^4-d^4\right)}{32\cdot D}$	$Wp=\frac{\pi\cdot\left(D^4-d^4\right)}{16\cdot D}$	$J=\frac{m\cdot\left(D^2+d^2\right)}{8}$
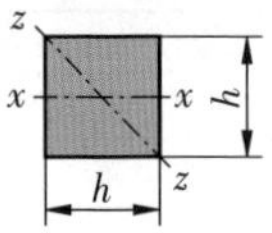	$I_x=I_z=\frac{h^4}{12}$	$W_x=\frac{h^3}{6}$ $W_z=\frac{\sqrt{2}\cdot h^3}{12}$	$W_p=0.208\cdot h^3$	$J=\frac{m\cdot h^3}{6}$
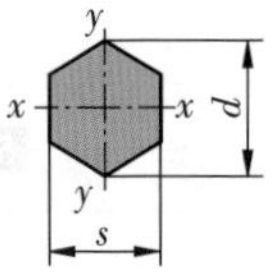	$I_x=I_y=\frac{5\cdot\sqrt{3}\cdot s^4}{144}$ $I_x=I_y=\frac{5\cdot\sqrt{3}\cdot d^4}{256}$	$W_x=\frac{5\cdot s^3}{48}=\frac{5\cdot\sqrt{3}\cdot d^3}{128}$ $W_y=\frac{5\cdot s^3}{24\cdot\sqrt{3}}=\frac{5\cdot d^3}{64}$	$W_p=0.188\cdot s^3$ $W_p=0.123\cdot d^3$	—
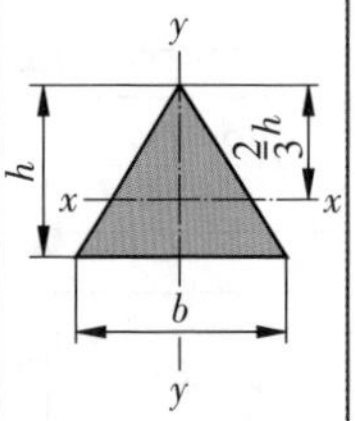	$I_x=\frac{b\cdot h^3}{36}$ $I_y=\frac{h\cdot b^3}{48}$	$W_x=\frac{b\cdot h^2}{24}$ $W_y=\frac{h\cdot b^2}{24}$	—	—
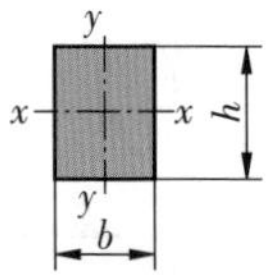	$I_x=\frac{b\cdot h^3}{12}$ $I_y=\frac{b\cdot b^3}{12}$	$W_x=\frac{b\cdot h^2}{6}$ $W_y=\frac{h\cdot b^2}{6}$	—	—
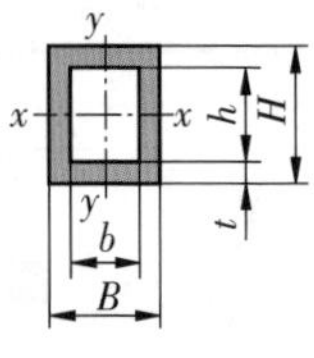	$I_x=\frac{B\cdot H^3-b\cdot h^3}{12}$ $I_y=\frac{H\cdot B^3-h\cdot b^3}{12}$	$W_x=\frac{B\cdot H^3-b\cdot h^3}{6\cdot H}$ $W_y=\frac{H\cdot B^3-h\cdot b^3}{6\cdot B}$	$W_p=\frac{t\cdot(H+h)\cdot(B+b)}{2}$	—

圆截面极惯性矩是工件强度计算时的横截面特性值。

抗扭截面模量是弯曲或扭曲物体指定截面时的阻力矩数值。抗扭截面模量的大小产生于弯曲或扭曲横截面的几何形状，它是静态计算的基础，例如支架。

轴向抗扭截面模量是对抗弯曲载荷的阻力矩数值。

极抗扭截面模量或扭转抗扭截面模量是对抗扭转载荷的阻力矩数值。

惯性力矩是刚性物体对抗旋转形变的阻力矩。转动惯量取决于形状，质量分布以及旋转轴。

型材的力矩

对比不同形状横截面

横截面		线质量密度		各载荷类型的抗扭截面模量或圆截面极惯性矩							
				弯曲				翘曲		扭转	
形状	标准名称	m'		W_x		W_y		I_{min}		W_p	
		kg/m	系数[1]	cm^3	系数[1]	cm^3	系数[1]	cm^4	系数[1]	cm^2	系数[1]
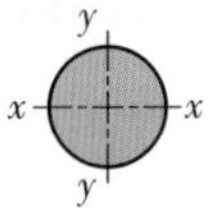	圆 DIN EN 10060 Φ100	61.7	1.00	98	1.00	98	1.00	491	1.00	196	1.00
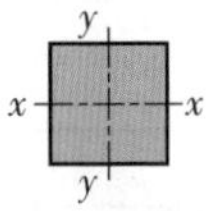	四方 DIN EN 10060 Vkt 100	78.5	1.27	167	1.70	167	1.70	833	1.70	208	1.06
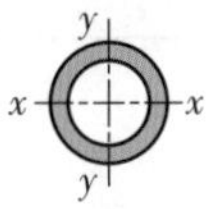	圆管 DIN EN 10220 114.3 × 6.3	16.8	0.27	55	0.56	55	0.56	313	0.64	110	0.56
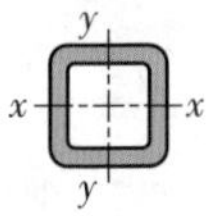	空心型材 EN 102100–2– 100 × 100 × 6.3	18.3	0.30	67.8	0.69	67.8	0.69	339	0.69	110	0.56
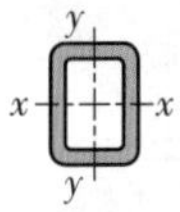	空心型材 EN 102100–2– 120 × 60 × 6.3	16.1	0.26	59	0.60	38.6	0.39	116	0.24	77	0.39
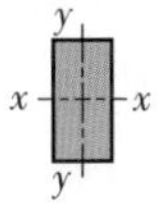	扁材 DIN EN 10058 Fl100 × 50	39.3	0.64	83	0.85	41.7	0.43	104	0.21	—	—
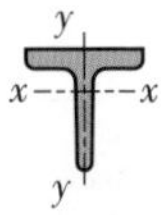	T 型材 DIN EN 10055– T100	16.4	0.27	24.6	0.25	17.7	0.18	88.3	0.18	—	—
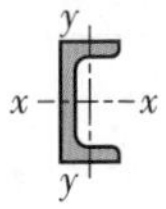	U 型材 DIN 1026– U100	10.6	0.17	41.2	0.42	8.5	0.08	29.3	0.06	—	—
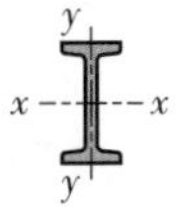	I 型材 DIN 1025– I100	8.3	0.13	34.2	0.35	4.9	0.05	12.2	0.02	—	—
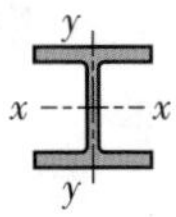	I 型材 DIN 1025– I PB100	20.4	0.33	89.9	0.92	33.5	0.34	167	0.34	—	—

[1] 系数，参照圆棒 DIN EN 10060（横截面 1）

气动缸

尺寸和活塞力

气缸活塞直径		12	16	20	25	32	40	50	63	80	100	125	160	200
活塞杆直径（mm）		6	8	8	10	12	16	20	20	25	25	32	40	40
接头螺纹		M5	M5	G ⅛	G ⅛	G ⅛	G ⅛	G ¼	G ⅜	G ⅜	G ½	G ½	G ¾	G ¾
p_e = 6 bar 时的压力[1]，单位:N	单向作用缸[2]	50	96	151	241	375	644	968	1560	1560	4010	–	–	–
	双向作用缸	58	106	164	259	422	665	1040	1650	1650	4150	6480	10600	16600
p_e = 6 bar 时的压力[1]，单位:N	双向作用缸	54	79	137	216	364	560	870	1480	2400	3890	6060	9960	15900
活塞行程长度 单位:mm	单向作用缸	10，20，25				25，50，80，100				–				
	双向作用缸	至 160	至 200	至 320	10，25，50，80，100，160，200，250，320，400，500									

[1] 气缸效率 $\eta = 0.88$。 [2] 这里已考虑弹簧的回弹力。

计算空气消耗量

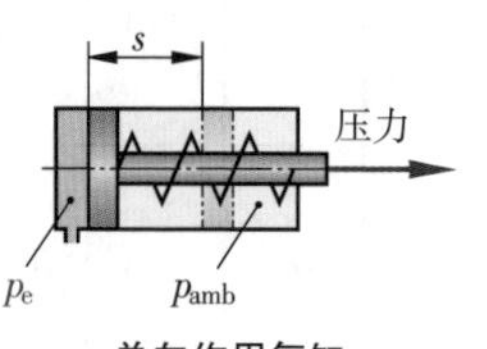

单向作用气缸

s
拉力
p_{amb}
p_e

双向作用气缸

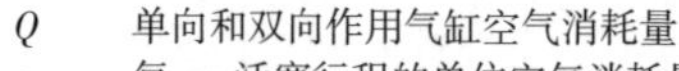

Q 单向和双向作用气缸空气消耗量
q 每 cm 活塞行程的单位空气消耗量
A 活塞面积 n 行程次数
p_{amb} 大气压力 s 活塞行程
p_e 缸内高压

举例：
单向作用气缸 $d = 50$ mm,
$s = 100$ mm, $P_e = 6\ bar$, $n = 120$ / min,
P_{amb} 1 = bar;
空气消耗量 Q in l / min = ?

$$Q = A \cdot s \cdot n \cdot \frac{P_e + P_{amb}}{P_{amb}}$$

$$= \frac{\pi \cdot (5\ \text{cm})^2}{4} \cdot 10\ \text{cm} \cdot 120 \frac{1}{\text{min}} \cdot \frac{(6+1)\text{bar}}{1\ \text{bar}}$$

$$= 164\,934 \frac{\text{cm}^3}{\text{min}} \approx 165 \frac{1}{\text{min}}$$

单向作用气缸空气消耗量

$$Q = A \cdot s \cdot n \cdot \frac{P_e + P_{amb}}{P_{amb}} \quad \boxed{1}$$

双向作用气缸空气消耗量

$$Q \approx 2 \cdot A \cdot s \cdot n \cdot \frac{P_e + P_{amb}}{P_{amb}} \quad \boxed{2}$$

查表求取空气消耗量

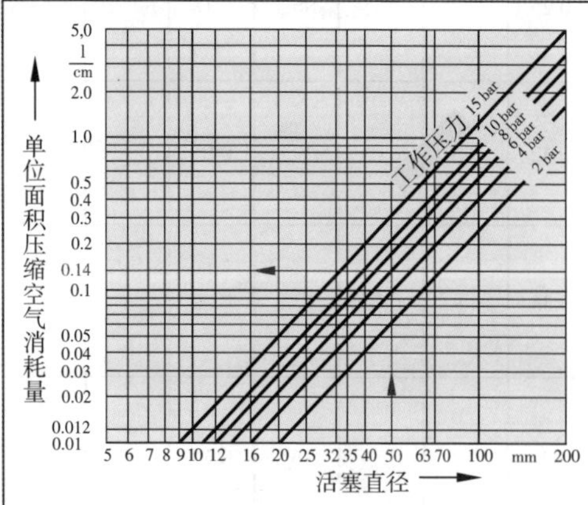

单向作用气缸空气消耗量

$$Q = q \cdot s \cdot n \quad \boxed{3}$$

双向作用气缸空气消耗量

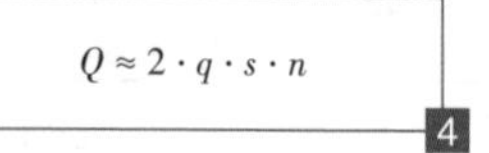

$$Q \approx 2 \cdot q \cdot s \cdot n \quad \boxed{4}$$

公式符号同公式 1 和 2

举例： 查表求上例所述 $d = 50$ mm 的单向作用气缸空气消耗量。
查上表得 $q = 0.14$ l/cm 活塞行程 $Q = q \cdot s \cdot n = 0.14$ l/cm · 10 cm · 120/min ≈ 168 l/min

流体力学和气体力学的计算

活塞力

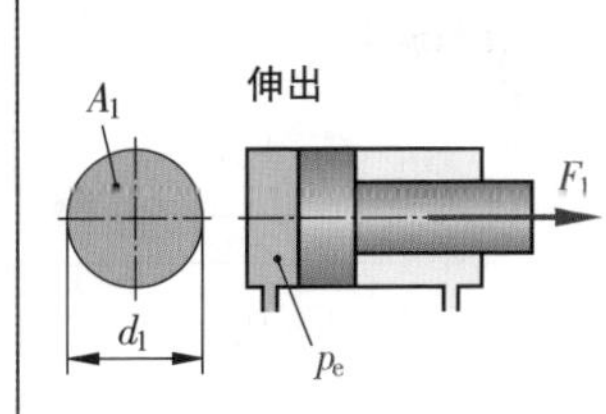

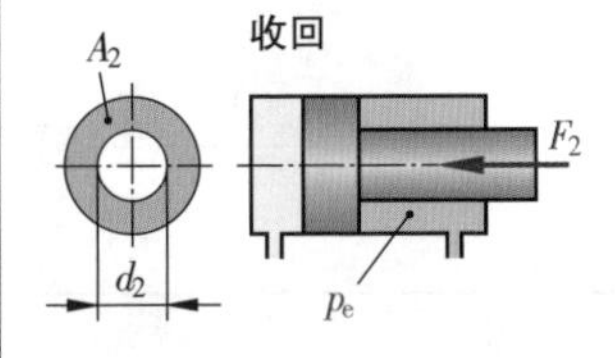

p_e 正压
A_1，A_2 活塞面积
F_1 伸出时活塞力
F_2 收回时活塞力
d_1 活塞直径
d_2 活塞杆直径
η 效率

举例：

液压缸 $d_1 = 100\,\text{mm}$, $d_2 = 70\,\text{mm}$,
$\eta = 0.85$ 和 $P_6 = 60\,\text{bar}$.
有效活塞力是多大？

活塞伸出：

$$F_1 = P_e \cdot A_1 \cdot \eta = 600\,\frac{\text{N}}{\text{cm}^2} \cdot \frac{\pi \cdot (10\,\text{cm})^2}{4} \cdot 0.85$$
$$= 40055\,\text{N}$$

活塞收回：

$$F_2 = P_e \cdot A_2 \cdot \eta$$
$$= 600\,\frac{\text{N}}{\text{cm}^2} \cdot \frac{\pi \cdot \left[(10\,\text{cm})^2 - (7\,\text{cm})^2\right]}{4} \cdot 0.85$$
$$= 20\,428\,\text{N}$$

有效活塞力

$$F = P_e \cdot A \cdot \eta \quad (1)$$

压力单位：

$$1\,\text{pa} = 1\,\frac{\text{N}}{\text{m}^2} = 10^{-5}\,\text{bar}$$
$$1\,\text{bar} = 10\,\frac{\text{N}}{\text{cm}^2} = 0.1\,\frac{\text{N}}{\text{mm}^2}$$
$$1\,\text{mbar} = 100\,\text{Pa} = 1\,\text{hPa}$$

液压机

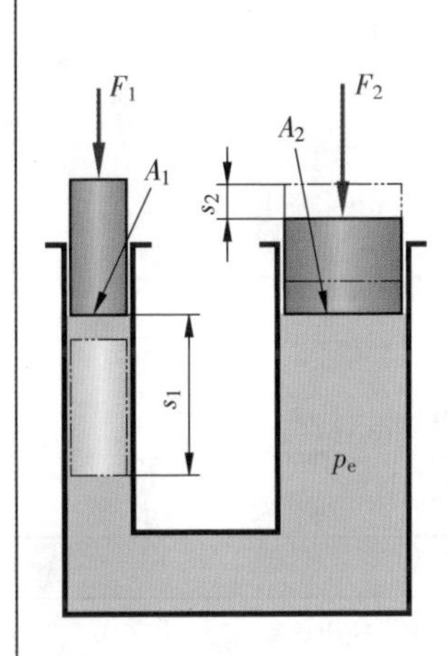

压力在密闭的液体或气体中向所有方向扩散。

F_1 施加给高压活塞的力
F_2 施加给工作活塞的力
A_1 高压活塞面积
A_2 工作活塞面积
s_1 高压活塞行程
s_2 工作活塞行程
i 液压传输比

举例：

$F_1 = 200\,\text{N}$; $A_1 = 5\,\text{cm}^2$; $A_2 = 500\,\text{cm}^2$;
$s_2 = 30\,\text{mm}$; $F_2 = ?$; $s_1 = ?$; $i = ?$

$$F_2 = \frac{F_1 \cdot A_2}{A_1} = \frac{200\,\text{N} \cdot 500\,\text{cm}^2}{5\,\text{cm}^2} = 20\,000\,\text{N} = 20\,\text{kN}$$

$$s_1 = \frac{s_2 \cdot A_2}{A_1} = \frac{30\text{mm} \cdot 500\,\text{cm}^2}{5\,\text{cm}^2} = 3000\,\text{mm}$$

$$i = \frac{F_1}{F_2} = \frac{200\text{N}}{20\,000\text{N}} = \frac{1}{100}$$

比例：
力，面积，行程

$$\frac{F_2}{F_1} = \frac{A_2}{A_1} = \frac{s_1}{s_2} \quad (2)$$

传输比

$$i = \frac{F_1}{F_2} \quad (3)$$

$$i = \frac{s_2}{s_1} \quad (4)$$

$$i = \frac{A_1}{A_2} \quad (5)$$

增压器

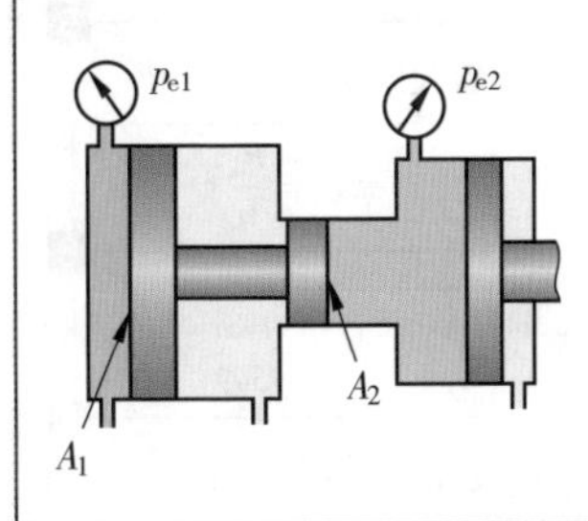

A_1，A_2 活塞面积
p_{e2} 活塞面 A_2 的正压
η 增压器效率
p_{e1} 活塞面 A_1 的正压

举例： 增压器，

$A_1 = 200\,\text{cm}^2$; $A_2 = 5\,\text{cm}^2$; $\eta = 0.88$;
$p_{e1} = 7\,\text{bar} = 70\,\text{N/cm}^2$; $p_{e2} = ?$

$$p_{e2} = p_{e1} \cdot \frac{A_1}{A_2} \cdot \eta = 70\,\text{N/cm}^2 \cdot \frac{200\,\text{cm}^2}{5\,\text{cm}^2} \cdot 0.88$$
$$= 2464\,\text{N/cm}^2 = 246.4\,\text{bar}$$

传输比

$$P_{e2} = P_{e1} \cdot \frac{A_1}{A_2} \cdot \eta \quad (6)$$

流体力学的计算

流速

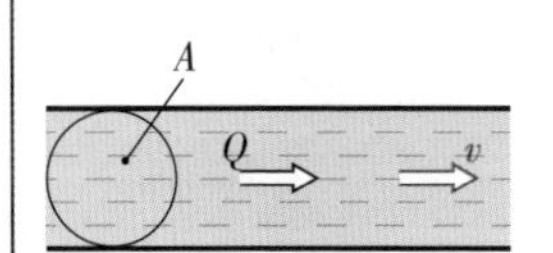

Q，Q_1，Q_2 体积流量
A，A_1，A_2 横截面积
v，v_1，v_2 流速

连续方程式

在横截面交替变化的管道内单位时间 t 流经任一横截面的体积流量 Q 相同。

举例：

管道 $19.6\ \text{cm}^2$；$A_2 = 8.04\ \text{cm}^2$

$Q = 120\ \text{l/min}$；$v_1 = ?$；$v_2 = ?$

$$v_1 = \frac{Q}{A_1} = \frac{120\,000\text{cm}^3/\text{min}}{19.6\ \text{cm}^2} = 6162\frac{\text{cm}}{\text{min}} = 1.02\frac{\text{m}}{\text{s}}$$

$$v_2 = \frac{v_1 \cdot A_1}{A_2} = \frac{1.02\text{m/s} \cdot 19.6\text{cm}^2}{8.04\ \text{cm}^2} = 2.49\frac{\text{m}}{\text{s}}$$

体积流量

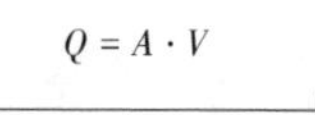

1

$$Q_1 = Q_2$$

2

流速比

$$\frac{v_1}{v_2} = \frac{A_2}{A_1}$$

3

活塞速度

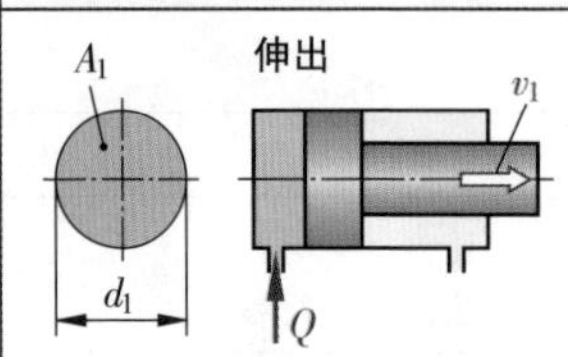

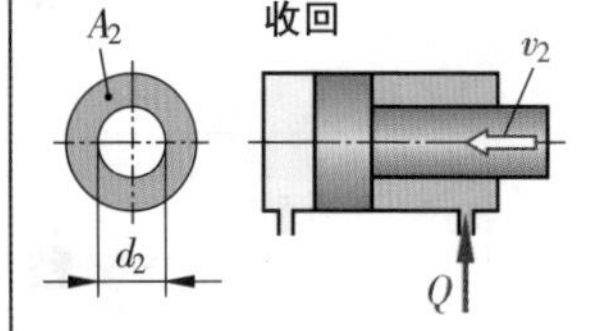

Q 体积流量
A_1，A_2 有效活塞面积
v_1，v_2 活塞速度

举例：

液压缸活塞直径 $d_1 = 50\ \text{mm}$；活塞杆直径 $d_2 = 32\ \text{mm}$ 和 $Q = 12\ \text{l/min}$

活塞速度 v 是多少？

活塞伸出：

$$v = \frac{Q}{A} = \frac{12\,000\text{cm}^3/\text{min}}{\frac{\pi \cdot (5\ \text{cm})^2}{4}} = 611\frac{\text{cm}}{\text{min}} = 6.11\frac{\text{m}}{\text{min}}$$

活塞收回：

$$v = \frac{Q}{A} = \frac{12\,000\ \text{cm}^2/\text{min}}{\frac{\pi \cdot (5\ \text{cm})^2}{4} - \frac{\pi \cdot (3.2\ \text{cm})^2}{4}} = 1035\frac{\text{cm}}{\text{min}} = 10.35\frac{\text{m}}{\text{min}}$$

活塞速度

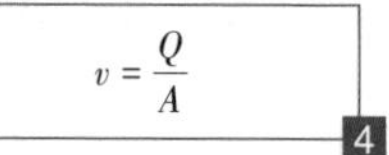

泵和液压缸的功率

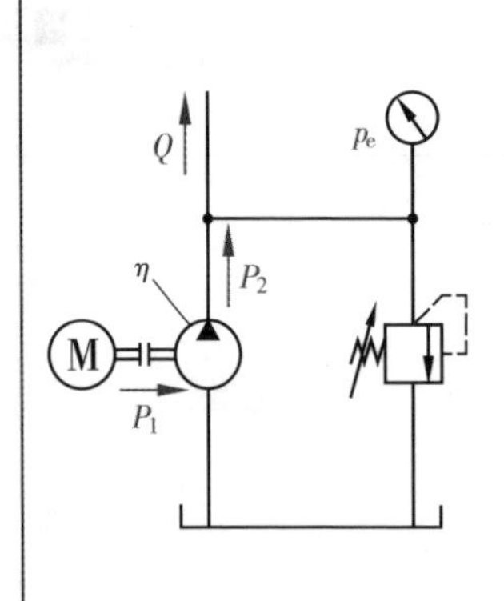

P_1	输入功率	P_2	输出功率
Q	体积流量	p_e	高压
η	泵效率	M	转矩
n	转速		

举例：

泵，$Q = 40\ \text{l/min}$；$p_e = 125\ \text{bar}$；$\eta = 0.84$；

$P_1 = ?$；$P_2 = ?$

$$P_2 = \frac{Q \cdot p_e}{600} = \frac{40 \cdot 125}{600}\text{kW} = 8.333\ \text{kW}$$

$$P_1 = \frac{P_2}{\eta} = \frac{8.333}{0.84}\text{kW} = 9.920\ \text{kW}$$

输出功率

数值方程式，P 单位：kW

Q 单位：l/min，p_e 单位：bar

$$P_2 = \frac{Q \cdot p_e}{600}$$

5

输入功率

$$P_1 = \frac{P_2}{\eta}$$

6

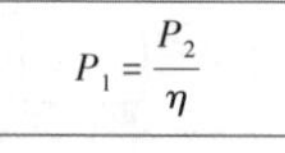

7

P_1 单位：kW，M 单位：Nm，n 单位：1/min

K 部分：技术通信

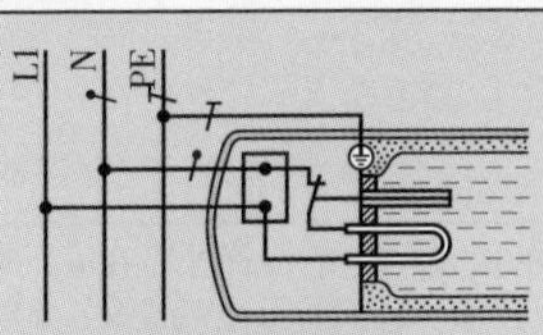

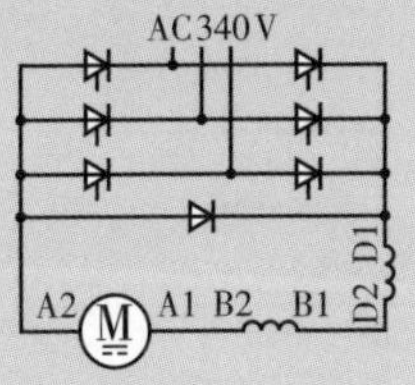

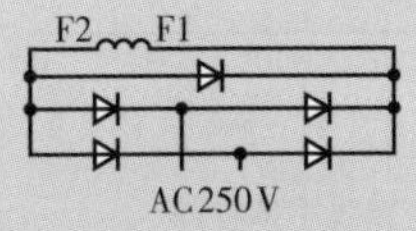

机械技术文件

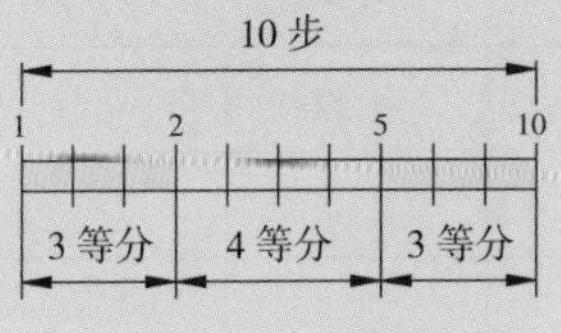

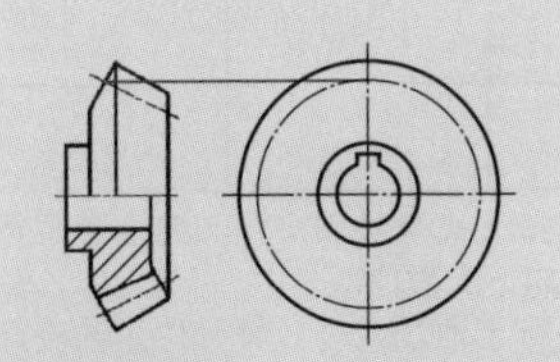

电气技术文件

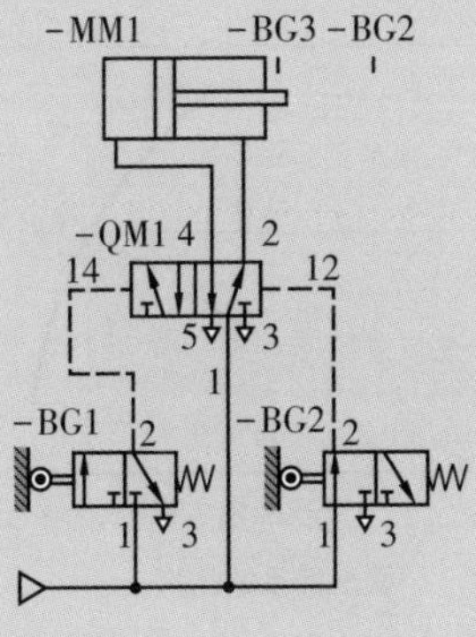

其他技术文件

特性曲线的图形表达法

视图	描述	补充，附注

xy 坐标系（直角坐标系，笛卡尔坐标系）

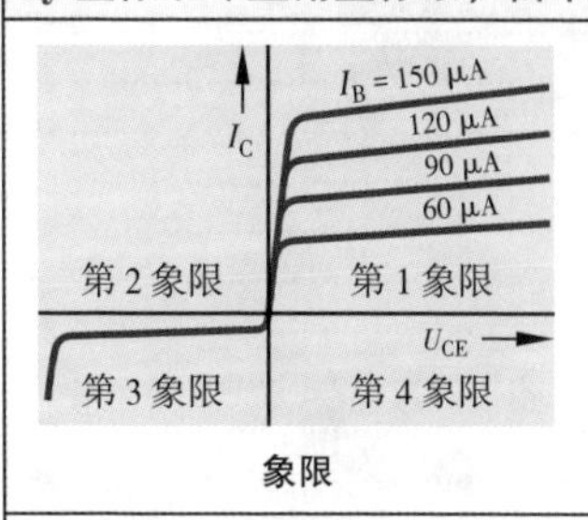

象限

在轴线垂直（坐标系）体系中图形（特性曲线）在垂直方向显示为相关变量，水平方向则显示非相关变量（可变变量）:$y = f(x)$。若要在轴线垂直体系中显示三个量，第三个量应作为参数保持不变。这里便产生一个带有多个参数的特性曲线族。

象限	x- 轴	y- 轴
1	+	+
2	–	+
3	–	–
4	+	–

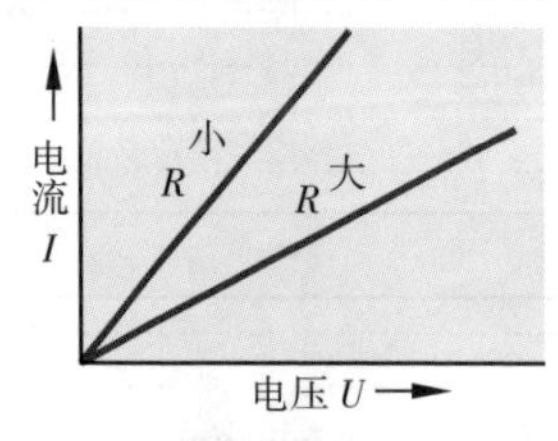

电阻特性曲线

水平轴（x- 轴，横坐标）显示非相关变量，例如原因或时间。轴下是公式符号和单位，箭头指向轴正方向。向右表示数值增加，向左则表示数值减少。

垂直轴（y- 轴，纵坐标）显示相关变量:$y = f(x)$。

轴左边是公式符号和单位。向上表示数值增加，向下为数值减少。

箭头平行于轴线，公式符号位于箭头起始端。字体标注必须能够识读，仅在例外时标在右边（例如表达式过长）。

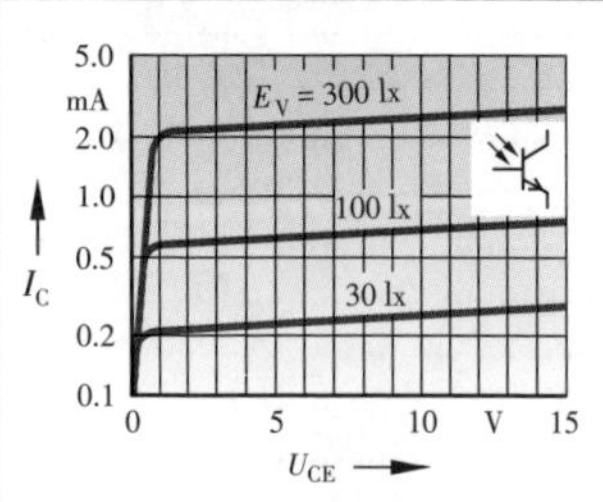

光电三极管（特性曲线）

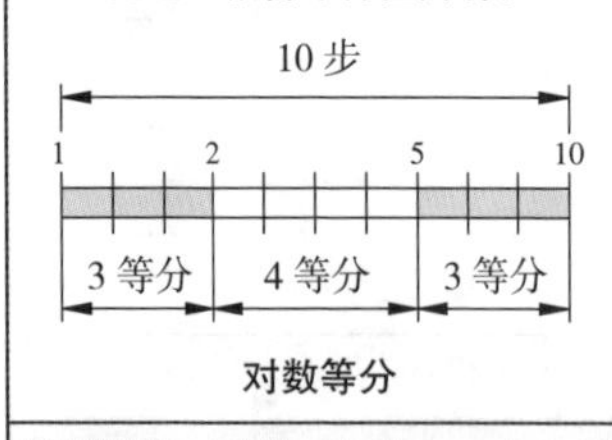

对数等分

电网线路特性曲线表达法

在轴线上用相同或不同步骤表示量。负值用负号，两轴的原点用零表示。

一根轴上的数值包含很大范围，需用对数比例尺划分这些数值。1 至 10 的间距等于 10 至 100 或 100 至 1000 的间距。

表示 2 与 5 或 20 与 50 并以此类推中间值时，按 10 步 3 : 4 : 3 比例将它们等分。

单对数和半对数表达法 → 仅在一根轴线上作对数划分。

在所有的图表中，单位符号写在 a）两个数字之间，b）公式符号之后或 c）分数式：公式符号除以单位。

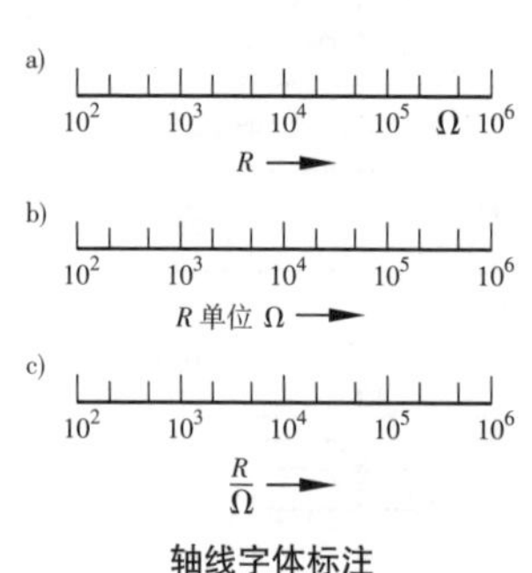

轴线字体标注

极坐标

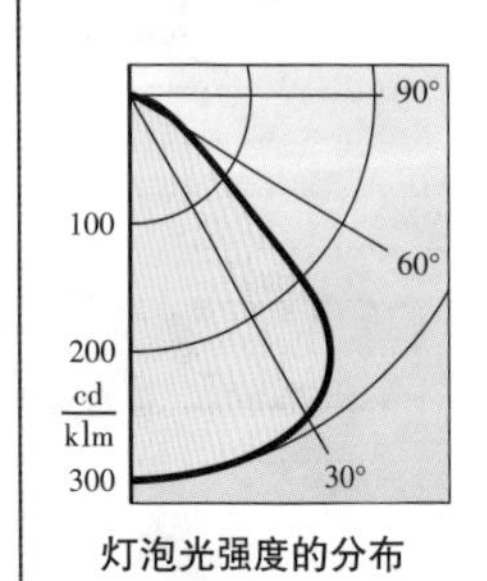

灯泡光强度的分布

用极坐标表达方向性特性曲线。极坐标用于表示一个量与角度半径的相关关系。

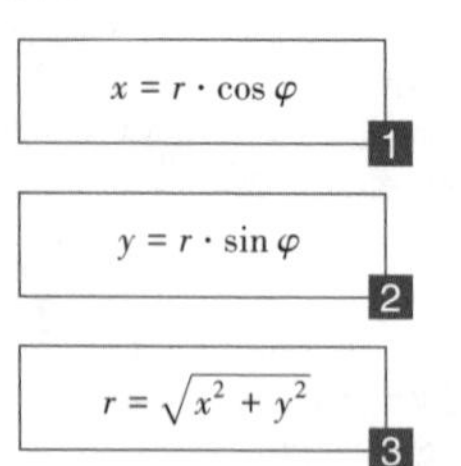

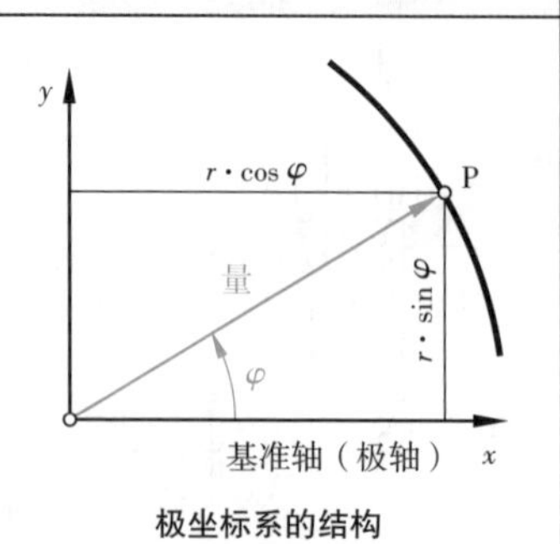

极坐标系的结构

普通技术图纸

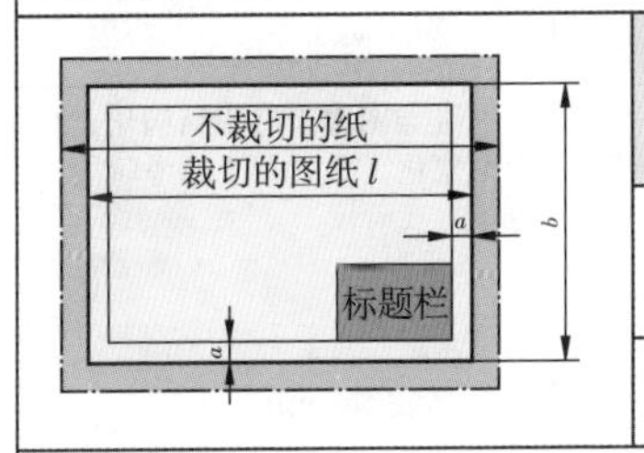

纸张规格	裁切的图纸		
	$A = l \cdot b$ 单位：m^2	长度 l 单位：mm	宽度 b 单位：mm
A0	1	1189	841
A1	0.5	841	594
A2	0.25	594	420
A3	0.125	420	297
A4	0.0625	297	210

标题栏间距 a = 5cm　　各种规格纸张均适用于：$l / b = \sqrt{2} : 1 = 1.414 : 1$
图纸允许使用横向和纵向格式。页边距宽 20mm；纸张的有效使用面积可作相应的缩减。

图纸 A0 折成 A4

参照 DIN 824

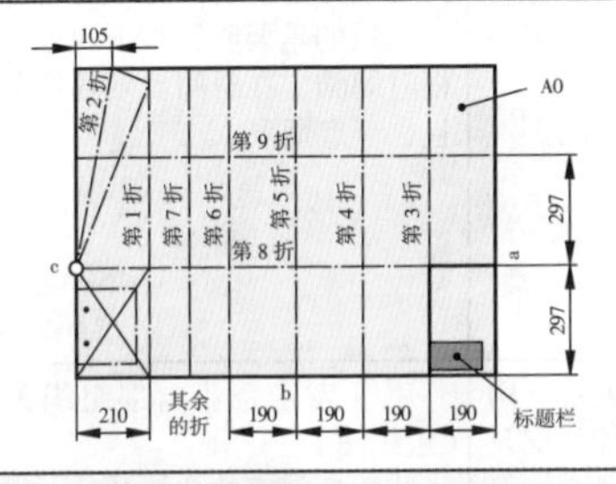

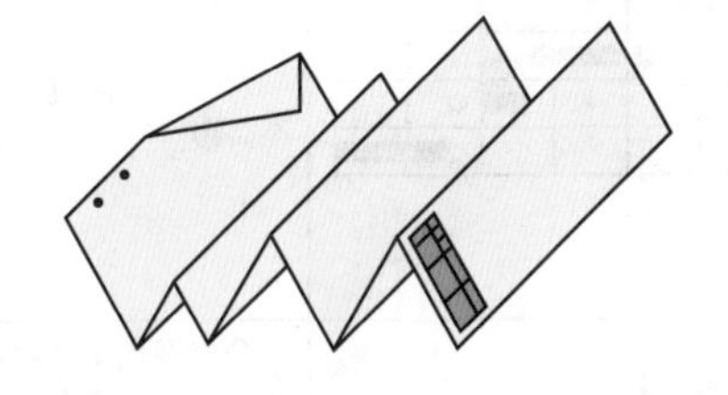

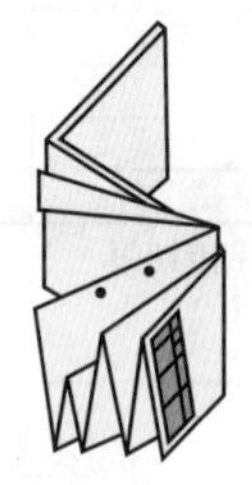

字体，字符（字型 B，v）

参照 DIN EN ISO 3098-0 和 3098-2

äbcdefghijklmnöpqrstüvwxyzßø□
[(&?!";,-=+×·:√ %)]1234567890I
ÄBCDEFGHIJKLMNÖPQRSTÜVWXYZ

允许字母竖写（v = 垂直）或向右倾斜 45°（k = 斜体字）书写。

根据标准，字型 A（≙ 窄体字）的线条宽度是 $\frac{1}{14}$ 乘字体高度 h，字型 B（≙ 中等字体）的线条宽度是 $\frac{1}{10}$ 乘字体高度 h。同时使用大小写字母时，最低字体高度必须达到 h = 3.5mm。

希腊字母

参照 DIN EN ISO 3098-2

αA	βB	$\gamma \Gamma$	$\delta \Delta$	εE	ζZ	ηH	$\theta \Theta$	ιI	κK	$\lambda \Lambda$	μM
Alpha	Beta	Gamma	Delta	Epsilon	Zeta	Eta	Theta	Jota	Kappa	Lamba	My
νN	$\xi \Xi$	$o O$	$\pi \Pi$	ρP	$\sigma \Sigma$	τT	υY	$\varphi \Phi$	χX	$\psi \Psi$	$\omega \Omega$
Ny	Ksi	Omnikron	Pi	Rho	Sigma	Tau	Ypsilon	Phi	Chi	Psi	Omega

图纸线条

参照 DIN ISO 128-24

线型	线组 0.5	线组 0.7	线组 1.4	应用
粗实线（宽）	0.5	0.7	1.4	可视边棱
窄实线（细）	0.25	0.35	0.7	尺寸线和尺寸辅助线
虚线	0.35	0.5	1.0	被遮挡的边棱
点划线（宽）	0.5	0.7	1.4	剖切线
点划线（窄）	0.25	0.35	0.7	中心线
手绘线	0.25	0.35	0.7	中断线

比例尺

参照 DIN ISO 5455

原始规格	1 ∶ 1
放大规格	2 ∶ 1 5 ∶ 1 10 ∶ 1
缩小规格	1 ∶ 2 1 ∶ 5 1 ∶ 10 1 ∶ 20 1 ∶ 50 1 ∶ 100 1 ∶ 200

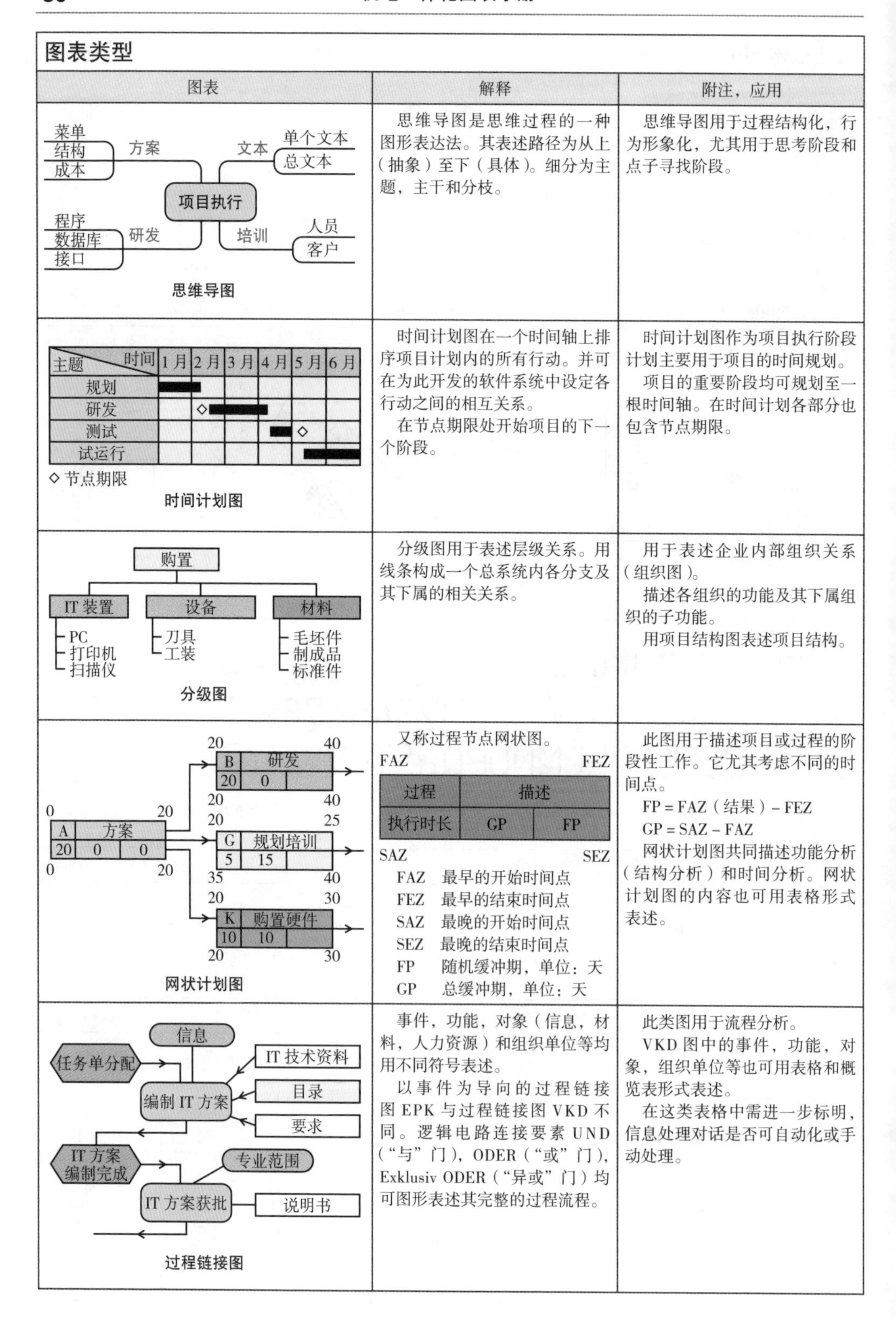

图表类型

图表	解释	附注，应用
思维导图	思维导图是思维过程的一种图形表达法。其表述路径为从上（抽象）至下（具体）。细分为主题，主干和分枝。	思维导图用于过程结构化，行为形象化，尤其用于思考阶段和点子寻找阶段。
时间计划图	时间计划图在一个时间轴上排序项目计划内的所有行动。并可在为此开发的软件系统中设定各行动之间的相互关系。 在节点期限处开始项目的下一个阶段。	时间计划图作为项目执行阶段计划主要用于项目的时间规划。 项目的重要阶段均可规划至一根时间轴。在时间计划各部分也包含节点期限。
分级图	分级图用于表述层级关系。用线条构成一个总系统内各分支及其下属的相关关系。	用于表述企业内部组织关系（组织图）。 描述各组织的功能及其下属组织的子功能。 用项目结构图表述项目结构。
网状计划图	又称过程节点网状图。 FAZ FEZ 过程 描述 执行时长 GP FP SAZ SEZ FAZ 最早的开始时间点 FEZ 最早的结束时间点 SAZ 最晚的开始时间点 SEZ 最晚的结束时间点 FP 随机缓冲期，单位：天 GP 总缓冲期，单位：天	此图用于描述项目或过程的阶段性工作。它尤其考虑不同的时间点。 FP = FAZ（结果）– FEZ GP = SAZ – FAZ 网状计划图共同描述功能分析（结构分析）和时间分析。网状计划图的内容也可用表格形式表述。
过程链接图	事件，功能，对象（信息，材料，人力资源）和组织单位等均用不同符号表述。 以事件为导向的过程链接图 EPK 与过程链接图 VKD 不同。逻辑电路连接要素 UND（“与”门），ODER（“或”门），Exklusiv ODER（“异或”门）均可图形表述其完整的过程流程。	此类图用于流程分析。 VKD 图中的事件，功能，对象，组织单位等也可用表格和概览表形式表述。 在这类表格中需进一步标明，信息处理对话是否可自动化或手动处理。

物体的图形表达法

视图的排列

参照 DIN ISO 128-30 和 5456-1

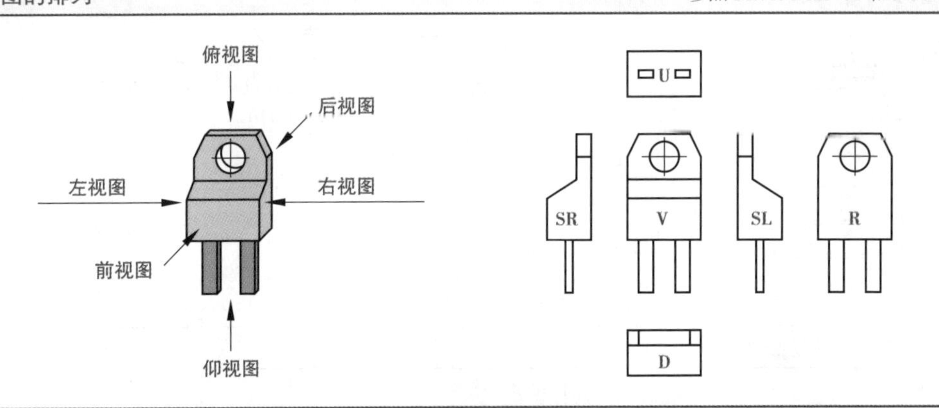

均角投影图

直角平行投影	正二测投影	正二测投影
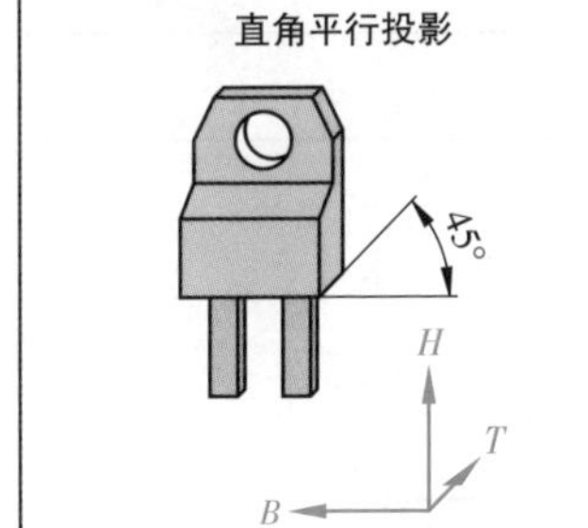	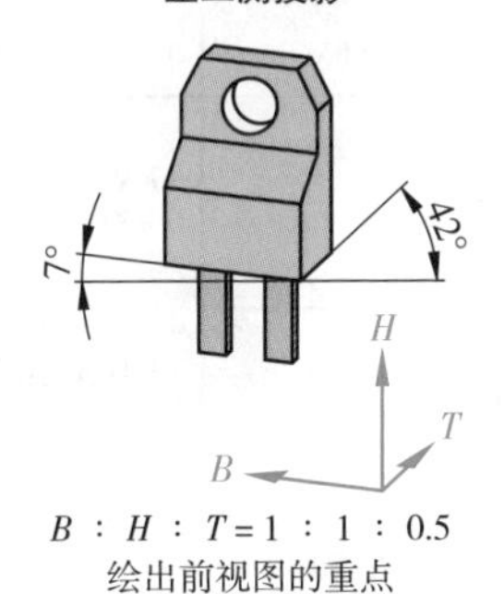	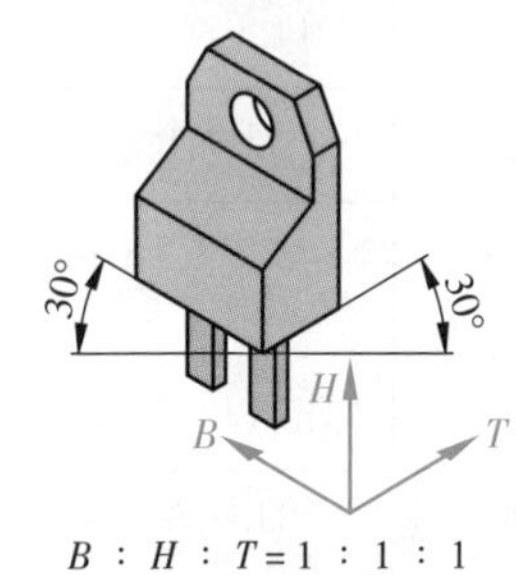
$B:H:T=1:1:0.5$ 用于绘制草图	$B:H:T=1:1:0.5$ 绘出前视图的重点	$B:H:T=1:1:1$ 绘出三根同等重要的轴线

普通投影图

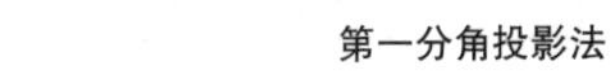

第一分角投影法

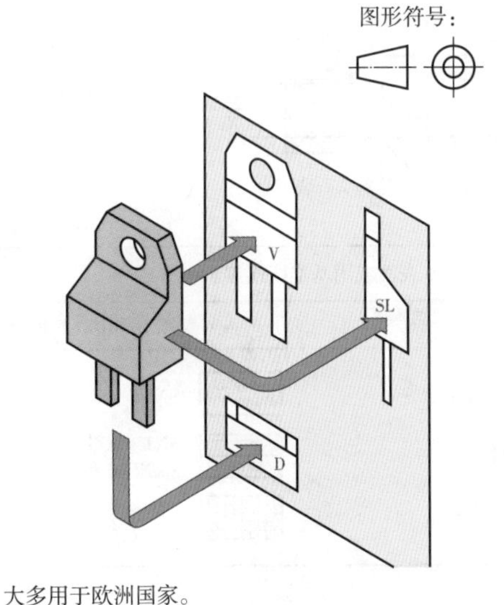

大多用于欧洲国家。

第三分角投影法

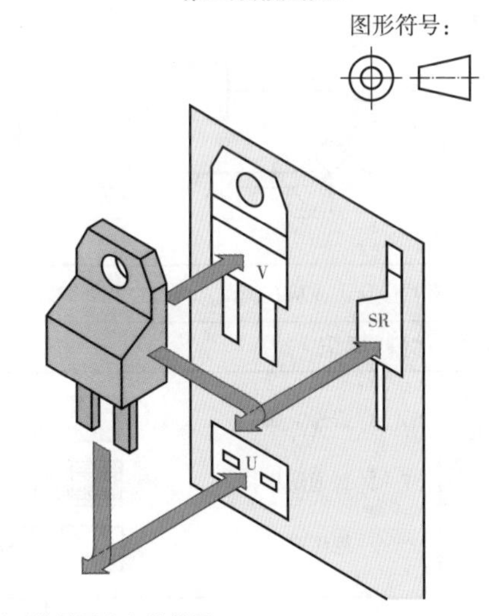

用于英语国家和数据页。

尺寸标注，阴影线

尺寸数字的位置

参照 DIN 406-11

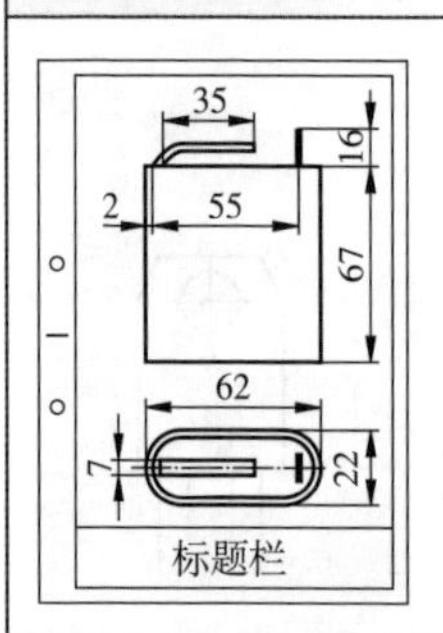

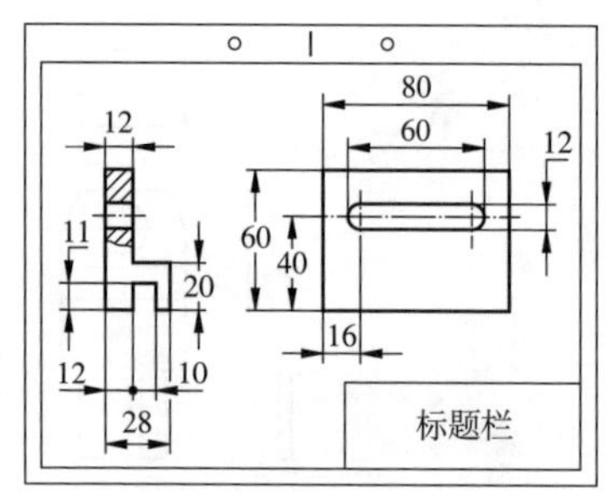

方法 1：（左图）

在两个主识读方向标注。图纸的尺寸数字识读位置应以从下和从右识读为主。应优先采用这种方法。

方法 2：（右图）

在一个识读方向标注。所有尺寸数字只允许按图纸标题栏的识读位置标注。可切断非水平尺寸线。

工件表面特性的图纸标注

参照 DIN EN ISO 1302

图形符号	含义	图形符号	含义
√	工件表面特性的基本符号	铣削	加工方法
∇	切削加工符号	0.5	加工余量，单位：mm
	不允许材料切削	c a e d b	a）表面特性数值由箭头、特性值和数值（μm）组成 b）对工件表面特性的第二个要求 c）加工方法 d）表面沟纹及其方向 e）加工余量，单位：mm
	一个工件所有面均保持相同的材料表面特性		
⊥	工件表面沟纹方向垂直于投影面		

表面沟纹方向的图形符号

=	⊥	X	M	C	R	P
平行于投影面	垂直于投影面	两个斜方向交叉	多个方向	对准中心点	中心点径向方向	无波纹，未校直或松软表面

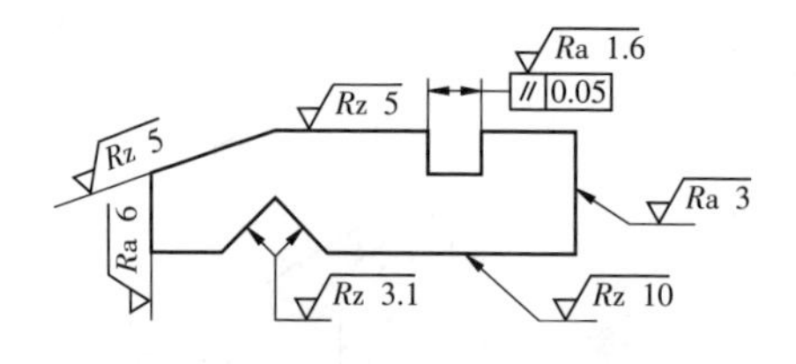

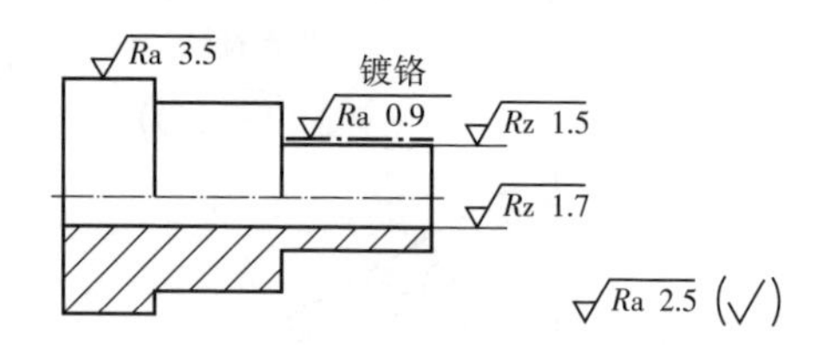

符号和信息均应从下或从右识读。可以在此处键入公式。直接标在工件表面或用基准线连接。

阴影线和材料标记

参照 DIN ISO 128-50

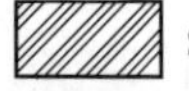	SM 普通金属		SN50 透水混凝土		SN51 玻璃
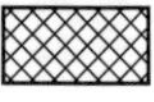	SP 普通塑料		SN53 陶瓷		SN1 生荒地 SN2 种植地
	SN58 绝缘材料	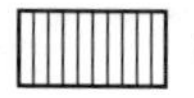	SN23 普通木材		电气绕组

M 金属 N 天然材料 P 塑料 S 固体

尺寸箭头，特殊表达法

尺寸线限制 参照 DIN 406-11

尺寸箭头：	永远用于半径，圆弧，直径，具体标注：$\alpha \approx 15°$ $l \approx 10\,d$ 不允许标注： $\alpha \approx 15° \sim 90°$ $l \approx 3 \sim 5\,d$ d：线宽
斜线：	走向是从左下至右上，以尺寸线为准。 $l \approx 6\,d$
点：	仅用于位置不够时。 标注：$\Phi \approx 1.5\,d$ 不允许标注：$\Phi \approx 2.5\,d$

书写方向

无尺寸

剖面 参照 DIN ISO 128-40、44 和 50

表达法	规则
	ⓐ 阴影线：细实线与轴线或主轮廓线成 45° 角。在一个或多个视图的剖面和相同部分采用相同方向和类型的阴影线表达。
	ⓑ 相互叠加工件采用相对方向或不同方向的阴影线。
	ⓒ 阴影线间距越大，剖切面也越大。
	ⓓ 需绘出穿过剖面的可视回转边棱。
	ⓔ 分型线绘作边棱。
	ⓕ 简单形状的实体不作纵向剖切。例如：铆钉，短轴，轴，销钉，筋，螺钉。
剖面 A-D	ⓖ 如果剖切走向前方不可视，需用粗点划线标出。并从目视方向在剖面图上标出箭头。字母标注仅用于改善总体效果。

中断线和特殊表达法

表达法	规则
	ⓗ 细手绘线绘出中断位置。表达"半视图 - 半剖面"时采用水平中线。举例ⓓ，放在半剖面图下方，垂直中线时放在右侧。 细手绘线表示：
	ⓘ 平面工件的中断。
	ⓚ 圆实体的中断。
	ⓛ 空心圆实体的中断，例如圆管。
	ⓜ 尖头物体的中断，中断部分前移。
	ⓝ 剖切和空心圆实体的中断用手绘线标出中断位置。
	ⓞ 绘至实体边棱前的细实线表示圆滑过渡和边棱（净边棱），可使图像更直观。
	ⓟ 允许取消平面上的相贯曲线。

尺寸标注法

表达法	规则
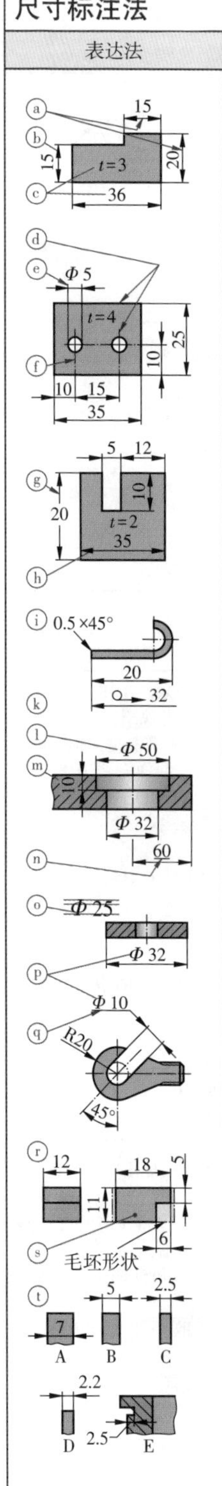	ⓐ 尺寸线至实体边棱的间距不得少于 10 mm，尺寸线之间的平行间距至少 7 mm。 ⓑ 箭头，斜线或点表示尺寸线的终端。 ⓒ 如果尺寸单位全是 mm，可省略单位。工件厚度用 t 标记。 ⓓ 中线和边棱线不能用作尺寸线。 ⓔ 尺寸辅助线应超出尺寸线 1 ~ 2 mm。 ⓕ 中线可用作尺寸辅助线。在实体边棱之外可以贯穿。 ⓖ 非水平尺寸线可中断并填入尺寸数字。 ⓗ 尺寸线箭头不允许与视图的角相交。 ⓘ 也可用指示线标注倒角尺寸。 ⓚ 展开长度的尺寸。 ⓛ 尺寸数字不允许分开线条或与线条交叉。 ⓜ 阴影面内的尺寸数字可切断阴影线。 ⓝ 无比例的尺寸数字下方需加下划线。 ⓞ 直径符号是一根直线倾斜 75°穿过一个小圆圈。 ⓟ 涉及圆形，必须标注直径符号。 ⓠ 尺寸也可标注在延长或倾斜的尺寸线上。 ⓡ 每个尺寸只需标注一次。 ⓢ 工件的尺寸指工件加工完成状态下的尺寸。 ⓣ 若标注尺寸数字的地方过小，可采用 A…E 表达法。

表达法	规则
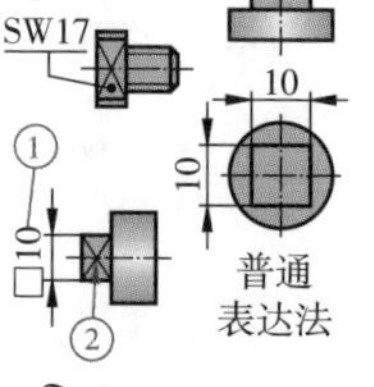	① 平方符号放在尺寸数字之前。 ② 对角交叉线表示四边形平面。
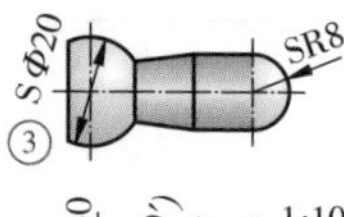	③ 球形元素的符号是放在直径符号（或 R）之前的大写字母 S。
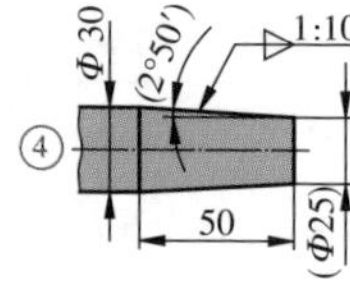	④ 锥形采用图形符号和一个基准线表示。符号的方向必须与锥角方向一致。
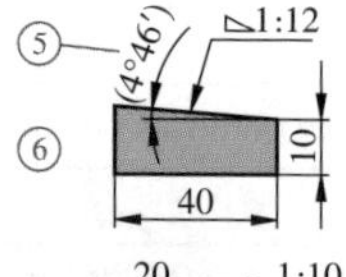	⑤ 只标注为准确无误表明物体所要求的尺寸。附加尺寸允许作为辅助尺寸标在括号内。 ⑥ 用比例或百分比标注倾角。
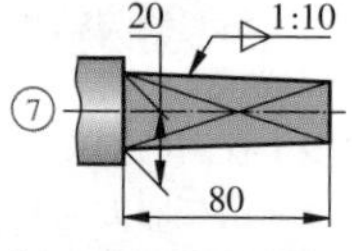	⑦ 锥度也同样用比例或百分比标注。
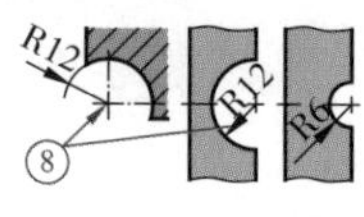	⑧ 半径尺寸只包含一个圆弧上的箭头。如果需要标出半径的圆点位置，例如加工时，必须用一个中线交叉表示。
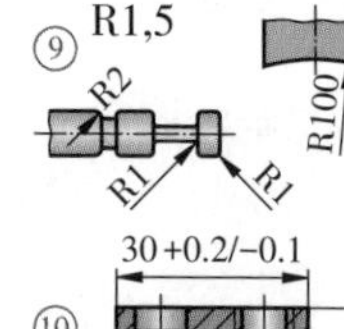	⑨ 半径尺寸前任何情况下都必须标出大写字母 R。尺寸辅助线应来自半径圆点或圆点方向。
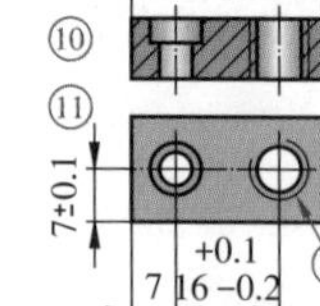	⑩ 尺寸的标注必须以最清晰识读状态为标准。 ⑪ 公差中的标称尺寸和偏差尺寸应以大小相同的字体标注。允许标注在同一行。偏差尺寸相同时，应在尺寸数字前加 ±。偏差尺寸为0时不必标注。
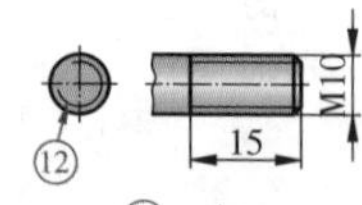	⑫ 螺纹表达法按 ISO 标准，用 3/4 细实线圆弧表示螺纹圆。
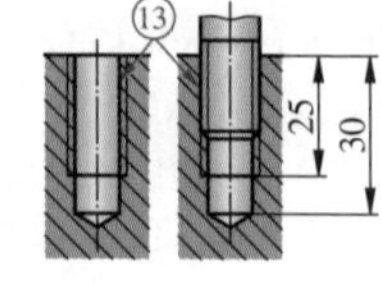	⑬ 阴影线最大可作成粗实线。拧入的螺钉不能剖切：锐角 120°。

图纸的公差标注

公差

参照 DIN 406-12，DIN ISO 2768-1、2

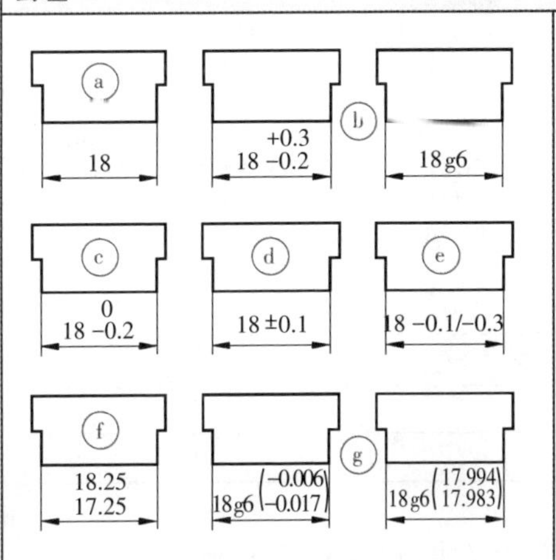

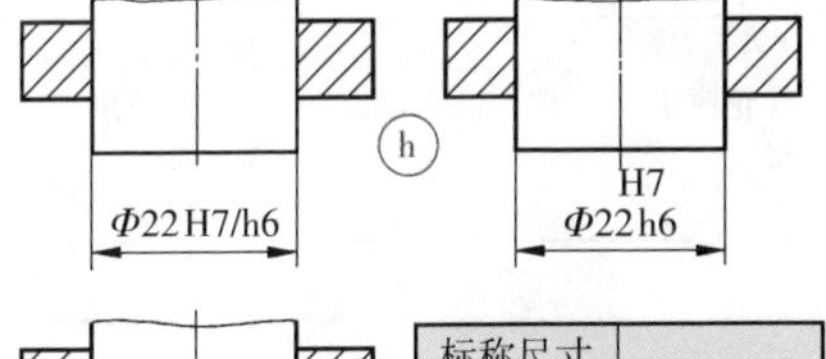

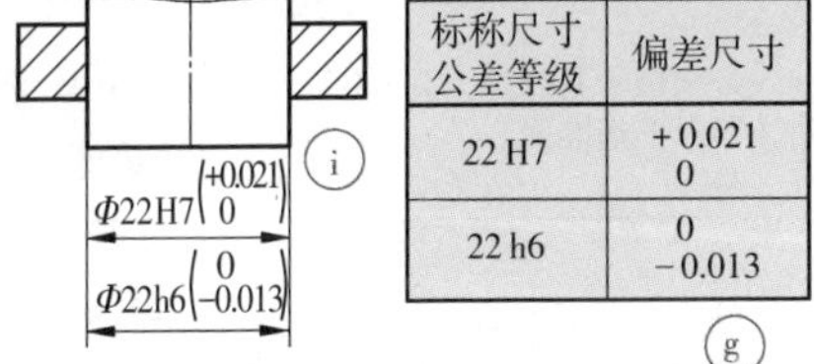

标称尺寸 公差等级	偏差尺寸
22 H7	+0.021 0
22 h6	0 −0.013

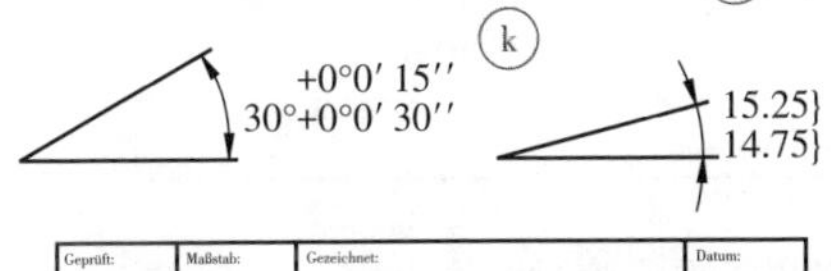

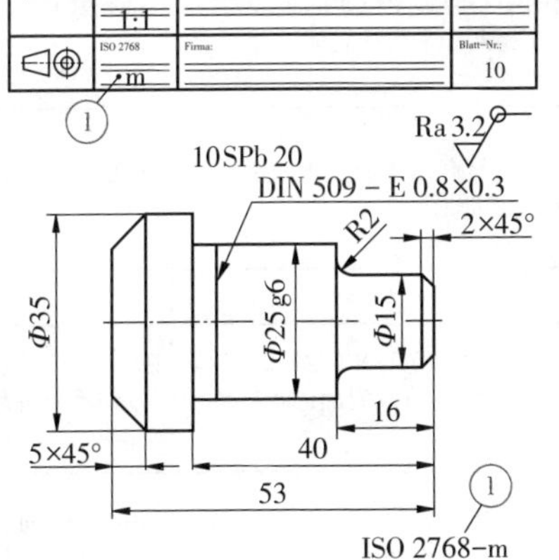

ⓐ 无公差的尺寸适用于未注公差（参见 493 页）。

ⓑ 偏差尺寸或公差等级标在标称尺寸后面。偏差尺寸和公差等级的字体规格一般与标称尺寸字体规格适用规则相同。允许小一个等级，但不允许小于 2.5 mm。偏差尺寸的标注单位与标称尺寸的相同。

ⓒ 同一标称尺寸有两个偏差尺寸时，必须以十进制小数点后相同位数的形式同时标出。偏差尺寸为 0 时例外。这时仅需标出数字 0，但不能省略。上限偏差尺寸大于下限偏差尺寸。

ⓓ 如果上限和下限偏差尺寸相同，只需在 ± 后标注一次。

ⓔ 标称尺寸和偏差尺寸允许采用相同符号标注。通过斜线分开上限和下限尺寸。

ⓕ 极限尺寸时，允许将最大和最小尺寸上下叠加标注。上限尺寸总是标在下限尺寸上方。

ⓖ 必要时可将偏差尺寸数值或极限尺寸上下叠加标注在公差缩写符号后面，或查表求取。

ⓗ 标注两个接合零件的公差时，内部尺寸（孔）的公差等级缩写符号标在外部尺寸（轴）的公差等级缩写符号前方或上方。

ⓘ 如有需要，接合零件的偏差尺寸数值写入括号放在公差缩写符号后面，或查表求取。

ⓚ 角度尺寸的公差与长度尺寸的公差相同，但需标入角度标称尺寸和偏差尺寸的数据单位。如果角度标称尺寸或角度偏差尺寸以角度分为单位标入，角度数字前必须加 0°。如果角度标称尺寸或角度偏差尺寸以角度秒为单位标入，则在角度数字前加 0° 0′。

ⓛ 长度和角度尺寸的未注公差说明（参见 493 页）标在图纸标题栏内或在详图附近。其内容除标准页编号外，还包括待使用的公差等级。

如果长度尺寸的未注公差也适用于形位尺寸的未注公差，图纸标注时可加上形位公差的公差等级。

举例：ISO 2768-mK。

在这种情况下，90° 角的未注公差不由 DIN ISO 2768-1，而是由形位未注公差（DIN ISO 2768-2）规定（参见 493 页）。

形状与位置公差

公差标注的结构

如果仅用尺寸公差未能保证工件的功能，需对尺寸公差补加形位公差。形状公差描述与理想形状的允许偏差，位置公差则描述与两个或多个工件指定的理想的相互位置的允许偏差。

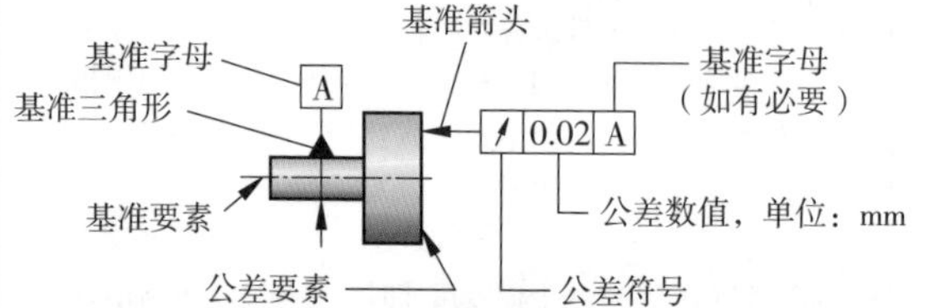

位置公差是基准公差，即公差要素的位置始终以一个基准轴或基准要素为基础。标注轴或中心面的公差时，基准箭头或基准三角形位于尺寸线的延长线上。

图纸说明

特性和图形符号	图纸说明	解释
形状公差		
平面度 ⏥		公差面必须位于两个间距为 0.1mm 的平行面之间。
圆柱形 ⌭		圆柱外轮廓面必须位于两个间距为 0.25mm 的同轴圆柱体之间。
方向公差（位置公差）		
平行度 //		孔轴线必须位于直径最大为 0.02mm 的圆柱体内，圆柱体轴线平行于基准面。
垂直度 ⊥		端面必须垂直于基准面 A。但允许在两个间距最大 0.02mm（想象的）平面之内有垂直度偏差。
局部公差（位置公差）		
对称度 ⌯		槽的中心面必须位于间距最大为 0.08mm 并对称于基准面 A 的两个平行面之间。
同轴度 ◎		轴的公差直径必须位于一个直径最大为 0.2mm 的圆柱体内，其轴线与基准轴线 A–B 同心。
跳动公差（位置公差）		
径向跳动 ↗		围绕基准轴线 A–B 的圆柱体转动时，每一个垂直于基准轴线 A–B 的检测面的径向跳动误差均不允许超过 0.1mm。
总跳动 ⌰		围绕基准轴线 A–B 的多次转动并同时作轴向移动时，所有表面检测点的总端面跳动公差最大只允许达到 0.1mm。

螺纹，螺钉连接，定心孔

螺纹表达法

参照 DIN ISO 6410-1

内螺纹

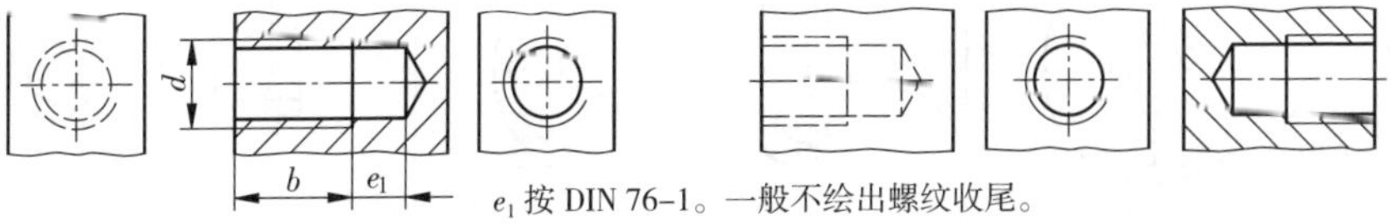
d
b
e_1

e_1 按 DIN 76-1。一般不绘出螺纹收尾。

轴螺纹

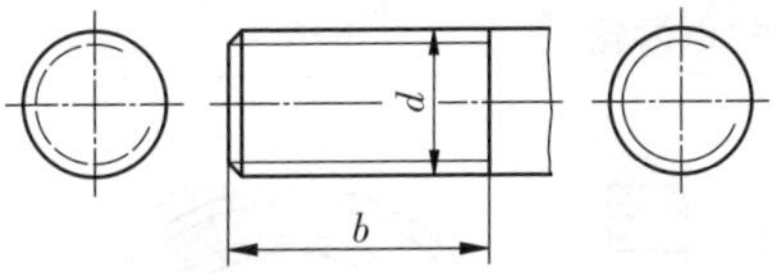
d
b

旋入内螺纹的轴

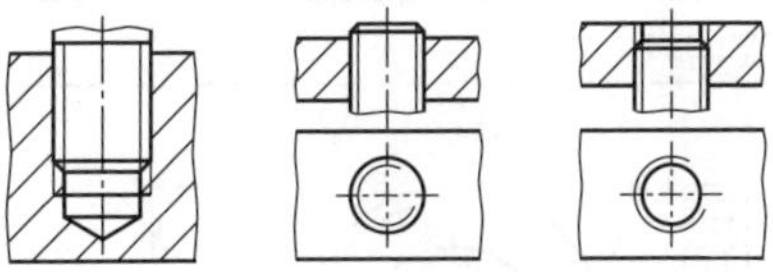

螺纹退刀槽

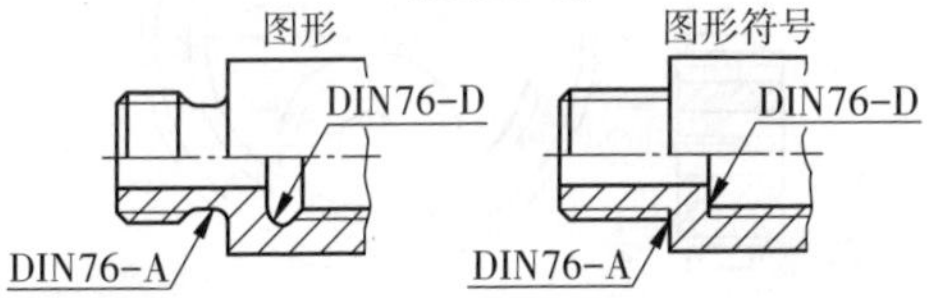
图形
图形符号
DIN76-D
DIN76-A
DIN76-D
DIN76-A

管螺纹和管螺纹接头

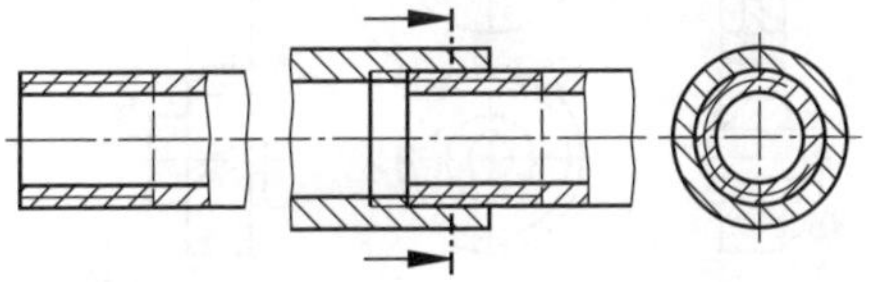

螺钉连接表达法

六角螺钉和螺帽

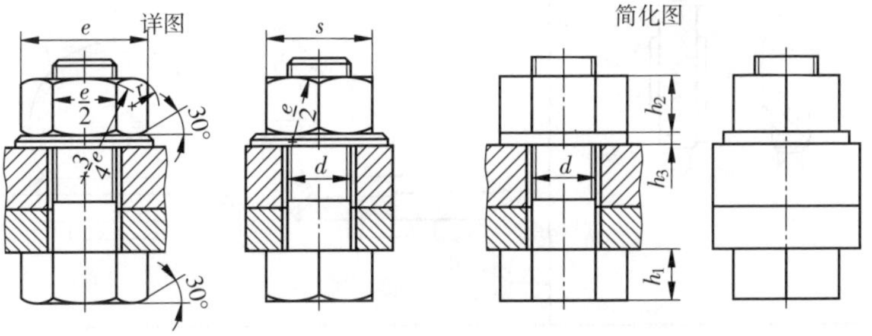
e
详图
$\frac{e}{2}$
r
30°
$\frac{3}{4}e$
s
d
简化图
h_2
h_3
h_1

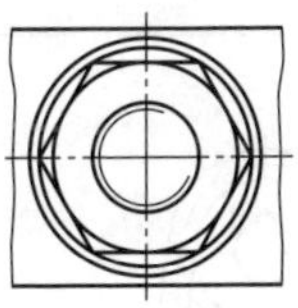

h_1 螺钉头高度
h_2 螺帽高度
h_3 垫圈高度
e 角尺寸
s 扳手开口宽度
d 螺纹标称直径

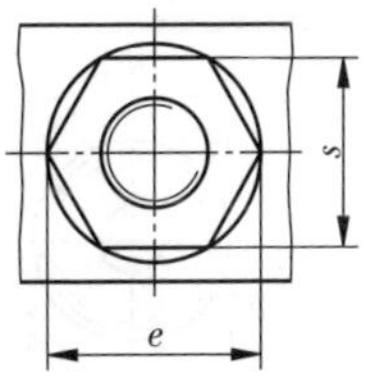
s
e

$h_1 \approx 0.7 \cdot d$
$h_2 \approx 0.8 \cdot d$
$h_3 \approx 0.2 \cdot d$
$e \approx 2 \cdot d$
$s \approx 0.87 \cdot e$

圆柱螺钉连接

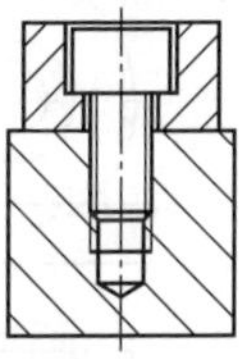

光杆螺钉连接

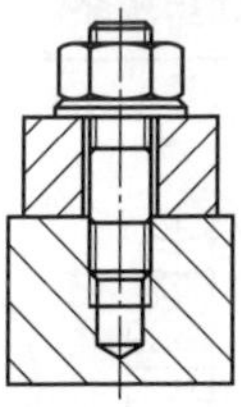

定心孔的图纸说明

参照 DIN ISO 6411

制成工件要求定心孔	允许制成工件有定心孔	制成工件不允许有定心孔
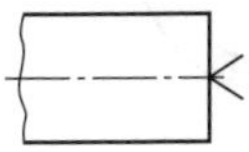 ISO 6411－A4/8.5	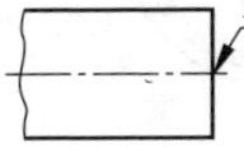 ISO 6411－A4/8.5	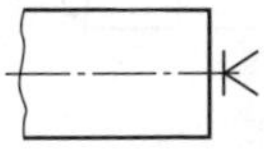 ISO 6411－A4/8.5

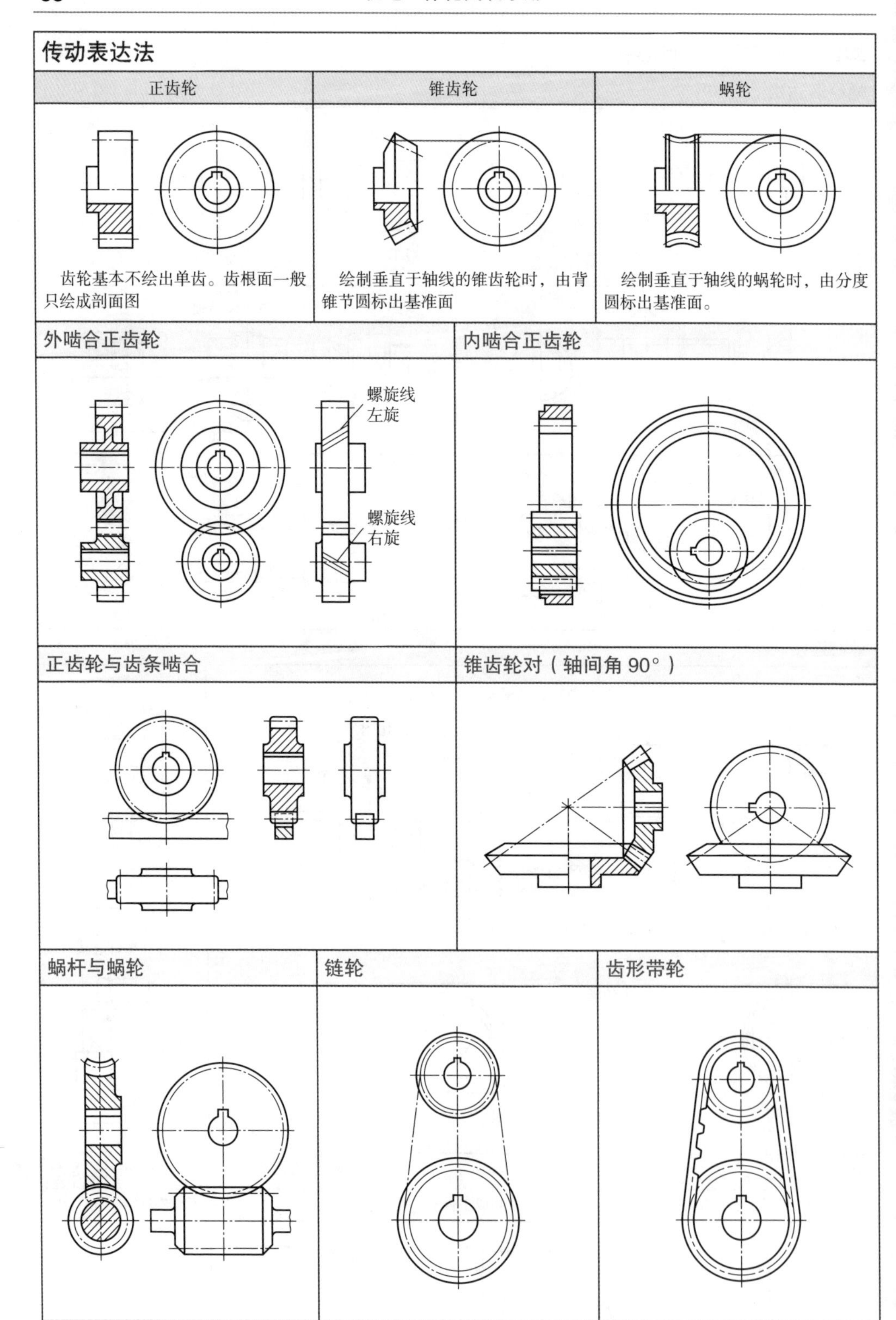
传动表达法
正齿轮
锥齿轮
蜗轮
齿轮基本不绘出单齿。齿根面一般只绘成剖面图
绘制垂直于轴线的锥齿轮时，由背锥节圆标出基准面
绘制垂直于轴线的蜗轮时，由分度圆标出基准面。
外啮合正齿轮
螺旋线
左旋
螺旋线
右旋
内啮合正齿轮
正齿轮与齿条啮合
锥齿轮对（轴间角 90°）
蜗杆与蜗轮
链轮
齿形带轮

滚动轴承表达法

简化表达法

参照 DIN ISO 8826-1 和 DIN ISO 8826-2

普通简化表达法			元素细节简化表达法	
表达法	图形	解释	元素	解释，应用
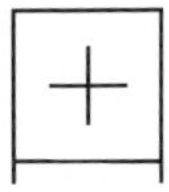		普通用途时，用带有任意位置十字符号的方形或矩形线框表示滚动轴承。		长直线：表示轴承滚动元素的轴线不可调节。
				长弧线：表示轴承滚动元素的轴线可调节（自调心轴承）。
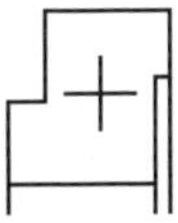	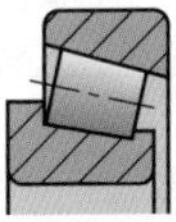	必要时，也可用轴承轮廓和任意位置的十字符号表示滚动轴承。		短直线：表示滚动元素列的位置和数量。
				圆：表示滚动元素（滚子，滚柱，滚针），与其轴线呈直角。

滚动轴承细节简化表达法举例

单列滚动轴承表达法			双列滚动轴承表达法		
简化法	图形	名称	简化法	图形	名称
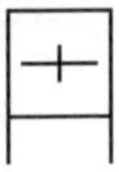	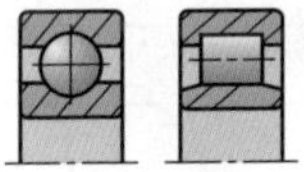	向心滚珠轴承，滚柱滚子轴承	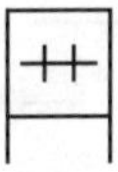	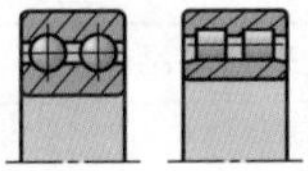	向心滚珠轴承，滚柱滚子轴承
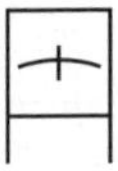	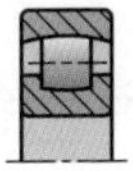	自调心滚柱轴承（鼓形滚子轴承）	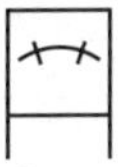	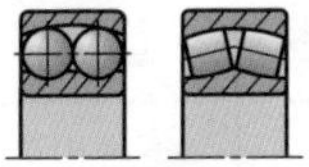	自调心滚珠轴承，自调心滚柱轴承
	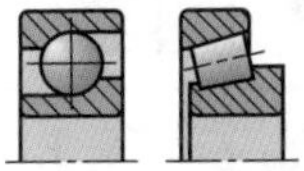	向心推力滚珠轴承，圆锥滚柱轴承		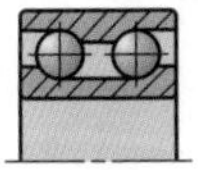	向心推力滚珠轴承
	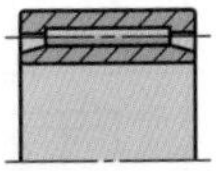	滚针轴承，滚针保持架		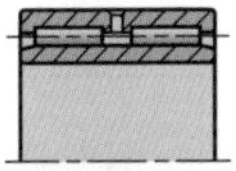	滚针轴承，滚针保持架
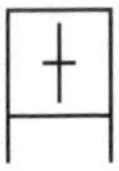	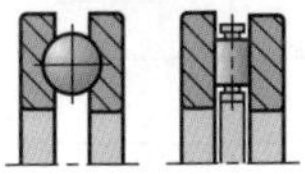	推力滚珠轴承，推力滚柱轴承	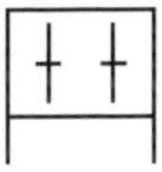	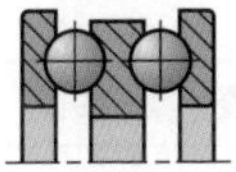	推力滚珠轴承，双面作用
		推力球面滚柱轴承	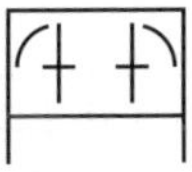		带球面活圈的推力滚珠轴承，双面作用

组合轴承			垂直于滚动体轴线的表达法	
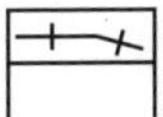	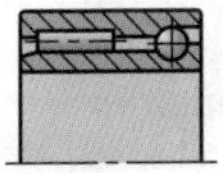	向心滚针轴承与向心推力滚珠轴承的组合	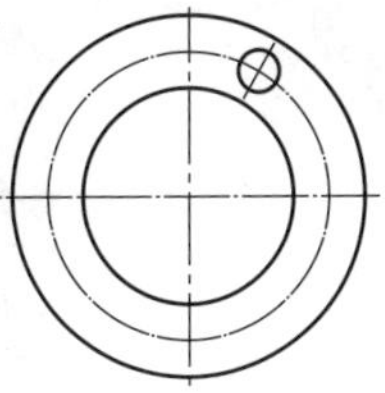	带有任意滚动体形状（滚珠，滚柱，滚针）的滚动轴承
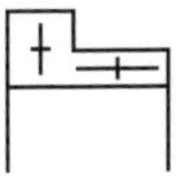	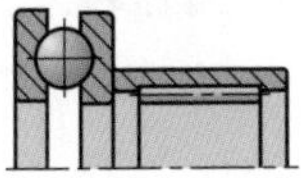	推力滚珠轴承与向心滚针轴承的组合		

滚动轴承及其密封件表达法

密封件简化表达法

参照 DIN ISO 9222-1

普通简化表达法			元素细节表达法	
简化法	图形	解释	元素	解释，应用
		普通用途时，用带有任意位置对角交叉符号的方形或矩形线框表示滚动轴承的密封。密封方向可用箭头表示。		平行于密封面的长线：表示固定的（静态的）密封件。
				长对角线：表示动态密封件；例如密封唇口。密封方向可用箭头表示。
				短对角线：表示防尘密封唇口，防尘圈
		必要时，可用密封轮廓和任意位置对角交叉符号表示轴承密封。		指向图形符号中间的短线：表示 U 形环和 V 形环以及密封填料的静态部分。
				指向图形符号中间的短线：表示 U 形环和 V 形环以及密封填料的密封唇口。
				T 和 U：表示无接触式密封。

滚动轴承密封细节简化表达法举例

轴密封环和活塞杆密封环				成型密封件，密封填料，迷宫式密封件			
简化法	视图	应用于 旋转运动	应用于 直线运动	简化法	视图	简化法	视图
		无防尘唇口的轴密封环	无防尘圈的杆密封				
		带防尘唇口的轴密封环	带防尘圈的杆密封				
		双向轴密封环	双向杆密封				

滚动轴承和密封简化表达法举例

普通的简化表达法

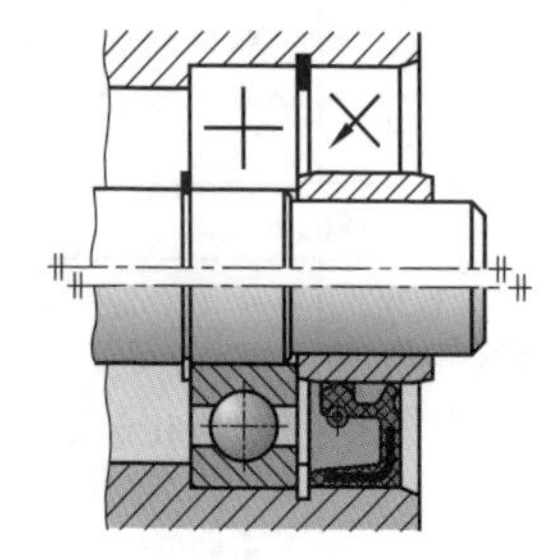

向心滚珠轴承和带防尘唇口的径向轴密封环

细节简化表达法

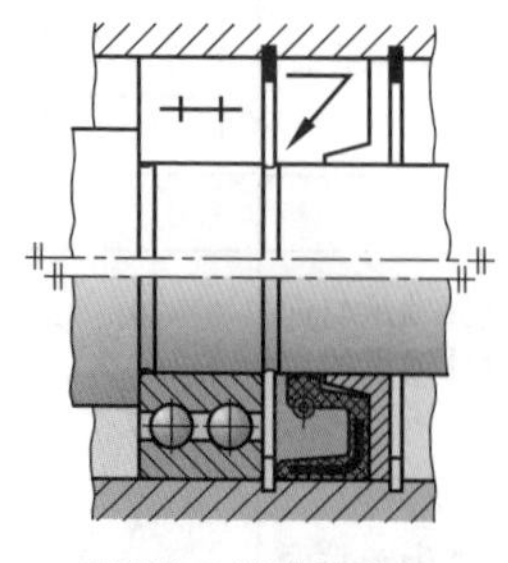

双列向心滚珠轴承和径向轴密封

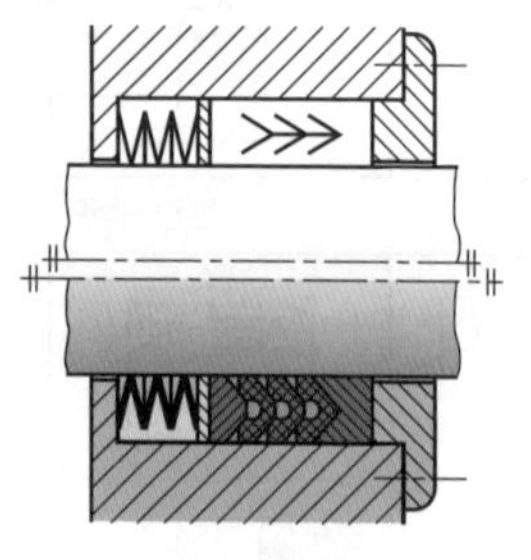

密封填料

电焊和钎焊的焊接符号

图纸的焊接表达法（基本符号）

参照 DIN EN 22553

符号名称	图形表达法	符号表达法	符号名称	图形表达法	符号表达法
卷边焊缝 八	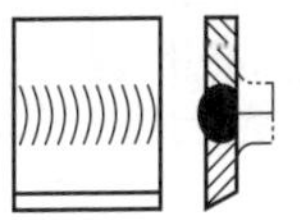	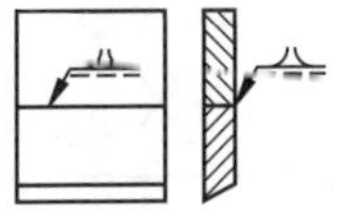	HV 型焊缝	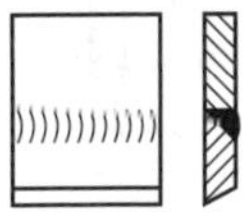	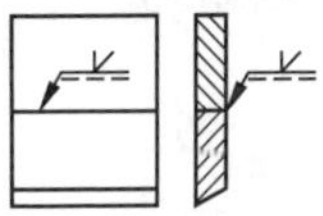
I 型焊缝 ‖	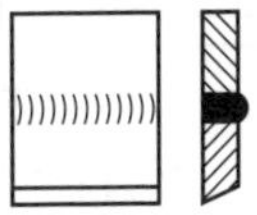	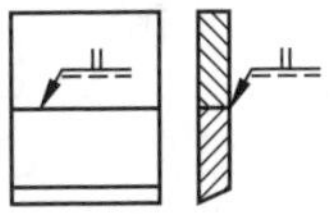	HV 型焊缝	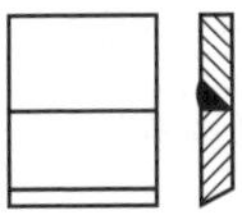	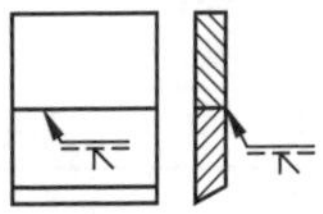
I 型焊缝 ‖	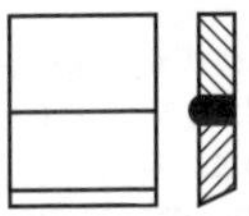	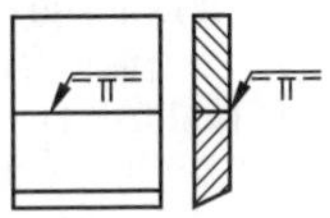	Y 型焊缝 Y	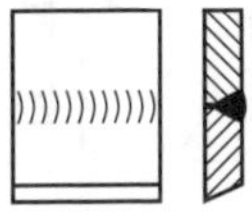	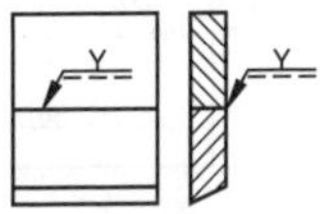
双面焊（整圆）	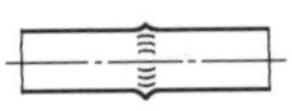		HY 型焊缝	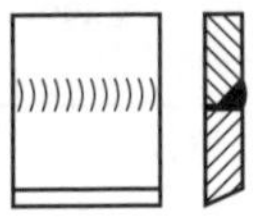	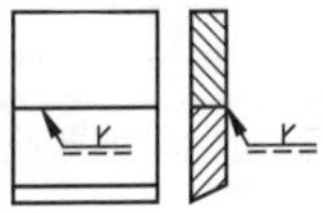
V 型焊缝 V	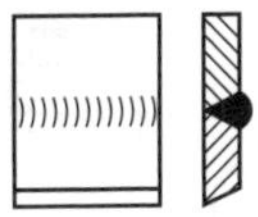	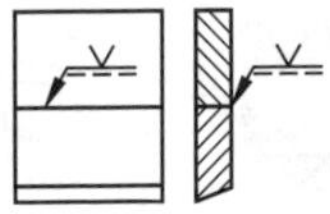	U 型焊缝	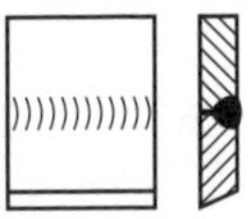	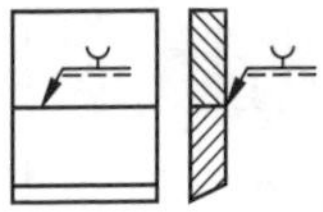
V 型焊缝 V	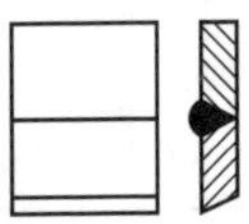	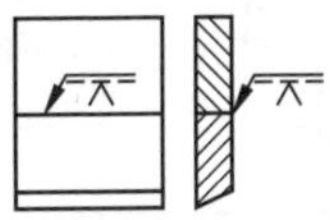	H U 型焊缝	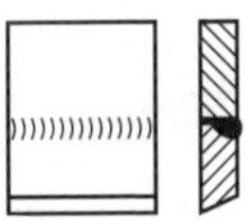	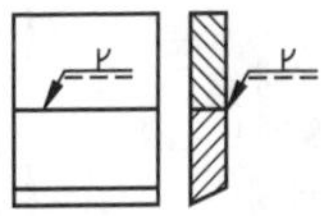
圆形围焊	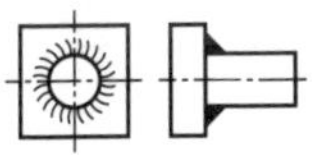	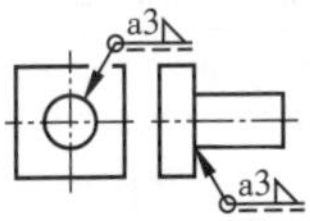 a3	点状焊缝 ○	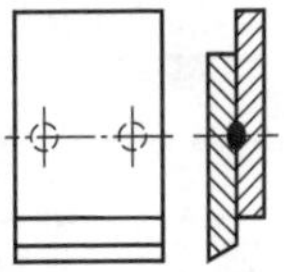	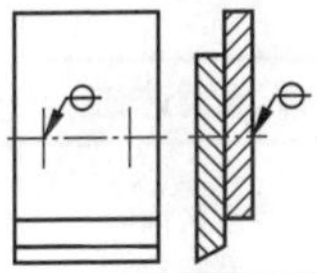
角焊缝	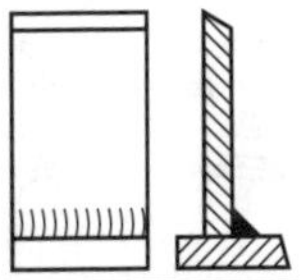	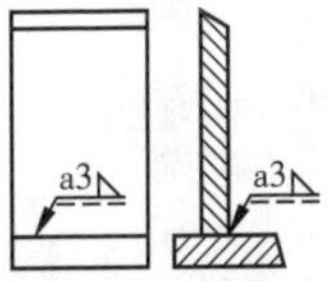 a3	线状焊缝	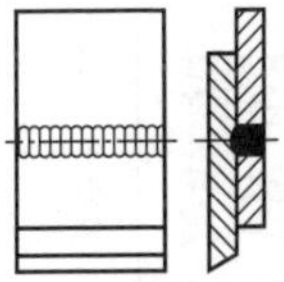	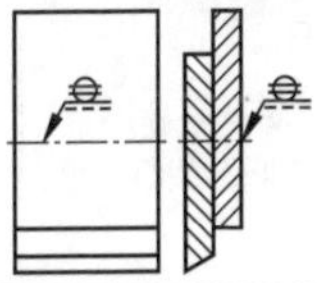
3mm 焊缝厚度的现场焊缝	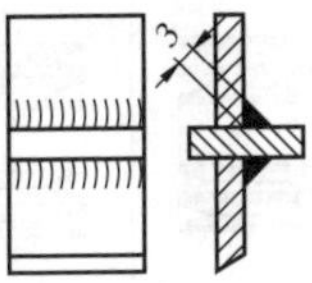 3	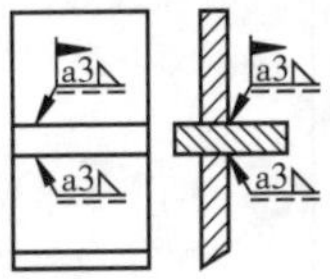 a3	面焊缝 =	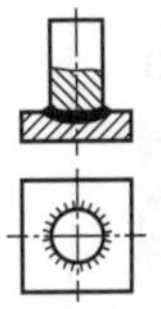	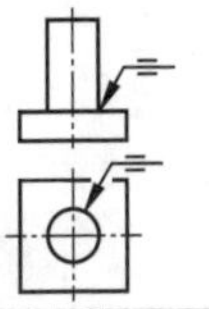

其他的机械连接类型，弹簧

焊缝（基本符号组合）

参照 DIN EN 2553

符号名称	图形表达法	符号表达法	符号名称	图形表达法	符号表达法
带对面位置的 V 型焊缝			双 U 焊缝		
双 V 型焊缝 X 型焊缝			双角焊缝		a3 a3

电焊和钎焊（尺寸标注举例）

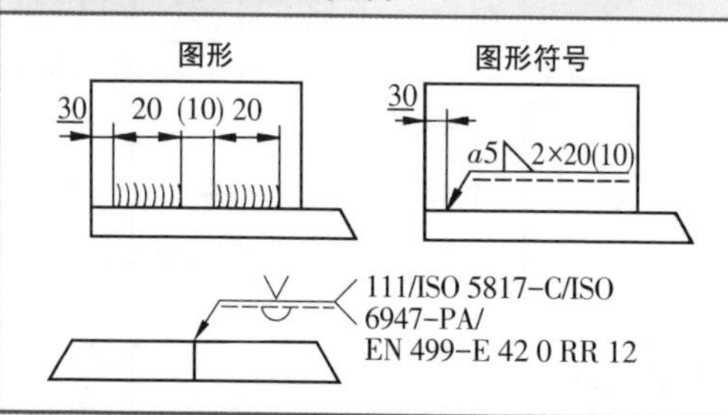

中断的角焊缝；焊缝厚度 a = 5mm（相当于边厚 z = 7 mm）；2 个单独焊缝各长 20mm；焊缝间距 =10 mm；预留尺寸 = 30 mm

带对面位置的 V 型焊缝，焊透，采用电弧手工焊（标识数字 111 见 DIN EN IS · 0212141212vO 4063），所需评价组 C 见 ISO 5817；焊点位置 PA 按 ISO 6947；电焊条 E42 0 RR 12 按 DIN EN 499。

花键轴和细牙花键表达法

参照 DIN ISO 6413

	轴	套	连接
直齿面花键轴和花键套 符号：⎍	⎍ …	⎍ …	⎍ …
渐开线齿面或细牙花键的外花键或内花键 符号：⋀	⋀ …	⋀ …	⋀ …
	→花键轴 ISO 14-6 × 26f7 × 30： 直齿面花键轴轮廓按 ISO 14，齿数 N = 6，内径 d = 26f7，外径 D = 30		

弹簧表达法

参照 DIN ISO 2162-1

名称	表达法		符号	名称	表达法		符号
	视图	剖面图			视图	剖面图	
圆柱螺旋压簧（圆形截面钢丝）				圆柱螺旋拉簧（圆形截面钢丝）			
圆柱螺旋扭簧（圆形截面钢丝）				碟簧组（换向层叠）			

与功能相关的线路图

重要功能的技术文件

参照 EN 61082-1

类型	解释	举例
电路草图（非标）	一般用于解释电气元器件的作用方式或排列位置所做的全相电路图，例如加热炉，热水存储装置或家用电器。这里只使用线路符号，非标符号和视图。	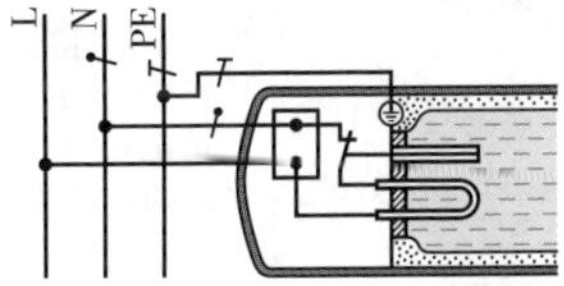 L N PE
电路概览图	一般电路图的全相表达。使用简单的线路符号和框型符号。根据图的用途标出或不标导线数和电气元件。	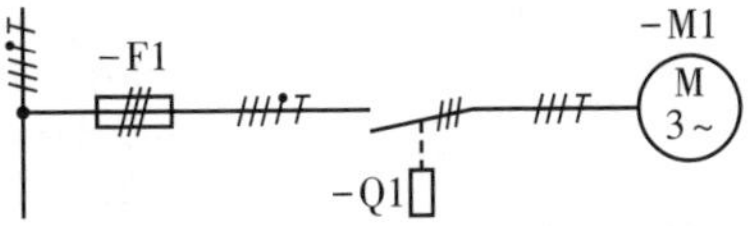 -F1 -M1 M 3~ -Q1
电路总图	一个功能单元，组件单元或带有全部细节的电气设备的全相电路图。它必须详细绘出所有电气元器件的空间相关关系。电气元器件的规格，形状和空间位置可以不予考虑。这类图的元件和连接必须用标准化符号（线路符号）表示。	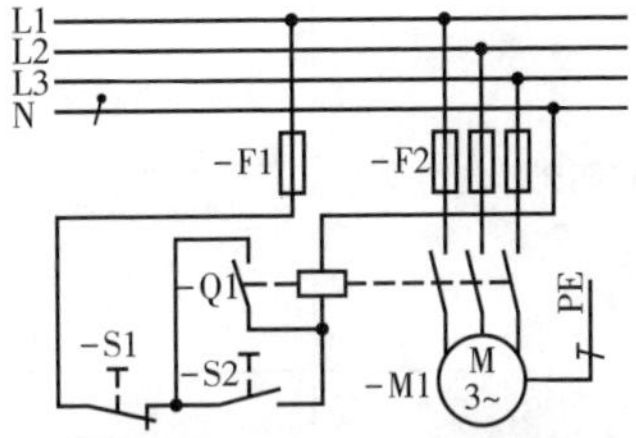 L1 L2 L3 N -F1 -F2 -Q1 PE -S1 -S2 -M1 M 3~
分解表达的电路图	根据电流路径分解表达的全相电路图。用电气元件标记将机理相关的元件连接起来。电流路径尽可能作成竖线。导线走向可水平和垂直。这里需使用标准化符号。	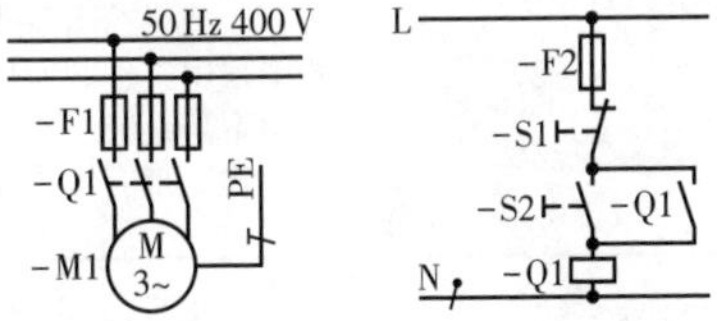 50 Hz 400 V -F1 -Q1 PE -M1 M 3~ L -F2 -S1 -S2 -Q1 N -Q1
表达半相关关系的电路图	用表达机制作用相连的符号绘制的全相电路图。这些部分用机理连接符号（虚线）相互连接。	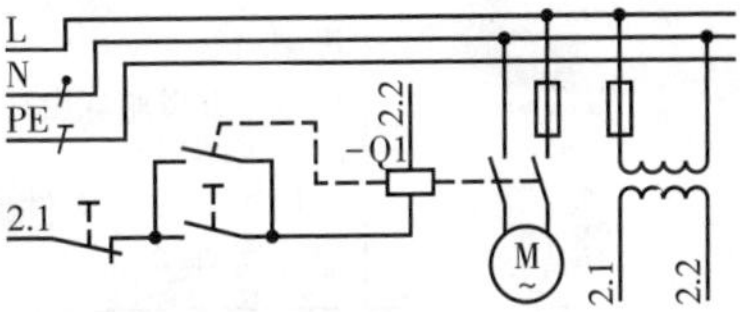 L N PE 2.2 -Q1 2.1 M ~ 2.1 2.2
电路框图	一般是使用框型符号全相电路一览图。如果没有可行的标准化符号，可用加文本的矩形或正方形。 用途：电子电路，例如集成电路	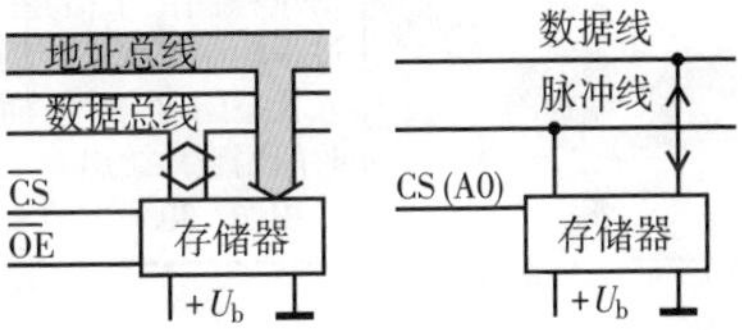 地址总线 数据总线 CS OE 存储器 +U_b 数据线 脉冲线 CS (A0) 存储器 +U_b
替代电路图	简化电路的全相表达，它绘制出原始电路图的相同特性。但使用简化符号（线路符号）。 用途：用于理解机器和设备的特性。	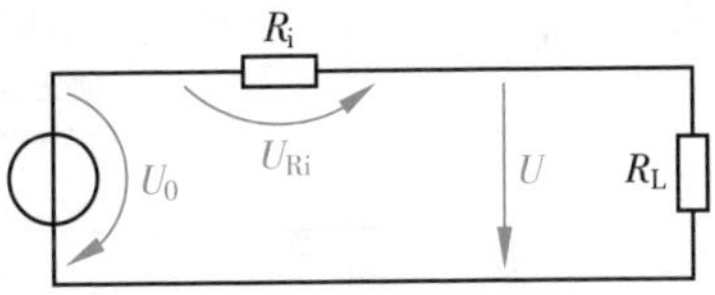 R_i U_0 U_{Ri} U R_L

执行准则

1. 电路图表达的是无电状态，其开关处于基本位置。
2. 如果图纸用途有要求，则必须标出端子。
3. 如有需要，允许电路图组合。

与功能相关的其他文件

类型	解释	举例
功能图（不用于可编程序控制器 = PLC）	描述控制系统或调节系统的图表。采用带文本的标准化符号。 粗略结构或精细结构，视任务不同而定。 可编程序控制器的功能图（FUP）：参见逻辑功能电路图	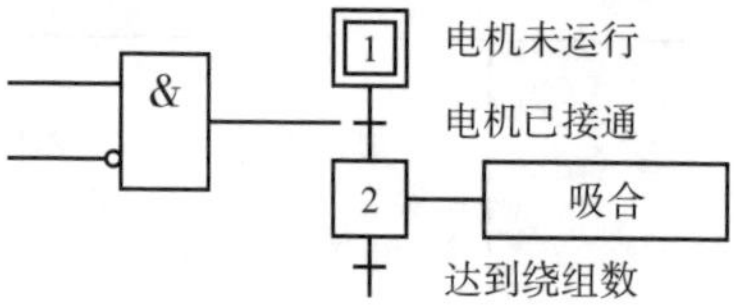 & 1 电机未运行 电机已接通 2 吸合 达到绕组数
功能电路图	表述一个系统，一个部分，一次安装或一个软件在电路图中的形式。具体功能实现的方法则不予考虑。图中采用标准化符号，标准化图框或加文本的图框。	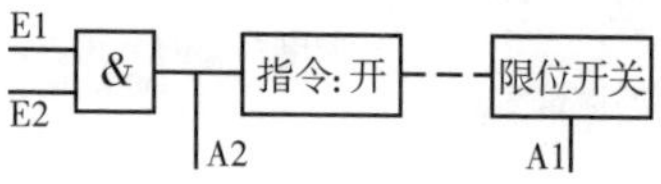 E1 E2 & A2 指令:开 限位开关 A1
功能连接电路图	一个功能单元带连接点的全相表达。可用其他电路图或文本作功能描述。图中采用标准化符号或加文本的图框。 用途：较大单元的模块组装。	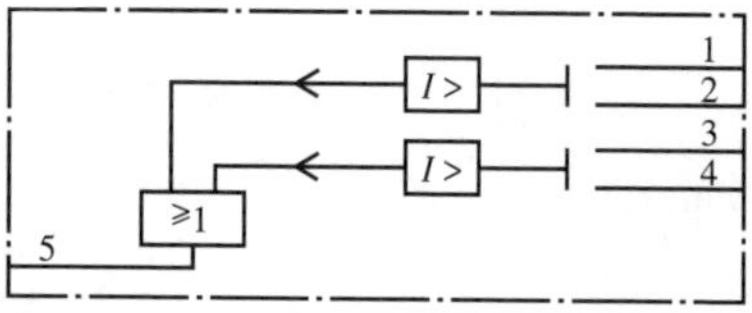 1 2 3 4 I> I> ≥1 5
逻辑功能电路图（PLC: 功能图(FUP)）	一个电路网络的全相表达，例如编码转换器，或一个开关装置，例如移位寄存器。图中采用二进制元件的线路符号。该元素的电源不需绘出。 用途：带有二进制元件的电路。	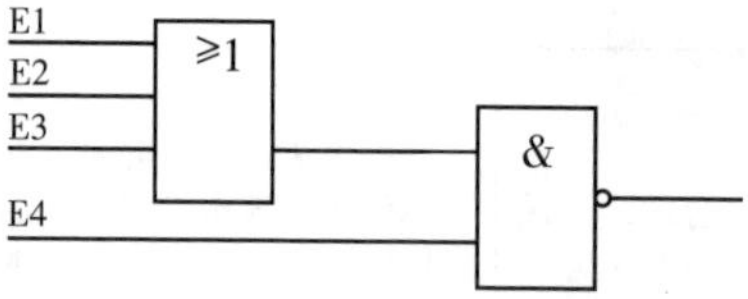 E1 E2 E3 E4 ≥1 &
电网图	单相电路一览图，它画在地图上，描述一个地区电网及其电网设施各部分。各部分设施，例如输电铁塔，强电电缆，长途通信设备，变电站或电厂等，均以标准化符号或简化视图表示。 用途：技术文件或电网或电网部分的建造计划图。	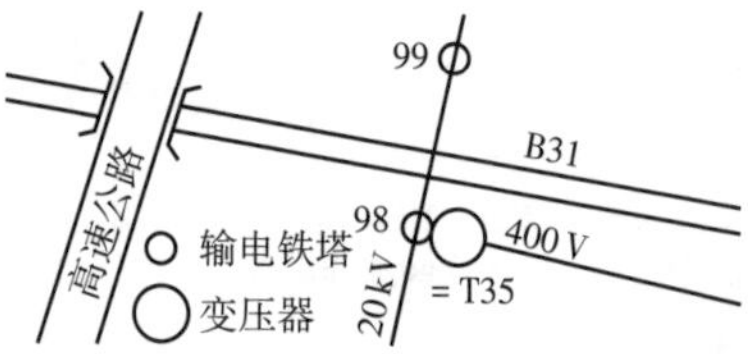 高速公路 99 B31 98 400 V 20 kV = T35 输电铁塔 变压器
流程图	流程图用于描述一个系统中某些部分的过程顺序或状态，例如继电器。图中，过程或状态朝向一个方向，例如垂直，而步骤或时间用直角绘出。 用途：电流的流程	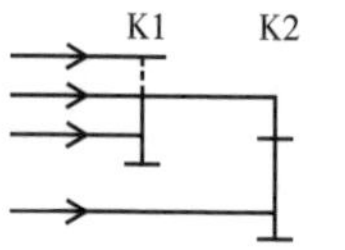 K1 K2
时间流程图	用时间比例尺描述过程的流程。一般不给出时间轴。信号基本线具有逻辑数值 0 和电平 L。向上则变成 1 和电平 H。 用途：表述电网或开关装置的特性。	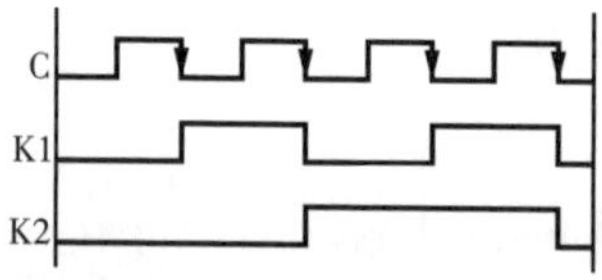 C K1 K2
作用图（仅用于调节技术和控制技术标准化）	用矩形框描述一个系统所有作用的总体性。图中用箭头表示作用方向，一般是从右向左，从下向上。用圆圈加 + 或 − 表示加法。	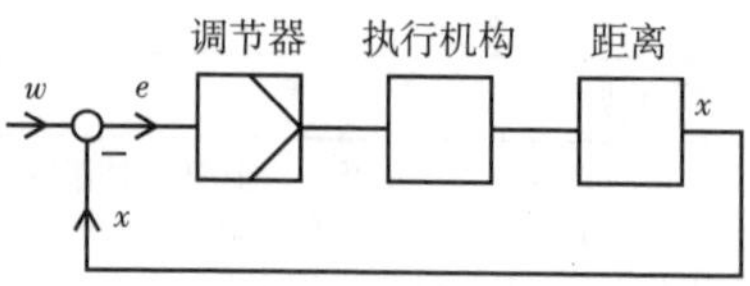 调节器 执行机构 距离 w e x x

有关位置和连接的技术文件

类型	解释	举例
与位置相关的技术文件		参照 EN 61082-1
安装图	按比例的安装图，标出一个系统或一个设备各部分的位置，但未标出导线（左图）。	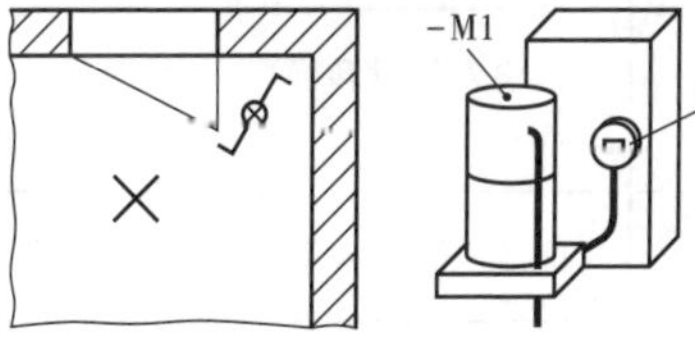
安装图纸	图纸，例如一台机器的视图，它标出一个系统某部分的位置，但未标出导线（右图）。	
安装电路图	包括安装图说明并补上导线的电路图。电气元器件的细节，例如导线类型，可标入图中或列举在表格内。 用途：电气安装的计划和技术文件。	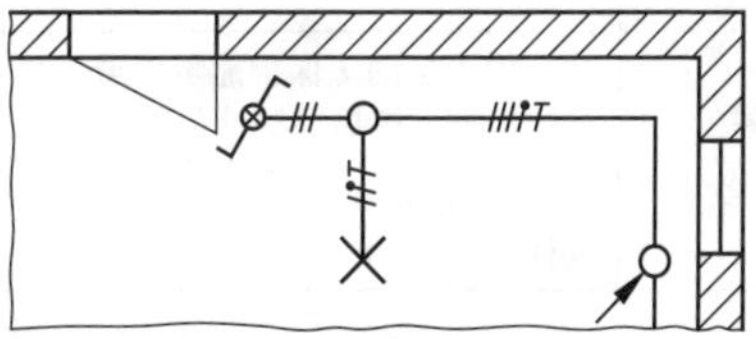
顺序图	描述共同作用或组装的各部件的形状以及空间位置。导线不绘入图中。 电气元器件用含元件标记或文本的矩形框表示。一般均按比例绘制。	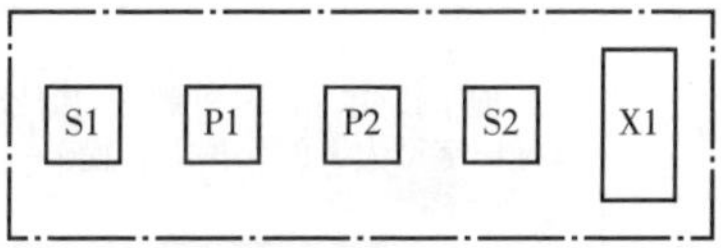
与连接相关的技术文件		参照 EN 61082-1
布线图 连接图	装置布线图：一个结构单元内各个连接点位置正确的全相表达。 连接图：两个结构单元之间各个连接点位置正确的全相表达。	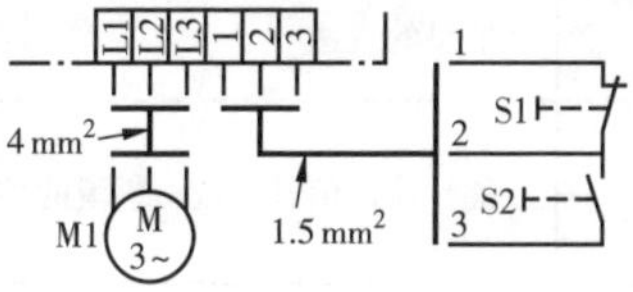
接线图	一个电气装置及其与外部连接的所有接线的全相表达。用矩形，正方形，圆形或点表达接线点。一般采用全相表达。接线标记必须具有单一性。	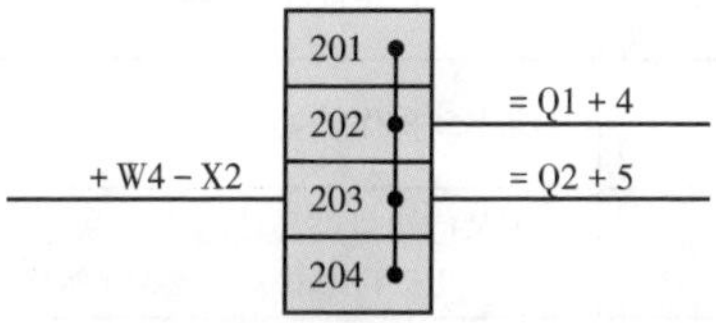
装配图（非标）	印刷电路的装配面视图（元器件这一面）。元器件在简化视图内和 / 或用线路符号标在正确位置，图中标出或不标导线。一般按比例绘制。也可在一个表格内将元器件列表。 相关符号：位置 +，产品 -，功能 =	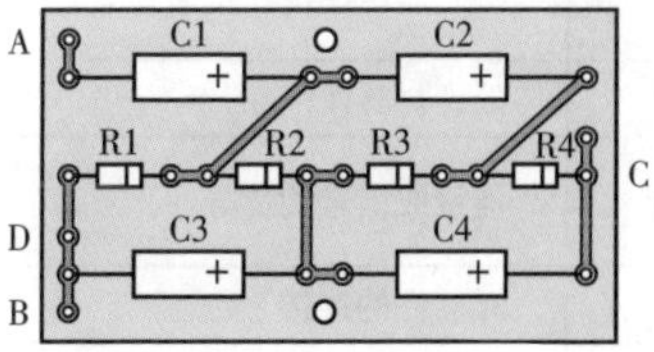
电缆图	包含电缆和导线信息的电路图，例如导线标记，接地位置，特性值，功能和电缆路径。一般是单相表达，但加入了导线编码等信息。必须标出连接部件的标记。	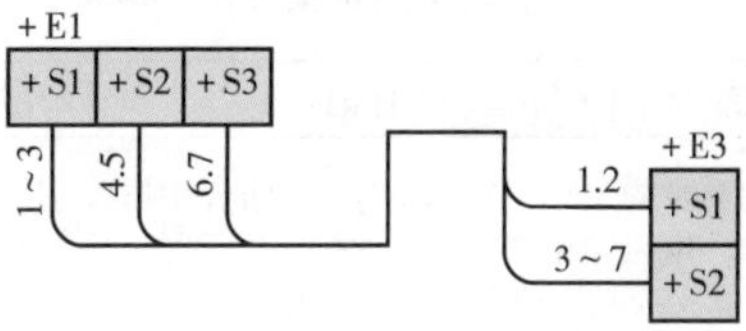

电路图中物体（元器件）的标记字母

字母	元器件使用目的	举例
A	两个或多重目的/仅用于元件主目的无法识别时。	
B	将输入变量转换成一个用于继续处理的指定信号。	传感器，麦克风，测值转换器，录像机，接近开关，过载继电器，运动传感器，火警监视器，瓦斯监视器，测速发电机
C	能量，信息，材料的存储器。	电容器，硬盘，缓冲电池，RAM，ROM，缓存，芯片卡，计算机驱动器
E	射线或热能的就绪状态	白炽灯，荧光灯，加热体，退火炉，热水存储容器，激光，光，冰箱
F	直接（自动）保护能量流或信号流免受不利状态的损害，包括保护装备。	熔断器，线路保护开关，RCD，热过载触发器，过压放电器，法拉第笼，屏蔽，保护装置
G	产生能量流，材料流或信号流，用于信息载体。	发电机，电池，泵，风扇，通风机，稳压电源，太阳能电池，电化学电池，起重设备，输送机构
H	生产出材料的新类型或新产品	离心机，磨，分离机，粉碎机，零件分类，设备安装
K	处理（接受，处理和制备）信号或信息（但不是标记字母为F的保护类装置）	辅助接触器，三极管，时间继电器，延迟元件，二进制元件，调节器，滤波器，运行放大器，微处理器，微控制器，计数器，乘法器，计算机，路由器，开关
M	用于驱动的机械能就绪状态	电动机，线性电动机，内燃机，透平机，起重电磁铁，伺服驱动，例如用于阀的驱动。
P	信息的表达	检测仪器，检测装置，铃，喇叭，信号灯，LED，LCD，打印机，压力表，钟表
Q	能量流，信号流或材料流的控制开关	断路器，电力接触器，汽车启动器，晶闸管，大功率三极管，IGBT，电动机启动器，制动器，伺服阀，离合器，断路开关
R	限制或稳定能量流，信号流或材料流	电阻，扼流圈，二极管，齐纳二极管，止回阀，稳压或稳流电路，稳定器，
S	将手动操作转换为执行继续处理的信号	控制开关，键盘，鼠标，按键，选择开关，应答开关，光笔
T	在保持能量类型或信息的状态下转换能量或信号。改变材料形状。	大功率变压器，整流器，调制器，解调器，AC转换器，DC转换器，变频器，放大器，天线，电话机
U	将元器件保持在定义位置	隔离器，电缆槽，输电铁塔，夹紧装置，地基，装配架
V	处理材料或产品	烟雾过滤器，吸尘器，洗衣机，离心机，车床
W	能量或信号的传导	导体，导线，电缆，光缆，总线电缆，系统总线，汇流排
X	元器件的连接	插座，端子，联轴器，插接式连接，端子排
D，J，L，Y，Z	为以后的标准预留	储备，用于上述已列举的分类不敷使用时。
I，O	不能用于标记	易产生误解危险，I＝输入，O＝输出

重要的是标记字母的应用目的，因此，用于信号处理的晶体管1标记为K1，用于负载控制的晶体管1标记为Q1。电路图中相同元器件按顺序编号，例如C1，C2，C3。如有需要，可对次级应用加挂第二个字母。第二个字母的含义应在电路图中予以说明。

电路图标记

导线和导线接线的标记

参照 EN 60617-2

类型		标记		类型	标记	
		字母数字	线路符号		字母数字	线路符号
交流电网	相线 相线 1，2，3 零线	L1 L2 L3 N	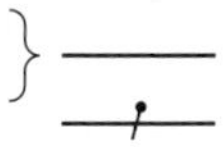	非接地保护线	PU	
直流电网	正线 负线 零线	L＋ L－ M	 ＋ －	接地线	E	
保护线		PE		接机壳线	MM	
PEN- 导线（功能 PE+N）		PEN		需要时补充：电压，电流类型，频率，导线横截面，导线编码		

电气元件标记系统，参考标记

参照 DIN EN 81346-1 和 -2

举例，名称	解释	补充
+ Q M R 4 1 2 3 4 5 1 前置符号 2 等级（见前页） 3 次级 4 用户补充 5 计数编号	前置符号用于表明 = 功能相关性 产品相关性 + 地域相关性 # 其他 等级（主级）和次级是前后顺序。用户可补加次级。	计数编号用于相同元件的编号，例如 R1，R2，R3. 需要时可加上前置符号和次级。在小电路图中，等级和计数编号可准确地标明元件。 参考标记常见于工业用途。

次级表明元器件的任务（节选）

参照 DIN EN 81346-1、2

主级	次级	次级的任务	举例
B 将输入变量转换为一个执行继续处理的信号	BA	电势	保护继电器，量值继电器，电压互感器
	BC	电流	电流互感器，仪用互感器，量值继电器
	BF	流量，通过能力	流量表，气体计量表，水表
	BP	压力，真空	压力传感器，压力表
C 能量，信息，材料的存储	CA	电容存储	电容
	CB	电感存储器	线圈，超导体
	CC	化学存储	电池，蓄电池
	CF	信息存储	RAM，EPROM，CD，DVD
	CP	热能存储	热水容器，冰容器
F 免受不利状态伤害的保护	FA	过压保护	浪涌电压保护器
	FB	故障电流	RCD，RCM
	FC	过流	线路保护开关
	FL	压力	压力传感器，真空开关
	FM	火灾影响	自动灭火装置，防火门
K 信号处理（不用于保护目的的 F 级）	KF	电气和电子信号处理	继电器，三极管，二进制元件，接收器，发射器，光电耦合器
	KG	声光信号处理	镜子，检验仪
	KK	不同信息载体的处理	电气液压转换器，相应的调节器
M 驱动目的的机械能	MA	电磁	电动机
	MB	磁	电磁铁，驱动器

电路图的触点标记

电路图，电路种类	补充解释

补充接触器和继电器线路标记

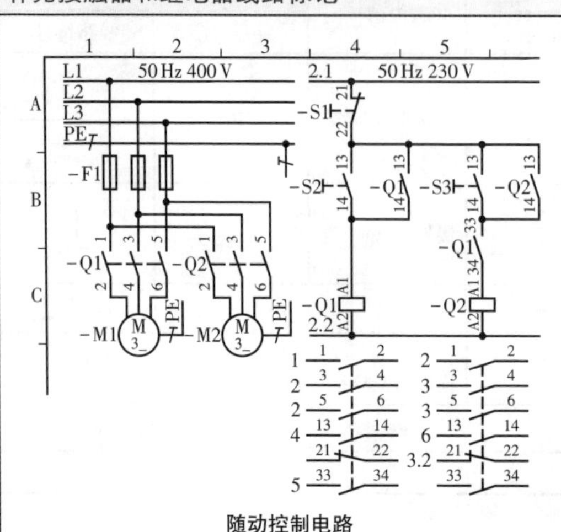

随动控制电路

电路图可通过坐标1，2，3…和A，B，C…进行分区，并将元器件排入各区。垂直线，例如在1区下方，标为电流路径。

在使用范围广泛的电路图中，必须标明接触器相关关系的位置。根据标准，控制电流电路中，必须在各接触器线圈下完整标出相关接触器的线路符号（见左图）。所有接触触点的接线标记以及该触点所在的电流路径均应标入线路符号（见左图）。线路符号中的1表示该触点位于垂直线1。如果该触点也出现在其他电路图，其编号应放在电流路径数字前。3.2表示所涉及的触点位于电路图3的电流路径2。

旁边的随动控制电路中，如果M1已接通，则只有M2可以工作。M1可独立于M2工作。

补充触点表

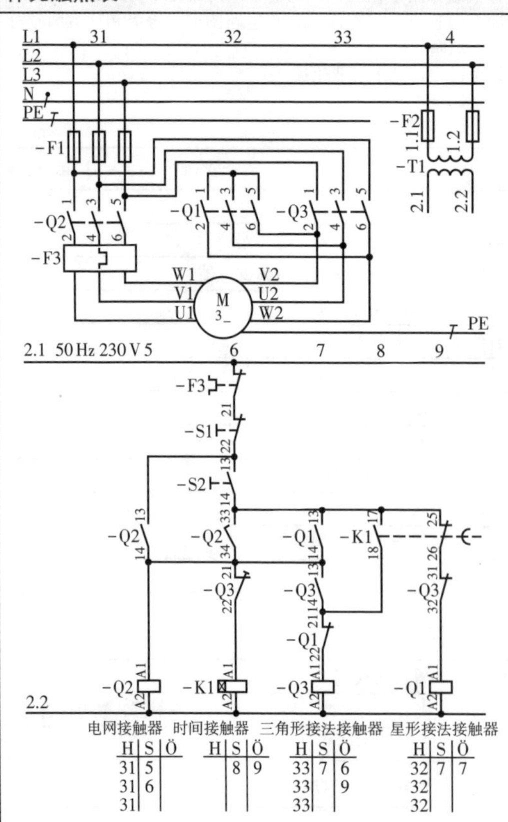

电网接触器 H	S	Ö
31	5	
31	6	
31		

时间接触器 H	S	Ö
	8	9

三角形接法接触器 H	S	Ö
33	7	6
33		9
33		

星形接法接触器 H	S	Ö
32	7	7
32		
32		

星形—三角形接法接触器电路，用于轻松启动

实际上常用触点表（图表）放在接触器线圈下方以代替附加线路符号（见左图）。这里，电流路径（电路图的线条）用1，2，3…编号。主电流电路的电流路径上方补充标入主触点的数量（见左图）。31表示，电流路径1的主触点数量为3（见左图）。

说明：中等难度启动时，星形－三角形接法保护电路中电机保护继电器F3在支路前的F1之后直接通向Q3（参见241页）。

从触点表可查主触点（H）、常开触点（S）和常闭触点（Ö）的数量，以及这些触点所处的电流路径（电路图的线条）。接触器Q2在电流路径（线条）1有3个主触点。所以在触点表H列标出3次31（见左图）。Q2在电流路径5和6各有一个常开触点，所以表中S列是一个5和一个6。Q2的常闭触点不连接。所以Ö列是空的（见左图）。

触点表的补充一般只显现出所使用触点的数量，而线路符号的补充由于缺少数字则只显示还有多少触点可用。

如果从触点表中查出未连接触点的数量，则必须在表中为每一个未使用的触点打上“–”符号。

根据EN 61082标准，垂直电流路径的连接标记和电压数字必须按右边识读方式标注。此法尚不具备广泛应用性。

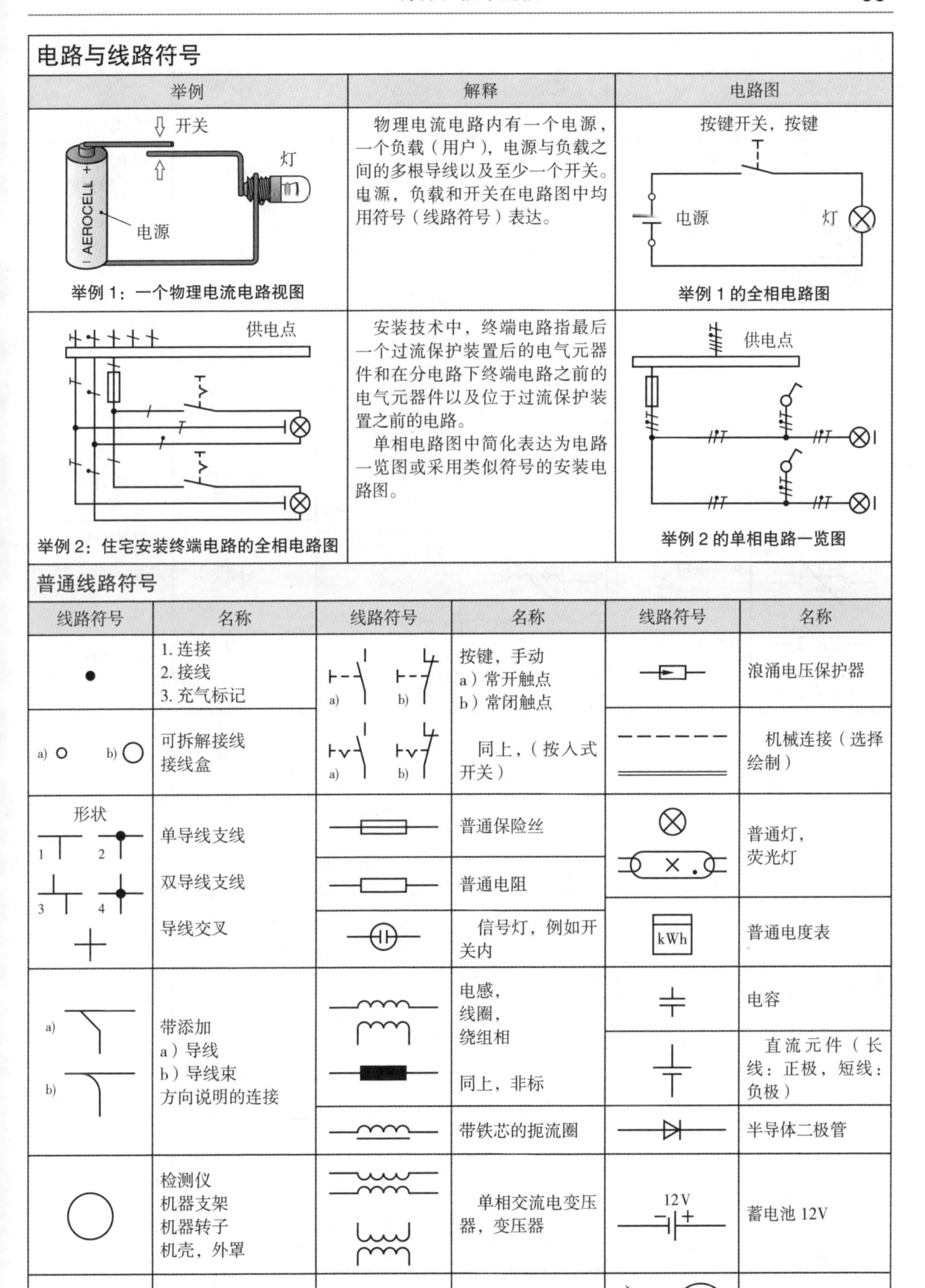

电路与线路符号

举例	解释	电路图
开关、灯、AEROCELL、电源 举例 1：一个物理电流电路视图	物理电流电路内有一个电源，一个负载（用户），电源与负载之间的多根导线以及至少一个开关。电源，负载和开关在电路图中均用符号（线路符号）表达。	按键开关，按键 电源　灯 举例 1 的全相电路图
供电点 举例 2：住宅安装终端电路的全相电路图	安装技术中，终端电路指最后一个过流保护装置后的电气元器件和在分电路下终端电路之前的电气元器件以及位于过流保护装置之前的电路。 单相电路图中简化表达为电路一览图或采用类似符号的安装电路图。	供电点 举例 2 的单相电路一览图

普通线路符号

线路符号	名称	线路符号	名称	线路符号	名称
	1. 连接 2. 接线 3. 充气标记	a)　b)	按键，手动 a）常开触点 b）常闭触点		浪涌电压保护器
a)　b)	可拆解接线 接线盒	a)　b)	同上，（按入式开关）		机械连接（选择绘制）
形状 1　2 3　4	单导线支线 双导线支线 导线交叉		普通保险丝		普通灯， 荧光灯
			普通电阻		
			信号灯，例如开关内	kWh	普通电度表
a) b)	带添加 a）导线 b）导线束 方向说明的连接		电感， 线圈， 绕组相 同上，非标		电容
					直流元件（长线：正极，短线：负极）
			带铁芯的扼流圈		半导体二极管
	检测仪 机器支架 机器转子 机壳，外罩		单相交流电变压器，变压器	12 V	蓄电池 12V
	手动驱动 （选择绘制）		恒磁磁铁	a)　b)	a）LED b）LED 模块

普通线路符号

线路符号	名称	线路符号	名称	线路符号	名称
电路元素					参照 EN 60617-2
	普通可变性		可调电阻	+	极化电容，例如电解电容器
	普通可调性	ϑ	PTC 电阻（正温度系数热敏电阻，即电阻随温度变化而呈正向变化）		非极化电解电容器
可变性或可调性的类型					
	持续的				接地
	分级的	ϑ	NTC 电阻（负温度系数热敏电阻，即电阻随温度变化而呈反向变化）		
	受物理量影响，线性的				接机壳，接物体
	相同的，非线性的	U	VDR 电阻，与电压相关		安全引线连接（按标准）
举例					
	可变电阻		电感，分级变化		理想电压源
	可调分压器		可调电容		理想电流源
开关装置线路符号					参照 EN 60617-7
a) b) c)	延长的触点闭合: a）常开触点 b）常闭触点 c）转换触点		“操作”标记	a) b)	非自动回位的 a）常开触点 b）常闭触点
			强迫式操作，例如急停按钮		
	插针	**举例**		a) b)	a）双常开触点 b）双常闭触点
	插套		常闭触点，关断机构		
标记					
	自动回位（仅按需求）		转换触点，转换机构		常开触点，延迟断开
	非自动回位（仅按需求）		双路常开触点		常开触点，延迟闭合
a) b)	延时 a）向左 b）向右	1 2	双开关装置： 常开触点 1 在 2 之前断开	a) b)	短时短路开关，下述情况时触点闭合： a）吸合 b）返回
	机械式闭锁				
a) b)	需要时： a）接触器功能 a）触发器功能		不中断的转换触点	a) b)	限位开关 a）常开触点 b）常闭触点

变压器，线圈，回转型电动机器

参照 DIN EN 60617-6

线路符号	名称	线路符号	名称	线路符号	名称
单相变压器		三相变压器		回转型电动机器	
	分离绕组变压器，又称电压转换器	Dyn5	电路 Dyn5 的交流电变压器，低压绕组分三级可调	按 DIN EN 60617-6 表达法	绕组
	可选表达法，尤其用于电路一览图	3			普通，他励，分路
	选择，带屏蔽和相位标记	3 Dyn5	可选表达法，尤其用于电路一览图		串联
	单相变压器，电压分级可调				换向极绕组
	可选表达法			说明：在 DIN EN 60034-8（VDE0530-8）中统一采用三个卷（半圆）表达回转型机器的所有绕组，与前文的表达法不同	
	可变耦合单相变压器，标记出相位	3 Yzn5	3AC 变压器，Yzn5，三级，星形－锯齿形接法，参见 298 页	1. 2.	碳刷，例如整流子，可选表达法
	自耦变压器		交流电变压器，电压无级可调	G	手摇发电机（手动直流发电机）
	可选表达法		可选表达法	GM	恒磁励磁交流同步电动机，绕组端部引出
	同上，电压可调	仪用互感器		GS	交流同步发电机，引出星形结点的星形接法
扼流圈			电流互感器		
	单相扰流器		可选表达法，尤其用于电路一览图	MS	交流同步电动机，三角形接法并带励磁绕组
	可选表达法		V 电路的电压互感器	M	恒磁励磁和换向极绕组的他励直流电动机
	同上，尤其用于电路一览图		同上，加入可辨识的 V 形表达法		
	电路一览图中星形接法的三相扼流圈	2 V V	同上，用于电路一览图	G	直流复励发电机

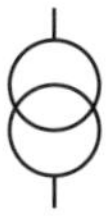

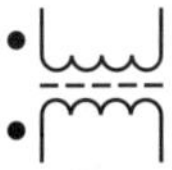

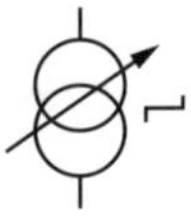

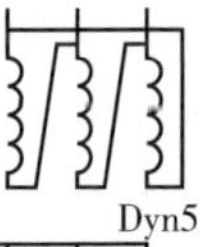

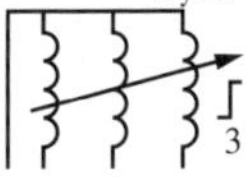

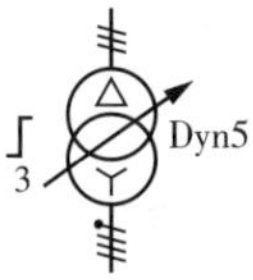

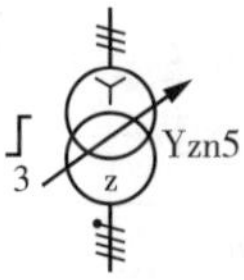

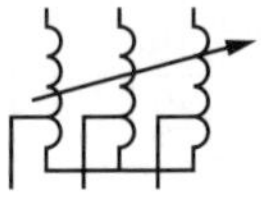

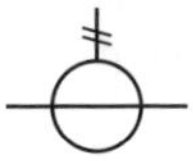

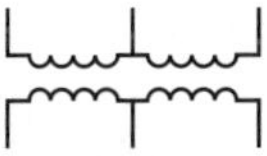

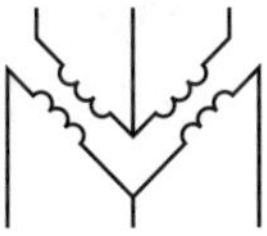

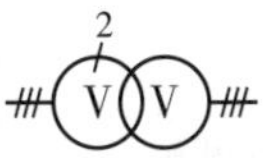

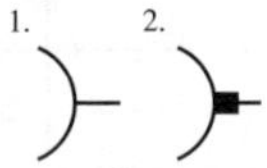

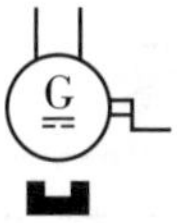

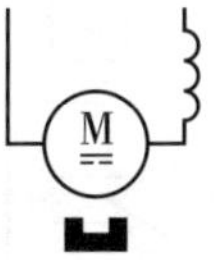

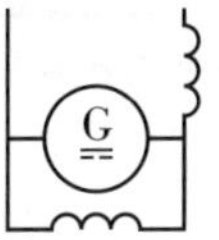

线路符号的对比 1

美国，例如 ANSI 和 NEMA	实际通用的，例如 EN	名称
通用符号		
		有效电阻
		电容器
		接机壳
~	G ~	交流发电机
+ −	G	直流发电机
		二极管
		肖托基二极管
		齐纳二极管
		LED
		熔断器
放大器		
	a) b)	普通放大器
+ −	a) + − b) ▷∞ − +	运算放大器，未接通。如果用放大数值代替∞，IEC 符号也用于接通状态。
	a) b)	放大器，逆转的，例如作为适配器（缓冲器）
		带互补输出端的放大器元件，例如线路激励器

美国，例如 ANSI 和 NEMA	实际通用的，例如 EN	名称
开关装置，操作，驱动		
a) b)	a) b)	常开触点
a) b)		常闭触点
a) b)		转换触点
	a) b)	带延迟的常开触点
a) b) c)	a) b) c)	手动操作： a）普通 b）按压 c）拉动
a) b) OL c) MOT	a) b) c) M	自动操作： a）电磁 b）热过流保护 c）电动机
a) SO b) SR	a) b)	电磁操作： a）延迟吸合 b）延迟返回
		电子热能操作
PB	a) b)	按键开关，常开触点
PB	a) b)	按键开关，常闭触点
LS		限位开关（终端开关），常开触点
a) b)	a) b)	接近开关 a）常开触点 b）常闭触点

ANSI	美国国家标准研究院	OL	过载
EN	欧盟标准	PB	按钮
NEMA	国家电气制造协会	SO	开关吸合延迟
LS	限位开关	SR	开关回程延迟

线路符号的对比 2

美国，例如 ANSI 和 NEMA	实际通用的，例如 EN	名称
继电器，接触器，开关		
SO		吸合延迟继电器，1 个常闭触点，1 个常开触点
		3 个常开触点的接触器
OL		带电机保护继电器的三相接触器
OL		带 2 个辅助触点和电机保护继电器的三相接触器
	I>	带短路和过载触发器的电机保护开关
DISC		三相断路开关
CB		三相断路器
电气设备		
a) b)	a) b)	双绕组变压器
a) MOT b) M	M	电动机
M	M	普通直流电动机
a) G b) GEN	G	普通交流发电机

美国，例如 ANSI 和 NEMA	实际通用的，例如 EN	名称
模拟元件		
Σ	a b Σ▷ u	加法器
∫	∫▷	积分器
	Comp	比较仪
DAU（DAC）和 ADU（ADC）		
D DAC A	#/∩	数字－模拟转换器 DAU（英:DAC）
A ADC D	∩/#	模拟－数字转换器 ADU（英:ADC）
乘法器，多路分配器		
MUX	MUX	乘法器，4 变 1
DMUX	DX	多路分配器，1 变 4
二进制元件		
a) b) A	a) & b) &	“与”门元件
a) b) OR	a) >1 b) 1 也可绘成矩形	“或”门元件 形式 b）仅用于唯一性时
a) b) c) d)	a) 1 b) 1	“非”门元件
	=1	“或非”门元件
	▽ EN	带三态输出端的元件，此指逆变器

ANSI	美国国家标准研究院	CB	断路开关	SO	开关吸合延迟
EN	欧盟标准	DISC	断路器		
NEMA	国家电气制造协会	OL	开关吸合延迟		

附加线路符号，动力设备开关

线路符号	名称
执行元件驱动	
	普通手动驱动
	手按压
	手拉
	手动旋转
	手动翻转
	手动降低，例如钥匙
	手动滚动
	其他方式，例如踏板
	急停开关
	接近操作 接触操作
	回程延迟驱动 吸合延迟驱动
	脉冲继电器驱动
	热驱动，例如电动机保护开关 同上，用于交流电设备
	电磁驱动，例如过流保护
断路开关	
	断路开关， 开路断路开关
	熔断器断路开关

线路符号	名称
负载开关和断路器	
	负载断路开关
	断路器
	自动触发负载开关，例如通过量值继电器
	接触器的功率触点（仅在必须区分时采用）
热敏开关	
a) b)	a）热触点，例如采用双金属 b）电机保护继电器常闭触点
	带热触点的荧光灯充气启动器
开关位置说明	
1 2 3 4	常用，例如数字编号（位置2是基本位置）
2 3 1 4	同上，表达方式不同
闭锁和卡槽	
	机械复位方式的开关闭锁
	同上，采用机电方式复位
	卡槽
	单向闭锁
	双向闭锁

线路符号	名称
熔断器	
电网	带电网接头标记的熔断器
	带报警触点的熔断器
闭锁机构（阀）	
	常用闭锁机构，例如常态关断
	同上，例如常态打开
离合器，制动器	
	离合器，断开
	离合器，接合
	制动器，已制动
	制动器，已松开
举例	
2 3 1 4 2,3	手动驱动的四个位置（2和3是卡槽位置）
	带传感器的阀，由凸轮和滚轮驱动
$n>$	离心离合器，转速大于n时接合
	带卡槽的电机保护继电器热驱动常闭触点
	恒磁磁铁驱动接近开关的常闭触点

检测仪器和检测装置，检测类型

线路符号	名称
	特别标记的普通检测仪器或检测装置
	特别标记的普通检测装置
	集成式检测装置，特殊计数器
	脉冲计数器
	普通信号转换器
	带抽头的检测装置
	带电流电路的检测装置
	加法或减法检测装置
	产品检测装置
	除法检测装置
标记符号	
	普通显示
	显示双向偏差
	通过振动显示
000	数字显示（数码）
	书面记录
	小惯性
	大惯性
	最大值显示
	最小值显示
	旋转磁场旋转方向
	钟点时间
举例	
	带双向偏差显示的检测仪表
A	普通电流表
V	普通电压表
mV	带毫伏单位的电压表
	电气式脉冲计数器
V–A–Ω	带单位显示的多用检测仪
ϑ	温度计
n	转速表
	同步指示器（同步显示）
I	大惯性和最大测值极限显示电流表
W–var	有效功率和无功功率的双线记录仪
Ω	电阻测量电桥
	远程检测发射器
	曲线显示检测装置，示波器
检测值转换器	
	普通电阻控制传感器
Δl	应变计
	普通热敏元件
	同上，负极线条加粗
– +	直流测量单元，例如 pH 电极

检测类型

按照 EN 61010–1，CAT I 至 CAT IV 型检测装置用于相应电流供给范围或更低等级的检测。类型指检测时的危险程度，例如短路或环境因素造成的后果。

CAT I
与电网分离的电路，例如电池，受保护的电子部件。

CAT II
与 CAT III 电源距离大于 10 m 的插座，带接头插入插座的装置，办公室或家用带电机的装置。

CAT III
固定安装的装置，直接连接电网的驱动电动机，接入电网供电的变频器的电动机，配电盘，3 AC 插座

CAT IV
露天电线和电缆，建筑物接头，电度表。

举例

600V CAT III 型检测装置的数据指该装置最大检测电压为 600V，检测范围 CAT I 至 CAT III，但不能用于露天检测（CAT IV）。

半导体组件

参照 EN 60617-5

线路符号	名称
普通组件	
	范围（仅用于需要时）
	无整流作用带接头的半导体区
a) P N b) P N	影响 N 区的 P 区
a) N P b) N P	影响 P 区的 N 区
	半导体二极管
标记符号	
a) b)	击穿效应， a）单向 b）双向
a) b)	a）肖托基效应 b）隧道效应
a) b)	射线 a）光 b）离子
无整流作用的半导体	
	磁敏元件（与电流密度相关的电阻）
	霍尔振荡器
	光敏电阻
	帕尔贴元件
二极管	
ϑ B	热敏二极管 与电流密度相关的二极管
	隧道二极管
	变容二极管
	肖托基二极管

线路符号	名称
	齐纳二极管
	反向接通的齐纳二极管（限幅器）
	LED，发光二极管
	光电二极管
γ	辐射检波器，例如用于 γ 射线。
	光电元件
	光电耦合器，这里指采用 LED 和光电三极管
三极管，双极型	
E C B	NPN 三极管
	PNP 三极管
	肖托基三极管
	N 基 UJT 三极管（双基三极管）
	PNP 光电三极管
IGBT（绝缘栅双极型三极管）	
C E G	IGBT，N 通道增强型（C，E，G 仅用于说明）
C E G	IGBT，N 通道减弱型（自导通）
C E G	IGBT，非标准化符号

线路符号	名称
三极管，单级型	
	自关断通道（增强型）
栅 电源极 漏极	绝缘栅（IG） N 通道隔离层 FET（接头名称仅用于说明）
	P 通道隔离层 FET
	N 通道减弱型 IG-PET，底基内部连接电源极
	P 通道和底基连接的增强型绝缘层 PET
	N 通道和底基连接的双栅减弱型绝缘层 PET
晶闸管	
	普通晶闸管
	P 栅晶闸管（最常用型）
	N 栅晶闸管
	可关断型晶闸管
	反向导通 P 栅晶闸管
	电压控制型晶闸管
	Diac（二端交流开关元件）
	Triac（三端双向可控硅开关元件）（双向晶闸管）

模拟信息处理，计数器和费率开关

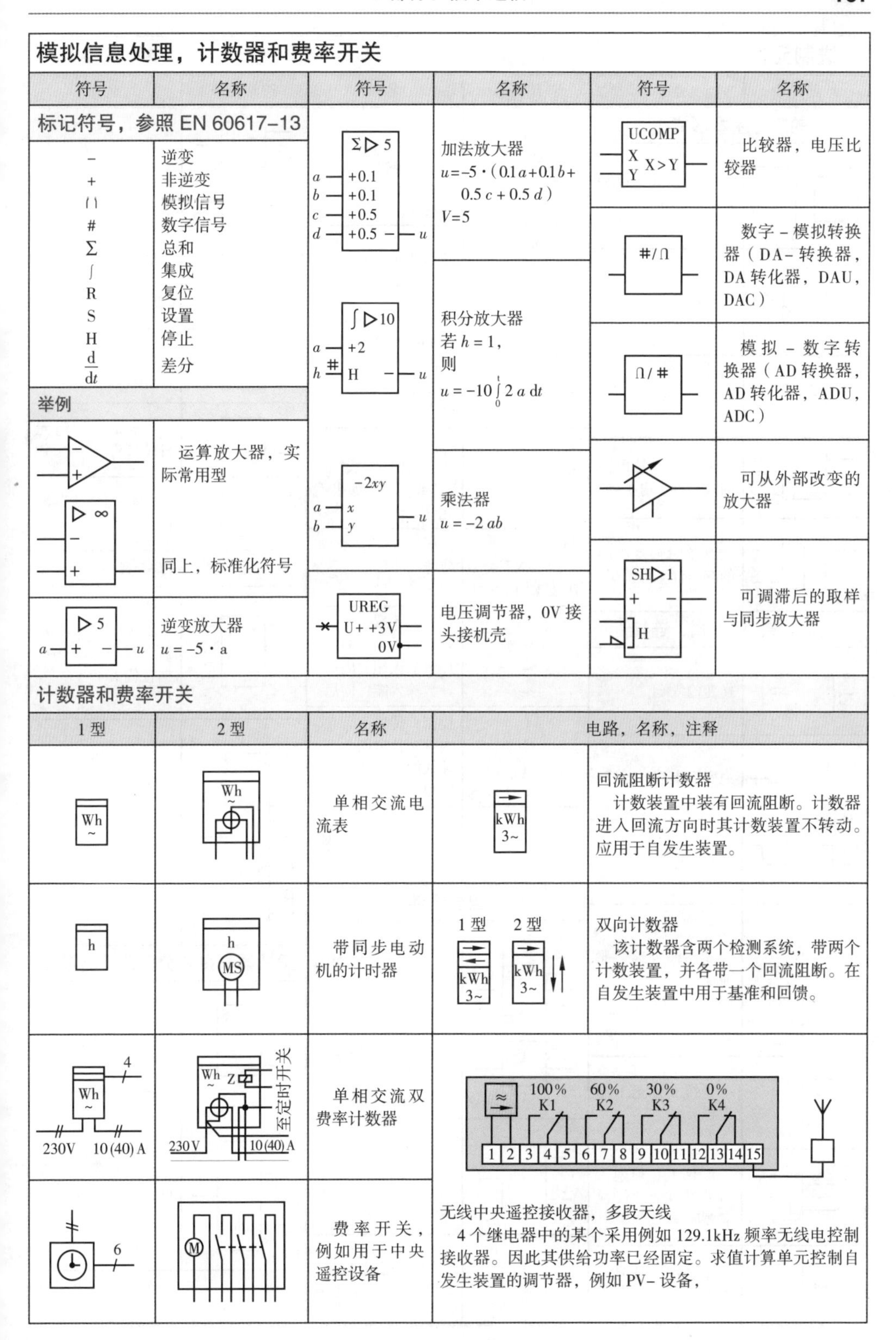

符号	名称	符号	名称	符号	名称
标记符号，参照 EN 60617-13		Σ▷5；a +0.1；b +0.1；c +0.5；d +0.5 −u	加法放大器 $u=-5\cdot(0.1a+0.1b+0.5c+0.5d)$ $V=5$	UCOMP X Y X>Y	比较器，电压比较器
− + ⊓ # Σ ∫ R S H $\frac{d}{dt}$	逆变 非逆变 模拟信号 数字信号 总和 集成 复位 设置 停止 差分	∫▷10；a +2；h # H −u	积分放大器 若 $h=1$， 则 $u=-10\int_0^t 2\,a\,dt$	#/⊓	数字－模拟转换器（DA-转换器，DA 转化器，DAU，DAC）
举例				⊓/#	模拟－数字转换器（AD 转换器，AD 转化器，ADU，ADC）
− +	运算放大器，实际常用型	−2xy；a x；b y；u	乘法器 $u=-2\,ab$		可从外部改变的放大器
▷∞ − +	同上，标准化符号	UREG U+ +3V 0V	电压调节器，0V 接头接机壳	SH▷1 + − H	可调滞后的取样与同步放大器
▷5；a + − u	逆变放大器 $u=-5\cdot a$				

计数器和费率开关

1 型	2 型	名称	电路，名称，注释	
Wh ~	Wh ~	单相交流电流表	kWh 3~	回流阻断计数器 计数装置中装有回流阻断。计数器进入回流方向时其计数装置不转动。应用于自发生装置。
h	h MS	带同步电动机的计时器	1 型 kWh 3~；2 型 kWh 3~	双向计数器 该计数器含两个检测系统，带两个计数装置，并各带一个回流阻断。在自发生装置中用于基准和回馈。
Wh ~ 4；230V 10(40)A	Wh ~ Z 至定时开关；230V 10(40)A	单相交流双费率计数器	100% K1　60% K2　30% K3　0% K4；1 2 3 4 5 6 7 8 9 10 11 12 13 14 15	
6	M	费率开关，例如用于中央遥控设备	无线中央遥控接收器，多段天线 4 个继电器中的某个采用例如 129.1kHz 频率无线电控制接收器。因此其供给功率已经固定。求值计算单元控制自发生装置的调节器，例如 PV-设备，	

二进制元件 1

参照 EN 60617-12

线路符号	名称
轮廓（基本形式）	
	元件轮廓（任意边长比例）
	控制块轮廓
	输出块轮廓
	无逻辑连接电路的双组件（可扩展）
	有逻辑连接电路的双组件（可扩展）
输入端，输出端，连接	
a) b)	逆变输入端
a) b)	逆变输出端
a) b)	非逆变输入端
	动态输入端，非逆变 同上，可逆变
	延缓（延迟）输出端
	汇总（必须列入所有接头），仅视需要而定
	无二进制信号的连接

线路符号	名称
▽	三态输出端 三态输出端（H或L或高电阻）
◇	开放的输出端
◇	L型开放输出端（例如NPN三极管开放的集电极）
标记	
& ≥ 1 1	“与”门 “或”门 “或”门，如果不允许混淆
E EN D, J, K, R, S, T	扩展 使能 输入端类型
→ ← + –	移动输入端，向前 移动输入端，向后 计数输入端，向前 计数输入端，向后
C CT I O，Q	控制，传输 内容，计数器状态 输入端 输出端
M G，V A	模式（类型） “与”门，“或”门 地址
组合元件	
≥ 1	带4个输入端的“或”门元件
1	可选项，如果不易混淆
&	“与”门元件
1	“非”门元件，换向器

线路符号	名称
≥ 1	“非或”门元件
&	“非与”门元件
= 1	“异或门”元件（非等价）
	施密特触发器（阈值元件）
=	“异非或”门元件（等价）
& ≥1	“与”–“或”换向器
编码转换器	
X / Y	普通编码转换器，可通过编码数据替代X和Y。
DEC/BCD E0 … E9: 0 1 2 3 4 5 6 7 8 9 1 2 4 8: A0 A1 A2 A3	编码转换器，十进制BCD码。若E3处于状态1，则A0和A1为状态1，
乘法器，多路分配器，转换器	
MUX	普通乘法器
DX & EN	带使能逻辑电路的多路分配器

DA转换器和AD转换器请参见前页和103页。

二进制元件 2

参照 EN 60617-12

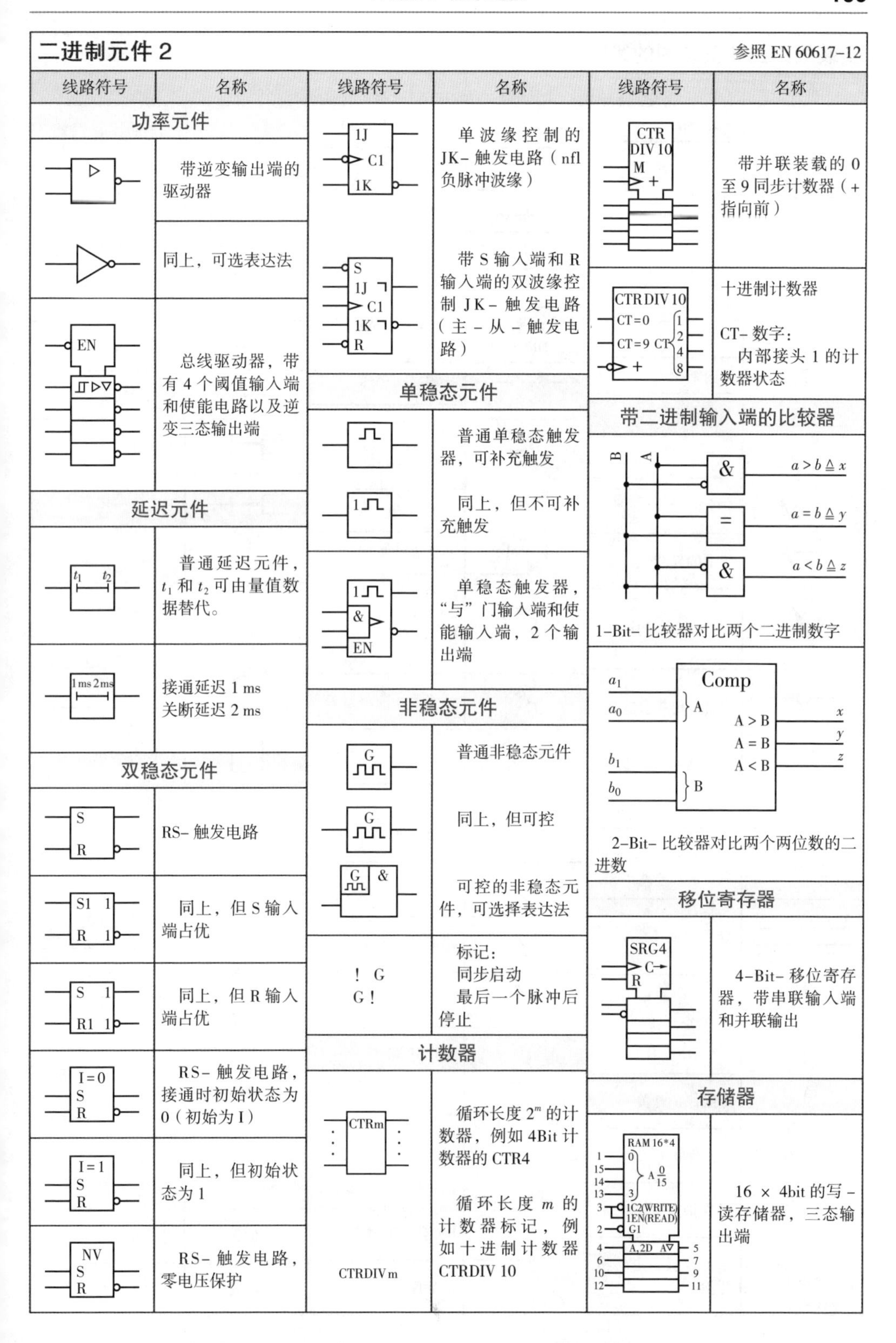

线路符号	名称
功率元件	
	带逆变输出端的驱动器
	同上，可选表达法
	总线驱动器，带有 4 个阈值输入端和使能电路以及逆变三态输出端
延迟元件	
	普通延迟元件，t_1 和 t_2 可由量值数据替代。
	接通延迟 1 ms 关断延迟 2 ms
双稳态元件	
	RS- 触发电路
	同上，但 S 输入端占优
	同上，但 R 输入端占优
	RS- 触发电路，接通时初始状态为 0（初始为 I）
	同上，但初始状态为 1
	RS- 触发电路，零电压保护
	单波缘控制的 JK- 触发电路（nfl 负脉冲波缘）
	带 S 输入端和 R 输入端的双波缘控制 JK- 触发电路（主 - 从 - 触发电路）
单稳态元件	
	普通单稳态触发器，可补充触发
	同上，但不可补充触发
	单稳态触发器，“与”门输入端和使能输入端，2 个输出端
非稳态元件	
	普通非稳态元件
	同上，但可控
	可控的非稳态元件，可选择表达法
! G G !	标记： 同步启动 最后一个脉冲后停止
计数器	
	循环长度 2^m 的计数器，例如 4Bit 计数器的 CTR4
CTRDIV m	循环长度 m 的计数器标记，例如十进制计数器 CTRDIV 10
	带并联装载的 0 至 9 同步计数器（+ 指向前）
	十进制计数器 CT- 数字： 内部接头 1 的计数器状态
带二进制输入端的比较器	
$a > b \triangleq x$ $a = b \triangleq y$ $a < b \triangleq z$	1-Bit- 比较器对比两个二进制数字
Comp	2-Bit- 比较器对比两个两位数的二进数
移位寄存器	
SRG4	4-Bit- 移位寄存器，带串联输入端和并联输出
存储器	
RAM 16*4	16 × 4bit 的写 - 读存储器，三态输出端

安装线路图和安装图的线路符号

线路符号	名称
	普通导线
	可移动
	低接地
	高接地
	灰浆表面
	灰浆之内
	灰浆之下
	管内绝缘
(f)	潮湿空间导线
(k)	电缆
	向上的导线
	向下的导线
	向上和向下的导线
	声音和电视分线盒
	普通插座
	接头插座
IP44	强电流家用接线盒，保护等级 IP44
	分线
IP42	开关，例如三芯开关，保护等级 IP42
	导线保护开关
3	电机保护开关
4	FI 保护开关（RCD）
	星形－三角形转换开关

线路符号	名称
	接地安全引线 PE
	零线 N，中线 M
	PEN 导线
	同上，垂直标记的导线
垂直导线与水平导线均为从右向左看（DIN EN 61082-1）	
	远程通话导线
	无线电导线
	建筑物内导线
	补充布线导线
	其他表达类型
a) b) c)	断路开关 a）单芯 b）双芯 c）三芯
	调光器（断路器）
	接触开关(断路器）
PIR	运动传感器（被动红外线）
	组合开关，单芯
	串联转换开关
	转换开关，带灯
	交叉开关
a) b)	a）按钮 b）带灯按钮
a) b)	简单插座 a）无保护触点 b）有保护触点
a) 2 b)	双插座

线路符号	名称
3	多插座，例如 3 插座
3，N，PE	三相交流电保护触点插座
	短 长 屏蔽导线
	同轴屏蔽导线
	双线导线
	汇合导线
5	同上，简化表达法
	可关断插座
	可闭锁插座
	带分离变压器的插座
35A	带熔断器或导线保护开关的计数器 35 A
t	时间继电器，例如楼梯间自动照明装置
	电流脉冲开关
	普通照明引线
	普通灯
	LED 模块，例如 6 V DC
	荧光灯 同上，两灯
	普通远光灯
	备用线路安全灯

线路总图的线路符号

线路符号	名称
基本形状	
	普通功能单元
	可选表达法
	普通转换器，变频器
	同上，输出端电流分离
	存储器
	按 DIN EN 61082 的调节器
	普通调节器
	调制器 解调器 混频器
	同上，可选表达法
	中央装置
	普通延迟元件
标记符号	
	传输方向：如果向左或向上，仅用于必要时
	玻璃纤维导线（LWL）
	同上，其他形式（其他标准）
	数值限制
	放大
	滤波

线路符号	名称
	远程拷贝
	图像传输
	声音传输
	数码开关
	雷达
信号发生器	
G	普通信号发生器，示波器
G ~ 4 kHz	4 Hz 正弦波振荡器
G	可调频正弦波振荡器
G	锯齿波形信号发生器
信号装置	
	双边止挡带灯显示器
	指针式显示器
放大器，接收器，发射器	
	普通放大器
	可选表达法
	可变放大器
	推挽放大器
	普通接收器
	普通发射器，信号发生器
	通话地点可变的自由通话

线路符号	名称
存储器	
	普通磁存储器
电源供给	
	整流器（AC-DC-整流器）
	变频器（逆整流器）
U const	稳压器
变频器，转换器	
f_1 f_2	普通变频器
f nf	普通倍频器
B6U	三相交流电整流电路，非控制六脉冲桥式电路
B6C	同上，但采用 IGBT 全程控制
(B6H)I(B6U)	同上，但采用反向并联反电流二极管，半可控
(B6C)I(B6U)	带反向并联反电流二极管的 B6C 电路中 IGBT 的逆整流电路
远程通话技术	
	普通电话
	带按钮选择
	传真（传真发送机和接收机）

单相交流电动机和启动器

参照 EN 60617-7

电路图	名称，解释
电容电动机	
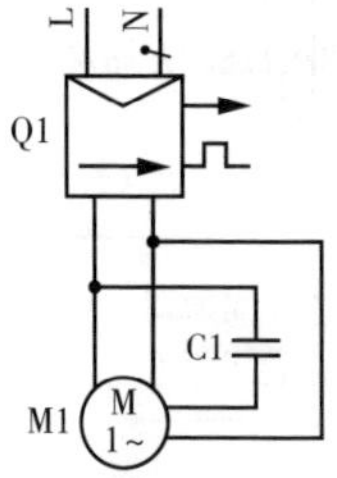 L N Q1 C1 M1 M 1~	电容电动机配备工作电容器和启动器（电机启动器）用于单旋转方向的电磁和热断路器。 允许电机启动器组成元件的线路符号代替启动器的线路符号，例如开关。
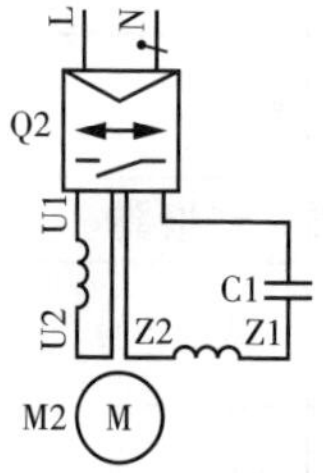 L N Q2 U1 U2 C1 Z2 Z1 M2 M	电容电动机配备工作电容器和两个旋转方向接触器的电机启动器。 电机启动器的表达法可同上。
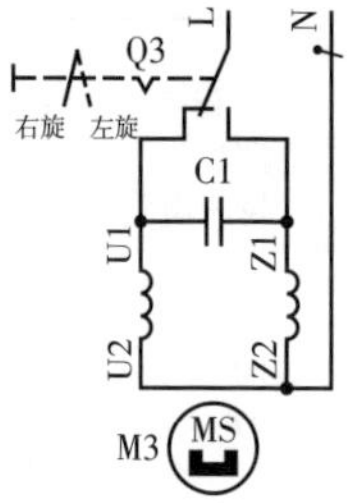 右旋 左旋 Q3 L N C1 U1 Z1 U2 Z2 M3 MS	电容-同步电机，恒磁励磁，左旋和右旋电机启动器。 电机启动器可采用启动器的线路符号。（M：电机，S：同步）
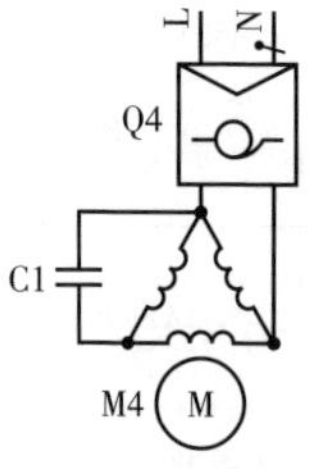 L N Q4 C1 M4 M	三相交流电动机，作为电容电动机接线（星形接法），带电机启动器，内装降低启动电压的自耦变压器
带辅助启动绕组的电机，启动电机	
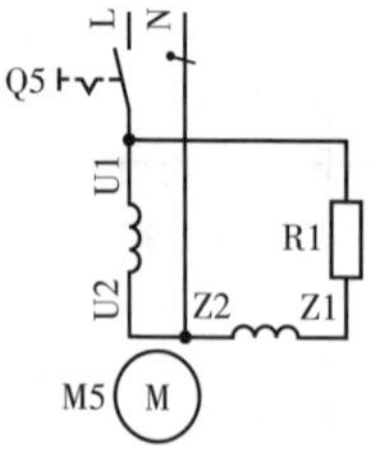 Q5 L N U1 U2 R1 Z2 Z1 M5 M	带启动辅助绕组的单相交流电动机，单极开关作为电机启动器。 启动电机取消了 R1 和支路 Z1Z2。

电路图	名称，解释
分割磁极电动机	
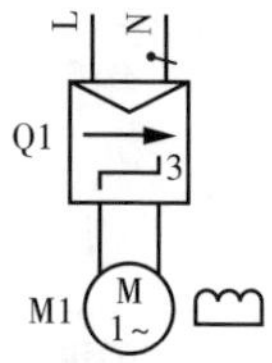 L N Q1 3 M1 M 1~	带有 3 级电机启动器（0 和 2 转速）的分割磁极电动机，例如带一个稳流电阻
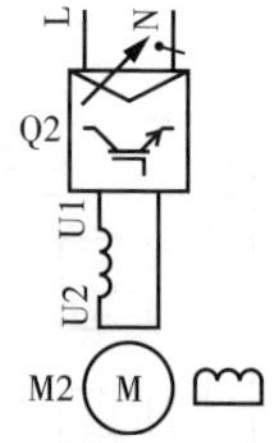 L N Q2 U1 U2 M2 M	分割磁极电动机，带可持续改变的电机启动器，例如采用 IGBT 电路调节电压，从而控制转速。
单相串励电动机	
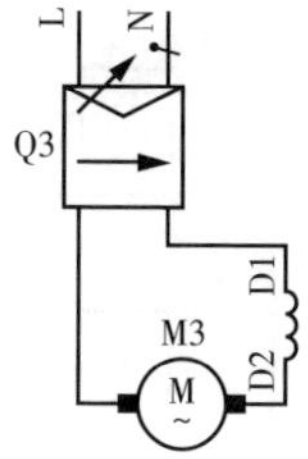 L N Q3 D1 M3 D2 M ~	单相串励电动机（多用途电动机）装有单旋转方向持续可调电机启动器，例如用于电压调节，带自耦变压器（电刷表达法可选）
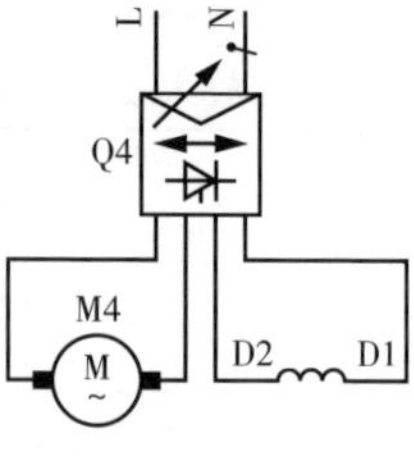 L N Q4 M4 M ~ D2 D1	单相串励电动机（多用途电动机）装有双旋转方向电机启动器，通过晶闸管电路持续可调（电刷表达法可选）
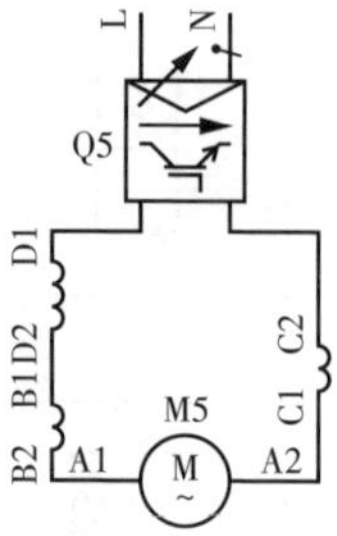 L N Q5 D1 B1D2 B2 A1 M5 M ~ C2 C1 A2	带换极绕组 B1B2 和/或补偿绕组 C1C2 的单相串励电动机。 电机启动器用于单旋转方向，通过 IGBT 电路持续可调。 端子板上用 A1A2 标记电枢电流回路，即便 B1B2 以及 C1C2 已占用。

三相交流电动机和启动器

参照 EN 60617-7

电路图	名称，解释
短接转子电动机（鼠笼转子电动机）	
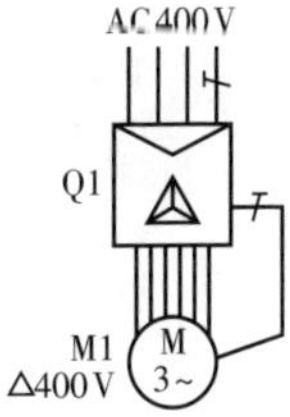 AC400V Q1 M1 M 3~ △400V	三相交流鼠笼转子电动机带有星形－三角形接法启动电路的电机启动器，星形转换至三角形是非自动转换。 也可用其电路图表达电机启动器。
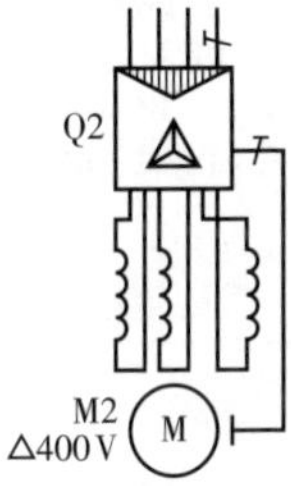 Q2 M2 M △400V	同上，详细表达，但星形转换至三角形是自动转换。 绕组相排序可按三角形或星形形式。 也可用其电路图表达电机启动器。
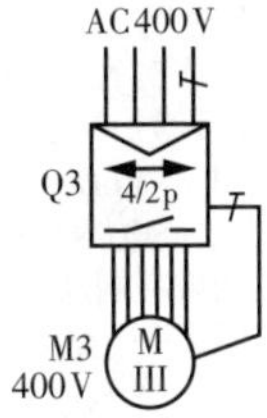 AC400V Q3 4/2p M3 M III 400V	可换极三相交流鼠笼转子电动机，电机启动器用于带双旋转方向接触器的换极电路。 也可用其电路图表达电机启动器。
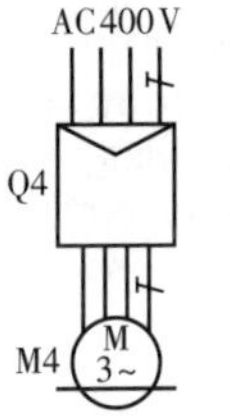 AC400V Q4 M4 M 3~	普通三相线性电动机，带电机启动器。 也可用其电路图表达启动器。
滑环转子电动机	
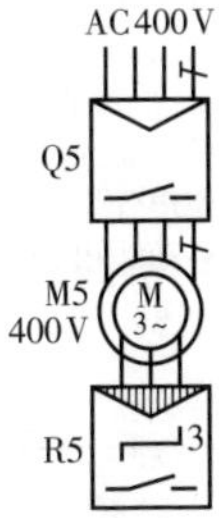 AC400V Q5 M5 M 3~ 400V R5 3	滑环转子电动机，由接触器电路控制定子，由带 3 级接触器电路的转子启动器自动启动。 也可用其电路图表达启动器。

电路图	名称，解释
三相交流同步电动机	
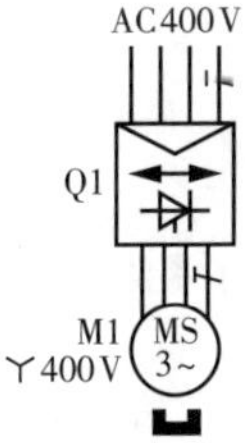 AC400V Q1 M1 MS 3~ Y400V	恒磁励磁三相交流电动机，带晶闸管电路的双旋转方向电机启动器，例如用于频率控制。 也可用其电路图表达电机启动器。
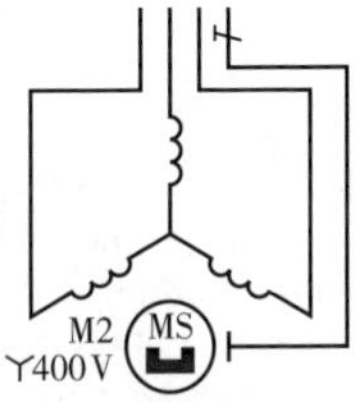 M2 MS Y400V	电机的详细表达。 定子绕组是星形接法。 定子绕组相在图中也可以改变排序，例如相邻并列。
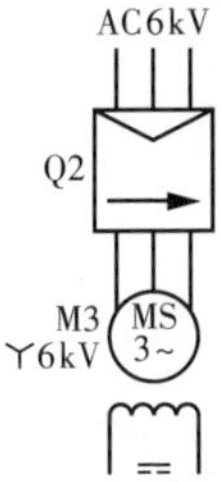 AC6kV Q2 M3 MS 3~ Y6kV	整流励磁三相交流电动机，带单旋转方向电机启动器，例如带整流器。 也可用其电路图表达电机启动器。
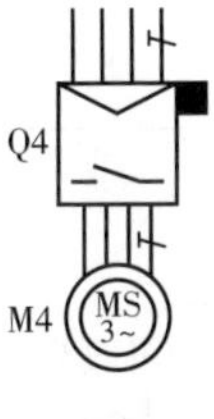 Q4 M4 MS 3~	同步化三相交流电动机，例如磁阻电动机（带压制极的电动机）。 电机启动器作为接触器电路可自动触发。
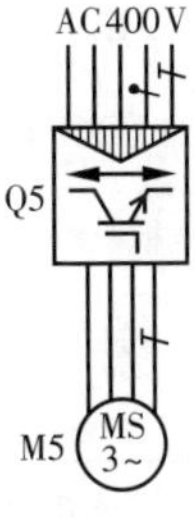 AC400V Q5 M5 MS 3~	同步磁阻电动机，带双旋转方向和 IGBT 自动启动电子电路的电机启动器。 磁阻电动机容易辨认，因为同步电机 MS 即无恒磁励磁，又无电磁励磁绕组。

带整流器馈电装置的电动机

电路图	名称，解释
直流电动机	
	恒磁励磁（他励励磁）DC 220 V 直流电动机的整流器电路 B2HKF（双脉冲桥式整流电路，采用自振荡二极管半可控负极）。 电路图表达法
	带励磁绕组的他励励磁直流电动机。整流电路 B6CF（带自振荡二极管六脉冲桥式整流电路）的电枢，非可控整流电路 B2UF（带自振荡二极管的双脉冲桥式整流电路）的励磁绕组。 电路总图表达法。
	DC 220 V 直流串励电动机，整流电路 B2HA（双脉冲桥式整流电路，正极半可控）。
	带串联辅助绕组（复励电动机）和换极绕组的 DC 440 V 他励直流电动机。 转子连接整流电路 B6CF（带自振荡二极管六脉冲全控桥式整流电路），DC 220 V 励磁绕组连接非可控整流电路 B2UF。 端子板上电枢电路只标记为 A1A2。

电路图	名称，解释
感应电动机（同步或异步）	
	恒磁励磁同步电动机 M1，例如伺服电机，连接采用直流电压中间电路进行脉冲宽度调制的变频器（U- 变频器）。 变频器由用于四象限工作方式和能量反馈的电源整流器（B6C）I（B6C）（两个反并联的六脉冲桥式整流电路，参见 295 页）和带自振荡二极管的直流电压中间电路以及机床整流器 B6C 组成，B6C 由用于脉冲宽度调制（PWM）的三极管组成。
	鼠笼转子电动机连接在四象限工作方式中采用直流电压中间电路进行脉冲宽度调制（PWM）或脉冲振幅调制（PAM）的变频器（U- 变频器）。 变频器由电路 B6H（半可控六脉冲桥式整流电路）的电源整流器 T1 和带有制动电路 Q1 的直流电压中间电路 L_1，L_2，C1 组成，但电源整流器不能进行能量反馈。 R1 用于制动工作方式和 B6C 电路的机床整流器 T2，B6C 电路由 IGBT 和反向电流二极管（采用反向电流二极管进行全控制的六脉冲桥式整流电路）组成。
	滑环转子电动机带有转子直流电压中间电路。 转子电压由整流器 B6U 整流。T2（逆整流器 B6C）将电源频率的交流电压整流成为该直流电压。滑动能得到回馈。

其他的整流器电路参见“整流器，平波器”A 部分。

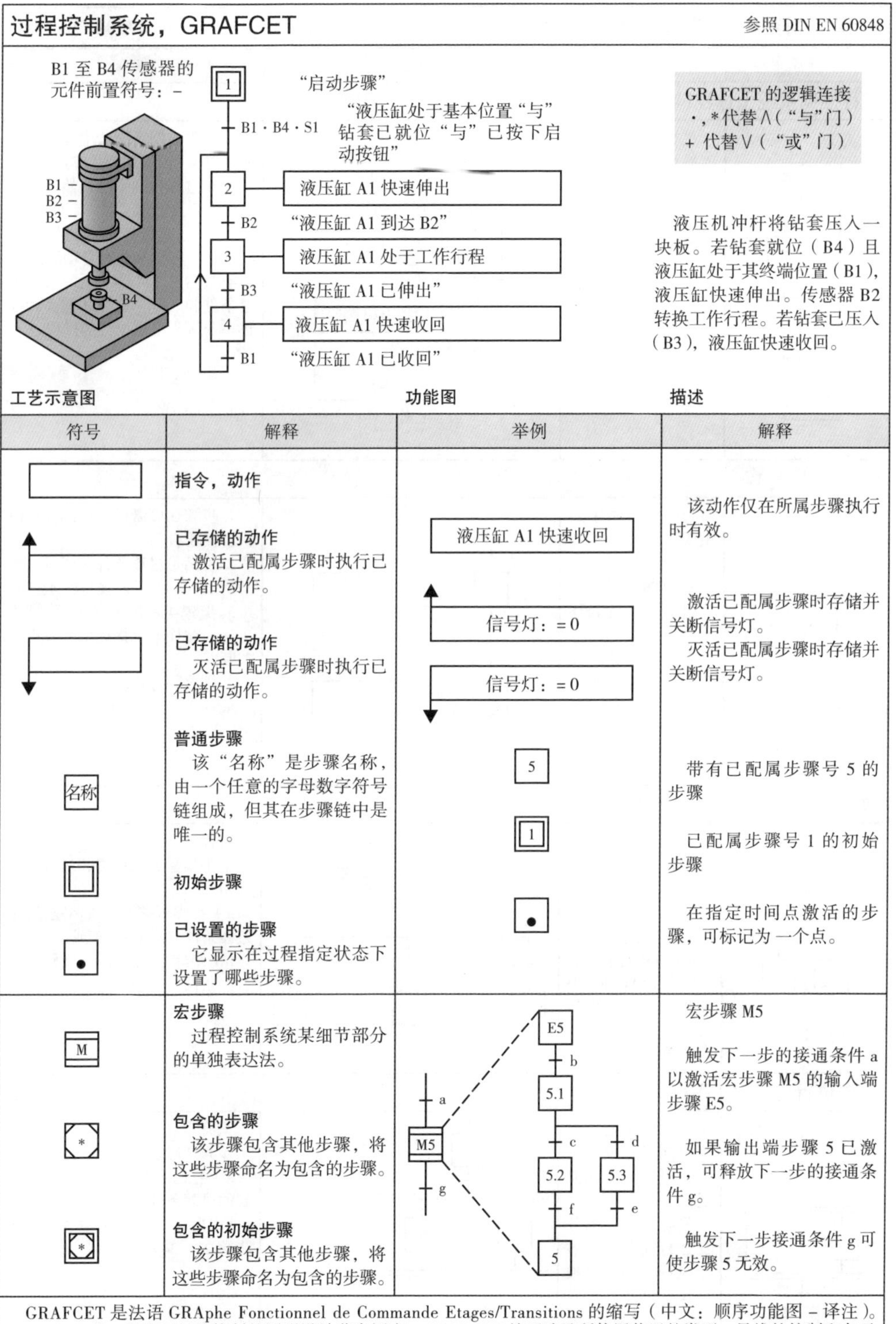

过程控制系统，GRAFCET

参照 DIN EN 60848

GRAFCET 的逻辑连接
·，* 代替∧（“与”门）
+ 代替∨（“或”门）

液压机冲杆将钻套压入一块板。若钻套就位（B4）且液压缸处于其终端位置（B1），液压缸快速伸出。传感器 B2 转换工作行程。若钻套已压入（B3），液压缸快速收回。

工艺示意图　　　　功能图　　　　描述

符号	解释	举例	解释
	指令，动作	液压缸 A1 快速收回	该动作仅在所属步骤执行时有效。
	已存储的动作 激活已配属步骤时执行已存储的动作。	信号灯：=0	激活已配属步骤时存储并关断信号灯。
	已存储的动作 灭活已配属步骤时执行已存储的动作。	信号灯：=0	灭活已配属步骤时存储并关断信号灯。
名称	**普通步骤** 该“名称”是步骤名称，由一个任意的字母数字符号链组成，但其在步骤链中是唯一的。	5	带有已配属步骤号 5 的步骤
	初始步骤	1	已配属步骤号 1 的初始步骤
•	**已设置的步骤** 它显示在过程指定状态下设置了哪些步骤。	•	在指定时间点激活的步骤，可标记为一个点。
M	**宏步骤** 过程控制系统某细节部分的单独表达法。	M5, a, g, E5, b, 5.1, c, d, 5.2, 5.3, f, e, 5	宏步骤 M5 触发下一步的接通条件 a 以激活宏步骤 M5 的输入端步骤 E5。
*	**包含的步骤** 该步骤包含其他步骤，将这些步骤命名为包含的步骤。		如果输出端步骤 5 已激活，可释放下一步的接通条件 g。
*	**包含的初始步骤** 该步骤包含其他步骤，将这些步骤命名为包含的步骤。		触发下一步接通条件 g 可使步骤 5 无效。

GRAFCET 是法语 GRAphe Fonctionnel de Commande Etages/Transitions 的缩写（中文：顺序功能图 – 译注）。GRAFCET 是一种用于过程控制的图形设计草案语言。GRAFCET 并不涉及所使用装置的类型，导线的控制和各元器件的安装等。

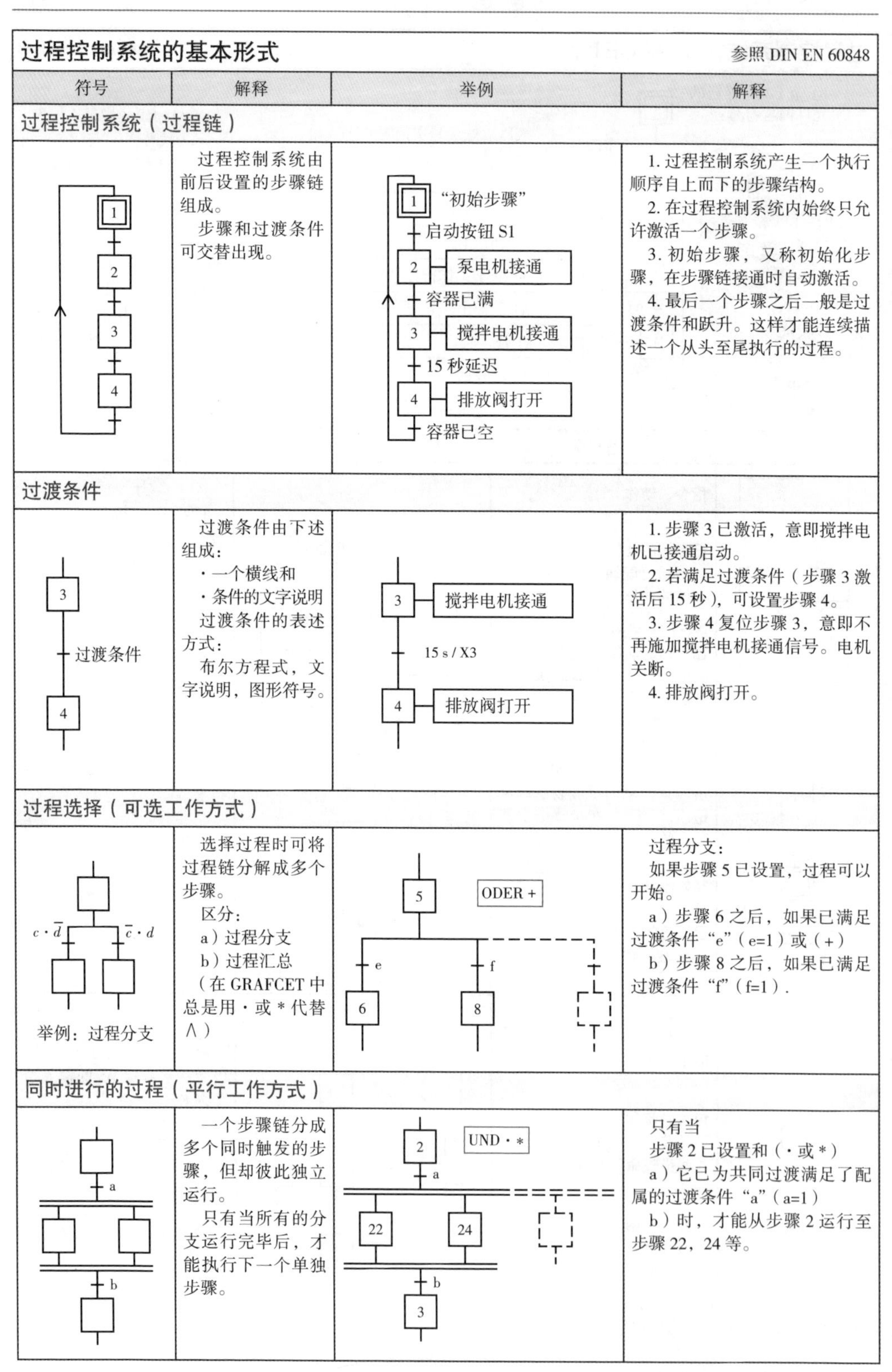

过程控制系统的基本形式

参照 DIN EN 60848

符号	解释	举例	解释
过程控制系统（过程链）			
1 2 3 4	过程控制系统由前后设置的步骤链组成。 步骤和过渡条件可交替出现。	1 “初始步骤” 启动按钮 S1 2 泵电机接通 容器已满 3 搅拌电机接通 15 秒延迟 4 排放阀打开 容器已空	1. 过程控制系统产生一个执行顺序自上而下的步骤结构。 2. 在过程控制系统内始终只允许激活一个步骤。 3. 初始步骤，又称初始化步骤，在步骤链接通时自动激活。 4. 最后一个步骤之后一般是过渡条件和跃升。这样才能连续描述一个从头至尾执行的过程。
过渡条件			
3 过渡条件 4	过渡条件由下述组成： · 一个横线和 · 条件的文字说明 过渡条件的表述方式： 布尔方程式，文字说明，图形符号。	3 搅拌电机接通 15 s / X3 4 排放阀打开	1. 步骤 3 已激活，意即搅拌电机已接通启动。 2. 若满足过渡条件（步骤 3 激活后 15 秒），可设置步骤 4。 3. 步骤 4 复位步骤 3，意即不再施加搅拌电机接通信号。电机关断。 4. 排放阀打开。
过程选择（可选工作方式）			
$c \cdot \overline{d}$ $\overline{c} \cdot d$ 举例：过程分支	选择过程时可将过程链分解成多个步骤。 区分： a）过程分支 b）过程汇总 （在 GRAFCET 中总是用 · 或 * 代替 ∧）	5 ODER + e 6 f 8	过程分支： 如果步骤 5 已设置，过程可以开始。 a）步骤 6 之后，如果已满足过渡条件“e”（e=1）或（+） b）步骤 8 之后，如果已满足过渡条件“f”（f=1）.
同时进行的过程（平行工作方式）			
a b	一个步骤链分成多个同时触发的步骤，但却彼此独立运行。 只有当所有的分支运行完毕后，才能执行下一个单独步骤。	2 UND · * a 22 24 b 3	只有当 步骤 2 已设置和（· 或 *） a）它已为共同过渡满足了配属的过渡条件“a”（a=1） b）时，才能从步骤 2 运行至步骤 22，24 等。

过程控制系统 GRAFCET 的要素 1

参照 DIN EN 60848

表达法	含义	举例中的特性
动作的赋值条件		
B11 2 — M1	**询问“1”** 若步骤已激活且已满足赋值条件（1- 信号），可执行动作。	如果步骤 2 已激活且 B11 = “1”，电机 M1 接通。
$\overline{B11}\cdot\overline{B2}$ 2 — M2	**询问“0”** 若步骤已激活且已满足赋值条件（0- 信号），可执行动作。	如果步骤 2 已激活且 B11 = “0”和 B2 = “0”，电机 M2 接通。
与时间相关的动作赋值		
8s/B11 2 — M1	**接通延迟** 变量左边给定的时间在变量上升波缘时开始计时。 计时完成后即开始执行动作。	如果步骤 2 已激活，B11 上升波缘时开始计时。如果 B11 仍是“1”且步骤 2 始终激活，电机延迟 8 秒接通。如果在 8 秒之内 B11 重又变为“0”，则计时中断，并在 B11 新的上升波缘时重新开始计时。
B11/8s 2 — M1	**关断延迟** 变量下降波缘时开始计时并延长动作时长。 前提条件：步骤必须已激活。	如果步骤 2 和 B11 均已激活，电机 M1 接通。B11 下降波缘时电机保持继续接通运行 8 秒。
8s/X5 5 — M4	**动作延迟** 执行动作时间延迟。 需给出步骤变量作为赋值条件。	如果步骤 5 已激活，8 秒后接通电机 M4。
$\overline{9s/X7}$ 7 — M6	**动作限时** 通过否定条件可限制动作时长。	如果步骤 7 已激活，9 秒后接通电机 M6。
存储动作		
↑ 5 — P2 : = 1	**激活步骤（设置）时存储有效动作** 如果步骤已激活，给动作区的变量赋值“1”。离开该步骤时存储该状态。	步骤 5 中信号灯 P2 接通（设置）。离开该步骤时信号灯保持接通，直至 P1 在另一个步骤中设置为“0”。
↑ 9 — P2 : = 0	**激活步骤（复位）时存储有效动作** 如果步骤已激活，给动作区的变量赋值“0”。	步骤 9 中信号灯 P2 关断（复位）。离开该步骤时信号灯保持关断。

过程控制系统 GRAFCET 的要素 2

参照 DIN EN 60848

表达法	含义	举例中的特性
存储动作		
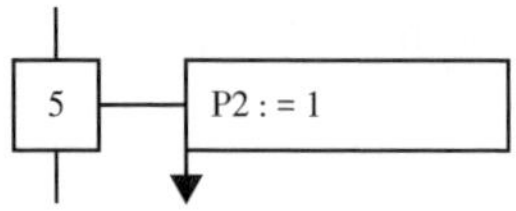 5 — P2 : = 1 ↓	**灭活步骤（设置）时存储有效动作** 离开步骤 5 时持续为动作区的变量赋值“1”。	离开步骤 5 时信号灯 P2 保持接通，直至 P2 在另一个步骤中设置为“0”。
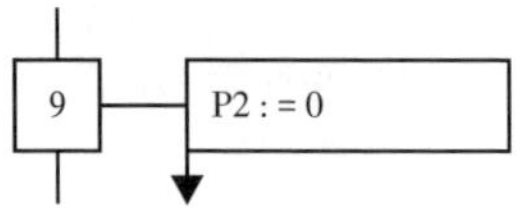 9 — P2 : = 0 ↓	**灭活步骤（复位）时存储有效动作** 离开步骤 9 时持续为动作区的变量赋值“0”。	灭活步骤 9 时信号灯 P2 关断（复位）。 存储该状态。
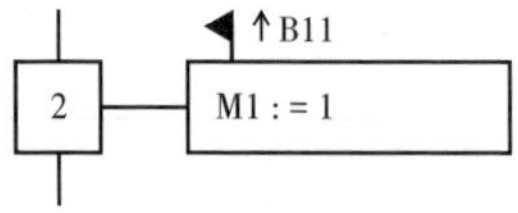 2 — M1 : = 1 ◀ ↑B11	**事件时存储有效动作** 只在步骤已激活且为赋值条件出现一个正波缘时，才能存储动作。	如果步骤 2 已激活且 B11 发出一个上升波缘，电机 M1 接通。存储该状态。
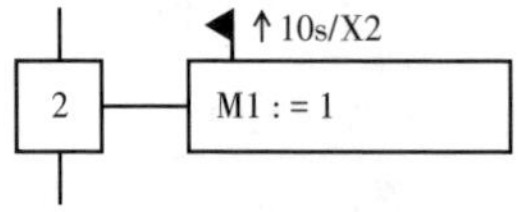 2 — M1 : = 1 ◀ ↑10s/X2	**延迟存储动作** 步骤已激活，计时已完成（时间正波缘）时延迟存储动作。	如果步骤 2 已激活，电机 M1 延迟 10 秒后接通。存储该状态。
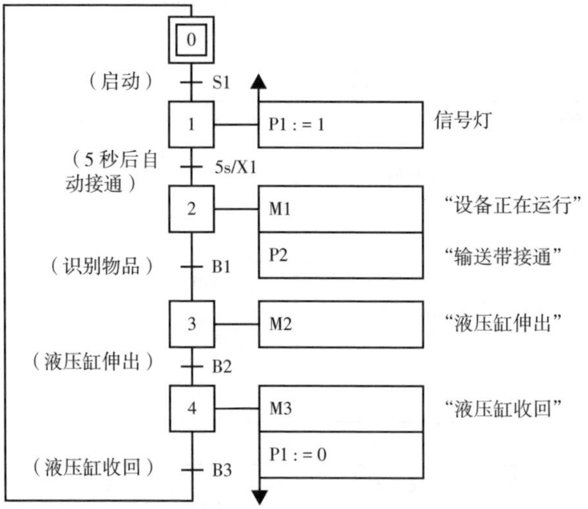 0 （启动） S1 1 — P1 : = 1 ↑ 信号灯 （5 秒后自动接通） 5s/X1 2 — M1 “设备正在运行”; P2 “输送带接通” （识别物品） B1 3 — M2 “液压缸伸出” （液压缸伸出） B2 4 — M3 “液压缸收回”; P1 : = 0 ↓ （液压缸收回） B3 GRAFCET 过程控制举例		设备接通时自动激活步骤 0。 按下 S1，切换至步骤 1，信号灯 P1 接通并存储。 步骤 1（X1）结束 5 秒后在步骤 2 时接通电机 M1 和 P2。 通过 B1 的信号离开步骤 2，意即 M1 和 P2 均关断。 步骤 3 时液压缸伸出，直至 B2 收到信号。 步骤 4 的作用是收回液压缸。 如果向 B3 施加一个信号，将跳回步骤 0。灭活步骤 4 关断信号灯并存储。
过渡时逻辑连接的表达法		
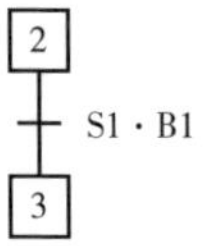 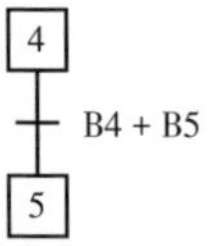 2 — S1 · B1 — 3 4 — B4 + B5 — 5	过渡的书写方式可优先采用布尔表达法： “与”门：A · B 或 A*B 否定：$\overline{A}$ 接通延迟：t1/A 关断延迟：A/t2	“或”门：A+B 上升波缘：↑ A 下降波缘：↓ A 作为变量的步骤名称：3 → X3

流程 – 功能图

动作	DIN EN 61131 表达法	GRAFCET 表达法
连续的有效动作 配属的步骤有效激活期间，持续执行该动作。之后，自动结束动作。该动作不被存储，例如设置一个变量数值。	 S_3 N 阀 2 关	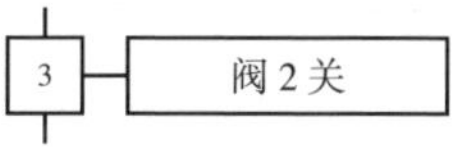 3 阀 2 关
延迟连续的有效动作 所配属的步骤激活后，延迟执行该动作。	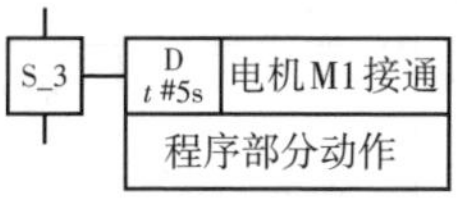 S_3 D t #5s 电机M1接通 程序部分动作	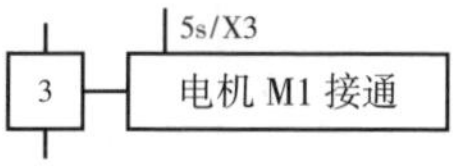 5s/X3 3 电机 M1 接通
限时连续的有效动作 所配属的步骤激活后，在指定时长内执行该动作。若步骤激活时间短于动作时间，则动作执行时间也相应缩短。	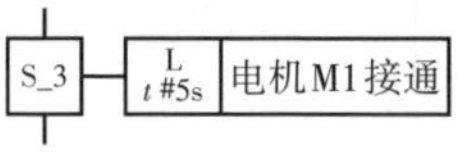 S_3 L t #5s 电机M1接通	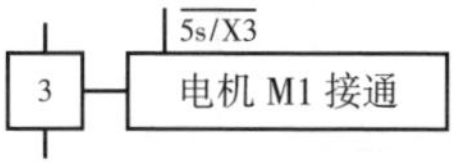 $\overline{5s/X3}$ 3 电机 M1 接通
带赋值条件的连续有效动作 所配属的步骤激活且满足赋值条件后，只在例如变量赋值后才执行该动作。	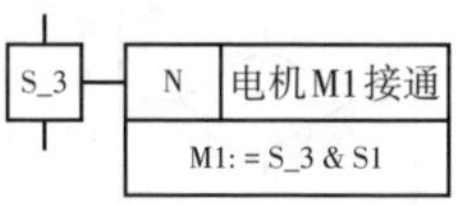 S_3 N 电机M1接通 M1: = S_3 & S1	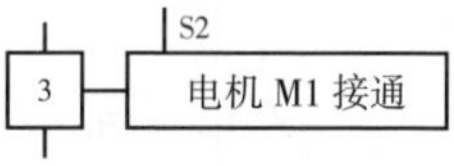 S2 3 电机 M1 接通
带与时间相关赋值条件的连续有效动作 所配属的步骤激活且满足与时间相关的赋值条件后，执行该动作。动作特性符合接通延迟或关断延迟。	 S_3 D t #5s 电机M1接通，延迟 S2 程序部分动作	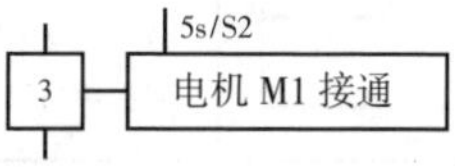 5s/S2 3 电机 M1 接通
步骤激活时存储有效动作 一个动作，例如设置变量数值，在所属步骤激活后得到执行。变量数值保持存储，直至其被另一个动作覆盖。	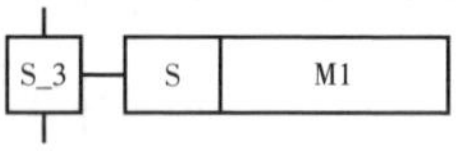 S_3 S M1	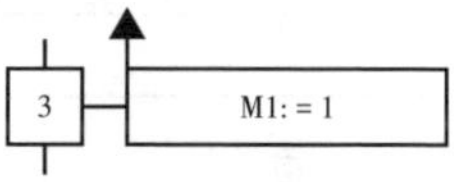 3 ↑ M1: = 1
步骤灭活时存储有效动作 一个动作，例如设置变量数值，在所属步骤激活后得到执行。变量数值保持存储，直至其被另一个动作覆盖。	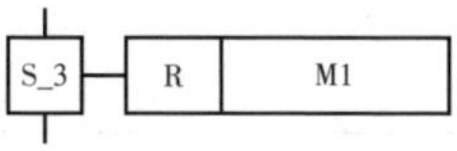 S_3 R M1	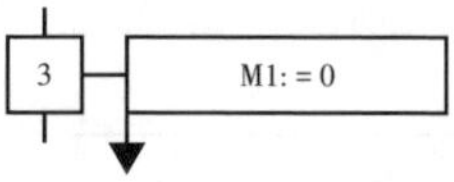 3 ↓ M1: = 0
事件时存储有效动作 一个动作，例如设置变量数值，在所属步骤激活且满足赋值条件的事件出现（上升波缘）后得到执行。变量数值保持存储，直至其被另一个动作覆盖。	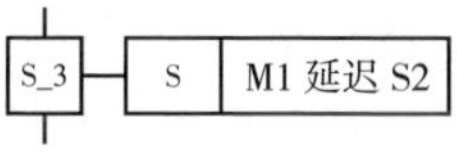 S_3 S M1 延迟 S2	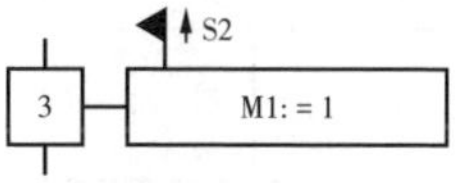 ↑S2 3 M1: = 1
延迟存储动作 一个动作，例如设置变量数值，在指定时间完成计时激活所属步骤后得到执行。变量数值保持存储，直至其被另一个动作覆盖。	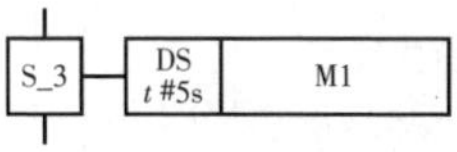 S_3 DS t #5s M1	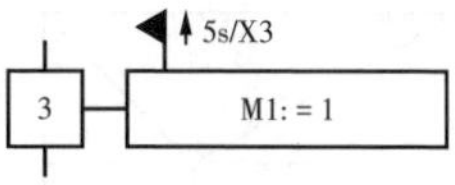 ↑5s/X3 3 M1: = 1

动作指定符号：N（或没有）：不存储，R：复位，S：设置，L：限时，P：脉冲，D：时间延迟，SD，DS，或 SL 是组合符号。

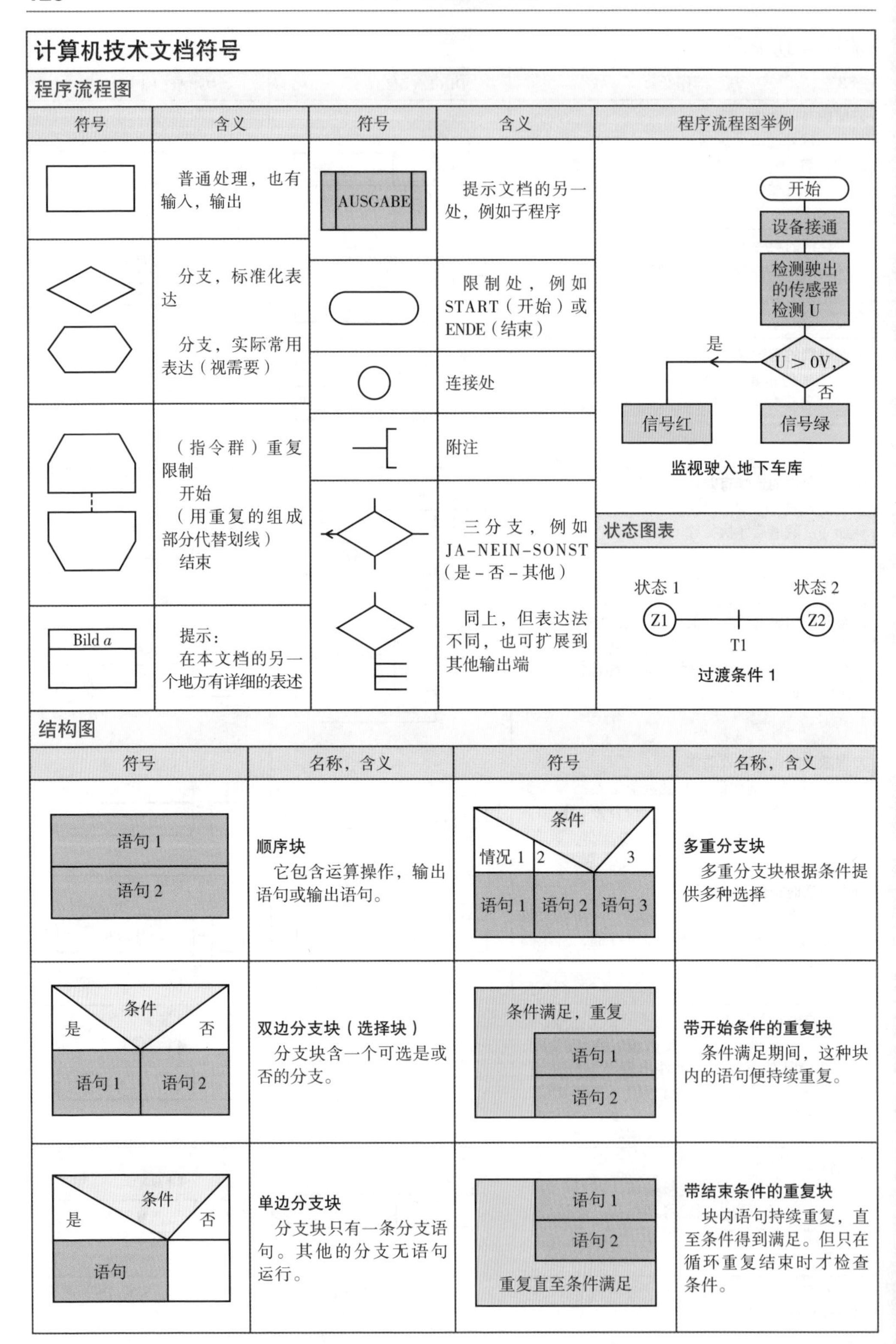

计算机技术文档符号

程序流程图

符号	含义	符号	含义
	普通处理，也有输入，输出	AUSGABE	提示文档的另一处，例如子程序
	分支，标准化表达 分支，实际常用表达（视需要）		限制处，例如 START（开始）或 ENDE（结束）
	（指令群）重复限制 开始 （用重复的组成部分代替划线） 结束		连接处
			附注
Bild *a*	提示： 在本文档的另一个地方有详细的表述		三分支，例如 JA–NEIN–SONST（是–否–其他） 同上，但表达法不同，也可扩展到其他输出端

程序流程图举例

监视驶入地下车库

状态图表

过渡条件 1

结构图

符号	名称，含义	符号	名称，含义
语句 1 语句 2	**顺序块** 它包含运算操作，输出语句或输出语句。	条件 情况 1 2 3 语句 1 语句 2 语句 3	**多重分支块** 多重分支块根据条件提供多种选择
条件 是 否 语句 1 语句 2	**双边分支块（选择块）** 分支块含一个可选是或否的分支。	条件满足，重复 语句 1 语句 2	**带开始条件的重复块** 条件满足期间，这种块内的语句便持续重复。
条件 是 否 语句	**单边分支块** 分支块只有一条分支语句。其他的分支无语句运行。	语句 1 语句 2 重复直至条件满足	**带结束条件的重复块** 块内语句持续重复，直至条件得到满足。但只在循环重复结束时才检查条件。

液压系统和气动系统的线路符号 1

参照 ISO 1219

换向阀		换向阀制造类型		操作类型	
基本符号		**2 位换向阀**		**人力操作**	
第一个数字是接头数量，第二个数字是开关位数量。矩形块的数量同时也是开关位的数量。			封堵静止位置的 2/2（2 位 2 通）换向阀		普通
			径流静止位置的 2/2（2 位 2 通）换向阀		按钮
					拉杆
					踏板
	2 位换向阀基本符号	**3 位换向阀**		**机械操作**	
			封堵静止位置的 3/2（3 位 2 通）换向阀		顶杆
	3 位换向阀基本符号		径流静止位置的 3/2（3 位 2 通）换向阀		弹簧
					滚轮
	阀接头用短线表示		封堵中间位置的 3/3（3 位 3 通）换向阀		滚轮杠杆，一个操作方向
径流路径		**4 位换向阀**		**压力操作**	
	单个径流通路		4/2（4 位 2 通）换向阀		直接施压
	两个封堵的接头		封堵中间位置的 4/3（4 位 3 通）换向阀		通过预控阀间接施压操作
				电气操作	
	两个径流通路		浮球中间位置的 4/3（4 位 3 通）换向阀		电磁
	两个径流通路和一个封堵的接头			M	电动机
		5 位换向阀		**组合操作**	
	两个径流通路相互连通		5/2（5 位 2 通）换向阀		电磁和预控阀
	一个径流通路位于分路				电磁加预控以及手动辅助操作
				机械组成成分	
	和两个封堵的接头		封堵中间位置的 5/2（5 位 2 通）换向阀		卡槽

换向阀缩写符号	接头标记　参照 DIN EN ISO 81346-2
QM1 2 a b 1 3 3 / 2 - 换向阀 QM 1 接头数量；开关位数量；部件标记；部件编号	QM3 4 2 14 a b 12 513 5 接头换向阀，2 个开关位，部件标记为 QM（阀），部件编号 3。 施加给控制接头 12 的脉冲将接头 1 连接上接头 2，施加给接头 14 的脉冲将接头 1 连接上接头 4。

液压系统和气动系统的线路符号 2

参照 ISO 1219

功能符号

符号	名称
	液压流
	压缩空气流
	流向
	旋转方向
	可调性

能量传输

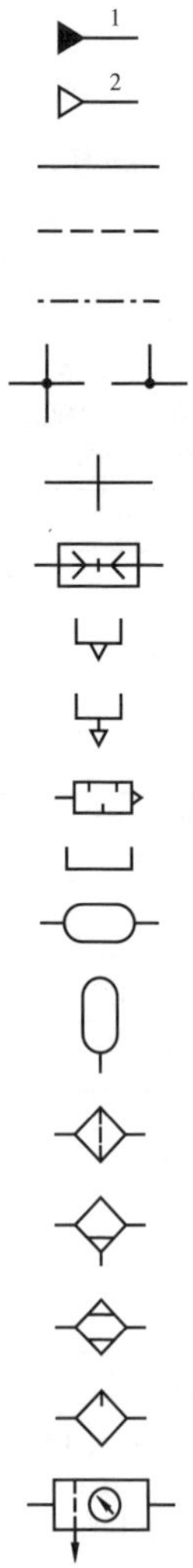

符号	名称
1 2	压力源
	工作管线
	控制管线，漏液管线
	部件框
	管线连接
	管线交叉
	快速接合
	无接头排气
	有接头排气
	降噪器
	容器
	压力容器
	液压储罐
	过滤器或滤网
	水分分离器
	空气干燥器
	加油器
	制备单元

[1] 液压 [2] 气动

能量转换

泵，压缩机

符号	名称
	单旋转方向恒压液压泵
	双旋转方向可调液压泵
	单旋转方向压缩机

电动机

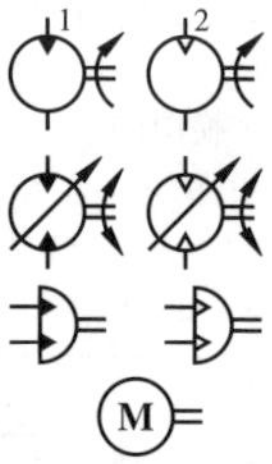

符号	名称
1 2	单旋转方向恒速电动机
	双旋转方向可调电动机
	旋转驱动
M	电动机

单向作用液压缸

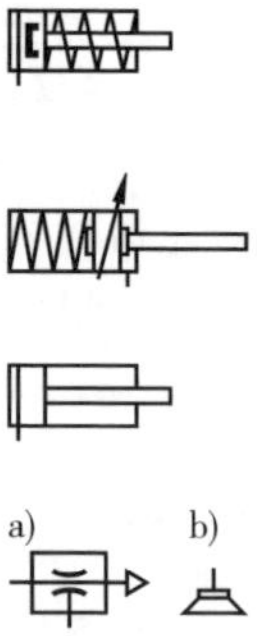

符号	名称
	弹簧驱动回程，磁铁询问位置
	弹簧驱动回程，可调式终端位置缓冲器
	非指定动力驱动回程
a) b)	a）真空发生器（喷射原理） b）抽吸盘

双向作用液压缸

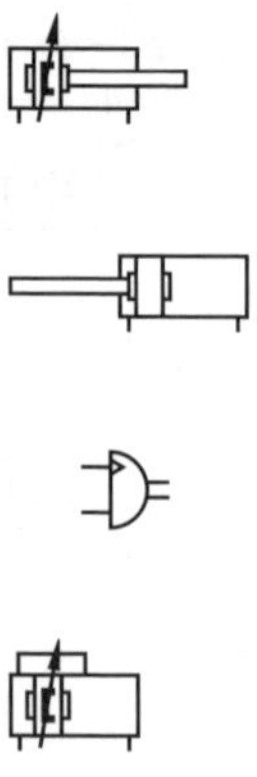

符号	名称
	可调式两端终端位置缓冲器和磁铁询问位置
	非可调式两端终端位置缓冲器
	回转式液压缸，三角显示其基本位置
	带有滑块和终端位置缓冲器和位置询问

关断阀

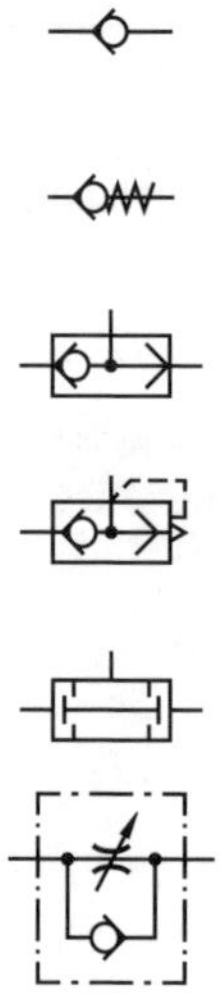

符号	名称
	止回阀，不负载
	止回阀，弹簧负载
	转换阀（“或”门功能）
	快速排气阀
	双压力阀（“与”门功能）
	可调式节流止回阀

压力阀

符号	名称
	限压阀
	顺序阀
	双路减压阀，直接作用
	双路减压阀，预控
	按压开关（施加预设压力后发出一个电信号）

流量控制阀

符号	名称
	可调式节流阀
	双路流量控制阀，可改变流出流量
	3路流量控制阀，可改变流出流量，容器的减压开口

气动系统基本线路图

在任何一种气动系统中均有逻辑连接组件。通过正确组合可达到系统运行的高安全性。

“与”门功能

系统内各元器件也可用数字标记，例如 BG1 → 1.1，KH1 → 1.2，编号，开关回路，部件亦请参见下页。

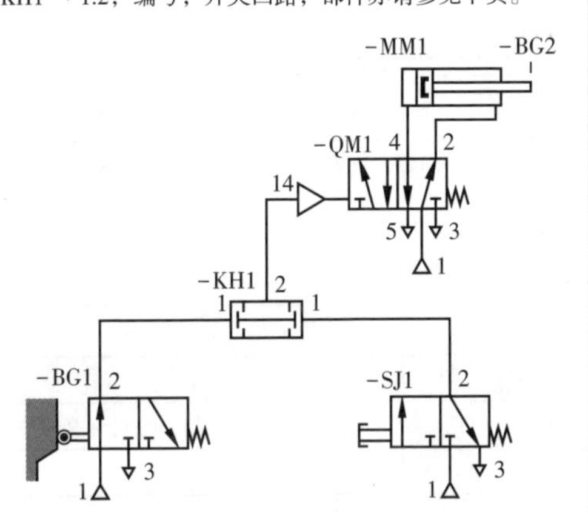

如果两个 1- 信号对于执行功能是必要的，则需使用“与”门阀（KH1）。

多个“与”门可满足附加的条件。其与“或”门阀的组合也属常见。

“或”门功能

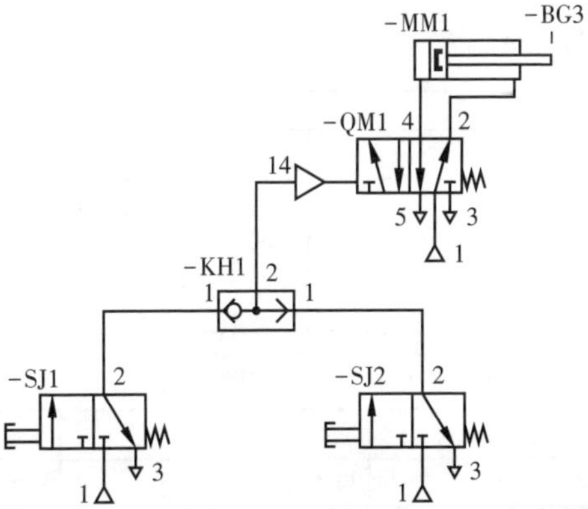

如果在两个不相关的独立位置执行功能，则需使用“或”门阀（KH1）。输出信号常用作其他“或”门阀的输入条件。

延迟阀

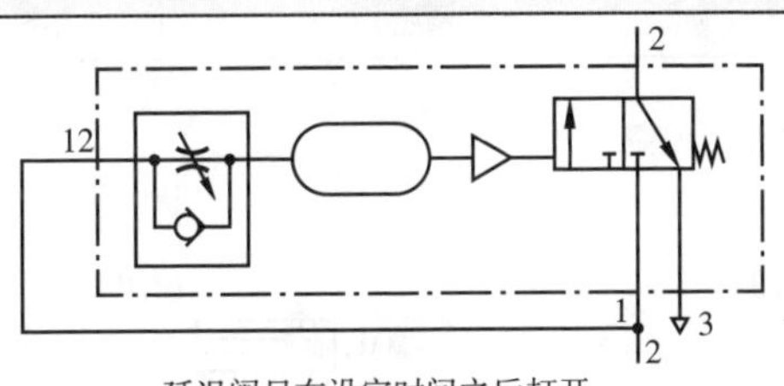

延迟阀只在设定时间之后打开。

顺序阀

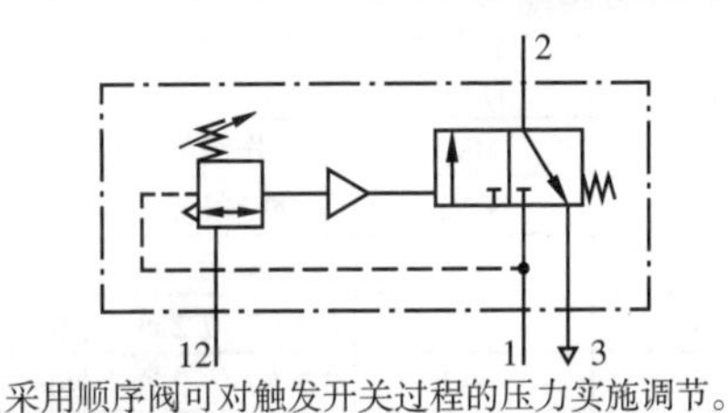

采用顺序阀可对触发开关过程的压力实施调节。

减速阀

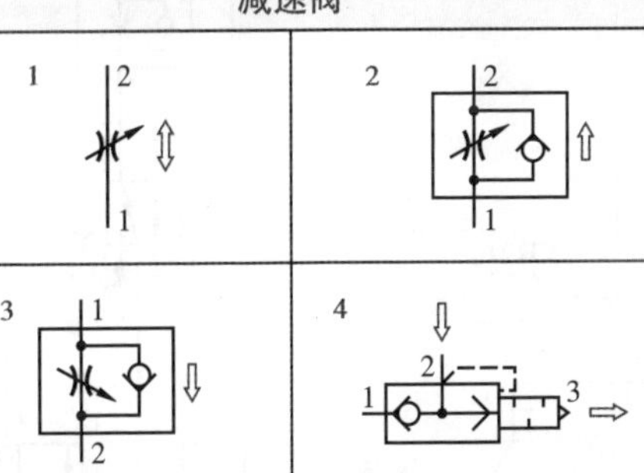

节流阀（图 1）同时调节两个方向上的体积流量。

节流止回阀（图 2 和图 3）仅作用于箭头方向。

快速排气阀（图 4）用于快速气缸运动和长距离压缩空气管道。

能量供应

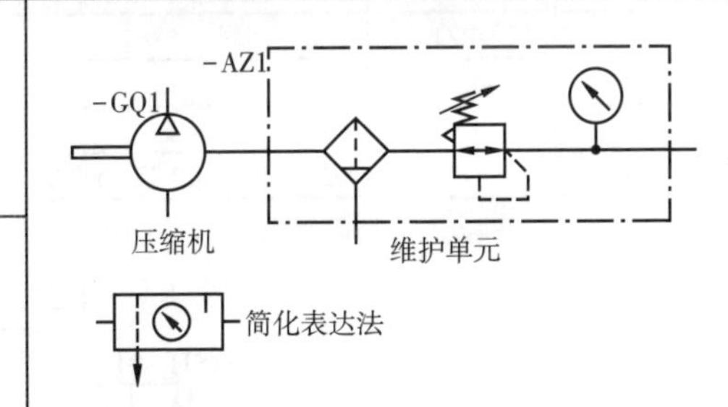

柱塞式或螺杆式压缩机提供 700～800 kPa（7～8 bar）的压力。

维护单元消除污物微粒和冷凝水，并平衡压缩空气网的压力波动。

能量供给部分主要采用简化表达法。

控制技术系统的标记符号

工业系统的标记符号

电气技术，气动技术和液压技术等工业系统的各组件均按 DIN EN 81346-2 标准采用前置符号，标记字母 1 和 2 以及数字编号进行名称标记。

名称举例：

- B G 1

前置符号	标记字母 1	标记字母 2	数字编号
- 组件 + 装入位置 = 功能	**B 将一个输入量转换成一个可供继续处理的指定信号**	**G 输入端 - 间距，位置** P 输入端 - 压力，体积 S 输入端 - 速度 T 输入端 - 温度	同类组件采用连续编号

工业设备中组件和标记字母的选择

标记字母	组件	标记字母	组件
BA	保护继电器	KH	“与”门，“或”门，时间继电器
BF	气体计数器	MM	气动缸
BP	压力开关	PG	显示器，例如压力表
CM	压力储能器	QB	隔离开关
GQ	压缩空气源	RF	模拟或数字过滤器
GS	压缩空气加油器	RM	止回阀
HQ	过滤器	SG	无线鼠标

气动系统线路图

参照 DIN EN 81346-1（2010-5）

序号	标记	描述
1	-MM1	双向作用气动缸
2	-GP1	压缩空气源
3	-AZ1	维护单元
4	-SJ1	3/2（3 位 2 通）换向阀
5	-SJ2	3/2（3 位 2 通）换向阀
6	-BG1	3/2（3 位 2 通）换向阀
7	-BG2	3/2（3 位 2 通）换向阀
8	-RZ1	节流止回阀
9	-KH2	双向阀
10	-KH1	转换阀
11	-QM1	5/2（5 位 2 通）换向阀

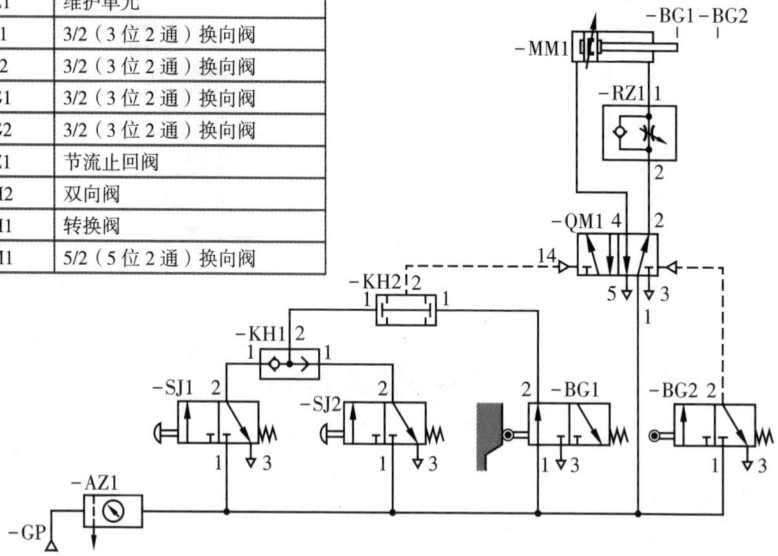

-BG1 -BG2
-MM1
-RZ1 1
2
-QM1 4 2
14
5 3
1
-KH2 2
1 1
-KH1 2
1 1
-SJ1 2
1 3
-SJ2 2
1 3
2 -BG1
1 3
-BG2 2
1 3
-AZ1
-GP

液压和气动线路图

参照 DIN EN 81346-2

线路图结构

- 在开关回路中用相关控制功能细分控制系统。
- 用点划线圈住部件，例如节流止回阀。

组件排序

- 不必考虑设备中各组件的空间排列位置。

- 开关回路中按由下而上的能量流方向将各组件自左向右排列：
  - 能量源：左下方，
  - 流程顺序的控制元件：向上，自左向右，
  - 驱动：上方，自左向右。

- 液压组件标记在设备的输出位置。

- 气动组件标记在带加压单元的设备的输出位置。

- 同类元件或部件应标在线路图内同一高度上。

- 采用各种方式操作的装置，例如限位按钮，应用小标记线及其标记索引标注在操作位置。

单边工作的滚轮操纵的方向阀应在标记线上添加一个方向箭头。

组件标记

参照标记用于标明该物件的相关信息。参照标记必须由下述内容组成：

- 一个或两个标记字母或
- 带编号的标记字母或
- 一个编号。

如有需要，主要指大范围线路图，应使用前置符号。

前置符号描述对该组件的观看方式（方面）。

= 功能方面　　– 产品方面

+ 位置方面　　# 其他方面

物件按其理想用途进行标记。例如欧姆电阻：

用途	标记字母
流量限制	R 或 RA
加热	E 或 EB
检测电阻	B 或 BA

其他的标记字母和组件：

AZ	维护单元	QM	换向阀
BG	终端开关	RA	节流
KF	辅助接触器，继电器，CPU，PLC	RM	止回阀
KH	阀板	RN	气动节流
MB	电磁铁	RZ	节流止回阀
MM	缸	SJ	手动阀
QA	接触器		

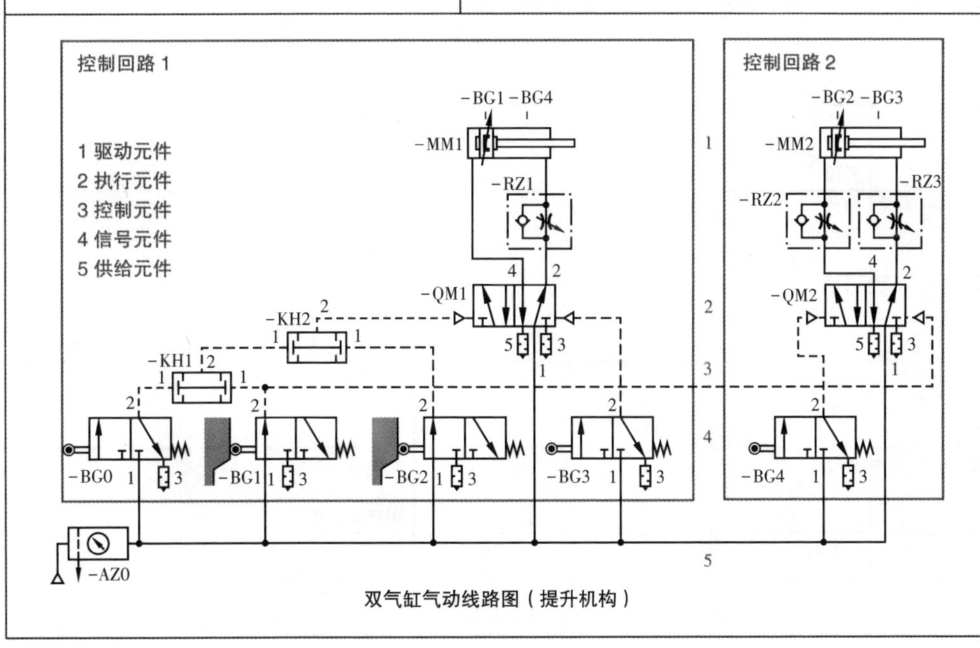

双气缸气动线路图（提升机构）

工艺流程图

参照 DIN EN 62424（VDE0810-24）

流程图借助字母编码标记的标准化符号图形描述一个过程。PCE（Process Control Engineering- 过程控制工程）的任务用长孔形椭圆框表示，主导功能用矩形延长的六边形表示。

PCE 任务和 PCE 主导功能的符号

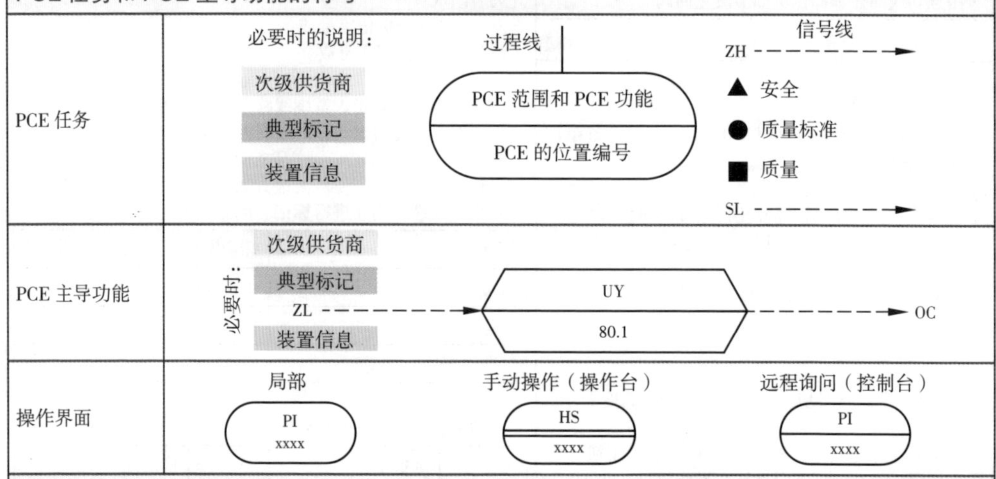

流程图的文字说明

流程图的文字说明由一个表示 PCE 范围的首字母和一个或多个表示处理功能的后续字母组成，例如 PI 模拟压力显示。

字母	表示 PCE 范围首字母的含义	表示处理功能后续字母的含义
A	分析	警报，信号
B	火焰监视	限制，局限
C	用户定义并建档	调整
D	密度	差别
E	电压	N.A.
F	流量	比例
G	间距，长度，位置	N.A.
H	手动输入，手动介入	上限值，接通，打开
I	电流	模拟现实
J	电功率	N.A.
K	基于时间的功能	N.A.
L	料位	下限值，关断，关闭
M	湿度	N.A.
N	电动机	N.A.
O	用户定义并建档	二进制信号的状态显示
P	压力	N.A.
Q	量或数量	总数，集成
R	发射量	记录的数值
S	速度，转速，频率	开关功能，非重要的安全项
T	温度	N.A.
U	控制功能，用户建档	N.A.
V	振动	N.A.
W	质量，重量，力	N.A.
X	用户定义并建档	用户定义并建档
Y	控制阀	计算功能
Z	用户定义并建档	开关功能，重要的安全项

N.A.：标准中未列出的字母，如果它可对用户进行定义和建档，可以在流程图中例外地出现。

工艺流程图举例

参照 DIN EN 62424（VDE0810-24）

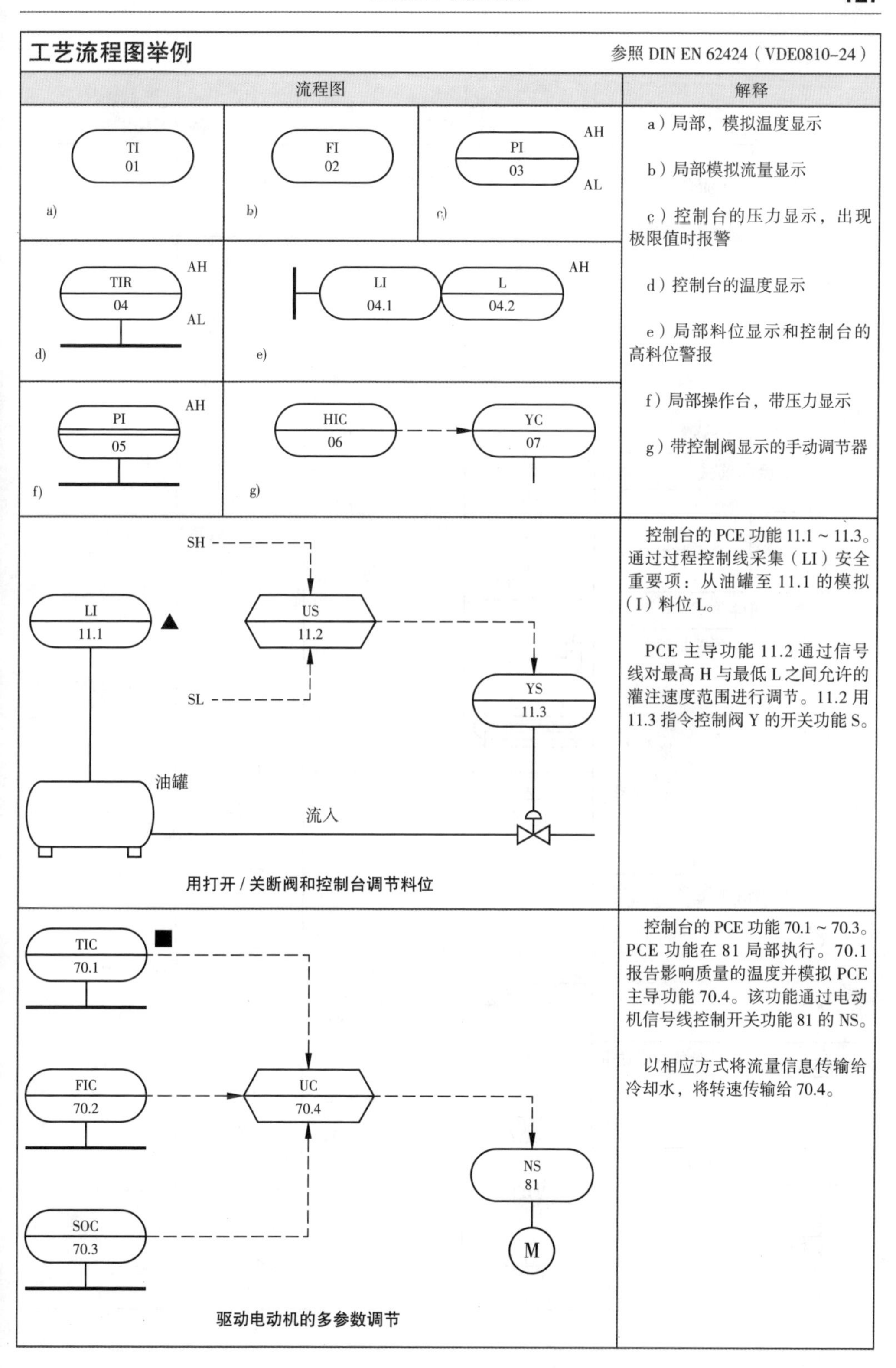

流程图	解释
a)–g)	a）局部，模拟温度显示 b）局部模拟流量显示 c）控制台的压力显示，出现极限值时报警 d）控制台的温度显示 e）局部料位显示和控制台的高料位警报 f）局部操作台，带压力显示 g）带控制阀显示的手动调节器
用打开 / 关断阀和控制台调节料位	控制台的 PCE 功能 11.1 ~ 11.3。通过过程控制线采集（LI）安全重要项：从油罐至 11.1 的模拟（I）料位 L。 PCE 主导功能 11.2 通过信号线对最高 H 与最低 L 之间允许的灌注速度范围进行调节。11.2 用 11.3 指令控制阀 Y 的开关功能 S。
驱动电动机的多参数调节	控制台的 PCE 功能 70.1 ~ 70.3。PCE 功能在 81 局部执行。70.1 报告影响质量的温度并模拟 PCE 主导功能 70.4。该功能通过电动机信号线控制开关功能 81 的 NS。 以相应方式将流量信息传输给冷却水，将转速传输给 70.4。

过程技术符号

符号	名称	符号	名称	符号	名称
导线		柱（KO）		筛（SA）	
1 mm	主产品的导线		普通内置装置的柱馏设备		普通筛分器，格栅
0.5 mm	副产品的导线		带固定床的柱馏设备		粗格栅
0.25 mm	控制线		带流化床的柱馏设备	过滤器（FL）	
	导线交叉	加热和冷却			普通过滤设备
	导线支线		普通加热和冷却		气体过滤器，空气过滤器
a) b)	双支线		交叉流线的热交换器（WT）	分离器（SB）	
流向箭头			同上，无交叉（WT）		普通分离器，筛分机
	普通流向		同上，带蛇形管（WT）		离心分离机，旋风除尘器
	重要材料的输入和输出		双管热交换器（WT）		静电分离器
管道部件（VV）			蒸汽锅炉（DE）	离心分离器（ZE）	
	普通关断部件		抽吸罩（DE）		普通离心分离器
	同上（直角形）		烟囱（DE）		同上，加网膜
	同上（三接头形）	粉碎装置（ZM）		干燥机（TR）	
	关断闸阀		普通粉碎机		普通干燥机
	截止阀		普通磨		喷雾干燥机
输送装置			振动破碎机	分类（SB）	
	普通泵（PL）		辊式破碎机		普通分类装置
	普通压缩机，真空泵（PC）				
	普通持续输送带（TE）				
	涡轮输送机构（TE）				
容器（BE）					
	普通容器				
	球形容器				

括号内是过程技术的标记字母。

编制装置和设备的技术文档

过程	工作流程	解释，举例
编制内容目录	·确定主要章节的标题， ·确定主要章节的范围， ·细分主要章节并 ·编排章节序号和页码编号。	主要章节用 1，2，3 等编排序号，次级章节用 1.1，1.2 等编排，以此类推，再次级的用 1.1.1，1.1.2 等编排。 标题用粗体字，次级标题用小一号的字体。 页码编号在处理过程中可酌情更改。
汇总相应的插图	·搜寻并制作主要章节的配图或简图。 ·从文件（计算机图）取图时其分辨率应至少达到 300dpi。 ·由于分辨率太低，一般不宜从互联网下载图像。但许多企业乐意作为文件提供合适的图像。 ·搜寻并编制主要章节的表格（视需要）。 ·检查最重要的内容是否已配上图和表格。 ·图应尽可能简化。	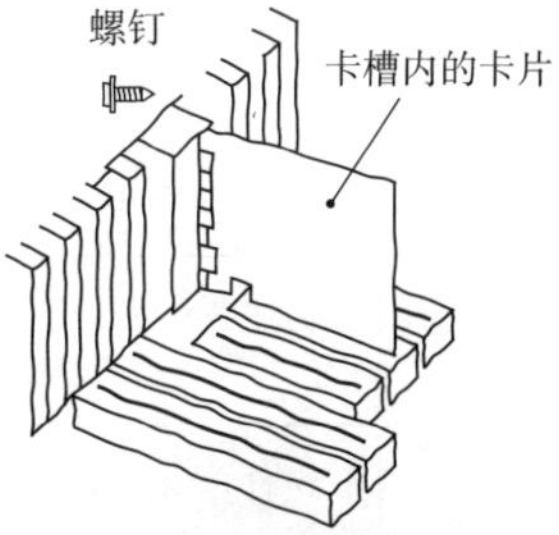 螺钉 卡槽内的卡片 随手取用的简图
图像处理	·检查图像是单色还是多色。 ·编制符合标准的线条。 ·必要时为照片配文。 ·制作等宽图。 ·确定每一幅图的配文。 ·确定计算机图像的分辨率是否够用。 ·确保录用的图像没有版权纠纷。	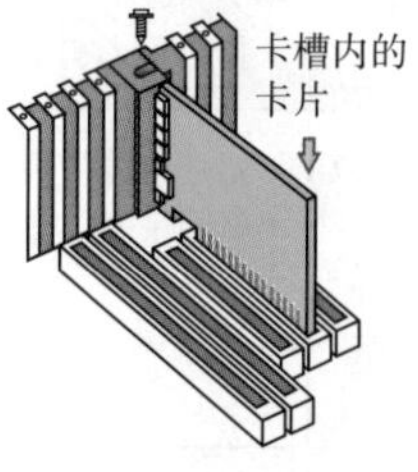 卡槽内的卡片 纯图纸
编制文本初稿	·根据已选用的图像编辑文本。 ·相同图像的文件总是使用相同的概念。 ·相同的事情也使用相同结构的句子。	在无图的位置补充文字。 文件中可任意次地重复概念，省却文牍德语的烦琐。 解释专业词语，尤其是外来词语。
编制最终文本	·自纠初稿。 ·由专家检查文本。 ·如有异议，需进行修改。 ·需要时翻译成外语。	注意正字法和标点符号的标注正确，使用词典，例如杜登词典。 图像的文字说明至少在首次采用该图时全篇统一。 通常将最终文本以 PDF 文件形式（下载，USB 盘，CD，DVD）发给客户，而不是纸质形式。
版面编排	·确定是否单列或多列句。 ·确定是否采用句框或字行不齐的版面（左对齐）。 ·宜采用每行句子不超出 60 个字和多列句每行不少于 40 个字的结构。	统一编排图像，例如放在右列或在图像文字说明之前。 主要章节应从新的一页开始。 每页最多放置三个标题。 留出补充的空白。
编制图像索引和表格索引	·例如按照页码和该页的号码编号，例如 100/1，100/2 等等。 ·注意版权，尤其在摘录教科书时。	给出图像内容（图像下方文字），必要时标出图像来源。 表格的处理方法同上。

操作说明书的结构与内容

章节	内容	解释
说明	简单描述操作元件，显示元件以及输入输出信号插口。 图片用于更清晰地说明。	本章用于快速定向。它至少使客户对本装置或设备有一个基本认识。
装配	对装配条件和按照零部件明细表进行装配的指导说明，一般均配有立体装配图。	重要的是尺寸和环境条件，如温度和湿度。部分段落甚至需详细描述或作图解释需使用的工具。
试运行	试运行流程顺序，安全提示，接头示意图，接通与关断的措施，检查，监视，修改	本章指本装置或设备在客户处的首次通电开机。
功能	描述各种功能及其相互的作用。若能对客户产生影响，还应描述其操作。	介绍装置或设备的功能。
设置	组件，部件或软件模块的标准设定（基本设置）。	描述试运行时的标准设定值以及不影响正常运行时可能的设定值
运行	在不影响正常运行的前提下由客户操作接通和关断。 指出可影响正常运行的行为。	描述不影响正常运行应采取的规范措施，例如温度变化，湿度，灰尘，EMV 等。
故障报警和故障处理	描述故障报警（故障信号和故障警报）及其应采取的排障措施。	必须对故障报警信号做出完整的文字说明。其表达法应最具概览性和表格化。
维护，保养	描述保养周期和待保养组件和部件及其保养措施。	应区分清楚哪些保养应由客户自身完成，哪些由制造商客服人员完成。
售后服务，备件购买	列出备件购买的必要数据。 列出售后服务功能，地址，备件购买地址，热线地址（电话，传真，E-Mail）等。	应将售后服务和备件购买的地址细分至地区。
技术数据	列出电源电压，电功率消耗，液压或气动组件的特性数值等。 列出接口，数据传输率，转速，转矩，重量，尺寸，随机附件等数据。	技术数据常作为说明书附录。其列出的数据被视为无故障运行的保证，并指出允许的偏差范围。

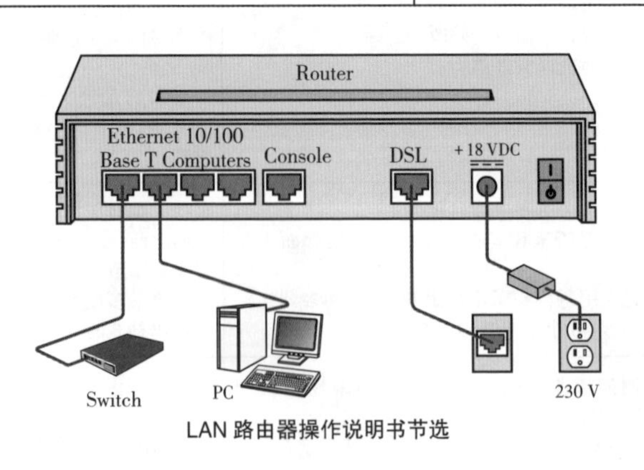

LAN 路由器操作说明书节选

WF 部分：化学，材料，加工

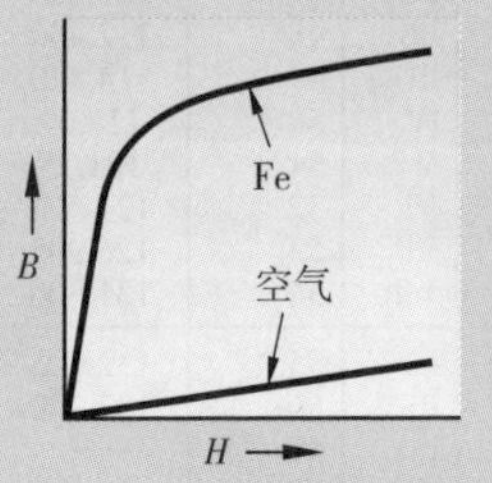

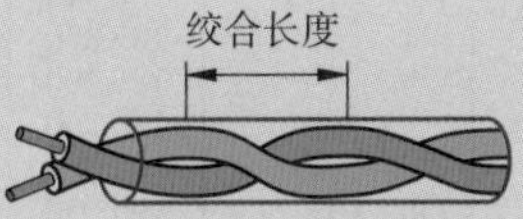

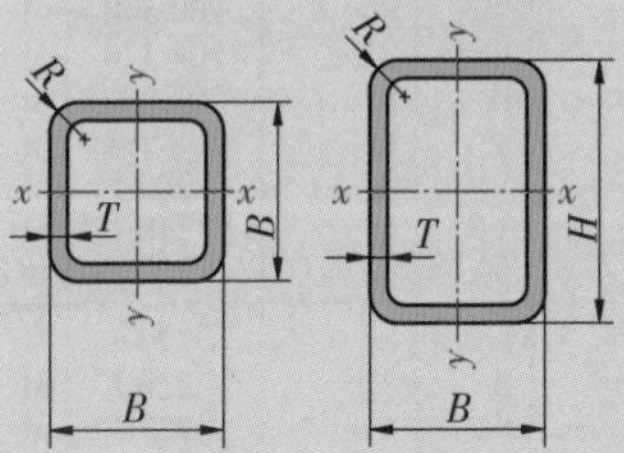

化学

$^{23}_{11}Na$ $^{238}_{92}U$

材料学

Fe
B
空气
H
绞合长度
R y x T B H

加工

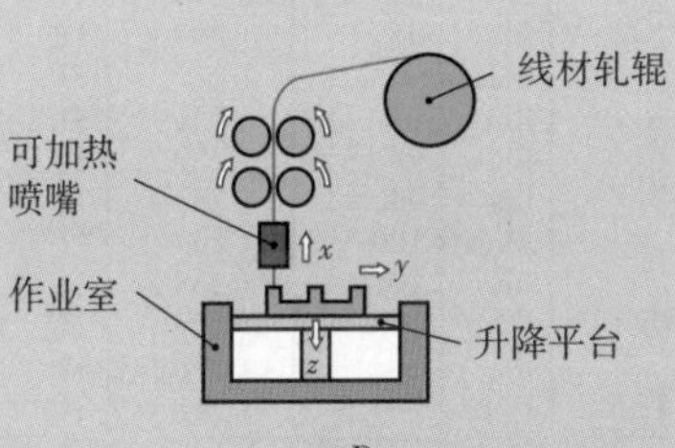

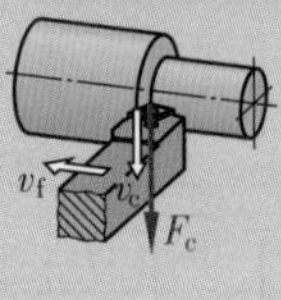

线材轧辊
可加热喷嘴
作业室
升降平台
D F h s
v_f v_c F_c

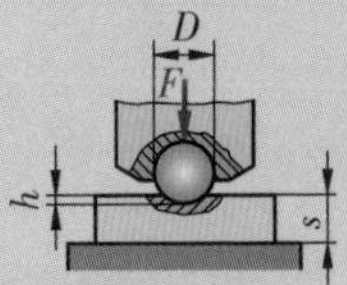

化学 1

化学元素周期表

缩写符号	化学元素	周期[1]	族[2]	Z[3]	相对原子质量[4]	种类[5]
H	氢	1	I	1	1.000	G
He	氦		VII	2	4.002	EG
Li	锂	2	I	3	6.941	M
Be	铍		II	4	9.012	M
B	硼		III	5	10.811	N
C	碳		IV	6	12.011	N
N	氮		V	7	14.000	G
O	氧		VI	8	15.999	G
F	氟		VII	9	18.998	G
Ne	氖		VIII	10	20.179	EG
Na	钠	3	I	11	22.989	M
Mg	镁		II	12	24.305	M
Al	铝		III	13	26.981	M
Si	硅		IV	14	28.086	N
P	磷		V	15	30.974	N
S	硫		VI	16	32.064	N
Cl	氯		VII	17	35.453	G
Ar	氩		VIII	18	39.948	EG
K	钾	4	I	19	39.102	M
Ca	钙		II	20	40.080	M
Sc	钪		IIIa	21	44.956	M
Ti	钛		IVa	22	47.900	M
V	钒		Va	23	50.942	M
Cr	铬		VIa	24	51.996	M
Mn	锰		VIIa	25	54.938	M
Fe	铁		VIIIa	26	55.847	M
Co	钴		VIIIa	27	58.933	M
Ni	镍		VIIIa	28	58.710	M
Cu	铜		Ib	29	63.546	M
Zn	锌		IIb	30	65.370	M
Ga	镓		III	31	69.720	M
Ge	锗		IV	32	72.590	M
As	砷		V	33	74.922	N
Se	硒		VI	34	78.960	M
Br	溴		VII	35	79.904	N
Kr	氪		VIII	36	83.800	EG
Rb	铷	5	I	37	85.468	M
Sr	锶		II	38	87.620	M
Y	钇		IIIa	39	88.905	M
Zr	锆		IVa	40	91.220	M
Nb	铌		Va	41	92.906	M
Mo	钼		VIa	42	95.940	M
Tc	锝		VIIa	43	（98）	
Ru	钌		VIIIa	44	101.070	EM
Rh	铑	5	VIIIa	45	102.905	EM
Pd	钯		VIIIa	46	106.400	EM
Ag	银		Ib	47	107.868	EM
Cd	镉		IIb	48	112.400	M
In	铟		III	49	114.820	M
Sn	锡		IV	50	118.69	M
Sb	锑		V	51	121.75	M
Te	碲		VI	52	127.600	M
I	碘		VII	53	126.905	N
Xe	氙		VIII	54	131.300	EG
Cs	铯	6	I	55	132.905	M
Ba	钡		II	56	137.340	M
—	镧系		IIIa	57…71	—	M
Hf	铪		IVa	72	178.490	M
Ta	钽		Va	73	180.948	M
W	钨		VIa	74	183.850	M
Re	铼		VIIa	75	186.200	M
Os	锇		VIIIa	76	190.200	EM
Ir	铱		VIIIa	77	192.200	EM
Pt	铂		VIIIa	78	195.090	EM
Au	金		Ib	79	196.967	EM
Hg	汞		IIb	80	200.590	M
Tl	铊		III	81	204.370	M
Pb	铅		IV	82	207.200	M
Bi	铋		V	83	208.981	M
Po	钋		VI	84	（209）	M
At	砹		VII	85	（210）	M
Rn	氡		VIII	86	（222）	EG
Fr	钫	7	I	87	（223）	M
Ra	镭		II	88	（226）	M
Ac	锕		IIIa	89	（227）	M
Th	钍		IIIa	90	（232）	M
Pa	镤		IIIa	91	（231）	M
U	铀		IIIa	92	（238）	M
Np	镎		IIIa	93	（237）	TU
Pu	钚		IIIa	94	（244）	TU
Am	镅		IIIa	95	（243）	TU
Cm	锔		IIIa	96	（247）	TU
Bk	锫		IIIa	97	（251）	TU
Cf	锎		IIIa	98	（252）	TU
E	锿		IIIa	99	（252）	TU
Fm	镄		IIIa	100	（257）	TU
Mv	钔		IIIa	101	（258）	TU
No	锘		IIIa	102	（259）	TU
Lr	铹		IIIa	103	（260）	TU
Rf	铲		IVa	104	（261）	TU

[1] 周期 = 电子壳层数
[2] 元素周期表的族序；同族的元素具有相似的特性
[3] 元素周期表的序数（原子核电荷数 ≙ 质子数）
[4] 按最常用的碳原子质量的 1/12 比例；括号内数值：放射性衰减
[5] M = 金属；N = 非金属；G = 气体；EG = 惰性气体；EM = 贵金属；TU = 人造超铀元素

pH 值

水性溶液的种类	酸性增加 ←						中性	碱性增加 →						
pH 值	0	1	2	3	4	5	6	7	8	9	10	11	12	13	14
浓度 H*，单位：g/l	10^0	10^{-1}	10^{-2}	10^{-3}	10^{-4}	10^{-5}	10^{-6}	10^{-7}	10^{-8}	10^{-9}	10^{-10}	10^{-11}	10^{-12}	10^{-13}	10^{-14}

化学 2

重要的化学品

常用名称	化学名称	分子式	特性	应用
丙酮	丙酮	$(CH_3)_2CO$	无色、可燃、易挥发液体	油漆、乙炔和塑料的溶剂
乙炔	乙炔，电石气	C_2H_2	易反应、无色气体，高爆炸性	用于焊接的可燃气体和塑料的原始材料
硼砂	四硼酸钠盐	$Na_2B_4O_7$	白色结晶粉末，溶液可溶金属氧化物	钎焊焊药，软化水，玻璃管材
漂白粉	次氯酸钙	$CaCl(ClO)$	白色粉末，离析氧和次氯酸	用作漂白剂和消毒剂，泳池消毒剂
食盐	氯化钠	$NaCl$	无色结晶盐，易溶水	调味品，冷却剂，用于制取氯
二氧化碳，碳酸	二氧化碳	CO_2	水溶性不可燃气体，凝固温度 -78℃	熔化极活性气体保护焊接时的保护气体，干冰用作制冷剂
刚玉	氧化铝	Al_2O_3	极硬无色结晶体，熔点 2050℃	磨削和抛光磨料，氧化陶瓷材料
蓝矾	硫酸铜	$CuSO_4$	蓝色水溶性结晶体，中等毒性	电镀液，防治病虫害，工件划线
铅丹	（II，IV 价）铅氧化物	Pb_3O_4	高密度红色粉末，剧毒，危害环境	防锈漆成分，制造玻璃
氨水	氢氧化铵	NH_4OH	无色刺激性气体，弱碱性	清洗剂（去油脂），酸的中和剂
硝石	硝酸钾	$NaNo_3$ KNO_3	无色易熔结晶（337℃）	盐浴，氧化剂，炸药，化肥
硝酸	硝酸	HNO_3	极强酸，可溶解金属（贵金属除外）	金属的蚀刻和酸洗，制造化学品
盐酸	氯化氢	HCl	无色，刺激性强酸	金属的蚀刻和酸洗，制造化学品
硫酸	硫酸	H_2SO_4	无色无味油状液体，强酸	金属的酸洗，电镀液，蓄电池
苏打	碳酸钠	Na_2CO_3	无色结晶体，易溶水，碱性作用	去脂和清洗池液，软化水
酒精	乙醇	C_2H_5OH	无色易燃液体，沸点 78℃	溶剂，清洗剂，用于，燃料添加剂和加热
四氯化碳	四氯化碳	CCl_4	无色不可燃液体，有害健康	油脂、油和油漆的溶剂
Tri	三氯乙烯	$CHCl=CCl_2$	不可燃，易挥发液体，有毒	油，油脂，树脂的溶剂，清洗剂
氰化钾	氰化钾	KCN	氢氰酸的剧毒盐类	碳氮共渗的盐浴液，电镀液

常见分子组

分子组		解释	举例	
名称	分子式		名称	分子式
碳化物	$\equiv C$	碳化物；部分碳化物极硬	碳化硅	Sic
碳酸盐	$=CO_3$	碳酸化合物；加热后分解为二氧化碳	碳酸钙	$CaCO_3$
氯化物	$-Cl$	盐酸的盐类；大部分易溶水	氯化钠	$NaCl$
氢氧化物	$-OH$	由金属氧化物和水产生的氢氧化物；反应为碱性	氢氧化钙	$Ca(OH)_2$
硝酸盐	$-NO_3$	硝酸的盐类；大部分易溶水	硝酸钾	KNO_3
氮化物	$\equiv N$	氮化合物；部分氮化物极硬	氮化硅	SiN
氧化物	$=O$	氧化合物；地球上最常见的化合物族	氧化铝	Al_2O_3
硫酸盐	$=SO_4$	硫酸的盐类；大部分易溶水	硫酸铜	$CuSO_4$
硫化物	$=S$	硫化合物；重要的矿石，易切削钢中的断屑器	硫化铁	FeS

材料数值 1

气体材料

材料	0℃和 1.013 bar 时的密度 ρ kg/m^3	比重[1] ρ/ρ_L	1.013 bar 时的溶点温度 ϑ ℃	1.013 bar 时的沸点温度 ϑ ℃	20℃时的热导率 λ W/（m·k）	导热系数[2] λ/λ_L	20℃和 1.013 bar 时的比热容 c_p[3] kJ/（kg·K）	c_v[4] kJ/（kg·K）
乙炔（C_2H_2）	1.17	0.905	-84	-82	0.021	0.81	1.64	1.33
氨气（NH_3）	0.77	0.596	-78	-33	0.024	0.92	2.06	1.56
丁烷（C_4H_{10}）	2.70	2.088	-135	-0.5	0.016	0.62	—	—
一氧化碳（CO）	1.25	0.967	-205	-190	0.025	0.96	1.05	0.75
二氧化碳（CO_2）	1.98	1.531	-57[5]	-78	0.016	0.62	0.82	0.63
空气	1.293	1.0	-220	-191	0.026	1.00	1.005	0.716
甲烷（CH_4）	0.72	0.557	-183	-162	0.033	1.27	2.19	1.68
丙烷（C_3H_8）	2.00	1.547	-190	-43	0.018	0.69	—	—
氧（O_2）	1.43	1.106	-219	-183	0.026	1.00	0.91	0.65
氮（N_2）	1.25	0.967	-210	-196	0.026	1.00	1.04	0.74
氢（H_2）	0.09	0.07	-259	-253	0.180	6.92	14.24	10.10

液体材料

材料	20℃时的密度 ρ kg/m^3	燃点温度 ϑ ℃	1.013 bar 时的冰点和溶点温度 ϑ ℃	1.013 bar 时的沸点温度 ϑ ℃	气化潜热[6] r kJ/kg	20℃时的热导率 λ W/（m·k）	20℃时的比热容 c kJ/（kg·K）	体积膨胀系数 α_v 1/K
乙基醚（C_2H_5）$_2$O	0.71	170	-116	35	377	0.13	2.28	0.0016
汽油	0.72~0.75	220	-50~-30	25~210	419	0.13	2.02	0.0011
柴油燃料	0.81~0.85	220	-30	150~360	628	0.15	2.05	0.00096
燃料油 EL	≈ 0.83	220	-10	＞175	628	0.14	2.07	0.00096
机油	0.91	400	-20	＞300	—	0.13	2.09	0.00093
煤油	0.76~0.86	550	-70	＞150	314	0.13	2.16	0.001
汞（Hg）	13.5	—	-39	357	285	10	0.14	0.00018
酒精 95%	0.81	520	-114	78	854	0.17	2.43	0.0011
蒸馏水	1.00[7]	—	0	100	2256	0.60	4.18	0.00018

固体材料

材料	密度 ρ kg/m^3	1.013 bar 时熔点温度 ϑ ℃	1.013 bar 时熔化潜热 q kJ/kg	20℃时的热导率 λ W/（m·k）	0~100℃时的平均比热容 c kJ/（kg·K）	0~100℃时的线膨胀系数 α_l 1/K	20℃时的电阻率 ρ_{20} $\frac{\Omega \cdot mm^2}{m}$	弹性模量 kN/mm^2（GPa）
铝（Al）	2.7	658	398	204	0.94	0.0000238	0.0278	72
锑（Sb）	6.69	630.5	163	22	0.21	0.0000108	0.39	55
铍（Be）	1.85	1280	1087.5	165	1.02	0.0000123	0.04	318
混凝土	1.8~2.2	—	—	≈ 1	0.88	0.00001	—	20~40
铋（Bi）	9.8	271	55	8.1	0.12	0.0000125	1.25	34.8
铅（Pb）	11.3	327.4	25	34.7	0.13	0.000029	0.208	19
镉（Cd）	8.64	321	54	91	0.23	0.00003	0.077	50
铬（Cr）	7.2	1903	134	69	0.46	0.0000084	0.13	280
钴（Co）	8.9	1493	260	69.1	0.43	0.0000127	0.062	208
铜铝合金	7.4~7.7	1040	—	61	0.44	0.0000195	—	105
铜锡合金	7.4~8.9	900	—	46	0.38	0.0000175	0.02~0.03	115

[1] 比重 = 某种气体密度 ρ 除以空气密度 ρ_L

[2] 导热系数 = 某种气体的热导率 λ 除以空气的热导率 λ_L

[3] 常压时

[4] 正常体积时

[5] 5.3bar 时

[6] 沸点温度和 1.013bar 时

[7] 4℃时

电导率：$\gamma_{20} = 1/\rho_{20}$

材料数值 2

固体材料（续前表）

材料	密度 ρ kg/m³	1.013 bar 时熔点温度 ϑ ℃	1.013 bar 时熔化潜热 q kJ/kg	20℃时的热导率 λ W/（m·k）	0～100℃时的平均比热容 c kJ/（kg·K）	0～100℃时的线膨胀系数 α_1 1/K	20℃时的电阻率 ρ_{20} $\frac{\Omega \cdot mm^2}{m}$	弹性模量 kN/mm²（GPa）
铜锌合金	8.4～8.7	900～1000	167	105	0.39	0.0000185	0.05～0.07	108
冰	0.92	0	332	2.3	2.09	0.000051	—	9
纯铁（Fe）	7.87	1536	276	81	0.47	0.000012	0.13	210
铁氧化物（铁锈）	5.1	1570	—	0.58（pulv.）	0.67	—	—	—
油脂	0.92～0.94	30～175	—	0.21	—	—	—	—
石膏	2.3	1200	—	0.45	1.09	—	—	20
玻璃（石英玻璃）	2.4～2.7	520～550[1]	—	0.8～1.0	0.83	0.000009	10^{18}	50～90
金（Au）	19.3	1064	67	310	0.13	0.0000142	0.022	78
石墨（C）	12.24	≈ 3800	—	168	0.71	0.0000078	—	27
铸铁	7.25	1150～1200	125	58	0.50	0.0000105	0.6～1.6	90～130
硬质合金（K 20）	14.8	> 2000	—	81.4	0.80	0.000005	—	550
木（风干）	0.20～0.72	—	—	0.06～0.17	2.1～2.9	≈ 0.00004[2]	—	9
铱（Ir）	22.4	2443	135	59	0.13	0.0000065	0.053	218
碘（I）	5.0	113.6	62	0.44	0.23	—	—	—
碳（C）	3.5	3800	—	—	0.52	0.0000118	—	4.8
焦炭	1.6～1.9	—	—	0.18	0.83	—	—	202
康铜	8.89	1260	—	23	0.41	0.0000152	0.49	180
软木	0.1～0.3	—	—	0.04～0.06	1.7～2.1	—	—	0.003
刚玉（Al_2O_3）	3.9～4.0	2050	—	12～23	0.96	0.0000065	—	350
铜（Cu）	8.96	1083	213	384	0.39	0.0000168	0.0178	100～130
镁（Mg）	1.74	650	195	172	1.04	0.000026	0.044	42
镁合金	≈ 1.8	≈ 630	—	46～139	—	0.0000245	—	44
锰（Mn）	7.43	1244	251	21	0.48	0.000023	0.39	195
钼（Mo）	10.22	2620	287	145	0.26	0.0000052	0.054	326
钠（Na）	0.97	97.8	113	126	1.3	0.000071	0.04	9.5
镍（Ni）	8.91	1455	306	59	0.45	0.000013	0.095	200
铌（Nb）	8.55	2468	288	53	0.273	0.0000071	0.217	105
黄磷（P）	1.82	44	21	—	0.80	—	—	31
铂（Pt）	21.5	1769	113	70	0.13	0.000009	0.098	170
聚苯乙烯	1.05	—	—	0.17	1.3	0.00007	10^{10}	3.2
瓷	2.3～2.5	≈ 1600	—	1.6[3]	1.2[3]	0.000004	10^{12}	—
石英，打火石（SiO_2）	2.1～2.5	1480	—	9.9	0.8	0.000008	—	76
泡沫橡胶	0.06～0.25	—	—	0.04～0.06	—	—	—	0.01
硫（S）	2.07	113	49	0.2	0.70	—	—	18
红硒（Se）	4.4	220	83	0.2	0.33	—	—	10
银（Ag）	10.5	961.5	105	407	0.23	0.0000193	0.015	83
硅（Si）	2.33	1423	1658	83	0.75	0.0000042	$2.3 \cdot 10^9$	160
非合金钢	7.85	≈ 1500	205	48～58	0.49	0.0000119	0.14～0.18	200
合金钢	7.9	≈ 1500	—	14	0.51	0.0000161	0.7	210
石煤	1.35	—	—	0.24	1.02	—	—	—
钽（Ta）	16.6	2996	172	54	0.14	0.0000065	0.124	150
钛（Ti）	4.5	1670	88	15.5	0.47	0.0000082	0.08	110
铀（U）	19.1	1133	356	28	0.12	—	—	172
钒（V）	6.12	1890	343	31.4	0.50	—	0.2	125
钨（W）	19.27	3390	54	130	0.13	0.0000045	0.055	405
锌（Zn）	7.13	419.5	101	113	0.4	0.000029	0.06	100
锡（Sn）	7.29	231.9	59	65.7	0.24	0.000023	0.115	50

[1] 转化温度　[2] 垂直于纤维走向　[3] 800℃时

电导率：$\gamma_{20} = 1/\rho_{20}$

危险材料

危险材料的标记和处理（节选）

参照 EG 标准 1272/2008CLP

名称 符号解释词	图示法 编码（见 502 页）	危险提示 H 语句（见 503 页）	安全提示 P 语句（见 504 页）
乙炔（C_2H_2） 危险	GHS02 GHS04	H220；H280	P210；P377；P403
汽油 危险	GHS02 GHS08 GHS09	H340；H350；H304；H411	P210；P240；P280；P281；P301+P310；P303+P361+P353；P405；P501
一氧化碳（CO） 危险	GHS06 GHS02 GHS08 GHS04	H331；H220；H360；H372；H280	P260；P210；P202；P304+P340+P315；P308+P313；P377；P381；P405；P403
32% 分析用盐酸（HCl） 危险	GHS05 GHS07	H314，H355，H290	P280；P301+P330+P331；P309+P310；P305+P351+P338
压缩氧气（O） 危险	GHS03 GHS04	H270；H280	P244；P220；P370+P376；P403
硫酸（H_2SO_4） 危险	GHS05	H290；H314	P280；P309；P310；P303+P361+P353；P301+P330+P331；P305+P351+P338
三氯乙烯（Tri） 危险，注意	GHS08 GHS07	危险：H350；H341 注意：H315；H319；H336；H412	P261；P280；P305+P351+P338；P321；P405；P501
压缩氢气（H） 危险	GHS02 GHS04	H220；H280	P210；P377；P381

危险气体材料数值（节选）

气体	与空气的密度比	点火温度	理论空气消耗量 kg/kg 气体	点火极限 空气中气体的体积(%) 下限	上限	其他说明
乙炔	0.91	305℃	13.25	1.5	82	压力 $p_e > 2$ bar 时可自行分解并爆炸
氩气	1.38	不可燃	—	—	—	造成呼吸困难，有窒息危险
丁烷	2.11	365℃	15.4	1.5	8.5	有麻醉作用，导致窒息
二氧化碳	1.53	不可燃	—	—	—	液态二氧化碳与干冰可导致严重冻伤
一氧化碳	0.97	605℃	2.5	12.5	74	强血液毒性；造成视觉、肺、肝、肾和听觉损害
丙烷	1.55	470℃	15.6	2.1	9.5	造成呼吸困难，液态丙烷导致皮肤和眼睛损伤
氧气	1.1	不可燃	—	—	—	油脂和油与氧气发生爆炸反应，它是助燃气体
氮气	0.97	不可燃	—	—	—	在密闭空间内可造成呼吸困难，有窒息危险
氢气	0.07	570℃	34	4	75.6	高流速时可自燃；与空气中的氧气和氯气组成具有爆炸危险的混合气体

磁性材料

磁化特性曲线

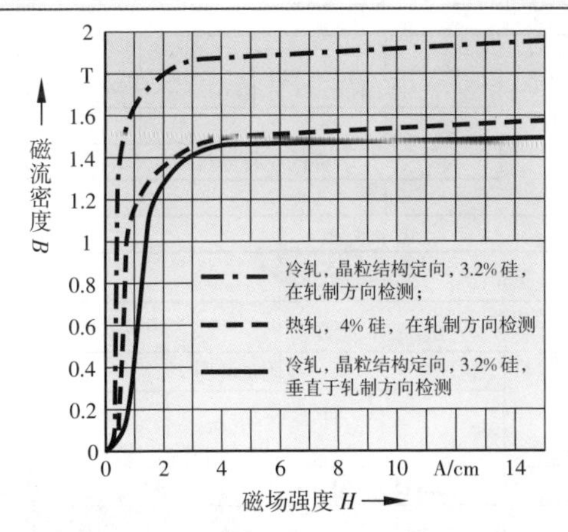

软磁电极板的磁化特性曲线

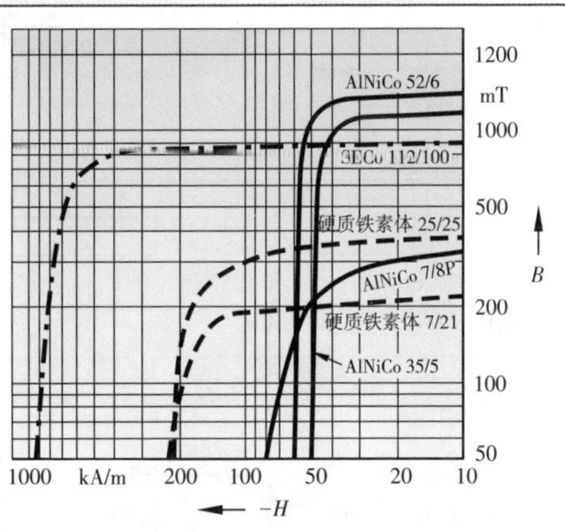

恒磁材料消磁特性曲线

电磁材料

板材种类	成分	密度 ρ kg/m³	电阻率 $\frac{\Omega \cdot mm^2}{m}$	矫顽磁场强度 A/cm	饱和时的 B T	居里温度[1] ℃	导磁率 μ_{16}[2] 或 μ_4	商业名称	用途
A0 A2 A3	钢，含硅 2.5%～4.5%	7.7 7.63 7.57	0.40 0.55 0.68	1 0.6 0.35	2.03 2.0 1.92	750 750 750	400～450 700～850 500～850	Trfoperm	变压器，继电器，测量互感器，REDS 核心材料
C2 C5	钢，含硅 3.5%～4.5%	7.55 7.65	0.5 0.45	0.3 0.15	2.0 2.0	750 750	550～1300 —	Hyperm 4	
D1 D3	钢，含镍 36%～40%	8.15 8.15	0.75 0.75	0.6 0.15	1.3 1.3	250 250	1500～2100 1000～2900	Permenorm	继电器零件，极靴
F3	镍铁合金，镍≈ 50%	8.25	0.45	0.1	1.5	470	μ_4 = 1200～4000	Permenorm Hyperm 50	测量互感器，变压器，滤芯
E3	镍铁合金，镍 ≈ 75%，添加(锰，硅，钼，铜，铬)	8.6	0.50	0.02	0.75	400	μ_4 = 2500～20000	Mumetall Permalloy Hyperm 766	NF 和 HF 变压器，滤波器，扼流圈，磁屏蔽
E4		8.7	0.55	0.01	0.70	270 至 400	μ_4 = 4000～40000		

[1] 居里温度（居里点）时出现跳跃式消磁。

[2] μ_{16} 或 μ_4 表示在磁场强度 0.016 $\frac{A}{cm}$ 或 0.004 $\frac{A}{cm}$ 时采集的导磁率。

恒磁材料

材料	化学成分，质量 %，其余是铁					能量密度 $(B \cdot H)_{max}$ kJ/m³	剩余磁通密度 mT	矫顽磁场强度 kA/m	导磁率 μ_r	密度 ρ kg/dm³
	Al	Co	Cu	Ni	Ti					
AlNiCo9/5	11～13	～5	2～4	21～28	～1	9	550	47	4～5	6.8
AlNiCo18/9	6～8	24～34	3～6	13～19	5～9	18	600	86	3～4	7.2
AlNiCo52/6	8～9	23～26	3～4	13～16	—	52	1250	56	1.5～3	7.2
AlNiCo35/5	8～9	23～26	3～4	13～16	—	35	1120	48	3～4.5	7.2
SECo 112/110	稀土金属 – 钴合金					112	750	1000	1.1	8.1
硬铁素体 7/21 硬铁素体 25/25	成分：$MeO \cdot x \cdot Fe_2O_3$ 加入金属 = Ba，Sr，Pb 加入量 x = 4.5～6.5					6.5 25	190 370	210 250	1.2 1.1	4.9 4.8

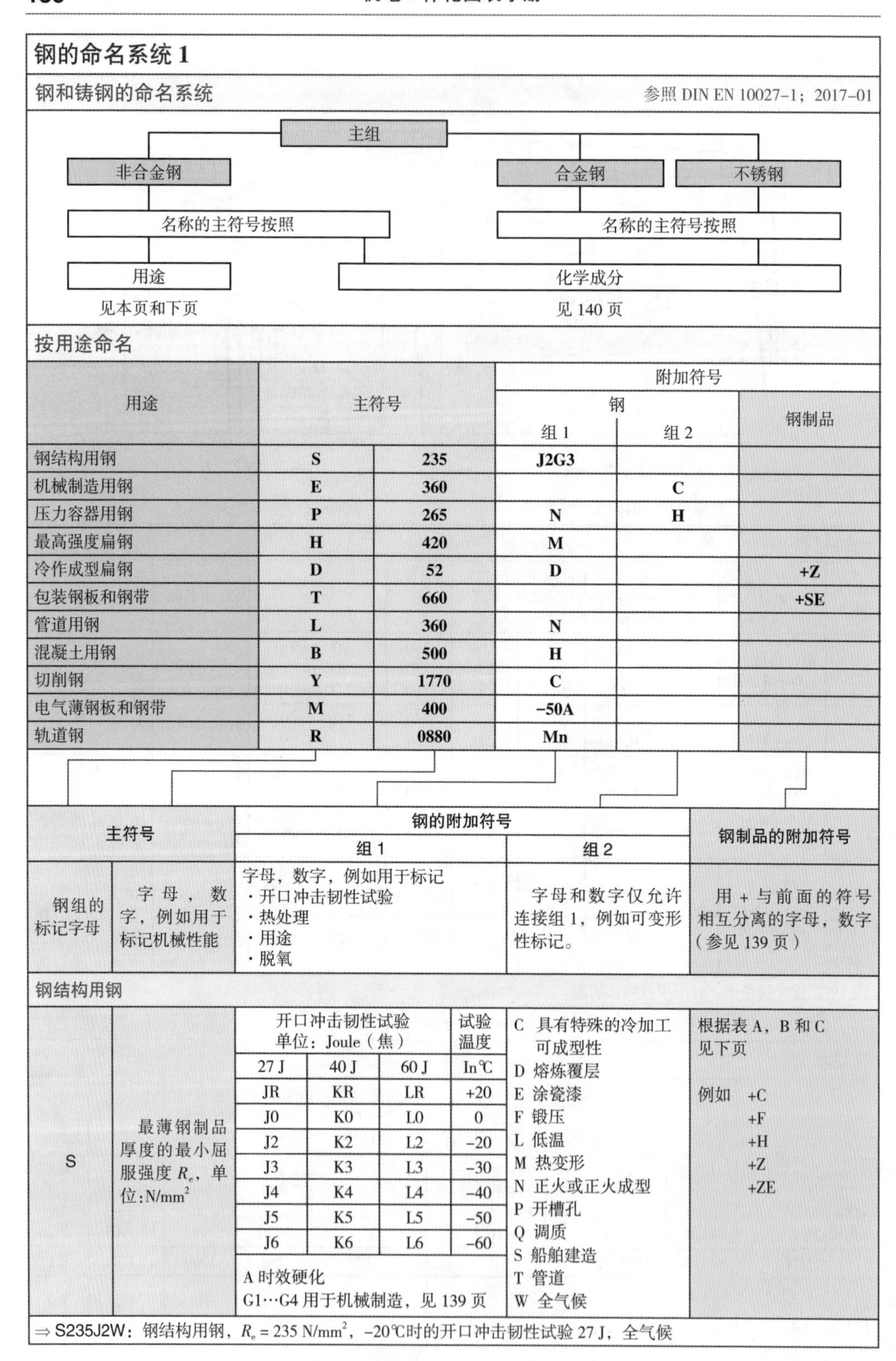

钢的命名系统 1

钢和铸钢的命名系统

参照 DIN EN 10027-1；2017-01

见本页和下页

见 140 页

按用途命名

用途	主符号		附加符号：钢 组 1	附加符号：钢 组 2	附加符号：钢制品
钢结构用钢	**S**	**235**	**J2G3**		
机械制造用钢	**E**	**360**		**C**	
压力容器用钢	**P**	**265**	**N**	**H**	
最高强度扁钢	**H**	**420**	**M**		
冷作成型扁钢	**D**	**52**	**D**		**+Z**
包装钢板和钢带	**T**	**660**			**+SE**
管道用钢	**L**	**360**	**N**		
混凝土用钢	**B**	**500**	**H**		
切削钢	**Y**	**1770**	**C**		
电气薄钢板和钢带	**M**	**400**	**–50A**		
轨道钢	**R**	**0880**	**Mn**		

主符号		钢的附加符号：组 1	钢的附加符号：组 2	钢制品的附加符号
钢组的标记字母	字母，数字，例如用于标记机械性能	字母，数字，例如用于标记 · 开口冲击韧性试验 · 热处理 · 用途 · 脱氧	字母和数字仅允许连接组 1，例如可变形性标记。	用 + 与前面的符号相互分离的字母，数字（参见 139 页）

钢结构用钢

主符号		组 1	组 2	钢制品的附加符号
S	最薄钢制品厚度的最小屈服强度 R_e，单位：N/mm^2	见下表	C 具有特殊的冷加工可成型性 D 熔炼覆层 E 涂瓷漆 F 锻压 L 低温 M 热变形 N 正火或正火成型 P 开槽孔 Q 调质 S 船舶建造 T 管道 W 全气候	根据表 A，B 和 C 见下页 例如 +C +F +H +Z +ZE

开口冲击韧性试验 单位：Joule（焦）27 J	40 J	60 J	试验温度 In℃
JR	KR	LR	+20
J0	K0	L0	0
J2	K2	L2	–20
J3	K3	L3	–30
J4	K4	L4	–40
J5	K5	L5	–50
J6	K6	L6	–60

A 时效硬化

G1…G4 用于机械制造，见 139 页

⇒ S235J2W：钢结构用钢，R_e = 235 N/mm^2，–20℃时的开口冲击韧性试验 27 J，全气候

钢的命名系统 2

按用途命名（续前表）

主符号		附加符号		
字母	特性	组 1	组 2	钢制品
机械制造用钢				
E	最薄钢制品厚度的最小屈服强度 R_e，单位：N/mm²	G1 非镇静浇铸 G2 镇静浇铸 G3 全镇静浇铸 G4 全镇静浇铸并规定供货条件	C 具有特殊的冷加工可成型性	根据表 B（见下） 例如 +A +QT
⇒ EC360C：机械制造用钢，R_e = 360 N/mm²，具有特殊的冷加工可成型性				
冷加工成型扁钢制品				
D	双面标记数字	D 热浸镀层 EK 常规涂瓷漆 ED 直接涂瓷漆 T 用于管材 规定元素的化学符号，例如 Cu	不使用符号	根据表 B 和表 C（见下） 例如 +Z +ZE
DC	冷轧，双面标记数字			
DD	热轧，双面标记数字			
DX	不规定轧制状态，双面标记数字			
⇒ DX51D+Z：冷加工成型扁钢制品，无轧制规定，标记数字 51，用于热浸镀层，火焰镀锌 ⇒ DC03+ZE：冷加工成型扁钢制品，冷轧，标记数字 03，电镀镀锌				

钢制品附加符号

表 A：特殊要求

+H	具有可淬硬性	+CH	具有核心部分可淬硬性	+Z35	垂直于表面的最小断裂延伸率 35%
+Z15	垂直于表面的最小断裂延伸率 15%	+Z25	垂直于表面的最小断裂延伸率 25%		

表 B：热处理状态 [1]

+A	球化退火	+FP	处理成铁素体－珠光体组织结构并按淬火时间间隔处理	+Q	骤冷和淬火
+AC	退火形成球状碳化物	+HC	热－冷加工成型	+QA	空冷淬火
+AR	与轧制相同	+I	等温处理	+QO	油冷淬火
+AT	固溶退火	+LC	轻度冷拉或轻度精轧（表皮光轧）	+QT	调质
+C	冷作硬化	+M	热机轧制	+QW	水冷淬火
+Cnnn	冷作硬化至最低抗拉强度 nnn N/mm²	+N	正火	+RA	再结晶退火
+CR	冷轧	+NT	正火和回火	+S	处理成具有冷剪切性
+DC	委托供货商提供供货状态	+P	时效硬化	+SR	低应力退火
				+T	回火
				+TH	按淬火间隔处理
				+U	不做热处理
				+WW	热硬化

1 为避免与表 A 和 C 的其他符号混淆，热处理状态的附加符号前可前置字母 T，例如 +TA

表 C：表面覆层的种类 [2]

+A	火焰镀铝	+IC	无机涂覆层	+TE	电镀铅锡合金
+AS	涂覆铝硅合金	+OC	有机涂覆层（线材涂覆层）	+Z	火焰镀锌
+AZ	涂覆铝锌合金	+S	火焰镀锡	+ZA	涂覆锌铝合金
+CE	特种镀铬	+SE	电镀锡	+ZE	电镀锌
+CU	涂覆铜	+T	铅锡合金（Terne）热浸镀层	+ZF	扩散退火锌镀层
				+ZN	锌镍涂覆层

2 为避免与表 A 和 C 的其他符号混淆，涂覆层种类附加符号前可加字母 S，例如 +SA。

钢的命名系统 3

按化学成分命名

化学成分	主符号		附加符号 钢组 1	附加符号 钢组 2
锰含量< 1% 的非合金钢，易切削钢除外	C	35	E4	+QT
锰含量> 1% 的非合金钢		28Mn6		
非合金易切削钢		11SMn30		
各合金元素含量均低于 5% 的合金钢		31CrMoV5-9		
合金钢（高速切削钢除外）。至少某个合金元素的平均含量超过 5%	X	5CrNi18-10		
高速切削钢	HS	2-9-1-8		

主符号			钢组 1 附加符号	钢制品附加符号
铸钢标记字母 G（需要时）	钢组标记字母	字母，数字，例如用于标记： · 碳含量 · 合金元素	字母，数字，例如用于标记用途	用 + 与前一个符号分开的字母，数字

C：锰含量< 1% 的非合金钢，易切削钢除外

主符号 字母	主符号 碳含量	附加符号 组 1		附加符号 钢制品
C	碳含量标记字母。碳含量平均值，单位：% =标记数字 × 100	E 规定的最大硫含量[1] R 规定的硫含量范围[1] D 用于拉丝	C 特殊的冷加工可成型性 S 用于弹簧 U 用于刀具 W 用于焊丝	按表 B，见 139 页 例如 +QT +A
		G1…G4 参见前页的机械制造用钢		

[1] 在字母 E 或 R 后面的是标记数字，其含义：标记数字 = 硫含量（%）× 100

⇒ C35E4+QT：非合金钢，碳含量 0.35%，最大硫含量 =0.04%，调质

主符号 字母	主符号 碳含量	主符号 合金元素		钢制品附加符号
锰含量> 1% 的非合金钢，非合金易切削钢，各合金元素含量均低于 5% 的合金钢（易切削钢除外）				
–	碳含量标记数字 标记数字 = 100 × 平均碳含量	合金元素符号 元素平均含量的标记数字 标记数字 = 平均含量 × 系数		按照表 A 和表 B 见前页 例如 +U +A +N +QT
		元素	系数	
		Cr，Co，Mn，Ni，Sn，W	4	
		Al，Be，Cu，Mo，Nb，Pb，Ta，Ti，V，Zr	10	
		Ce，N，P，S，C	100	
		B	1000	

⇒ 28Mn6：非合金钢，碳含量 0.28%，锰含量 1.5%

X 合金钢（高速切削钢除外）至少一种合金元素含量超过 5%

X	碳含量标记数字 标记数字 = 100 × 平均碳含量	合金元素符号 用横线分开的标记数字指元素的平均含量	按照表 A 和表 B 见前页

⇒ X5CrNi18-10：合金钢，碳含量 0.05%，铬含量 18%，镍含量 10%

HS 高速切削钢 PM 粉末冶金

HS	高速切削钢	用横线分开的标记数字表示按下列顺序的元素含量百分比数： 钨（W）– 钼（Mo）– 钒（V）– 钴（Co）	按照表 A 和表 B 见前页
PM	粉末冶金		

⇒ HS2-9-1-8：高速切削钢，含钨 2%，钼 9%，钒 1%，钴 8%

钢 1

非合金结构钢，热轧

参照 DIN EN 10025–2

钢种类			DO[1]	S[2]	抗拉强度 R_m[3]	钢制品厚度（mm）如下时的屈服强度 R_e（N/mm^2）				断裂延伸率[4] A	性能，应用
缩写名称	材料代码	现用缩写名称			N/mm^2	≤ 16	> 16 ≤ 40	> 40 ≤ 63	> 63 ≤ 80	%	
S185	1.0035	St 33	—	GS	290～510	185	175	—	—	18	低级零件，例如栏杆
S235JR	1.0038	St 37–2	—	GS	340～470	235	225	—	—	26	机械制造和钢结构中低载荷零件；良好的可加工性
S235JRG1	1.0036	USt 37–2	FU	GS	340～470	235	225	—	—	26	
S235JRG2	1.0038	RSt 37–2	FN	GS	340～470	235	225	215	215	26	
S235JO	1.0114	St 37–3 U	FN	QS							
S235J2G3	1.0116	St 37–3 N	FF	QS	340～470	235	225	215	215	26	
S235J2G4	1.0117	—	FF	QS							
S275JR	1.0044	St 44–2	FN	GS	410～560	275	265	255	245	22	中等载荷零件，例如静轴，动轴，杆
S275JO	1.0143	St 44–3 U	FN	QO							
S275J2G3	1.0144	St 44–3 N	FF	QS	410～560	275	265	255	245	22	
S275J2G4	1.0145	—	FF	QS							
E295	1.0050	St 50–2	FN	GS	470～610	295	285	275	265	20	中等载荷零件
E335	1.0060	St 60–2	FN	GS	570～710	335	325	315	305	16	较高载荷零件；低可加工性，耐磨强度大
E360	1.0070	St 70–2	FN	GS	670～830	360	355	345	335	11	

[1] DO 脱氧类型：FU 非镇静钢；FN 镇静钢；FF 全镇静钢

[2] S 钢种类：GS 基本钢；QS 优质钢

[3] 该数值适用于厚度 3 mm 至 100 mm 的钢制品。

[4] 数值适用于厚度 3 mm 至 40 mm 的钢制品以及长条试样。

易切削钢

参照 DIN EN 10087

钢种类		B[5]	钢制品厚度 16 至 40mm				性能，应用
缩写名称	材料代码		硬度 HB	抗拉强度 R_m N/mm^2	屈服强度 R_e N/mm^2	断裂延伸率 A %	
11SMn30	1.0715	+U	112～169	380～570	—	—	不适宜热处理的钢；低载荷小零件；动轴，杆，销钉，螺钉
11SMnPb30[6]	1.0718						
11SMn37	1.0736	+U	112～169	380～570	—	—	
11SMnPb37[6]	1.0737						
10S20	1.0721	+U	107～156	360～530	—	—	易切削渗碳钢；耐磨小零件；轴，螺栓，销钉
10SPb20[6]	1.0722						
15SMn13	1.0725	+U	128～178	430～600	—	—	
35S20	1.0726	+U	146～195	490～660	—	—	适宜调质的易切削钢；较大载荷的较大零件；主轴，动轴，齿轮
35SPb20[6]	1.0756	+QT	—	600～750	380	16	
38SMn28	1.0760	+U	156～207	530～700	—	—	
38SMnPb28[6]	1.0761	+QT	—	700～850	420	15	

[5] B 热处理状态：+U 未处理；+QT 调质

[6] 添加铅可改善切削加工性能。

所有的易切削钢均为非合金优质钢。易切削渗碳钢和易切削调质钢的热处理结果均符合优质钢的要求。

钢 2

调质钢

参照 DIN EN 10083-1 和 DIN EN 10083-2

钢种类			S^1	B^2	抗拉强度 R_m[3] N/mm²	轧制直径 d（mm）时的屈服强度 R_e N/mm²			断裂延伸率 A %	性能，应用
缩写名称	材料代码	现用缩写名称				≤ 16	> 16 ≤ 40	> 40 ≤ 100		
非合金钢										
C22	1.0402	C 22	QS	+N	410	240	210	210	25	低载荷小直径调质零件；例如螺钉，螺栓，静轴，动轴，齿轮
C22E	1.1151	Ck 22	ES	+QT	470~620	340	290	—	22	
C25	1.0406	C 25	QS	+N	440	260	230	230	23	
C25E	1.1158	Ck 25	ES	+QT	500~650	370	320	—	21	
C35	1.0501	C 35	QS	+N	520	300	270	260	19	
C35E	1.1181	Ck 35	ES	+QT	600~750	430	380	320	19	
C45	1.0503	C 45	QS	+N	580	340	305	305	16	
C45E	1.1191	Ck 45	ES	+QT	650~800	490	430	370	16	
C60	1.0601	C 60	QS	+N	670	380	340	340	11	
C60E	1.1221	Ck 60	ES	+QT	800~950	580	520	450	13	
28Mn6	1.1170	28 Mn 6	ES	+N +QT	600 700~800	345 590	310 490	310 440	18 15	
合金钢										
38Cr2 38CrS2	1.7003 1.7023	38 Cr 2 38 CrS 2	ES	+QT	700~850	550	450	350	15	中等载荷较大调质直径的零件；例如传动轴，蜗杆，齿轮
46Cr2 46CrS2	1.7006 1.7025	46 Cr 2 46 CrS 2	ES	+QT	800~950	650	550	400	14	
34Cr4 34CrS4	1.7033 1.7037	34 Cr 4 34 CrS 4	ES	+QT	800~950	700	590	460	14	
37Cr4 37CrS4	1.7034 1.7038	37 Cr 4 37 CrS 4	ES	+QT	850~1000	750	630	510	13	
41Cr4 41CrS4	1.7035 1.7039	41 Cr 4 41 CrS 4	ES	+QT	900~1100	800	660	560	12	
25CrMo4 25CrMoS4	1.7218 1.7213	25 CrMo 4 25 CrMoS 4	ES	+QT	800~950	700	600	450	14	
34CrMo4 34CrMoS4	1.7220 1.7226	34 CrMo 4 34 CrMoS 4	ES	+QT	900~1100	800	650	550	12	较高载荷和较大直径调质零件；例如轴，齿轮，大型锻压件
42CrMo4 42CrMoS4	1.7225 1.7227	42 CrMo 4 42 CrMoS 4	ES	+QT	1000~1200	900	750	650	11	
50CrMo4	1.7228	50 CrMo 4	ES	+QT	1000~1200	900	780	700	10	
51CrV4	1.8159	51 CrV 4	ES	+QT	1000~1200	900	800	700	10	
36CrNiMo4	1.6511	36 CrNiMo 4	ES	+QT	1000~1200	900	800	700	11	
34CrNiMo6	1.6582	34 CrNiMo 6	ES	+QT	1100~1300	1000	900	800	10	最大载荷和大调质直径零件
30CrNiMo8	1.6580	30 CrNiMo 8	ES	+QT	1250~1450	1050	1050	900	9	
36NiCrMo16	1.6773	—	ES	+QT	1250~1450	1050	1050	900	9	

[1] S 钢种类；QS 优质钢；ES 高级钢

[2] B 热处理状态：+N 正火；+QT 调质

[3] 该数值适用于轧制直径 d = 16~40 mm。其他直径适用于下列标准值：最大至 16 mm：抗拉强度 R_m = 表值 · 1.1；超过 40 mm：抗拉强度 R_m = 表值 · 0.9

钢 3

渗碳钢（节选）

参照 DIN EN 10084

钢种类		供货状态硬度值[1]		渗碳淬火[2]后内核性能			性能，应用
缩写名称	材料代码	+A HB	+FP HB	抗拉强度 R_m N/mm^2	屈服强度 R_e N/mm^2	断裂延伸率 A %	
C10E C15E	1.1121 1.1141	131 143	— —	490～640 590～780	295 355	16 14	低载荷零件；例如杆，轴颈，螺栓
17Cr3 17Cr3[3]	1.7016 1.7014	174	—	800～1050	450	11	较高载荷和较高内核强度的零件；例如齿轮，主轴，动轴，检测装置
16MnCr5 16MnCrS5[3]	1.7131 1.7139	207	156～207	880～1180	590	11	
20MnCr5 2020MnCr5[3]	1.7147 1.7149	217	170～217	1080～1370	685	8	
20MoCr4 20MoCrS4[3]	1.7321 1.7323	207	156～207	880～1180	590	10	最大载荷和部分较大尺寸的零件例如变速箱；齿轮，锥齿轮和盘形齿轮，动轴，螺栓
17CrNi6-6 15NiCr13	1.5918 1.5752	229	175～229	880～1180 1030～1320	635 785	9 10	
20NiCrMo2-2 18CrNiMo13-4	1.6523 1.6587	212 229	161～212 179～229	980～1270 1180～1420	590 785	10 8	

[1] 供货状态：+A 球化退火 +FP 处理成铁素体－珠光体组织结构和按淬火时间间隔处理。
[2] 强度数值适用于标称直径 30 mm 的试样。
[3] 添加适量的硫可改善切削加工性能。
钢种类 C10E 和 C15E 是非合金高级钢，所有其他种类均是高级合金钢。

不锈钢

参照 DIN EN 10088-3：2014

钢种类		B[4]	厚度 d mm	硬度 HB	屈服强度 $R_{p0.2}$ N/mm^2	抗拉强度 R_m N/mm^2	断裂延伸率 A %	性能，应用
缩写名称	材料代码							
X2CrNi12	1.4003	+A	≤ 100	200	260	450～600	20	**铁素体钢** 可冷加工成型，可切削加工性差，可焊接；例如金属构件，机器蒙皮，仪表制造
X6Cr13	1.4000	+A	≤ 25	200	230	400～630	20	
X6Cr17	1.4046	+A	≤ 100	200	240	400～630	20	
X6CrMoS17	1.4105	+A	≤ 100	200	250	430～630	20	
X6CrMo17-1	1.4113	+A	≤ 100	200	280	440～660	16	
X20Cr13	1.4021	+A	—	230	—	≤ 760	—	**马氏体钢** 可淬火，良好的切削加工性，有条件地可焊接性，高强度；例如静轴，动轴，螺钉，外科器械，滚动轴承
		+QT	≤ 160	—	500	700 ≤ 850	13	
X30Cr13	1.4028	+A	—	245	—	≤ 800	—	
		+QT	≤ 160	—	650	850 ≤ 1000	13	
X39Cr13	1.4031	+A	—	245	—	≤ 800	—	
X50CrMoV15	1.4116	+A	—	280	—	≤ 900	—	
X10CrNi18-8	1.4310	+AT	≤ 40	230	195	500～750	40	**奥氏体钢** 良好的冷加工成型性，良好的可焊接性，切削加工性差；例如化学工业，食品工业，汽车制造
X2CrNi18-9	1.4307	+AT	≤ 160	215	175	450～680	45	
X2CrNi19-11	1.4306	+AT	≤ 160	215	180	460～680	45	
X6CrNiTi18-10	1.4541	+AT	≤ 160	215	190	500～700	40	

[4] B 热处理状态：+A 球化退火；+AT 固溶退火，+QT 调质
材料特性数值适用于半成品，棒材，轧制线材和型材。

钢型材

横截面	名称 尺寸（mm）	标准	横截面	名称 尺寸（mm）	标准
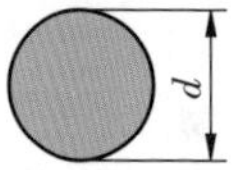	**圆钢** d = 8～200	DIN EN 10060	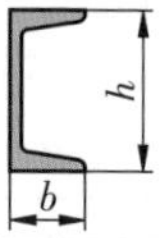	**U 型钢** h = 30～400 **U 型钢** h = 80～400	DIN 1026–1 DIN 1026–2
	**方钢** a = 8～120	DIN EN 10059	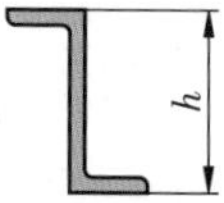	**Z 型钢** h = 30～200	DIN 1027
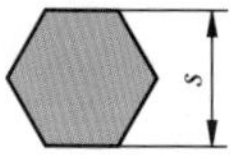	**六角钢** s = 13～103	DIN EN 10061	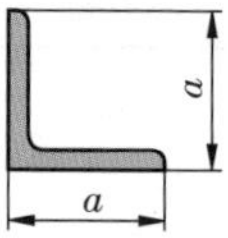	**等边角钢** a = 20～250	DIN EN 10056–1
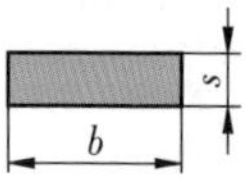	**扁钢** $b \times s$ = 10 × 5～150 × 60	DIN EN 10058	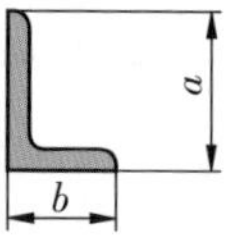	**不等边角钢** $a \times b$ = 30 × 20～200 × 150	DIN EN 10056–1
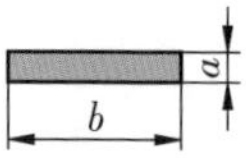	**宽扁钢** $b \times a$ = 160 × 5～1200 × 80	DIN 59200	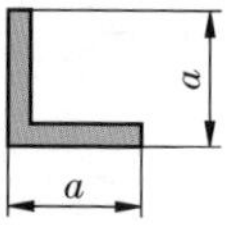	**等边锐角钢** a = 20～50	DIN 1022
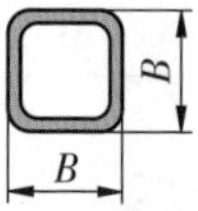	**方形空心型材** B = 20～400	DIN EN 10210–2 DIN EN 10219–2	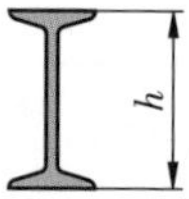	**窄工字梁** I– 系列 h = 80～600	DIN 1025–1
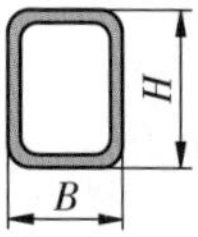	**矩形空心型材** $H \times B$ = 50 × 25～500 × 300 **矩形空心型材** $H \times B$ = 40 × 20～400 × 300	DIN EN 10210–2 DIN EN 10219–2	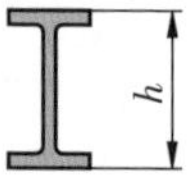	**中等宽度工字梁** IPE– 系列 h = 80～600	DIN 1025–5
	**圆形空心型材** D = 21.3～1219 **圆形空心型材** D = 21.3～1219	DIN EN 10210–2 DIN EN 10219–2	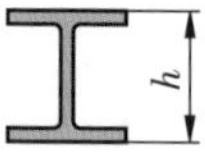	**宽工字梁** IPB– 系列 1 h = 100～1000	DIN 1025–2
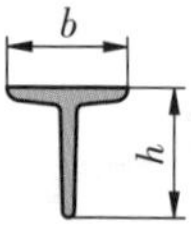	**等腰 T 型钢** $b = h$ = 30～140	DIN EN 10055	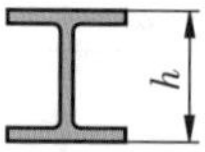	**宽工字梁** IPBI– 系列 1 IPBII– 系列 1 h = 100～1000	DIN 1025–3
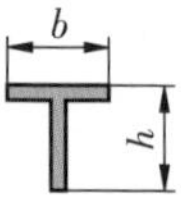	**等腰锐角 T 型钢** $b = h$ = 20～40	DIN 59051	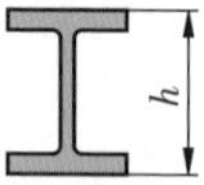	**宽工字梁** IPBv– 系列 1 h = 100～1000	DIN 1025–4

[1] 按照欧洲标准 53–62；IPB = HE–B；IPBI = HE–A；IPBII = HE–AA；IPBv = HE–M

铸铁材料的命名系统

铸铁材料的材料代码

参照 DIN EN 1560

根据 DIN EN 的新材料代码由 7 位组成，各位置之间不允许留有空格，例如 EN–JL1020。

EN 欧洲标准

J 铁

代码位置 1	—	2	3	4	5+6	7	铸铁种类
EN	—	J	L	2	04	7	片状石墨铸铁
EN	—	J	S	1	02	2	球状石墨铸铁
EN	—	J	M	1	13	0	可锻铸铁

石墨结构	主要特征	材料标记数字	材料要求
L 片状石墨 S 球状石墨 M 团絮状石墨 V 蠕虫状石墨 N 无石墨 Y 特殊结构	1 抗拉强度 2 硬度 3 化学成分	通过 00 至 99 的数字标记出各种材料所属的材料形状	0 无特殊要求 1 单独浇铸的样品 2 连续浇铸的样品 3 取自样品的铸件 4 室温下的冲击韧性 5 低温下的冲击韧性 6 指定的焊接特性 7 未处理的铸件毛坯 8 热处理的铸件 9 补充的指定要求

⇒ EN–JL1040：片状石墨铸铁的材料代码（见 146 页）。

铸铁材料的缩写名称

参照 DIN EN 1560：2011–05

铸铁材料的缩写名称最多由六个部分组成，但并不是每个位都必须占用。例如 EN–GJS–HB–230

EN 欧洲标准

G 铸件
J 铁

名称各个位置 1	—	2	3	4	—	5	6	铸铁种类
EN	—	GJ	L	2	—	150C		片状石墨铸铁
EN	—	GJ	L		—	HB155		片状石墨铸铁
EN	—	GJ	S		—	350–22U		球状石墨铸铁
EN	—	GJ	S		—	400–18S–RT		球状石墨铸铁
EN	—	GJ	M	B	—	600–3		可锻铸铁
EN	—	GJ	M	W	—	360–125	W	可锻铸铁
EN	—	GJ	N		—	X300CrNiSi9–5–2		耐磨铸铁
EN	—	GJ	L	A	—	XNiCuCr15–6–2		奥氏体铸铁

石墨结构	微观或宏观结构	补充要求
L 片状石墨 S 球状石墨 M 团絮状石墨 V 蠕虫状石墨 N 无石墨（硬结构）莱氏体 Y 特殊结构	A 奥氏体 F 铁素体 R 奥铁体 P 珠光体 M 马氏体 L 莱氏体 Q 骤冷 T 调质 B 未脱碳退火 W 脱碳退火	D 未处理的铸件毛坯 H 已热处理的铸件 W 适宜焊接 Z 补充要求

机械性能或化学成分

a）机械性能

举例	解释
350	最低抗拉强度（N/mm^2）
350–22	补充的最小断裂延伸率（%）
350–22S 350–22U 350–22C	单独浇铸 连续浇铸样品制作 从样品上取样
350–22LT 350–22RT	低温冲击韧性检测时 室温的检测温度
HB155	最大布氏硬度
HV230	最大维氏硬度
HR350	最大洛氏硬度

b）化学成分

化学成分源自钢的名称。

⇒ EN–GJS–350–22S：球状石墨铸铁，抗拉强度 $R_m = 350\ N/mm^2$，断裂延伸率 $A = 22\%$

铸铁

片状石墨铸铁

参照 DIN 1561：2012-01

抗拉强度 R_m 作为标记性能的分类

种类		现用缩写名称	单独浇铸样品所测数值		
缩写名称	材料代码		壁厚 mm	抗拉强度 R_m N/mm²	性能，应用
EN-GJL-100	5.1100	GG-10	5~40	100	极佳减震和导热的零件
EN-GJL-150 EN-GJL-200	5.1200 5.1300	GG-15 GG-20	2.5~200 2.5~200	150 200	较高载荷的零件；例如杆，轴承座
EN-GJL-250	5.1301	GG-25	5~200	250	耐热和耐压密封零件
EN-GJL-300 EN-GJL-350	5.1302 5.1303	GG-30 GG-35	10~200 10~200	300 350	高载荷零件；例如轴承壳，透平机座

⇒ EN-GJL-100：片状石墨铸铁，R_m = 100 N/mm²

布氏硬度 HB 作为标记性能的分类

种类		现用缩写名称	单独浇铸样品所测数值		
缩写名称	材料代码		壁厚 mm	布氏硬度 HB	性能，应用
EN-GJL-HB155 EN-GJL-HB175 EN-GJL-HB195	5.1101 5.1201 5.1304	GG-150 HB GG-170 HB GG-190 HB	40~80 40~80 40~80	max.155 115~175 135~195	若此类铸铁零件需耐磨载荷或高速切削加工时宜选用这种标记分类。
EN-GJL-HB215 EN-GJL-HB235 EN-GJL-HB255	5.1305 5.1306 5.1307	GG-220 HB GG-240 HB GG-260 HB	40~80 40~80 40~80	155~215 175~235 195~255	

⇒ EN-GJL-HB215：片状石墨铸铁，最大布氏硬度 = 215 HB

铸铁件壁厚与最低抗拉强度之间的关系

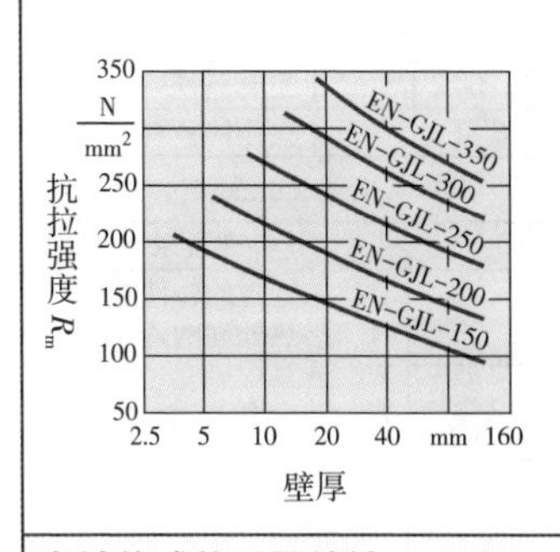

铸铁件壁厚与布氏硬度纵切数值之间的关系

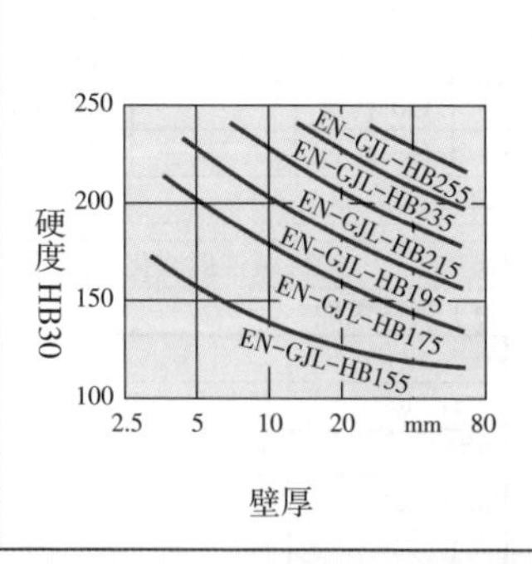

抗拉强度与布氏硬度之间的关系

相对硬度

$$RH = \frac{HB}{100 + 0.44 \cdot R_m}$$ 1

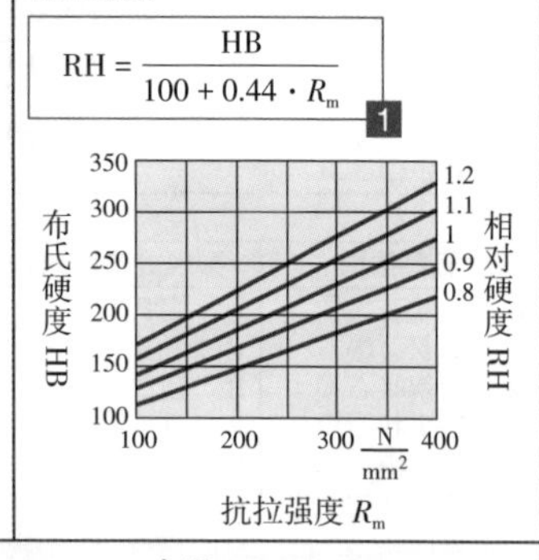

奥铁体球状石墨铸铁

参照 DIN EN 1564：2012-01

种类		单独浇铸样品所测数值			
缩写名称	材料代码	抗拉强度 R_m N/mm²	屈服强度 $R_{p0.2}$ N/mm²	断裂延伸率 A %	性能，应用
EN-GJS-800-10 EN-GJS-1050-6	5.3400 5.3403	800 1050	500 700	10 6	与 DIN EN 1563 所述分类方法相比，通过热处理可获更高的强度和韧性。
EN-GJS-1200-3 EN-GJS-1400-1	5.3404 5.3405	1200 1400	850 1100	3 1	

⇒ EN-GJS-900-8：奥铁体球状石墨铸铁，R_m = 900 N/mm²，A = 8%

管材

冷拉无缝管材 冷拉焊接管材

参照 DIN EN 10305-1:2016-08
参照 DIN EN 10305-2

供货状态

缩写符号	名称	解释，性能
+ C	光亮拉拔 - 硬	冷拉后无热处理
+ LC	光亮拉拔 - 软	最后一道热处理工序后冷拉
+ SR	光亮拉拔，去应力退火	最后一道冷拉工序后，在控制环境条件下去应力退火
+ A	球化退火	最后一道冷拉工序后，在控制环境条件下退火
+ N	正火	最后一道冷拉工序后，在控制环境条件下正火

冷拉无缝管材的机械性能

参照 DIN EN 10305-1:2016-8

供货状态	+ C		+ LC		+ SR			+ A		+ N		
钢种类缩写名称	R_m N/mm²	A %	R_m N/mm²	A %	R_m N/mm²	R_{eH} N/mm²	A %	R_m N/mm²	A %	R_m N/mm²	R_{eH} N/mm²	A %
E215	430	8	380	12	380	280	16	280	30	290 ~ 420	215	30
E235	480	6	420	10	420	350	16	315	25	340 ~ 480	235	25
E355	640	4	580	7	580	450	10	450	22	490 ~ 630	355	22

供货状态 + C，+ LC：平滑，管材内外表面粗糙度 $R_a \leqslant 4$ μm
供货状态 + SR，+ A，+ N：平滑，管材外表面粗糙度 $R_a \geqslant 4$ μm；屈服强度 R_{eH} 上限值。

供货类型：外径 $D = 4 \sim 260$ mm，壁厚 $s = 0.5 \sim 25$ mm
制造长度：3 ~ 8 m

材料：机械制造用钢

⇒**管材 60 × ID56-EN 10305-1-E235 + N：**冷拉无缝管材，外径 60 mm，内径 56 mm，按 DIN EN 10305-2 采用 E235 钢在正火状态下制造。

冷拉焊接管材的机械性能

参照 DIN EN 10305-2:2016-08

供货状态	+ C		+ LC		+ SR			+ A		+ N		
钢种类缩写名称	R_m N/mm²	A %	R_m N/mm²	A %	R_m N/mm²	R_{eH} N/mm²	A %	R_m N/mm²	A %	R_m N/mm²	R_{eH} N/mm²	A %
E115	400	6	350	10	350	245	18	260	28	270 ~ 410	155	28
E195	420	6	370	10	370	260	18	290	28	300 ~ 440	195	28
E235	490	6	440	10	440	325	14	315	25	340 ~ 480	235	25
E275	560	5	510	8	510	375	12	390	22	410 ~ 550	275	22
E355	640	4	590	6	590	435	10	450	22	490 ~ 630	355	22

供货状态：平滑，管材内外表面粗糙度 $R_a \leqslant 4$ μm

供货类型：外径 $D = 4 \sim 150$ mm，壁厚 $T = 0.5 \sim 10$ mm
制造长度：3 ~ 8 m

材料：机械制造用钢

⇒**管材 D60 × d56-EN 10305-1-E235 + N：**焊接无缝管材，外径 60 mm，内径 56 mm，按 DIN EN 10305-2 采用 E195 钢在正火状态下制造。

拉制无缝铜管

参照 DIN EN 1057:2010-06

名称	状态	外径 d /mm	抗拉强度 R_m / MPa	断裂延伸率 A%	应用
R220	软	6 ~ 54	220	40	卫生工程和供暖设备安装用水管和煤气管
R250	半硬	6 ~ 66.7	250	30	
		6 ~ 159		20	
R290	硬	6 ~ 267	290	3	

供货类型：管径 $d = 6 \sim 54$ mm，状态 R220，供货长度 25 m 或 50 m。
状态 R250 或 R290 的直线长度 $d = 6 \sim 267$ mm，供货长度 3 m 或 5 m。管材供货时也可以加外包装。

材料：铜和铜合金

⇒**铜管 EN 1057-R220-12x1.0：**按照 DIN EN 1057 制造的铜管，R220（软），$d = 12$ mm, 壁厚 $s = 1$ mm。

有色金属 1

系统名称（节选）

参照 DIN EN 1173:2008

按照本标准所述构成所有有色金属的缩写符号，铝和铝合金除外。铝和铝合金的缩写符号见 149 页。

举例：

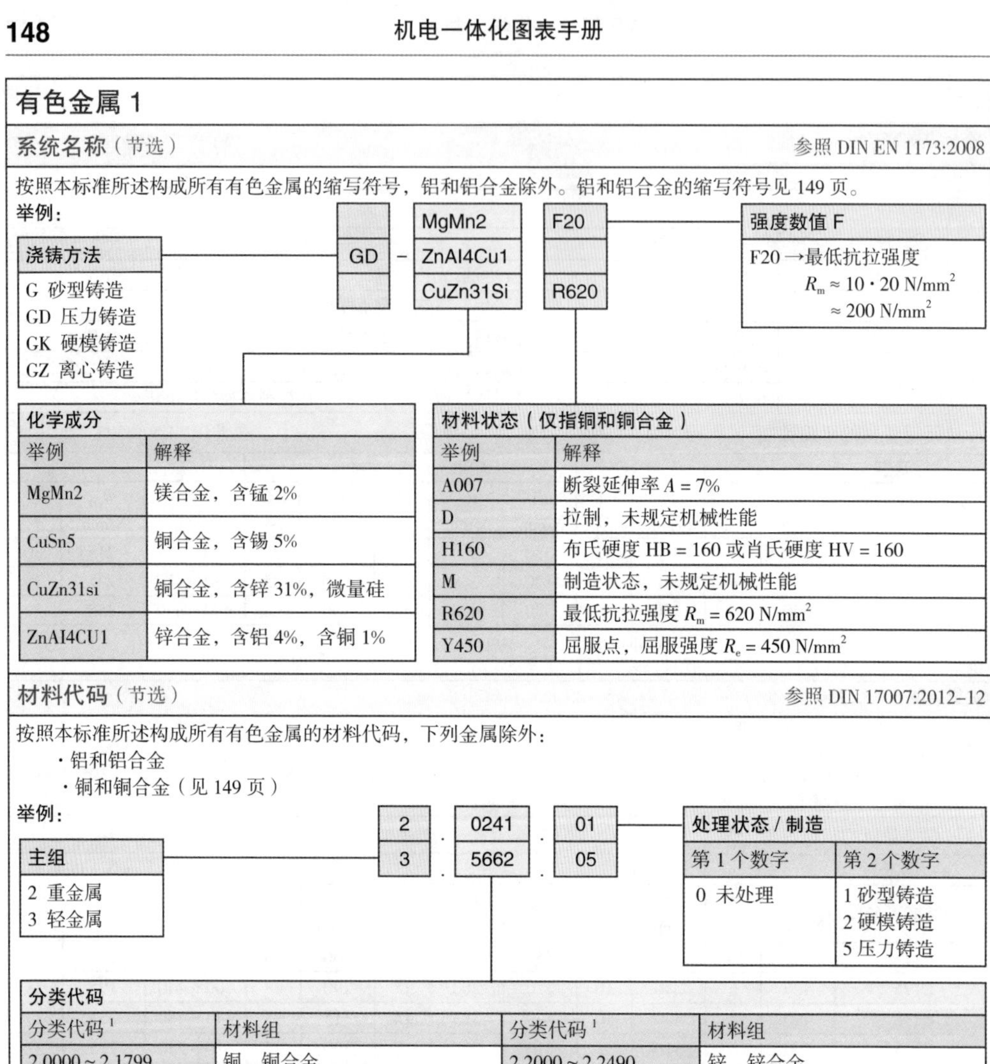

化学成分

举例	解释
MgMn2	镁合金，含锰 2%
CuSn5	铜合金，含锡 5%
CuZn31si	铜合金，含锌 31%，微量硅
ZnAI4CU1	锌合金，含铝 4%，含铜 1%

材料状态（仅指铜和铜合金）

举例	解释
A007	断裂延伸率 $A = 7\%$
D	拉制，未规定机械性能
H160	布氏硬度 HB = 160 或肖氏硬度 HV = 160
M	制造状态，未规定机械性能
R620	最低抗拉强度 $R_m = 620\ N/mm^2$
Y450	屈服点，屈服强度 $R_e = 450\ N/mm^2$

材料代码（节选）

参照 DIN 17007:2012-12

按照本标准所述构成所有有色金属的材料代码，下列金属除外：

- 铝和铝合金
- 铜和铜合金（见 149 页）

举例：

处理状态 / 制造

第 1 个数字	第 2 个数字
0 未处理	1 砂型铸造 2 硬模铸造 5 压力铸造

分类代码

分类代码 [1]	材料组	分类代码 [1]	材料组
2.0000 ~ 2.1799	铜，铜合金	2.2000 ~ 2.2490	锌，锌合金
2.3000 ~ 2.3499	铅，铅合金	2.3500 ~ 2.3999	锡，锡合金
3.5000 ~ 3.5999	镁，镁合金	3.7000 ~ 3.7999	钛，钛合金

[1] 主组代码，指材料代码范围

铜，铜合金的材料代码

参照 DIN EN 1412:1995-12

举例：

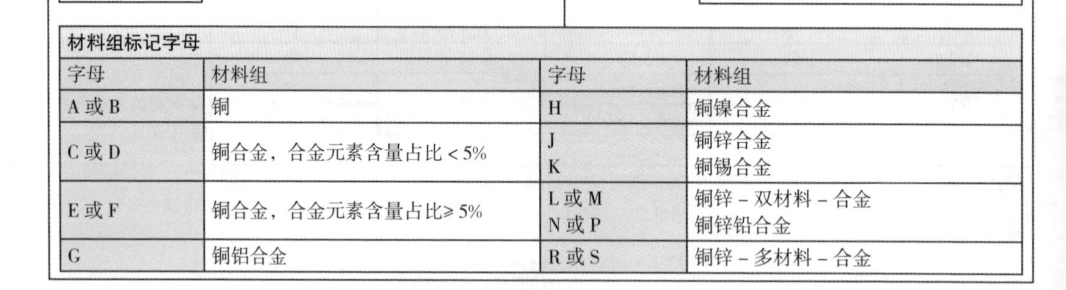

材料组标记字母

字母	材料组	字母	材料组
A 或 B	铜	H	铜镍合金
C 或 D	铜合金，合金元素含量占比 < 5%	J K	铜锌合金 铜锡合金
E 或 F	铜合金，合金元素含量占比≥ 5%	L 或 M N 或 P	铜锌 – 双材料 – 合金 铜锌铅合金
G	铜铝合金	R 或 S	铜锌 – 多材料 – 合金

有色金属 2

铝和铝塑性合金的名称

铝和铝塑性合金的名称按照材料代码（DIN EN 573-1），化学成分（DIN EN 573-2）和（必要时）材料状态（DIN EN 515）命名。

上述标准适用于：	上述标准不适用于：
· 制成品，例如板材，棒材，管材，带材，线材 · 初加工材料，例如锻压件的毛坯件 · 锻压件	· 铸件 · 复合产品 · 粉末冶金制品

按化学成分命名

参照 DIN EN 573-1

命名举例：

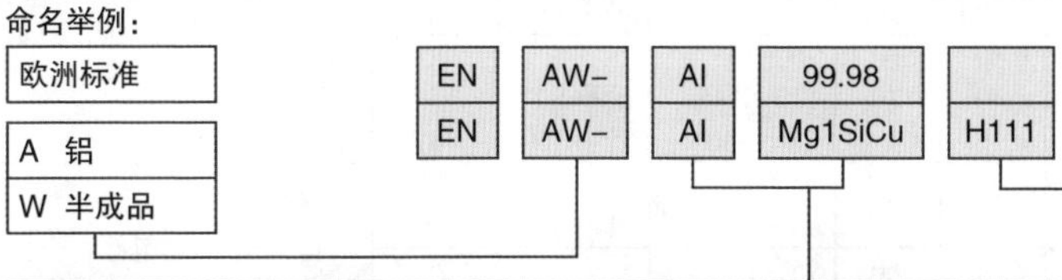

化学成分，纯度			
举例	解释	举例	解释
AI 99.98	纯铝，99.98% AI	Al Mg3Mn	3% Mg，Mn < Mg
AI 99.5Ti	99.5% AI，Ti	Al MgIPbMn	1% Mg，Pb < Mg，Mn < Mg
AI Mg1	1% Mg	Al MgSi	Si < Mg

材料状态（节选）	
名称	含义
制造状态	
F	未规定机械性能的极限数值
球化退火获取最低强度	
O	也可通过适宜的热成型加工方法获取强度数值
O1	固溶退火，室温下缓慢冷却
O2	热机处理获取最佳可成型加工性能。
冷作硬化获取指定的机械性能	
H111	退火并轻度冷作硬化，例如拉伸或校直
H112	轻度冷作硬化
H12	冷作硬化 – 1/4 硬度
H14	冷作硬化 – 1/2 硬度
H16	冷作硬化 – 3/4 硬度
H18	冷作硬化 – 4/4 硬度
热处理获取稳定的材料状态	
T1	从热成型温度骤冷，然后自然时效
T2	从 T1 骤冷，然后冷加工成型并自然时效
T3	固溶退火，然后冷加工成型并自然时效
T3510	固溶退火，去应力并冷加工成型，不做后续校直
T3511	同 T3510，接着做后续校直，保持极限偏差尺寸
T4	固溶退火，自然时效
T4510	固溶退火，去应力，自然时效，不做后续校直
T6	固溶退火，人工时效
T6510	固溶退火，去应力，人工时效，不做后续校直
T6511	同 T6510，接着做后续校直，保持极限偏差尺寸
T8	固溶退火，然后冷加工成型并人工时效
T9	固溶退火，人工时效，冷加工成型

有色金属 3

铝和铝塑性合金，不能时效硬化

参照 DIN EN 754–2，755–2

按 DIN EN 573 命名的缩写名称（材料代码）	A[1]	材料状态[2]	棒材 D[3] mm	棒材 S[4] mm	抗拉强度 R_m N/mm^2	屈服强度 $R_{p0.2}$ N/mm^2	断裂延伸率 A_{50}%	性能，应用
En AW–AI 99.5（EN AW–1050A）	p	F，H112	≤ 200	≤ 200	最小 60	最小 20	25	**纯铝** 高导热性，高导电性，耐腐蚀，良好的可焊接性，例如用于包装，罐头盒，装饰条，电气导线，机械强度低
		O，H111			60 ~ 95	最小 20	25	
	z	O，H111	≤ 80	≤ 60	60 ~ 95	—	25	
		H14	≤ 40	≤ 10	100 ~ 135	最小 70	6	
		H18	≤ 10	≤ 3	最小 145	最小 125	3	
En AW–AI 99.0（EN AW–1200）	p	F，H112	≤ 200	≤ 200	最小 75	最小 25	20	
	z	O，H111	≤ 80	≤ 60	70 ~ 105	—	20	
		H14	≤ 40	≤ 10	110 ~ 145	最小 80	5	
		H18	≤ 10	≤ 3	最小 150	最小 130	3	
En AW–AI Mn1（EN AW–3103）	p	F，H112	≤ 200	≤ 200	最小 95	最小 35	25	**铝锰合金** 良好的可成型性，良好的电焊与钎焊性能，耐碱；例如用于包装材料
		O，H111			95 ~ 135	最不 35	25	
	z	O，H111	≤ 80	≤ 60	95 ~ 130	最小 35	25	
		H14	≤ 40	≤ 10	130 ~ 165	最小 110	6	
		H18	≤ 10	≤ 3	最小 180	最小 145	3	
En AW–AI Mn1（B）（EN AW–3103）	p	F，H112	≤ 200	≤ 200	最小 100	最小 40	18	**铝镁合金与铝镁锰合金** 比铝锰合金更高强度和更高冷作硬化，良好的低温韧性，耐受海水和气候影响，例如用于包装，车身
		O，H111			100 ~ 150	最小 40	20	
	z	O，H111	≤ 80	≤ 60	100 ~ 145	最小 40	18	
		H14	≤ 40	≤ 10	最小 140	最小 110	6	
		H18	≤ 15	≤ 2	最小 185	最小 155	4	
En AW–AI Mg2（EN AW–5251）	p	F，H112	≤ 200	≤ 200	最小 160	最小 60	16	
		O，H111			160 ~ 220	最小 60	17	
	z	O，H111	≤ 80	≤ 60	150 ~ 200	最小 60	17	
		H14	≤ 30	≤ 5	200 ~ 240	最小 160	5	
		H18	≤ 20	≤ 3	最小 240	最小 200	2	

铝，铝塑性合金，能时效硬化

参照 DIN EN 754–2,755–2

按 DIN EN 573 命名的缩 写名称（材料代码）	A[1]	材料状态[2]	棒材[3] D mm	抗拉强度 R_m N/mm^2	屈服强度 $R_{p0.2}$ N/mm^2	断裂延伸率 A_{50}%	性能，应用
EN AW–AI CuPbMgMn（EN AW–2007）	p	T4，T4510	≤ 80	最小 370	最小 250	8	**易切削合金** 高切削功率时仍具有良好的可切削性；例如车削件，铣削件
	z	T3	≤ 30	最小 370	最小 240	7	
			30 ~ 80	最小 340	最小 220	6	
EN AW–AI Cu4PbMg（EN AW–2030）	p	T4，T4510	≤ 80	最小 370	最小 250	8	
	z	T3	≤ 30	最小 370	最小 240	7	
			30 ~ 80	最小 340	最小 220	6	
EN AW–AI MgSi（EN AW–6060）	p	T4	≤ 150	最小 120	最小 60	16	**铝镁硅合金** 较低强度，良好的压延和深拉性能，耐腐蚀和气候影响，良好的可焊接性；例如窗框，门，金属构件，滚动砂箱，热交换器，汽车制造，机床床身
		T6		最小 190	最小 150	8	
	z	T4	≤ 80	最小 130	最小 65	15	
		T6		最小 215	最小 160	12	
EN AW–AI Mg1SiCu（EN AW–6061）	p	O，H111	≤ 200	最大 150	最大 110	16	
		T4		最小 180	最小 110	15	
		T6		最小 260	最小 240	8	
	z	O，H111	≤ 80	最大 150	最大 110	16	
		T4		最小 205	最小 110	16	
		T6		最小 290	最小 240	10	

[1] 供货状态：p 挤压；z 拉制

[2] 材料状态见前页

[3] 棒材直径

[4] 四方和六角棒材的扳手宽度，矩形棒材的厚度

铝型材和铝板材

横截面形状	名称，尺寸	标准	横截面形状	名称，尺寸	标准
	圆棒材 $d = 3 \sim 100$ mm	拉制 DIN EN 754–3		**板材，带材** $s = 0.4 \sim 15$ mm	轧制 DIN EN 485–4
	圆棒材 $d = 8 \sim 320$ mm	挤压 DIN EN 755–3		**L 型材** 圆角 $h = 10 \sim 80$ mm	挤压 DIN 1771[1]
	四方棒材 $s = 3 \sim 100$ mm	拉制 DIN EN 754–4		**L 型材** 锐角 $h = 10 \sim 80$ mm	挤压 DIN 1771[1]
	四方棒材 $s = 10 \sim 220$ mm	挤压 DIN EN 755–4		**U 型材** 圆角 $h = 20 \sim 140$ mm	挤压 DIN 9713[1]
	矩形棒材 $b \times s =$ $5 \times 2 \sim 200 \times 60$ mm	拉制 DIN EN 754–5		**U 型材** 锐角 $h = 20 \sim 140$ mm	挤压 DIN 9713[1]
	矩形棒材 $b \times s =$ $10 \times 2 \sim 600 \times 240$ mm	挤压 DIN EN 755–5		**T 型材** 圆角 $h = 15 \sim 80$ mm	挤压 DIN 9714[1]
	六角棒材 SW = 3 ~ 80 mm	拉制 DIN EN 754–6		**T 型材** 锐角 $h = 15 \sim 80$ mm	挤压 DIN 9714[1]
	六角棒材 SW = 10 ~ 220 mm	挤压 DIN EN 755–6		**工字型材** 锐角 $h = 40 \sim 200$ mm	挤压 DIN 9712[1]
	圆管材 $d = 20 \sim 250$ mm	无缝冲压 DIN EN 755–7		**Z 型材** 圆角 $h = 35 \sim 50$	挤压 DIN 5517–2[1]
	圆管材 $d = 3 \sim 273$ mm	无缝拉制 DIN EN 754–7		**Z 型材** 锐角 $h = 13 \sim 49$ mm	挤压 DIN 5517–2[1]
	正方管材 $a = 15 \sim 100$ mm	挤压 DIN 5517–6[1]		**六角空心型材** SW = 13 ~ 65 mm	无缝拉制 DIN 55751[1]
	矩形管材 $a \times b =$ $20 \times 15 \sim 100 \times 40$ mm	挤压 DIN 5517–6[1]		**管材** $d = 16 \sim 100$ mm	无缝拉制 DIN 55751[1]

[1] 取消且无替代。商业上均仍按本标准提供型材。

塑料 1

基本聚合物缩写符号

参照 DIN EN ISO 1043-1

缩写符号	含义	类型	缩写符号	含义	类型	缩写符号	含义	类型
ABS	苯烯腈－丁二烯－苯乙烯	T	PAK	聚丙烯酸酯	T	PTFE	聚四氟乙烯	T
			PAN	聚丙烯腈	T	PUR	聚亚安酯	D[1]
AMMA	苯烯腈－甲基－丙烯盐酸	T	PB	聚丁烯	T	PVAC	聚乙酸乙烯酯	T
			PBT	聚丁烯对苯二酸盐	T	PVB	聚乙烯醇缩丁醛	T
ASA	苯烯腈－苯乙烯－丙烯盐酸	T	PC	聚碳酸酯	T	PVC	聚氯乙烯	T
CA	纤维素醋酸盐	T	PCTFE	聚氯三氟乙烯	T	PVDC	聚偏二氯乙烯	T
CAB	纤维素醋酸盐丁酸盐	T	PE	聚乙烯	T	PVF	聚偏二氯乙烯	T
CF	甲酚甲醛	D	PET	聚对苯二甲酸乙二酯	T	PVFM	甲醛乙烯聚合物	T
CMC	羧甲基纤维素	AN	PF	苯酚甲醛	D	PVK	聚N乙烯基氰	T
CN	纤维素硝酸盐	AN	PIB	聚异丁烯	T	SAN	苯乙烯－苯烯腈	T
CP	纤维素丙酸盐	T	PLA	聚丙酮酸	T	SB	苯乙烯－丁二烯	T
EC	乙基纤维素	AN	PMMA	聚甲基丙烯酸甲酯	T	SI	硅树脂	D
EP	环氧化物	D	POM	聚甲醛	T	SMS	苯乙烯－甲基苯乙烯	T
EVAC	乙烯－醋酸乙烯	E	PP	聚丙烯	T	UF	尿素甲醛	D
MF	三聚氰胺甲醛	D	PS	聚苯乙烯	T	UP	不饱和聚酯	D
PA	聚酰胺	T	PSU	聚砜	T	VCE	乙烯基氯化物－乙烯	T

[1] 又称 E，T

类型：AN 已转换的天然材料　E 弹性体　D 热固性塑料　T 热塑性塑料

特殊性能名称的标记字母

参照 DIN EN ISO 1043-1

K[2]	特殊性能	K[2]	特殊性能	K[2]	特殊性能	K[2]	特殊性能
B	嵌段，溴化	F	弹性；液态	N	普通；酚醛清漆	T	温度
C	氯化；结晶	H	高；单一	O	定向	U	超级；无增塑剂
D	密度	I	冲击韧性	P	含增塑剂	V	非常
E	发泡；环氧化	L	线性，低	R	提高；可溶；硬	W	重量
		M	中等，分子	S	饱和；磺化	X	交联；可交联

[2] 标记字母

⇒PVC-P：聚乙烯基氯化物，含增塑剂；PE-LLD：线性聚乙烯，低密度

填充材料和增强材料的缩写符号

参照 DIN EN ISO 1043-2

材料[3] 缩写符号

缩写符号	材料	缩写符号	材料	缩写符号	材料	缩写符号	材料
B	硼	G	玻璃	P	云母	T	滑石
C	碳	K	碳酸钙	Q	硅酸盐	W	木材
D	氢氧化铝	L	纤维素	R	芳族聚酰胺	X	未指定
E	黏土	M	矿物，金属[4]	S	合成材料	Z	其他材料[3]

形状和结构的缩写符号

缩写符号	形状，结构	缩写符号	形状，结构	缩写符号	形状，结构	缩写符号	形状，结构
B	珍珠，球形，小球形	G	碾磨的材料	N	无纺布（薄）	VV	胶合板
C	碎片，细片	H	晶须	P	纸	W	织物
D	粉末	K	针织品	R	粗纱	X	未指定
F	纤维	L	层压	S	薄壳，薄片	Y	线
		M	垫子，厚	T	卷起的线，捻线	Z	其他[3]

⇒GF：玻璃纤维；CH：碳－晶须；MD：矿物粉末

[3] 可对材料补充标记，例如用其化学符号或一个取自相应国际标准的符号。

[4] 金属（M）一栏必须用化学符号标出该金属的类型。

塑料 2

识别塑料的方法

<table>
<tr><th colspan="2">目视检验
试样外观是</th><th colspan="2">悬浮试验</th><th rowspan="2">加热特性</th><th rowspan="2">塑料在溶剂中的可溶性</th></tr>
<tr><th>透明的</th><th>浑浊的</th><th>溶液密度 g/cm^3</th><th>悬浮塑料试样</th></tr>
<tr><td rowspan="2">C，CAB，CP，EP，PC，PS，PMMA，PVC，SAN</td><td rowspan="2">ABS，ASA，PA，PE，POM，PP，PTFE</td><td>0.9～1.0</td><td>PB，P，PIB，PP</td><td rowspan="2">· 热塑性塑料加热后变软并熔化
· 热固性塑料和弹性塑料加热后直接分解</td><td rowspan="5">热固性塑料和 PTFE 不可溶。
其他热塑性塑料在指定溶剂内可溶；例如 PS 溶于苯或丙酮。</td></tr>
<tr><td>1.0～1.2</td><td>ABS，ASA，CAB，CP，PA，PC，PMMA，PS，SAN，SB</td></tr>
<tr><th colspan="2">触觉检验</th><td>1.2～1.5</td><td>CA，PBT，PET，POM，PSU，PUR</td><th>燃烧试验</th></tr>
<tr><td colspan="2" rowspan="2">蜡状手感：
PE，PTFE，POM，PP</td><td>1.5～1.8</td><td>有机填充的模压塑料</td><td rowspan="2">· 火焰颜色
· 燃烧特性
· 烟灰形成
· 烟味</td></tr>
<tr><td>1.8～2.2</td><td>PTFE</td></tr>
</table>

塑料的识别特征（亦请参见后续几页）

缩写符号	密度 g/cm^3	燃烧特性	其他特征
ABS	1.06～1.12	黄色火焰，烟浓，煤气味	韧弹性，不溶于四氯化碳，敲击声钝
CA	1.31	黄色溅射火焰，有滴液，醋酸味和烧纸味	手感舒服，敲击声钝
CAB	1.19	黄色溅射火焰，有滴液，黄油腐臭味	敲击声钝
MF	1.50	不易燃，烧焦带白边，氨水味	不易碎，敲击发啪嗒声（对比 UF）
PA	1.04～1.15	黄边蓝火，有滴液，烧牛角味	韧弹性，不易碎，敲击声钝
PC	1.20	黄色火焰，离开火焰即熄灭，有烟，苯酚味	韧硬，不易碎，敲击发啪嗒声
PE	0.92	浅火蓝心，有滴液，石蜡味，几乎看不见烟（对比 PP）	石蜡状表面，可用指甲划痕，不易碎，制造温度 > 230℃
PF	1.40	不易燃，黄色火焰，烧焦，苯酚味和焦木味	不易碎，敲击发啪嗒声
PMMA	1.18	亮火焰，水果味，噼啪响，有滴液	不着色如玻璃般透亮，敲击声钝
POM	1.41	蓝色火焰，有滴液，福尔马林味	不易碎，敲击发啪嗒声
PP	0.91	亮火蓝心，有滴液，石蜡味，几乎看不见烟（对比 PE）	无法用指甲划痕，不易碎
PS	1.05	黄色火焰，烟浓，煤气甜味，有滴液	脆，金属薄板声，溶于四氯化碳
PTFE	2.20	不可燃，变赤红色时味道刺鼻	石蜡状表面
PUR	1.26	黄色火焰，浓烈刺激味	聚亚胺酯，橡胶弹性
PUR	0.03～0.06		聚亚胺酯泡沫
PVC-U	1.38	不易燃，离开火焰即熄灭，盐酸味，烧焦	敲击发啪嗒声（U = 硬）
PCV-P	1.2～1.35	根据增塑剂的不同比 PVC-U 更易燃，盐酸味，烧焦	似橡胶柔软，无声音（P = 软）
SAN	1.06	黄色火焰，烟浓，煤气味，有滴液	韧弹性，不溶于四氯化碳
SB	1.05	黄色火焰，烟浓，煤气味和橡胶味，有滴液	没有 PS 脆，溶于四氯化碳
UF	1.50	不易燃，烧焦带白边，氨水味	不易碎，敲击发啪嗒声（对比 MF）
UP	2.00	亮火焰，烧焦，有烟，苯乙烯味，玻璃纤维滤渣	不易碎，敲击发啪嗒声

塑料 3

热塑性塑料（节选）

缩写符号	名称	商品名称	密度 g/cm^3	抗拉强度 N/mm^2	冲击韧性 mJ/mm^2	工作温度 ℃	应用举例
ABS	苯烯腈 – 丁二烯 – 苯乙烯	Terluran, Novodur	1.06	35 ~ 56	80 ~ k.B.[2]	85 ~ 100	电话机壳，机动车仪表盘，冲浪板
PA 6	聚酰胺 6	Durethan, Maranyl, Resistan, Ultramid, Rilsan	1.14	43	k.B.[2]	80 ~ 100	齿轮，滑动轴承，螺钉，绳索，机座
PA 66	聚酰胺 66		1.14	57	21[1]	80 ~ 100	
PE–HD	高密度聚乙烯	Hostalen, Lupolen, Vestolen A	0.96	20 ~ 30	k.B.[2]	80 ~ 100	电池盒，燃料容器，垃圾箱，管道，电缆绝缘，薄膜，袋子
PE–LD	低密度聚乙烯		0.92	8 ~ 10	k.B.[2]	60 ~ 80	
PMMA	聚甲基丙烯酸甲酯	Plexiglas, Degalan, Lucryl	1.18	70 ~ 76	18	70 ~ 100	光学玻璃，闪光灯座，刻度盘，发光字母
POM	聚甲醛	Delrin, Hostaform, Ultraform	1.42	50 ~ 70	100	95	齿轮，滑动轴承，阀体，机座零件
PP	聚丙烯	Hostalen PP, Novolen, Procom, Vestolen P	0.91	21 ~ 37	k.B.[2]	100 ~ 110	加热管道，洗衣机零件，接头附件，泵壳
PS	聚苯乙烯	Styropor, polystyrol, Vestyron	1.05	40 ~ 65	13 ~ 20	55 ~ 85	包装材料，餐具，胶片卷筒，隔热板
PTFE	聚四氟乙烯	Hostaflon, Teflon, Fluon	2.20	15 ~ 35	k.B.[2]	280	免维护轴承，活塞环（机械制造），密封件，泵
PVC–P	含增塑剂聚氯乙烯	Vinoflex, Vestolit, Vinnolit, Solvic	1.20 ~ 1.35	20 ~ 29	2[1]	60 ~ 80	软管，密封件，电缆护套，管道，接头附件（管道连接件），容器
PVC–U	无增塑剂聚氯乙烯		1.38	35 ~ 60	k.B.[2]	< 60	刻度盘，电池箱，远光灯座
SAN	苯乙烯 – 苯烯腈	Luran, Vestyron, Lustran	1.08	78	23 ~ 25	85	电视机壳，包装材料，衣架，配电盘
SB	苯乙烯 – 丁二烯	Vestyron, Styrolux	1.05	22 ~ 50	40 ~ k.B.[2]	55 ~ 75	

[1] 开口冲击韧性；[2] k.B. = 样品无断裂

塑料 4

弹性塑料（橡胶）

缩写符号	名称	密度 g/cm³	抗拉强度[1] N/mm²	断裂延伸率 %	工作温度 ℃	性能，应用举例
BR	丁二烯橡胶	0.94	2（18）	450	-60～+90	高耐磨蚀性能；轮胎，皮带，三角皮带
CO	氯甲基氧丙环橡胶	1.27～1.36	5（15）	250	-30～+120	减振，耐油和汽油；密封件，耐高温减振元件
CR	氯丁橡胶	1.25	11（25）	400	-30～+110	耐油耐酸，不易燃；密封件，软管，三角皮带
CSM	氯硫化聚乙烯橡胶	1.25	18（20）	300	-30～+120	抗老化，耐气候变化，耐油；绝缘材料，成型件，薄膜
EPM/EPDM	乙烯丙烯橡胶	0.86	4（25）	500	-50～+120	良好的电绝缘性能，不耐油和汽油；密封件，型材，防撞保险杠，冷却水软管
FKM	氟橡胶	1.85	2（15）	450	-10～+190	耐磨蚀，最佳耐热性能；航空航天和卡车工业；径向轴密封环，O形环
IIR	丁基橡胶	0.93	5（21）	600	-30～+120	耐气候耐臭氧；电缆绝缘材料，汽车软管
IR	异乙烯橡胶	0.93	1（24）	500	-60～+60	微耐油，高强度；小汽车轮胎，弹簧元件
NBR	丙烯腈－丁二烯橡胶	1.00	6（25）	450	-20～+110	耐磨蚀，耐油和汽油，导电体；O形环，液压软管，径向轴密封环，轴向轴密封件
NR	天然橡胶	0.93	22（27）	600	-60～+70	微耐油，高强度；小汽车轮胎，弹簧元件
PUR	聚氨酯合成橡胶	1.25	20（30）	450	-30～+100	弹性，耐磨；同步齿形带，密封件，离合器
SIR	苯乙烯－异乙烯橡胶	1.25	1（8）	250	-80～+180	良好的电绝缘体，不吸水；O形环，火花塞帽，气缸盖和接缝密封件
SBR	苯乙烯－丁二烯橡胶	0.94	5（25）	500	-30～+80	微耐油和汽油；小汽车轮胎，软管，电缆护套

[1] 括号内数值＝加添加材料和填充材料的增强型弹性塑料

泡沫材料

泡沫材料由开放的、闭合的或开放与闭合混合的泡沫组成。其表观密度低于普通结构物质的表观密度。可将其划分为硬、半硬、软、弹性、软弹性泡沫材料。

刚性，硬度	泡沫材料的原始材料基	泡沫结构	密度 kg/m³	工作温度范围[2] ℃	导热性 W/（K·m）	7天吸水率 体积%
硬	聚苯乙烯	主要是闭合型泡沫	15～30	75（100）	0.035	2～3
	聚氯乙烯		50～130	60（80）	0.038	<1
	聚醚砜		45～55	180（210）	0.05	15
	聚氨酯		20～100	80（150）	0.021	1～4
	酚醛树脂	开放型泡沫	40～100	130（250）	0.025	7～10
	尿素树脂		5～15	90（100）	0.03	>20
半硬至软弹性	聚乙烯	主要是闭合型泡沫	25～40	最小100	0.036	1～2
	聚氯乙烯		50～70	-60～+50	0.036	1～4
	三聚氰胺树脂		10.5～11.5	最小150	0.033	ca.1
	聚氨酯聚酯类	开放型泡沫	20～45	-40～+100	0.045	—
	聚氨酯聚酯类					

[2] 长时间工作温度，括号内数值是短时间工作温度

塑料 5

热固性塑料

缩写符号，化学名称	商品名（摘选）	外观，密度 g/cm³	断裂应力[1] N/mm²	冲击韧性 kJ/mm²[2]	工作温度[1] ℃
PF 酚醛树脂	Bakelite,Kerit Supraplsat,Vyncolit, Ridurid	黄褐色 1.25	40 ~ 90	4.5 ~ 5.0	140 ~ 150
MF 三聚氰胺甲醛树脂	Bakelite,Resopal,Hornit	无色 1.45	30	6.5 ~ 7.0	100 ~ 130
UF 尿素甲醛树脂	Bakelite UF, Resamin,Urecoll	无色 1.5	35 ~ 55	4.5 ~ 7.5	80
UP 不饱和聚酯树脂	Palatal,Rütapal,Polylite, Bakelite,Ampal,Resipol	黄色，玻璃般透明 1.12 ~ 1.27	50 ~ 80	5.0 ~ 10.0	50
EP 环氧树脂	Epoxy,Rütapox, Araldit,Grilonit Supraplast,Bakelite	黄色，浑浊 1.15 ~ 1.25	55 ~ 80	10.0 ~ 22.0	80 ~ 100

缩写符号，化学名称	机械性能	绝缘性能	与食品接触；吸水率[1]
PF 酚醛树脂	硬，脆，强度与填料有关	满意	不允许；50 ~ 300 mg
MF 三聚氰胺甲醛树脂	硬，脆，开口敏感度低于 UF，耐划痕，高重复收缩性能	满意，抗漏电	部分允许；180 ~ 250 mg
UF 尿素甲醛树脂	硬，脆，开口敏感	满意	不允许 300 mg
UP 不饱和聚酯树脂	脆至韧，高强度和高刚性，耐气候变化	良好；漏电强度极佳	部分允许 30 ~ 200 mg
EP 环氧树脂	脆至韧，高强度和高刚性，耐气候变化	极佳；抗漏电	基本不予考虑 10 ~ 30 mg

缩写符号，化学名称	耐受下列物质	不耐受下列物质	制造[3]		应用
			k	z	
PF 酚醛树脂	油，油脂，酒精，苯，汽油，水	强酸和强碱	++	+	机壳，轴承，手柄，泵，点火装置，齿轮；锅和平底锅把手
MF 三聚氰胺甲醛树脂	油，油脂，酒精，弱酸和弱碱	强酸和强碱	+	+	浅色电气产品：开关，插头，端子；餐具
UF 尿素甲醛树脂	溶剂，油，油脂	强酸和强碱，沸水	+	+	浅色螺纹管接头；卫生用品；电气安装材料
UP 不饱和聚酯树脂	汽油，紫外线，气候变化，矿物润滑油	矿物酸，丙酮，有机酸，强碱	+	++	仓筒，燃料油和饮料储罐，汽车车身，扰流器，运动小艇，继电器，网球拍
EP 环氧树脂	稀释酸和碱，酒精，汽油，油，油脂	强酸和强碱，丙酮	++	+	浇注树脂：量规，铸模；层压材料：汽车工业；模塑材料：加入金属嵌入件的精密零件

[1] 因增强纤维类型和制造方法的不同而不同（模压和注模）
[2] 不增强
[3] k 黏接，z 切削加工，+ 好，++ 很好

塑料管材

无增塑剂聚氯乙烯（PVC–U）管材

参照 DIN 8062:2009–10

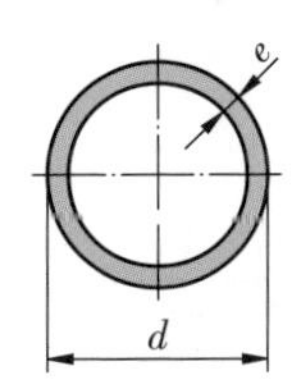

塑料管材系统由管道，成型件，管道附件和所使用的连接技术组成，一般采用低压运行。许用工作压力按 DIN 8061 规定的 PVC–U 强度值计算，并取决于工作温度和管道工作年限。

供货类型：管材，$d = 5 \sim 1600$ mm，长度最大 12 m
材料：无增塑剂的聚氯乙烯，PVC–U
⇒**管材 DIN 8062–32 × 1.8–PVC–U**：$d = 32$ mm，
壁厚 $e = 1.8$ mm，材料 PVC–U

外径 mm	壁厚 e(mm)，质量线密度 m'(kg/m)，密度 $\rho = 1.42$ g/cm^3													
	e	m'	e	m'	e	m'	e	m'	e	m'	e	m'	e	m'
25													1.5	0.18
32											1.6	0.24	1.9	0.28
40									1.6	0.31	1.9	0.35	2.4	0.44
50							1.5	0.37	2.0	0.47	2.4	0.56	3.0	0.68
63					1.6	0.49	1.9	0.57	2.5	0.74	3.0	0.87	3.8	1.08
75			1.5	0.56	1.9	0.68	2.2	0.76	2.9	1.01	3.6	1.24	4.5	1.52
90			1.8	0.78	2.2	0.96	2.7	1.15	3.5	1.46	4.3	1.77	5.4	2.18
110	1.8	0.96	2.2	1.18	2.7	1.41	3.2	1.66	4.2	2.14	5.3	2.65	6.6	3.24
125	1.8	1.10	2.5	1.50	3.1	1.84	3.7	2.16	4.8	2.75	6.0	3.39	7.4	4.13
140	1.8	1.23	2.8	1.86	3.5	2.31	4.1	2.69	5.4	3.47	6.7	4.24	8.3	5.18
160	1.8	1.41	3.2	2.44	4.0	2.99	4.7	3.49	6.2	4.55	7.7	5.55	9.5	6.75
180	1.8	1.59	3.6	3.06	4.4	3.71	5.3	4.43	6.9	5.66	8.6	6.97	10.7	8.54
200	1.8	1.77	3.9	3.67	4.9	4.56	5.9	5.44	7.7	7.02	9.6	8.64	11.9	10.5

聚乙烯（PE）管材

参照 DIN 8074:2011–12

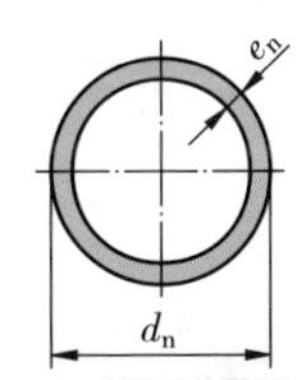

许用工作压力按 DIN 8074 从表中查取 PE 80 和 PE 100 的数值，它取决于工作温度和管道工作年限。

供货类型：管材，$d_n = 10 \sim 1600$ mm，长度最大 12 m
材料：聚乙烯，PE 80, PE 100, PE–HD
⇒**管材 DIN 8074–110 × 10.0–PE80**：$d_n = 110$ mm
壁厚 $e_n = 1.8$ mm，材料 PE 80

外径 mm	壁厚 e_n(mm)，质量线密度 m'(kg/m)，密度 $\rho = 0.950$ g/cm^3													
	e_n	m'	e_n	m'	e_n	m'	e_n	m'	e_n	m'	e_n	m'	e_n	m'
25													1.8	0.14
32											1.8	0.18	1.9	0.19
40					1.8	0.23	1.9	0.24	1.9	0.24	2.3	0.28	2.4	0.30
50			1.8	0.29	2.0	0.32	2.3	0.36	2.4	0.37	2.9	0.44	3.0	0.45
63	1.8	0.36	2.0	0.40	2.5	0.49	2.9	0.56	3.0	0.58	3.6	0.69	3.8	0.72
75	1.9	0.46	2.3	0.55	2.9	0.67	3.5	0.81	3.6	0.83	4.3	0.98	4.5	1.02
90	2.2	0.64	2.8	0.79	3.5	0.98	4.1	1.14	4.3	1.18	5.1	1.39	5.4	1.46
110	2.7	0.94	3.4	1.17	4.2	1.43	5.0	1.67	5.3	1.77	6.3	2.08	6.6	2.17
125	3.1	1.23	3.9	1.51	4.8	1.84	5.7	2.16	6.0	2.27	7.1	2.66	7.4	2.76
140	3.5	1.54	4.3	1.88	5.4	2.32	6.4	2.72	6.7	2.83	8.0	3.34	8.3	3.46
160	4.0	2.00	4.9	2.42	6.2	3.04	7.3	3.54	7.7	3.72	9.1	4.35	9.5	4.52
180	4.4	2.50	5.5	3.07	6.9	3.80	8.2	4.50	8.6	4.67	10.2	5.48	10.7	5.71
200	4.9	3.05	6.2	3.84	7.7	4.70	9.1	5.50	9.6	5.78	11.4	6.79	11.9	7.05

电缆和电线

缩写符号，图	结构，性能	应用
NYY	铜电线，光亮，单线，圆形，或扇形，多线，共用外护套，芯线绝缘，外护套采用 PVC。护套颜色：低于 1kV 为黑色，高于 1kV 为红色，耐受紫外线。	动力电缆，用于电厂，工业设备和开关设备以及地方电网。固定敷设于地下、室内、电缆槽、露天、水中，以防止机械损坏。
NYCWY	与 NYY 相同，但添加了轴形同心导线和一根横向螺旋带（铜带）。	同 NYY，尤其要求保护防止机械损坏。
NSSHöU	镀锡细芯铜导线，橡胶内护套，外护套采用聚氯丁二烯，护套颜色为黄色，耐油，防火，高耐磨蚀性和开口冲击韧性。	重型胶管线，用于矿山，工业和建筑业。可用于极高机械载荷的干燥、湿润和潮湿空间以及露天场所。
H07BQ–F	镀锡或不镀锡细芯铜导线，芯线绝缘用橡胶混合物，内部保护套用塑料混合物，外护套采用聚氨酯，颜色为橘黄色，耐油，防火，高耐磨蚀性和开口冲击韧性，耐受紫外线。	PUR（聚氨酯合成橡胶）胶管线，用于建筑工地，工商业和农业企业。可用于极高机械载荷的干燥、湿润和潮湿空间以及露天场所。
H05VV5–F	光亮细芯铜导线，芯线绝缘和外护套均采用 PVC（聚氯乙烯），颜色为灰色，耐油，防火。	PVC 控制线，用于机械和设备制造业以及加工生产线，可用于低和中等机械载荷的干燥、湿润和潮湿空间，但不能用于露天场所。
NYM	光亮圆形单芯或多芯铜导线，芯线绝缘和外护套均采用 PVC（聚氯乙烯），共用芯线护套是塑料填充混合物。护套颜色为灰色或浅灰色，允许导线温度规定为 70℃，额定电压 300/500V。	PVC 护套导线，广泛用于电气安装。固定敷设于干燥、湿润和潮湿空间的灰浆表面、里面和下面。可用于露天场所，但需防止阳光直射。不允许敷设于地下，水中或混凝土路面。
LIYCY	光亮细芯铜导线，芯线绝缘和外护套均采用 PVC（聚氯乙烯），护套颜色为浅灰色，与塑料薄膜，镀锡铜线屏蔽编制层共用。	电子控制线，用于控制、检测 和调节技术范围。适用于移动装置。可用于干燥、湿润和潮湿空间。
AS–i– 总线	$2 \times 1.5\ mm^2$ 细芯绞合线，芯线绝缘和预过滤外护套均采用橡胶，护套颜色为黄色，未屏蔽，反极化保护，耐油	AS–i– 总线，在自动化技术中用于连接 AS–i– 组件（传感器 / 执行元件 – 层）。可固定敷设于干燥、湿润和潮湿空间。
PROFIBUS– 导线	$1 \times 2 \times 0.64\ mm^2$ 光亮细芯铜导线，芯线绝缘用聚乙烯，内外护套用 PVC，护套颜色为紫色，屏蔽层用铝薄膜和镀锡铜线编织层，防火，耐油。	PROFIBUS– 导线，在加工和过程自动化技术中用于连接 PROFIBUS 组件。可固定敷设于干燥、湿润和潮湿空间。

强电流导线的绝缘

强电流绝缘电线电缆芯线标记颜色

芯线数量	带安全引线的导线	无安全引线的导线
1	绿黄，蓝，黑，棕，灰，但没有黄或绿或多色	棕－蓝（移动，用于保护等级 II 的装置）
2	绿黄－黑（仅固定敷设，从 10 mm^2 开始）	
3	绿黄－棕－蓝（移动或固定敷设）	不允许无绿黄芯线的多芯导线继续用于固定敷设，因为据 DIN VDE 0100-410 规定，自 2007 年始在任何电路中均必须加装安全引线。
4	绿黄－棕－黑－灰	
5	绿黄－蓝－棕－黑－灰	
多于 5	绿黄－黑加线号 1，2，3，4，5…	

下列端子数据包含按 IEC 757 的缩写符号：bl 蓝，br 棕，gnge 绿黄，gr 灰，sw 黑

绝缘强电流非谐波导线的字母缩写符号

缩写符号	含义	举例	缩写符号	含义	举例
A	芯线	N4G**A**	R	管线	NY**R**AMZ
	铝	NYRAM**A**	RU	加包套的管线	NY**RU**ZY
B	铅护套	N**B**UY	S	特殊导线	N**S**GAöu
BU	加包套的铅护套	NY**BU**Y		线盘导线	N**SH**Töu
C	屏蔽（C＝电容保护）	NSH**C**öu	SA	软线	N**SA**
			SL	焊接用导线	N**SL**F
F	扁电线，细线	NI**FL**öu	SS	极强结构	N**SS**Höu
	暗装用扁电线	NYI**F**	T	导线梯段	N**T**M
FF	最细线	NSL**FF**öu	TK	剧院导线	N**TK**
G	橡胶绝缘	N2**G**SA	U	包套	NYR**U**ZY
GFL	橡胶扁线	N**GFL**Göu	V	扭转载荷，抗扭转	NMH**V**öu
H	高频保护	N**H**YRUZY	W	耐受气候的浸渍剂	NFY**W**
I	暗装用电线（灰浆内用线），照明线	MY**I**F NIFL	X	奥地利建筑工地导线	**X**YMM
			2X	电动机导线 VPE	**2X**SLCY
J	国际通用绿黄标记安全引线	NYM-**J**	2Y	电动机导线 PVC	**2Y**SLCY
K	电缆，电线	NT**K**	Y	塑料绝缘，塑料护套	N**Y**IF N**Y**BUY
L	导线	NY**L**			
LI	控制线	**LI**YCY	Z	锌护套	NYRAM**Z**
LR	荧光灯线	NY**LR**ZY		双芯线	NYFA**Z**W
M	护套导线	NY**M**		去拉力导线（按标准）	NYM**Z**
MA	铝护套导线	NYRA**MA**	E	单线	—
MZ	锌护套导线	NYRA**MZ**	M	多线	NYM2×10**M**
N	标准化导线	**N**…	Ö	耐油和汽油	NSSH**ö**u
O	无绿黄安全引线的导线，已不允许继续使用	NYM-**O**	R	槽形金属护套	NYRUZY**R**
			u	防火，耐高温	NSSHöu
			öu	耐油和防火	NIFL**öu**
PL	摆线（摆动绞合线）	N**PL**	W	提高了耐热性	NYFA**W**
			4	耐热橡胶混合物	N**4**GA

是否装有安全引线的说明

装安全引线的说明	无安全引线的说明
根据 DIN VDE 0250：附录－J 根据 DIN VDE0281/0282：附录－G	根据 DIN VDE 0250：附录－O 根据 DIN VDE0281/0282：附录－X
举例： NYM-J 3×2.5：护套导线 3×2.5 mm^2 H07RN-F4G1.5：重型胶管线 4×1.5 mm^2	**说明：** 根据 DIN VDE0100-410:6-2007，低压设备的各电路中必须安装一根安全引线，即多芯导线中的绿黄线。 固定敷设的多芯导线大部分只安装安全引线（参见 252 页）。

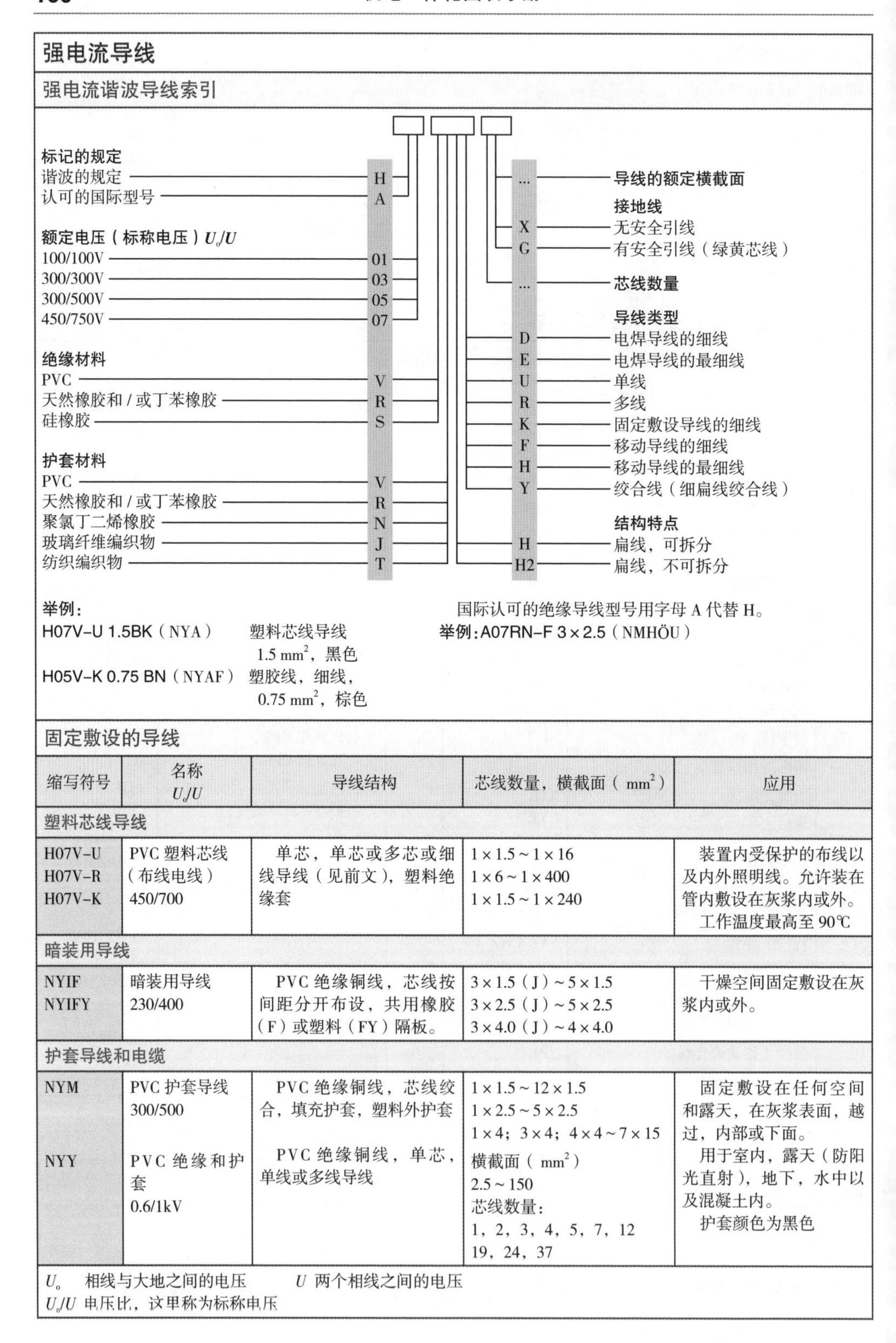

强电流导线

强电流谐波导线索引

举例：

H07V-U 1.5BK（NYA） 塑料芯线导线 1.5 mm^2，黑色

H05V-K 0.75 BN（NYAF） 塑胶线，细线，0.75 mm^2，棕色

国际认可的绝缘导线型号用字母 A 代替 H。

举例：A07RN-F 3×2.5（NMHÖU）

固定敷设的导线

缩写符号	名称 U_o/U	导线结构	芯线数量，横截面（mm^2）	应用
塑料芯线导线				
H07V-U H07V-R H07V-K	PVC 塑料芯线（布线电线） 450/700	单芯，单芯或多芯或细线导线（见前文），塑料绝缘套	1×1.5～1×16 1×6～1×400 1×1.5～1×240	装置内受保护的布线以及内外照明线。允许装在管内敷设在灰浆内或外。 工作温度最高至 90℃
暗装用导线				
NYIF NYIFY	暗装用导线 230/400	PVC 绝缘铜线，芯线按间距分开布设，共用橡胶（F）或塑料（FY）隔板。	3×1.5（J）～5×1.5 3×2.5（J）～5×2.5 3×4.0（J）～4×4.0	干燥空间固定敷设在灰浆内或外。
护套导线和电缆				
NYM NYY	PVC 护套导线 300/500 PVC 绝缘和护套 0.6/1kV	PVC 绝缘铜线，芯线绞合，填充护套，塑料外护套 PVC 绝缘铜线，单芯，单线或多线导线	1×1.5～12×1.5 1×2.5～5×2.5 1×4；3×4；4×4～7×15 横截面（mm^2） 2.5～150 芯线数量： 1，2，3，4，5，7，12 19，24，37	固定敷设在任何空间和露天，在灰浆表面，越过，内部或下面。 用于室内，露天（防阳光直射），地下，水中以及混凝土内。 护套颜色为黑色

U_o 相线与大地之间的电压　　U 两个相线之间的电压

U_o/U 电压比，这里称为标称电压

连接移动装置的导线

缩写符号	名称	导线结构	芯线数量	横截面 mm^2	标称电压 U_0/U	应用
双芯导线						
H03VH-Y	轻双芯导线	双芯，热塑性塑料绝缘护套包住两根导线	2	约 0.1	300/300	尤其用于连接轻型手持装置，例如电动剃须刀。
H03VH-H	双芯导线	同上	2	0.5 和 0.75	300/300	用于家用或办公室轻型手持装置，机械载荷极小。
胶管线						
H05RR-F	轻型胶管线	镀锡细芯铜导线，允许加导线分隔层，橡胶绝缘套，允许各导线均加橡胶带，橡胶护套。	2～5	0.75～2.5	300/500	机械载荷小，用于家用，车间和办公室轻型手持装置，吸尘器，熨斗，厨房电器，电烙铁，烤面包机
H07RN-F	重型胶管线	细芯铜导线，导线隔离层，不要求镀锡线。橡胶绝缘套，允许各导线均加橡胶带，聚氯丁二烯护套。	1	1.5～400	450/750	中等机械载荷，用于干燥和潮湿空间，露天和爆炸危险的设备，例如大型锅炉，加热板，手持照明灯，电动工具，家用电器
			2	1～25		
			3 和 4	1～95		
			5	1～25		
塑胶线						
H03VV-F	轻型塑胶线（圆形结构）	光亮细芯铜导线，塑料绝缘套，外护套圆形。	2 和 3	0.5 和 0.75	300/300	低机械载荷，用于家政，厨房和办公室的轻型手持装置，例如无线电装置，台灯，落地灯，电气办公室用具。
H03VVH2-F	扁结构	外护套扁形				
H05VV-F	中型塑胶线	每根导线均有绝缘套，芯线间空隙填充，允许绞合芯线间隔离层，塑料护套	2～5	1～2.5	300/500	中等机械载荷，用于家政，厨房和办公室，潮湿空间的家用电器，例如洗衣机，冰箱，家用电器。
硅软芯线						
N2GSA	硅软芯线	细芯铜导线，硅绝缘套	2 和 3	0.75～1.5	300/300	低机械载荷，用于家用电器和工商企业。
连接移动电气用户的其他导线						
H01N2-D	电焊线	光亮细芯铜导线，织物带，橡胶护套	1	16～120 和 25～70	100/200	电焊机频繁移动的电气连接线
NFLG	带支撑的胶管线	缠绕包皮的细芯铜导线	6 以上	0.75～6	300/500	电梯和提升装置，机床导线，内部空间和潮湿空间。

U_0 相线与大地之间的电压　　U 两个相线之间的电压
U_0/U 电压比，这里称为标称电压

警告系统和信号装置的导线与电缆

警告系统和信号装置导线和电缆名称索引

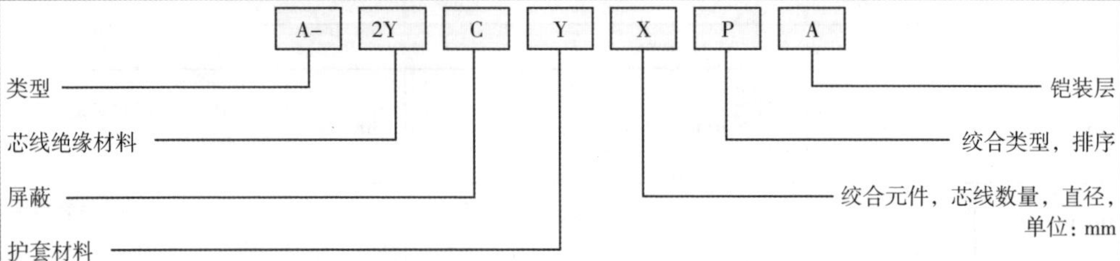

实际应用时一般并未占用全部位置。

缩写符号	含义	缩写符号	含义	缩写符号	含义
类型		3Y 4Y 5Y 8Y 9Y 11Y	聚苯乙烯，PS 聚酰胺，PA 聚四氟乙烯，PTFE 聚酰亚胺，PJ 聚丙烯，PP 聚氨酯，PU	**包皮，护套**	
A- FL- J- Li- RG- S-	外部电缆 扁线 安装线 绞合线 同轴线 布线电缆			Y,2Y··· G，26～86 H L M	参见绝缘材料 橡胶 不含卤素 铝 铅护套
绝缘材料		**屏蔽**		**绞合类型，排序**	
Y Yu Yw 2Y 02Y 或 2X 2HX	PVC PVC，防火 PVC，耐热 PE（聚乙烯） VPE（交联的聚乙烯） YPE，防火聚乙烯	C 或 Cb （K） （L） （mS） （St）	铜网状织物，PE 护套外层的铜带 铝带 钢带 静电屏蔽	DM P St I 至 St VI	Dieselhorst-Martin （参见 164 页） 成对绞合 星形绞合四线组（根据频率上升）
		铠装层		Bd Lg rd se	束绞合线 层绞合线 圆形 扇形
		A B	铝线 钢带		

警告系统和信号装置固定敷设的导线与电缆

缩写符号	名称	结构	应用
Y	塑料多芯导线（安装线）	芯线：0.6 或 0.8 mm 铜线，绝缘材料为 PVC 或 PE。单芯或 2 至 4 芯绞合。	在干燥空间用于固定敷设，并装在绝缘管内，aP 和 uP。
YR	塑料护套导线	芯线：线径 0.8 mm 铜线，绝缘材料同 Y，护套材料为 PVC 或 PE，2 至 24 根芯线。	在干燥和潮湿空间用于固定敷设 aP 和 uP。
YRE	弱电地下电缆	结构同 YR，但护套已增强，芯线数量 4 至 16。	同 YR，但增加了地下埋设。
IFY	电铃暗装导线	芯线：同 Y。用扁塑料带连接 2 或 3 根芯线。	在干燥空间用于固定敷设 iP 和 uP。
A 2Y（St）2Y	外部塑料电缆	结构同 YRE。 芯线数量 2×2 至 100×2。	架空或地下的固定敷设
J-Y（St）Y	安装用塑料电缆	芯线同 Y，结构同 YR，但增强了护套屏蔽。芯线数量 2×2 至 80×2。	同 YR，优质导线，例如用于 KNX.
JE-Y（St）Y	工业电子设备安装导线	结构同 YR，但增强了护套屏蔽。	同 J-Y（St）Y，但要求提高了。
YCYM	带铜屏蔽层的安装用塑料电缆	结构同 J-Y（St）Y，但增加了铜屏蔽层。	同 JE-Y（St）Y，例如用于 KNX，2×2×0.8

aP 在灰浆表面，iP 在灰浆内部，uP 在灰浆下面，PVC 聚氯乙烯

数据网导线

成对绞合线，TP 导线（双芯绞合线）

类型	结构，数据	解释
U/UTP U/FTP 铝薄膜 S/FTP 芯线的网状织物 铜线 **成对绞合线**	屏蔽的双芯线 U/FTP，未屏蔽的双芯线 U/UTP。总屏蔽和双芯屏蔽的导线 S/FTP，总屏蔽但无双芯屏蔽的导线 S/UTP。含多个双芯绞合线的导线。 U 未屏蔽，F 薄膜， T 绞合，P 成对 S 网状织物 导线长度≤ 25 ~ ≤ 100 m。特性阻抗 85 ~ 115Ω。接线举例见 495 页。	树形或星形点对点连接。 在以太网中，从中继器端口或开关端口连接至 PC 的以太网卡。导线的类别越高（最高至 Cat 8），比特率亦越高。 **应用举例：** 成对绞合线以太网（100BASE-T，1000BASE-T）

类别（3 至 8） 等级（C 至 G） 频率，单位：MHz				
	3	C	< 16	令牌环标准（Token Ring Standard）
	4		< 20	16-MBit（兆比特）- 令牌环系统
	5	D	< 100	100-MBit- 以太网
	6	E	< 250	155-MBit- 标准 ATM
	7	F	< 600	Gigabit（千兆比特）- 以太网
	8	G	<2000	100-Gigabit- 以太网

成对绞合线的导线质量数据

概念	解释	数据
类别 5（质量等级 5） CAT 5（等级 D）	此类导线适用于最高频率至 100 MHz，比特率最高至 Mbit/s。使用 Cat 7 更好。	100, 80, 60, 40, 20, 0 ACR/dB/100 m KAT 7 S/FTP KAT 6 F/FTP KAT 5 F/UTP 0 250 500 750 1000 *f*/MHz
串音，串音衰减，单位:dB(NEXT)	不希望传输的信号从双芯线的一根传至另一根。	
ACR（信噪比），信号强度，单位:dB	串音衰减的比例。 ACR = A - NEXT。 A 衰减程度，单位:dB	
类别 6（质量等级 6） CAT 6（等级 E）	适用于双工运行，频率最高至 250 MHz。	
类别 7（质量等级 7） CAT 7（等级 F），插接式连接系统 TERA，GG45，不是 RJ45。	Cat.5 的双倍带宽。支持千兆比特以太网。600 MHz 时信噪比至少达到 10 dB。	**数据线性能**
类别 8 CAT 8（等级 G）	一般用于计算中心。	一般采用 CAT-7 数据线。

其他数据线

类型	结构，数据	解释		
5 µm 单模式纤维 塑料 亦请参见 166 页 62,5 µm 复合模式纤维 **玻璃纤维导线（LWL）**	复合模式双玻纤电缆（Mm）或单模式双玻纤电缆（Sm）。树形或星形点对点连接。 连接两个中继器端口。一般用于初级电缆线路。 应用，例如纤维光学以太网（LWL-以太网），参见 426 页。 S 短，L 长，E 特长	类型	纤维	导线
		10 BASE-F	Mm	≤ 1000 m
		1000 BASE-SX（S：850 nm）	Mm	≤ 550 m
		1000 BASE-LX（L：1300 nm）	Mm Sm	≤ 500 m ≤ 5000 m
		10 GBASE-ER（E：1550 nm）编码	Sm	≤ 40 km

U/FTP　100　BASE-　T

名称（U/FTP）

比特率（约），单位:Mbit/s（100）

U/FTP Unshielded/Folied Screened Twisted Pair，非屏蔽双芯绞合线，薄膜屏蔽双芯线

标记字母，例如 T（绞合），F（玻璃纤维），X（扩展）

计算机技术采用的铜绞合线

环境温度最高至 25℃时铜绞合线的电流负荷能力

横截面 mm^2	组 1:I 单位:A	组 2:I 单位:A	组 3:I 单位:A
0.14	5	3.5	2.2
0.25	7.5	5.2	3.3
0.34	8.5	5.8	3.7
0.5	11.5	7.8	5.1

组的划分

组 1:

如果以布线绞合线最小外径的空间布线，指单独露天敷设的单芯或多芯屏蔽布线绞合线。

组 2:

如果全部芯线同时载荷，指 2 芯至 4 芯布线绞合线，绞合或束扎。

组 3:

如果全部芯线同时载荷，指 5 芯至 10 芯布线绞合线，绞合或束扎。

环境温度 > 25℃时的电流负荷能力

环境温度（℃）	25℃时电流负荷能力数值（%）
30	94
35	88
40	82
45	75
50	67
55	58
60	47

铜绞合线

按 VDE 标准的铜绞合线

横截面 mm^2	绞合线结构（芯线数量 × 线径）mm	绞合线线径 mm	25℃时导线电阻 Ω/km
0.14	f 18 × 0.1	f 0.35	132 ~ 138
0.22	m 7 × 0.2	m 0.63	87.2 ~ 89.9
0.25	f 14 × 0.15	f 0.66	75.5 ~ 77.8
0.34	m 7 × 0.25	m 0.77	55.8 ~ 57.5
0.5	m 7 × 0.3; f 16 × 0.2	m 0.91; f 0.94	37.1 ~ 39.2

按美国标准的铜绞合线

AWG- 规格	横截面 mm^2	绞合线结构（芯线数量 × 线径）mm	20℃时导线电阻 Ω/km
26	0.141	m 7 × 0.15	137.99
24	0.227	m 7 × 0.2	86.29
22	0.355	m 7 × 0.25	53.69
20	0.563	m 7 × 0.32	33.79
18	0.963	f 19 × 0.25	21.1
16	1.229	f 19 × 0.29	15.59
14	1.941	f 19 × 0.36	0.98

绞合线类型

类型	解释	附注
绞合长度 双绞合线（成对）	为降低磁场干扰将芯线绞合（扭转）。一般采用双线绞合（1 个芯线对或多个芯线对）。	双芯线绞合的导线称为例如成对绞合线（见 163 页）。 前置字母 S（屏蔽）表明是总屏蔽，例如 S/FTP。 屏蔽的导线用于安全引线不受感应电压的干扰，但其衰减大于非屏蔽导线。
b a a b 主干 1 主干 2 星形绞合 a b a b 主干 1 主干 2 迪式绞合 四线组	星形绞合时，4 根芯线相互绞合。迪式绞合（DM 绞合）时，2 根芯线绞合成一组，然后将 2 个芯线对相互绞合。	

AWG 美国导线尺寸（原本为规定拉线模穿线时的芯线数量），f 细线，m 多线

辐射光学

特征	解释	表达法
反射	在一个光滑平面（镜子）反射时，入射射线，反射射线和垂线均在一个平面上。 垂线垂直于镜子表面并与镜子形成两个直角。 反射定律： 入射角 = 反射角 $\alpha_1 = \alpha_2$ 1	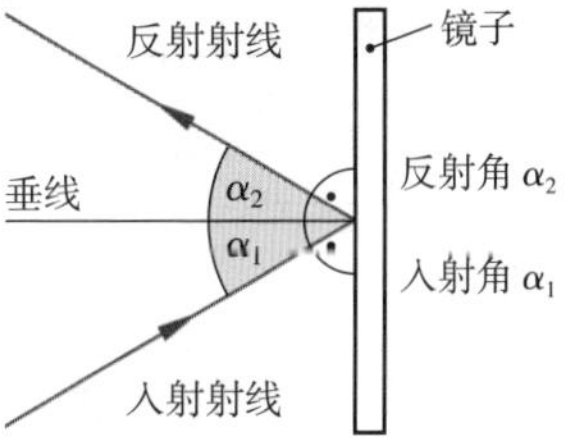 反射射线 镜子 垂线 α_2 α_1 反射角 α_2 入射角 α_1 入射射线
光的折射 · 平面	光线从一个较稀薄折射率 n_1 的光学介质进入一个较稠密折射率 n_2 的光学介质。光线在介质中直线散射，并在另一位置再次穿过较稀薄的光学介质。光线在此折射，一般的折射定律： $\frac{\sin\alpha_1}{\sin\alpha_2} = \frac{n_2}{n_1}$ 2	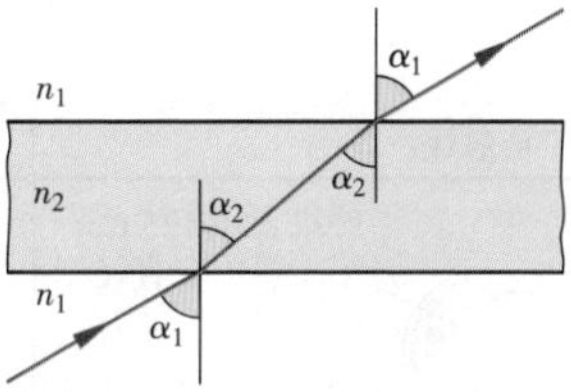 n_1 n_2 n_1 α_1 α_2
· 棱镜	光线穿过玻璃棱镜后的穿透平面并不彼此平行，而是以某个角度 γ（棱镜角）相遇。光线入射时，折射角 α_1 至 α_4 朝向垂线，而在反射时背向垂线折射。 总偏转角 ε 取决于入射角 α_1，棱镜角 γ，玻璃种类和光线波长（颜色）。 短波光线（紫色，ε_1）的折射大于长波光线（红色，ε_2），即 $\varepsilon_1 > \varepsilon_2$。因此，白色光线在光谱色中呈扇形散开。	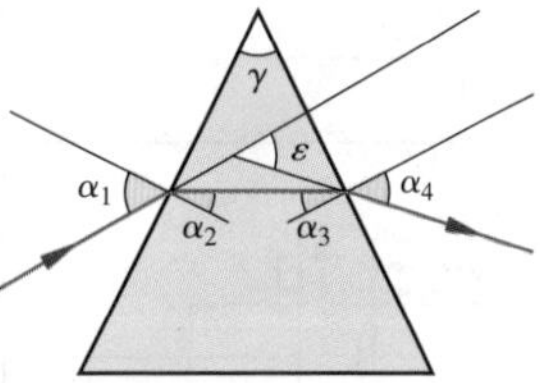 γ ε α_1 α_2 α_3 α_4
聚光透镜	聚光透镜或凸透镜的中心部分比其边缘部分厚。凹凸透镜作为视力矫正眼镜得到广泛应用。平凸透镜也可用作手持放大镜。双凸透镜将平行光线聚焦于一个燃点 F。燃点与光学中心面的间距称为焦距 f。因此，点状光源可以散射为平行光线。	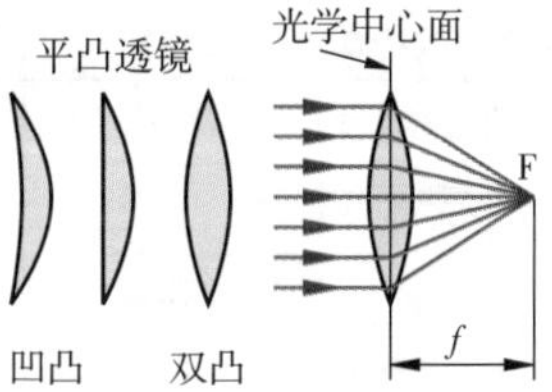 平凸透镜 光学中心面 F 凹凸 双凸 f
散射透镜	散射透镜或凹透镜的中心部分比其边缘部分薄。双凹透镜向外散射平行光线。散射或折射的光线似来自一个虚拟焦点 F。焦距 f 是透镜光学中心面与虚拟焦点 F 之间的间距。由于该焦点仅为一个虚拟点，因此，其焦距值是负值；例如 $f = -10$ cm。	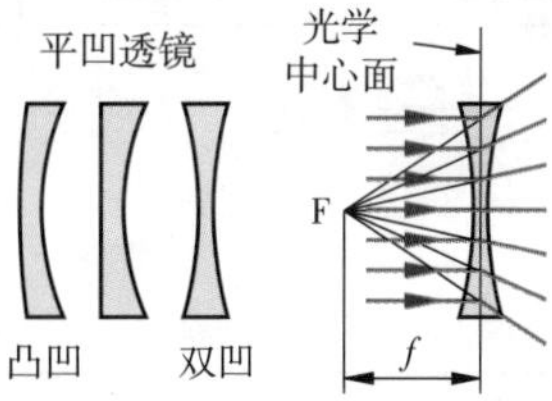 平凹透镜 光学中心面 F 凸凹 双凹 f
光学技术数据	面 A $[A] = m^2$（平方米） 照度 $[E] = lx$（勒克斯） 曝光 $[H] = lx \cdot s$（勒克斯·秒） 光强 $[I] = cd$（坎德拉） 射线能 $[W] = Ws = J$（焦耳） 时间 t $[t] = s$（秒） 光通量 Φ $[\Phi] = lm$（流明） 立体角 Ω $[\Omega] = sr$（Steradiant）	$I_v = \frac{\Phi_v}{\Omega}$ 3 $\Phi_v = \frac{W}{t}$ 4 $H_v = E \cdot t$ 5 $E = \frac{\Phi}{A}$ 6

光纤导线

类型	解释，作用方式	附注
导线，电缆		
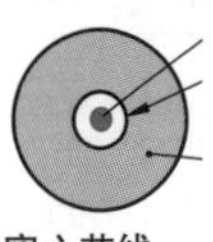 纤维芯 第 1 层护套直径 250 μm 第 2 层护套直径 1 mm **实心芯线**	纤维由塑料涂层。首层护套（第 1 涂层）使纤维易弯曲。第 2 层护套为纤维提供防外部损伤的进一步保护，例如机械弯曲载荷或动物噬咬。	玻璃纤维导线（LWL，光纤导线）内的纤维由纯石英玻璃或塑料制成，由一个芯和护套组成。 石英玻璃纤维与塑料纤维相比，由于其衰减更低，可在较长传输距离上具有更好的耐热和耐化学性能。而塑料纤维的成本更低，机械载荷性能更好。 导引射线的纤维芯传输光信号（UV（紫外线）至 IR（红外线）范围）。护套也传输光线，但其折射率为负。因此护套的作用完全是反射，光的传输仅在 LWL 纤维芯内。 护套与涂层之间有一个 2 ~ 5 μm 厚的漆层，其作用是保护纤维芯不受湿气侵蚀。
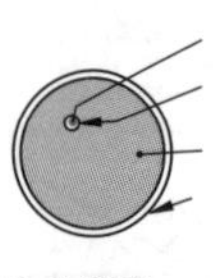 纤维直径 125 μm， 第 1 层护套直径 250 μm 填充材料 塑料保护管 直径 1.4 mm **空心芯线**	未填充空心芯线中用塑料松散地包裹着导线。包裹物可多层。包裹物内的空间并不填满。填充的空心芯线内用凝胶状物质填充空间，防止外部湿气侵入时损坏保护层。	
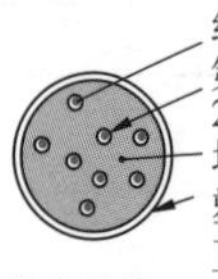 纤维直径 125 μm 第 1 层护套直径 250 μm， 填充材料 塑料保护管 直径 3 mm **绞合芯线**	绞合芯线内含 2 至 48 根光纤（LWL），并对光纤着色，以示区别。包裹物内的空间可以不填，或用凝胶状物填满。	
纤维		
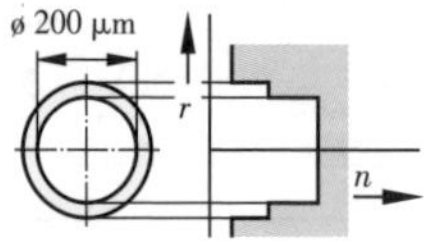 ø 200 μm　r　n **复合模式纤维，分级型材**	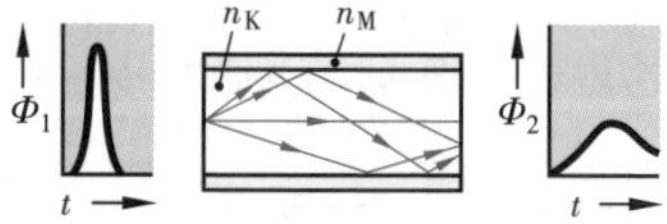 n_K　n_M　Φ_1　Φ_2　t **反射时间不同的全反射**	借助各自的全反射传输多条光线。用于近距离传输，例如建筑物内或建筑物之间。 n_K 纤维芯折射率 n_M 护套折射率 Φ 光线功率 r 半径
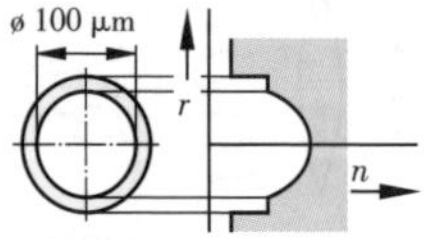 ø 100 μm　r　n **复合模式纤维，梯度型材**	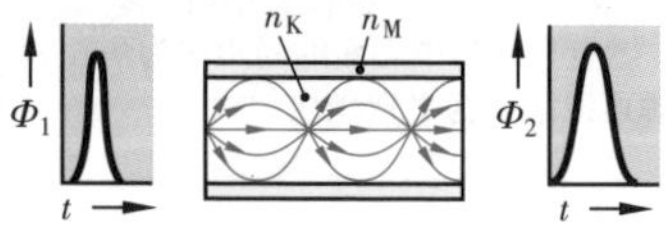 n_K　n_M　Φ_1　Φ_2　t **偏转**	借助各自的偏转传输多条光线。光纤芯的折射率向外逐渐变化，使光线在光纤芯内偏转。用于例如距离大于 1 km 的传输。光纤类别是 OM1 ~ OM5（最大至 400 Gbit/s，光学复合模式）。
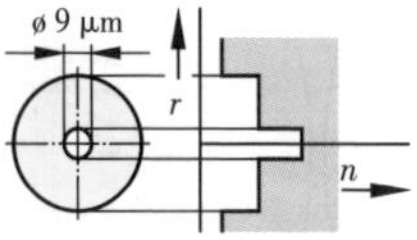 ø 9 μm　r　n **单模式纤维，分级型材**	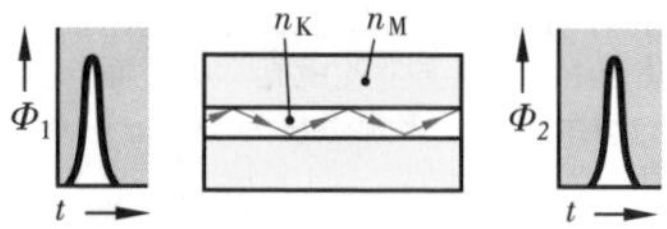 n_K　n_M　Φ_1　Φ_2　t **无反射时间差异的全反射**	传输一条光线。在导线弯曲处出现全反射。用于例如距离大于 100 km 的传输。 光纤类别： OS1（实心芯线）;OS2（空心芯线），光学信号模式。
插头		
 SC 插头	正方设计，可用于复合模式纤维和单模式纤维。用于单线、双线和多线连接。在 LAN 和 SC（Subscriber Connector，用户专用插头）中应用。	接头衰减 0.2 ~ 0.4 dB，单模式的回流衰减达 50 dB，复合模式的回流衰减至少达 40 dB。
 LC 插头	LC（Local Connector）是局域插头。其应用范围仅及 SC 插头和小型要素插头（SFF-Small-Form-Factor）的一半。应用于单线或双线运行，单信号模式和复合模式，LAN 和 WAN。	接头衰减 0.2/0.12 dB。回流衰减达 55 dB（馈入光线能与反射光线能之间的比例）。

通信导线敷设的隔离等级

参照 DIN EN 50173–2（VDE 0800–174–2）

提高衰减感应电压干扰的隔离措施

通讯电缆之间

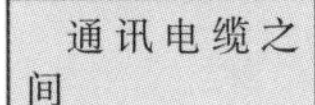

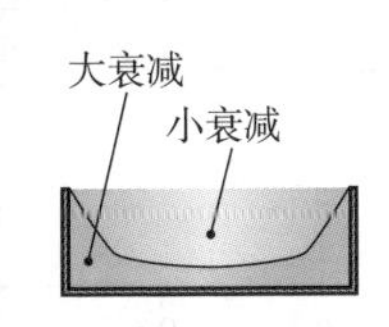

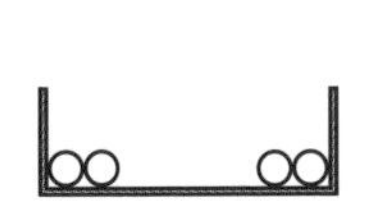

扁平金属电缆槽内的通信电缆

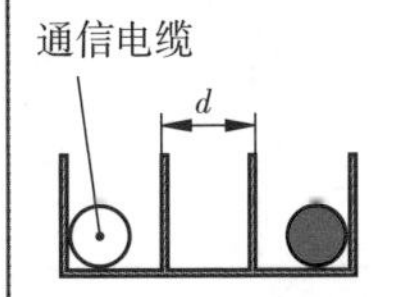

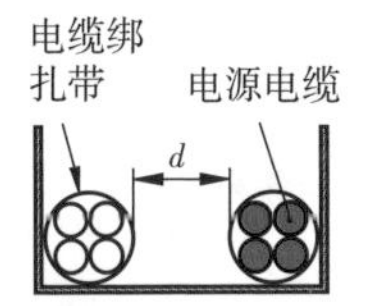

通信电缆与电源电缆的隔离

IT 电缆，电源电缆以及其他电缆之间

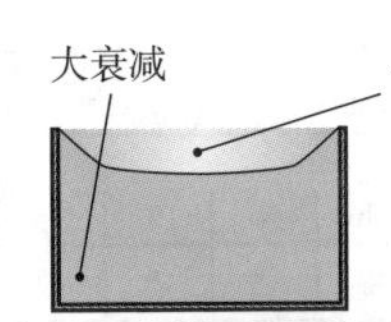

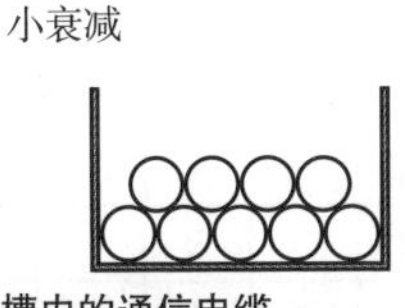

高帮金属电缆槽内的通信电缆

易受干扰电路的电缆

或

通信电缆与其他电缆的隔离

要求的衰减量和最小隔离间距

隔离等级（类似 Cat 类）	30～100MHz 通讯电缆的衰减		0～100 MHz 通讯电缆或电源电缆之间的最小间距		
	耦合衰减和屏蔽衰减，屏蔽电缆	衰减 TCL，非屏蔽电缆	无电磁阻挡层	开放的金属电缆槽	孔板式电缆槽
a –	< 40 dB	< 50 dB–10·lg*f*	300 mm	225 mm	150 mm
b （Cat 5）	≥ 40 dB	≥ 50 dB–10·lg*f*	100 mm	75 mm	50 mm
c （Cat 6）	≥ 55 dB	≥ 60 dB–10·lg*f*	50 mm	38 mm	25 mm
d （Cat 7）	≥ 80 dB	≥ 70 dB–10·lg*f*	10 mm	8 mm	5 mm

非开放式金属整体电缆槽的隔离间距为 0 mm。

一般性要求

概念	解释	附注，数据
布线	敷设电缆。在 IT 业内将电缆理解为地下电缆和所有受保护的导线。	电缆指铜导线电缆或其他金属导线电缆，但也指光纤导线（LWL）电缆。
安全性	设备的安全性必须得到保证，它涉及危险和逃生通道。	布线时，通信电缆必须与电源电缆隔离开来。
可接近性	布设电缆时应考虑，故障时易于接近电缆通道实施维修。	大范围布线时，如有必要，应将电缆通道布设于人行通道下方。
屏蔽	通信电缆必须保护，以防受到 EMI 的损害。必须通过耦合衰减防止相邻导线信号侵入（串音），金属导线的防护措施是导线屏蔽。	屏蔽层必须无遗漏的封闭，并在导线两端接地。有些电缆已做屏蔽。此外，多根电缆的电缆通道也可以通过金属电缆槽实施屏蔽。
衰减	两根电缆之间会出现感应电压。应通过适当措施予以衰减（限制）。	根据通信电缆的不同任务要求其达到最低衰减值。衰减值采用对数数字 dB 表示。
隔离	根据电缆类别的选择或通过电缆的空间隔离可达到衰减的目的。	实现空间隔离的措施是金属屏蔽和敷设间距。
文件	安装和修改时面交设备用户。	该文件由电路图和维护保养图组成。

dB 分贝　lg 普通对数　EMI 电磁干扰
f 频率　*d* 最小间距　TCL 横向串音衰减（Transverse Conversion Loss）

腐蚀和防腐措施

金属的电化学电压等级

在指定浓度的电解液（导电液体中），电极材料与由氢环绕的铂电极之间的电压称为标准电极电位。

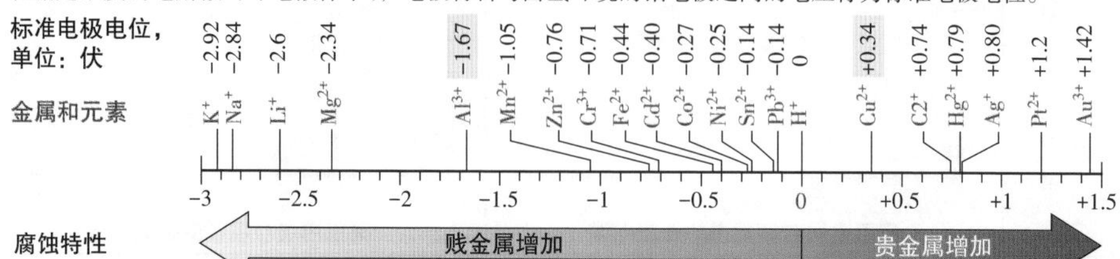

举例：电化学电压 Cu–Al = + 0.34 V – (–1.67 V) = 2.01 V

金属对腐蚀性材料的耐受性

腐蚀性材料	金属															
	Ag	AI	Au	Cd	Co	Cr	Cu	Fe	Mg	Mo	Ni	Pb	Sn	Ta	Ti	W
盐酸	●	○	●	◐	○	○	◔	○	○	●	◔	◔	◐	●	◐	●
硫酸	◐	○	●	◔	◔	○	◔	○	○	●	◐	●	◐	●	◐	●
硝酸	○	◐	●	○	○	●	○	◔	○	◔	◔	○	◐	●	●	◔
氢氧化钠溶液	●	○	●	◔	●	◔	●	●	●	●	◔	◔	◔	◔	◐	●
潮湿空气	●	●	●	◐	◐	●	◐	○	◔	●	●	●	●	●	●	●
空气，400℃	●	◐	●	◐	○	◐	◔	◔	○	○	◐	◐	◐	○	●	●

表中符号的含义：

● 耐腐蚀，侵蚀极小

◐ 有条件耐腐蚀，腐蚀侵蚀取决于腐蚀材料的浓度，温度和化学成分

◔ 少量腐蚀

○ 不耐腐蚀，迅速分解

纯材料：纯材料内混入杂质或合金元素后其特性将发生变化。

钝化材料表面保护层的预处理标准

基本金属	覆层	处理顺序	基本金属	覆层	处理顺序
钢	油漆，涂料，镍，铬，锌，镉	11–20–1–30–1–3–5–33 10–1–12–1–20–1–31–1 10–1–12–1–20–1–4–1	纯铝	阳极氧化	10–1–22–1–26–1–5
			含硅铝合金	阳极氧化，电镀	11–13–1–25–1–5 10–1–12–1–25–1–32–1
铜	无色漆	11–21–1–2–5	含镁铝合金	阳极氧化，电镀	11–13–1–22–1–26–1–5 10–1–12–1–23–1–32–1
铜锌，铜锡	无色漆，镍，铬	11–24–1–2–5 10–1–13–1–21–1–31–1	锌	电镀	10–1–12–1–25–1–31–1

处理顺序数字标记的解释

标记数字	处理措施	标记数字	处理措施
1	冷水中冲洗	20	10% 盐酸酸洗，20℃，必要时添加磷酸和反应阻碍剂
2	热水中冲洗	21	5% ~ 25% 硫酸酸洗，40℃ ~ 80℃
3	0.2% ~ 1% 苏打溶液中冲洗（钝化）	22	10% 氢氧化钠溶液酸洗，80℃ ~ 90℃
4	10% 氰化物溶液中冲洗	23	3% 硝酸酸洗，80℃
5	热风干燥	24	在 1 : 1 浓硝酸与浓硫酸混合液中发黄
		25	3% ~ 10% 氢氟酸酸洗
		26	30% 硝酸酸洗
10	在碱性脱脂池内蒸煮脱脂	30	磷化处理，铬化处理
11	用有机溶剂冲洗，浸泡和蒸煮脱脂	31	预镀铜作中间层
12	在碱溶液中阴极脱脂	32	锌液预处理（锌沉淀）
13	在碱溶液中阳极脱脂	33	用防锈漆涂底漆

焊料和焊药

软钎焊

参照 DIN EN ISO 9453:2014-12

合金组	合金代码	合金缩写符号	熔化温度 ℃	应用说明
无铅焊料（生物焊料）	—	S-Sn42Bi58 S-Sn95.5Ag4Cu0.5 S-Sn96Ag4 S-Sn95Sb5 S-Sn97Cu3	138 217 221 240 250	对温度敏感的零件 电子装置，电子技术 精密加工技术，汽车领域 电子装置制造，精密加工技术 制热和致冷技术
锡－铅－银	31 33 34	S-Sn60Pb36Ag4 S-Pb95Ag5 S-Pb93Sn5Ag2	178～180 304～365 296～310	截止 2005 年用于电子工业的元器件，之后禁止继续使用。

软钎焊焊药

参照 DIN EN ISO 9455-1:2017-12

焊药类型	药基	焊药催化剂	焊药类型	药基	焊药催化剂
1 树脂	1 松香 2 无松香	1 无催化剂 2 用卤素催化 3 无卤素催化	3 无机物	1 盐	1 有氯化铵 2 无氯化铵
2 有机物	1 溶水 2 不溶水			2 酸	1 磷酸 2 其他酸
亦请参见软钎焊焊药标准 DIN EN ISO 9454-1:2.1.2				3 碱	1 胺和 / 或氨

用于重金属的硬钎焊，含银

参照 DIN EN ISO 17672:2017-01

组	焊接材料 缩写符号	焊接材料 材料代码	熔化温度 ℃	工作温度 ℃	应用说明 焊接接口	应用说明 焊料输送	应用说明 基本材料
AgCuCdZn	L-Ag50Cd	2.5143	620～640	640	S	a，e	贵金属，钢，铜合金
	L-Ag45Cd	2.5146	620～635	620	S	a，e	
	L-Ag40Cd	2.5141	595～630	610	S	a，e	钢，可锻铸铁，铜，铜合金，镍，镍合金
	L-Ag20Cd	2.1215	605～765	750	S，F	a，e	
AgCuZn（Sn）	L-Ag45Sn	2.5158	640～680	670	S	a，e	钢，可锻铸铁，铜，铜合金，镍，镍合金
	L-Ag44	2.5147	675～735	730	S	a，e	
	L-Ag34Sn	2.5157	630～730	710	S	a，e	
	L-Ag25	2.1216	700～800	780	S	a，e	
AlSi	L-AlSi7.5	3.2280	575～615	610	S	a，e	AlMn，AlMgMn，G-AlSi 类铝和铝合金 有条件用于镁含量最高至 2% 的 AlMg，AlMgSi 类铝合金
	L-AlSi10	3.2282	575～595	600	S	a，e	
	L-AlSi12	3.2285	575～590	595	S	a，e	

硬钎焊焊药

参照 DIN EN 1045

焊药	作用温度	应用说明
FH10 FH11 FH12	550～800℃ 550～800℃ 550～850℃	多用途焊药；残留物可清洗或酸洗。 铜铝合金；残留物可清洗或酸洗。 不锈钢和高合金钢，硬质合金；残留物可酸洗。
FH20 FH21 FH30 FH40	700～1000℃ 750～1100℃ 最小 1100℃ 600～1000℃	多用途焊药；残留物可清洗或酸洗。 多用途焊药；残留物可机械清除或酸洗。 用于铜和镍焊料；残留物可机械清除。 无硼焊药；残留物可清洗或酸洗。
FL10 FL20	— —	轻金属；残留物可清洗或酸洗。 轻金属；残留物无腐蚀性，但需注意防潮。

液压液

液压油

种类

型号	解释
HL（DIN 51524–1）	加入有效成分的液压油用于提高防腐蚀和抗老化性能。
HLP（DIN 51524–2）	含有添加的有效成分可降低混合摩擦范围内的磨损。用于装有液压泵和液压马达的液压设备，其工作压力大于 200 bar。

性能

性能		HL 10 HLP 10	HL 22 HLP 22	HL 32 HLP 32	HL 46 HLP 46	HL 68 HLP 68	HL 100 HLP 100
动态黏度，单位：mm^2/s	–20℃时	600	—	—	—	—	—
	0℃时	90	300	420	780	1400	2560
	40℃时	10	22	32	46	68	100
	10℃时	2.4	4.1	5.0	6.1	7.8	9.9
倾点[1]相同或低于		–30℃	–21℃	–18℃	–15℃	–12℃	–12℃
闪点高于		125℃	165℃	175℃	185℃	195℃	205℃

[1] 倾点（流动点）是石油产品低温性能的一个国际通用尺度。根据 DIN 51597 所述定义，倾点是液压油在重力作用下恰好尚能流动的温度。倾点替代以前德国标准使用的约低 3K 的滞塞点（凝固温度）。

⇒**液压油 DIN 51524–HLP 46**：型号 HLP 的液压油，动态粘度 = 40℃时 46 mm^2/s

黏度 – 温度特性

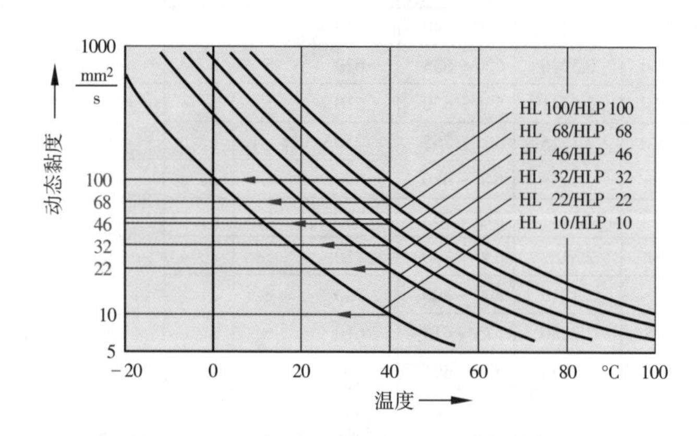

重度阻燃的液压液

名称	ISO 黏度等级	温度特性 ℃	性能	应用
HFAE DIN 24320	（无规定）	+ 5 ~ + 55	油 – 水乳浊液，油占比一般为 2% ~ 3%，低黏度，低润滑性	矿山支架
HFAS	（无规定）	+ 5 ~ + 55	液压液与水的溶液，性能与 HFAE 相同	矿山支架
HFC	15，22，32，46，68，100	–20 ~ + 60	水性单体和 / 或聚酯溶液，耐磨保护性能优于 HFA	矿山，压铸机，自动焊机，钢铁工业，锻压机
HFD	15，22，32，49，68，100	–20 ~ + 150	无水人工合成液压液。良好的抗老化和润滑性能，工作温度范围大	高工作温度的液压设备

材料检验 1

拉力试验

参照 DIN EN 10002-1:2004-01

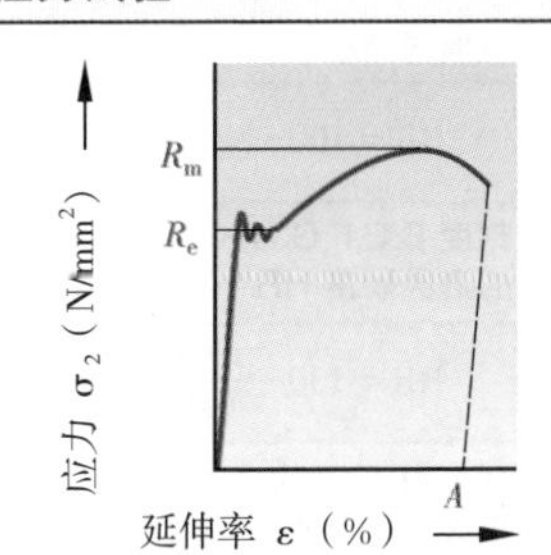

带明显屈服点的应力延伸率曲线，例如软钢

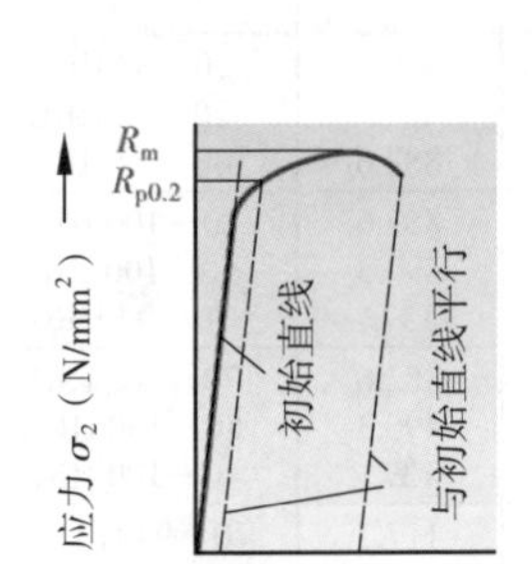

无明显屈服点的应力延伸率曲线，例如调质钢

试验目的： 求拉应力均匀增加时的材料特性。

试验方法： 对拉力试样施加拉力，直至断裂。一个曲线表表述拉应力和断裂延伸率的变化。

F 拉力	S_u 断裂后最小试样横截面
F_e 屈服点的力	e 延伸率
F_m 最大拉力	A 断裂延伸率
L 检测长度	Z 断裂收缩率
L_o 初始检测长度	σ_2 拉应力
L_u 断裂后检测长度	R_m 抗拉强度
d_o 试样初始直径	$R_{p0.2}$ 余留 0.2% 延伸率时的延伸极限
R_e 屈服强度	
S_o 试样初始横截面	E 弹性模量

举例：

拉力试样，$L_o = 125$ mm; $d_o = 25$ mm;
$F_m = 340$ kN; $L_u = 143$ mm; 求 $R_m = ?$; $A = ?$

$$S_0 = \frac{\pi \cdot d_0^2}{4} = \frac{\pi \cdot (25\text{mm})^2}{4} = 490.9\ \text{mm}^2$$

$$R_m = \frac{F_2}{S_0} = \frac{340\,000\ \text{N}}{490.9\ \text{mm}^2} = 692.6\ \text{N/mm}^2$$

$$A = \frac{L_u - L_0}{L_0} \cdot 100\%$$

$$= \frac{143\ \text{mm} - 125\ \text{mm}}{125\ \text{mm}} \cdot 100\% = 14.4\%$$

屈服强度 R_e 或延伸极限 $R_{p0.2}$ 与抗拉强度 R_m 之间的比例对材料的热处理状态以及应用的可能性具有提示作用。

拉应力

$$\sigma_z = \frac{F}{S_0} \quad (1)$$

抗拉强度

$$R_m = \frac{F_m}{S_0} \quad (2)$$

屈服强度

$$R_e = \frac{F_e}{S_0} \quad (3)$$

延伸率

$$\varepsilon = \frac{L - L_0}{L_0} \cdot 100\% \quad (4)$$

断裂延伸率

$$A = \frac{L_u - L_0}{L_0} \cdot 100\% \quad (5)$$

断裂收缩率

$$Z = \frac{S_0 - S_u}{S_0} \cdot 100\% \quad (6)$$

弹性模量

弹性范围内的载荷

$$E = \frac{\sigma_z}{\varepsilon} \cdot 100\% \quad (7)$$

维氏硬度检验

参照 DIN EN ISO 6507-1

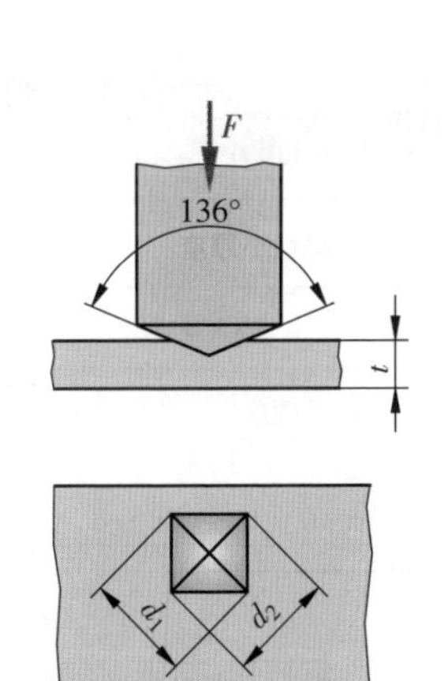

金刚石检验锥压痕

检验目的： 该硬度检验用于所有金属，尤其适用于薄试样。

检验方法： 将正方底面检验锥压入试样。从压痕对角线 d 确定维氏硬度 HV。

F 检验力
d 压痕对角线
t 试样最小厚度

举例： 维氏硬度数值说明：

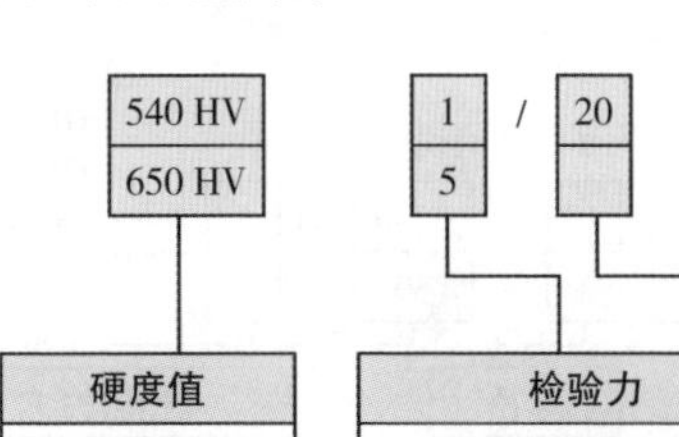

硬度值	检验力	检验时长
维氏硬度 540	1 · 9.80665 N = 9.807 N	标出数值：20 s
维氏硬度 650	5 · 9.80665 N = 49.03 N	默认数值：10 ~ 15 s

压痕对角线

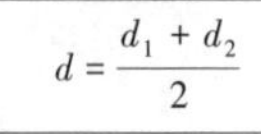

$$d = \frac{d_1 + d_2}{2} \quad (8)$$

最小厚度

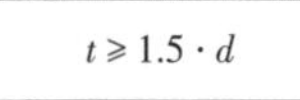

$$t \geqslant 1.5 \cdot d \quad (9)$$

维氏硬度

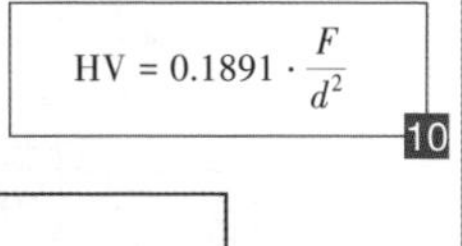

$$HV = 0.1891 \cdot \frac{F}{d^2} \quad (10)$$

材料 2

洛氏硬度检验

参照 DIN EN 10109

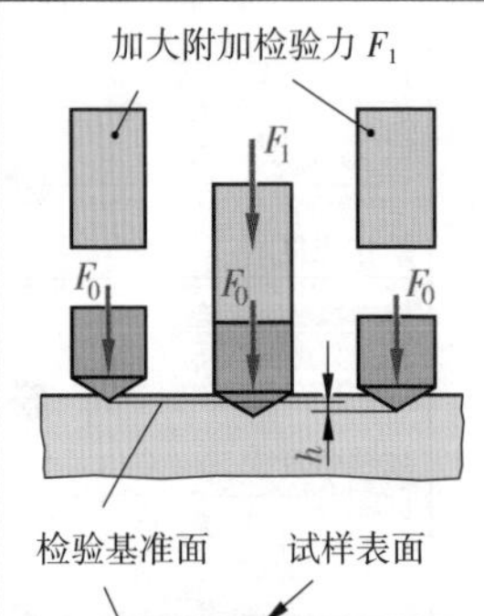

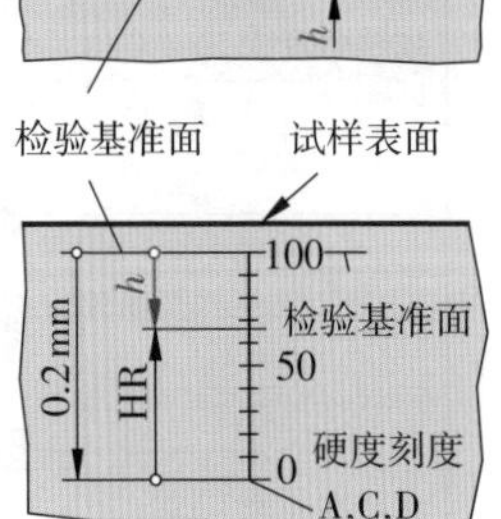

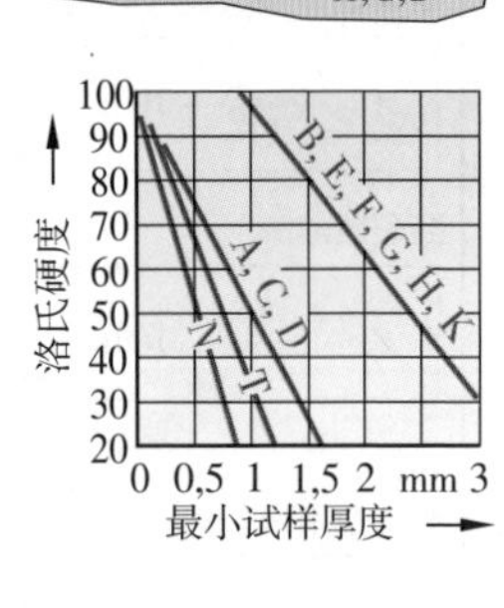

检验目的： 本检验适用于所有金属。

检验方法： 将压入体分两步压入试样。从保持的压痕深度 h 推算出洛氏硬度数值。

F_o 预加检验力

F_1 附加检验力

h 保持的压痕深度（mm）

举例： 洛氏硬度数值说明：

压痕对角线

$$HR = 100 - \frac{h}{0.002\ \text{mm}} \quad (1)$$

刻度 B,E,F,G,H,K 的洛氏硬度 HR

$$HR = 130 - \frac{h}{0.002\ \text{mm}} \quad (2)$$

刻度 N 和 T 的洛氏硬度 HR

$$HR = 100 - \frac{h}{0.001\ \text{mm}} \quad (3)$$

洛氏硬度检验方法的刻度和应用范围

刻度	硬度	压入体	F_o N	F_1 N	应用范围
A C D	HRA HRC HRD	金刚石锥体，锥角 120°	98 98 98	490.3 1373 882.6	20～88 HRA 20～70 HRC 40～77 HRD
B F G	HRB HRF HRG	直径 1.5785 mm 的钢球	98 98 98	882.6 490.3 1373	20～100 HRB 60～100 HRF 30～94 HRG
E H K	HRE HRH HRK	直径 3.175 mm 的钢球	98 98 98	882.6 490.3 1373	70～100 HRE 80～100 HRH 40～100 HRK
15N 30N 45N	HR15N HR30N HR45N	金刚石锥体，锥角 120°	29.4 29.4 29.4	117.7 264.8 411.9	70～94 HR15N 42～86 HR30N 20～77 HR45N
15T 30T 45T	HR15T HR30T HR45T	直径 1.5785 mm 的钢球	29.4 29.4 29.4	117.7 264.8 411.9	67～93 HR15N 29～82 HR30N 1～72 HR45N

布氏硬度检验

参照 DIN EN 10003

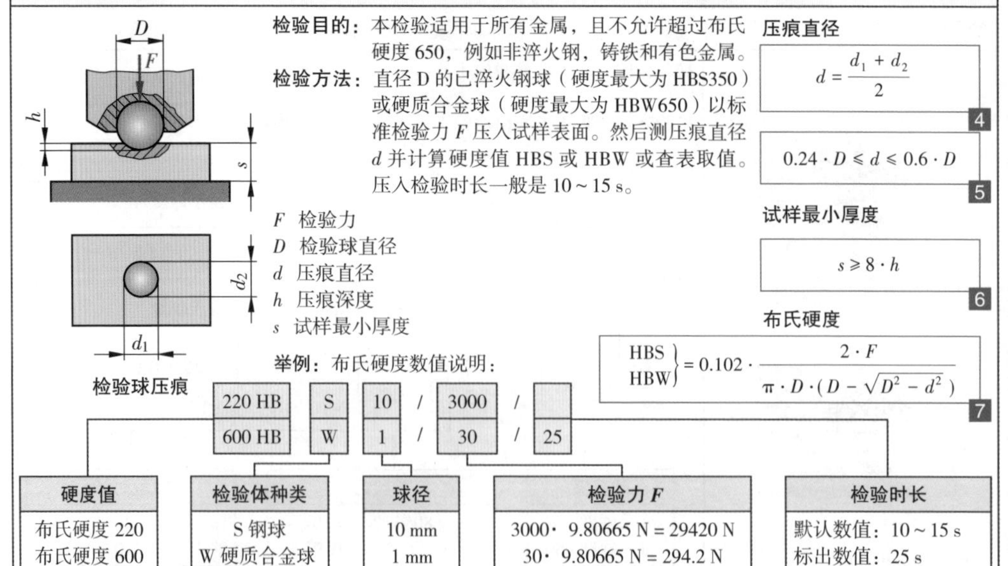

检验球压痕

检验目的： 本检验适用于所有金属，且不允许超过布氏硬度 650，例如非淬火钢，铸铁和有色金属。

检验方法： 直径 D 的已淬火钢球（硬度最大为 HBS350）或硬质合金球（硬度最大为 HBW650）以标准检验力 *F* 压入试样表面。然后测压痕直径 *d* 并计算硬度值 HBS 或 HBW 或查表取值。压入检验时长一般是 10～15 s。

F 检验力

D 检验球直径

d 压痕直径

h 压痕深度

s 试样最小厚度

压痕直径

$$d = \frac{d_1 + d_2}{2} \quad (4)$$

$$0.24 \cdot D \leqslant d \leqslant 0.6 \cdot D \quad (5)$$

试样最小厚度

$$s \geqslant 8 \cdot h \quad (6)$$

布氏硬度

$$\left.\begin{matrix}HBS\\HBW\end{matrix}\right\} = 0.102 \cdot \frac{2 \cdot F}{\pi \cdot D \cdot (D - \sqrt{D^2 - d^2})} \quad (7)$$

举例： 布氏硬度数值说明：

220 HB	S	10	/	3000	/	
600 HB	W	1	/	30	/	25

硬度值	检验体种类	球径	检验力 *F*	检验时长
布氏硬度 220 布氏硬度 600	S 钢球 W 硬质合金球	10 mm 1 mm	3000· 9.80665 N = 29420 N 30· 9.80665 N = 294.2 N	默认数值：10～15 s 标出数值：25 s

加工方法 1

加工方法可以汇总为六个主组（参照 DIN 8580）。主组划分的特征是一个固定或组装体各零件结合的概念。为生产一个产品，常常需组合使用若干个加工方法。

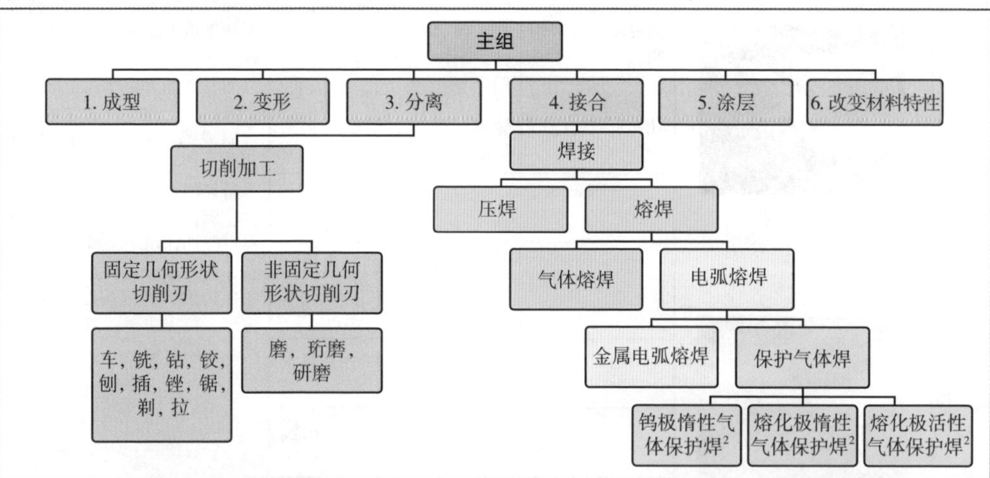

主组		加工	方法	解释
创造结合	**成型** 铸造的机壳	从液态和/或糊状状态成型	浇铸，压铸，触融压铸[1]	将无形的材料制成工件和将材料微粒结合起来的加工方法。
		从固态成型	烧结，压制	
		从气态成型	汽化渗镀	
		从离子态成型	电铸型箱	以电镀形式从水性盐浴池析出金属。 可对极复杂几何形状涂层。
		从液态到固态成型	喷射法制造致密零件	从一个罐体喷射金属熔液，用以制造接近最终轮廓的零件。
保持结合	**变形** 模锻件 发动机罩	拉	深度，宽度和长度的拉力校平	常称为无切削成型的加工方法指从固态毛坯件通过塑性变形制造出工件。其前提条件是材料的塑性（可塑的）可变形性。 毛坯件的体积相当于制成品的体积。
		压	锻，轧，镦，自由锻，挤压，模锻，压印，压通	
		拉和压	深拉，拉拔，翻孔，滚压，折弯凸起，内部高压顶锻	
		剪切	粗车，推床	
		折弯	折弯，整圆，盘卷	
		折弯和压	折曲	

[1] 结合了铸造和锻压的优点　　[2] 参见加工方法 3

加工方法 2

主组		加工	方法	解释
避免结合	**分离**  例如车削  例如电火花蚀刻	采用固定几何形状切削刃切削	车，铣，钻，沉孔，铰孔，拉，锯，攻丝，剃齿，锉，粗锉，插，凿	保留工件毛坯件形状，通过在加工点去除材料接合改变工件形状。 刀具分离力必须大于材料接合力。 制成品体积小于毛坯件体积。 待切削加工材料的标准，工件轮廓，工件尺寸，壁厚，装夹可能性，切削材料，刀具涂层，切屑排出，表面质量，尺寸保持度，切削深度，温度，冷却，机床功率，切削力，振动，劳动安全。
		采用非固定几何形状切削刃切削	磨（旋转），砂带磨，凸轮磨，研磨，珩磨，射束切削，滑动切削	
		分离	剪切，破碎，纵割，拉断，打孔	
		蚀刻	线切割，蚀刻，电解切削[1]，气割，电子束切割，激光束切割	
		分解	拆卸，消焊，分开粘接连接件	
		清洗	射流清洗，化学清洗，热清洗，清洗	
		抽真空	泵出，排空	
多重结合	**接合**  例如软钎焊	材料接合	电焊，钎焊，粘接	多个工件以几何固定几何形式的长期连接或无形状材料的连接。 以不可拆卸和/或可拆卸形式连接一种新形状。
		形状接合	冷铆，销钉，弹簧连接，扎钉式连接[2]，卷边连接，灌孔，重铸	
		摩擦力接合	螺钉，端子，收缩，压接，热铆，挤压	
	涂层  例如 TiN 涂层	涂覆材料微粒	电镀，粉末涂层，火焰镀锌，堆焊，喷漆，锤纹镀层，磷化处理	在工件表面用固定涂覆方式涂覆某种无形状材料，例如在可回转刀片上的 TiN, TiCN, TiAlN 硬质涂层，采用 PVD[3] 技术在 HSS 刀具上的涂层，防腐涂层，划线底漆，包装薄板的滑动保护，提高传导性的涂层。
		材料微粒新的接合	汽化渗镀	
改变材料特性	**改变材料特性**  例如退火	材料微粒换位	淬火，退火，回火，调质，磁化，烧结，燃烧，深冷，通过轧，拉、锻和硬化射束进行硬化	改变材料微粒的位置和材料的性能，但工件形状仍保留。铁－碳－状态曲线图可使一种铁材料在指定温度和碳含量条件下的组织类型一目了然。
		材料微粒分开	退火，脱碳	
		材料微粒渗入	渗氮，渗碳	

[1] 电磁蚀刻　[2] 通过材料点状变形实现形状和摩擦力接合
[3] 英语 Physical Vapour Deposition 的缩写，意为物理蒸发沉积法

加工方法 3

焊接方法

方法	组件	种类	解释
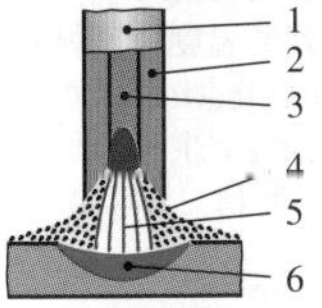 电焊条熔焊	1 电焊条 2 焊条药皮；金红石或碱性 3 焊条芯 4 焊渣和气体 5 电弧 6 熔化区	电焊条：金红石电焊条在直流电源负极焊接，碱性焊条在正极焊接。	该方法几乎适用于所有金属，甚至可水下焊接。电焊条是电弧载体和添加材料。合金或非合金的焊条芯形成焊缝，药皮保护焊接熔池不受空气中氧气的影响并保持电弧稳定。焊渣保护并形成焊缝。
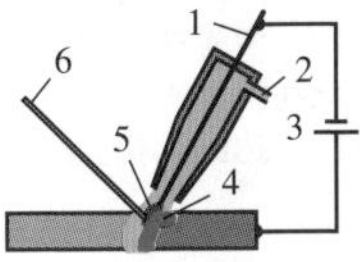 WIG 焊接	1 钨极电焊条 2 保护气体 3 电源 4 熔池 5 电弧 6 焊接辅料	钨极惰性气体保护焊（WIG）采用交流电源焊接轻金属，采用直流电源焊接合金钢和有色金属	用于对焊缝质量、无喷溅无焊渣以及平面焊缝的高质量要求焊接。 应用范围：各种适宜熔焊的材料。焊接变形最小，焊接气体对健康损害较小。
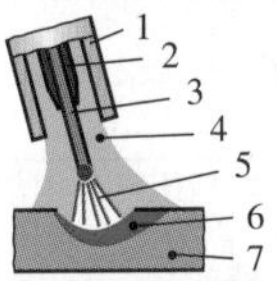 MIG/MAG 焊接	1 保护气体喷嘴 2 液流喷嘴 3 电焊条 4 电弧 5 熔化区 6 基本材料	熔化极惰性气体保护焊（MIG） 熔化极活性气体保护焊（MAG）	优选用于快速、焊缝附着好且无特殊外观要求的焊接。MAG 适用于非合金，低合金和高合金钢，板厚大于 0.6 mm 的焊接。MIG 适用于铝和铜材料的焊接。
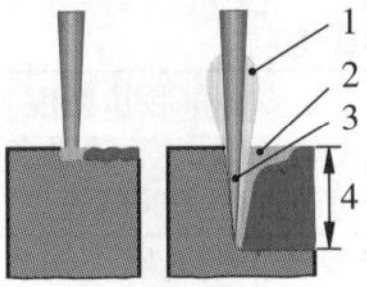 激光焊	1 等离子云 2 熔化 3 蒸汽通道 4 焊接深度	左图： 堆焊最大至 2 mm 右图： 深度焊，钢板最厚至 25 mm	聚焦的激光束引入待焊接材料的接缝处。通过高温熔化两种材料的焊接局部。在熔池内形成蒸汽通道，它可使激光束深入更深的内部。焊缝凝固后产生一个良好的冶金连接。
特殊方法			
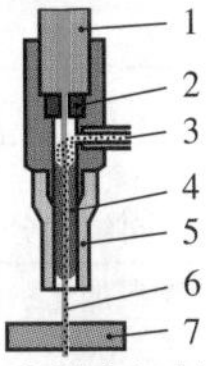 水射束切割	1 纯水 2 纯水喷嘴 3 磨蚀剂 4 磨蚀剂喷嘴 5 聚焦管 6 切割射束 7 工件	· 纯水切割用于软材料 · 磨蚀切割（见图）用于硬材料。 磨蚀剂： 刚玉，石榴石 （磨蚀 = 刮削）	射束介质：压缩空气或水，水射束压力最大可达 6000 bar，切割速度可达 1000 m/s，气割精度：最高至 0.005 mm/m，水射束喷出时的声压最高位 130 dB(A)，可通过水下切割降低噪声。切割边缘无毛刺，无组织损伤。该法适用几乎所有材料，甚至复杂形状工件。
 线切割	· 切割电极直径 0.02 ~ 0.33 mm · 液态介质（去离子水）	· 线切割 · 电火花蚀刻 · 孔内线切割	线切割：放电通道的温度为 1000℃ ~ 5000℃，切割在某种介质中进行。一个恒定的冲洗装置从切割缝中排出侵蚀残渣。用途：刀具制造，微型元件
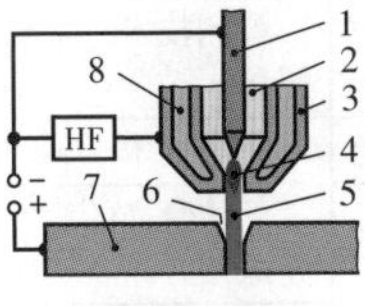 等离子切割	1 焊条 2 等离子气体 3 切割喷嘴 4 导航电弧 5 等离子射束 6 切割缝 7 工件 8 水冷却	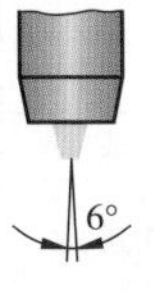 6° 等离子电弧形状	电弧在未熔化的焊条与工件之间燃烧。由喷嘴导引的压缩空气对电弧有辅助收缩作用。并据此提高电弧的能量密度，强度和稳定性。切割时产生一股高能量等离子化气体。

加工方法 4

方法	组件	种类	解释
6 ⇒ 1 2 3 4 5 激光切割	1 激光射束源 2 聚焦透镜 3 切割喷嘴 4 工件 5 激光 / 气体射束 6 切割气体	激光射束熔化切割 激光射束气割 激光射束升华切割	激光切割机发出一股激光射束与强气体射束共同汇聚在工件上。根据切割材料所能达到的温度，该材料将作为 a) 液体，b) 氧化物或 c) 切割缝蒸发物被气体吹走。切割缝宽度为 0.1 ~ 0.3 mm，无毛刺。薄板切割速度达 10 m/min。
1 2 3 8 ⇒ 7 6 5 4 激光涂层	1 激光射束源 2 聚焦透镜 3 涂层粉末 4 工件 5 涂层 6 护板 7 涂层喷嘴 8 保护气体	在工件表面涂覆粉末或膏状物 用电镀方法涂覆 粉末和激光射束同时到达工件表面（见举例）	涂层可改善工件表面质量。涂层材料中加入钴和铬将降低磨损。添加镍可提高耐腐蚀性。激光在此用作热源将涂层材料熔化在工件表面，并可严格控制涂层厚度，达到无孔隙的完美的金属接合。

特殊方法的对比

方法	材料厚度	精度	解释
激光切割	结构钢最大至 25 mm 高合金钢最大至 15 mm 铝最大至 10 mm	至 1 μm	用于金属和非金属。复杂轮廓，高切割速度，切割边棱上仅形成微小沟纹，几乎不用返工。高效能源利用。
等离子气割	至 160 mm	至 0.2 mm	切割导电工件时可达最大灵活性。在低厚度范围可达高切割速度。边缘区熔化，部分形成毛刺。
线切割	至 120 mm	至 1 μm	无论何种硬度的所有导电材料。高尺寸和形状精度。也用于锐角边棱轮廓工件。切割线是正极，工件是负极，从工件边缘或起始孔开始切割过程。加工时间长。
水射束切割	至 200 mm	至 10 μm	可用于几乎所有材料和最精细以及极小的轮廓，切割无毛刺，切割表层区不会出现硬化或材料损伤，窄切割缝，高精度，工件不变形。切割过程不产生灰尘，蒸汽或其他气体。切割力小，因此适用于敏感材料的切割。

激光种类

激光	种类	工作类型	功率	波长	应用
气体 – 激光	CO_2 激光	连续式和脉冲式	1W ~ 40 kW，脉冲工作方式达 100 MW	10.6 μm	材料加工，医学，同位素分离
	受激准分子激光[1]	脉冲式，10 ~ 100 ns	1 kW ~ 100 MW	193，248 nm，308，351 nm	微观加工，激光化学，医学
	氦氖激光	连续式	1 mW ~ 1 W	632.8 m	检测技术，全息照相
	氩离子激光	连续式和脉冲式	1 mW ~ 150 W	515 ~ 458 nm	印刷技术，医学
	色素激光	连续式	1 mW ~ 1 W	红外线至紫外线	检测技术，医学，光谱学
固体激光	NdYAG– 激光[2]	连续式和脉冲式	1 W ~ 3 kW	1. 06 μm	材料加工，检测技术，医学
	红宝石激光	脉冲式	若干 W	红色	检测技术，全息照相
半导体二极管激光	单二极管激光	连续式和脉冲式	1 mW ~ 100 mW	红外线至可见光	光电技术
	二极管激光条	连续式和脉冲式	最大至 100 W	红外线至可见光	固体激光的激发光源

[1] 激光射线介质：惰性气体 – 卤族　[2] 钇铝石榴石激光

快速原型法 RP（3D 打印）

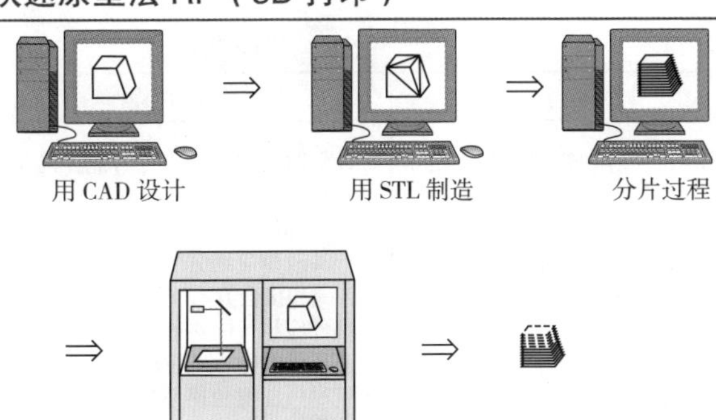

快速原型法原理

快速原型法（原型快速制造）是一种快速制造原型样品各零件的方法，其出发原点是设计数据。RP 方法是加工方法，它可采用现有的 CAD 数据直接制造工件。

通过数量极多的薄层（薄片）或数量极多的小型体积元素，例如塑料制品（添加制造）进行工件的制造。

快速原型法的进一步应用是快速工具法（用作工具）和快速加工法（用作制成品）

快速原型法的重要方法

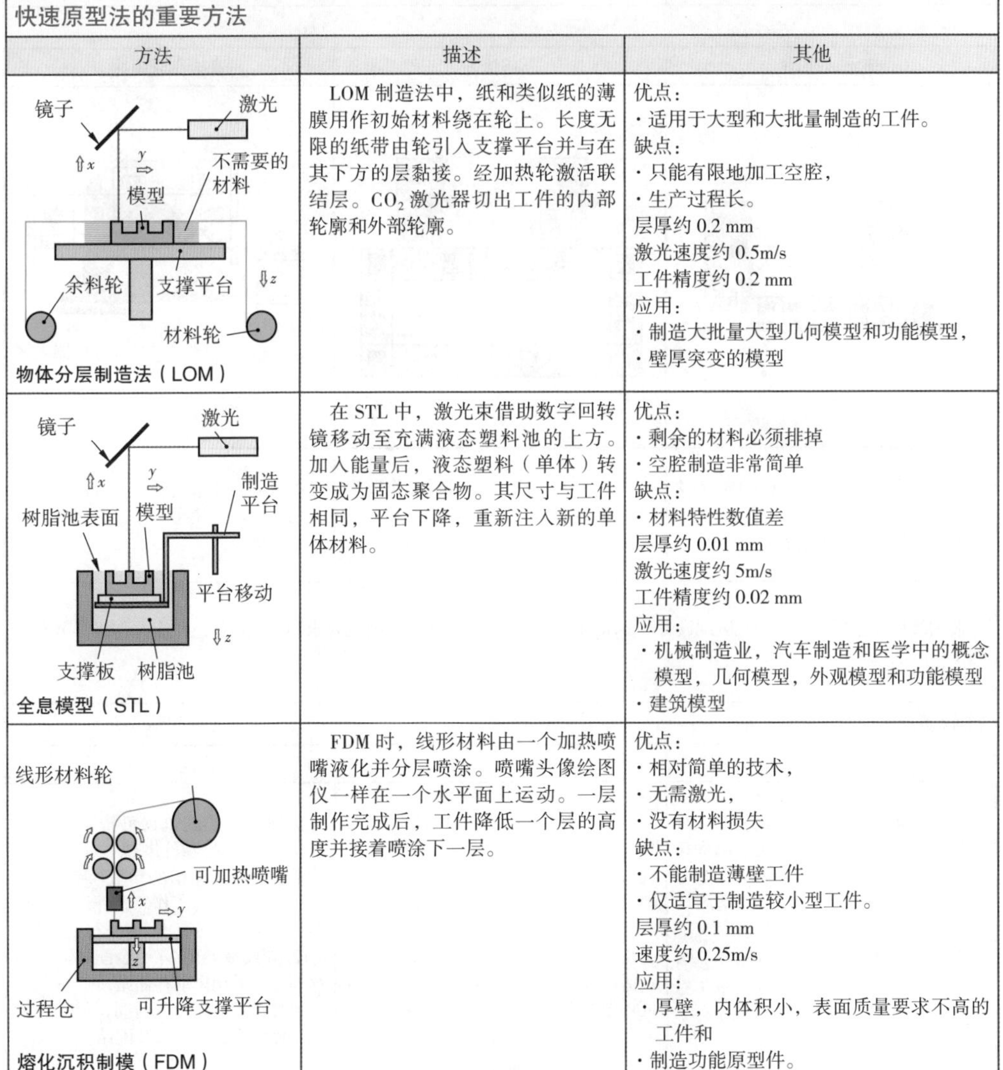

方法	描述	其他
物体分层制造法（LOM）	LOM 制造法中，纸和类似纸的薄膜用作初始材料绕在轮上。长度无限的纸带由轮引入支撑平台并与在其下方的层黏接。经加热轮激活联结层。CO_2 激光器切出工件的内部轮廓和外部轮廓。	优点： · 适用于大型和大批量制造的工件。 缺点： · 只能有限地加工空腔， · 生产过程长。 层厚约 0.2 mm 激光速度约 0.5m/s 工件精度约 0.2 mm 应用： · 制造大批量大型几何模型和功能模型， · 壁厚突变的模型
全息模型（STL）	在 STL 中，激光束借助数字回转镜移动至充满液态塑料池的上方。加入能量后，液态塑料（单体）转变成为固态聚合物。其尺寸与工件相同，平台下降，重新注入新的单体材料。	优点： · 剩余的材料必须排掉 · 空腔制造非常简单 缺点： · 材料特性数值差 层厚约 0.01 mm 激光速度约 5m/s 工件精度约 0.02 mm 应用： · 机械制造业，汽车制造和医学中的概念模型，几何模型，外观模型和功能模型 · 建筑模型
熔化沉积制模（FDM）	FDM 时，线形材料由一个加热喷嘴液化并分层喷涂。喷嘴头像绘图仪一样在一个水平面上运动。一层制作完成后，工件降低一个层的高度并接着喷涂下一层。	优点： · 相对简单的技术， · 无需激光， · 没有材料损失 缺点： · 不能制造薄壁工件 · 仅适宜于制造较小型工件。 层厚约 0.1 mm 速度约 0.25m/s 应用： · 厚壁，内体积小，表面质量要求不高的工件和 · 制造功能原型件。

装配和拆卸

基础

装配	拆卸	产品成型规则
零件的装配常采用手工工作方式。与之相反，系列产品装配采用流水线作业方式并常使用机器人或专用装配机械进行自动化装配。 装配的主要功能： · 接合（例如焊接） · 校准（调整） · 检验（检测） · 运输（抓取） · 特种行为（清洗）	维护和保养工作时需要拆卸，循环使用材料时拆卸工作呈增加趋势。 简单拆卸的优点： · 更换成本更有利的零件 · 再次使用用过的零件 · 查找简单的故障 · 取下受损零件 · 循环使用有价值的材料	· 计划时设计部件由尽可能少的零件组成。 · 复杂部件划分部件组。 · 产品改型应细分为子部件。 · 装配和接合方向应统一，例如垂直。 · 部件应尽可能对称 · 零部件的输入应自动化。 · 应尽可能避免使用复合材料（循环利用）。

缓冲

流水线缓冲	循环缓冲	直接存取缓冲

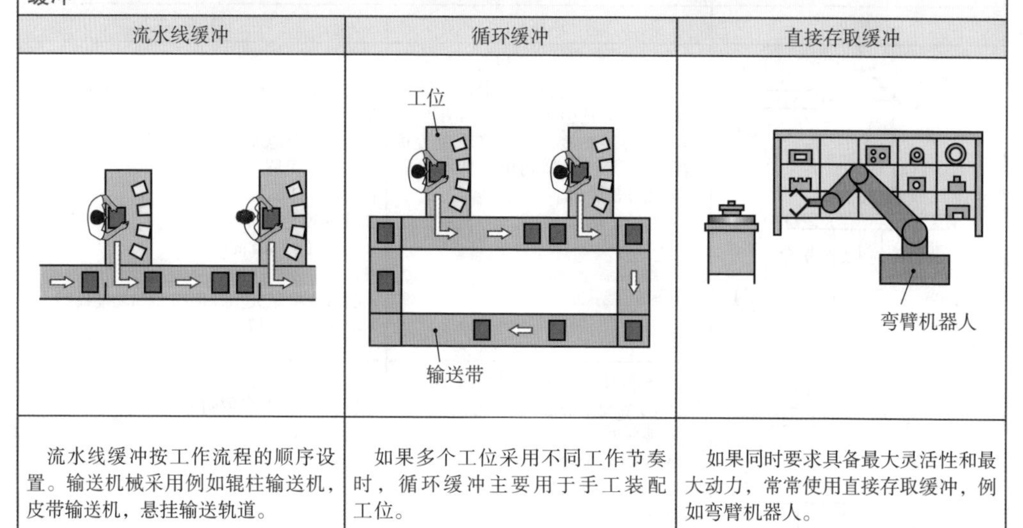

流水线缓冲	循环缓冲	直接存取缓冲
流水线缓冲按工作流程的顺序设置。输送机械采用例如辊柱输送机，皮带输送机，悬挂输送轨道。	如果多个工位采用不同工作节奏时，循环缓冲主要用于手工装配工位。	如果同时要求具备最大灵活性和最大动力，常常使用直接存取缓冲，例如弯臂机器人。

使用缓冲存储器，在自动化装配设备时要求用它跨过故障，人工装配时则要求用它创造休息机会并与机器节奏脱钩（松散链接）。

自动装配

通则	用机器人装配	圆回转台装配
采用设备和装置的自动化装配一般仅使用一个接合方向：优先选用垂直或水平方向。尤其是辅助运动，如闭锁机构的锁紧或解锁，也可以选用其他方向。 各个装配站排列成直线或圆环，或用推车，或用混合形式。	尤其适用的 4 轴水平臂机器人，型号 SCARA（选择顺应性装配机械手臂），因为它的垂直接合方向动作僵硬，但水平方向可任意弯曲，非常灵活。 机器人装配站的缺点是只能在机器手活动范围内的一个位置上工作。但可将多个机器人链接在一条装配线。	圆回转台装配机器可按各种工作节奏将待装配零件围绕一个装配站旋转。其最大优点在于各个装配站均采用自己的节奏工作。此外，可根据各装配站自己的任务和位置比例排列 8,12,16 或最大至 24 个装配站。材料存储一般采用振动存储站。 刚性链接：短流程时间，但一台装配站停机将影响全部装配站。

装配计划

制成品分类，例如：气动缸（零件视图）

表达法	解释
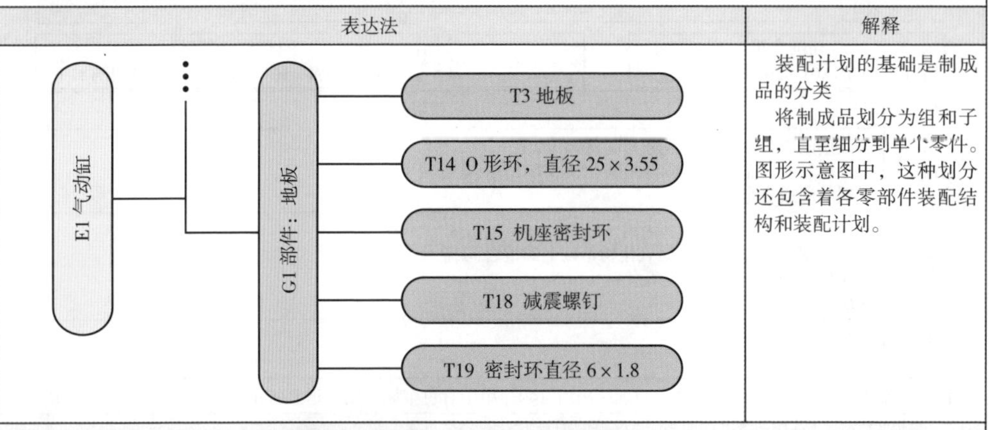	装配计划的基础是制成品的分类 将制成品划分为组和子组，直至细分到单个零件。图形示意图中，这种划分还包含着各零部件装配结构和装配计划。

结构和组件明细表，举例：气动缸（零件视图）

位置号	阶段	零件号	名称
1	.1	G1	部件：地板
2	..2	T3	地板
3	..2	T14	O 形环
4	..2	T15	机座密封环
5	..2	T18	减震螺钉
6	..2	T19	密封环直径 6×18
7	.1	G2	部件：盖板

位置号	零件号	名称	种类
1	G1	部件：地板	E
2	G2	部件：盖板	E
3	G4	部件：活塞杆	E
4	G5	部件：拉杆	E
5	T1	机座	E
6	T7	螺帽 M8	F
7	T11	活塞杆螺帽	F

结构零部件明细表用补充分级划分制成品，并对所有位置号排出相应的顺序。

组件明细表提供制成品分类表中所含部件以及装配所需的各个具体位置。

E 自制件

F 外协件

装配工作粗略计划（节选），举例：地板部件 G1

计划号		名称：地板部件		材料	尺寸		
位置	工位	工位名称	工资类别	划分因素	准备时间	中间时间	小时
10	401001	准备就绪的轴承	ZL	1		17.25	1
工艺：已按要求将工件送至工位							
20	400101	装配工位 1	ZL	1	5.75		1
工艺：装配部件的各个零件							

装配工作粗略计划包含加工的工作步骤或自制组件的装配（指零件，部件和制成品）。

划分因素大于 1 时需投入更多的工位。

AVG 工作过程描述

装配工作详细计划（节选），举例：地板部件 G1

工位号 400101	工位名称 装配工位 1	名称：地板部件	材料
质量 0.35kg	分配和休息的补充时间 15%	准备时间 t_r 5.75 min	单件时间 t_e 1.15 min
工艺序号	工艺过程描述	基本准备时间 t_{rg}	基本时间 t_g
10	建立装配工位	5 min	
20	安装机座密封环		0.3 min
30	装入 O 形环		0.3 min
40	旋入减震螺钉		0.4 min

装配工作详细计划计算出建立相应装配工位的准备时间，并确定部件和制成品装配指定的单位时间。可从标准数值表查表求出上述各时间。

切削材料

标记字母（见下表） — HC - K 20 N - M — 适宜铣削

切削主组 P（蓝色），M（黄色），K（红色）｜应用组｜材料标记字母 N 有色金属 H 淬火钢 S 难以切削加工

K[1]	切削材料组
HW HT HC	未涂层硬质合金，主要成分是碳化钨（WC） 未涂层硬质合金，主要成分是碳化钛（TiC）或氮化钛（TiN）[2] 涂层的硬质合金
CA CM CN CC	切削陶瓷，主要成分是氧化铝（Al_2O_3） 在氧化铝（Al_2O_3）和其他氧化物基础上的混合陶瓷 氮化硅陶瓷，主要成分是氮化硅（Si_3N_4） 涂层的切削陶瓷
DP BN	聚晶金刚石[3] 立方－晶体氮化硼[3]

⇒ HC-K400N-M：涂层的硬质合金，切削应用组 K40，用于有色金属切削，适宜铣削

[1] 标记字母 [2] 又称“金属陶瓷” [3] 又称“高硬切削材料”

切削主组和应用组

参照 DIN ISO 513：2014-05

主组标记颜色	切削应用组				
	缩写符号	切削材料性能	工件材料	加工方法和切削条件	切削值
P 蓝色	P01	耐磨强度增加（↑） 韧性增加（↓）	钢，铸钢	高速精车和精钻，小切削横截面积	切削速度增加（↑） 切削刃载荷增加（↓）
	P10		钢，铸钢，长切屑可锻铸铁	车削，铣削，加工螺纹；中小型切削横截面积的高速切削	
	P20		钢，铸钢，长切屑可锻铸铁	车削，仿形车削，中等切削速度和中等切削横截面积的铣削，小进刀量刨削	
	P30		钢，有缩孔的铸钢	低速和中等切削横截面积的车削，刨削和插削	
	P40		钢，铸钢	不利加工条件下的加工；可能大切削前角	
M 黄色	M10	耐磨强度增加（↑） 韧性增加（↓）	钢，铸钢，铸铁，锰钢	中小型切削横截面积的中高速车削	切削速度增加（↑） 切削刃载荷增加（↓）
	M20		钢，铸钢，铸铁，奥氏体钢	中等切削横截面积的中速车削和铣削	
	M30		钢，铸铁，耐高温合金钢	中等切削横截面积的中高速车削，铣削和刨削	
	M40		易切削钢，有色金属，轻金属	车削，车断，尤其在自动机床	
K 红色	K01	耐磨强度增加（↑） 韧性增加（↓）	硬铸铁，铝硅合金，热固性塑料	车削，粗车，铣削，剃齿	切削速度增加（↑） 切削刃载荷增加（↓）
	K10		HB ≥ 220 的铸铁，硬钢，石头，陶瓷	车削，铣削，车内圆，拉削，剃齿	
	K20		HB ≤ 220 的铸铁，有色金属	车削，铣削，车内圆，刨削，要求切削材料高韧性	
	K30		钢，低硬度铸铁	车削，铣削，刨削，插削，铣槽；可用大切削前角	
	K40		有色金属，木材	用大切削前角加工	

转速曲线图

通过工件直径 d（例如车削）和刀具直径 d（例如铣削）以及选定的切削速度 V_c 等

· 可用公式计算或

· 在转速曲线图

查取加工机床的转速（转动频率）n。

转速曲线图包含机床可调的载荷转速。它们按几何图形分级。无级传动时可准确地调节所求取的转速。

转速

$$n = \frac{V_c}{\pi \cdot d}$$

1

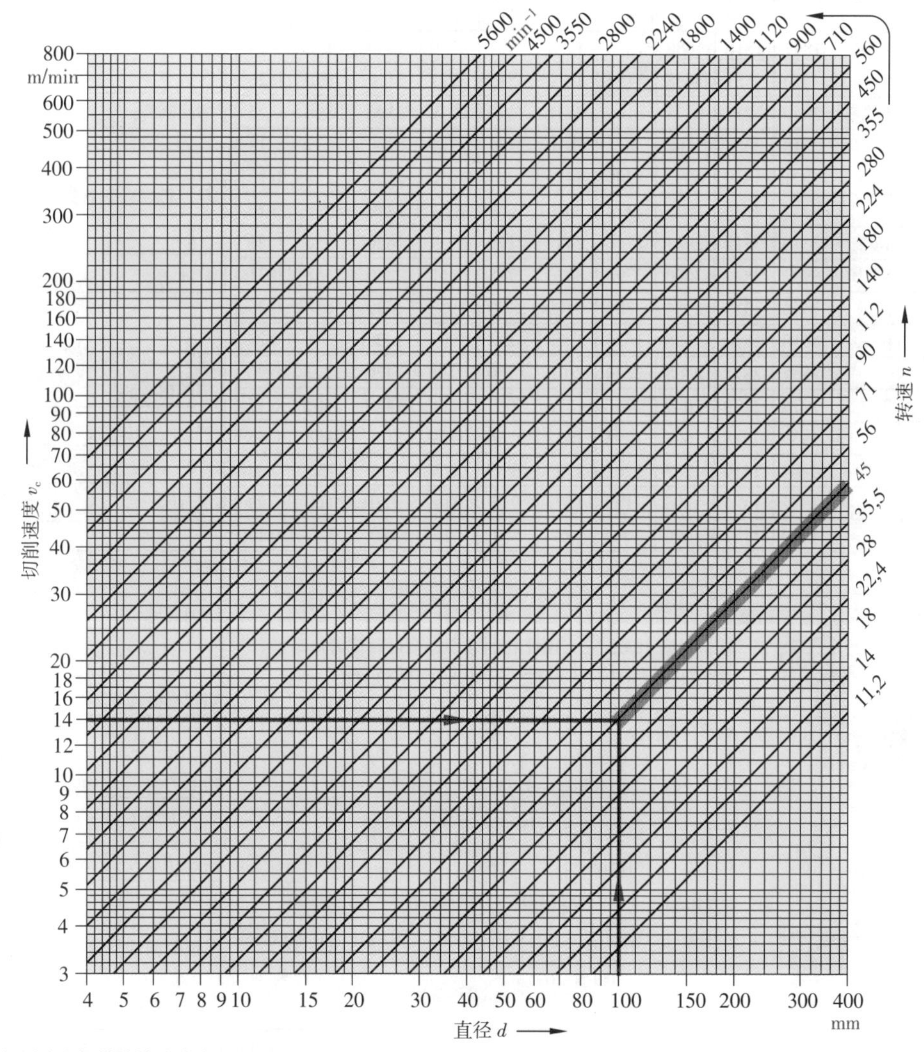

对数划分坐标轴的转速曲线图

计算举例： $d = 100$ mm; $V_c = 14\,\frac{\text{m}}{\text{min}}$; $n = ?$; $n = \frac{v_c}{\pi \cdot d} = \frac{14\,\frac{\text{m}}{\text{min}}}{\pi \cdot 0.1\ \text{m}} = 44.56\,\frac{1}{\text{min}}$

识读举例： $d = 100$ mm; $V_c = 14\,\frac{\text{m}}{\text{min}}$; $n = ?$; 读数：$n \approx 45\,\frac{1}{\text{min}}$

切削时的力和功率 1

硬质合金刀具的单位切削力

工件材料	切削厚度 h（mm）时单位切削力 k_c（N/mm^2）									
	0.08	0.10	0.15	0.20	0.30	0.50	0.80	K_c1.1 1.00	1.50	m_c
S235JR	2735	2633	2458	2340	2184	2003	1850	1780	1661	0.17
E295	3838	3621	3258	3024	2721	2383	2108	1990	1791	0.26
C35	2998	2823	2531	2341	2098	1828	1612	1516	1359	0.27
C60	3356	3224	2996	2846	2645	2413	2215	2130	1980	0.18
11SMnPb30	1891	1816	1688	1603	1490	1359	1250	1200	1116	0.18
16MnCr5	4050	3821	3438	**3191**	2872	2515	2227	2100	1890	0.26
20MnCr5	3949	3734	3373	3140	2838	2497	2219	2100	1898	0.25
18CrMo4	3518	3387	3162	3011	2810	2576	2381	2290	2137	0.17
42CrMo4	4821	4549	4092	3799	3419	2994	2650	2500	2250	0.26
50CrV4	4281	4040	3635	3374	3036	2658	2354	2220	1998	0.26
X210CrW12	3510	3312	2981	2766	2489	2179	1931	1820	1638	0.26
X5CrNi18-10	3994	3811	3500	3295	3026	2718	2462	2350	2158	0.21
X30Cr13	3510	3312	2981	2766	2489	2179	1931	1820	1638	0.26
GJL-200	1918	1814	1638	1525	1378	1213	1081	1020	922	0.25
GJL-400	2835	2675	2408	2234	2010	1760	1558	1470	1323	0.26
GJS-600	2274	2189	2042	1946	1816	1665	1538	1480	1381	0.17
GJS-800	3439	3118	2608	2298	1923	1536	1250	1132	947	0.44
AlCuMg1	1484	1410	1285	1202	1095	973	873	830	756	0.23
AlMg3	1394	1325	1208	1129	1029	915	819	780	711	0.23
CuZn40Pb2	1229	1181	1096	1042	969	884	812	780	725	0.18

单位切削力

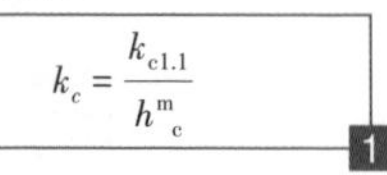

$$k_c = \frac{k_{c1.1}}{h^{m_c}}$$ 1

切削材料修正系数 C_1	
高速切削钢	1.2
硬质合金	1.0
切削陶瓷	0.9

切削磨损修正系数 C_2	
锋利	1.0
磨钝	1.3

选定工件材料的切削前角 γ_0	
钢	+6°
铸铁	+2°
铜合金	+8°

车削

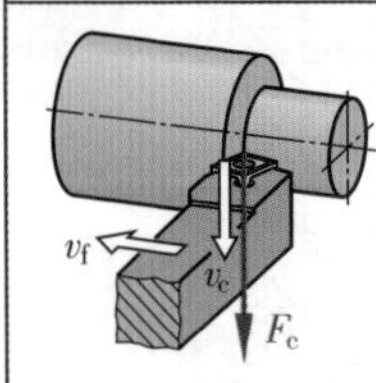

举例：

轴，材料 16MnCr5，用锋利的硬质合金可转位刀片车削。

$a_p = 5$ mm, $f = 0.21$ mm, $\varkappa = 75°$ 和 $V_c = 160$ m/min

求：

h; K_c; A; F_c; P_c

解：

$h = f \cdot \sin x = 0.21\ \text{mm} \cdot \sin 75° = 0.2\ \text{mm}$

$$k_c = \frac{k_{c1.1}}{h^{m_c}} = \frac{2100\frac{N}{mm^2}}{0.20^{0.26}} = \frac{2100\frac{N}{mm^2}}{0.658} = 3191\ \frac{N}{mm^2}$$

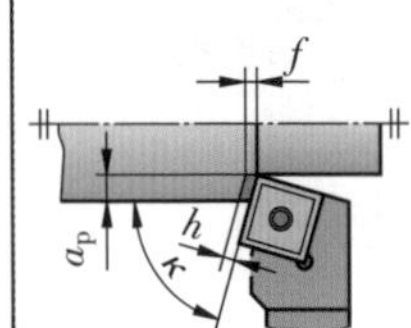

$A = a_p \cdot f = 5\ \text{mm} \cdot 0.21\ \text{mm} = 1.05\ \text{mm}^2$

$$Fc = A \cdot k_c \cdot C_1 \cdot C_2 = 1.05\ \text{mm}^2 \cdot 3191\ \frac{N}{mm^2} \cdot 1.0 \cdot 1.0 = 3351\ \text{N}$$

$$p_c = F_c \cdot v_c = \frac{3351\ \text{N} \cdot 160\ \text{m}}{60\ \text{s}} = 8936\ \text{W} = 8.936\ \text{kW}$$

切削厚度

$$h = f \cdot \sin\varkappa$$ 2

切削横截面积

$$A = a_p \cdot f$$ 3

切削力

$$F_c = A \cdot k_c \cdot C_1 \cdot C_2$$ 4

切削功率

$$P_c = F_c \cdot v_c$$ 5

单位时间切削量

$$Q = A \cdot v_c = a_p \cdot f \cdot v_c$$ 6

A　切削横截面积（mm^2）
α_p　切削深度（mm）
C_1，C_2　修正系数
f　每圈进给量（mm）
F_c　切削力（N）
h　切削厚度（mm）
$h^m{}_c$　换算系数，无单位
$\kappa_{c1.1}$　单位切削力基本数值（N/mm^2）
κ_c　单位切削力标准值（N/mm^2）
m_c　材料常数
P_c　切削功率（kW）
Q　单位时间切削量（mm^3/min）
v_c　切削速度（m/min）
v_f　进给速度（mm/min）
x　主偏角（°）

切削时的力和功率 2

钻削

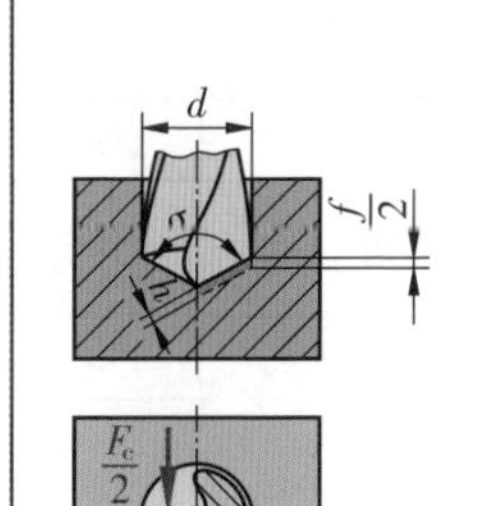

举例：

板，材料 S235JR，用锋利的高速切削钢钻头钻孔。

$d = 16\ \text{mm}, v_c = 12\ \text{m/min}, f = 0.18\ \text{mm}$

和 $\sigma = 118°$（WAG N）.

求：h，K_c，A，Fc，M_c

解：

$$h = \frac{f}{2} \cdot \sin\frac{\sigma}{2} = \frac{0.18\ \text{mm}}{2} \cdot \sin 59° = 0.08\ \text{mm}$$

$$k_c = 2735 \frac{\text{N}}{\text{mm}^2}\ \text{(vorhergehende Seite)}$$

$$A = \frac{d \cdot f}{2} = \frac{16\ \text{mm} \cdot 0.18\ \text{mm}}{2} = 1.44\ \text{mm}^2$$

$$F_c = A \cdot k_c \cdot C_1 \cdot C_2 = 1.44\ \text{mm}^2 \cdot 2735 \frac{\text{N}}{\text{mm}^2} \cdot 1.2 \cdot 1.0 = 4726\ \text{N}$$

$$M_c = \frac{F_c \cdot d}{4} = \frac{4726\ \text{N} \cdot 0.016\ \text{m}}{4} = 18.9\ \text{Nm}$$

切削厚度

$$h = \frac{f}{2} \cdot \frac{\sin\sigma}{2} \quad (1)$$

切削横截面积

$$A = \frac{d \cdot f}{2} \quad (2)$$

切削力

$$F_c = A \cdot K_c \cdot C_1 \cdot C_2 \quad (3)$$

单位切削力

$$k_c = \frac{k_{c1.1}}{h^{m}{}_c} \quad (4)$$

切削量

$$Q = \frac{A \cdot v_c}{2} \quad (5)$$

切削功率

$$P_c = \frac{F_c \cdot v_c}{2} = Q \cdot k_c \quad (6)$$

切削力矩

$$M_c = \frac{F_c \cdot d}{4} \quad (7)$$

铣削

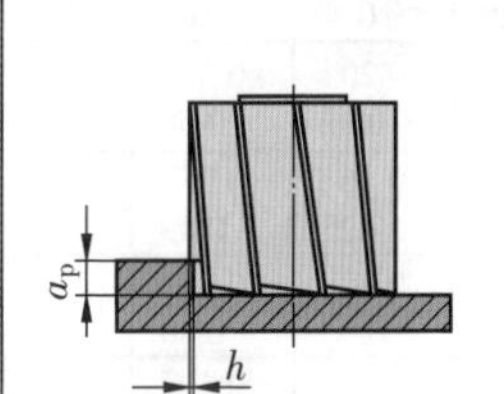

举例：

工件材料 16MnCr5，用已磨钝的硬质合金可转位刀片铣削。

$D = 160\ \text{mm}, z = 12, a_e = 120\ \text{mm}$

$a_p = 6\ \text{mm}, f_z = 0.2\ \text{mm}$ 和 $V_c = 85\ \text{m/min}$

求：$h; k_c; F_c; Q; P_c$

解：

$$h \approx f_z = 0.2\ \text{mm}$$

$$k_c = 3191 \frac{\text{N}}{\text{mm}^2}$$

$$F_c = A \cdot k_c \cdot C_1 \cdot C_2 = 3.88\ \text{mm}^2 \cdot 3191 \frac{\text{N}}{\text{mm}^2} \cdot 1.0 \cdot 1.3 = 16095\ \text{N}$$

$$Q = a_p \cdot a_e \cdot v_f = 6\ \text{mm} \cdot 120\ \text{mm} \cdot 406 \frac{\text{mm}}{\text{min}} = 292 \frac{\text{cm}^3}{\text{min}}$$

$$P_c = F_c \cdot v_c = \frac{16095\ \text{N} \cdot 85\ \text{m}}{60\ \text{s}} = 22801\ \text{W} = 22.8\ \text{kW}$$

切削横截面积

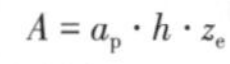

$$A = a_p \cdot h \cdot z_e \quad (8)$$

切削厚度

$$h \approx f_z \quad (9)$$

切削力

$$F_c = A \cdot k_c \cdot C_1 \cdot C_2 \quad (10)$$

切削力矩

$$k_c = \frac{k_{c1.1}}{h^{m}{}_c} \quad (11)$$

单位切削力

$$P_c = F_c \cdot v_c = Q \cdot k_c \quad (12)$$

切入工件的切削刃数量

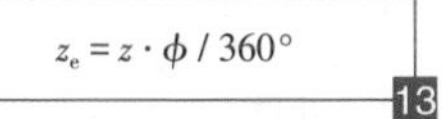

$$z_e = z \cdot \phi / 360° \quad (13)$$

进给速度

$$v_f = z \cdot f_z \cdot n \quad (14)$$

单位切削量

$$Q = a_p \cdot a_e \cdot v_f \quad (15)$$

A	切削横截面积（mm^2）	f_z	每齿进给量（mm）	v_f	进给速度（mm/min）
α_e	切削宽度（铣刀宽度 mm）	h	切削厚度（mm）	α_p	切削深度（mm）
κ_c	单位切削力标准值（N/mm^2）	WAG	材料选择组（H，N，W）	C_1	切削刃材料修正系数
M_c	切削力矩（Nm）	z	切削刃数量	C_2	切削刃磨损修正系数
m_c	材料常数	z_e	切入工件的切削刃数量	D	铣刀直径（mm）
n	转速（min^{-1}）	σ	刀尖角（°）	P_c	切削功率（kW）
φ	铣刀进出之间的夹角	d	钻头直径（mm）	Q	单位时间切削量（mm^3/min）
F_c	切削力（N）	f	每圈进给量（mm）	v_c	切削速度（m/min）

钻削

麻花钻头 参照 DIN ISO 5419:1998–06

副切削刀 Z 横刃 Z γ_f ψ σ 钻头直径 主切削刃 倒角

σ 刀尖角 ψ 横刃角
γ_f 螺旋角

钻头角度 参照 DIN 1414–1

钻头类型	应用举例	螺旋角[1] γ_f	刀尖角[2] σ
H	硬，韧硬材料	10°～19°	118°
N	普通结构钢，软铸铁，中等硬度有色金属	19°～40°	118°
W	软，韧材料	27°～45°	130°

[1] 取决于钻头直径 d 和螺距
[2] 标准结构

⇒**钻头 DIN 338–9.8L–H–140–B–ML–HSS**：圆柱刀柄短麻花钻头，切削刃直径 d = 9.8 mm；左切削刃，钻头类型 H；刀尖角 140°（与标准结构有偏差）；刃磨形式 B；夹持器 ML；高速切削钢合金组 HSS

高速切削钢（HSS）[3] 麻花钻头切削数据

材料组	抗拉强度 R_m N/mm²	硬度 HB	切削速度 v_c m/min 未涂层	切削速度 v_c m/min TiN[4]涂层	下列钻头直径 d（mm）的每圈进给量 f（mm） 2～3.15	3.15～6.3	6.3～12.5	12.5～25	25～50	冷却润滑剂[5]
结构钢和易切削钢	≤850	≤250	30	40	0.06～0.10	0.13～0.16	0.20～0.25	0.32～0.50	0.50～0.80	E
非合金渗碳钢	≤750	≤220	30	45						E
合金渗碳钢	850～1000 1000～1200	250～300 300～600	18 10	20 16	0.04～0.06	0.08～0.10	0.13～0.16	0.20～0.32	0.32～0.50	öI
非合金调质钢	≤700 700～850	≤210 210～250	30 25	45 32	0.05～0.08	0.10～0.13	0.16～0.20	0.25～0.4	0.40～0.63	E
	850～1000	250～300	—	18	0.04～0.06	0.08～0.1	0.13～0.16	0.20～0.32	0.32～0.50	E
合金调质钢	850～1000	250～300	—	22						
	1000～1200	300～360	—	20	0.03～0.05	0.06～0.08	0.10～0.13	0.16～0.25	0.25～0.40	E
铸铁	— —	≤240 ≤300	25 20	45 36	0.04～0.06	0.08～0.10	0.20～0.25	0.32～0.50	0.50～0.80	E，L
球状石墨铸铁和可锻铸铁	— —	≤240 ≤300	30 20	40 28	0.063～0.10	0.13～0.16	0.20～0.25	0.32～0.50	0.50～0.80	E
铝－塑性合金	≤450	—	70	—	0.80～0.13	0.16～0.2	0.25～0.32	0.40～0.63	0.63～1.0	E
铸铝合金 < 10 硅	≤600	—	45	90	0.08～0.13	0.16～0.2	0.25～0.32	0.40～0.63	0.63～1.0	E
> 10 硅		—	40	80	0.06～0.10	0.13～0.16	0.20～0.25	0.32～0.50	0.50～0.80	E
铜锌合金	≤600	—	45	55	0.05～0.08	0.10～0.13	0.16～0.20	0.25～0.4	0.40～0.63	E

硬质合金（HM）[3] 麻花钻头切削数据

材料组	抗拉强度 R_m N/mm²	硬度 HB	切削速度 v_c m/min	2～3.15	3.15～6.3	6.3～12.5	12.5～25	25～50	冷却润滑剂
结构钢，渗碳钢，调质钢	≤850	≤250	70	0.04～0.06	0.08～0.10	0.13～0.16	0.20～0.32	0.32～0.50	E
铸铁，球状石墨铸铁和可锻铸铁	—	≤300	70						öI，L
铝－塑性合金	≤450	—	180	0.08～0.13	0.16～2.0	0.25～0.32	0.40～0.63	0.63～1.0	E
铸铝合金 < 10 硅 > 10 硅	≤600	—	160 130	0.063～0.10	0.13～0.16	0.20～0.25	0.32～0.50	0.50～0.80	E
铜锌合金	≤600	—	160	0.05～0.80	0.10～0.13	0.16～0.20	0.25～0.4	0.40～0.63	E
铜锡合金	≤850	—	120						

[3] 标准值以刀具耐用度 T = 15 min 为基础；钻孔深度≤ 3·d（HSS）或≤ 5·d（HM）
[4] TiN = 氮化钛 [5] E 乳浊液；L 空气

铰削和攻丝

高速切削钢[1]机用铰刀切削数据

材料组	抗拉强度 R_m N/mm²	硬度 HB	切削速度 v_c m/min 未涂层	TiN[2]涂层	下列刀具直径 d（mm）的每圈进给量 f（mm） 2~3.15	3.15~6.3	6.3~12.5	12.5~25	25~50	下列 d 数值时的摩擦余量 ≤20 mm	≤50 mm
非合金和合金钢	≤500	≤150	11	15	0.05~0.08	0.01~0.13	0.16~0.2	0.25~0.4	0.4~0.63	0.15~0.25	0.3~0.35
结构钢，渗碳钢，调质钢	500~850	150~250	7	9	0.4~0.63	0.80~1.0	0.13~0.16	0.20~0.32	0.32~0.50		
调质钢和工具钢	850~1000	250~300	4	7	0.4~0.63	0.80~1.0	0.13~0.16	0.20~0.32	0.32~0.50		
铸铁	—	≤240	9	12	0.05~0.08	0.10~0.13	0.16~0.2	0.25~0.4	0.4~0.63		
铸铁，可锻铸铁	—	≤300	5	7							
铝－塑性合金	≤450	—	18	—	0.08~0.13	0.16~0.20	0.25~0.32	0.40~0.63	0.63~1.0	0.2~0.35	0.5~0.7
铸铝合金＜10%硅	170~280	—	13	—	0.063~0.10	0.13~0.16	0.20~0.25	0.32~0.50	0.50~0.80		
铜锌合金	≤600	—	13	18							
热塑性塑料	—	—	12	14	0.1~0.16	0.2~0.25	0.32~0.40	0.50~0.8	0.8~1.25		
热固性塑料	—	—	8	12							

硬质合金[1]机用铰刀切削数据

材料组	抗拉强度 R_m N/mm²	硬度 HB	切削速度 v_c m/min	2~3.15	3.15~6.3	6.3~12.5	12.5~25	25~50	≤20 mm	≤50 mm
非合金和合金钢	≤500	≤150	13	0.08~0.13	0.16~0.2	0.25~0.32	0.4~0.63	0.63~1.0	0.15~0.25	0.3~0.35
渗碳钢，调质钢	550~1200	360~550	8	0.05~0.08	0.10~0.13	0.16~0.2	0.25~0.4	0.4~0.63		
工具钢	750~1000	220~300	8	0.04~0.06	0.08~0.1	0.13~0.16	0.20~0.32	0.32~0.50		
铸铁	—	≤240	10	0.08~0.13	0.16~0.20	0.25~0.32	0.40~0.63	0.63~1.0		
铸铁，可锻铸铁	—	≤300	8							
铝－塑性合金	≤450	—	25	0.1~0.16	0.2~0.25	0.32~0.40	0.50~0.8	0.8~1.25	0.2~0.3	0.4~0.5
铸铝合金＜10%硅	170~280	—	20							
＞10%硅	180~300	—	20							
铜锌合金	≤600	—	20							
热塑性塑料	—	—	30							
热固性塑料	—	—	30							

机器丝攻[1]切削数据

材料组	抗拉强度 R_m N/mm²	硬度 HB	高速切削钢切削速度 v_c m/min 未涂层	TiN[2]涂层	KSS[3]	硬质合金切削速度 v_c m/min 未涂层	TiN[2]涂层	KSS[3]
非合金钢	≤700	≤200	10	15	E，S	20	40	E，S
	≤850	≤250	11	15		15	35	
合金钢	≤1200	≤350	6	8		10	20	S
铸铁	—	≤150	10	15	E，T，P	30	60	E，T
	—	＞150	6	8		15	30	
铜锌合金	≤550	—	10	15	S，E	35	70	E
铝合金	≤300	—	10	12	E	30	80	
热塑性塑料	—	—	20	–		40	80	E，T
热固性塑料	—	—	8	15	E，T	20	50	

[1]切削数据标准值必须与各应用条件相匹配。务请遵守刀具制造商的提示说明。
[2]TiN＝氮化钛　[3]KSS＝冷却润滑材料；E 乳浊液；T 干加工；S 切削油；P 煤油

车削 1

车刀角度

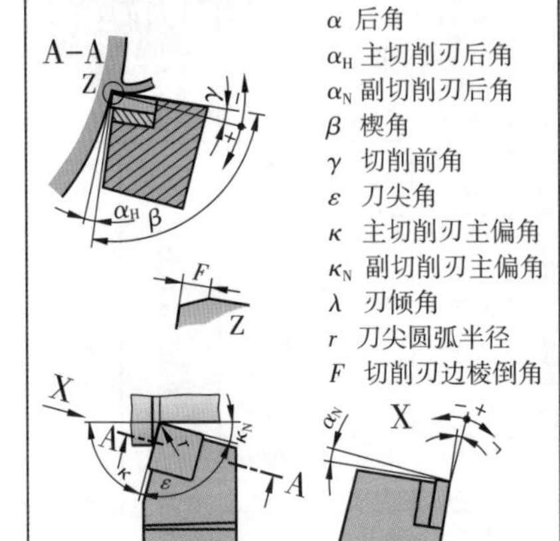

与刀尖圆弧半径和进给量相关的表面粗糙度

R_{th} 表面粗糙度理论值，τ 刀尖圆弧半径，f 进给量

举例： $R_{th} = 25\ \mu m; r = 1.2\ mm; f = ?$

$$f \approx \sqrt{8 \cdot r \cdot R_{th}}$$

$$= \sqrt{8 \cdot 1.2\ mm \cdot 0.025\ mm} = 0.5\ mm$$

表面粗糙度理论值 [1]

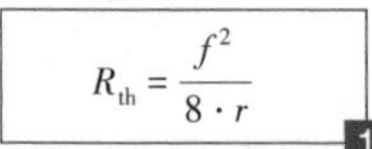

$$R_{th} = \frac{f^2}{8 \cdot r}$$

[1] 小进给量时，实测表面粗糙度与计算（理论）的表面粗糙度有偏差。

刀尖圆弧半径（mm）	粗车		精车		精密车	
	R_{th} 100 μm	R_{th} 63 μm	R_{th} 25 μm	R_{th} 16 μm	R_{th} 6.3 μm	R_{th} 4 μm
	每圈进给量 f（mm）					
0.4	0.57	0.45	0.28	0.2	0.14	0.1
0.8	0.80	0.63	0.4	0.3	0.2	0.16
1.2	1.0	0.8	0.5	0.4	0.25	0.2
1.6	1.13	0.9	0.6	0.45	0.3	0.23
2.4	1.4	1.3	0.7	0.55	0.35	0.28

高速切削钢 [2] 车削的切削数据

材料组	R_m N/mm²	硬度 HB	加工条件	未涂层 HSS v_c m/min	未涂层 HSS f mm	未涂层 HSS α_p mm	涂层 HSS v_c m/min	涂层 HSS f mm
非合金和合金结构钢，渗碳钢和调质钢	< 500	< 150	轻度 中等 严重	70 55 45	0.1 0.5 1.0	0.5 3 6	—	至 1.0
非合金和合金结构钢，渗碳钢，调质钢和工具钢	500 ~ 700	150 ~ 200	轻度 中等 严重	60 40 30	0.1 0.5 1.0	0.5 3 6	~ 80	
调质钢和渗氮钢	~ 1180	200 ~ 350	中等	—			~ 60	
铸铁材料	—	< 250	轻度 中等 严重	35 30 20	0.1 0.3 0.6	0.5 3 6	60 50 35	
铝合金	—	< 90	轻度 严重	180 120	0.3 0.6	3 6	~ 800	
铜合金	—	—	轻度 严重	125 100	0.3 0.6	3 6	~ 200	

[2] 表内列出的标准值以刀具耐用度 $T = 15\text{min}$ 为基础。务请遵守刀具制造商的提示说明。

[3] 用 TiN/TiAlN 涂层的高速切削钢（HSS）可转位刀片。

切削陶瓷车削的切削数据

材料组	抗拉强度 R_m(N/mm²) 和硬度 HB;HRC	切削速度 v_c m/min	切削深度 α_p mm 粗车	切削深度 α_p mm 精车	进给量 f mm 粗车	进给量 f mm 精车	切削材料
渗碳钢和调质钢	600 ~ 1000 1000 ~ 1300	400 250	> 1.5	0.3 ~ 1	0.3 ~ 0.45	0.2 ~ 0.35	氧化陶瓷 + 氧化锌
	600 ~ 900 900 ~ 1300	250 150	0.5 ~ 1.5	0.25 ~ 0.8	0.15 ~ 0.3	0.1 ~ 0.2	金属陶瓷（TiC+TiN）
铸铁	140 ~ 210 HB	600	> 1.5	0.3 ~ 1	0.2 ~ 0.6	0.2 ~ 0.6	氮化硅添加氧化物切削材料
	210 ~ 240 HB	500					
	240 ~ 280 HB	300					
淬火钢	48 ~ 67 HRC	130	0.1 ~ 0.7		0.2 ~ 0.15		氧化陶瓷 + TiC

车削 2

硬质合金可转位刀片[1] 车削的切削数据

材料组	抗拉强度 R_m（N/mm^2）	硬度 HB	硬质合金	加工条件[2]	切削速度[3] v_c	每圈进给量 f mm	切削深度 α_p mm
普通结构钢，渗碳钢和调质钢	500～800	—	涂层	轻度 中等 严重	320 220 180	0.12～0.35 0.2～0.6 0.5～0.8	0.5～2.0 2.0～5.0 4.0～8.0
不锈钢，易切削钢，耐热合金	<700	—	涂层	轻度 中等 严重	220 220 120	0.1～0.3 0.1～0.3 0.4～0.8	1.5～3.0 1.5～3.0 4.0～8.0
铸铁，球状石墨铸铁，可锻铸铁	—	>180	未涂层 涂层	轻度 严重	200 140	0.12～0.3 0.20～0.6	0.5～2.2 2.0～6.0
铝－塑性合金	<530	—	未涂层	中等	700	0.1～0.4	0.5～6.0
铸铝合金	<600	—	未涂层	中等	500	0.1～0.4	0.5～6.0
镁合金	<280	—	未涂层	中等	700	0.15～0.4	0.5～6.0
铜合金，短切屑	<600	—	未涂层	中等	240	0.2～0.5	2.0～5.0
铜合金，长切屑	<600	—	涂层	中等	250	0.1～0.4	0.5～6.0

[1] 表内列出的标准值以刀具耐用度 T = 15min 为基础。机床的稳定性和功率，工件的装夹，刀具的伸出长度，切削中断以及铸造和锻造氧化皮等因素均会影响切削数据。务请遵守刀具制造商的提示说明。

[2] **轻度**：精车，切削深度和进给量均较小，以达到高表面质量，
中等：经常采用，较大的切削深度和进给量，较小的切削中断，
重度：拔荒，大切削深度和进给量，较大的切削中断。

[3] **"启动数值"**：根据具体要求可向上或向下改动。

淬火工件与切削速度的匹配

HM 主组	硬度参照值	与硬度参照值产生如下偏差时的切削速度系数 ← 较低硬度					较高硬度 →			
		−80 HB	−60 HB	−40 HB	−20 HB	0	+20 HB	+40 HB	+60 HB	+80 HB
P	180 HB	1.26	1.18	1.12	1.05	1.0	0.94	0.91	0.86	0.83
M	180 HB	—	—	1.21	1.10	1.0	0.91	0.85	0.79	0.75
K	260 HB	—	—	1.25	1.10	1.0	0.92	0.86	0.80	—

举例：调质钢，硬度 240 HB；中等加工条件；与之相匹配的切削速度 $v_{c\ 240\ HB}$ = ? 硬度参照值（主组 P）= 180 HB；
硬度偏差 = 240 HB − 180 HB = + 60 HB。
查表：⇒ + 系数 0.86，查表得知该切削速度（参照值 180 HB）：
$v_{c\ 180\ HB}$ = 300 m/min。相匹配的切削速度：$v_{c\ 240\ HB}$ = 300 m/min · 0.86 ≈ 260 m/min

刀具耐用度变化时求取切削速度的修正系数

刀具耐用度（min）	10	15	20	25	30	45	60
修正系数 k	1.1	1.0	0.95	0.9	0.87	0.8	0.75

举例：为使刀具耐用度达到 30 min，如何修改设定的切削速度 v_c15 = 180 m/min（刀具耐用度 15 min）?
⇒ $v_{c\ 30} = v_{c\ 15} \cdot k$ = 180 m/min · 0.87 = 157 m/min

优化车削条件并消除车削问题[4]

车削条件和问题	v_c	f	α_p	α	ε	κ	F
磨损大，切削刃边棱磨钝，振动，振颤（工件表面质量差）	↘ ↘	— ↘	— ↘	↗ ↗	↗ ↘	— ↗	↘ ↘
提高刀具耐用度，避免刀瘤	↘ ↗	↘ ↗	↘ —	— ↗	— —	— —	— ↘
切削后面磨损大，月牙洼磨损大	↘ ↘	— ↘	— ↘	↗ ↗	↗ —	— ↘	↘ —
切屑排出困难，长带状切屑变成短切屑	↘ —	↘ ↗	↘ ↗	— —	↘ ↗	↗ ↘	— —

[4] 公式符号参照前页图：↘ 数值变小；↗ 数值变大

车刀

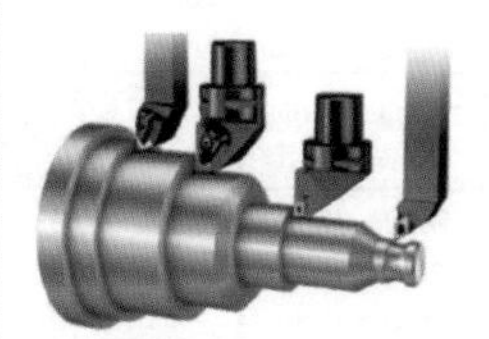

生产率在很大程度上受加工方法的选择，刀具的选择以及切削数据的影响。

当今的车刀几乎无例外地选用可转位刀片的刀夹。且这种刀片的 80% 已涂层。

图片来源：Sandvick Coromant AB

可转位刀片

参照 DIN ISO 6987

名称举例		C	N	M	W	12	04	10	T	N	P10
名称	第 1 列，编号	1	2	3	4	5	6	7	8	9	10

1 刀片形状	A 85°；B 82°；C 80°；D 55°；E 75°；H；K 55°；L；M 86°；O；P；R；S；T；V 35°；W 80°
2 后角	A = 3°；B = 5°；C = 7°；D = 15°；E = 20°；F = 25°；G = 30°；N = 0°；P = 11°
3 公差	对于应用不重要
4 固定方式，切削前面	A；B β 70° 至 90°；C β 70° 至 90°；F；G；H β 70° 至 90°；J β 70° 至 90°；M；N；Q β 40° 至 60°；R；T β 40° 至 60°；U β 40° 至 60°；W β 40° 至60°
5 刀片规格	主切削刃长度 l（mm）（非对称边时最长的边），圆刀片直径 d（mm），小于 10 时前面加一个 0。
6 刀片厚度	切削刀片厚度 s（mm），小于 10 时前面加一个 0。
7 切削刃	刀尖圆弧半径 r_ε（mm）（0.1 × 第 7 位数字）。00 = 锐角，M0 = 圆刀片（米制）
8 切削刃边棱	A 整圆（ANSI）；E 整圆（EN）；F 锐角；K 双倒角；S 整圆和倒角；T 倒角
9 方向	**L** 左切削刃；**R** 右切削刃；**N** 左和右切削刃
10 材料	P 钢；M 不锈钢；K 铸铁；N 有色金属；H 淬火材料

正方刀夹的名称

参照 DIN 4983

名称举例	C	T	G	A	R	20	20	K	16
名称（见下，目前见上）	1	2	3	4	5	6	7	8	9

编号	含义	编号	含义	编号	含义
1	固定的种类	4	刀片的后角	7	刀夹的刀杆宽度
2	可转位刀片形状	5	刀夹结构	8	刀夹长度
3	刀夹形状，装入角度	6	刀尖高度	9	可转位刀片规格

A 90°；B 75°；D 45°；F 90°；G 90°；H 107° 30′；J 93°；K 75°；L 95°；N 63°；P 117° 30′；R 75°；S 45°；T 60°；V 72° 30′

ANSI
美国国家标准研究院

铣削 1

高速切削钢[1]铣刀的切削数据

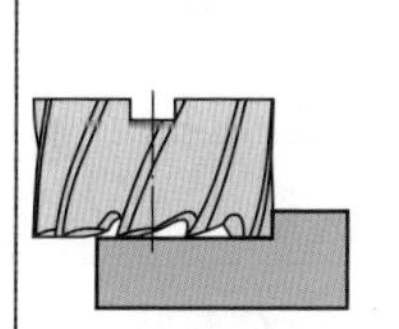
圆柱端面铣刀

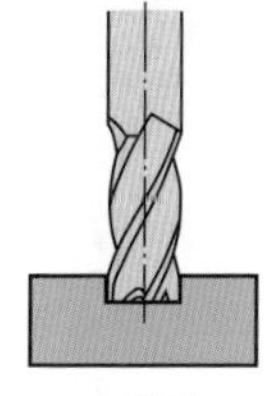
立铣刀

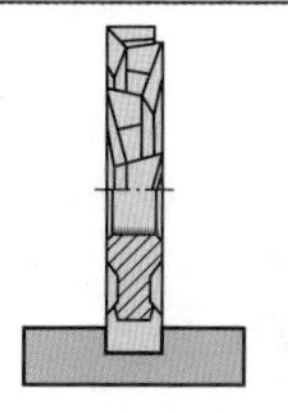
圆盘铣刀

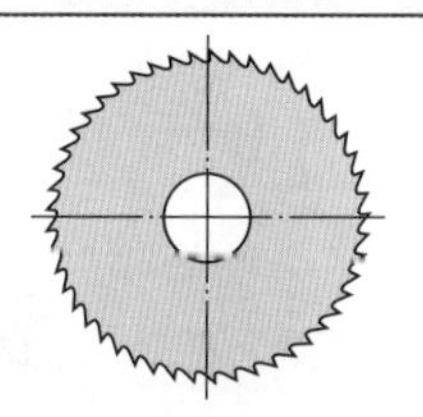
圆锯片

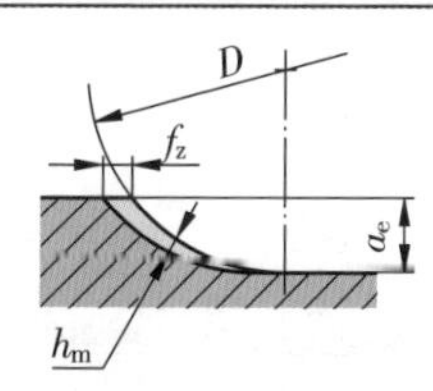

圆盘铣刀的最小进给量

材料组	抗拉强度 R_m(N/mm^2)	硬度 HB	切削速度 v_c m/min		每齿进给量 f_z mm d[3] ≤下列数值时					
			未涂层	涂层[2]	6	12	20	40	WSF[4]	SF[5]
结构钢，非合金易切削钢，渗碳钢	500～850	<200	25	65	0.002～0.017	0.013～0.11	0.025～0.16	0.04～0.16	0.06～0.13	0.04～0.13
结构钢，非合金和合金渗碳钢和调质钢	750～850	≤240	23	55						
非合金和合金渗碳钢和调质钢，渗氮钢，耐热结构钢	1000～1200	240～380	14	40						
调质钢，高速切削钢，不锈钢	1100～1400	>380	10	30						
铸铁	—	≤180	24	55						
	—	>180	17	40						
铸铝合金<10%硅	<600	—	200[4]	350[4]	0.003～0.025	0.025～0.09	0.04～0.14	0.06～0.23	0.11～0.18	0.10～0.15
铸铝合金>10%硅	<600	—	37	100						
铝－塑性合金	<530	—	200[4]	350[4]						
铜锡合金	<600	—	37	90	0.002～0.019	0.019～0.12	0.035～0.2	0.06～0.2	0.08～0.18	0.05～0.16
铜锌合金	<600	—	70[4]	90[4]						

[1] 刀具耐用度 60 分钟的标准值。务请遵守刀具制造商的提示说明。
[2] 涂层：TiN 和 TiCN 可延长刀具耐用度；TiAlCn 尤其适用于不加润滑冷却的干加工。
[3] 立铣刀直径 d；[4] WSF 圆柱端面铣刀；[5] SF 圆盘铣刀。

圆盘铣刀[6]的最小进给量

比例 $\alpha_e:D$	0.01	0.02	0.04	0.06	0.10	0.30
最小进给量 / 每齿	0.10	0.08	0.05	0.04	0.03	0.02

[6] 为不低于圆盘铣刀 0.01 mm 的中等切削厚度，务请遵守最小进给量。（参见上图）

高速切削钢（HSS）和硬质合金（HM）圆锯的切削数据

材料组	抗拉强度 R_m（N/mm^2）	硬度 HB	切削速度 v_c m/min		每齿进给量 f_z mm	
			HSS	HM	HSS	HM
结构钢，非合金和合金渗碳钢和调质钢	500～850	100～270	15～30	100～180	0.005～0.025	
不锈钢	<700	150～210	7～15	60～160	0.005～0.015	
铸铁	<180	240～270	25～30	100～150	0.005～0.010	
铜合金	<600	—	400～1000	200～600	0.010～0.040	
铝合金	<530	—	990	400～2000	0.010～0.040	

切削数据选用说明

- 本说明适用于高速切削钢（HSS），同时也适用于硬质合金刀具（见 190 页）。加工钢和铝合金时必须施加足量冷却润滑剂。
- 选择铣刀并优化切削数值时务请遵守刀具制造商的提示说明。
- 为产生有利切屑，请遵守最小切削厚度和进给量。

铣削 2

硬质合金刀片[1]铣刀的切削数据

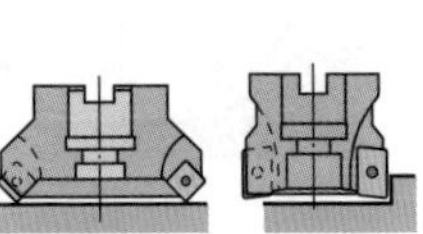

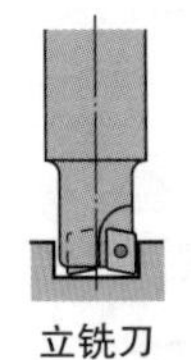
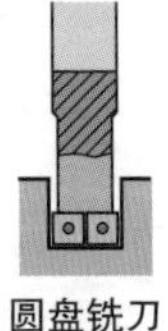

端面铣刀　台阶铣刀　立铣刀　圆盘铣刀

v_c 切削速度
n 铣刀转速
d 铣刀直径
f_z 每齿进给量
v_f 进给速度
z 铣刀齿数
a 切削深度
α 后角
ε 刀尖角
F 切削刃边棱倒角

转速

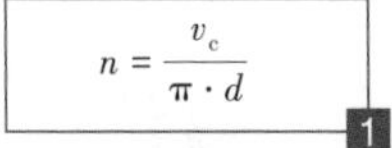

$$n = \frac{v_c}{\pi \cdot d} \quad (1)$$

进给速度

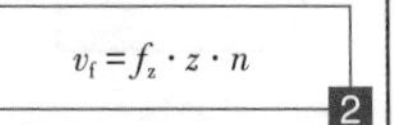

$$v_f = f_z \cdot z \cdot n \quad (2)$$

材料组	抗拉强度 R_m（N/mm^2）	硬度 HB	HM 主组	加工条件[2]	切削速度[3] v_c m/min	每齿进给量 f_z mm
非合金和合金渗碳钢和调质钢，易切削钢，渗氮钢，工具钢	500～850	180	P	轻度 中等 重度	280 230 200	014～0.2
高合金不锈钢和耐热钢	<700	180	M	轻度 中等 重度	220 180 160	0.13～0.18
铸铁，球状石墨铸铁，可锻铸铁	<180	260	K	轻度 重度	230 180	0.14～0.18
铝－塑性合金	<530	60	K	中等	300～1000	0.1～0.15
铸铝合金＜10% 硅	<600	75			300～850	
铸铝合金＞10% 硅	<600	130			200～700	
铜锌合金	<600	90			300～1000	

[1] 表内列出的标准值以刀具耐用度 $T = 15$ min 为基础。机床的稳定性和功率，工件的装夹，刀具的伸出长度，切削中断以及铸造和锻造氧化皮等因素均会影响切削数据。务请遵守刀具制造商的提示说明。

[2] 轻度：精铣，切削深度和进给量均较小，以达到高表面质量，
中等：经常采用，中等切削深度和进给量范围；
重度：拔荒，大切削深度和进给量。

[3]“启动数值”主要用于端面铣刀，根据具体要求可向上或向下改动。

优化铣削条件并消除铣削问题

铣削条件和问题[4]	v_c	f_z	a	α	ε	F	z
提高刀具耐用度	↘	↘	↘	—	—	—	—
形成刀瘤	↗	↗	—	↗	—	↘	—
切削后面极度磨损	↘	—	—	↗	—	↘	—
月牙洼极度磨损	↘	↘	↘	↗	↗	↘	—
切削刃边棱断裂	—	↘	↘	↗	—	↘	—
排屑困难，切屑堵塞	↗	↗	—	↗	—	—	↘
振动，振颤	↘（↗）	↘	↘	↗	↘	↘	↘
工件表面质量差	↗	↘	↘	—	—	↘	—

[4] ↗ 数值变大；↘ 数值变小；公式符号见上。

工件硬度与切削速度的匹配

HM 主组	硬度 HB	与硬度参照值产生如下偏差时的切削速度系数 ← 较低硬度				0	较高硬度 →			
		−80HB	−60HB	−40HB	−20HB	0	＋20HB	＋40HB	＋60HB	＋80HB
P	180	1.26	1.18	1.12	1.05	1.0	0.94	0.91	0.86	0.83
M	180	—	—	1.21	1.10	1.0	0.91	0.85	0.79	0.75
K	260	—	—	1.25	1.10	1.0	0.92	0.86	0.80	—

应用本表的相应举例参见 187 页。

磨削

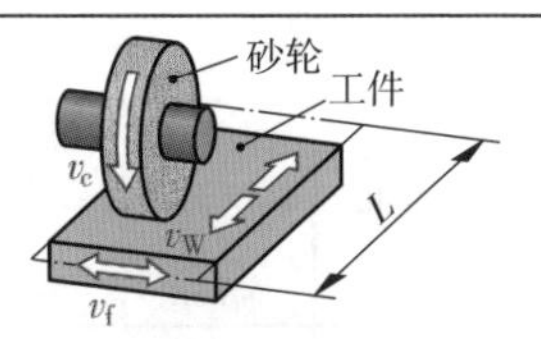

平面磨

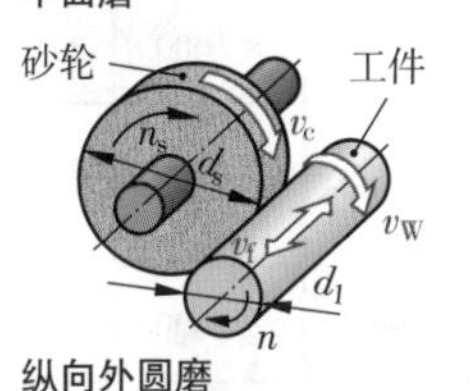

纵向外圆磨

v_c 切削速度
d_s 砂轮直径
n_s 砂轮转速
v_f 进给速度
v_w 工件速度
L 进给距离
n_H 行程数量
d_1 工件直径
n 工件转速
q 速度比

举例：
$V_c = 30$ m/s, Vw = 20 m/min; q = ?

$$q = \frac{v_c}{v_w} = \frac{30 \cdot 60\ \text{m/min}}{20\ \text{m/min}} = 90$$

切削速度

$$v_c = \pi \cdot d_s \cdot n_s \quad (1)$$

工件速度

平面磨
$$V_w = L \cdot n_H \quad (2)$$

纵向外圆磨
$$V\text{w} = \pi \cdot d_1 \cdot n \quad (3)$$

速度比

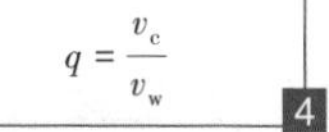

$$q = \frac{v_c}{v_w} \quad (4)$$

材料组	平面磨						纵向外圆磨					
	圆周磨削			端面磨削			外圆磨削			内圆磨削		
	V_C m/s	V_W m/min	q	V_C m/s	V_W m/min	q	V_C m/s	V_W m/min	q	V_C m/s	V_W m/min	q
钢	30	10～35	80	25	6～25	50	30～35	10	125	25	19～23	80
铸铁	30	10～35	65	25	6～30	40	25	11	100	25	23	65
硬质合金	10	4	115	8	4	115	8	4	100	8	8	60
铝合金	18	15～40	30	18	24～45	20	18	24～30	50	16	30～40	30
铜合金	25	15～40	50	18	20～45	30	25～35	16	80	25	25	50

用刚玉或碳化硅砂轮磨削钢的磨削数据

磨削方法	砂轮粒度	加工尺寸 mm	横向进给量 mm	表面粗糙度 μm
粗磨	30～46	0.5～0.2	0.02～0.1	5～10
精磨	46～80	0.02～0.1	0.005～0.05	2.5～5
最精密磨	80～120	0.005～0.02	0.002～0.008	1～2.5

采用 CBN 砂轮[1] 高效磨削金属材料　参照 VDI 3411

结合剂种类	B	V	M	G
最大许用圆周速度（m/s）	140	160	180	280

磨具最高工作速度（m/s）　参照 DIN EN 12413

砂轮盘形状	砂轮机类型	导向[2]	下列结合剂[3]时的最高速度 m/s							
			B	BF	E	Mg	R	RF	PL	V
直把砂轮	固定位置	zg 或 hg	50	63	40	25	50	—	50	40
	手持砂轮机	zg	50	80	—	—	50	80	50	—
直把分离砂轮	固定位置	zg 或 hg	80	100	63	—	63	80	—	—
	手持砂轮机	手持	—	80	—	—	—	—	—	—

最高许用圆周速度的颜色条　参照 BGV D124

颜色条	蓝色	黄色	红色	绿色	蓝色 + 黄色	蓝色 + 红色	蓝色 + 绿色
$v_{c\,max}$（m/s）	50	63	80	100	125	140	160
颜色条	黄色 + 红色	黄色 + 绿色	红色 + 绿色	蓝色 + 蓝色	红色 + 红色	绿色 + 绿色	黄色 + 黄色
$v_{c\,max}$（m/s）	180	200	225	250	280	320	360

[1] CBN 立方晶体氮化硼
[2] zg- 强制导向：机械辅助装置的进给；
hg- 手动导向：操作者实施导向；
手持砂轮机完全由手持导向

[3] **结合剂类型：**B 人工树脂，BF 纤维增强型人工树脂，E 虫胶，M 烧结金属，Mg 菱镁胶，R 橡胶，RF 纤维增强型橡胶，PL 塑料，V 陶瓷
[4] BGV 职业协会规程

塑料的切削成型

车削和铣削标准值

材料			切削材料[1]	车削				铣削		
组	缩写符号	名称		切削速度 v_c m/min	后角 α 度	前角 γ 度	主偏角 κ 度	切削速度 v_c m/min	后角 α 度	
热固性塑料	PF,EP MF,UF Hp,Hgw	加有机填充材料的电木和层压件	HSS HC	≤80 ≤400	7 7	17 12	45~60 45~60	≤80 ≤1000	≤15 ≤10	
	PF,EP MF,UF Hp,Hgw	加无机填充材料的电木和层压件	HC D	≤40 —	8 —	6 —	45~60	≤1000 ≤1500	≤10 —	
热塑性塑料	PA PE,PP	聚酰胺 聚烯烃	HSS	200~500	7	5	45~60	≤1000	10	
	PC	聚碳酸酯	HSS	200~300	7	3	45~60	≤1000	7	
	PMMA	聚甲基丙烯酸甲酯	HSS	200~300	7	2	15	≤2000	6	
	POM	聚苯乙烯和苯乙烯共聚物	HSS	200~300	7	3	45~60	≤400	7	≤10
	PS,ABS SAN,SB	聚甲醛	HSS	50~60[2]	7	1	15	≤2000[2]	6	3
	PTFE	聚四氟乙烯	HSS	100~300	12	18	9~11	≤1000	7	≤15
	PVC	聚氯乙烯	HSS	200~500	7	3	45~60	≤1000	7	≤15

车削：车削进给量最大至 0.5 mm，车削聚苯乙烯及其共聚物的进给量最大至 0.2 mm。尽可能每次切削均完成排屑。锐角倒圆至少 0.5 mm，宽精车切削刃可改善表面质量。

铣削：优选切削刃数量较少的端面铣削刀具。进给量最大可达 0.5 mm / 每齿。

锯切和钻孔标准值

材料			切削材料[1]	钻孔		锯切			
						圆锯		带锯	
组	缩写名称	名称		切削速度 v_c m/min	刀尖角 σ °	切削速度 v_c m/min	前角 γ °	切削速度 v_c m/min	前角 γ °
热固性塑料	PF，EP MF，UF Hp，Hgw	加有机填充材料的电木和层压件	HSS HC	30~40 100~120	110 110	≤3000 ≤5000	7 5	≤2000 —	7 —
	PF，EP MF，UF Hp，Hgw	加无机填充材料的电木和层压件	HC D	20~40 ≤1500	90 空心钻	— ≤2000	— —	— ≤3000	— —
热塑性塑料	PA PE，PP	聚酰胺 聚烯烃	HSS	50~100	75	≤3000	7	≤3000	4
	PC	聚碳酸酯	HSS	50~120	75	≤3000	7	≤3000	4
	PMMA	聚甲基丙烯酸甲酯	HSS	20~60	75	≤3000	7	≤3000	4
	POM	聚甲醛	HSS	50~100	75	≤3000	7	≤3000	4
	PS，ABS SAN，SB	聚苯乙烯和苯乙烯共聚物	HSS	20~80	75	≤3000	7	≤3000	4
	PTFE	聚四氟乙烯	HSS	100~300	130	≤3000	7	≤3000	4
	PVC	聚氯乙烯	HSS	30~80	95	≤3000	7	≤3000	4

钻孔：麻花钻螺旋角为 12°~16°。薄壁零件宜用空心钻头（阶梯形钻头）。

锯切：宜采用细齿锯条，锯切足够顺畅（不要受限或卡锯）。对无机填充材料的热固性塑料零件宜采用金刚石切削材料。

[1] HC 涂层硬质合金； HSS 高速切削钢； D 金刚石

[2] 要求使用冷却润滑剂

量规

用量规检验时需明确，是否是工件的实际尺寸或实际形状与标称尺寸或标称形状的偏差。

图片来源：www.hahn-kolb.de

视图	结构	解释
极限量规		
极限塞规	**塞规：** 极限塞规 通端塞规 止端塞规	通端应在轻轻转动后塞入孔内。止端（红色环线）只允许"卡住"。公差区，标称尺寸和偏差尺寸均在量规手柄上。
螺纹极限塞规	螺纹极限塞规 螺纹通端塞规 螺纹止端塞规	通端必须轻松拧入，止端则最多拧入两圈。只拧入三圈螺纹即到达红色环线。
极限卡规	卡规： 极限卡规 通端卡规 止端卡规 可调式卡规 滚柱式螺纹极限卡规	卡规用自身重量将其通端滑过受检零件。止端只允许"卡住"。止端比通端短，通常为斜面并标有红色标记。检验卡口文字区标有上限和下限偏差尺寸，公差区，标称尺寸。
调节环	环规和调节环： 通端环规 止端环规 调节环	通端环规的一面标有：公差区，标称尺寸和上限偏差尺寸。 止端环规标有公差区，标称尺寸和下限偏差尺寸。 调节环用于调节可显示的检测装置。
螺纹极限环规	螺纹环规： 螺纹通端环规 螺纹止端环规 螺纹极限环规	检验螺纹的螺距，而不是轮廓。用螺纹环规比用滚柱式极限卡规能更准确地检验螺栓螺纹与螺帽螺纹的配对性能。止端环规更薄，标有红色环或红点。
形状量规，尺寸量规		
锥度套规	形状量规检验形状： 半径量规， 锥度套规和锥度塞规， 角度量规， 磨床检验量规， 验平尺和角尺， 分度规	半径量规，角度量规，角尺和验平尺均可在工件光缝隙上检验。 锥度检验时必须全面接触工件外表面。检验时：在锥度上用粉笔轴向划线，然后将套规拧入锥度。粉笔线擦除痕迹必须均匀。不均匀处是锥度未达标处。
平行块规	尺寸块规检验尺寸： 平行块规 测针 塞尺 薄板塞规 塞规 卡规	平行块规的应用： · 防止手温和冷焊。 · 从最小的块规开始，小心推移。 · 不必长时间附着（冷焊）。 · 使用后需清理并涂油脂。

弯曲成型

有色金属弯曲件最小许用弯曲半径

参照 DIN 5520

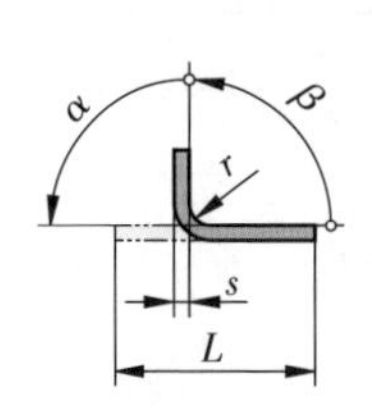

s 板厚
r 弯曲半径
α 折弯角
β 张角

材料 按照 DIN 1745-1	材料状态	超过下列厚度尺寸 *s*（mm）的							
		0.8	1	1.5	2	3	4	5	6
		最小弯曲半径 *r*[1]mm							
AlMg3W19	球化退火	0.6	1	2	3	4	6	8	10
AlMg3F22	冷作硬化	1.6	2.5	4	6	10	14	18	–
AlMg3G22	冷作硬化和退火	1	1.5	3	4.5	6	8	10	–
AlMg4.5MnW28	球化退火，校直	1	1.5	2.5	4	6	8	10	14
AlMg4.5MnG31	冷作硬化和退火	1.6	2.5	4	6	10	16	20	25
AlMgSi1F32	固溶退火和人工时效	4	5	8	12	16	23	28	36
CuZn37-R600	硬	2.5	4	5	8	10	12	18	24

[1] 用于折弯角 α = 90°，与轧制方向无关

冷折弯钢最小许用弯曲半径

参照 DIN 6935

最小抗拉强度 R_m（N/mm²）	厚范围 *s*（mm）的最小弯曲半径 [2]r														
	0～1	1～1.5	1.5～2.5	2.5～3	3～4	4～5	5～6	6～7	7～8	8～10	10～12	12～14	14～16	16～18	18～20
至 390	1	1.6	2.5	3	5	6	8	10	12	16	20	25	28	36	40
390～490	1.2	2	3	4	5	8	10	12	16	20	25	28	32	40	45
490～640	1.6	2.5	4	5	6	8	10	12	16	20	25	32	36	45	50

[2] 本表数值适用于折弯角 α ≤ 120° 并垂直于轧制方向的折弯。折弯角 α > 120° 并平行于轧制方向的折弯可选邻近较大板厚的弯曲半径。

折弯角 α = 90° 的补偿值 *v*

参照 DIN 6935

弯曲半径 *r*（mm）	板厚 *s*(mm) 各折弯点（mm）的补偿值 *v*														
	0.4	0.6	0.8	1	1.5	2	2.5	3	3.5	4	4.5	5	6	8	10
1	1.0	1.3	1.7	1.9	—	—	—	—	—	—	—	—	—	—	—
1.6	1.3	1.6	1.8	2.1	2.9	—	—	—	—	—	—	—	—	—	—
2.5	1.6	2.0	2.2	2.4	3.2	4.0	4.8	—	—	—	—	—	—	—	—
4	—	2.5	2.8	3.0	3.7	4.5	5.2	6.0	6.9	—	—	—	—	—	—
6	—	—	3.4	3.8	4.5	5.2	5.9	6.7	7.5	8.3	9.0	9.9	—	—	—
10	—	—	—	5.5	6.1	6.7	7.4	8.1	8.9	9.6	10.4	11.2	12.7	—	—
16	—	—	—	8.1	8.7	9.3	9.9	10.5	11.2	11.9	12.6	13.3	14.8	17.8	21.0
20	—	—	—	9.8	10.4	11.0	11.6	12.2	12.8	13.4	14.1	14.9	16.3	19.3	22.3
25	—	—	—	11.9	12.6	13.2	13.8	14.4	15.0	15.6	16.2	16.8	18.2	21.1	24.1
32	—	—	—	15.0	15.6	16.2	16.8	17.4	18.0	18.6	19.2	19.8	21.0	23.8	26.7
40	—	—	—	18.4	19.0	19.6	20.2	20.8	21.4	22.0	22.6	23.2	24.5	26.9	29.7
50	—	—	—	22.7	23.3	23.9	24.5	25.1	25.7	26.3	26.9	27.5	28.8	31.2	33.6

90° 折弯件的下料计算

参照 DIN 6935

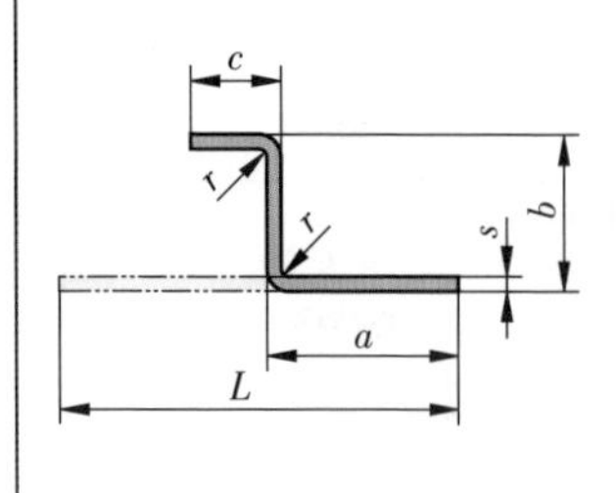

L 展开长度
a,b,c 边长
s 厚度
r 弯曲半径
n 折弯点数量
v 补偿值

展开长度

$$L = a + b + c + \cdots - n \cdot v$$ 1

L 数值取整单位是 mm

举例：（参照左图）

a = 25 mm; b = 20 mm; c = 15 mm; n = 2; s = 2 mm;
r = 4 mm; 材料：S235JR（St 37-2）; v = ?; L = ?

v = 4.5 mm（查表取值）

$L = a + b + c - n \cdot v$ = (25 + 20 + 15 − 2 · 4.5) mm = **51 mm**

焊接

焊接方法及其序号 N

参照 DIN EN ISO 4063

N	焊接方法	N	焊接方法	N	焊接方法
1	电弧焊	2	电阻压焊	4	压焊
101 111	金属电弧焊 手工电弧焊	21 22	电阻点焊 滚焊	41 42	超声波焊接 摩擦焊
114	填充焊条的金属电弧焊	225 23	垫箔滚对焊 凸焊	45 47	扩散焊 加压气焊
12 13	埋弧焊 熔化极气体保护焊	24 25	对头烧熔焊 对接压焊	7	其他焊接方法
131 135	熔化极惰性气体保护焊 熔化极活性气体保护焊	291	高频电阻压焊	73 74	电气立焊 感应焊
136	填充焊条的熔化极活性气体保护焊	3	气体熔焊	75 751	光束焊 激光焊
14 141	钨极气体保护焊 钨极惰性气体保护焊	311	氧气－乙炔火焰气焊	752 753	电弧辐射焊 红外焊
149 151	钨极氢气保护焊 等离子－熔化极惰性气体保护焊（MIG）	312	氧气－丙烷火焰气焊	76 78	电子射束焊 螺柱焊

气体熔焊

通过乙炔与氧气的混合气体加热金属。大部分情况下还使用电焊丝作为添加材料。通过大范围高温影响使金属产生高度扭曲变形。这种相对缓慢的焊接方法适宜用于焊接薄板材和若干有色金属。

金属电弧焊

作为添加材料的电焊条与工件之间产生的电弧用作热源。根据用途和电焊条种类的不同可分别采用直流电或交流电进行焊接。焊条包药产生的气体使电弧保持稳定，并屏蔽焊接熔池免受空气中氧气的影响。其主要应用范围是钢结构和管道结构。

钨极惰性气体保护焊（WIG）

钨极惰性气体保护焊时，在工件与一个不熔化的钨电极之间燃烧着一个电弧。焊接时一般采用氩气，氦气或两种气体的混合气。条状添加材料从一侧送入焊点。其主要应用范围是电厂或化学工业的管道结构以及相应设备。

熔化极气体保护焊（MSG）：熔化极惰性气体保护焊（MIG），熔化极活性气体保护焊（MAG）

熔化极气体保护焊时，由一台电动机以可调速度持续输送待熔焊丝。与焊丝输送的同时，焊点上方一个喷嘴送出保护气体或混合气体。这种气体用于保护电弧下液态金属不被氧化。熔化极活性气体保护焊（MAG）采用纯二氧化碳（CO_2）或某种混合气体。而熔化极惰性气体保护焊（MIG）一般采用氩气。钢的焊接优先采用熔化极活性气体保护焊（MAG），而熔化极惰性气体保护焊（MIG）多用于有色金属的焊接。

焊接结构的未注公差

参照 DIN EN ISO 13920

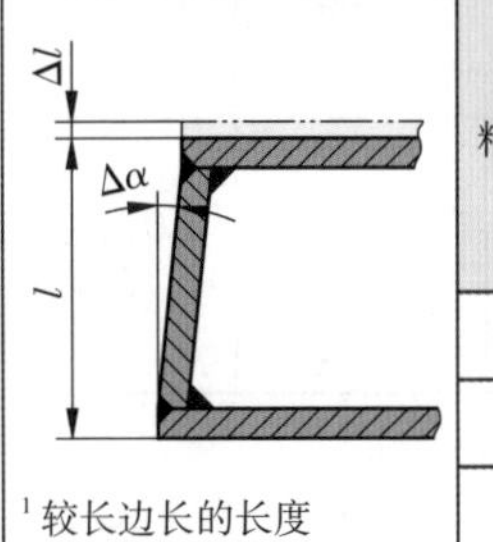

[1] 较长边长的长度

精度	允许偏差								
	长度尺寸允差 Δl(mm) 的标称尺寸范围 l[1]						角度尺寸允差 Δα(° 和′) 的标称尺寸范围 l[1]		
	~30	30～120	120～400	400～1000	1000～2000	2000～4000	~400	400～1000	大于1000
A	±1	±1	±1	±2	±3	±4	±20′	±15′	±10′
B	±1	±2	±2	±3	±4	±6	±45′	±30′	±20′
C	±1	±3	±4	±6	±8	±11	±1°	±45′	±30′

焊缝

焊缝准备

参照 DIN EN ISO 9692

名称，焊缝符号	工件厚度 t mm	A[1]	焊缝准备：焊缝形状	尺寸：间隙 b mm	尺寸：间隔 c mm	尺寸：角度 α °	推荐的焊接方法[2]，序号	附注
凸缘焊缝 八	0～2	e	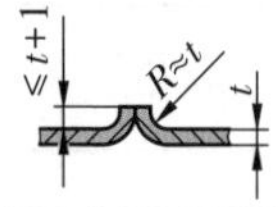	—	—	—	3，111，141，131，135	薄板焊接，无添加材料
I 形焊缝 ‖	0～4	e	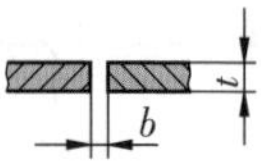	≈ t	—	—	3，11，141	少量添加材料，无焊缝准备
	0～8	b		≈ t/2	—	—	111，141	
				≤ t/2	—	—	31，135	
V 形焊缝 V	3～10	e	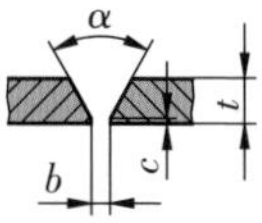	≤4	c≤2	40°～60°	3	—
	3～40	b		≤3	c≤2	≈ 60°	111，141	有对应层
						40°～60°	131，135	
Y 形焊缝 Y	5～40	e	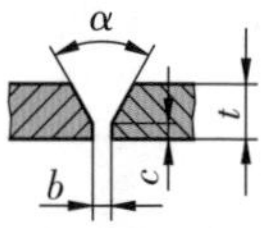	1...4	2...4	≈ 60°	111，131，135，141	—
	>10	b		1...3	2...4	≈ 60°	111，141	有根部层和对应层
						40°～60°	131，135	
D-V 形焊缝 X	>10	b	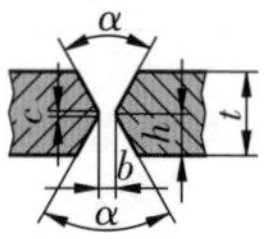	1...3	c≤2	≈ 60°	111，141	对称焊缝形状 $h=t/2$
						40°～60°	131，135	
HV 形焊缝 V	3～10	e	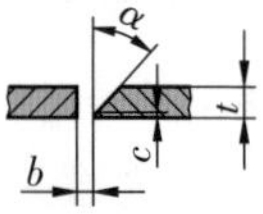	2...4	1...2	35°～60°	111，131，135，141	—
	3～30	b		1...4	c≤2	35°～60°	111，131，135，141	有对应层
D-HV 形焊缝 K	>10	b	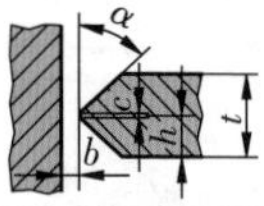	1...4	c≤2	35°～60°	111，131，135，141	对称焊缝形状 $h=t/2$
角焊缝 ◺	>2	e	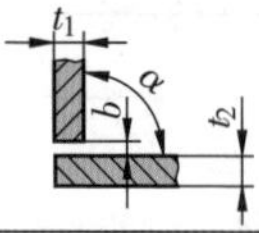	≤2	—	70°～100°	3，111，131，135 141	T 形接头
	>3	b	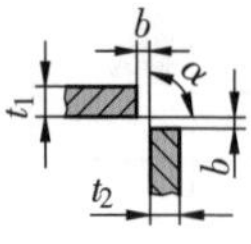	≤2	—	70°～110°	3，111，131，135，141	双面角焊缝，角接头

[1] A 结构；e 单面焊接；b 双面焊接

[2] 焊接方法见前页

压力气瓶，耗气量

压力气瓶

参照 DIN EN 1089：2004–06

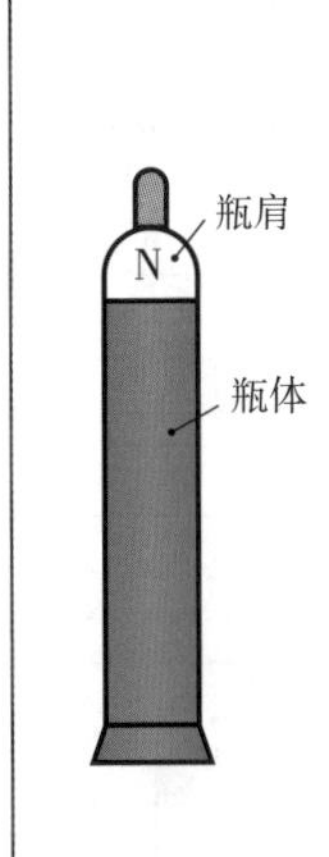

气体种类	气瓶颜色标记 按 DIN EN 1089–3 瓶体	瓶肩	至今	接口螺纹	体积 V L	灌装压力 bar	灌装量
氧气	蓝色	白色	蓝色	R3/4	40 50	150 200	6 m^3 10 m^3
乙炔气	栗棕色	栗棕色	黄色	箍圈	40 50	19 19	8 kg 10 kg
氢气	红色	红色	红色	W21.80 × 1/14	10 50	200 200	2 m^3 10m^3
氩气	灰色	深绿色	灰色	W21.80 × 1/14	10 50	200 200	2 m^3 10 m^3
氦气	灰色	棕色	灰色	W21.80 × 1/14	10 50	200 200	2 m^3 10 m^3
氩气－二氧化碳混合气	灰色	亮绿色	灰色	W21.80 × 1/14	20 50	200 200	4 m^3 10 m^3
二氧化碳	灰色	灰色	灰色	W21.80 × 1/14	10 50	58 58	7.5 kg 20 kg
氮气	灰色	黑色	深绿色	W24.32 × 1/14	40 50	150 200	6 m^3 10 m^3

耗气量

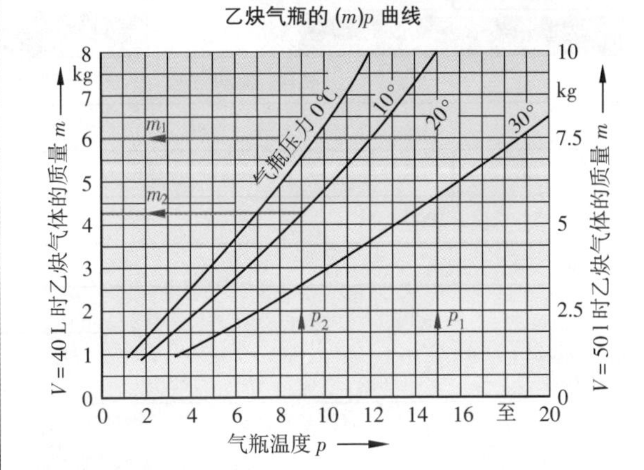

乙炔气瓶 $V = 40$ L 和 $V = 50$ L 时的最大耗气量

焊接时长	15℃和 1 bar 时的耗气量 L/h
短时	1000
一个班次	500
持续焊接	350

恒定温度时已耗乙炔气质量

$$\Delta V = \frac{V \cdot (p_1 - p_2)}{P_{amb}} \quad (1)$$

乙炔气耗气量

15℃和 1bar 时

$$\Delta V = K \cdot \Delta m \quad (2)$$

耗气量（氧气）

$$\Delta m = m_1 - m_2 \quad (3)$$

举例：乙炔气瓶 $V = 40$ L, $p_1 = 15$ bar,
$p_2 = 9$ bar, $t_1 = 20$ ℃, $t_2 = 10$℃;
$m_1 = ?$; $m_2 = ?$; $\Delta m = ?$; $\Delta V = ?$

$K = 910$ l/kg
用 K 将乙炔气质量（kg）换算成耗气量（L＝升）。

解：查曲线表得：$m_1 = 6$ kg, $m_2 = 4.3$ kg,
$\Delta m = m_1 - m_2 = 6\text{ kg} - 4.3\text{ kg} = 1.7$ kg
$\Delta V = K \cdot \Delta m = 910 \frac{1}{\text{kg}} \cdot 1.7\text{ kg} = 1547$ L

V 气瓶体积
ΔV 耗气量
Δm 已耗气体的质量
K 换算系数 910 L/kg
p_1 焊接前的气瓶压力
p_2 焊接后的气瓶压力
t_1 焊接前的气瓶温度
t_2 焊接后的气瓶温度
m_1 焊接前的气体质量
m_2 焊接后的气体质量

气焊

钢对接焊所用气焊条

分类和性能

基本材料			焊条等级					
钢种类	标准	钢品种	G Ⅰ	G Ⅱ	G Ⅲ	G Ⅳ	G Ⅴ	G Ⅵ
非合金结构钢	DIN EN 10025	S235JR，S235JRG1，S275JR S235JO，S275JO，S355JO		•	• •	• •		
钢管	DIN 10224	St37-0，St44-0，St52-0	•	•	•	•		
管材	DIN EN 10216-2	St35.8 St45.8			•	• •		
板材，带材	DIN EN 10028	H Ⅰ，H Ⅱ			•	•		
板材，带材，管材	EN 10028 DIN EN 10216-2	16Mo3 13CrMo4-5 10CrMo9-10，11CrMo9-10				•	•[1]	•[2]

[1] 多层焊接 • 适合

标记和焊接性能

焊条等级	GI	GII	GIII	GIV	GV	GVI
压印标记	I	II	III	IV	V	VI
颜色标记		灰色	金黄色	红色	黄色	绿色
流动性能	稀薄，流动	略稀薄，流动	粘稠，流动			
飞溅物	多	少	无			
孔隙	有	有	少	无		
尺寸	标称直径（mm）：1.6；2；2.5；3；4；5 长度：1000m					

⇒ 焊条 DIN 8554 – GIII – 2：焊条等级 GIII，直径 2 mm

气体熔焊标准值

材料：非合金结构钢 工作压力：氧气：2.5 bar
焊接位置:PA（w） 乙炔气：0.03 至 0.8 bar

焊缝计划				设定值		耗气量数值		功率数值	
焊缝形状	焊缝厚度 a mm	间隙 s mm	SR[2]	喷嘴规格	焊条直径 mm	氧气 L/h	乙炔气 L/h	熔化能力 kg/h	焊接时间 min/m
	0.8	0	NL	0.5～1	1.5	90	80	0.17	8.5
	1	0	NL	0.5～1	2	100	90	0.19	7.5
	1.5	1.5	NL	1～2	2	150	135	0.25	10
	2	2	NL	1～2	2	165	150	0.25	11.5
	3	2.5	NL	2～4	2.5	260	235	0.36	12.3
60°	4	2～4	NR	2～4	3	320	300	0.33	15
	6	2～4	NR	4～6	4	520	490	0.68	22
	8	2～4	NR	6～9	5	840	800	0.95	28
	10	2～4	NR	9～14	6	1300	1250	1.2	35

[2] SR 焊接方向;NL 向左焊接;NR 向右焊接

气体保护焊 1

电弧焊接和电弧切割保护气体

参照 DIN EN ISO 14175:2008-06

缩写符号		成分体积 %					气体组，作用	应用
组	标记数字	CO_2	O_2	Ar	He	H_2		
R	1			其余[1]		0 ~ 15	混合气体，减弱的	WIG，等离子焊接
	2			其余[1]		15 ~ 35		
I	1			100			惰性气体，惰性混合气体	MIG，WIG，等离子焊接，底部保护
	2				100			
	3			其余	0 ~ 95			
M1	1	0 ~ 5		其余[1]	0 ~ 5		混合气体，弱氧化 ↓ 强氧化	MAG
	2	0 ~ 5		其余[1]				
	3		0 ~ 3	其余[1]				
M2	1	5 ~ 25		其余[1]				
	2		3 ~ 10	其余[1]				
	3	0 ~ 5	3 ~ 10	其余[1]				
M3	1	25 ~ 50		其余[1]				
	2		10 ~ 15	其余[1]				
	3	5 ~ 50	8 ~ 15	其余[1]				
C	1	100						
	2	其余	0 ~ 30					

[1] 最高达 95% 的氩气可由氦气代替。

⇒ 保护气体 DIN EN ISO 14175 – M13 – ARO – 3：混合气体，3% 氧气，其余是氩气。

熔化极气体保护焊的电焊条和焊接金属

参照 DIN EN ISO 14341:2011-04

名称举例（焊接金属）： DIN EN ISO 14341 – A G 46 3 M G3Si1

- DIN EN ISO 14341：标准号
- A：焊接金属的屈服强度，保证其开口冲击韧性达到 47 J
- G：熔化极气体保护焊的缩写符号
- 46：焊接金属机械性能标记数字
- 3：焊接金属开口冲击韧性标记符号
- M：保护气体缩写符号
- G3Si1：电焊条化学成分

焊接金属机械性能标记数字

标记数字	最小屈服强度 N/mm²	抗拉强度 N/mm²	最小断裂延伸率 A_5 %
35	355	440 ~ 570	22
38	380	470 ~ 600	20
42	420	500 ~ 640	20
46	460	530 ~ 680	20
50	500	560 ~ 720	18

焊接金属开口冲击韧性标记符号

标记字母 / 标记数字	下列条件时最小开口冲击韧性 47 J
Z	没有要求
A	+20℃
0	0℃
2	–20℃
3	–30℃
4	–40℃
5	–50℃
6	–60℃

保护气体缩写符号

缩写符号	按 DIN EN 14175 所使用的气体
M	混合气体，M2，但不含氦气
C	纯二氧化碳 C1

电焊条化学成分

缩写符号	主要合金元素	缩写符号	主要合金元素
G0	各种约定成分	G3Ni1	0.5% ~ 0.9% 硅，1.0% ~ 1.6% 锰，0.08% ~ 1.5% 镍
G2Si1	0.5% ~ 0.8% 硅，0.9% ~ 1.3% 锰	G2Ni2	0.4% ~ 0.8% 硅，0.8% ~ 1.4% 锰，2.1% ~ 2.7% 镍
G3Si1	0.7% ~ 1.0% 硅，1.3% ~ 1.6% 锰	G2Mo	0.3% ~ 0.7% 硅，0.9% ~ 1.3% 锰，0.4% ~ 0.6% 钼
G3Si2	1.0% ~ 1.3% 硅，1.3% ~ 1.6% 锰	G4Mo	0.5% ~ 0.8% 硅，1.7% ~ 2.1% 锰，0.4% ~ 0.6% 钼
G2Ti	0.4% ~ 0.8% 硅，0.9% ~ 1.4% 锰，0.05% ~ 0.25% 钛	G2AI	0.3% ~ 0.5% 硅，0.9% ~ 1.3% 锰，0.35% ~ 0.75% 铝

⇒ DIN EN ISO 14341–A：电焊条化学成分：0.8% 硅和 1.5% 锰

气体保护焊 2

焊缝形状	焊缝计划 焊缝厚度 a mm	焊条直径 mm	焊缝层数	设定数值 电压 V	电流 A	焊条进给速度[1] m/min	保护气体 L/min	功率数值 焊接添加材料 g/m	主有效时间 min/m

熔化极活性气体保护焊 (MAG) 标准值

材料：非合金结构钢　　焊接添加材料：电焊条 DIN EN ISO 14341- A-G 46 M G3 Si1

焊接位置:PB（h）　　保护气体:DIN EN ISO 14175

焊缝形状	a mm	焊条直径 mm	焊缝层数	电压 V	电流 A	焊条进给速度 m/min	保护气体 L/min	焊接添加材料 g/m	主有效时间 min/m
	2 3 4	0.8 1.0 1.0	1	20 22 23	105 215 220	7 11 11	10	45 90 140	1.5 1.4 2.1
	5 6 7	1.0 1.0 1.2	1 1 3	30	300	10	15	215 300 390	2.6 3.5 4.6
	8 10	1.2	3 4	30	300	10	15	545 805	6.4 9.5

熔化极惰性气体保护焊 (MIG) 标准值

材料：铝，铝合金　　焊接添加材料:DIN EN ISO 18273-A-S Al5754（$AlMg_3$）

焊接位置:PA（w）　　保护气体:DIN EN ISO 14175

焊缝形状	a mm	焊条直径 mm	焊缝层数	电压 V	电流 A	焊条进给速度 m/min	保护气体 L/min	焊接添加材料 g/m	主有效时间 min/m
	4 5 6	1.2 1.6 1.6	1 1 1	23 25 26	180 200 230	3 4 7	12 18 18	30 77 147	2.9 3.3 3.9
70°	5 6 8	1.6 1.6 1.6	1 2 2	22 22 26	160 170 220	6 6 7	18 18 18	126 147 183	4.2 4.6 5.0
60°	10	1.6 1.6 1.6	1 2 1G[2]	26 24 26	220 200 230	6 6 7	20 20 20	190	5.4
	12	2.4 2.4	1 2	27 27	260 280	4 4	25 25	345	7.6

钨极惰性气体保护焊 (WIG) 标准值

材料：铝，不可硬化　　焊接添加材料:DIN EN ISO 18273-A-S Al5754（$AlMg_3$）

焊接位置:PA（w）　　保护气体:DIN EN ISO 14175

焊缝形状	a mm	焊条直径 mm	焊缝层数	电压 V	电流 A	焊条进给速度 m/min	保护气体 L/min	焊接添加材料 g/m	主有效时间 min/m
	1 1.5	3 3	1 1	— —	75 90	0.3 0.2	5 5	19 22	3.8 4.3
	2 3	3 3	1 1	— —	110 125	0.2 0.2	6 6	28 28	4.8 5.9
	4 5 6	3 3 3	1 1 1	— — —	160 185 210	0.2 0.1 0.1	8 10 10	38 47 47	6.7 7.1 12
70°	5	4	第 1 层 第 2 层	— —	165	0.1 0.2	12	105	13
	6	4	第 1 层 第 2 层	— —	165	0.1 0.2	12	190	16

[1] 熔化极惰性气体保护焊 (MIG)：焊接速度　[2] G 对应层

电弧焊 1

用于非合金钢和细晶结构钢的药皮电焊条

参照 DIN EN 499

名称举例：DIN EN ISO 2302 – A – E 46 3 1Ni B 5 4 H5

- 标准号：DIN EN ISO 2302
- 包药电焊条缩写符号：E
- A：焊接金属保证屈服强度和开口冲击韧性达到 47 J

焊接金属机械性能标记数字

标记数字	最小屈服强度 N/mm^2	抗拉强度 N/mm^2	最小断裂延伸率 A_5 %
35	355	440 ~ 570	22
38	380	470 ~ 600	20
42	420	500 ~ 640	20
46	460	530 ~ 680	20
50	500	560 ~ 720	18

焊接金属开口冲击韧性标记符号

标记字母 / 标记数字	下列条件时最小开口冲击韧性 47 J
Z	没有要求
A	+ 20℃
0	0℃
2	–20℃
3	–30℃
4	–40℃
5	–50℃
6	–60℃

提示：如果某电焊条适用于某指定温度，它也可以用于各自较高温度。

焊接金属化学成分缩写符号

合金缩写符号	焊接金属化学成分 %		
	Mn	Mo	Ni
没有缩写符号	2.0	—	—
Mo	1.4	0.3 ~ 0.6	—
MnMo	1.4 ~ 2.0	0.3 ~ 0.6	—
1Ni	1.4	—	0.6 ~ 1.2
2Ni	1.4	—	1.8 ~ 2.6
3Ni	1.4	—	2.6 ~ 3.8
Mn1Ni	1.4 ~ 2.0	—	0.6 ~ 1.2
1NiMo	1.4	—	0.6 ~ 1.2
Z	按约定的化学成分		

氢气含量标记符号

标记符号	氢气含量，单位：mL/100g 焊接金属
H 5	5
H 10	10
H 15	15

焊接位置标记数字

标记数字	焊接位置
1	所有位置
2	所有位置，下降焊缝除外
3	槽位置的对接焊缝，槽位置和水平位置的角焊缝
4	槽位置的对接焊缝和角焊缝
5	下降焊缝，同数字 3

填充和电流类型标记数字

标记数字	填充	电流类型
1	> 105	交流电和直流电
2	> 105	直流电
3	> 105 ≤ 125	交流电和直流电
4	> 105 ≤ 125	直流电
5	> 125 ≤ 160	交流电和直流电
6	> 125 ≤ 160	直流电
7	> 160	交流电和直流电
8	> 160	直流电

包药药皮类型缩写符号

缩写符号	药皮类型
A	酸性药皮
C	纤维素药皮
R	金红石药皮
RR	厚金红石药皮
RC	金红石纤维素药皮
RA	金红石酸性药皮
RB	金红石碱性药皮
B	碱性药皮

⇒ DIN EN ISO 2303–A–E 42 A RR 12：焊接金属性能：最小屈服强度 = 420 N/mm^2，20℃时开口冲击韧性 = 47 J；药皮类型：厚金红石药皮；填充 > 105%；可用于所有位置的焊接，下降焊缝除外（指垂直焊缝）。

包药电焊条尺寸

参照 DIN EN ISO 2302:2018–03

直径 d（mm）	长度 l（mm）				直径 d（mm）	长度 l（mm）				直径 d（mm）	长度 l（mm）		
2.0	225	250	300	350	3.2	300	350	400	450	5.0	350	400	450
2.5	—	250	300	350	4.0	—	350	450	450	6.0	350	400	450

电弧焊 2

电焊条药皮类型

缩写符号	焊接技术性能，应用范围	缩写符号	焊接技术性能，应用范围
A	细滴液流动，扁平光滑焊缝，限制用于强制层	RR	应用范围广泛，细鳞状焊缝，良好的电弧再点火能力
C	优化性能用于下降焊缝的焊接	RA	高熔化能力，平滑焊缝
R	薄板焊接，适用于所有焊接位置，下降焊缝除外	RB	良好的开口冲击韧性，抗裂纹，除下降焊缝外的所有焊接位置
RC	也适用于下降焊缝，中等滴液	B	最佳开口冲击韧性，抗裂纹

电焊条新旧名称对比（举例）

电焊条名称		电焊条名称		电焊条名称	
按 DIN EN ISO 2302	旧名 DIN 1913 T1	按 DIN EN ISO 2302	旧名 DIN 1913 T1	按 DIN EN ISO 2302	旧名 DIN 1913 T1
E 35 Z A 12	E 43 00 A 2	E 42 2 RB 12	E 51 43 RR(B)7	E 38 5 B 73 H10	E 51 55 B(R)12 160
E 38 0 RC 11	E 43 22 R(C)	E 38 2 RA 12	E 43 33 AR 7	E 42 6 B 42 H10	E 51 55 B 10
E 42 0 RC 11	E 51 32 R(C) 3	E 38 2 RA 73	E 51 43 AR 11 160	E 38 6 B 42 H10	E 53 55 B 10
E 38 A R 12	E 43 21 R 3	E 38 2 RA 73	E 43 43 AR 11 160	E 42 3 B 42 H10	E 51 54 B 10
E 46 0 RR 12	E 51 32 RR 5	E 38 0 RR 53	E 51 22 RR 11 160	E 46 3 B 83 H10	E 51 43 B 12 160
E 42 0 RC 11	E 51 22 RR(C) 6	E 42 0 RR 73	E 51 32 RR 11 160	E 42 4 B 32 H10	EY42 53 Mn B
E 42 0 RR 12	E 51 22 RR 6	E 38 0 RR 73	E 51 32 RR 11 160	E 50 6 B 34 H10	EY46 54 Mn B
E 42 A RR 12	E 51 21 RR 6	E 42 2 B 15 H10	E 51 43 B 9	E 42 6 B 42 H 5	E SY42 76 Mn B H5
E 42 0 RR 12	E 51 32 RR 6	E 38 2 B 12 H10	E 51 43 B(R) 10	E 42 6 B 32 H 5	E SY42 76 Mn B
E 38 2 RB 12	E 43 43 RR(B) 7	E 42 4 B 32 H10	E 51 54 B(R) 10	E 46 6 1 Ni B 42 H 5	E SY42 76 1 Ni B H5

焊接和切割产生的有害物质

焊接和切割时会产生危害健康的烟尘，气体和蒸汽。欧盟标准 R 67/548 EWG 规定了空气中危害健康物质浓度阈值，按照危险物质条例第 1 § 在德国有效。

AGW（工作位置极限值），BGW（生物极限值）

钢材焊接时的有害物质成分

影响量	分类	有害物质成分，作用	极限值
基本材料，焊接添加材料	非合金	焊接烟气，有损肺部健康	AGW 6 mg/m³
	高合金	除常见焊接烟气外，还产生： · 铬酸盐，可能致癌 · 镍化合物，可能致癌 · 锰，锰化合物，有毒 · 氟化物，有毒	 BGW 0.2 mg/m³ BGW 0.5 mg/m³ AGW 5 mg/m³ AGW 2.5mg/m³
	电焊条药皮	金红石 – 酸性 – 碱性 – 纤维素 → 烟气增加趋势	
		此外，碱性药皮电焊条还产生： · 氟化物，有毒	AGW 2.5mg/m³
焊接方法	MIG，MAG	除常见焊接烟气外还产生： · 大量的氧化铁，有损肺部健康 与保护气体反应后产生： · 一氧化碳，有毒 · 臭氧，有毒	 AGW 6 mg/m³ AGW 30 ml/m³ AGW 0.1 ml/m³
基本材料涂层	划线，金属涂覆层，涂层和污物在电弧中燃烧。由此产生有损健康的多种化合物。		

BM 部分：元器件，检测，控制，调节

元器件

检测

控制与调节

电阻和电容

标准系列（额定值）

de.wikipedia.org/wiki/E- 系列

E系列和容差	E6 ± 20 %	1.0		1.5		2.2		3.3		4.7		6.8	
	E12 ± 10 %	1.0	1.2	1.5	1.8	2.2	2.7	3.3	3.9	4.7	5.6	6.8	8.2
	E24 ± 5 %	1.0 1.1	1.2 1.3	1.5 1.6	1.8 2.0	2.2 2.4	2.7 3.0	3.3 3.6	3.9 4.3	4.7 5.1	5.6 6.2	6.8 7.5	8.2 9.1
	E48 ± 2 %	1.00 1.05 1.10 1.15	1.21 1.27 1.33 1.40	1.47 1.54 1.62 1.69	1.78 1.87 1.96 2.05	2.15 2.26 2.37 2.49	2.61 2.74 2.87 3.01	3.16 3.32 3.48 3.65	3.83 4.02 4.22 4.42	4.64 4.87 5.11 5.36	5.62 5.90 6.19 6.49	6.81 7.15 7.50 7.87	8.25 8.66 9.09 9.53
	E96 ± 1 %	1.00 1.02 1.05 1.07 1.10 1.13 1.15 1.18	1.21 1.24 1.27 1.30 1.33 1.37 1.40 1.43	1.47 1.50 1.54 1.58 1.62 1.65 1.69 1.74	1.78 1.82 1.87 1.91 1.96 2.00 2.05 2.10	2.15 2.21 2.26 2.32 2.37 2.43 2.49 2.55	2.61 2.67 2.74 2.80 2.87 2.94 3.01 3.09	3.16 3.24 3.32 3.40 3.48 3.57 3.65 3.74	3.83 3.92 4.02 4.12 4.22 4.32 4.42 4.53	4.64 4.75 4.87 4.99 5.11 5.23 5.36 5.49	5.62 5.76 5.90 6.04 6.19 6.34 6.49 6.65	6.81 6.98 7.15 7.32 7.50 7.68 7.87 8.06	8.25 8.45 8.66 8.87 9.09 9.31 9.53 9.76

举例数值 E 192：1.00 1.01 1.02 1.04 1.05 1.06 1.07 1.09 1.10 1.11 1.13 1.14 1.15 1.17 1.18 1.20 1.21 1.23 1.24 1.26 1.27 1.29 1.30 1.32 1.33 1.35 1.37 1.38 1.40 1.42

其余数值：参见 de.wikipedia.org/wiki/E- 系列

系列内的容差：

E6：± 20%（无色标，即只有 3 个色环）;E12：± 10%（银色）;E24：± 5%（金色）;E48：± 2%（红色）;E96：± 1%（棕色）;E192：± 0.5%（绿色）

功率标准值：0.125W; 0.25W; 0.5W; 1W; 2W; 5W 等等

从公式 $R = \sqrt[m]{10^n}$ 求值后取整，其中 m 需与系列相符,；例如 24，而 n 是一个整数，如 $0 \leqslant n \leqslant m-1$，一个十进位数的数值数量是 $z = 3 \cdot 2^n$，$^n = 0$，1，2，3，4，5，6。

R系列	R10	1.00	1.25	1.60	2.00	2.50	3.15	4.00	5.00	6.30	8.00
	R20	1.00 1.12	1.25 1.40	1.60 1.80	2.00 2.24	2.50 2.80	3.15 3.55	4.00 4.50	5.00 5.60	6.30 7.10	8.00 9.00

在 R 系列中可选用 E 系列的容差，例如 ± 5%。

电阻和电容的字母数字标记

电阻	R27	2R7	27R	K27	2K7	27K	M27	2M7	27M
	0.27Ω	2.7Ω	27Ω	0.27kΩ	2.7kΩ	27kΩ	0.27MΩ	2.7MΩ	27MΩ
电容	3p9	39p	n39	3n9	39n	μ39	3 μ9	39 μ	m39
	3.9pF	39pF	0.39nF	3.9nF	39nF	0.39 μF	3.9 μF	39 μF	0.39mF

电阻，陶瓷电容和薄膜电容的颜色标记

（第 1 和第 2 环的数值单位：Ω 或 pF）

环或点的颜色		黑色 (sw)	棕色 (br)	红色 (rt)	橘黄色 (or)	黄色 (gb)	绿色 (gn)	蓝色 (bl)	紫色 (vl)	灰色 (gr)	白色 (ws)	无色 Farbe	粉色 (pk)	银色 (ag)	金色 (au)
第 1 环	第 1 个数字	—	1	2	3	4	5	6	7	8	9	—	—	—	—
第 2 环	第 2 个数字	0	1	2	3	4	5	6	7	8	9	—	—	—	—
第 3 环[1]	乘数	10^0	10^1	10^2	10^3	10^4	10^5	10^6	10^7	10^8	10^9	—	0.001	0.01	0.1
第 4 环[1]	容差（%）	—	± 1	± 2	—	—	± 0.5	± 0.25	± 0.1	± 0.05	—	± 20	—	± 10	± 5
第 5 环[1]	许用工作电压（V）	—	100	250	300	400	500	630	700	800	900	500	—	2000	1000
第 6 环	TK[2]（ppm[3]）	250	100	50	15	25	20	10	5	1	—	—	—	—	—

[1] 小容差电阻（大多是金属膜电阻）的第 3 环是另一个数字。第 4 环是乘数，第 5 环是容差（%）。电容的第 5 环或点表示许用工作电压（V）。

[2] TK 指温度系数，TK 也可用 α 表示，单位：1/K

[3] ppm = 百万分之一 = 10^{-6}

电阻和电容的颜色标记

原则，识读方向，数字顺序	举例	解释
电阻		
识读方向 1 2 3 4 **碳膜电阻**	识读方向的数字顺序： 1 2 3 4 rt rt sw sr 2 2 10^0 10 % ⇒ 22 Ω ± 10 % (E12)	第 4 环意为 10% 容差。 容差的其他标记参见 204 页。 ⇨ 识读方向
A A 1 2 3 4 **金属釉膜电阻**	识读方向的数字顺序： 1 2 3 4 gn rt sw gd 8 2 10^0 5 % ⇒ 82 Ω ± 5 %	有中断的色条 4 相当于第 4 环，它标记电阻值的容差。
1 2 3 4 5 **金属膜电阻**	识读方向的数字顺序： 1 2 3 4 5 gn bl rt rt rt 5 6 2 10^2 2 % ⇒ $562 \cdot 10^2$ Ω ± 2 % = 56200 Ω ± 2 % = 56.2 kΩ ± 2 % (E48)	用激光束缩小电阻面以补偿精确的电阻值。
1 2 3 4 5 6 **金属层电阻**	识读方向的数字顺序： 1 2 3 4 5 6 bl ws gr rt br rt 6 9 8 10^2 1 % 50 ppm ⇒ $698 \cdot 10^2$ Ω ± 1 % = 69800 Ω ± 1 % = 69.8 kΩ ± 1 % 和 $\alpha = 50 \cdot 10^{-6}$ 1K	温度变化达 20K 时，电阻的变化幅度为 $698 \cdot 10^2 \cdot 20 \cdot 50 \cdot 10^{-6}$Ω = 6.98Ω α 温度系数，单位:ppm
1 2 3 4 **NTC 电阻**	识读方向的数字顺序： 1 2 3 4 bl gr sw – 6 8 10^0 20 % ⇒ 68 Ω ± 20 %	NTC 是英语 Negative Temperature Coefficient（负温度系数）的缩写， NTC 电阻又称热敏电阻。 此处数据指 20℃时。
电容		
1 2 3 4 5 **薄膜电容**	识读方向的数字顺序： 1 2 3 4 5 rt vl rt rt bl 2 7 10^2 2 % 630 V ⇒ $27 \cdot 10^2$ pF ± 2 % = 2700 pF ± 2 % = 2.7 nF ± 2 %	工作电压一般适用于 bl（蓝色）=630V 或 rt（红色）=250V，第 5 位。 该数值不必与系列数值一致。
1 2 3 4 **陶瓷电容**	识读方向的数字顺序： 1 2 3 4 bl gr rt – 6 8 10^2 20 % ⇒ 6800 pF ± 20 % = 6.8 nF± 20 %	工作电压一般用小写字母，例如： a 是 50V，d 是 250V， f 是 500V，h 是 1000V。 4 是基本色，意即无色。
4 5 + 1 2 3 6 **钽电容**	识读方向的数字顺序： 1 2 3 4 5 6 bl gr gb – ws rt 6 8 10^4 20% 50 V + Pol ⇒ $68 \cdot 10^4$ pF ± 20 % = 0.68 μF ± 20 %	一般使用公司电力颜色标记。极化的钽电容器用第 6 环和 / 或较长的连接线标记接正极的接头。

颜色缩写：德语（英语）
sw（BK）黑色，rt（RD）红色，gb（YE）黄色，bl（BU）蓝色，gr（GY）灰色，au（GD）金黄色，
br（BN）棕色，or（OG）橘黄色，gn（GN）绿色，vl（VT）紫色，ws（WH）白色，ag（SR）银色

电阻和电容的类型			
名称	结构	数据	解释
电阻类型			
碳膜电阻	硬碳膜缠绕的陶瓷体 焊接的连接线 壳体	电阻值最大至 E24 系列，温度范围 -55℃~ 125℃，容差 + 5% 和 ± 10%，许用工作电压≤ 500V。绝缘电阻 > 10GΩ。绝缘电压 AC 1000V。额定功率最大至 1W，几乎无感应。	无金属壳结构中有一个不缠绕的电阻碳膜。空心碳膜支管内的连接线导热性能极佳。
金属层电阻	金属釉电阻 金属釉缠绕的陶瓷体	电阻值最大至 E192 系列，温度范围 -55℃~125℃，容差 + 0.01% ~ ± 5%，绝缘电阻 > 10^2GΩ。绝缘电压 AC 1000V。额定功率最大至 6W。	金属氧化物层电阻（金属氧化物层在陶瓷体表面，在上面涂覆硅黏合剂）的机械结构坚固，比碳膜电阻的可载荷性高。EMS 电阻（贵金属层电阻）是精密电阻。
线绕电阻	线绕的陶瓷体	电阻值最大至 E24 系列，容差 +0.5% 和 ± 10%，额定功率 0.5W ~ 17W，大功率电阻最大至 500W，并非无感应。	线绕电阻在相同载荷时的尺寸小于膜电阻。黏合的线绕电阻不气密，也不防潮（不防滴水）。涂釉的线绕电阻可防潮
微调电阻		碳膜微调电阻的额定载荷 0.05~ 0.5W。温度范围 -55℃~125℃，电阻运行呈线性和对数性，线绕微调电阻的额定功率最大至 1W。	微调膜电阻分立式和卧式结构，两种类型均完全封装在壳体内。精密电阻分线绕结构或黏合层结构［陶瓷金属黏合剂 = 陶瓷金属（TiN）］。
电容类型			
金属化塑料膜聚丙烯介质电容（MKP 电容）	薄膜 金属衬层	电容 1 nF ~ 500 pF，额定电压 25 V~ 20 kV，50 Hz 时的损耗系数 $\tan\delta = 0.2 \cdot 10^{-3}$ = 0.2 W/kvar。大型 MKP 电容呈圆柱体，小型的是扁平或圆形，网格尺寸。在新设备中 MKP 占统治地位。	结构：两层厚约 0.6 μm 的聚丙烯薄膜，单面金属化，未浸渍。故障时，金属汽化（自愈合）。温度过高时，塑料也汽化，这时的过压保护将电容器与电网断开。
金属膜纸介电容（MP）	绝缘层 油隙 金属衬层	电容 10 nF ~ 500 μF，额定电压 250 V ~ 20 kV，用 PCB（多氯化联苯）浸渍 MP 存在问题，因为损耗较大，PCB 致癌。	MP：金属膜纸介 50 Hz 时的损耗系数约为： $\tan\delta = 4 \cdot 10^{-3}$ = 4 W/kvar。频率上升时损耗大幅度增加。击穿后可自愈合。
双层电容，存储电容， 超级电容	活性炭电极 可穿透的隔离层 槽	电容 0.1 ~ 50 F，额定电压 U_N = 2.5V，U_{Nmax} = 3V，温度范围 -25℃~ 70℃，容差 -20% 和 + 80%，1kHz 时的损耗电阻（ESR）15 ~ 10 mΩ。	制造形式：小电容采用壳式电容器，大电容采用卷包式电容器，高电压模式和超大电容采用并联电路和串联电路。
钽烧结电容（电解电容）	固态电解质	电容 0.1μF~1 F，额定电压 3~100 V，温度范围 -55℃~ 125℃，容差 -20% 和 + 50%。	带烧结阳极的钽烧结电容和固态电解质的钽烧结电容器均具有极高的运行安全性。相同尺寸的液态电解质具有更大的电容和更高的额定电压。

电池

特征，类型	解释	单个电池的电压	解释，举例
原电池			de.farnell.com
作用方式	原电池不能重复充电。多个电池连接后可产生更高的容量和电压。	参见下表 1 至 5	通过标记可获知电池的规格和容量。IEC 与 ANSI 不同，电池制造商 ANSI 规定：AAA 指 10.3 × *h* 45 mm（Micro），C 指∅ 27 × *h* 50 mm（Baby）。
锌 – 软锰电池 $ZnMnO_2$	用于少数要求很高的用途。价格合适。无载荷状态下可保存两年。	1.5 V	手电筒，报警灯，玩具，遥控器。又称为锌炭电池，因为二氧化锰（MnO_2）通过碳棒导电。
碱锰电池	用于要求高电流和长时使用的用途。保存期达 5 年。	1.5 V	可携带式音响设备，玩具
锌 – 空气电池	高载荷容量。无载荷状态下可无期限保存。	1.4 V	呼叫装置，助听器
锂电池 Li	高载荷容量，自身放电低。保存期 10 年。	3 V	电子数据存储器，照相机，计算机，锂遇水可燃烧。
氧化银电池 AgO	中高载荷容量。无载荷状态下可保存 5 年。	1.55 V	钟表，照相机，袖珍计算器
蓄电池			www.sat-akku.ch
作用方式	蓄电池可再次充电，又称二次电池（Akku）。可能出现大幅度自身放电（每月最高达 30%）。锂蓄电池有爆炸危险。	参见下表 1 至 5	输入电流可在蓄电池内部出现相反的电化学反应。能量流可向两个方向流动。
铅电池 Pb	载荷容量极高。全容量充电最多可达 1000 次，没有记忆效应。自身放电每月 5%。	2 V	机动车，应急发电设备，紧急照明设备。可持续保持充电（长时间充电）。
镍镉电池 NiCd	载荷容量极高。由于有记忆效应需避免长时间充电。应等电池用完之后再充电，应使用有放电功能的充电器。自身放电每月达 10%。	1.2 V	无绳电话，带蓄电池的电动工具，紧急照明设备。 依据标准 2006/66/EG，自 2008 年起禁止销售此类电池，因为镉对环境有毒。
镍 – 金属氢化物电池 NiMH	载荷容量高。记忆效应低（惰性效应）。充电循环次数约为 1000 次。自身放电每月 4% 至 30%。	1.2 V	手机，智能手机，无绳电话，便携式摄像机，数字式照相机，笔记本电脑，电动汽车
锂铁磷电池 $LiFePO_4$	载荷容量高，能量密度高。充电时间 15 分钟，而其他类蓄电池充电大于 1 小时。自身放电少，约可反复充电 1500 次。	3.3 V	带蓄电池的电动工具，辅助驱动装置，例如助力自行车，混合动力机动车。 锂遇水可燃烧。 过载有火灾危险。
锂聚合物电池 LiPO	载荷容量高，能量密度高。没有记忆效应，自身放电少。注意防止溢出，因有固态电解质。	3.7 V	手机，智能手机，带蓄电池的电动工具，便携式摄像机，数字式照相机，笔记本电脑。锂遇水可燃烧。 过载有火灾危险。
锂离子电池 Li-Ion	载荷容量高，能量密度高。没有记忆效应，自身放电少。可反复充电约 1000 次。	3.7 V	手机，智能手机，带蓄电池的电动工具，便携式摄像机，数字式照相机，笔记本电脑，混合动力机动车。过载有火灾危险。

① ② ③ ④ ⑤

重要的电池规格

照片	①	②	③	④	⑤
电压	1.5V	1.5V	1.5V	1.5V	9V
类型	Micro	Mignon	Baby	Mono	E-Block
ANSI	AAA	AA	C	D	9V
IEC	LR03	LR6	LR14	LR20	6LR61
Panasonic	S	M	L	XL	9V

与物理量相关的半导体元件

名称，符号	解释	特性曲线	结构，附注，应用
与温度相关的半导体电阻			
热敏电阻 /NTC 电阻 （NTC 负温度系数） 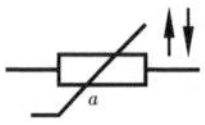	半导体材料的本征电导随温度的增加而增大，使其电阻变小。 温度系数因半导体材料不同而各自不同 –0.02 ~ –0.06K 额定电阻 20℃时为 4 ~ 470Ω	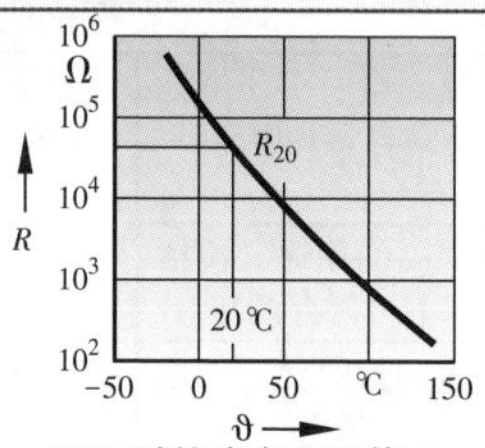 20℃时的冷态电阻值 R_{20}	**材料** 半导体材料是不同的氧化金属或通过燃烧结合的陶瓷状颗粒。 **应用举例** 外部加热时作为温度传感器，自加热时用于限制接通电流。
热敏电阻 /PTC 电阻 （PTC 正温度系数） 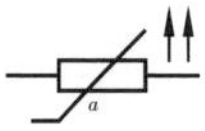	本征电导随温度最高增至约 40℃而增大，但之后却因晶体转换而剧烈下降，导致电阻大幅度上升。 温度系数因半导体材料不同而各自不同 0.07 ~ –0.6K 额定电阻 20℃时为 4 ~ 1.2kΩ R_N 额定电阻 R_E 终态电阻	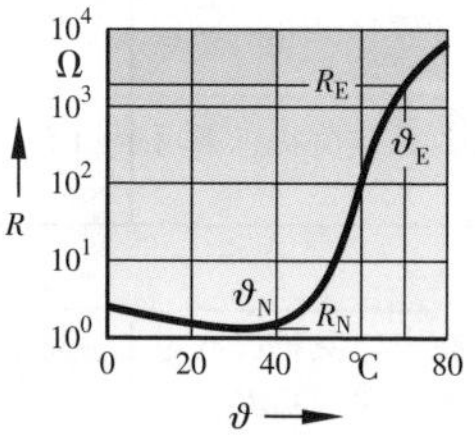	**材料** 通过燃烧结合成陶瓷状颗粒的钛酸钡与金属氧化物或盐。 应用举例 过温保护，电流调节，自调加热体
与电压相关的电阻			
压敏电阻 /VDR 电阻 （与电压相关的电阻） 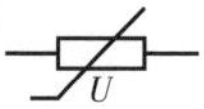	额定电压下降时电阻随之下降，因为材料微粒之间的隔断层被打破。 额定电压 SiC–VDR 8 ~ 330 V， ZnO–VDR 60 ~ 600 V。 最大电流 SiC–VDR 1 ~ 10 A， ZnO–VDR 最大至 4500 A。	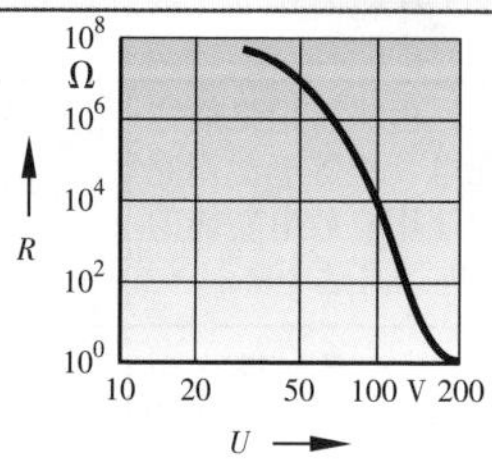	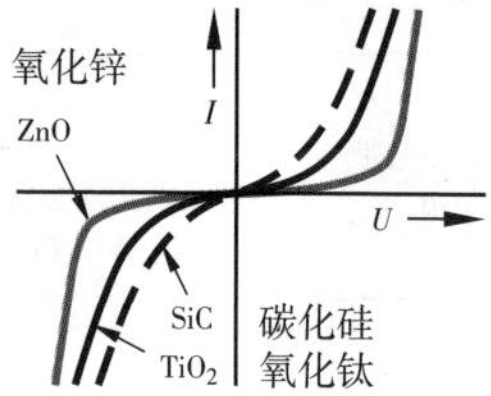 氧化锌 ZnO 碳化硅 SiC 氧化钛 TiO_2 **应用** 过温保护
与磁场相关的元件			
与磁场相关的电阻 / 磁敏元件 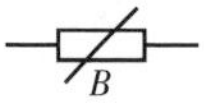	随磁场磁流密度的增加，电流被偏转，导致电流因低电导 InSb（锑化铟）而必须流经一段较长距离。因此，电阻随磁流密度增加而增大。 R_0 无磁场电阻 R_B 有磁场电阻	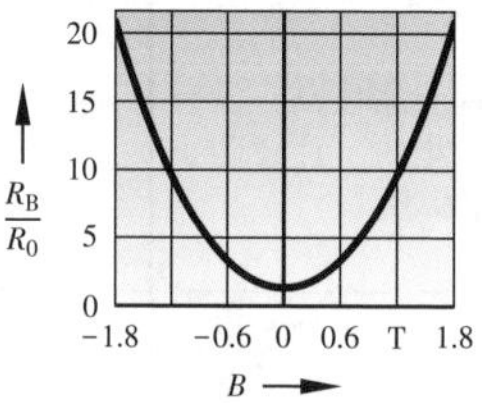	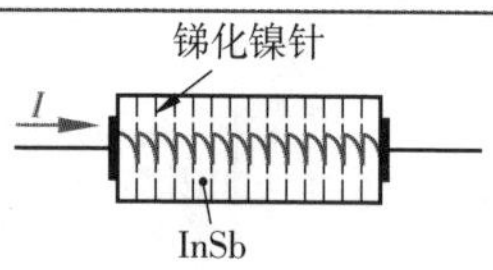 锑化镍针 InSb **应用** 检测磁场 采集磁场数据
霍尔振荡器 / 霍尔测高仪 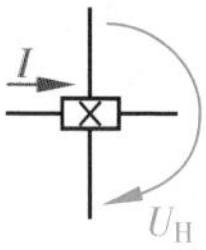	因电流横向穿过一个磁场而受到偏转。在 N 导电半导体板上，电子因此向偏转方向运动，从而在两个面之间产生一个电压（霍尔电压）。	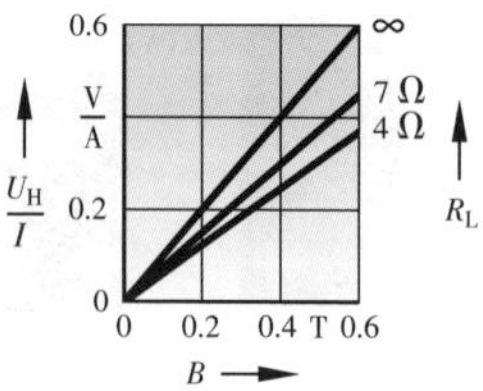	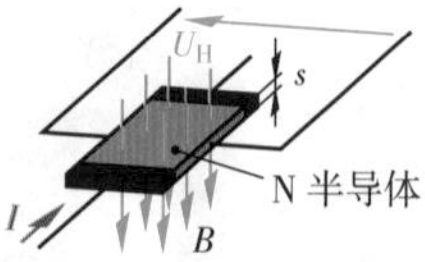 N 半导体 **应用** 采集磁场数据， 例如 RCD 的 B 型

二极管

原理，名称	外壳（举例）	线路符号，基准箭头	典型的特性曲线	应用，专用形状
阻挡层 A P N K 面接触晶体二极管 例如硅二极管	K M 2 : 1 K M 1 : 1 K M 1 : 2	U_F A K I_F $U_R = -U_F$; $I_R = -I_F$	I_F Si U_F	硅整流二极管 U_{Rmax}=100 V ~ 3.5 kV I_{Fmax} = 150 mA ~ 3 kA 片接触二极管，最大功率时需水冷却。
A P N K Z 区		U_Z A K I_Z	U_Z I_Z	限压和稳压， 过载保护 U_Z = 1.8 ~ 200 V 反向运行
A P N K 抑制二极管	K 极化 未极化	U_F I_R I U	I_R ① ② U_F ② ① ①极化 ②未极化	高电压峰值的过压保护 U_R = 20 ~ 600 V I_R = 6 ~ 50 A 反向运行
阻挡层 A N 点接触二极管 小面积接触二极管	K K	U_F A K I_F	I_F U_F	高频技术（HF）中的通用二极管，例如高频整流，调制和解调，开关
P N 变容二极管	K K	U_R A K	C U_R	代替可变电容器协调振荡回路 U_R = 2 ~ 30 V C = 3 ~ 300 pF 反向运行
阻挡层 金属 A N^+ N^- K 肖托基二极管	A K	U_F A K I_F	I_F 0.4 V U_F	根据其发明者名字命名的二极管是单极性（只有 N 导体）。金属触点是强 N 导体。闸电压极小 US=0.4 V，也适用于小电压。 U_R = 70 V，$I_F \leqslant$ 3000 A
本征区 P I N PIN 二极管	K M1 : 1 ~ M1 : 5	PIN I_F 未标准化	R I_F	大于 10MHz 的高频技术中用作阻尼元件的可变电阻和开关。
复合区 P I N 磁敏二极管	双二极管 M1 : 1 ~ M1 : 1	B U	U = 常数时 R 0 B	磁场传感器，例如电子电动机

A 正极，B 磁流密度，C 电容，Ge 锗，I_F 正向电流（通向电流），I_R 反向电流（闭塞电流），I_Z 齐纳电流，K 负极，R 电阻，Si 硅，U_F 正向电压（通向电压），U_R 反向电压（闭塞电压），U_Z 齐纳电压

场效应三极管，IGBTs

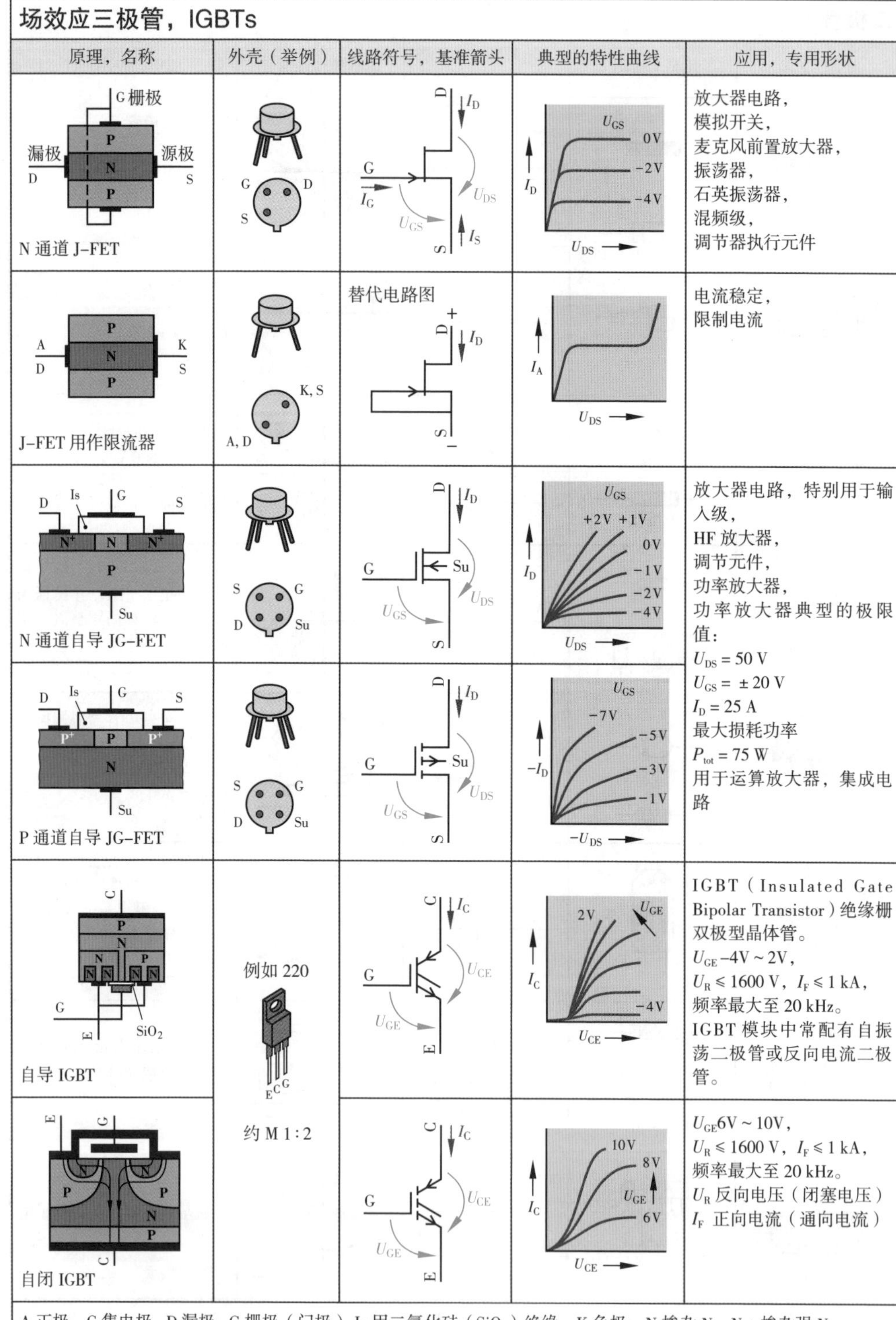

原理，名称	外壳（举例）	线路符号，基准箭头	典型的特性曲线	应用，专用形状
N 通道 J-FET				放大器电路， 模拟开关， 麦克风前置放大器， 振荡器， 石英振荡器， 混频级， 调节器执行元件
J-FET 用作限流器		替代电路图		电流稳定， 限制电流
N 通道自导 JG-FET				放大器电路，特别用于输入级， HF 放大器， 调节元件， 功率放大器， 功率放大器典型的极限值： $U_{DS}=50\ V$ $U_{GS}=\pm 20\ V$ $I_D=25\ A$ 最大损耗功率 $P_{tot}=75\ W$ 用于运算放大器，集成电路
P 通道自导 JG-FET				
自导 IGBT	例如 220 约 M 1:2			IGBT（Insulated Gate Bipolar Transistor）绝缘栅双极型晶体管。 U_{GE} -4V ~ 2V， $U_R \leqslant 1600\ V$，$I_F \leqslant 1\ kA$， 频率最大至 20 kHz。 IGBT 模块中常配有自振荡二极管或反向电流二极管。
自闭 IGBT				U_{GE} 6V ~ 10V， $U_R \leqslant 1600\ V$，$I_F \leqslant 1\ kA$， 频率最大至 20 kHz。 U_R 反向电压（闭塞电压） I_F 正向电流（通向电流）

A 正极，C 集电极，D 漏极，G 栅极（门极），Is 用二氧化硅（SiO_2）绝缘，K 负极，N 掺杂 N，N + 掺杂强 N，P 添加 P，P^+ 掺杂强 P，S 源极，Su 底基，图中公式符号均易于识别。

双极型三极管和 HEMT

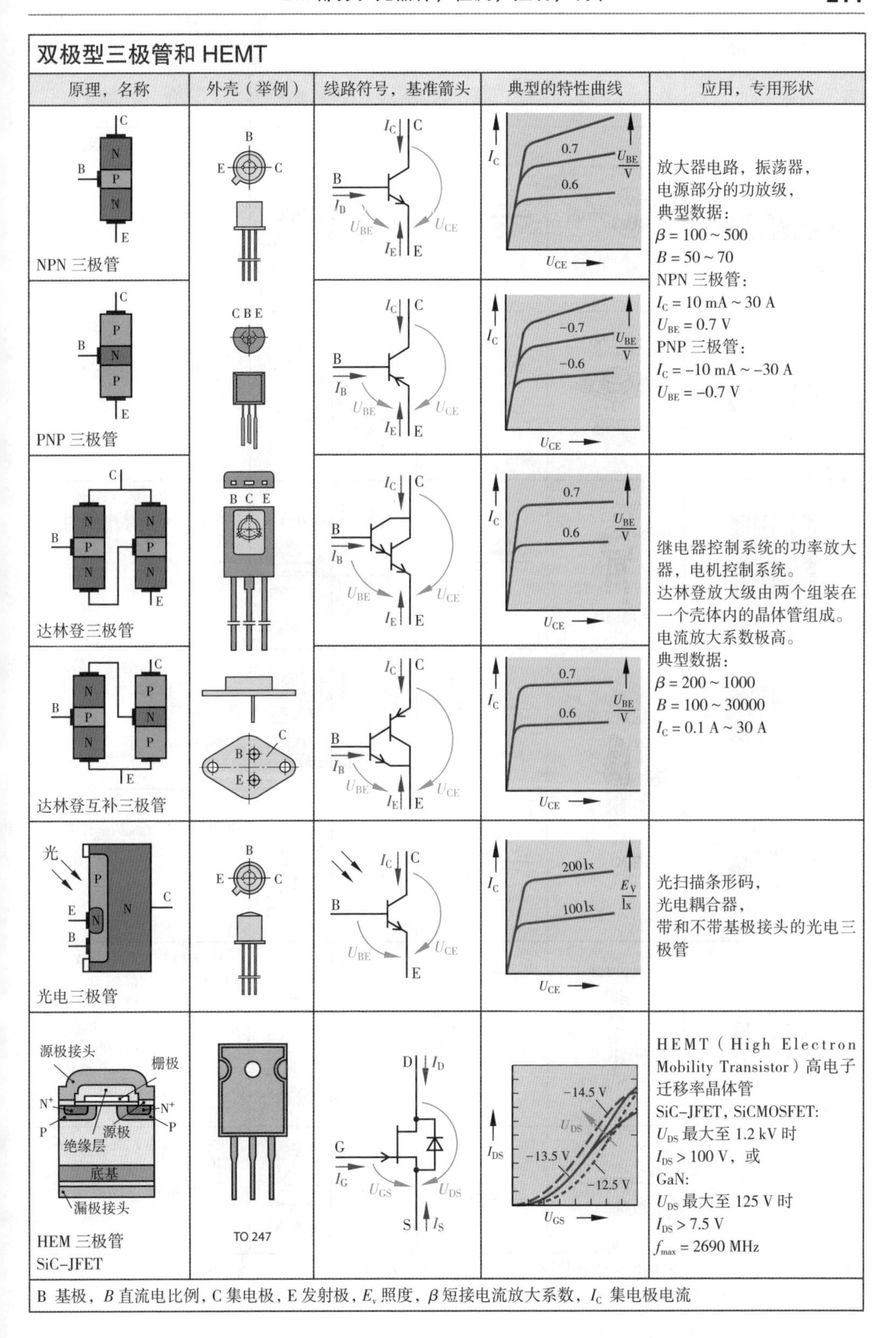

原理，名称	外壳（举例）	线路符号，基准箭头	典型的特性曲线	应用，专用形状
NPN 三极管				放大器电路，振荡器， 电源部分的功放级， 典型数据： $\beta = 100 \sim 500$ $B = 50 \sim 70$ NPN 三极管： $I_C = 10\ \text{mA} \sim 30\ \text{A}$ $U_{BE} = 0.7\ \text{V}$ PNP 三极管： $I_C = -10\ \text{mA} \sim -30\ \text{A}$ $U_{BE} = -0.7\ \text{V}$
PNP 三极管				
达林登三极管				继电器控制系统的功率放大器，电机控制系统。 达林登放大级由两个组装在一个壳体内的晶体管组成。 电流放大系数极高。 典型数据： $\beta = 200 \sim 1000$ $B = 100 \sim 30000$ $I_C = 0.1\ \text{A} \sim 30\ \text{A}$
达林登互补三极管				
光电三极管				光扫描条形码， 光电耦合器， 带和不带基极接头的光电三极管
HEM 三极管 SiC–JFET	TO 247			HEMT（High Electron Mobility Transistor）高电子迁移率晶体管 SiC–JFET，SiCMOSFET: U_{DS} 最大至 1.2 kV 时 $I_{DS} > 100\ \text{V}$，或 GaN: U_{DS} 最大至 125 V 时 $I_{DS} > 7.5\ \text{V}$ $f_{max} = 2690\ \text{MHz}$

B 基极，B 直流电比例，C 集电极，E 发射极，E_v 照度，β 短接电流放大系数，I_C 集电极电流

晶闸管和触发二极管

原理，名称	外壳（举例）	线路符号，基准箭头	典型的特性曲线	应用，专用形状
 P- 栅极晶闸管	例如 48 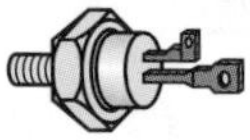 最大约 M 1:5	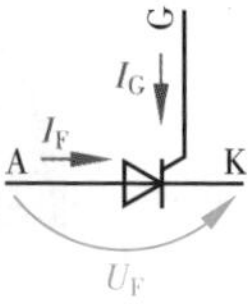 A 接机壳	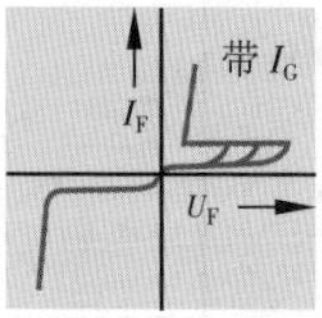	可控整流器，无触点交流电开关。 100～8000 V 0.4～4500 A 最大功率盘封晶闸管，一般带水冷
 N- 栅极晶闸管	例如 66  约 M 1:2	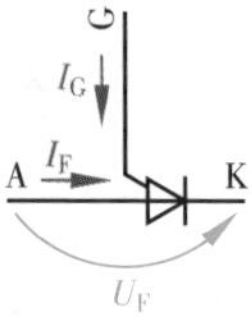	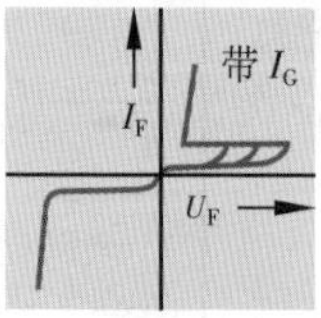	同 P- 栅极晶闸管，但只用于较小功率。 装上分压器后称为 PUT（可编程 UJT）。
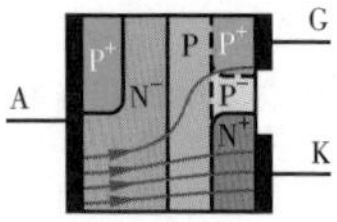 GTO 晶闸管	例如 39  约 M 1:1	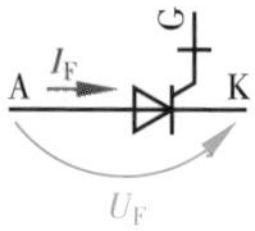	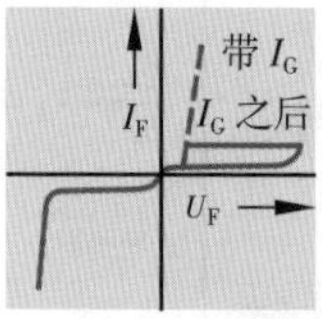	可关断的无触点直流开关，例如用于带有脉冲宽度调制功能的整流器。 100～4500 V 1～3000 A
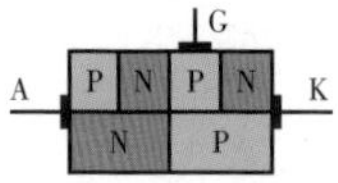 反向导通晶闸管	例如 220 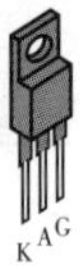 约 M1:2	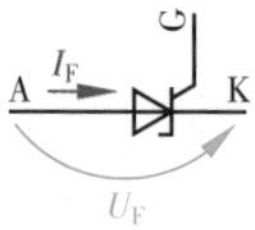	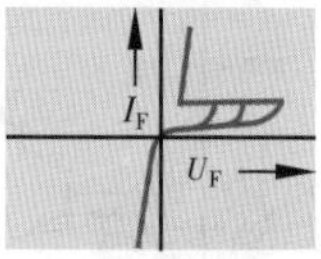	在逆整流器电路中替代装有反向并联二极管的 P- 栅极晶闸管。
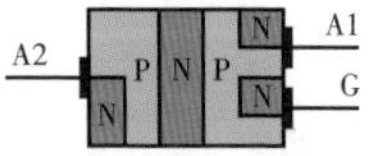 三端双向可控硅开关		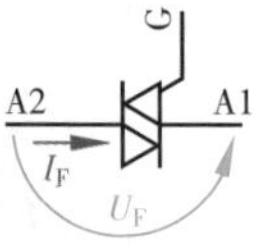	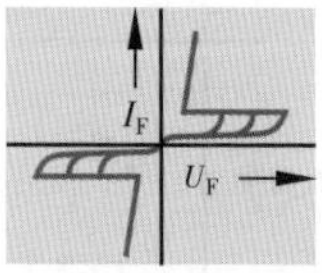	用于电动工具调光器和转速调节器的交流功率控制器。 100～1200 V 1～120 A
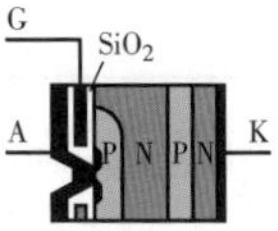 栅极控制晶闸管	例如 126  约 M 2:1	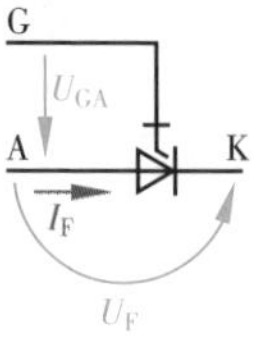	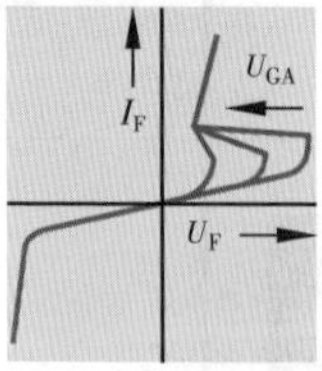	MOS 可控晶闸管的 MCT = MOSFET 可控晶闸管。它包含用于接通的 FET（$U_{GA}<0$）和用于关断的 FET（$U_{GA}>0$）。 U_{GA} 必须持续存在。 $U_F \leq 1.5$ V，$U_R \leq 1.6$kV， $I_F \leq 800$A。
 Diac	 约 M 2:1	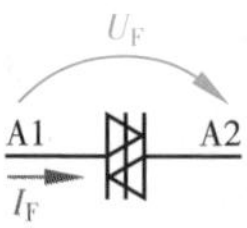	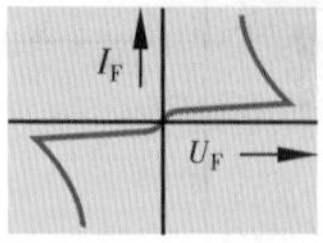	触发二极管，例如 Triacs。 开关电压 35 V 1～10 mA

A 正极，A1 主接头 1，A2 主接头 2，G 栅极，GA 正极侧栅极，GTO 通过栅极关断，K 负极，UJT 带阻挡层的三极管，I_F 正向电流，I_G 栅极电流，U_F 正向电压，U_R 反向电压

光电元件

线路符号，基准箭头	典型的特性曲线	数据	应用
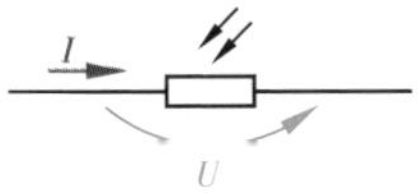 光电电阻	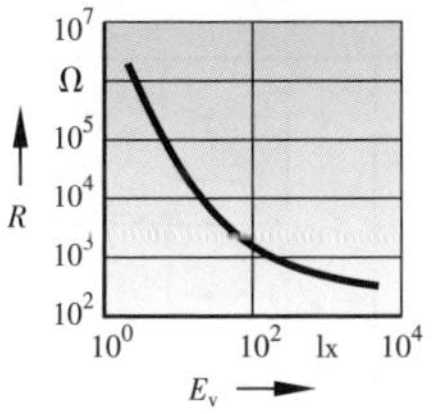	暗电阻 10 秒后 > 10 MΩ， 明电阻 < 1 kΩ 工作电压最高至 300 V， 温度范围 −20℃～+80℃， 最大载荷 500 mW。	用于直流电和交流电。 CdS- 和 CdSe 光电管用于可视光范围，PbS- 和 InSb 光电管用于红外线范围。 用于照度检测仪。
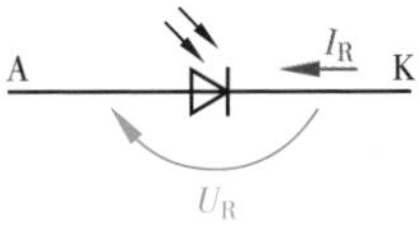 光电二极管	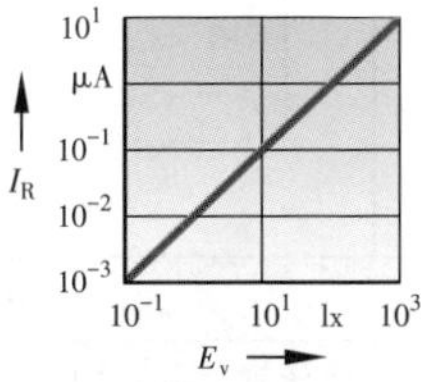	最大敏感度： Si（硅）达 800～850 nm， Ge（镉）达 1.5 μm， 工作电压最高至 10 V， 极限频率 10 MHz， 损耗功率最大 100 mV， 受温度影响大。	用于检测目的， 光电耦合器， 用于数据传输。
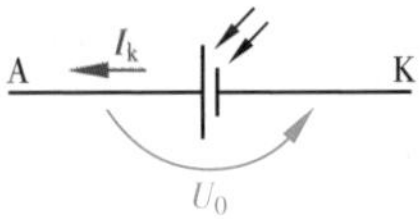 光电池	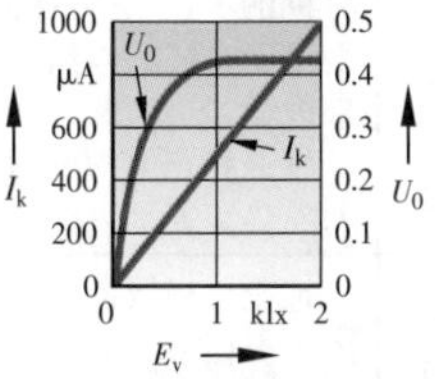	1klx 时的空载电压 Si: $U_0 = 0.4$ V GaAs: $U_0 = 0.9$ V Se: $U_0 = 0.3$ V 聚晶硅制成的太阳能电池： $U_0 = 0.55$ V； $P = 10$ mW/cm²; $\eta = 10\%$	并联电路提高电流强度，串联电路提高电压。 太阳能设备中的太阳能电池模块功率可达 MVA 范围。
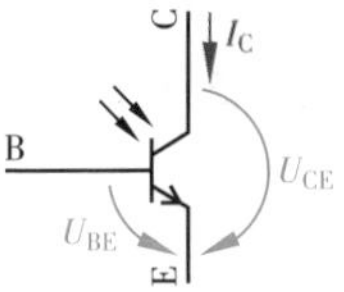 光电三极管	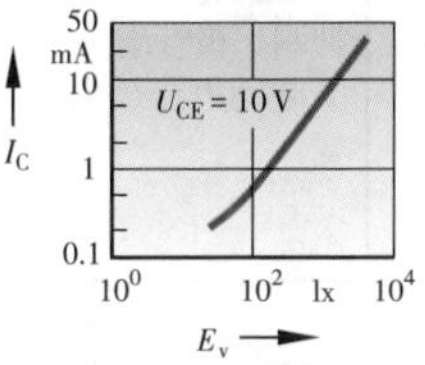	反向电压 30 V， 损耗功率 300 mW， 极限频率 0.5 MHz， 光敏感性： 最大至 500 次，高于光电二极管	光信号传输和数据传输，光电耦合器，光电开关
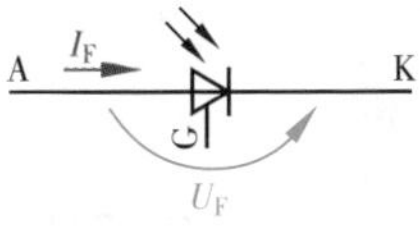 光电晶闸管	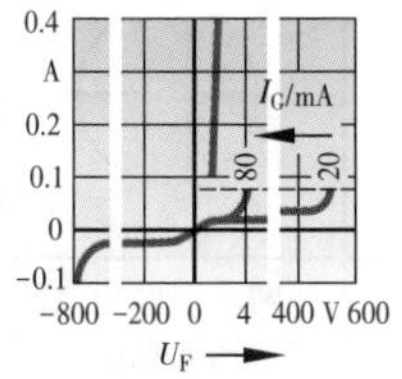	正向电流最大至 10 A，在约 1000 lx 时可稳定点火。 极限频率≈ 1 kHz， 损耗功率最大至 0.5 W	光控电子开关用于开关大电流，例如高压技术。也与光电耦合器的 LED 或 IRED 共同用于电流隔断。
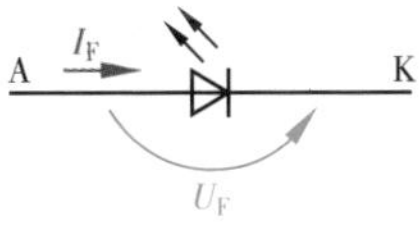 LED，IRED	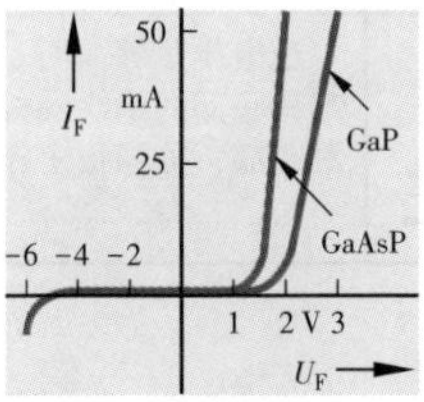	LED：正向电流最大至 100 mA，正向电压最大至 2 V，视各自颜色而定。 颜色：rt（红），ge（黄），or（橘黄），gn（绿），bl（蓝） 极限频率≈ 20 MHz， 使用寿命： $I_F = 15$ mA 时达 10^5 小时。 IRED：光密度最大至 200 kW/(sr · cm²)	LED = 发光二极管：用于数字显示，信号灯和显示灯。 IRED = 红外光二极管：用于光电耦合器，光电开关。 材料：GaAs，GaAsP，GaAlAs，GaN，InGaN

A 正极，B 基极，C 集电极，E 发射极，E_v 照度，G 栅极，I_C 集电极电流，I_F 正向电流，I_G 栅极电流，I_K 短路电流，I_R 反向电流，K 负极，P 功率，U_{BE} = 基极 − 发射极电压，U_{CE} = 集电极 − 发射极电压，U_F = 正向电压，U_R 反向电压，η 效率

过压保护元件

种类	电路，视图	特性曲线	解释
开关过压保护元件			
RE 元件	u_s i R u C	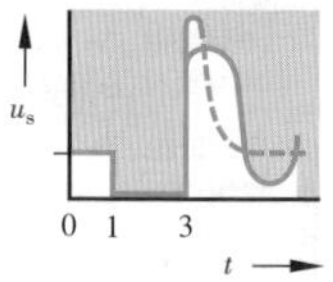 u_s 0 1 3 t	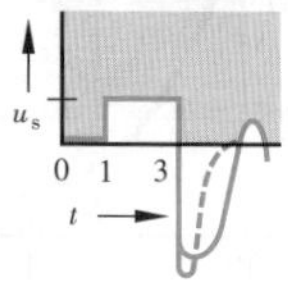 u_s 0 1 3 t 开关产生的过压给电容器充电，电容器则通过 R 和线圈放电。RC 元件常被压敏电阻替代。尤其用在 AC。
振荡二极管	u_s i u	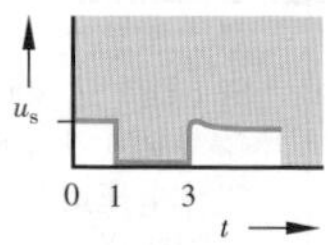 u_s 0 1 3 t	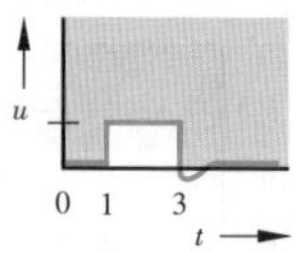 u 0 1 3 t 开关感应线圈，例如接触器线圈时产生的电压使电流继续向前，直至响铃。仅用于 DC。
电网过压和开关过压保护元件			
压敏电阻	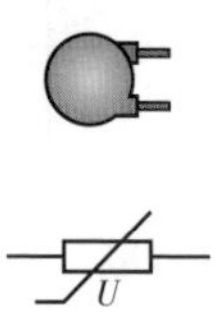 U	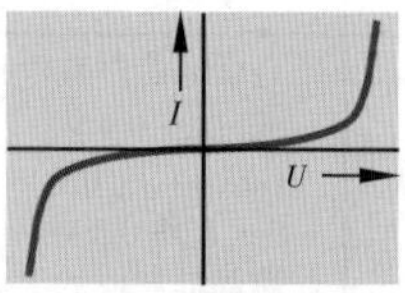 I U	压敏电阻是 VDR 电阻（参见 208 页）。它有一条对称的 I（U）特性曲线且坚固耐用，但其导通速度慢于充气的浪涌电压保护器，火花避雷器或抑制二极管。 导通状态下因电网阻抗的变化而产生大电流。借助隔热装置予以保护。
抑制二极管 硅 – 浪涌电压保护器	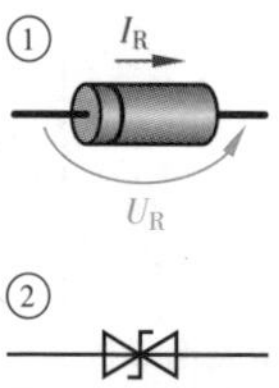 ① I_R U_R ②	I_R U_R ① ② ① ② ①极化 ②未极化	抑制二极管的性能同齐纳二极管，但电流载荷更大（根据型号最大可达 100 A）。 非极化抑制二极管原则上由两个相对反向接通的抑制二极管组成。 起动电压最大 3 kV。硅 – 过压限制器是 PNP 结构。
电网过压保护元件			
充气浪涌电压保护器	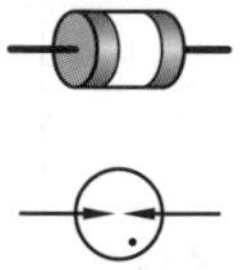	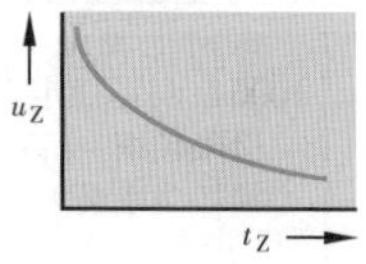 u_Z t_Z	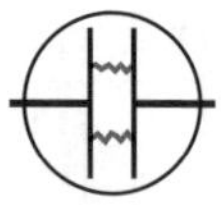 两个板电极装在一个充满惰性气体的管内。根据型号的不同，其点火电压从 70 V 至数百伏不等。随后的光弧自行熄灭（自灭）。
触发式充气浪涌电压保护器	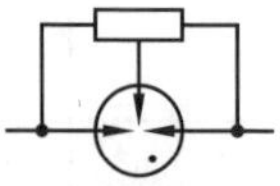	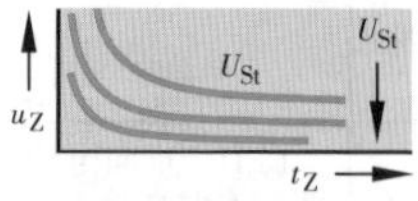 u_Z U_{St} U_{St} t_Z	两个板电极之间是点火电极，一个电子装置持续向它施加电压。用这个电压可调节浪涌电压保护器的起动电压。
火花避雷器（闪电电流避雷器）	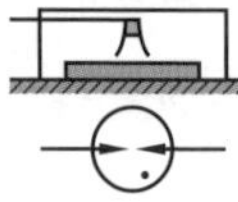	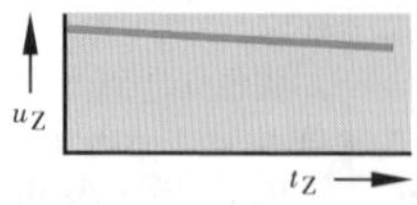 u_Z t_Z	过电压足够高时，封装或开放式火花避雷器将点燃其底部的绝缘隔板。光弧穿过开放的避雷器火花角底部，被挡板击碎。

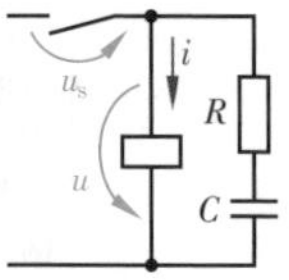

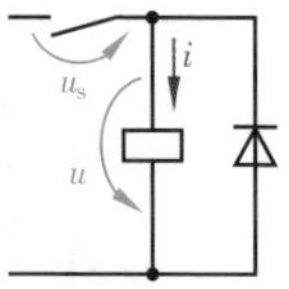

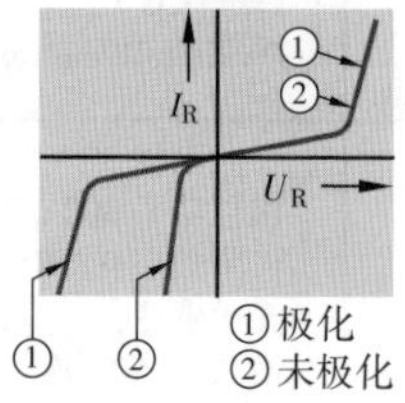

BOD 雪崩二极管
I,i 电流强度
I_D 阻断电流
（无点火的正向电流）
I_F 正向电流
I_R 反向电流
t_Z 点火脉冲时长

U，u 电压
U_{BO} 触发电压（指导通 BOD 的电压）
U_F 正向电压
U_R 反向电压
U_S 开关电压
U_Z 点火电压

运算放大器基础

电路，特性曲线	解释	附注

差频放大器

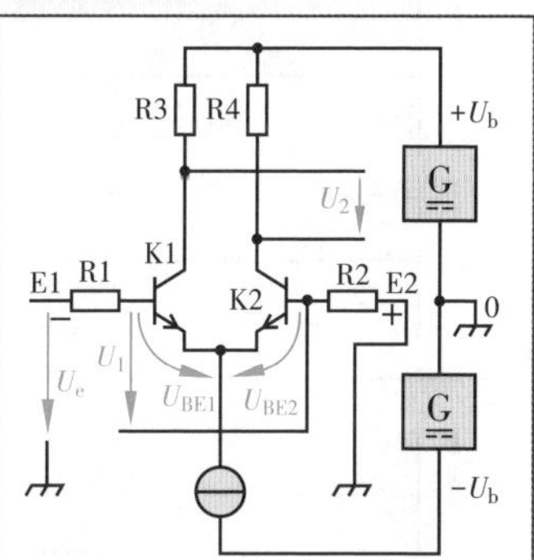

差频放大器用作逆变器

差频放大器由两个共用同一恒定电源的三极管级组成。R3 和 K1 以及 R4 和 K2 可作为桥式电路的支路。二极管 K2 的基极接机壳。第 2 个基极用作输入端 E1。

向 E1 施加一个小电压可控制 K1，意即它改变了 K1 的通向电阻。并同时将 U_{BE2} 和 K2 的电阻变为反向。输出电压 U_2 与施加给 E1 和 E2 的输入电压 U_1 成差额比例关系。根据输入信号的变化，输出电压位于正负最大值之间（$\pm U_b$）。

一般需要两个电源供给电压（例如 $U_b = \pm 15$ V）。

对于输出端而言，输入端可视其作用称为“负输入端”（逆变输入端）或“正输入端”（非逆变输入端）。

双极型三极管的输入电流最大可达 100 μA，而场效应三极管的输入电流少 10 pA。

大部分放大器 IC 作为第 1 级都有一个差频放大器电路。

运算放大器特性

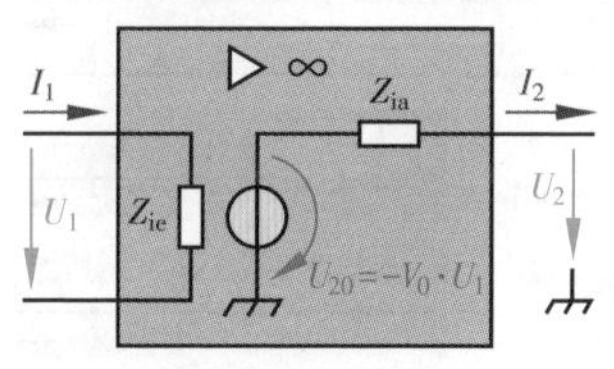

运算放大器的替代电路

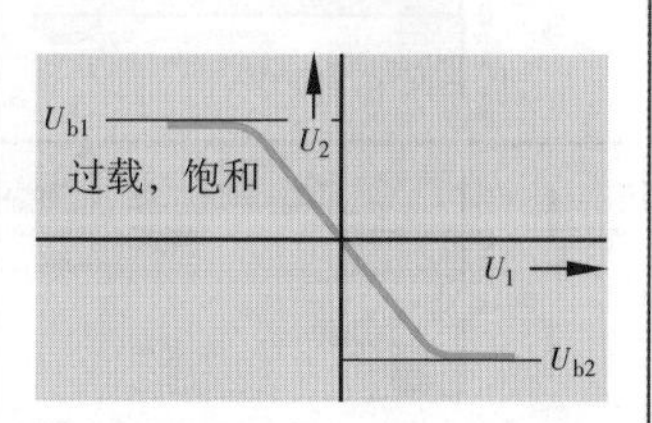

逆变器输出电压 U_2 作为 U_1 的函数

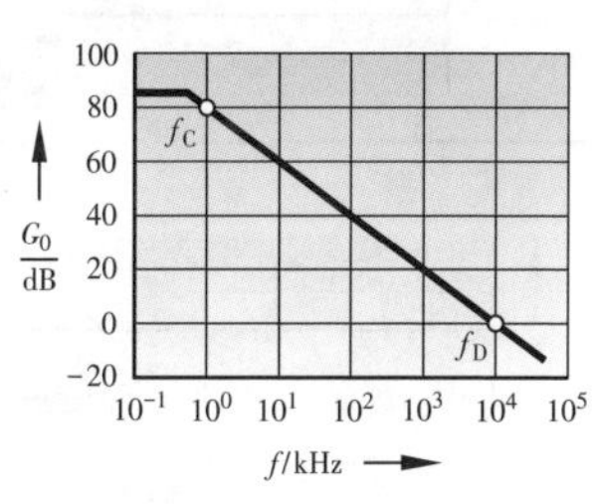

频率特性

运算放大器一般由一个差频放大器作为输入端电路和若干相同电压耦合的放大器级组成，因此，其空载放大系数 V_0 极大。甚至极小的一个输入电压即可产生极大的、仅受 U_b 限制的输出电压变化。使用运算放大器的原因正在于此。

运算放大器有逆变作用，因为向 E1 施加负启动电压时，U_2 为正。因此，输入端 E1 的线路符号前是一个负号（-）。如果向 E2 施加正启动电压，则输出电压 U_2 也为正，运算放大器就没有逆变作用。

由于高频时内部相位移动会出现振荡倾向。因此有必要将放大降低 20 dB/ 十进位。为此这里使用了带 RC 电路的负反馈。这个一般在 IC 中均已配备。

特征值

特征值	典型数值	近似值
V_0	$10^4 \sim 10^6$	∞
Z_{ie}	$100\ \text{k}\Omega \sim 10^3\ \text{G}\Omega$	∞
Z_{ia}	$10\ \Omega \sim 5\ \text{k}\Omega$	0

线路符号和公式符号

DIN 形式

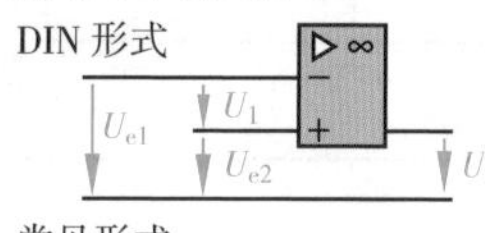

常见形式

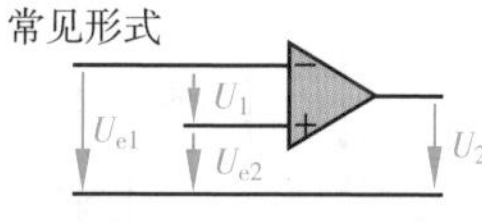

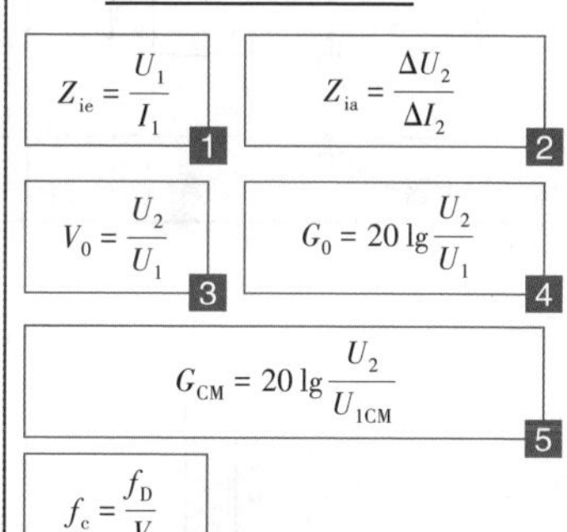

f_c 极限频率（c 指关断）
f_D 穿透频率
G_0 空载电压放大幅度（dB）
G_{CM} 并联放大幅度（dB）
I_1 输入电流
I_2 输出电流
U_{e1}，U_{e2} 输入电压
U_1 输入电压差
U_2 输出电压
U_{1CM} 两个输入端同相启动电压时的输入电压
U_b 工作电压
V 电压放大系数
V_0 空载电压放大系数
Z_{ie} 启动电压差时输入端内阻
Z_{ia} 输出端内阻
Δ 差额符号

运算放大器电路

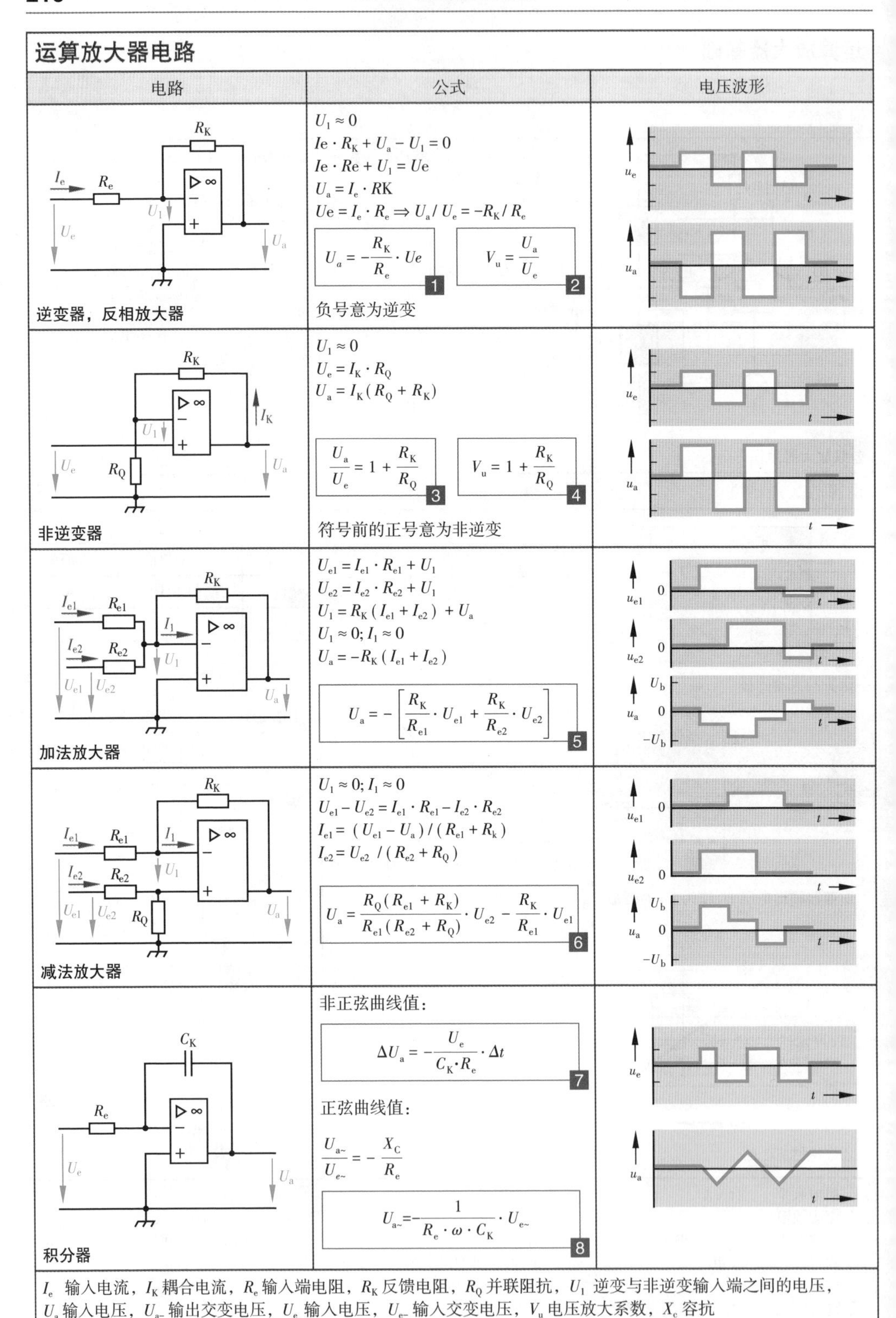

电路	公式	电压波形
逆变器，反相放大器	$U_1 \approx 0$ $Ie \cdot R_K + U_a - U_1 = 0$ $Ie \cdot Re + U_1 = Ue$ $U_a = I_e \cdot RK$ $Ue = I_e \cdot R_e \Rightarrow U_a / U_e = -R_K / R_e$ 1: $U_a = -\frac{R_K}{R_e} \cdot Ue$ 2: $V_u = \frac{U_a}{U_e}$ 负号意为逆变	u_e, t; u_a, t
非逆变器	$U_1 \approx 0$ $U_e = I_K \cdot R_Q$ $U_a = I_K(R_Q + R_K)$ 3: $\frac{U_a}{U_e} = 1 + \frac{R_K}{R_Q}$ 4: $V_u = 1 + \frac{R_K}{R_Q}$ 符号前的正号意为非逆变	u_e, t; u_a, t
加法放大器	$U_{e1} = I_{e1} \cdot R_{e1} + U_1$ $U_{e2} = I_{e2} \cdot R_{e2} + U_1$ $U_1 = R_K(I_{e1} + I_{e2}) + U_a$ $U_1 \approx 0; I_1 \approx 0$ $U_a = -R_K(I_{e1} + I_{e2})$ 5: $U_a = -\left[\frac{R_K}{R_{e1}} \cdot U_{e1} + \frac{R_K}{R_{e2}} \cdot U_{e2}\right]$	u_{e1}, 0, t; u_{e2}, 0, t; u_a, U_b, 0, $-U_b$, t
减法放大器	$U_1 \approx 0; I_1 \approx 0$ $U_{e1} - U_{e2} = I_{e1} \cdot R_{e1} - I_{e2} \cdot R_{e2}$ $I_{e1} = (U_{e1} - U_a)/(R_{e1} + R_k)$ $I_{e2} = U_{e2}/(R_{e2} + R_Q)$ 6: $U_a = \frac{R_Q(R_{e1} + R_K)}{R_{e1}(R_{e2} + R_Q)} \cdot U_{e2} - \frac{R_K}{R_{e1}} \cdot U_{e1}$	u_{e1}, 0, t; u_{e2}, 0, t; u_a, U_b, 0, $-U_b$, t
积分器	非正弦曲线值： 7: $\Delta U_a = -\frac{U_e}{C_K \cdot R_e} \cdot \Delta t$ 正弦曲线值： $\frac{U_{a\sim}}{U_{e\sim}} = -\frac{X_C}{R_e}$ 8: $U_{a\sim} = -\frac{1}{R_e \cdot \omega \cdot C_K} \cdot U_{e\sim}$	u_e, t; u_a, t

I_e 输入电流，I_K 耦合电流，R_e 输入端电阻，R_K 反馈电阻，R_Q 并联阻抗，U_1 逆变与非逆变输入端之间的电压，U_a 输入电压，$U_{a\sim}$ 输出交变电压，U_e 输入电压，$U_{e\sim}$ 输入交变电压，V_u 电压放大系数，X_c 容抗

电子模拟检测仪

视图，名称	结构	作用方式	特性
动圈式检测装置	绕在铝框上的动圈位于圆柱形恒磁铁和外部熟铁管之间的均匀磁场中。指针与动圈固定连接。 通过反向卷绕的螺旋弹簧（点支承）或张力带输入电流。	线圈电流（检测电流或部分检测电流）产生比例力矩（转矩）使线圈旋转，直至与弹簧或张力带产生的复位力矩相等时为止。 铝框涡流对指针止挡有阻尼作用。	适用于检测直流电流和直流电压（线性刻度）。指针止挡方向取决于电流方向（可能在刻度中央的零位）。 检测装置检测的是数学平均值。自耗低：1~100 μW。 也可检测交流电的整流部分。
电磁式检测装置	在固定线圈内装有固定、梯形或三角形熟铁板和可旋转的第 2 块板，它通过杠杆臂与指针轴相连。 螺旋弹簧或张力带产生反向力矩。没有运动的导电零件。	线圈电流（检测电流）同向磁化熟铁板，使它们相互排斥。即便电流方向改变，熟铁板仍然相互排斥。 由此产生的转矩上紧螺旋弹簧。空气叶轮阻尼使指针振动迅速衰减。	该检测装置用于检测有效值。适用于交流和直流电。刻度划分均匀，从第 1 或第 2 个 1/10 才开始有刻度。机械式或电气式均坚固耐用。
电动式检测装置	动圈位于电磁场内。铁封检测装置的固定线圈装在片状熟铁芯上。反向卷绕的螺旋状输电弹簧提供反向转矩。 适用于直流电和交流电。	检测装置通过固定线圈电流和动圈电流检测产品（功率检测：固定线圈检测电流电路，动圈检测电压电路）。 本装置也适用于交流电，因为电流方向在两个电路中同时改变。气室阻尼消除指针振动。	刻度划分几乎是线性的。由于运动零件的惯性，指针指示的是算术平均值。 功率检测时检测有效功率，与交流电的频率和曲线形状无关。 电流电路的自耗约 0.3W，而电压电路的自耗仅有若干 mW。
极限指针 双金属检测装置	指针轴与一个由两种热膨胀不同的金属组成的双金属螺旋弹簧相连。 同一轴上还装有一个或两个双金属补偿弹簧，其作用是给轴施加反向转矩。	电流加热双金属螺旋弹簧并上紧，反向作用的不通电双金属补偿弹簧用于平衡环境温度的影响。 由于产生高转矩，轴可使极限指针用于显示最大值。	检测装置显示与电流种类，频率和曲线形状无关的有效值。 装置自耗约 1VA。耐热（设定和镇静时间 10 分钟至 15 分钟）。适用于监视电缆和变压器的载荷状态。 短时电流峰值不影响显示（检测不确定性 2.5%）。

功率检测装置

有效功率检测装置的接法

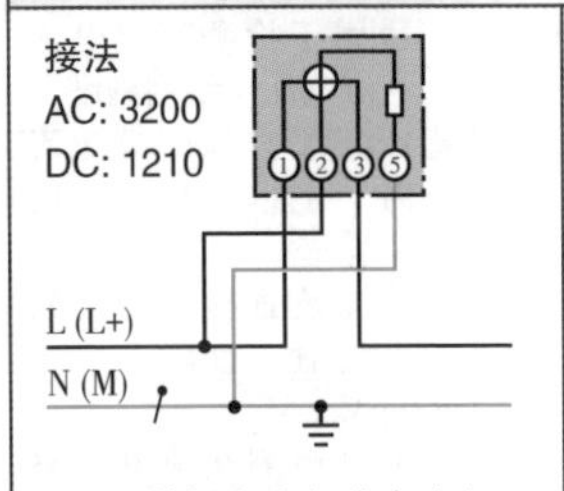

用于单相交流电或直流电

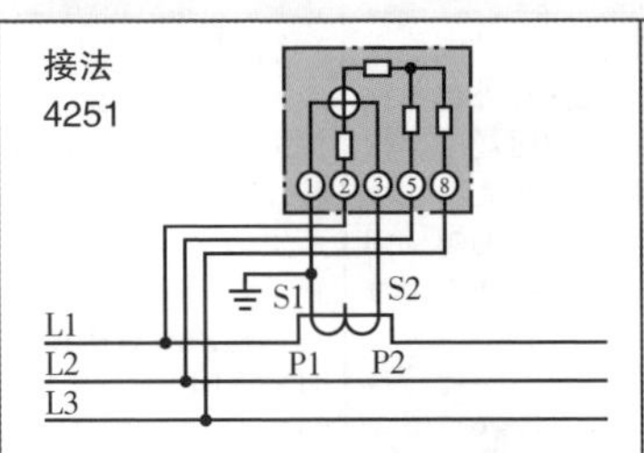

用于相同导线载荷的三线三相交流电

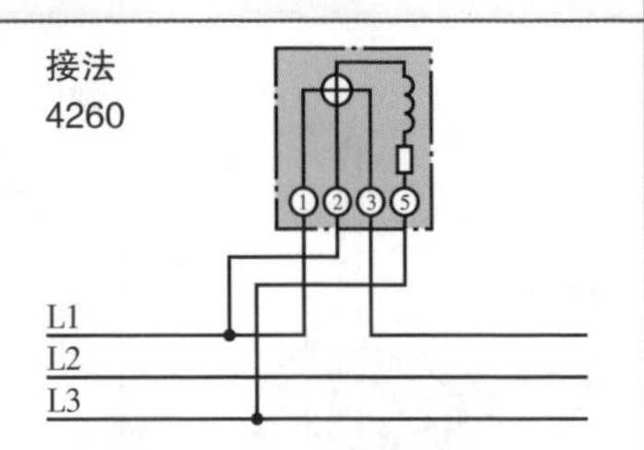

用于装有模拟电路且相同载荷的三线三相交流电

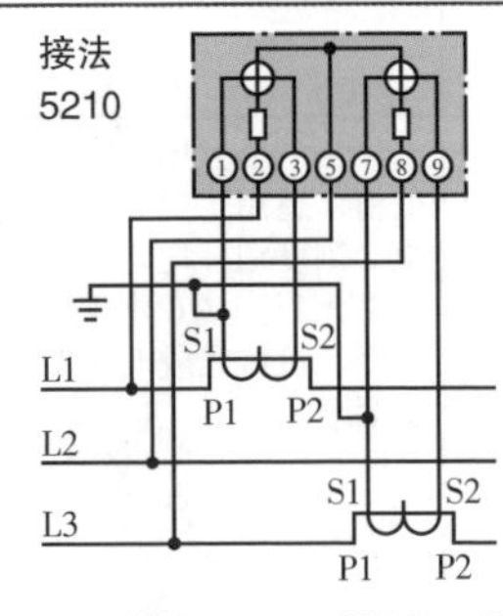

用于装有电流互感器的三线三相交流电

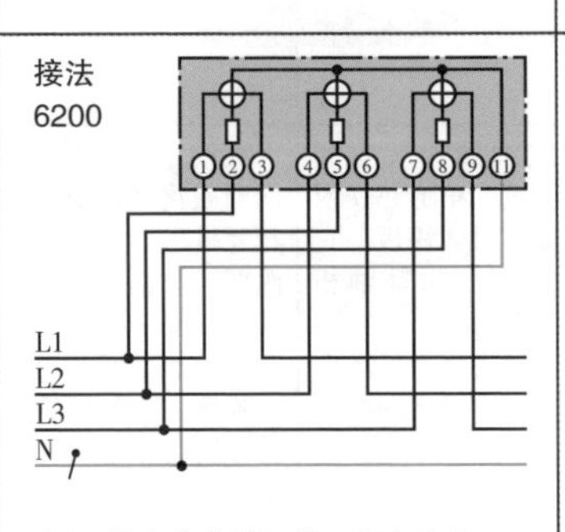

用于任意载荷的四线三相交流电

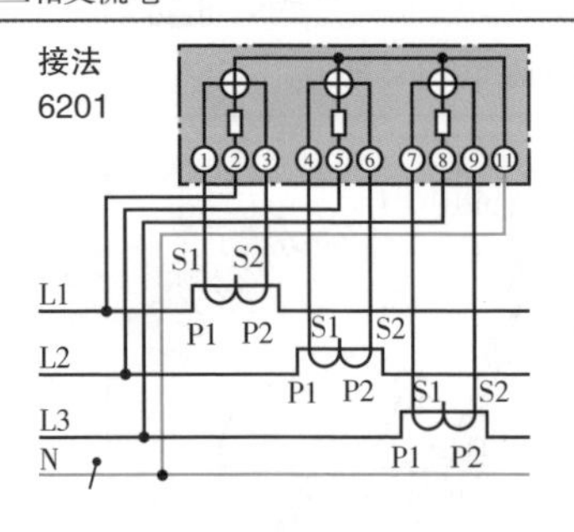

用于装有电流互感器的四线三相交流电

无功功率检测装置的接法

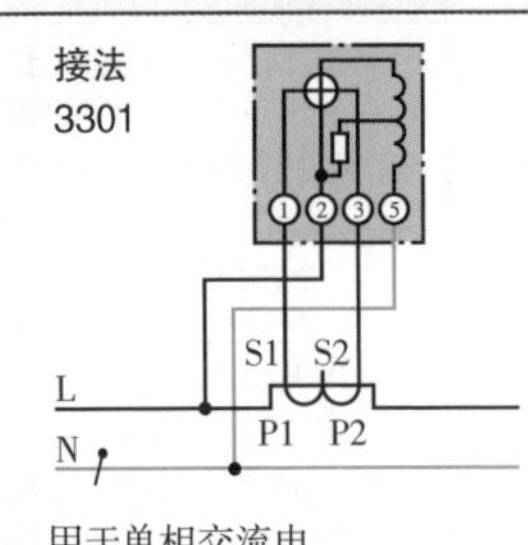

用于单相交流电

接法

5301

L1

L2

L3

用于任意载荷的三线三相交流电

功率因数检测装置

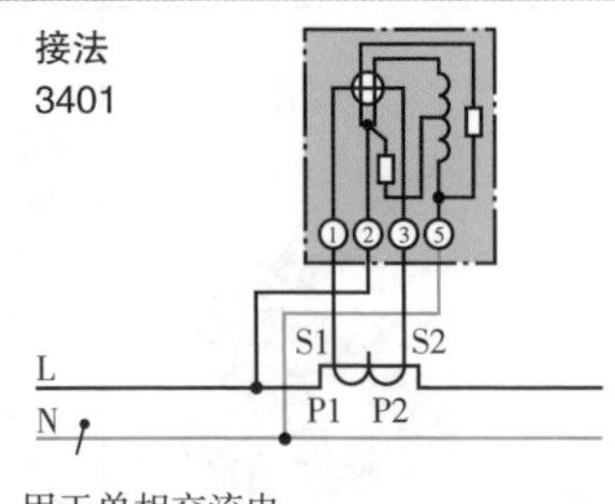

用于单相交流电

加装检测附加装置（霍尔振荡器）的有效功率检测装置接法

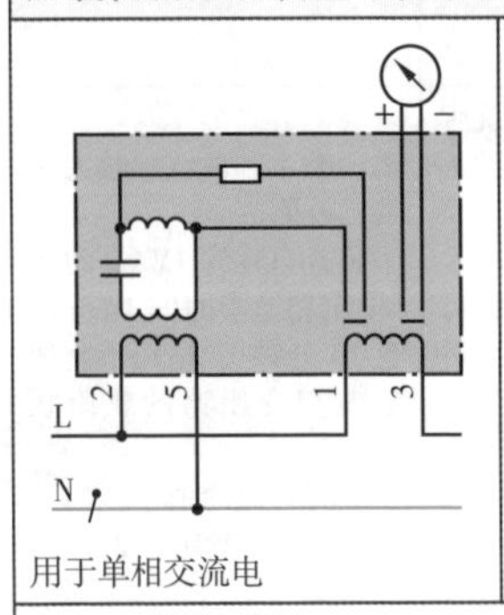

用于单相交流电

加装霍尔振荡器后，用于检测电压和电流的单个模拟检测装置可各由一个霍尔振荡器替代（参见 208 页）。检测附加装置电流电路产生霍尔振荡器磁场，其电流由检测电压构成。霍尔振荡器的电压是电流和电压的积。

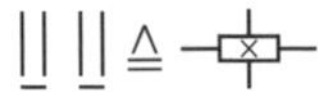

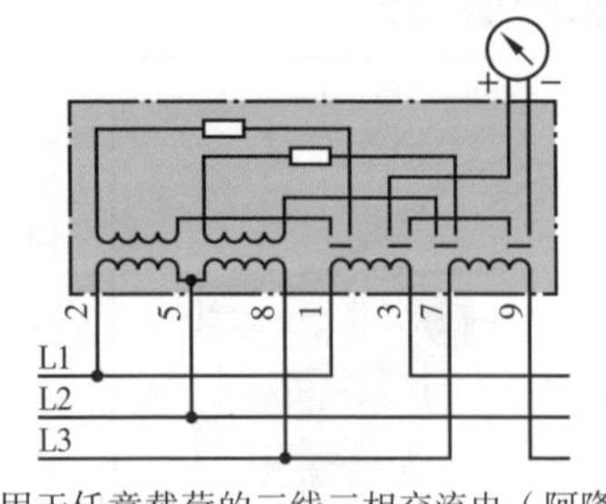

用于任意载荷的三线三相交流电（阿隆电路）

电流互感器接头标记：

根据不同标准，对接头 P1，P2（初级）也用 K，L，对 S1，S2（次级）也用 k, l。

电阻测定电路

间接电阻测定

电路	解释	公式
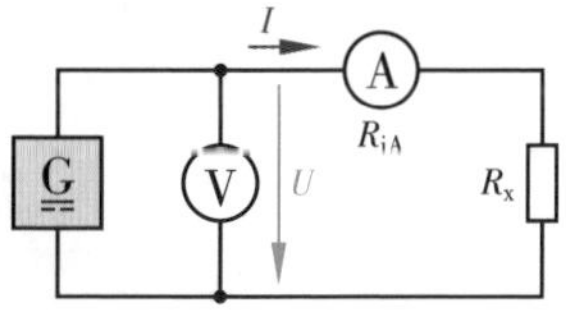 电压误差电路	非电子式电压检测仪 电压误差电路用于检测大电阻（R_x > 电流检测仪约 20 R_{iA}）。较小电阻时的检测结果因误差电压 U_F 而失真。 对此请使用公式 $R_x < R_{iA}$	$R_x > 20\ R_{iA}$ 时： $R_X \approx \frac{U}{I}$ 1 $R_x < 20\ R_{iA}$ 时： $R_X \approx \frac{U - U_F}{I}$ 2 $R_X \approx \frac{U}{I} - R_{iA}$ 3
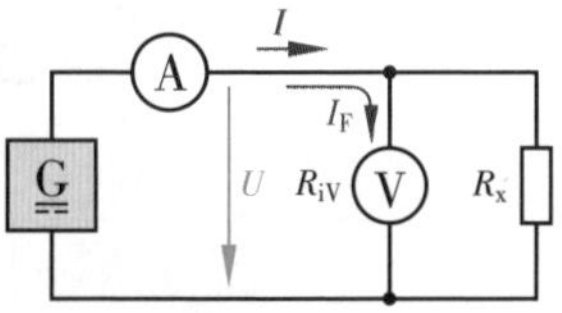 电流误差电路	电流误差电路用于检测小电阻（R_x < 电压检测仪约 1/20 R_{iV}）。较大电阻时的检测结果因误差电流 I_F 而失真。 对此请使用公式 $R_x > 1/20\ R_{iV}$	$R_x < 1/20\ R_{iV}$ 时： $R_X \approx \frac{U}{I}$ 4 $R_x > 1/20\ R_{iV}$ 时： $R_X \approx \frac{U}{I - I_F}$ 5 $R_X \approx \frac{U}{I - U/R_{iV}}$ 6
电压误差电路或电流误差电路	电子式电压检测仪 使用高电阻 R_{iV} 数字式电压检测仪时，其电路种类是任意的。	$R_X \approx \frac{U}{I}$ 7

用恒流电源检测电阻

电路	解释	公式
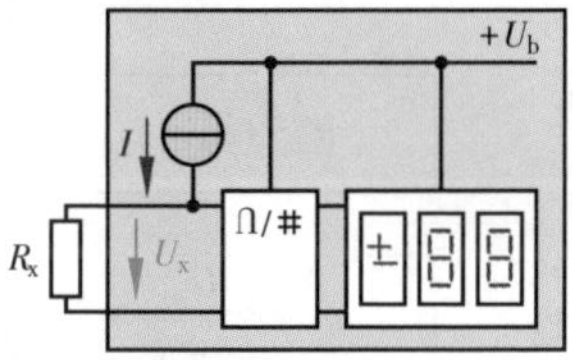 数字式万用表	检测电阻时可返回电压检测。使用恒流电源时 $U_x \sim R_x$。通过可换接恒流电源可调出不同的电阻范围。 例如：$I = 1$ mA → 显示 kΩ $I = 1$ μA → 显示 MΩ	$U_x = I \cdot R_x$（I = 常数） $R_X \sim U_X$ 8

惠斯登电桥

电路	解释	公式
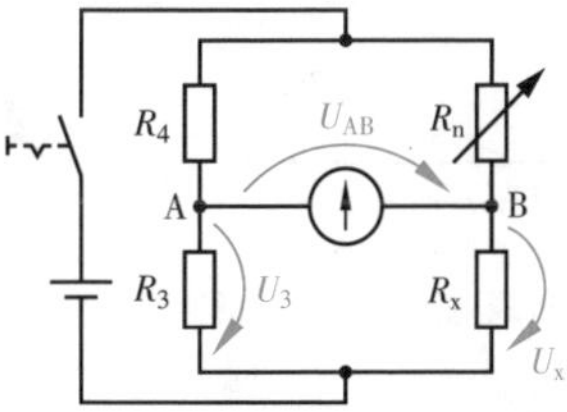	平衡的电桥中，电桥电路无电流也无电压。 平衡的电桥中，电压分配器 R_3R_4 和 R_xR_n 已设为无载荷和相同的分配器比例。 **应用：** 应变计 DMS	$U_{AB} = U_3 - U_X$ 平衡时： $U_{AB} = 0\ \text{V} \Rightarrow U_3 = U_X$ $\frac{R_4}{R_3} = \frac{R_n}{R_X}$ $R_X = R_n \frac{R_3}{R_4}$ 9

I 电流强度　R_x 待寻电阻　U_3 R_3 的电压
R_{iV} 电压检测仪内阻　R_n 平衡电阻　U_x 已检测电压
R_{iA} 电流检测仪内阻　R_3R_4 有效电阻　U 电压检测仪的电压
U_b 工作电压　U_{AB} 电桥电压　U_F 误差电压

扩大检测范围

仪用互感器

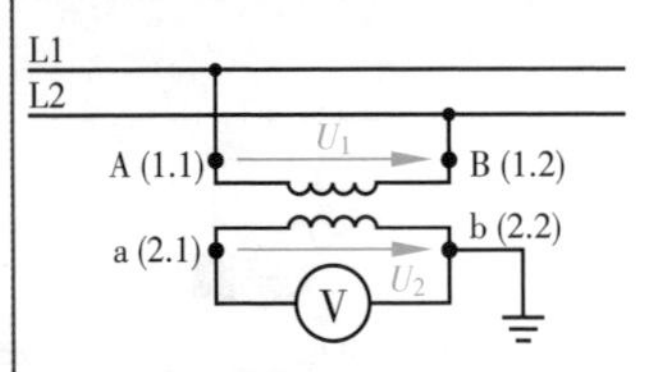

用电压互感器扩展检测范围

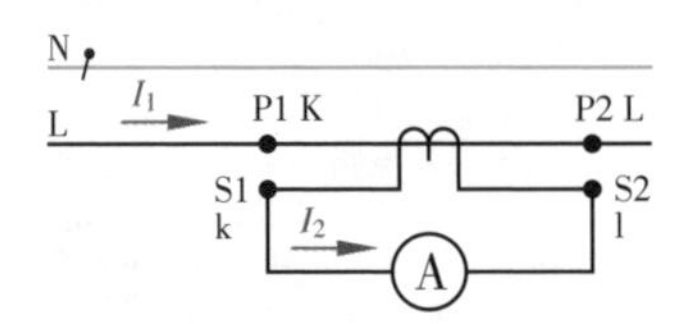

低电压时用电压互感器扩展检测范围

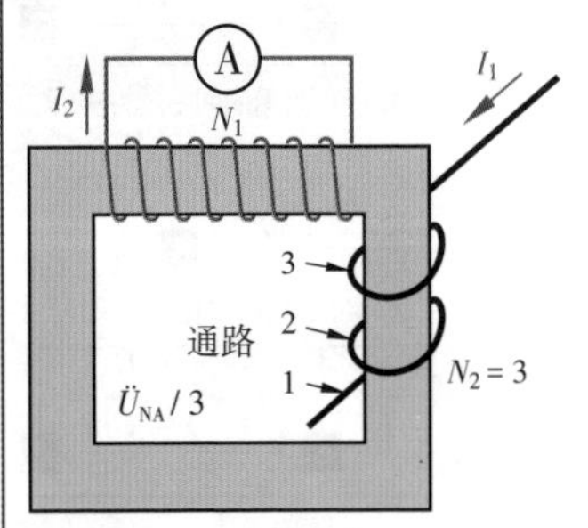

用母线电流互感器缩小检测范围

高电压时，k 和 S1 接地。交流高压时用电压互感器和电流互感器进行电位隔离，大电流交流电时仅使用电流互感器。使用母线电流互感器时应给出简单母线的 $\ddot{U}_{NA}$。z 通道时，$\ddot{U}_{NA}$ 应比 $\ddot{U}_{NA}/z$ 更小，缩小幅度为 z。

使用母线电流互感器的公式：

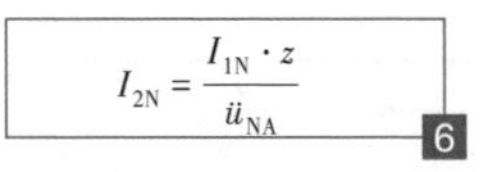

$$I_{2N} = \frac{I_{1N} \cdot z}{\ddot{u}_{NA}} \quad (6)$$

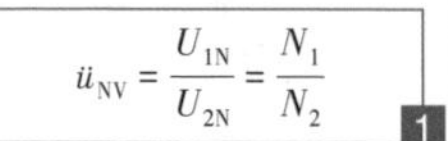

$$\ddot{u}_{NV} = \frac{U_{1N}}{U_{2N}} = \frac{N_1}{N_2} \quad (1)$$

$$U_1 = \ddot{u}_{NV} \cdot U_2 \quad (2)$$

$$\ddot{u}_{NA} = \frac{I_{1N}}{I_{2N}} = \frac{N_2}{N_1} \quad (3)$$

$$I_1 = \ddot{u}_{NA} \cdot I_2 \quad (4)$$

有效电度测量：

$$C_a = \ddot{u}_{NV} \cdot I_{NA} \quad (5)$$

$$W_1 = c_a \cdot W_2 \quad (7)$$

扩展检测仪表的检测范围

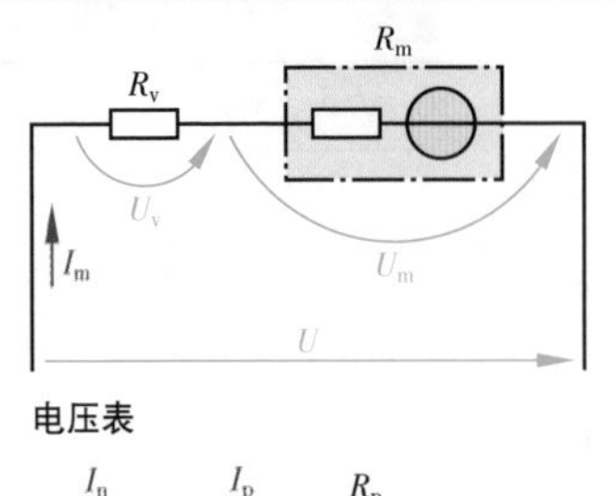

电压表

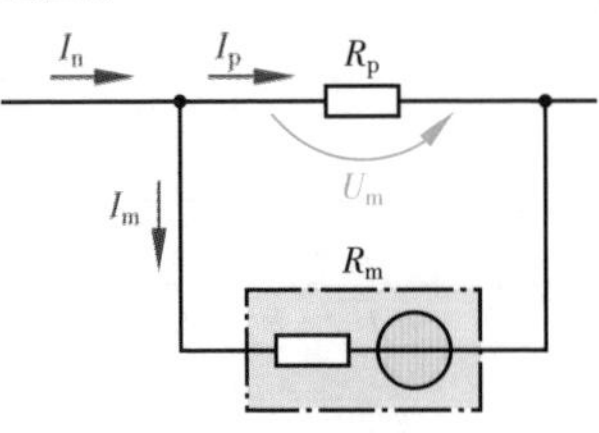

电流表

电压表可通过串联电阻或分压器的内部超前作用扩展其检测范围。用选择开关可调用多种检测范围。

模拟检测仪的作用原理同电流表。因此可用电压表测电流。

通过放大器和数字显示器的数模转换器，数字检测仪也可以输入模拟检测信号。

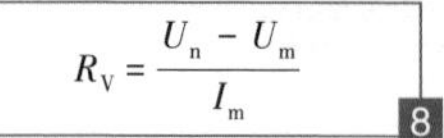

$$R_V = \frac{U_n - U_m}{I_m} \quad (8)$$

$$R_V = (n-1) \cdot R_m \quad (9)$$

$$R_p = \frac{U_n}{I_n - I_m} \quad (10)$$

$$R_p = \frac{R_m - I_m}{I_n - I_m} \quad (11)$$

检测范围扩展 n 倍

$$R_p = \frac{R_m}{n-1} \quad (12)$$

c_a 识读常数
I_m 满刻度偏转时的检测装置电流
I_n 待测电流的检测范围
n 检测范围扩展系数
N_1 输入端绕组匝数
N_2 输出端绕组匝数
R 已搜寻电阻
R_m 检测装置电阻
R_P 并联电阻
R_v 串联电阻
U 已测电压
U_m 检测装置或检测数量仪满刻度偏转电压
U_n 待测电压的检测范围
$\ddot{U}_N$ 额定变压比
W_1 互感器输入端电功
W_2 互感器输出端电功
z 母线电流互感器通路

提示：
A 电流表
N 额定
V 电压表

仪用互感器的接头标记因标准而各有不同，例如 P1，P2 用于 K,L;S1,S2 用于 k,l;A，B 和 a,b 用于 1.1,1.2 和 2.1,2.2。

使用万用表检测

检测，测试	过程	解释
直流电压 DC V	将红色检测电缆插入插口 V/Ω，黑色检测电缆插入“COM”插口，选择开关旋至 DC V 或 V⎓位置。 将检测电缆连接测直流电压的受检对象。并从检测仪显示屏读取检测数值。	如果未知待测电压，应从最高检测范围开始。然后逐步下降，直至找到合适的检测范围为止。
交流电压 AC V	其过程与测直流电压相同。将选择开关旋至 AC V 或 V~ 位置。 显示值是有效数值。	参见上文直流电压的检测。
直流电流 DC A	将红色检测电缆插入插口 10 A 或 2 A，黑色检测电缆插入“COM”插口，选择开关旋至 DC A 或 A⎓位置。 检测电缆与待测直流电源串联。	检测 200 mA 和 10 A 之间的电流时，红色检测电缆插入 10 A 插口，较小的 mA 范围的检测则插入 2 A 插口。数字显示的是检测范围的上限数值。
交流电流 AC A	宜使用与检测直流电流类似的检测仪。 将选择开关旋至 AC A 或 A~ 位置。	根据欧姆定律也可从已测电压和电阻计算得出电流。
电阻	将红色检测电缆插入插口 V/Ω，黑色检测电缆插入“COM”插口，选择开关旋至欧姆位置。 检测电缆接入待测电阻。	检测电阻时，待测电流回路必须绝对不带电。所有的电容必须已放电完毕。
频率	选择开关旋至频率检测范围位置，红色检测电缆插入例如插口“V Ω Hz”，黑色检测电缆插入“COM”插口。检测电缆连接受测对象。	主要检测装置的电压最大值。
二极管	将红色检测电缆插入插口 V/Ω，黑色检测电缆插入“COM”插口，选择开关旋至二极管位置。 红色检测电缆接正极，黑色接负极。 正向电压的显示单位是 mV。	需反向显示值时，检测电缆与二极管的连接方法与左边所述相反。
三极管	如果有这个功能，可将选择开关旋至 h_{FE} 位置。 注意识别三极管的型号是 NPN 还是 PNP。将基极，发射极和集电极正确地插入检测装置插座。	检测仪在例如基极电流 10 μA，集电极 – 发射极电压 2.8 V 时显示 h_{FE} 数值（电流放大器系数）。
温度	K 型温度探头插入插口 V/Ω 和“COM”。选择开关旋至温度检测位置。	温度的显示单位是“℃”。若未连接温度探头，显示的是环境温度。
通路	将红色检测电缆插入插口 V/Ω，黑色检测电缆插入“COM”插口。 选择开关旋至位置 5。 检测电缆连接待测电路段的两个点。 如果电阻例如 < 30Ω，蜂鸣器响。	借助通路检测可确定两点之间的电气连接。检测前应将电容器放电。 检测电压 1.5 ~ 4 V， 检测电流≥ 200 mA。

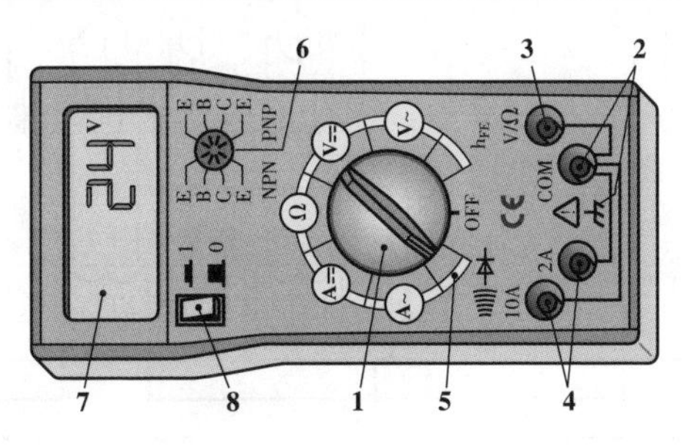

1 检测范围转换开关
2 共用接机壳“COM”
3 电压和电阻检测输入端
4 电流强度检测输入端，最大值 10 A 或 2 A
5 通路检测的开关位置
6 三极管检测的接插位置
7 显示窗
8 电源开关 On / Off

万用表（举例）

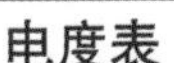

电度表

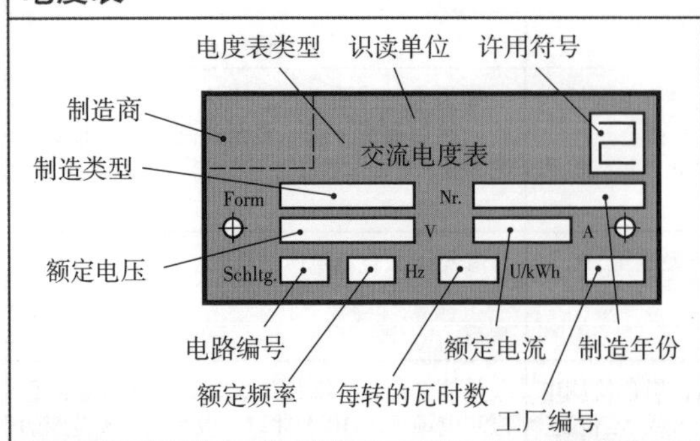

每转的瓦时数 C_z

每 kWh 的 Cz（每转）

120；150；187.5；240；300；375；480；600；750；960

也可以采用 Cz 的十进制倍数（10 倍，100 倍等）或十进制分数（1/10, 1/100 等），例如 1200；60。

额定电流（标称电流）I_N（A）

5；10；15；20；30；40；50

电流较大时宜使用电流互感器。

误差范围

对称载荷的单相电表和多相电表			非对称载荷的多相电表		
电流强度	功率系数	误差范围 %	电流强度	功率系数	误差范围 %
$0.05 \cdot I_N$	1	± 2.5	$0.2 \cdot I_N \sim I_N$	1	± 3
$0.1 \cdot I_N \sim I_{max}$	1	± 2.0	I_N	0.5 电感	± 3
$0.1 \cdot I_N$	0.5 电感	± 2.5	$I_N \sim I_{max}$	1	± 4
$0.2 \cdot I_N \sim I_{max}$	0.5 电感	± 2.0			

电度表接头（节选，参见功率检测仪）

接头 1000

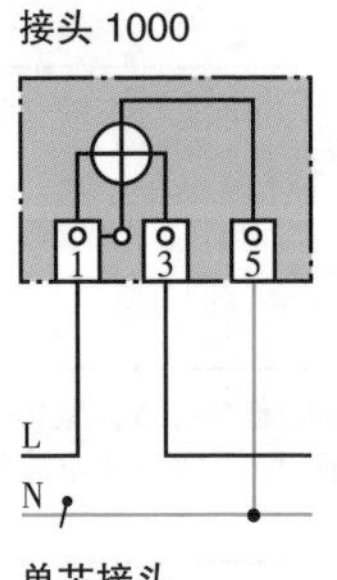

单芯接头

接头 1000

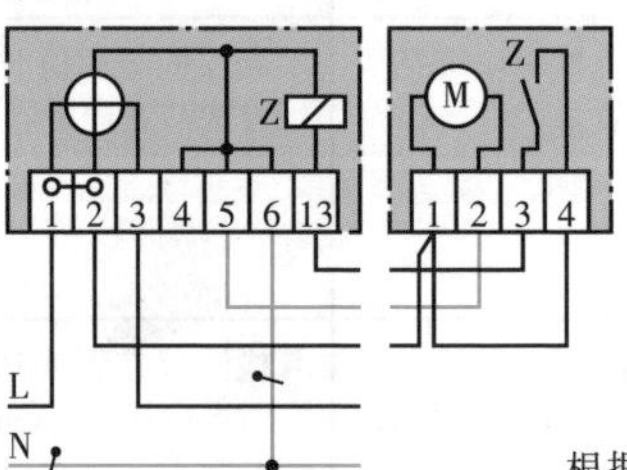

带双计费装置的双芯接头

根据 EnWG 标准，自 2016 年开始，在新型或更换电度表（电子式家用电度表）时使用 eHz。

接头 4000

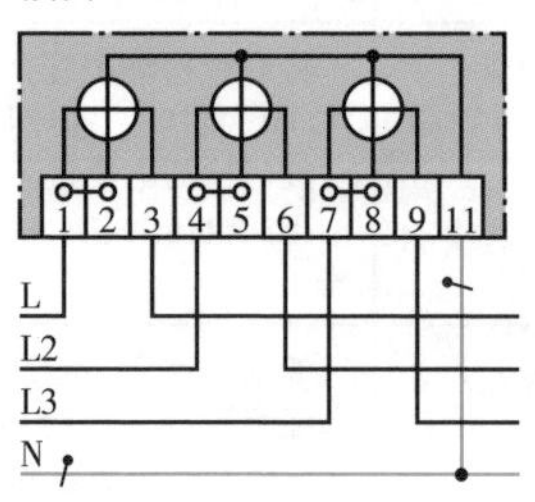

三芯接头

名称	
k S1 l S2	K P1 L P2
1.1 A 1.2 B	2.1 a 2.2 b
根据标准类推	

接头 3020

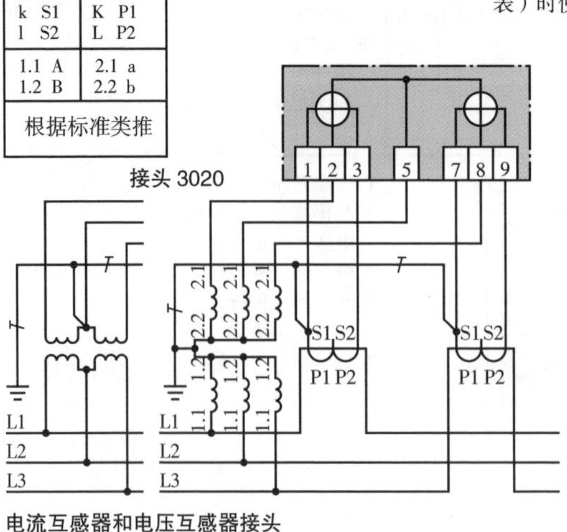

电流互感器和电压互感器接头

接头 4010

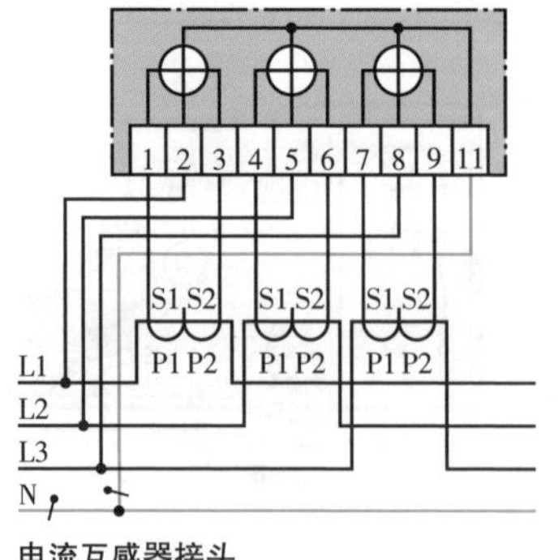

电流互感器接头

传感器

传感器原理

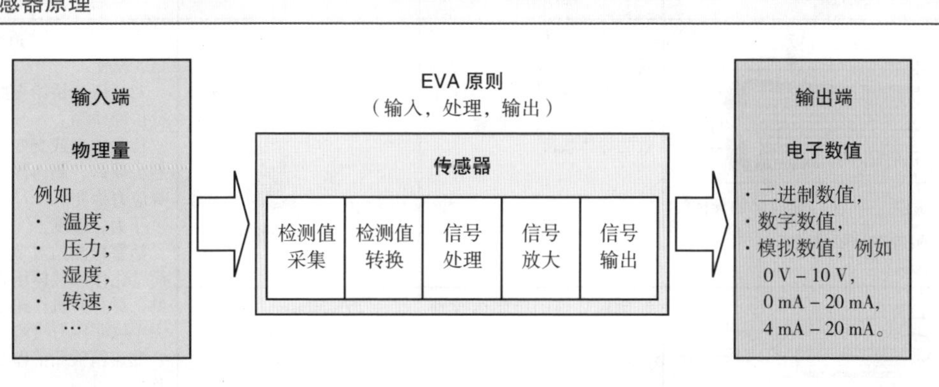

传感器概念的不同含义

范围	解释	附注，举例
文字解释	传感器一词源自拉丁语 sentire = 感受，sensus = 感觉	传感器 = 感应元件，探头，测值采集器，探测器
检测技术	传感器将待测物理量转换成为电子数值，并将该数值用作电子信号。	用热敏元件检测温度（直接接触受测物体）或用远程温度计（高温计，检测红外线）。
传统控制技术	传感器将待测的量，例如距工件的间距，转换成为一个电信号并将该信号直接发送给一个执行元件，例如继电器。	通过超声波，红外线，光电耦合器等以电感，电容方式采集间距（参见 228 ~ 230 页）。
制造技术	与检测技术和控制技术相同。但添加了用户操作产生输入量的内容。	总线系统的指令开关（按钮）向执行元件发出指令，因此它同样被称为传感器。
计算机支持的控制技术	传感器将检测量转换成电信号，并将该信号以数字形式供给计算机。由计算机采取控制措施。	根据其设备范围和任务的不同，计算机的应用形式有个人电脑（PC），内置计算机（内置 PC），PLC（可编程序控制器）或通用调节器。

传统控制技术的传感器

传感器类型	电感式	电容式	超声波	光电耦合	红外线（IR）	磁性	机械式
线路符号					PIR		
电路	电感式通过金属，电容式通过金属或非金属以及液体对传感器交变电磁场施加影响。		计算超声波脉冲传至受测物体并返回的运行时间。	光束从传感器发出至受测物体并返回至检测仪。	主动式：与光电耦合技术相同，但用的是红外线。 被动式 PIR： 接收运动物体的热辐射。	恒磁铁接近并识别执行元件。	通过推杆，滚轮，杠杆和浮标直接操作。
与受测物体的间距	最大约 70 mm	最大约 70 mm	最大约 15m	最大约 6m	最大约 12m	最大约 70 mm	接触

力的检测和压力检测

原理，种类	作用方式	特性	检测量，应用
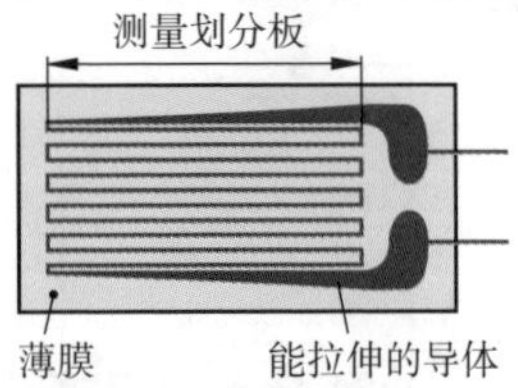 测量划分板 薄膜　能拉伸的导体 **电阻应变计薄膜试条（DMS）**	某金属导体因拉伸而变长，其横截面也同时变小时，其电阻升高。导体蛇曲形排列产生一种更为有效的导体长度。	长度变化 0.1 ~ 10 μm。 标称电阻 R = 120 Ω，350 Ω 和 600 Ω	力，压力，弯曲力矩，扭矩。 对机床和桥梁支撑进行拉伸检测。 检测静态或交变（动态）载荷，测力计，自身应力检测。 压力，速度。 活塞检测站对常见载荷变化作圆柱体压力检测，对直升机作速度检测（风滞压力检测）。 变速箱检测值作油压监视。
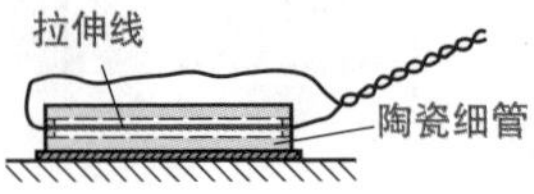 拉伸线 陶瓷细管 **拉伸线拉伸传感器**	金属导体的电阻因拉伸（延长）而上升，例如镍铜合金导线	线径 20 ~ 30 μm。	
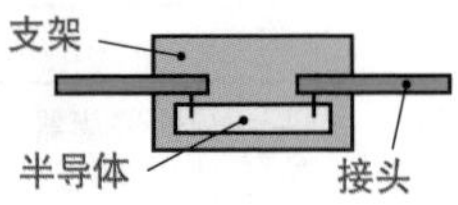 支架 半导体　接头 **半导体应变计**	硅试条电阻因拉伸而改变。	硅试条厚度 15 μm	
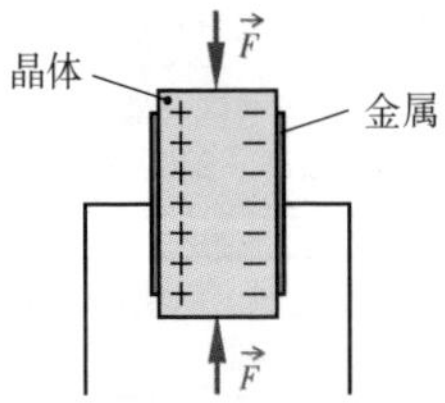 $\vec{F}$ 晶体　金属 $\vec{F}$ **压电传感器**	拉力，压力或推力载荷时出现电荷位移并因此产生电压。一般将压电元件和电荷放大合计为一个单位。	压力 p = 0.01 ~ 275 MPa。 大线性，小滞后，耐高温。	压力，力。 检测冲击波。检测燃烧室压力，例如内燃机。检测燃气或液体涡流形成时的压力。
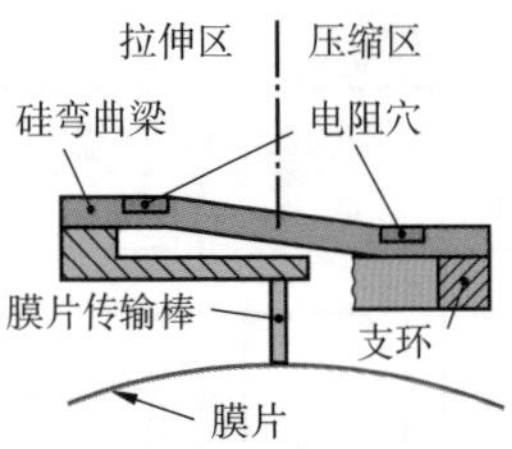 拉伸区　压缩区 硅弯曲梁　电阻穴 膜片传输棒　支环 膜片 **压电电阻传感器**	向膜片施加压力使硅弯曲梁产生 s 形偏转。在压缩区和拉伸区集中放置的电阻均出现变化。	p_{rel} = −0.1 ~ + 0.2MPa, U_b = 7.5 V 敏感度 ϑ_u = 25℃时： s = 95 mV/MPa ± 15% s（敏感度）的滞后 ±0.2 % 压应力 p_{berst} > 1MPa 小尺寸。	填充站监视，饮水池水位监测，船舶柴油机压力监视，远程热力网和燃气配气系统。
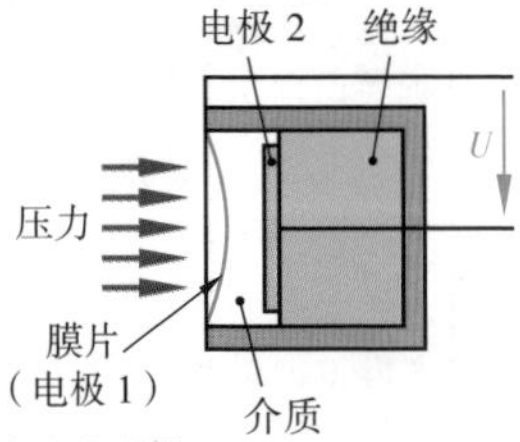 电极 2　绝缘 U 压力 膜片（电极 1） 介质 **电容传感器**	电容板（电极）间距的变化产生电容变化。用交变应力检测桥检测压力变化和由此产生的电容变化。	频率范围（±2 dB） f = 0.4 ~ 200kHz。传输系数 1 ~ 100mV/Pa。极化电压 28 ~ 200V，部分采用永久极化麦克风（永电体麦克风）。用于水深最大 1000m 的水听器（水下录音器）	压力。 检测声平，频率（麦克风），声压等，例如超声或水声检测。声平测量，录制语言和音乐。

F 力　　p_{rel} 压力范围　　U_b 工作电压
f 频率　　p_{berst} 压应力　　ϑ_u 环境温度
k 电阻变化系数　　s 敏感度

运动检测

原理，种类	作用方式	特性	检测量，应用
S N 霍尔传感器测转速	每个齿接近传感器时均产生一个电压。放大该电压并用阈值开关将其转换成为一个矩形输出信号。	高灵敏度， 磁场从 $B = 2.5 \sim 20$ mT， 额定电流 $I_N = 5$ mA	用齿轮计数测转速。 机动车机电一体化技术，例如点火时间点的测定，检验技术，ABS 传感器。
$U_\sim$ N S ω S N 交流测速发电机	恒磁转子的转动在定子绕组中产生一个感应电压。该交流电压整流后可用于计算。	转速检测 $n = 0.1 \sim 100000$/min。 输出电压的最小驻波系数 < 1%。	转速。 可控驱动某旋转方向的转速检测。
磁铁棒　维甘德效应丝 N v S U 维甘德效应传感器	一个反复磁化的磁场触发线圈的一个电压脉冲。该脉冲产生于磁滞曲线垂直部分（见图）穿过时。此时的感应变化是跃变。无感应跃变时出现反磁化。	$f = 1$ Hz $\frac{B}{T}$: 1.5, 1, 0, −1.5 $\frac{H}{A/cm}$: −20, 0, 20 磁滞曲线	数字式转速采集，例如机动车驱动机构 $\frac{U}{V}$: 1.5, 1.0, 0.5, 0 $t/\mu s$: 10, 20, 30 电压脉冲
线圈　磁铁 S N v 插棒式磁传感器	插棒式磁传感器由一个插入磁铁棒的线圈组成。感应电压与磁棒的运动速度成比例关系。若 v 是常数，短时间内也产生一个恒定电压。	检测长度 $l = 1 \sim 500$ mm。 检测范围 $v = 1 \sim 10$ m/s. 精度 1%. 极限频率 $f = 100$ kHz.	速度。 小行程长度的速度检测。检测速度的波动。
压电元件　配重 预张紧环 压电加速度传感器	自由振荡配重块将一个与加速度相同比例的力施加给压电元件，例如石英晶体。用三块石英可检测一个平面的加速度。	频率范围 $f = 0.5$ Hz ~ 26 kHz. 加速范围 −50 ~ + 50 g. 过载 > 3000 g. $g \approx 9.81$ m/s^2 ≈ 10 m/s^2	加速度检测。 机械冲击和振动，汽车和飞机安全系统释放安全气囊的冲击延迟。

B 磁流密度，f 频率，g 重力加速度，地域系数，H 磁场强度，I 电流强度，I_N 额定电流，l 长度，n 转速，s 距离，t 时间，U_s 传感器电压，v 速度

位移检测和角度检测

特征	解释	附注
任务 要求	位移检测和角度检测用于例如 CNC（计算机数控）加工机床刀具轴和机床轴的定位。这里必须能够检测 μm 级的纵向运动或角度秒级的旋转运动。	线形刻度尺以及刻度圆盘用于位移检测，例如进给主轴。刻度圆盘也用于角度检测。检测仪的接头可能性，例如 PROFINET，CAN，RS484。
光学增量 透射光法 顶射光法	采用透射光法时，光学增量传感器有一个玻璃制成（线形或圆环形）且透光刻度的刻度尺。检测时，该刻度尺从一个同样由玻璃制成且同样有透光刻度的扫描板旁驶过。刻度尺在有光线时通过光电二极管增量识别扫描方向。扫描板则为了识别刻度尺的运动方向而一分为二。 采用顶射光法时，可运动的刻度尺为钢制，其刻度是反光和吸光的。	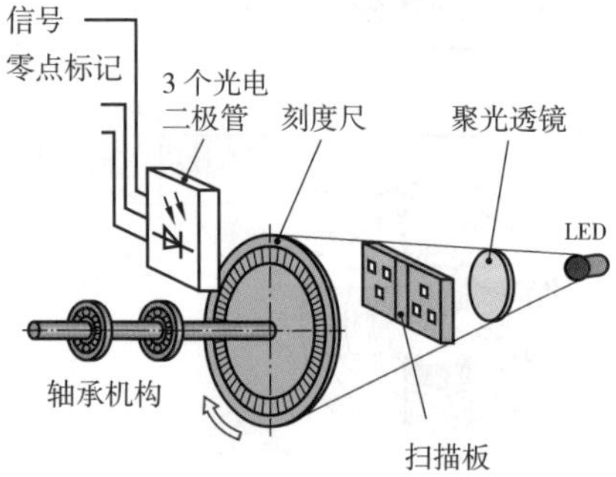 信号 零点标记 3 个光电二极管 刻度尺 聚光透镜 LED 轴承机构 扫描板 **光学增量角度检测系统**
磁性增量 霍尔传感器	磁性增量传感器装有具南北磁极的金属条或金属盘，其间距约 0.5 mm。漏磁场由霍尔传感器采集。金属条或金属盘运动时，霍尔传感器产生因增量变化而不同强度的周期性信号。	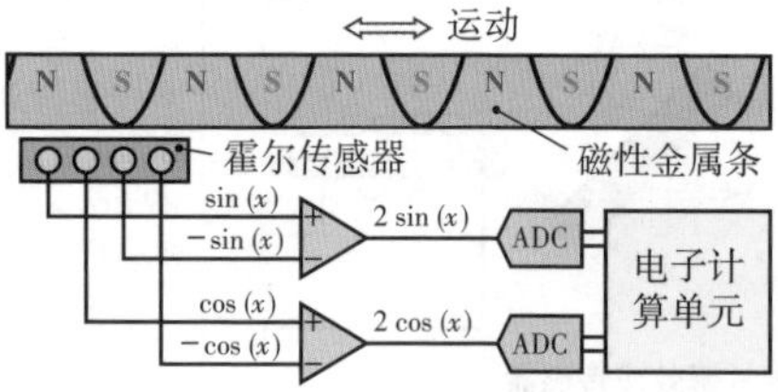 运动 N S N S N S N S N S 霍尔传感器 磁性金属条 $\sin(x)$ $-\sin(x)$ $2\sin(x)$ $\cos(x)$ $-\cos(x)$ $2\cos(x)$ ADC ADC 电子计算单元 **磁性增量传感器**
数字式，绝对 编码	数字式绝对检测以编码刻度尺（线形或圆盘形尺寸刻度）为基础，该刻度尺与例如机床轴线或主轴轴线一起运动。每一个尺寸刻度都是唯一的，并已赋予一个编码数值。 常见编码方法采用 5Bit 对偶码，5Bit 格雷码或双刻线通路的序列码。编码在刻度尺上形成黑色或白色或透光或不透光的误差并通过扫描装置进行计算。	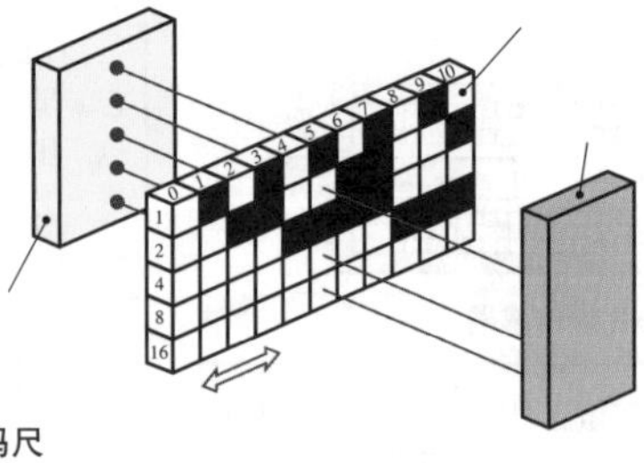 0 1 2 3 4 5 6 7 8 9 10 1 2 4 8 16 **编码尺**
循环模拟 自整角机 线性感应同步器	自整角机向定子的两 个绕组馈电两个相位角 90° 的正弦电压。运动时，转子绕组感应产生相位角在 0°～360° 且与旋转角度相符的电压 。 刻度尺和滑动片装有蛇曲形导体轨道。感应电压相位角重复其循环性，例如每 2 mm。	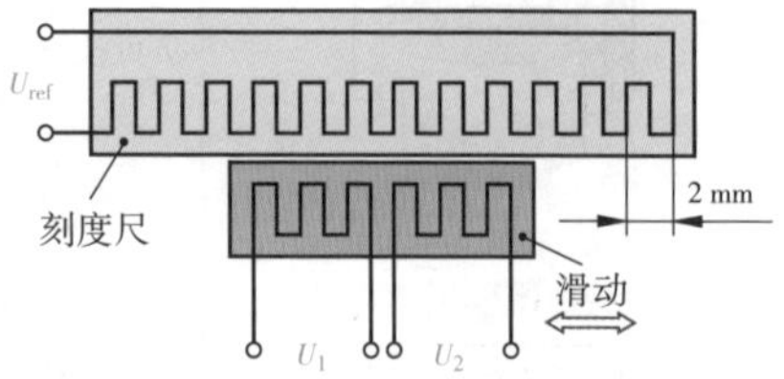 U_{ref} 刻度尺 2 mm 滑动 U_1 U_2 **线性感应同步器**

温度检测

视图，原理，线路符号	作用方式	性能	应用，电路
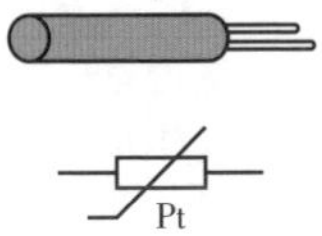 Pt 电阻温度计	铂层电阻随温度变化几乎呈线性增加。铝氧化物表面的铂层，用玻璃覆层或陶瓷保护。	$\alpha = 3.85 \cdot 10^{-3}$/K(约 0.4%/K)。 温度范围 −50℃～600℃. 额定电阻 100Ω，500Ω，1000Ω。 适用于精确测量。	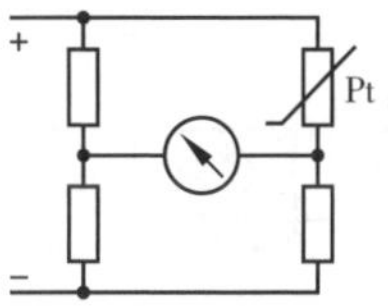 + Pt −
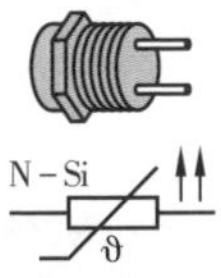 N－Si ϑ 硅－温度传感器	N 导电的硅在两个触点面之间有一个正温度系数。它明显大于金属的温度系数。	根据纯度不同分别为 $\alpha \leq 200 \cdot 10^{-3}$/K。 温度范围 −50℃～150℃。 由于自身温升，检测电流只允许达到约 0.1mA。	空气，燃气或液体温度的检测，控制和调节。汽车和热水装置的温度监视。
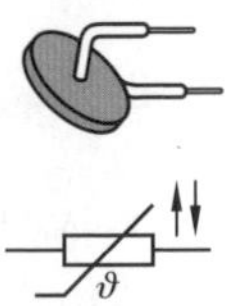 ϑ 半导体温度传感器	热敏电阻（NTC 电阻）具有较大的温度系数。因此也具有高灵敏度，可采集低至 0.1 mK 的温度变化。	温度系数 $\alpha = -30 \cdot 10^{-3}$/K～ $\alpha = -50 \cdot 10^{-3}$/K. 温度范围 −50℃～120℃. 制造形状小，可快速采集温度变化。	汽车制造，空调机制造，冰箱和洗衣机制造业的温度检测，控制和调节。 电子电路的温度补偿。
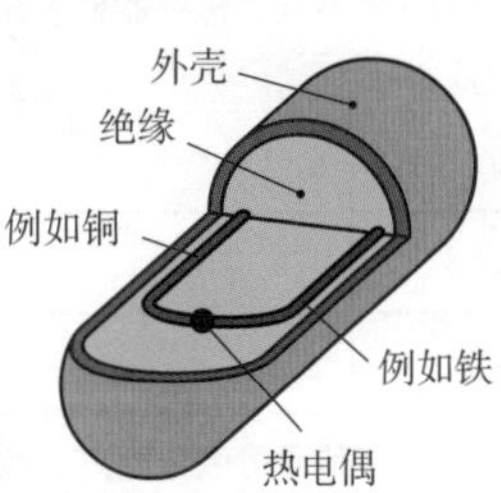 外壳 绝缘 例如铜 例如铁 热电偶 热电偶传感器	两个不同电子浓度却相互焊接连接的金属加热时产生一个与温度成比例关系的电压。 用热电偶材料制成补偿线的冷态检测装置与受测物体连接。	铂钌（＋）加铂（－）12 μV/K 的检测范围从 −200℃～1600℃。 铁（＋）加铜镍（－）56 μV/K 的检测范围从 −200℃～700℃。 钨（＋）加铼（－）56 μV/K 的检测范围从 −200℃～2200℃。	对固体和气体的精确温度检测。 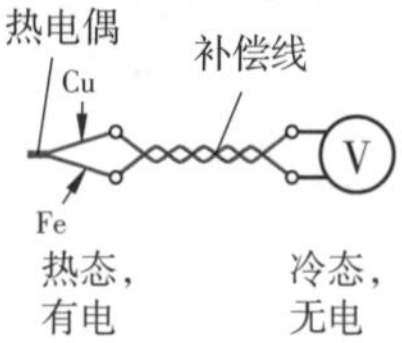 热电偶 补偿线 Cu Fe V 热态，有电 冷态，无电 结构原理
 红外温度计 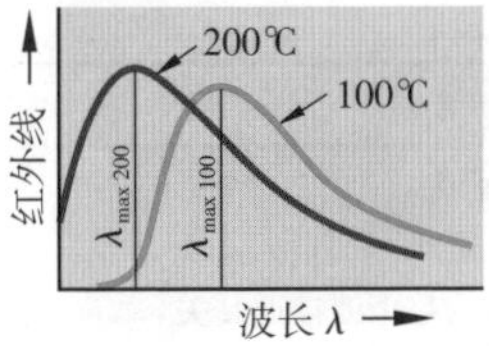 200℃ 100℃ 红外线 $\lambda_{max\ 200}$ $\lambda_{max\ 100}$ 波长 λ 不同温度下的红外线	每一种温度大于 −273℃（0 K）的物体都会发出波长从 1～1000 μm 不等的红外线。 红外线温度计计算例如 8～14 μm 的红外线。 最强红外线的波长随温度的上升而下降，它也取决于材料表面的放射性。因此需根据材料调整红外线温度计的发射率。 www.lumasenseinc.com	常用激光作目标辅助。电源是例如两节碱电池（AA）。 典型数值： 温度范围 例如 −40℃～550℃。 分辨率 0.1℃。 调节时间 500 ms。 工作温度 0℃～50℃。 红外线温度计的测值非准确度 1%，但至少在 1℃ 偏差时。 电池工作时长 8 小时。 数据存储器可存 100 个检测点数据。	红外线温度计用于短距或长距的快速检测。无接触式检测热或带电物体，例如预计需进行的维护保养。 有些红外线温度计是带有热电偶的触点温度计，并带有数字照相机建立文档。

α 温度系数，基准温度常用 20℃

接近开关（传感器）1

接近开关的种类

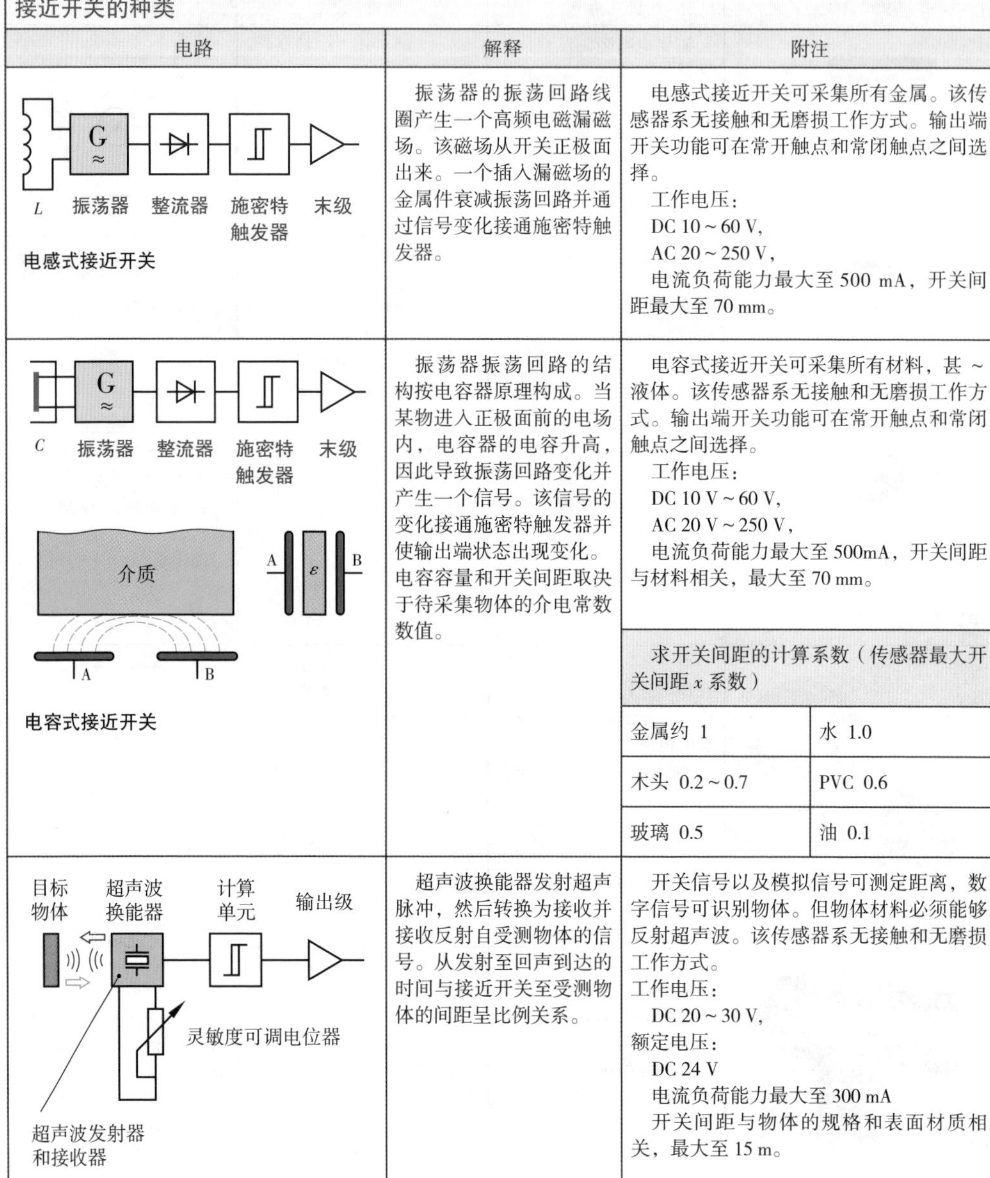

电路	解释	附注
电感式接近开关	振荡器的振荡回路线圈产生一个高频电磁漏磁场。该磁场从开关正极面出来。一个插入漏磁场的金属件衰减振荡回路并通过信号变化接通施密特触发器。	电感式接近开关可采集所有金属。该传感器系无接触和无磨损工作方式。输出端开关功能可在常开触点和常闭触点之间选择。 工作电压： DC 10 ~ 60 V, AC 20 ~ 250 V, 电流负荷能力最大至 500 mA，开关间距最大至 70 mm。
电容式接近开关	振荡器振荡回路的结构按电容器原理构成。当某物进入正极面前的电场内，电容器的电容升高，因此导致振荡回路变化并产生一个信号。该信号的变化接通施密特触发器并使输出端状态出现变化。电容容量和开关间距取决于待采集物体的介电常数数值。	电容式接近开关可采集所有材料，甚 ~ 液体。该传感器系无接触和无磨损工作方式。输出端开关功能可在常开触点和常闭触点之间选择。 工作电压： DC 10 V ~ 60 V, AC 20 V ~ 250 V, 电流负荷能力最大至500mA，开关间距与材料相关，最大至 70 mm。
超声波接近开关	超声波换能器发射超声脉冲，然后转换为接收并接收反射自受测物体的信号。从发射至回声到达的时间与接近开关至受测物体的间距呈比例关系。	开关信号以及模拟信号可测定距离，数字信号可识别物体。但物体材料必须能够反射超声波。该传感器系无接触和无磨损工作方式。 工作电压： DC 20 ~ 30 V, 额定电压： DC 24 V 电流负荷能力最大至 300 mA 开关间距与物体的规格和表面材质相关，最大至 15 m。

求开关间距的计算系数（传感器最大开关间距 x 系数）	
金属约 1	水 1.0
木头 0.2 ~ 0.7	PVC 0.6
玻璃 0.5	油 0.1

接近开关可能的干扰影响因素

电感式传感器	电容式传感器	超声波传感器
影响因素 · 外来磁场（电动机，电焊） · 弱磁材料（磁性工件，部件和工具） · 金属灰尘和切屑造成时效和污损 · 其他电感式传感器	影响因素 · 污损 · 湿气 · 外来电磁干扰（变频器）	影响因素 · 相对或平行的超声波接近开关 · 相邻的墙壁或物体。

接近开关（传感器）2

接近开关的种类

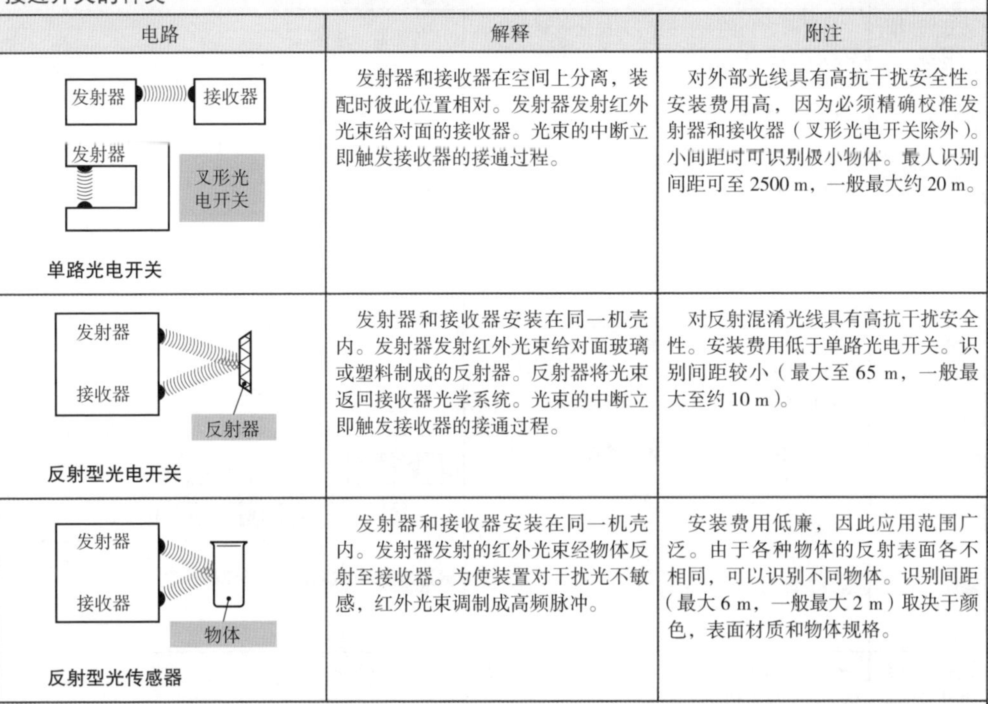

电路	解释	附注
发射器 接收器 发射器 叉形光电开关 **单路光电开关**	发射器和接收器在空间上分离，装配时彼此位置相对。发射器发射红外光束给对面的接收器。光束的中断立即触发接收器的接通过程。	对外部光线具有高抗干扰安全性。安装费用高，因为必须精确校准发射器和接收器（叉形光电开关除外）。小间距时可识别极小物体。最大识别间距可至 2500 m，一般最大约 20 m。
发射器 接收器 反射器 **反射型光电开关**	发射器和接收器安装在同一机壳内。发射器发射红外光束给对面玻璃或塑料制成的反射器。反射器将光束返回接收器光学系统。光束的中断立即触发接收器的接通过程。	对反射混淆光线具有高抗干扰安全性。安装费用低于单路光电开关。识别间距较小（最大至 65 m，一般最大至约 10 m）。
发射器 接收器 物体 **反射型光传感器**	发射器和接收器安装在同一机壳内。发射器发射的红外光束经物体反射至接收器。为使装置对干扰光不敏感，红外光束调制成高频脉冲。	安装费用低廉，因此应用范围广泛。由于各种物体的反射表面各不相同，可以识别不同物体。识别间距（最大 6 m，一般最大 2 m）取决于颜色，表面材质和物体规格。

光电开关对光学零件的污损干扰极为敏感。各种型号的技术数据各不相同：

- 工作电压 DC 10～240 V，AC 20～250 V。
- 电流负荷能力最大 250 mA。

光电开关的接头可能性

2 线接头	3 线和 4 线接头
在机械式限位开关时，接近开关（又称传感器）的接头串联至负载。传感器通过用户获得其电源（DC 10～60 V 或 AC 20～250 V）。因此在阻断状态下仍能获得静电流 3～5 mA。通畅状态下，传感器在电压降 5～10 V 时达到最大电流。达到电压峰值（例如来自电网）时，交流电开关一般起保护作用。交流电开关常设置为 2 线接头。 直流电开关具有反极化保护或可任意换接极性。	3 线接头通过附加的一根导线为传感器提供电源。阻断状态下，通过用户过来的剩余电流极小，可忽略不计。通畅状态下，最大电流时的电压降仅为 2～4 V。 4 线接头的传感器可用作换向开关。 3 线和 4 线接头两种结构均可保护因电压峰值引起的短路，过载和破坏（例如接通电感负载时）。 直流电开关具有反极化保护或可任意换接极性。

接近开关也可以集成到 AS–i– 总线内或与可编程控制器的输入端模块连接。

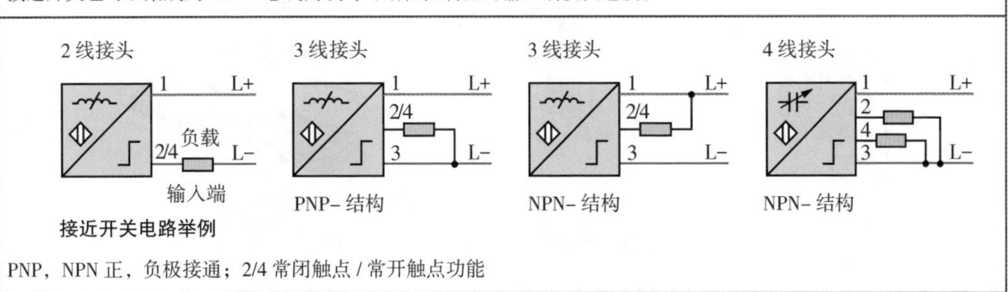

接近开关电路举例

PNP，NPN 正，负极接通；2/4 常闭触点 / 常开触点功能

专用光电传感器

种类	解释	附注
光运行时间传感器	通过测定光的运行时间无接触地测出传感器与受测物体之间的距离。应用中分为距离检测和物体识别。 激光脉冲被受测物体反射并经由一个透镜聚焦给光电接收器。从光速和受测脉冲运行时间以及补充检测激光脉冲发射与反射之间的相位差可以计算出距离。	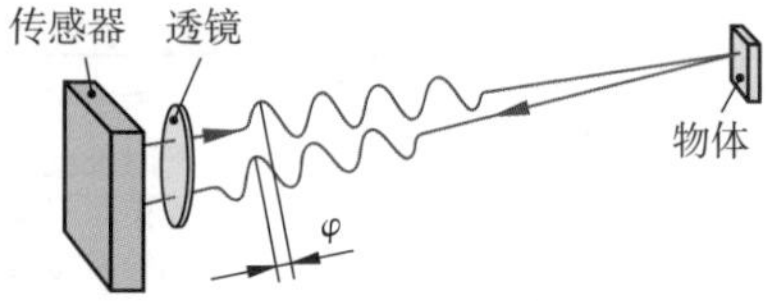 **光反射相位差φ** 应用：检测物体高度，对物体计数，调整间距，控制访问，无人驾驶运输系统的碰撞保护。
光栅 光帘屏蔽 抑制	多光束光电开关的功能 若需将材料运入或运出危险区域，可通过屏蔽传感器（静默接通）控制光栅。可区别人与材料的不同作用。抑制时可关断光栅中的单个光束。监视安全区，例如机器人工位，接触保护。	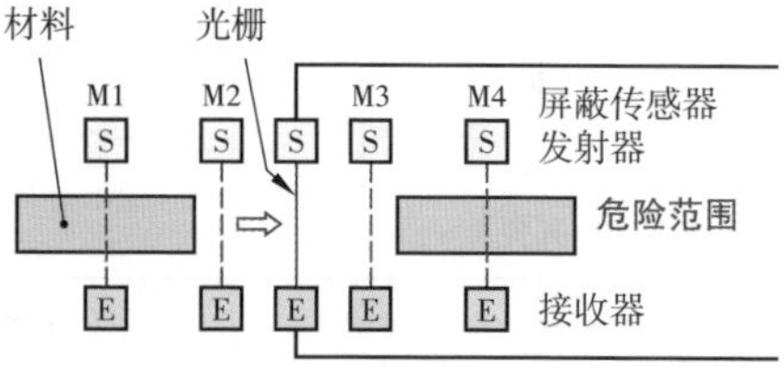 **通过屏蔽传感器实施光栅控制**
镜式反射光电开关	带反射镜和红光或激光的光电开关。借助极性过滤器识别光亮表面。	应用：识别输送带物体，进料检查的进入段。
颜色传感器	传感器发射脉冲白光至待测物体。反射光分别由三个接收器（红，绿，蓝）接收。计算颜色数值占比并与存储的参照颜色数值进行比对（教学）。	例如通过 RS232 作为数字值或通过开关输出不同电压构成已知颜色。 应用：识别有色物体，液体，颜色编码。
光泽度传感器	例如白光 LED 发射与垂直线呈 60°夹角的光束给待测物体。部分反射光由与垂直线呈 60°夹角的接收器接收，另一个小于 15°的接收器接收散射的反射光 → 求光泽度	对小于 60°的黑色玻璃进行校准。该数值用于百分比光泽度数值（100%）。校准过程中预存一个用于以后检测的参照值。 应用：评估金属表面，油漆表面。
光缆传感器	塑料或玻璃纤维光缆接头传感器。计算从物体反射回来的光（扫描运行模式，扫描宽度→距离）或中断的光（光栅运行模式）。应用于位置空间狭小的场所。	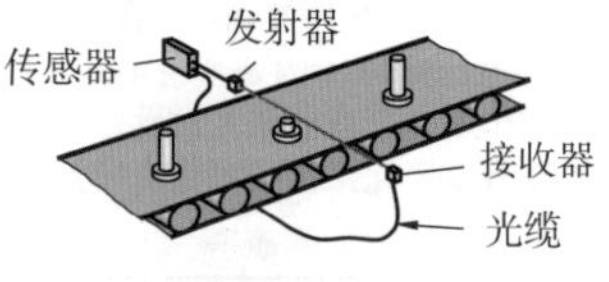 **光缆传感器的应用**
可视化传感器	可视化传感器装有 CCD（电荷耦合器件，摄像的光敏部件）传感器物镜，存储器，用于照明的发光二极管，彩色图像处理。工作方式，例如使用发射的白光，与物体的位置和旋转角度无关。通过 PC 对传感器进行调节。	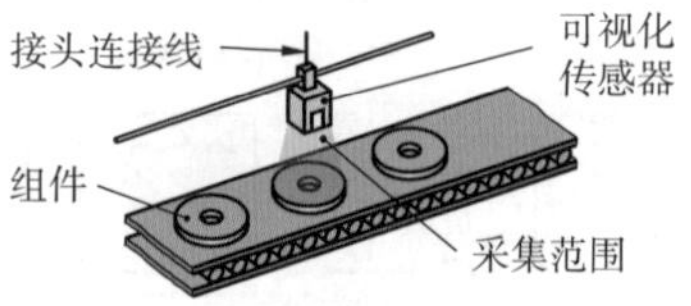 **用于物体识别的可视化传感器**

传感器与 PC 或可编程序控制器的数据通信接口有，例如 RS232，USB，IO-Link 等，开关输出端可使用不同电压，也可连接工业以太网。

传感器和执行元件的联网

特征	解释	附注
任务设置	机械和电气设备可从各种不同的视角进行优化，例如成本，人员，能源或舒适度。因此，设备内的传感器和执行元件必须根据其任务，如控制，调节，监视或通过计算机（PC，PLC）计算等，进行联网。	采用互联网技术并通过 PC，平板电脑，智能手机等对设备实施远程控制，常见的是计算，尤其是数据采集。以传感器为基础的自动化在工业领域的概念是工业 4.0，在住宅建筑技术领域的概念是智能家居。
通信技术 现场总线 总线系统 路由器 网关 总线耦合	传感器和执行元件根据其用途接入一根现场总线（例如 AS-i），建筑物总线（例如 KNX）或检测装置总线（例如 M 总线）。 这类总线装有针对 PC 或 PLC 的总线接口或带例如 USB 接口的耦合装置用于连接 PC。各种接口通过路由器和互联网可联网全世界。总线网关允许各种不同总线的耦合。 传感器和执行元件用其模拟信号与总线耦合模块连接，或自身装备适用的总线接口。接口可划分为导线连接的接口和无线接口。	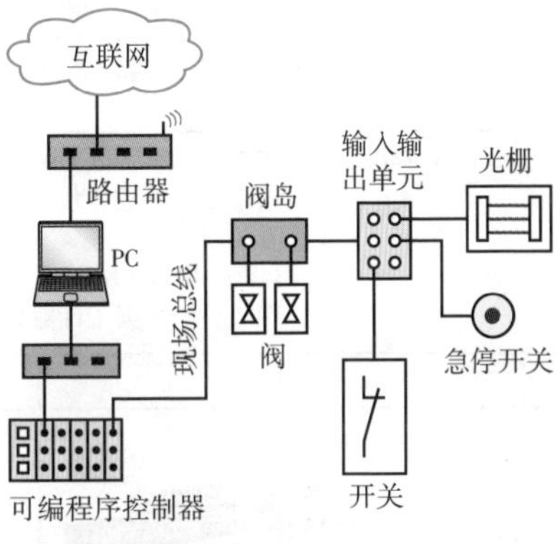 互联网 路由器 PC 现场总线 阀岛 阀 输入输出单元 光栅 急停开关 开关 可编程序控制器 **传感器和执行元件的联网**
工业组件 传感器模块 执行元件模块	在工业范围内使用传感器用于例如检测转速，转矩，压力，运动，速度，位置，角度，流量或物体识别等用途。光电开关，扫描仪或类似的电气设备均配备大量的传感器。 一般采用两线，三线或四线连接传感器。传感器模块或模拟输入模块用于连接总线系统，如 AS-i，PROFIBUS 或 PROFINET。传感器本身常常也可以直接连接总线系统。有些传感器也配备 USB 接口。	传感器由传感器元件以及传感器信号处理单元组成。有时也根据相应的标准接口处理信号。 执行元件（执行机构）一般指接触器，轴编码器，电动机和气动缸或液压缸以及阀门。通过执行元件模块或模拟输出模块可使执行元件与总线系统连接。阀门也可通过所谓的阀岛与总线系统连接。
智能家居组件 中央接口 系统接入点	建筑自动化领域中，传感器用于采集例如温度，风，雨，太阳光入射，烟尘，触摸操作等。传感器信号经由导线或无线电传输给执行元件 / 执行单元。 在此使用的总线系统是例如 KNX，LCN，HomeMatic 和 Loxone。它们控制百叶窗，卷帘式百叶窗，照明，警铃，插座，暖气等。 中央接口通过路由器与互联网连接，实施中央接口功能的是服务器，还有主站，控制单元，管理单元系统，系统接入点等。通过执行元件单元实施对执行元件的控制，例如接触器，照明亮度调节器，电动机等。	总线耦合重要的组件是例如模拟传感器接口模块，传感器单元 / 执行元件单元，开关元件，触头元件，调光单元，系列安装执行机构的安装分配器等。 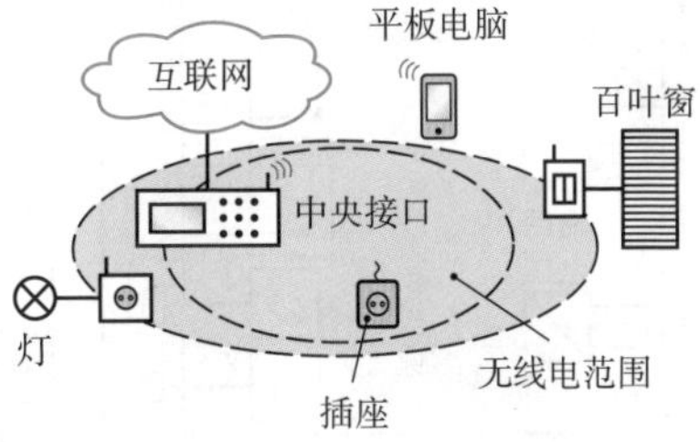 平板电脑 互联网 百叶窗 中央接口 灯 插座 无线电范围 **智能家居安装**

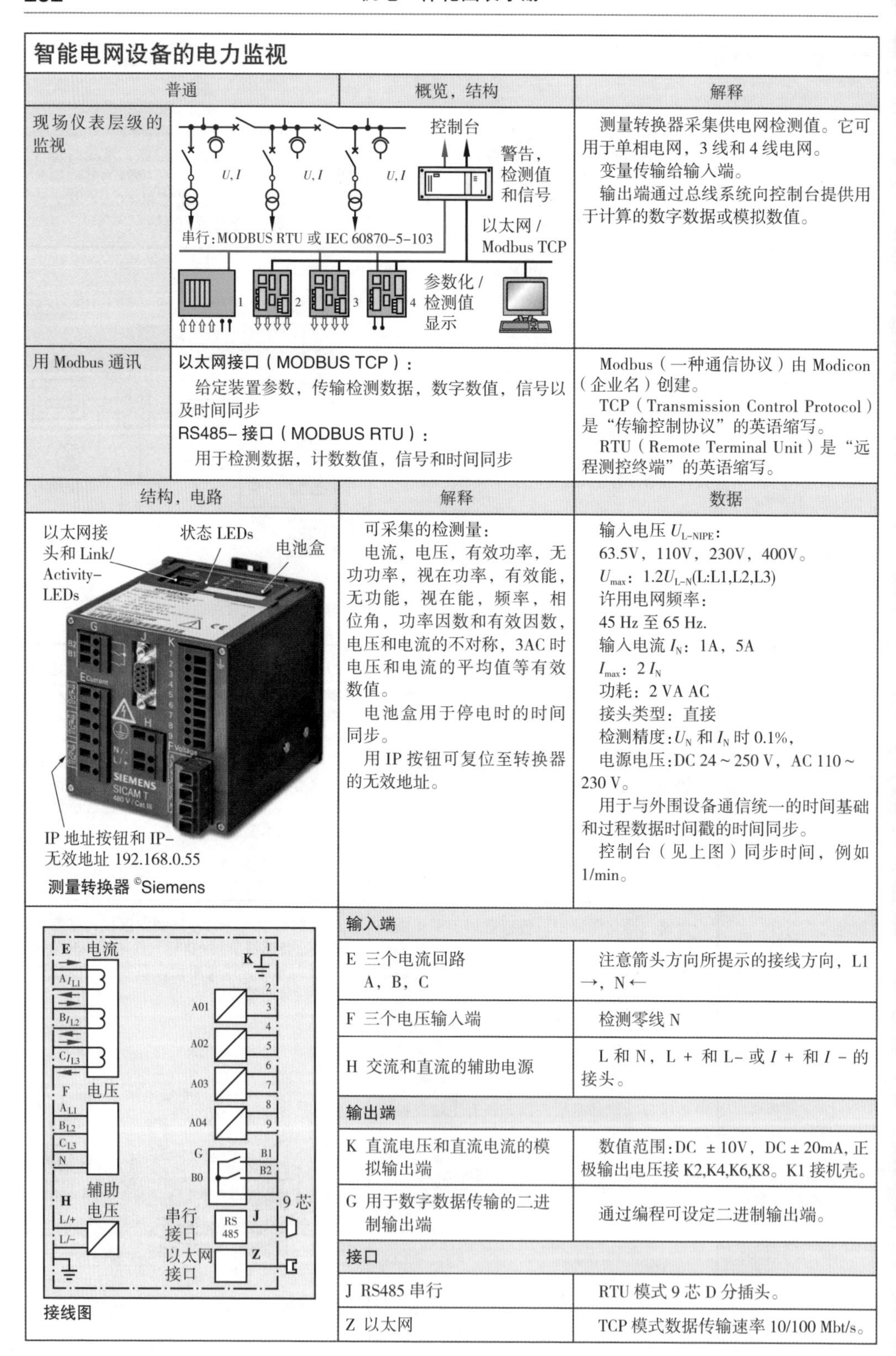

智能电网设备的电力监视

普通	概览，结构	解释
现场仪表层级的监视	控制台 警告，检测值和信号 U,I U,I U,I 串行：MODBUS RTU 或 IEC 60870-5-103 以太网 / Modbus TCP 1 2 3 4 参数化 / 检测值显示	测量转换器采集供电网检测值。它可用于单相电网，3 线和 4 线电网。 变量传输给输入端。 输出端通过总线系统向控制台提供用于计算的数字数据或模拟数值。
用 Modbus 通讯	**以太网接口（MODBUS TCP）：** 给定装置参数，传输检测数据，数字数值，信号以及时间同步 **RS485- 接口（MODBUS RTU）：** 用于检测数据，计数数值，信号和时间同步	Modbus（一种通信协议）由 Modicon（企业名）创建。 TCP（Transmission Control Protocol）是“传输控制协议”的英语缩写。 RTU（Remote Terminal Unit）是“远程测控终端”的英语缩写。

结构，电路	解释	数据
以太网接头和 Link/Activity-LEDs 状态 LEDs 电池盒 IP 地址按钮和 IP-无效地址 192.168.0.55 **测量转换器 ©Siemens**	可采集的检测量： 电流，电压，有效功率，无功功率，视在功率，有效能，无功能，视在能，频率，相位角，功率因数和有效因数，电压和电流的不对称，3AC 时电压和电流的平均值等有效数值。 电池盒用于停电时的时间同步。 用 IP 按钮可复位至转换器的无效地址。	输入电压 U_{L-NIPE}： 63.5V，110V，230V，400V。 U_{max}：$1.2U_{L-N}$(L:L1,L2,L3) 许用电网频率： 45 Hz 至 65 Hz. 输入电流 I_N：1A，5A I_{max}：$2\ I_N$ 功耗：2 VA AC 接头类型：直接 检测精度：U_N 和 I_N 时 0.1%， 电源电压：DC 24～250 V，AC 110～230 V。 用于与外围设备通信统一的时间基础和过程数据时间戳的时间同步。 控制台（见上图）同步时间，例如 1/min。

接线图

输入端	
E 三个电流回路 A，B，C	注意箭头方向所提示的接线方向，L1→，N←
F 三个电压输入端	检测零线 N
H 交流和直流的辅助电源	L 和 N，L + 和 L− 或 I + 和 I − 的接头。
输出端	
K 直流电压和直流电流的模拟输出端	数值范围：DC ±10V，DC±20mA，正极输出电压接 K2,K4,K6,K8。K1 接机壳。
G 用于数字数据传输的二进制输出端	通过编程可设定二进制输出端。
接口	
J RS485 串行	RTU 模式 9 芯 D 分插头。
Z 以太网	TCP 模式数据传输速率 10/100 Mbt/s。

示波器

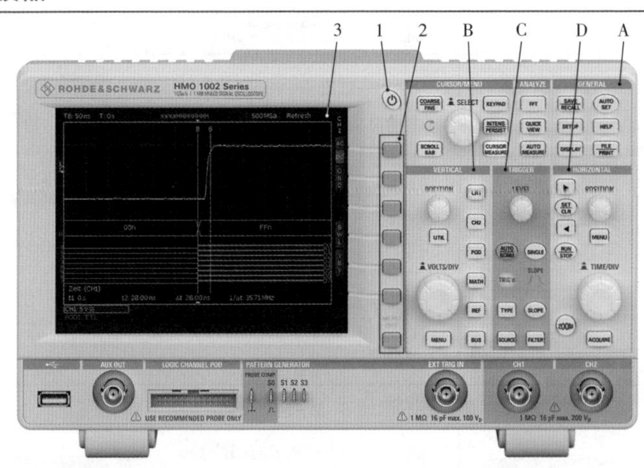

双通道数字式示波器 ©ROHDE & SCHWARZ

操作，操作范围

1 电源开关

2 操作区选择

3 软件菜单按钮（触摸屏）

A CURSOR/MENU, ANALYZE, GENERAL：分辨率，所示曲线参数显示，存储器功能等的轴编码器

B VERTICAL：模拟通道调节

C TRIGGER：触发器电平，自动模式 / 普通模式

D HORIZONTAL：触发器层级，触发器标志，Run/Stop 模式，表时基线，放大 – 缩小按钮

英语名称	德语名称	英语名称	德语名称
普通名称		**时基扫描，触发**	
AC	交流电压	$\overline{Y}$ und INVERT	倒置的输入端
CAL	校准	+/–	正 / 负波缘
CH(ANNEL)	通道	AUTO,AT	自由振荡
CHOP(PED)	双通道运行模式	DLY’DTRIG	延迟触发
DEFL(ECTION)	偏转	DLY–TIME	延迟时间
FOCUS	聚焦	EXT(ERNAL)	从外部
HOR(IZONTAL)	水平	HF/LF	高 / 低频率
ILLUM(INATION)	扫描亮度调节	INT(ERNAL)	内部，装置自身
INP(UT)	输入端	LEVEL	触发电平
INTENS(ITY)	亮度	MAINS,LINE	用电网频率触发
INVERT,INV	信号翻转	MODE	触发器信号种类
MAG(NIFICATION)	放大	NORM(AL)	普通触发
POWER(ON)	电源开关	SINGLE SWEEP	单次扫描
VOLT/DIV	各分单元电压	SLOPE	触发器信号上升
X–Y	XY– 运行模式	SOURCE	触发器信号源
Y–POS(ITION)	垂直移动	TIME/DIV	各分单元时间
		TRIG Ⅰ / Ⅱ	由通道 I/II 触发

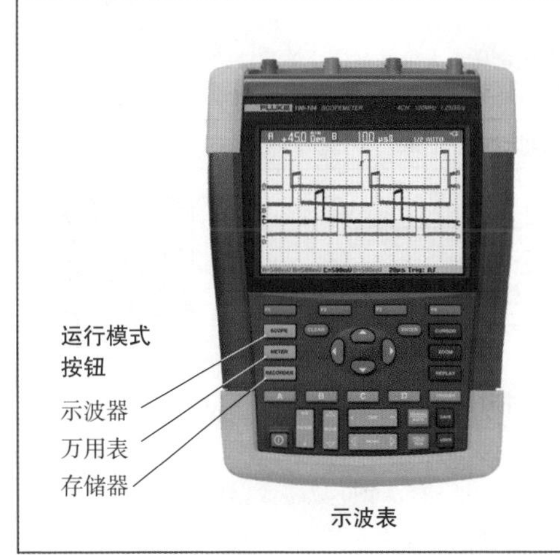

示波表

双通道示波器

· 输入灵敏度 2 mV/div ~ 100 V/div，

· 时基范围从 2 ns/div ~ 2 min/div，

· 2 个电气绝缘输入端

· 扫描速率最大至 2.5 G 次 /s，

· 分辨率 400 ps，

· 每通道存储 10000 次扫描，可放大，

· 触发器类型，例如：空转，单波缘，延迟，双波缘，可选脉冲宽度。

数字式万用表

· 分辨率 5000 数位，

· **V DC，V AC，V AC + DC，有效数值，电阻，通路，钳式电流表或电流表分流器**

Scope–Record（数据记录仪）

· 绘制最长达 48 小时的信号形式 – 信号值数据，

· 万用表模式下最多达 30000 个信号数值，

· 示波器模式下每通道最多达 10000 个信号数值，

示波表设计用于移动的、恶劣的和污损的环境下使用。它可直接测量 100V 以下的电压。

用示波器检测

电压检测

无 X 偏转

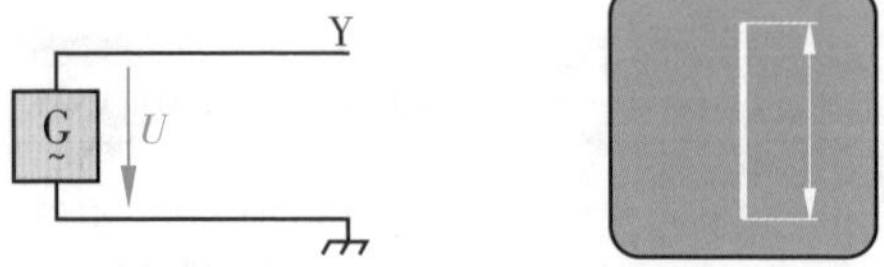

$\hat{u}$ 峰谷值电压
l 划线长度
A_Y Y 偏转系数
U 电压（有效数值）

$$\hat{u} = l \cdot A_y$$

$$U = \frac{\hat{u}}{2 \cdot \sqrt{2}}$$

1

电流检测（带辅助电阻）

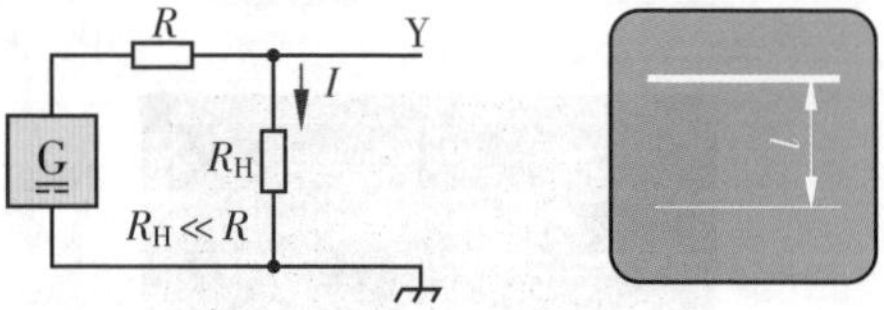

U 电压
I 电流强度
R_H 辅助电阻
A_Y Y 偏转系数
l 零线偏移长度

$$U = l \cdot A_y$$

$$I = \frac{U}{R_H}$$

2

用时基扫描检测频率

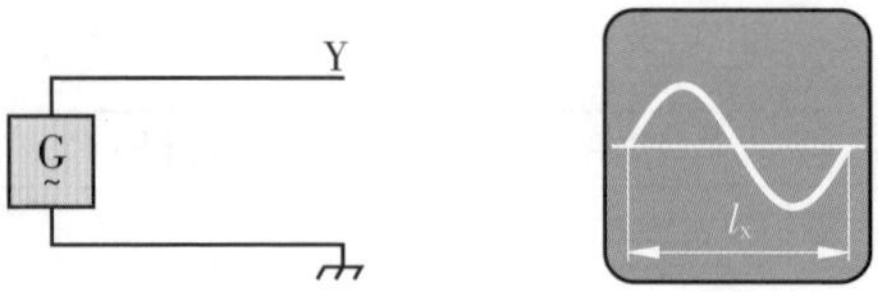

T 周期时长
l_X 间距，单位:cm 或 DIV
A_X 时基扫描系数，单位：s/cm 或 s/DIV
f 频率

$$T = l_x \cdot A_x$$

3

$$f = \frac{1}{T}$$

4

用双通道示波器检测相位差

举例：电容器 U 和 I 的相位差，$R_H \ll X_C$

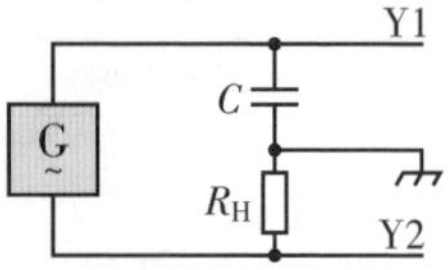

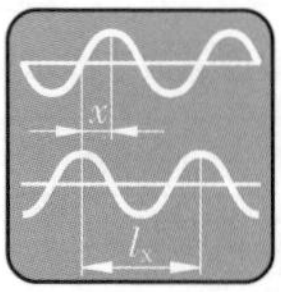

l_X 周期时长
采用无接地输出端的发电机。

$$\varphi = \frac{x}{l_x} \cdot 360°$$

5

二极管的 U（I）特性曲线

关断时基扫描

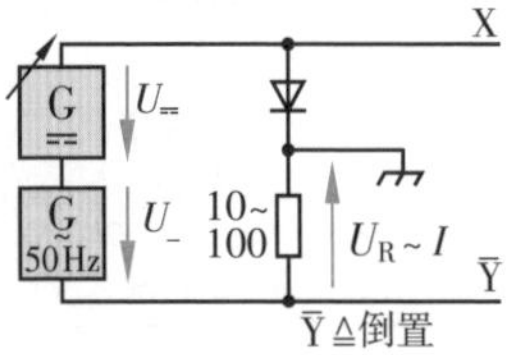

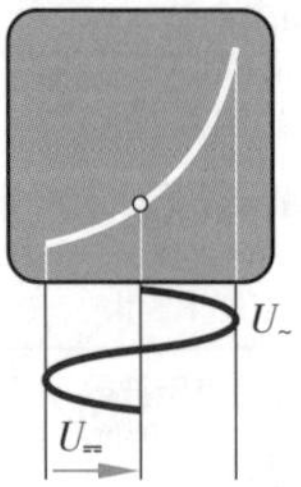

用 DC 偏压调出所需特性曲线片段。用分离变压器驱动示波器。

触发二极管的 U（I）特性曲线

关断时基扫描

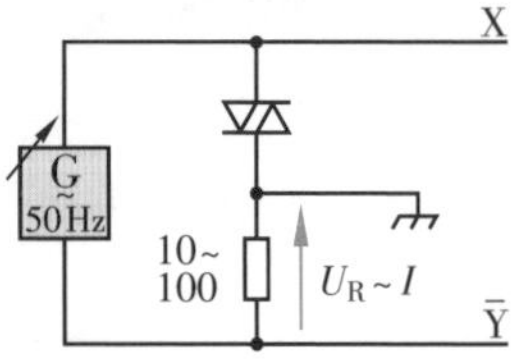

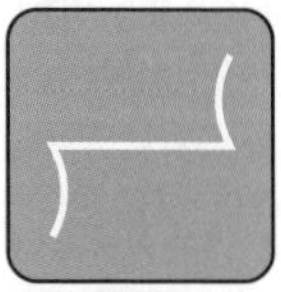

交流电压最大可升至该开关元件的接通电压。用分离变压器驱动示波器。

检测放大器脉冲上升时间

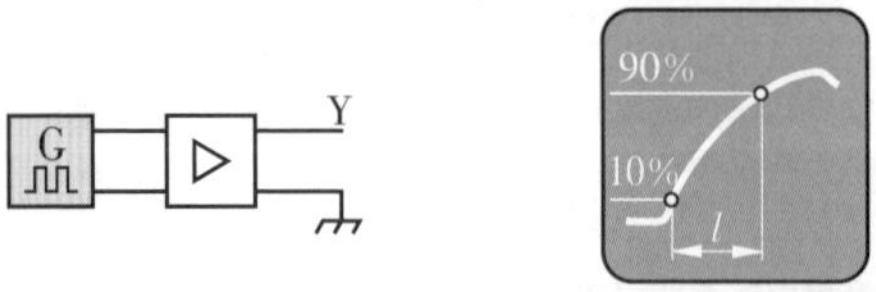

t_r 上升时间
l 长度，单位:cm 或 DIV
A_X 时基扫描系数，单位:s/cm 或 s/DIV

$$t_r = l \cdot A_x$$

6

检测脉冲占空率

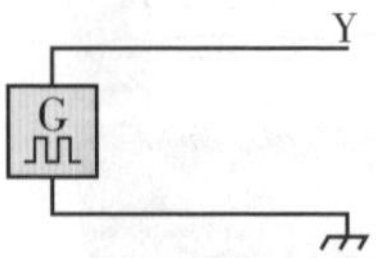

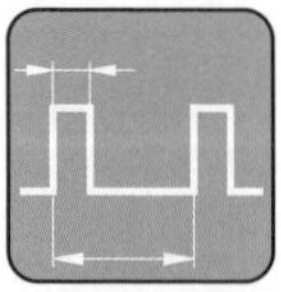

t 脉冲时长
l_1, l_2 间距，单位:cm 或 DIV
T 周期时长
A_X 时基扫描系数，单位:s/cm 或 s/DIV
g 占空率

$$t_r = l \cdot A_x$$

$$T = l_2 \cdot A_x$$

$$g = \frac{l_1}{l_1} = \frac{t_i}{T}$$

7

用 PC 采集检测值

检测值采集所需硬件

种类	解释	举例，数据
传感器（分别由不同的传感器元件和信号处理级组成）	将检测量转换成为一个电信号。	检测各种力的压电传感器。
信号－正常化处理	将信号处理成适宜在后续各级继续处理的形式。	制造零电位，放大，通过滤波器消除干扰影响，还有电压－电流转换。
PC 或数据采集模块的插卡 接头：PCI 总线，USB，RS 232，RS 485，CAN 总线	将已正常化处理的信号转换成可由 PC 继续处理的形式，例如位串。	AD 转换器将正常化处理的模拟信号数字化。
带模拟输入端和数字输出端的模块	带有例如 64 个模拟输入端的模块，这些输入端可通过例如乘法器和 AD 转换器施加给输出端。	各通道的字宽为 8～32 Bit。扫描速率最大为 500 MS/s。（S＝扫描）
多功能电子卡	带所有类型输入端和输出端的电子卡。	数值相当于一般电子卡的数值。
传统的检测装置	常见检测装置配有合适的接口，例如 USB 或 RS 232，可将其检测数值传输给 PC 的数据采集卡。	这类检测装置的运行一般独立于 PC（单独运行状态）。但其检测数值可随时由 PC 调用，采集和计算。

虚拟仪器（VI）

屏幕视图	解释
虚拟仪器（VI）的正面面板（用户界面）	PC 上有一个专用软件，它在检测装置的屏幕上生成一个正面面板视图（见左图）。 这里的开关和旋转头均可由鼠标操作。通过按钮（电脑按键）可改变参数。 已知的系统有： ·LabVIEW 和 ·DASYLab 在屏幕框图中设置任务（编程），并用托盘（例如操作元件托盘）转换进入正面面板。虚拟仪器（VI）由一块正面面板和框图组成。

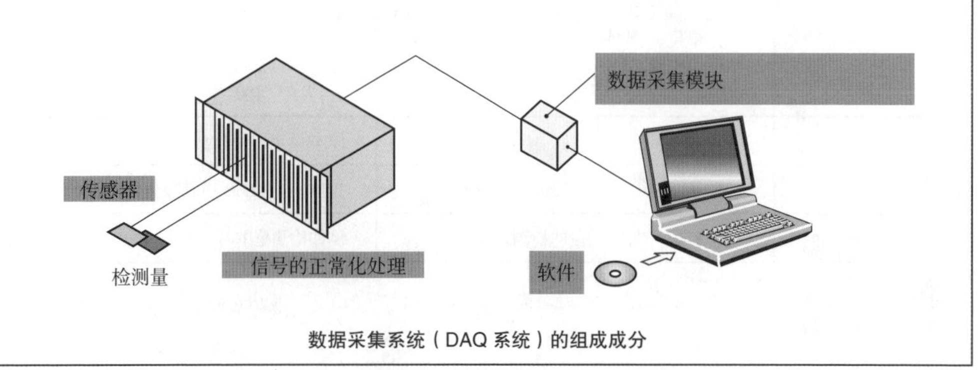

数据采集系统（DAQ 系统）的组成成分

PC 检测卡

检测卡的一般概念

概念	解释	附注，典型举例
AD 转换器，ADU，ADC	将模拟信号转换成数字信号的转换器。	并联式转换器具有极高的转换速率，其他的转换器为逐次求近型（SAR）。
带宽	可采集信号的频率范围	30 Hz ~ 200 MHz。但设定精度并不适用于这个范围。
CMRR	共模抑制比的英语缩写。 检测卡内运算放大器的特性值。	放大系数 1 时：70 dB
输入阻抗	可在检测卡输入端测到的视在电阻。	100 kΩ, 1 MΩ, 10 GΩ
输入通道	采集传感器检测数据的路径。	通道 8,12,16,24,32
调节时间	一个结果直至输出所需的运行时间	0.1 ms
外部存储器	位于数据采集卡外部的存储器	最大至 TB 范围
检测范围	用于设定精度的范围	–10 ~ + 10 V 和 0 Hz ~ 1MHz
内置存储器	装在数据采集卡的存储器	各型号不同，例如 4 GB
量化误差	至此为止的模拟信号量化时可能出现的误差	放大系数 1000 时最大 1% 或 0.1%
转换速率，扫描速率	每秒可执行的最大转换数量	最大至 500 kHz 或 500 kSPS = 500（每秒 500000 次扫描）

用 PC 检测的精度

概念	解释，举例	公式，数据
分辨率	检测范围可划分段落的数量。 12 Bit 卡的分辨率 $A = 2^n = 2^{12} = 4096$	分辨率 $A = 2^n$ **1**
分辨率，单位:Bits	与电子卡的位数具有相同意义	12Bit 卡的分辨率是 12 Bit.
分辨率，单位:Volt(伏)	用分辨率划分检测范围。检测范围 –5 ~ + 5 V 的 8 Bit 检测卡的分辨率 $A = A_V = B_M / 2^n = 10\ V/2^8 = 39\ mV$	分辨率 V $A_v = \frac{B_M}{2^n}$ **2**
输入精度，检测精度，绝对检测误差	数据单位不统一。数据可能采用 % + LSB 作单位，例如 0.24% + 1 LSB，或用 Bit 作单位，例如 + 2 Bits，或用 FSR（全部检测范围）作单位，例如 + 0.048%。所有这些举例的精度均相同。	数据单位 % + LSB: $F = B_M \cdot (f / 100 + 1/2^n)$ 数据单位 Bit: $F = 2\ (B_M/2^n)$ 数据单位 FSR: $F = B_M \cdot f / 100$
精度	参见输入精度	原本设定的是检测误差。
LSB	LSB 是英语缩写，意为最小数值的位	12Bit 卡的 LSB 指其数值为 $1/2^{12}$.
电压范围，输入范围	传感器信号电压所在的检测范围	例如检测范围时 –10 ~ + 10 V，则 $B_M = 20$ V。

A 分辨率，A_V 分辨率（V），B_M 检测范围，F 绝对检测误差，f 相对检测误差（%），n Bit 的数量（位数），SAR 逐次求近寄存器的英语缩写。

检测和检验技术的概念

概念	解释	概念	解释
响应阈值	检测装置可导致其输出量实际数值变化的输入量最小数值变化。	检测间隙	检测范围内初始值和最终值之间的差。
显示范围	最大与最小显示之间可遵守误差极限的范围。	检测的不精确性	未超过指定概率条件下的检测误差。
检定	根据检定规范对检测装置进行的官方检验。	检测值的反向间隙	检测时，下降和上升检测值之间的显示误差。
灵敏度	检测装置输出量的变化除以输入量的变化。	标准样件	可表达一个物理量的标准或已知数值的检测工具，使其可与其他检测工具的检测值进行对比。
干扰量	对检测量的错误影响。	检验	确定在多大程度上可满足一个受检对象的要求。
调节时长	输入量出现数值跃升变化后输出量数值在规定极限内持续保持的时间。	检验工具	用于求取满足对受检对象已设定要求的检测器具。
期望值	单个检测值的算术平均值接近的数值。		
精度	显示数值与实际数值的一致性程度。	参照条件	用于检验某检测器具或对比检测结果的规定条件。
精度等级	检测时检测范围最终数值的误差，单位:%。	标准值	用于对比的已知数值，其与实际数值的偏差可忽略不计。
滞后	如果 a) 从较小的到较大的数值和 b) 从较大的到较小的数值进行检测时，检测量相同数值的显示差。	正确性	无系统性检测误差的检测能力。
		可回溯性	在指定检测条件下检测结果的记录。
调节	对检测装置的调节和平衡，目的是使系统性检测误差最小化。	检测装置的反作用	检测装置对物理量检测的影响。
		适用	通过试验确认已满足所提出的要求。
校准	通过对比标准样件给出的检测值求取系统性检测误差。	实际值	在绝对无误差检测中所获取的检测值。
合格	满足规定要求。	可重复性	在相同工作条件（可重复生产）下对同一输入数值多次检测的检测结果的一致性程度。
线性	输出量对输入量稳定不变的关系。	可重复精度	检测装置在相同条件下对同一检测量多次检测时其输出信号仍保持几乎相同数值的能力。
非指示性量具	体现某个尺寸单位的检测器具，例如量规。		
尺寸偏差	一个检测获取的和检测量所配属的数值与实际数值的偏差。具体分为系统性（检测平均值减去检测量实际值），偶然性（检测结果减去检测平均值）和检测装置自身的检测偏差。		
检测范围	待测检测量的数值范围，对于该范围而言，检测装置的检测偏差处于规定极限偏差范围之内。		
检测稳定性	检测装置的一种能力，指其在相同条件下可持续提供相同的检测结果。		
检测量	待测的物理量。		
检测器具	检测装置，检测设备，参照材料，检测物理量的辅助工具。		

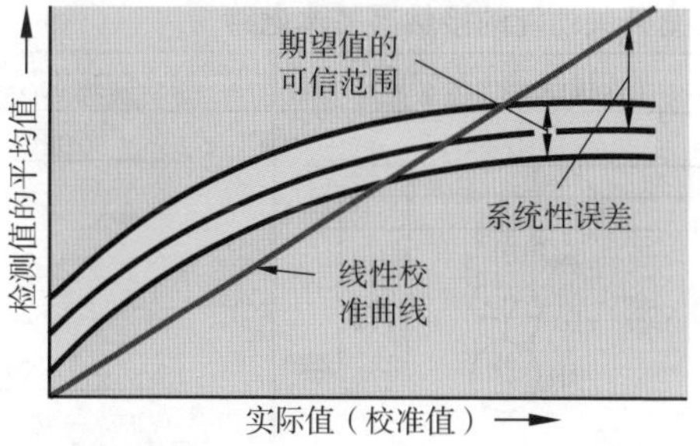

期望值的可信范围
系统性误差
线性校准曲线
检测值的平均值 →
实际值（校准值）→

系统性检测偏差（系统性误差）

电磁接触器

种类和作用方式

曲线图，电路图	解释	附注
□ 打开 ■ 关闭 接通 关断 1 3 5 13 21 31 43 2 4 6 14 22 32 44 接触器电路图	电磁接触器是电磁操作的遥控开关，由励磁线圈，移动式电枢，固定和移动式开关元件（触点）组成。 根据接触器种类的不同，开关元件的开关过程是分离或重叠的（见图）。接触器在主电路有三个触点间距 1-2，3-4，5-6，在辅助电路（控制回路）有多个辅助触点。	交流电接触器由交流电控制。直流电接触器由直流电控制。交流电控制产生交流声。直流电控制无噪声。电磁接触器采用用于交流和直流控制的宽电压范围电磁输入回路，也可由可编程序控制器实施直接控制。 辅助接触器是装有多个辅助触点的小型接触器，用于控制大接触器的励磁电流。
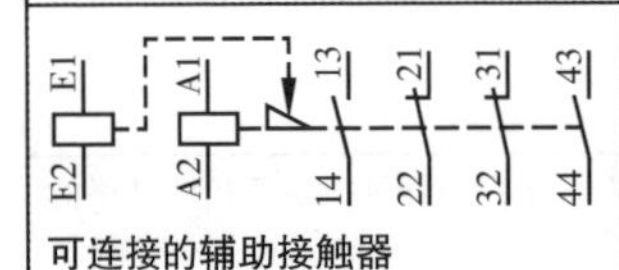 可连接的辅助接触器	连接的辅助接触器用于控制电压中断后仍保持原开关位置。控制电压恢复后它会机械式断开。	断开连接时必须给断开线圈 E1-E2 的接头施加电压脉冲。但一般可由手动操作按键断开连接。 www.siemens.de, www.eaton.net

开关元件的标记

（参照 EN 50012 和 EN 50013）

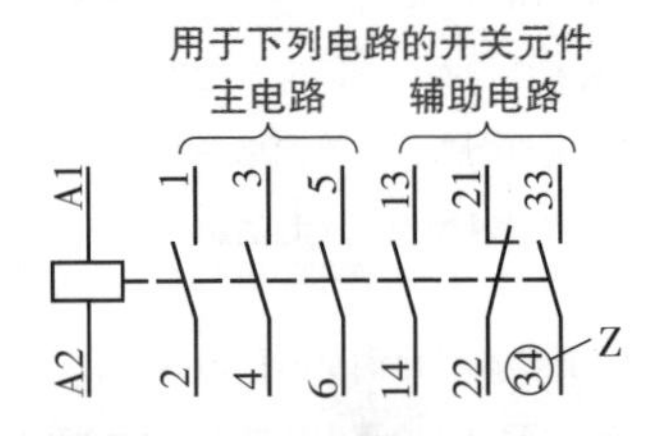

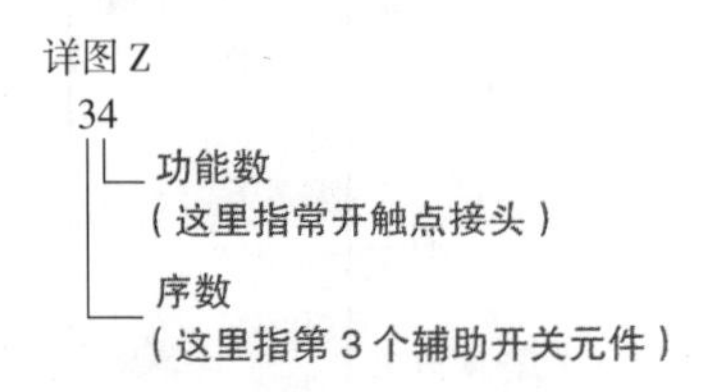

序数指辅助开关元件的编号。
功能数表明其任务。

接头	开关元件种类	带序数的接头	开关元件种类	带功能数的接头	开关元件种类
1～2 3～4 5～6	主电路开关元件（一般是常开触点）	1X,2X,3X··· 例如 11,12···	依序排列的辅助开关元件	Y1，Y2 Y3，Y4 Y1，Y2，Y4	常闭触点 - 辅助开关元件 常开触点 - 辅助开关元件 转换触点 - 辅助开关元件
两位数字，例如 11,21···	辅助开关元件，例如常闭触点输入端	9X 例如 95，96	过载保护装置的辅助开关元件	Y5，Y6 Y7，Y8	常闭触点 常开触点 } 特殊功能的辅助开关元件

具有开关功能的接触器基本电路

主电路，开关功能	辅助电路，开关功能	名称，附注
L1 L2 L3 50Hz 400V -F1 -Q1 -M1 M 3~ 2.1 2.2 $Y_{M1}=\overline{f}_1 \wedge q_1$	2.1 50Hz 230V -F2 -S1 -S2 -Q1 -Q1 2.2 $Y_{K1}=\overline{f}_2 \wedge \overline{s}_1 \wedge \left(s_2 \vee q_1\right)$	带吸持触点的接触器 操作 S2 接通 Q1。Q1 接通 M1 并通过吸持触点 Q1（常开触点）保持不变。操作 S1 关断 Q1 并由此关断 M1。这是接触器电路的常见基本电路。 基本电路的应用参见 241 页。

闭锁的接触器电路：两个接触器，其在启动线圈前与另一个接触器的常闭触点串联连接，例如转换保护继电器，见 241 页。

解锁的接触器电路（随动控制电路）：两个接触器，其在两个接触器之一的启动线圈前与一个常开触点串联连接。

接触器的驱动及其应用范围

接触器，电动机启动器和辅助电路开关的应用范围

范围	典型应用实例	范围	典型应用实例
AC-1	非电感式或轻度电感式负载，电炉	DC-1	非电感式或轻度电感式负载，电炉
AC-2	带启动和换向（转换旋转方向）的滑环转子电动机	DC-2	带启动和运行电机关断的他励电动机（分励电动机）
AC-3	带启动和运行电机关断的鼠笼转子电动机	DC-3	与 DC-2 相同的电动机，但添加了换向（转换旋转方向）以及点动运行模式
AC-4	带启动，换向（转换旋转方向）以及点动运行模式的鼠笼转子电动机	DC-4	带启动和运行电机关断的串励电动机
		DC-5	带启动，换向和运行电机关断的串励电动机
AC-11	电磁铁，例如夹具或电磁起重机	DC-11	电磁铁，例如夹具或电磁起重机

电磁接触器的驱动

驱动	解释	附注
传统的 AC 驱动	由交流电磁铁驱动。接通时电磁系统空气间隙很大。→ 小阻抗 → 大接通电流 → 急速吸合。吸合后空气间隙极小。→ 大阻抗 → 小保持电流 → 小保持功率。磁铁芯内装有一个分割磁极环。→ 分割磁极环内的感应电流与线圈电流有相位差 → 在线圈电流为零时仍有磁作用 → 保持力更好的稳定性。 **优点：** 结构简单 **缺点：** 交流声，接通时有冲击，电磁线圈电压范围窄。	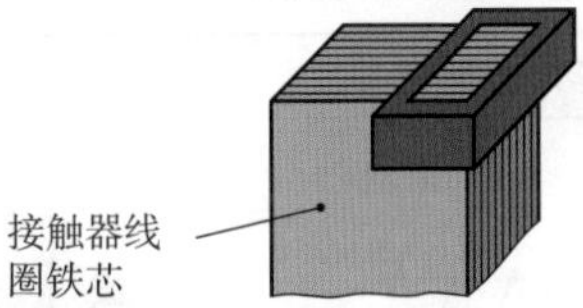 接触器线圈铁芯 **分割磁极环的排列** 传统的交流电驱动应用最为广泛，但已常被新型设计取代。
传统的 DC 驱动	由直流电磁铁驱动。接通电流由于感应上升缓慢。→ 吸合柔和。吸合后，线圈电流因电阻而变小（见图）。→ 小保持电流和小保持功率。 **优点：** 无交流声，几乎没有接通冲击。 **缺点：** 要求配置辅助触点和电阻，电磁线圈电压范围窄。	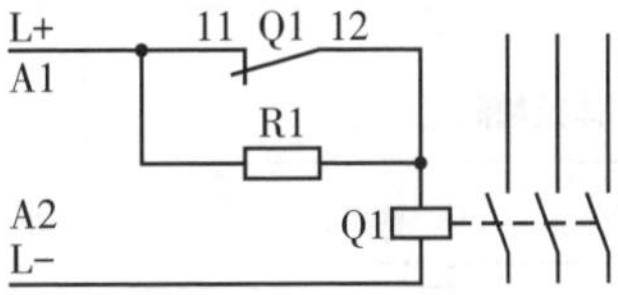 L+ A1 11 Q1 12 R1 A2 L− Q1
传统的 UC 驱动	由连接二极管桥式电路的直流电磁铁驱动（见图）。其作用与直流电驱动相同。若连接桥式电路的是直流电压，该电路可任意极化。 **优点：** 驱动与直流电相同，控制与交流电相同。	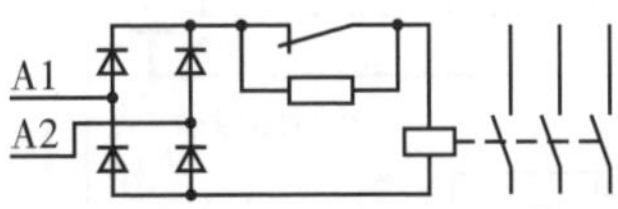 A1 A2
电子式驱动	在直流驱动线圈前设置一个电子电路，它采用电网电源放大控制电压并调节线圈电流（见图）。直流电驱动中电阻使电流变小的方法已属多余。驱动电路的小控制功率可使它直接连接可编程序控制器或小型控制系统。	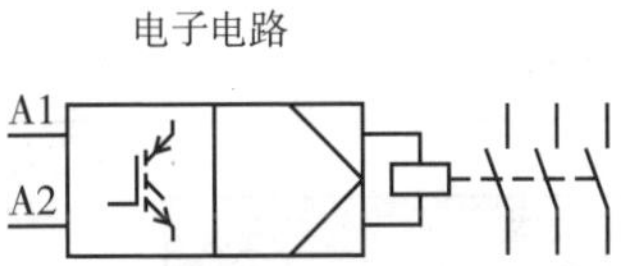 电子电路 A1 A2
宽范围驱动	结构与上文所述的电子式驱动相同。但在电子电路中扩展了一个宽范围级，几乎可以任意高的输入电压在此产生一个用于电磁线圈的输出电压。原则上，宽范围级由整流桥和用于调制脉冲宽度的可调直流变换器组成。	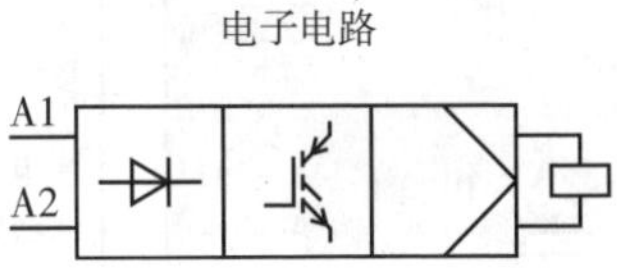 电子电路 A1 A2

AC 交流电，DC 直流电，UC 通用电流

真空接触器，半导体接触器

原理，视图	解释	附注
真空接触器		
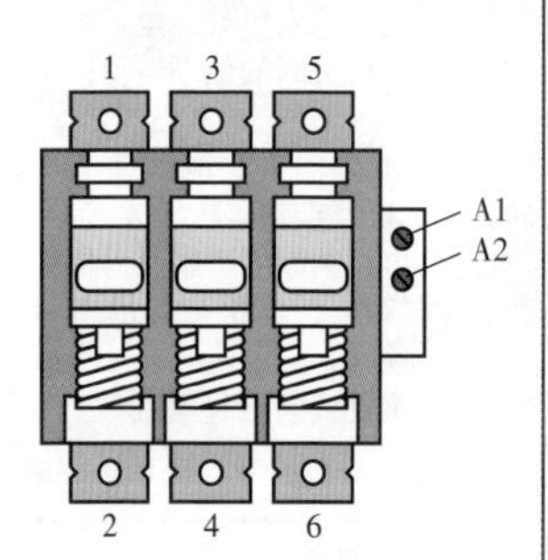 **摘去盖板的真空接触器视图**	驱动： 电磁；通用电流接触器线圈（AC或DC）；罕见电子式（预接通电子电路）。 负载数据：3 AC 400 V，根据不同型号从186～820 A。不适用于DC。 控制电压：DC 24～250 V，AC 48 V至600 V。 各极的主触点在气密真空开关管内运动。由此在关断时不会产生光弧，并在后续的方向变换时切断电流。过压断路器限制开关过电压。	1 运动导体 2 波纹管 3 真空 4 吸气剂（与压入的空气结合） 5 运动触点 6 位置显示窗 7 固定触点 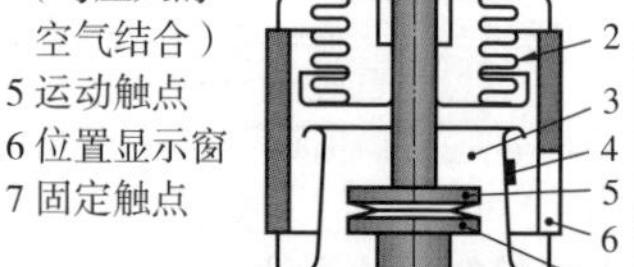 **真空接触器某极的真空开关管**
半导体接触器		
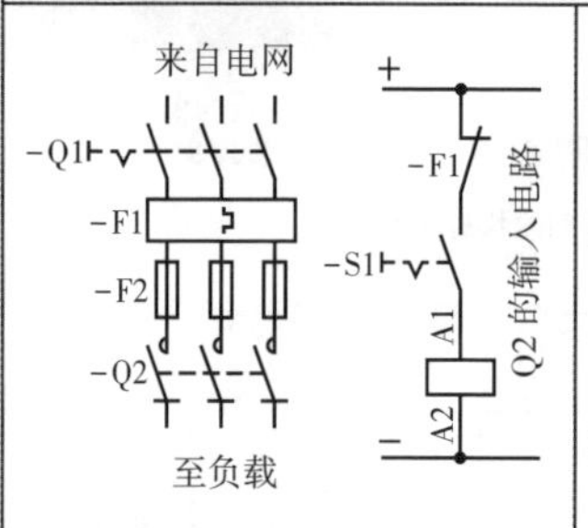 **半导体接触器电路图**	半导体接触器的优点： 开关无噪声。 半导体接触器的缺点： 不能与电网安全分离，必须配装分离的开关。 高温升一般均要求冷却体。 辅助：电磁旁路接触器。 过流敏感时要求Z型熔断器，一般要求配装分离的双金属继电器。	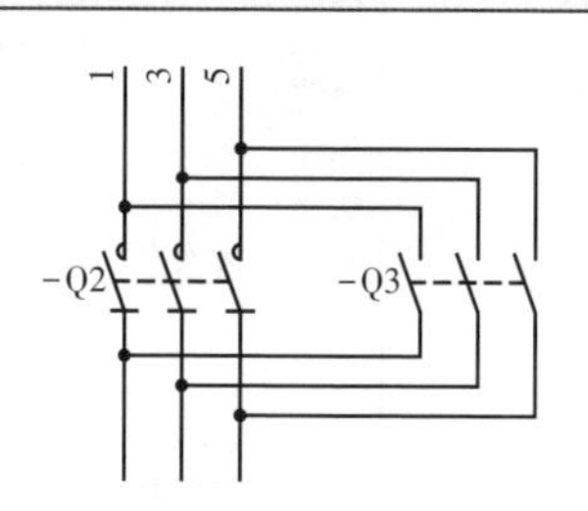 **无转换保护继电器功能的旁路接触器电路**
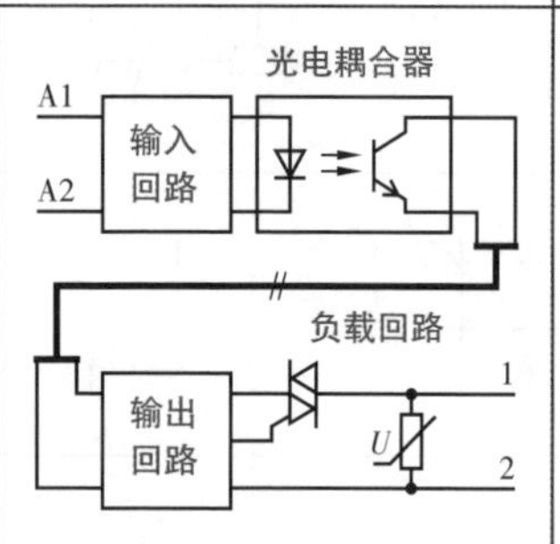 **半导体接触器组件**	输入回路用于匹配控制信号，例如通过AC信号整流器。 光电耦合器用于控制电压的电位分离。 输出回路产生用于最多达六个晶闸管的负载回路控制电压，从而在零电压时加入负载电流（零位开关）。 负载回路用于通过晶闸管控制负载。内置的过压断路器保护负载。	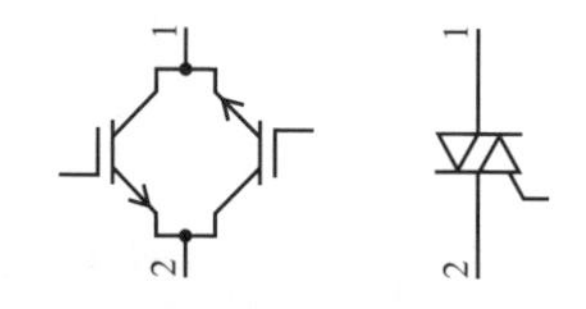 **半导体接触器每极的功率部分** 接触器的每一极通过晶闸管单相双向接线法或在小功率时通过三端双向可控硅开关控制负载电流的一个相。
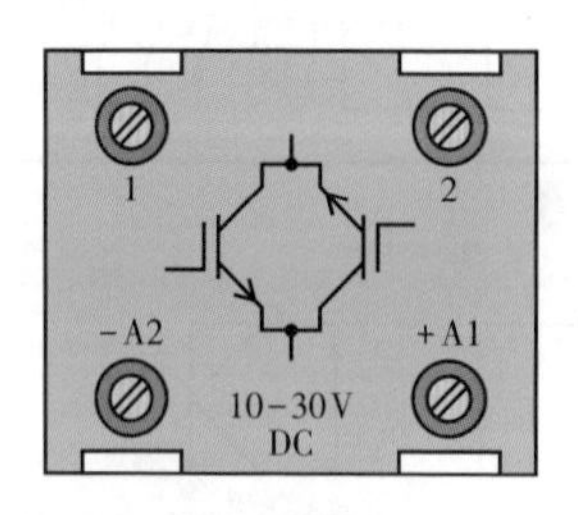 **单极半导体接触器视图**	负载数据：3AC 400 V/230 V，至50 A。 控制电压：DC或AC，从10～240V。 冷却体，小功率例如0.55 kW时不需要。 单极半导体接触器，例如用于控制单相电流。 双极半导体接触器，用于控制三相交流电，也可添加两个双向控制元件用作换向保护继电器。 三极半导体接触器用于控制三相交流电。	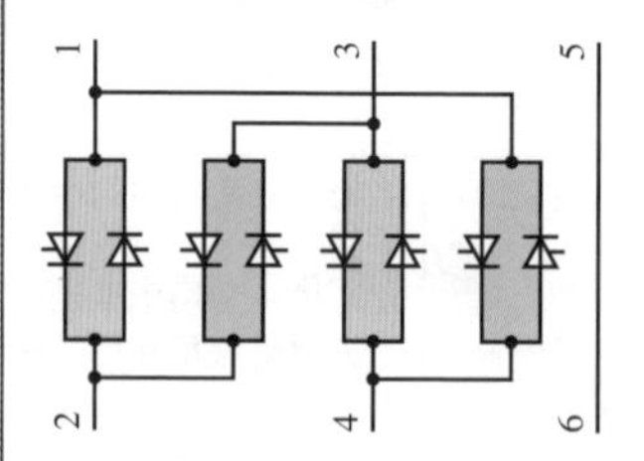 **三相交流电驱动机构的双极半导体接触器电路，用作换向保护继电器**

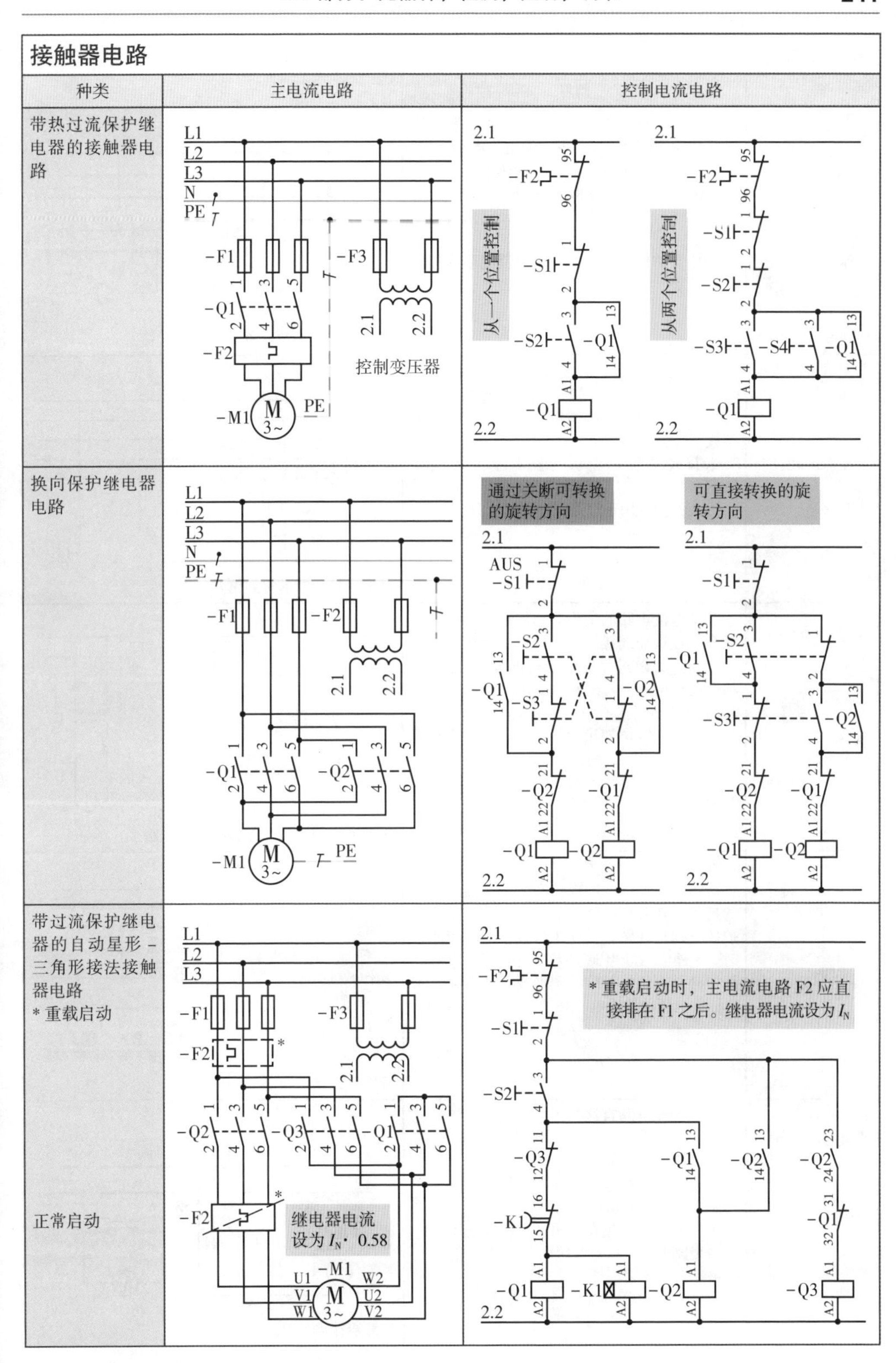
接触器电路
种类
主电流电路
控制电流电路
带热过流保护继电器的接触器电路
L1
L2
L3
N
PE
-F1
-F3
-Q1
-F2
-M1
M
3~
PE
2.1
2.2
控制变压器
从一个位置控制
从两个位置控制
95
96
-S1
-S2
-S3
-S4
13
14
A1
A2
换向保护继电器电路
通过关断可转换的旋转方向
可直接转换的旋转方向
AUS
-Q2
21
22
带过流保护继电器的自动星形－三角形接法接触器电路
* 重载启动
正常启动
* 重载启动时，主电流电路 F2 应直接排在 F1 之后。继电器电流设为 I_N
继电器电流设为 I_N· 0.58
-Q3
-K1
U1
V1
W1
W2
U2
V2
23
24
31
32
15
16
11
12

辅助电路

参照 DIN VDE 0100-557

概念	解释	电路
辅助电流电路 电源 变压器	辅助电流电路不是主电流电路。控制电流电路和检测电流电路均属辅助电流电路。 辅助电流电路的电源是 AC 50 Hz 最大 230 V，AC 60 Hz 最大 240 V 或 DC 最大 220 V。一般电源来自主电流电路，直流时来自整流器。 变压器的作用是达到与主电流电路的理想分离状态。SELV 或 PELV 中必须是安全变压器。	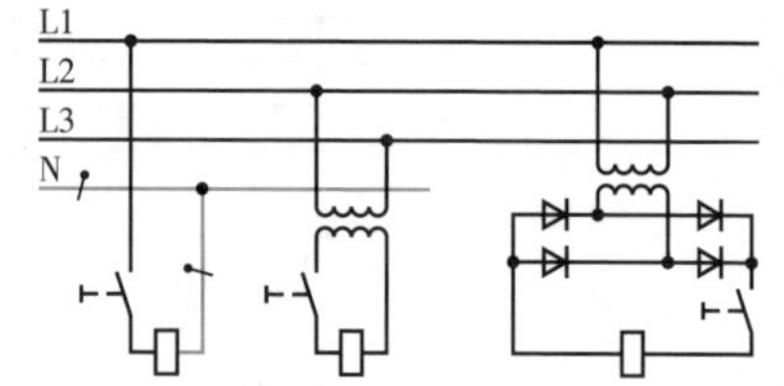 辅助电流电路的电源
与主电流电路的分离 过流保护装置	三相交流电源时，变压器必须在输入端（初级端）接入两根相线。与主电流电路无分离的辅助电流电路必须接入一根相线和一根零线。 未接地的辅助电流电路要求绝缘监视装置。 过流保护仅用于短路保护。	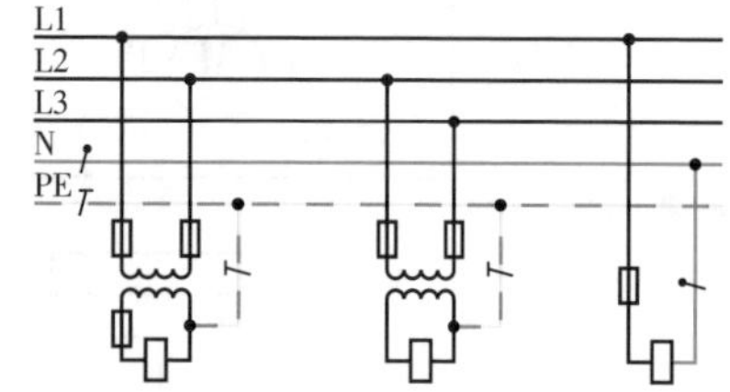 过流保护装置的排列位置
接通 关断 有效元件，例如接触器线圈	辅助电流电路的结构必须使它在单根导线断开、接机壳或接地时仍处于安全状态，例如关断，或跳过上述任何一种情况。因此，辅助电流电路由常闭触点关断，由常开触点接通。 有效元件，例如接触器线圈，在一边直接（无开关元件）与接地导线连接。IT 系统中，有效元件允许连接两根相线。而相线由双极开关元件接通。相线用于短路保护。	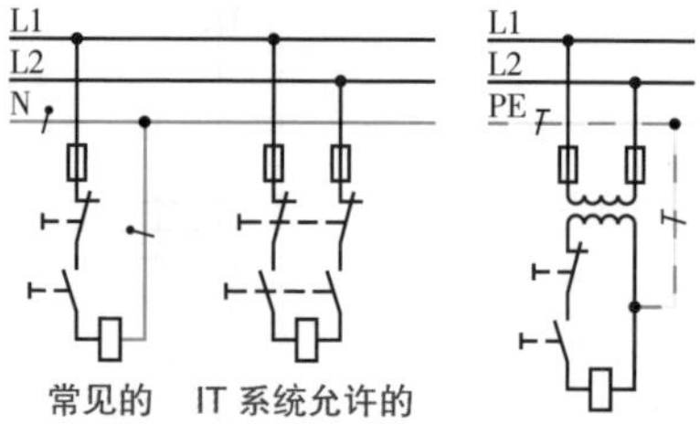 常见的　IT 系统允许的 按键的排列位置（无保持电流电路）
双连接 （接机壳，接地）	即便双连接状态下，辅助电流电路也必须进行防止错误接通的保护，例如无接通信号的接通。在接地的辅助电流电路中由过流保护装置担任此责，它在 1 根接机壳或接地线时，5 秒内关断电源。无接地的辅助电流电路中必须有绝缘故障的图形或声音报警。每 V 标称电压的绝缘电阻必须至少达到 100Ω。	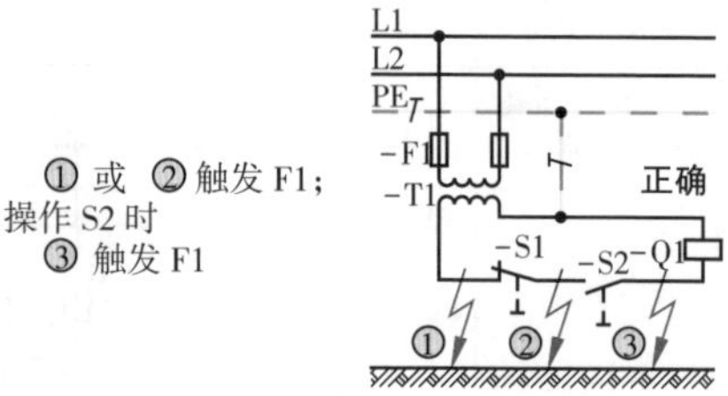 ① 或 ② 触发 F1；操作 S2 时 ③ 触发 F1 正确 接地阻止错误接通
检测电流电路 直接检测 互感器检测	检测电流电路直接与主电流电路连接时需使用 · 过流保护装置实施短路保护或 · 短接安全和接地安全布线，例如护套导线不允许敷设在可燃物附近。 电压互感器必须在输出端（次级端）接地并做短路保护。电流互感器则不需短路保护，低电压时也不需接地。	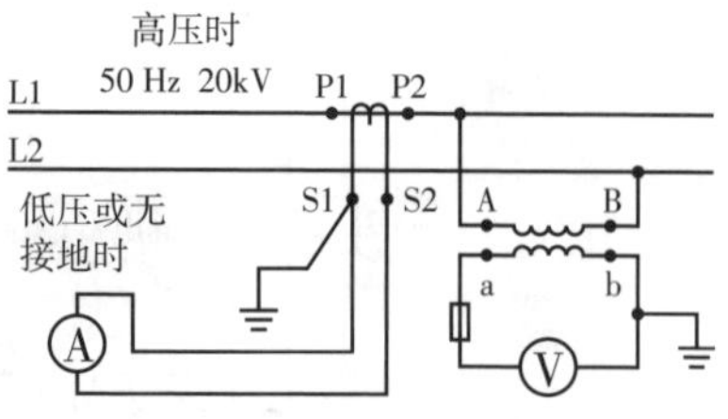 高压时 50 Hz 20kV 低压或无接地时 互感器检测

带电机保护开关的接触器电路

主电流电路	控制电流电路

带电机保护开关的手动星形 – 三角形接法启动电路

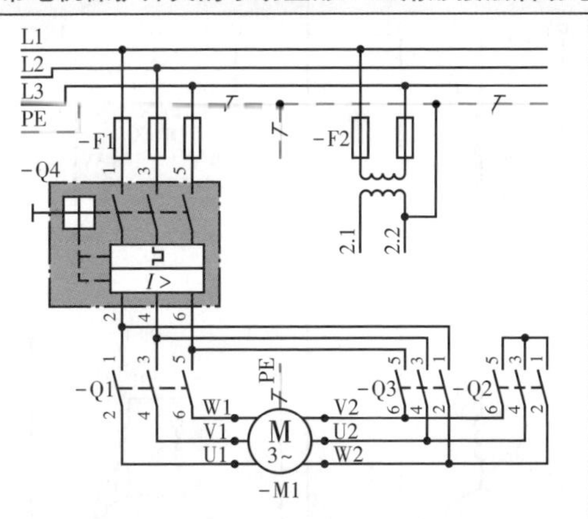

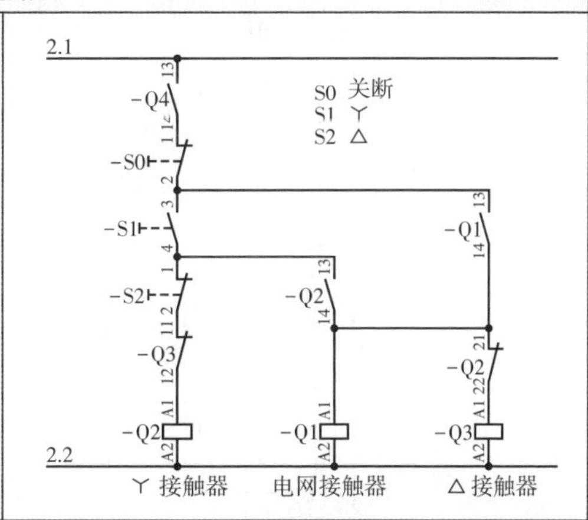

带电机保护开关的达兰德电路

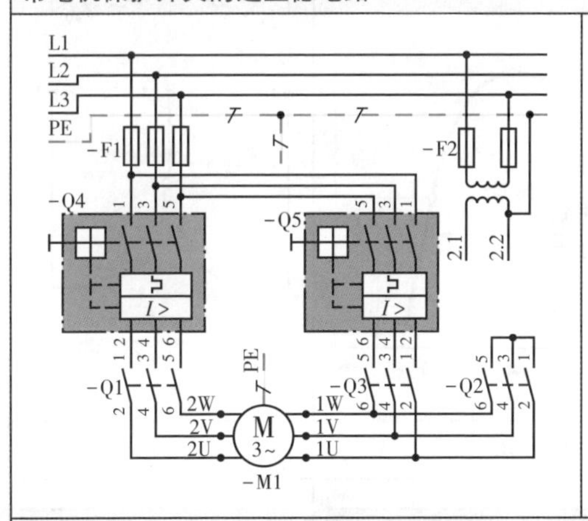

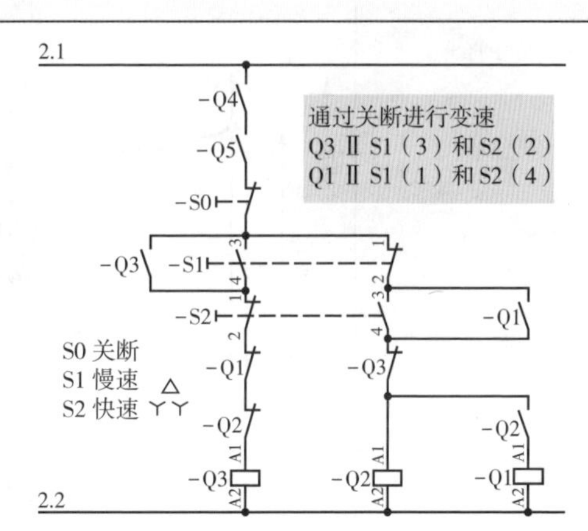

带电机保护开关的滑环转子 – 自启动电路

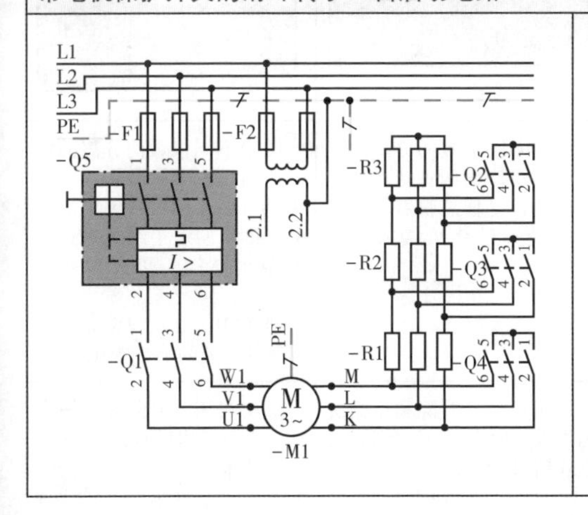

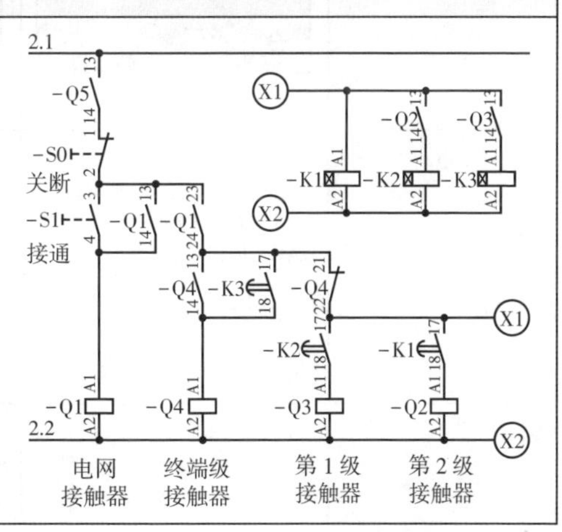

可换极三相交流电动机

电动机种类	达兰德电动机	双分离绕组和双速电动机	双分离绕组和三速电动机
右旋接法	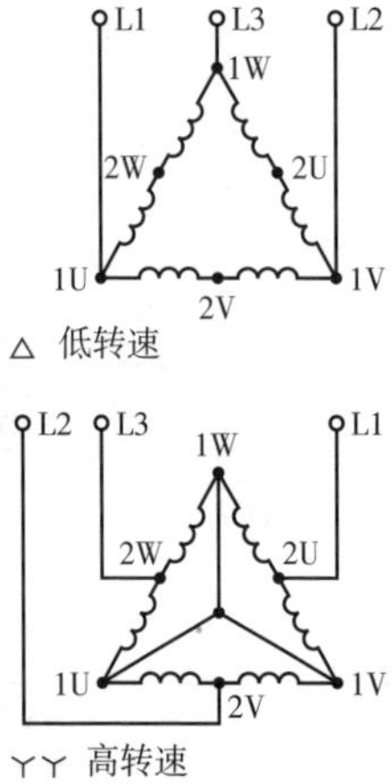 L1 L3 L2 1W 2W 2U 1U 2V 1V △ 低转速 L2 L3 1W L1 2W 2U 1U 2V 1V YY 高转速	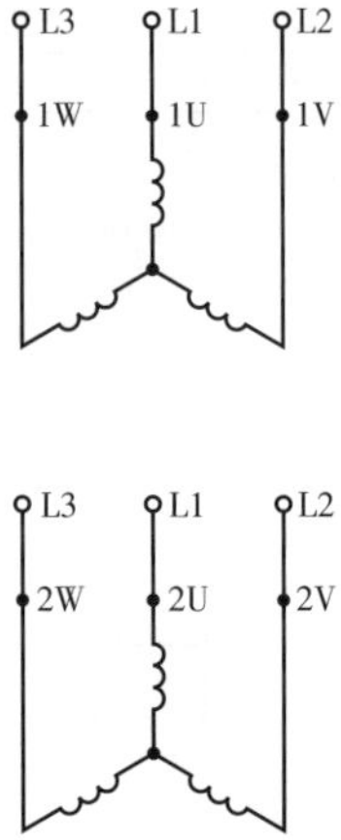 L3 L1 L2 1W 1U 1V L3 L1 L2 2W 2U 2V	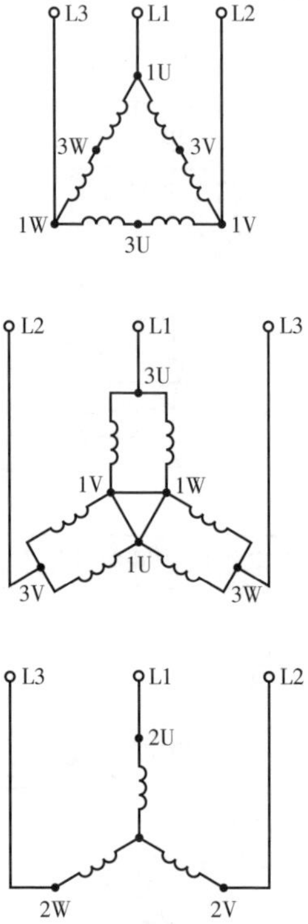 L3 L1 L2 1U 3W 3V 1W 3U 1V L2 L1 L3 3U 1V 1W 1U 3V 3W L3 L1 L2 2U 2W 2V
转矩特性曲线	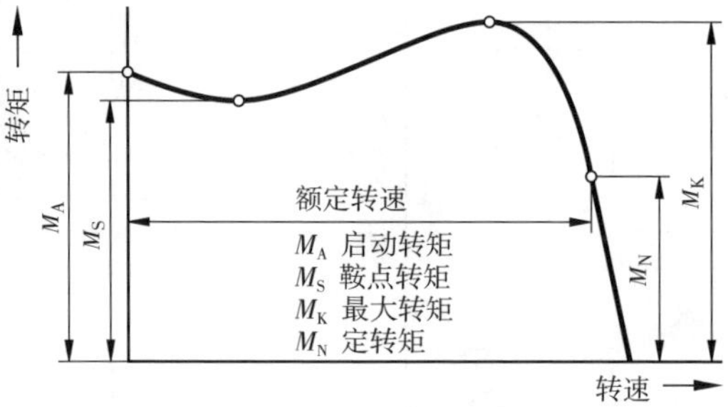 转矩 转速 M_A M_S 额定转速 M_N M_K M_A 启动转矩 M_S 鞍点转矩 M_K 最大转矩 M_N 定转矩		
转换旋转方向	更换三根接线中的两根可改变旋转磁场的旋转方向，从而改变转子的旋转方向。		
电动机端子板接线	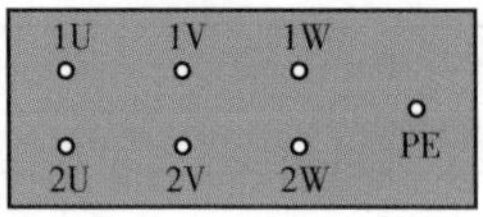 1U 1V 1W PE 2U 2V 2W	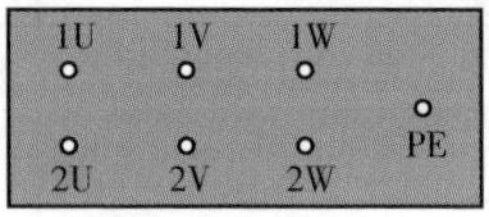 1U 1V 1W PE 2U 2V 2W	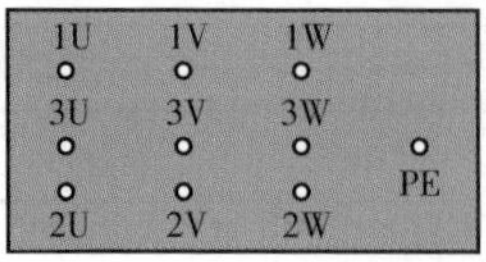 1U 1V 1W 3U 3V 3W PE 2U 2V 2W
三相异步电动机特性	三相异步电动机仅能以两种比例为 1 : 2 的转速运行。 达兰德电路通过极数等分使转速加倍。	两个不同极数的分离的定子绕组可产生两种转速，其比例可以是任意整数。只有所需转速的绕组接入工作电压。	两个不同极数的分离的定子绕组可产生三种转速。接头为 1U，1V，1W，3U，3V，3W 的定子绕组是达兰德绕组结构，可产生两种转速。 接头 2U，2V，2W 属于带有第 3 转速的第 2 绕组。
应用	两种基本转速（慢速和快速）的加工机床（车床和铣床），两级风扇驱动。	加工机床，升降和运输机构，大型厨房设备，传送带，立式钻床。	加工机床，升降和运输机构，大型厨房设备，传送带，立式钻床。

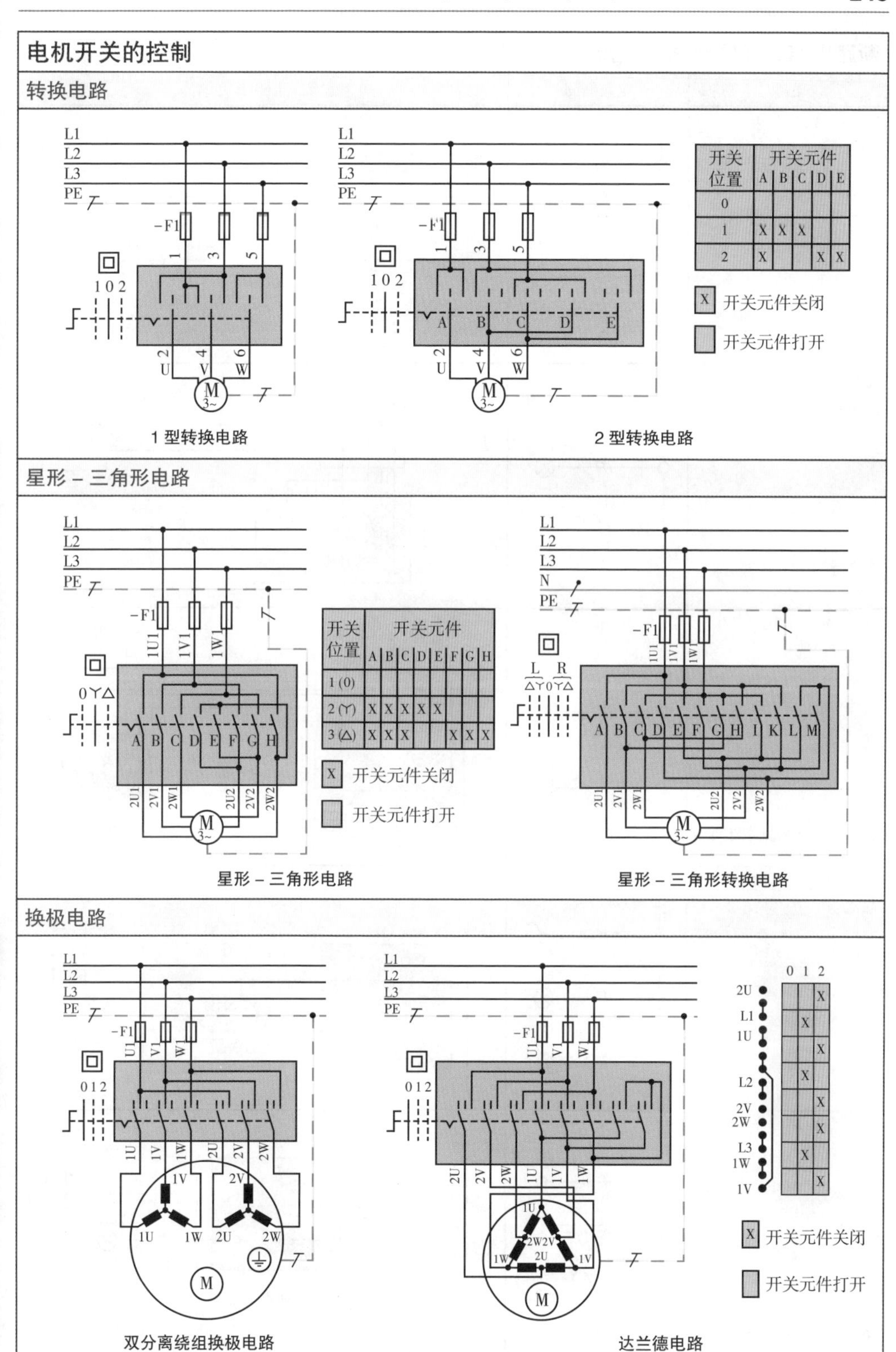

开关位置	开关元件 A	B	C	D	E
0					
1	X	X	X		
2	X			X	X

开关位置	开关元件 A	B	C	D	E	F	G	H
1 (0)								
2 (Y)	X	X	X	X	X			
3 (△)	X	X	X			X	X	X

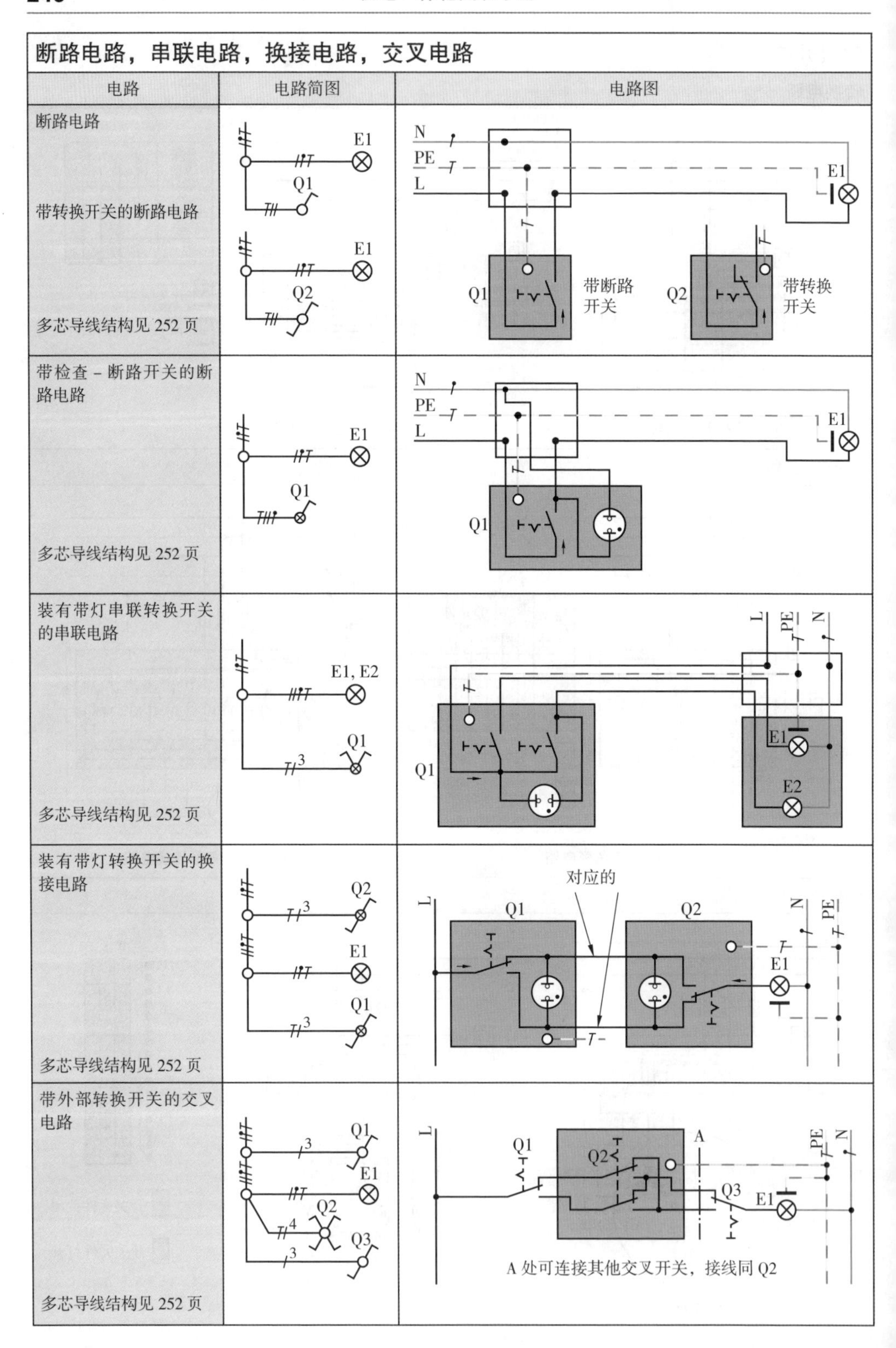

断路电路，串联电路，换接电路，交叉电路

电路	电路简图	电路图
断路电路 带转换开关的断路电路 多芯导线结构见 252 页	E1, Q1, E1, Q2	N, PE, L, E1, Q1, 带断路开关, Q2, 带转换开关
带检查 – 断路开关的断路电路 多芯导线结构见 252 页	E1, Q1	N, PE, L, E1, Q1
装有带灯串联转换开关的串联电路 多芯导线结构见 252 页	E1, E2, Q1, 3	L, PE, N, Q1, E1, E2
装有带灯转换开关的换接电路 多芯导线结构见 252 页	Q2, E1, Q1, 3	对应的, L, Q1, Q2, N, PE, E1
带外部转换开关的交叉电路 多芯导线结构见 252 页	Q1, E1, Q2, Q3, 3, 4	L, Q1, Q2, A, PE, N, Q3, E1 A 处可连接其他交叉开关，接线同 Q2

脉冲电路

建筑物安装电路

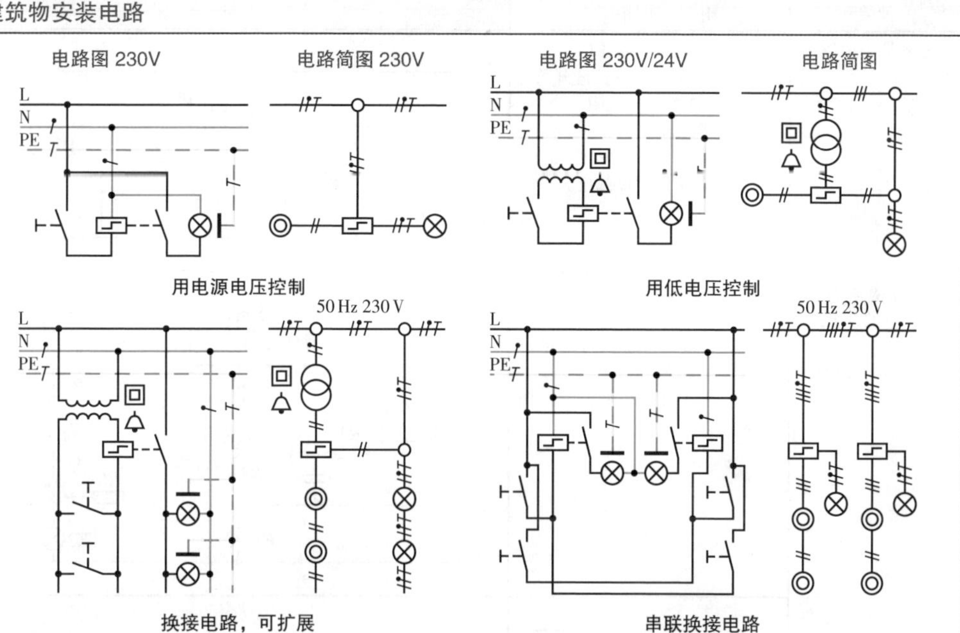

组合强电设备和弱电设备

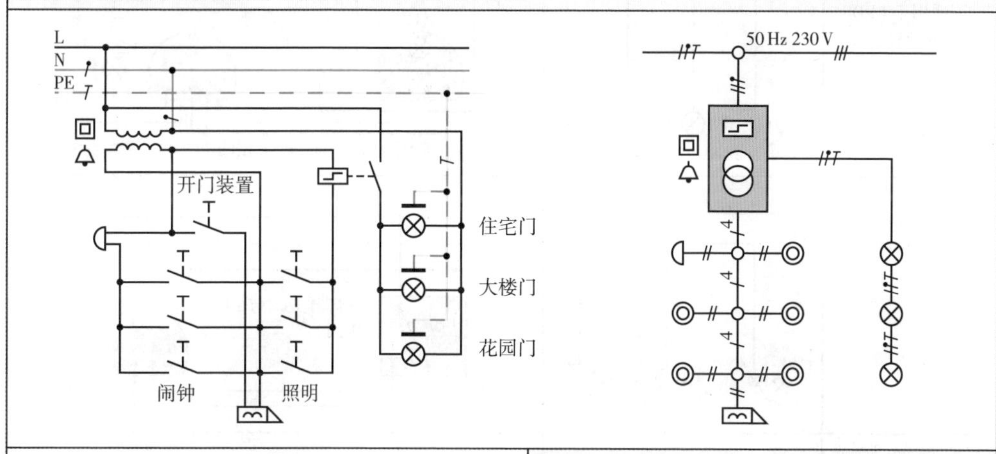

举例：一个使用四芯导线的换接电路。应允许在任何一个开关下装一个插座。

解决方案：采用脉冲开关和按键。

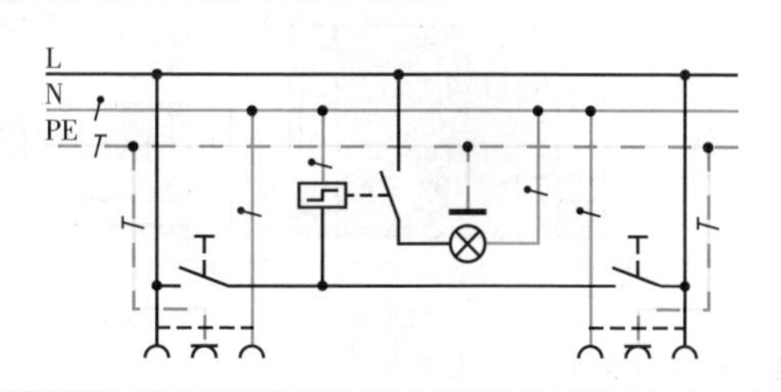

脉冲开关数据

开关功率	AC 250 V 的工作触点 10 A 辅助触点 1 A		
控制电压	AC 8V	AC 24V	AC 230V
控制电流	380 mA	140 mA	15 mA
接通时长	100%		
工作范围	AC 6 V ~ AC 230 V（3.5 VA） DC 1.6 V ~ DC 60 V（2W）		

传统灯具变光调节

种类	附注，电路简图	电路
变光调节电路原理 不适用于 LED	R3 触发二极管（Diac） Q1 三端双向可控硅开关 R1 C1 的充电电阻 R2、C2 阻止开关滞后的网络根据对 R1 的设定出现系统性相位截止。	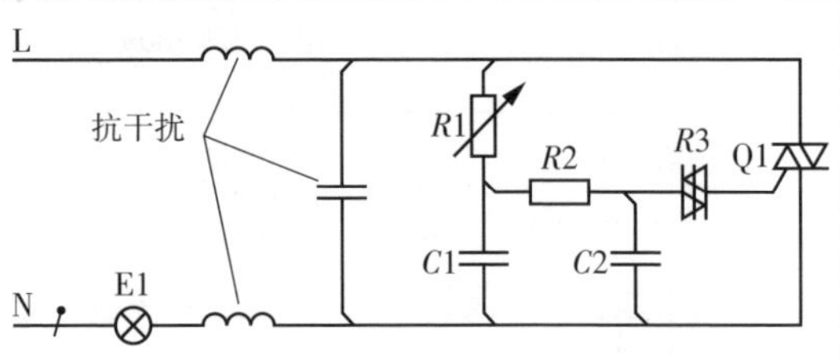
带功率附加件（内部电路）的变光调节 不适用于 LED	白炽灯负载的变光调节额定功率为 300～1000 W。 如是 4 接头端子，可连接一个功率附加件。 基本有效负载必须至少达到 20 W。	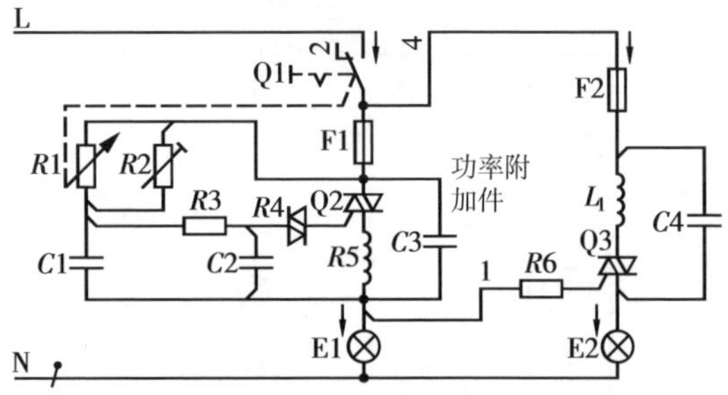
带功率附加件（变光器照明）的变光调节 不适用于 LED （参见 252 页）	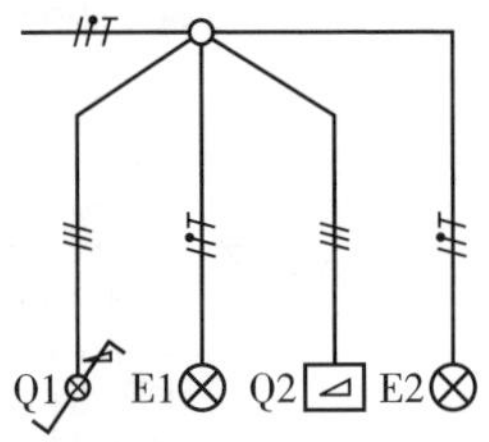	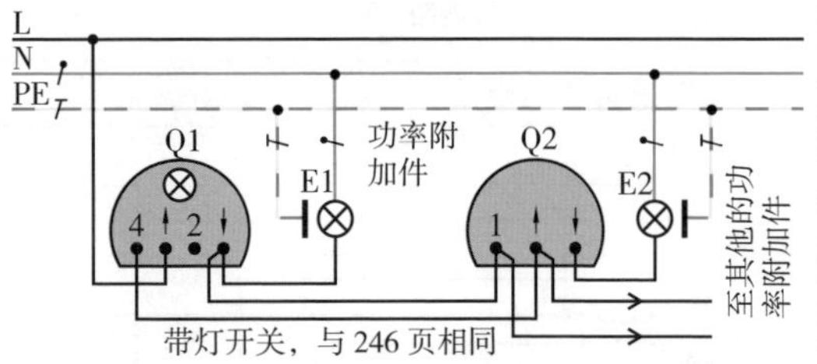
装有带灯转换开关和带灯变光调节器的换接电路 不适用于 LED （参见 252 页）	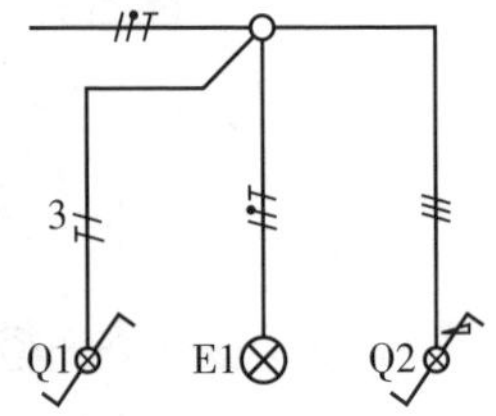	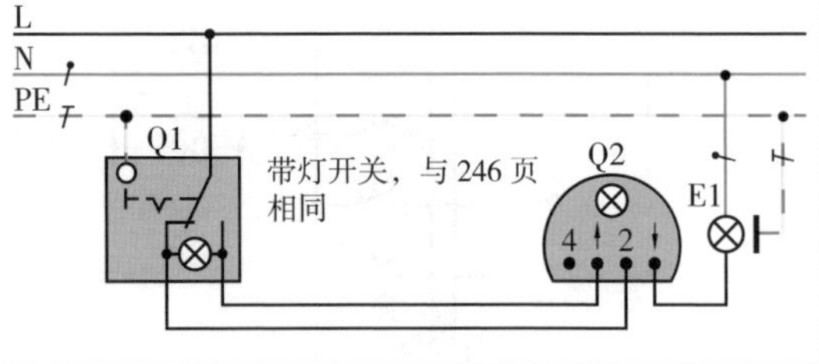
连接可调光 EVG（前置电子装置）的荧光灯电路 （参见 252 页）	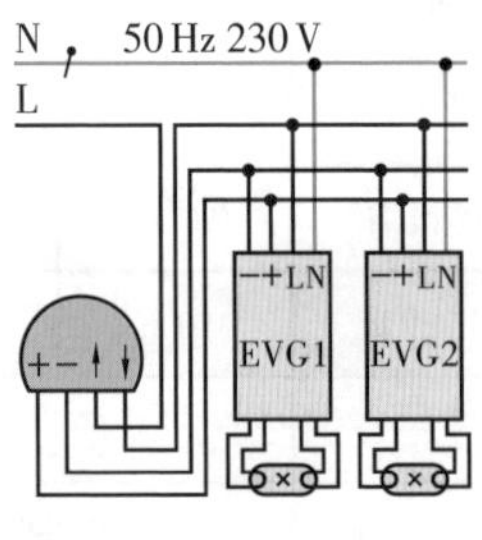 带所调电子电位器的电路	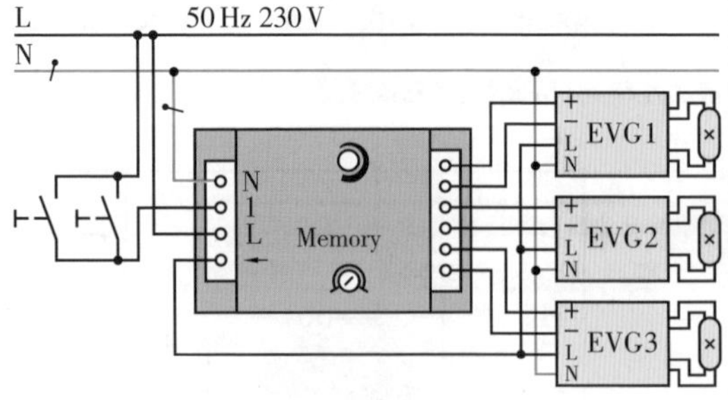 连接 1V～10V 控制电压的控制单元

LED 光源变光调节

概念	解释	附注，数据
正向电流 I_F 光流 Φ_V $\Phi_V \sim I_F$ 门限电压	如果通过 LED 的是正向电流 I_F（通向电流），将产生光流 Φ_V。 LED 运行时，光流 Φ_V 与正向电流 I_F 成比例关系。 根据 I–U 特性曲线，与白炽灯相反，I_F 至少从例如 0.7 V 门限电压起才陡然上升。所以 LED 的变光调节要求严格。	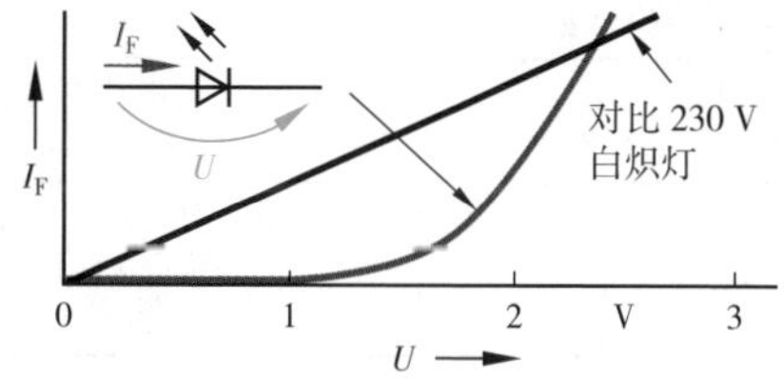 **光源的 I–U 特性曲线**
控制光流 Φ_V 模拟控制 脉冲宽度调制 PWM	变光调节时控制 LED 的 I_F，使光流 Φ_V 也变化。 Φ_V 的模拟控制有两种途径，通过 I_F 或通过脉冲频率 100 Hz 至 1 kHz 的 I_F 和 Φ_V 脉冲宽度调制 PWM。	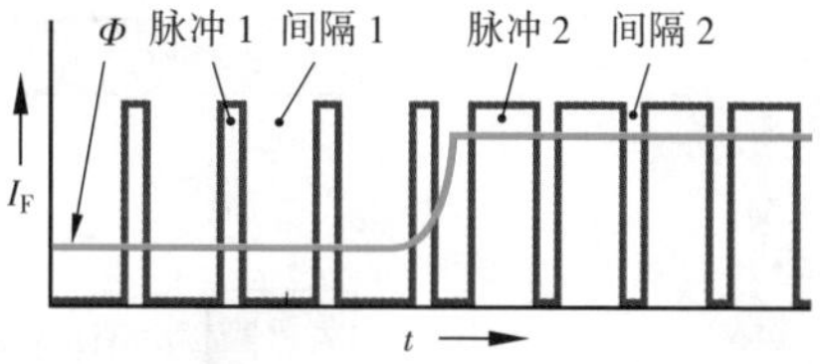 **脉冲宽度调制**
改型 LED 的变光调节兼容性	230 V 和 50 Hz 的改型 LED 灯可通过 LED 稳压电源的调节进行传统变光调节。	可调光灯均标有“可调光”。检查变光调节器与灯是否匹配（兼容性）。
LED 通用按键调光器 脱离 调光类型 自动设定	LED 通用按键调光器可转换至光源调光类型。 左图所示不适用于脱离（分离）。 所以在装置工作前或在电路旁必须关断电路。操作（4）设定调光类型。也可自动设定并用彩色 LED 进行显示。	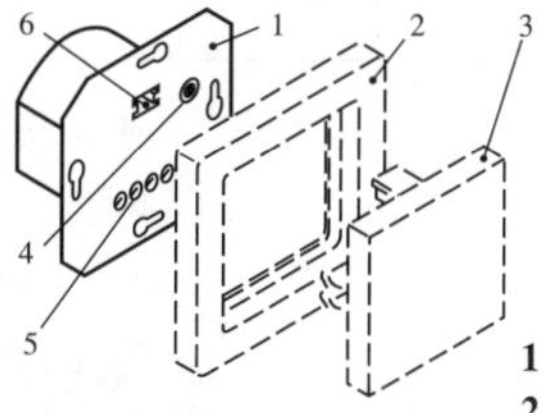 **1** UP 部件 **2** 框架 **3** 盖 **4** 调光模式按键 **5** 接线端子 **6** 调光类型显示 **LED 通用按键调光器的结构** www.jung.de
接线图 稳压电源和控制装置 PWM 调光器 3 色调光器 从站	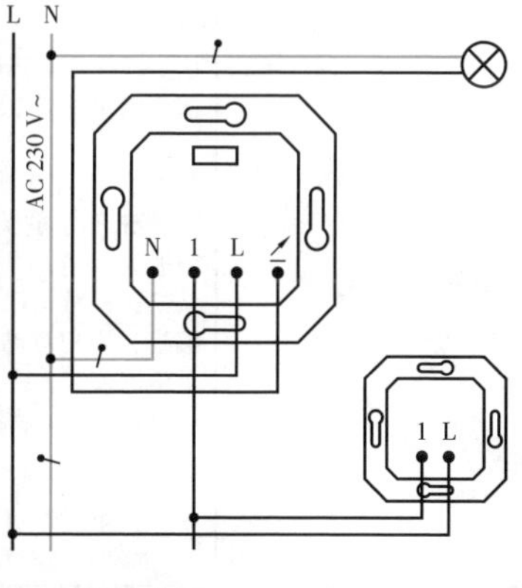 **带从站的接线图**	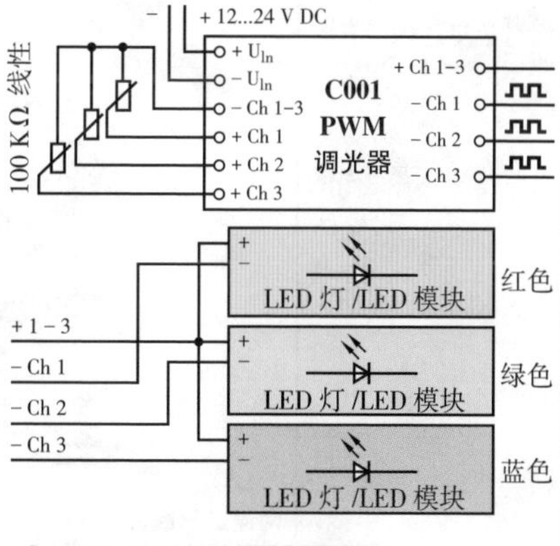 **三色 PWM 调光器稳压电源接线图** www.jung.de; www.tridonic.ch

无线电控制

种类	解释，原理	附注
电磁波特性		
产生	每一种交流电均会产生一个变化磁场并由此产生一个电场。两者共同构成一个电磁场。	电磁场放射的电磁波波形越短，励磁电流的频率越高。
无线电控制系统频率	无线电控制使用的频率位于 ISM（工业，科学，医学的英语缩写）频段：约 434 MHz，860 MHz 或约 2.5 GHz。	电气安装的无线总线 434 MHz，蓝牙 2.4～2.48 GHz，无线 LAN2.4～2.483 GHz，也可 5 GHz。
电磁波的传播	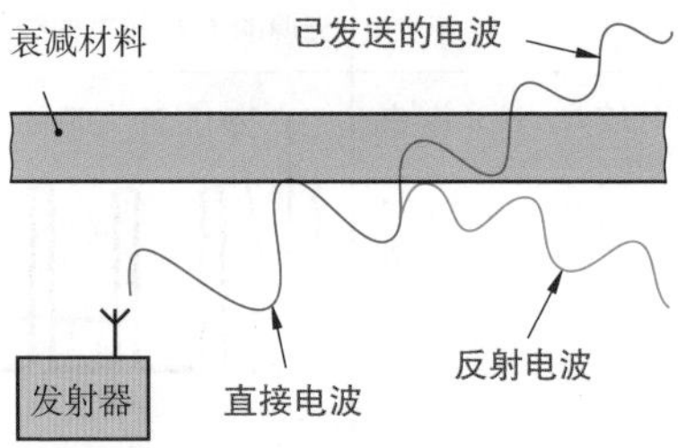 衰减材料 已发送的电波 发射器 直接电波 反射电波	**传播：**在空旷空间直接发射电波（线性），在导波面，例如混凝土，是穿透（发送）的电波和反射的电波。 反射时可能出现无法预料的衰减（逆相）或加强（同相）。 **衰减：**导体的通过性越强，其导电性越好。 **金属：**直接发射的电波受到屏蔽并被强烈地反射。
建筑物电气安装中的应用		
名称	制造商不同，使用的名称也不同。部分模块可兼容。	无线总线（Berker），无线电管理（Jung），无线总线系统（Gira）。（括号内是企业名－译注）
引导控制过程的发射器	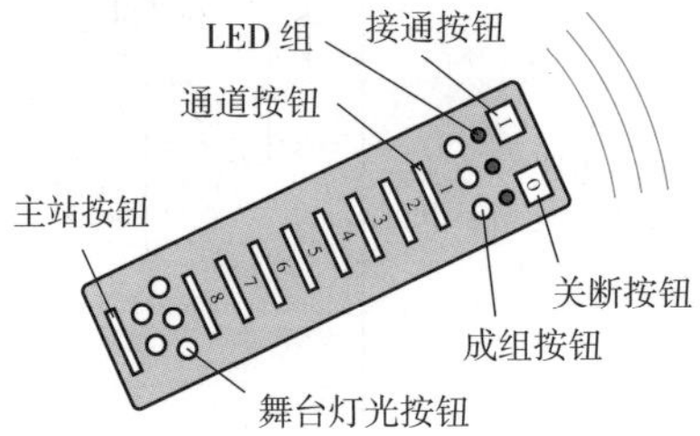 LED 组 接通按钮 通道按钮 主站按钮 关断按钮 成组按钮 舞台灯光按钮 **8 通道手持发射器**	**频率：**约 434 MHz **调制：**调幅变化 ASK，通过 ASK 脉冲包不同的位模区分通道。 **手持发射器：**8,4 或 2 通道，电源是电池或压电信号发生器。 **壁式发射器：**根据型号不同最多可达 8 通道，电源是电池，电网或压电信号发生器。 **编程：**仅由制造商通过固定输入的发射器型号和各自不同的序列号进行编程。
用户，例如照明，的控制执行元件装有接收器，	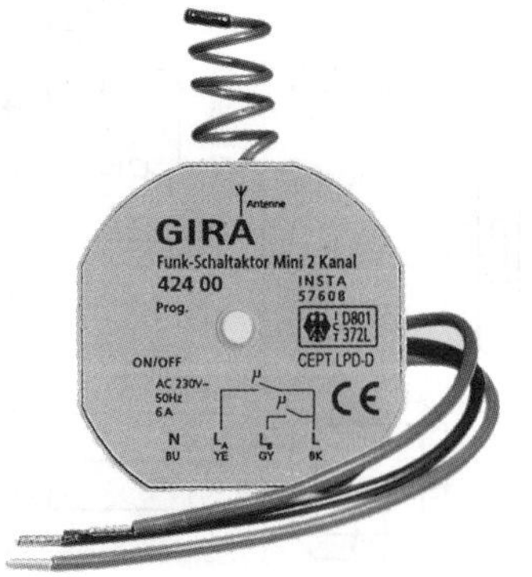 **两通道无线开关**	**型号：**内置装置 EG，开关盒装置 UP（暗装）， 接头连接 230 V 电源， 通道数量 1 或 2， **任务：**根据型号分别为开关或调光， 断流容量：UP 装置，例如白炽灯 1000 W 或未补偿的荧光灯 500 W，EG 装置一般为双倍。 **从站：**机械按钮 **编程：**用户自己编程。将执行元件接通至学习模式（LED 闪烁），用发射器设定所需通道，编程结束后关断学习模式。
应用的限制	不适用于人身安全保护，因为无线传输的稳定性弱于导线传输。	不适用于紧急呼叫设备，紧急关断电路，紧急停止电路，信号设备，警报设备。

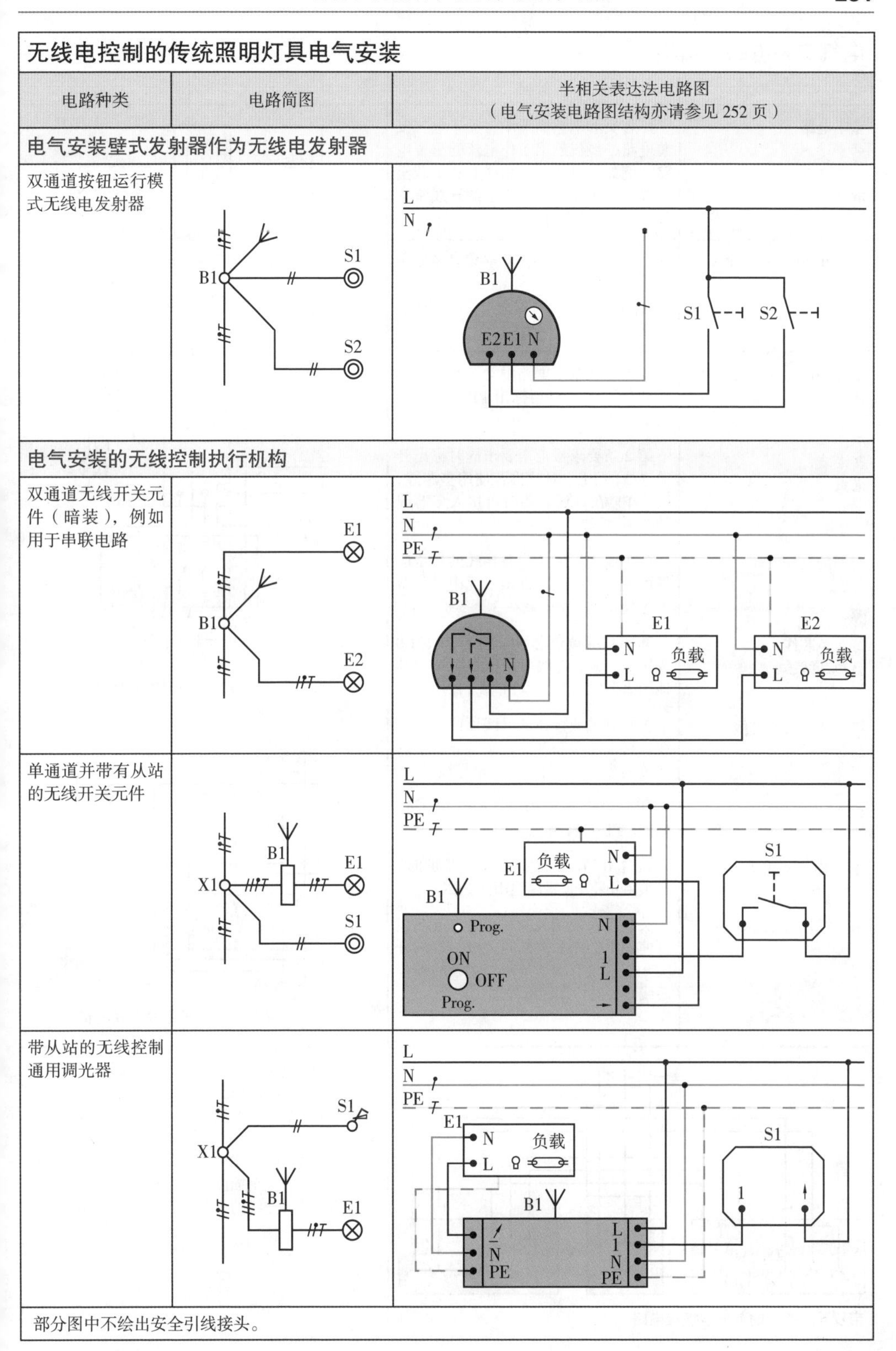

无线电控制的传统照明灯具电气安装

电路种类	电路简图	半相关表达法电路图（电气安装电路图结构亦请参见 252 页）
电气安装壁式发射器作为无线电发射器		
双通道按钮运行模式无线电发射器		
电气安装的无线控制执行机构		
双通道无线开关元件（暗装），例如用于串联电路		
单通道并带有从站的无线开关元件		
带从站的无线控制通用调光器		
部分图中不绘出安全引线接头。		

电气安装电路的结构

动机，概念	解释	举例
基本电路 故障保护	广告页和电路图册中，关于电气安装电路一般仅绘出工作电流的重要电路，例如经过的开关相线 L 和负载至零线 N。故障保护所要求的导线常常没有或仅部分绘出。	附加芯线 **三芯开关接线**
VDE 0100–410 的要求	· “任何一种电路图均必须具备安全引线”。 · 保护等级 II：“安全引线必须在线路总图中同时标出”。	不需要的 PE 可固定连接开关的一个固定端子或开关盒内一个端子并接入分线盒的 PE 端子。
故障保护的安全引线 PE	因此，在基本电路中常对每一个负载和每一个插座均标出 PE（安全引线）。	
多芯线， 芯线	第 2 条要求接近于要求同时标出开关导线的 PE。对此推荐使用多芯线，因为 PE 在日后必要时可接入多芯线的其他芯线。	1 根芯线未使用
材料的仓储	由于成本原因，预备导线的数量应尽可能少。因此在许多工况中，预备多芯线芯线数量限制在 3 至 5 根。	
绿黄色芯线， 蓝色芯线	其中有绿黄色芯线，用于 PE，PB 或接地。蓝色芯线可用作零线 N 或其他用途，但不能用作 PE 或 PEN。	**五芯开关导线并带插座的关断电路**
三芯线代替双芯线	关断开关或按钮的导线可使用三芯线，这里，关断开关或按钮导线中的绿黄色芯线不允许连接带电导线。	
PE 简化监视	开关导线中的 PE 监视电气线路。例如，PE 可检测绝缘电阻。	
RCD 阻止使用错误	通过 RCD 关断实施故障保护时，必须阻止将 PE 错误地用作 PEN。	
五芯线代替三芯线	关断以及使用关断开关时，五芯线可使一个插座和关断开关成为控制开关。如果没有端子可用，多余的那根芯线必要时应做绝缘处理。	**五芯开关导线并带插座的串联电路**

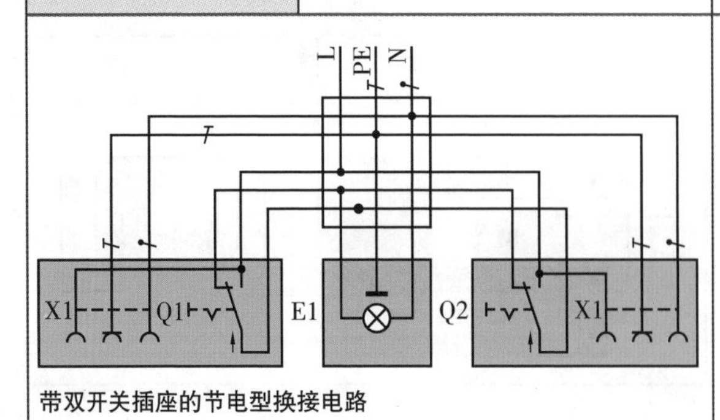

带双开关插座的节电型换接电路

常见换接电路中，五芯开关导线使得只在连接零线 N 的开关下有一个插座。只有连接开关线的开关才能用作控制开关。同理亦适用于交叉电路的换接开关。

而节电型换接电路允许五芯开关导线在每一个开关下均有一个插座。两个开关时，相线连接相应的元件（连线的开关）。

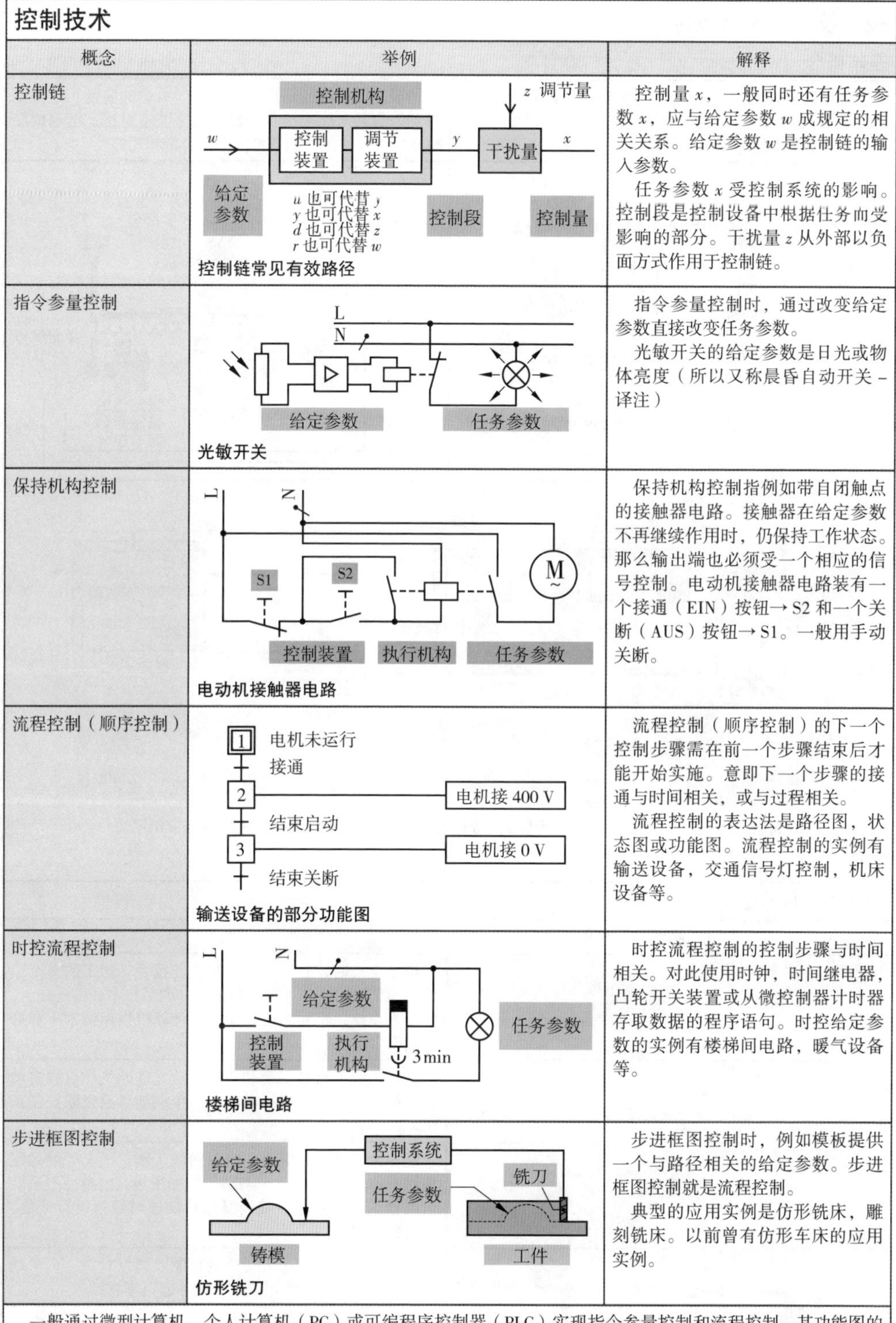

控制技术

概念	举例	解释
控制链	控制链常见有效路径	控制量 x，一般同时还有任务参数 x，应与给定参数 w 成规定的相关关系。给定参数 w 是控制链的输入参数。 任务参数 x 受控制系统的影响。控制段是控制设备中根据任务而受影响的部分。干扰量 z 从外部以负面方式作用于控制链。
指令参量控制	光敏开关	指令参量控制时，通过改变给定参数直接改变任务参数。 光敏开关的给定参数是日光或物体亮度（所以又称晨昏自动开关 - 译注）
保持机构控制	电动机接触器电路	保持机构控制指例如带自闭触点的接触器电路。接触器在给定参数不再继续作用时，仍保持工作状态。那么输出端也必须受一个相应的信号控制。电动机接触器电路装有一个接通（EIN）按钮→ S2 和一个关断（AUS）按钮→ S1。一般用手动关断。
流程控制（顺序控制）	输送设备的部分功能图	流程控制（顺序控制）的下一个控制步骤需在前一个步骤结束后才能开始实施。意即下一个步骤的接通与时间相关，或与过程相关。 流程控制的表达法是路径图，状态图或功能图。流程控制的实例有输送设备，交通信号灯控制，机床设备等。
时控流程控制	楼梯间电路	时控流程控制的控制步骤与时间相关。对此使用时钟，时间继电器，凸轮开关装置或从微控制器计时器存取数据的程序语句。时控给定参数的实例有楼梯间电路，暖气设备等。
步进框图控制	仿形铣刀	步进框图控制时，例如模板提供一个与路径相关的给定参数。步进框图控制就是流程控制。 典型的应用实例是仿形铣床，雕刻铣床。以前曾有仿形车床的应用实例。

一般通过微型计算机，个人计算机（PC）或可编程序控制器（PLC）实现指令参量控制和流程控制。其功能图的区分依据是 GRAFCET 和 DIN EN 61131-3。

控制技术和调节技术

基本概念

参照 DIN IEC 60050-351

控制	调节
控制指控制段的输出量，例如淬火炉的温度，受输入量，例如加热绕组的电流，的影响。输出量不受检测，也不会返回影响输入量。控制是一个开放的作用路径。	调节指调节段的输出量，例如淬火炉的温度，连续地得到采集并与作为给定参数的设定温度对比，出现偏差时立即予以修正。调节是一个闭合的作用路径。

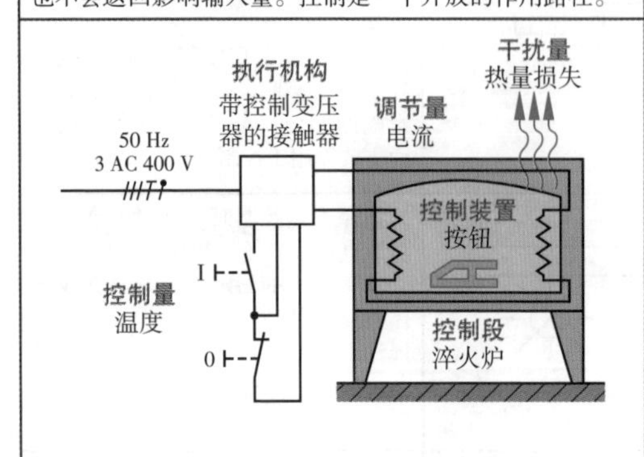

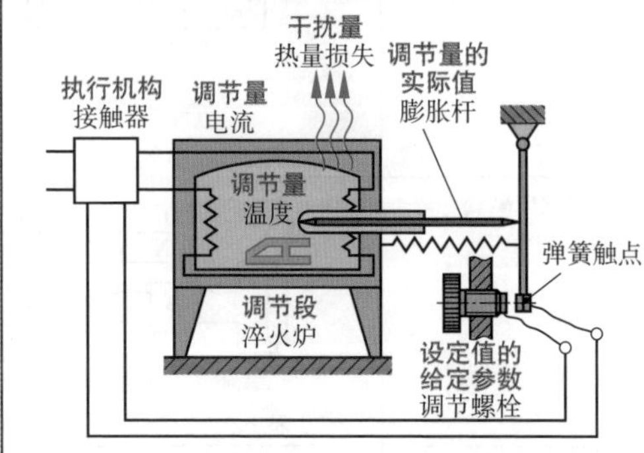

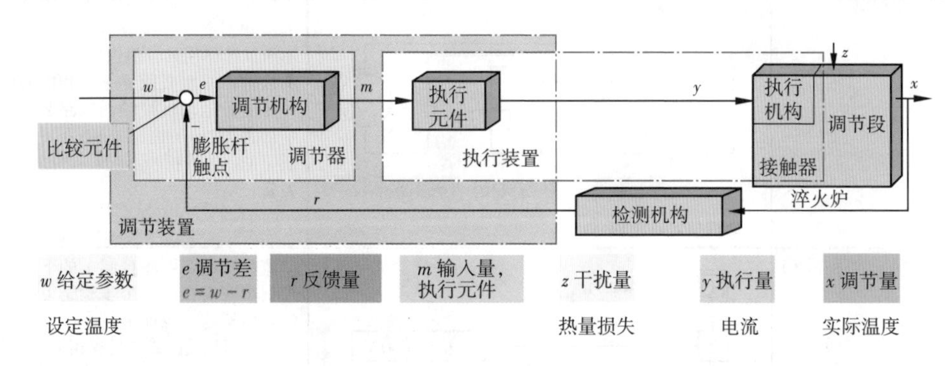

附注：d 也可代替 z，u 也可代替 y，y 也可代替 x，y_M 也可代替 r，r 也可代替 w →这是国际常见用法。

调节回路的组成部分

技术过程自动化

种类	描述
生产和加工自动化	批量生产时，它采集大批量工件或特殊加工的单个工件的加工和制造信息。控制技术和调节技术在输送技术，机器人系统，运输系统，CNC（计算机数控技术）和特种机床中应用广泛。
工艺和过程自动化	化学工业，食品工业和造纸工业是连续生产过程自动化的范例；工艺流程技术中从简单调节直至级联控制系统。
网络自动化	能源流（热能，电流）或材料流（水，气）等的远距离调节和控制。采用 SCADA（数据采集与监视控制系统的英语缩写）系统，使网络用户能够对数据进行采集，传输和控制。
交通引导系统	在道路网上实现个人交通的控制。通过对每一台机动车辆的道路规划，防止道路拥堵并通报事故。
建筑物自动化	它包含例如百叶窗控制，热能的有效利用，优化室内照明等。KNX，例如建筑物内部的数据传输。

过程控制技术的图形符号

符号	解释	符号	解释	符号	解释
RI 工艺流程图的图形符号					
PCE 任务和操作地点		**检测点，信号线**		对距离的作用	
	现场		信号线		普通伺服驱动
	过程控制台		过程线		伺服驱动；设定辅助能源中断时最小物料流或能量流的位置
	现场控制台		检测地点，探头		
	执行机构控制的 PCE 主导功能	**举例**			
		FRC 570 AL 流量调节：过程控制总台达到下限值时的调节量寄存和故障警告信号；检测点 570		M TRC 310 温度调节：现场控制台的寄存和操作；检测点 310	
详见 126 页					
记录器		**调节器**		**调节和操作装置**	
ϑ	温度记录器		普通调节器	M	电机驱动的阀执行元件
ΔP p	压力记录器		输出端接通的两点调节器		气动驱动的阀执行元件
$\dot{V}$ F	流量记录器				电气信号的信号调节器
L	浮标位置记录器	**转换器，发送机**		**信号标记**	
W	重力，天平记录器，显示型		模拟信号转换为标准电子信号的检测值转换器		电气信号
	普通显示器	p	气动输出信号的压力值转换器		气动信号
				∩	模拟信号
				#	数字信号
发送器					
	基本符号，普通显示器				
6 ∩	模拟记录仪，数字表示通道数量				
	屏幕				

举例：水池的温度调节

模拟调节器

模拟调节器可为调节范围内的每个数值设定调节输出参数 m。

调节器类型	举例，描述	过渡函数	符号，框形表达法
P–调节器（比例调节器） 输出量与输入量成比例关系。 比例调节器的调节段保持一个调节差	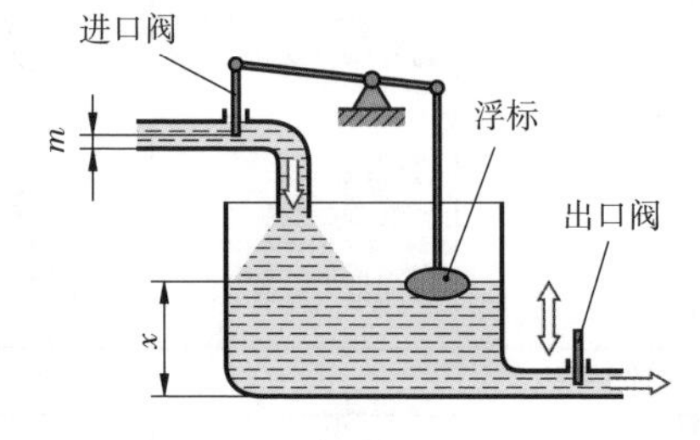 进口阀 浮标 出口阀 m x	— 阶跃函数 — 阶跃函数响应 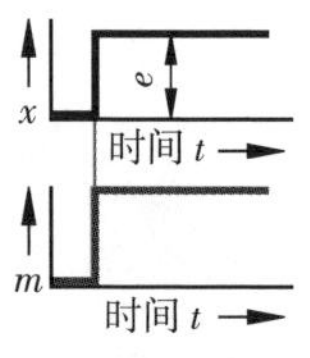 x e 时间 t m 时间 t	x 调节量 m R 输出量 e 调节差 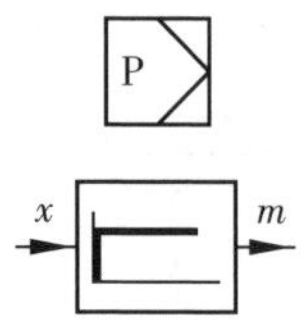 P x m
I–调节器 积分调节器 积分调节器慢于比例调节器，但完全消除了调节段带有比例特性的调节差。	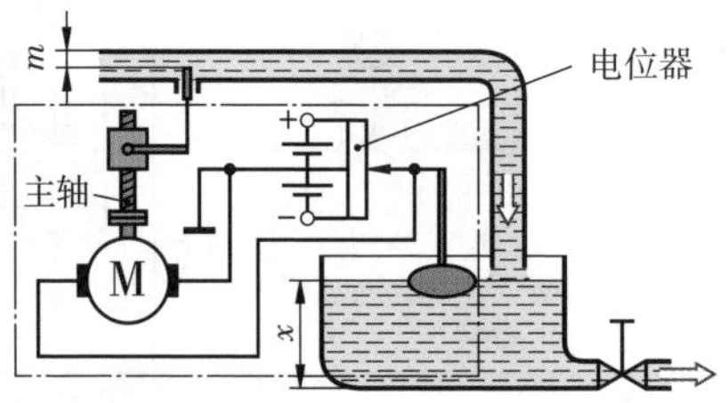 电位器 主轴 M m x	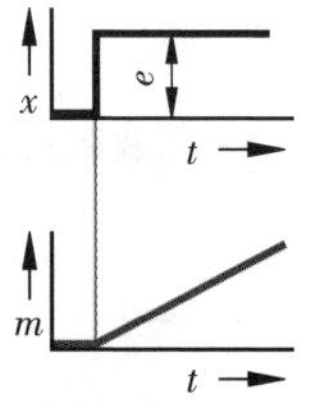 x e t m t	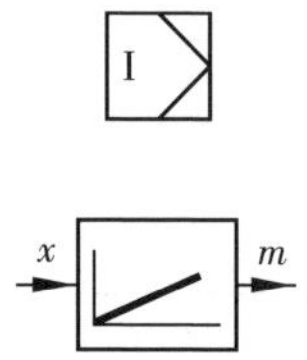 I x m
PI–调节器 比例积分调节器 比例积分调节器中并联了一个比例调节器和一个积分调节器。	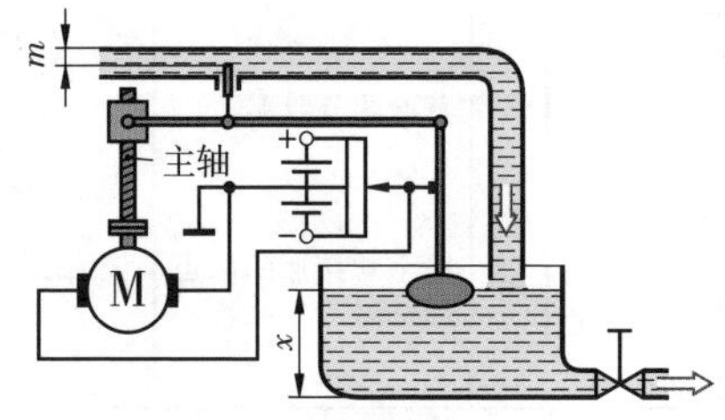 主轴 M m x	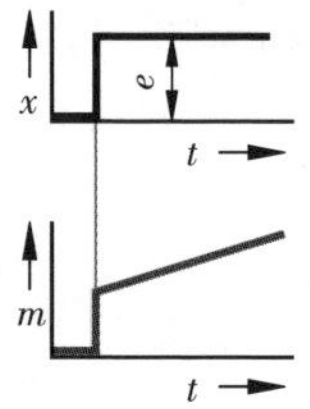 x e t m t	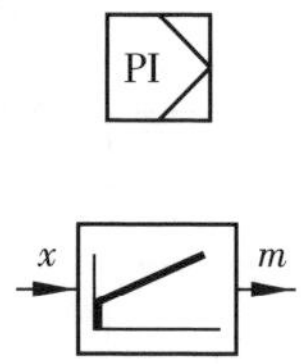 PI x m
D–调节器 差动作用调节器	差动调节器只能与比例调节器或比例积分调节器联合使用，因为纯差动调节器在调节差恒定不变时没有调节量，因此不能调节。	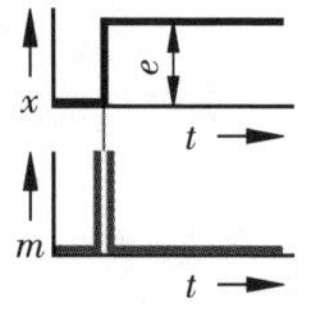 x e t m t	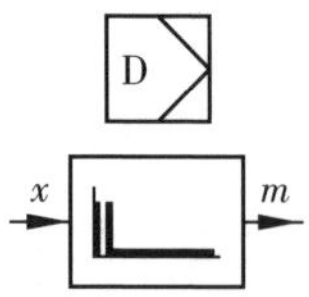 D x m
PD–调节器 比例差动调节器	比例调节器并联一个差动元件构成比例差动调节器。 差动部分按输入量的变化速度成比例地改变输出量。比例部分按输入量成比例地改变输出量。 比例差动调节器作用迅速。	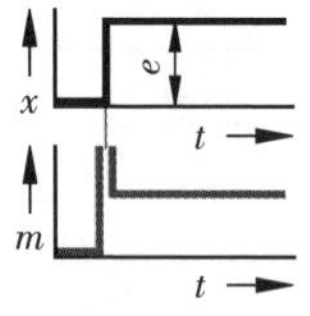 x e t m t	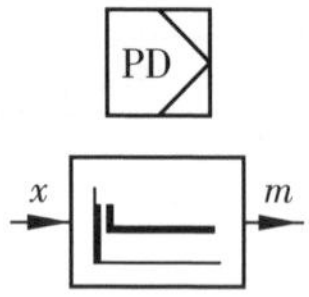 PD x m
PID–调节器 比例积分差动调节器	并联比例调节器、积分调节器和差动调节器即构成比例积分差动调节器。 控制信号大幅度变化时，首先由差动部分作出反应，然后缩小该变化，直至可送入比例元件部分，接着由积分元件部分处理后成线性上升。	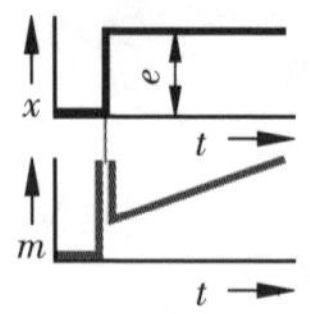 x e t m t	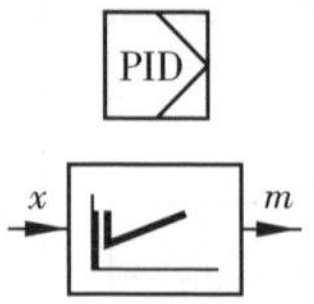 PID x m

通断调节器，调节段

通断（非连续）调节器

通断调节器通过多级开关非连续性地改变调节器输出量 m。

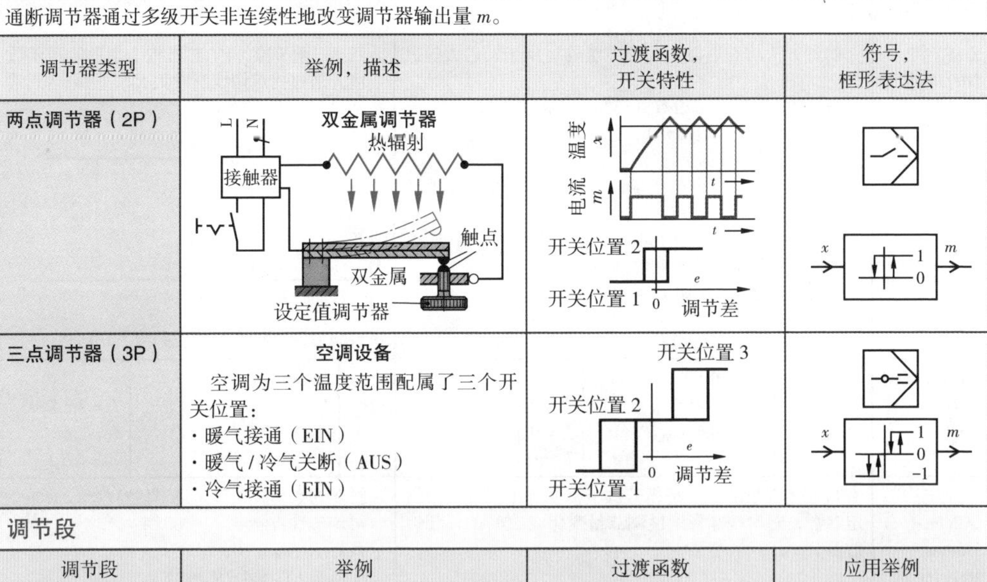

调节器类型	举例，描述	过渡函数，开关特性	符号，框形表达法
两点调节器（2P）	**双金属调节器** 热辐射、接触器、触点、双金属、设定值调节器、L、N	温度 x、电流 m、t 开关位置 2、开关位置 1、0、e、调节差	x、1、0、m
三点调节器（3P）	**空调设备** 空调为三个温度范围配属了三个开关位置： · 暖气接通（EIN） · 暖气 / 冷气关断（AUS） · 冷气接通（EIN）	开关位置 3、开关位置 2、开关位置 1、0、e、调节差	x、1、0、−1、m

调节段

调节段	举例	过渡函数	应用举例
有平衡的调节段（P 段）			
无延迟（P_0）	**转速调节** 转速 n_2 ≙ 输出量 x 转速 n_1 ≙ 输入量 y n_1、n_2	y、x、t	改变转速 n_1 可立即改变转速 n_2。
第 1 级延迟（PT_1）	**一个气体容器充气** p_1、p_0、t	y、x、t	经过一个阀门在压力容器内充满气体，容器内压力 p_1 逐渐达到气体压力（信号延迟）。
第 2 级延迟（PT_2）	**两个气体容器充气** 1、2、p_1、p_2、p_0、t	y、x、t	如果两个压力容器先后接通，第 2 个容器的压力 p_2 上升速度慢于第 1 个容器的压力 p_1。
无平衡的调节段（I 段）			
无延迟（I_0）	**进给主轴驱动** 进给距离 s ≙ 输出量 x M、s 转速 n ≙ 输入量 y	y、x、t	接通进给驱动电机后，机床工作台的进给距离持续增加。

调节器的设定与选择

特征	解释	附注

调节器的设定

特征	解释	附注
Zieler 和 NIchols 法 波动	两种方法均有可能。两种方法均适用于延迟大的过程。 **方法 1**：如果调节段数据未知，需按下述进行： 调节器用作比例调节器，意即选择 $T_i=\infty$，$T_d=0$ 和小 K_{PR}，使调节回路稳定。 然后提高 K_{PR}，直至产生调节量的持续波动（不稳定）→ K_{PRK}。 T_K 是这个持续波动的周期时长。根据 K_{PRK} 和 T_K 可获取相应调节器的系数和时间值。 近似算法 $T_S\approx T_e$ 和 $T_t\approx T_b$	方法 2：调节段（PT_1T_t 机构）借助阶跃函数响应并通过拐点切线法放大 K_{PS}，求取时间常数 T_S 和无效时间 T_t。 拐点切线 **根据调节段阶跃函数响应的拐点切线法**

调节器设定值					
P	$K_{PR}=0.5\,K_{PRK}$	—	P	$K_{PR}=T_S/(K_{PS}\cdot T_t)$	–
PI	$K_{PR}=0.45\,K_{PRK}$	$T_i=0.85\,T_k$	PI	$K_{PR}=0.9\,T_S/(K_{PS}\cdot T_t)$	$T_i=3.3\,T_t$
PID	$K_{PR}=0.6\,K_{PRK}$	$T_i=0.5\,T_k$ $T_d=0.12\,T_k$	PID	$K_{PR}=1.2\,T_S/(K_{PS}\cdot T_t)$	$T_i=2\,T_t$ $T_d=0.5\,T_t$

特征	解释	附注
自整定法（Chien-Hrones-Reswick 法）	与前述方法的区别是，若调节器受到干扰或按照给定参数，则出现非周期性调节量变化或 20% 的周期性过调。	按照拐点切线法确定调节段特性值。 可调节性： 良好 $T_b/T_{tE}>10$； 中等 $T_b/T_{tE}>4\sim9$； 差 $T_b/T_{tE}>3$，$T_{tE}=T_t+T_e$

平衡调节段的设定范围，第 1 级延迟（非积分法）

调节器	受到干扰时的（平衡）调节		按照给定参数调节	
	非周期性	20% 周期性过调	非周期性	20% 周期性过调
P	$K_{PR}=0.3\cdot\frac{T_b}{K_{PS}\cdot T_{tE}}$	$K_{PR}=0.7\cdot\frac{T_b}{K_{PS}\cdot T_{tE}}$	$K_{PR}=0.3\cdot\frac{T_b}{K_{PS}\cdot T_{tE}}$	$K_{PR}=0.7\cdot\frac{T_b}{K_{PS}\cdot T_{tE}}$
PI	$K_{PR}=0.6\cdot\frac{T_b}{K_{PS}\cdot T_{tE}}$ $T_i=4\cdot T_{tE}$	$K_{PR}=0.7\cdot\frac{T_b}{K_{PS}\cdot T_{tE}}$ $T_i=2.3\cdot T_{tE}$	$K_{PR}=0.35\cdot\frac{T_b}{K_{PS}\cdot T_{tE}}$ $T_i=1.2\cdot T_b$	$K_{PR}=0.6\cdot\frac{T_b}{K_{PS}\cdot T_{tE}}$ $T_i=T_{tE}$
PID	$K_{PR}=0.95\cdot\frac{T_b}{K_{PS}\cdot T_{tE}}$ $T_d=0.42\cdot T_{tE}$ $T_i=2.4\cdot T_{tE}$	$K_{PR}=1.2\cdot\frac{T_b}{K_{PS}\cdot T_{tE}}$ $T_d=0.42\cdot T_{tE}$ $T_i=2\cdot T_{tE}$	$K_{PR}=0.6\cdot\frac{T_b}{K_{PS}\cdot T_{tE}}$ $T_d=0.5\cdot T_{tE}$ $T_i=T_b$	$K_{PR}=0.95\cdot\frac{T_b}{K_{PS}\cdot T_{tE}}$ $T_d=0.47\cdot T_{tE}$ $T_i=1.35\cdot T_b$

调节器和调节段，稳定和非稳定调节量 x 的共同作用

调节段	调节器（– 不适合，+ 适合）					
	P	I	PI	PD	PID	2P
P_0	–	+	++	–	–	–
PT_1	+	+	+	–	–	+
PT_2	–	–	+	–	++	+
PT_t	–	+	++	–	–	–
PT_tT_1[1]	+	–	++	+	+	+
PT_tT_1[2]	–	–	+	–	+	–
I_0	+	–	+	–	–	+
IT_1	–	–	+	+	++	+
IT_t	–	–	–	+	+	–

非稳定　稳定　周期性稳定　非周期性稳定

K_{PR} 比例系数调节器，K_{PRK} 临界的 K_{PR}，K_{PS} 比例系数调节段，T_b 平衡时间段，T_d 提前时间，T_e 变化时间段，T_i 重调时间，T_k 临界波动时间（非稳定性），T_S 时间常数，T_t 无效时间段，T_{tE} 备用无效时间段，$\ddot{U}$ 过调

[1] 时间常数 $\gg T_{t'}$ [2] 时间常数 $>T_t$

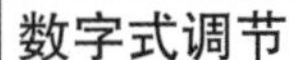

数字式调节

举例	解释

数字式硬件调节器

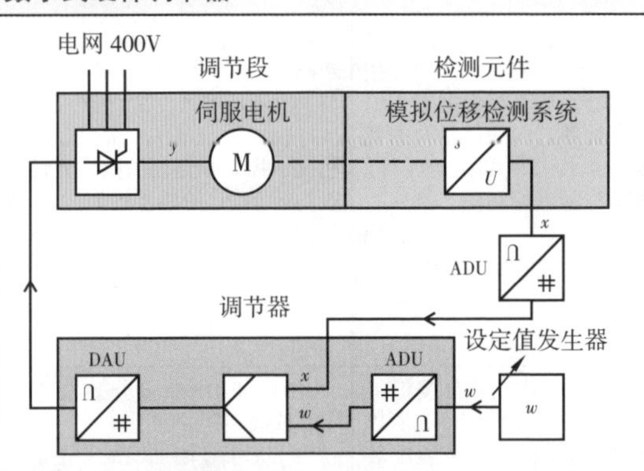

数字式硬件调节器的输入信号和输出信号均为数字式。调节参数和调节算法常不能改变。

举例：由模拟检测值发生器产生的调节量“位移”在模拟－数字转换器 ADU 中转换成数字信号。在比较器中以数字形式形成输入信号与输出信号差。然后由调节算法处理这种调节偏差 $e = w - x$。数字－模拟转换器 DAU 将该数字数值转换成模拟输出信号。

通过计算机实施的数字式调节（软件调节器）

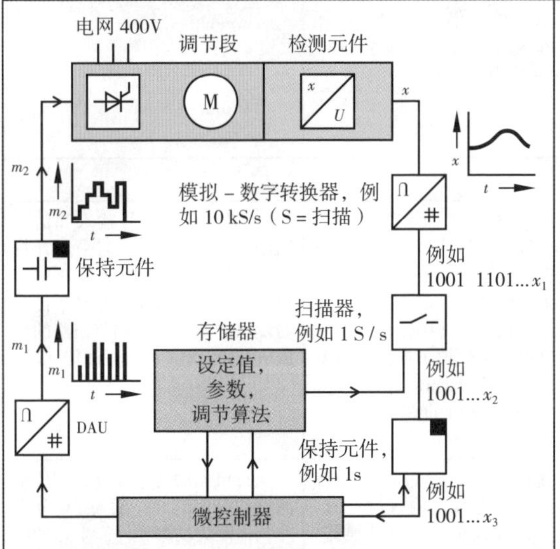

通过计算机实施调节时，调节参数，设定值和调节算法均作为程序装入计算机。

举例：模拟过程信号 x 通过模拟－数字转换器转换成数字信号 x_1。脉冲发射器以指定时间间隔扫描该数字值（x_2）。信号存储器保持该数值至下一个扫描周期（x_3）。根据调解算法计算调节量，然后在数字－模拟转换器中进行数字－模拟转换，并根据模拟信号存储器反馈给调节段。

区别：

DDC（直接数字控制）运行模式时，计算机直接作用于执行机构，而 SPC（设置点控制）运行模式时，计算机仅存储给定参数。

计算机的 PID 调节算法

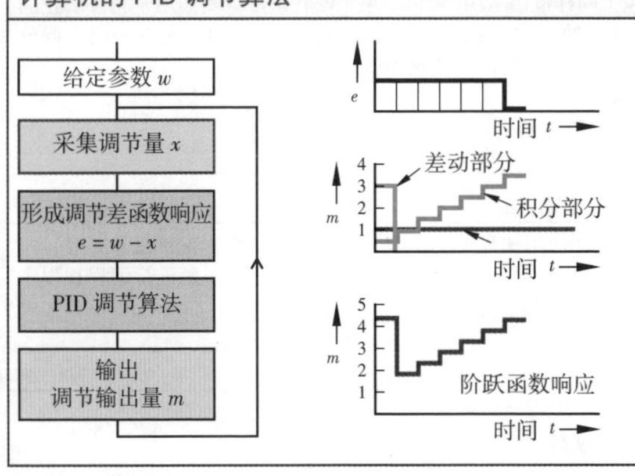

计算机程序的任务：

· 形成调节差 e，

· 根据调节算法计算调节输出量 m。

阶跃函数响应中汇集了所有部分：比例部分，差动部分和积分部分。

模拟信号的扫描并转换成数字信号以及内部程序流程均在计算调节输出量 m 时产生时间延迟的影响。

$$m_n = K_p\left[e_n + \frac{T_A}{T_i}\sum_{i=0}^{n} e_i + \frac{T_d}{T_A}(e_n - e_{n-1})\right]$$

T_A 扫描时间，T_i 重调时间，T_d 提前时间

指数 n，时间点 n

用 PC 实施控制与调节

电路，名称	解释	附注
用计算机实施控制		
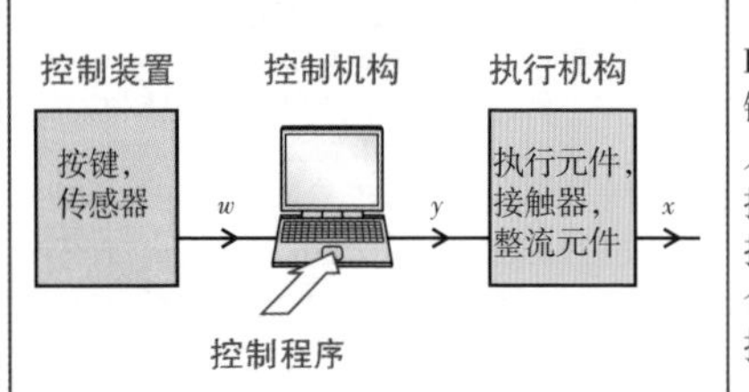 计算机控制链	PC（一般是工业个人计算机 IPC）由控制装置控制，例如按键或传感器。计算机根据事先输入的程序处理它们的信号并据此控制执行机构，例如执行元件。执行机构控制着控制段，例如一个或多个电动机。这里不会出现控制量对输入端的反馈作用。	用于控制段，例如电动机，的断路器，例如接触器或整流器，与 PC 分开排列。因为它可能被搜寻为控制段的一个部分。与此相反，控制断路器的执行元件一般均装在 PC 的插件板上。PC 也是控制机构。
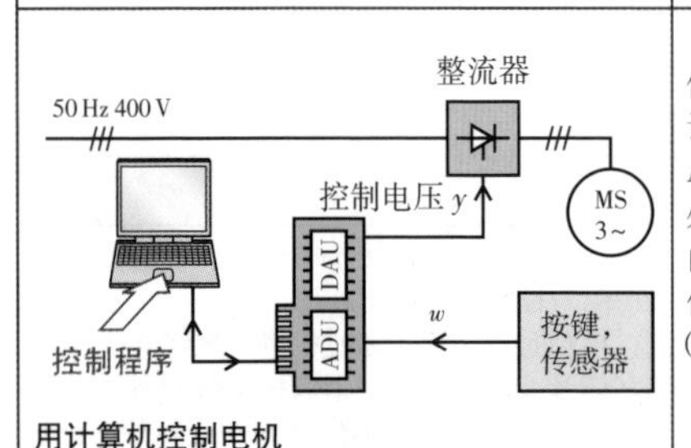 用计算机控制电机	控制信号，例如来自按键或传感器，一般是模拟信号。所以计算机的数据采集卡必须配装 ADU（模拟 – 数字转换器），它处理后的输出信号是数字信号。由于采用模拟信号控制执行元件，PC 输出卡也必须配装 DAU（数字 – 模拟转换器）。	ADU 和 DAU 可分装在不同卡，或装在同一卡上。 电子卡上还附加匹配（正常化处理）输入信号和输出信号的模块，例如用于放大或电位隔离。
用计算机实施调节		
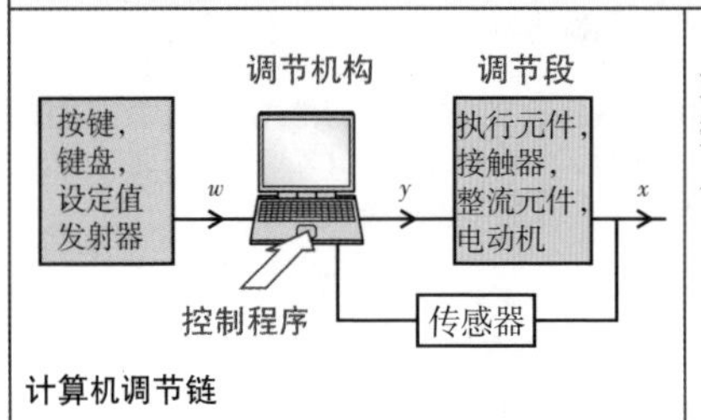 计算机调节链	PC（一般是工业个人计算机 IPC）是调节机构。PC 存有通过数据载体，互联网下载或键盘输入的调节程序。 PC 由如下各项控制： · 通过键盘（模拟）或设定值发生器输入的设定值， · 由传感器发出的调节段调节量。	PC 必须配装信号输入和信号输出卡（见下图）。与采用计算机实施控制不同的是，这里的计算机仅存有调节程序并采集传感器发出的调节量。调节回路的组成成分是:PC，调节段和传感器。
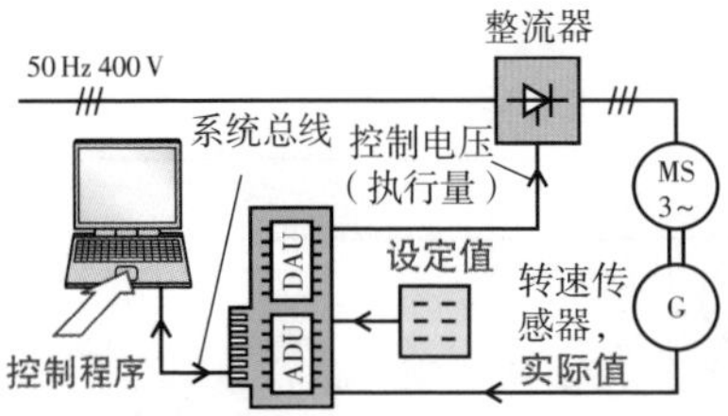 用计算机调节转速	转速调节时，通过设定值发生器，例如键盘，输入设定值，并由 ADU（模拟 – 数字转换器）传输给 PC 的系统总线。调节量（转速）同样也由 ADU 传输。系统总线的数字输出信号由 DAU（数字 – 模拟转换器）传输给执行机构。	执行机构的功率部分，例如整流器的晶闸管，一般与 PC 分离安装，因为功率元件产生热和电磁干扰。与之相反，功率部分的控制组件，例如用于相位截止的元件，可与 PC 装在一起，或分离安装。
工业个人计算机（IPC）		
工业个人计算机（IPC） · 比办公室 PC 具有更好的机械和电气抵抗能力 · 有或无显示器 · 有或无键盘 · 一般没有旋转硬盘	IPC 广泛使用硬盘（SSD），不装显示器和键盘。一般装入电控柜，例如插入端子支承条。	如果 IPC 未配键盘和屏幕，一般通过手提电脑进行编程和程序输入。

ADU 模拟 – 数字转换器，w 给定参数，设定值，y 执行量
DAU 数字 – 模拟转换器，x 调节量，实际值，SSD 固态硬盘

通用调节器 SIPART

特征	解释	表达法，附注
结构	数字式通用调节器 SIPART 由一个基本装置组成，该装置设有一个操作区，模拟和二进制输入端和输出端，其后面可插入 DAU（数字－模拟转换器），ADU（模拟－数字转换器），其他的输入端和输出端（模拟，数字），RS232 或 PROFIBUS 接口等电子卡。可连接各种不同的检测值接收器。 **1** 调节量显示，**2** 设定值显示，**3** 执行量显示，**4** 执行量按键，**5** 手动 / 自动按键，**6** 设定值按键，**7** 内部 / 外部按键	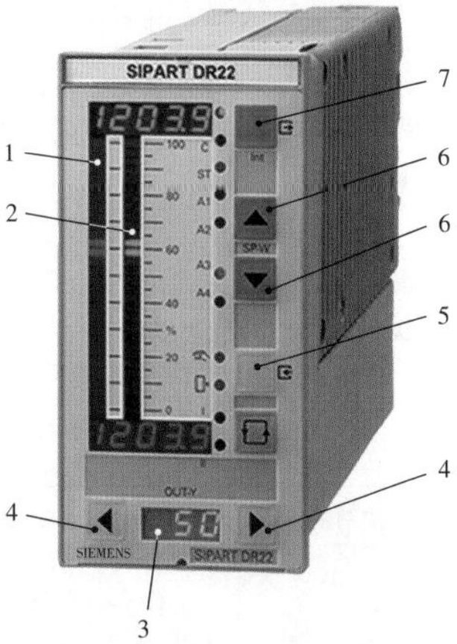 通用调节器 SIPART 的操作区 采用数字式调节器可对多个调节回路相互独立地操作运行。
功能	SIPART 具有下列调节器功能： 手动调节，自动调节，定值调节，伺服调节，两点调节，三点调节，比例调节，比例积分调节，比例差动调节和比例积分差动调节。 SIPART 包含一个基本功能数据库，例如绝对值构成，加法，减法，除法和乘法，开方计算，对数计算，e 函数，“与”门，“或”门，“非”门。还有计算器功能，计时功能和滤波器功能。 SIPART 可以通过专用组件连接 PROFIBUS-DP 或带 RS232 或 RS485 接口的装置。	
操作	通过三个操作界面实施调节器的调节。在选择界面选择参数表，其参数可在配置界面予以修改和激活。 调节器装有在线运行和离线运行的参数表，还有计时程序调节器和结构开关的参数表。结构开关（菜单导引的对话）规定调节器的功能和结构，例如定值调节器，伺服调节器，两点调节器，比例调节器，和响应阈值，包括输入输出信号类型等。在线运行参数表包含例如调节器参数 K_p，T_i，T_d，V_d。 配置界面给所选定参数表内各参数手动赋值。	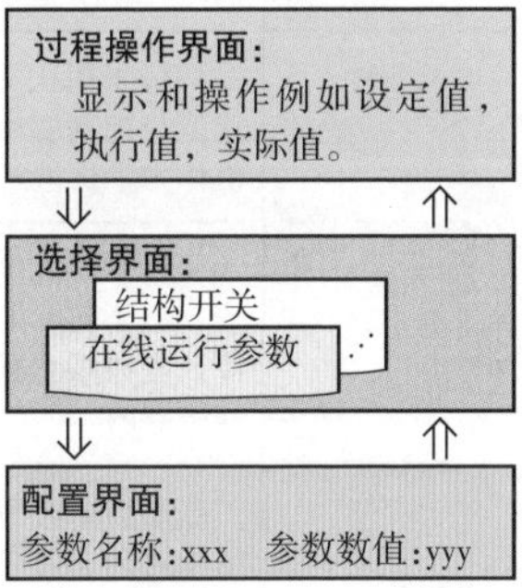 过程操作界面：显示和操作例如设定值，执行值，实际值。 ⇓ ⇑ 选择界面：结构开关，在线运行参数… ⇓ ⇑ 配置界面：参数名称：xxx 参数数值：yyy 数字式调节器 SIPART 的操作界面
PID（比例积分差动）调节器的设定	设定过程开始时首先设定调节量的设定值和手动运行模式下自动调节的调节差。在自动运行模式下持续放大厂商设定值 K_p（0.1），直至无法继续消除波动为止。 然后将 T_d 设为 1 秒钟（厂商设定 off = 关断）。T_d 缓慢放大，直至消除波动。K_p 缓慢放大，直至波动再次出现。这两个过程经常反复出现，直至无法继续消除波动为止。 随后 T_d 和 K_p 变小，直至波动停止。T_i 缩小，直至调节器回路再次出现波动倾向并轻微放大，直至消除波动倾向。	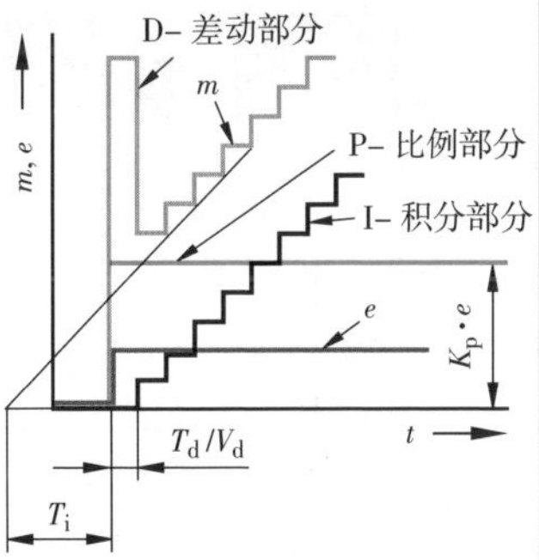 PID 调节器的阶跃函数响应

K_p 调节器比例系数（放大系数），T_i 重调时间，T_d 提前时间，V_d 提前放大

加工机床的位置调节

概念	解释	附注
位置调节	位置调节应能使工件和刀具正确运动，从而在刀具切入后形成理想的工件轮廓。通过输入位置设定值使进给运动和装夹工件的机床工作台或刀具的运动均在指定位置。	电动机驱动（伺服驱动）进给主轴实现进给纵向运动。位置调节的功能特征是 · 极小和极大行程的精确运行 · 定位速度高 · 快速进刀速度高 · 速度调节范围大 · 无过调地快速进刀至切削位置
串联调节系统	与单环调节回路相比，串联调节系统可反馈多个调节量。它允许对状态做出更准确地描述并由此改善总系统的动态性能。	干扰将立即在内部调节回路得到控制。调节回路是由内（电流调节回路）而外（位置调节回路）地进行调节（次级调节回路）的。 缺点：各调节回路的调节有时间错位。
位置调节器	一般采用比例调节器，它计算位置设定值与位置实际值之间的差（滞后误差），例如机床工作台。位置也可以是驱动装置的一个旋转角度。	位置差乘以可设定的比例放大并表述为位置调节器的输出量。它是转速调节器的输入量。
转速调节器	一般采用比例积分调节器，它计算电动机转速以及角速度设定值与实际值之间的差。直流电动机的输出量转矩设定值与电流设定值成比例关系。	又称速度调节器。 由于积分部分随时间的增加产生电流设定值的增加，后者导致启动执行元件或变频器。
加速度调节器	一般采用比例积分调节器，它计算加速度设定值与加速度实际值之间的差。调节器将该差值作为干扰量来平衡有效负载力矩。	加速度实际值的获取途径有二：直接通过轴上的外部加速度传感器（转矩接收器），间接通过转速差值。
电流调节器，转矩调节器	一般采用比例积分调节器，它计算电流设定值与电流实际值之间的差。并据此启动执行元件或变频器。感应电动机的电流调节器集成在变频器内。	由于直流电动机转矩与电流的比例关系，这里又称转矩调节器。三相交流电驱动装置的电流调节器调节电流强度和电流相位。
预控系统	控制次级调节回路，使之例如从位置设定值曲线走向中计算转速理论设定值并将该值直接发送给转速调节器。由此绕开次级调节回路的时间错位影响。	预控系统在位置调节中产生的滞后误差小于纯串联调节系统的滞后误差。但在位置设定值曲线走向出现大变化时也会出现大幅波动。

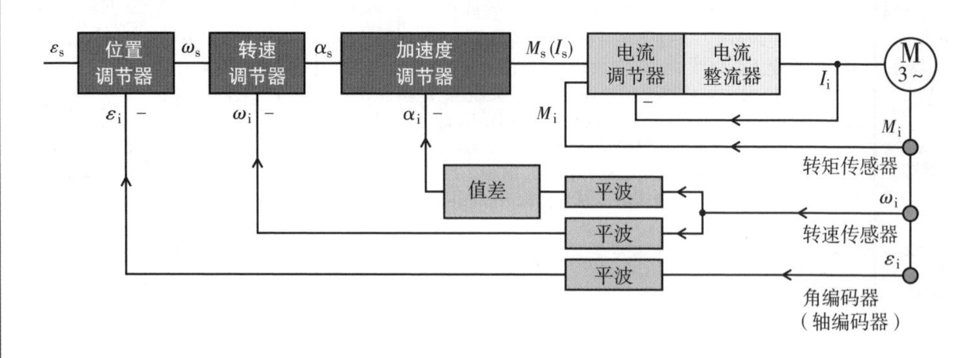

ε 旋转角　　ω 角速度　　I 电流　　指数 i 实际值

α 角加速度　　M 转矩　　指数 s 设定值

加工机床的串联调节系统

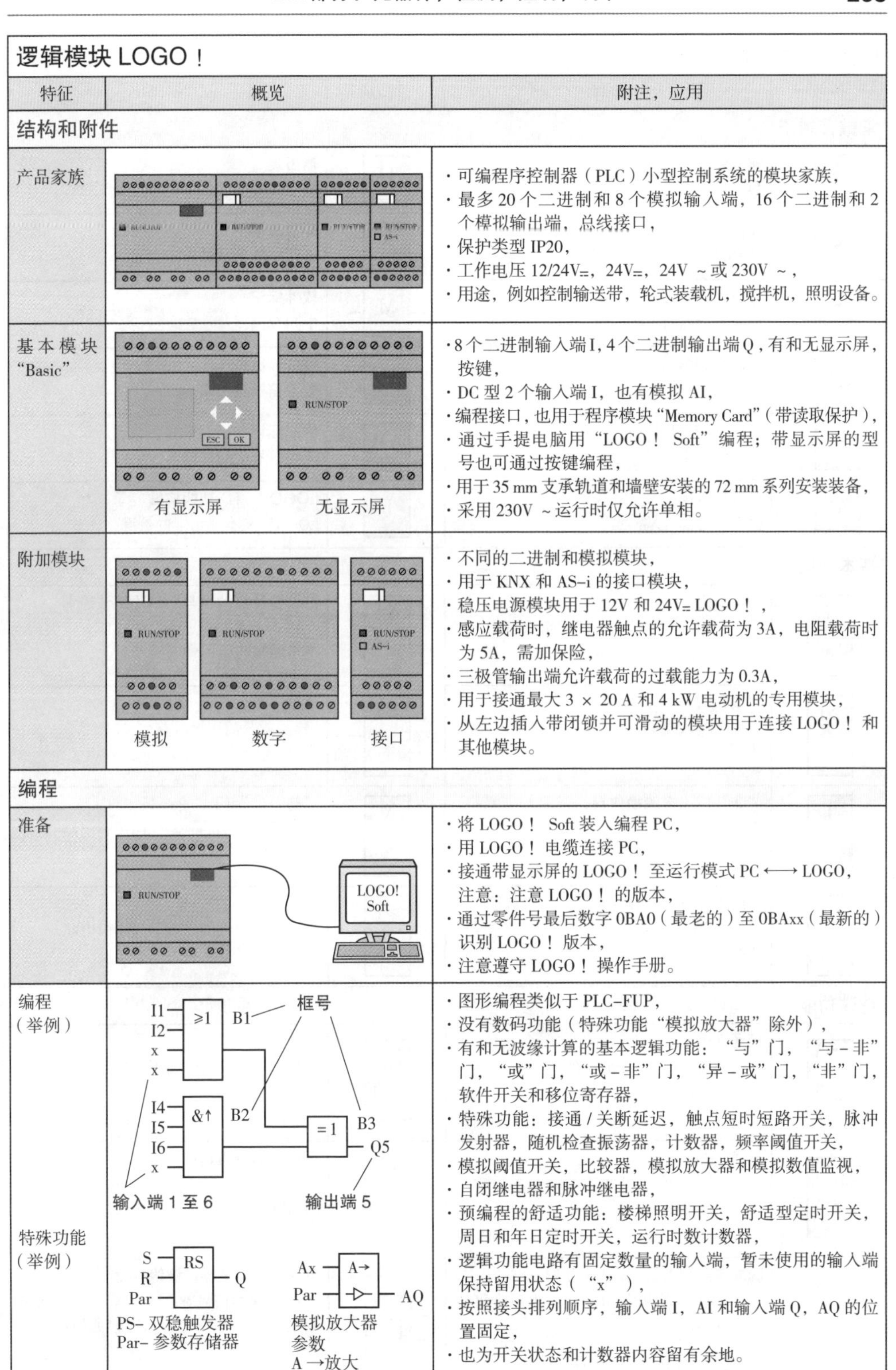

逻辑模块 LOGO！

特征	概览	附注，应用
结构和附件		
产品家族		· 可编程序控制器（PLC）小型控制系统的模块家族， · 最多 20 个二进制和 8 个模拟输入端，16 个二进制和 2 个模拟输出端，总线接口， · 保护类型 IP20， · 工作电压 12/24V⎓，24V⎓，24V ～或 230V ～， · 用途，例如控制输送带，轮式装载机，搅拌机，照明设备。
基本模块 “Basic”	有显示屏　无显示屏	·8 个二进制输入端 I，4 个二进制输出端 Q，有和无显示屏，按键， · DC 型 2 个输入端 I，也有模拟 AI， · 编程接口，也用于程序模块 “Memory Card”（带读取保护）， · 通过手提电脑用 “LOGO！ Soft” 编程；带显示屏的型号也可通过按键编程， · 用于 35 mm 支承轨道和墙壁安装的 72 mm 系列安装装备， · 采用 230V ～运行时仅允许单相。
附加模块	模拟　数字　接口	· 不同的二进制和模拟模块， · 用于 KNX 和 AS-i 的接口模块， · 稳压电源模块用于 12V 和 24V⎓ LOGO！， · 感应载荷时，继电器触点的允许载荷为 3A，电阻载荷时为 5A，需加保险， · 三极管输出端允许载荷的过载能力为 0.3A， · 用于接通最大 3 × 20 A 和 4 kW 电动机的专用模块， · 从左边插入带闭锁并可滑动的模块用于连接 LOGO！ 和其他模块。
编程		
准备		· 将 LOGO！ Soft 装入编程 PC， · 用 LOGO！ 电缆连接 PC， · 接通带显示屏的 LOGO！ 至运行模式 PC ⟷ LOGO，注意：注意 LOGO！ 的版本， · 通过零件号最后数字 0BA0（最老的）至 0BAxx（最新的）识别 LOGO！ 版本， · 注意遵守 LOGO！ 操作手册。
编程（举例） 特殊功能（举例）	PS- 双稳触发器 Par- 参数存储器 模拟放大器 参数 A →放大	· 图形编程类似于 PLC-FUP， · 没有数码功能（特殊功能 “模拟放大器” 除外）， · 有和无波缘计算的基本逻辑功能：“与” 门，“与 - 非” 门，“或” 门，“或 - 非” 门，“异 - 或” 门，“非” 门，软件开关和移位寄存器， · 特殊功能：接通 / 关断延迟，触点短时短路开关，脉冲发射器，随机检查振荡器，计数器，频率阈值开关， · 模拟阈值开关，比较器，模拟放大器和模拟数值监视， · 自闭继电器和脉冲继电器， · 预编程的舒适功能：楼梯照明开关，舒适型定时开关，周日和年日定时开关，运行时数计数器， · 逻辑功能电路有固定数量的输入端，暂未使用的输入端保持留用状态（“x”）， · 按照接头排列顺序，输入端 I，AI 和输入端 Q，AQ 的位置固定， · 也为开关状态和计数器内容留有余地。

LOGO! 的功能 1

符号	解释	符号	解释
常数，端子			
I	**输入端** 数字式输入端	Q	**输出端** 数字式输出端
C	**光标按键** LOGO！基本模块的光标按键 C1 至 C4	X	**开放的端子** 未使用输出端的虚拟参量
S	**移位寄存器位** 移位寄存器位 S1 至 S8	M	**软件标记** 中间存储器
lo	**状态 0（low）** 持续信号 0	AQ	**模拟输出端** 模拟信号输出端
hi	**状态 1（high）** 持续信号 1	AM	**模拟标记** 模拟信号中间存储器
AI	**模拟输入端** 模拟信号输入端	F	**LOGO！ TD 功能按键** LOGO！文本显示屏的按键
基本功能			
&	**“与”门** 带 4 个输入端的“与”门逻辑电路	&↑	**带波缘计算的“与”门（正波缘）** 输入端信号从“0”至“1”（正波缘）变换时输出信号短时为“1”
≥1	**“或”门** 带 4 个输入端的“或”门逻辑电路	=1	**“异－或”门** “异－或”门逻辑电路
1	**“非”门（电流换向器，否定）** 否定输入信号	&	**“与－非”门** 带取反输出端的“与”门逻辑电路
&↓	**带波缘计算的“非－与”门（负波缘）** 输入端信号从“1”至“0”（负波缘）变换时输出信号短时为“1”	≥1	**“或－非”门** 带取反输出端的“或”门逻辑电路
特殊功能			
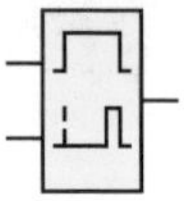	**接通延迟** 输出端在一个可给定的时间参数输入后才能接通	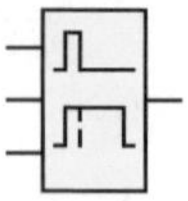	**关断延迟** 输出端在一个可给定的时间参数输入后才能关断
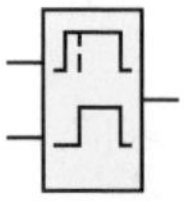	**接通／关断延迟** 输出端在一个可给定的时间参数输入后才能接通或关断	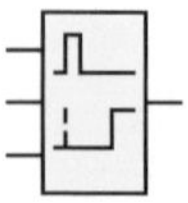	**可存储的接通延迟** 输出端在一个输入脉冲和一个可给定的时间参数输入后才能接通
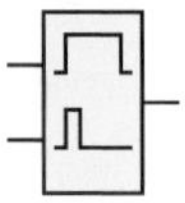	**脉冲接点继电器／脉冲发生器** 一个输入信号在输出端产生一个可给定参数的信号	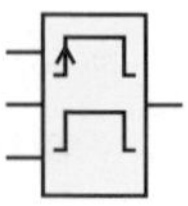	**脉冲接点继电器，波缘触发** 一个脉冲信号在一个可给定的时间参数输入后产生一个可给定参数的输出信号

LOGO! 的功能 2

符号	解释	符号	解释
特殊功能（续前表）			
	脉冲发生器 产生一个具有可给定参数脉冲 / 间隔比例的输出信号		**随机检查振荡器** 在可给定的时间参数范围之内接通和关断输出端
	楼梯照明开关 一个可给定的时间参数输入后自动关断输出端		**舒适型开关** 关断延迟的脉冲开关与长明灯开关的组合
	周日定时开关 可设定周日和时间参数的定时开关	MM DD	**年日定时开关** 可设定月和日的定时开关
+/−	**正向 / 反向计数器** 正向和反向计数器。达到阈值时设置输出端	h	**运行时数计数器** 采集运行时数。根据可设定的时间设置输出端
	阈值开关 输出端的接通取决于两个可给定参数的频率	+= A→	**模拟运算** 模拟输出端重复发出一个用户定义公式的数值
△A	**模拟比较器** 输出端的接通取决于两个模拟输入端之差	/A	**模拟阈值开关** 输出端的接通取决于两个阈值
A→	**模拟放大器** 放大模拟输入端数值并输出给一个模拟输出端	A ±△	**模拟值监视** 对比一个实时模拟值与一个存储模拟值
/A △	**模拟差值 – 阈值开关** 输出端的接通取决于阈值 / 差值	A→	**模拟乘法器** 将四个可设定模拟值之一输出给一个模拟输出端
A→	**模拟台** 一个可给定的不同状态下的速度参数可启动输出端	A→	**比例积分调节器** 比例积分调节器可单独或组合使用
+= E→	**PWM 脉冲时长调制器** 根据模拟输入端设置数字输出端	RS	**自闭继电器（RS– 双稳态触发器）** 带有可设定剩磁的双稳态触发器，主要用于复位
RS	**脉冲继电器** 由输入端脉冲接通和关断继电器		**文本信号** 信号文本 / 参数显示在 LOGO！显示屏或外部显示屏
	软件开关 由机械式按键或开关施加作用的功能	>>	**移位寄存器** 此功能可读取输入端数值并以位方式进行移位

控制与调节技术的二进制逻辑电路

参照 DIN EN 60617-12

功能	线路符号，转换作用	真值表	已实现的技术	
			气动	电气
“与”门 （AND）	& $A = E1 \wedge E2$	E2 E1 A 0 0 0 0 1 0 1 0 0 1 1 1	1 型　2 型	
“或”门 （OR）	≥1 $A = E1 \vee E2$	E2 E1 A 0 0 0 0 1 1 1 0 1 1 1 1		
“非”门 （NOT）	1 $A = \bar{E}$	E A 0 1 1 0		
“与－非”门 （NAND）	& $A = \overline{E1 \wedge E2}$	E2 E1 A 0 0 1 0 1 1 1 0 1 1 1 0		
“或－非”门 （NOR）	≥1 $A = \overline{E1 \vee E2}$	E2 E1 A 0 0 1 0 1 0 1 0 0 1 1 0		
“异－或”门 （XOR）	=1 $A = (E1 \wedge \overline{E2}) \vee (\overline{E1} \wedge E2)$	E2 E1 A 0 0 0 0 1 1 1 0 1 1 1 0		
存储器 （RS 触发元件）	S　R S 设置 R 复位	E2 E1 A2 A1 0 0 ● ● 0 1 0 1 1 0 1 0 1 1 □ □ ●状态未变 □状态未定		

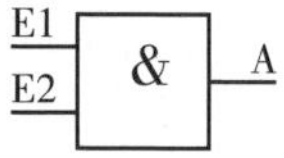

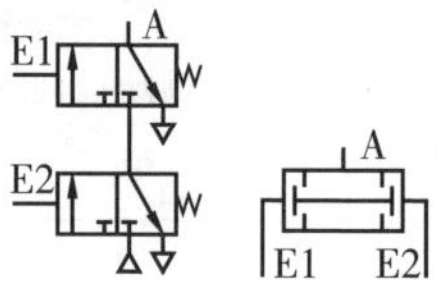

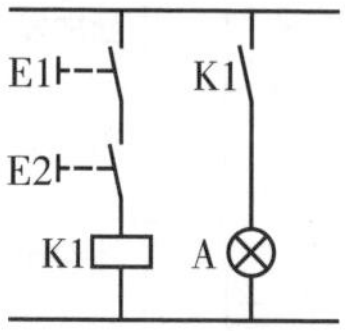

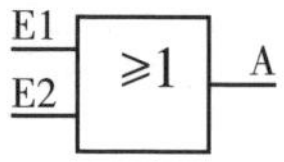

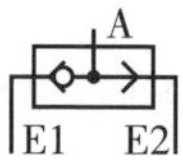

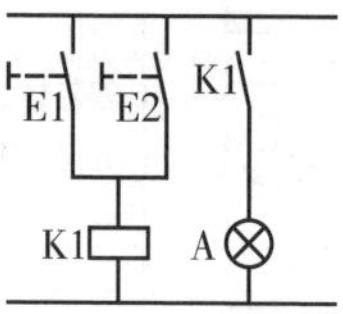

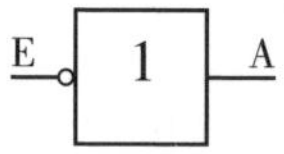

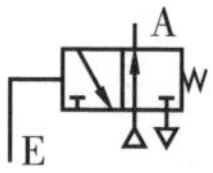

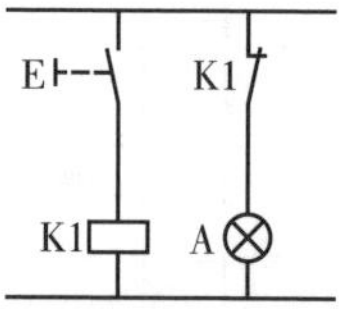

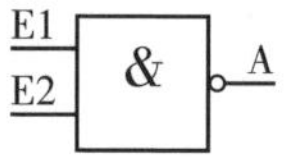

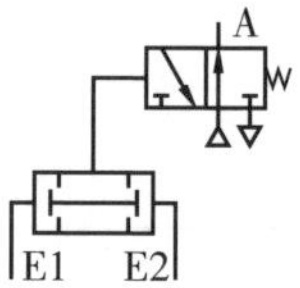

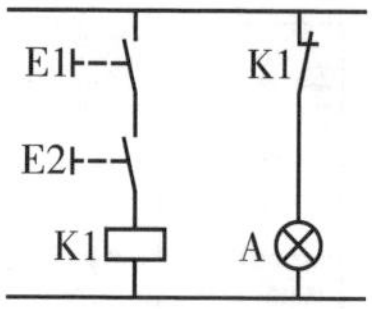

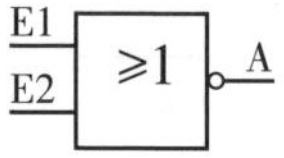

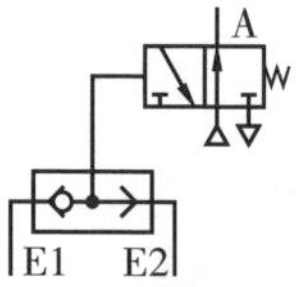

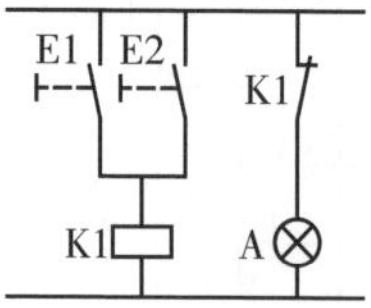

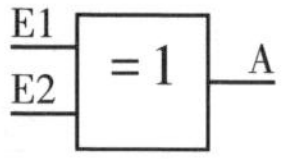

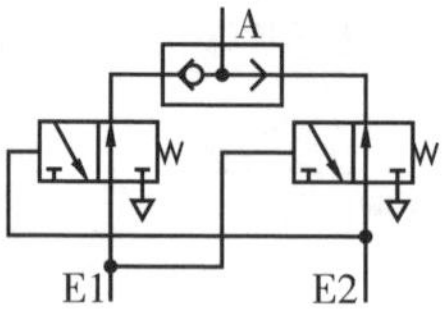

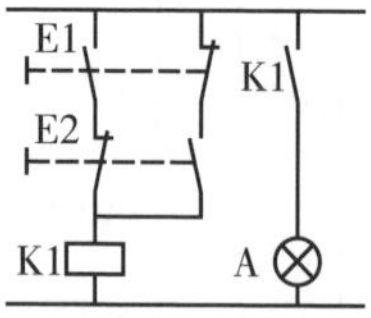

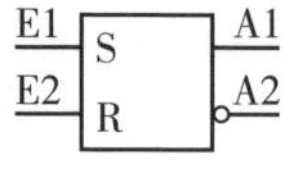

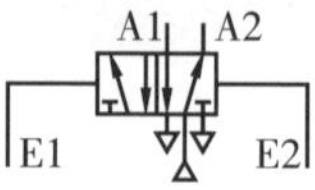

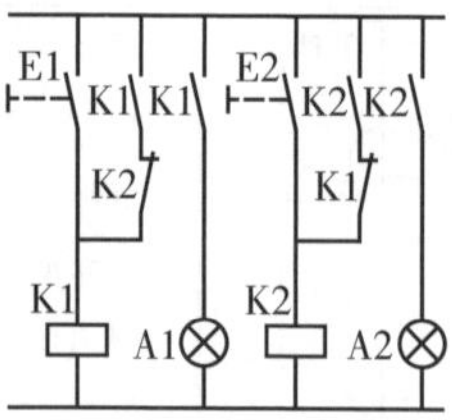

可编程序控制器 PLC 1

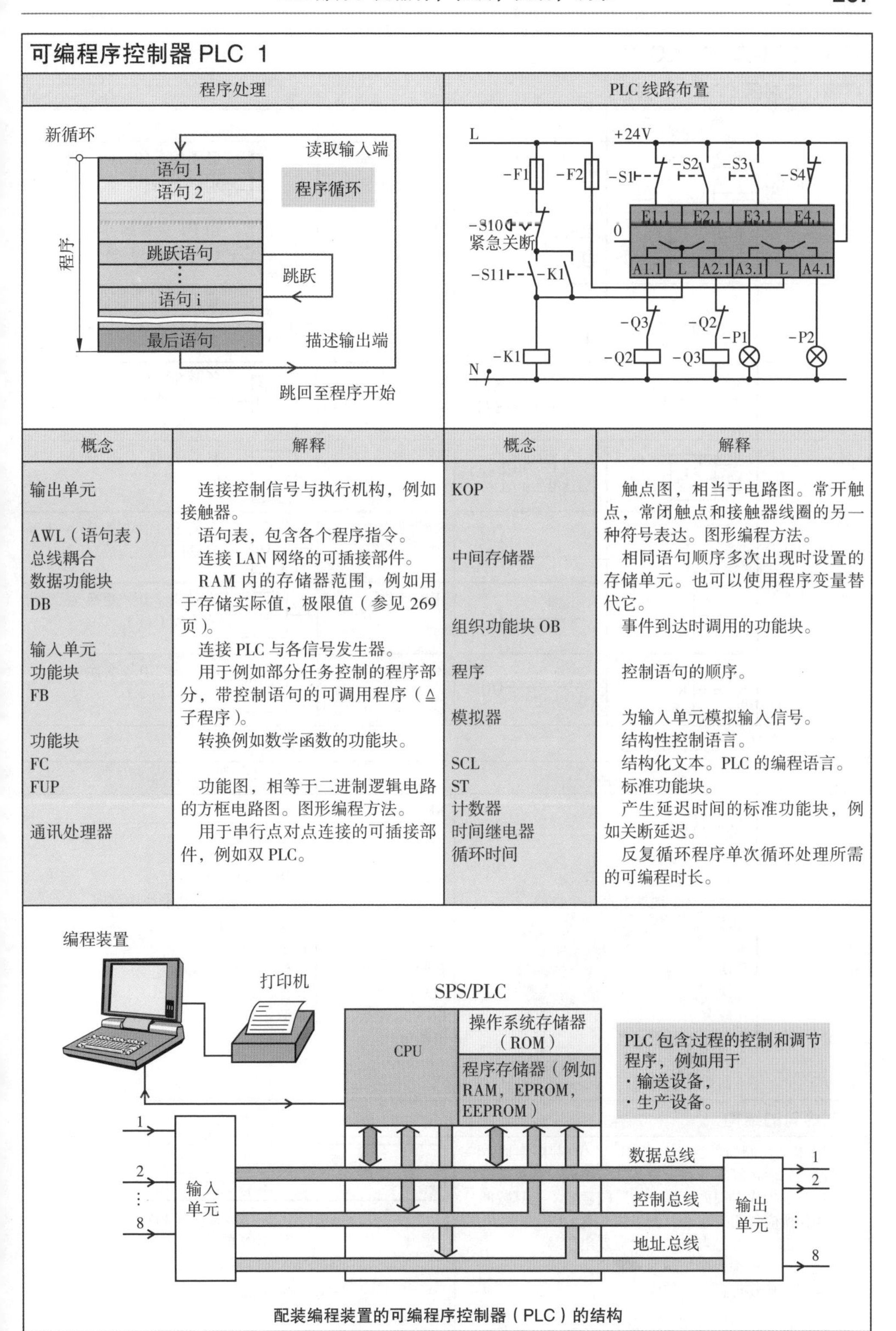

概念	解释
输出单元	连接控制信号与执行机构，例如接触器。
AWL（语句表）	语句表，包含各个程序指令。
总线耦合	连接 LAN 网络的可插接部件。
数据功能块 DB	RAM 内的存储器范围，例如用于存储实际值，极限值（参见 269 页）。
输入单元	连接 PLC 与各信号发生器。
功能块 FB	用于例如部分任务控制的程序部分，带控制语句的可调用程序（≙子程序）。
功能块 FC	转换例如数学函数的功能块。
FUP	功能图，相等于二进制逻辑电路的方框电路图。图形编程方法。
通讯处理器	用于串行点对点连接的可插接部件，例如双 PLC。

概念	解释
KOP	触点图，相当于电路图。常开触点，常闭触点和接触器线圈的另一种符号表达。图形编程方法。
中间存储器	相同语句顺序多次出现时设置的存储单元。也可以使用程序变量替代它。
组织功能块 OB	事件到达时调用的功能块。
程序	控制语句的顺序。
模拟器	为输入单元模拟输入信号。
SCL	结构性控制语言。
ST	结构化文本。PLC 的编程语言。
计数器	标准功能块。
时间继电器	产生延迟时间的标准功能块，例如关断延迟。
循环时间	反复循环程序单次循环处理所需的可编程时长。

配装编程装置的可编程序控制器（PLC）的结构

可编程序控制器 PLC 2

可编程控制器（PLC）的符号

名称	FUP 的符号	KOP 的符号	名称	符号，附注
“与”门	E1.1 E2.1 & A1.1 =	E1.1 E2.1 A1.1 ( )	时间继电器	必须输入的时间特性的标记
“或”门	E1.1 E2.1 >=1 A1.1 =	E1.1 E2.1 A1.1 ( )	脉冲	TP IN Q PT ET 用 PT 设置脉冲时长（按 DIN EN 61131–3）
“非”门 输入端	E1.1	E2.1	接通延迟	TON IN Q PT ET 延迟时间，例如 100ms，用 PT 设置（按 DIN EN 61131–3）
“非”门 输出端	A1.1 =	A1.1 (/)	关断延迟	TOF IN Q PT ET 延迟时间，例如 50ms，用 PT 设置（按 DIN EN 61131–3）
“异–或”门	E1.1 E2.1 =1 A1.1 =	E1.1 E2.1 E1.1 E2.1 A1.1 ( )	RS 存储器	RS S R1 Q1 复位占优（按 DIN EN 61131–3）
赋值	A1.1 =	A1.1 ( )	SR 存储器	SR S1 Q1 R 设置占优（按 DIN EN 61131–3）
设置	S	(S)	正向计数器	+m 信号由“0”变换为“1”是计数（+1）
复位	R	(R)	反向计数器	–m 信号由“0”变换为“1”是计数（–1）

语句表（AWL）的语句标记

标记	名称	标记	名称
U,AND,&	“与”门逻辑电路	NE	比较不等于，< >
O,OR	“或”门逻辑电路	LE	比较小于等于，≤
XOR	“异–或”门逻辑电路	LT	比较小于，<
LD,L	装载，数值装入累加器	CALL	调用，调用 FB，FC
ST,=	存储，一个地址下存一个数值	RET	回车，从功能或功能块中跳回
ADD	加法	JMP	跳至一个标记
SUB	减法	S,SL	设置一个存储器
MUL	乘法	R,RL	复位一个存储器
DIV	除法	SIN	正弦函数
GT	比较大于，>	COS	余弦函数
GE	比较大于等于，≥	SHL	左 Shift 键，累积寄存器中 Bit 向左移位
EQ	比较等于，=		
NOP	不运算，空语句		

控制语句的结构

可编程序控制器的程序按控制语句的顺序组成。一个控制语句由运算部分和运算数部分组成。运算部分指定待执行的操作，例如一个“与”门逻辑。运算数部分包含操作所应作用的地址，例如输入端 E1.2。

由（外部）常开触点或常闭触点发出信号时应考虑，可编程序控制器只能检验输入端是否有操作过程所需的电压。

运算	运算数			
	标记			参数
U	E0.1	按	LD	%IX0.1
U	E0.2	DIN EN	AND	%IX0.2
=	A0.1	61131–3	ST	%QX0.1

由常开触点接通 E0.1 和由常闭触点关断（无复位）E0.2 的举例。

可编程序控制器（PLC）S7 的程序结构

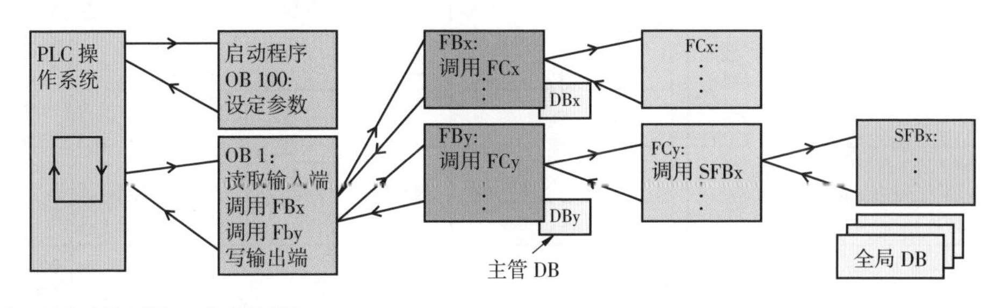

一台可编程序控制器 S7 程序的结构

程序元素	解释	附注
组织功能块 OB	组织功能块由可编程序控制器的操作系统调用。该功能块可控制循环的程序处理，以及警告处理。用户程序由 OB 1 和其他程序元素组成（见上图）。 OB 1 由操作系统循环调用和执行，并只能由警告处理的 OB 中断。	除循环 OB 1 外，还有例如钟点时间警告，延迟警告，闹钟警告，过程警告，故障警告（例如计时故障，电源故障，CPU 硬件故障）或背景循环程序等 OB 功能块。OB 1 的优先级低，必要时可由其他功能块中断。优先级已事先规定。但可由某些 OB 更改。 除此之外，还有重新启动（OB 100）和再次启动功能块（OB 101）。这些 OB 功能块由可编程序控制器的操作系统启动，例如电源接通后。
功能块 FB	功能块 FB 拥有配属的、用于存储数据（主管数据功能块）的数据功能块（DB）。FB 也可以访问不同的 DB。只有 FB 的有效（局部）变量才能用 # 标记。其他全局变量用“” 标记。	用于程序运行过程。 FB 可反复调用 FB 或 FC，SFB，SFC。 可由用户自己编程或向可编程序控制器制造商申购。
功能块 FC（函数）	在其他程序元素（功能块）中可调用该功能块。程序运行过程中产生的数据在程序运行完成之后即告丢失。为存储这些数据，必须访问全局数据功能块。	用于控制程序和例如数学函数（开方，对数，三角函数等）。 可由用户自己编程或向可编程序控制器制造商申购。
数据功能块 DB	数据功能块用于存储用户程序运行所需数据。OB，FB 和 FC 均可存取 DB。数据功能块分为主管数据功能块和全局数据功能块。	主管数据功能块存储实时参数值和配属的 FB 的静态数据。一个 FB 可配属多个主管数据功能块。所有 OB，FB 和 FC 均可访问全局 DB。
系统功能块 SFB	SFB 是可编程序控制器操作系统的一个组成部分。由制造商一起提供并可用用户程序调用。但对 SFB 只能使用用户程序配属的主管数据功能块。	SFB 的功能，例如与外部设备进行数据交换，驱动外部设备。
系统功能 SFC	SFC 同样是可编程序控制器操作系统的一个组成部分。	SFB 的功能，例如数据拷贝，传输来自或去向信号组件的数据，产生信号，改变组件参数，更新钟点时间。
系统数据功能块 SDB	SDB 仅由可编程序控制器操作系统进行计算。SDB 存储例如分配表，必要时还有外围设备和接口以及组件参数表及其预设值（默认值）。	每一个 CPU 都有自己的 SDB。 存储已改动的预设值时产生 SDB，并在重新或再次启动时对它进行访问。

可编程序控制器（PLC）的编程规则

规则	触点图	功能图	语句表	
逻辑电路以“与”门指令，装载指令或“或”门指令开始，以赋值结束，具体实施取决于设备。 S7 局部变量的选用：代替 E1.1，E2.1，E3.1 →例如 #S1，#S2，#S3；A1.1，A2.1 →例如 #Q1，#Q2。	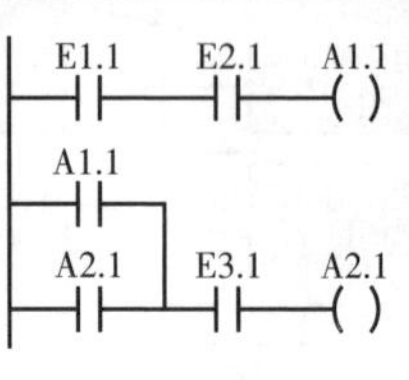 E1.1 E2.1 A1.1 A1.1 A2.1 E3.1 A2.1	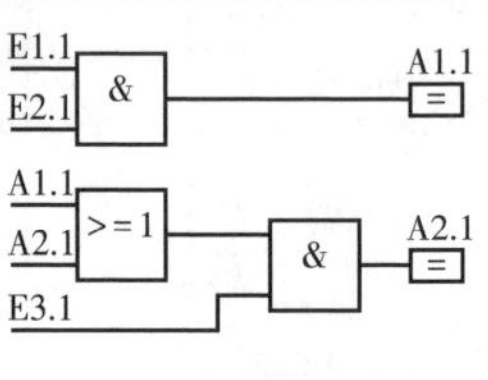 E1.1 E2.1 & A1.1 A1.1 A2.1 >=1 E3.1 & A2.1	U E1.1 U E2.1 = A1.1 U A1.1 O A2.1 U E3.1 = A2.1	U #S1 U #S2 = #Q1 U #Q1 O #Q2 U #S3 = #Q2
一个操作数可多次编程。 S7 全局变量的选用：代替 E1.1，E2.1，E3.1 →例如“S1”，“S2”；A1.1，A2.1，A3.1 →例如“Q1”，“Q2”，“Q3”。	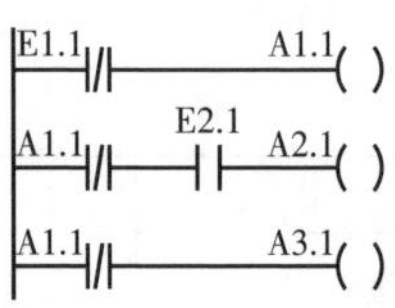 E1.1 A1.1 A1.1 E2.1 A2.1 A1.1 A3.1	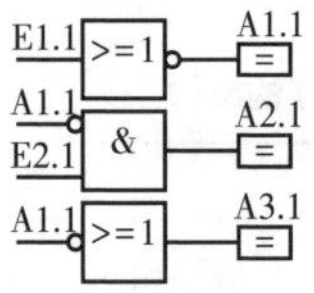 E1.1 >=1 A1.1 A1.1 E2.1 & A2.1 A1.1 >=1 A3.1	UN E1.1 = A1.1 UN A1.1 U E2.1 = A2.1 UN A1.1 = A3.1	UN “S1” =“Q1” UN “Q1” U “S2” =“Q2” UN “Q1” =“Q3”
一条指令或指令的逻辑电路可控制多个操作数，例如输出端，具体取决于设备。	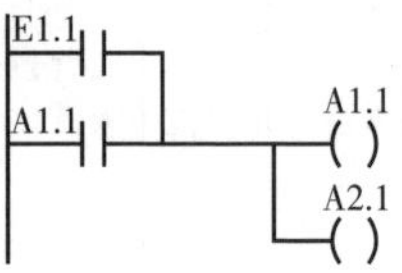 E1.1 A1.1 A1.1 A2.1	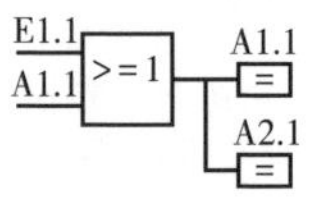 E1.1 A1.1 >=1 A1.1 A2.1	U E1.1 O A1.1 = A1.1 = A2.1	
中间存储器（辅助存储器）用于存储中间结果。	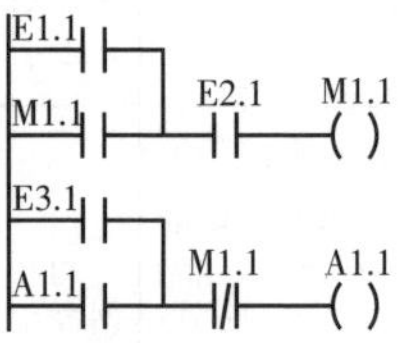 E1.1 M1.1 E2.1 M1.1 E3.1 A1.1 M1.1 A1.1	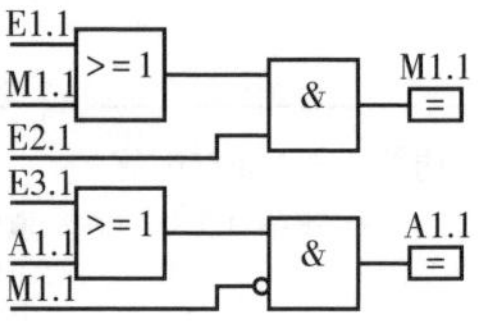 E1.1 M1.1 >=1 E2.1 & M1.1 E3.1 A1.1 >=1 M1.1 & A1.1	U E1.1 O M1.1 U E2.1 = M1.1 U E3.1 O A1.1 UN M1.1 = A1.1	
如果未设置括号或未使用中间存储器，编程时，“或”门逻辑电路必须在“与”门逻辑电路之前。 # 用于局部变量	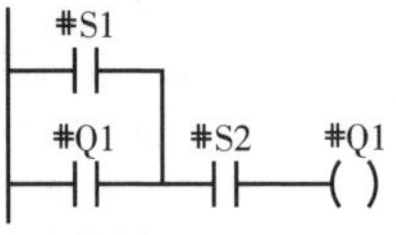 #S1 #Q1 #S2 #Q1	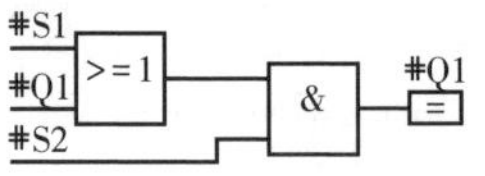 #S1 #Q1 >=1 #S2 & #Q1	U #S1 O #Q1 U #S2 = #Q1	
如果使用了括号，则不必遵守“或”门先于“与”门的规则。但计算时间将因此而增加。 “”用于全局变量	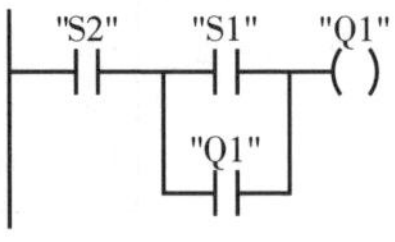 "S2" "S1" "Q1" "Q1"	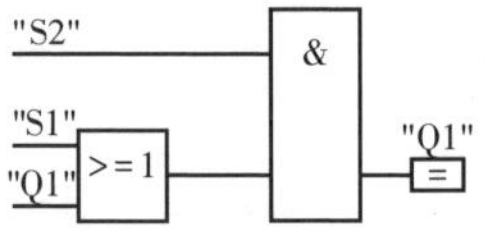 "S2" & "S1" "Q1" >=1 "Q1"	U “S2” U(U “S1” O “Q1”) =“Q1”	
用存储器编程： 优先实施在语句表中排在不优先功能之后的功能。 复位占优： · 如上文的 S7 · 如下文按照 DIN EN 61131-3	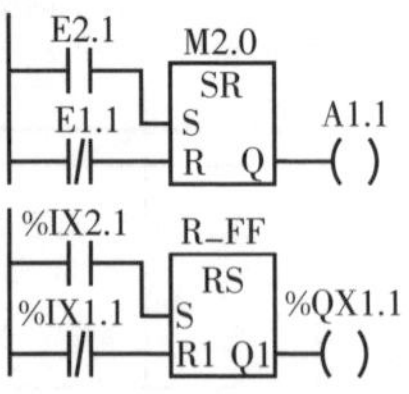 E2.1 M2.0 SR E1.1 S Q A1.1 R %IX2.1 R_FF RS %IX1.1 S R1 Q1 %QX1.1	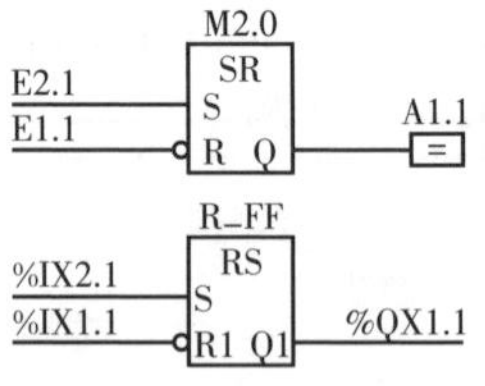 M2.0 SR E2.1 E1.1 S R Q A1.1 R_FF RS %IX2.1 %IX1.1 S R1 Q1 %QX1.1	复位占优： U E2.1 S M2.0 UN E1.1 R M2.0 U M2.0 = A1.1 （按西门子 S7）	

制造商的不同，可编程序控制器的编程也各有不同。对于输入端信号，输出端信号，时间和计数值等变量的描述，除标准名称外，常使用自选名称。变量应与其数据类型相符（说明），例如 BOOL，INT，REAL，TIME，STRING，BYTE，WORD。

举例：VAR E = LED1, EIN1, BOOL; Aus3: BOOL; VAR = END;

可编程序控制器（PLC）的计时器和计时继电器

功能	触点图	语句表	附注
从起始值20开始的正向计数器	#Z1 #计数 — ZV ZR #设置 — S C#20 — ZW R Z-VORW Q — #Q1 ( ) DUAL — #Z1DU DEZ	U #计数 ZV #Z1 U #设置 L C#20 S #Z1 L #Z1 T #Z1DU U #Z1 = #Q1	如果设置为从 0 变为 1，正向计数器 Z1 装载起始值 20。当计数的信号状态从 0 变为 1 时，计数器 Z1 增加 1。 当计数器数值不等于零时，Q1 是 1。计数器数值用 L#Z1 对偶编码装入累加器，然后装入中间存储字 2，用 LC#Z1 可读取 BCD 编码信息。
从 10 至 0 的反向计数器	#Z1 ZV #计数 — ZR #设置 — S C#10 — ZW R Z-RUECK Q — #Q1 ( ) DUAL — #Z1DU DEZ	U #R 计数 ZR #Z1 U #设置 L C#10 S #Z1 L #Z1 T #Z1DU U #Z1 = #Q1	如果设置为从 0 变为 1，反向计数器 Z1 装载起始值 10。当反向计数的信号状态从 0 变为 1 时，计数值减去 1。 当计数器数值不等于零时，Q1 是 1。计数器数值用 L#Z1 对偶编码装入累加器，用 LC#Z1 读取 BCD 编码信息。
接通延迟，时间值 100ms	#T1 #S1 — S S5T#100MS — TW #S2 — R S-EVERZ Q — #Q1 ( ) DUAL — #T1DU DEZ	U #S1 L S5T#100MS SE #T1 U #S2 R #T1 L #T1 T #T1DU U #T1 = #Q1	当 S1 的信号状态从 0 变为 1 时，启动计时继电器 T1 的计时。当 S1 的信号状态再次从 0 变为 1 而计时未走完时，计时重新开始。 用 SE#T1 编程接通延迟功能。小时（H），分钟（M），秒（S）和毫秒（MS）均可设定，例如 1 小时 5 分 10 秒设为 L S5T#1H5M10S。 #用于局部变量
关断延迟，时间值 10s	#T1 #S1 — S S5T#10S — TW #S2 — R S-AVERZ Q — #Q1 ( ) DUAL — #T1DU DEZ	U #S1 L S5T#10S SA #T1 U #S2 R #T1 LC #T1 T #T1DU U #T1 = #Q1	当 S1 的信号状态从 1 变为 0 时，启动计时继电器 T1 的计时。用 SA#T1 编程关断延迟功能。 Q1 的信号保持至时间走完至 1。可通过 L 或 LC 询问对偶编码或 BCD 编码的实时时间值。 #用于全局变量

DEZ BCD 编码的实时数值	R 复位	ZW 计数器数值
DUAL 对偶编码的实时数值	T 传送，传输	LC 装载 BCD 编码信息
L 装载二进制数值	TW 时间值预设	SA 设置关断延迟
Q 二进制输出端	ZV 正向计数	SE 设置接通延迟
S 设置	ZR 反向计数	# 局部变量符号

可编程序控制器（PLC）功能块

可编程序控制器 SIMATIC S7 的应用

概念	解释	附注
工艺对象	构成工艺对象的是通过参数值可设定其特性的物理性驱动装置。就软件技术角度而言，工艺对象是数据功能块（工艺数据功能块）。	工艺对象可表现为轴线（转速轴线，定位轴线，匀速轴线），凸轮，检测探头或发生器（检测系统）。 工艺对象设定在可编程序控制器 SIMATIC 的范围之内，并与其功能共同执行。工艺对象由可编程序控制器的用户程序激活。
工艺功能	工艺功能施加于工艺对象，在用户程序中作为功能块调用。工艺功能也控制例如变频器 SIMODRIVE，SINAMICS。	工艺功能举例如下：定位，行驶至固定止挡位，转速预设，进给量预设，速度预设，参照点等。
工艺数据功能块（DB）	一个工艺对象的实时数值位于配属的工艺数据功能块。程序运行处理过程中产生的状态信号和故障信号同样写入工艺数据功能块。	可编程序控制器用户程序中激活后在执行工艺功能过程中描述工艺数据功能块。可编程序控制器的用户程序处理工艺数据功能块中的状态信号和故障信号。
设立项目 配置 接口 选择区	SIMATIC 管理员可设立一个项目，即一个文件夹结构，它重复所需的硬件结构。 然后根据所需的驱动技术以及轴，凸轮，检测探头，发生器等配置接口，例如连接 PROFIBUS 的接口，必要时还需匹配运动的机械部件。 选择区位于操作对话区。	通过 PROFIBUS 实现可编程序控制器与驱动电机变频器的通讯，例如 SIMODRIVE。 工艺对象的配置（匹配）包括例如驱动机构和电机的类型及其标称转速，合适的发生器的配属，包括数据电报和地址，输入主轴导程和传动比，终端开关位置，调节器设定和轴零位。 请注意不同操作对话中输入数据的同一性。
编程	除循环处理不同的组织功能块外，工艺数据功能块也在循环更新。对此可使用不同的系统时钟脉冲。 可编程序控制器用户程序中需转换如下步骤： · 通过工艺功能激活工艺对象。 · 询问和计算处理工艺对象 / 工艺功能的状态和故障。 调用可编程序控制器用户程序的工艺功能块检查输出信号。	可编程序控制器用户程序可以计算处理来自功能块的故障信号（BIE-Bit，二进制结果 -Bit）。 CALL "MC_Power" , DB401 —— 调用 FB Axis : = 1 Enable : = E5.0 Mode : = 0 StopMode : = 0 Status : = M100.0 —— 发出参数值 Busy : = M100.1 Error : = M100.2 ErrorID : = MW102 UN BIE = A 16.0 —— 计算处理故障信号 **调用可编程序控制器用户程序中的一个工艺功能块**

工艺功能块的选择

FB 401	MC_Power；轴使能和关断	FB 414	MC_MoveVelocity；以预设转速运行
FB 403	MC_Home；轴基准	FB 432	MC_ExternalEncoder；外部发生器使能和关断
FB 405	MC_Halt；正常停机	FB 433	MC_MeasuringInput；检测探头
FB 410	MC_MoveAbsolute；绝对定位	FB 437	MC_SetTorqueLimit；激活 / 灭活转矩限制
FB 411	MC_MoveRelativ；相对定位		

编程语言，结构文本 ST，程序语言 AS

可编程序控制器的结构文本

语句

关键词	语句	举例	解释
IF...THEN... END_IF	IF 条件 THEN 语句 1; [ELSE 语句 2;] END_IF;	IF temp<17THEN heizen: = true; END_IF;	当－然后－语句。 当温度小于 17℃时，启动加热输出端。
CASE...OF... END_CASE	CASE Var OF 数值 1：语句 1; 数值 n：语句 n; [ELSE 语句;] END_CASE	CASE wert OF 1:ausg1: = true; ausg2: = true; 2:ausg3: = true; END_CASE;	不同情况的语句。 当数值 = 1 时，设置变量 ausg1, ausg2。当数值 = 2 时，设置 ausg3。

FOR...TO...
END_FOR
	FOR 计数变量=起始值
	最终值 [BY 下一步]DO
	语句 :END_FOR
		FOR i: = 1 TO 10 DO
		ausg[i]: = true;
		END_FOR;
			计数环。
			ausg[i] 区给前 10 个要素赋值 true。

WHILE...DO...
END_WHILE
	WHILE: 条件 DO
	语句:END_WHILE
		WHILE eingl DO
		sum: = sum + 1;
		END_WHILE;
			初始时的条件检验环。一旦 eing1 是 true，立即向上计数 sum。

REPEAT...
UNTIL...
END_REPEAT
	REPEAT
	语句 UNTIL
	条件 END_REPEAT
		REPEAT
		sum: = sum + 1;
		UNTIL eing1: = false
		END_REPEAT;
			结束时的条件检验环。Sum 向上计数，直至 eing1 变为 false。

算子

关键词	语句	举例	附注

AND,&
OR
XOR
NOT
	UND
	ODER
	Exklusiv-ODER
	Negation
		a: = b AND c;
		a: = b OR c;
		a: = b XOR c;
		a: = b NOT b;
			“与”门作用于每一个 Bit
			“或”门作用于每一个 Bit
			“异－或”门作用于每一个 Bit
			“非”门作用于每一个 Bit

+,–,*,/
**
MOD
	基本计算类型
	乘方
	模数函数
		a: = b + 3*4;
		a: = b**2;
		a: = b MOD 2;
			$a = b + 12$
			$a = b^2$
			其余用除法求解

<,> <=,>= =,<>	小于，大于 小于等于，大于等于 等于，不等于	IF $a > b$ THEN... IF $a >= c$ THEN... IF $a <> b$ THEN...	如果 $a > b$，则… 如果 $a \geqslant c$，则… 如果 $a \neq b$，则…

用于可编程序控制器的程序语言 AS

描述	并联支路	选择支路

程序语言 AS 用于步骤 S 以及通过下一个接通条件 T（过渡）连接的动作中程序的结构化。每一个动作和每一个过渡都必须既写入语句表（AWL），触点图（KOP），功能图（FUP），又写入程序语言（ST）。

动作是可编程序控制器的程序部分。如果例如一个变量 > 0，即可接通下一步骤或下一动作。

串联支路连接一个共用过渡。在串联分支一起到来的位置上需等待，直至前一步骤的动作运行完成。

选择支路对其输入端各有一个自己的过渡。它在处理时永远只是一个支路。

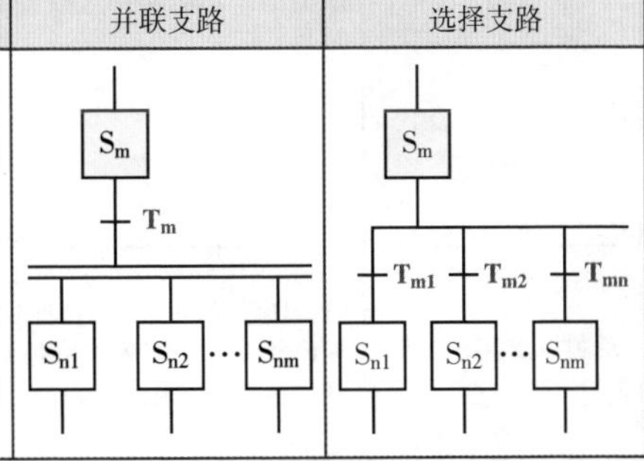

[ ] 括号内的语句：选项，需要时选用。变量需根据数据类型分别与 INT, REAL, BOOL, BYTE, STRING, DATE 或 TIME 协商确定。

可编程序控制器功能块在结构文本 ST 的应用		
操作	解释	附注
确定功能块结构 功能块种类	用可编程序控制器程序将待完成的任务分解成子任务结构。该步骤在一定程度上可能已构成可编程序控制器的功能块。这里将选择和配属可能的功能块（OB, FB, FC, DB, SFC, SFB，参见可编程序控制器 S7 的程序结构）。 需确定哪些任务，例如循环，应转换成程序运行或数学函数以及如何存储数据。 www.siemens.com	OB FB FB FC 循环 采集 处理 计算 数据输入 检测值 检测值 结果 开方，乘方 数据输出 数据存储 数据功能块 **根据子任务的功能块结构**
计算现有功能块 功能块数据库	可编程序控制器制造商按照标准将已编程完成的可编程序控制器功能块作为功能块数据库出售。这些功能块具有已定义接口，其形式为输入端参数和输出端参数。这些参数均已提供数值。用户可选择继续处理已预设的数值。 有些可编程序控制器功能块取决于本机所使用的 PLC-CPU，例如 S7-400。选用时需要 CPU 数据页。	OB：循环程序处理， 过程运行警告， 时间故障信号 FB：轴的使能和关断， 绝对定位， 按转速预设值运行 SFB：数据存储， 数据发送，接收和打印 **询问伙伴的装置状态**
功能块编程 计数器， 功能 变量	可在 ST 高级语言内为功能块编程。除语句外，如 IF, CASE, FOR, WHILE 等，均是可供使用的可编程序控制器的典型功能。为可编程序控制器功能块编程时应遵守功能块开始和功能块结束的规定结构。 可编程序控制器的典型功能有计数器，时间延迟，数据换算或逻辑函数。除此之外还有开平方，乘方，对数，绝对值，e 函数，三角函数。 需约定的是变量及其数据类型。同样需约定的还有全局变量，即超越本功能块的变量和功能块内部（局部）变量。	ORGANIZATION_BLOCK *ob_name* … END_ORGANIZATION_BLOCK **组织功能块 OB** FUNCTION *fc_name:functionstyp* … END_FUNCTION_BLOCK **功能 FC** FUNCTION_BLOCK *fb_name* … END_FUNCTION_BLOCK **功能块 FB** DATA_BLOCK *db_name* … END_DATA_BLOCK **数据功能块 DB**

调用功能块
 	
参数值
	用符号名称或绝对数码在一个作为步骤的程序语句中调用功能块。调用时必须确定功能块编制时配属给待调用程序相应参数值的接口参数，接口名称和数据类型。功能块用这些数值按程序运行时间工作。	FUNCTION_BLOCK FB30
		VAR
		  ERGEBNIS: INT;
		END_VAR
		BEGIN
		…
		ERGEBNIS:=
		  SPC31(OB_NR:=10,STATUS:=MW100)
		…
		END_FUNCTION_BLOCK
		带 SFC 的功能块结构

ST 程序测试	ST 程序翻译是识别和显示句法错误。ST 程序结构中的运行时间错误以系统警告形式显示。用测试功能（Debug 功能）可找出程序逻辑错误。	可供使用的 Debug 功能：单次运行，设置停止点（中断点），观察 / 修改变量。 用模拟程序测试。可选用装入 PLC-CPU 内的可编程序控制器程序，但必须建立程序 -PC 与 PLC-CPU 之间的在线连接。
ST 结构文本，SCL 结构性控制语言，SFB 系统功能块，SFC 系统功能		

具有数据库功能的功能块

设备示意图（两条输送带）

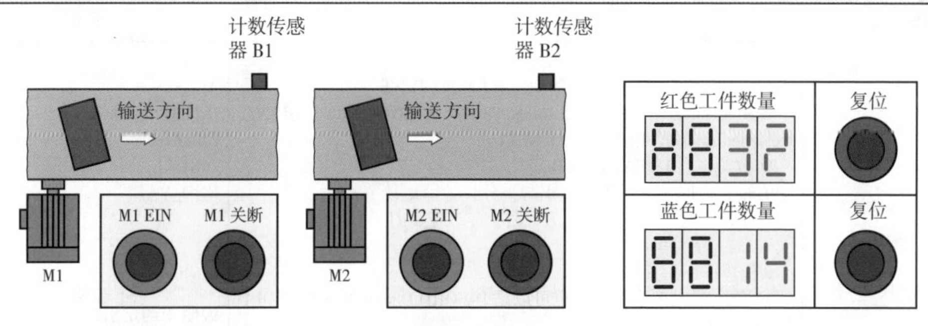

· 数据库功能的功能块可重复使用并可在可编程序控制器程序内多次调用。
· 数据库功能的功能块内不允许使用用于输入端，输出端，中间存储器，计时器和计数器的全局变量。
· 全局变量在所有程序部分中是已知的。
· 下文举例中首先编制功能块 FB 1，并将该功能块两次插入组织功能块 OB 1。

FB 1 的变量表

说明	名称	类型
in	Motor_EIN（电机接通）	BOOL
in	Motor_AUS（电机关断）	BOOL
in	计数器	COUNTER
in	计数传感器	BOOL
in	复位	BOOL
out	电动机	BOOL
out	数量	WORD

数值从调用的功能块传输给输入端变量（in）。输出端变量（out）传输数值给调用的功能块。

功能块 FB 1

网络 1

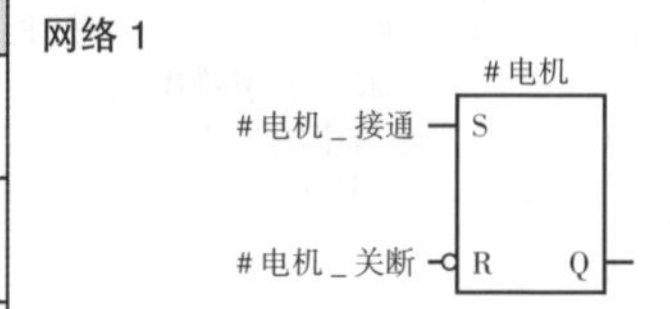

网络 2

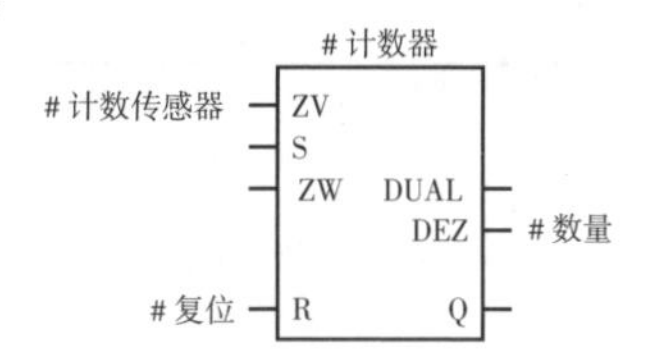

局部变量标记为 #。

符号表（分配表）

符号	操作数	注释
M1_EIN	E 1.0	按键 M1 接通（常开触点）
M1_AUS	E 1.1	按键 M1 关断（常闭触点）
B1	E 1.2	计数传感器 B1（常开触点）
Reset_rT	E 1.3	复位红色工件（常开触点）
M1	A 0.1	电机 1
Anz_rot	AW 2	红色工件数量
M2_EIN	E 2.0	按键 M2 接通（常开触点）
M2_AUS	E 2.1	按键 M2 关断（常闭触点）
B2	E 2.2	计数传感器 B2（常开触点）
Reset_bT	E 2.3	复位蓝色工件（常开触点）
M2	A 0.2	电机 2
Anz_blau	AW 4	蓝色工件数量

符号和操作数涉及全局变量。

组织功能块 OB 1

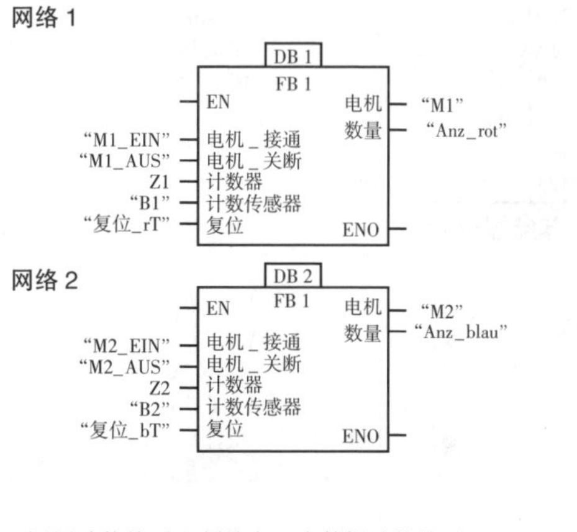

调用功能块时必须给定一个数据功能块（DB 1，DB 2）。全局符号写在两个引号之间。

可编程序控制器的编程 1

（按照 DIN EN 61131–3）

关键词	解释	举例
数据类型		
BOOL INT REAL TIME DATE STRING BYTE WORD	布尔函数，真值或非真值 Integer，整数值，还有 SINT Short Integer, DINT Double Integer, LINT Long Integer, UINT (USINT, UDINT, ULINT), Unsigned Integer, 无前置符号的整数。 实数，也有 LREAL Long Real。 Time，时间，时长单位：小时，分，秒，毫秒 Date，日期，日期单位：天，月，年或年，月，日。 String，字符串 8 位（Byte）字符串 16 位（Word）字符串，也可以是 DWORD Double Word, LWORD Long Word。	VAR A:INT; B:TIME: = 10ms; C:BOOL; D:REAL; END_VAR **说明（约定）**
函数		
ABS SORT SIN ASIN LEN LEFT INSERT FIND REPLACE	绝对，构成绝对值。 Square Root，开方计算。 正弦函数。同样可用 COS，TAN。 反正弦函数。同样可用反三角函数的 ACOS，ATAN。 Length，长度。求一个字符串的长度。 Left，左。求一个字符串的左边部分。也可用函数 RIGHT 和 MID 求一个字符串的右边和中间部分。 Insert，一个字符串插入另一个字符串。 Find，查寻。在一个字符串内查寻部分字符串。 Replace，在一个字符串内替换部分字符串。	REAL — SIN — REAL A: = SIN (B); STRING — LEN — INT A: = LEN ('WLAN'); ⟶ A = 4
算符		
ADD MUL MOD MOVE SHL AND OR XOR NOT MAX GT GE EQ	数字加法，也可用减法 SUB。 数字乘法，也可用除法 DIV。 模数函数 一个数值的赋值，例如在累加存储器。 Shift Left。在一个词内将 Bit 向左移动 x 位。也可用 SHR 向右移位。 Bit 字符串（Bits）的“与”门 Bit 字符串（Bits）的“或”门 Bit 字符串（Bits）的“异 – 或”门 Bit 字符串（Bits）的“非”门 求数字的最大值。用算符 MIN 求数字的最小值。 Greater Than。两数字对比大于，也可用 LT（Less Than）两数字对比小于。 Greater Equal。两数字对比大于等于，也可用 LE（Less Equal）两数字对比小于等于，用 NE（Not Equal）两数字不等于。	Bits, Bits, Bits — AND — Bits Zahl, Zahl — MUL — Zahl Zahl, Zahl — GT — BOOL
存储器位置		
I O M X,B,W,D,L 编号 变量	Input，输入端，也可附加标记 X，B，W，D，L 和编号。 Output，输出端，也可附加标记 X，B，W，D，L 和编号。 中间存储器，也可附加标记 X，B，W，D，L 和编号。 X 位，B 字节，W 词，D 双词，L 长词 编号，必要时用点分开，表示物理层级和逻辑地址，例如通道，模块，组件支架，EA 门。 可存储任意变量的数值。数据类型的定义见上文。	VAR AT QW5:Word; AT MW6:INT; AT QX7.1:Bool; AT IW4:INT; END_VAR **输出端，中间存储器和输入端的说明（约定）**

EA 输入，输出，FBS 功能块语言，ST 结构文本（SCL 结构性控制语言）

可编程序控制器的编程 2

（按照 DIN EN 61131-3）

功能	图形表达法	附注，SCL（ST）表达法
存储器 （双稳触发器） RS 双稳触发器 SR 双稳触发器	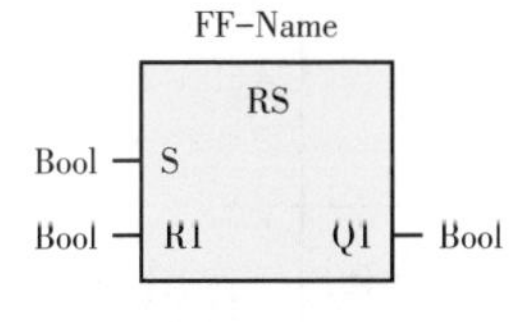 FF–Name RS Bool – S Bool – R1　Q1 – Bool	区别是优先设置（SR;S1/R）或优先复位（RS;R1/S）。下文举例中约定 %IX1, %IX2, %QX1 的数据类型为 Bool，FB（功能块）RS_FF 作为 RS 功能。 VAR RS_FF ; RS;END_VAR RS_FF(S: = %I × 1,R1: = %I × 2); %QX1: = RS_FF.Q1
部分字符串 LEFT, RIGHT, MID	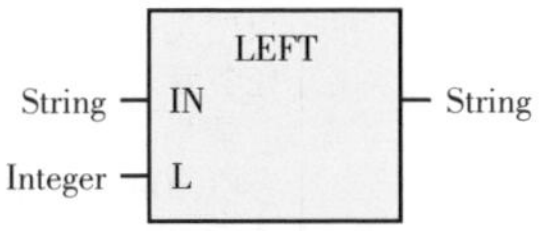 LEFT String – IN　– String Integer – L	可从字符串中剪切一个部分，可从左或从右或从中间开始。 A: = LEFT(IN: = abcde,L: = 2); Ergebnis:A: = ab;
计时器 TON, TOF, TP	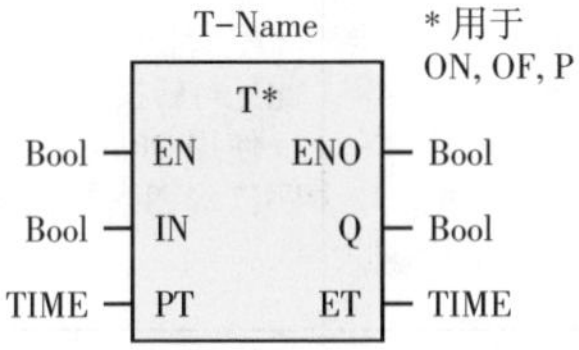 T–Name　* 用于 ON, OF, P T* Bool – EN　ENO – Bool Bool – IN　Q – Bool TIME – PT　ET – TIME	具体划分为:TON 接通延迟，TOF 关断延迟，TP 计时脉冲。带有 T 名称的 FB，例如 TEIN，需经约定并作为 FB 调用。 VAR a,b,out:BOOL;c:TIME: = 5ms; TEIN:TON;END_VAR TEIN(EN: = a,IN: = b,PT: = c); out: = TEIN.Q
计数器 CTU, CTD, CTUD	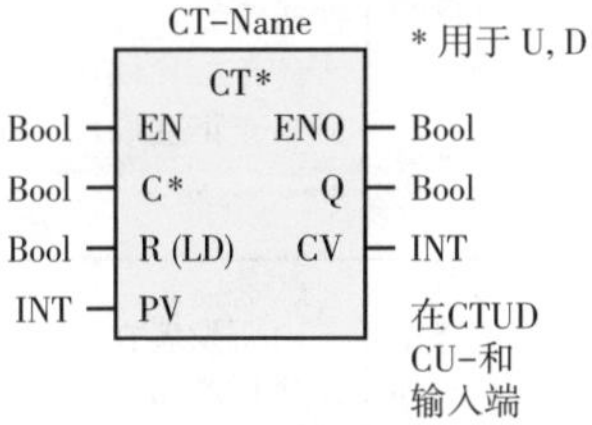 CT–Name　* 用于 U, D CT* Bool – EN　ENO – Bool Bool – C*　Q – Bool Bool – R (LD)　CV – INT INT – PV 在CTUD CU–和输入端	具体划分为:CTU 正向计数（bounter up），CTD 反向计数（counter down），正反向计数器。正向计数器的 FB 含下述程序部分: IF R THEN CV: = 0; ELSEIF CU AND (CV<PVmax) THEN CV: = CV + 1; END_IF; Q: = (CV > = PV);
波缘识别 F–Trig, R–Trig	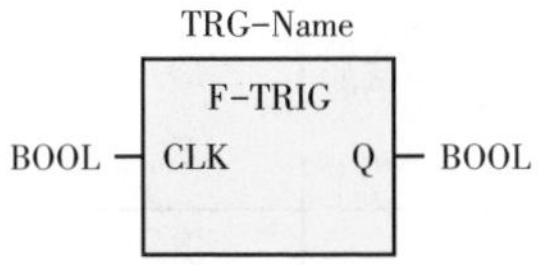 TRG–Name F–TRIG BOOL – CLK　Q – BOOL CLK clock	区别在于识别下降波缘（F, falling edge）和上升波缘（R, rising edge）。下述程序行定义下降波缘识别的 FB: FUNCTION_BLOCK F_TRIG VAR_INPUT CLK:BOOL;END_VAR VAR_OUTPUT Q:BOOL;END_VAR VAR M:BOOL;END_VAR Q: = NOT CLK AND NOT M; M: = NOT CLK; END_FUNCTION_BLOCK
步骤 动作 过渡	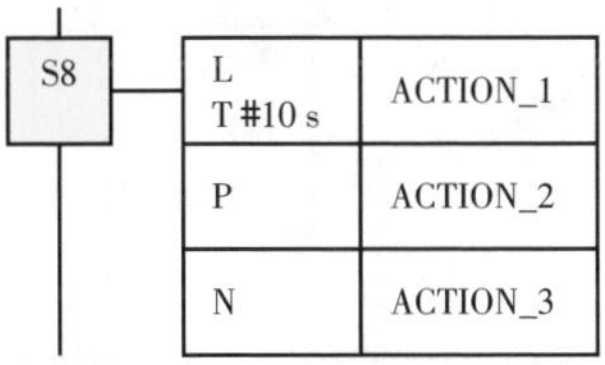 S8 L T#10 s　ACTION_1 P　ACTION_2 N　ACTION_3 L 限时（time limited） P 脉冲，N 不安全	步骤 / 动作 / 过渡，均可用图形或文本表达: STEP S8 ACTION.1(L;t#10s); ACTION.2(P); ACTION.3(N); END_STEP ACTION ... END_ACTION 表示动作，TRANSITION ... END_ TRANSITION 表示过渡。

CV 计数数值，EN 附加输入端（enable），ENO 附加输出端（output），ET 已走完的时间，IN 输入端（input），PT 预设时间，PV 预设数值，Q 输出端，R 复位，S 设置

可编程序控制器各程序研发阶段

阶段	解释	附注，辅助方法
准备	必须由任务发出人以设计说明书的形式书面写出待解决的任务。任务接收人必须检查设计说明书的可理解性和完整性。	常见场景是，任务发出人不具备编制表述专业的设计说明书。任务接收人一般需加入编制工作。
分析	首先需进行可行性研究。研究对象是例如边缘条件，必需的可编程序控制器硬件，外围设备，传感器，执行元件和数据接口，标准等。通过程序研发或软件购置分析需转换的功能和过程（运行过程）。评估计算各解决方案。确定必要的人员能力，完成期限（里程碑期限）和可能的项目组织。	任务发出人和任务接收人均必须清晰了解已提出的要求。必须以图形表达法粗略绘制运行过程。本阶段的成果是：任务发出人必须能够划分任务。 辅助方法：互联网查询，文件档案，手册，Office 系统，图形文档系统。
方案	解决方案的准确描述和评估计算用于转换成为所要求的功能和运行过程。编制功能图和详细的运行过程图。确定输入掩码，输出表，数据结构，数据接口和硬件接口。 自动化基础设施的规划和测试的执行以及用户培训。	本阶段的成果是：详细的责任书，据此进行转换工作。 使用 Office 系统和图形文档系统编制程序流程图，功能图，数据流图，状态曲线表。
转换	实施必要的购置。确定程序模块，程序结构，程序变量和数据格式。对程序模块，数据结构和文件结构进行编程。程序模块的程序技术性匹配（依规修改，给定参数）。需要时引用原系统数据。	本阶段的成果是测试系统的结构（测试环境）。 使用软件修改工具，比较器。使用手册，查询互联网，下载可供下载的程序模块。
测试	编制测试计划，测试状况和测试说明。根据任务的设置，在功能和运行过程方面测试研发和匹配的程序模块。消除错误。测试可分例如两个阶段进行。 首先由程序研发者在研发环境下用测试数据逐步测试。接着，如有可能，由研发者和用户在生产环境下用测试数据和实际数据（相对于日后的使用数据）进行测试。测试系统与日后的生产系统越接近，测试的效果越好。对测试状况和结果建档。	由研发者在测试环境下进行有效测试并交付产品。然后在生产环境下进行测试。本阶段的成果是交付产品给用户（验收）。 投入使用的有研发系统，Debug 系统，仿真系统。在稍后的测试阶段应建立培训环境并开始客户培训。
生产性调整，试运行	稍后在生产系统上进行生产性调整。按照测试计划进行的测试结果必须是任务发出人的成功验收。	必须提供全部技术文件包括培训资料和操作说明书用于任务发出人的验收。

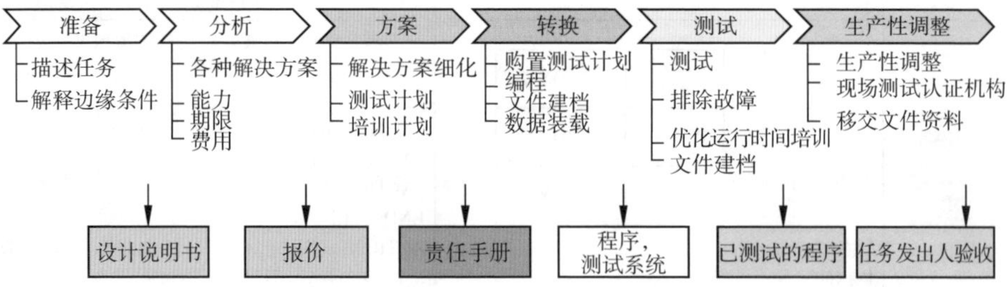

准备
- 描述任务
- 解释边缘条件
→ 设计说明书

分析
- 各种解决方案
- 能力
- 期限
- 费用
→ 报价

方案
- 解决方案细化
- 测试计划
- 培训计划
→ 责任手册

转换
- 购置测试计划
- 编程
- 文件建档
- 数据装载
→ 程序，测试系统

测试
- 测试
- 排除故障
- 优化运行时间培训
- 文件建档
→ 已测试的程序

生产性调整
- 生产性调整
- 现场测试认证机构
- 移交文件资料
→ 任务发出人验收

可编程序控制器各程序研发阶段流程图

用可编程序控制器实施调节 1

特征	表达法，附注

提出任务

左侧容器 CM2 需要一个灌装站调节系统。浮标开关 B2 显示 CM2 是否已空。泵 GP1 由一台电机驱动，将液体从容器 CM1 输送至容器 CM2。超声波传感器 B1 检测 CM2 料位。手动阀 SJ2 模拟干扰量，使实际值与设定值之间出现偏差。必须持续跟踪调节量。

对此任务需在一台可编程序控制器内对一台比例调节器功能块进行编程，并将整个调节运行过程立为一个项目。

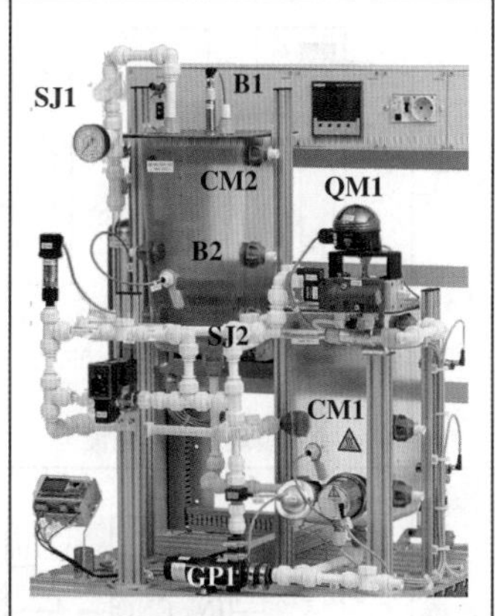

灌装站调节系统

过程技术标准中一般按照 DIN EN 81346-2 对元器件使用不同的标记字母，例如容器用 BE，泵用 PL，阀用 VV。

DIN EN 81346-2 一般适用于工业系统。因此也用于 R&L 工艺流程图。这里的标记字母如下，容器用 CM，手动阀用 SJ，气动阀 QM，泵 GP，传感器 B。其后面的符号 - 表示与产品相关。

气动球阀 QM1 由一个脉冲阀控制。

www.festo.de

分析任务

过程技术使用 R&L 工艺流程图（见 126 页）。离心泵 GP1 是执行机构。调节段始于 GP1，通过圆管管道，经由 SJ1 进入 CM2。调节量是 CM2 的料位（L 指料位）。

检测点的三个字母 LIC 103.1 分别表示，检测料位，显示检测信号（I 指仪器）和信号由调节系统处理（C 指控制）。它的输出信号作为执行量发给执行机构电动机（横线）。

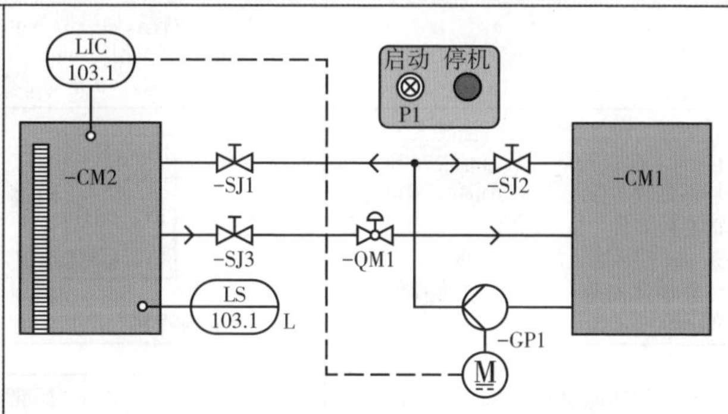

R&L 工艺流程图（圆管管道和仪器示意图）

根据过程技术分析接线电气组件。其基础是 EMSR 位置图。

现场安装超声波传感器和输送装置。

模拟传感器在操作区接线发射器。这些组件也连接 24 V DC。

发射器的电气标准信号发送给可编程序控制器模拟输入模块。作为功能单元的比例调节器调节料位高度，并通过总线系统将显示信息传输给过程控制系统显示屏。

输出模块通过带电位分离的伺服驱动系统控制电动机。

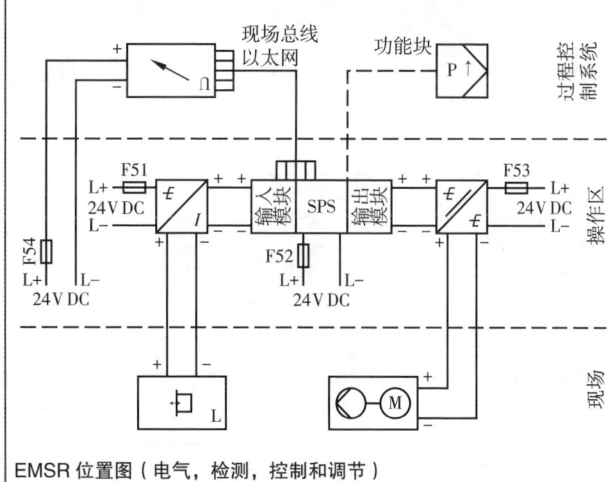

EMSR 位置图（电气，检测，控制和调节）

用可编程序控制器实施调节 2

特征	表达法，附注

可编程序控制器读取调节量

容器料位 L 高度为 300 mm。由料位传感器和发射器组成的检测链将这个长度数值（0~300 mm）转换成为一个 0 V 至 10 V 的电气模拟标准信号。它就是进入可编程序控制器模拟输入模块（AI）的输入信号。

图示为一个 AI 模块带有两个输入通道。意即可将两个模拟检测量接入这个模块。本例占用的是上部通道。

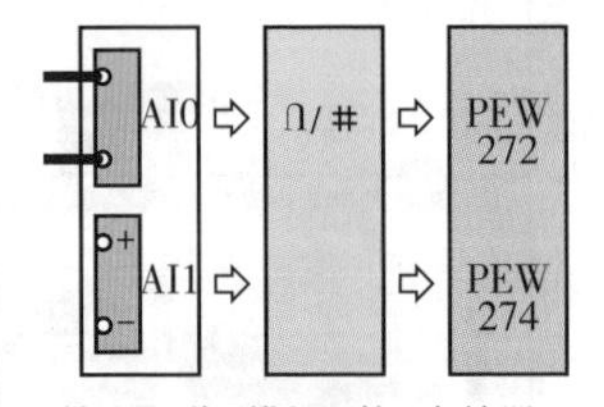

输入通道 0 和 1　模拟 / 数字转换器　存储器地址 272/274

模拟输入模块工艺示意图

CPU 处理数字数值。因此，AI 装有模拟 - 数字转换器（ADU）。它将模拟标准信号转换成为范围从 0 至 32767 的数字数值。该数字数值存储为 16 Bit 宽的外设输入词（PEW）（15 bit + 前置符号）。

在可编程序控制器的硬件中，每个 PEW 配一个存储器地址，程序可在该地址下读取数字化检测值。

功能框图 MOVE，I_DI 和 DI_R 将现有的数字料位数值从数据类型 Word 转换为数据类型 Real 的一个浮点数。

用这种数据类型才能计算十进制数字。

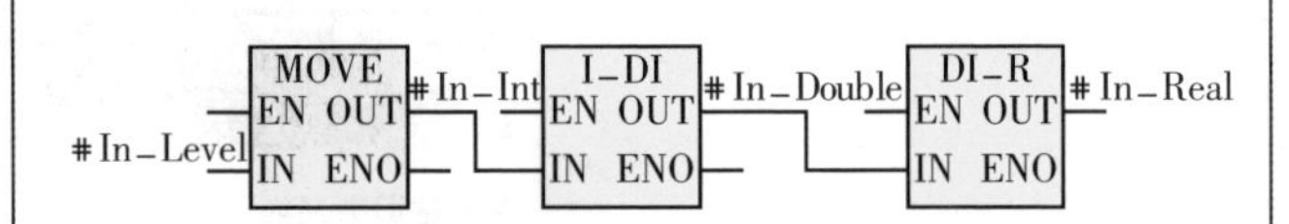

数据类型 Word 转换为数据类型 Real

MOVE 功能将数据类型 Word 转换为数据类型 Int(Integer)。I_DI 功能将 16 Bit 宽的数据类型（Integer）扩展为 32 Bit（Double Integer）。DI_R 功能组成十进制自然数。# 是局部变量标记。

除法 DIV_R 将最大料位高度（Max_Level）除以可能的数字值 27648。然后将该数字分度（mm/Digit）乘以数字的料位高度（In_Real）。最后得出单位是 mm 的标准化的料位高度。

标准化：数字值换算成物理值，例如 mm。

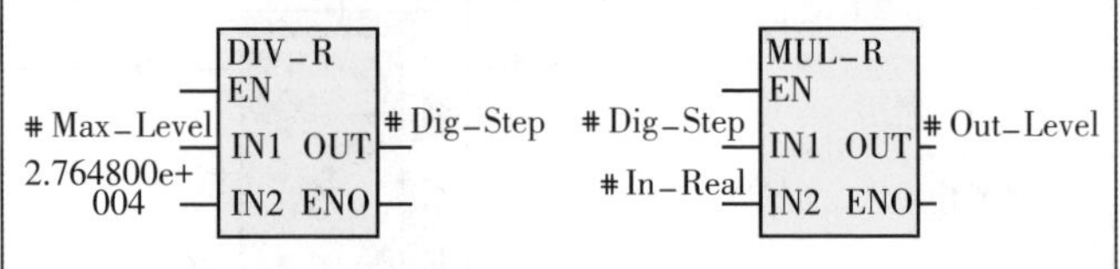

数字检测值标准化

功能 FC1“标准化 Input_Signal”必须用组织功能块 OB1 调用。OB1 是主程序，由主程序调用子程序。在线模式时显示发给 PEW 272 的数字输入信号和标准化料位信号（全局变量“IW_Level”）。

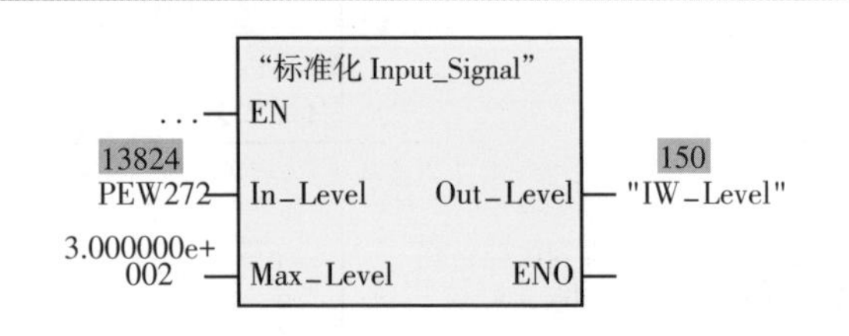

调用功能 FC1“标准化 Input_Signal”（在线模式）

功能 FC3 的任务是计算调节差（$e = w - x$）并将它乘以比例系数 K_{PR}。重要的是，调节差是 $e \geq 0$ 还是 $e < 0$。暂时的布尔变量 e_eng 存储状态。调节器功能块有三个输入量 x_in，w_in 和 K_{PR}。输出量是执行信号 y_out，其极限为 0 V 至 10 V，用于通过 FC2 功能对泵实施控制。

名称	数据类型	名称	数据类型
IN		TEMP	
x_in	Real	e	Real
w_in	Real	y_r	Real
K_{PR}	Real	ok_yes	Bool
OUT		ok_no	Bool
y_out	Real	e_neg	Bool

功能 FC3“比例调节器”的变量说明

用可编程序控制器实施调节 3

特征	表达法，附注

比例调节器编程

比例调节器的调节算法不允许用负值控制泵。泵电机是直流电机，工作电压 0 V 至 24 V。

如果实际值人于设定值，执行量的数值应为 0。因此，本功能开始时需计算调节差并控制数值。

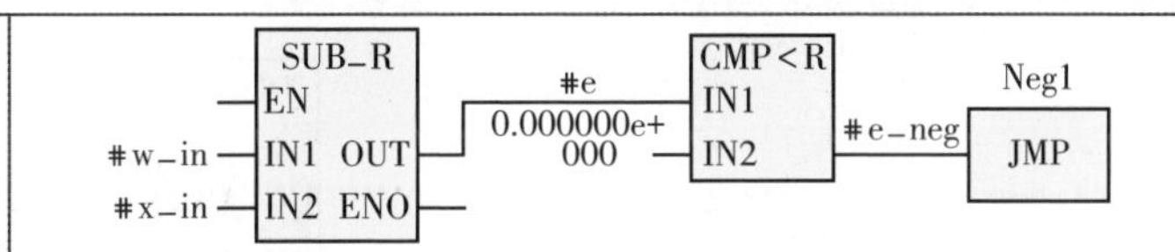

控制调节偏差

功能 SUB_R 从寄存器 IN1 减去寄存器 IN2 的内容并将结果存入寄存器 OUT。对比功能 CMP < R 比较 IN1 和 IN2 两个寄存器的内容。如果 IN1 小于 IN2 的数值，输出端（*e_neg*）设置为 1。

调节差乘以比例系数 K_{PR} 是比例调节器的典型功能。

其结果归属于调节器内部执行量 *m*。

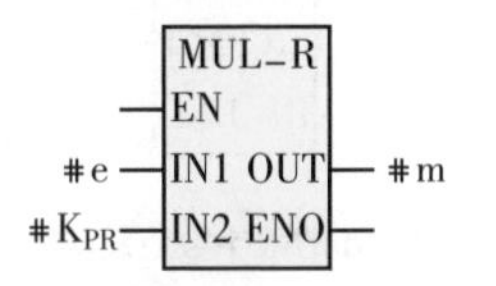

可编程序控制器乘法运算

功能 MUL_R 计算调节器内部执行量 *m*。寄存器 IN1（*e*）乘以寄存器 IN2（K_{PR}），其结果存入寄存器 OUT（*m*）。

调节差数值大并乘以 K_{PR} 时，*m* 可以大于 10。

数值范围的控制允许限制在 0 V 至 10 V。

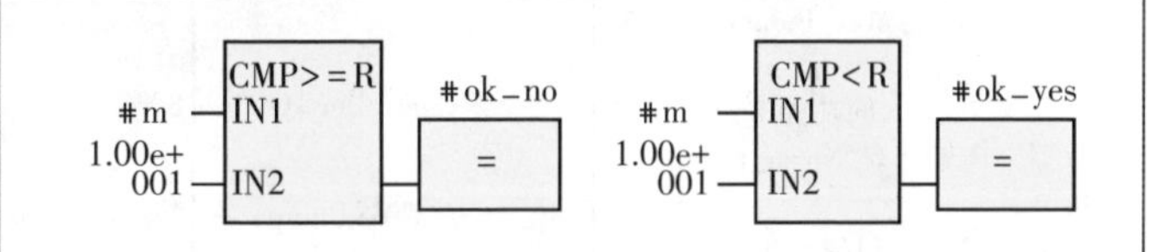

控制已计算执行量的数值

调用可编程序控制器程序中组织功能块 OB1 的这个功能 FC3。操作员可用钥匙开关从手动调节转换为自动调节。设定值设为 150 mm，K_{PR} 数值为 2。功能 FC1 "标准化 Input-Signal" 提供变量 IW_Level 中的实际值。比例调节器功能块有三个输入量（*x_in*，*w_in* 和 K_{PR}）。输出量 *y_out* 是用于泵的标准化执行信号。

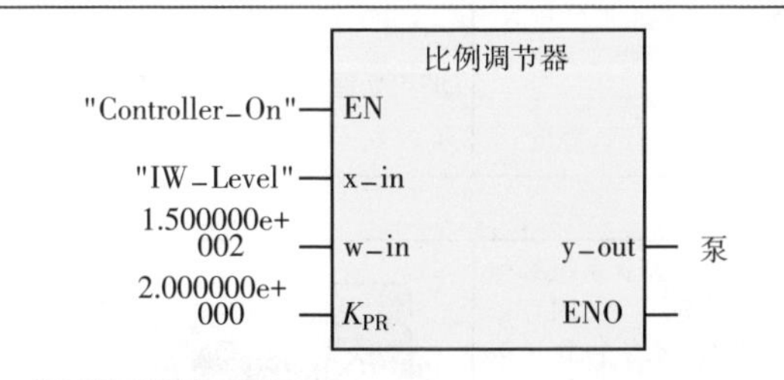

FC3 "比例调节器" 功能调用

用使能输入端 EN 的变量 Controller_On 接通和关断调节器功能块。

执行量刻度（与刻度表匹配）

调节器功能 FC3 求取范围为 0 V 至 10 V（Norm_Pump）执行量的标准化数值。因此，必须通过用于继续传输给可编程序控制器模拟输出端模块的功能 FC2 将标准化数值在 0 至 27648 数字数值范围内划分刻度（DI_Pump）。FC2 进一步将数据类型 Real 的一个变量转换为数据类型 Word 的变量。

名称	数据类型	名称	数据类型
IN		TEMP	
Norm_Pumpe	Real	Dig_Step	Real
Max.Pumpe	Real	Real_Pumpe	Real
OUT		DI_Pumpe	Dint
DIG_Out	Word		

功能 FC2 "模拟执行信号" 的变量说明

<table>
<tr><th colspan="3">用可编程序控制器实施调节 4</th></tr>
<tr><th>特征</th><th colspan="2">表达法，附注</th></tr>
<tr><td colspan="3">执行量刻度（续前表）</td></tr>
<tr><td>第一步是计算泵（10 V）在 27648 数值范围内的数字分度。然后将该分度乘以泵的标准化执行信号。功能 DIV_R 将寄存器 IN1 的内容除以寄存器 IN2 的内容。每 1V 的数字分度乘以标准化执行信号。</td><td colspan="2">

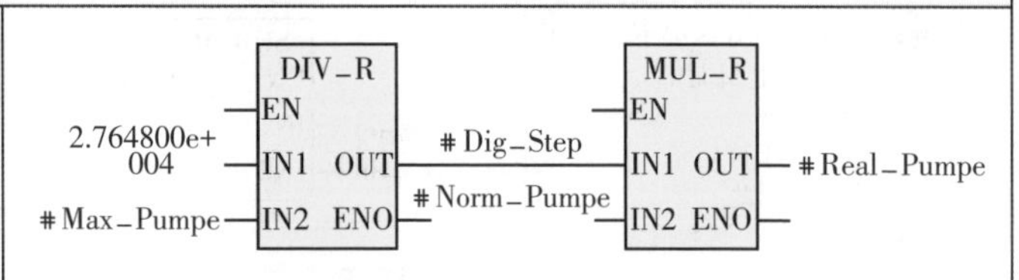

计算执行信号的数字数值</td></tr>
<tr><td>最后一步是将数据类型 Real 转换为数据类型 Word。这里所使用的模拟输出端模块处理数据类型 Word 的数据。功能 ROUND 隔开逗号后的位并产生一个数据类型 Double Integer 的数值。
功能 MOVE 取消前置符号并产生一个数据类型 WORD 的数值。</td><td colspan="2">

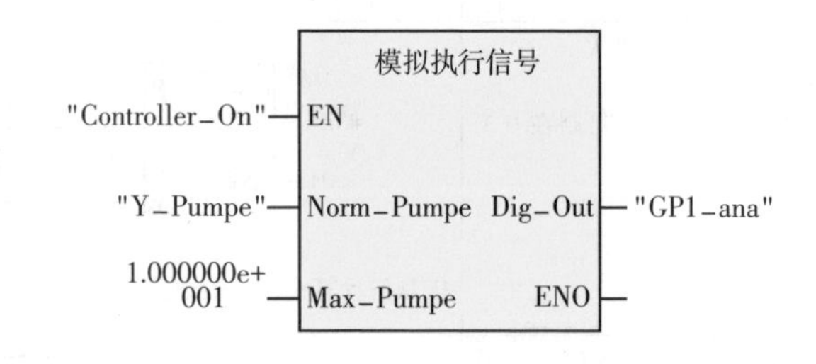

给数据类型 Word 的数字数值赋值</td></tr>
<tr><td>在组织功能块 OB1 中调用功能 FC2。在输入端 Max_Pumpe 输入泵的最大执行信号。该信号可达 10 V。
带有 Y_Pumpe 的功能 FC3“比例调节器”向输入端 Norm_Pumpe 提供数值。
功能 FC2“模拟执行信号”有两个输入量（Norm_Pumpe 和 Max_Pumpe）。输出端 Dig_Out 为可编程序控制器模拟输出端模块提供数值，因为该模块配有一个数字－模拟转换器（DAU）。</td><td colspan="2">模拟执行信号
"Controller_On" — EN
"Y_Pumpe" — Norm_Pumpe Dig_Out — "GP1_ana"
1.000000e+001 — Max_Pumpe ENO

调用功能 FC2“模拟执行信号”</td></tr>
<tr><td colspan="3">过程控制</td></tr>
<tr><td>解决调节任务后，控制系统必须能够操纵设备。启动灯 P1 闪烁表明，设备处于就绪状态。操作员按下启动按键即可启动整个过程。</td><td>

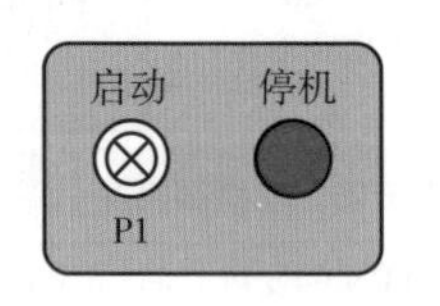

操作区</td><td>P1 亮，表明设备正在运行。泵 GP1 向容器 2 输送液体。按下停机按键可停止输送过程。球阀 QM1 打开，液体流回容器 2。</td></tr>
<tr><td>如果未操作容器 2 的浮标开关 B2 且未将中间存储器设置为运行，设备仅处于就绪状态。
运行链的第一步（SM_1）是将中间存储器设置为运行，第二步也是最后一步（SM_2）是将中间存储器重新复位。
SM_1 也激活调节器功能块“比例调节器”。</td><td colspan="2">

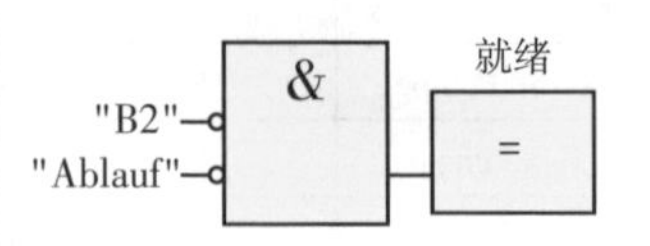

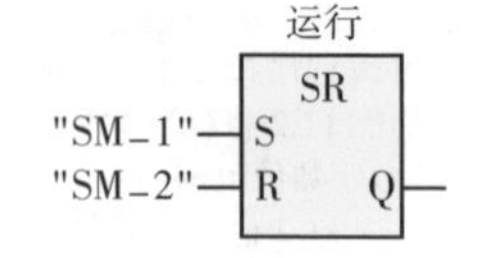

两个中间状态存储器：就绪和运行</td></tr>
</table>

A 部分：电气设备及其驱动，机电一体化系统

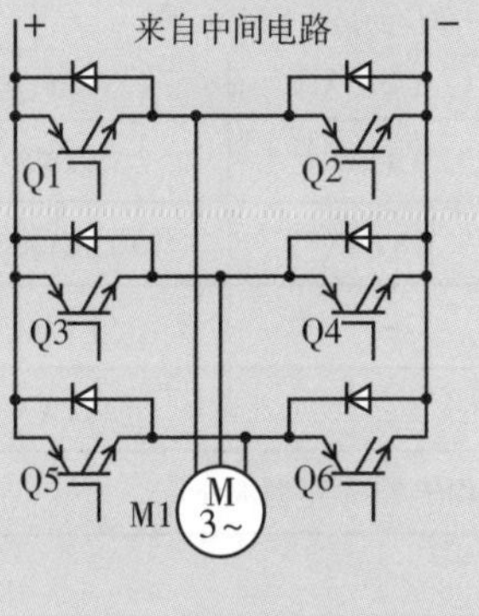

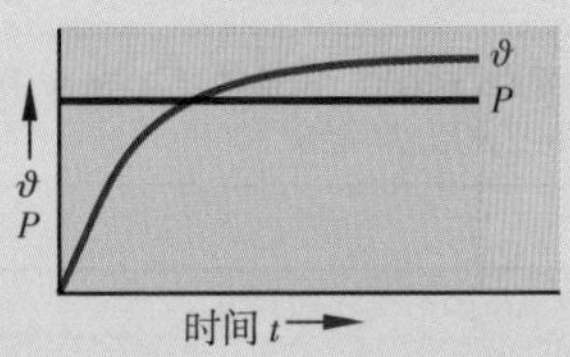

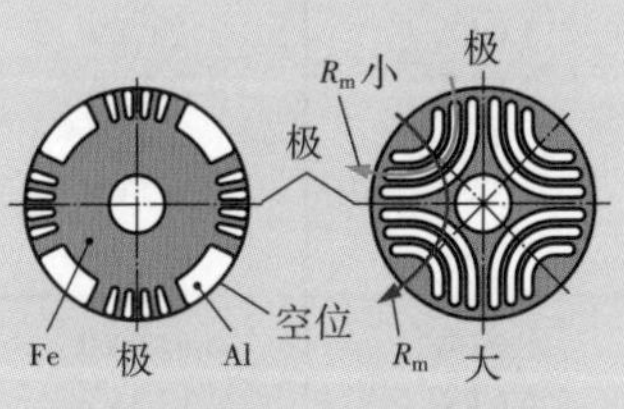

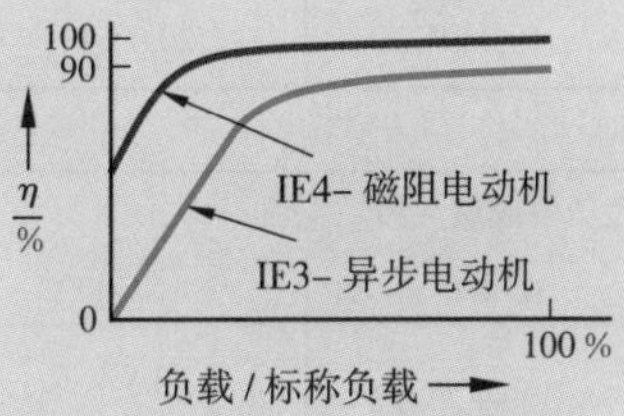

公共电网引接线极限值

对称相位控制或分段控制，整流

受控装置	每个用户单位的最大接线功率		
	AC 230 V	AC 400 V	3 AC 400 V
白炽灯调节器	1.7 kW	3.4 kW	5.1 kW
电动机或带电感镇流元件的充电灯	3.4 kVA	6.8 kVA	10.2 kVA
X 光机，层析 X 射线摄影仪以及类似的医疗仪器	1.7 kVA	—	5 kVA
复印件	4 kVA	—	7 kVA
对称相位控制或分段控制	用于 200 W 发热装置，用于 75 W 电源部分		
对称相位控制或仅在接通阶段的分段控制	最大至许用额定功率		
发热装置的非对称整流（半波整流电路）	用于 100 W 发热装置，用于 75 W 电源部分		
电子装置稳压电源部分的整流，例如计算机	在 TAB 无限制，因为根据 EN 61000，电流消耗从 75 W 开始必须是高次谐波少，即正弦波形。		

多周期控制

每分钟开关频度	每个用户单位的最大接线功率		
	AC 230 V	AC 400 V	3 AC 400 V
≥ 1000	0.4 kW	1.0 kW	2.0 kW
300 至 < 1000	0.6 kW	1.5 kW	3.2 kW
55 至 < 300	1.0 kW	2.4 kW	4.8 kW
7.5 至 < 55	1.7 kW	4.3 kW	8.7 kW
4.5 至 < 7.5	2.3 kW	5.6 kW	11.3 kW
3.5 至 < 4.5	2.5 kW	6.0 kW	12.0 kW
2.5 至 < 3.5	2.7 kW	6.6 kW	13.3 kW
1.5 至 < 2.5	2.9 kW	7.3 kW	14.7 kW
0.76 至 < 1.5	3.7 kW	9.2 kW	18.7 kW
< 0.76	4.0 kW	10.0 kW	20.0 kW

电动机，电焊机

种类	最大功率或最大启动电流		
	AC 230 V	AC 400 V	3 AC 400 V
不定时开关的电动机	1.7 kVA	—	5.2 kVA 或 $I_a = 60$ A
对电网有干扰性反作用的电动机（频繁开关，负载波动）	30 A	—	$I_a = 30$ A
电焊机	2 kVA	2 kVA	2 kVA

AC 230 V：连接一根相线和零线。
AC 400 V：连接两根相线。
3 AC 400 V：连接三根相线和零线（必要时），载荷均匀分布在三根相线。
I_a 启动电流；$\cos\varphi$ 相位因数（正弦波的功率因数）。
TAB 连接 VDEW（电气经济协会）低压电网的接线技术条件。
仅在获取配电网经营者（VNB）准许后才允许超过给定的极限数值。

在电气设备旁工作

参照 DIN VDE 0105

普通安全规则

规则	解释	附注
1. **脱离操作**	全方位关断和隔离所有未接地的导线。隔离措施必须可靠。	不适宜隔离的是室内电气安装开关和半导体开关。适宜的是例如导线保护开关和 RCD。
2. **防止再次接通的保护**	此类保护措施指，例如取下熔断器，关闭或封闭配电装置。	此外还需悬挂文字警示牌“正在工作，请勿合闸”或符号“开关上打叉”。
3. **确定无电**	用两极电压表或电压检测表检查确定工位上无电。此类检测装置必须事先已做检定。	V **检测装置**
4. **接地和短接**	仅要求 AC 1000 V 或 DC 1500 V 的露天电线和电缆电网。更高电压必须要求首先接地，然后短接。	L1 L2 E L3 **短接装置**
5. **遮蔽或围栏隔离相邻带电部件**	仅要求在工位相邻部件属另一电路或另一电源且带电时。	直接与工位相邻时应用绝缘垫或成型绝缘件遮蔽。距离较远时，例如检测场，可以围栏隔离。

带电工作

<table>
<tr><th>电压</th><th>专业电工</th><th>学员</th><th>外行</th></tr>
<tr><td>最大至 AC 50 V 或 DC 120 V</td><td colspan="3">所有工作</td></tr>
<tr><td rowspan="2">超过 AC 50 V 或 DC 120 V 至 AC 1000 V 或 DC 1500 V</td><td colspan="2">1. 用合适的检测或校准装置接触，例如电压检测仪。
2. 用清洗或移动零件的合适的工具或辅助装置接触。
3. 用合适的工具取出和装入可偶然接触的保护性熔断器。
4. 在防火措施下喷涂带电部件。
5. 在蓄电池旁工作遵守适用的安全措施。
6. 如果工作条件中有此要求时，在检测场和实验室工作遵守适用的安全措施。</td><td>不允许</td></tr>
<tr><td>专业电工具有带电工作所需的特殊知识，经验和培训，此外还有：
7. 辅助电流电路的故障限制（例如电流电路的信号追踪，分电路的跨接）。
8. 其他工作，甚至在 a) 强制性原因和 b) 命令的情况下高压带电工作。</td><td>不允许</td><td>不允许</td></tr>
<tr><td rowspan="2">超过 AC 1000 V，DC 1500 V</td><td colspan="2">与上文最大至 AC 1000 V 或 DC 1500 V 中的第 1 和第 3 至第 6 条相同。所有需带电操作特殊培训的工作。</td><td>不允许</td></tr>
<tr><td>面临重大危险的工作，例如伤及人员的生命和健康，或火灾和爆炸危险。</td><td>不允许</td><td>不允许</td></tr>
</table>

电气设备的检测 1

检测电路	计划与执行	检测值分析

检测安全引线的导通性

参照 DIN VDE 0100–600

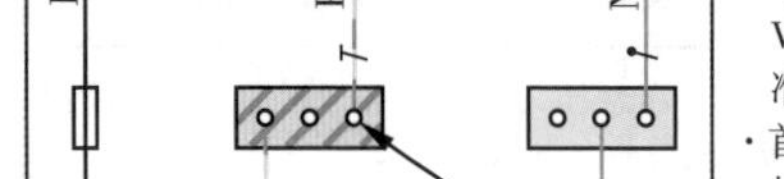

检测安全引线电阻

- 低电阻检测。
- 使用符合 DIN EN 61557–4; VDE 0431–4：2007–12 安全标准的电阻检测装置。
- 首次检测前检查电阻检测装置的性能。
- 万用表不适宜用于本项检测。
- 检测安全引线 PE，电位均衡导线 PB。
- 检测设备部件之间以及设备部件与安全引线和接地线之间的低电阻连接。
- 有腐蚀的检测点可导致出现大检测值，因此检测前必须清理这些点。

检测电压	检测电流	检测仪和检验仪
4V ~ 24V DC	≥ 0.2A	电阻检测仪

检测结果的可信性

举例： 铜导线，安全引线横截面 $1.5\ mm^2$，长度 18 m

$$R = \frac{l}{\gamma \cdot A}$$

$$R = \frac{18m}{56\frac{m}{\Omega \cdot mm^2} \cdot 1.5mm^2} = 0.21\ \Omega$$

实际： 检测值与计算值必须接近于一致。

结论： 检测值明显升高表明存在故障，例如端子接头松动。

检测环线总电阻

参照 DIN VDE 0100–600

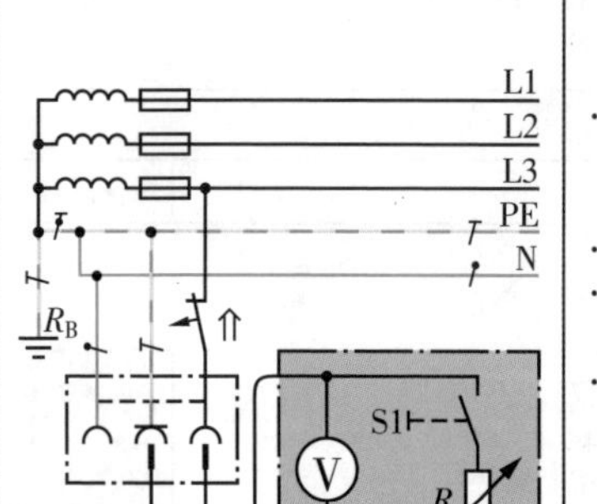

检测环线总电阻

环线总电阻

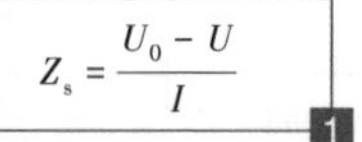

$$Z_s = \frac{U_0 - U}{I}$$ 1

U 检测时的负载电压
I 检测时的电流强度

- 环线总电阻，故障环线总电阻和“环线电阻”对于实际检测具有相同意义。
- 使用符合 DIN EN 61557–4; VDE 0431–4：2007–12 安全标准的环线电阻检测装置。
- 受检设备必须连接电网并带电。
- 环线总电阻 Z_S 是故障环线产生的检测值。
- 故障环线的组成成分是：导线电阻，当地电网变压器阻抗和接触电阻（例如熔断器），有时还有连接的用户。
- 检测最远点（例如插座）的每一个电路。
- 如果在检测时关断现有 RCD，应连接零线 N（电网内阻≈ Z_S）代替 PE。

- 短接状态下环线总电阻 Z_S 限制了短接电流 I_k。
- 故障状态下，电网最远点的短接电流 I_k 必须上升至前置过流保护装置所要求的关断电流 I_a，以利于触发保护装置。

使用通用检测仪检测时的许用环线总电阻

$Z_s \leqslant \frac{2}{3} \cdot \frac{U_0}{I_a}$	$I_k = \frac{U_0}{Z_S}$	$I_k > I_a$

Z_S 环线总电阻
U_0 相线 L 对安全引线 PE 的额定电压
I_a 保护装置的关断电流
I_k 短接电流

TN 系统内的最大关断时间 t_a

末级回路 $I_N \leqslant 32A$
- $U_0 = 130\ V\ (t_a \leqslant 0.8\ s)$
- $U_0 = 230\ V\ (t_a \leqslant 0.4\ s)$
- $U_0 = 400\ V\ (t_a \leqslant 0.2\ s)$
- $U_0 = 690\ V\ (t_a \leqslant 0.1\ s)$

电气设备的检测 2

检测电路	计划与执行	检测值分析

检测绝缘电阻

参照 DIN VDE 0100-600

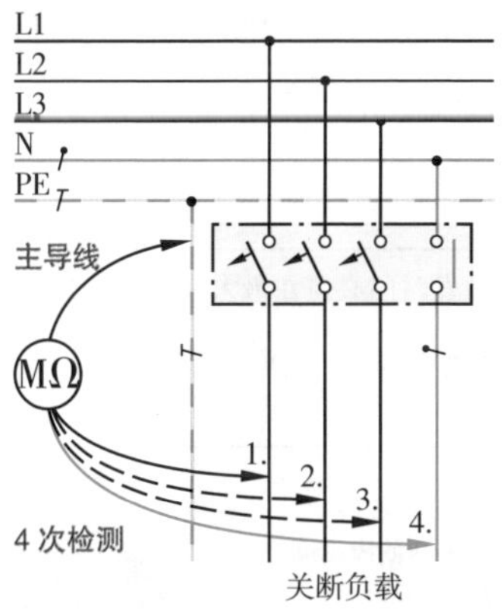

TN 的绝缘检测

- 绝缘检测仪用直流电检测，以避免电容影响。
- 首次检测前检查检测装置的性能。
- 受检设备必须与电网分离且不带电。
- 关闭电流电路，避免开关导线同时受到检测。
- 用户，例如灯，与受检设备分离。
- 带过压保护装置的电流电路的检测电压不允许超过 250 V。

电流电路	检测电压	绝缘电阻
额定电压 $U_N \leqslant 500V$	500V DC	≥ 1 MΩ
额定电压 $U_N \leqslant 500V$	1000V DC	≥ 1 MΩ
FELV	500V DC	≥ 1 MΩ

检测 SELV，PELV，安全隔离装置的绝缘电阻

参照 DIN VDE 0100-600

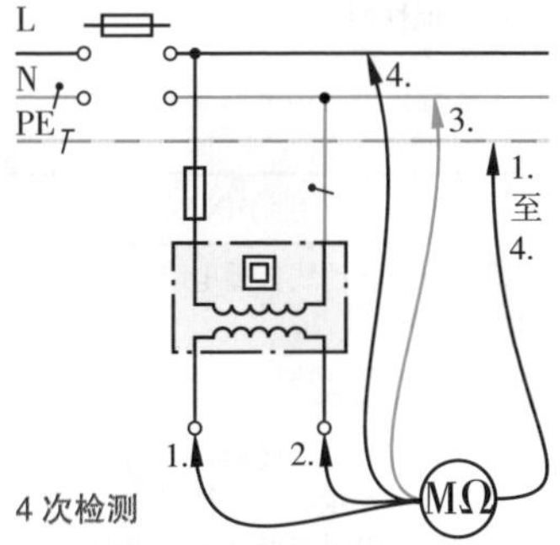

SELV 等的绝缘检测

- 首次检测前检查检测装置的性能。
- 受检设备必须与电网分离且不带电。
- 检测 SELV 和安全隔离装置时必须证实所有电流电路有效元件相互之间以及对地的安全隔离。
- 检测 SELV 时必须证实所有电流电路有效元件相互之间的安全隔离。

电流电路	检测电压	绝缘电阻
SELV	250V DC	≥ 0.5 MΩ
PELV	250V DC	≥ 0.5 MΩ
安全隔离装置 $U_N \leqslant 500V$	250V DC	≥ 1 MΩ

地板和墙壁绝缘电阻的检测

参照 DIN VDE 0100-600

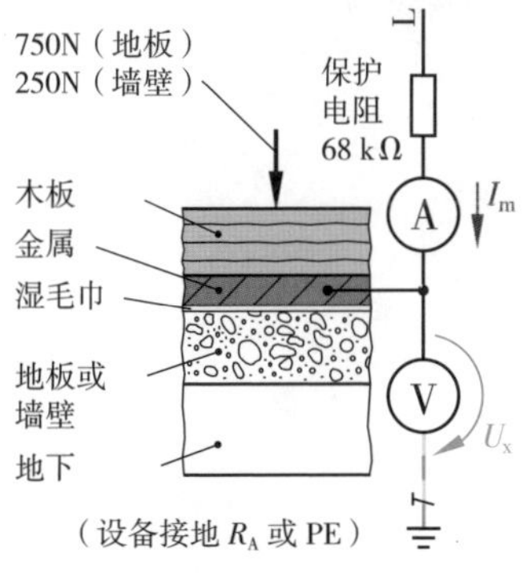

房间各面的绝缘检测

- 首次检测前检查检测装置的性能。
- 用额定电压检测室内≥ 3 个地点。
- 补充绝缘检测时允许检测电压达到 25 V AC。
- 直流电设备仅需做绝缘检测。
- 带过压保护装置的电流电路的检测电压不允许超过 250 V。

电流电路	检测电压	绝缘电阻
额定电压 $U_N \leqslant 500V$	500V DC	≥ 50 kΩ
额定电压 $U_N \leqslant 500V$	1000V DC	≥ 100 kΩ

电气设备的检测 3

检测电路	计划与执行	检测值分析
带故障电流保护开关（RCD）的设备的检测和检验 参照 DIN VDE 0100–600		
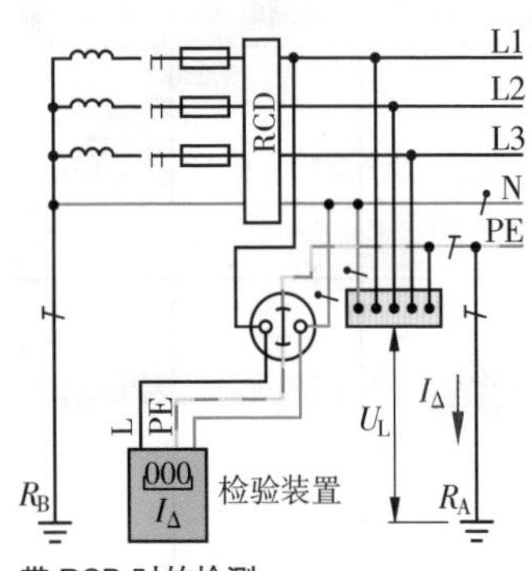 带 RCD 时的检测	RCD 检测装置符合 DIN EN 61557–3；VDE 0431–3：2008–2 安全标准。 检测目的：证明 RCD 至少在额定电流差 $I_{\Delta N}$ 时触发。	当因接机壳而产生足够高的电流差时，故障电流保护开关必须触发。该分电流 ΔI 经安全引线流走。 触发条件： $0.5 \cdot I_{\Delta N} \leq \Delta I \leq I_{\Delta N}$
	检测目的：证明 RCD 在要求的关断时间 t_a 内触发。	触发时间必须在最大允许关断时间 t_a 之内。 触发条件： $\Delta t \leq t_a$
ΔI 电流差（检测值） $I_{\Delta N}$ 额定电流差（RCD 上的标记） Δt 触发时间（检测值） t_a 最大允许关断时间（DIN VDE 0100–410） U_F 故障电压（检测值） U_L 最大允许接触电压（DIN VDE 0100–410）	检测目的：证明未超过最大允许接触电压 U_L。	RCD 在故障电压（例如 2 V）出现 50 秒后关断故障电路。 触发条件： $U_F \leq U_L$
	检验目的：证明（无 RCD 检测装置时）按下检测按键即可触发 RCD。	检验 RCD 时，通过人为制造故障测试 RCD 的触发机制。该项检验仅为检查 RCD 的功能性能。 触发条件： 按下检测按键，RCD 立即触发。
检测接地电阻 参照 DIN VDE 0100–600		
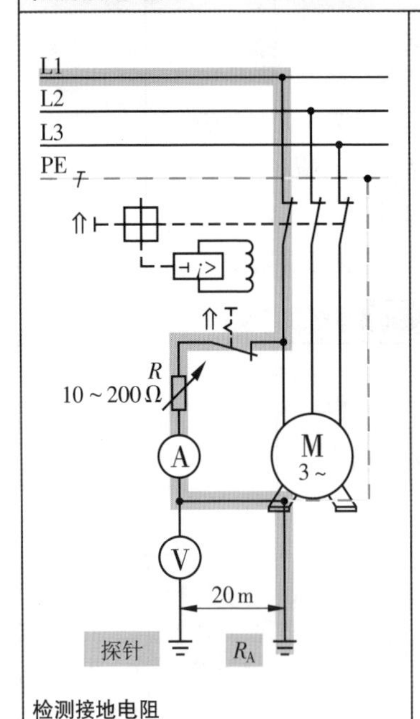 检测接地电阻	· 补充检测法所用的接地电阻检测装置应符合 DIN EN 61557–5；VDE 0431–5：2007–12 安全标准。 · 检测采用 50Hz 频率范围之外的交流电。 · 检测交流电流经待测接地线与辅助接地线之间的电流互感器的初级绕组。 · 在次级绕组产生一个成比例的电流，该电流在可调分压器内产生一个电压。 · 可变电阻滑动触头的位置便是接地电阻值，可在该位置直接校准（刻度值单位：Ω）。	· 接地电阻由接地线传播电阻和接地线电阻组成。 · 接地电阻检测与接地线范围内的导电性关系极为密切。 · 地板湿度，温度和接地线范围的地面特征等常导致产生不同的结果。 · 允许的接地电阻与电网系统或设备型号相关。 · DIN VDE 0100 以及 EVU（能源供给企业）的 TAB（技术接线条件）已规定最大允许接地电阻。

接头的字母数字标记

电动机器

标记符号	回转型机器	变压器	举例
标记字母前的数字（前置符号）	相同种类绕组的区别，例如用于不同转速的绕组。	高压（数字小）与低压（数字大）的区别	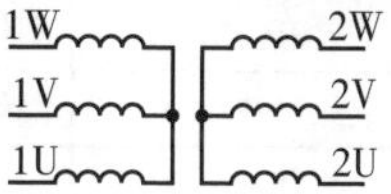
标记字母（绕组种类）	A 电枢绕组 B 换向极绕组 C 补偿绕组 D 串励磁场绕组 E 分励磁场绕组 F 他励磁场绕组 H 纵轴辅助绕组 J 横轴辅助绕组 K、L、M 在感应机次级端，例如滑环转子电动机 Z 电容电动机辅助绕组 U，V，W，N 与变压器相同	U 绕组相 1 V 绕组相 2 W 绕组相 3 N 中性点 电压互感器已取消标记字母，例如 1.1 高压始端 2.2 低压末端 电流互感器需根据标准： K，L 初级绕组 P1，P2（电厂端） k，l 次级绕组 S1，S2 电抗器与变压器相同	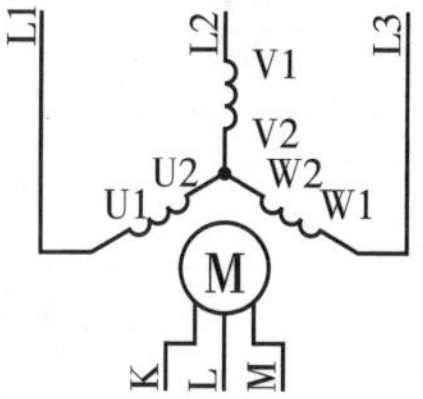 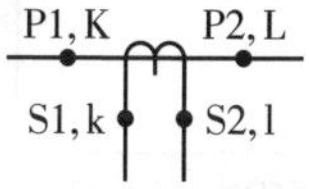
标记字母后的数字（后置符号）	1 始端 2 末端 其他数字表示 1 和 2 之间的抽头（1 型）	1 连接电网导线（始端） 2 连接中性点或电网导线（末端） 其他数字表示 1 和 2 之间的抽头（2 型）	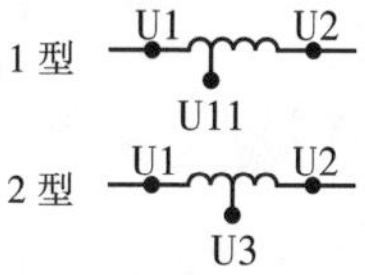

回转型机器按 VDE 0530-8 的所有绕组均用 3 个半圆标记，按 DIN EN 60617-6 的绕组用 4 表示他励，3 表示串励，2 表示转换极和补偿。

整流器组和整流装置

标记	整流器组	整流装置	举例
标记字母（接头种类）	A 正极接头 K 负极接头 G 控制接头 1（门电路） H 控制接头 2（辅助负极） M 直流电接头连接	C 直流电接头（整流器运行还可加 +） D 直流电接头（整流器运行还可加 −） U，V，W，N 交流电接头（与变压器相同）	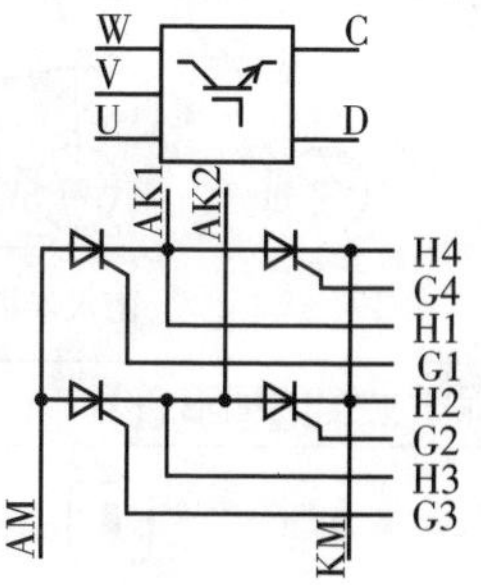
标记字母后的数字	极数顺序	1 输入端 2 输出端	

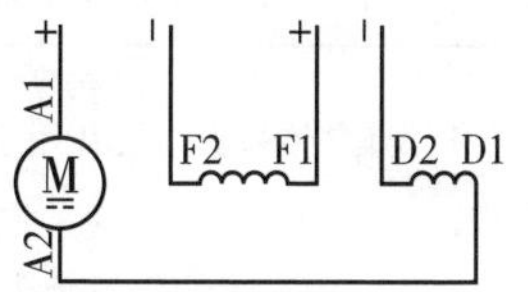

带串励辅助绕组的他励电动机

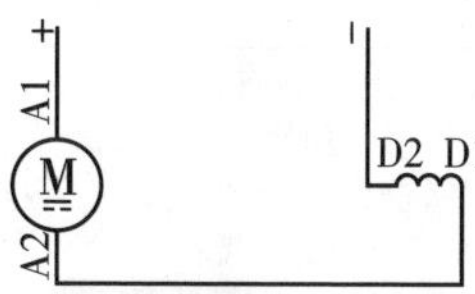

串励电动机

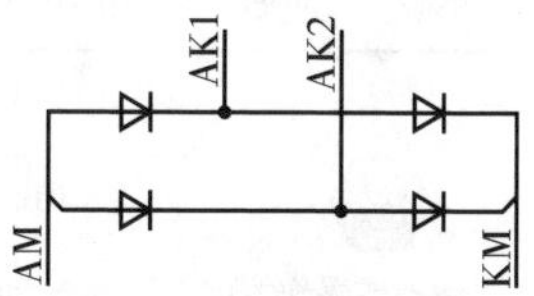

整流器 B2U

电气元器件的保护类型

保护类型 IP 标记的结构

标记符号	含义	举例
标记字母 IP	固体异物和水的防接触和防进入保护。	IP 是国际保护类型的英语缩写。
1. 标记数字 0 至 6	固体异物的防接触和防进入保护等级，例如污物。	大部分电气元器件均未完全使用保护类型 IP 的全部标记数字。
2. 标记数字 0 至 8	防水进入的保护等级。	

如果仅需标出单个保护类型的标记数字，其余的标记数字用 X 代替。

IP 标记数字的含义

保护类型	含义	附注
接触保护和异物保护		
IP 0X	无防接触和防异物保护	（图形符号见下）
IP 1X	防≥ 50 mm 异物进入	“防手背接触”
IP 2X	防≥ 12.5 mm 异物进入	“防手指接触”
IP 3X	防≥ 2.5 mm 异物进入	“防工具接触”
IP 4X	防≥ 1.0 mm 异物进入	“防铁丝接触”
IP 5X	防止有害灰尘沉积在内部	“防尘”
IP 6X	防止灰尘进入	“防尘密封”
防水保护		
IP X0	无防水保护	
IP X1	防垂直滴落水进入	
IP X2	防斜向滴落水进入	“防水滴保护”
IP X3	防喷溅水进入	“防小雨水滴保护”
IP X4	防所有方向的喷溅水进入	“防雨水保护”
IP X5	防水射束进入	“防喷溅水保护”
IP X6	防强水射束进入	“防水射束保护”
IP X7	防短时水中浸泡	“水密密封”
IP X8	防长时水中浸泡	“压力水密封”
IP X9K	防高压清洗	“高压水密封”

少数电气元器件的个别部分可能与常见保护类型有偏差。例如机壳 IP 32 – 接线 IP 11。如有需要可附加标记字母（A,B,C,D）用于防接触保护（防止手背，手指，工具，铁丝等接触）和补充字母（H,M,S,W）用于其他信息，例如高压装置。

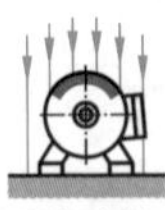
垂直水滴

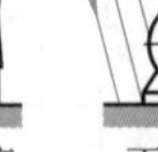
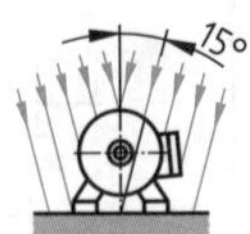

雨水保护

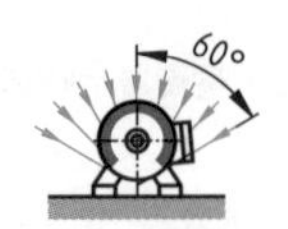

喷溅水

水射束

水密密封

压力水

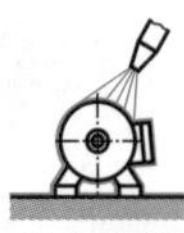
防尘保护

保护类型的图形符号

垂直水滴

斜向水滴

喷溅水

喷溅水

淹没

浸泡

高压清洗

水射束

防爆保护或爆炸气体防护的一般标记

按 EN 60079 的标记符号： 参见 578 页

Ex 保护类型，组别，温度等级。爆炸组 I 用于爆炸气体防护，组 II 用于 IIA, IIB, IIC 等不同气体的爆炸防护 → Ex d IIB T4。

作为防爆保护类型的含义：

d	耐压壳体	e	提高安全性
q	防沙壳体	ia，ib	自身防护
o	防油壳体	p	超压壳体

用户元器件的电子控制

名称	线性曲线图	附注，接线原理
对称区域控制	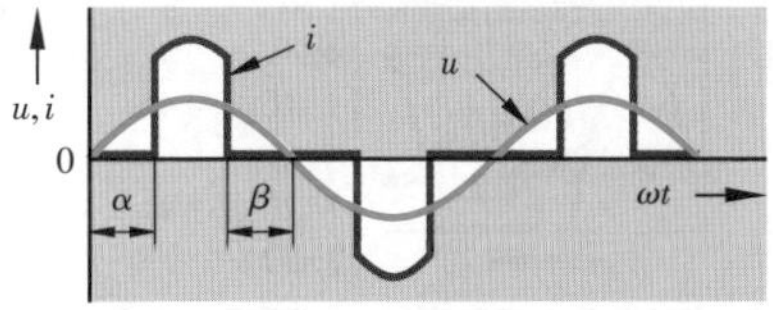	交流电负载的控制，例如 RLC 型调光器。区域控制是相位控制与分段控制的组合。其优点在于它不会引起相位移。但它产生一个脉冲型电网负载和谐波。其应用目前增势强烈。
对称相位控制	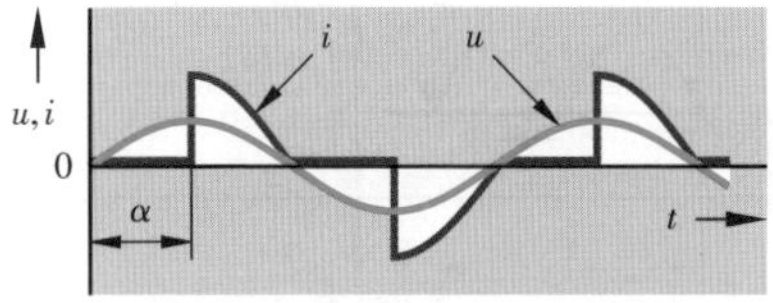	控制交流电负载的方法，尤其是使用调光器的照明设备。缺点：需要电感性无功功率，产生谐波。 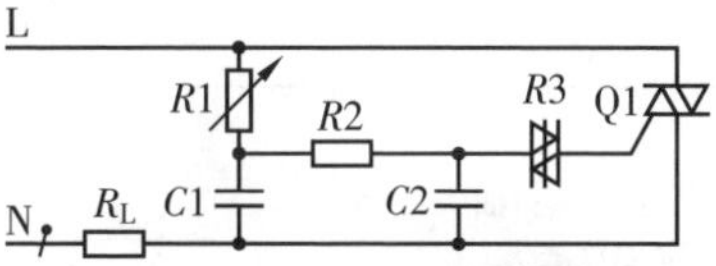
对称分段控制（对称相位分段控制）	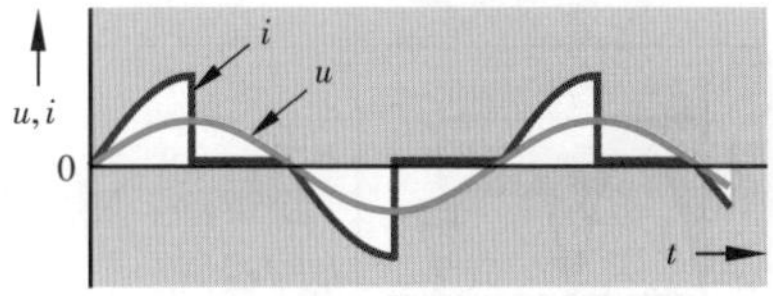	使用频度较低的交流电负载控制方法。采用低压开关接通，GTO 晶闸管或三极管关断。 与相位控制相比的优点：较少谐波。消耗电容性无功功率，如电容器。
对称多周期控制（对称振荡波束控制）	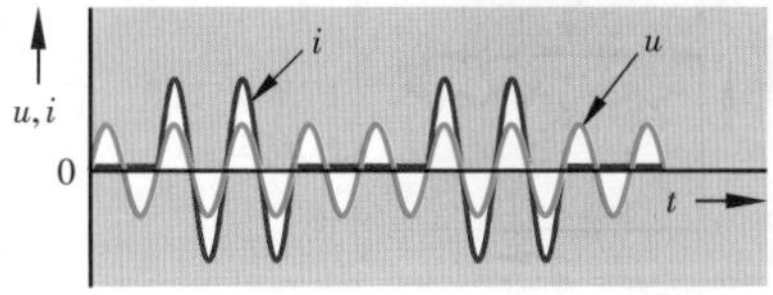	频繁使用的交流电负载控制方法，尤其用于电气加热设备。不适用于照明控制和转速控制。因为低于保持电流，用零电压开关接通，用晶闸管关断。
非对称相位控制	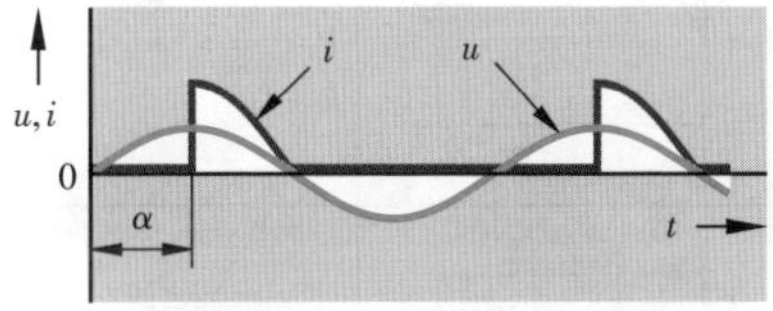	控制小型直流电负载的整流器。缺点：前置变压器的磁化。无变压器磁化的电路 B2H（见 292 页）。 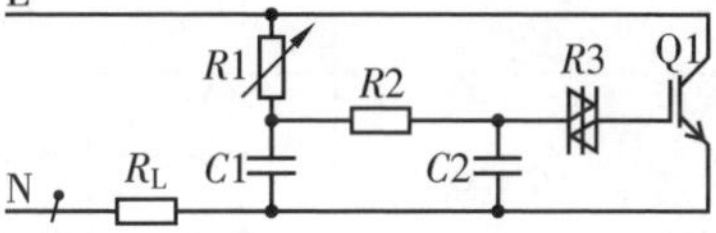
非对称多周期控制	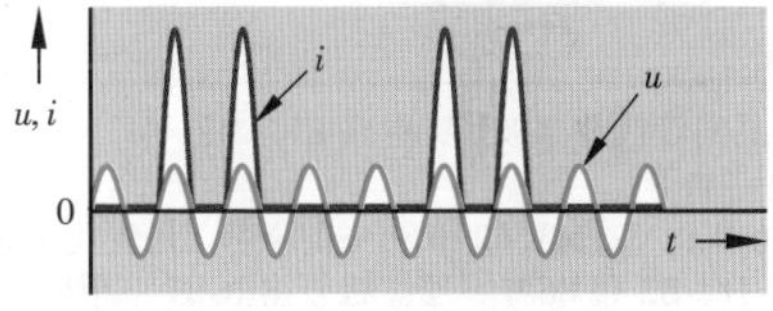	直流电负载控制方法，可实现多周期无电流间隔，例如蓄电池充电。接通与关断均与对称多周期控制相同。 与对称多周期控制相比的缺点：前置变压器的磁化。

相位控制和分段控制仅允许用于其他控制方法，例如振荡波束，不够用时，例如灯具的亮度控制。所有电子控制均会导致对电网的干扰性影响（用电设备对电网的反作用）。因此适用接线功率的限制值（见 284 页）。
i 电流强度，t 时间，u 电压，α 点火角，控制角

换流器，整流器

名称	电路图	电压曲线	公式	附注
半波整流电路 E1	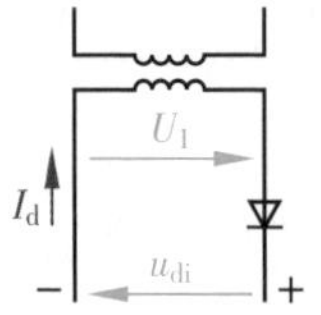	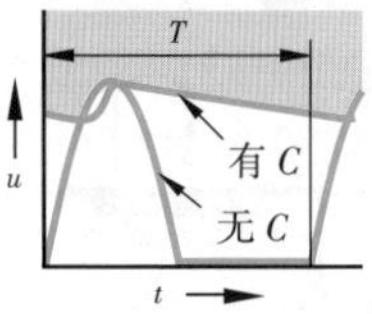	$P_T/P_d = 3.1$ 无 C： $U_{di}/U_1 = 0.45$ 有 C： $U_{di}/U_1 = 1.41$ $I_Z = I_d$	有反向电压的负载，例如有 C，将使反向电压加倍。
双脉冲中心抽头电路 M2	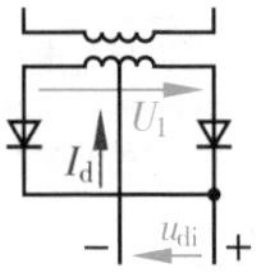	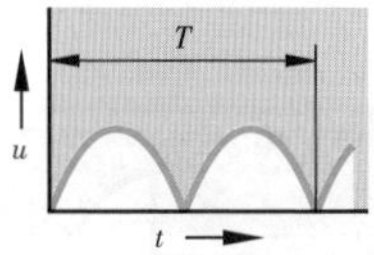	$U_{di}/U_1 = 0.45$ $P_T/P_d = 1.5$ $I_Z = I_d/2$	变压器必须有一个中心抽头。
三脉冲中心抽头电路（星形接法） M3	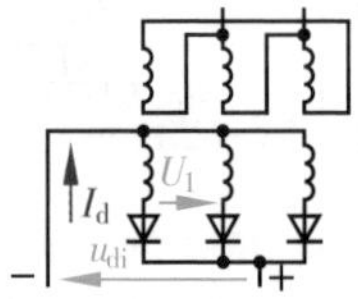	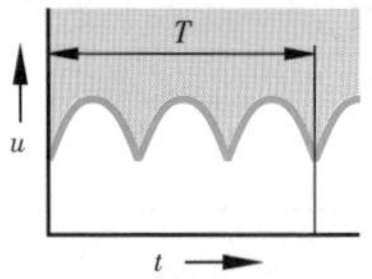	$U_{di}/U_1 = 0.676$ $P_T/P_d = 1.5$ $I_Z = I_d/3$	中性点导线流通的是直流总电流。
双脉冲桥接电路 B2	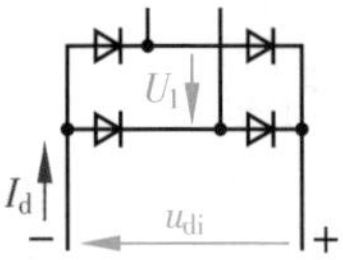	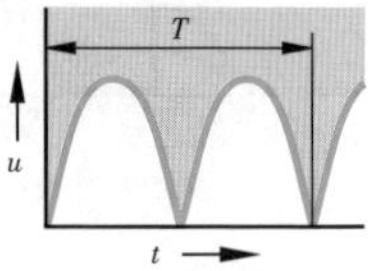	$U_{di}/U_1 = 0.9$ $P_T/P_d = 1.23$ $I_Z = I_d/2$	较少用于低压（<5V），因为 U_d 比 U_{di} 小，幅度为门限电压的两倍。 因此导致有效率低。 注意： 优先选用单个组件组成电路的整流器组件。
六脉冲桥接电路 B6	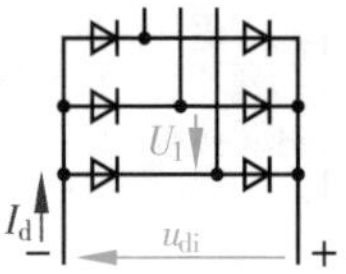	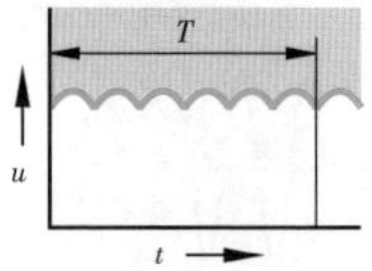	$U_{di}/U_1 = 1.35$ $P_T/P_d = 1.1$ $I_Z = I_d/3$	
单脉冲倍压电路 D1 （充电泵）	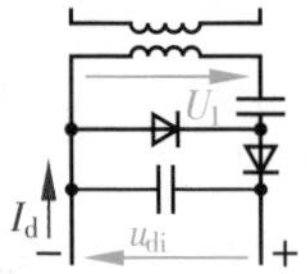	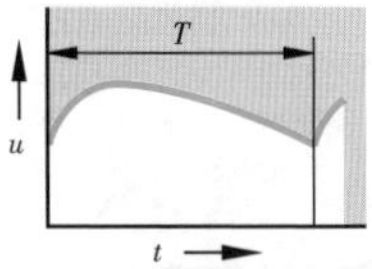	$U_{di}/U_1 = 2.82$ $P_T/P_d = 1.55$ $I_Z = I_d$	反向电压等于给出的直流电压 U_d 与接头交流电压的总和。
双脉冲倍压电路 D2 （充电泵）	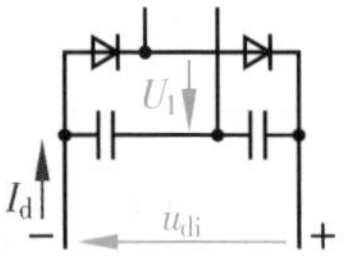	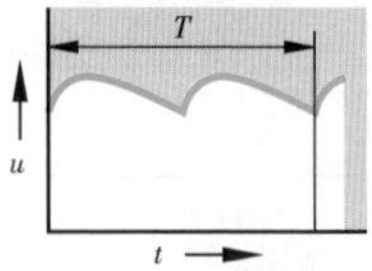	$U_{di}/U_1 = 2.82$ $P_T/P_d = 1.55$ $I_Z = I_d$	
受控整流器电路，例如 B2C，B2H	如果用 IGBT 或单向晶闸管代替二极管，电路 E1，M2，M3，B2 和 B6 均变成受控的换流器电路。对此适用的电路如下： 全控电路（标记字母 C）E1，M2，M3，B2 和 B6 中的全部二极管均用 IGBT 或单向晶闸管代替。 半控电路（标记字母 H）B2 和 B6 中一半二极管由 IGBT 或单向晶闸管代替。			

I_d 直流电
I_Z 支路电流强度
P_d 直流电功率
P_T 变压器设计功率
T 周期时长
t 时间
u 电压
U_1 接头电压
U_d 直流电压
U_{di} 理想的直流空载电压

换流器的名称

标记符号	含义	标记符号	含义

基本电路的标记符号

参照 DIN IEC 60971：94-08

标记符号	含义	标记符号	含义
E M B D V W	带单个主支路的半波整流电路 中心抽头电路 桥接电路 倍压电路（实际常用，未标准化） 多倍压电路（实际常用，未标准化） 双向接线法	脉冲数 p （p=1，2，3，6） 相数 m	p 脉冲中心抽头电路 p 脉冲桥接电路 双脉冲倍压电路 p 脉冲多倍压电路 m 相双向接线法 m 相整流六相桥接电路
		整流器电路名称举例： B 6 H K → 桥接电路，脉冲数 6，负极端半受控	

补充标记符号

标记符号	含义	标记符号	含义
A	负极端受控	P	并联电路
C	全控电路	Q	消弧支路
D	整流六相桥接电路，例如三角接法	R	反向支路
F	无负载支路	S	串联电路
FC	受控无负载支路	U	非受控电路
G	整流六相桥接电路中的主支路	Y	无零线接头的星形接法
H	半控电路	+	多个基本电路或电路组的连接符号
HA	负极端半控	整流器组件名称举例： B 250 C 1000 → 桥接电路，250 V 接头电压，C 适用于电容性负载（还有 B，用于电池，M 用于直流电机器，Li 用于电弧焊设备），最大耗用电流 1000 mA。 优先选用单个组件组成电路的整流器组件。	
HK	正极端半控		
HZ	在一对支路内半控的双脉冲桥接电路		
I	反向并联电路（I 逆转）		
K	正极端控制		
L	全波电路内的双对		
M	带零线接头的星形接法		

名称举例

名称，标记符号	电路	名称，标记符号	电路
双脉冲中心抽头电路 M2CK 或 M2C 或 M2K 或 M2	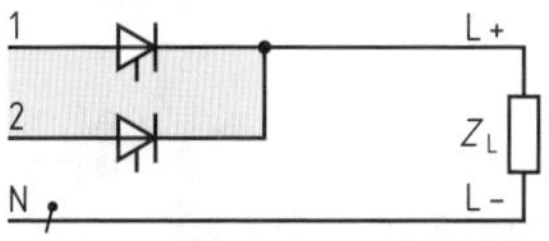	单相双向接线法 W1C 或 W1	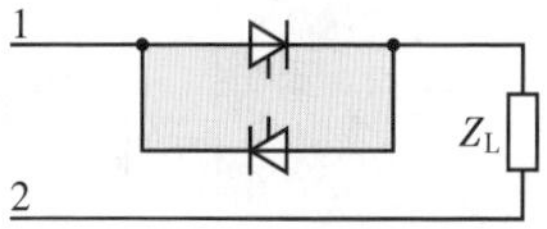
全控双脉冲桥接电路 B2C 或 B2	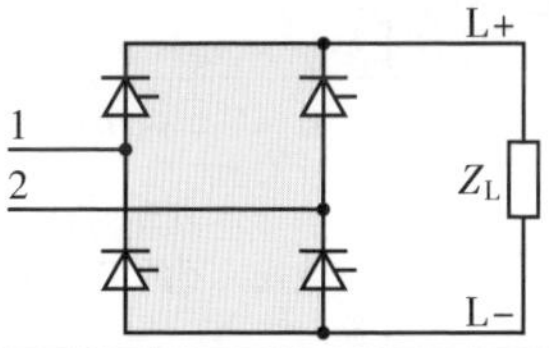	三相整流六相桥接电路 G3C-3D 或 G3-3D	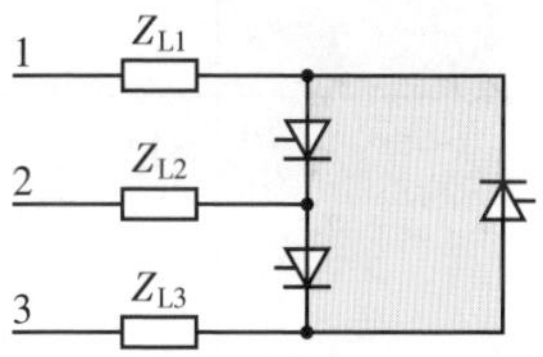
带自振荡二极管半控六脉冲桥接电路 B6HKF 或 B6HF 或 B6KF 或 B6F 或 B6	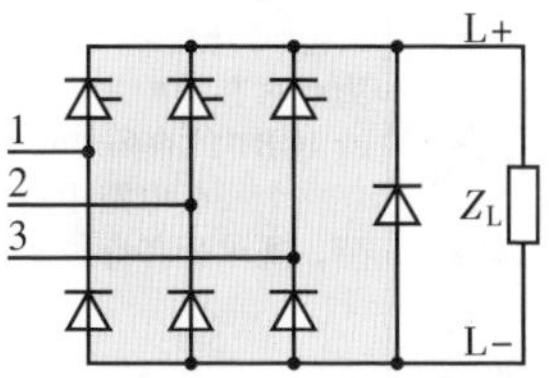	带可控短接支路的双脉冲桥接电路 B2U+E1C	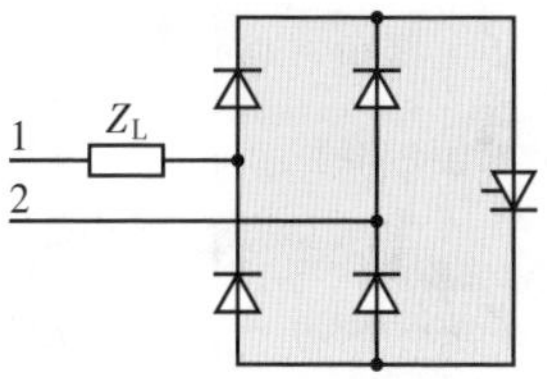

低压设备中用 IGBT 代替晶闸管。

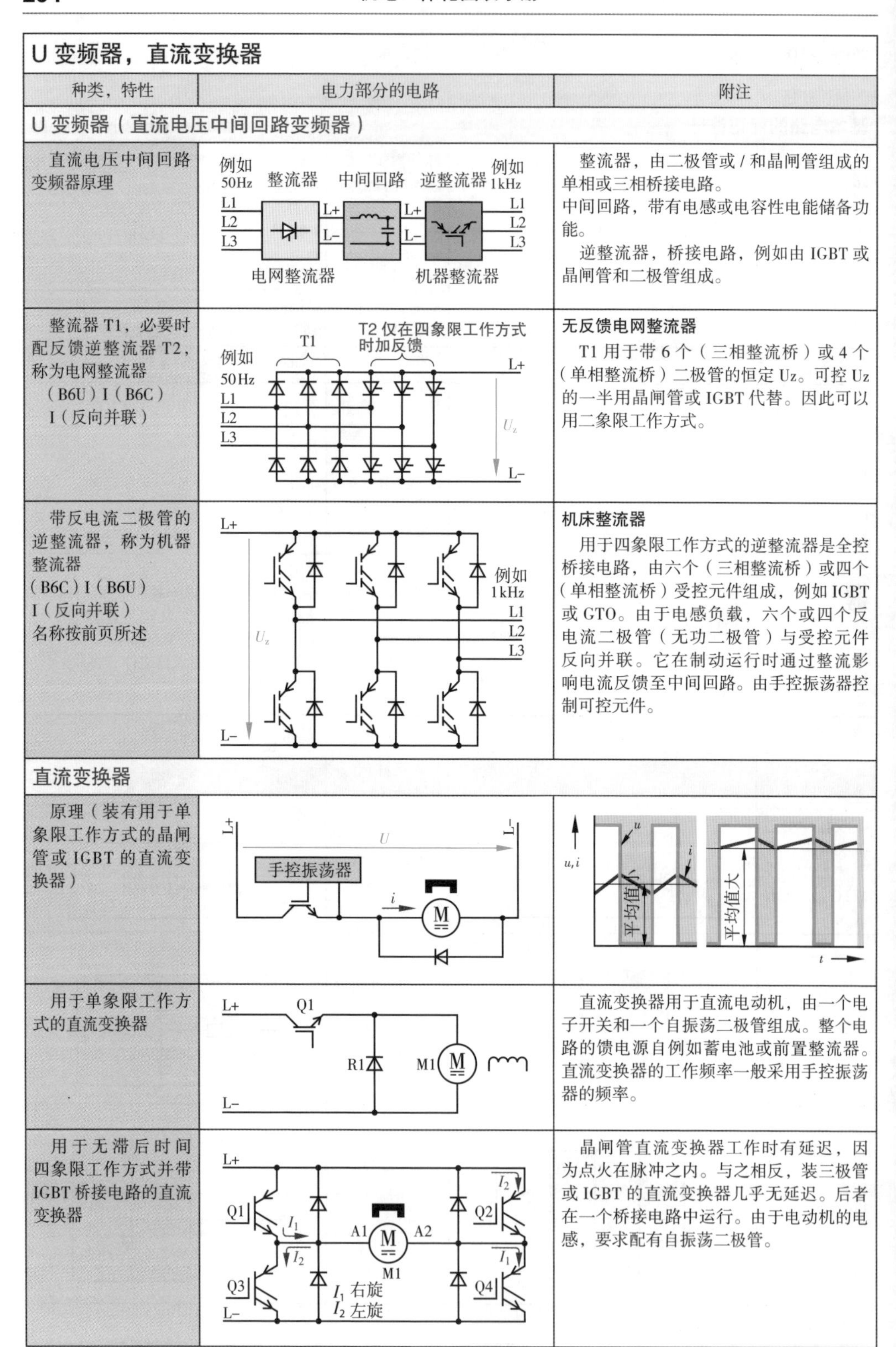

U 变频器，直流变换器

种类，特性	电力部分的电路	附注
U 变频器（直流电压中间回路变频器）		
直流电压中间回路变频器原理	例如 50Hz 整流器 中间回路 逆整流器 例如 1kHz L1 L2 L3 L+ L− L+ L− L1 L2 L3 电网整流器 机器整流器	整流器，由二极管或/和晶闸管组成的单相或三相桥接电路。 中间回路，带有电感或电容性电能储备功能。 逆整流器，桥接电路，例如由 IGBT 或晶闸管和二极管组成。
整流器 T1，必要时配反馈逆整流器 T2，称为电网整流器 （B6U）I（B6C） I（反向并联）	T1 T2 仅在四象限工作方式时加反馈 例如 50Hz L1 L2 L3 L+ U_z L−	**无反馈电网整流器** T1 用于带 6 个（三相整流桥）或 4 个（单相整流桥）二极管的恒定 Uz。可控 Uz 的一半用晶闸管或 IGBT 代替。因此可以用二象限工作方式。
带反电流二极管的逆整流器，称为机器整流器 （B6C）I（B6U） I（反向并联） 名称按前页所述	L+ U_z L− 例如 1kHz L1 L2 L3	**机床整流器** 用于四象限工作方式的逆整流器是全控桥接电路，由六个（三相整流桥）或四个（单相整流桥）受控元件组成，例如 IGBT 或 GTO。由于电感负载，六个或四个反电流二极管（无功二极管）与受控元件反向并联。它在制动运行时通过整流影响电流反馈至中间回路。由手控振荡器控制可控元件。
直流变换器		
原理（装有用于单象限工作方式的晶闸管或 IGBT 的直流变换器）	L+ U L− 手控振荡器 i M	u,i u i 平均值小 平均值大 t
用于单象限工作方式的直流变换器	L+ Q1 R1 M1 M L−	直流变换器用于直流电动机，由一个电子开关和一个自振荡二极管组成。整个电路的馈电源自例如蓄电池或前置整流器。直流变换器的工作频率一般采用手控振荡器的频率。
用于无滞后时间四象限工作方式并带 IGBT 桥接电路的直流变换器	L+ Q1 Q2 Q3 Q4 I_1 I_2 A1 M A2 M1 L− I_1 右旋 I_2 左旋	晶闸管直流变换器工作时有延迟，因为点火在脉冲之内。与之相反，装三极管或 IGBT 的直流变换器几乎无延迟。后者在一个桥接电路中运行。由于电动机的电感，要求配有自振荡二极管。

U 变频器

种类，特性	电力部分的电路	附注
带脉冲幅度调制 PAM 的中间回路变频器（U 变频器）		
用于无电能反馈的四象限工作方式 U 变频器的机器整流器，带无功功率二极管（电网整流器 B6U 或 B6C，见 293 页）	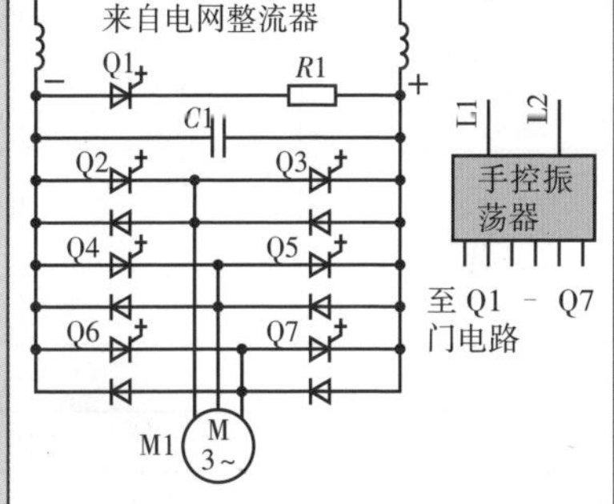 为电能反馈取消 $R1$ 和 Q1，但电网整流器必须是一个反向并联的整流器。	左：高压 右：低压 u_2 ωt $2\pi/3$ $2\pi/6$ 2π 由于 $C1$，电网与负载之间的连接不能持续。因此，无功功率二极管应反向并联晶闸管或 IGBT。 脉冲幅度调制（PAM）的矩形脉冲的高度由中间回路根据电压需求的不同进行控制调节。
带脉冲宽度调制 PWM 的中间回路变频器（U 变频器）		
四象限工作方式 U 变频器的机器整流器（电网整流器 B6U 或 B6C，中间回路与脉冲幅度调制相同）	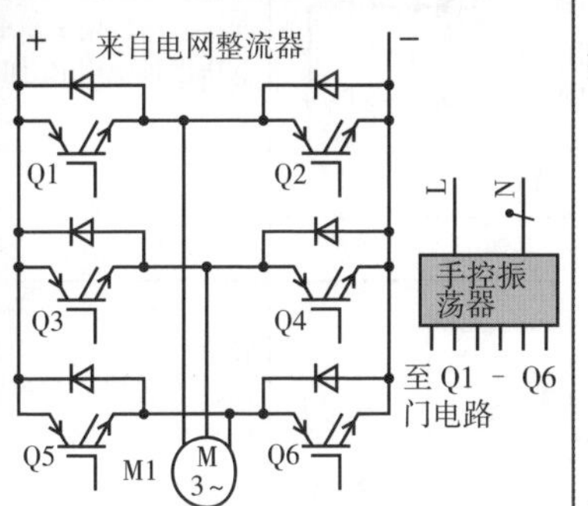 用于带有电能反馈的四象限工作方式的电网整流器必须是一个由（B6U）I（B6C）或（B6C）I（B6C）组成的反向并联电路	带三极管的机器整流器在启动时几乎没有滞后时间。 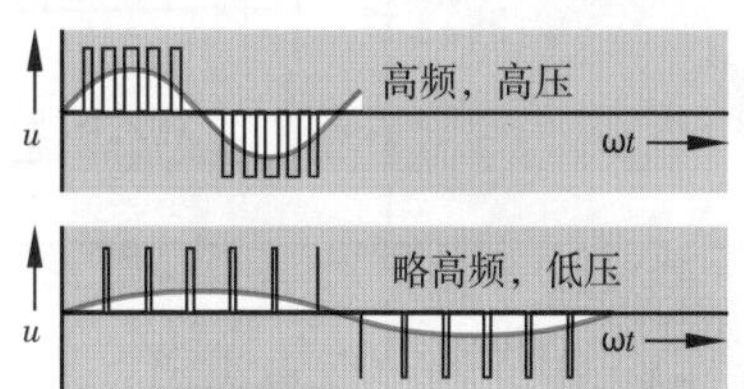 脉冲宽度调制（PWM）在各半周期内匹配所要求电压的脉冲宽度。电压控制一般（见下文）通过间隔时长设定，通过半周期脉冲数量实施频率控制。
U 变频器用于两象限工作方式并带可变幅度 PWM	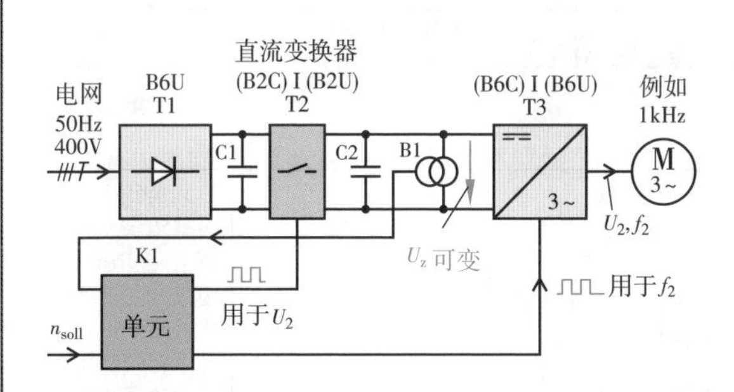 由于 B6U，T1 输出端有一个恒定的 Uz。直流变换器 T2 根据需要降低该 Uz。在 T3，可变 Uz 以高频（最高达 50Hz）脉动，产生一个 PWM，但它根据 T2 的功能推移脉冲高度。通过控制间隔时长和 Uz 的高度实施电压控制。	

B1 电压互感器 DC/DC
SuR 控制与调节
Uz 中间回路 - 电压
I 反向并联电路

驱动装置的整流器

驱动技术的象限

解释	1 型（优先选用型）	2 型
电气驱动的象限 1 至 4 根据电动机特性曲线种类而定（2 与 4 象限的区别）	左旋 n M 制动 ② ｜ 右旋 n M 驱动 ① 左旋 M n 驱动 ③ ｜ 右旋 M n 制动 ④ 纵轴 M，横轴 n	左旋 M n 制动 ② ｜ 右旋 n M 驱动 ① 左旋 M n 驱动 ③ ｜ 右旋 n M 制动 ④ 纵轴 n，横轴 M

直流电驱动装置的整流器

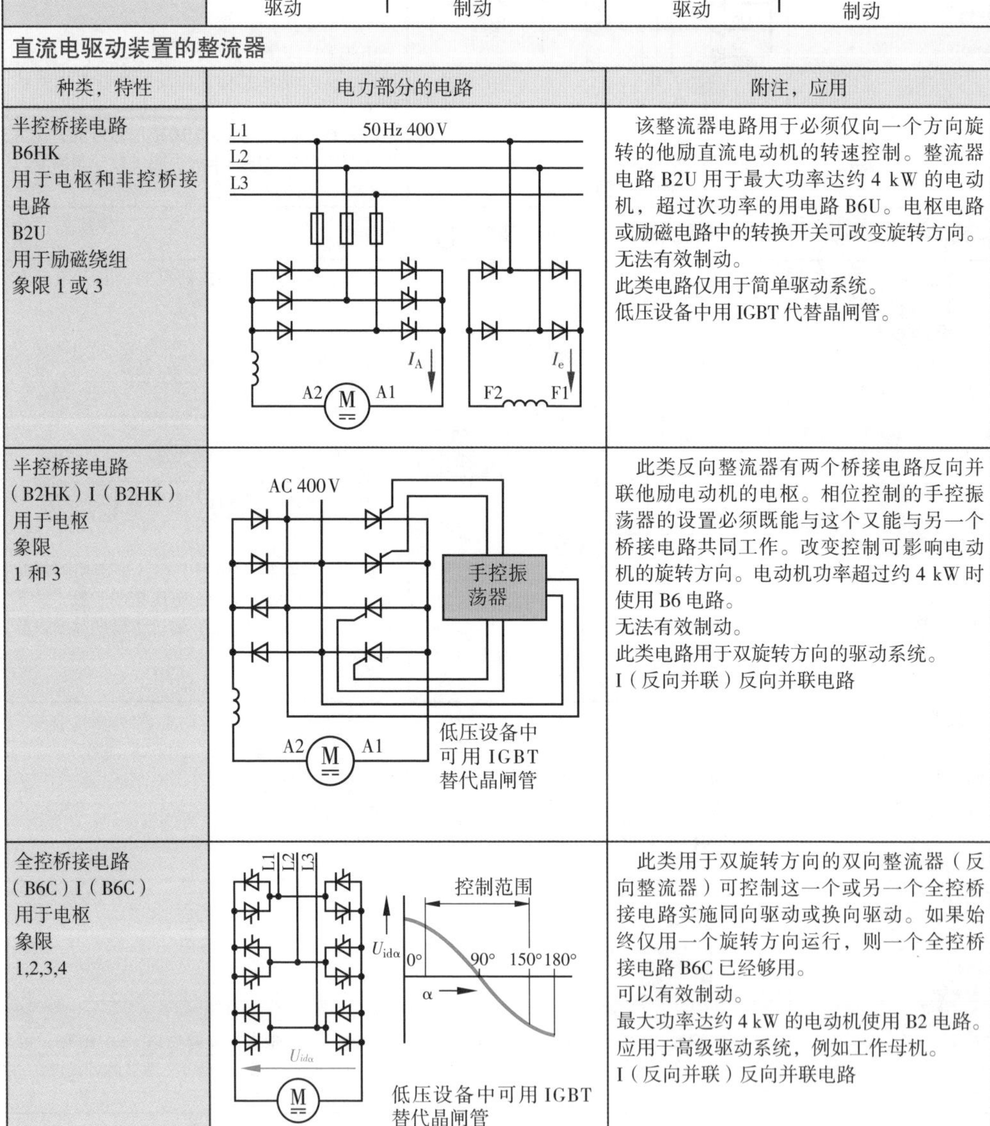

种类，特性	电力部分的电路	附注，应用
半控桥接电路 B6HK 用于电枢和非控桥接电路 B2U 用于励磁绕组 象限 1 或 3	L1 L2 L3 50 Hz 400 V I_A I_e A2 M A1 F2 F1	该整流器电路用于必须仅向一个方向旋转的他励直流电动机的转速控制。整流器电路 B2U 用于最大功率达约 4 kW 的电动机，超过次功率的用电路 B6U。电枢电路或励磁电路中的转换开关可改变旋转方向。 无法有效制动。 此类电路仅用于简单驱动系统。 低压设备中用 IGBT 代替晶闸管。
半控桥接电路 （B2HK）I（B2HK） 用于电枢 象限 1 和 3	AC 400 V 手控振荡器 A2 M A1 低压设备中可用 IGBT 替代晶闸管	此类反向整流器有两个桥接电路反向并联他励电动机的电枢。相位控制的手控振荡器的设置必须既能与这个又能与另一个桥接电路共同工作。改变控制可影响电动机的旋转方向。电动机功率超过约 4 kW 时使用 B6 电路。 无法有效制动。 此类电路用于双旋转方向的驱动系统。 I（反向并联）反向并联电路
全控桥接电路 （B6C）I（B6C） 用于电枢 象限 1,2,3,4	L1 L2 L3 控制范围 $U_{id\alpha}$ 0° 90° 150° 180° α $U_{id\alpha}$ M 低压设备中可用 IGBT 替代晶闸管	此类用于双旋转方向的双向整流器（反向整流器）可控制这一个或另一个全控桥接电路实施同向驱动或换向驱动。如果始终仅用一个旋转方向运行，则一个全控桥接电路 B6C 已经够用。 可以有效制动。 最大功率达约 4 kW 的电动机使用 B2 电路。 应用于高级驱动系统，例如工作母机。 I（反向并联）反向并联电路

电力工程变压器

视图	解释	附注
单相变压器		
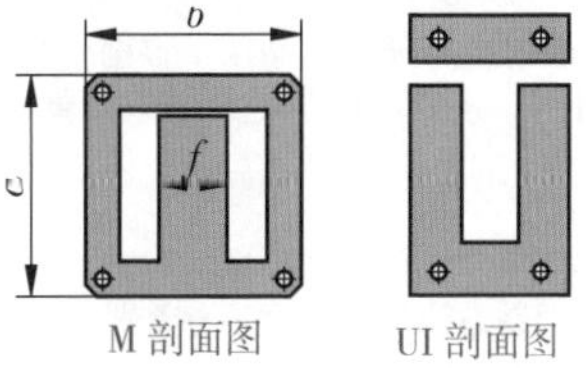 小型变压器铁芯片剖面图	铁芯（见 55 页）是变压器的一个组成部分，高压与低压磁性连接。铁芯是绕组（见 55 页）的支架，由厚约 0.3 mm 的薄钢片组成。为降低涡流，铁芯片绝缘并采用含硅合金。	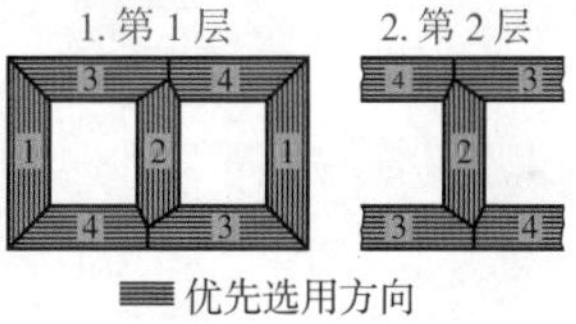 50 k VA 变压器分层图
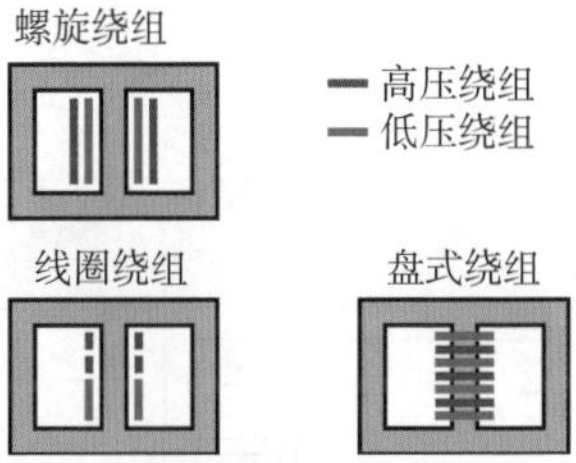 M 型或 EI 型绕组排列	绕组分为高压绕组和低压绕组。绕组由绝缘的铜线（见 55 页）组成，缠绕在一个或多个铁芯柱上。M 型铁芯或类似的 EI 型铁芯上，高压绕组和低压绕组共同绕在铁芯中柱上。 IU 剖面图上，高压绕组和低压绕组一般是分开绕在各自的铁芯柱上。	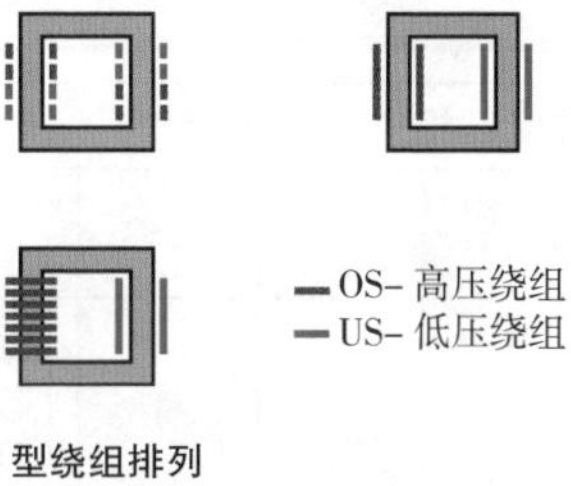 UI 型绕组排列
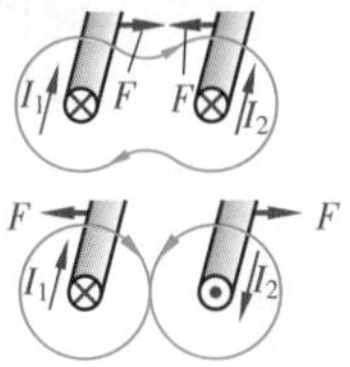 电流的力	同一方向的电流流经相邻并排安放的导线，使之相互吸引。相反方向的电流流经相邻并排安放的导线，使之相互排斥。 短路时这里出现的力极大。因此，变压器必须有机械固定措施。	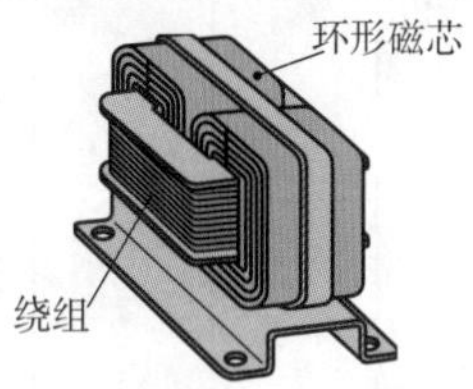 环形磁芯变压器
三相交流变压器		
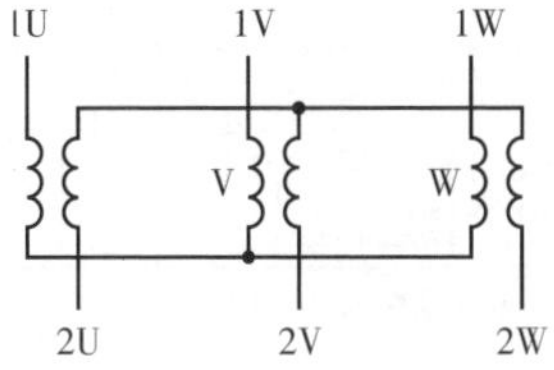 用于 3 AC 的变压器组	原则上，三相交流电时三个单相变压器的作用相当于三相交流变压器。相线 L1，L2，L3 分别连接绕组相 U，V，W。前置的 1 表示高压，2 表示低压（见 299 页）。	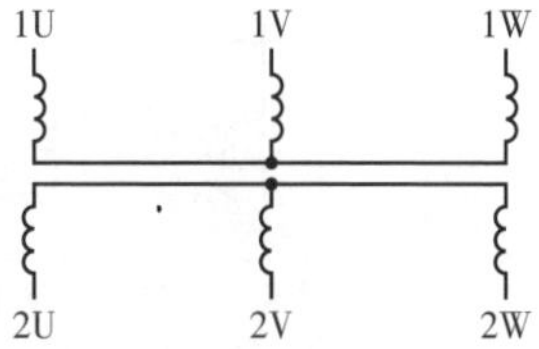 变压器组简图表达法
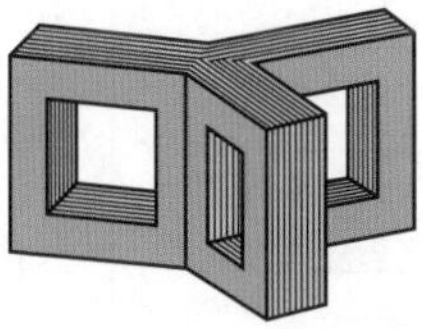 三柱铁芯的引出	一般使用三柱铁芯，其作用与三个 UI 铁芯相同。在三个中间的铁芯柱内，$\Sigma \Phi = 0$，因此可以取消铁芯柱。一般保留平面的铁芯柱。 3AC 变压器电路参见下页。	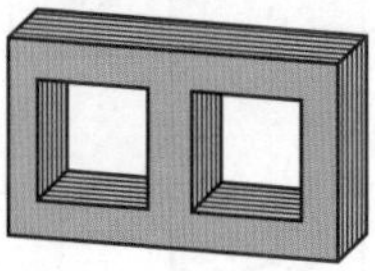 三柱铁芯

AC 交流电　　3AC 三相交流电　　Cu 铜　　Σ 总和
OS 高压　　US 低压　　Φ 磁流

三相交流变压器

功率铭牌

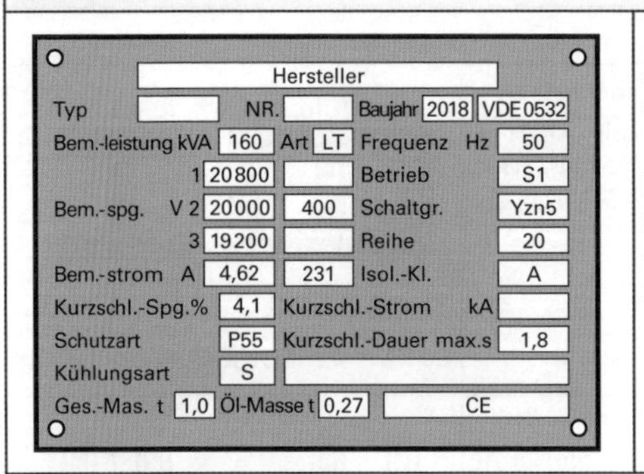

功率铭牌标出制造商名称，变压器型号，制造商编号，制造年份，现行 VDE 规范，额定功率，变压器种类（例如 LT 指电力变压器），频率，额定运行种类，高压（根据变压器的设定）。低压，接法组别，系列（用于绝缘电压，单位：kV），额定电流，绝缘等级，保护类型 IP，冷却种类，例如 S 指自冷却，相对短接电压。

也可以标明进一步的数据。个别数据允许不标。

功率铭牌标明的数据允许因制造商的不同而各有差别。

常见三相交流变压器

矢量图 OS	传输比 $U_1:U_2$	接法组别	电路 OS US	矢量图 US	接法组别	接法组别 OS US	电路 OS US
1V 1U 1W	$\frac{N_1}{N_2}$	三角形－三角形 Dd0	1U 2U 1V 2V 1W 2W	2V 2U 2W	三角形－三角形 Dd6	1U 2U 1V 2V 1W 2W	2W 2U 2V
1V 1U 1W	$\frac{N_1}{N_2}$	星形－星形 Yy0	1U 2U 1V 2V 1W 2W	2V 2U 2W	星形－星形 Yy6	1U 2U 1V 2V 1W 2W	2W 2U 2V
1V 1U 1W	$\frac{N_1}{\sqrt{3}N_2}$	三角形－星形 Dy5	1U 2U 1V 2V 1W 2W	2U 2W 2V	三角形－星形 Dy11	1U 2U 1V 2V 1W 2W	2V 2W 2U
1V 1U 1W	$\frac{\sqrt{3}N_1}{N_2}$	星形－三角形 Yd5	1U 2U 1V 2V 1W 2W	2U 2W 2V	星形－三角形 Yd11	1U 2U 1V 2V 1W 2W	2V 2W 2U
1V 1U 1W	$\frac{2N_1}{\sqrt{3}N_2}$	星形－锯齿形 Yz5	1U 2U 1V 2V 1W 2W	2U 2W 2V	星形－锯齿形 Yz11	1U 2U 1V 2V 1W 2W	2V 2W 2U

*N*1 和 *N*2 是每个相的匝数；*U*1 和 *U*2 是空载时的导线电压（三角形电路电压）；如果从中性点抽出，需在相应电路前加一个 n 或 *N*，例如 Dyn5 或 YNd5。

自耦变压器，变压器组

接法组别	矢量图 OS	电路 OS US	矢量图 US	接法组别	矢量图 OS	电路 OS US	矢量图 US
Y0	1V 2V 2U 2W 1U 1W	1U 2U 1V 2V 1W 2W	2V 2U 2W	Ii0	1.1 1.2	1.1 2.1 1.2 2.2 用于三相交流组的单相变压器	2.1 2.2

变压器组（变压器排）由与三相交流变压器绕组接法相同的单相变压器组成，例如 Dy11（高压端采用三角形接法，低压端采用星形接法）。

电网电压的调节

概念	解释	电路，数据
电源电压转换器 无电操作 不适用于调节	通过一个称为开关的“转换器”改变绕组匝数，从而改变电压，而且通过高压绕组的分接头可分级改变变压器标称电压最大约 4%。 为防短路，仅允许在无电状态下操作电源电压转换器，因此它不适用于持续调节。	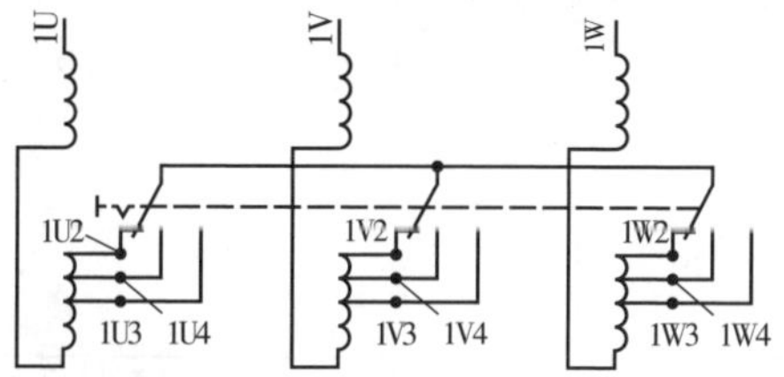 电源电压转换器电路
调压变压器 绕组分接头 抽头绕组 主绕组	持续调节宜使用调压变压器，它可在带电网电压状态下改变其绕组匝数。由于电流较小，可用分接开关通过分接头设定高压绕组匝数。改变绕组匝数一般调压约 4% 已经够用。因此，高压绕组约 4% 的结构是带有分接头的抽头绕组。高压绕组无分接头的部分是主绕组。	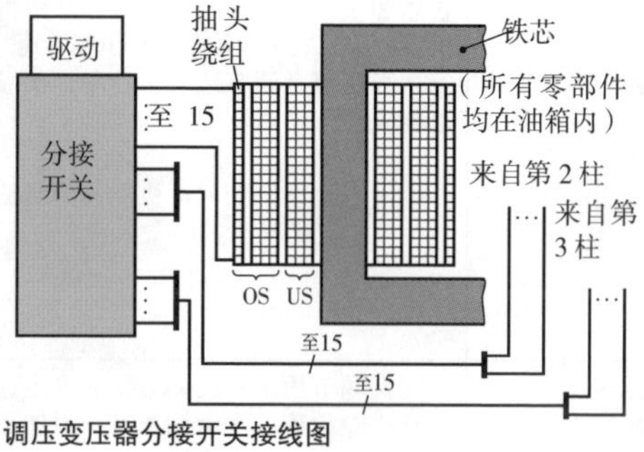 调压变压器分接开关接线图
分接开关 频繁的电压变动 电子调节 分接选级器 负载选择器 晶闸管 转换开关	由于每日负载和馈电的变化，例如风力或照明的变化，变压器电压每天必须调节达 1000 次。为此，需检测 400 V 电网的电压并用电子方式调节高压电网。为此目的要求的分接开关通过分接选级器在无电状态下设定所需的抽头绕组匝数，然后用负载选择器通过阻尼电阻进行换接。例如用晶闸管进行换接。 转换开关 Q1 可通过换接抽头绕组升高或降低电压。	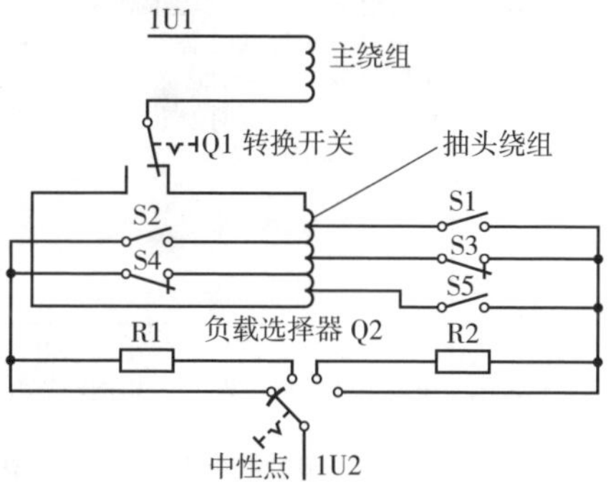 用于 3AC 变压器的单相分接开关原理图
附加变压器 纵向调节 横向调节	前文所述调压变压器有抽头绕组和主绕组相同方向的电压指示。这里的方向指纵向和横向调节。但也可以将抽头绕组相与部分主绕组连接成一个附加变压器。如果该变压器用三角形接法替代星形接法，则主绕组和抽头绕组的电压指示可横向指示。因此，这种调节又称横向调节。	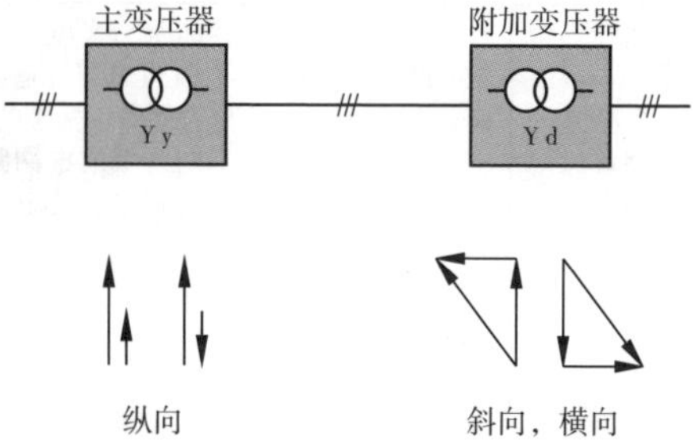 三相交流变压器纵向和横向调节指示

电网频率的调节

概念	解释	附注，数据，图
稳定频率 50 Hz 欧洲互联电网 偏差 ±0.2 Hz 同步发电机	将电网稳定频率理解为将用户引入线维持在近似恒定在 50 Hz 频率的调节过程。 欧洲互联电网的频率偏差是 ±0.2 Hz 频率最低应达到 49.8 Hz，最高应达到 50.2 Hz。	大型发电厂同步发电机预设电网频率。其频率 f 与发电机转子转速 n 成比例关系。 f 频率 n 转速 p 极偶数量 电网频率 $f = n \cdot p$ 1
电网负载 大型发电厂 初级调节 透平机功率 次级调节 减缓负载冲击	电网负载制动同步发电机并降低发电机的频率和转速。电网负载下降时，发电机转速和频率上升。大型发电厂必须将透平机转速按公式 1 调控为一个恒定转速。 初级调节是调节透平机功率，次级调节是调节电网频率。 电网上发电机和电动机转子的机械能导致负载冲击减缓。	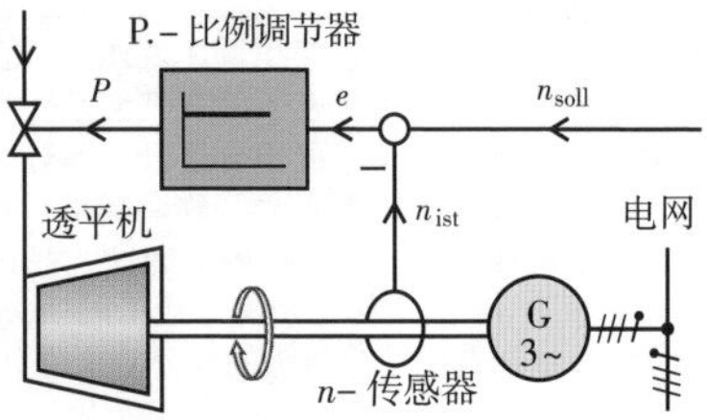 P.– 比例调节器 P e n_{soll} 透平机 n_{ist} 电网 G 3~ n– 传感器 **同步发电机的初级调节**
比例调节 次级调节 比例积分调节 正调节能 电压调节	比例调节用于初级调节，它可迅速但不完全排除故障。次级调节时，附加调节量是电网频率。这里采用比例积分调节，它缓慢地平衡比例调节器的故障。 电网频率过低时需要附加馈电或较小的电网负载（正调节能）。 电网频率过低时发电机电压也过低，触发电网的电压调节。	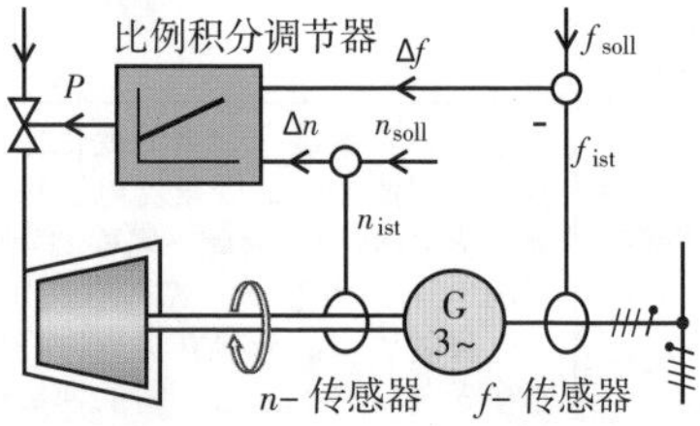 比例积分调节器 Δf f_{soll} P Δn n_{soll} f_{ist} n_{ist} G 3~ n– 传感器 f– 传感器 **次级调节的作用方式**
负调节能 ÜNB 管辖范围 秒钟储备	电网频率过高时需较小的馈电或较大的电网负载（负调节能）。电网调节由 ÜNB 负责。 初级调节分散在调节规定的大型发电厂内，电厂检测其电网频率并据此控制功率。	如果 $\Delta f \geqslant 20$ mHz=0.02 Hz，初级调节必须在 30 秒之内生效。该秒钟储备必须至少达到 15 分钟可供用于超过 1000 MW 功率大型热电厂的向上调节或 ÜNB 水电站的向下调节。
抽水蓄能水力发电厂 燃气发电厂 分钟储备 传输距离	次级调节指抽水蓄能水力发电厂，风力发电站，PV 设备和燃气发电厂等输电网在最多 15 分钟之内（分钟储备）实施的调节。 中央调节器采集不同区域的电网频率和功率并调节这些区域的频率，使电力传输尽可能越过短传输距离。	次级调节采用比例积分调节器。当频率达到 50 Hz 时，积分调节值（积分调节器）暂时持续增加。使频率围绕 50 Hz 波动约 10 mHz = 0.01 Hz。 调节应能使电网频率中间值较长时间保持在 50 Hz 上下，使电网频率控制的时钟准确走时。

e 调节差	n 转速，旋转频率	PI– 调节器 比例积分调节器
f 频率	p 极偶数量，半极数	P– 调节器 比例调节器
Δf 频率偏差	P 功率	ÜNB 输电网经营者

运行种类

运行种类 S1 至 S10

运行种类	功率，温度	运行条件，附注，应用
持续运行 S1	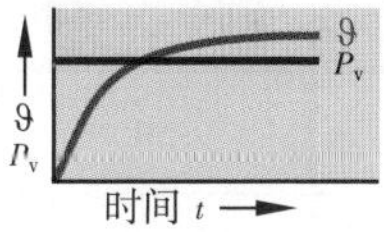 ϑ P_v 时间 t	在额定负载下达到保持不变的、较长时间内不再上升的温度。此类元器件可在额定负载下不超过允许温度且不间歇地持续运行。 举例：水厂水泵驱动电机。
短时运行 S2	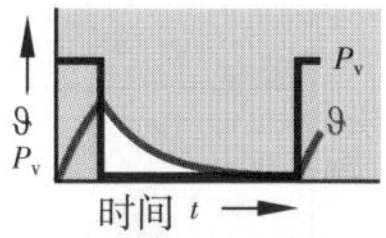 P_v ϑ 时间 t	在额定负载下运行时长与后续的间歇时间相比较短。此类元器件可在额定负载下运行 10 分钟，30 分钟，90 分钟，而且不超过允许温度。 举例：车库大门驱动电机。
断续运行[1] S3，S4，S5	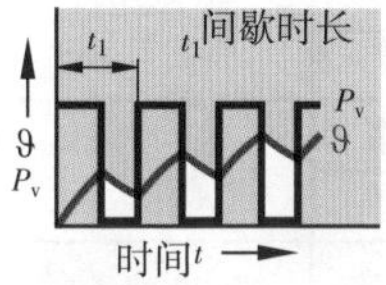 t_1 t_1间歇时长 P_v ϑ 时间t	在额定负载下运行时长与后续的间歇时间均较短。此类元器件仅能在额定负载下在间歇时长给定的 ED（接通时长，单位:%）之内运行。标准化的 ED：15%，25%，40%，60%。如未有其他规定，间歇时长为 10 分钟。 举例：起重设备电机（S3），回转工作台驱动电机（S4），定位系统驱动电机（S5）。
中断周期和断续负载的运行 S6	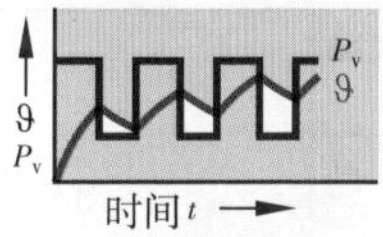 P_v ϑ 时间 t	此类元器件相当于 S3，但在负载间歇时元器件保持接通，即空转运行。接通时长与间歇时长均与 S3 的规定相同。 举例：钻床（持续空转）
中断周期和电气制动的运行 S7	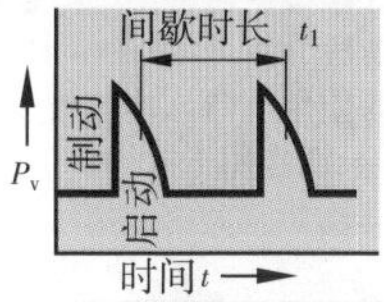 间歇时长 t_1 制动 启动 P_v 时间t	机器在交变负载下持续运行且频繁变动转速。如果不超过每种转速的设定数值（电机转动惯量 J_M 和负载的 J_{ext}，间歇时长，如果与 10 分钟有偏差，额定功率和接通时长），机器可以这种方式持续运行。 举例：电梯驱动电机。
中断周期和转速变化的运行 S8	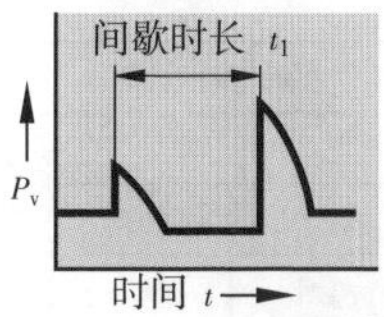 间歇时长 t_1 P_v 时间 t	机器启动，然后加负载和电气制动，例如直流供电。接着立即再次高速运行。如果不超过电机转动惯量 J_M 和负载的 J_{ext} 以及间歇时长，机器可以这种方式无间歇运行。如果未给定间歇时长，默认其为 10 分钟。 举例：加工设备的驱动电机。
无周期性负载无转速变化和中断周期的运行 S9	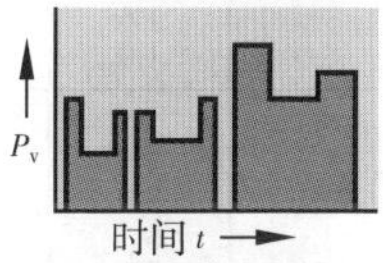 P_v 时间 t	负载和转速在运行范围内无周期性变化，这种运行过程中会出现的负载峰值可以远超额定功率。 举例：压力机驱动电机
单个恒定负载的运行 S10	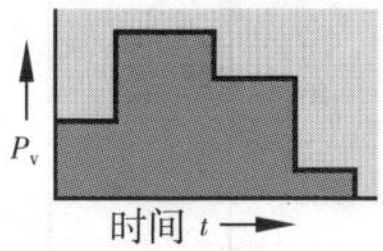 P_v 时间 t	S10 运行模式时最多可有四个不同量的负载。每个负载均可保持到机器达到应保持的恒定温度时。最小负载允许其数值为零，例如不带电间歇。 S10 的标记名称必须补充信息 $P_v/\Delta t$（间歇时长内每段时间部分的损耗功率，例如 S10 1.2/0.4）。

[1] S3 运行模式时导致温升的启动电流微不足道。S4 时导致温升的启动电流明显较大。S5 时还需加上也会导致温升的机器制动电流。S4 和 S5 时，针对接通时长 ED 需补充给出电机转动惯量 J_M 和负载的外部转动惯量 J_{ext}。

绝缘等级，额定功率

绝缘材料的耐温等级

热等级，绝缘材料等级	最大允许持续温度℃	绝缘材料（举例）	绕组允许过温 K	
			电阻检测仪测得	温度测头测得
90Y	<105	无机纤维材料（棉花，丝绸，纸），聚氯乙烯，聚苯乙烯	50	55
105A	<120	浸渍的无机纤维材料 用于铁丝的改进油漆 醋酸纤维素薄膜，聚酯树脂，人工合成橡胶	60	65
120E	<130	硬纸板，硬织物，硬化模压塑料（酚醛树脂，三聚氰胺树脂，聚酯树脂，环氧树脂），人工树脂漆 结合薄膜 KI.E 的电气压纸板 三乙酸酯薄膜，聚酰胺喷铸物料	75	—
130B	<155	玻璃，加 E 级粘接剂的云母，B 级浸渍树脂漆 聚碳酸酯薄膜，聚碳酸酯喷铸物料，浸渍	80	85
155F	<180	玻璃，加改进硅树脂的云母，对苯二甲酸酯漆，浸渍	105	110
180H	<200	玻璃，加硅树脂的云母，硅橡胶，芳香族聚酰胺，浸渍	125	130
C	<220	玻璃，云母，陶瓷，石英，聚酰亚胺，聚四氟乙烯，浸渍	需限制对相邻绝缘材料的影响	

热等级是 DIN EN 60085 规定的一个数值，它与单位为摄氏度（℃）、电气绝缘材料可持续耐受且不缩短绝缘寿命的温度数值相同（一致）。此外，DIN EN 60085 还规定了相对热寿命耐受指数 RTE（Relative Thermal Existance- 相对热耐受的英语缩写），它给出了使用 EIM 的范围，但不同温度影响负载的使用寿命。热等级 90 即指 RTE 范围是 90℃ ~ 105℃。第 2 个温度< 105℃在这里命名为最高允许持续温度。它可长期作用于 EIM，但绝缘寿命短于 90℃时。

绝缘等级是 DIN VDE 早期规定但现在仍经常使用的名称。

回转型电动机器，持续运行时的额定功率

功率输出（额定功率）kW	电动机满负荷且 cos ϕ =0.8 时的电流									
	三相交流电动机				单相电动机		直流电动机			
	400V	滑环转子的电压和电流 V	滑环转子的电压和电流 A	η	230V	η	110V	220V	440V	η
0.06	0.3			0.4	1.1	0.3	1.5	0.7	0.4	0.4
0.09	0.4			0.4	1.6	0.3	2.0	1.0	0.5	0.4
0.12	0.5			0.5	1.7	0.4	2.2	1.1	0.6	0.5
0.18	0.7			0.5	2.4	0.4	3.5	1.6	0.8	0.5
0.25	0.8			0.6	2.7	0.5	4.0	1.9	1.0	0.6
0.37	1.2	49	5	0.6	4.0	0.5	5.8	2.8	1.4	0.6
0.55	1.7	53	7	0.6	6.0	0.5	7.5	3.6	1.8	0.7
0.75	2.0	57	10	0.7	6.8	0.6	10	4.9	2.4	0.7
1.1	2.5	65	12	0.8	10	0.6	13	6.3	3.1	0.8
1.5	3.4	80	14	0.8	14	0.6	17.5	8.6	4.3	0.8
2.2	5.0	82	19	0.8	17	0.7	24	12	6.3	0.8
3	6.8	100	21	0.8	23	0.7	34	17	8.5	0.8
4	9.0	114	23	0.8	31	0.7	46	23	11	0.8
5.5	12.4	145	26	0.8	37	0.8	62	31	16	0.8
7.5	16.9	160	32	0.8	51	0.8	84	42	21	0.8
11	24	184	40	0.8	78	0.8	—	59	29	0.85
15	30	220	44	0.9	106	0.8	—	80	40	0.85
18.5	37	240	47	0.9	—	—	—	99	49	0.85
22	44	270	52	0.9	—	—	—	118	59	0.85
30	60	310	59	0.9	—	—	—	160	80	0.85

鼠笼电动机的运行数据

规格	P_N kW	n_N 1/min	I_N A	M_N Nm	η %	$\cos\varphi$	$\frac{I_A}{I_N}$	$\frac{M_A}{M_N}$	$\frac{M_K}{M_N}$	m kg
三相交流电动机 S1，运行条件：50 Hz/400 V，无换极开关，IP 55，表面冷却										
旋转磁场转速 n_s=3000/min										
56	0.12	2760	0.4	0.42	55	0.80	4.5	2.0	2.0	3.5
63	0.25	2765	0.7	0.86	65	0.81	4.5	2.3	2.2	4.0
71	0.55	2800	1.3	1.88	70	0.85	4.9	2.3	2.2	6.5
80M	1.1	2885	2.26	3.64	82.6	0.85	7.1	3.0	2.3	11
90S	1.5	2920	3	4.91	83.9	0.86	8.1	2.7	2.4	13
90L	2.2	2920	4.2	7.19	85.9	0.88	8.0	2.7	2.6	16
100L	3	2920	5.65	9.81	87.1	0.88	8.1	3.2	2.6	26
112M	4	2955	7.4	12.9	87.7	0.89	8.0	2.9	2.8	34
132S	5.5	2950	9.9	17.8	89.1	0.9	7.3	2.4	2.6	43
132M	7.5	2950	13.1	24.3	89.8	0.92	8.3	2.7	2.6	57
160M	15	2935	29	49	90	0.84	7.1	2.1	3.0	82
160L	18.5	2940	34	60	91	0.86	7.5	2.3	3.1	92
旋转磁场转速 n_s=1500/min										
56	0.09	1300	0.3	0.66	52	0.75	2.7	1.7	2.0	3.3
63	0.18	1325	0.6	1.30	60	0.77	2.7	1.7	2.0	3.8
71	0.37	1375	1.1	2.6	62	0.78	3.2	1.7	2.0	4.5
80M	0.75	1455	1.73	4.92	82.3	0.76	6.8	2.6	2.1	11
90S	1.1	1445	2.4	7.27	83.7	0.79	7.2	2.7	2.2	13
90L	1.5	1445	3.18	9.91	85.1	0.8	7.7	2.8	2.2	16
100L	3	1460	5.9	19.6	88.4	0.83	8.3	2.5	2.5	30
112M	4	1460	7.9	26.2	89.1	0.82	7.1	2.4	2.6	34
132S	5.5	1475	10.5	35.6	90.0	0.84	8.2	2.8	2.3	64
132M	7.5	1465	14.3	48.9	90.1	0.84	8.2	2.6	2.7	74
180S	18.5	1460	35	121	91	0.85	6.2	2.6	2.8	165
180M	22	1460	41	144	91	0.85	6.4	2.6	2.8	180
达兰德电路可换极三相交流电动机 n_s=1500/min 或 n_s=3000/min										
71	0.37	1370	1.2	2.6	61.8	0.72	3.2	1.6	2.0	5.0
	0.55	2760	1.7	1.9	63.1	0.74	3.3	1.7	2.0	
80	0.55	1400	1.6	3.8	66.1	0.75	4.3	1.7	1.9	8.0
	0.75	2850	2.0	2.5	70.3	0.77	4.5	1.8	2.0	
90S	1.0	1430	2.7	6.7	69.4	0.77	5.3	1.8	2.0	13
	1.2	2890	3.0	4.0	74.0	0.78	5.4	1.9	2.0	
100L	2.0	1450	5.0	13	72.2	0.80	5.9	2.1	2.1	21
	2.6	2900	5.8	8.6	76.1	0.85	6.6	2.2	2.1	

带工作电容器的单相交流电动机，运行条件：50 Hz/230 V

规格	P_N kW	n_N 1/min	I_N A	Cos φ	$\frac{I_A}{I_N}$	$\frac{M_A}{M_N}$	C_B μF	U_c V	$\frac{M_K}{M_N}$	m kg
63	0.12	2800	1.2	0.94	3.0	0.6	4	400	2.0	5
71	0.5	2760	2.4	0.95	3.0	0.45	10	400	2.0	8
80	0.9	2800	6.2	0.97	4.0	0.35	20	400	2.0	11
90S	1.1	2820	7.4	0.97	3.4	0.38	30	400	2.6	14
90L	1.7	2800	11	0.97	3.5	0.35	40	400	2.8	17
63	0.12	1390	1.2	0.94	2	0.54	5	400	3.0	5
71	0.3	1380	1.6	0.95	2.6	0.52	12	400	3.0	8
80	0.6	1380	4.1	0.94	3.3	0.64	16	400	2.9	11

C_B 工作电容器的电容量，$\cos\varphi$功率因数，I_A 启动电流，I_N 额定电流，m 质量，M_A 启动力矩，M_K 失步转矩 M_N 额定力矩，n_A 额定转速，n_S 旋转磁场转速，P_N 额定功率，U_C 电容器电压，η 效率，φ相位差。S 短，L 长，M 中等

上表表值系企业标准取用值，因此与标准并不完全一致。

回转型电动机器的制造类型

参照 DIN EN 60034-7

图形	解释 编码 I 编码 II
无轴承机器	
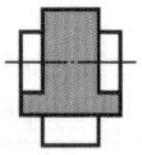	无轴， 支脚垫高 A2，IM 5510
带水平位置 B 护板轴承的机器	
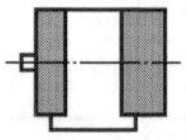	2 个护板轴承 1 个自由轴端 IM B3，IM 1001
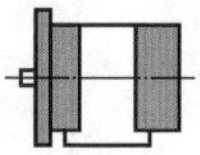	带支脚的凸缘式电动机 IM B35，IM2001
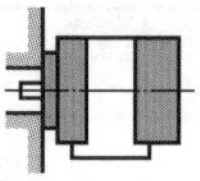	同 IM B35，但无机壳端进口 IM B34，IM2101
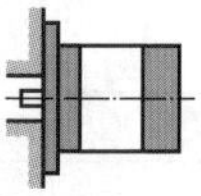	同 IM B35，但无支脚（安装法兰） IM B5，IM3001
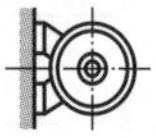	同 IM B3，但有墙壁固定，左侧支脚 IM B6，IM5051
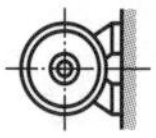	同 IM B3，但有墙壁固定，右侧支脚 IM B7，IM1061
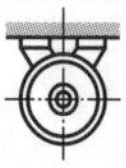	同 IM B3，但有顶盖部固定 IM B8，IM1071
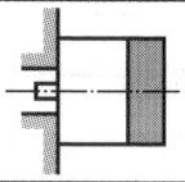	同 IM B5，但只有一个护板轴承 IM B9，IM9101
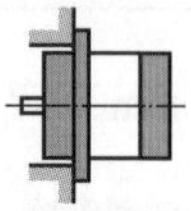	同 IM B35，但无支脚 IM B10，IM4001
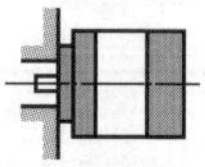	同 IM B34，但无支脚 IM B14，IM3601
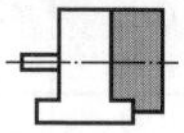	同 IM B3，但无驱动端轴承 IM B15，IM1201
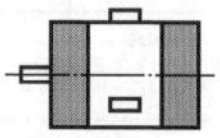	无支脚，无法兰（装在管内） IM B30，IM9201
带护板轴承和 / 或轴承座的机器	
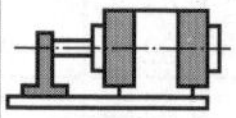	2 个护板轴承， 1 个轴承座 底板 C2，IM6010
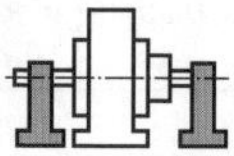	2 个带支脚的轴承座 D9，IM 7201
垂直位置 V 的机器	
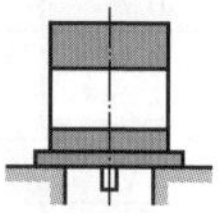	2 个导向轴承，法兰和下部轴端，法兰在轴承附近 IM VI，IM 3011
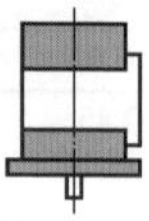	2 个护板轴承，法兰，下部，墙壁固定支脚 IM V15，IM 7201
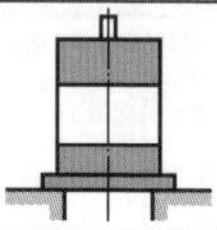	同 IM VI，但轴端在上部 IM V2，IM 3231
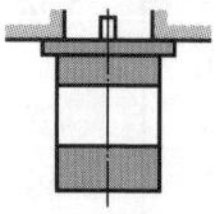	同 IM V2，但有上部法兰 IM V3，IM 3031
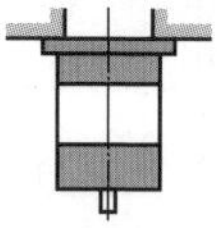	同 IM V3，但轴端在下部 IM V4，IM 3211
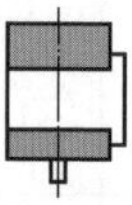	同 IM V15，但无法兰 IM V5，IM 1011
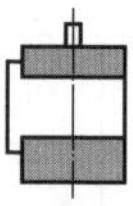	同 IM V5，但轴端在上部 IM V6，IM 1031
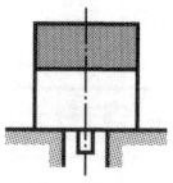	1 个护板轴承，无轴端 滚动轴承 IM V8，IM 9111
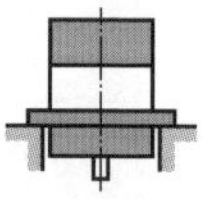	同 IM VI，但法兰在机座附近 IM V10，IM4011
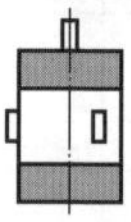	无支脚，无法兰，安装在管内 IM V31，IM9231
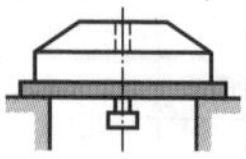	上部横向轴承，下部联轴器法兰 W1，IM 8015

IM– 编码 I（字母数码 = 字母 + 数字）
基本符号：IM 1 + 2
字母1：B 带有轴承护板，水平轴
V 带有轴承护板，垂直轴
制造类型 A，C，D，W 仅见于老设备。
数字2：编码轴承，固定方式，轴端

IM– 编码 II（数码 = 仅有数字）
基本符号：1 + 2 + 3 + 4
1 支脚安装，法兰安装，轴承（编码）
2 固定方式，轴承
3 轴端位置和固定方式
4 轴端种类

回转型电动机器的功率铭牌

电动机，发电机，电动发电机组

区号	解释		
1	企业名称		
2	型号名称，CE 标记符号		
3	电流种类		
4	工作方式（例如电动机，发电机）		
5	机器制造编号		
6	同步和感应式机器的定子绕组接线种类：		
	相数（支路数）		符号
	1～	主支路	Ⅰ
		辅助支路	⊥
	3～	未耦合	Ⅲ
	3～接线内耦合	星形	Y
		三角形	△
		星形，引出零线点	Y（带零线点）
	6～接线内耦合	双三角形	✡
		六角形	⬡
		星形	∗
	2～	未耦合	I^2
		普通耦合，例如在 L 接线内	L
	n～	未耦合	I^n
7	额定电压		
8	额定电流		
9	额定功率（输出）。同步发电机的输出功率单位是 kVA 或 VA，其他的用 kW 或 W。		
10	单位：kW，W，kVA，VA		
11	运行类型（S1= 持续运行时取消）和额定运行时间以及相对接通时长。举例：S2 30min		

区号	解释	
12	额定功率因数 cos φ。同步机器时，如果使用无功功率，应加上符号 u（励磁不足）	
13	旋转方向（向驱动端看去）：→（右旋）←（左旋）	
14	额定转速。此外：串励电动机还标出最高转速 n_{max}；水力透平机驱动的发电机还标出透平机突然抛负荷后可达到的最高转速 n_d；驱动电动机的变速箱最终转速 n_z。	
15	额定频率	
	滑环转子	直流机器和同步机器
16	“转子”	“励磁”
17	如果没有 3AC 接法，此指接线种类	—
18	转子静态电压，单位:V	额定励磁电压，单位:V
19	转子电流	励磁电流
	如果电流小于 10A，额定范围运行时可取消的数据。	
20	热等级（绝缘等级）。如果转子和定子属于不同等级，则前者是定子的等级，后者是转子的等级（例如 E/F）。	
21	保护类型 IP，例如 IP 23	
22	IE 等级（见 308 页，320 页）近似重量，仅用于≥ 1t 时。	
23	补充附注，例如 VDE 0530/…	

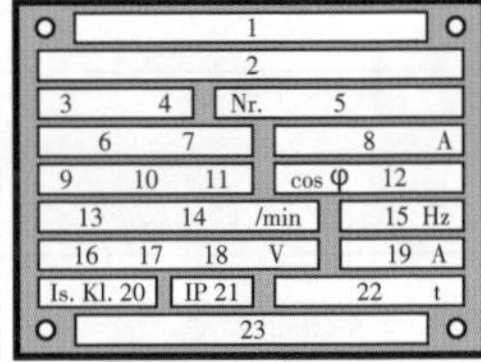

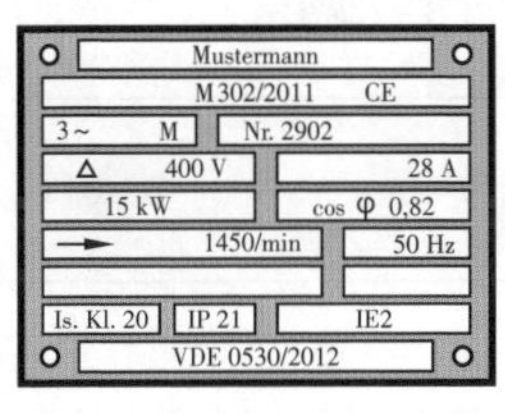

功率铭牌各区排列位置

功率铭牌所标出的数据均已在标准中列出。形态和设计没有标准化。

如果机器的绕组是新绕制或换接，必须补加一个标有企业名称、年份和新数据的铭牌。

装有电动机器的装置

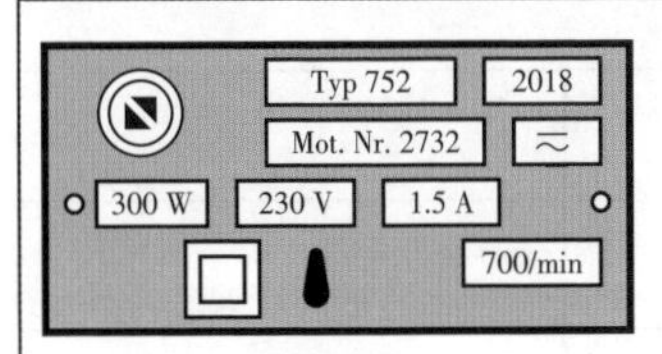

手动钻机的功率铭牌

此外还需标出：

额定功耗（W）；

保护等级 II 时示意图符号 □

下列区内的内容一般需示意图符号，例如 ▮

小型装置，如便携式电动工具，吸尘器，厨房电动厨具，使用非标功率铭牌。

潮湿保护类型的标注在功率铭牌上：区号 1，2，3，6，7，11，14，15（部分）。

单相交流电动机

电动机种类	鼠笼转子异步电动机	三相交流鼠笼转子电动机，斯坦梅茨电路	通用电动机
右旋电机的线路符号和接线（绕组按VDE 0530-8）	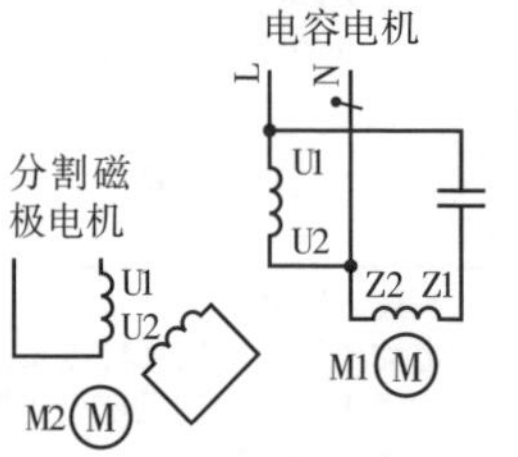 电容电机 分割磁极电机	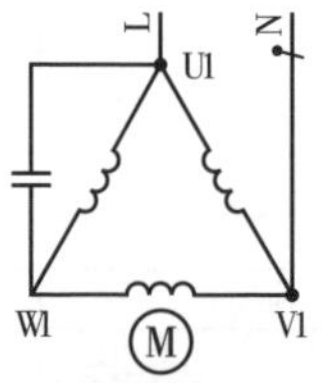	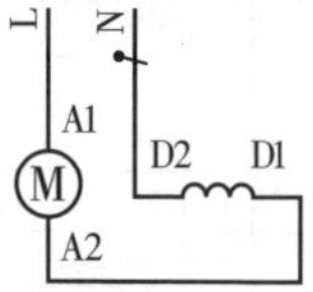 磁场绕组D1D2一般分为两半，一半在A1前接通，另一半在A2后接通（火花干扰）
转矩特性曲线 M（n）	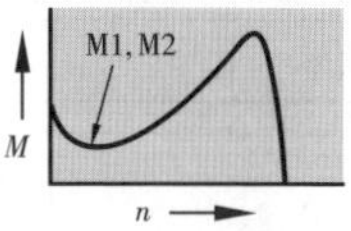 M1, M2	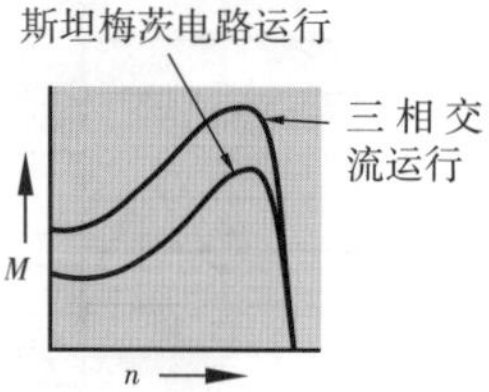 斯坦梅茨电路运行 三相交流运行	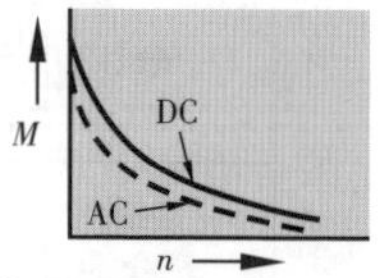 DC AC
旋转方向反转	电容电机M1：辅助绕组Z1Z2的换极。 分割磁极电机M2：一般不可换极。	与其他电网导线连接的电容器。	电枢A1 A2或励磁绕组（磁场绕组）D1 D2换极。
接线端子的接法	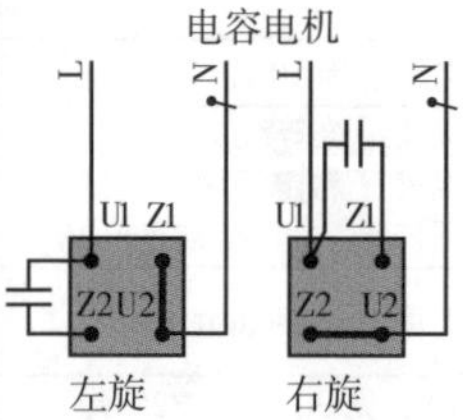 电容电机 左旋 右旋	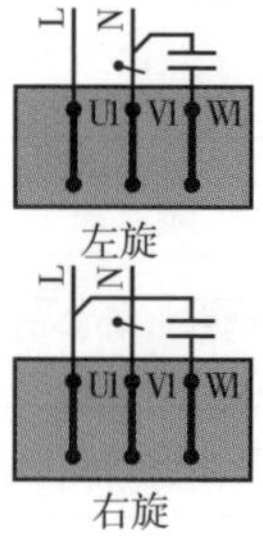 左旋 右旋	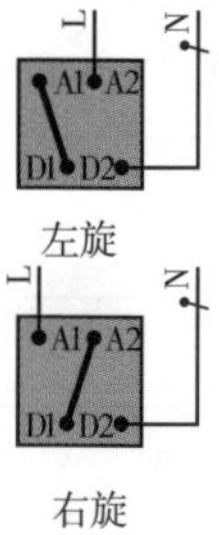 左旋 右旋
启动力矩/额定力矩 M_A/M_r	M1：无启动电容器 0.3～0.5 有启动电容器 至3.5	0.2～0.7 取决于电容器容量	至3 取决于电压
启动电流/额定电流 I_A/I_r	M2：至2 M1：至5	2～5 取决于电容器容量	至4 取决于电压
短时过载能力	M1：最大至2.5倍 M2：最大至1.5倍	最大至2.2×额定功率	最大至3×额定功率
由表右所述实施转速控制	换极电路， 变频	换极电路， 变频	控制接头电压
	例如用晶闸管，串联电阻，调压变压器等改变接头电压。		
转速调节范围	1:2～1:4 调至1:1000	1:2 调至1:1000	1:10～1:50
电气制动	减速时用换极电路 直流电制动	减速时用换极电路 直流电制动	不常用
应用举例	最大至约2 kW的小型电机	循环泵，油燃烧器，最大至约1 kW的小型电机	手持电动工具，手持加工机器

三相交流电动机，直流电动机

电动机种类	三相交流鼠笼转子电动机	三相交流同步电动机	他励励磁直流电动机	直流串励电动机
右旋接线（绕组按 VDE 0530-8，见 289 页）	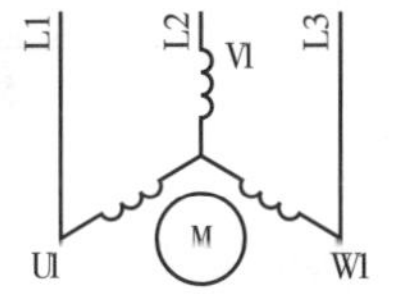 L1 L2 L3 V1 U1 W1 M	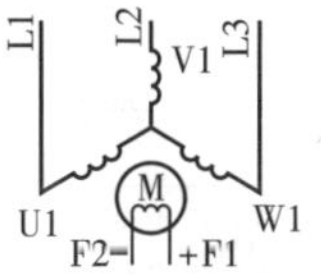 L1 L2 L3 V1 U1 W1 M F2 +F1 也采用恒磁励磁	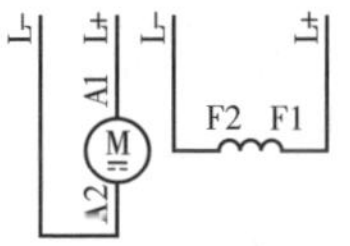 L- L+ L- L+ A1 M A2 F2 F1 也采用恒磁励磁	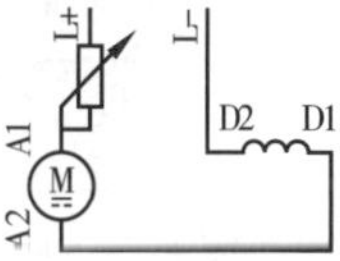 L+ L- A1 M A2 D2 D1 换向极 / 补偿极系列 B1B2，C1C2
转矩特性曲线	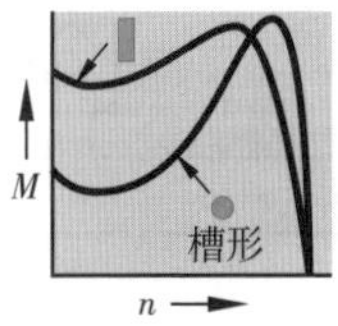 M n 槽形	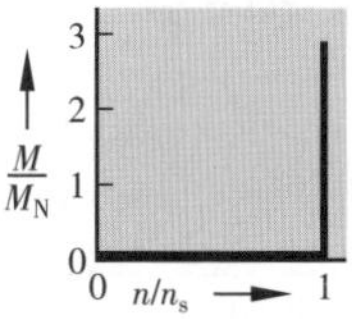 3 2 1 0 $\frac{M}{M_N}$ 0 n/n_s 1	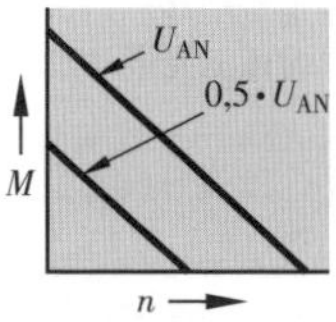 U_{AN} $0{,}5 \cdot U_{AN}$ M n	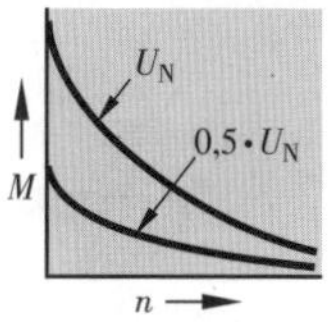 U_N $0{,}5 \cdot U_N$ M n
旋转方向反转	通过更换两个相线，例如 L1 和 L2		电枢电路或励磁电路换极	
接头接法接头标记见 289 页	星形接法 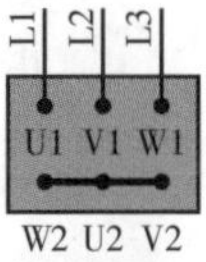 L1 L2 L3 U1 V1 W1 W2 U2 V2 三角形接法 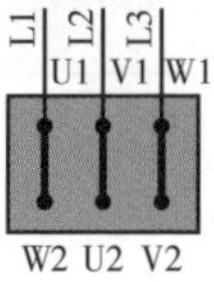 L1 L2 L3 U1 V1 W1 W2 U2 V2	定子接线与三相交流鼠笼转子电动机相同。 亦请参见下页的磁阻电动机 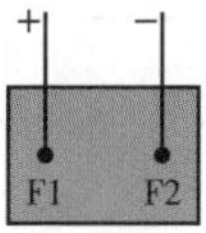 + − F1 F2	 L+ L- L+ L- A1 A2 F1 F2 右旋 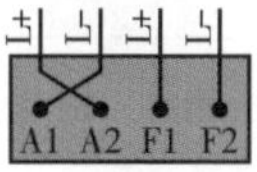 L+ L- L+ L- A1 A2 F1 F2 左旋 电枢电路的接头 A1，A2，也与绕组 B 和 C 接线（VDE 0530-8）	L+ L- A1 D1 A2 D2 右旋 L+ L- A1 D1 A2 D2 左旋
最频繁启动（原因）	用电机开关直接接通，7.5 kW 以上的电动机也用星形 - 三角形接法启动。	伺服电机： 用增加频率启动。其他与鼠笼转子一样用笼形绕组启动。	固定励磁时用增加电枢电压启动。	用增加电压启动。
M_A/M_N	0.4 ~ 3	伺服电机：至 5，其他用启动笼形绕组启动的是 0.5 ~ 1	根据不同的启动电路最大至 2.5	
I_A/I_N	3 ~ 7	3 ~ 7	根据不同的启动电路最大至 2.5	
转速控制	常见通过换极电路。 通过使用变频器改变电网频率。	通过使用变频器改变电网频率， 尤其用于伺服电机。	通过控制电枢电压，例如用晶闸管换流器或通过控制励磁电压。	通过控制电网电压。
转速调节范围	换极电路 至 1:8 其他至 1:50	至 1:1000	无转速调节器最大至 1:10， 有转速调节器最大至 1:5000。	
电气制动	通过发电机运行模式有效制动；反向电流制动	通过发电机运行模式有效制动。	通过发电机运行模式有效制动和电阻制动。	

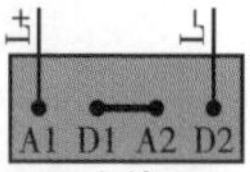

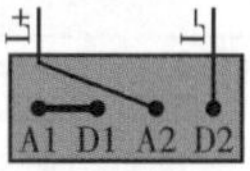

I_A 启动电流　M_A 启动力矩　n_S 磁场转速
I_N 额定电流　M_N 额定力矩　U_{AN} 电枢额定电压
M 转矩，力矩　n 转速，转动频率　U_N 额定电压

用于整流器馈电的三相交流电动机

名称	任务，结构	表达法，符号，数据，M（n）特性曲线
适用的电动机，效率和经济性		
鼠笼转子电动机	使用最多的三相交流电动机，效率等级最大可达 IE 3。	启动力矩，鞍点力矩，标称力矩，最大转矩等参见 319 页
恒磁励磁同步电动机	这种装备相应电子装置的电动机可达到最高效率。其效率等级最高可达 IE 4。这里要求一个整流器调节频率。启动时一个传感器控制频率从 0 Hz 直至电机工作转速所要求的频率。其缺点是费用高和娇嫩的电子装置以及需要使用昂贵的稀土元素。	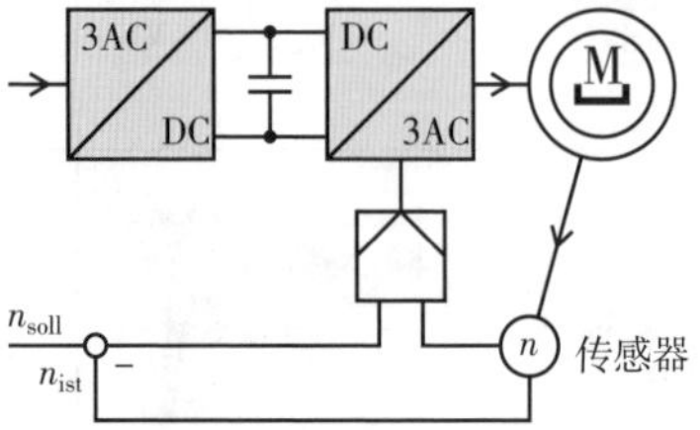
磁阻电动机	购置成本高昂的恒磁励磁同步电动机导致磁阻电动机的再次发现。由于其转子损耗小，效率等级可以达到 IE 4。此类电动机通过变频器控制转速，调速时不需要传感器，计算机程序可自适应。 现有同步转速的同步化异步电动机。	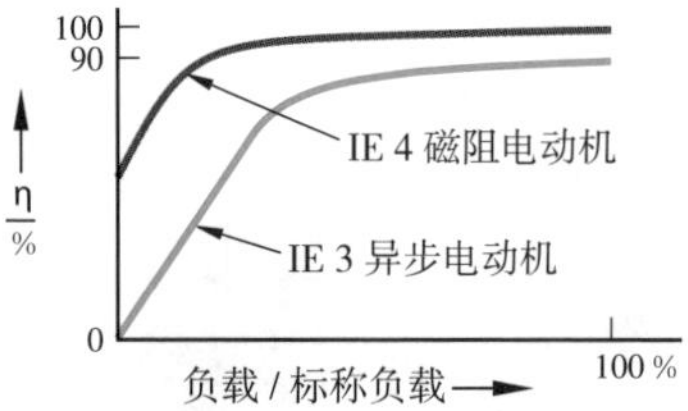
适用电动机的组成成分		
定子	产生定子旋转磁场。它包含三相绕组及其相 U1U2, V1V2, W1W2。根据电压可分别按星形 Y 或三角形△接法进行接线（见 57 页）。	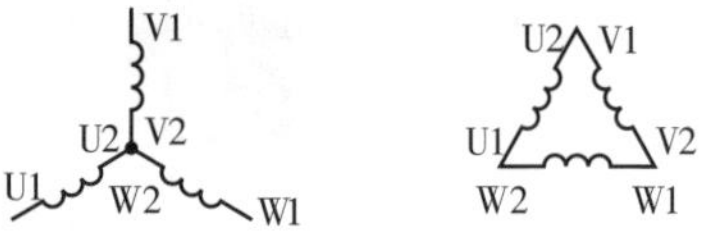
转子 鼠笼转子（感应电动机，异步电动机）	如果定子旋转磁场的旋转速度快于转子，定子旋转磁场便在笼形转子线棒内产生一个感应电压，并由此产生一个极数与定子磁场相同的转子旋转磁场。定子旋转磁场与转子旋转磁场共同作用于转子并产生转矩。	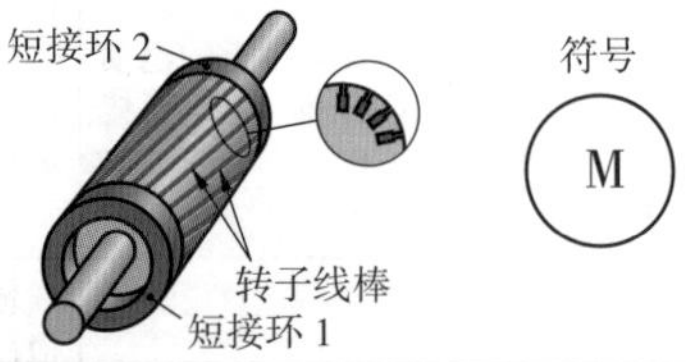
恒磁励磁同步电动机的转子	转子内装有与定子旋转磁场相同极数的恒磁磁铁极，例如 4 极（2 个极偶）。旋转的转子即便在负载状态下仍通过工作机器与定子旋转磁场同步（相同转速）旋转。但要求配装启动辅助装置，因为转子静止状态下转矩需依序快速改变方向。	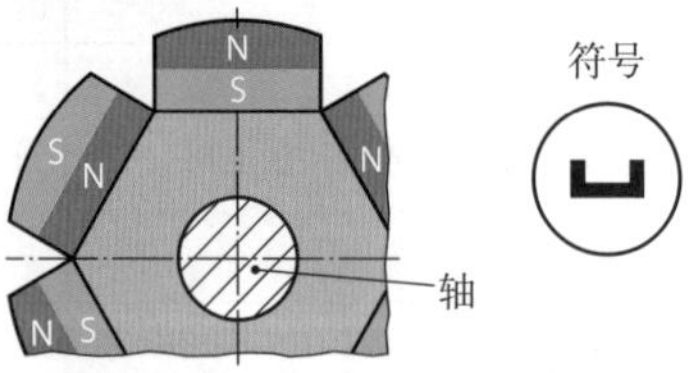
磁阻电动机的转子	磁阻电动机中磁阻 R_m 垂直于转子轴线，产生与同步电动机相同的极偶。其转子线棒与鼠笼转子一样也需要启动辅助装置，或一个专用定子整流器。此类电动机异步运行，但其转速近似于同步的旋转磁场。	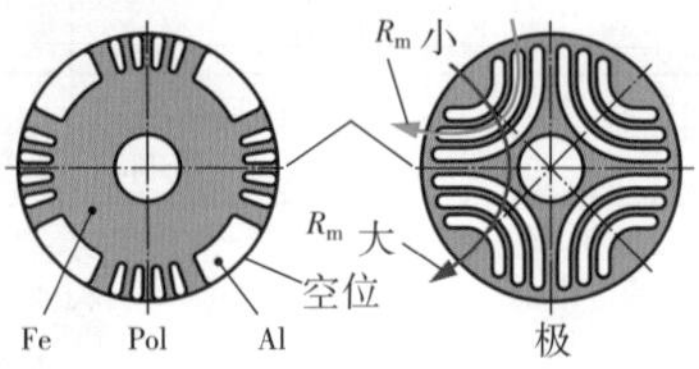

伺服电机

结构，名称	解释	典型数据，应用
三相交流伺服电机 三相交流伺服电机的电路	三相交流伺服电机一般装有恒磁励磁转子（见图）和强制通风装置（见图）。测速发电机发出实际转速给电子控制装置。控制装置通过脉冲宽度调制调节转速和旋转方向。启动时，频率迅速从零升至设定值。 带控制装置的三相交流伺服电机工作范围	J = 0.006 kgm^2 n_{max} = 3000 /min m = 22 kg M_N = 11 Nm I_N = 22 A I_{max} = 105 A K = 0.5 Nm/A (M_{max}= 53 Nm) τ_{mech} = 5 ms τ_{el} = 10 ms 连接变速箱后用于机床进给驱动，定位驱动和机器人驱动。 磁阻电机（见前页）作为伺服电机装有简单的控制装置并得到广泛应用。
直流电机的结构 恒磁励磁直流伺服电机的结构	直流伺服电机属他励励磁直流电机（见图）。由于可能出现过载，一般装有一个补偿绕组。其可供使用的转矩取决于运行模式（S1，S2，S3）和转速（见图）。 由三极管执行元件实施几乎无延迟控制或由晶闸管执行元件实施滞后时间仅数毫秒的控制。 直流伺服电机工作范围	J = 0.008 kgm^2 n_{max} = 6000 /min m = 30 kg M_N = 9 Nm I_N = 15 A I_{max} = 100 A K = 0.6 Nm/A (M_{max}= 60 Nm) τ_{mech} = 7 ms τ_{el} = 10 ms 通过附加转动惯量显著提高τ_{mech}。 无铁转子： 用于快速反应的驱动装置。 有铁转子： 与三相交流伺服电机相同，但反应略慢。

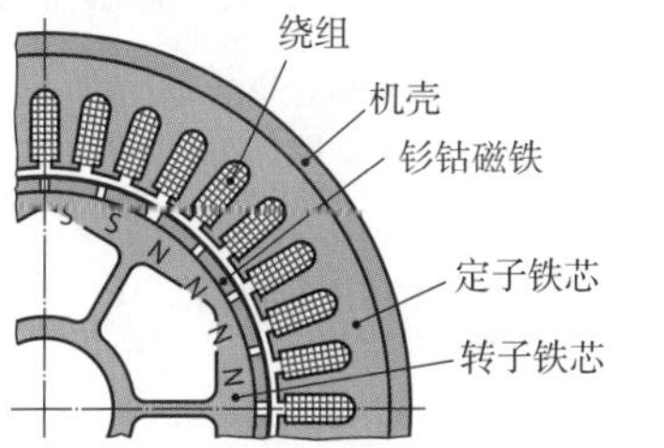

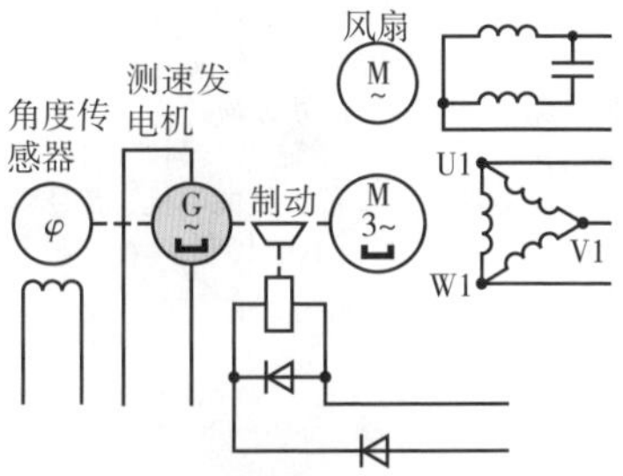

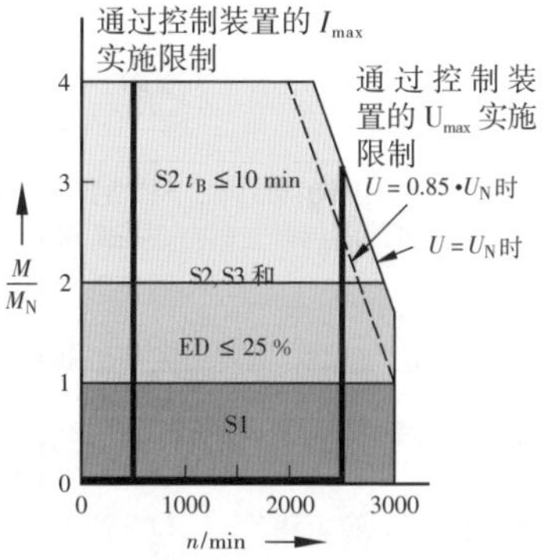

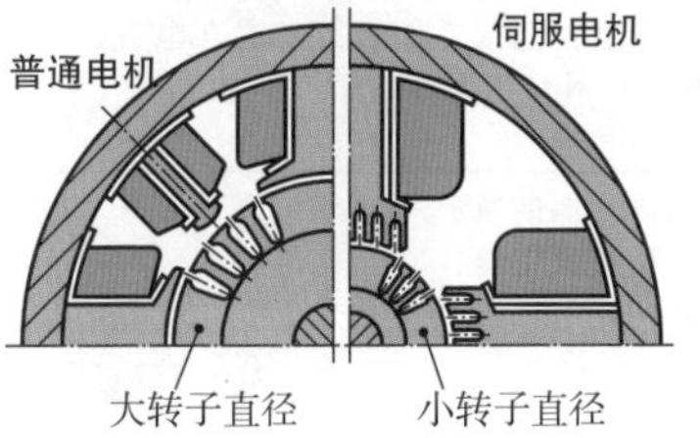

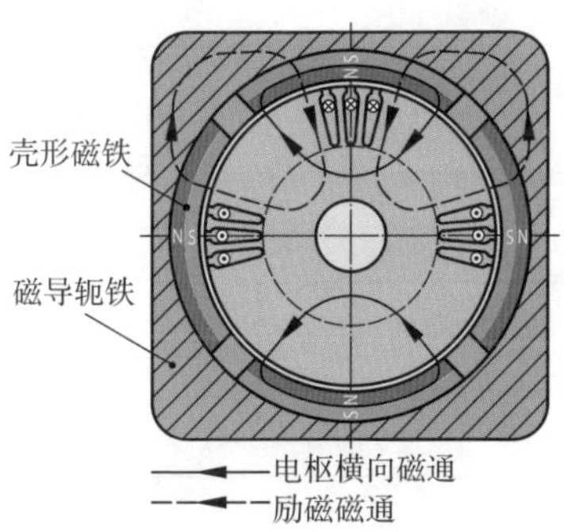

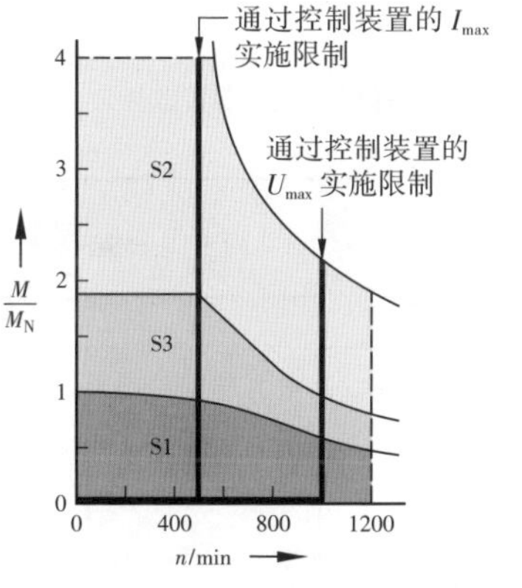

I_{max} 最大电流强度，I_N 额定电流强度，J 转子的转动惯量；K 转矩系数，m 质量，M_{max} 最大转矩，M_N 额定转矩，n 转速，n_{max} 最大转速，S1 持续运行，S2 短时运行，S3 断续运行，t_B 运行时长，τ_{el} 电气时间常数，τ_{mech} 机械时间常数

伺服电机的控制

组件	解释	附注
控制装置	伺服电机的控制需要一个控制装置，一个变频器和检测系统。具有定位功能和调节功能的可编程序控制器或有比较功能的多功能部件，例如SIMOTION，可实施对变频器的控制。 SIMOTION的接口是模拟和数字输入端和输出端，PROFIBUS，PROFINET以及一个内置驱动接口，用于带模拟接口或脉冲－方向接口（步进驱动）的驱动系统。	带接口A至E的伺服电机实施控制的可能性（见图）： ·A作为内置驱动接口加C，E，没有B，D。 ·或：加B，C而无D，E。 ·A作为PROFIBUS的接口加C，D，无B，E。通过A反馈位置实际值。 ·A作为PROFINET的接口加C，D，无B，E。通过A反馈位置实际值。
变频器 变频系统	变频器，例如变频系统SIMODRIVE，SIMATIC ET 200，SINAMICS，均可控制伺服电机。这些变频器具有的功能用于： ·电机数据表示， ·监视，例如负载力矩，过载，温度，尤其是电机保护， ·再次接通， ·机电一体化制动， ·调节，例如转速调节，转矩调节，U（f）调节（转差补偿）。 此外还可选用运行类型JOG（点动模式）。	运行类型JOG可使电机定位在指定位置。通过角度步进传感器接口（WSG）将位置实际值和零点传输给SIMOTION控制系统。 变频系统根据参数与任务协调。 参数值由专用操作装置输入，例如连接一台PC。这些参数涉及例如待连接的电机，传感器，变频器功能，设定值，电机控制，电机调节，数据传输等。
伺服电机	一般将同步电机用作伺服电机，此类电机内集成（内置）的传感器采集转子的位置和速度（转速）等数据。	伺服电机对内置传感器提出高要求以及允许的工作温度，因为它们直接暴露在电机其他相邻部件运行环境下工作。
检测系统（传感器）	这里采用线性或旋转性显示的光电增量或绝对检测系统，感应型检测系统（同步分解器）和电容型检测系统。 内置传感器采集位置信息有时不够准确。可通过滚珠丝杠上的齿轮箱或传动皮带传输伺服电机旋转运动的信息。为采集例如弹性或修正差转率的信息，检测系统直接安装在机器上（安装传感器）。	光电传感器的基础是例如带有刻度分度的玻璃比例尺或编码盘，它们在位置变化时产生光束变化，光电二极管将此光束变化转变成电信号并对其进行计算。

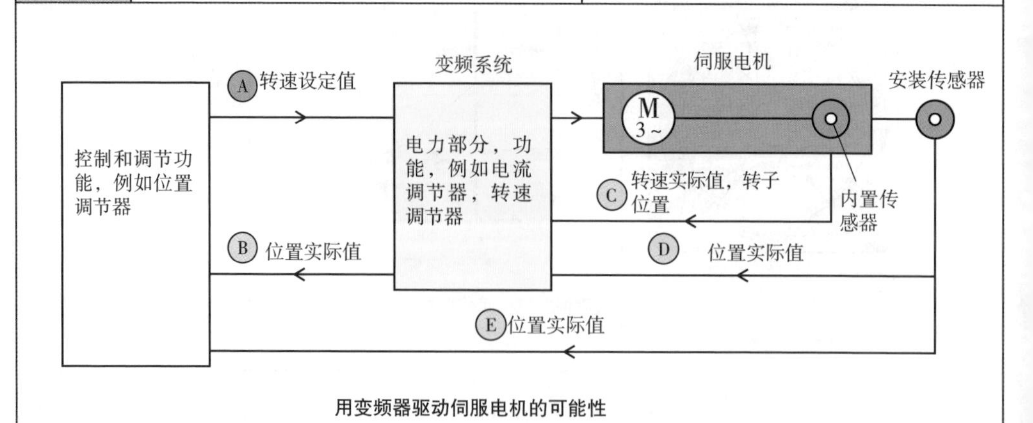

用变频器驱动伺服电机的可能性

电动机器的检验

检验类型	检验目的	检验范围
温升检验	证明在额定运行类型时未超过最高允许过温温度。	大型机器和新设计机器，其他的则仅作抽检（型式试验）。
绕组检验	证明绕组绝缘材料的绝缘性能。	所有制造或维修的机器均需做此检验（系列检验）。
电流过载能力检验	证明偶尔短时的可过载能力。	同温升检验。
短路检验	证明机械零部件耐受短路电流的强度。	仅限于同步发电机。
不平衡负载检验	证明机器在电网出现非对称负载时仍能运行。	仅限于三相交流同步发电机。
转换流畅性检验	证明机器从空载至允许过载全程连续无故障（无火灾）运行能力。	同温升检验，但仅限于换向器装置。
曲率检验	证明机器没有产生从 200 Hz~5 kHz（电话范围）超允许范围的强谐波。	仅限于≥ 300 kVA 的同步机器。

绕组检验

绕组类型	机器额定值，附注	检验电压 V
除后文所列绕组之外的所有绕组	< 1 kW 以及< 1 kVA, < 100V < 10 MW 以及< 10 MVA ≥ 10 MW(MVA) 和 $U_N \leq 24$ kV ≥ 10 MW(MVA) 和 $U_N > 24$ kV	$U_p = 2U_N + 500$ V $U_p = 2U_N + 1000$ V（但至少 1.5 kV） $U_p = 2U_N + 1000$ V 根据与制造商的约定。
滑环转子绕组	如果旋转磁场可以反转： 如果旋转磁场不能反转：	$U_p = 4\ U_{L0} + 1000$ V $U_p = 2\ U_{L0} + 1000$ V
同步机器的励磁绕组	异步启动的同步机器。励磁绕组在启动时必须接通一个外部电阻。	$U_p = 10\ U_e$ 至少 1.5 kV，最高 3.5 kV
他励励磁绕组	直流电机器。	$U_p = 2\ U_e + 1000$ V （但至少 1.5 kV）
持续短接的绕组	例如鼠笼转子。	不要求作绕组检验。
部分更新的绕组	需清洗旧绕组部分并干燥。	$U_{pt} = 0.75\ U_p$（UP 见上）
机器检查时的绕组	$U_N < 100$ V $U_N \geq 100$ V	清洗并干燥后：U_p=500 V $U_p = 1.5\ U_N$

检验时长	UP 的施加，机器标称数值	检验接法
1 分钟（达到 U_p 后） 1 分钟检验	所有机器；从 $U_p/2$ 和 $U_{pt}/2$ 或更低开始，然后在 $t \geq 10$ 秒之内逐步升至最大检验电压。	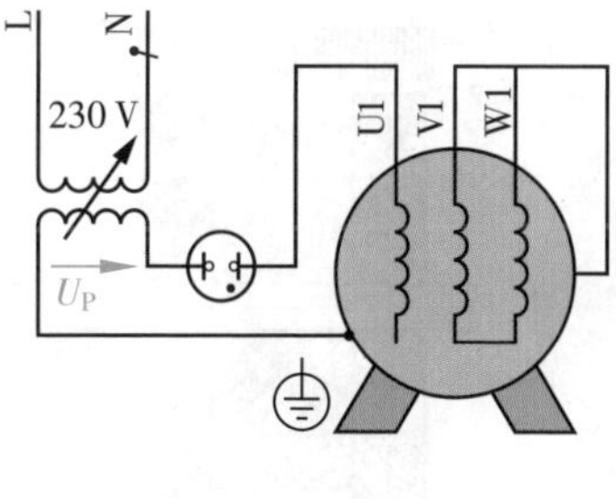 L N 230 V U1 V1 W1 U_P
5 秒钟（仅限于系列检验）	≤ 200 kW(kVA) 和 $U_N < 660$ V 的机器可省略 1 分钟检验而直接施加最大检验电压。	
1 秒钟（仅限于系列检验）	≤ 5 kW(kVA) 的机器可省略 1 分钟检验而立即施加 1.2 倍的检验电压 1 秒钟。	

U_0 励磁电压（标称励磁电压或最大励磁电压），$U\ L_0$ 转子绕组断路时的感应电压，
U_N 额定电压，标称电压，U_P检验电压，U_{PT} 部分更新绕组的检验电压。

步进电机

种类，名称	作用方式，解释

双相步进电机

原理：

恒磁转子在直流电压的每一个矩形脉冲波时向前转动一个间距角。

运行：

电子控制电路按正确顺序发出脉冲。

种类：

单相步进电机，双相步进电机，四相步进电机和五相步进电机。

绕组：

每个相绕组均可以是单极或双极结构。单极结构的电流在绕组相中以同一方向流动，双极结构的电流则以交变方向流动。

步进电机的应用：

精确定位（达到指定位置），例如印刷机，绘图仪，办公室机器，加工机床进给系统，电焊丝送料机构等。

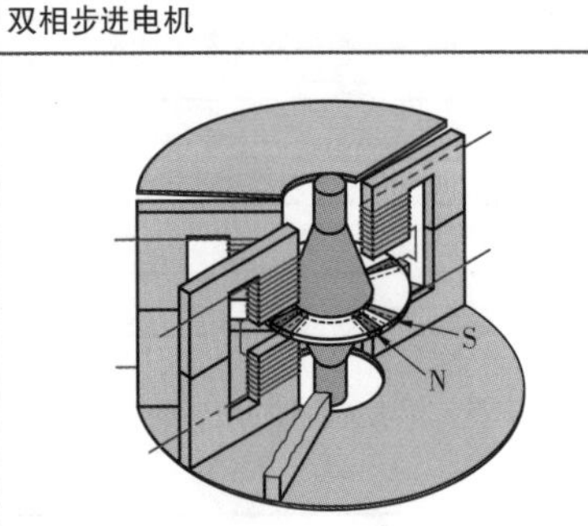

盘形磁铁步进电机

双相步进电机的脉冲顺序			
步进编号，顺序		全步进运行模式 半步进运行模式附加红色	
左旋	右旋	开关 Q1	开关 Q2
0≙4	0≙4	←	←
3½	½	←	中间
3	1	←	→
2½	1½	中间	→
2	2	→	→
1½	2½	→	中间
1	3	→	←
½	3½	中间	←

通过控制电路的三极管实现开关 Q1 和 Q2 的功能。

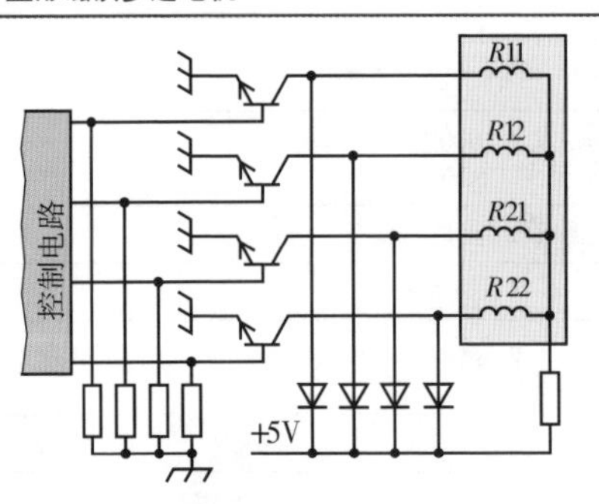

单极步进电机控制电路原理图

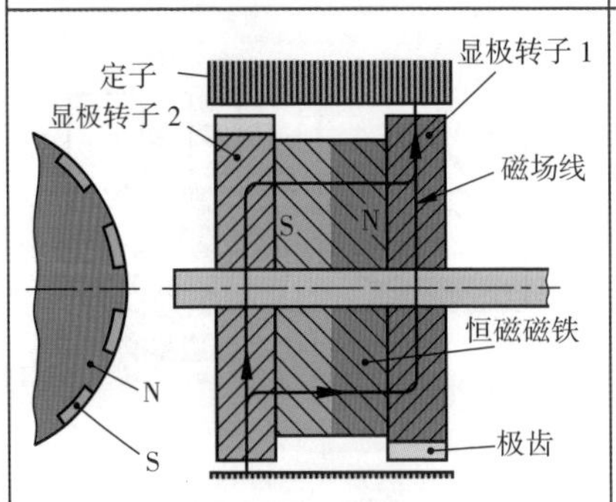

小间距角步进电机的同极原理转子

半步进运行模式：

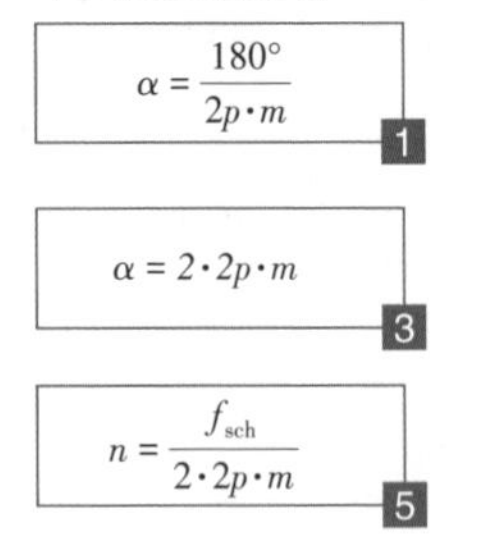

全步进运行模式：

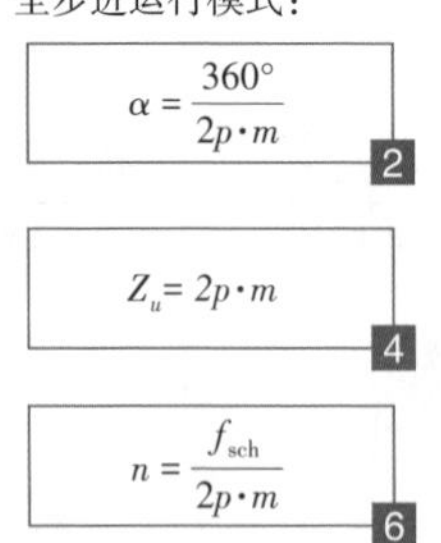

电子电路可在半步进运行模式时将相位移分为四个部分，使全步进细分为八个微步进（微步进运行模式）。

$2p$ 极数，f_{sch} 步进频率，m 相数，n 转速（转动频率），z_u 步进数 / 每圈，α 间距角

微型驱动装置 1

概念	解释，典型数据	视图
功率类型 环境温度 功率范围 短时运行 应用	特性功率是推荐功率范围内最大的输出功率。持续运行范围是环境温度 25℃条件下的持续载荷范围。 推荐功率范围小于持续运行范围。 电机允许短时和反复过载运行。 机器人，定位驱动，牙医器械，显示装置，排气扇，机动车机电一体化装置，水准仪，投影仪，行驶记录仪，阅读装置。	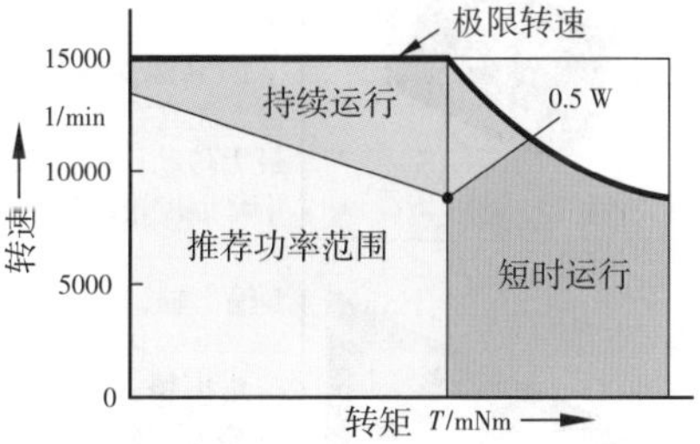 0.5W 最小电机的运行范围
EC 电机 电子转换 特殊绕组的定子 恒磁内转子或外转子 三相的控制	原理上指由直流电子装置控制的三相同步电机。三个相可用星形或三角形接法接通。 P_{typ} = 1.5 ~ 400 W， 例如 P_{typ} = 15 W： η< 50000/min， 10000/min 时 $T \leqslant$ 44 mNm, η =0.68，U_N=24 V 控制电路的电子装置控制各个框形电压或正弦电压的相。并由此产生一个旋转磁场。 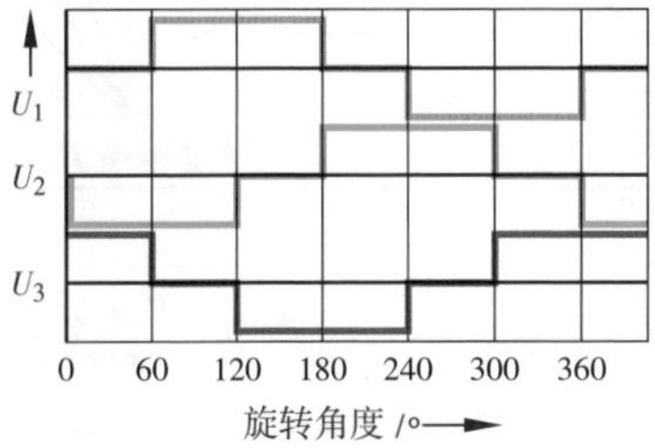 相控制	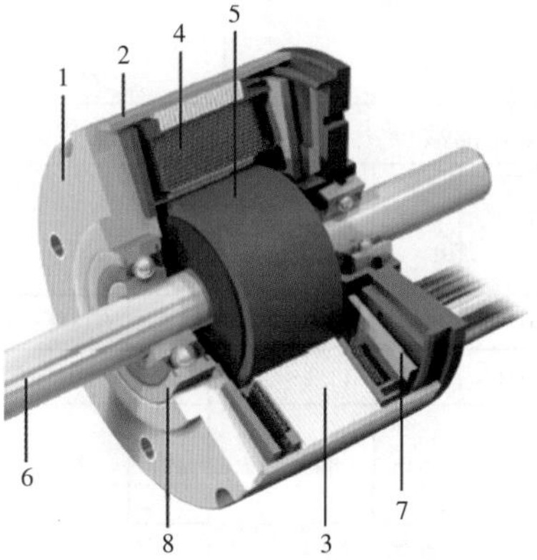 内转子 EC 电机 1 法兰，2 机壳，3 定子铁芯，4 绕组，5 恒磁（转子），6 轴，7 带霍尔传感器的电路板，8 滚珠轴承
贵金属电刷 DC 电机 恒磁磁铁 无铁芯外转子 特殊绕组	转子无铁芯，其特殊绕组由铜丝绕制，并作为外转子围绕位于内部的恒磁定子旋转。轴一般采用陶瓷材料。 P_{typ} = 0.5 ~ 8 W， 例如 Ptyp = 0.5 W： n < 16000/min，$T \leqslant$ 0.6 mNm, η =0.6, U_N=12 V, $I_a \leqslant$ 130 mA 1 法兰，2 恒磁磁铁，3 机壳（磁轭），4 轴，5 绕组，6 整流子绕组板，7 整流子，8 滑动轴承，9 电刷，10 盖，11 接头	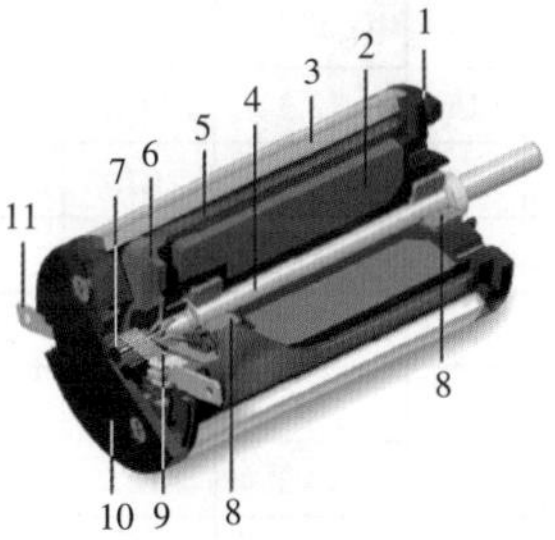 贵金属电刷 DC 电机
石墨电刷 DC 电机	P_{typ} = 1.5 W 至 250 W， 例如 P_{typ} = 60 W： $n \leqslant$ 7800/min，$T \leqslant$ 47 mNm, η =0.79, U_N=12 V, $I_a \leqslant$ 60 mA	其结构类似于贵金属电刷 DC 电机，但改用石墨电刷，铜整流子和滚珠轴承。适用于较大功率。

I_a 最大启动电流　　n 极限转速　　P_{typ} 特性功率
T 最大持续转矩　　U_N 额定电压　　η 效率

微型驱动装置 2

圆柱齿轮变速箱

行星齿轮变速箱

小型电机输出转矩常大于其制造规格。机械变速箱使转速下降，但转矩却几乎以反比关系上升。

如果例如转速降至 1/10，转矩将上升 10 倍。尤其在大传动比时，采用行星齿轮变速箱最大传动比可达 6000∶1。这类变速箱装有若干星形齿轮，它们围绕着一个太阳齿轮旋转。

1 输出轴，2 法兰，3 输出轴轴承，4 轴向护环，5 隔板，6 齿轮，7 电机主动小齿轮，8 行星齿轮，9 太阳齿轮，10 行星齿轮支架，11 空心齿轮

圆柱齿轮变速箱一般由多级组成。每级由一个小齿轮与大齿轮组成齿轮对。第一个齿轮直接装在电机轴上。根据级数的不同，其传动比最大可达约 5000∶1。

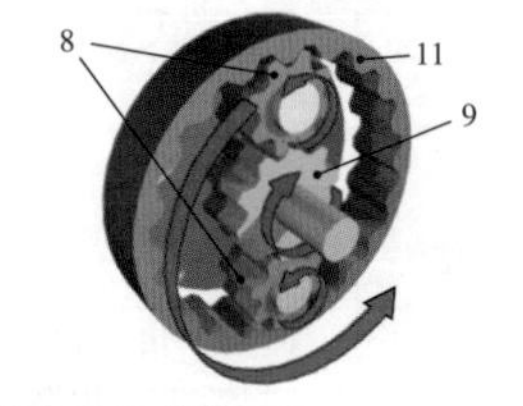

行星齿轮变速箱原理

变速箱数据

型号	直径 mm	长度 mm	变速箱类型	力矩（与长度相关）Nm	质量（与长度相关）g	传动比（与长度相关）
GP6	6	7 ~ 17.3	PG	0.002 ~ 0.03	1.8 ~ 3.4	3.9∶1~854∶1
GS16K	16	11.8 ~ 20.8	SG	0.01 ~ 0.03	9 ~ 11.7	12.1 ~ 5752∶1
GP81	81	84 ~ 127	PG	20 ~ 120	2300 ~ 3700	3.7∶1~308∶1

效率 1 0,5 0 力矩 1- 级 2- 级 10- 级

效率曲线

小型驱动装置数据

型号	φ 直径 mm	长度 mm	转换	特性功率 W	质量 g	最大效率 %	电源线接法
RE8	8	16	EB	0.5	4.1	68	4-Q 伺服放大器 DC 电机 (L, N, ~, =, M)
RE13	13	19.2/21.6	EB	1.2	12/15	68/70	
RE13	13	31.4/33.8	EB	2.5	12–15	78/80	
RE15	15	22.3	EBCLL	1.6	20	71 ~ 74	
RE35	35	70.9	GB	90	340	66 ~ 68	
RE40	40	71	GB	150	480	83 ~ 92	
RE75	75	201.5	GB	250	2800	77 ~ 84	
EC6	6	21	BL	1.2	2.8	41 ~ 50	4-Q-EC 伺服放大器 EC 电机 (L, N, ~, 3~)
EC16	16	40.2	BL	15	34	67 ~ 68	
EC22	22	~ 67.7	BL	~ 50	85 ~ 130	73 ~ 86	
EC6 flach	6	2.2	BL	0.03	0.32	—	
EC14 flach	13.6	11.7	BL	1.5	8.5	39.4	
EC20 flach	20	9.5	BL	3	15	62.5	
Ec90 flach	90	27.1	BL	90	648	86	

BL 无电刷　EC 电子转换　RE 转子，无铁芯　CLL 耐用电容器　GB 石墨电刷
SG 圆柱齿轮变速箱　DC 直流电　K 塑料结构　Q 象限　EB 贵金属电刷　PG 行星齿轮变速箱

变速箱

行星齿轮变速箱

功能：行星齿轮变速箱是齿轮变速箱的一种特殊制造形式。它通过连接或固定各个齿轮及其支架来改变传动比。
特点：主动和从动的同轴位置，紧凑的结构形式，高效率，负载状态下可变速，低噪，轻松改变旋转方向。

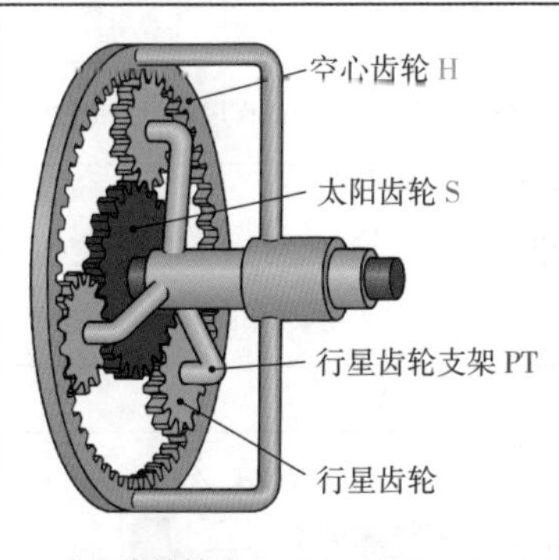

n_1 太阳齿轮转速
z_1 太阳齿轮齿数
n_2 行星齿轮支架转速
z_2 行星齿轮支架齿轮
n_3 空心齿轮转速
z_3 空心齿轮齿数

单组行星齿轮传动比

主动	固定	从动	传动比	范围
S	H	PT	$i=\frac{n_1}{n_2}=1+\frac{z_3}{z_1}$	传动降速
S	PT	H	$i=\frac{n_1}{n_3}=-\frac{z_3}{z_1}$	慢速倒挡
PT	H	S	$i=\frac{n_2}{n_1}=\frac{1}{1+\frac{z_3}{z_1}}$	大传动比加速
PT	S	H	$i=\frac{n_2}{n_3}=\frac{1}{1+\frac{z_1}{z_3}}$	传动加速
H	S	PT	$i=\frac{n_2}{n_3}=1+\frac{z_1}{z_3}$	小传动比降速
H	PT	S	$i=\frac{n_3}{n_1}=-\frac{z_1}{z_3}$	快速倒挡
S + H + PT 组合			$i=1$ $n_1=n_2=n_3$	直接传动

变速齿轮箱

任务：改变转速，转矩，使空转成为可能，改变旋转方向
传动比：$i<1$ 转速变大，转矩变小，例如 $i=0.55$
$i=1$ 转速和转矩均保持不变
$i>1$ 转速变小，转矩变大，例如 $i=3.3$

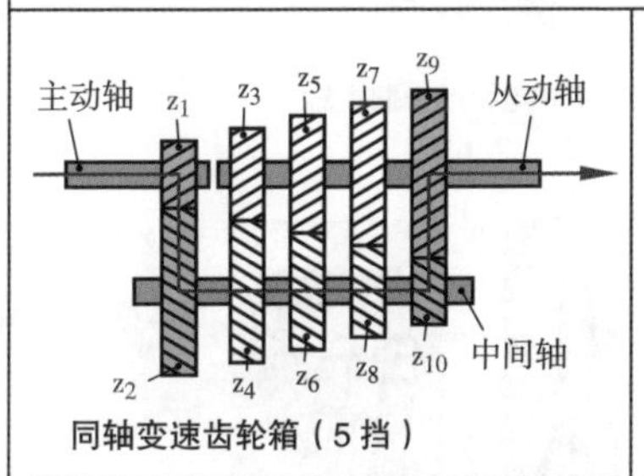

同轴变速齿轮箱（5 挡）

同轴变速齿轮箱的主动轴与从动轴均位于同一平面。
各挡传动比 iG 通过两个齿轮对实现。变速时齿轮对 z1/z2 始终有效。

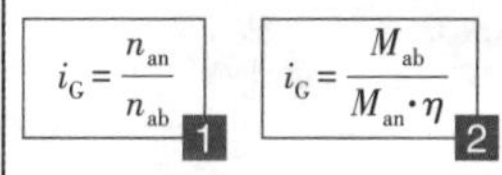

例如第 4 挡的力线：
$z_1\rightarrow z_2\rightarrow z_9\rightarrow z_{10}\rightarrow$ AbW
例如第 4 挡的传动比：

$$i_{4.Gang}=\frac{Z_2\cdot Z_{10}}{Z_1\cdot Z_9} \quad (3)$$

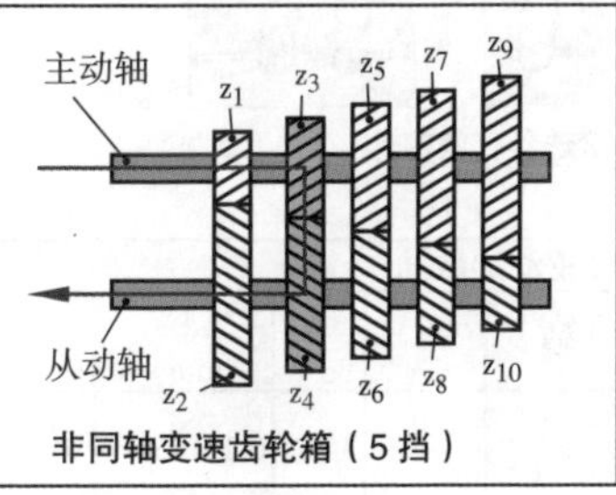

非同轴变速齿轮箱（5 挡）

非同轴变速齿轮箱的主动轴与从动轴位于不同平面。
各挡传动比 iG 通过一个齿轮对实现。

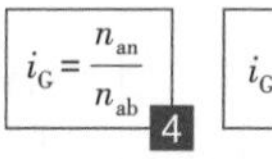

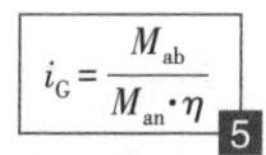

例如第 4 挡的力线：
AnW $\rightarrow z_3\rightarrow z_4\rightarrow$ AbW
例如第 5 挡的传动比：

$$i_{5.Gang}=\frac{Z_4}{Z_3} \quad (6)$$

AnW	主动轴	$z_1, z_3, z_5, z_7, z_9, z_{11}$	齿轮（主动）	i_G	变速箱传动比
AbW	从动轴	$z_2, z_4, z_6, z_8, z_{10}, z_{12}$	齿轮（从动）	n_{an}	主动轴转速
i	传动比	z	倒挡齿轮	n_{ab}	从动轴转速
η	效率	M_{an}	主动转矩	M_{ab}	主动转矩

线性驱动 1

概念，名称	解释，原理	附注，视图，数据
线性驱动 LA 的种类		
线性电动机	电磁非回转型电动机，以磁场电流产生的作用力为基础。	AC 线性电动机和 DC 线性电动机（见 318 页）
液压线性驱动	通过某种流体作用于泵从而对活塞实施线性调节。	气体也可以实施类似的作用。（见 385 页）
使用回转型电动机的线性驱动	回转型电动机的旋转运动通过机械方式转换成为线性运动（纵向运动）。	典型数据： 速度 0.2 m/s ~ 150 mm/s，定位精度 0.04 mm。
其他的线性驱动	压电效应和超声波的作用或焦耳效应（磁致伸缩）。	压电效应线性驱动可达精度最高至 0.02 μm。
使用回转型电动机的线性驱动		
主轴驱动	主轴驱动时，主轴转动使一个螺帽对主轴作轴向运动。该螺帽与待运动的零件相连，例如刀具支架。	
主轴种类	· 米制主轴采用米制螺纹， · 梯形主轴采用梯形螺纹， · 滚珠循环主轴（滚珠丝杠）采用圆螺纹。	
丝杠螺帽	丝杠螺帽采用相应的螺纹。	
米制主轴	· 物美价廉，制造简单， · 自锁功能， · 低效率，有间隙，低精度	
梯形螺纹	· 同米制螺纹，但 · 负载能力更强。	
滚珠循环主轴（滚珠丝杠，滚珠螺纹驱动）	在滚珠丝杠内滚珠在丝杠与螺帽的精磨槽内滚动，达到螺帽的回程槽后立即返回（见图）。与其他类型主轴相反的是，这里只有滚动摩擦。通过两个相对转动的主轴螺帽（双主轴螺帽）可达到无间隙。由于滚珠的原因，主轴螺帽不允许与主轴分离。 · 高效率， · 无自锁， · 高负荷量， · 制造成本高。	
驱动电机	恒磁励磁同步电机或异步电机，一般通过电子装置（中间回路调频器）采用电网供电。电机一般配装降速变速箱，例如行星齿轮变速箱。电机转速最高可达 8000/min。	
应用	刀具横向进给的加工机床或任意方向并带有从 0.10 m ~ 2 m 纵向移动的加工模式。	

螺帽 刀具支架 主轴 联轴器 电动机

主轴驱动的部件

主轴电机的米制主轴

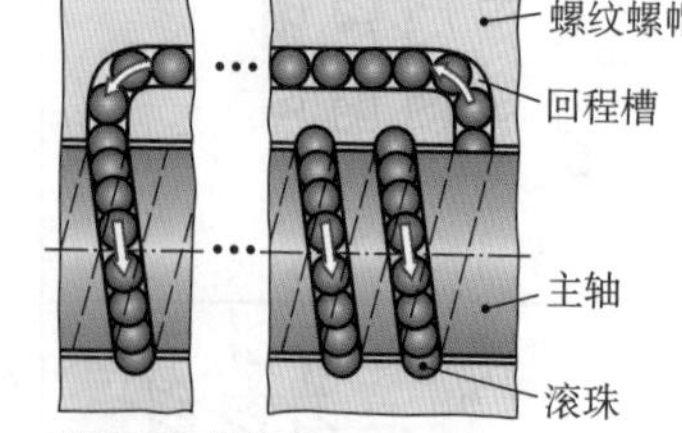

滚珠丝杠的部件

主轴驱动的数据

主轴	i	F	V mm/s	η
M6 × 1	1:1 ~ 850:1	350N	0.2 ~ 5.6	0.2 ~ 0.35
滚珠丝杠 6 × 2		500N	0.3 ~150	0.47 ~ 0.81

F 最大进给力，i 传动比，v 进给速度，η 效率

线性驱动 2

概念，名称	解释，原理	视图

使用回转型电动机的线性驱动（续前表）

概念，名称	解释，原理	视图
同步齿形带驱动 齿形带 主动轴 刀架溜板 **齿条驱动**	电机驱动的主动轴齿与齿形带齿啮合并带动后者运动。齿形带与刀架溜板固定连接。刀架溜板与齿形带在一个导轨上运动并支承工作装置，例如运输槽或刀具。 齿条驱动时，主动齿轮与齿条啮合，从而使刀架溜板运动。两种驱动均由于间隙小而精度高。	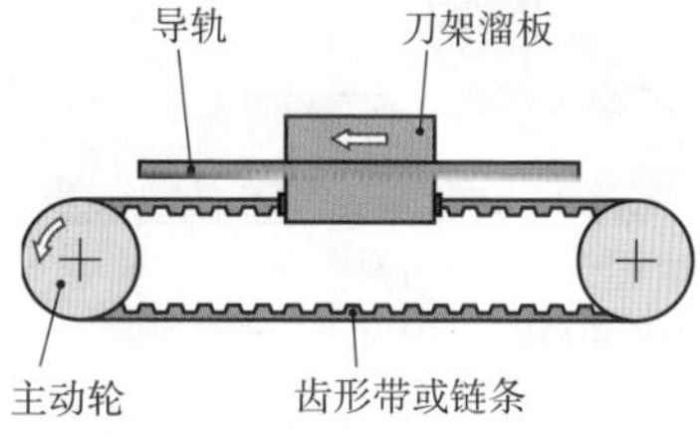 导轨 刀架溜板 主动轮 齿形带或链条 **同步齿形带驱动**

压电元件和压电驱动

概念，名称	解释，原理	视图
压电效应 压电陶瓷 **压电元件**	如果对某些晶体，例如石英 SiO_2，和某些陶瓷施加一个力使其变形，它们会出现电荷位移。由此在晶体导电极限之间产生一个电压。这种压电效应（本词源自希腊语）是可逆的。如果向此类压电材料施加一个电压，将产生长度变化并因此产生一个力。这种长度变化小，但作用非常迅速。 压电元件是上下层压的压电板并与电源并联（见图）。压电元件常用于精密调节，例如芯片制造。	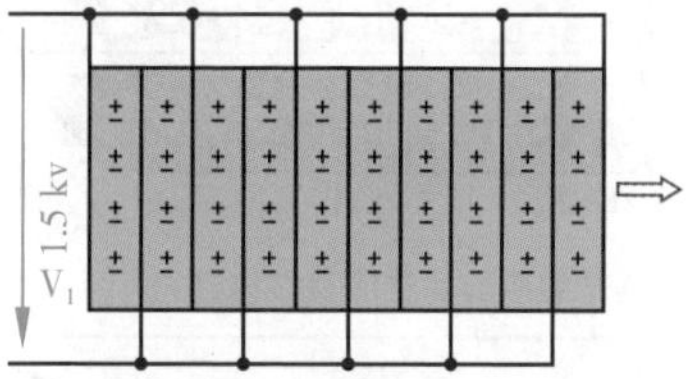 V_1 1.5 kv **压电元件的结构** 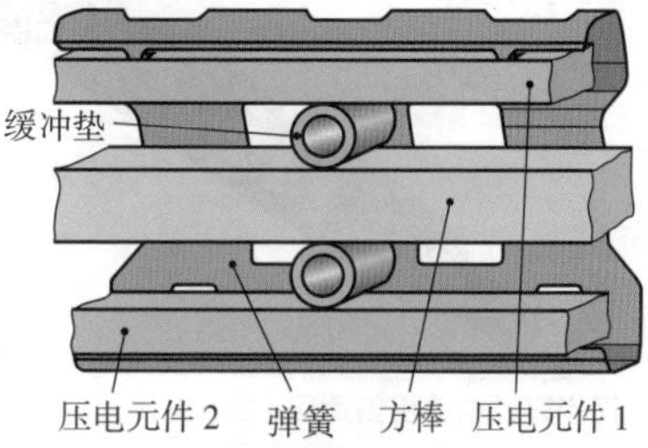 缓冲垫 压电元件 2 弹簧 方棒 压电元件 1 **压电－超声马达的结构**
压电－超声马达 摩擦轨	压电－超声马达的两个或多个压电元件从两边作用于一根方棒（见图）。每个元件用一根弹簧通过缓冲垫与方棒拉紧并有自保持作用。现采用高电气频率激励压电元件。使它产生机械振动，例如行波形状（见图）或椭圆形状。通过压电元件电子控制装置的频率使压电元件向所需方向振动并带动方棒运动。	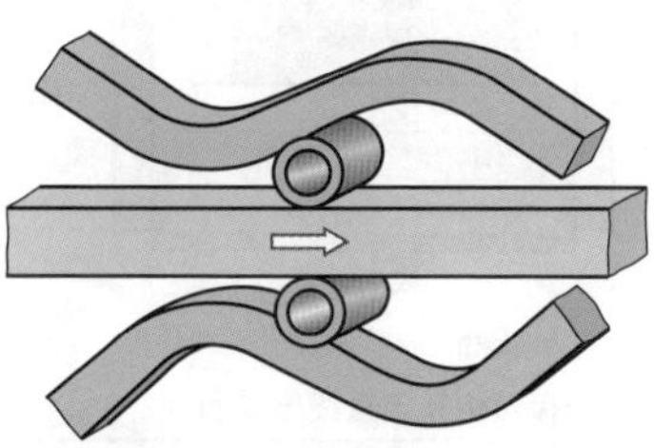 **行波作用** 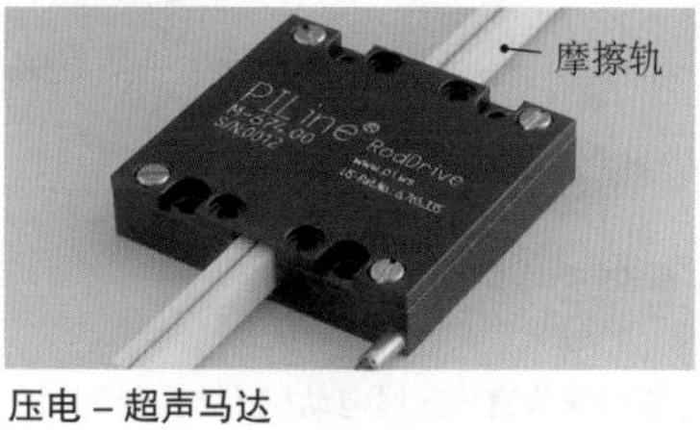 摩擦轨 **压电－超声马达**

压电元件的数据

每元件长度 1kV/min 的长度变化	0.0005＝0.05%
每元件横截面的调节力	20 N/mm^2
极限频率	至 100 kHz

压电－超声马达的数据

速度	至 0.15 m/s
分辨率	0.02 μm
调节距离	无限制
控制装置	超声频率发生器

直线电动机

结构，名称

旋转磁场方向
行波场方向
剖面图　展开图

直线电动机产生于鼠笼转子电动机

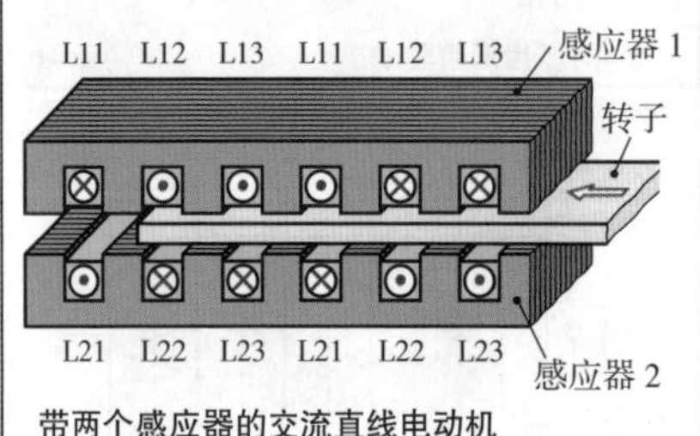

带两个感应器的交流直线电动机

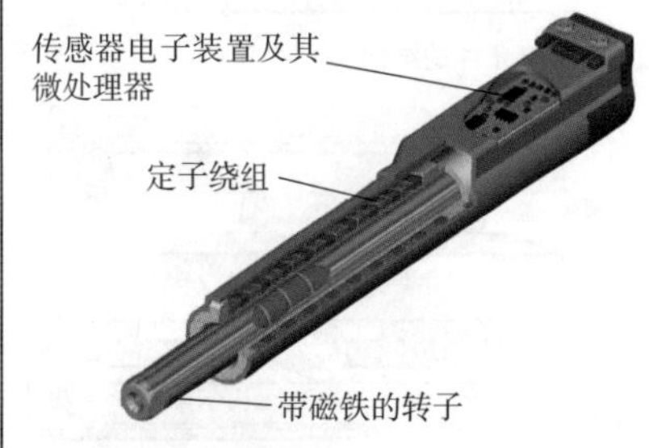

同步直线电动机剖面图

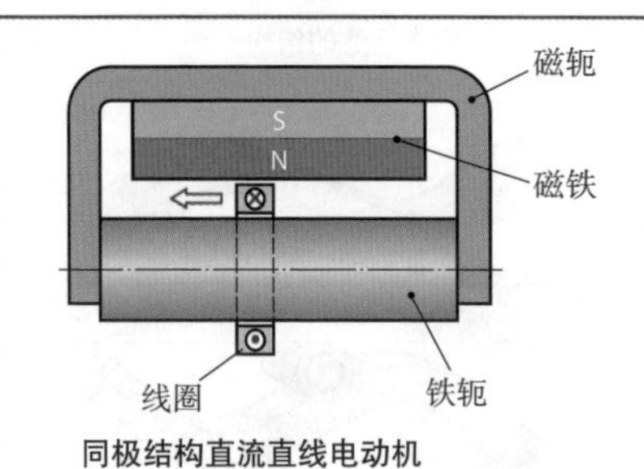

同极结构直流直线电动机

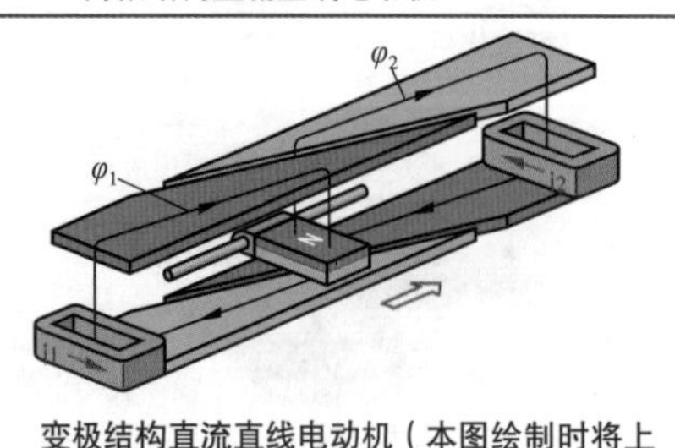

变极结构直流直线电动机（本图绘制时将上部极板升起

作用方式

直线电动机是产生线性（直线）运动力的驱动装置。直线电动机的结构部件与传统电动机几乎完全相同。其区别仅在于几何结构。

普通电动机装有一个定子和一个在定子内旋转的转子。为更好地理解直线电动机，现将三相交流电动机定子的圆周剖开并展开。如果展开在一个平面上的三相电流绕组由三相交流电供电，其磁场仅向一个方向运动。这里，电能可以直接转换成为线性运动。代替旋转磁场的是行波场。

异步直线电动机的转子由导电金属板构成，与之相比，同步直线电动机的转子则装有电磁或恒磁磁铁。

直流直线电动机装有一个通直流电的线圈系统和恒磁磁铁。直流供电必须在运动变化时换极。

同极结构直线电动机在定子内装有恒磁磁铁，转子内装有线圈（通过拖曳电缆供电，滑动触点）。

变极结构直线电动机的排列正相反（不向运动部件供电）。

电动机电缆向直线电动机及其所属的电子调节装置共同供电。位置检测系统检测和监视直线电动机静态以及动态过程中的实时位置。

附注

在电动机原理方面，直线电动机应用的是异步直线电动机，恒磁励磁同步直线电动机和直流直线电动机。必须注意区分线性驱动机器的两种不同结构。

长定子结构：

如果定子纵向展开，此类直线电动机称为长定子结构。这里，三相交流电直接向定子供电，因此完全取消与转子的运动触点。

短定子结构：

如果转子纵向展开，此类直线电动机称为短定子结构。在这种改型中需要装有向运动定子供电的滑环。

直线电动机可在不同领域应用，其完成的任务以前主要由气动缸，伺服电机，机械凸轮等完成。

直线电动机的优点：

- 高速和高加速性能，
- 负载的动态定位和精确定位，
- 高持久力，
- 过载保护，
- 没有静摩擦和滑动摩擦，
- 低磨耗。
- 高能量利用率，
- 可使用性高

直线电动机的缺点：

- 高成本（但设备的运行成本可能很低），
- 调节的敏感度更高也更贵，
- 力的传输可能性少。

典型的应用：

- 运输和定位系统，
- 磁悬浮轨道，
- 自动化技术领域。

驱动技术

作功机械和电动机的力矩

作功机械的抗扭截面模量			电动机的转矩	
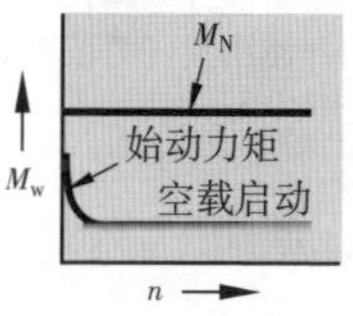 启动后再加上负载，例如车床，铣床，锯床，压力机，冲床。	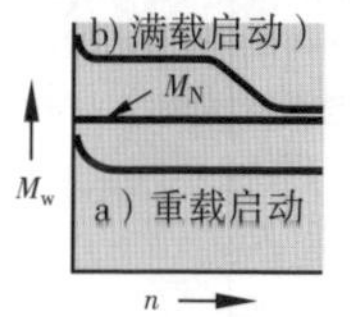 抗扭截面模量几乎与电动机的额定 a）力矩 M_N 一样大。b）大于 M_N	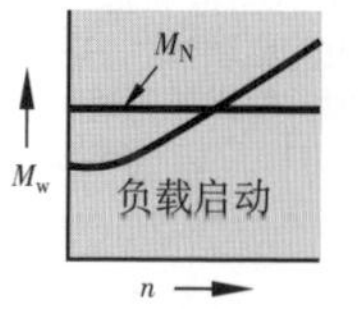 抗扭截面模量随转速上升而增加，例如排气扇，叶轮泵，压缩机	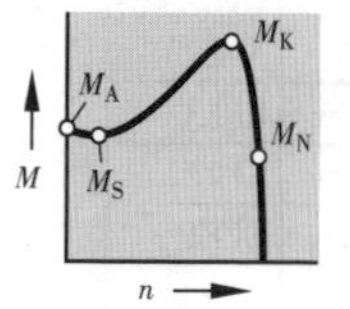 M_A 启动转矩 M_S 鞍点转矩 M_K 最大转矩 M_N 额定转矩 鼠笼转子电动机。	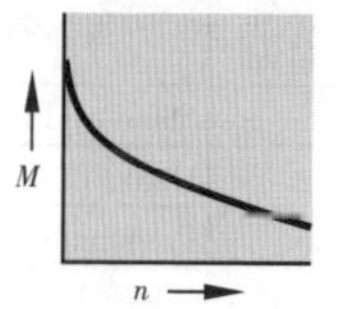 转矩随转速上升而下降。 串励电动机， 通用电动机。

M 转矩，M_N 电动机额定转矩，M_W 作功机械的抗扭截面模量，n 转速

三相交流异步电动机驱动装置的制动

名称	解释	电路（原理）	应用
制动 - 吸入式电磁铁（弹簧压力制动）	弹簧产生制动力。一旦励磁线圈接通，便触发制动（吸入）。 损耗制动。	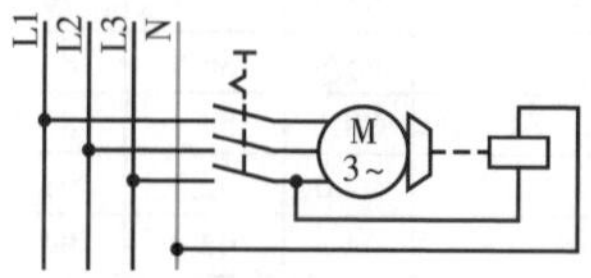	工作母机，起重机械。 特种形式： 制动电机。
反向电流制动	电动机产生制动力，因为更换两根相线可使旋转磁场改变其旋转方向。驱动装置静止后需关断，否则重新启动时的旋转方向是反向的。损耗制动。	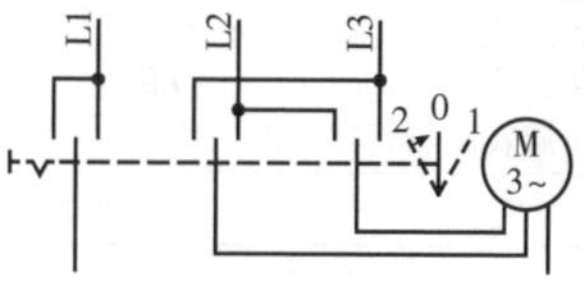	大飞轮质量的机器，例如带锯，压力机，起重设备变换时（反向控制）。
超同步制动电路	电动机带负载启动并作为异步电动机工作。有效制动。	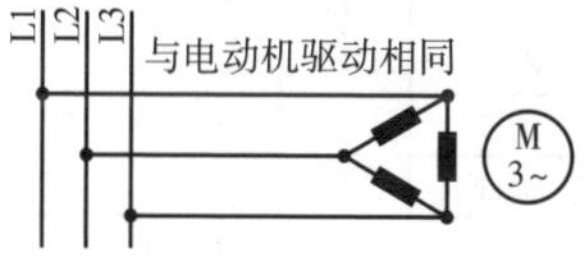 与电动机驱动相同	起重设备（快速下降时），尤其是可换极电动机。
低于同步的制动	滑环转子电动机，转子电路中带有大电阻并按单相电动机接通，其转矩从右旋向左旋发展。静态时没有制动力。 损耗制动。	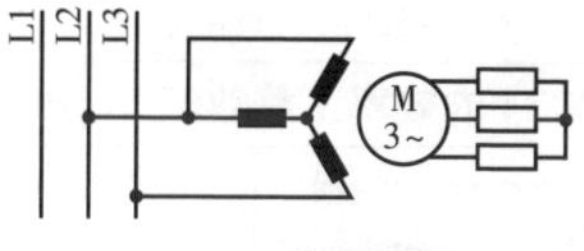	起重设备（慢速下降时）
直流电制动	向电机定子绕组施加低直流电压。感应产生的转子电流制动电机。 损耗制动。	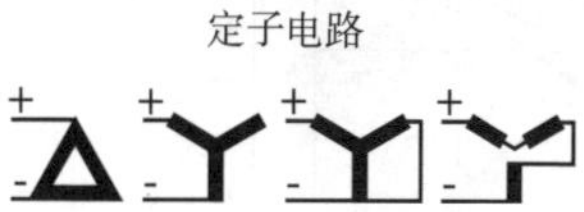 定子电路	工作母机，输送机械
可调三相交流电动机（同步或异步电动机）	制动力来自一个低转速至零转速的连续调节。调节器降低两个整流器的频率，然后，M1 作为发电机、U2 作为整流器、U1 作为逆整流器工作。 损耗制动。	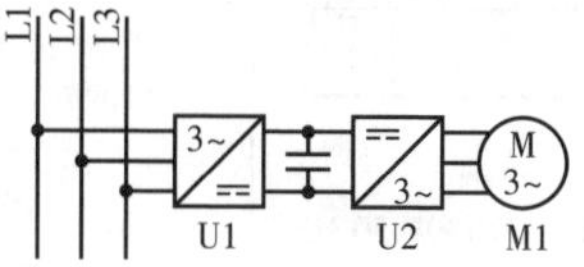	通用，制动功率从 200 W ~ 200 kW。

电气驱动的效率

数据	解释	附注

有效驱动的标准

IEC 名称	美国名称	旧欧盟名称
IE1	Standard Efficiency	EFF3
IE2	High Efficiency	EFF2
IE3	Premium Efficiency	EFF1
IE4/IE5	Uper/Ultra Premium	–

电动机消耗世界范围内生产的电能约一半。驱动过程中存在着节能的巨大潜力。所以按其能效划分电气驱动。自 2011 年起，新设备必须至少达到 IE 2。

提高效率的一个可能性是在转子鼠笼中用铜代替铝并使用损耗更低更好的磁性材料（硅钢片）。

各级电动机的最小效率 η，极数和频率

参照 EN DIN 60034-30

等级	IE1			IE2			IE3			IE4		
PN 单位 kW	极数（双极偶数）											
	2	4	6	2	4	6	2	4	6	2	4	6
50Hz 电动机												
0.12	45.0	50.0	38.3	53.6	59.1	50.6	60.8	64.8	57.7	66.5	69.8	64.9
0.75	72.1	72.1	70.0	77.4	79.6	75.9	80.7	82.5	78.9	83.5	85.7	82.8
1.5	77.2	77.2	75.2	81.3	82.8	79.8	84.2	85.3	82.5	86.5	88.2	85.9
4	83.1	83.1	81.4	85.8	86.6	84.6	88.1	88.6	86.8	90.0	91.1	89.5
7.5	86.0	86.0	84.7	88.1	88.7	87.2	90.1	90.4	89.1	91.7	92.6	91.3
3	90.7	90.7	90.2	92.0	92.3	91.7	93.3	93.6	92.9	94.5	94.9	94.2
160	93.8	93.8	93.8	94.8	94.9	94.8	95.6	95.8	95.6	96.3	96.6	96.2
800	94.0	94.0	94.0	95.0	95.1	95.0	95.8	96.0	95.8	96.5	96.7	96.6

50Hz 相等于 3000/min 同步转速（旋转磁场转速）的 2 极
1500/min 同步转速（旋转磁场转速）的 4 极和
1000/min 同步转速（旋转磁场转速）的 6 极

等级	IE1			IE2			IE3			IE4		
60Hz 电动机												
0.75	74.0	77.0	72.0	75.5	78.0	73.0	77.0	83.5	82.5	82.5	85.5	84.0
1.5	81.0	81.5	77.0	84.0	84.0	86.5	85.5	86.5	88.5	88.5	88.5	88.5
7.5	87.5	87.5	86.0	89.5	89.5	89.5	90.2	91.7	91.0	91.0	92.4	92.4
30	90.2	91.7	91.7	91.7	93.0	93.0	92.4	94.1	94.1	94.1	95.0	95.0
800	94.1	94.5	94.1	95.4	95.8	95.0	95.8	96.2	95.8	96.2	96.8	96.5

60 Hz 相等于 3600/min 同步转速（旋转磁场转速）的 2 极
1800/min 同步转速（旋转磁场转速）的 4 极和
1200/min 同步转速（旋转磁场转速）的 6 极

4 极电动机按 IEC 60034 的效率（整数值）

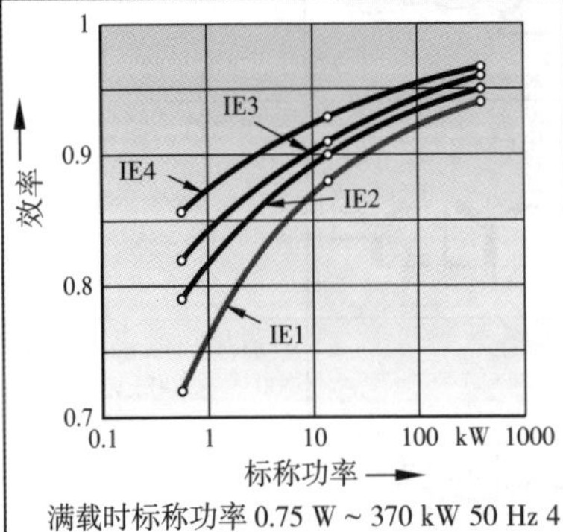

满载时标称功率 0.75 W ~ 370 kW 50 Hz 4 极电动机的最小效率

大型电动机的效率高于小型电动机，因为其紧凑结构类型的磁场损耗和电流磁效应损耗更小。4 极电动机的效率一般为最大，因为这种常见结构类型的尺寸规格优于其他类型的电动机。与之相反，6 极电动机的效率更小，因为在相同功率条件下，6 极电动机的转矩必须更大。60 Hz 电动机的效率大于 50 Hz 电动机，因为 60 Hz 电动机的转速高于 50Hz 电动机。

给定的效率仅对标称负载有效。负载下降时效率亦大幅下降，因为电机的功率因数也随之下降。所以，变频器馈电的驱动装置中，部分负载时的电压常常下降。因此，此时电动机的性能等于一台更小标称负载的电动机。

低转速多极数电机不适宜用作带减速齿轮的电机，而高转速电机更为适宜。

驱动电机的选择

重要的驱动电机类型

类型	优点	缺点
三相交流鼠笼转子电动机	少维护，坚固耐用，物美价廉，无火花故障	接通电流大，可换极电机的转速是 2 级可控（鲜有 3 级或 4 级）。否则只能通过变频器控制（转速）。
同步电动机	转速恒定，转矩较少随电压波动而变化。恒磁磁铁的效率可高达 IE 4。	转速通过变频器可控，例如带脉冲宽度调制的中间回路变频器。 现代驱动电机内置用于 AC，3AC 和 DC 的变频器。
三相交流滑环转子电动机	小启动电流时仍具有极高的启动转矩。转速有限可控。	要求配装启动器，碳刷需要维护。运行时有碳刷火。受控转速与负载相关。
直流他励电动机	转速可控性极好。电能反馈时可实现有效制动。可频繁接通。	需要直流电。要求认真维护。需要启动装置，例如可控整流器。购置费用高。运行时有碳刷火。
直流串励电动机	极高的启动转矩。装有硅钢片定子的通用电动机（同时适用于直流和交流）。	与其他直流电动机相同。 此外：空载时打滑，因此不允许使用齿形带或链条传动。转速与负载的相关性极高。

驱动电机数据

作功机械的种类	电动机类型	运行类型	额定功率 kW	作功机械的种类	电动机类型	运行类型	额定功率 kW
电梯 馈电电梯， 其他电梯是配重电梯	Dk, Dkp	S 2 30min S 2 60min	0.55 ~ 1.1 2.2 ~ 11	**排气扇**	Dk,S, Dkp	S 1	至 1.1
建筑机械 混凝土搅拌机	Dk	S 1	3 ~ 7.5	**金属加工机床** 钻床 车床 铣床 冷锯床 转筒式剪切机 砂轮机	Dk, Dkp, S	S 1	0.12 ~ 5.5 0.55 ~ 45 0.75 ~ 45 1.1 ~ 7.5 1.1 ~ 11 1 ~ 3
起重设备 吊车，提升装置 汽车吊车 回转机构	Dk, S	S 3 60%ED 40%ED	3 ~ 30 4 ~ 15 0.75 ~ 5.5	**食品机械** 绞肉机 揉面机	Dk, S	S 1	0.75 ~ 5.5 1.1 ~ 7.7
木材加工机床 带锯 刨床 铣床 圆锯	Dk, Dkp, S	S 1	2.2 ~ 5.5 3 ~ 15 3 ~ 11 4 ~ 15	**泵** 活塞泵和 叶轮泵	Sy, Dk, S	S 1, selten S 2	0.12 ~ 200
农业机械 饲料切碎吹送机 草料排气扇 挤奶机	Dk	S 1	15 ~ 22 4 ~ 11 1.1 ~ 2.2	**纺织机械** 纺织机 织布机 平面编织机	Dk, S, Sy	S 1	0.55 ~ 3 0.25 ~ 5.5 0.55 ~ 1.1

DK 三相交流鼠笼转子电动机；Dkp 三相交流鼠笼转子，可换极；
S 由整流器馈电的三相交流电动机或直流换向器电动机；Sy 同步电动机，运行类型见 301 页。

振动驱动

振动驱动用于振动器，运输设备，分拣机，排水设备，筛。

电动机　不平衡配重

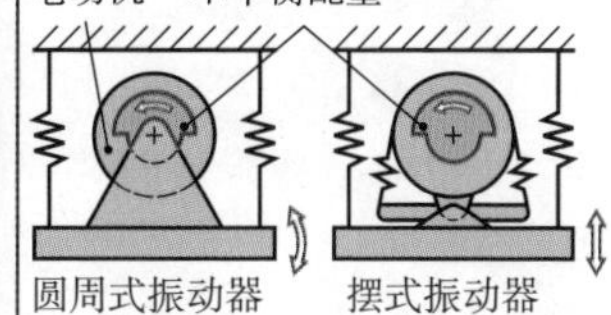

圆周式振动器　摆式振动器

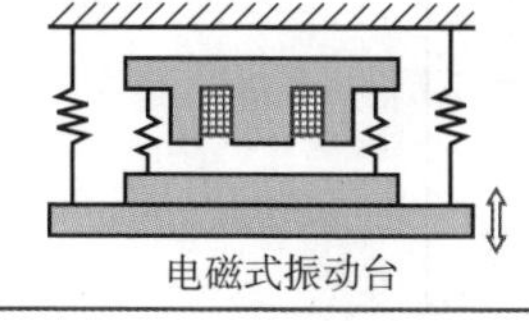

电磁式振动台

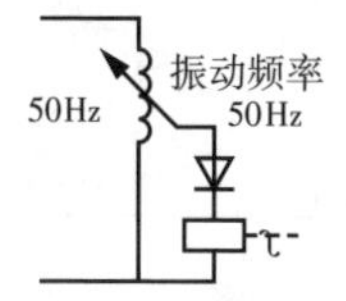

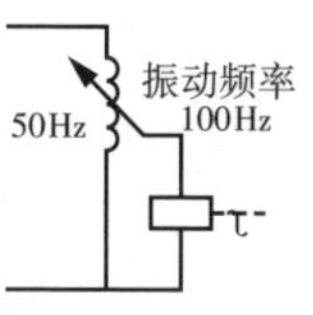

50Hz 和 100Hz 的电路

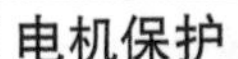

电机保护

电路	作用方式	附注
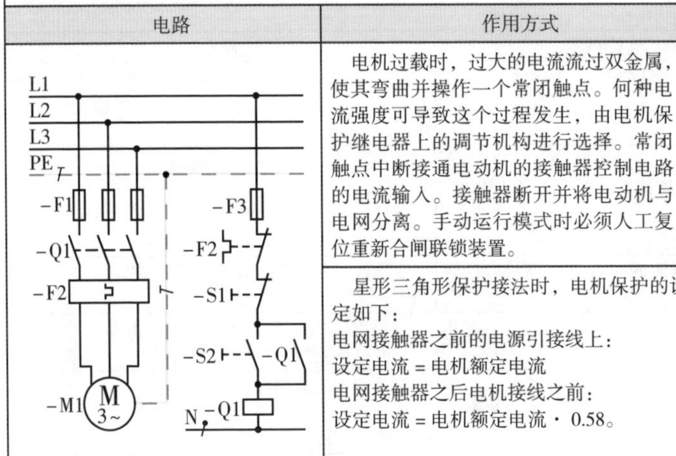 电机保护继电器	电机过载时，过大的电流流过双金属，使其弯曲并操作一个常闭触点。何种电流强度可导致这个过程发生，由电机保护继电器上的调节机构进行选择。常闭触点中断接通电动机的接触器控制电路的电流输入。接触器断开并将电动机与电网分离。手动运行模式时必须人工复位重新合闸联锁装置。	电机保护继电器，又称双金属继电器或过载继电器，保护电机免受过载损害。它装备一个热触发机构（双金属触发器），通过电机电流监视电机温度。双金属触发机构不适用于短路保护，对此建议使用熔断器。关断是通过控制电路间接执行的。可选择手动或自动运行模式。
	星形三角形保护接法时，电机保护的设定电流因安装地点不同而异，其设定如下： 电网接触器之前的电源引接线上： 设定电流 = 电机额定电流 电网接触器之后电机接线之前： 设定电流 = 电机额定电流 · 0.58。	
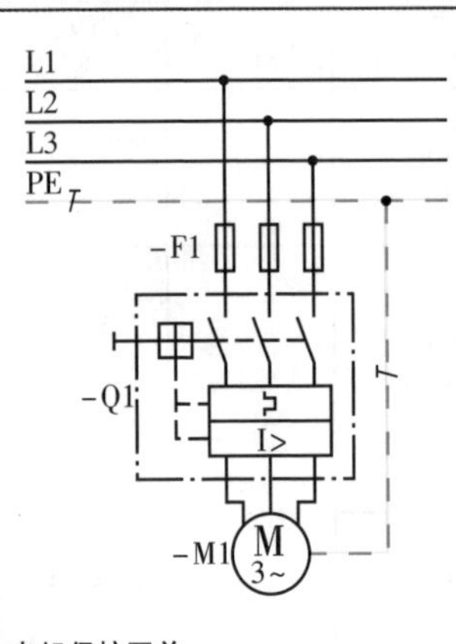 电机保护开关	电机保护开关的热触发机构按照电机保护继电器原理工作。但用操作一个锁扣机构替代常闭触点。电磁触发器由一个线圈加一个运动电枢组成。如果线圈内流过足够大的电流（短路电流），它吸合电枢，电枢机械式作用于锁扣机构。后者断开开关触点，使电机与电网分离。手动操作可接通和关断电机。	电机保护开关是断路器，保护电机免受过载和短路的损害。它装备一个热触发机构（过载保护）和一个电磁触发机构（短路保护）。通过主电流电路可直接实施关断。通过辅助开关可附加关断控制电路。若要避免驱动电机断电后再次自动启动，可为电机保护开关附加一个欠压释放器。

提示：单相负载时，用户电流必须流经三个串联的双金属元件，以保证电机保护触发机构的功能。

电路	作用方式
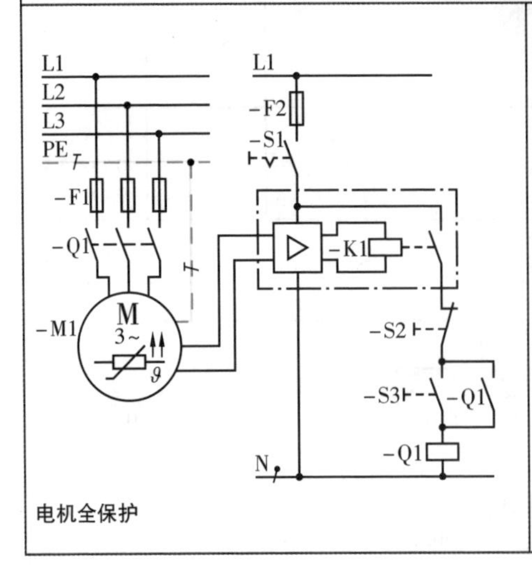 电机全保护	运行状态下，继电器 K1 吸合。串联的正温度系数热敏电阻处于低电阻状态。电路按稳定电流原则（断线保护）工作。如果一个或多个绕组的温度超过允许值，热敏电阻的电阻值也大幅上升。其结果是，K1 断开。由此切断主接触器 Q1 的控制电路。Q1 断开，并将电机与电网分离。 电机全保护又称热敏电阻电机保护，它保护电机免受过载和因冷却降低而出现的非允许温升。电机全保护所监视的是电机绕组温度而非电流消耗。所有电机绕组内均内置与温度相关的电阻（PTC），采集各种温度上升状态。通过控制电路实施间接关断。必须由熔断器实施短路保护。

鼠笼转子电动机的启动

原理

<table>
<tr><th>原因</th><th colspan="2">条件</th><th>结论</th></tr>
<tr><td rowspan="4">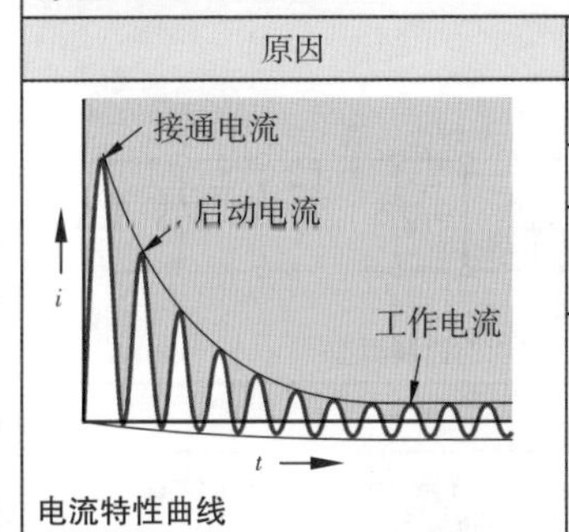

电流特性曲线</td><td colspan="2">连接按 TAB 标准的公共低压电网</td><td rowspan="4">额定功率大于 4kW 的三相交流鼠笼转子电动机在接通时必须降低电压，使最大可达额定电流 10 倍的接通电流保持在限制范围内。电压下降时接通电流亦以相同比例下降。与之相反，转矩则以倍数下降，即一半电压时转矩降至四分之一。</td></tr>
<tr><td>电机类型</td><td>条件</td></tr>
<tr><td>单相交流电动机</td><td>额定功率不超过 1.7kVA</td></tr>
<tr><td>三相交流电动机</td><td>间歇接通时，启动电流不超过 60A 或额定功率最大至 5.2 kVA（400V 时的额定电流为 7.5A）。</td></tr>
</table>

启动电路

<table>
<tr><th>电路</th><th>解释</th><th>附注</th></tr>
<tr><td>直接接通</td><td>用例如电机开关或接触器电路接通。</td><td>一般用于最大至 4kW 三相交流电动机连接公共电网。</td></tr>
<tr><td>用星形－三角形接法开关接通</td><td>星形电路接通电流仅达到三角形电路接通电流的 1/3。</td><td>一般用于额定功率最大至 11kW 并连接公共电网。
（启动电流 < 60 A）</td></tr>
<tr><td>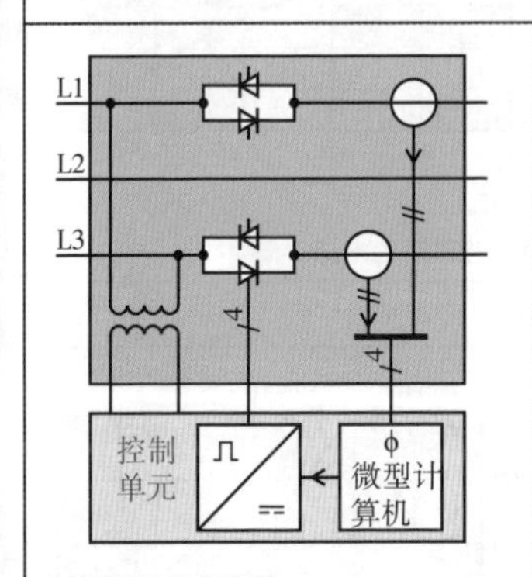

电动机电子启动器</td><td>控制部分包含一台微型计算机和一个控制单元，它为 IGBT 或晶闸管产生点火脉冲。
电动机电子启动器在启动期间提高电动机端电压，提高幅度约为电动机额定电流的 40% 至 100%；一般采用分段控制。
电动机电子启动器是双相（见左图）（IGBT 或晶闸管的两个反并联电路）或单相或三相结构。但都必须前置一个具有分离功能的开关。</td><td>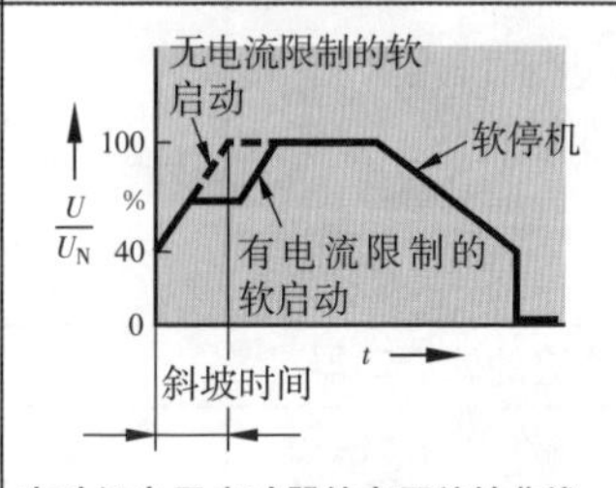

电动机电子启动器的电压特性曲线
用于连接公共电网且额定功率最大至 11kW 的三相交流鼠笼转子电动机。</td></tr>
<tr><td>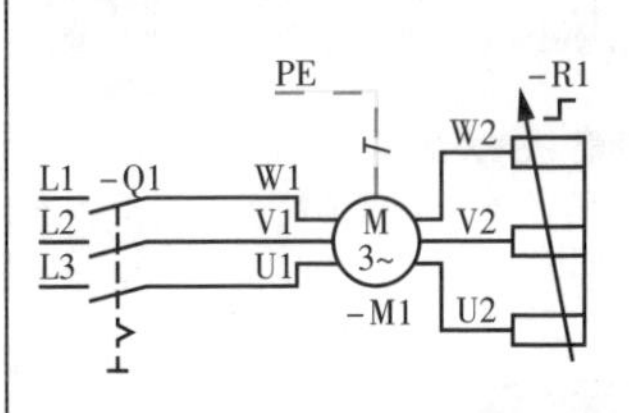

带中点启动器的电路</td><td>三个扼流圈，三个有效电阻或一个加电解液的液体启动器使电压下降。Y 接法 400V 三相交流电动机可在连接 400V 电网时采用中点启动器。最大至 2kW 的电动机可采用仅加一个电阻的平滑启动电路（平滑启动指鼠笼转子软启动）。</td><td>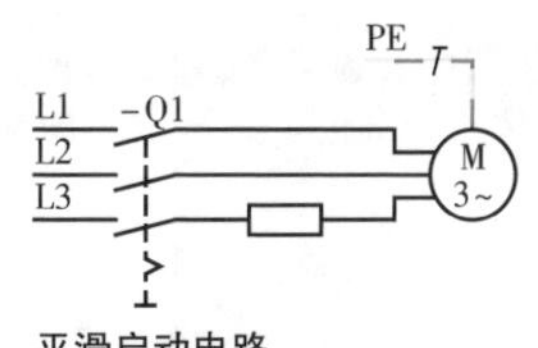

平滑启动电路</td></tr>
<tr><td>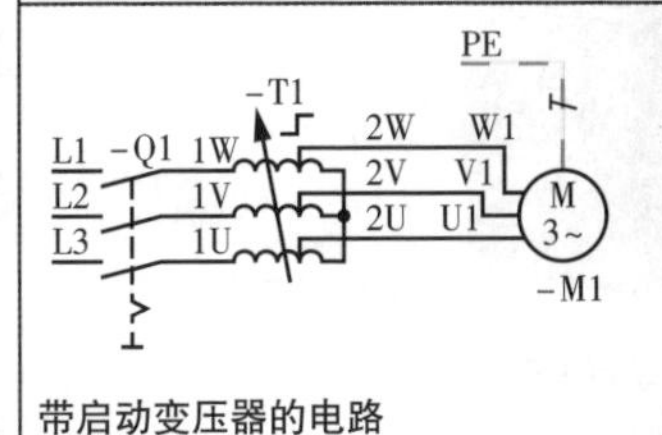

带启动变压器的电路</td><td>可调式启动变压器降低电压，一般采用星形接法。通过该低电压和变压器的电流变化降低电网的接通电流。如果电动机在电网电压达到一半时耗电例如 60 A，变压器则仅从电网耗电约 30 A。</td><td>使用启动变压器可启动额定功率最大至 15kW 的三相交流鼠笼转子电动机。但采用变压器启动的缺点是高昂的购置费用。因此，启动变压器主要用于大功率高电压电动机，其他的应用很少。</td></tr>
</table>

软启动器

原理

概念	解释，电路	附注，数据
电子式 相位控制 双极控制	简单的电动机启动方式见 323 页。一般采用相位控制（见 291 页），而且是双极或三极控制。	双极　三极 **相位控制的控制类型**

作用方式，判断

概念	解释，电路	附注，数据
降低电压 旋转磁场转速 转差率 绕组损耗 通过改变电压控制转速	由于控制系统降低了电压，使启动平滑无冲击，所以电动机的转矩小于全电压时的转矩。启动过程中，转子转速低于旋转磁场。 但因此产生一个差转率，因为转子转速低于旋转磁场转速。差转率越大，转子电流也越大，导致绕组损耗随差转率的增大而加大。这将导致转子绕组温度上升，所以差转率保持较长时间将超过允许温度。 因此，定子电压不能较长时间地控制感应电动机的转速。	这时保持旋转磁场转速不变，因为绕组的极偶数 p 和频率 f 均未变化。 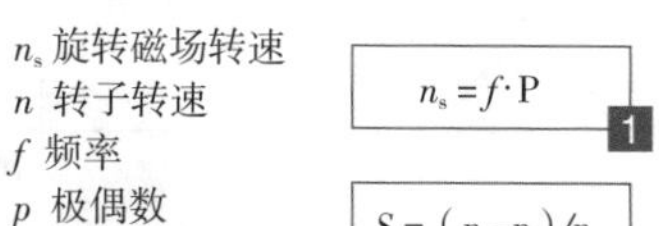 n_s 旋转磁场转速 n 转子转速 f 频率 p 极偶数 s 差转率 $n_s = f \cdot P$ 1 $S = (n_s - n)/n_s$ 2 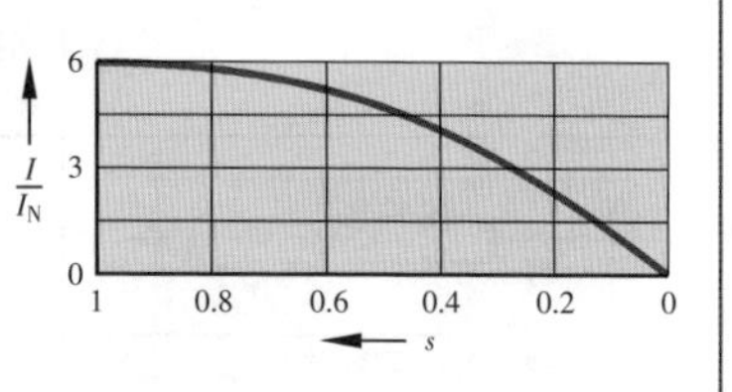 **不同差转率时的电流**

改进的软启动器

概念	解释，电路	附注，数据
变频器 直接变频器	这里接近于使用变频器的软启动器，变频器改善了从几赫兹到电网额定频率数倍的控制范围。但却几乎未得到应用，因为变频器昂贵且不能实施完全控制。 其实软启动器仅需一个简单的、工作范围从几赫兹直至电网频率的直接变频器即可。	 **软启动器 PSTX 的波动** 所需的低频率可借助简单的电子装置从电网获取。
PSTX 的接法 附加功能: 过流保护 故障电流保护	软启动器 PSTX 可按根号 3 接法（6 导线接线法）运行。软启动器的相线与电动机绕组串联，即只有相电流，约电动机电流（导线电流）的 50%，经过软启动器。由此仅需较小的装置即可满足要求。 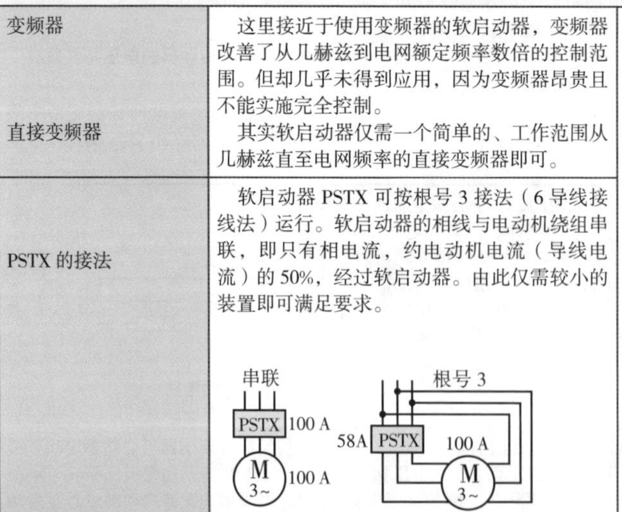 **软启动器 PSTX 的接法** 键盘可调用启动、过流保护、故障电流保护以及其他保护功能的数据。	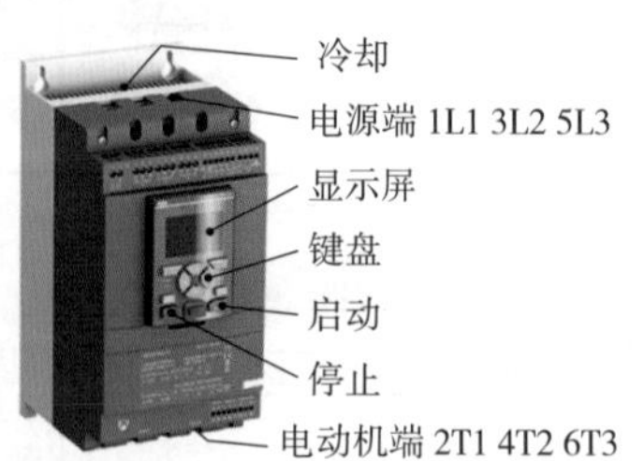 **软启动器 PSTX** www.abb.com

电力网

电网形式（拓扑结构）

类型	特征	应用	优点和缺点
放射形电网	将电力供给划分为从一个点出发的放射形。每一根放射线上连接一个或多个用户。	中低压电网。 向狭窄山谷内系列村庄或居民点供电。	导线终端电压降高。电压波动与用户接线值相关性大。不能保证安全的电力供给。要求导线横截面大。
环形电网	供电放射线终端向供电点反馈。可采用多点供电。	相距相对较远的较少用户的平面形状排列，例如居民点外的住户或配有多个加工单元的工业设施。 中低压电网。	费用高于放射性电网，因为需要反馈。供电点费用较高。但供电安全性高，因为如果某段出现故障，可从两端供电。
网眼形电网	多个供电点。对角线连接向位于网眼内的用户供电。	用于高中低压设备供电。向大型城市供电。	电压稳定性高。导线损耗低。 供电安全性高。保护装置费用高，电网开关设备的短路电流高。

按电压划分

名称	额定电压 kV	应用	线杆制造类型	线杆跨距 m
低压电网	0.23/0.4	向住宅，工商企业和农业供电。	木材 混凝土 钢管	40～80
中压电网	6，10，20，30，60（66，69）	向地区电站，工业企业和大型住宅区，地区电网供电。	木材 混凝土 钢管	80～220
高压电网 1	110,220,380	向大型城市，大型工业企业，电厂联合体供电	钢塔 钢筋混凝土	200～350
高压电网 2	500，750	国际远程供电（加拿大），HGü（高压直流输电）	钢塔 钢筋混凝土	最大至 750

按导线类型划分

名称	电压范围	应用	附注
露天导线电网	低压	局部电网	老旧设备和扩展的设施。比电缆电网便宜。
	中压	地区和跨区供电。 欧洲电网用于保证国家供电安全。	成本低于电缆电网。 更低损耗。 更小容量。 易于监视。
	高压		
电缆电网	低压	局部电网	塑料绝缘电缆（PVC 或 VPE）
	中压	至局部电网变电站或大型工业设施的连接电缆。 超过 110 kV 时仅能进行短距离连接。	1980 年前的设备：最大至 60 kV 的纸包铅皮电缆，充气和充油加压电缆。 新设备： 一般采用 VPE 电缆。
	高压		

电气元器件缩写符号

检验符号

缩写符号	解释
CE	与欧盟标准一致的制造商证明
GS	“已做安全检验”符合机器保护法的安全标记
◁VDE▷	VDE 导线标记符号
◁HAR▷	协调导线的附加标记
	联邦物理技术研究院（PTB）仪用互感器和电度表许可标记
	无线电保护标记。无开口区段：无线电干扰度 G，N，K 或数字
VDE EMC	EMV（电磁兼容性）无线电保护标记
DVE	本装置允许用于：德国
ÖVE	奥地利
S	瑞士
	法国
	美国

电焊机

缩写符号	解释
42V	空转时端电压不允许超过 42V。
K	用于狭窄空间工作时的焊接整流器。

电容器

缩写符号	解释
F	防火的
FP	防火的和工位安全的

小型变压器

缩写符号	解释
	公共安全变压器
	有限抗短路能力的标记
	控制变压器（不抗短路）
	玩具变压器（也用于儿童烹饪装置，儿童电熨斗）
	家用自耦变压器
	电铃变压器
	手持灯具变压器
	消冻变压器 .
med	医用装置和牙医装置变压器
	去耦变压器
	不抗短路的变压器
	无条件抗短路的变压器
	带罩抗短路变压器
	剃须刀插座单元

保护等级

缩写符号	解释
	保护等级 I：加安全引线的保护措施
	保护等级 II：双绝缘或加强绝缘
III	保护等级 III：SELV，PELV

灯

缩写符号	解释
D	普通阻燃表面的装配灯
	安装灯：用于在不可燃建筑材料内的装配工作。提示这里有灯
	恶劣运行工况用灯
	防撞白炽灯
	防止故障状态下过热的镇流装置

其他符号

缩写符号	解释
EX	防爆
	安全支架
	内含熔断器
H	装置插座，连接插座，空心墙安装的小型配电盘
B	装置插座，连接插座，混凝土墙内安装的照明连接插座

医疗电气

缩写符号	解释
	装置的高压部分
	运行接地线的接地部分
CATH	心电图仪的患者接头，装有心导管时不允许与患者连接。
CORT	脑电描记器的患者接头，脑部检查过程中不允许与患者连接。

导线的过载保护和短路保护

种类	解释	附注，公式
过载保护		
条件	额定电流调节，标称电流调节： 过载时，过流保护装置必须在导线出现不允许温度之前响应。 触发电流 I_t（t 指触发）常用 I_2。	$I_B \leq I_N \leq I_Z$ **1** $I_t \leq 1.45 \cdot I_z$　$I_Z \geq 0.69 \cdot I_t$ **2**
应用	当过流保护装置的 I_N 最大达到 I_Z 时，即已满足上述条件。	按 VDE 规定，这里必须使用过流保护装置。
过流保护装置的安装位置	原则上应装在电路初始端，即电流负荷能力减弱的位置。	如果已有保护装置，允许过流保护装置偏离与用户电器的位置。
弃用过流保护装置	如果关断的危险大于过载，例如起重电磁铁，应弃用过载保护。	如果可排除过载，例如使用辅助电路，允许弃用过流保护装置。
短路保护		
正常情况	电路初始端的过载保护立即引发短路保护。导线不允许过长（见下表）。	单极短路保护：$I_k = \frac{U_0}{Z_S}$ **3** 三极短路保护：$I_k = \frac{2 \cdot U_0}{Z_S}$ **4**
关断时间（短路时最大允许温升时间）	在极短的关断时间内检验 I^2t 值（制造商数据）是否达标。 $I^2t < (k \cdot A)^2$	$t \leq (k \cdot A / I_k)^2$ **5** 使用 PVC：$k = 115 \cdot \sqrt{s}\ A/mm^2$ 使用橡胶：$k = 141 \cdot \sqrt{s}\ A/mm^2$
应用	如果使用导线保护开关（LS 开关），可不检验关断时间。LS 开关类型 B 和 C。	如果 $I_N \leq 63$ A，导线横截面 ≥ 1.5mm² 的铜线可满足条件。
过流保护装置的安装位置	原则上应装在电路初始端，即电流负荷能力减弱且短路保护不足的位置。	如果保护装置前的导线抗短路，允许最大偏离 3 m。
弃用过流保护装置	与过载保护相同，例如安全照明，励磁电路，电流互感器－次级电路。	如果导线抗短路且不在易燃物质附近，可弃用过流保护装置。

铜线的最大导线长度

参照 DIN VDE 0100 页 5

A mm²	I_N A	导线保护开关 B 时 I_{kmin} A	Z_S=300 mΩ，$t \leq$ 5s 导线保护开关 B m	导线保护开关 C m	熔断器 gG	Z_S=600 mΩ，$t \leq$ 5s 导线保护开关 B m	导线保护开关 C m	熔断器 gG
1.5	16	80	84	36	88	75	27	80
	20	100	65	27	54	56	17	47
2.5	20	100	107	45	112	92	29	98
	25	125	83	33	79	67	16	66
4	25	125	133	53	144	108	26	120
	32	160	98	36	84	72	8	62
6	32	160	148	54	138	109	12	101
	40	200	110	35	107	71	0	71
10	40	200	186	59	192	119	0	128
	50	250	135	33	116	67	0	52
16	50	250	215	53	192	106	0	85

A 导线横截面　I_{kmin} 最小 I_k　k 材料系数　I_t 过流保护装置的触发电流　I_N 过流保护装置的额定电流
t 关断时间　U_0 星形接法的相电压　I_B 工作电流　I_Z 导线的电流负荷能力
Z_S 保护装置前的环线总电阻　I_k 短路电流

导线最小横截面，导线保护开关

导线最小横截面

布线	横截面 mm^2	布线	横截面 mm^2
固定保护的布线	Cu1.5, Al 2.5	运动导线，其接线数据： · 轻型手持装置，最大至 1A。连接线长度 ≤ 2m。 · 装置最大至 2.5A, 连接线长度 ≤ 2m。 · 装置最大至 10A。 · 装置专用插座和接线插座，I_N=10A · 超过 10A 的装置 · 多头插座，装置专用插座和接线插座，最大 I_N=10A	 Cu 0.5 Cu 0.5 Cu 0.75 Cu 0.75 Cu 1.0 Cu 1.0
在配电设备和配电盘内的导线： · 最大至 2.5A · 超过 2.5A 至 16A · 超过 16A	 Cu 0.5 Cu 0.75 Cu 1.0		
在绝缘子上露天布线， 绝缘子最大间距 20m 超过 20m 至 45m	Cu 4.0 Cu 6.0		
灯头接线	Cu 0.75		
强电露天导线，材料 · 铜 · 钢 · 铝 · 铝 / 钢	 16 16 25 25/4	内室灯光链 · 灯光链与插头之间 · 各个灯具之间	 Cu 0.75 Cu 0.5

导线保护开关

参照 VDE 0641/11 部分和 VDE 0660/101 部分

类型	应用
B	导线保护，主要是照明和插座回路
C	导线保护，用于较高接通电流（灯组，电动机）
D	导线保护，用于极高接通电流（电焊变压器，电动机）
E	可选择的自动主熔断器（预计数范围和主配电系统）
K	导线保护，用于高接通电流（电力线路，电动机，变压器）
Z	半导体保护和带有电压互感器的检测电路保护

触发特性曲线

类型（触发特性）	热触发器 检验电流 I_{nt} I_t	触发时间 $I_N \leq$ 63A	触发时间 $I_N \leq$ 125A	电磁触发器 检验电流 保持	检验电流 触发	触发时间
B	$1.13 \cdot I_N$ $1.45 \cdot I_N$	> 1h < 1h	> 2h < 2h	$3 \cdot I_N$	$5 \cdot I_N$	根据类型 ≤ 0.1s 或 ≤ 0.2s
C				$5 \cdot I_N$	$10 \cdot I_N$	
D				$10 \cdot I_N$	$20 \cdot I_N$	
K	$1.05 \cdot I_N$ $1.20 \cdot I_N$	> 1h < 1h	> 2h < 2h	$10 \cdot I_N$	$14 \cdot I_N$	
Z				$2 \cdot I_N$	$3 \cdot I_N$	

导线保护开关特性值

过流保护装置的额定值
1. 额定电流调节：$I_B \leq I_N \leq I_Z$
2. 触发电路调节：$I_t \leq 1.45 \cdot I_Z$

导线保护开关的额定电流，单位：A
0.5; 1; 1.6; 2; 3; 4; 6; 8; 10; 13; 16; 20; 25; 32; 35; 40; 50; 63

I 电流强度
I_B 工作电流
I_Z 导线许用电流负荷能力
I_N 保护装置额定电流
I_t 保护装置触发电流，大检验电流（I_2）
I_{nt} 保护装置非触发电流，小检验电流（I_1） t 触发时间

低压熔断器

熔断器熔丝

系统，额定电压	额定电流 A	标识带颜色	熔丝系统规格		额定损耗功率 W 系统		螺旋盖		
			D	D0	D	D0	系统	螺纹	接触螺钉
50 D 系统（Diazed） 500 V 至 100 A， AC 600 V， DC 600 V 至 63 A	2 4 6 10 16	粉色 棕色 绿色 红色 灰色	ND 和 DLL	D0 1	3.3 2.3 2.3 2.6 2.8	2.5 1.8 1.8 2.0 2.2	ND DLL DLLL DIV H D01 D02 D03	E16 E27 E33 R1 1/4″ E14 E18 M30 × 2	调节环 密配螺栓 密配螺栓 配合套 配合套接触螺钉 配合套接触螺钉 配合套接触螺钉
	20 25	蓝色 黄色	DLL	D0 2	3.3 3.9 5.2 6.5 7.1	2.5 3.0 4.0 5.0 5.5			
36 D0 系统（Neozed） AC 400 V， DC 250 V 至 100 A	35 50 63	黑色 白色 黄铜色	DLLL						
	80 100	银色 红色	DIV H	D0 3	8.5 9.1	6.5 7.0	熔丝尺寸取决于额定电流。		

低压大功率熔断器

特性值	制造规格	额定电流	额定电压	十字接头长度 l
100 A NH00 – gL/gG ~500 V/120 kA 低压大功率熔断器	000/00	2 ~ 160 A	500 V AC/250 V DC 或 690 V AC	78 mm
	0	6 ~ 160 A	500 V AC/440 V DC	125 mm
	1	16 ~ 250 A	500 V AC/440 V DC 或 690 V AC	135 mm
	2	35 ~ 400 A	500 V AC/440 V DC 或 690 V AC	150 mm
	3	315 ~ 630 A	500 V AC/440 V DC 或 690 V AC	150 mm
	4/4a	500 ~ 1250 A	500 V AC/440 V DC	200 mm

低压熔断器工作等级

熔断器的触发特性按工作等级划分。工作等级用两个字母标记。第 1 个字母标识功能等级，第 2 个字母标识保护对象。

工作等级	功能等级	保护对象
gG（原为 gL）	g= 全范围保护 熔断器保护受保装置免受过载和短路损害。	G= 电缆和导线保护
gR		R= 半导体保护
gTr		Tr= 变压器保护
gB		B= 矿山设备保护
aM	a= 部分范围保护 熔断器仅实现短路保护。	M= 配电设备保护，电动机保护
aR		R= 半导体保护

熔断器的选择性

熔断器的选择性应理解为，如果多个熔断器串联连接，故障电路中仅距离故障源最近的过流保护装置（此指熔断器）关断。如果前面熔断器的两个额定电流强度更高且其系数至少低于 1.6，则该熔断器应能保证选择性关断。

两个导线保护开关之间，这种简单的条件无法满足选择性。导线保护开关的双金属热触发器在出现过流时始终选择两个开关先后触发。短路时却相反，根据电磁快速触发原理几乎无延迟地两个开关同时触发。因此，用户必须检查制造商数据表（时间 / 电流特性曲线），选出可使两个前后顺序的导线保护开关选择性触发的合适的短路电流。为保证选择性，也可前置一个具有选择性的导线保护开关或一个熔断器。

电子装置的过流保护

熔断器，精密熔断器

视图，特性曲线	解释	附注，数据
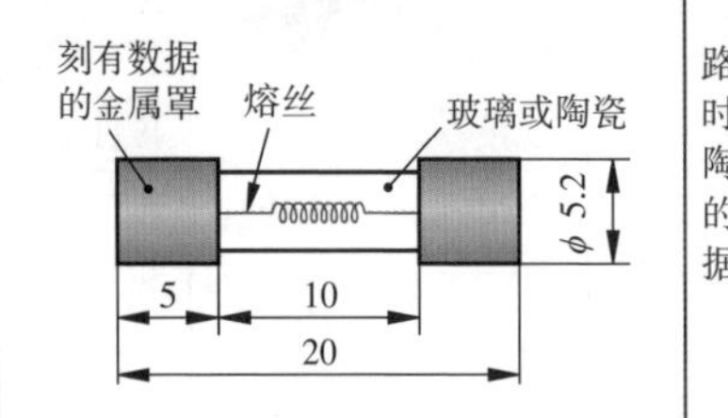	过流熔断熔丝并切断电路。超过标称电流约 500mA 时用沙子填充容器（玻璃或陶瓷），达到熄灭电弧的目的。金属罩上刻有熔断器数据。	**最大关断电流** 类型 / 解释 H（高）：AC 1550 A L（低）：AC $10 \cdot I_N$ 最低 AC 35A E（扩展）：相对于 L 提高至 AC 150 A
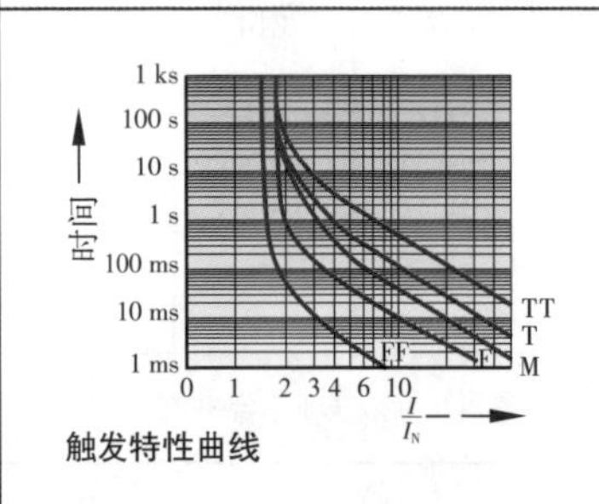触发特性曲线	**标称电流，单位：A：** 25/32/40/50/56/71/80/91/100/112/140/160/200/224/250/280/315/365/450/500/560/630/710/800 1/1.12/1.25/1.4/1.6/1.8/2.5/3.15/4/5/6.3/8 这组标称电流不能用于所有类型的熔断器。电流单位一般不予标出，仅从数字即可判断。	**熔断器类型** 标记符号 / 触发特性 Ia FF：超快熔断，$I_a=3 \cdot I_N$ F：快速熔断，$I_a=10 \cdot I_N$ M：中等活性，$I_a=20 \cdot I_N$ T：惰性的，$I_a=30 \cdot I_N$ TT：超级惰性，$I_a \approx 100 \cdot I_N$ Ia 约 10ms 内关断的触发电流

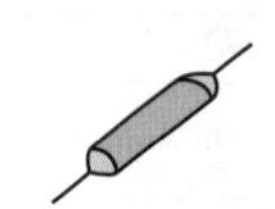 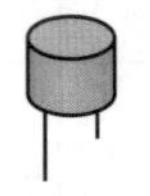

最小熔断器

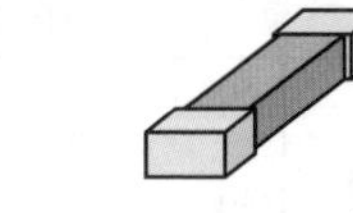 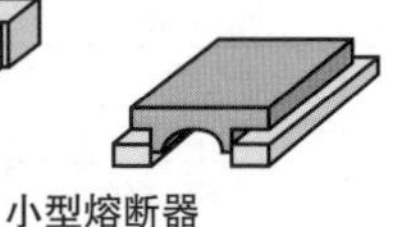

小型熔断器

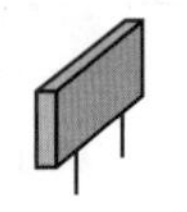 

扁熔丝

装置保护开关

视图，名称	解释	电路
STM 型装置保护开关	电磁触发元件的装置保护开关在超过标称电流后立即关断，若采用热触发元件则在过流后或多或少地延迟关断。热触发和电磁触发均类似于导线保护开关。 配装低压触发器的装置保护开关在超过标称电压低极限值后即关断。	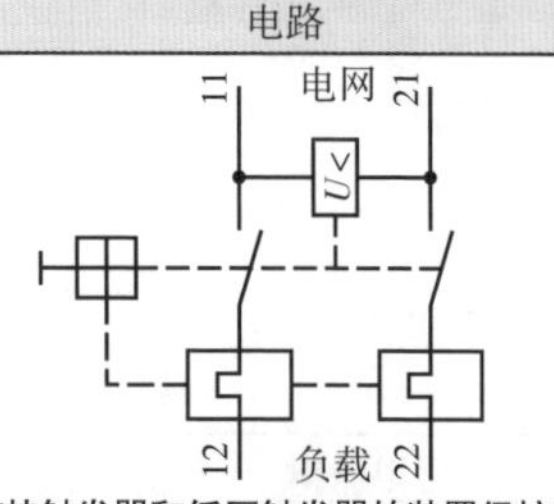装有热触发器和低压触发器的装置保护开关

类型	IEC 934 解释的含义	类型	IEC 934 解释的含义	类型	IEC 934 解释的含义
R	仅复位需手动	TO	仅有热触发	HM	电磁触发，液压减震
M	偶尔手动接通	TM	热触发和电磁触发		
S	频繁手动接通	MO	仅有电磁触发	EH	电子过流识别和电磁关断

无电流分离的装置保护开关特殊形式

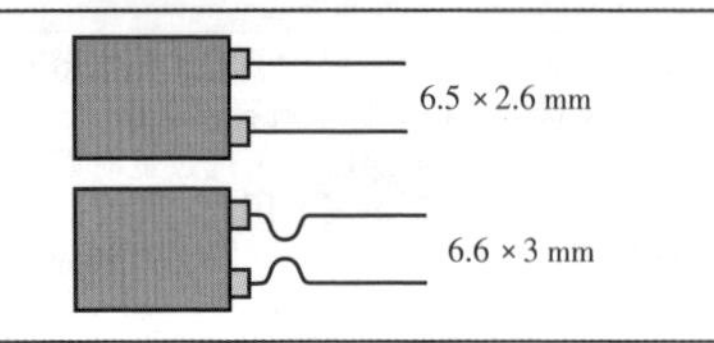	限制器：温度上升时断开一个触点。常用于关断电源。 电子熔断器：正温度系数（PTC）热敏电阻，高电阻状态下迅速转换。	典型的标称电流 5A 尺寸 6.5 × 2.8 mm 断流容量 240 V 最大电压 AC 60 V 各类型的保持电流 0.05A － 9 A 典型的最大关断电流 40 A

热效应保护

任务

防护对象	解释	附注
燃烧	电气设备的电流可引发燃烧和火灾，例如因过流，过压，过热或绝缘故障。	其原因可能是谐波，闪电击中，绝缘故障，保护装置故障等，例如断路器故障。
火焰	火灾时出现火焰和烟尘。必须采取应对措施。	必须限制火势蔓延。预留逃生通道。
安全功能	设备必须具备安全功能，尤其是安全装置。	安装时已必须限制热效应，例如火灾防护开关。

防护有火灾危险设备的燃烧与火灾

设备	解释	举例
导线与电缆	逃生和救援通道上仅允许布设火灾时低烟的导线和电缆。不允许布设裸露电线。	提高防火灾性能的无卤素电缆和导线，例如 NHXMH, NHMH, H05Z-U, H05Z-K, H07Z-U, H07Z-R, NHXH, N2XH, N2XCH。
接线端子	接线端子只允许用于各房间的电源。否则必须有绝缘包皮。	未拧紧或受腐蚀的接线端子可能引发故障直至产生小型电弧。
灯具	如果遵守制造商的说明书，允许有三角标记的灯固定在可燃底座上。	**限制表面温度的标记**  D　M　M M
末级电路	在 TN 和 TT 系统中，必须使用 $I_{\Delta N} \leq 300$ mA 的 RCD，有火灾危险的设备 RCD 必须达到 $I_{\Delta N} \leq 30$ mA。	RCD 可检查出绝缘故障，这类故障可能导致安全引线 PE 或接地出现故障电流，但不在零线。
电弧保护	虽然装备着导线保护开关和 RCD，电气设备仍有可能在相线与零线之间产生小型电弧，例如因为接线端子的锈蚀。 这种小电弧可导致 TV 网络出现故障，通过滤波和放大以及借助 AFDD（电弧故障检测设备的英语缩写）可识别这种故障。	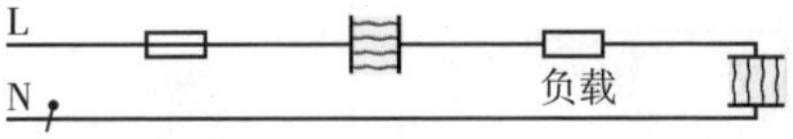 L　N　负载 **串联的故障电弧** 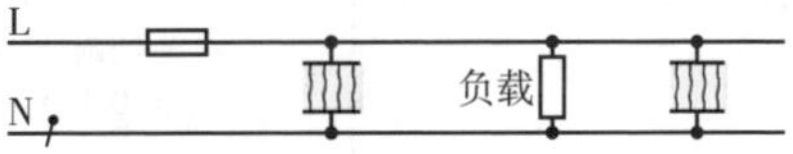 L　N　负载 **并联的故障电弧**
故障电弧检测设备的原理	这类装置装有 AFDD，它控制着导线保护开关和一个 RCCB（RCD，剩余电流保护器）或一个 RCBO（BO 指关断，这里是带导线保护开关的 RCD）。	 AFDD　开关 **带导线保护开关的 AFDD** 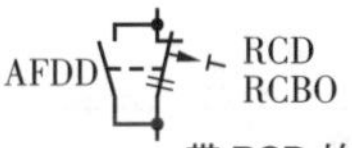 AFDD　RCD RCBO **带 RCD 的 AFDD**
火灾保护开关 16A 单相末级电路（非老旧设备）	火灾保护开关是 AFDD 与安装在配电设备支承轨道上的保护开关的组合。按照 DIN VDE 0100-420，它用于有火灾危险的设备，例如木材加工企业，也用于无门禁的住宅以及家居的卧房和客厅。 在德国，电气火灾中约 40000 起因安装错误所致，其中约 30% 源于故障电弧。因此，西门子公司研发了火灾保护开关。	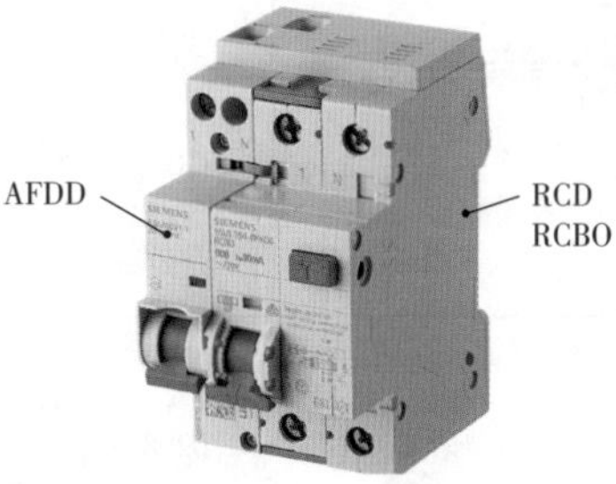 AFDD　RCD RCBO **火灾保护开关**

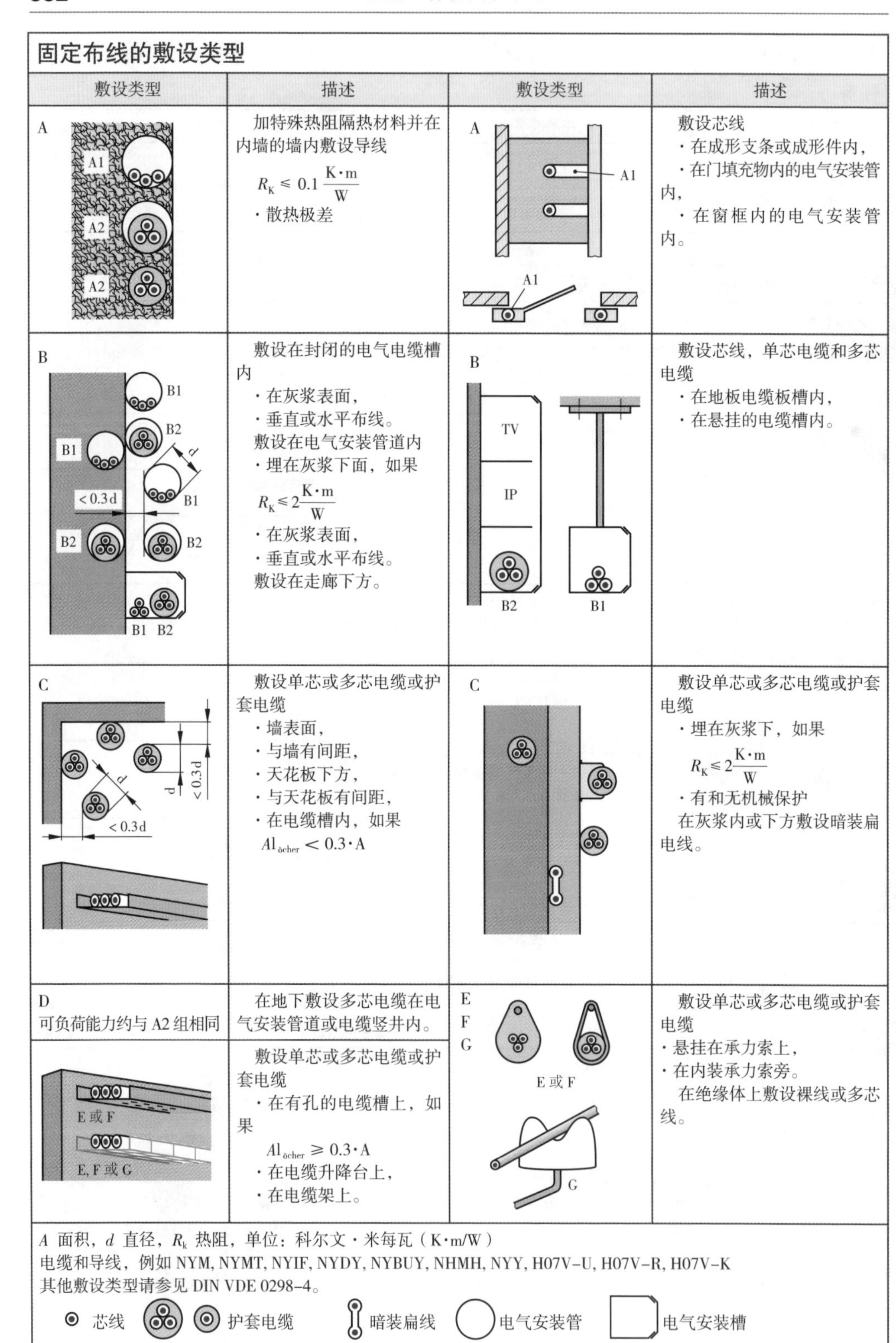

固定布线的敷设类型

敷设类型	描述	敷设类型	描述
A A1 A2 A2	加特殊热阻隔热材料并在内墙的墙内敷设导线 $R_K \leqslant 0.1\,\frac{K\cdot m}{W}$ · 散热极差	A A1 A1	敷设芯线 · 在成形支条或成形件内， · 在门填充物内的电气安装管内， · 在窗框内的电气安装管内。
B B1 B2 B1 d B1 < 0.3 d B2 B2 B1 B2	敷设在封闭的电气电缆槽内 · 在灰浆表面， · 垂直或水平布线。 敷设在电气安装管道内 · 埋在灰浆下面，如果 $R_K \leqslant 2\frac{K\cdot m}{W}$ · 在灰浆表面， · 垂直或水平布线。 敷设在走廊下方。	B TV IP B2 B1	敷设芯线，单芯电缆和多芯电缆 · 在地板电缆板槽内， · 在悬挂的电缆槽内。
C d < 0.3 d d < 0.3 d	敷设单芯或多芯电缆或护套电缆 · 墙表面， · 与墙有间距， · 天花板下方， · 与天花板有间距， · 在电缆槽内，如果 $Al_{öcher} < 0.3\cdot A$	C	敷设单芯或多芯电缆或护套电缆 · 埋在灰浆下，如果 $R_K \leqslant 2\frac{K\cdot m}{W}$ · 有和无机械保护 在灰浆内或下方敷设暗装扁电线。
D 可负荷能力约与 A2 组相同	在地下敷设多芯电缆在电气安装管道或电缆竖井内。	E F G E 或 F G	敷设单芯或多芯电缆或护套电缆 · 悬挂在承力索上， · 在内装承力索旁。 在绝缘体上敷设裸线或多芯线。
E 或 F E, F 或 G	敷设单芯或多芯电缆或护套电缆 · 在有孔的电缆槽上，如果 $Al_{öcher} \geqslant 0.3\cdot A$ · 在电缆升降台上， · 在电缆架上。		

A 面积，d 直径，R_k 热阻，单位：科尔文 · 米每瓦（K·m/W）
电缆和导线，例如 NYM, NYMT, NYIF, NYDY, NYBUY, NHMH, NYY, H07V–U, H07V–R, H07V–K
其他敷设类型请参见 DIN VDE 0298–4。

芯线　护套电缆　暗装扁线　电气安装管　电气安装槽

$\vartheta_u = 25℃$时电缆和导线的电流负荷能力 I_r

参照 DIN VDE 0100 部分 430 页 1

额定横截面 mm²	工作温度 $\vartheta_B \leq 70℃$时最大许用电流负荷能力，单位：A 过流保护装置的额定电流，单位：A 导线敷设类型，铜导线数量															
	A1		A2		B1		B2		C		E		F		G	
	2	3	2	3	2	3	2	3	2	3	2	3	2	3[1]	3h[2]	3V[2]
1.5	16.5	14.5	16.5	14	18.5	16.5	17.5	16	21	18.5	23	19.5	—	—	—	—
	16	10	16	10	16	16	16	16	20	16	20	16	—	—	—	—
2.5	21	19	19.5	18.5	25	22	24	21	29	25	32	27	—	—	—	—
	20	16	16	16	25	20	20	20	25	25	32	25	—	—	—	—
4	28	25	27	24	34	30	32	29	38	34	42	36	—	—	—	—
	25	25	25	20	32	25	32	25	35	32	40	35	—	—	—	—
6	36	33	34	31	43	38	40	36	49	43	54	46	—	—	—	—
	35	32	32	25	40	35	40	35	40	40	50	40	—	—	—	—
10	49	45	46	41	60	53	55	49	67	60	74	64	—	—	—	—
	40	40	40	40	50	50	50	40	63	50	63	63	—	—	—	—
16	65	59	60	55	81	72	73	66	90	81	100	85	—	—	—	—
	63	50	50	50	80	63	63	63	80	80	100	80	—	—	—	—
25	85	77	80	72	107	94	95	85	119	102	126	107	139	117	155	138
	80	63	80	63	100	80	80	80	100	100	125	100	125	100	125	125
35	105	94	98	88	133	117	118	105	146	126	157	134	172	145	192	172
	100	80	80	80	125	100	100	100	125	125	125	125	160	125	160	160
50	126	114	117	105	160	142	141	125	178	153	191	162	208	177	232	209
	125	100	100	100	160	125	125	125	160	125	160	160	200	160	224	200
70	160	144	147	133	204	181	178	158	226	195	246	208	266	229	298	269
	150	125	125	125	200	160	160	125	224	160	224	200	250	224	250	250
95	193	174	177	159	246	219	213	190	273	236	299	252	322	280	361	330
	160	160	160	125	224	200	200	160	250	224	250	250	315	250	355	315
120	223	199	204	182	285	253	246	218	317	275	348	293	373	326	420	384
	200	160	200	160	250	250	224	200	300	250	315	250	355	315	400	355

25/70

其他敷设类型，其他铜导线的额定横截面，四芯电缆或导线以及其他工作温度和工作条件等均可参见 DIN VDE 0298–4。

[1] 三芯电缆或护套电缆，与墙体的间距符合其直径。

[2] 3 h= 三根单芯电缆或护套电缆，水平布线，上下之间并且与墙体之间的间距符合其直径。
3 v= 同 3 h，但是垂直和左右相邻布线。

$\vartheta_u = 30℃$时电缆和导线的电流负荷能力 I_r

参照 DIN VDE 0298-4

30/70

额定横截面 mm²	工作温度 $\vartheta_B \leq 70℃$时最大许用电流负荷能力，单位:A / 过流保护装置的额定电流，单位：A															
	导线敷设类型，导电导线数量															
	A1		A2		B1		B2		C		E		F		G	
	2	3	2	3	2	3	2	3	2	3	2	3	2	3[1]	3h[2]	3v[2]
材料：铜 Cu																
1.5	15.5	13.5	15.5	13	17.5	15.5	16.5	15	19.5	17.5	22	18.5	—	—	—	—
	13	13	13	13	16	13	16	13	16	16	20	16	—	—	—	—
2.5	19.5	18	18.5	17.5	24	21	23	20	27	24	30	25	—	—	—	—
	16	16	16	16	20	20	20	20	25	20	25	25	—	—	—	—
4	26	24	25	23	32	28	30	27	36	32	40	34	—	—	—	—
	25	20	25	20	32	25	25	25	35	32	40	32	—	—	—	—
6	34	31	32	29	41	36	38	34	46	41	51	43	—	—	—	—
	32	25	32	25	40	35	35	32	40	40	50	40	—	—	—	—
10	46	42	43	39	57	50	52	46	63	57	70	60	—	—	—	—
	40	40	40	35	50	50	50	40	63	50	63	50	—	—	—	—
16	61	56	57	52	76	68	69	62	85	76	94	80	—	—	—	—
	50	50	50	50	63	63	63	50	80	63	80	80	—	—	—	—
25	80	73	75	68	101	89	90	80	112	96	119	101	131	110	146	130
	80	63	63	63	100	80	80	80	100	80	100	100	125	100	125	125
35	99	89	92	83	125	110	111	99	138	119	148	126	162	137	181	162
	80	80	80	80	125	100	100	80	125	100	125	125	160	125	160	160
50	119	108	110	99	151	134	133	118	168	144	180	153	196	167	219	197
	100	100	100	80	125	125	125	100	160	125	160	125	160	160	200	160
70	151	136	139	125	192	171	168	149	213	184	232	196	251	216	281	254
	125	125	125	125	160	160	160	125	200	160	224	160	250	200	250	250
材料：铝 Al																
25	63	57	58	53	79	70	71	62	83	73	89	78	98	84	112	99
	63	50	50	50	63	63	63	50	80	63	80	63	80	80	100	80
35	77	70	71	65	97	86	86	77	103	90	111	96	122	105	139	124
	63	63	63	63	80	80	80	63	100	80	100	80	100	100	125	100
50	93	84	86	78	118	104	104	92	125	110	135	117	149	128	169	152
	80	80	80	63	100	100	100	80	125	100	125	100	125	125	160	125
70	118	107	108	98	150	133	131	116	160	140	173	150	192	166	217	196
	100	100	100	80	125	125	125	100	160	125	160	125	160	160	200	160
95	142	129	130	118	181	161	157	139	195	170	210	183	235	203	265	241
	125	125	125	100	160	160	125	125	160	160	200	160	224	200	250	224

其他敷设类型，其他铜导线的额定横截面，四芯电缆或导线以及其他工作温度和工作条件等均可参见 DIN VDE 0298-4。

[1] 三芯电缆或护套电缆，与墙体的间距符合其直径。

[2] 3h= 三根单芯电缆或护套电缆，水平布线，上下之间并且与墙体之间的间距符合其直径。

3v= 同 3h，但是垂直和左右相邻布线。

ϑ_u = 30℃时电缆和导线的电流负荷能力 I_r

参照 DIN VDE 0298–4

30/90

额定横截面 mm^2	工作温度 ϑ_B ≤ 90℃时最大许用电流负荷能力，单位：A															
	过流保护装置的额定电流，单位：A															
	导线敷设类型，导电导线数量															
	A1		A2		B1		B2		C		E		F		G	
	2	3	2	3	2	3	2	3	2	3	2	3	2	3[1]	3h[2]	3v[2]
材料：铜 Cu																
1.5	19.0	17.0	18.5	16.5	23	20	22	19.5	24	22	26	23				
	16	16	16	16	20	20	20	16	20	20	25	20				
2.5	26	23	25	22	31	28	30	26	33	30	36	32				
	25	20	25	20	25	25	25	25	32	25	35	32				
4	35	31	33	30	42	37	40	35	45	40	49	42				
	35	25	32	25	40	35	40	35	40	40	40	40				
6	45	40	42	38	54	48	51	44	58	52	63	54				
	40	40	40	35	50	40	50	40	50	50	63	50				
10	61	54	57	51	75	66	69	60	80	71	86	75				
	50	50	50	50	63	63	63	50	80	63	80	63				
16	81	73	76	68	100	88	91	80	107	96	115	100				
	80	63	63	63	100	80	80	80	100	80	100	100				
25	106	95	99	89	133	117	119	105	138	119	149	127	161	135	182	161
	100	80	80	80	125	100	100	100	125	100	125	125	160	125	160	160
35	131	117	121	109	164	144	146	128	171	147	185	158	200	169	226	201
	125	100	100	100	160	125	125	125	160	125	160	125	200	160	224	200
50	158	141	145	130	198	175	175	154	209	179	225	192	242	207	275	246
	125	125	125	125	160	160	160	125	200	160	224	160	224	200	250	224
70	200	179	183	164	253	222	221	194	269	229	289	246	310	268	353	318
	200	160	160	160	250	200	200	160	250	224	250	224	250	250	315	315
材料：铝 Al																
25	84	76	78	71	105	93	94	84	101	90	108	97	121	103	138	122
	80	63	63	63	100	80	80	80	100	80	100	80	100	100	125	100
35	103	94	96	87	130	116	115	103	126	112	135	120	150	129	172	153
	100	80	80	80	125	100	100	100	125	100	125	100	125	125	160	125
50	125	113	115	104	157	140	138	124	154	136	164	146	184	159	210	188
	125	100	100	100	125	125	125	100	125	125	160	125	160	125	200	160
70	158	142	145	131	200	179	175	156	198	174	211	187	237	206	271	244
	125	125	125	125	200	160	160	125	160	160	200	160	224	200	250	224
95	191	171	175	157	242	217	210	188	241	211	257	227	289	253	332	300
	160	160	160	125	224	200	200	160	224	200	250	224	250	250	315	250

其他敷设类型，其他铜导线的额定横截面，四芯电缆或导线以及其他工作温度和工作条件等均可参见 DIN VDE 0298–4。

[1] 三芯电缆或护套电缆，与墙体的间距符合其直径。

[2] 3h= 三根单芯电缆或护套电缆，水平布线，上下之间并且与墙体之间的间距符合其直径。

3v= 同 3h，但是垂直和左右相邻布线。

软导线和耐热导线的电流负荷能力

参照 DIN VDE 0298-4

U_N ≤ 1000 V 软导线的电流负荷能力 环境温度 ϑ_U = 30℃时

导电导线数量布线位置	ϑ_B ℃ 绝缘材料	制造类型缩写符号举例	额定横截面（mm2）如下时的负载（A）												
			0.75	1	1.5	2.5	4	6	10	16	25	35	50	70	95
1 V1	70 聚氯乙烯	H05V-U H07V-U H07V-K	15	19	24	32	42	54	73	98	129	158	198	245	292
2 或（3） V2，V3	60 橡胶	H05RN-F H07RN-F NMHVÖU	6 (6)	10 (10)	16 (16)	25 (20)	32 (25)	40 —	63 —	— —	— —	— —	— —	— —	— —
2 或 3 V2，V3	70 聚氯乙烯	H05VVH6-F H07VVH6-F NYMH11YÖ	12	15	18	26	34	44	61	82	108	135	168	207	250

6 V/10 kV 以上软导线的电流负荷能力 环境温度 ϑ_u = 30℃时

导电导线数量 U_N 布线位置	ϑ_B ℃ 绝缘材料	制造类型缩写符号举例	额定横截面（mm^2）如下时的负载（A）												
			2.5	4	6	10	16	25	35	50	70	95	120	150	185
3 ≤ 6kV/ 10kV V2	80 乙丙橡胶	NSSHÖU	30	41	53	74	99	131	162	202	250	301	352	404	461
3 >6kV/ 10kV V2	80 乙丙橡胶	NSSHÖU	—	—	—	—	105	139	172	215	265	319	371	428	488

耐热导线电流负荷能力换算因数

导电导线数量布线位置	ϑ_B ℃ 绝缘材料	制造类型缩写符号举例	参见 59 页 下列温度 ϑ_B（℃）时的换算因数												
			50	60	70	80	90	100	110	120	130	140	150	160	170
（1,2 或 3V1,V2	90 聚氯乙烯	NYFAFW NYPLYW	1.00	0.87	0.71	0.50	—	—	—	—	—	—	—	—	—
1 V1	110 乙烯醋酸乙烯酯共聚物	N4GA N4GAF	1.00	1.00	1.00	1.00	0.82	0.58	—	—	—	—	—	—	—
1 V1	135 乙烯－四氯乙烯	N7YA N7YAF	1.00	1.00	1.00	1.00	1.00	0.94	0.79	0.61	0.35	—	—	—	—
1,2 或 3 V1,V2	180 硅橡胶	H05SJ-K N2GSA	1.00	1.00	1.00	1.00	1.00	1.00	1.00	1.00	1.00	1.00	1.00	0.82	0.58

导线的布线位置

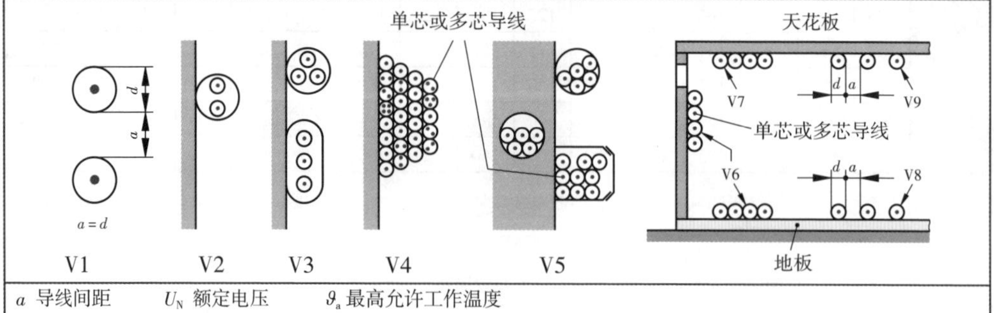

单芯或多芯导线　天花板

d　a　$a = d$

V7　V9　单芯或多芯导线　V6　V8　地板

V1　V2　V3　V4　V5

a 导线间距　U_N 额定电压　ϑ_a 最高允许工作温度

d 导线直径　V 布线位置　ϑ_U 环境温度

电流负荷能力换算因数

参照 DIN VDE 0298-4

其他环境温度 ϑ_U 的换算因数[1]

绝缘材料	ϑ_B ℃	负载，单位:A									
		10	15	20	25	**30**	35	40	45	50	60
天然橡胶，人工合成橡胶	60	1.29	1.22	1.15	1.08	**1.0**	0.91	0.82	0.71	0.58	—
聚氯乙烯	70	1.22	1.17	1.12	1.06	**1.0**	0.94	0.87	0.79	0.71	0.5
乙丙橡胶	80	1.18	1.14	1.10	1.05	**1.0**	0.95	0.89	0.84	0.77	0.63

导线堆集时的换算系数[1]

布线位置	布线位置[2]	多芯导线数量或交流电路数量或单芯导线三相交流电路时的换算因数							
		1	2	4	6	8	10	14	20
集束绑扎直接敷设在墙上，地板上，电气安装管或电气安装槽内，在墙表面或墙内	V4,V5	1.00	0.80	0.65	0.57	0.52	0.48	0.43	0.38
单层在墙上或地板上，相互接触	V6	1.00	0.85	0.75	0.72	0.71	0.70	0.70	0.70
单层在天花板下，相互接触	V7	0.95	0.81	0.68	0.64	0.62	0.61	0.61	0.61
单层在墙上或地板上，*a*=*d*	V8	1.00	0.94	0.90	0.90	0.90	0.90	0.90	0.90
单层在天花板下，*a*=*d*	V9	0.95	0.85	0.85	0.85	0.85	0.85	0.85	0.85

换算因数适用于固定敷设的导线和软导线，如果可负载导线的数量，导线类型和布线位置相互一致，换算因数适用于固定敷设的导线和软导线。

导线堆集在电缆槽和电缆架时的换算因数[1]

种类	布线位置	电缆架数量	导线数量如下时的换算因数					
			1	2	3	4	6	9
未打孔的电缆槽	≥300 ≥20	1	0.97	0.84	0.78	0.75	0.71	0.68
		2	0.97	0.83	0.76	0.72	0.68	0.63
		3	0.97	0.82	0.75	0.71	0.66	0.61
		6	0.97	0.81	0.73	0.69	0.63	0.58
打孔的电缆槽（电缆支架）	≥300 ≥20	1	1.0	0.87	0.81	0.78	0.75	0.73
		2	1.0	0.86	0.79	0.76	0.72	0.68
		3	1.0	0.85	0.78	0.75	0.70	0.66
		6	1.0	0.84	0.77	0.73	0.68	0.64
电缆架	≥300 ≥20	1	1.0	0.88	0.83	0.81	0.79	0.78
		2	1.0	0.86	0.81	0.78	0.75	0.73
		3	1.0	0.85	0.79	0.76	0.73	0.70
		6	1.0	0.83	0.76	0.73	0.69	0.66

电缆槽有向上拉的侧索，但没有盖板。打孔必须达到总面积的 30%。电缆架的支承面允许达到设计总面积的 10%。

导线额定横截面≤ 10 mm² 的多芯导线换算因数[1]

导电导线数量							
5	7	10	14	19	24	40	61
0.75	0.65	0.55	0.50	0.45	0.40	0.35	0.30

盘卷导线的换算因数[1]

盘卷层数			
1	2	3	4
0.80	0.61	0.49	0.42

a 导线间距　　ϑ_B 最高允许的工作温度

d 导线直径　　ϑ_U 环境温度

[1] 导线计算公式参见 59 页。[2] 布线位置参见前页。

电流危险，接触类型，故障类型

电流危险

参照 DIN VDE 0140-479-1

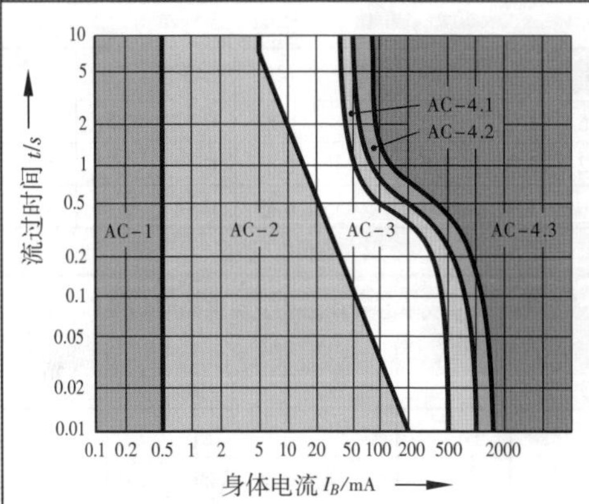

VDE 0140-479-1 发布的 AC 15～100 Hz 电流从左手流至脚部的安全曲线

范围	生理学作用
AC-1	正常，无作用。
AC-2	一般没有损坏性作用。
AC-3	一般没有器官损坏，可能出现肌肉痉挛性反应和呼吸困难。
AC-4.3	心室纤颤概率超过 50%。
AC-4.1	心室纤颤概率上升至约 5%。
AC-4.2	心室纤颤概率上升至约 50%。
AC-4	包括 AC-4.1，AC-4.2，AC-4.3 的范围。可能出现心脏停跳，呼吸停止和重度烧伤。

小电流范围内，三倍的直流电流强度才能达到交流电的作用。

接触类型

参照 DIN VDE 0100-410

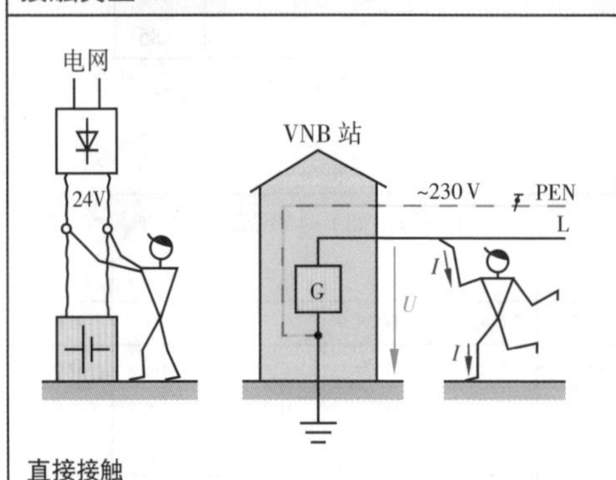

直接接触

直接接触：有效元件的接触，例如一根裸露的相线（图左）。

间接接触：导电元件接触，只因一个（“短路”）错误才会导致出现接触电压（图下）。

基本保护：指防止直接接触的保护。一般通过绝缘，加盖或护套等措施作用于有效（带电）部分。

故障保护：指防止间接接触的保护（防止因某个错误才导致带电的接触）。

所有的电气设备和元器件均必须采取基本保护，故障保护和一般常见的附加保护等措施。

故障类型

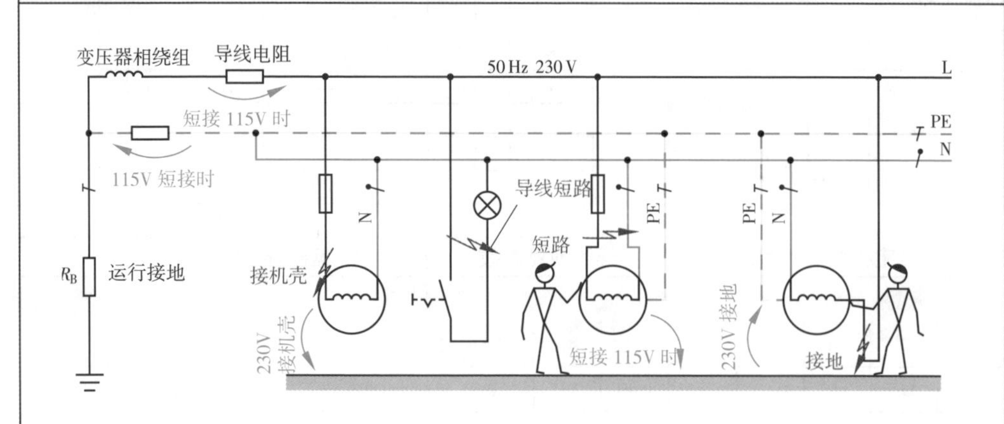

未按规定采取防止间接接触保护措施而产生的接机壳、短路和接地时的间接接触电压

其他的电流危险

不同身体电流路径的电流危险

身体电流的电流路径流经心脏的越多越危险。心脏因数 F 表明，电流从左手流至脚部时，哪些因数导致相同的电流强度产生不同的作用结果。

心脏电流因数

I_{Bn} 从左手流至脚部的身体电流

I_B 身体电流（电流路径见表）

$$F = \frac{I_{BN}}{I_B}$$ 1

举例 1：坐姿工作的技术员在带电工作时两手碰击 AC 50 mA 电流。如果技术员所在地板带电，这个碰击可能产生多大电流？

解：$F=0.4 \rightarrow I_{Bn}=50\text{mA} \cdot 0.4=20\text{mA}$

AC 或 DC 的电流路径	心脏电流因数 F
左手至单脚或双脚	1.0
双手至双脚	1.0
左手至右手	0.4
右手至单脚或双脚	0.8
背部至右手	0.3
背部至左手	0.7
胸部至右手	1.3
胸部至左手	1.7
臀部至右手，左手或双手	0.8;0.6;0.7
左脚至右脚	0.04

直流电电流危险

参照 VDE V 0140-479-1

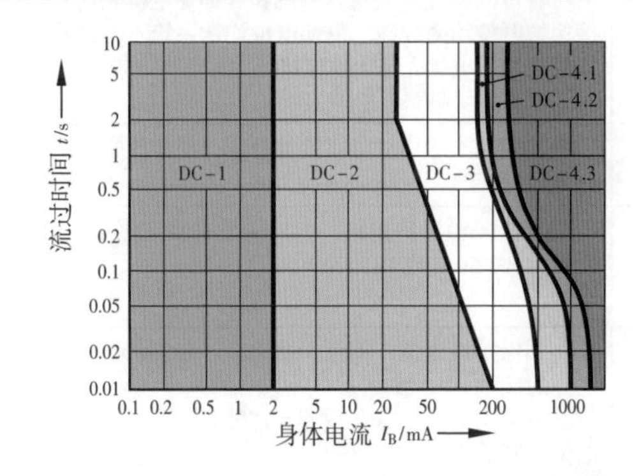

VDE 0140-479-1 发布的 DC 电流从左手流至脚部的安全曲线

范围	生理学作用
DC-1	电流快速变化时产生轻度针刺感觉
DC-2	电流快速变化时产生不自主的肌肉反应，但一般不会产生损坏性作用。
DC-3	随电流强度和时长的增加，可能会出现强烈的肌肉挛缩和心脏的兴奋传导障碍，但一般不会出现器官损坏。
DC-4	损伤性作用，如心脏停跳，呼吸停止，细胞损伤和烧伤。 心室纤颤概率： DC-4.1 ≤ 5%, DC-4.2 ≤ 50%,DC-4.3 ≥ 50%

直流电意义的变化

年份	应用举例
至 1800	电物理学研发 DC，直流电的应用如电报，DC 发电机
1801 ~ 1900	通信技术研发 DC，因其可控性的 DC 驱动技术，之前只有 AC 和 3AC。电力工程中三相交流电（3AC）重要性日增。
1901 ~ 2000	AC 和 3AC 得到充分利用，直至 DC 在机动车和通讯技术领域的应用。
2001 至今	DC 日趋重要，但在电力工程领域始终远远落后于 AC 和 3AC。 例外：超远距离电力工程（HGÜ= 高压直流输电工程），光电技术，电瓶车和采用蓄电池的能量平衡（“能量转换”）。

直流电的若干标准

标准	名称（缩写）
VDE-0122-1	最大至 DC 1500 V 的电动车充电。
VDE-AR-E 2100-712	PV 设备 DC 范围接通时技术辅助服务的电气安全措施。
VDE 0117-3	标称电压最大至 240V 地面输送车辆的安全规范。
VDE 05531-1	高压直流输电工程
DIN EN ISO 16230-1	DC 75 ~ 1500 V 直流充电机的安全。
VDE 0845-3-1	最高至 DC 1500 V 的 IT 网络过压保护装置。

保护措施，保护等级

保护措施概览

保护	保护措施	附注
基本保护（防止直接接触的保护），一般性保护	绝缘有效元件	颜料和油漆不足以构成基本保护。
	遮盖或护套	保护类型至少达到 IP 2X。 牢固地固定盖板等。只允许使用工具或关断电源后才能拆除。
	低压保护 SELV	从可靠电源供电，电源额定电压最高为 AC 25 V 或 DC 60 V。
	附加保护 采用故障电流保护装置（RCD）	对直接接触保护措施的补充。但不允许用作单独的保护措施。
故障保护（防止间接接触的保护），一般性保护	关断或警告	故障时通过自动关断应能阻止接触电压长时间存在，直至产生危险。
	保护等级 II	双倍或加强绝缘。
	附加保护 局部保护电位均衡。	所有可同时接触的身体部位和外部导电机壳均必须连接保护电位均衡导线。局部电位均衡系统不允许通过身体或通过导电机壳与大地连接。
	保护分离	阻止因基本绝缘故障而接触身体，使身体带电所产生的危险。
	低压保护 SELV 或 PELV	与直接接触保护相同，但如果没有规定更小的电压，则最大 AC 50 V 或 DC 120 V。
其他受专业监视的设备的保护可能性（见 347 页）	基本保护： 阻止	例如保护性支条，围栏，栅栏墙。必须包括所有意料之外的接触。
	间隔	手触范围（≤ 2.5m）内不允许放置任何可同时接触且电位不同的机壳。
	故障保护： 绝缘的环境	应将导电机壳放置在不能同时接触的位置。
	局部的，不接地的保护电位均衡	所有机壳均应连接保护电位均衡导线。

电气元器件保护等级

等级	类型	标记符号	举例
I	安全引线保护		金属机壳的电动机
II	通过双倍或加强绝缘实施保护，保护等级 II		塑料外壳的家用电器，例如厨房电器，剃须刀，吸尘器（不含电熨斗）
III	低压保护 SELV 或 PELV	III	锅炉内的手持照明灯，例如 50 V AC 或 120 V DC。

安全引线系统和故障保护

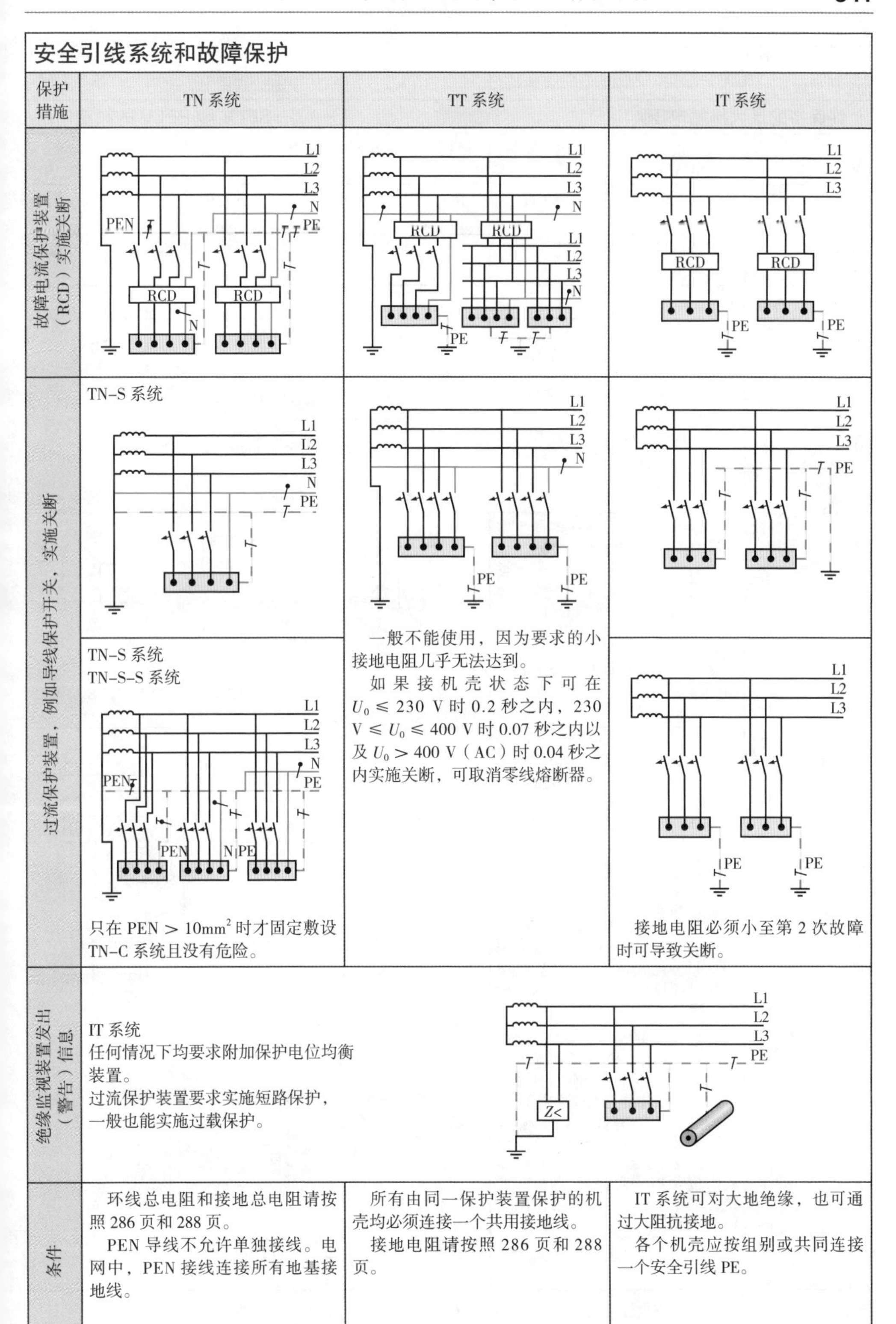

保护措施	TN 系统	TT 系统	IT 系统
故障电流保护装置（RCD）实施关断			
过流保护装置，例如导线保护开关，实施关断	TN–S 系统 TN–S 系统 TN–S–S 系统 只在 PEN > 10mm² 时才固定敷设 TN–C 系统且没有危险。	一般不能使用，因为要求的小接地电阻几乎无法达到。 如果接机壳状态下可在 $U_0 \leq 230$ V 时 0.2 秒之内，230 V $\leq U_0 \leq$ 400 V 时 0.07 秒之内以及 $U_0 >$ 400 V（AC）时 0.04 秒之内实施关断，可取消零线熔断器。	接地电阻必须小至第 2 次故障时可导致关断。
绝缘监视装置发出（警告）信息			IT 系统 任何情况下均要求附加保护电位均衡装置。 过流保护装置要求实施短路保护，一般也能实施过载保护。
条件	环线总电阻和接地总电阻请按照 286 页和 288 页。 PEN 导线不允许单独接线。电网中，PEN 接线连接所有地基接地线。	所有由同一保护装置保护的机壳均必须连接一个共用接地线。 接地电阻请按照 286 页和 288 页。	IT 系统可对大地绝缘，也可通过大阻抗接地。 各个机壳应按组别或共同连接一个安全引线 PE。

基本保护和故障保护

保护类型	解释	附注，视图
允许保持的最大接触电压		**SELV 和 PELV 的额定电压**
AC 50V DC 120V	普通设备，例如住宅电气安装，车间电气安装。	照明电路，插座电路，电动机电流电路。
AC 25V DC 60V	预计可低电阻与人体接触的设备。	医疗应用范围的电流电路，游泳池附近的电流电路。
AC < 25V， DC < 60V	预计出现极低电阻的设备。	AC ≤ 12 V 或 DC ≤ 30 V 的电流电路，例如游泳池和喷水池附近。
基本保护和故障保护的措施		
普通（一般性）基本保护	基本绝缘阻止接触有效（带电）部分。绝缘的固定必须达到只有通过破损才能拆除的程度。 遮盖或护套同样阻止直接接触。它必须至少达到保护类型 IP 2X，水平盖板达到 IP 4X。它们均必须使用工具或钥匙才能打开或拆除。	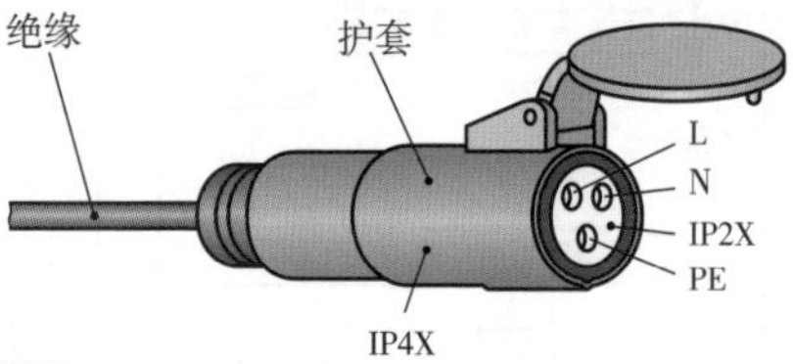 **基本绝缘举例**
受专业监视的设备的基本保护	手触范围之外通过排列位置实施的保护必须能够阻止意外接触。 障碍性保护必须仅用于阻止意外接近有效元件的保护。障碍必须牢固安全，无法意外移除。 专业监视（非标准概念）指设备受到电气专业人员或电气技术培训人员的操作和监视（VDE 0100–410）。	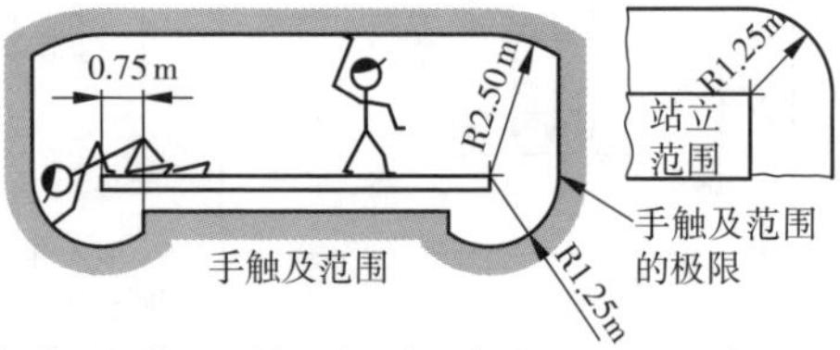 手触范围之外通过排列位置实施保护时，也不允许在手触范围之内放置可同时接触且电位不同的元件。
低压保护 SELV 和 PELV	SELV（安全特低压）一般在 AC 25 V 或 DC 60 V 时用作基本保护，在 AC 50 V 或 DC 120 V 时用作故障保护。有效元件没有连接安全引线 PE 或接地。布线时，导线与其他电路分离。SELV 电路的接地为零电压。 PELV（保护性特低压） 电路和元器件可以接地。要求采取基本保护，例如通过绝缘。绝缘电阻≥ 0.5MΩ。与 SELV 相同，是分离式布线。PELV 电路接地可能导致关断故障，例如接地连接。	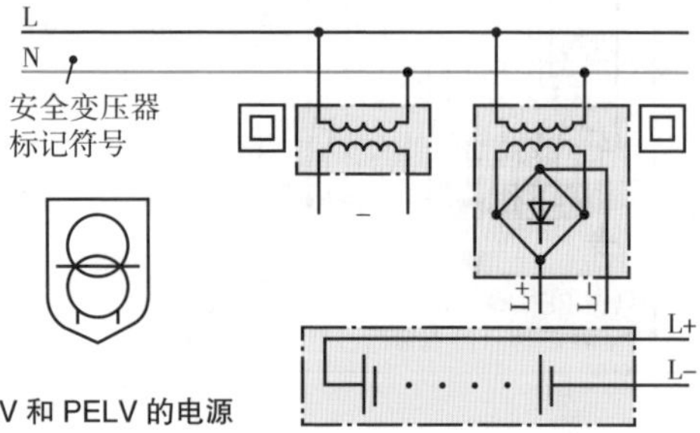 **SELV 和 PELV 的电源**
双倍或加强绝缘	有效元件附加的或加强的绝缘阻止危险电压，包括基本绝缘受损时。一个器件内所有与有效元件仅通过基本绝缘分离的导电元件加装保护类型 IP 2X 的护套。绝缘电阻≥ 2MΩ。导电元件不允许连接安全引线 PE。如果连接导线内包含 PE，可将 PE 与插头连接，但不允许将 PE 连接保护等级 II 的元件。	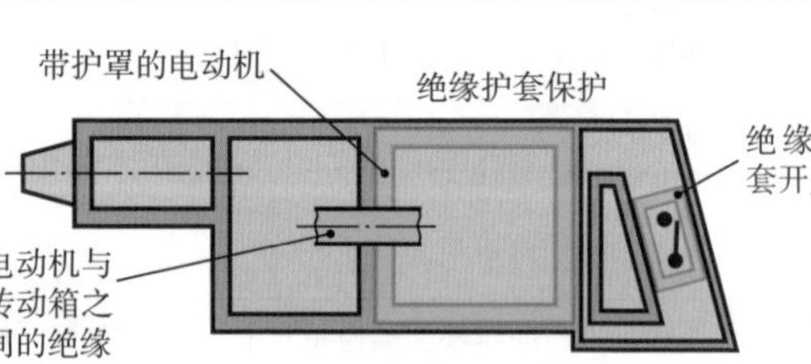 **保护等级 II 的手持电动工具**  保护等级 II 的标记符号

AC 交流电　　SELV 安全性特低压　　DC 直流电　　PELV 保护性特低压

差动电流保护开关 RCD

电路，标记符号

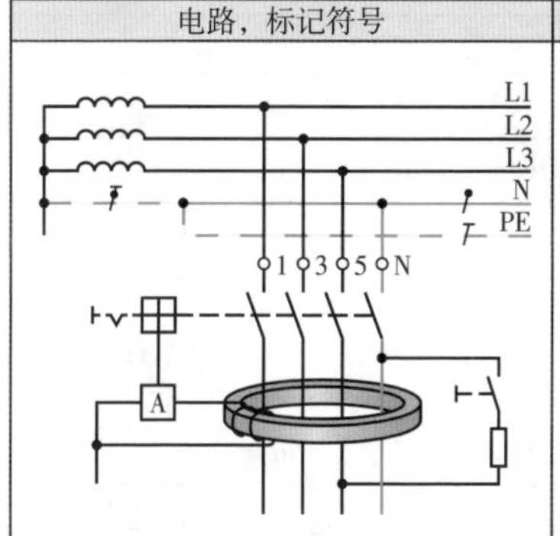

A 型 RCD 的总和电流互感器

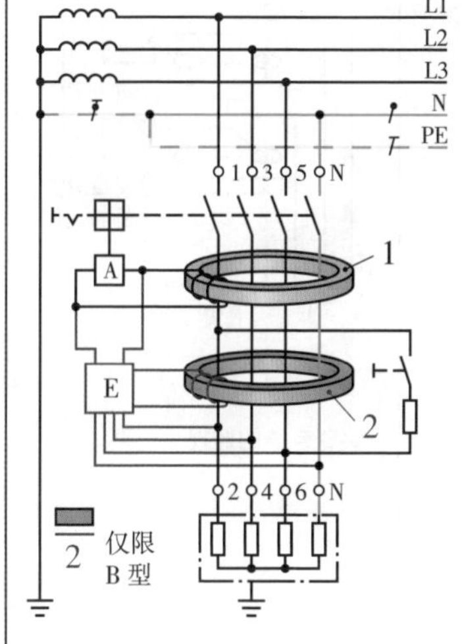

B 型 RCD 的结构

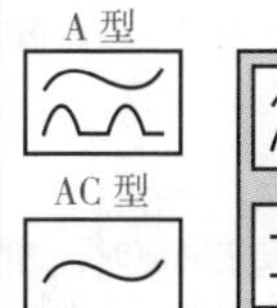

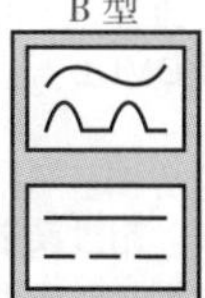

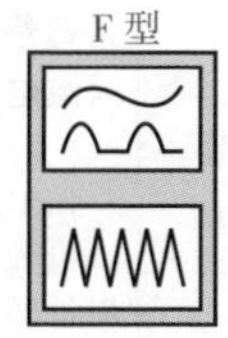

RCD 标记符号

解释

差动电流保护开关（按照标准的名称是故障电流保护开关）采集低压电器设备中例如因绝缘故障而产生的故障电流。它内含一个总和电流互感器。所有 L 相线和零线 N 通过该互感器通向设备，而不是保护开关的安全引线 PE（见左图）。

总和电流互感器将通向或源自设备的导线电流瞬时值相加。无故障状态下，设备的该数值等于零。

如果部分电流通过接地线或 PE 返回，该差动电流立即产生一个交变磁场，该磁场在互感器绕组内产生一个电压。该电压借助触发线圈 A 松开一个开关的锁扣机构，使开关关断设备电源。

仅有一个总和电流互感器装有铁芯的装置是 A 型（VDE 0100–530）。它采集交流电流 AC 和脉冲化的 DC 电流（见右图）。如果也采集“平直的”DC 电流（见右图），要求该装置是 B 型（VDE 0100–530）。B 型装有带霍尔振荡器的第 2 个铁芯和电子电路 E（见左图）。

“平直的”DC 故障电流在第 2 个铁芯产生一个由霍尔振荡器所采集的直流磁场。该磁场的输出电压由电子电路 E 放大，并作为 DC 故障电流输出，最后用于关断。

F 型相当于 A 型，但专用于通向单相变频器的电路。AC 型仅采集交流电流，在德国未获准投入使用。

补充，附注

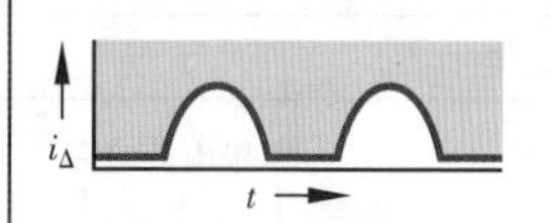

脉冲化的 DC 电流

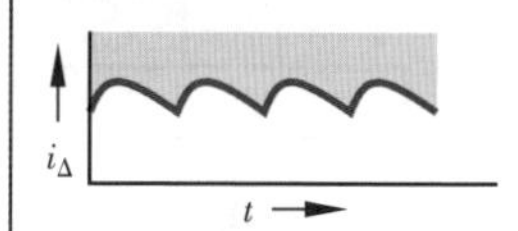

“平直的”DC 电流

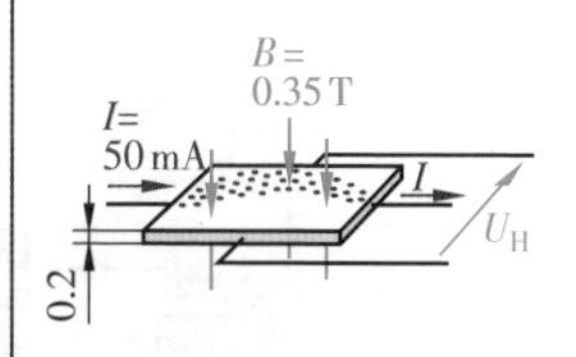

零线 N 的霍尔效应

提示：

差动电流装置仅可用于交流电网，不能用于直流电网。

从馈电点看，A 型装置的位置不能与 B 型装置相同，否则将产生错误电压并导致关断。

标称电流 I_N：25 A,40 A,63 A

标称差动电流 $I_{\Delta N}$：

（10 mA）,30 mA, 0.1 A, 0.3 A, 0.5 A（括号值不用于 B 型）

RCDS 的结构形式：

- **RCCB**（Residual Current operated Circuit–Breaker）：剩余电流动作保护器
- **RCBO**：RCD 加过载断路器（过载保护）= RCD 加导线保护开关

CBR 用于 $I_N > 63$ A，是带 RCU（Residual Current Unit– 剩余电流单元）的断路器，用于故障电流触发关断。

差动电流监视仪 RCM

电路，标记符号	解释	补充，附注

原理

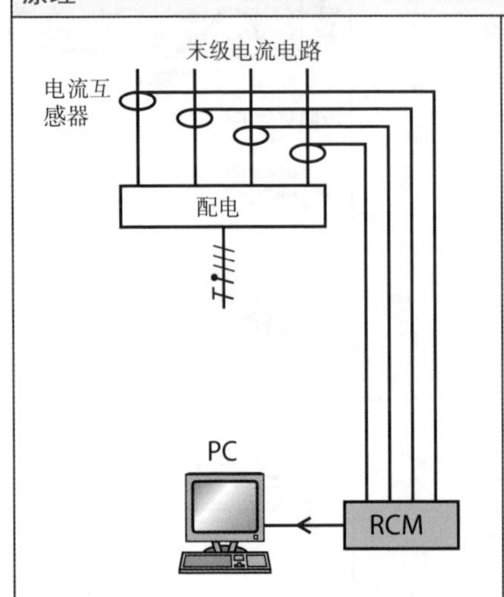

四电路 RCM 系统

RCM 系统由一个对应每一个受监视电路的总和电流互感器和一个计算单元组成，例如用于四个电路的四个总和电流互感器。PC（个人计算机）执行可编程软件的输入和检测数据的输出。

现有电流互感器与计算单元组合构成差动电流信号继电器用于小型设备。

RCM（Residual Current Monitor- 差动电流监视仪）与 RCD 相同，也是通过一个总和电流互感器将采集的电流值相加。与 RCD 不同的是，这里的总和电流互感器可与计算单元分离。

绝缘故障将产生一个差动电流。RCM 的计算单元根据设定发出一个信号或通过绞合芯线将检测值传输给其他计算单元并发给显示装置，例如 PC。

RCM 应用举例：

·RCD 不适用的设备，例如大型厨房设备，其泄漏电流很高。

· 医用范围。

·IT-S 系统内设备的供电网。

· 安全装置。

RCM 监视的优点：

· 及时识别绝缘强度的下降，

· 出现接地时及时识别，

· 可按计划进行维修。

RCM 也可装入建筑物主配电设备。将 RCM 装入受监视的末级电流电路是实现故障局域化的必要措施。

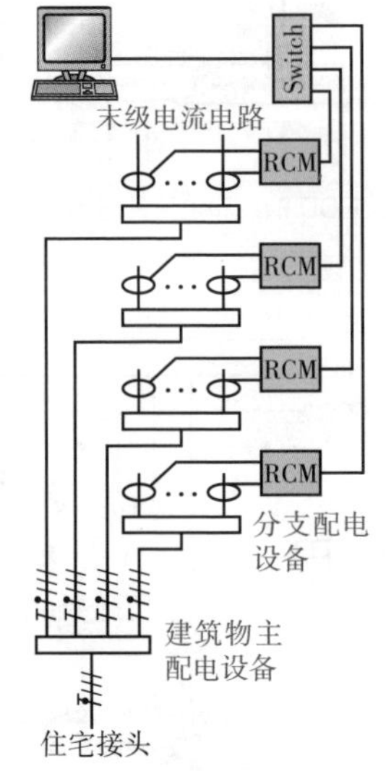

TN-S 系统的监视

提示

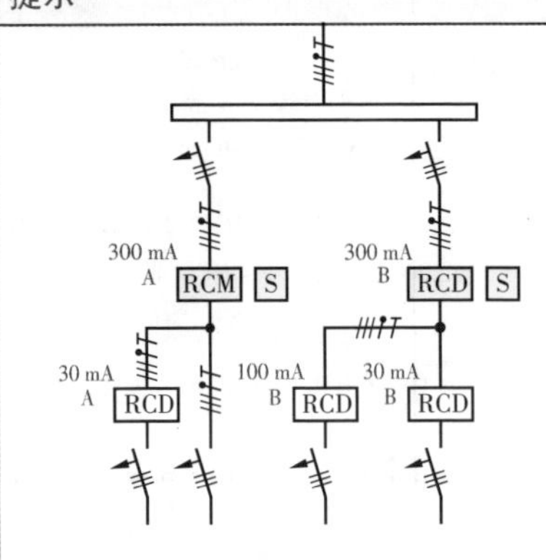

装有 RCD 和 RCM 的设备

与 RCD 一样，RCM 提供 A 型或 B 型。从馈电点看，与 RCD 一样，A 型装置后也不允许放置 RCM 或 B 型 RCD。

RCM 适用于出现故障却不能立即关断的设备的故障显示。但 RCM 不适用于“自动关断电源”的保护措施。

应用范围：

·T-S 系统，T-C-S 系统和 IT 系统的电源，例如计算中心的服务器室。

· 通过识别绝缘老化实现预防性维护。

RCM 不适用于：

· 带 TN-C-S 系统的设备，

· 带直流电网的设备。

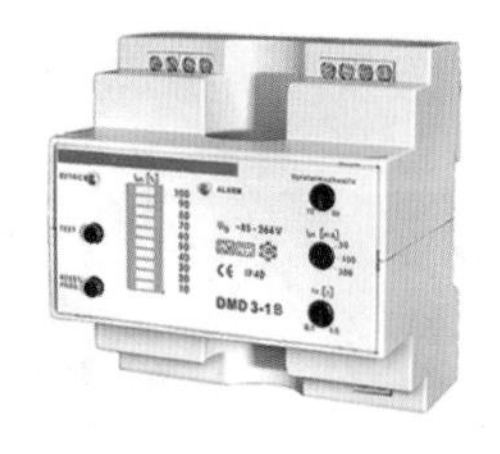

带母线电流互感器的差动电流信号继电器 DMD2

LED 直方图显示仪连续显示差动电流值。超过设定阈值时，继电器转换触点略作延迟实施先接后离。因此，短时电流脉冲得到保留，但无后果。

故障保护 1

参照 DIN VDE 0100–410

电路，公式	解释	补充，附注

RCD 自动关断电源实现的故障保护

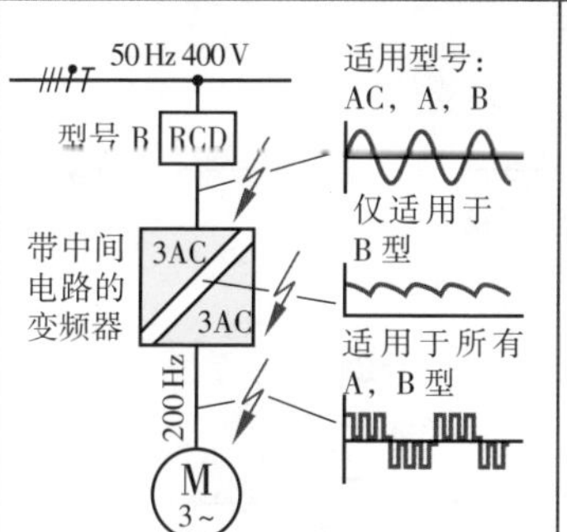

变频器的故障电流

故障电流

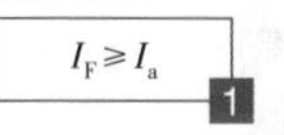

$$I_F \geqslant I_a \quad (1)$$

在 AC 电流电路中，绝缘故障将根据故障位置导致

- AC 故障电流，
- DC 脉冲故障电流和
- “平直的” DC 故障电流。

“平直的” DC 故障电流出现在带有中间电路的变频器。

通过自动关断电源实现的故障保护：

- 通过安全引线 PE 将机壳与接地系统连接（“保护接地” 按照 VDE 0100–410），
- 通过主接地条实现保护性电位均衡：接地导线通过主接地条与所有金属系统连接，
- 在最大关断时间内关断（**见表**）。

故障保护最长关断时间

电流电路	系统 TN	系统 TT
AC 末级电流电路 $I_N \leqslant 32A$[1]		
$U_0 \leqslant 230V$	0.4s	0.2s
$U_0 \leqslant 400V$	0.2s	0.07s
$U_0 \leqslant 400V$	0.1s	0.04s
DC 末级电流电路 $I_N \leqslant 32A$		
$U_0 \leqslant 230V$	5s	0.4s
$U_0 \leqslant 400V$	0.4s	0.2s
$U_0 \geqslant 400V$	0.1s	0.1s
其他电流电路		
所有 U_0	5s	1s

U_0 导线的接地电压

TT 系统要求关断时间小于 TN 系统，因为故障时的电压大于 TN 系统。

[1] 和插座电路 $I_N \leqslant 63A$

故障电流保护装置 RCD 实现自动关断

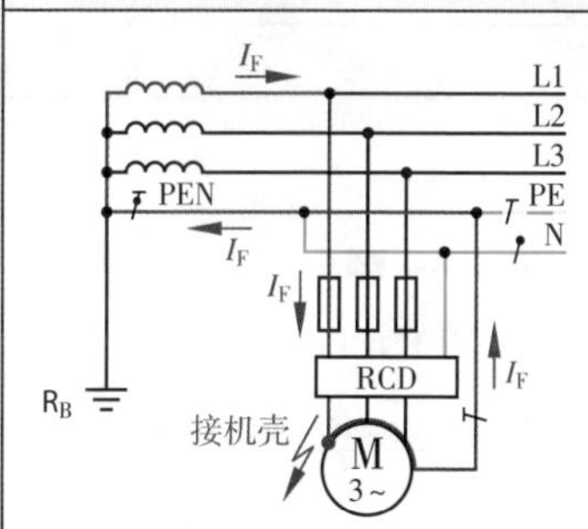

TN 系统内通过 RCD 实施故障保护

故障电流

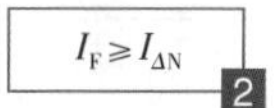

$$I_F \geqslant I_{\Delta N} \quad (2)$$

静电电压平衡

$$\frac{R_B}{R_E} \leqslant \frac{50\ V}{U_0 - 50\ V} \quad (3)$$

环线总电阻

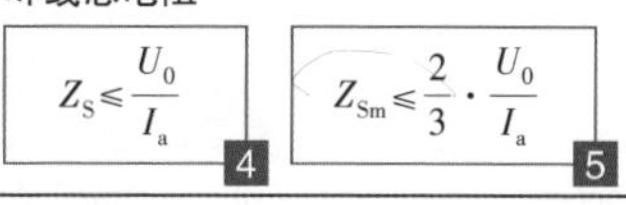

$$Z_S \leqslant \frac{U_0}{I_a} \quad (4) \qquad Z_{Sm} \leqslant \frac{2}{3} \cdot \frac{U_0}{I_a} \quad (5)$$

故障保护一般通过 RCD（Residual Current protective Device– 剩余电流保护器）自动关断电源。也常规定老旧设备部分需使用 RCD。

出现故障电流（差动电流 I_Δ）时，RCD 的铁芯磁化，在磁场达到足够强度后实施关断动作（见 344 页）。

配电网经营者通过建筑物接线的接地使公共电网的接地电阻保持在一个低位，以满足静电电压平衡的要求。因此，$I_{\Delta N} \leqslant 300$ mA 的 RCD 在任何情况下均可在低于接触电压 50 V 时实施关断。

与之相反，TT 系统的 RCD 故障保护设备接地电阻或环线总电阻必须足够低，即在建筑物内检测。为避免泄漏电流的意外关断，它们必须 $\leqslant 0.3 \cdot I_{\Delta N}$。

测得的故障电流阻抗 Z_{Sm} 必须满足公式 5，因为检测必须在设备冷态下进行。

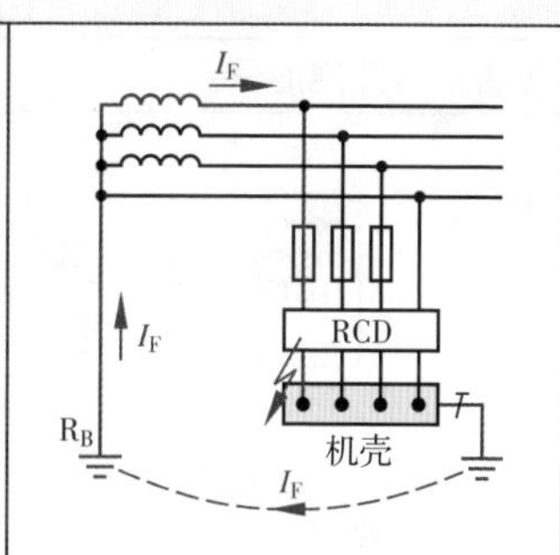

TT 系统内通过 RCD 实施故障保护

TT 系统内设备接地电阻

$$R_A \leqslant \frac{50\ V}{I_{\Delta N}} \quad (6)$$

如果 R_A 未知或无法测量，可按公式 5 用 Z_{Sm} 代替。

测得的环线总电阻

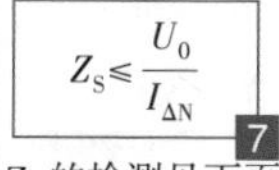

$$Z_S \leqslant \frac{U_0}{I_{\Delta N}} \quad (7)$$

Z_S 的检测见下页。

I_a 关断电流
I_Δ 差动电流
U_0 导线对接地的电压
I_N 额定电流，标称电流
$I_{\Delta N}$ 额定差动电流
Z_S 故障环线电阻
I_F 故障电流
R_A 设备接地电阻
R_B 并联的电网接地线接地电阻

故障保护 2

参照 DIN VDE 0100–410

电路	解释	补充，附注

过流保护装置实施自动关断

电路

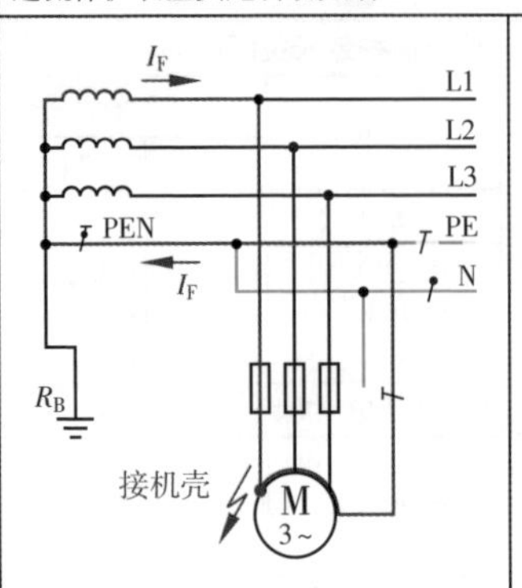

TN–C–S 系统内过流保护装置实施的故障保护

条件：

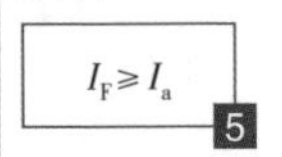

过流保护装置的关断电流参见 328 页，330 页

解释

过流保护装置实施的关断必须与 RCD 一样在短时间内完成。为此要求其电流强度明显大于 RCD。所以，这里的故障电流阻抗 Z_S 必须足够小，而且必须测量。故障状态下，导线温度大于检测值，所以必须在 TN 系统设置一个准确的额定 $Z_S=1.5 \cdot Z_{Sm}$。

冷态所测故障环线总电阻必须达到：

$$Z_{Sm} \leq \frac{2}{3} \cdot \frac{U_0}{I_a} \quad (4)$$

TT 系统所要求的小接地电阻几乎无法达到，所以 TT 系统一般要求使用 RCD。
亦请参见附加保护（见 351 页）。

补充，附注

TN 系统：

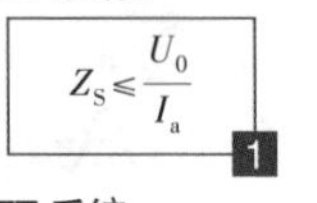

$$1{,}5 \cdot Z_{Sm} \leq \frac{U_0}{I_a} \quad (2)$$

TT 系统：

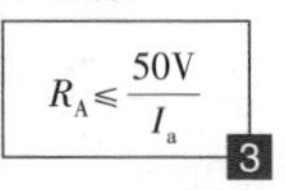

Z_S 同 TN 系统

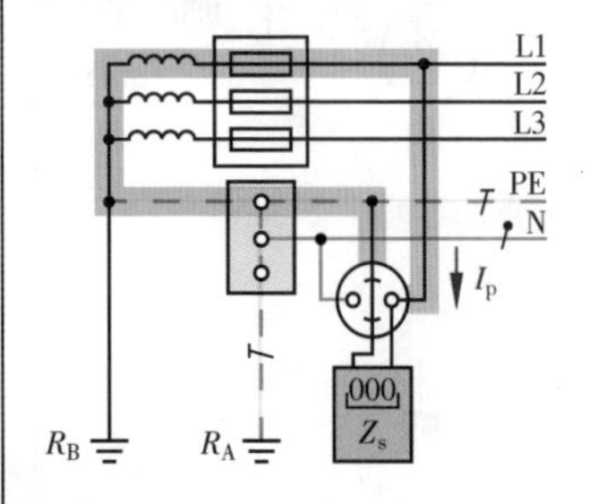

直接检测故障环线总电阻

警告信号实施的保护

电路

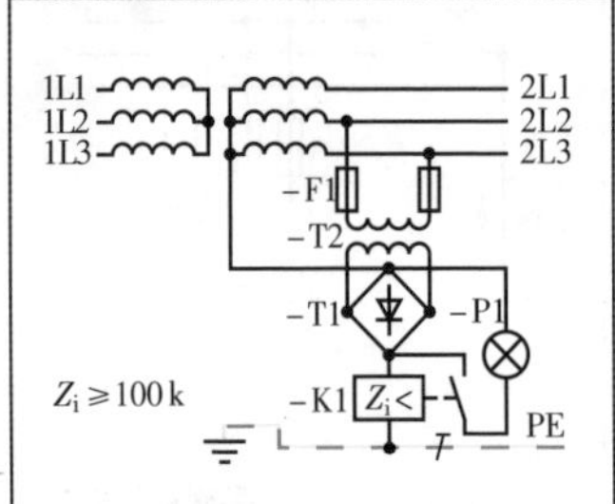

绝缘监视装置

解释

在 IT 系统（见 341 页）内规定通过警告信号实施保护。这时的接地电路由一个不接地的变压器馈电。

绝缘监视装置在第 1 次故障时仅发出一个声光信号，直至第 2 次故障时才实施关断，例如由 RCD 实施关断。其应用例如手术室。

补充，附注

IT 系统：

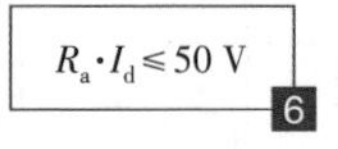

I_d 包含用于第 1 次故障的泄漏电流，包括其电容占比。因此设备的范围不能大，否则也会出现无故障关断。

保护性分离

电路

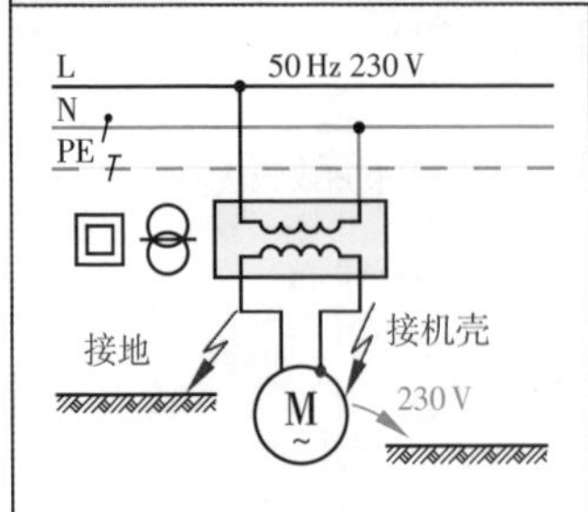

接地无效的保护性分离

解释

这里一般借助按 VDE 0550 标准的分离变压器通过与电网的分离实现故障保护。

- 输出电压≤ 500 V，
- 有效元件不允许接地或与其他电流电路连接，
- 用户电器的机壳不允许连接安全引线 PE，
- 软线必须保证其机械负荷强度。

补充，附注

保护性分离在接地时无效。所以，一般一个用户电器只允许连接一个分离变压器的次级绕组。多个次级绕组时也允许连接多个用户电器。对此请参见 347 页。

I_a 过流保护装置的关断电流，I_d 第 1 次故障后的故障电流，IF 故障电流，R_A 设备接地电阻，U_0 相线对接地的标称电压，Z_S 故障环线总电阻，Z_{Sm} 冷态测得的故障环线总电阻

受专业监视的设备的其他故障保护

保护措施	电路，设备	解释
绝缘的环境	通过绝缘的环境实施保护	条件： ·电气元器件已有基本保护， ·导电机壳的位置必须使人员不能同时接触两个机壳或一个机壳与一个外部导电元件， ·导电环境无安全引线 PE。 绝缘件必须能经受 2 kV 检测电压。泄漏电流不允许大于 1 mA。绝缘电阻不允许超过下列数值： ·设备最大至 500 V 时 50 kΩ， ·设备超过 500 V 时 100 kΩ。
局部，无接地保护电位均衡	备用电源的无接地局部保护电位均衡	对于这种受专业监视的设备[1]的保护而言： ·电气元器件必须已配备基本保护， ·可同时接触的机壳和外部导电元件必须用保护电位均衡导线连接， ·保护电位均衡导线不允许连接接地线， ·人员必须免受电位差的侵害，例如走近设备。
多个用户电器的保护性分离	多个用户电器的保护性分离	保护性分离这类保护在多个用户电器连接分离变压器同一个次级绕组时受到限制。如果其中一个用户出现接地连接，该用户一般将被忽视而得不到保护。但现在所有用户电器的有效导线均有接地电压。 条件： ·电气元器件必须具有基本保护， ·分离的电路必须受到机械保护， ·用非接地的绝缘的保护电位均衡导线接机壳。 ·不同相线出现任何一个故障时必须能够自动关断。 ·分离电路的长度不允许超过 500 m。 ·导线长度逾标称电压的乘积不应超过 100 kVm。 在狭窄空间应采用保护电位均衡导线将分离电流电路的机壳连接金属物体。
金属环境中的分离保护	金属环境的分离保护	

[1] 受专业监视的设备指“由电气专业人员或电气技术培训人员操作和监视的设备”（VDE 0100–410）。

保护措施的首次检验

保护措施	检验	检验方法
检验有安全引线的保护措施		参照 DIN VDE 0100-600
所有装有安全引线的保护措施	目视检验。尤其应检验所选保护装置是否正确，安全引线，保护电位均衡导线和接地导线的导线横截面及其符号标记是否正确。	
导通性 绝缘电阻	用检测仪以至少 4～24 V 空载电压通过 ≥ 0.2 A 的电流检验证明安全引线 PE 和保护电位均衡导线 PB 的导通性，不能使用仅有几毫安的高电阻检测表。	检验：例如通过检测对地电压，检验 PE 是否未与零线或相线连接。 配电设备的绝缘检验（$U_N \le 500$ V 时用 DC 500 V 检测，绝缘电阻 $R_x \ge 1\text{M}\Omega$。但如果 $U_N > 500$ V，应用 DC 1000 V 和 $R_x \ge 1\text{M}\Omega$ 进行检测）。
RCD 自动关断的保护（故障电流保护装置）	检验 RCD 运行是否正确以及人为模拟故障触发时故障电压是否≤ AC 50 V。对 TT 系统还要检测接地电阻 R_A。 检验 RCD 的型号是否正确（B 型用于平直的故障电流，其他的用 A 型）。	按下检验键。 用检验仪检测 RCD。 TT 系统必须是 $R_A \le \frac{50\text{V}}{I_{\Delta N}}$ 1
过流保护装置自动关断的保护	检验单级短路时的关断速度是否足够快（参见 345 页）。检验 TN 系统所测得的环线总电阻 Z_{Sm} 和 TT 系统设备接地线的接地电阻是否达标。 因为导线温度较低时将 Z_{Sm} 作为工作温度进行检测，它必须是 $Z_{Sm} \le \frac{2}{3} \cdot \frac{U_0}{I_a}$。	应在距离最远的位置检测环线总电阻。首次检验时测接地电阻和绝缘。 $U_N \le 500$ V 时用 DC 500 V 和绝缘电阻 $R_x \ge 1$ MΩ，如果 $U_N > 500$ V，应用 DC 1000 V 和 $R_x \ge 1$ MΩ 进行检测。 再次检验时： 湿度≥ 0.5 kΩ/V 时，$R_x/U_N \ge 1$ kΩ/V。
绝缘监视装置警告信号的保护	检验绝缘监视装置的运行是否正确。检验接地状态下绝缘监视的运行情况。检验接地电阻是否足够小（$R_A \le U_L/I_{\Delta N}$）。 检验是否所有导电元器件均已相互低电阻连接。	按下检验键。用电阻在相线与安全引线 PE 之间人为制造故障。然后检测接地电阻。 接地电阻检测，例如主接地条。
检验无安全引线的保护措施		参照 DIN VDE 0100-600
所有保护措施	目视检验。注意监视插头，导线和电压发生器的选用是否正确，保护绝缘是否受损，通过非导电环境实施的受保护金属物体绝缘结构是否正确。	
双倍或加强绝缘（保护等级 II）	只有在维修后才有必要进行用户电器的检验。 电网接头必须检验。	
非导电环境	检验绝缘状况。 （只有受专业监视的设备才能满足故障保护的条件）	检测地板和墙壁的绝缘电阻（$U_N \le 500$ V 时要求绝缘电阻 $R_x \ge 50$ kΩ）。
SELV 或 PELV	检测额定电压：$U_N \le$ AC 50 V 和 AC 25 V 和 DC 120 V 和 DC 60 V。检验接地的次级电路或与更高电压连接的次级电路。	对地的电压检测和绝缘检测（用 $U \ge$ DC 250 V，绝缘电阻用≥ 500 kΩ）。
保护性分离	检验次级电路是否没有接地。检验电压与导线长度的乘积是否≤ 100 000 Vm。	用 DC 500 V 检测对地绝缘电阻，额定电压≤ 500 V 时，绝缘电阻≥ 1 MΩ。

I_a 关断电流，$I_{\Delta N}$ RCD（剩余电流保护装置）的额定差动电流，R_A 设备接地电阻，R_x 绝缘电阻，U_L 最大允许接触电压，U_N 额定电压，U_0 对地额定电压，Z_{Sm} 已测得的环线总电阻

重复性检验

参照 DIN VDE 0105-100

任务

种类	解释	附注
重复性检验的目的： 电气设备（包括非商业设备）必须保持规范指定的状态。因此必须按合理的时间间隔进行检验。	此类检验包括 · 目视检验， · 试验和 · 检测。 电气专业人员实施检验，并获取与设备进行比较的结果。 检验结束后要求作出书面检验纪要。	工商业和农业设备由企业主（运营者）负责实施重复性检验。按照 DGUV V3（德国事故保险法第 3 款），设备必须受到电气专业人员的持续监视或按指定日期进行检验。
检测： 获取间接接触时可对保护措施进行评判的数值。	首先规定按期对绝缘状态进行检测。 对检测值的要求见下文。	230 V 电网用 DC 500 V 检测绝缘状态。电压源必须在负载 1 mA 状态下输出至少达到待检设备额定电压的电压。

最大允许的检验期限

参照 DGUV V3

电气元器件，设备	检验期限，检验人员	检验种类
非固定设备的 RCD	每个工作日由操作人员执行。 电气专业人员每个月执行。	检验 RCD 的检验装置。 通过检测检验装置的有效性，例如触发电压。
固定设备的 RCD	每 6 个月由操作人员执行。	对检验装置进行检验。
动态的接线导线和延长线，包括插接式接头	如果使用，每 6 个月由电气专业人员执行。	目视检验其状态是否正常，需要时检测例如安全引线电阻。
绝缘保护套	每次使用前由操作人员检查。 如果使用，每 6 个月由电气专业人员执行。	检查明显的缺陷。 状态检验。
电压表， 绝缘工具	每次使用前由操作人员检查。	检查缺陷和功能。
设备和地点固定的元器件	每 4 年由电气专业人员执行。	检验状态是否正常，并实施检测。

重复检测时最小允许绝缘电阻

设备	与电流电路额定电压相关的最小绝缘电阻	电路举例
普通房间，用户电器已接通。	300 Ω/V(若是 230 V 电网则是 69 kΩ)	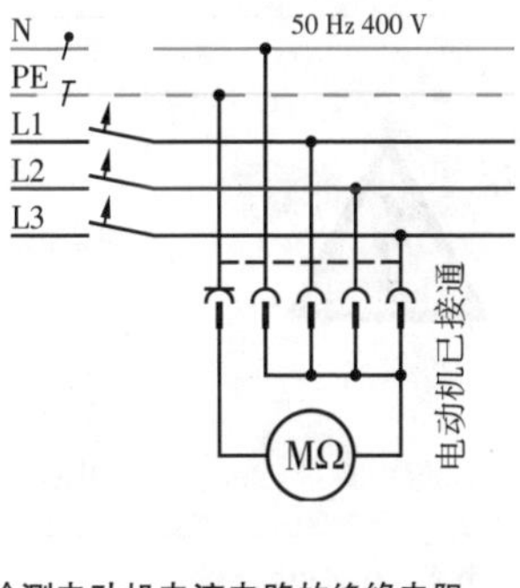 N PE L1 L2 L3 50 Hz 400 V MΩ 电动机已接通 检测电动机电流电路的绝缘电阻
普通房间，用户电器已关断。	1000 Ω/V(若是 230 V 电网则是 230 kΩ)	
设备在露天，或在用喷射水清洗地板和墙壁的室内。	用户电器已接通：150 Ω/W 用户电器已关断：500 Ω/W (若是 230 V 电网则是 115 kΩ)	
IT 系统	50 Ω/V	
SELV 和 PELV（安全性特低压，保护性特低压）	直流检测电压 250 V 时是 250 kΩ	
SELV（功能的 ELV，功能低电压），其本身没有保护作用。	与较高电压的系统相同，其安全引线连接 FELV 电流电路的机壳。	

特种低压设备

设备	举例，电击保护	过流保护，装置保护	标准，附注，材料
医用范围	实验室，医生诊所，手术室	必须保证过载时距离故障点最近的过流保护装置及时关断（选择性）。	VDE 0100–710 IT 系统必须配备绝缘监视装置。在治疗室要求安装安全电源装置。
展览会，表演场所，站点	检测站， 售货亭。 分离装置必须轻易触及。只有绝缘才能满足基本保护。TN 系统必须是 TN–S 系统。末级电路应采用 $I_{\Delta N} \leqslant 30$ mA 的 RCD 保护。	电动机必须采用防高温的保护装置。 照明设备必须无火灾隐患。	VDE 0100–711 电缆和导线必须具有特殊电阻能力。无火灾警报系统时，电缆必须是低烟尘或放置在安装管内。
放置在机动车或运输机构上的电气设备	建筑工地的住宅集装箱车，厕所车。 所涉装备带有 400 V/230 V 插座。$I_{\Delta N} \leqslant 30$ mA 的 RCD 用作外部插座的附加保护。	电源引接线是 $\geqslant 2.5\ mm^2$ H07RN–F。 过流保护装置按 VDE 0100–430。推荐采用 RCBO（FI/ 导线保护开关，见 343 页）。	VDE 0100–717 导线和电缆与潮湿区域的相同。 插头和插座在 ≥ IP 44 之内，插座在 ≥ IP 54 之外，装置机壳 ≥ IP 55。
公共装置和工作站	火车站，飞机场，剧院。保护措施按 VDE 0100–410。故障点之前的保护装置必须首先关断（选择性作用）。设备任何一点的短路电流必须在最多 < 5 秒之内关断。	过流保护按 VDE 0100–430。用于安全目的的 DC 电流电路内其过流保护必须是双极。非连续监视的 $P_N \geqslant 500$ W 的电动机必须实施热效应保护，例如使用电机保护开关。	VDE 0100–718 必须保证安全（具有防火保护功能的安全设备）。 必须具备安全设备的电路图。
教室	参见下页		VDE 0100–723
潮湿区域，露天设备 60°	淋浴室，车载淋浴室，酒窖。采用 $I_{\Delta N} \leqslant 30$ mA 的 RCD 保护住宅插座电流电路。	保护类型（见 290 页）至少达到 IP X1，露天无顶达到 IP X3，车载淋浴室达到 IP X4。 用水管直接喷淋或高压清洗设备要求大于 IP X5。	VDE 0100–737 潮湿房间固定敷设的导线使用塑料护套或用电缆。移动导线至少需用 H07RN–F 或与之等值的导线。
临时建立的电气设备	娱乐公园，马戏团。采用绝缘作为基本保护。故障保护采用放置在设备初始端 $I_{\Delta N} \leqslant 30$ mA 并带时间延迟的 RCD，附加保护采用 $I_{\Delta N} \leqslant 30$ mA 的 RCD 用于插座和位置变化的 $I_{\Delta N} \leqslant 32$ A 的电器，也用于照明电流电路。	电器至少达到 IP 44。非连续监视的电动机，变压器和变频器必须采取防高温保护，例如电机保护开关。 不允许使用 TN–C 系统，N（零线）不允许连接安全引线 PE。	VDE 0100–740 设备上必须装有一个可轻易触及的分离开关，例如 $I_{\Delta N} \leqslant 300$ mA 的 RCD。 露天电缆和导线应是 $U_N \geqslant 450/700$ V，例如 H07RN–F 或与之等值的导线。室内采用 $U_N \geqslant 300/500$ V 的导线，例如 H05RN–F。

I_N 额定电流，标称电流
$I_{\Delta N}$ 额定差动电流，标称故障电流
P_N 额定功率，标称功率
U_N 额定电压，标称电压

装有实验设备的教室内电气安装

参照 VDE 0100–723

概念	解释	举例
教室	中小学校（包括大学）和培训机构内传授知识的房间。	学校阶梯教室，阅览室，电气实验室，物理实验室，实习教室。
实验	演示，观察和练习，用于理解自然科学或技术过程。	测量电气或机械设备的电流，电压和功率。
实验设备 EE	可用于实验或演示的设备。	带电源的演示或实验场地。
VDE 0100–723 的适用范围	装有实验设备（EE）并可能出现接触性危险电压的教室。	所有装有标称电压大于 AC 50 V 或 DC 120 V 电源的教室。
SELF 或 PELV	装有实验室设备且电源由 SELF 或 PELV 构成的房间可不必遵守 VDE 0100–723 标准，也不要求其附加措施。	SELV 或 PELV 的电压可适用于除电气技术专业培训之外的大部分基础知识实验和所有电化学练习。
基本保护	首先这里适用 VDE 0100–410 的所有规定。补充说明的是，单极接线点必须有防接触安全措施。	可使用防接触保护的实验室插套。
RCD 附加保护	规定由全电流敏感且差动电流 $I_{\Delta N} \leq 30$ mA 的 RCD（B 型）实施附加保护。如果电源由 IT 系统供给，允许放弃这种保护，因为此类系统内装有绝缘监视装置，可在第 1 次故障时实施关断。	Typ B–B 型； 脉冲电流敏感型（A 型） 直流电流敏感型（DC 型） **全电流敏感型 RCD 标记符号**
故障保护（间接接触保护）	VDE 0100–410 还适用于下述：如果在专业培训时需进行用 RCD 不能进行的检测，例如检测环线总电阻，那么在桥接 RCD 时必须保证及时关断电源，例如通过一个按 EN 954–1（与安全相关的控制系统）等级 1 的接触器和一个等级 1 的钥匙开关。	**钥匙开关**
附加保护电位均衡 ZSPA	所有外部可产生电位的导电元件，例如加热体，必须用至少 4mm² 铜质保护电位均衡导线按上下顺序连接。保护电位均衡导线必须与安全引线 PE 连接。	水　燃气　暖气　EE3　EE2　EE1　PE **ZSPA 的保护电位均衡汇流排**
分离与接通	实验室设备必须能够通过分离装置（分离开关）与电源的所有有效导线（包括 N 线）分离。	分离开关必须有一个分离段。最适宜的仍是现有的 RCD。半导体接触器不适用。
紧急状况的处理	每一个实验室设备都必须配装急停装置。通过其操作装置，例如急停按钮，迫使室内所有实验室设备与电源分离。此外，房间的每一个出口处必须装一个急停操作装置。急停装置由急停按钮和一个可靠的接触器组成，两者均必须至少达到 EN 954–1 的等级 1。	**急停按钮**
附加措施	如果遵守 VDE 0100–410 非导电环境的规定，绝缘地板可特别有效地降低单极接触的危险。	与 VDE 0100–723 早期版本相反，现已不再要求采用绝缘地板，但推荐使用。

电子装置的电源

名称	解释	电路，附注
线性电压调节器	线性电压调节器在输入电压 U_1 和负载变化的条件下，提供几乎恒定不变的输出电压 U_2。通过改变调节器的电压降实现调节功能，例如负载电流上升时降低电压降。调节器由接通电容和电阻的ICs组成。由于 U_1 必须大于 U_2，此类调节器效率低。	LM 317 2 3 $R1$ 240Ω I_v 0,1 μF $R2$ 5 kΩ 1 μF U_e = 28 V U_a 1.2 V 至 1.5 V 可调式电压调节器
带线性电压调节器的电源部件	此类电源部件原则上由一个变压器，一个整流电路，一个充电电容器和电压调节器组成。如果整流器电压超过电容器电压，充电电容器 C_L 可不断补充充电。电网电流不是正弦波形并含有强烈的谐波。按照 EN 61000，额定功率最高只允许达 75 W。	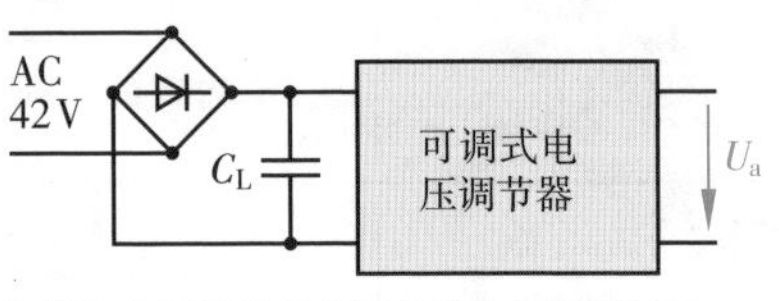 带线性电压调节器电源部件的电路原理图
开关调节器， 无 PFC（功率因数校正）的开关电源部件	开关调节器以及开关电源部件与电容器能量存储和线圈一起运行，常无变压器。它整流电网电压，并通过开关 Q1 和 L_1 向 $C2$ 施加电压。Q1 的开关电压设定为 Ua 的设定值。一旦该电压到达 $C2$，Q1 打开。现在，L_1 和 $C2$ 继续提供负载，直至 $C2$ 的电压下降和 Q1 闭合。此类装置的效率达到 0.92，但由于 $C1$ 和 $C2$ 的缘故，电网电流不是正弦波形。其额定功率最高只允许达 75 W。	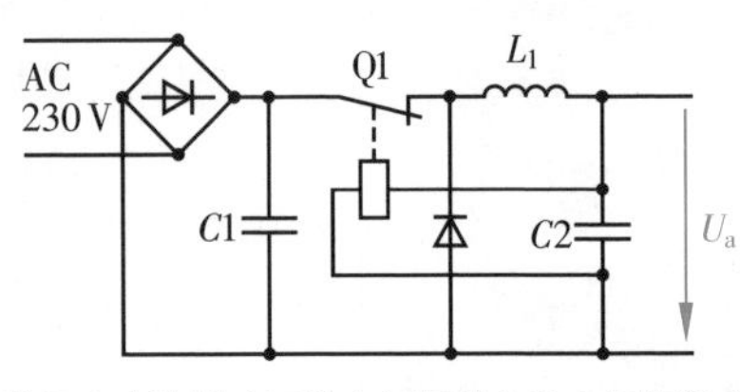 带闭塞变流器（开关电源部件）的电源部件电路原理图
带 PFC（功率因数校正）的开关电源部件	带 PFC 的开关电源部件包含一个由 L_1 组成的闭塞变流器，电子开关 Q1 和 R1。Q1 闭合，L_1 接收电流并给它的磁场充电。如果 Q1 打开，L_1 因感应而产生一个电压，该电压通过 $R1$ 给充电电容器 $C2$ 充电。这种闭塞变流器常称为升压变流器（Boost-Converter）。用 PWM（脉冲宽度调制）的高频控制 Q1，使整流器接收电流，该电流的正弦曲线与电压对应没有相位差。这就是功率因素校正 PFC。Q1 的控制由 PWM-PFC-IC 执行。PFC 用于功率大于 75 W，各导线电流最大至 16 A 的电子装置，但不适用于装有变压器站的设备（DIN EN 61000）。	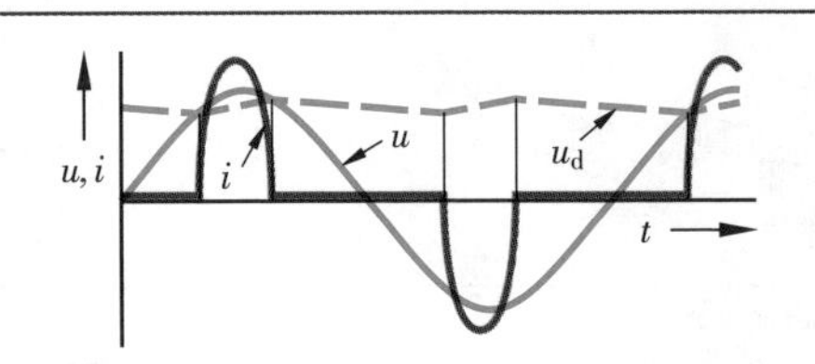 无 PFC，带整流器和平波电容器的电子装置的电网电流 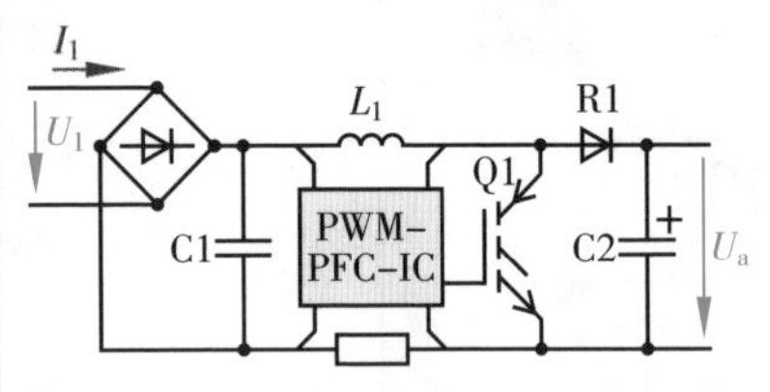 带 PFC 的开关电源部件电路原理图
带大范围输入电压和 PFC 的电源	闭塞变流器也允许制成用于大范围输入端（多种不同输入电压的输入端）的电源结构。额定输入电压从例如 110 V 至 260 V 通过 B2U 电路产生一个从 DC 130 V 至 373 V 的额定中间电路电压。闭塞变流器借助 PWM 并通过变压器和整流器电路将该电压降至 DC 24 V。调节功能由 PWM-IC 完成，该电路由输出端的模拟电压调节器控制。闭塞变流器持续施加电压，直至各个负载电流的输出电压均达到 DC 24 V 为止。	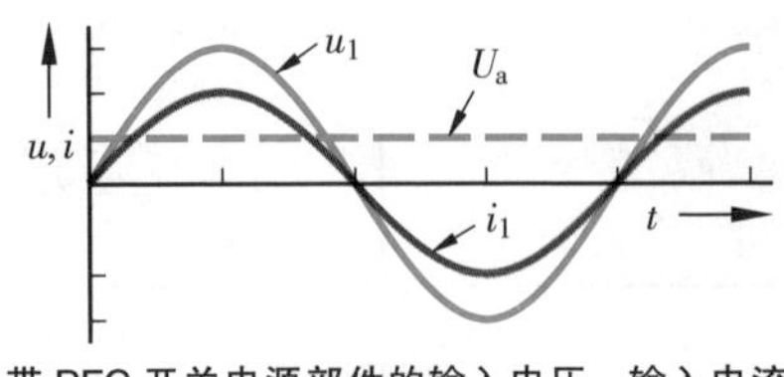 带 PFC 开关电源部件的输入电压，输入电流和输出电压

安全电源设备

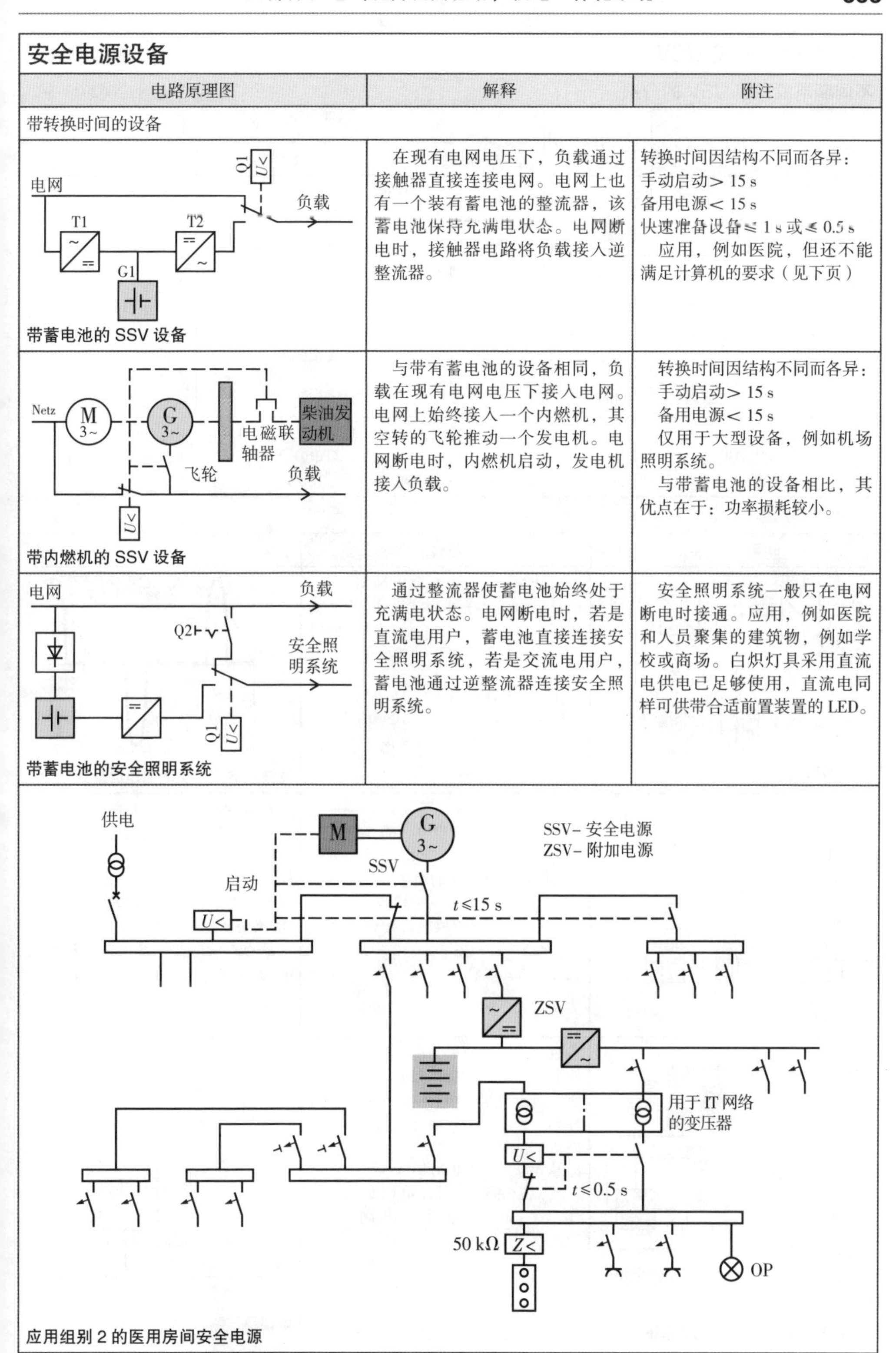

电路原理图	解释	附注
带转换时间的设备		
带蓄电池的 SSV 设备	在现有电网电压下，负载通过接触器直接连接电网。电网上也有一个装有蓄电池的整流器，该蓄电池保持充满电状态。电网断电时，接触器电路将负载接入逆整流器。	转换时间因结构不同而各异： 手动启动> 15 s 备用电源< 15 s 快速准备设备≤ 1 s 或≤ 0.5 s 应用，例如医院，但还不能满足计算机的要求（见下页）
带内燃机的 SSV 设备	与带有蓄电池的设备相同，负载在现有电网电压下接入电网。电网上始终接入一个内燃机，其空转的飞轮推动一个发电机。电网断电时，内燃机启动，发电机接入负载。	转换时间因结构不同而各异： 手动启动> 15 s 备用电源< 15 s 仅用于大型设备，例如机场照明系统。 与带蓄电池的设备相比，其优点在于：功率损耗较小。
带蓄电池的安全照明系统	通过整流器使蓄电池始终处于充满电状态。电网断电时，若是直流电用户，蓄电池直接连接安全照明系统，若是交流电用户，蓄电池通过逆整流器连接安全照明系统。	安全照明系统一般只在电网断电时接通。应用，例如医院和人员聚集的建筑物，例如学校或商场。白炽灯具采用直流电供电已足够使用，直流电同样可供带合适前置装置的 LED。

应用组别 2 的医用房间安全电源

不间断电源系统 USV

不间断电源系统 USV 的分级

参照 DIN EN 62040-3-2

位置	过程	时间	分级代码，例如 VFD SS 111		
			1 级	2 级	3 级
1 2 3	电网断电 电压中断 电压峰值	＞ 10ms ≤ 16ms ≤ 16ms	U_{out} 与 U_{netz}, f_{Netz} VFD 相关	U_{out} 曲线形式 2 字母： 电网运行 电池运行 S 正弦波 X 非线性负载无正弦波 Y 无正弦波	U_{out} 与正弦波形的偏差 数字 电网运行 电池运行 旁路运行 无间断 中断＜ 1ms 中断＜ 10ms 按制造商数据
1~5 4 5	位置 1 至 3 欠压 过压	见上文 持续 持续	U_{out} 与 f_{Netz} VI 相关		
1~10 6 7	位置 1 至 5 闪电作用 电压冲击（骤增）	见上文 偶然 ＜ 4ms	U_{out} 与 U_{netz}, f_{Netz} VFI 无关		
8 9 10	频率波动 电压波形畸变 电压谐波	偶然 周期 持续	VFD（Voltage Frenquency Dependent）与电压频率相关，VI（Voltage Independent）与电压无关，VFI（Voltage Frenquency Indenpendent）与电压频率无关		

电路

电路，名称	解释	附注
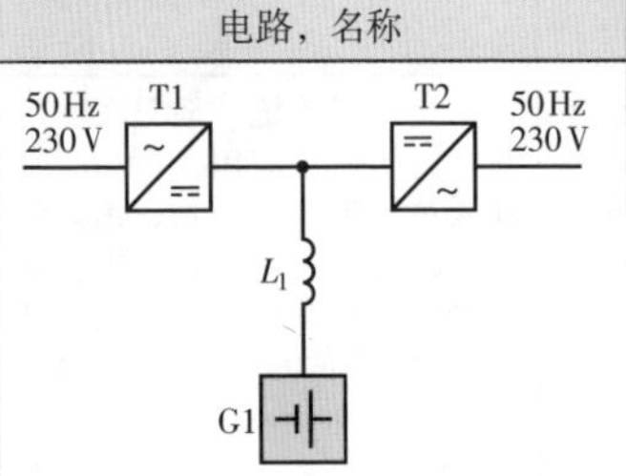 电路原理图	整流器 T1 持续为蓄电池 G1（一般是铅电池）充电并通过 L_1 和逆整流器 T2 向负载供电。要求装 L_1 的目的是不让电网中出现脉冲型负载（见图）。 优点：物优价廉。 缺点：效率低，由于采用 L_1 致使 $\cos\varphi$ 小，蓄电池部分放电时会出现容量损耗（记忆效应）。	滤波扼流圈过小时的电流曲线
带受监视蓄电池的电路	蓄电池 G1 和 G2 通过 L_1 和逆整流器 T2 持续向负载供电。需要时，T1 和 Q1 为 G1 和 G2 充电。微控制器 K1 监视 G1 和 G2 的电压并控制开关 Q1，Q2，Q3。Q2 和 Q3 交替关闭，使 G1 和 G2 交替放电。标称功率 S_n 从 200 VA~200 kVA。 优点：无记忆效应。	现电网电压下，Q1 和例如 Q3 打开，G1 负责向负载供电。G1 电压下降时 Q1 关闭，使 G1 得以充电。G1 充满电后，Q1 和 Q2 打开，并由 G2 向负载供电。G2 电压下降时，Q1 关闭并重复上述过程。 **缺点**：效率低，由于采用 L_1 致使 $\cos\varphi$小。
带铁磁谐振变压器的 USV 系统	铁磁谐振变压器平衡电压波动。电网断电时，铁芯磁场和电容器为负载供电若干个半周期。这段时间里，微控制器启动逆整流器，它启动后负责向负载供电。 S_n 从 500 VA 至约 20 kVA。 优点：蓄电池只在电网断电时工作，效率高，通过相应的控制电路避免出现记忆效应。	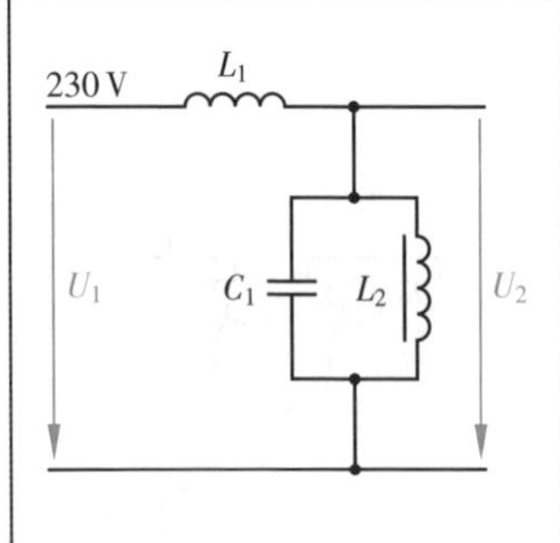 电磁稳压器

蓄电池房

敞口电池的蓄电池房

种类	解释	附注，公式
电池房	摆放或装入运行用电池的房间。	放置充电设备用于电池充电的房间称之为充电站。 **充电功率** $P_L = U_N \cdot I_{Lmax}$ 1
电池充电房	只摆放用于充电电池的房间。	
通风	自然或人工通风必须能使爆炸性气体稀释至无危险的混合程度。	通过通风稀释氢－空气的混合比例低于 3.8%。 人工通风：**体积流量** $\frac{V}{t} \geq s \cdot n \cdot I_L$ 2 s=55 l/(Ah) 用于陆地和陆路运输机动车 s=110 l/(Ah) 用于水上交通工具
自然通风	通过窗口和 / 或门实现通风，必要时采用抽吸管或抽吸通道加强通风效果。	应争取采用自然通风。水上运输工具或容器或槽罐的自然通风仅允许充电功率 P_L 最大至 2 kV。抽吸管或抽吸通道不允许排入烟囱或炉子。
人工通风	开始充电前接通排气扇。	
电池摆放	电池的摆放位置应以可轻松触及和维护为准。	

摆放气密电池的蓄电池房间不适用于附加规定。这里也未对通风提出要求。

蓄电池的充电特性曲线

名称	特性曲线	解释，应用
稳流特性曲线	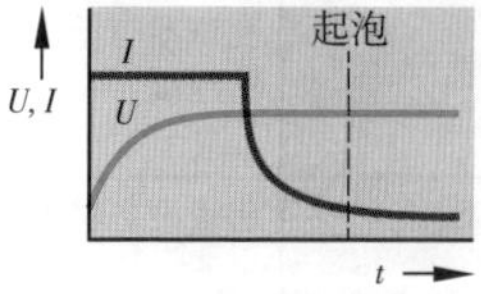 U, I；I；U；起泡；t	充电装置用注入电流工作，直至电压保持稳定，意即改变充电电压使充电电流保持恒定。 一般采取手动方式关断铅启动电池的充电过程。 用于给镍镉电池，镍金属氢化物电池和镍铁电池等充电，气密电池除外。
稳压特性曲线	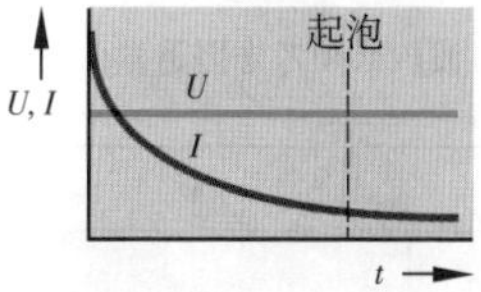 U, I；U；I；起泡；t	充电装置用注入电压工作，使充电电流随充电增加而减少。 为并联连接的铅电池或镍镉电池或镍铁电池充电，各电池单体数量相同，且与充电状态或容量无关。
下降的特性曲线 W	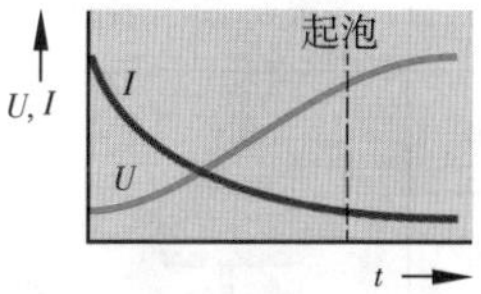 U, I；I；U；起泡；t	控制充电装置，使充电电流在电压上升时下降，直降至充电结束。 用于为 GiS 和 PzS 机动车电池，启动电池和敞口的镍镉电池充电。一般手动关断充电过程。 （Gi- 格栅板，Pz- 铠装板，S- 特殊分离）
a 自动关断 *O* 自动转换	缩写符号的顺序相当于充电过程曲线，例如 W O W a（下降的特性曲线，自动转换，下降的特性曲线，自动关断）。	

I_L 充电电流　　P_L 充电功率　　s 空气消耗量系数

I_{Lmax} 最大充电电流　　$\frac{V}{t}$ 空气的体积流量 t/h　　U_N 额定电压

n 电池数量

车间和机床场地的电气供电系统、汇流排系统的排列位置

电流汇流排系统

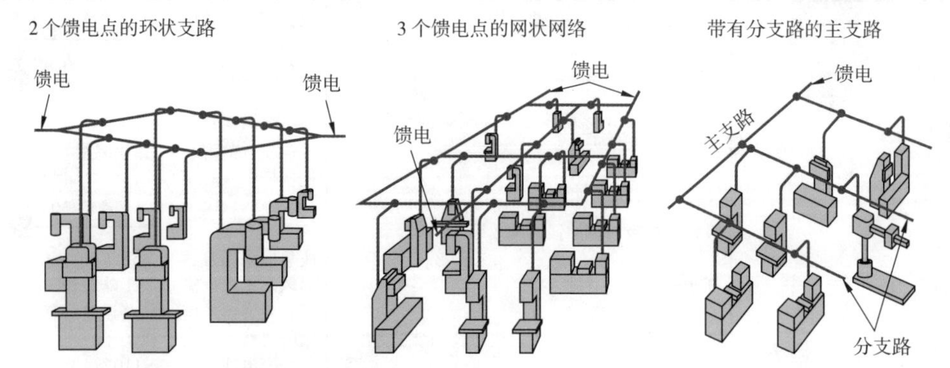

名称		应用	附注
汇流排配电装置，工厂制造	无分汇流排	电源在建筑物内	水平或垂直排列，代替电缆
	有分汇流排	高层建筑内的主线	代替电缆
	有可变分汇流排	向用户电器供电	机床，可轻度转换
	（装受电弓的）电车	向位置移动的用户供电	电动工具
	灯	灯光带	也与动力源组合
电流汇流排系统，非工厂制造	带盖，护套，例如露天	变压器与低压主配电装置的连接。	代替电缆，代替高层建筑的主线。
环线导线	带盖，例如露天	起重设备电源	只允许用于手触及范围之外。

保护措施：保护等级 I 的电流汇流排系统的接机壳线必须在标记位置与安全引线连接。
接线位置：即便设备安装后仍能轻易接触。
固定：固定需牢固可靠。水平布线到垂直布线的过渡段必须考虑因重量而发生移位的可能性。
长度膨胀：安装伸缩带。

汇流排系统

<table>
<tr><td colspan="2">汇流排额定电流 A</td><td colspan="4">125</td><td colspan="4">250</td><td colspan="4">400</td><td colspan="5">安装位置</td></tr>
<tr><td colspan="2">预熔断器额定电流 A</td><td colspan="4">125</td><td colspan="4">225</td><td colspan="4">355</td><td>盖板处</td><td>墙壁旁</td><td>支架上</td><td>机器之间</td><td>地板下</td></tr>
<tr><td rowspan="2">最大可耗用功率 kVA</td><td>230V 时</td><td colspan="4">47</td><td colspan="4">95</td><td colspan="4">150</td><td rowspan="5" colspan="5">3 m</td></tr>
<tr><td>400V 时</td><td colspan="4">82</td><td colspan="4">165</td><td colspan="4">260</td></tr>
<tr><td rowspan="2">变压器最大许用功率kVA</td><td>230V 时</td><td rowspan="2" colspan="3">U_k =8%</td><td colspan="3">1250</td><td rowspan="2" colspan="3">U_k =8%</td><td colspan="3">800</td></tr>
<tr><td>400V 时</td><td colspan="3">2000</td><td colspan="3">1250</td></tr>
<tr><td colspan="2">允许的冲击短路电流</td><td colspan="12">50 000 A</td></tr>
</table>

电控柜结构

电控柜 EMV（电磁兼容）区域的划分

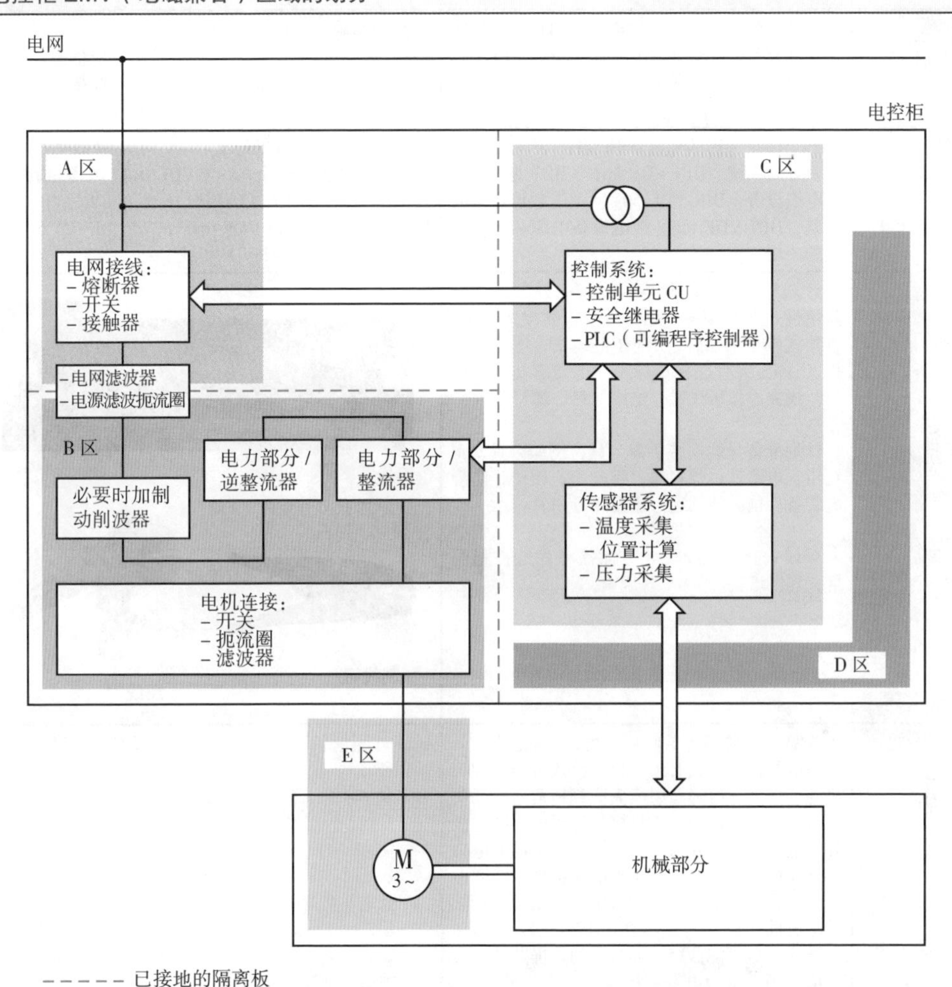

各区域的含义

区域	解释	附注
A	电网接线	必须遵守执行导线连接的干扰散射和抗扰度极限值。
B	（大）功率电子装置	干扰源：变频器的组成是整流器，有时还有制动削波器，逆整流器以及电动机方面的扼流圈和滤波器。
C	控制和传感器系统	降低干扰：敏感的控制系统和调节系统电子装置以及传感器系统。
D	至外围设备的信号接口	降低干扰：必须遵守抗扰度极限值。
E	电动机和电机导线	干扰源：必须遵守干扰散射极限值。

电控柜导线布线

特征	解释	附注
方案	以功能位置为准，例如电控柜内相应地导线布线和接线，借助 CAD 系统，例如 EPLAN，编制导线连接，电缆主干等平面图。	必须明确获知电控柜内待安装的电气元器件，电路图以及电控柜尺寸等，从中得出相应信息：电控柜温度，导线长度以及导线种类，导线横截面，导线堆集等。
规定	必须注意参照的标准：DIN VDE 0100 520 电缆和导线系统，DIN VDE 50173 用户通用的通讯电缆设备，DIN VDE 50174 电缆敷设设备的安装，DIN VDE 0298 强电设备电缆和绝缘导线的使用。	其他需关注的标准还有：DIN VDE 0113 机器以及机器电气装备的安全，DIN VDE 0472 电缆和绝缘导线的检验，DIN EN 61439 低压开关装置组合（DIN VDE 0660 600，DIN VDE 0660 507），DIN EN 61000–3–2 电磁兼容性（EMV）。
准备 材料 工具 温度 EMV	计划导线安装时除导线自身之外的其他所需组件：导线接头（螺钉端子，插接式端子，卡接式端子），布线系统（电缆槽，电流汇流排），固定元件，标记标签，电缆绑扎带，电缆塞线夹等，压线钳，绝缘材料，螺钉等。 计划准备导线安装所需工具，例如刀具，剥线钳，电烙铁，焊料泵，螺丝刀，钳子，防静电装备。稍后的试运行还需要万用表。 导线选择 / 导线尺寸方面需考虑电控柜温度，导线堆集和 EMV 等因素。	插接式端子 剥线钳 压线钳
结构 接地 空间分离 导线 屏蔽电缆 / 导线 电网滤波器	因 EMV（电磁兼容）而必须注意的是： 电控柜门和边板必须用机壳接线带与电控柜机壳连接。导线屏蔽层应大面积地覆盖在插头上。电网滤波器导线应直接从最近的导线过板导管进入电控柜并与之连接。电控柜内的电力部件，控制系统部件和逻辑电路部件在空间上应分离排放。电源配电应从中心点出发，例如总汇流排。 导线应尽可能截短。屏蔽线的未屏蔽芯线线端应留短。电力电缆和控制电缆应分离布线，根据实际可能性，不能并列，而应敷设在分离屏蔽的空间内或至少间距 20 cm。导线交叉时的角度为 90°。导线的布设可水平，也可垂直。 屏蔽电缆 / 导线用于例如数据线，整流器的电机线（伺服末级，变频器），组件与去干扰滤波器之间的导线。 主电源导线和接地线均通过一个电网滤波器进入电控柜。理想的电源导线应是绞合线。	请注意同色芯线的普通用途。导线弯曲半径应符合下述要求： · 多芯导线，塑料绝缘电缆 4 × ϕ（最外层导线直径）， · 柔性布线时软线 ϕ = 8 ~ 12 mm：4 × ϕ ϕ = 12 ~ 20 mm：5 × ϕ · 固定布线时软线 ϕ = 8 ~ 12 mm：3 × ϕ ϕ = 12 ~ 20 mm：4 × ϕ · 玻璃纤维导线 弯曲半径约为导线外径的 10 ~ 15 倍。 R_{min} ϕ 导线直径 导线的弯曲半径 数据线应按机械载荷通过拉伸和弯曲改变其承载能力。但由此可能导致故障和较长的相应时间。

电控柜空气调节 1

电控柜冷却方法，普通	原因	措施
温度监视区	·电气和电子元器件散发热能。 ·高温对电控柜内元件使用寿命的影响极为负面。 ·封闭的电控柜和机壳阻止热量流出。 ·过热将限制电气元件功能或造成全部停机。	·电控柜内热量的大部分由电子部件产生。在柜内用冷却体或小型风扇可分散这些热量。 ·通过主动或被动冷却方式排出电控柜内产生的热量。 ·散热（例如整流器）和空气负荷（例如灰尘）在选择优化冷却方法时均为优先考虑因素。

电控柜的摆放类型，按 IEC 890	电控柜表面	电控柜有效表面积 A m²
a)	单个装置机壳所有面均无相邻元件	$A = 1.8 \cdot H \cdot (B + T) + 1.4 \cdot B \cdot T$
b)	单个装置机壳装入墙板	$A = 1.4 \cdot B \cdot (H + T) + 1.8 \cdot T \cdot H$
c)	首端和末端机壳无相邻元件	$A = 1.4 \cdot T \cdot (H + B) + 1.8 \cdot B \cdot H$
d)	首端和末端机壳装入墙板	$A = 1.4 \cdot H \cdot (B + T) + 1.4 \cdot B \cdot T$
e)	中间的机壳无相邻元件	$A = 1.8 \cdot B \cdot H + 1.4 \cdot B \cdot T + T \cdot H$
f)	中间的机壳装入墙板	$A = 1.4 \cdot B \cdot (H + T) + T \cdot H$
g)	中间的机壳装入墙板，顶部加盖	$A = 1.4 \cdot B \cdot H + 0.7 \cdot B \cdot T + T \cdot H$
电控柜装配符号	A 电控柜有效表面积，单位：m² B 电控柜宽度，单位：m H 电控柜高度，单位：m T 电控柜深度，单位：m	

热传导	对流	热导体	热辐射
热传导类型	·热流的特征，其机制用于热能从一个地方传导至另一个地方。 ·热能通过其微粒传输。 ·对流的特征表现为气态和液态。	·热传输的一种形式，热能没有经过微粒传输，而是通过物体从高温范围向低温范围传导。 ·划分为易热导体（例如钢）和难热导体（例如空气）。	·热传导的一个类型，这里，热通过电磁波传导（例如红外线）。 ·与对流和热导体不同的是，热辐射在真空中也能扩散。 ·热辐射举例：火，白炽灯丝。

电控柜空气调节 2

类型	解释	原理，附注
被动空调	被动空调理解为通过电控柜墙板或通过电控柜墙板开口形成自然空气循环（自身对流）排出柜内热量。	功率损耗 P_v（举例）（见下表）
主动空调	主动空调指在电控柜内或柜旁安装风扇，热传导体或冷却装置。 所有内置部件的功率损耗 P_v 与电控柜表面散发的热功率 Q_S 的差由一个导热装置排出。	（见下表）
空气－空气热交换器	经由电扇吸入电控柜的空气经空气－空气热交换器后产生的热量吹向同样经由电扇吸入但仍是冷态的空气。两股气流通过导热材料相互分离并不再混合。 如果 $\vartheta_1 > \vartheta_U$，用于因灰尘和侵蚀性气体污染的环境。	空气－空气热交换器功能
导热管	导热管吸收电控柜内部的热量，经冷却肋管或导热管另一端的风扇排出至外部大气。 导热管用水或氨冷却。由于吸入热量使它们蒸发。蒸汽在芯管表面冷凝，排出热量后再次变成液态。这些液体重又送回导热管的蒸发器。	导热管作用方式
空气－水热交换器	风扇吸入电控柜内部空气并将它们吹向热交换器。循环冷却装置负责冷却已被加热的冷却水。吸入的内部空气经冷却后重又导入电控柜。此类装置适用于极端环境，当 $\vartheta_1 < \vartheta_U$ 时。	空气－水热交换器的功能
冷却装置 冷媒	压缩冷媒设备作为冷却装置一般由蒸发器，冷媒压缩机（压缩机），液化器（冷凝器）以及节流阀组成。圆管将易沸腾的冷媒输送至这些组件。 液态冷媒在蒸发器内因排出电控柜内空气的热量而变成气态。压缩机压缩这些气体，因此使液化器的温度高于环境大气温度。多余的热量经液化器的表面散发至环境空气中。在此过程中，冷媒被冷却并再次液化，送回至蒸发器。 当 $\vartheta_1 < \vartheta_U$ 时。	冷却装置的作用方式

功率损耗 P_v（举例）

P_n, I_n, S_n	P_v	I_n	P_v
变频器		电力接触器 AC	
2.2 kW	110 W	25 A	9 W
45 kW	1100 W	80 A	30 W
NH 熔断器		自动熔断器	
16 A	3 W	16 A	3 W
500 A	35 W	500 A	27 W
变压器		电源部件 24V	
100 VA	25 W	5 A	35 W
1000 VA	100 W	20 A	110 W

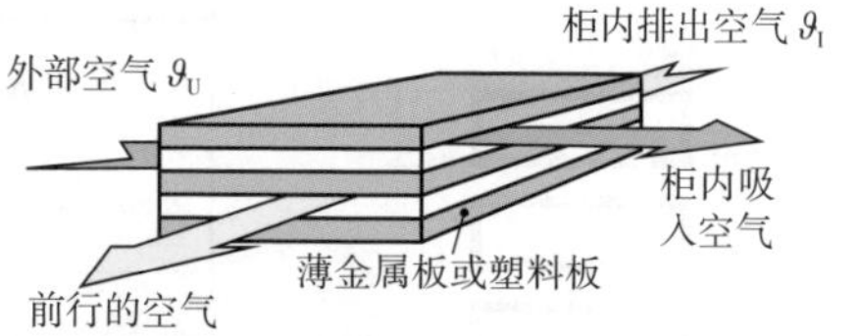

空气－空气热交换器功能

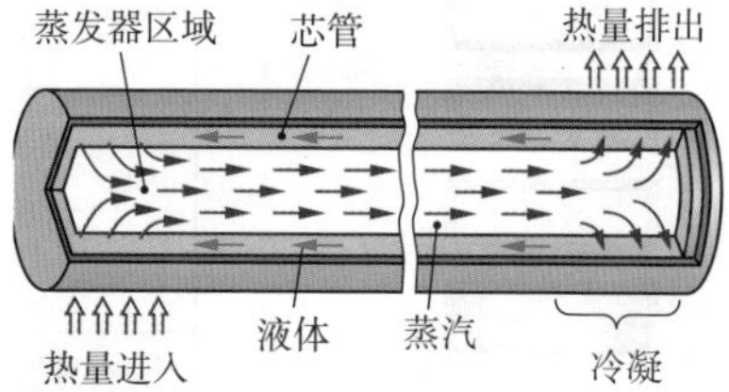

导热管作用方式

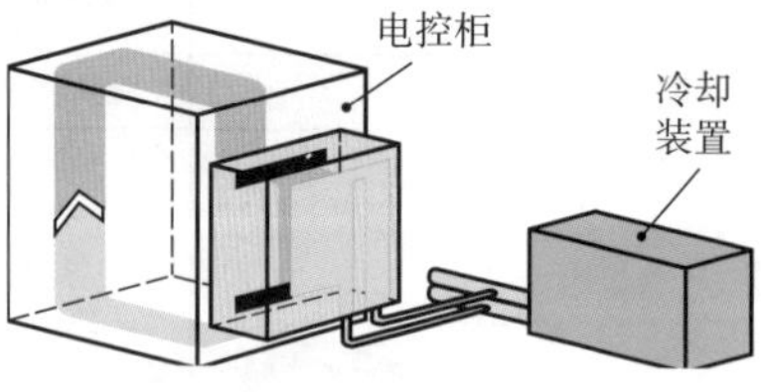

空气－水热交换器的功能

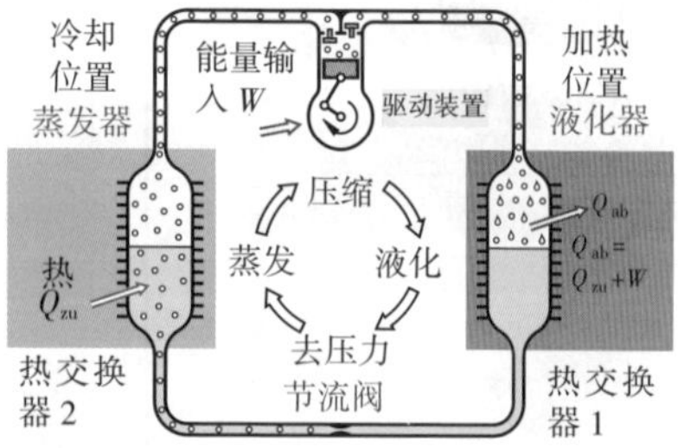

冷却装置的作用方式

电气装置的维修，改动和检验

<table>
<tr><th>检验</th><th colspan="3">解释</th><th>检测电路</th></tr>
<tr><td>目视检验</td><td colspan="3">用于用户安全的零部件不允许不适用和在外观上有可视损伤。查看装置接线导线是否有外观损伤，并检查有效位置减轻张力的状况。安全引线在全程均应处于符合规范的状态。安全引线接头的检视必须严格苛刻，关键部位应动手检查。错误的和无法识读的型号铭牌必须更换。</td><td></td></tr>
<tr><td> 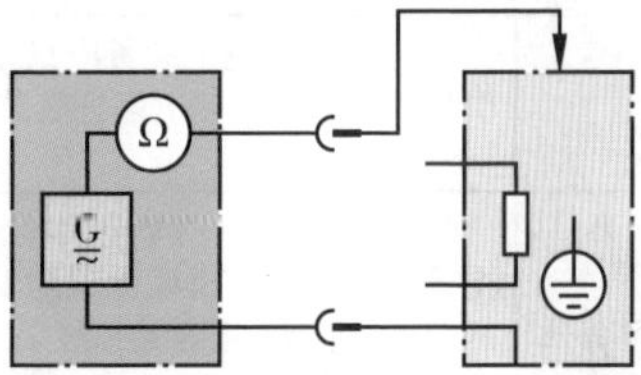检查安全引线电阻</td><td colspan="3">安全引线电阻必须＜ 0.3 Ω。导线长度每增加 7.5m 允许电阻增大 0.1 Ω。但总电阻不允许超过 1 Ω。
应检测的电阻位于机壳与
· 电网插头的保护触点，
· 装置插头的保护触点或
· 固定接头的电网端末端的安全引线之间。</td><td>检测安全引线电阻</td></tr>
<tr><td rowspan="4">检测绝缘电阻</td><td colspan="3">应检测装置运行时带电元件与金属机壳之间的绝缘电阻，这里的装置指 SK I（保护等级 I）以及 SK II 或 SK III 的金属机壳。</td><td rowspan="4">检测保护等级 I 的三相交流电装置的绝缘电阻

检测保护等级 II 装置的绝缘电阻</td></tr>
<tr><td colspan="3">不同保护等级 SK 的绝缘电阻</td></tr>
<tr><td>I</td><td>II</td><td>III</td></tr>
<tr><td>≥ 1 MΩ</td><td>≥ 2 MΩ</td><td>≥ 250 kΩ</td></tr>
<tr><td></td><td colspan="3">绝缘检测仪的检测电压必须至少达到 500 V。
绝缘电阻的检测必须与电网分离，但装置处于接通状态。
注意！必须对电子装置元件实施保护，以免受检测高压的损害。</td><td></td></tr>
<tr><td>检测安全引线电流

检测备用放电电流</td><td colspan="3">此类检测在 SK I 的装置上进行。安全引线电流检测时，装置已接通电网电压。如果是无极电网插头，必须对插头的所有位置进行检测。如果检测所获数值不同，取最大检测值作为检测结果。
允许采用的检测方法如下：
· 直接检测，
· 差动电流检测法，
· 备用放电电流检测法。
安全引线电流不允许超过 3.5 mA。例外的是带有总功率＞ 3.5 kW 加热元件的装置。这类装置的安全引线电流不允许大于每 kW 加热功率 1 mA，最大值不超过 10 mA。</td><td>检测保护等级 III 装置的绝缘电阻

检测三相交流电装置的备用放电电流</td></tr>
<tr><td>检测接触电流</td><td colspan="3">接触电流的检测适用于 SK II 装置的所有可接触的带电元件。它也适用于 SK I 装置可接触但未与安全引线连接的带电元件。此类检测方法与安全引线电流检测相同。接触电流极限值不允许超过 0.5 mA。</td><td></td></tr>
<tr><td>功能检验</td><td colspan="3">装置维修或更动之后应按照制造商的规定运行。必须检查装置的使用是否符合规定。必须检查装置是否有安全漏洞。</td><td></td></tr>
</table>

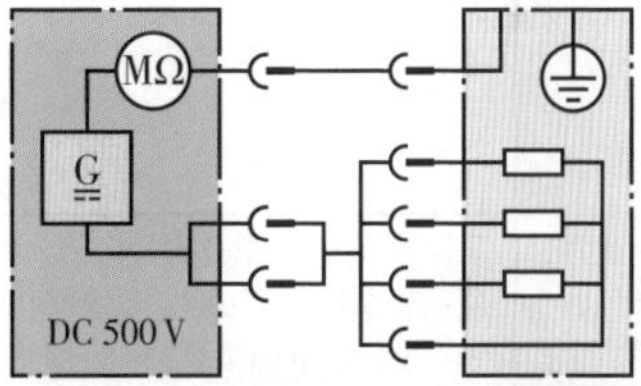

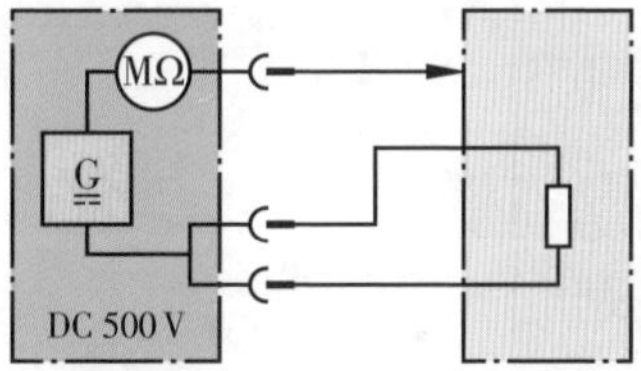

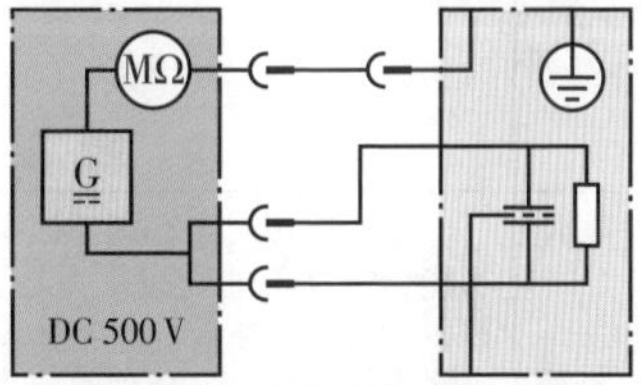

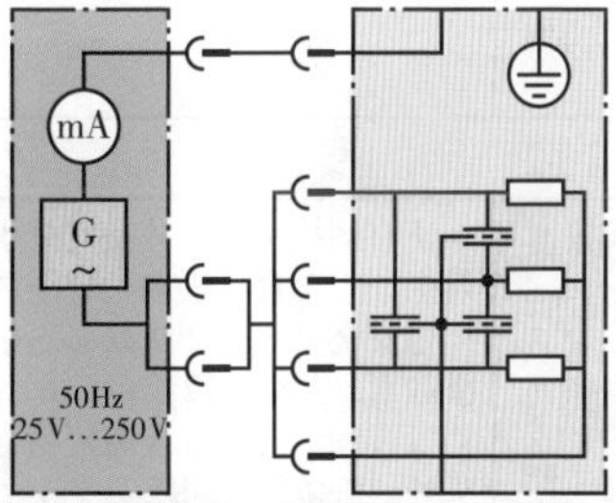

机床的电气装备 1

参照 DIN VDE 0113/EN 60204 部分 1

概念	解释	附注
普通要求		
电网接线	一台机床的电气装备应只接一个电源接头。电网引接线应直接连接电网分离装置（主开关）。	例外： 规定一个插头连接机床与电源。
主开关 电网分离装置	规定机床的每一个电网接线均必须接入主开关。主开关必须能够准确无误地将机床与电网分离（电网分离装置）。主开关一般采用手动操作方式。	电网分离装置的许用类型： · 有或无熔断器的负载分离开关， · 有或无熔断器并有切断负载功能的负载分离开关， · 断路器， · 插头－插座组合，其额定电流最大 16 A，总额定功率最大 3 kW。
电击保护	保护人员免受电击伤害： · 基本保护（直接接触保护）， · 故障保护（间接接触保护）。	划分和细节请参见保护措施一节（340 页之后）。
装备的保护 保护装置	必须保护电气装备免受下述影响因素的损害： · 短路电流， · 过流， · 接地， · 过压， · 非正常温度， · 电源电压下降或中断， · 机器超速， · 错误的旋转磁场。	保护装置的种类： · 导线保护开关， · 熔断器， · 电机保护开关， · 双金属继电器， · 故障电流保护装置 RCD， · 绝缘监视器， · 防过压元件（例如压敏电阻）， · 热敏电阻保护装置， · 欠压触发器， · 离心开关。
保护电位均衡 安全引线系统	安全引线接线点必须予以标记，不允许兼具其他功能，例如不能同时作为装置或零部件的固定点。装备和机床的所有导电物体均必须与安全引线系统顺畅连接。无论任何位置出于任何原因出现脱离现象，安全引线系统与其他保留的零部件的连接不允许中断。安全引线系统中不允许配装开关装置。	安全引线系统的组成如下： ·PE 接线端子， · 电气装备和机床导电的自制件， · 机床装备内部的安全引线。 这里划分为通过主接地条的保护电位均衡和附加的保护电位均衡。
接线		
接线技术 减轻张力	所有的接头，尤其是安全引线系统的接头，均必须保证不会自己松动。每个端子接线点只允许连接一根安全引线。接头处必须选用待连接导线正确的横截面，种类和数量。 导线和电缆应配装减轻张力的元件，预防导线接头处的机械载荷问题。	接线标记的规定： 端子排上的端子必须给予清晰无误的标记，该标记必须与电路图的标记完全一致。电缆和导线配有可长期识读的标记标签。 接线规定： 只在接头处允许焊接时才能实施焊接接线。软线必须加装端套，电缆端头或类似元件。焊锡不允许用于这类元件。

机床的电气装备 2

参照 DIN VDE 0113/EN 60204 部分 1

颜色标记

	颜色	用途
导线颜色	黑色 蓝色 绿黄色 红色 蓝色 橘黄色	直流电和交流电主电路 零线 安全引线 交流电控制电路 直流电控制电路 外部供电的联锁电路
	注意！工业界部分企业内部有特殊调整。	

	颜色	按键	信号灯	带灯按键
按键，信号灯和带灯按键的颜色	红色	停，关断，停机	危险，警告	停，关断，停机
	黄色	介入排除非正常状态	小心 非正常，临界状态	注意，小心（启动一个避免危险状态的动作）
	绿色	启动，接通	正常的，安全的运行状态	机床或单元处于接通就绪状态
	蓝色	如果处理有要求，可强行操作	强制性要求实施处理	强制性要求实施处理
	黑色和白色没有赋予特别含义。			
	白色	例如启动，接通	中性的，普通的信息	中性，操作
	黑色	例如停止，关断		

控制功能

概念	解释	附注
对急停装置的基本要求	急停开关必须随处轻松触及。急停开关必须能够自动卡锁并强制断开其触点。急停电路在中断之后只允许手动应答解锁才能复位。	急停开关的颜色必须是醒目的，在黄色背景下的红色。操作人员必须能从站立位置迅速且无危险地触及急停触发器。它应是由按钮操作的开关，允许使用开伞索开关。
急停功能	紧急情况下的停机必须 · 按类型 0 至 1 执行。 · 与所有其他功能相比，其优先级最高，并且 · 关断所有可能导致出现危险状态的驱动装置。	急停功能的复位不允许导致再次启动。急停功能只允许使用固定接线的电磁元件。
启动功能	启动功能必须通过激励相应电路才能实现。只允许在所有保护装置均处于功能就绪状态下启动机器运行。	解除技术保护措施的例外是，例如安装或维护工作。
停机功能	停机功能含下列三个类型： · **类型 0**：非控制性停机， · **类型 1**：控制性停机， · **类型 2**：控制性停机。	关于 0：驱动装置的电力供给立即切断。 关于 1：只在机床达到静止状态后再切断电力供给。 关于 2：仍保持着驱动装置的电力供给。

紧急停机功能与紧急关断功能的概念定义

如果指非控制性停机，那么对于“紧急状况下停机”而言，除“紧急停机”这个概念之外，还常用另一个概念“紧急关断”。但两个概念的定义却有区别。

“紧急状况下停机”（紧急停机）可使因危险运动带来的危险尽可能快地被排除。与之相反，“紧急状况下关断”（紧急关断）则指电压带来的危险。在这种情况下的行动目的是毫不延迟地立即将整台机床与电源分离。在许多情况下，两种要求并不同时转换。因此，在危险判断框架内必须做出决定，哪种危险的层级更高。

机床电气装备的检验

参照 DIN VDE 0113/EN 60204 部分 1

<table>
<tr><th>检验</th><th colspan="2">解释</th><th>提示</th></tr>
<tr><td>检验电气装备与技术文件是否一致</td><td colspan="2">设备负责人必须关注更动和改建后所附带的技术文件必须是最新版本，必须具有可回溯性。</td><td>制造商或经销商必须保证，技术文件移交时必须使用当地通用语言。</td></tr>
<tr><td rowspan="8">检验和检测安全引线系统所有的连接。</td><td colspan="2">必须首先对安全引线系统进行目视检验。必须用 PELV 电源提供的 AC 10 A 50/60 Hz 范围内的检测电流对安全引线系统的导通性进行检验。检验必须在两个安全引线（PE）接线端子之间和安全引线系统所有重要检测点进行。检测安全引线电阻和电压降。如果机床或设备的长度大于 30 米，有必要检测环线总电阻。</td><td rowspan="8">用检验电流 10 A 检验安全引线时可识别破损的电缆和导线以及氧化层。通过大检验电流可使触点“自主燃烧”。由此可能导致形成火花。
有鉴于此，必须注意大检验电流所检的安全引线横截面（≥ 1 mm²）。
注意如下危险，在与设备固定连接的电子装置上，检验电流可能击穿数据线的屏蔽。
应检验峰值电流良好的导通性，套接和端子接线的牢固性。</td></tr>
<tr><th colspan="2">电压降极限值</th></tr>
<tr><th>用于待检支路安全引线的最小有效横截面</th><th>所测最大电压降</th></tr>
<tr><td>1 mm²</td><td>3.3 V</td></tr>
<tr><td>1.5 mm²</td><td>2.6 V</td></tr>
<tr><td>2.5 mm²</td><td>1.9 V</td></tr>
<tr><td>4.0 mm²</td><td>1.4 V</td></tr>
<tr><td>≥ 6.0 mm²</td><td>1.0 V</td></tr>
<tr><td rowspan="3">检测绝缘电阻</td><td colspan="2">应检测主电路导线与安全引线系统之间的绝缘电阻，即所有有效带电部分与安全引线之间的绝缘电阻。必须检测主电路所有的连接点，包括单极开关或接触器后面的接线。检测电压是 500 V DC。</td><td rowspan="3">如果电气元器件或装置正在运行，检测电流电路时需小心。
这里可选择使用放电电流钳（漏电钳）检测差动电流。
电子元器件也可以松开端子接线，但在实际应用中几乎不可能实现！</td></tr>
<tr><th colspan="2">绝缘电阻极限值</th></tr>
<tr><td colspan="2">· ≥ 1 MΩ 或
· ≥ 50 kΩ 带汇流排的电路，滑接导线系统和接触环组件</td></tr>
<tr><td>电压检验</td><td colspan="2">电气装备必须能够经受施加给所有电路有效导线（PELV 电压的电路除外）与安全引线系统之间的检验电压至少 1 秒钟。检验电压必须达到装备额定电压的两倍，但至少应达到 50/60 Hz 的 AC 1000 V，具体实作时选用更大数值的电压。变压器功率必须至少达到 500 VA。</td><td>因为采用高压进线检验，必须注意现场人员的安全。必须建立一个检验现场并将周边围住。
此次高压检测不涉及的元器件在检测期间必须拆解端子接线。但在实际应用中几乎不可能实现！</td></tr>
<tr><td>剩余电压保护</td><td colspan="2">电源电压关断 5 秒后，可接触有效元件的剩余电压不允许大于 60 V。使用插接装置的机器的剩余电压限时为 1 秒。必要时需装放电装置。</td><td>如果加装的放电装置妨碍了机器的功能，可加长剩余电压的放电时间并在机器上悬挂警告牌。</td></tr>
<tr><td>功能检验</td><td colspan="2">必须检验电气装备的功能，尤其是与电气安全和技术保护措施相关的功能。</td><td>应测试功能流程的各功能，主要是光帘功能，紧急停机和紧急关断功能。</td></tr>
</table>

紧急关断安全继电器

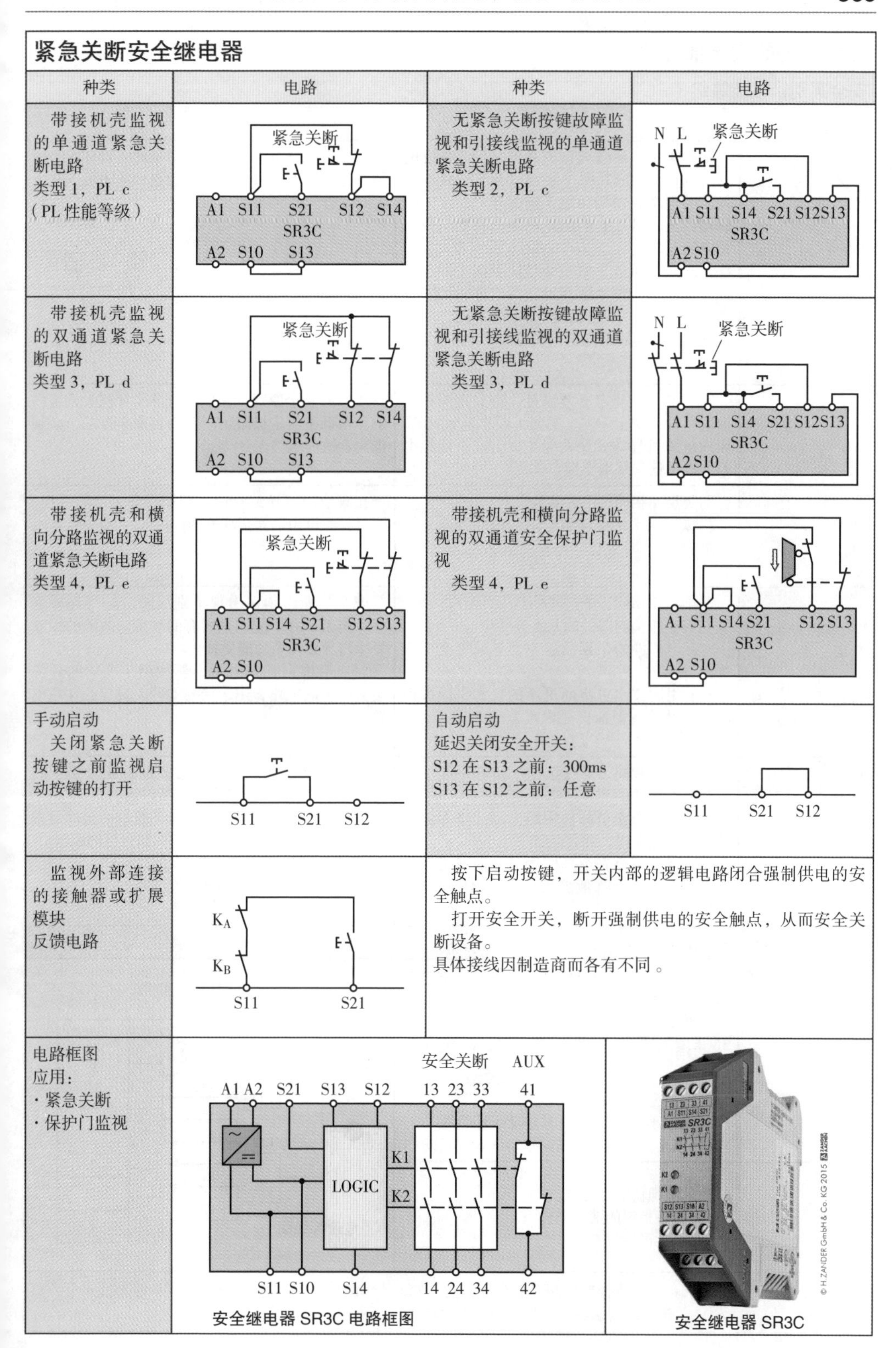

种类	电路	种类	电路
带接机壳监视的单通道紧急关断电路 类型 1，PL c （PL 性能等级）		无紧急关断按键故障监视和引接线监视的单通道紧急关断电路 类型 2，PL c	
带接机壳监视的双通道紧急关断电路 类型 3，PL d		无紧急关断按键故障监视和引接线监视的双通道紧急关断电路 类型 3，PL d	
带接机壳和横向分路监视的双通道紧急关断电路 类型 4，PL e		带接机壳和横向分路监视的双通道安全保护门监视 类型 4，PL e	
手动启动 关闭紧急关断按键之前监视启动按键的打开		自动启动 延迟关闭安全开关： S12 在 S13 之前：300ms S13 在 S12 之前：任意	
监视外部连接的接触器或扩展模块 反馈电路		按下启动按键，开关内部的逻辑电路闭合强制供电的安全触点。 打开安全开关，断开强制供电的安全触点，从而安全关断设备。 具体接线因制造商而各有不同 。	
电路框图 应用： · 紧急关断 · 保护门监视	安全继电器 SR3C 电路框图	安全继电器 SR3C	

控制系统的安全部件 1

安全类别，性能等级（PL）

类型	解释	附注
B PL a,b	基本类型，后续类型的基础。控制系统的安全部件和/或其保护装置以及其组件均必须能够保持其预期功能，例如开关频度，电磁场，振动等。它们的结构和选择均应做出相应的设计。 出现故障可能导致安全功能受损。那么保证安全需通过例如选择适宜的组件，如安全继电器等。由于组件选择概率的不同，一个类别中允许达到不同的性能等级（PL）。	与常见耦合继电器相反，安全继电器有一个强制供电的触点，所以其常开触点和常闭触点从未同时闭合。  强制供电 安全继电器　常见耦合继电器
1 PL c	基本类型的要求必须满足。应采用可靠有效的组件和安全原则。类型 1 谋求避免故障。出现故障可导致安全功能受损。安全功能中断的概率低于基本类型。	可靠的安全原则是，例如组件尺寸过大或组件的负荷低于额定极限值。要达到安全要求，必须选用合适的组件。
2 PL a,b, c,d	与类型 1 相同，下述除外： 机床控制系统必须以合适的时间间隔自检安全功能。	出现故障可导致自检间隔期间安全功能受损。通过检验可识别安全功能的损失。
3 PL b, c, d, e	与类型 1 相同，下述除外： 与安全相关的部件的基本设计应 ·一个部件的个别故障不会导致安全功能受损，并且 ·采用随技术进步而更新的技术手段可识别单个故障，但前提是以可靠的方式定期实施检验。	安全功能必须在出现个别故障时始终保持完好。类型 3 并不能识别所有的故障。故障的频繁发生将导致安全功能受损。 对应措施：冗余电路，例如用于关断的开关装置的串联电路，用于接通的开关装置的并联电路。
4 PL e	与类型 1 相同，下述除外： 与安全相关的部件的基本设计应 ·任何一个安全部件中的个别故障不会导致安全功能受损，并且 ·识别下一个安全功能要求之前或之中的个别故障。不允许故障的频度导致安全功能受损。	为阻止安全功能受损，必须能够及时识别故障。类型 2,3 和 4 要求具有故障识别功能。 对应措施：控制系统的设计使整机的接通只发生在安全功能完整的状态下，例如自检继电器。
安全技术性能等级（PL）的确定		
S	借助危险等级图可确定一个控制系统所要求的性能等级。损伤程度： S1 轻度，可治愈的损伤 S2 重度损伤，一般为可遗留的伤害，包括死亡。	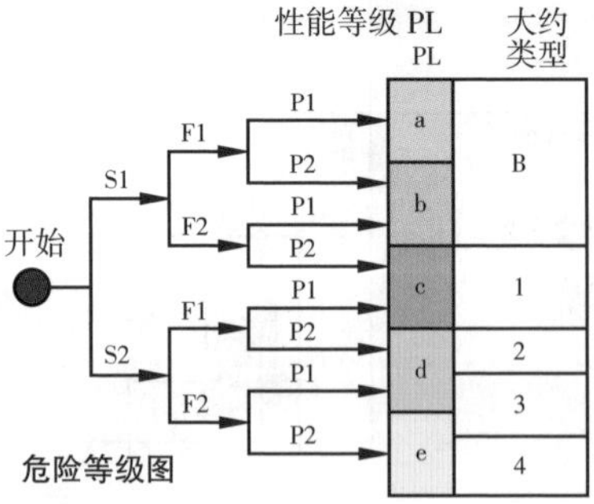 危险等级图 开始 → S1 → F1 → P1: a; P2: b S1 → F2 → P1: b; P2: c S2 → F1 → P1: c; P2: d S2 → F2 → P1: d; P2: e 性能等级 PL / 大约类型：a, b — B；c — 1；d — 2, 3；e — 4
F	危险的频度和/或时长： F1 罕见至频繁出现的短时危险或短时危险 F2 频繁至持续出现的长时危险或长时危险	
P	避免危险损伤的可能性： P1 可能在指定的前提条件下 P2 几乎无可能	

与安全相关的控制系统：可任意转换控制功能，例如通过 PLC（可编程控制器）。安全功能只能通过安全类型 B（基本类型）的元器件（按键，接触器）进行从 1 至 4 的转换。

控制系统的安全部件 2

控制系统结构	电路措施

安全类型 B 和 1

类型 B 和类型 1 具有相同的控制系统结构（构造结构）。但对安全功能的要求却各不相同。如果使用安全继电器，那么按照其线路布置可一直适用至类型 4。

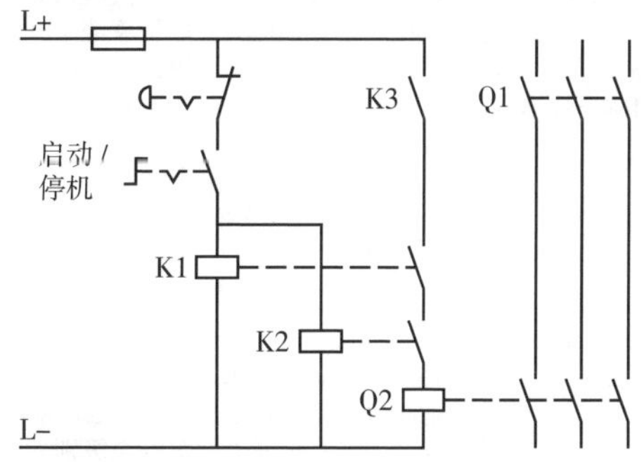

无反馈信号的冗余，例如类型 1

安全类型 2

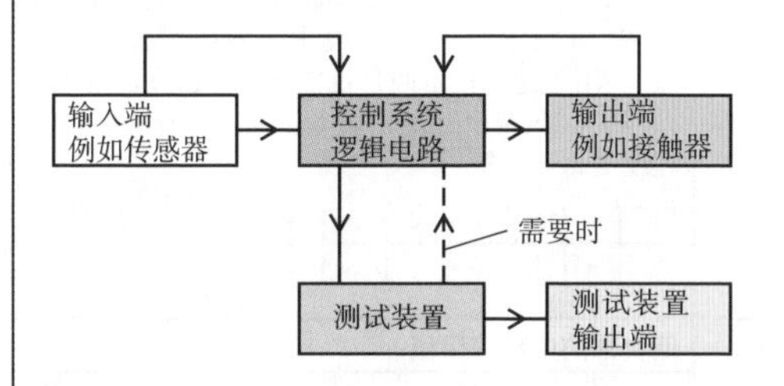

机床投入生产之前必须测试安全功能，例如“保护门”。

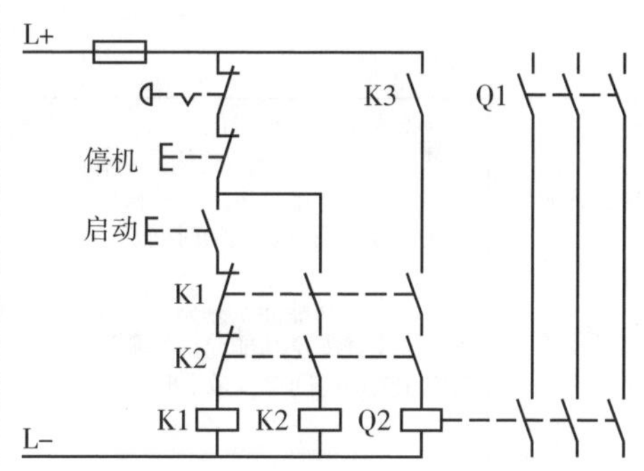

有反馈信号的冗余（类型 3）

安全类型 3

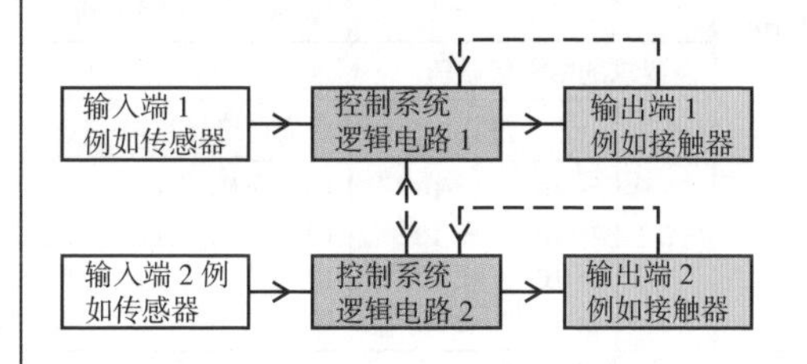

安全部件呈备份结构。如有可能，由控制系统逻辑电路监视输出端。如有可能，备份设计的控制系统逻辑电路也相互自检。

安全类型 4

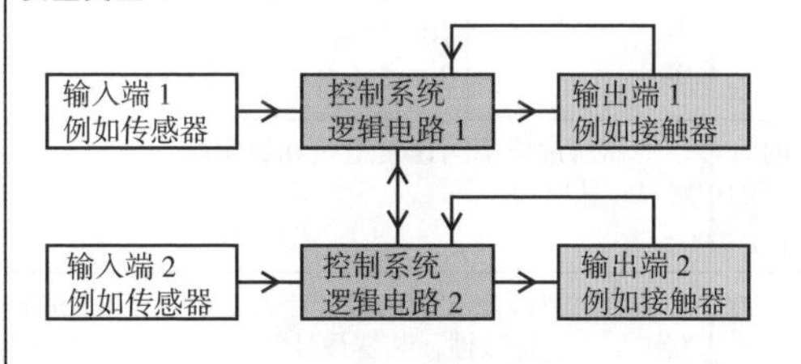

安全部件呈备份结构。由控制系统逻辑电路持续或频繁监视输出端。备份设计的控制系统逻辑电路也相互自检。

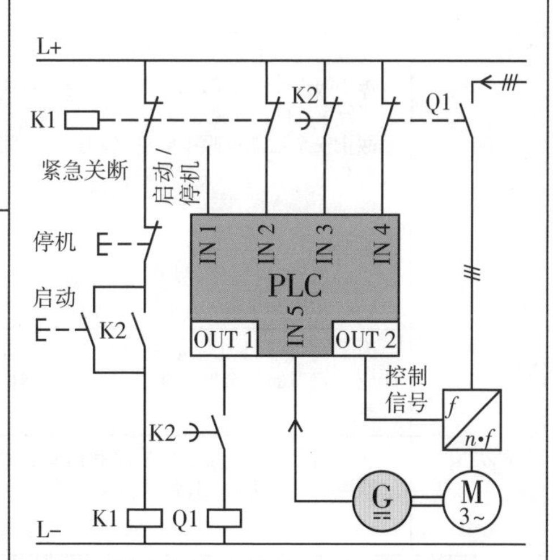

PLC（可编程控制器）接入安全功能（类型 4）

按 SIL 的安全功能部件

<table>
<tr><th>特征</th><th>解释</th><th>附注</th></tr>
<tr><td>SIS

Safety
Instrumented
System</td><td>用于实现安全功能的安全技术、安全相关和安全法律的系统，即安全联锁系统（SIS）。技术设备，机床均受此系统监视，并在识别已定义的危险状况后关断机床或将之转换进入安全状态。
SIS 的组成成分如下：
· 传感器
· 与安全故障相关的处理单元
· 执行元件
安全功能中断后仍留有剩余危险。</td><td>无保护措施
有紧急状态计划
有机械保护措施
有电气安全系统
危险
降低危险
降低危险的可能性</td></tr>
<tr><td>SIL

Safety
Integrity
Level</td><td>伴随着设备，机床或设备部件在安全功能中断后危险 - 风险的增加，对 SIS 故障安全性的要求也随之增加。现划分四个安全级别，即安全度等级（SIL），用于描述降低危险所采取的各种措施。SIL 的数字值越高，安全功能中断的故障率（概率）必须越小。</td><td>SIL 数值 1 至 4（EN ISO 62061）应用于整体设备，使用 PLC 的机床和转换安全功能的总线系统。它不涵盖非电气技术（液压，气动和机械）。用于这些技术的是性能等级（PL）（EN ISO 13849-1）。两个标准在服务于同一目标时在很大程度上相互一致。
<table>
<tr><td>SIL</td><td>–</td><td>1</td><td>1</td><td>2</td><td>3</td><td>4</td></tr>
<tr><td>PL</td><td>a</td><td>b</td><td>c</td><td>d</td><td>e</td><td>–</td></tr>
</table></td></tr>
<tr><td>SIL 数值

中断极限值</td><td>根据安全功能负载的不同，将中断极限值划分为对安全功能（SIS）的低要求和高要求。
如果 SIS 每年最多激活一次，可规定其安全功能允许故障率是负载的时间点。举例：工业过程技术
如果安全功能非常频繁（每年多次）或持续激活，规定该安全功能允许的危险故障率是 PFHd，与之相关的时间单位是小时或年。</td><td>低要求的中断极限值
<table>
<tr><th>SIL</th><th>PFD</th><th>最大可接受的 SIS 中断</th></tr>
<tr><td>1</td><td>$\geqslant 10^{-2} \sim < 10^{-1}$</td><td>10 年 1 次危险中断</td></tr>
<tr><td>2</td><td>$\geqslant 10^{-3} \sim < 10^{-2}$</td><td>$10^2$ 年 1 次危险中断</td></tr>
<tr><td>3</td><td>$\geqslant 10^{-4} \sim < 10^{-3}$</td><td>$10^3$ 年 1 次危险中断</td></tr>
<tr><td>4</td><td>$\geqslant 10^{-5} \sim < 10^{-4}$</td><td>$10^4$ 年 1 次危险中断</td></tr>
</table>
高要求的中断极限值
<table>
<tr><th>SIL</th><th>PFD_d</th><th>最大可接受的 SIS 中断</th></tr>
<tr><td>1</td><td>$\geqslant 10^{-6} \sim < 10^{-5}$</td><td>$10^5$ 小时 1 次危险中断</td></tr>
<tr><td>2</td><td>$\geqslant 10^{-7} \sim < 10^{-6}$</td><td>$10^6$ 小时 1 次危险中断</td></tr>
<tr><td>3</td><td>$\geqslant 10^{-8} \sim < 10^{-7}$</td><td>$10^7$ 小时 1 次危险中断</td></tr>
<tr><td>4</td><td>$\geqslant 10^{-9} \sim < 10^{-8}$</td><td>$10^8$ 小时 1 次危险中断</td></tr>
</table></td></tr>
<tr><td>PFD
PFHd

MTTFd</td><td>安全功能按要求（激活）的中断概率。
每小时安全功能的危险中断概率。必要时可加上部分系统的单个数值。
截止安全功能危险中断的平均运行时间。特别用于 PL。</td><td>每小时的中断概率可换算成直至中断的运行时间 → $MTTF_d$

截止安全功能危险中断的运行时间
<table>
<tr><th>$MTTF_d$</th><th>时间</th></tr>
<tr><td>低</td><td>3～10 年</td></tr>
<tr><td>中</td><td>10～30 年</td></tr>
<tr><td>高</td><td>30～100 年</td></tr>
</table></td></tr>
<tr><td>多样性</td><td>为了高可靠性地完成安全任务，元器件的设计应有相当的冗余度，便于非同类元器件之间的转换。</td><td>例如通过模拟测速发电机和数字脉冲计数器可实现转速监视。</td></tr>
<tr><td>故障类型</td><td>这里划分为 SIS 系统性故障和偶发故障。两种故障类型均可满足 SIL 各级的要求。</td><td>系统性故障在交货的装置中已经存在，例如研发错误，包括软件，装置设计等。
偶发故障在运行过程中偶然出现，例如短路。</td></tr>
<tr><td>FMEA</td><td>故障可能性和影响性分析。是系统性采集设备组件潜在故障和中断状态的方法。</td><td>FMEA 在设备的方案设计阶段已开始实施。</td></tr>
</table>

安全功能 SF

参照 EN IEC 61800-5-2

功能	解释	曲线图，附注
STO（停机类型 SK 0）	安全转矩关断。指安全功能 1（SF）中立即切断驱动装置的电力供给，使驱动装置非控制性停机。不产生任何转矩或制动力矩，因此要求机械制动。用于紧急关断。	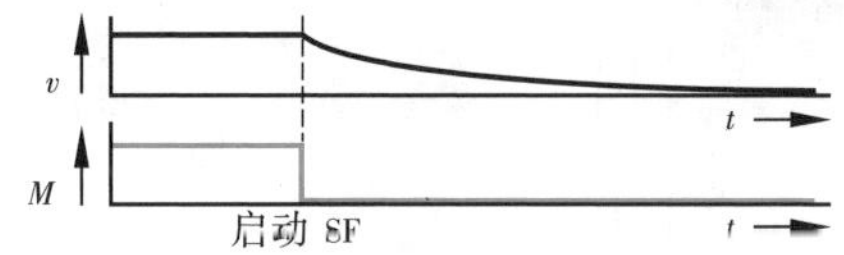 STO 时转矩和速度
SS1（SK 1）	安全停机 1。控制驱动装置停机，然后激活 STO。	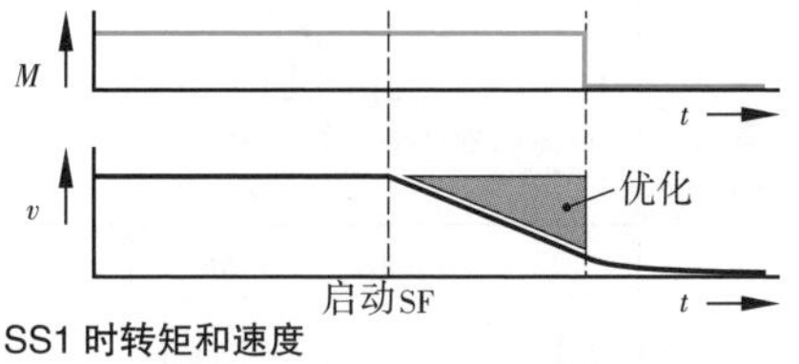 SS1 时转矩和速度
SS2（SK 2）	安全停机 2。控制驱动装置停机并在停机状态下继续控制。停机状态受到有效监视。允许与设定值略有位置偏差。变频器的中间电路不放电，驱动装置处于立即启动的就绪状态。不允许用于紧急停机。	
SOS	安全操作停机。监视驱动装置停在一个安全的非可靠位置。允许在定义的位置范围运动，否则按例如 STO 关断。这时可监视停机状态或在指定位置范围的停留。驱动装置仍保持电力供给，并保持转矩。	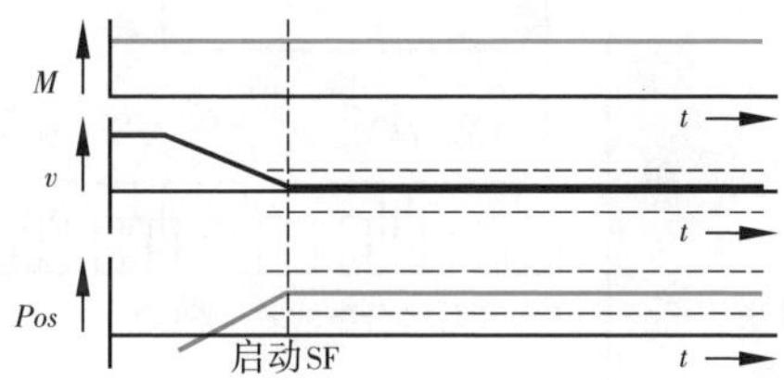 SOS 时转矩，速度，位置
SLS	安全限速。监视驱动装置是否超过最高速度，否则出现故障反应，例如 STO，SS1。	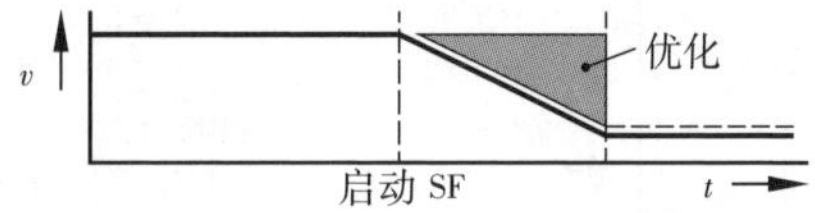 SLS 时速度曲线
SSM	安全速度监视。监视最低速度的欠速状态	
SLP	安全限位。监视驱动装置是否超过定义的最终位置 → 终端开关功能。	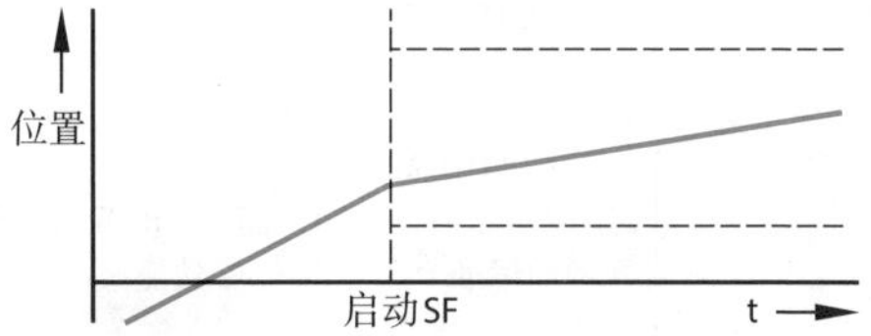 SLP 时位置监视
SP	安全位置。通过安全总线提供驱动装置的位置数据给安全控制系统使用，例如终端位置监视，并用于激活与位置相关的安全功能。	
SDI	安全方向。监视驱动装置是否向使能方向运动，例如顺时针向旋转。	SDI 可与例如 SLS 共同作用，即运动方向上的速度监视。
SBC/SBT	安全制动控制 / 安全制动测试。两种功能一般共同使用。SBC 控制制动装置，用于保证例如现有负载在 STO 之后不会下降。SBT 测试制动，例如用定子电流进行测试。制动打滑将立即出现故障反应，例如驶入一个安全位置。	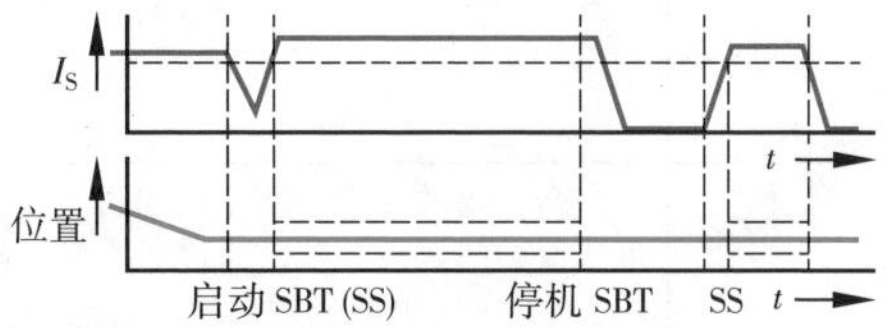 通过电流变化进行制动测试（SBT）

[1] 安全功能由控制系统或变频器实现。它用于降低机器中的危险，例如启动时敞开的保护门。

I_S 定子电流，M 转矩，Pos 位置，f 时间，v 速度

安全 PLC（可编程序控制器）

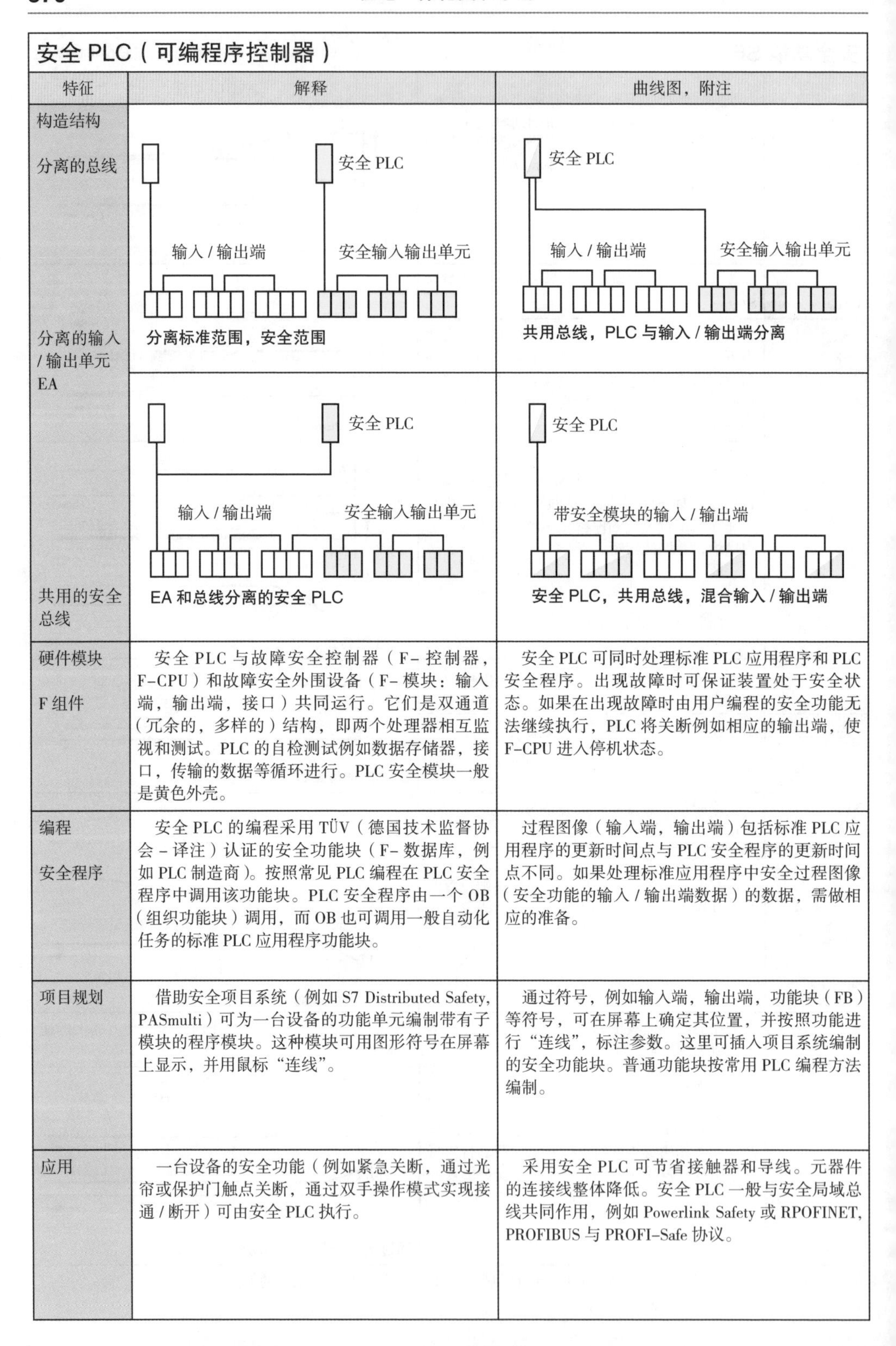

特征	解释	曲线图，附注
构造结构 分离的总线 分离的输入 / 输出单元 EA	分离标准范围，安全范围	共用总线，PLC 与输入 / 输出端分离
共用的安全总线	EA 和总线分离的安全 PLC	安全 PLC，共用总线，混合输入 / 输出端
硬件模块 F 组件	安全 PLC 与故障安全控制器（F- 控制器，F-CPU）和故障安全外围设备（F- 模块：输入端，输出端，接口）共同运行。它们是双通道（冗余的，多样的）结构，即两个处理器相互监视和测试。PLC 的自检测试例如数据存储器，接口，传输的数据等循环进行。PLC 安全模块一般是黄色外壳。	安全 PLC 可同时处理标准 PLC 应用程序和 PLC 安全程序。出现故障时可保证装置处于安全状态。如果在出现故障时由用户编程的安全功能无法继续执行，PLC 将关断例如相应的输出端，使 F-CPU 进入停机状态。
编程 安全程序	安全 PLC 的编程采用 TÜV（德国技术监督协会 - 译注）认证的安全功能块（F- 数据库，例如 PLC 制造商）。按照常见 PLC 编程在 PLC 安全程序中调用该功能块。PLC 安全程序由一个 OB（组织功能块）调用，而 OB 也可调用一般自动化任务的标准 PLC 应用程序功能块。	过程图像（输入端，输出端）包括标准 PLC 应用程序的更新时间点与 PLC 安全程序的更新时间点不同。如果处理标准应用程序中安全过程图像（安全功能的输入 / 输出端数据）的数据，需做相应的准备。
项目规划	借助安全项目系统（例如 S7 Distributed Safety, PASmulti）可为一台设备的功能单元编制带有子模块的程序模块。这种模块可用图形符号在屏幕上显示，并用鼠标“连线”。	通过符号，例如输入端，输出端，功能块（FB）等符号，可在屏幕上确定其位置，并按照功能进行“连线”，标注参数。这里可插入项目系统编制的安全功能块。普通功能块按常用 PLC 编程方法编制。
应用	一台设备的安全功能（例如紧急关断，通过光帘或保护门触点关断，通过双手操作模式实现接通 / 断开）可由安全 PLC 执行。	采用安全 PLC 可节省接触器和导线。元器件的连接线整体降低。安全 PLC 一般与安全局域总线共同作用，例如 Powerlink Safety 或 RPOFINET, PROFIBUS 与 PROFI-Safe 协议。

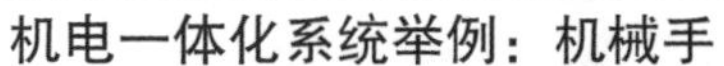

机电一体化系统举例：机械手

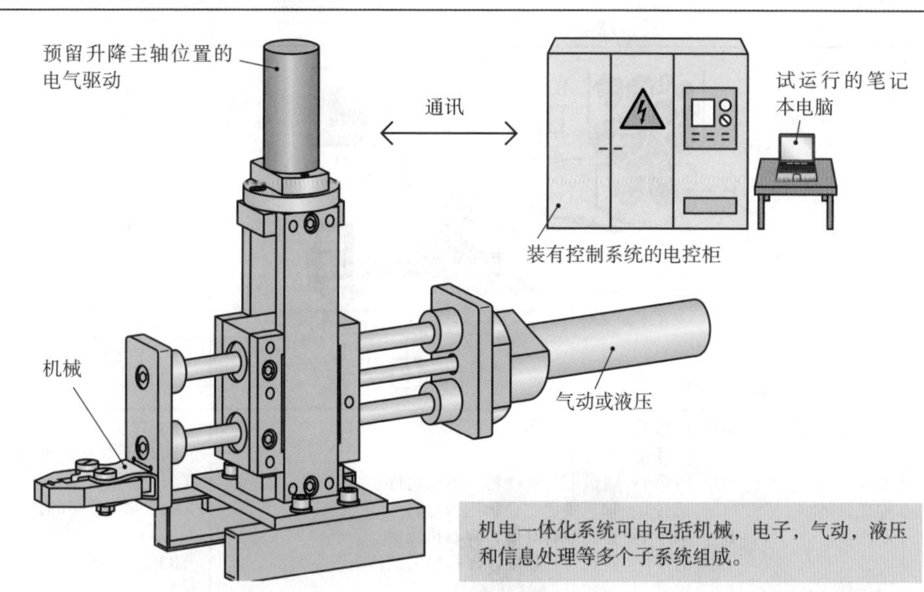

机电一体化系统可由包括机械，电子，气动，液压和信息处理等多个子系统组成。

子系统	解释	特征
机械	机械部分负责物体在力的作用下实现平衡和运动。 机械可细分为： · 固体（静力学，运动学，动力学） · 液体（流体静力学，流体动力学） · 气体（空气动力学）	能量载体：轴，齿轮 能量源：电动机 能量存蓄：弹簧，钟摆 能量传导：轴，杆
气动 / 液压	气动一词表示压缩空气的应用。压缩空气可驱动工具中的气动马达或以气动缸的形式用作线性驱动。 液压表示驱动和力传递的技术部件均由液体实现。	能量载体：空气，油 能量源：压缩机，泵 能量存蓄：压缩气瓶，锅炉 能量传导：管道，软管
信息处理	信息处理从事系统性处理信息，尤指由计算机和计算机程序（软件）实施的自动处理。历史上，信息学由数学发展而来，相较之下，第一台计算机由电子技术诞生。	能量载体：电，光，射线 能量源：电池，光电二极管 能量存蓄：硬盘，USB 能量传导：导线，光源
电子技术	电子技术包含电能的产生，电能的传输及其所有类型的应用。电子技术覆盖很广，从电气驱动的机床，用于控制技术、检测技术、调节技术和计算机技术等所有类型的电子电路，直至通讯技术。	能量载体：电流 能量源：发电机，电池 能量存蓄：蓄电池 能量传导：电线

带控制继电器 LOGO！的机电一体化系统

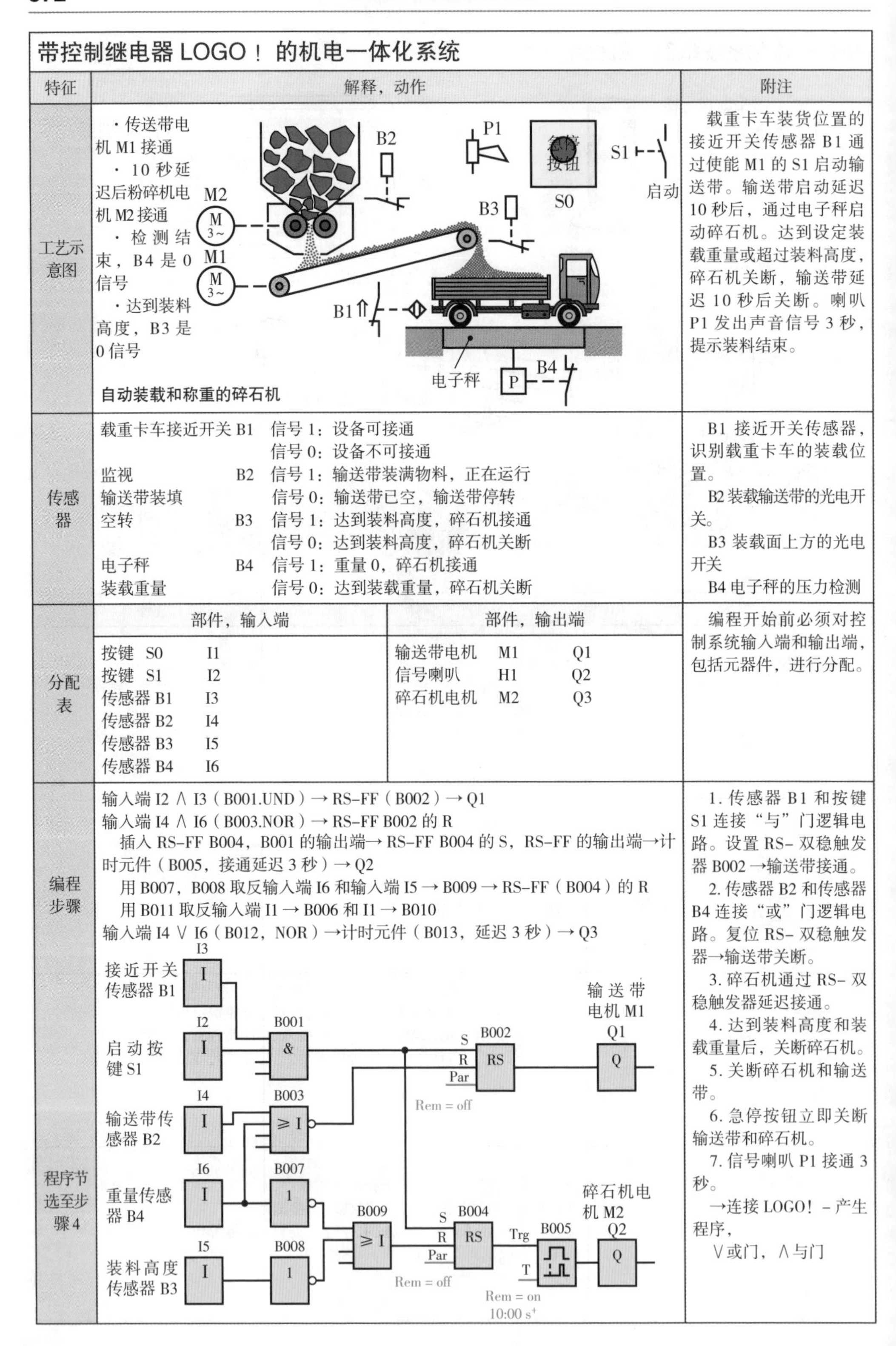

特征	解释，动作	附注
工艺示意图	·传送带电机 M1 接通 ·10 秒延迟后粉碎机电机 M2 接通 ·检测结束，B4 是 0 信号 ·达到装料高度，B3 是 0 信号 自动装载和称重的碎石机	载重卡车装货位置的接近开关传感器 B1 通过使能 M1 的 S1 启动输送带。输送带启动延迟 10 秒后，通过电子秤启动碎石机。达到设定装载重量或超过装料高度，碎石机关断，输送带延迟 10 秒后关断。喇叭 P1 发出声音信号 3 秒，提示装料结束。
传感器	载重卡车接近开关 B1　信号 1：设备可接通 　　　　　　　　　　　信号 0：设备不可接通 监视　　　　　　B2　信号 1：输送带装满物料，正在运行 输送带装填　　　　　信号 0：输送带已空，输送带停转 空转　　　　　　B3　信号 1：达到装料高度，碎石机接通 　　　　　　　　　　　信号 0：达到装料高度，碎石机关断 电子秤　　　　　B4　信号 1：重量 0，碎石机接通 装载重量　　　　　　信号 0：达到装载重量，碎石机关断	B1 接近开关传感器，识别载重卡车的装载位置。 B2 装载输送带的光电开关。 B3 装载面上方的光电开关 B4 电子秤的压力检测
分配表	**部件，输入端** 按键 S0　I1 按键 S1　I2 传感器 B1　I3 传感器 B2　I4 传感器 B3　I5 传感器 B4　I6 **部件，输出端** 输送带电机　M1　Q1 信号喇叭　H1　Q2 碎石机电机　M2　Q3	编程开始前必须对控制系统输入端和输出端，包括元器件，进行分配。
编程步骤	输入端 I2 ∧ I3（B001.UND）→ RS–FF（B002）→ Q1 输入端 I4 ∧ I6（B003.NOR）→ RS–FF B002 的 R 插入 RS–FF B004，B001 的输出端→ RS–FF B004 的 S，RS–FF 的输出端→计时元件（B005，接通延迟 3 秒）→ Q2 用 B007，B008 取反输入端 I6 和输入端 I5 → B009 → RS–FF（B004）的 R 用 B011 取反输入端 I1 → B006 和 I1 → B010 输入端 I4 ∨ I6（B012，NOR）→计时元件（B013，延迟 3 秒）→ Q3	1. 传感器 B1 和按键 S1 连接“与”门逻辑电路。设置 RS- 双稳触发器 B002 →输送带接通。 2. 传感器 B2 和传感器 B4 连接“或”门逻辑电路。复位 RS- 双稳触发器→输送带关断。 3. 碎石机通过 RS- 双稳触发器延迟接通。 4. 达到装料高度和装载重量后，关断碎石机。 5. 关断碎石机和输送带。 6. 急停按钮立即关断输送带和碎石机。 7. 信号喇叭 P1 接通 3 秒。 →连接 LOGO！- 产生程序， ∨或门，∧与门
程序节选至步骤 4	（功能块图）	

功能图

功能顺序（过程）的表达法是功能图或优先采用 GRAFCET 图（见 115 页）。

在功能图中，工作母机和加工设备的状态以及状态变化均用图形表达。路径图用图形符号表达工作机构的运动路径。状态图表达一个或多个工作单元的功能顺序以及所属工作机构两个轴线上的控制技术逻辑电路。垂直轴线上标注工作机构所处状态，水平轴线标注时间和 / 或控制过程的步骤。

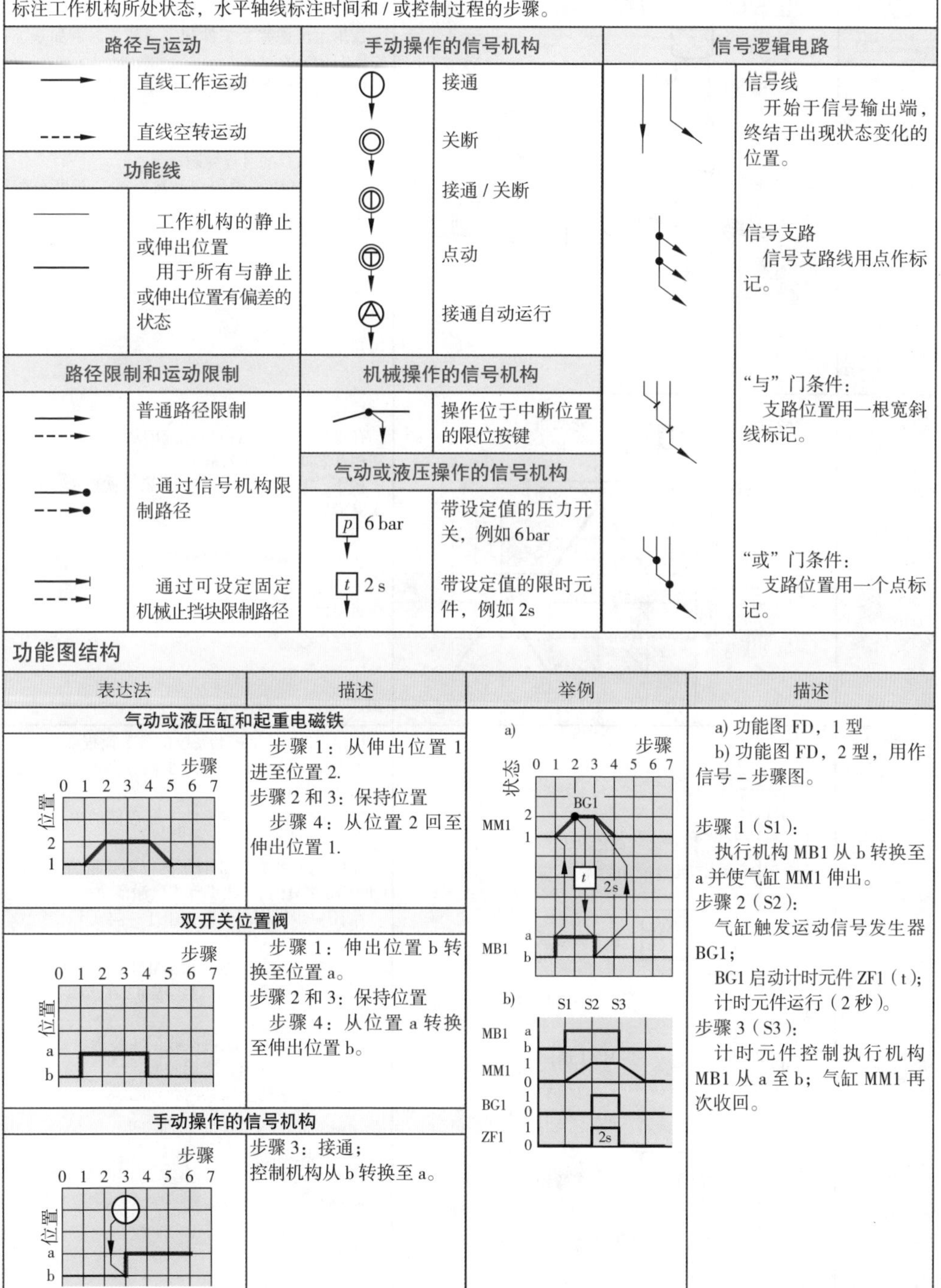

路径与运动		手动操作的信号机构		信号逻辑电路	
→	直线工作运动		接通		信号线 开始于信号输出端，终结于出现状态变化的位置。
- - -→	直线空转运动		关断		
功能线			接通 / 关断		信号支路 信号支路线用点作标记。
	工作机构的静止或伸出位置 用于所有与静止或伸出位置有偏差的状态		点动		
			接通自动运行		
路径限制和运动限制		**机械操作的信号机构**			“与”门条件： 支路位置用一根宽斜线标记。
	普通路径限制		操作位于中断位置的限位按键		
		气动或液压操作的信号机构			
	通过信号机构限制路径	p 6 bar	带设定值的压力开关，例如 6 bar		“或”门条件： 支路位置用一个点标记。
	通过可设定固定机械止挡块限制路径	t 2 s	带设定值的限时元件，例如 2s		

功能图结构

表达法	描述	举例	描述
气动或液压缸和起重电磁铁			a) 功能图 FD，1 型 b) 功能图 FD，2 型，用作信号 – 步骤图。 步骤 1（S1）： 执行机构 MB1 从 b 转换至 a 并使气缸 MM1 伸出。 步骤 2（S2）： 气缸触发运动信号发生器 BG1； BG1 启动计时元件 ZF1（t）； 计时元件运行（2 秒）。 步骤 3（S3）： 计时元件控制执行机构 MB1 从 a 至 b；气缸 MM1 再次收回。
步骤 0 1 2 3 4 5 6 7；位置 1 2	步骤 1：从伸出位置 1 进至位置 2. 步骤 2 和 3：保持位置 步骤 4：从位置 2 回至伸出位置 1.	a) 步骤 0 1 2 3 4 5 6 7；状态；MM1 2 1；BG1；t；2s；MB1 a b	
双开关位置阀			
步骤 0 1 2 3 4 5 6 7；位置 a b	步骤 1：伸出位置 b 转换至位置 a。 步骤 2 和 3：保持位置 步骤 4：从位置 a 转换至伸出位置 b。	b) S1 S2 S3；MB1 a b；MM1 1 0；BG1 1 0；ZF1 1 0；2s	
手动操作的信号机构			
步骤 0 1 2 3 4 5 6 7；位置 a b	步骤 3：接通； 控制机构从 b 转换至 a。		

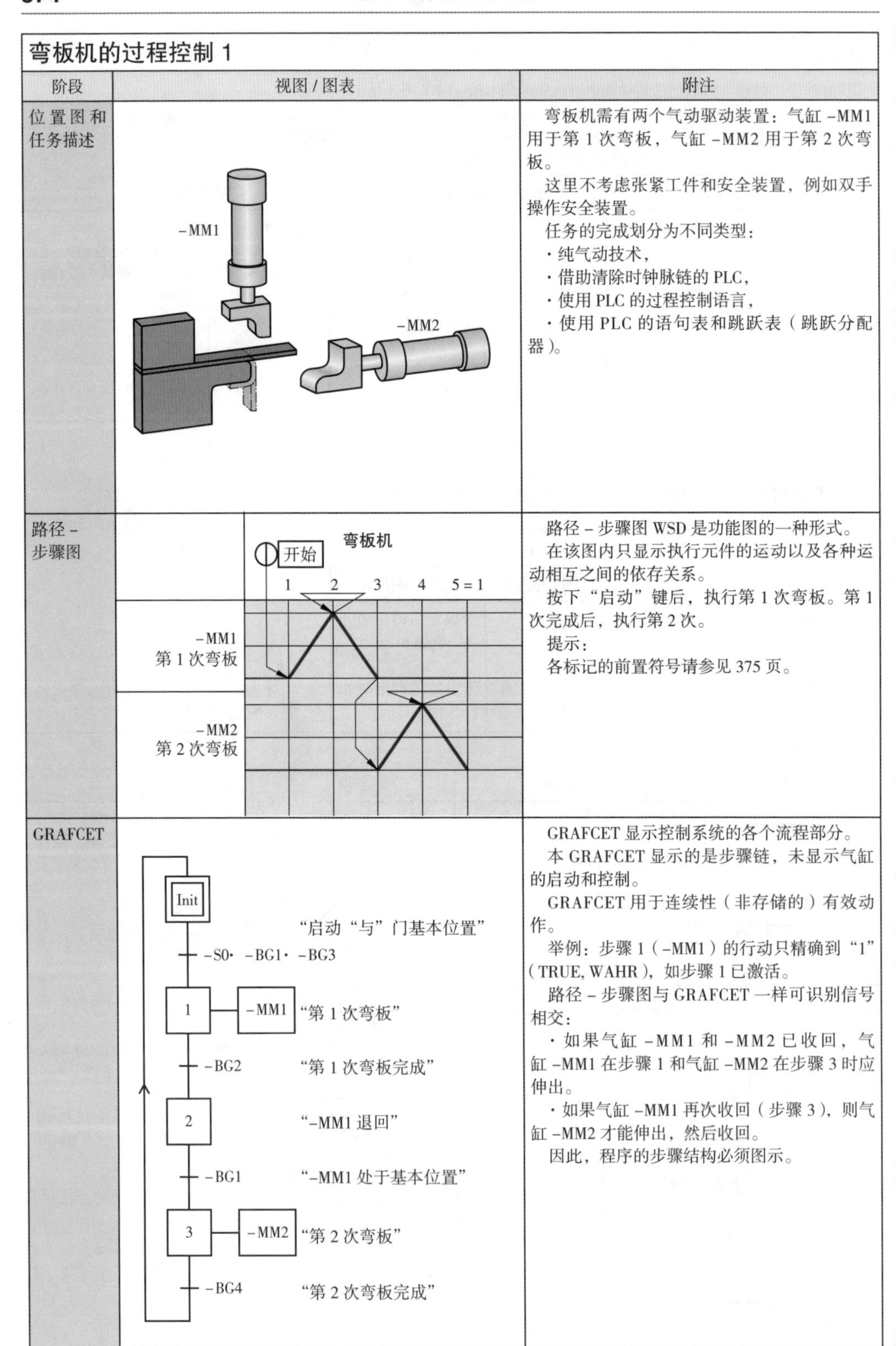

弯板机的过程控制 1

阶段	视图 / 图表	附注
位置图和任务描述	-MM1 -MM2	弯板机需有两个气动驱动装置：气缸 -MM1 用于第 1 次弯板，气缸 -MM2 用于第 2 次弯板。 这里不考虑张紧工件和安全装置，例如双手操作安全装置。 任务的完成划分为不同类型： · 纯气动技术， · 借助清除时钟脉链的 PLC， · 使用 PLC 的过程控制语言， · 使用 PLC 的语句表和跳跃表（跳跃分配器）。
路径 - 步骤图	弯板机 开始 1 2 3 4 5 = 1 -MM1 第 1 次弯板 -MM2 第 2 次弯板	路径 - 步骤图 WSD 是功能图的一种形式。 在该图内只显示执行元件的运动以及各种运动相互之间的依存关系。 按下“启动”键后，执行第 1 次弯板。第 1 次完成后，执行第 2 次。 提示： 各标记的前置符号请参见 375 页。
GRAFCET	Init “启动“与”门基本位置” -S0· -BG1· -BG3 1 -MM1 “第 1 次弯板” -BG2 “第 1 次弯板完成” 2 “-MM1 退回” -BG1 “-MM1 处于基本位置” 3 -MM2 “第 2 次弯板” -BG4 “第 2 次弯板完成”	GRAFCET 显示控制系统的各个流程部分。 本 GRAFCET 显示的是步骤链，未显示气缸的启动和控制。 GRAFCET 用于连续性（非存储的）有效动作。 举例：步骤 1（-MM1）的行动只精确到“1”（TRUE, WAHR），如步骤 1 已激活。 路径 - 步骤图与 GRAFCET 一样可识别信号相交： · 如果气缸 -MM1 和 -MM2 已收回，气缸 -MM1 在步骤 1 和气缸 -MM2 在步骤 3 时应伸出。 · 如果气缸 -MM1 再次收回（步骤 3），则气缸 -MM2 才能伸出，然后收回。 因此，程序的步骤结构必须图示。

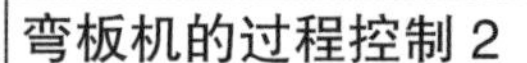

弯板机的过程控制 2

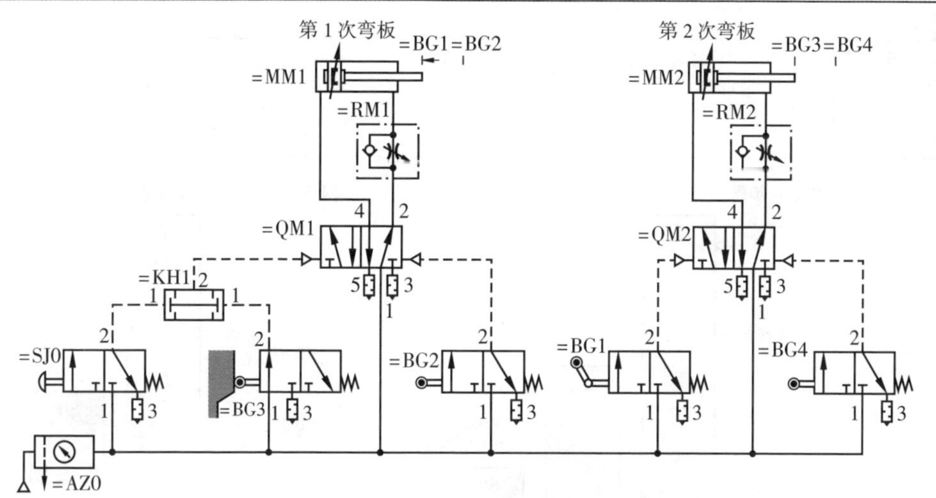

气动解决方案：

限位键是机械式限位键，带空转回程轮的 =BG1。空转回程轮是信号相交的解决方法：=BG1 只在气缸收回时，而不是气缸已收回后才触发信号（步骤 2 向步骤 3 的过渡）。

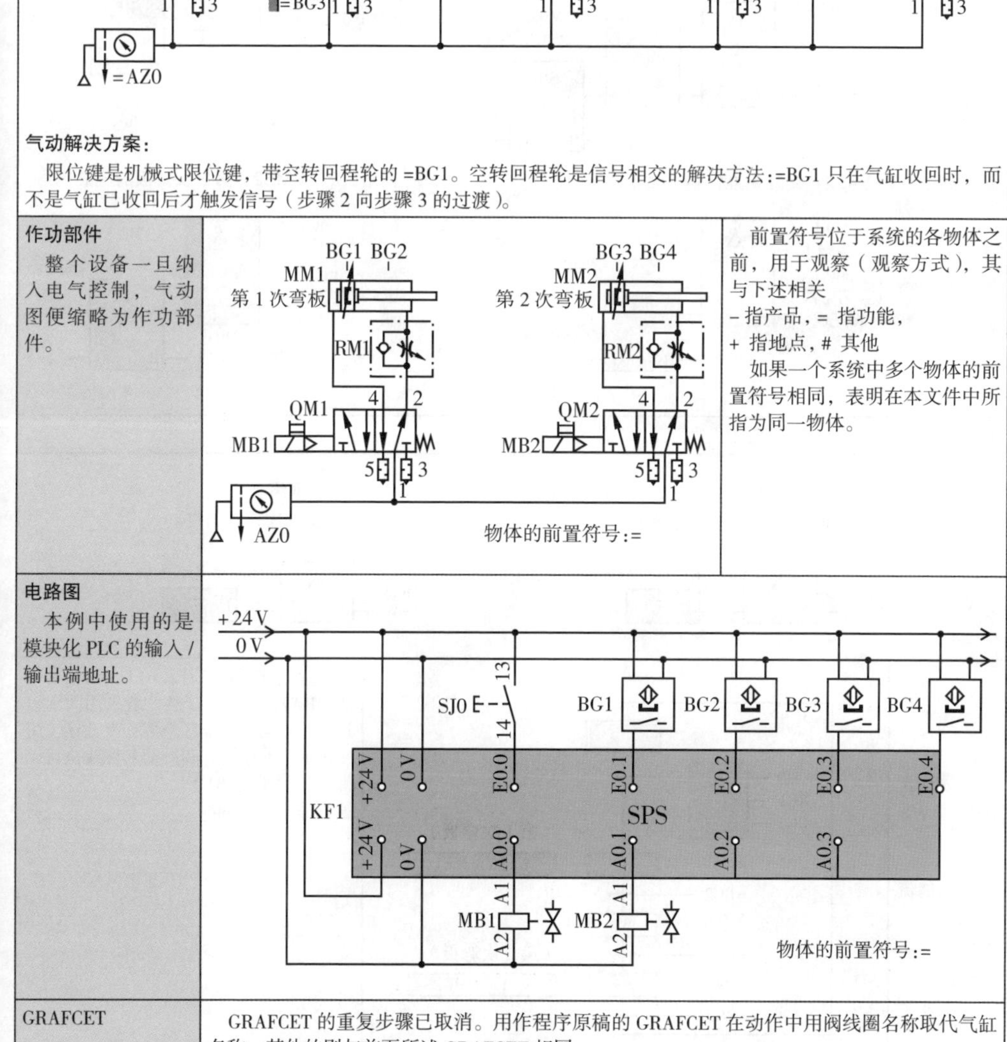

作功部件

整个设备一旦纳入电气控制，气动图便缩略为作功部件。

前置符号位于系统的各物体之前，用于观察（观察方式），其与下述相关

- 指产品，= 指功能，
+ 指地点，# 其他

如果一个系统中多个物体的前置符号相同，表明在本文件中所指为同一物体。

电路图

本例中使用的是模块化 PLC 的输入 / 输出端地址。

GRAFCET

GRAFCET 的重复步骤已取消。用作程序原稿的 GRAFCET 在动作中用阀线圈名称取代气缸名称。其他的则与前页所述 GRAFCET 相同。

弯板机的过程控制 3

解决方案	程序	附注
用清除时钟脉冲链编程	用清除时钟脉冲链编程时，步骤链（步骤和过渡）与行动是分开编程的。每个步骤均使用自己的存储器。	存储器 ・由前一个步骤“与”（门）前一个过渡设置， ・由下一个步骤复位。

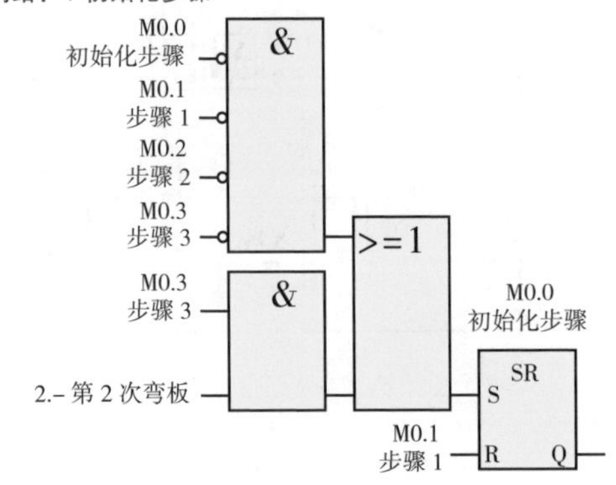

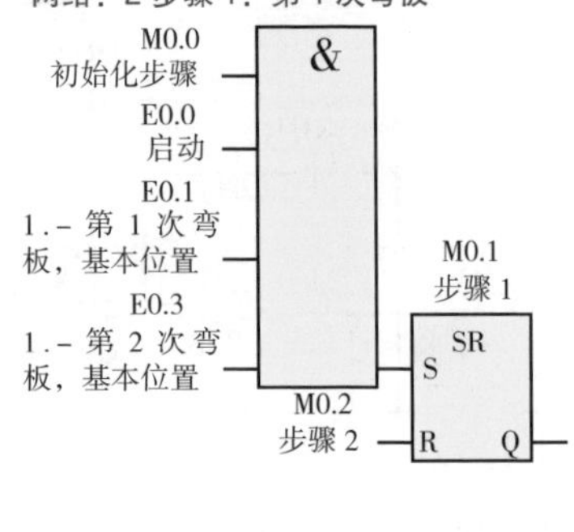

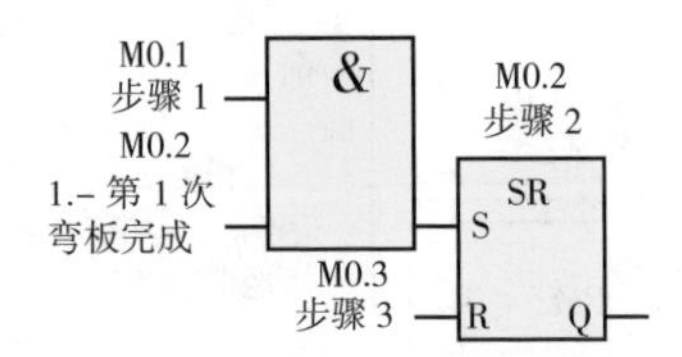

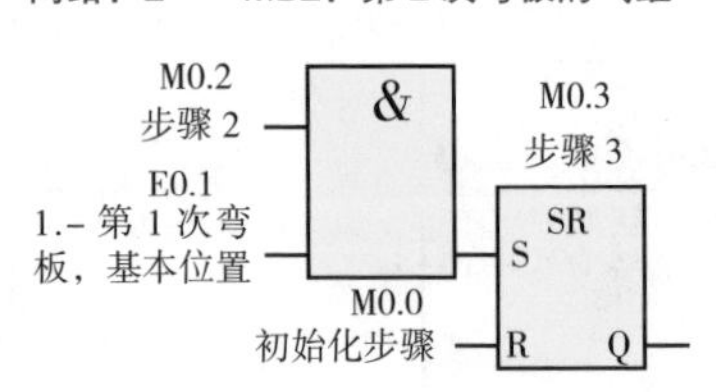

在行动功能块中对每一个输出端（执行元件）均准确地编程一个网络。

=MB1：第 1 次弯板的气缸

网络 2

=MB2：第 2 次弯板的气缸

A0.1
2.– 第 2 次弯板
M0.3
步骤 3
&
=

用程序语言编程 AS 顺序功能流程图 SFC	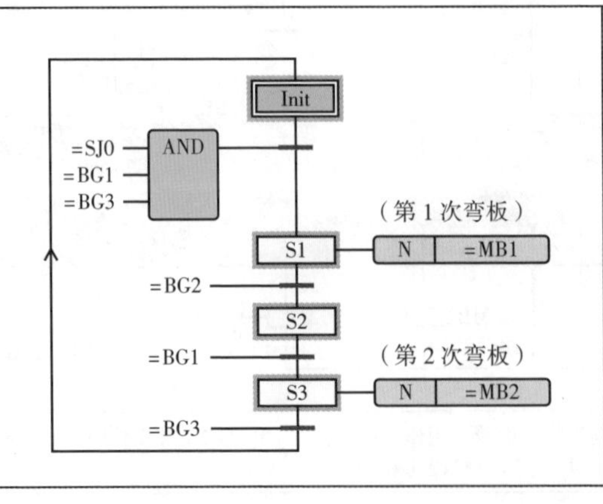	程序语言（DIN IEC 61131–3）类似于 GRAFCET。其过渡一般采用图示表达法，行动由两个区组成：专业区（用 N 表示，不存储）和行动名称或执行元件区（例如 =MB1）。 编程采用 Multiprog

弯板机的过程控制 4

解决方案	程序	附注
用语句表编程	“跳跃表”用于比采用时钟脉冲链编程更短的循环时间，因为始终只准确地处理带有正在执行的步骤的网络。	跳跃表是 Step 7 自身的指令。 步骤由步骤计数器管理。
语句表 带有跳跃表	**网络 1：跳跃表** L　“步骤计数器”　MW0 SPL　Fehl　// 计数值错误时跳跃 SPA　Int　// 初始化步骤 SPL　S1　// 步骤 1 SPL　S2 SPL　S3 Fehl:　BEA　// 错误时功能块结束	第 1 个网络中为每一个步骤给定一个跳跃目标并检查步骤计数器的内容。如果步骤计数器的内容不合理，判断为错误：跳跃并中断功能块（BEA）。

后续网络从属于该步骤的跳跃目标开始，例如 S1.
如果至下一个步骤的过渡条件是 WAHR，步骤计数器向前计数 1.
如果过渡条件是 UNWAHR，功能块的处理结束（BEB）。
下次调用时通过跳跃分配器再次跳跃至该网络的开始。

网络 2：初始化步骤

```
Init: U(
U      "= SJO 启动
U      "=BG1"
U      "=BG3"
)
NOT
BEB
L      " 步骤计数器 "
+      1
T      " 步骤计数器 "
```

网络 3：步骤 1：第 1 次弯板

```
S1:  U      "=BG2"
     NOT
     BEB
     L      " 步骤计数器 "
     +      1
     T      " 步骤计数器 "
```

网络 4：步骤 2：第 1 气缸收回

```
S2:  U      "=BG1"
     NOT
     BEB
     L      " 步骤计数器 "
     +      1
     T      " 步骤计数器 "
```

网络 5：步骤 3：第 2 次弯板

```
S3:  U      "=BG4"
     NOT
     BEB
     L      0
     T      " 步骤计数器 "
```

在行动功能块中对每一个输出端（执行元件）均准确地编程一个网络。步骤计数器处于所需步骤时，输出端接通。

网络 1：第 1 次弯板

如果步骤计数器的计数状态为 1，则…

```
L      步骤计数器
L      1
==1
=" 第 1 次弯板 "
```

网络 2：第 2 次弯板

```
L      " 步骤计数器 "
L      3
==1
=" 第 2 次弯板 "
```

语句表的行动功能块

网络：1
第 1 次弯板：如果步骤计数器的计数状态为 1，则…

MW0 步骤计数器 — IN1；1 — IN2；CMP ==I → A0.0 1.– 第 1 次弯板 =

网络 2：
第 2 次弯板

MW0 步骤计数器 — IN1；3 — IN2；CMP ==I → A0.1 1.– 第 2 次弯板 =

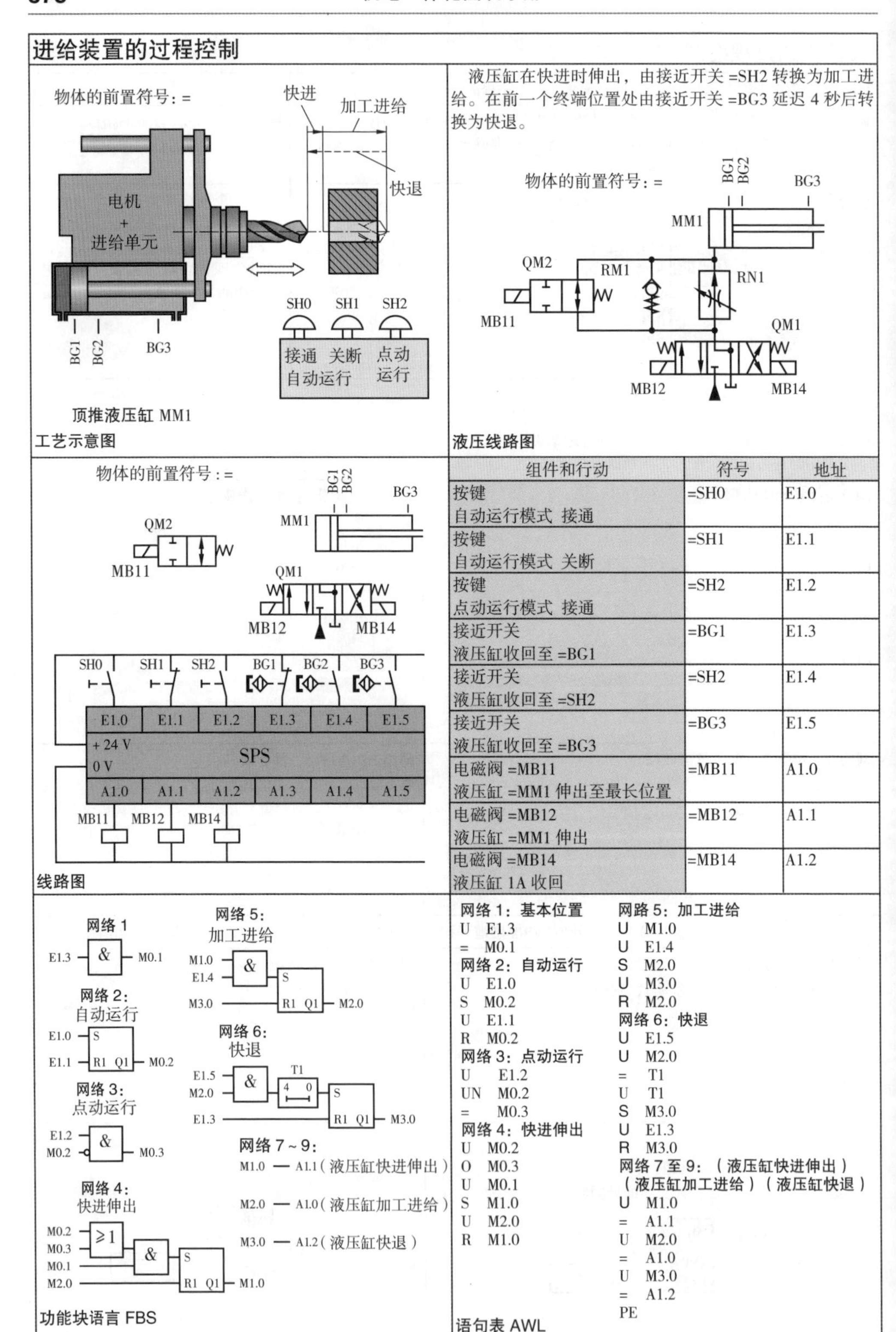

进给装置的过程控制

工艺示意图

液压缸在快进时伸出，由接近开关 =SH2 转换为加工进给。在前一个终端位置处由接近开关 =BG3 延迟 4 秒后转换为快退。

液压线路图

线路图

组件和行动	符号	地址
按键 自动运行模式 接通	=SH0	E1.0
按键 自动运行模式 关断	=SH1	E1.1
按键 点动运行模式 接通	=SH2	E1.2
接近开关 液压缸收回至 =BG1	=BG1	E1.3
接近开关 液压缸收回至 =SH2	=SH2	E1.4
接近开关 液压缸收回至 =BG3	=BG3	E1.5
电磁阀 =MB11 液压 =MM1 伸出至最长位置	=MB11	A1.0
电磁阀 =MB12 液压缸 =MM1 伸出	=MB12	A1.1
电磁阀 =MB14 液压缸 1A 收回	=MB14	A1.2

功能块语言 FBS

```
网络 1：基本位置
U  E1.3
=  M0.1
网络 2：自动运行
U  E1.0
S  M0.2
U  E1.1
R  M0.2
网络 3：点动运行
U   E1.2
UN  M0.2
=   M0.3
网络 4：快进伸出
U  M0.2
O  M0.3
U  M0.1
S  M1.0
U  M2.0
R  M1.0
网络 5：加工进给
U  M1.0
U  E1.4
S  M2.0
U  M3.0
R  M2.0
网络 6：快退
U  E1.5
U  M2.0
=  T1
U  T1
S  M3.0
U  E1.3
R  M3.0
网络 7 至 9：（液压缸快进伸出）
（液压缸加工进给）（液压缸快退）
U  M1.0
=  A1.1
U  M2.0
=  A1.0
U  M3.0
=  A1.2
PE
```

语句表 AWL

搅拌机的过程控制

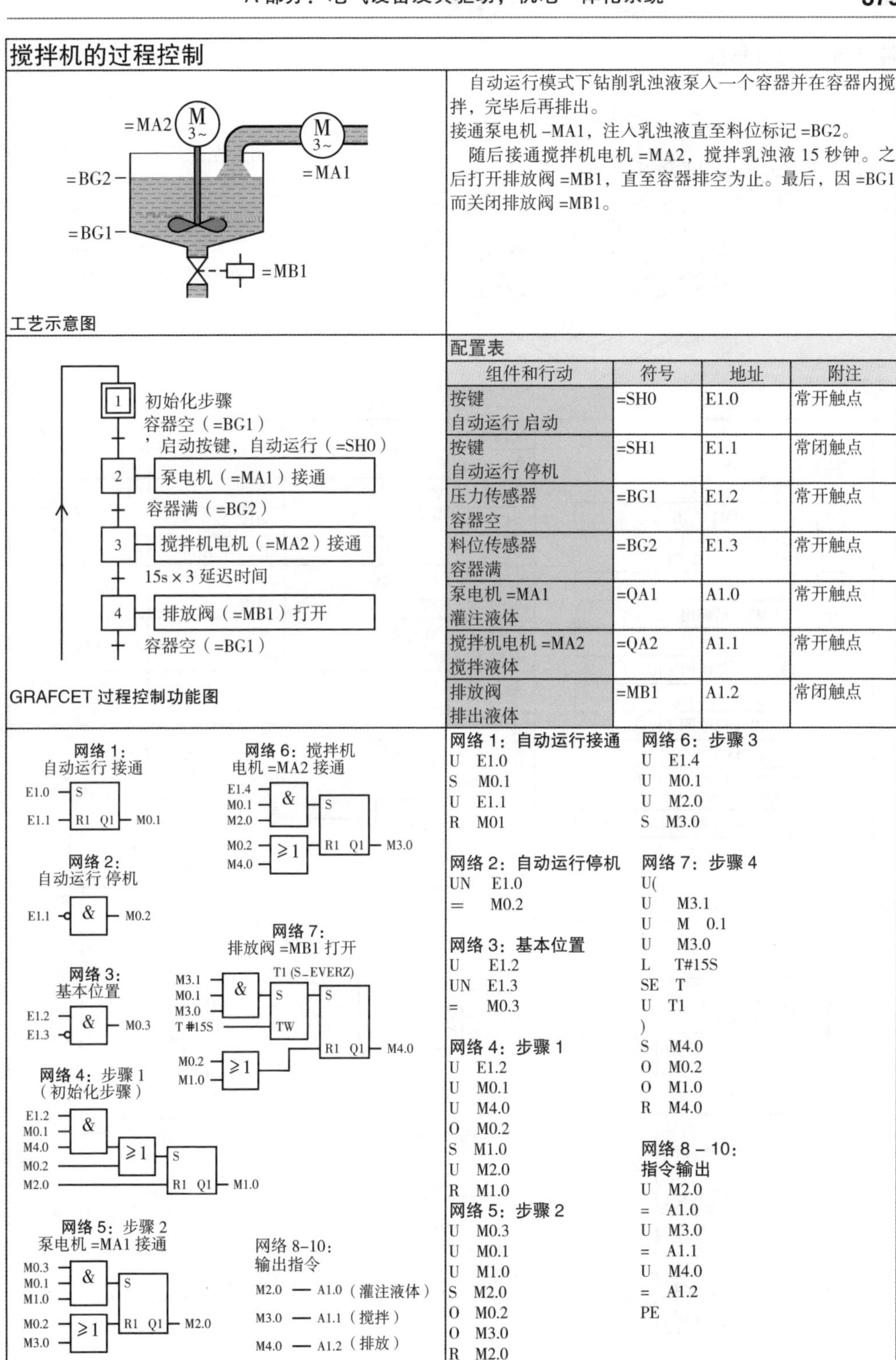

工艺示意图

自动运行模式下钻削乳浊液泵入一个容器并在容器内搅拌，完毕后再排出。

接通泵电机 -MA1，注入乳浊液直至料位标记 =BG2。

随后接通搅拌机电机 =MA2，搅拌乳浊液 15 秒钟。之后打开排放阀 =MB1，直至容器排空为止。最后，因 =BG1 而关闭排放阀 =MB1。

GRAFCET 过程控制功能图

配置表

组件和行动	符号	地址	附注
按键 自动运行 启动	=SH0	E1.0	常开触点
按键 自动运行 停机	=SH1	E1.1	常闭触点
压力传感器 容器空	=BG1	E1.2	常开触点
料位传感器 容器满	=BG2	E1.3	常开触点
泵电机 =MA1 灌注液体	=QA1	A1.0	常开触点
搅拌机电机 =MA2 搅拌液体	=QA2	A1.1	常开触点
排放阀 排出液体	=MB1	A1.2	常闭触点

功能块语言 FBS

网络 1：自动运行接通
```
U  E1.0
S  M0.1
U  E1.1
R  M01
```

网络 2：自动运行停机
```
UN  E1.0
=   M0.2
```

网络 3：基本位置
```
U   E1.2
UN  E1.3
=   M0.3
```

网络 4：步骤 1
```
U  E1.2
U  M0.1
U  M4.0
O  M0.2
S  M1.0
U  M2.0
R  M1.0
```

网络 5：步骤 2
```
U  M0.3
U  M0.1
U  M1.0
S  M2.0
O  M0.2
O  M3.0
R  M2.0
```

网络 6：步骤 3
```
U  E1.4
U  M0.1
U  M2.0
S  M3.0
```

网络 7：步骤 4
```
U(
U  M3.1
U  M 0.1
U  M3.0
L  T#15S
SE  T
U  T1
)
S  M4.0
O  M0.2
O  M1.0
R  M4.0
```

网络 8 – 10：指令输出
```
U  M2.0
=  A1.0
U  M3.0
=  A1.1
U  M4.0
=  A1.2
PE
```

语句表 AWL

冲压冲模的过程控制

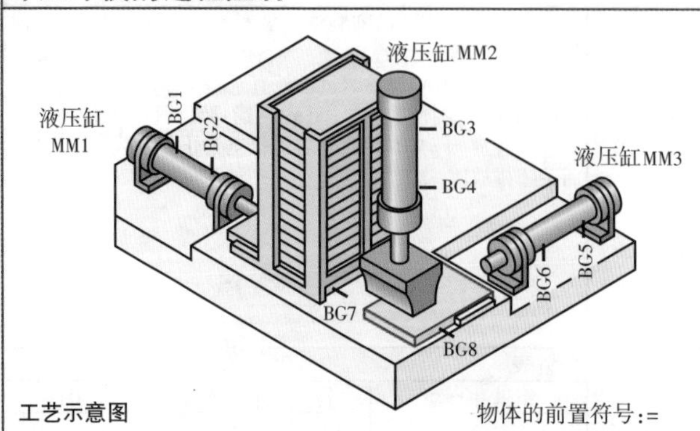

工艺示意图

物体的前置符号:=

在冲压冲模内，工件有一个工件号。传感器 =BG7 检查堆垛式料仓是否有料。气缸 =MM1 将工件推出料仓，进入加工位置。接着，冲压气缸 =MM2 伸出并冲压工件。首先是冲压气缸 =MM2，随后是推送气缸 =MM3 收回。气缸 =MM3 作为顶料器用于推送冲压完成的工件。传感器 =BG8 确定工件是否已被顶出。

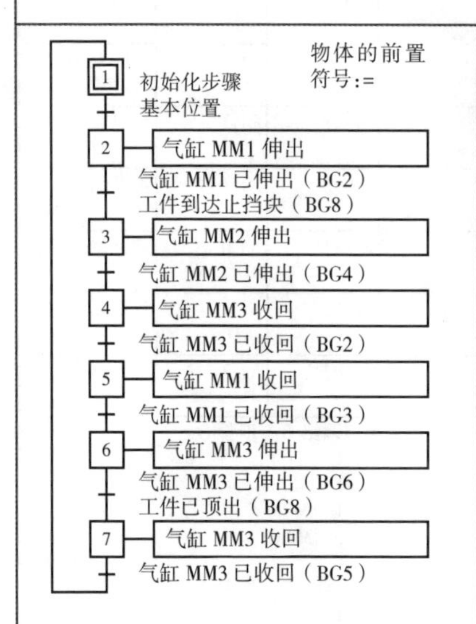

GRAFCET 功能图

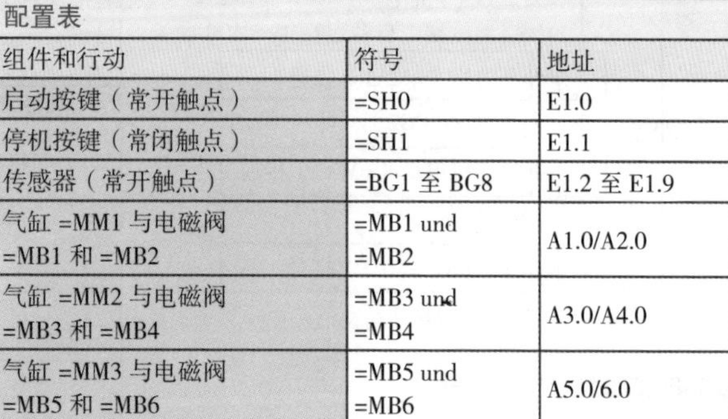

配置表

组件和行动	符号	地址
启动按键（常开触点）	=SH0	E1.0
停机按键（常闭触点）	=SH1	E1.1
传感器（常开触点）	=BG1 至 BG8	E1.2 至 E1.9
气缸 =MM1 与电磁阀 =MB1 和 =MB2	=MB1 und =MB2	A1.0/A2.0
气缸 =MM2 与电磁阀 =MB3 和 =MB4	=MB3 und =MB4	A3.0/A4.0
气缸 =MM3 与电磁阀 =MB5 和 =MB6	=MB5 und =MB6	A5.0/6.0

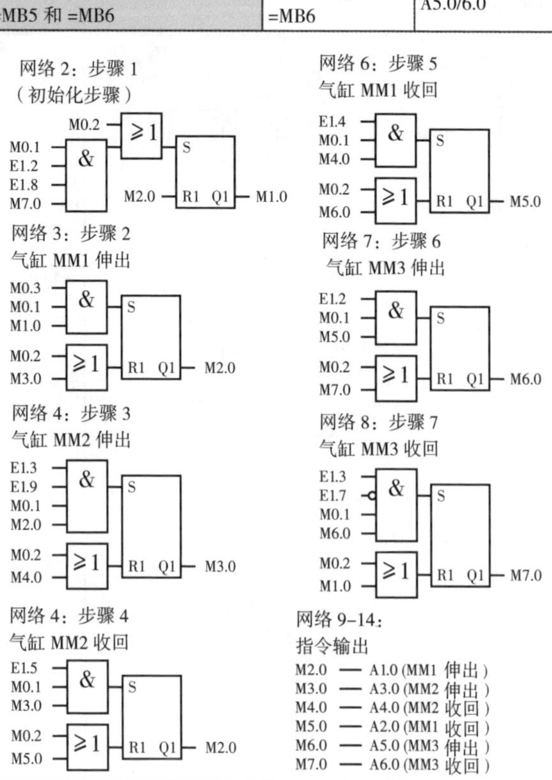

网络 1：功能块

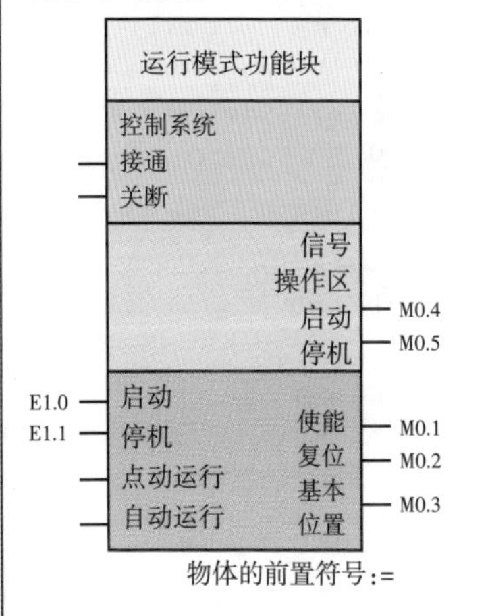

功能块语言 FBS 的控制系统编程

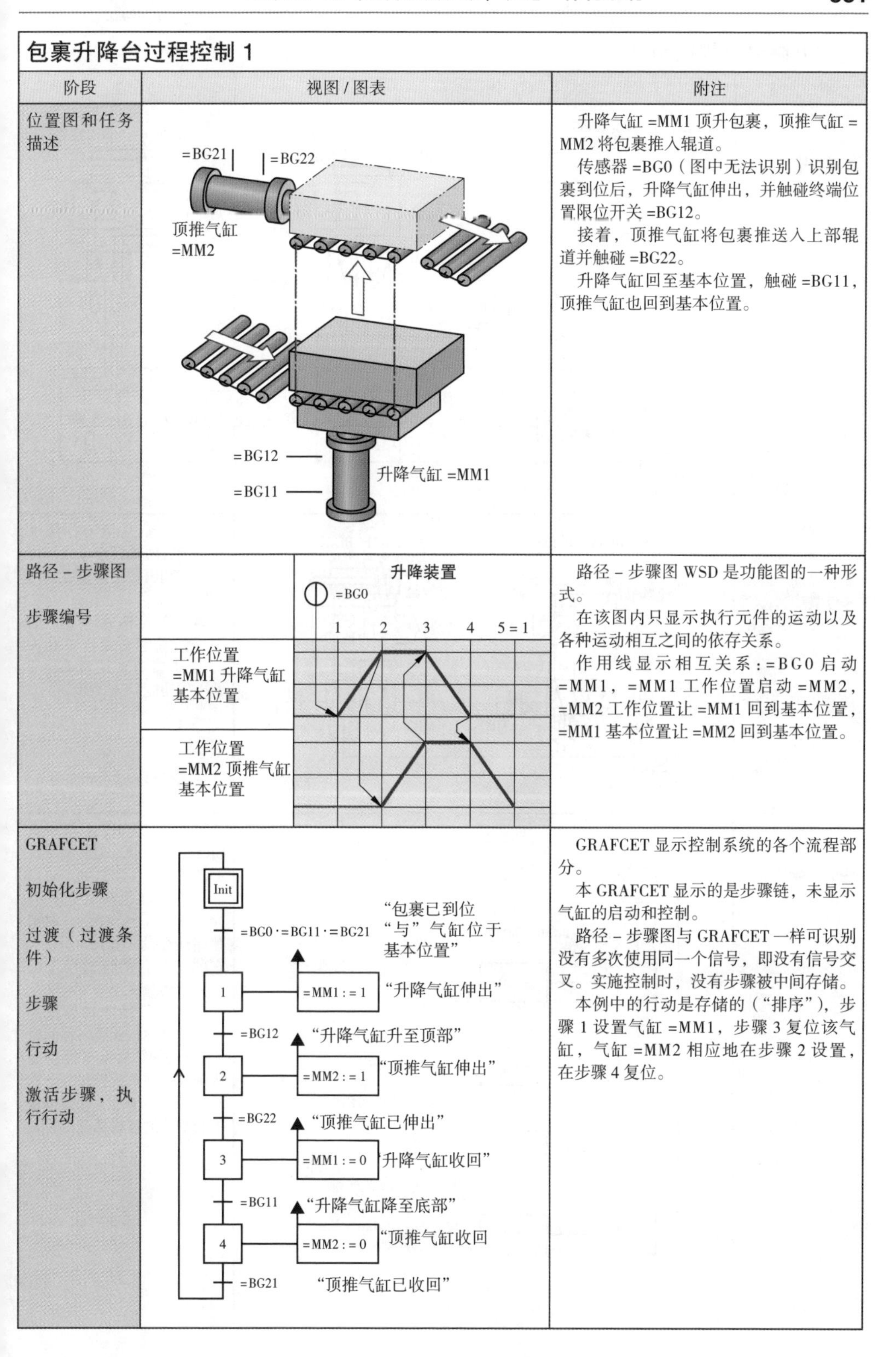

包裹升降台过程控制 1

阶段	视图 / 图表	附注
位置图和任务描述	=BG21 =BG22 顶推气缸 =MM2 =BG12 =BG11 升降气缸 =MM1	升降气缸 =MM1 顶升包裹，顶推气缸 =MM2 将包裹推入辊道。 传感器 =BG0（图中无法识别）识别包裹到位后，升降气缸伸出，并触碰终端位置限位开关 =BG12。 接着，顶推气缸将包裹推送入上部辊道并触碰 =BG22。 升降气缸回至基本位置，触碰 =BG11，顶推气缸也回到基本位置。
路径 - 步骤图 步骤编号	升降装置 =BG0 1 2 3 4 5 = 1 工作位置 =MM1 升降气缸 基本位置 工作位置 =MM2 顶推气缸 基本位置	路径 - 步骤图 WSD 是功能图的一种形式。 在该图内只显示执行元件的运动以及各种运动相互之间的依存关系。 作用线显示相互关系：=BG0 启动 =MM1，=MM1 工作位置启动 =MM2，=MM2 工作位置让 =MM1 回到基本位置，=MM1 基本位置让 =MM2 回到基本位置。
GRAFCET 初始化步骤 过渡（过渡条件） 步骤 行动 激活步骤，执行行动	Init =BG0·=BG11·=BG21 “包裹已到位“与”气缸位于基本位置” 1 =MM1 := 1 “升降气缸伸出” =BG12 “升降气缸升至顶部” 2 =MM2 := 1 “顶推气缸伸出” =BG22 “顶推气缸已伸出” 3 =MM1 := 0 “升降气缸收回” =BG11 “升降气缸降至底部” 4 =MM2 := 0 “顶推气缸收回 =BG21 “顶推气缸已收回”	GRAFCET 显示控制系统的各个流程部分。 本 GRAFCET 显示的是步骤链，未显示气缸的启动和控制。 路径 - 步骤图与 GRAFCET 一样可识别没有多次使用同一个信号，即没有信号交叉。实施控制时，没有步骤被中间存储。 本例中的行动是存储的（“排序”），步骤 1 设置气缸 =MM1，步骤 3 复位该气缸，气缸 =MM2 相应地在步骤 2 设置，在步骤 4 复位。

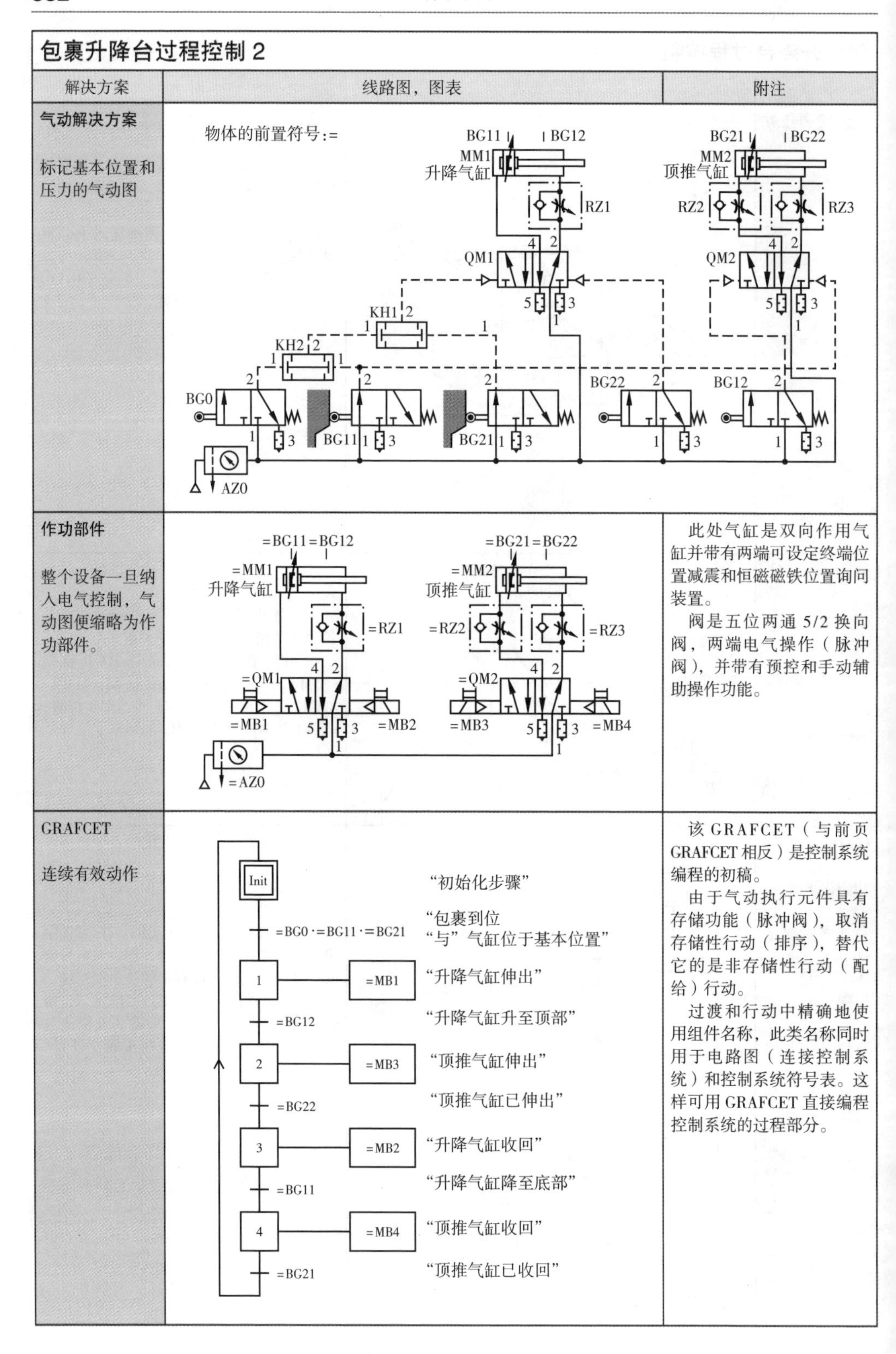

包裹升降台过程控制 2

解决方案	线路图，图表	附注
气动解决方案 标记基本位置和压力的气动图	物体的前置符号：= BG11 BG12 MM1 升降气缸 RZ1 QM1 4 2 5 3 1 BG21 BG22 MM2 顶推气缸 RZ2 RZ3 QM2 4 2 5 3 1 KH1 1 2 1 KH2 1 2 1 BG0 2 1 3 BG11 2 1 3 BG21 2 1 3 BG22 2 1 3 BG12 2 1 3 AZ0	
作功部件 整个设备一旦纳入电气控制，气动图便缩略为作功部件。	=BG11 =BG12 =MM1 升降气缸 =RZ1 =QM1 4 2 =MB1 5 3 =MB2 1 =BG21 =BG22 =MM2 顶推气缸 =RZ2 =RZ3 =QM2 4 2 =MB3 5 3 =MB4 1 =AZ0	此处气缸是双向作用气缸并带有两端可设定终端位置减震和恒磁磁铁位置询问装置。 阀是五位两通 5/2 换向阀，两端电气操作（脉冲阀），并带有预控和手动辅助操作功能。
GRAFCET 连续有效动作	Init “初始化步骤” =BG0·=BG11·=BG21 “包裹到位 “与”气缸位于基本位置” 1 =MB1 “升降气缸伸出” =BG12 “升降气缸升至顶部” 2 =MB3 “顶推气缸伸出” =BG22 “顶推气缸已伸出” 3 =MB2 “升降气缸收回” =BG11 “升降气缸降至底部” 4 =MB4 “顶推气缸收回” =BG21 “顶推气缸已收回”	该 GRAFCET（与前页 GRAFCET 相反）是控制系统编程的初稿。 由于气动执行元件具有存储功能（脉冲阀），取消存储性行动（排序），替代它的是非存储性行动（配给）行动。 过渡和行动中精确地使用组件名称，此类名称同时用于电路图（连接控制系统）和控制系统符号表。这样可用 GRAFCET 直接编程控制系统的过程部分。

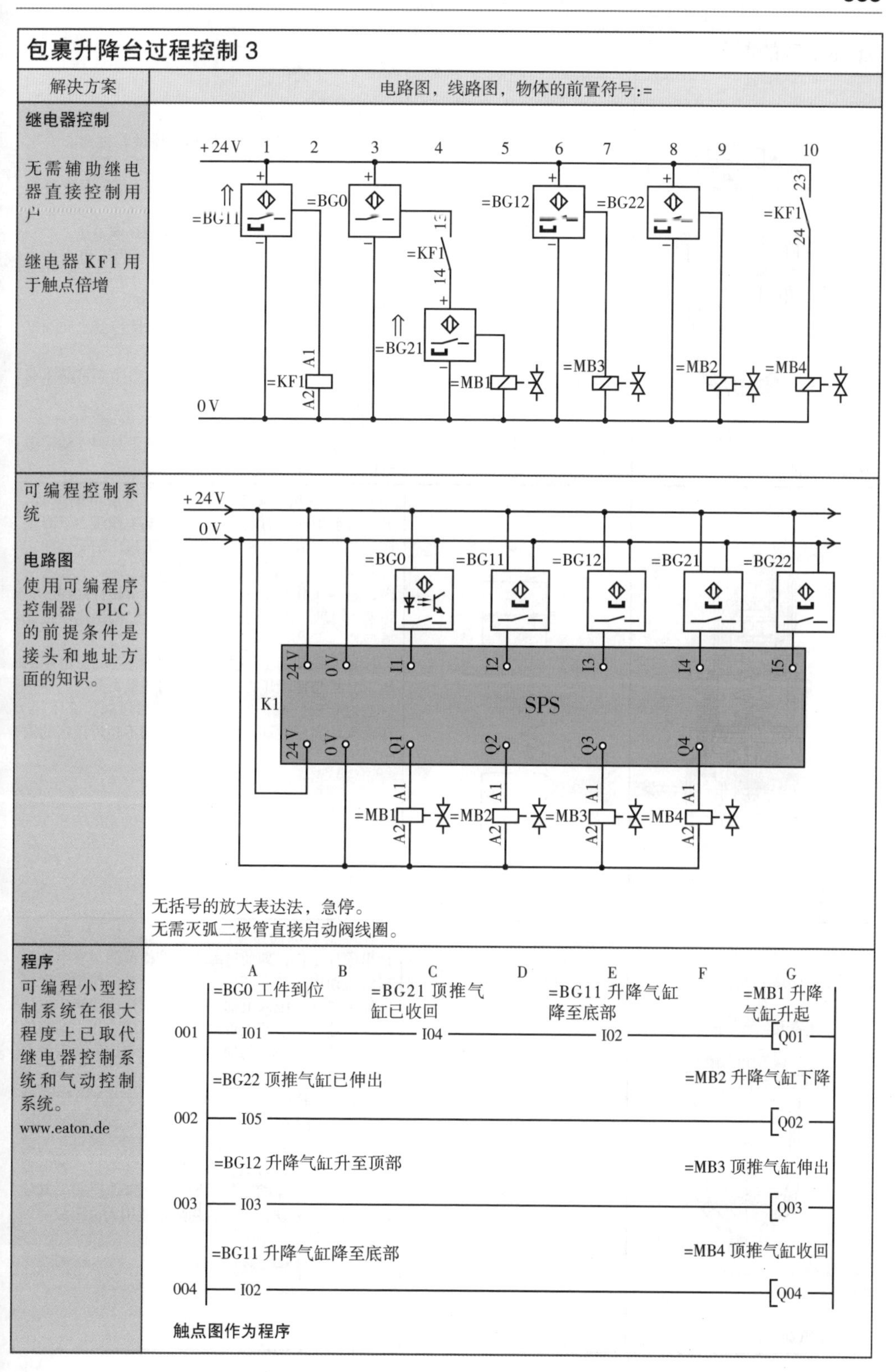
包裹升降台过程控制 3
解决方案
电路图，线路图，物体的前置符号:=
继电器控制
无需辅助继电器直接控制用户
继电器 KF1 用于触点倍增
+24 V
1
2
3
4
5
6
7
8
9
10
=BG11
=BG0
=BG12
=BG22
=KF1
23
24
13
14
=BG21
=KF1
A1
A2
=MB1
=MB3
=MB2
=MB4
0 V
可编程控制系统
电路图
使用可编程序控制器（PLC）的前提条件是接头和地址方面的知识。
+24 V
0 V
=BG0
=BG11
=BG12
=BG21
=BG22
24 V
0 V
I1
I2
I3
I4
I5
K1
SPS
Q1
Q2
Q3
Q4
=MB1
=MB2
=MB3
=MB4
无括号的放大表达法，急停。
无需灭弧二极管直接启动阀线圈。
程序
可编程小型控制系统在很大程度上已取代继电器控制系统和气动控制系统。
www.eaton.de
A
B
C
D
E
F
G
=BG0 工件到位
=BG21 顶推气缸已收回
=BG11 升降气缸降至底部
=MB1 升降气缸升起
001
I01
I04
I02
Q01
=BG22 顶推气缸已伸出
=MB2 升降气缸下降
002
I05
Q02
=BG12 升降气缸升至顶部
=MB3 顶推气缸伸出
003
I03
Q03
=BG11 升降气缸降至底部
=MB4 顶推气缸收回
004
I02
Q04
触点图作为程序

压缩空气的制备

部件	线路符号	解释
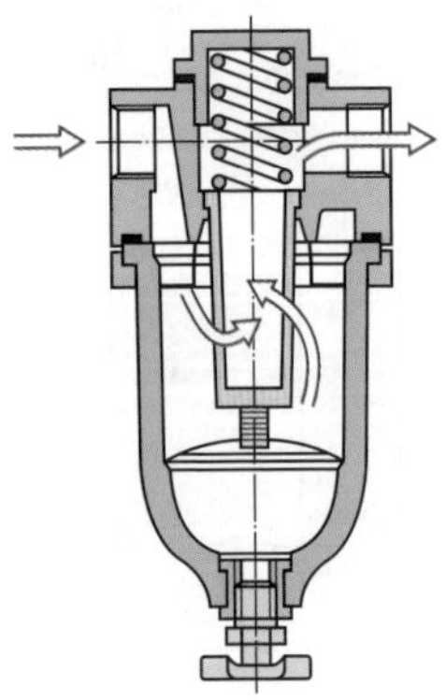 压缩空气过滤器	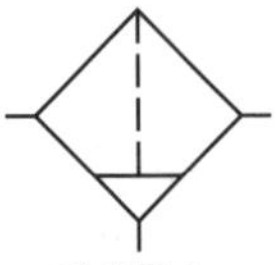 手动排水 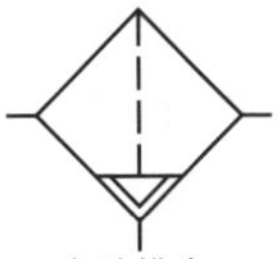 自动排水	压缩空气从一侧进入过滤器并在过滤器内形成漩涡。这时，粗大的污物和液体微粒被离心力甩在容器边壁上。需要时用容器底部的排污螺栓将它们排除。比滤芯网孔尺寸更小的微粒在更换滤芯时排掉。 滤芯主要由青铜网，黄铜网或钢丝网组成。 压缩空气过滤器滤芯使压缩空气内不再含蒸汽状液态和固态异物。 制造类型和应用： ·多用途过滤器：作为过滤器滤除冷凝水和油气溶胶。 ·活性炭过滤器：应用于制药，电子和食品工业领域。 ·滤尘器：滤除灰尘和污物微粒。 ·大功率过滤器：装在压缩空气工具和气动输送机构之前。
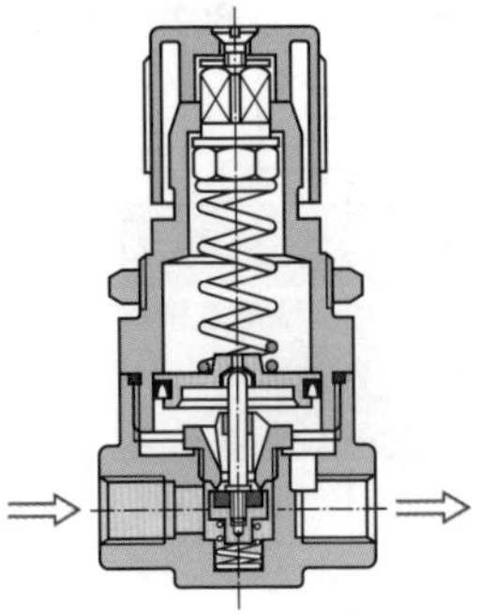 调压阀	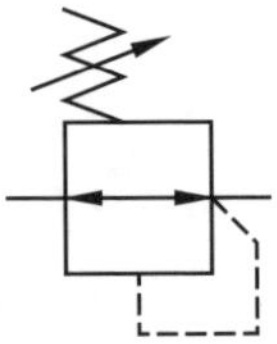 普通型 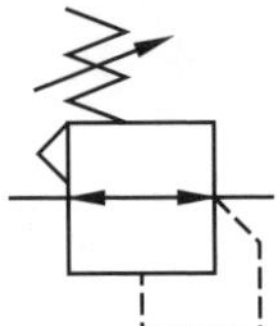 有排气孔	大型阀盘执行调节，阀盘的一边由可调弹簧，另一边由工作压力施加压力。如果工作压力下降至低于预设定值，弹簧通过阀盘向下顶压销子，使它打开阀门。通过打开的环缝隙使压缩空气进入阀内，直至工作压力重又恢复正常，阀门再次关闭。弹簧 / 阀盘系统达到一个平衡位置，使工作压力保持稳定。 压缩空气调压阀使压缩空气保持近似于恒定的压力，且与初级压力的波动和用气量无关。 与之相反，减压阀（压缩空气减压阀，降压阀）在输入端高压波动条件下使输出端不超过设定的输出压力。
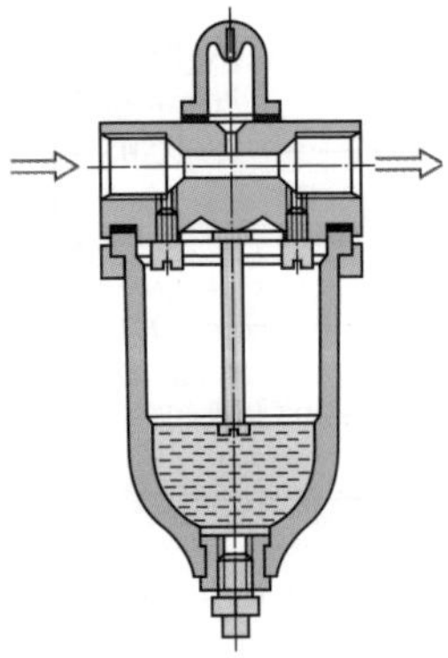 压缩空气加油器	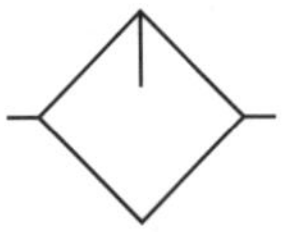	压缩空气加油器不间断地产生油雾。它根据文杜里原理工作，即通过缩小导管横截面在狭窄处提高液流速度，从而产生负压。这种效应使位于下部的油通过立管吸入上部并在气流中形成油滴，然后产生油雾。通过节流可量化注入压缩空气中油滴的数量。使用压缩空气加油器可生产含或不含润滑剂的压缩空气。 源自压缩机的压缩空气一般尚未进入可使后续装置无缺陷无故障工作的正常状态。因此需使用压缩空气制备装置，如过滤器，调压器，即可作为单独部件，也可作为组合部件使用，还有过滤调节器和加油器。但压缩空气的加油器近年来已丧失其使用意义，因为现在流行的趋势是使用无油压缩空气组件。

气动缸和泵

部件	线路符号	解释
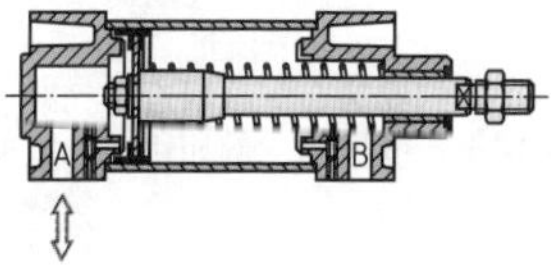 A B 单向作用气缸		单向作用气缸有活塞缸和隔膜式缸。由于活塞或隔膜的一边受压，这类气缸只能向一个方向作功。 根据不同的制造类型，这类气缸分伸出运动和收回运动。位于另一端的内置弹簧在排气结束后将活塞推回初始位置。单向作用气缸用于张紧，压制，输入或顶出等用途。
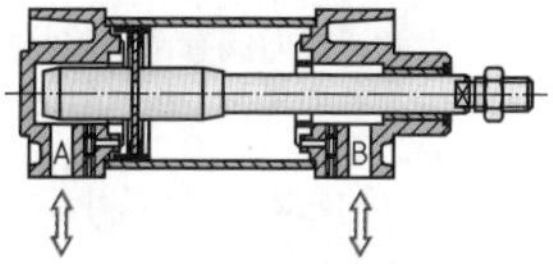 A B 双向作用气缸		双向作用气缸活塞的两端交替受到压缩空气的压力。所以这类活塞有两个工作行程。由于活塞底部的一边比另一边小了一个活塞杆的面积，活塞伸出和收回时的力是不同的。 优点： · 行程长度更长， · 可设定两个方向的活塞速度。
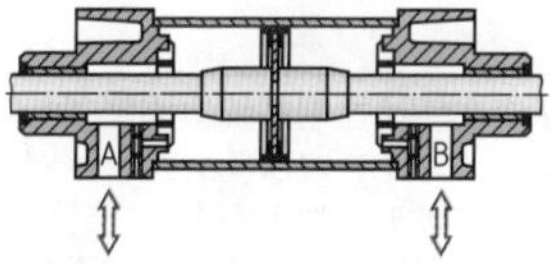 A B 两端活塞杆气缸	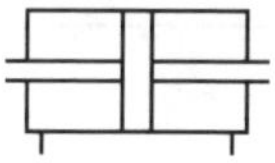	由于贯通活塞两边的活塞杆有着相同的活塞环面积，两个运动方向的力也相同。通过两端的活塞杆支承使活塞可承受较大的横向力。两端活塞杆气缸可用于例如卡盘的操作元件。
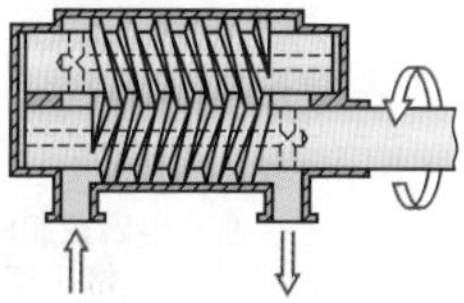 螺旋泵	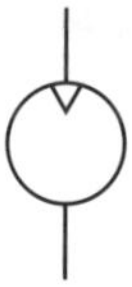	螺旋泵有多个主轴，与螺旋齿啮合的齿轮一样，螺纹凹槽内的液体沿机壳壁向前输送。主轴必须成对运行，形成一种相互密封的形式，阻止液体回流。 优点：· 运行噪声低， · 输送的液流无波动。 缺点：· 制造成本高， · 效率低。
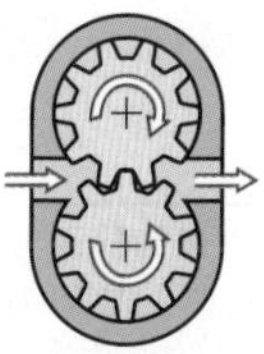 齿轮泵	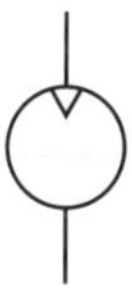	齿轮泵中一个齿轮是主动轮，带动其他齿轮旋转。旋转运动时相对运动的轮齿空出新的齿槽。空齿槽立即被填满，液体被抽吸送向压力端。这时轮齿再次相互啮合并挤压，例如将液体从齿槽中排出。
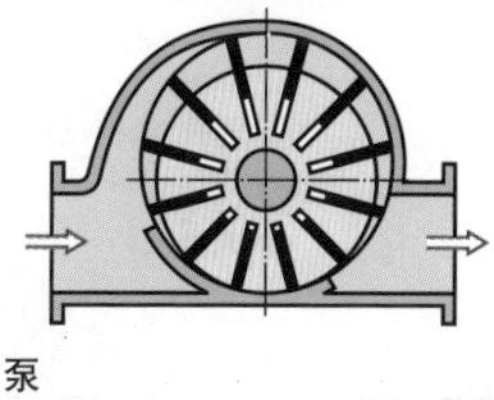 膜片泵	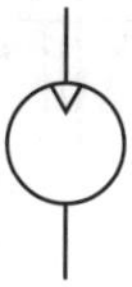	膜片泵的转子在机壳内偏心旋转。在窄槽内径向运动的滑板在离心力作用下向外挤压并形成密封的单个小格。 优点：· 输送均匀， · 制造尺寸小。 缺点：效率低下。

压力阀和换向阀

部件	线路符号	解释
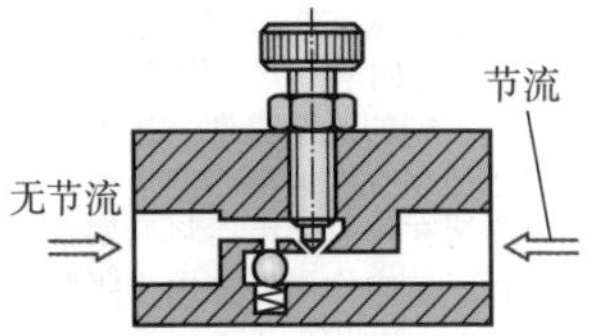 无节流 节流 节流止回阀		节流止回阀是节流阀与止回阀的组合。压缩空气在一个流体方向无阻碍流通，在另一个方向可无级调节流量。 节流止回阀安装在气缸附近的气缸工作管道，用于速度控制，例如快进，快退或工作速度。
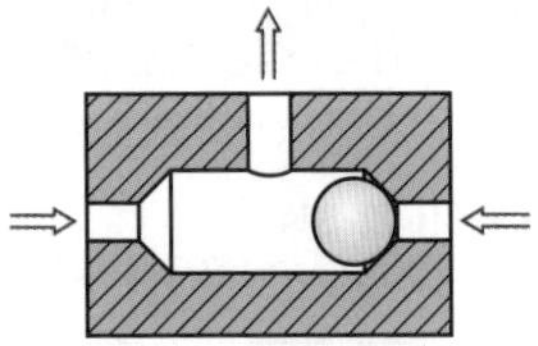 换向阀	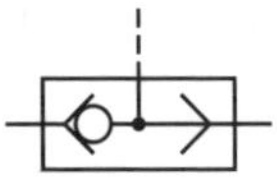	换向阀在气动控制系统中实施“或”门元件功能。为此，换向阀有两个控制接头和一个工作接头。如果两个进气管之一或两个进气管同时受压，压缩空气进入工作接头。这时，换向阀阻止受压的控制管通过并联的控制接头排气。
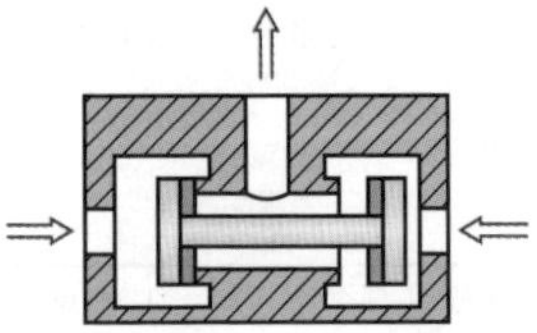 双压阀		双压阀在气动控制系统中实施“与”门元件功能。为此，双压阀有两个控制接头和一个工作接头。如果两个进气管同时受压，压缩空气进入工作接头。如果控制压力不同，较大的那个控制压力关闭阀门，较小的控制压力到达输出端。
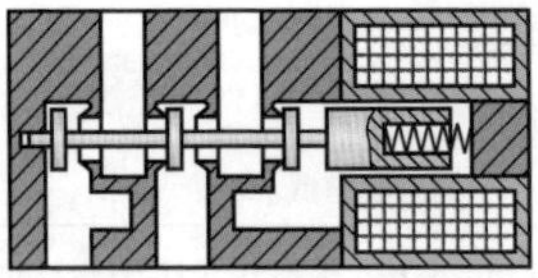 弹簧复位和电磁操作的四位两通 4/2 换向阀	 无控制连接 控制	座阀绘出一个密封关闭的阀座，它一般只在施加大力时才接通。电磁控制时，无应力状态的活塞通过弹簧被挤压至阀座。操作后，活塞受电磁力被吸合，使另一个连接空出。
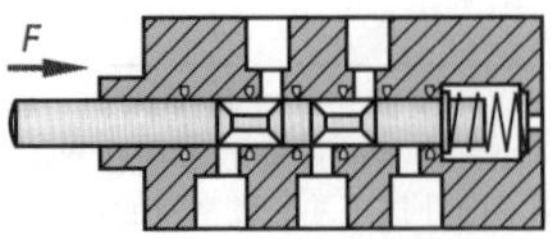 F 弹簧复位和推杆机械操作的五位两通 5/2 换向阀	 有控制连接 非控制	由于活塞滑阀已卸掉压力，它可由一个与工作压力近似于无关的操作力操纵。由于活塞滑块的运动间隙，可能出现密封问题。

自动螺丝刀系统

概念	解释	附注
螺丝刀驱动	由螺丝刀控制系统监视的无刷伺服电机实现电动螺丝刀驱动。达到例如规定转矩后电机关断。 左旋或右旋可使螺丝刀咬合或松开。	力矩保持时间，转矩，再次启动时间，转速和旋转方向等均由螺丝刀控制系统设定。电动螺丝刀尤其用于转矩高精度和螺钉连接技术文件高要求的场所。 行星减速系统实现将电机转速转换为较低并具有必要转矩的螺丝刀转速。
螺丝刀控制系统 计算 纪要	控制系统专门设计为螺丝刀主轴的驱动控制。IT 装置通过接口进行连接。用于统计学计算的数据被存储并传输给例如连接的 PC，用于所要求的指示功能：生产订单号，启动数据（转矩，旋转角度），日期。 螺丝刀循环的纪要也包含超过极限数值的警告信号。必要时应中断螺丝刀循环程序。	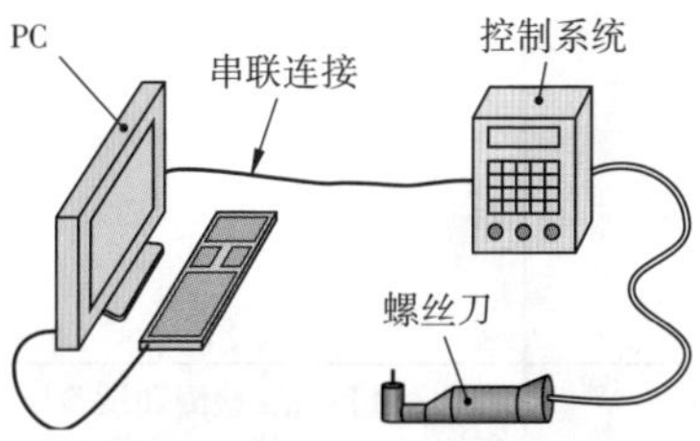 **电动螺丝刀系统**
电动螺丝刀编程 设定值， 极限值	电动螺丝刀控制系统或与之连接的 PC 均可实施编程。螺丝刀主轴的参数是可输入的。 拧紧螺钉的过程，例如转矩控制，力的控制加转动角度控制或转动角度控制加转矩控制等均可编程。 这里编程（配置）的是力矩，转动角度，转速及其所属的极限值。还有螺钉连接的数量也可以编程（组数计数）。	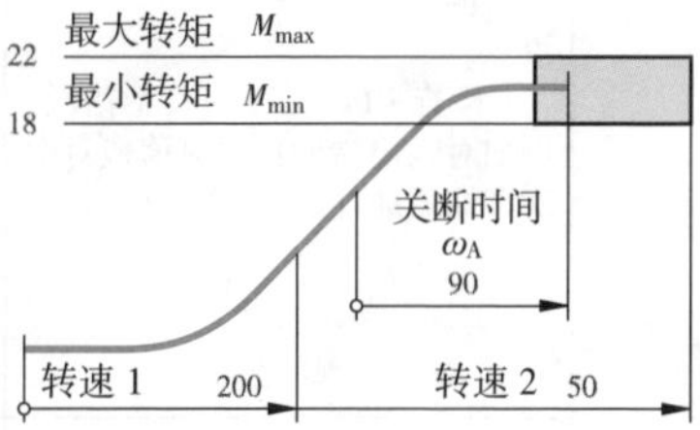 **螺钉拧紧过程编程**
接口 电动螺丝刀控制系统 接头， 螺丝刀	借助总线插件板可通过以太网，PROFIBUS，CAN-Bus 进行连接。此外可供使用的还有接口 V.24，USB，WLAN，Bluetooth 等。通过数字 EA（输入端，输出端，0V，24V）连接 PLC 产生控制信号并提供反馈信号。 电动螺丝刀通过蓝牙，WLAN 或接线电缆（包括电源）与螺丝刀控制系统连接。	螺丝刀控制系统通过例如以太网，WLAN 与 PC 连接。 用其他接口可与例如打印机或条形码扫描仪连接。使用条形码可激活配属给一个订单的电动螺丝刀程序。
检测传感器 转矩 旋转角度	拧紧螺钉的过程中直接通过应变计检测桥，或间接通过检测与转矩成比例关系的电机电流（重复精度低），连续检测施加在旋转轴的转矩。 通过坐标转换器或增量发生器检测旋转角度。	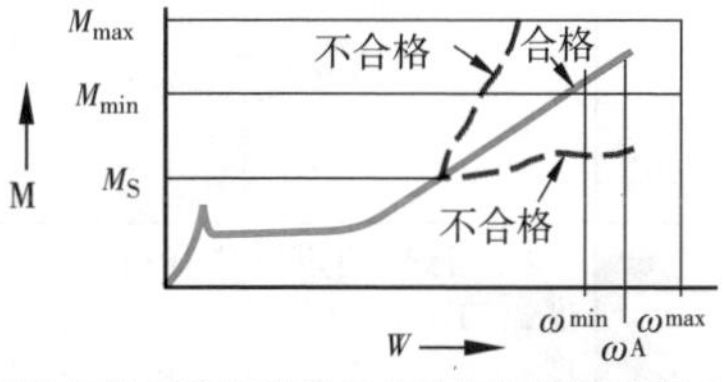 **用转矩监视控制旋转角度的螺钉拧紧过程**
电动螺丝刀在生产过程的应用 防错	电动螺丝刀用于装配过程。电动螺丝刀控制系统根据可设定极限值或待拧紧的螺钉连接产生信号，并发送给相互连接的计算机（PC，PLC）进行计算，控制例如装配线停机等。	对装配过程中电动螺丝刀控制系统所发信号做出有目的的反应将因 Poka-Yoke（防错）原则对产品质量产生积极影响。

机电一体化系统的试运行

阶段	电子技术	气动技术	液压技术
安装和拆卸	·一般在制造商处已对待安装设备部件带电状态下技术特性数据进行了检查，例如电动机的电气和机械强度，运行温度，过载能力。 ·遵守待安装设备部件的电压类型，电压峰值和电网频率。	·设备组件的安装和拆卸必须遵循制造商的操作说明。 ·要求稳妥固定压缩空气管道，阻止焊点和管螺纹连接处出现漏气。 ·运动的设备部件，例如气缸中处于任意位置的零件，应根据事故防范条例，例如加盖防护。	·检查供货的设备零件的技术特性数据。 ·固定圆管，防止其移动或振动。 ·对于软管，注意其最小弯曲半径，避免出现折弯或摩擦点。
准备	·通过目视，检测和试验检验所使用的保护措施；参照初次检验。 ·设定过流保护装置的额定值，例如电机保护开关的额定电流。 ·检查 PLC 程序的典型错误，例如对输出端的错误赋值或对中间存储器地址的多重赋值。	·将设备置于无压状态。 ·所有工作元件均应进入其基本位置（初始位置），例如通过起始脉冲或手动辅助操作转换 PLC 剩余的存储器，关闭活塞速度节流阀。	·检查管道，过滤器和容器的清洁程度，必要时予以清洗。 ·将阀置于规定的基本位置（开，关），例如流量控制阀和节流阀应完全打开。
试运行	首先用模拟器将 PLC 硬软件分开，接着，用已连接的硬件进行测试。 ·注意观察 PLC 程序的在线运行。 ·用预设负载启动电动机，并用额定负载运行。软启动时，转速应缓慢加速。 ·检查电机温升。	·无工件运行设备。 ·手动操作压力调节器提升或通过安全接通阀自动提升阀和气缸的压缩空气压力。 ·逐步打开节流阀。 ·检查设备可能出现的故障，例如错误的设定，并检查极限按钮的功能。 ·带工件运行设备，检查特性数据，例如速度。	·将阀置于工作位置。 ·设定安全阀，流量控制阀，调压阀和节流阀的极限数值以及特性数据并铅封。 ·在低负载范围（空载）运行设备数小时，检查可能的故障点，如压力下降，漏液或设备部件温度过高等。
维护，检查	·运行期间定时检查机器温度，功率，功率因数和电流强度。 ·周期性检验所用的保护措施（参照重复检验一节），必要时更换运动部件，例如电机轴承或电机引接线和电刷。	·运行期间定时检查功率，温度，压力和设备密封。 ·周期性检验过滤器，冷凝水排放，检测装置功能，液压液存储器的气体压力。	·运行期间定时检查功率，温度，压力和设备密封。 ·周期性检验过滤器，筛网，电磁分离器，检测装置功能，状态和压力。

机电一体化子系统试运行的故障

阶段	电子技术	气动技术	液压技术
驱动部分	电动机： ·未遵守安装规定， ·未正确安装接头导线。 ·旋转方向错误， ·未连接外部冷却装置。 线性驱动： ·未正确安装线性轴， ·未正确安装和校准电动机。	气动马达： ·驱动装置安装错误（主轴或同步齿形带，皮带传动，联轴器）， ·管道和软管（排气）安装错误。 气动缸： ·缸体固定不够牢固， ·未正确安装管道和软管（排气）， ·终端位置减振设定错误。	液压马达： ·旋转方向错误， ·未安装防漏油接头， ·驱动装置（联轴器，主轴或同步齿形带，皮带传动）安装错误。 液压缸： ·液压缸校准不正确， ·空气进入液压缸， ·液压缸基本位置错误， ·终端位置减振设定错误。
电力控制部分	配电装置 （接触器，继电器）： ·选用了错误电流类型（交流电或直流电）的配电装置， ·接头电压选择错误， ·未按电路图正确接线。 输入装置，传感器： ·装反了常开触点与常闭触点， 接触器装置： ·电机保护继电器额定电流设定错误。	流量控制阀： ·接头布线错误， ·未正确设定。 压力阀： ·螺纹管接头安装错误， ·未正确设定规定值。 关断阀： ·未正确安装止回阀， ·螺纹管接头安装错误， ·接头布线错误。	流量控制阀： ·接头布线错误， ·未正确设定。 压力阀： ·螺纹管接头安装错误， ·未正确设定规定值。 关断阀： ·未正确安装止回阀， ·关断阀开关位置安装错误， ·终端位置减振缺安全装置。
电力供给部分	电力存储： ·未能正确安放和连接备用电源蓄电池。 电力分配： ·选用了错误的导线类型， ·选用了错误的导线横截面，导线长度和环线总电阻， ·布线时导线 / 电缆受损， ·未注意遵守导线 / 电缆的最小弯曲半径， ·焊点，端子连接未清扫干净， ·未按规定安装电缆固定装置，电缆盖板， ·局部改变电气元器件时未遵守电缆 / 导线规定的减缓张力的措施。	配装过滤器和干燥器的压缩机设备： ·限压阀（安全装置）未装铅封， ·未装抽吸过滤器， ·压力表检测范围选用错误， ·压缩机旋转方向错误， ·未灌装冷媒， ·水分离器旁的排气阀未连接或未密封。 管道与软管： ·螺纹管接头未正确拧紧， ·导管有折弯。 维护单元： ·维护单元过滤器的冷凝水排放打开， ·油雾加油器的料位不正确。	液压驱动及其附件： ·未装滤芯， ·加热 / 冷却的温度保持器数值设定错误， ·限压阀（安全阀）设定错误， ·泵旋转方向错误， ·泵的抽吸管装配时未拧紧， ·压力测表的零点设定错误。 液体容器： ·容器安放错误， ·密封件安装错误， ·未正确连接电气料位显示， ·空气过滤器安装前未做清洗， 管道与软管： ·管道敷设时未释放张力。

机电一体化子系统的故障诊断

故障类型	检验，检测	可能的原因，诊断，辅助
液压		
设备无压力	①检查泵的运行状态。 ②检测液压油料位。 ③检查手动杠杆阀和换向阀的位置。 ④检查油压表的功能状况。	→ 接通泵。 → 加油。 → 根据油流曲线表调整阀门。 → 维修 / 更换压力表。
液压缸不能均匀伸出（收回）	①检查换向阀管路。 ②检查设备的密封状况。 ③检查液压缸是否有机械制动。 ④检查工作活塞或活塞杆被卡住。	→ 控制压力过低，节流阀无法正确调节，节流间隙污损，无法向压差阀提供足够的反压力。 → 管道和液压缸内有空气。 → 活塞杆和导轨不顺畅，润滑油量不足，低劣的润滑油磨损密封件。 → 维修 / 更换活塞杆，工作活塞和液压缸孔。
设备温度过高	①检查容器的冷却。 ②检查液压油质量。 ③读取压力阀的设定值。	→ 因放置位置不当导致容器的空气流通不足，容器表面积过小，冷却片污损，排气扇电机停机。 → 液压油黏度错误。 → 设定压力过高，阀门性能低劣。
设备噪声过大	①检测油料位。 ②检测 / 检查抽吸液流。 ③检查液压油内是否含有空气。	→ 料位过低。 → 抽吸过滤器污损，泵转速过高。抽吸软管受压或折弯，供油泵未运行。 → 泵密封件或抽吸管连接部位受损。抽吸管端或回流管端超过最低料位。
气动		
气缸不伸出	①检测控制电压。 ②检测维护单元之前的压缩空气。 ③检查维护单元关断阀的位置。 ④检查降压阀的设定。 ⑤检查过滤器。 ⑥检测电磁铁的开关状态。 ⑦检查节流止回阀的安装。 ⑧检查压缩空气压力表。	→ 接通控制电压，必要时维修 / 更换电源。由于控制系统的故障没有电压，电磁线圈故障，电枢卡住。 → 维修 / 更换压缩机设备，排除密封故障，打开维护单元压缩空气关断阀。 → 打开阀门。 → 设定降压阀正确的运行值。 → 清洗 / 更换过滤器。 → 改变电磁阀控制电路，更换电磁和阀。 → 正确安装节流止回阀。 → 更换压缩空气压力表。
气缸运行有噪声	检查活塞密封。	→ 活塞密封磨损，更换。
空气流出气缸时发出强烈哨声	检查阀门 / 气缸密封。	→ 密封件破损，更换。 → 未装消声器。
活塞无法收回	①检测控制电压。 ②检查预控阀功能。	→ 因控制系统故障而无电压。 → 阀座不密封，操纵阀排气被关闭。

机电一体化系统故障源

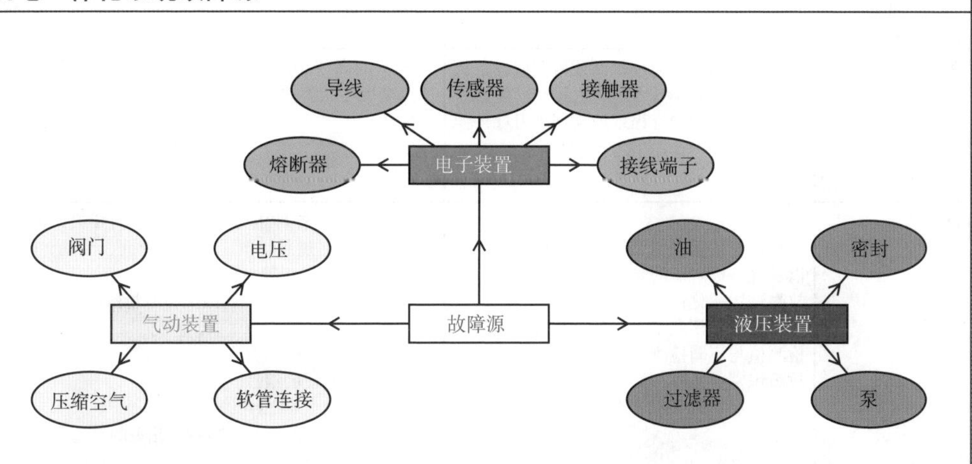

故障类型	检查，检测	可能的原因，诊断，辅助方法
接通后电机不启动	①检视过流保护装置。 ②检测电机电压。 ③检测电阻。	→ 熔断器，导线保护开关，电机保护开关，电机保护继电器，电机全保护电子装置是否已触发或故障。 → 引接线导线或开关故障，电机端子板接线端子松动。 → 绕组中断。
电机延迟启动和延迟制动，过流保护装置立即或短暂延时后触发。	①手动很难转动电机动轴。 ②电机电压过低。	→ 静轴轴承故障。 → 检查并更换导线。
电机交流声和 / 或过热。	①检查过流保护装置。 ②电机电压过低或部分故障。 ③检测电阻和电流。 ④检测绝缘。	→ 某相过流保护装置故障或触发。 → 配电装置或引接线故障。 → 绕组断路，绕组中断或接机壳。 → 准确确定绝缘故障。
虽正常运行，但稍后由热敏过载保护装置关断电机。	读取电机保护开关数据，正确设定电机保护继电器。	→ 未为热敏过载保护装置设定电机额定电流。
接触器不吸合	①检测驱动电压。 ②检查接触器类型。 ③检测线圈电阻。 ④检查接线端子的接触状况。	→ 触发了熔断器，触发了另一个接触器的联锁触点（常闭触点）导致电流电路被切断。 → 使用了不合适的直流接触器，交流接触器。 → 线圈烧穿，例如直流电路内的交流接触器。 → 接线松动，连接线带着绝缘层接入端子。
接触器已吸合，但触点不动作。	如能触及，检查开关装置。	→ 开关装置故障，更换接触器。
接触器不脱开（“粘住”）。	①检查按键触点。 ②检查直流接触器垫片。	→ 常开触点错装为常闭触点，自闭电路与常闭触点并联。 → 垫片磨损。 → 焊接接触器触点

设备诊断

特征	解释	附注
种类	一般执行自动过程诊断便可获取设备状态的诊断（试验结果）。尤其是远程诊断以及与之相关的远程维护颇具实用意义。	设备的高使用率要求对其状态和运行过程信息的持续获取（状态监视）。
战略 监视 计算评估 传感器	发现故障： 检测值的记录与观察，设定值与实际值以及允许极限值的监视。 故障点区域化： 计算评估所测信号和数据数值，尤其是检测值与不同检测点的关系。 故障识别： 在设备内添加传感器，例如用于压力，流量等。	待监视的有各种压力，流量，终端开关，电流曲线以及短路，过载，电压，运行时间，波动，噪声，温度，转速，转矩等。 要求对危及安全状况的故障备有特殊措施。 · 确定待监视的状态。 · 确定待监视的组件。 · 计划接触点 / 检测点。 · 计划待采取的、与诊断结果相关的措施。 **关于诊断能力的思考**
辅助手段	基本诊断辅助手段是传感器和检测仪，目前可内置计算机（智能现场装置）或与计算机连接。计算机可显示和计算检测结果，必要时甚至可引导实施对应措施。 借助 IT 程序也可事先模拟计算相关状况。	中央计算机或分散的现场智能装置实施 IT 支持的诊断。层级诊断是它的组合形式。 在现场总线层面，例如 PROFIBUS，CAN- 总线，是可供使用的诊断模块，它监视状态信息并做记录。
结果 E-Mails（电子邮件） SMS（手机短信） 智能手机， 平板电脑	如果过程或组件与设定特性出现偏差，将自动生成警告信号。 故障信号表示，过程或某组件出现功能故障。 未满足某项功能时将出现过程中断。运行状态显示的基本是运行的就绪状态，运行中断，运行故障。通过设备的互联网 / 企业局域网接头可向制造商或制造企业服务人员甚至主管发送 E-Mails 或 SMS。E-Mails 也可将存储器记录和信号曲线作为附件发送。 智能手机和平板电脑适用于对移动的服务人员快速送达上述信息。	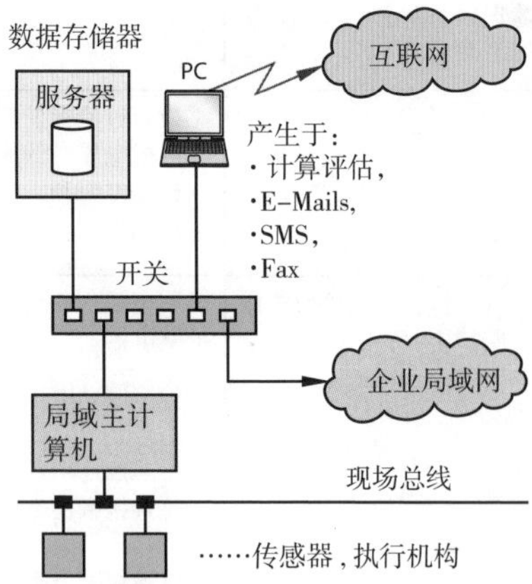 数据存储器 服务器 PC 互联网 产生于： · 计算评估， ·E-Mails， ·SMS， ·Fax 开关 企业局域网 局域主计算机 现场总线 ……传感器，执行机构 **带现场总线的网络**
表达法 趋势	诊断结果最简单的表达是设备配装的 LED。中央计算机显示屏上的设备概览图可以例如通过彩色信号灯图形显示（可视化）设备组件的状态。 图表，报告对出现的信息进行解释。利用适当的程序支持也可进行趋势说明，其基础建立在例如过去的认知与结果之上。	令人感兴趣的是状态信息，例如现场装置，I/O 电子卡，现场总线，控制和网络组件，检测值的连续监视可使过去的认知发生某些改变，例如对污染的回溯。 结果表达法一般采用信号过程图表，已知的图表类型（线性图，直方图，趋势图，雷达图），矩形图，光谱图等。

机电一体化系统的维护

种类	解释	附注
维护	一台设备的维护按照 DIN 31051 进行，它包含检查（确定设备的实际状态），保养（保持设备的设定状态）和维护（再现设备的设定状态）。 维护人员根据设备受损时故障原因说明借助 IT 系统（数据库）将其所实施的工作建立文档。	维护分预防性或预测性维护和改正性或操作性维护。各种维护类型的应用取决于维护成本，受损状况的识别程度，备件成本和设备停产成本等多种因素。 利用所执行维护行为的知识并使用 IT 系统可简化重复故障或类似状况的维护工作。
周期性维护	按指定时间间隔或设备使用时间单位在故障损害出现之前执行预防性维护。易损件的更换应与其磨耗无关，常常是非必需的。但具有实际意义的例如换油，清洗过滤器等。 维护工作必须严格执行周期时间或使用时间单位的计划，例如运行时数 Bh。	保养计划节选（见下表）

维护 运行时数	800Bh	1800Bh	3600Bh	5400Bh	7200Bh
检查电池	×	×	×	×	×
更换滤油器	×		×		×
检查油料位	×	×	×	×	×
更换电机				×	
更换气体过滤器	×		×		×

保养计划节选

种类	解释	附注
与运行状态相关的维护	预防性维护由对机器运行状态和/或对其检测数值的监视以及因之而采取的对应措施构成。维修和安装备件仅在必要时才予以实施。 重要的是对可能导致停机的各组件正确尺寸的检查。可惜组件停机的征兆显现时间常常很短。因此应按日历或持续性利用传感装置进行检查。此举也称为预防性维护。 预防性/预测性维护的方法见 394 页。	观察 → 分析，诊断，预测 → 维修？ 不（返回观察）/ 是 → 功能检验 **与运行状态相关的维护流程**
与可靠性相关的维护	检查组件和部件可靠性的预防性维护，例如持续检测泄漏电流或振动→预测性维护。由此产生尤其在不可靠部件维护费用方面的积极影响。 应检查部件是否确实已不可靠或停止运转原因是否因其他原因所致。对此有必要针对部件的停止运转采取统计学计算。仅仅通过检查已能及时识别机电一体化组件 1/3 的损害。	未及时识别的 66%：电气组件 36%，机械组件 30% 可及时识别的 34%：机械组件 30%，电气组件 4% **通过检查可识别的损害**
基于风险的维护	应评估维护方法所受经济损害和损害频度的风险。根据已做的检查，所有设备中仅 20% 有高停机风险。这些设备必须特殊观察，例如电气系统的绝缘监视或机械系统的振动、噪声或声反射监视等。	停机风险 %（0, 50, 100）；设备数量 %（0, 25, 50, 75, 100） **设备停机的风险评估**
改正性维护	出现损害后所执行的维护。原本这里所指为维修。	据估计，30% 的受损部件适用此类维护。停机时间是无法计划的。

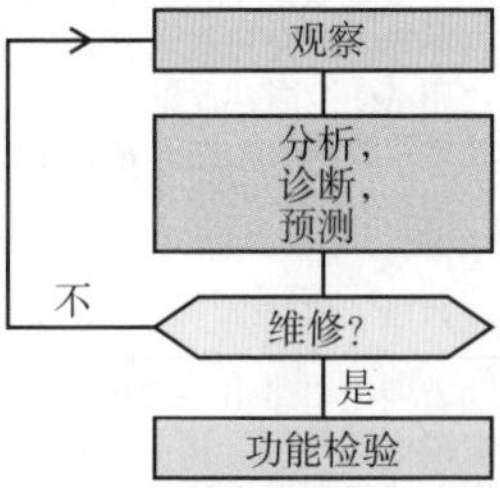

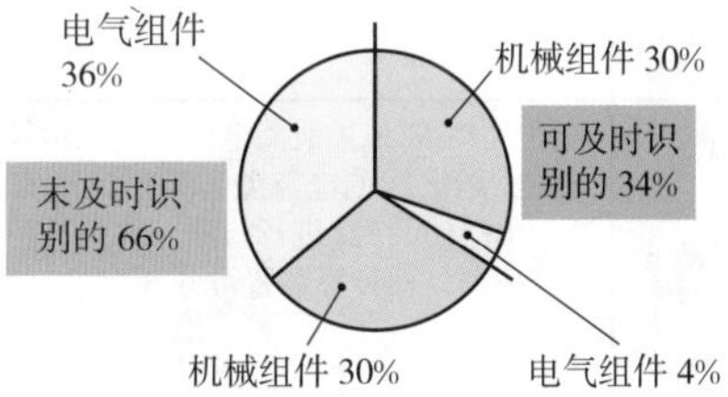

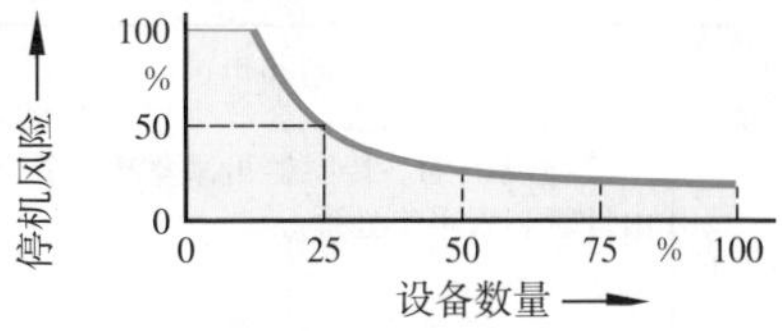

预防性维护方法

方法	解释	原理，附注
监视绝缘状态		
所有方法	最常见的电气元器件故障源是绝缘受损。绝缘材料质量一般均因逐渐老化和污损而下降，鲜见跳跃式下降。绝缘电阻 R_{iso} 是绝缘质量的一个检验尺度。	不中断电源确定 R_{iso} 及其时间曲线的方法成本极高。受此限制，一般采用持续检测泄漏电流 Iab 的方法，它是 R_{iso} 倒数的一个尺度。
检测 R_{iso}	标称电压最大 AC 500 V 的电气元器件使用标称电压至少 DC 500 V 的电阻检测仪进行检测。 三相交流电机在三个绕组 U–V，U–W 和 V–W 之间检测以及在 U，V，W 与机壳之间检测。如果出现较大偏差或 $R_{iso} < 1M\Omega$，表明存在绝缘故障，它将使元器件短期内停止工作。	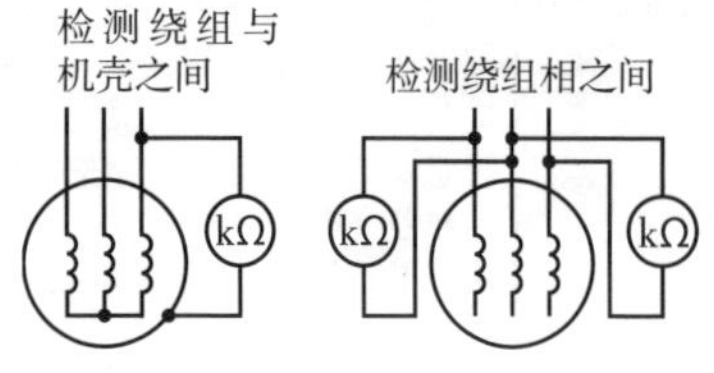 检测绕组与机壳之间 检测绕组相之间 **检测绝缘电阻**
检测泄漏电流 I_{ab}	泄漏电流指设备运行过程中有效导电元件通过绝缘层流至接地线的电流。如果机壳对地绝缘，可用例如电流表在导电机壳与安全引线 PE 之间测得该泄漏电流。由于使用 AC 检测，泄漏电流有一个电容部分并且大于因绝缘导致故障的元件的 R_{iso}。该检测可持续进行。	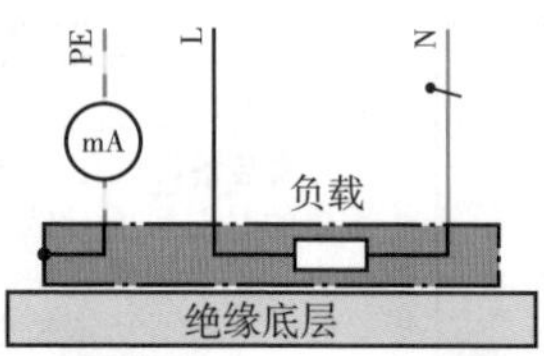 PE L N mA 负载 绝缘底层 **检测泄漏电流**
用 DC 高压检测等效泄漏电流	若使用自带电源检测仪检测泄漏电流，可称之为等效泄漏电流检测。用 DC 高压检测时必须有足够大的电阻限制等效泄漏电流 I_{eab}。如果 I_{eab} 随电压升高而增加的幅度大于其比例关系，表明存在绝缘故障。在可预计的时间内将出现停止运转，因此现在应立即更换相关元器件。 检测的时间间隔，例如 1 年 1 次→仅属于预防性维护。	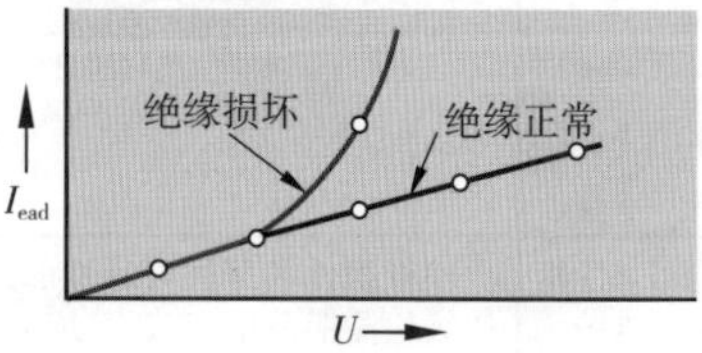 绝缘损坏 绝缘正常 I_{ead} U→ **等效泄漏电流与电压的关系**
用差动电流检测仪 RCM 监视泄漏电流	使用 RCM 采集泄漏电流（电流消耗与通过导线传输的电流供给之间的电流差）并据此采集绝缘状态。固定安装的 RCM 可持续进行检测。在待检机器上可直接安装电流互感器，而计算装置可分开放置。	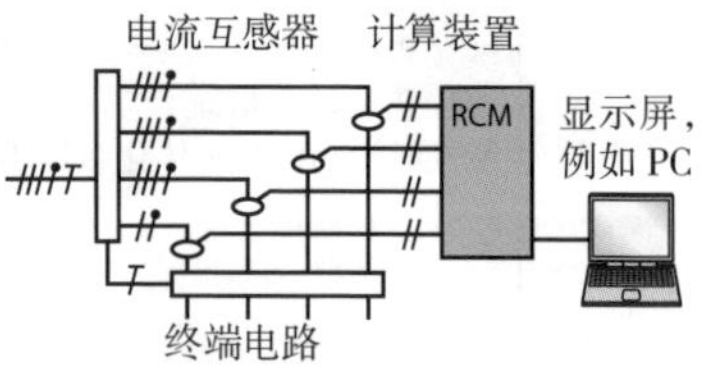 电流互感器 计算装置 RCM 显示屏，例如 PC 终端电路 **装有 4 个 RCM 的设备**
监视机械磨耗		
用于 · 振动， · 噪声， · 热， · 组织变化 的传感器	机械磨耗会产生例如粗糙的滑动面，噪声或震动。此外，由于摩擦加大，会产生更多的热。组织变化可用超声波检测识别。传感器可采集磨耗产生的后果，其信号由计算装置采集处理。	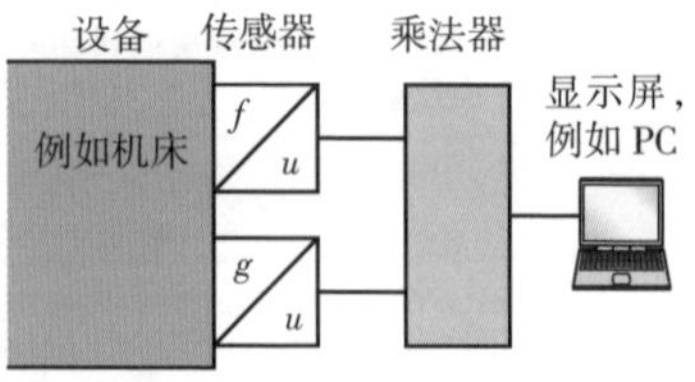 设备 传感器 乘法器 例如机床 显示屏，例如 PC **传感器监视原理**

AC 交流电，DC 直流电，I_{ab} 泄漏电流，I_{eab} 等效泄漏电流，R_{iso} 绝缘电阻

D 部分：数字技术，信息技术

数字技术

信息技术

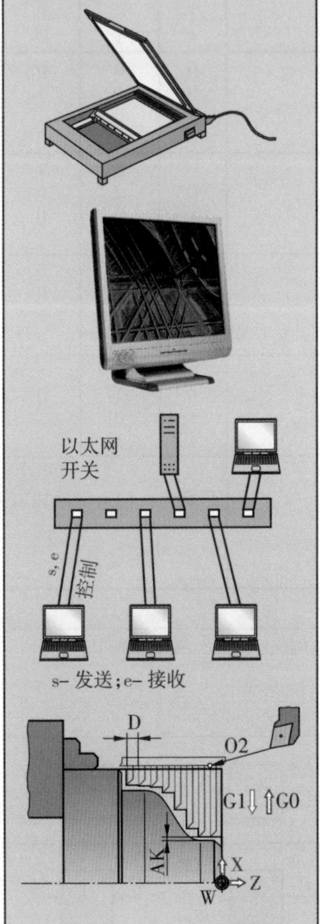

二进制逻辑电路

线路符号	逻辑电路名称	触点电路	逻辑函数（响应方式）	真值表 b	真值表 a	真值表 x
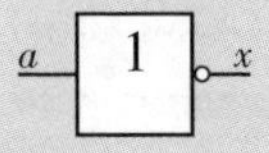 a 1 x	“非”门 （否定）	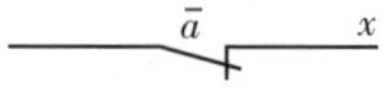 $\bar{a}$ x	$x=\bar{a}$ 或 $x=\neg a$ （a 指非） 非标准化表达： $x=a\backslash$ 或 $x=\backslash a$		0 1	1 0
 a b & x	“与”门 （“与”运算）	 a b x	$x=a\wedge b$ （a 和 b） 也可用 · 代替 ∧，如 GRAFCET	0 0 1 1	0 1 0 1	0 0 0 1
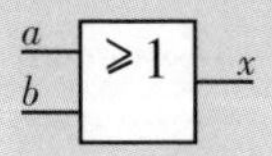 a b ≥1 x	“或”门 （附加， 逻辑加法）	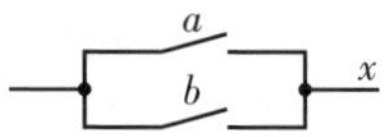 a b x	$x=a\vee b$ （a或 b） 也看用 + 代替 ∨，如 GRAFCET	0 0 1 1	0 1 0 1	0 1 1 1
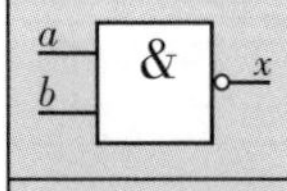 a b & x	“非与”门	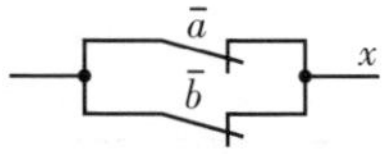 $\bar{a}$ $\bar{b}$ x	$x=\bar{a}\vee\bar{b}=\overline{a\wedge b}=a\wedge b$ （a非与 b）	0 0 1 1	0 1 0 1	1 1 1 0
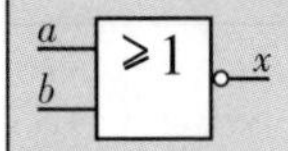 a b ≥1 x	“非或”门	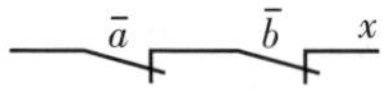 $\bar{a}$ $\bar{b}$ x	$x=\bar{a}\wedge\bar{b}=\overline{a\vee b}=a\vee b$ （a 非或 b）	0 0 1 1	0 1 0 1	1 0 0 0
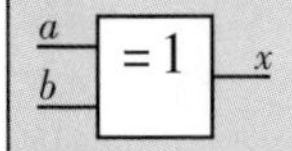 a b =1 x	“异或”门	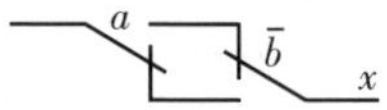 a $\bar{b}$ x	$x=(\bar{a}\wedge\bar{b})\vee(\bar{a}\wedge b)$ $=a\leftrightarrow b$ （a 异或 b）	0 0 1 1	0 1 0 1	0 1 1 0
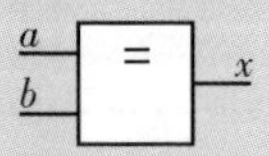 a b = x	“异非或”门	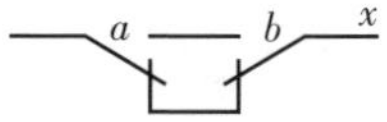 a b x	$x=(a\wedge b)\vee(\bar{a}\wedge\bar{b})$ $=a\leftrightarrow b$ （a 双箭头 b）	0 0 1 1	0 1 0 1	1 0 0 1
 a b & x	阻止 （关断元件）	 $\bar{a}$ b x	$x=\bar{a}\wedge\bar{b}$	0 0 1 1	0 1 0 1	0 0 1 0
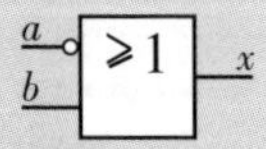 a b ≥1 x	隐含 从属	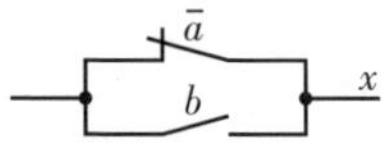 $\bar{a}$ b x	$x=\bar{a}\vee b=a\rightarrow b$ （a 箭头 b）	0 0 1 1	0 1 0 1	1 0 1 1
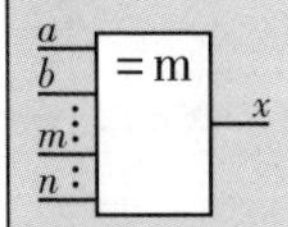 a b m⋮ n⋮ =m x	（m 来自 n）-元件	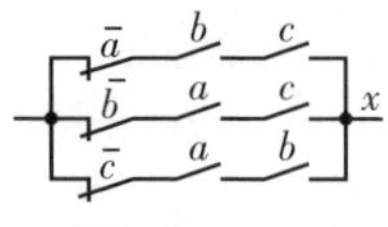 $\bar{a}$ b c $\bar{b}$ a c $\bar{c}$ a b x	例如 3 来自 2： $x=(a\wedge b\wedge\bar{c})$ $\vee(a\wedge\bar{b}\wedge c)$ $\vee(\bar{a}\wedge b\wedge c)$	只有向 n 输入端施加 m 数值 1 时，x=1 （m < n）		

二进制逻辑电路元素用 & 和 ≥ 1 的等值表达法

根据德摩根定律（德摩根，英国数学家，1806 至 1871），等值线路符号也可如下构成：（“非”门元件例外）

1. 所有 & 变成 ≥ 1；
2. 所有 ≥ 1 变成 &；
3. 所有接头根据输出端状态逆变。

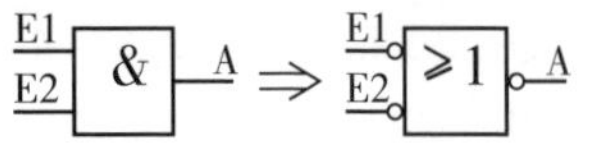

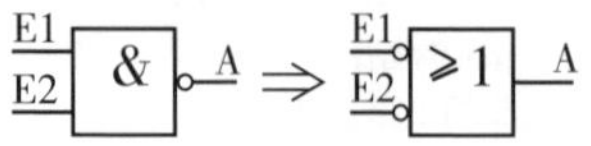

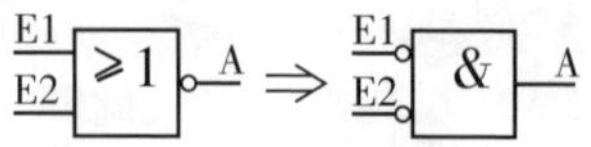

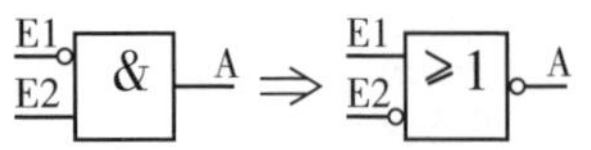

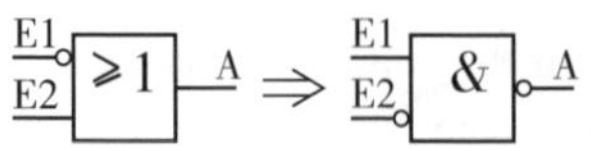

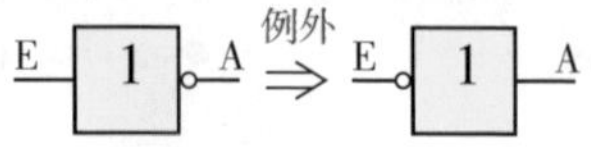

E1 E2 & A ⇒ E1 E2 ≥1 A	E1 E2 & A ⇒ E1 E2 ≥1 A	E1 E2 ≥1 A ⇒ E1 E2 & A
E1 E2 & A ⇒ E1 E2 ≥1 A	E1 E2 ≥1 A ⇒ E1 E2 & A	E 1 A ⇒（例外） E 1 A

卡诺图

真值表，KV 图表	解释

真值表

③ b_3	② b_2	① b_1	④ Yp_1	行
0	0	0	1	0
0	0	1	0	1
0	1	0	0	2
0	1	1	0	3
1	0	0	1	4
1	0	1	1	5
1	1	0	0	6
1	1	1	0	7

真值表举例

一般用真值表可最小化（简化）一个逻辑函数。真值表的每一个变量都有一个列。在输入端变量（左图圆圈数字 1）的右列自上而下交替写入 0 和 1，其相邻左列则交替写入 00 和 11（圆圈数字 2），并以此类推。

举例：LED 灯亮的条件是，传感器 B_1“与”B_2“与”B_3 发出 0- 信号“或”仅有 B_3 发出 1- 信号“或”B_1“与”B_3 发出 1- 信号“与”B_2 发出 0- 信号（见图）。其所属的逻辑函数如下：

$$\underbrace{Yp1}_{\text{非独立变量}} = \underbrace{(\bar{b}_1 \wedge \bar{b}_2 \wedge \bar{b}_3) \vee (\bar{b}_1 \wedge \bar{b}_2 \wedge b_3) \vee (\bar{b}_1 \wedge -\bar{b}_2 \wedge \bar{b}_3)}_{\text{连接独立变量}}$$

从真值表到卡诺图

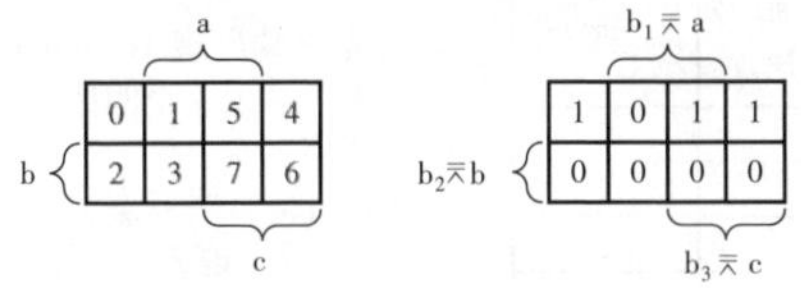

a（上方第 2、3 列），b（第 2 行），c（下方第 3、4 列）

0	1	5	4
2	3	7	6

$b_1 \widehat{=} a$，$b_2 \widehat{=} b$，$b_3 \widehat{=} c$

1	0	1	1
0	0	0	0

三个独立变量的卡诺图

真值表的每一行均包含一个关于非独立变量的信息。每一行的这个信息也可以转移至卡诺图（发明人 Karnaugh（卡诺）和 Veitch（维奇））。这里的区名称（例如 b_1, b_2, b_3）必须对应真值表的顺序。如果真值表行内有一个 1 表示非独立变量，那么卡诺图内相应区内同样是一个 1（见左图）。

卡诺图左边区内的数字表示真值表的行编号。

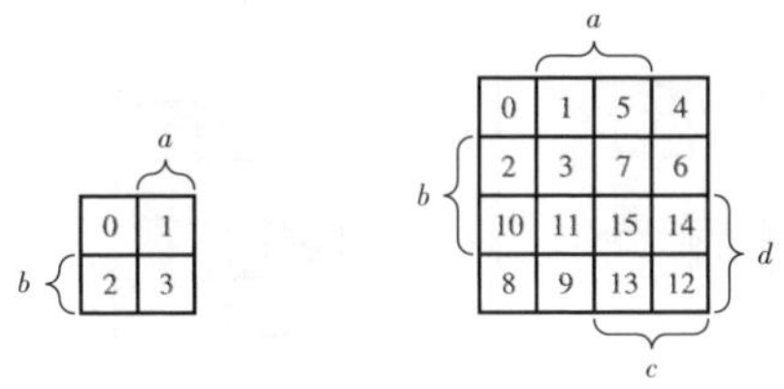

a，*b*

0	1
2	3

a，*b*，*c*，*d*

0	1	5	4
2	3	7	6
10	11	15	14
8	9	13	12

两个和四个变量的卡诺图

按相同的示意图可将两个独立变量或四个独立变量转移至卡诺图的区（见左图）。

区内数字表示其所属真值表的行编号。

用卡诺图实施最小化

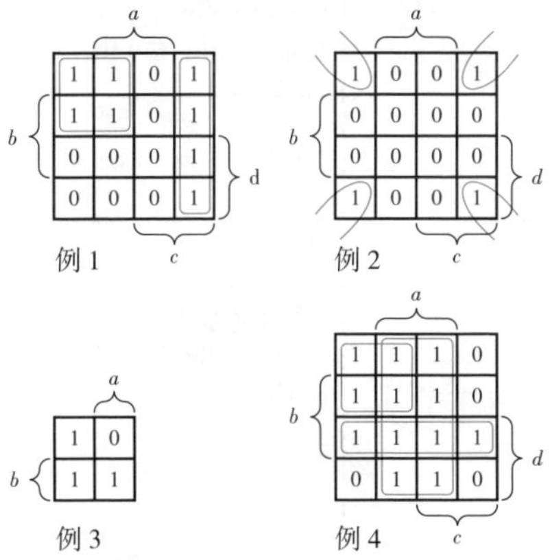

例 1

1	1	0	1
1	1	0	1
0	0	0	1
0	0	0	1

例 2

1	0	0	1
0	0	0	0
0	0	0	0
1	0	0	1

例 3

1	0
1	1

例 4

1	1	1	0
1	1	1	0
1	1	1	1
0	1	1	0

用卡诺图实施最小化举例

如果将卡诺图的多个区合并，可以将逻辑函数最小化。

例 1 中可将左上方的四个 1 合并为 $\bar{c} \wedge \bar{d}$。四个上下顺序放置的 1 可以表达为 $c \wedge \bar{a}$。用此法最小化的逻辑函数称为 $y=(\bar{c} \wedge \bar{d}) \vee (c \wedge \bar{a})$。用“与”门合并的块可用“或”门连接。

例 2 中，位于边缘的 1 合并成块。其所属的逻辑函数称为 $\bar{y} = \bar{a} \wedge \bar{b}$。

如果卡诺图中 0 的合并较 1 更为简单，也可用 0 构成逻辑函数。例 3 的逻辑函数称为

$$\bar{y} = a \wedge \bar{b} \Rightarrow \bar{\bar{y}} = \overline{a \wedge \bar{b}} \Rightarrow y = \bar{a} \vee b.$$

简化的表达法又称为“与”门运算的普通形式。

例 4 的逻辑函数称为

$$y = a \vee (b \wedge d) \vee (\bar{c} \wedge \bar{d}).$$

编码转换器

任务和应用

任务	应用举例	实现
将现有编码转换成为另一种编码。 一般输入端编码是一个四位二进制码（四位组）。	转换 BCD 码，例如 8–4–2–1 码转换成 8 中取 1 码，10 中取 1 码或七段码。 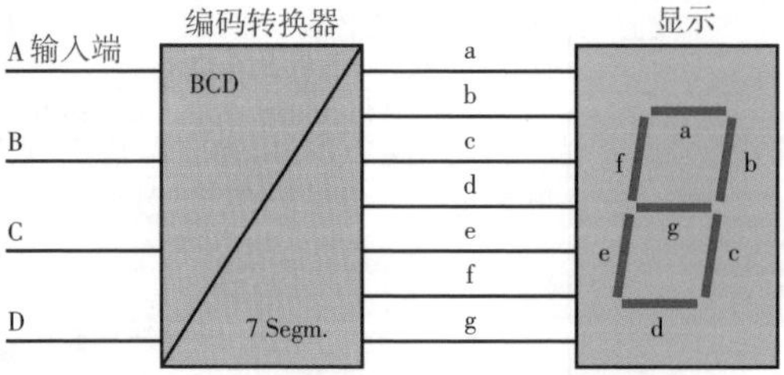 A 输入端　B　C　D　编码转换器 BCD 7 Segm.　a b c d e f g　显示	用于七段码的 IC 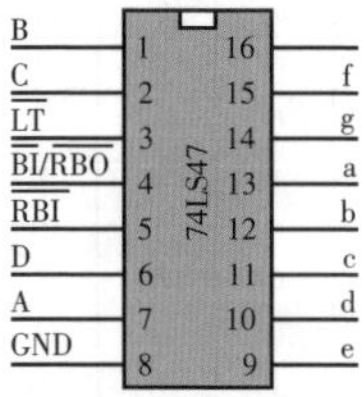 74LS47：1 B，2 C，3 $\overline{LT}$，4 $\overline{BI}/\overline{RBO}$，5 $\overline{RBI}$，6 D，7 A，8 GND，9 e，10 d，11 c，12 b，13 a，14 g，15 f，16 $\overline{LT}$，$\overline{BI}$，$\overline{RBI}$接头用于控制和检验。

一个编码转换器的草案

工作步骤	结构	附注
设立所有输出端变量及其所要求的输入端变量的真值表。	见下表	如果输出端出现 10 中不同状态，输入端仅一个四位二进制码已够用。 从可能 42=16 种状态中仅需要 10 种。就是说，10 行已够用。

8–4–2–1 码				七段码							十进制数字	行
D	C	B	A	a	b	c	d	e	f	g		
0	0	0	0	1	1	1	1	1	1	0	0	0
0	0	0	1	0	1	1	0	0	0	0	1	1
0	0	1	0	1	1	0	1	1	0	1	2	2
0	0	1	1	1	1	1	1	0	0	1	3	3
0	1	0	0	0	1	1	0	0	1	1	4	4

工作步骤	结构	附注
每个输出端变量的真值表行转移至卡诺图。 不存在的行用 X 标记。	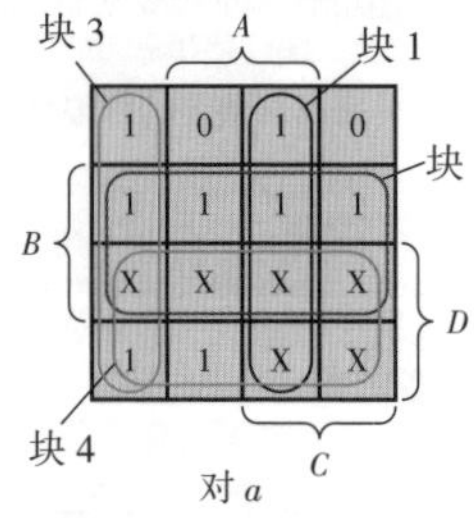 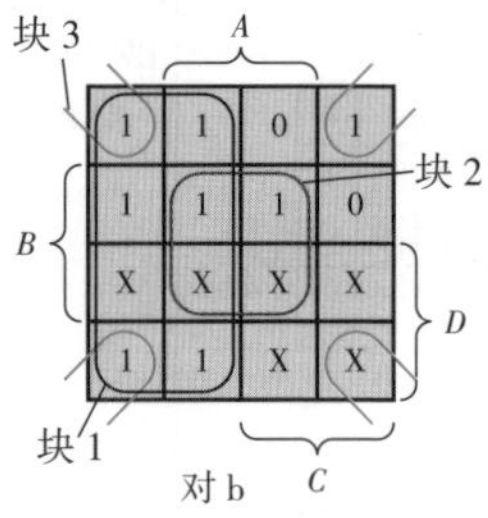 对 a：块 1，块 2，块 3，块 4 1 0 1 0 / 1 1 1 1 / X X X X / 1 1 X X 对 b：块 1，块 2，块 3 1 1 0 1 / 1 1 1 0 / X X X X / 1 1 X X **相应地可任意对 *c* 至 *g***	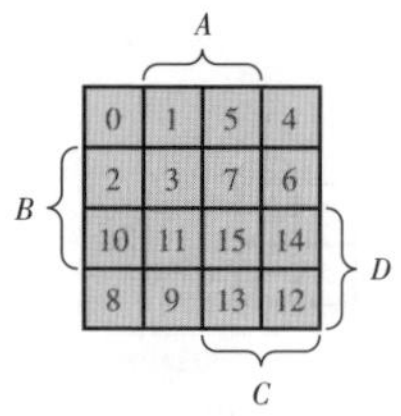 0 1 5 4 / 2 3 7 6 / 10 11 15 14 / 8 9 13 12 ***X* 可任意设置为 0 或 1。**
组成块并从块中提取逻辑函数。	对 *a*： 块 1：A　C 块 2：B 块 3：$\overline{A}$　$\overline{C}$ 块 4：C 对 *b*： 块 1：$\overline{C}$　块 2：$A \wedge B$ 块 3：$\overline{A}$　$\overline{B}$	所有的 1 必须位于块内。 *X* 可任意用 1 或 0 代替。
组成逻辑函数	$a=(A \wedge C) \vee B \vee (\overline{A} \wedge \overline{C}) \vee D$ $b=\overline{C} \vee (A \wedge B) \vee (\overline{A} \wedge \overline{B})$	这些块用"或"门连接。
从每一个输出端变量的逻辑函数开发出电路。需要时将规定的二进制元件变形（这里指"非与"门元件）。	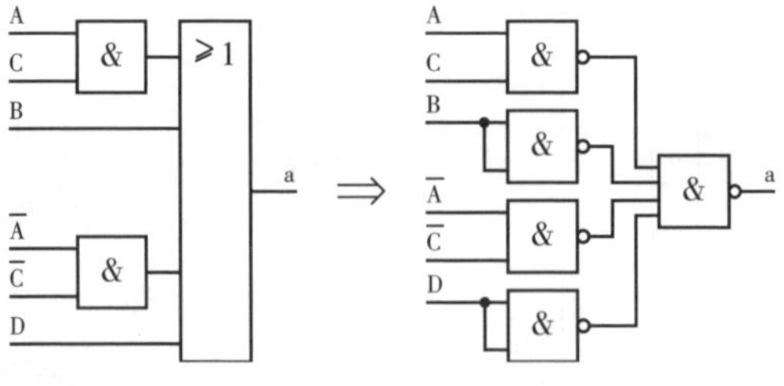 A C & ≥1 B a　$\overline{A}$ $\overline{C}$ & D　⇒　&　&　&　&　& a **相应地对 b 至 g**	必要时变形： 所有的 & 逆变为 ≥ 1，所有的 ≥ 1 逆变为 &，所有的接头均对应输出端状态逆变。 但不适用于"非"门元件。

ASCII 码和 unicode

标准化的 ASCII 码（7-Bit-Code）

Dez	Hex	Zch	Dez	Hex	Zch	Dez	Hex	Zch	Dez	Hex	Zch	Dez	Hex	Zch	Dez	Hex	Zch
0	0	NUL	22	16	SYN	44	2C	,	65	41	A	86	56	V	107	6B	k
1	1	SOH	23	17	ETB	45	2D	–	66	42	B	87	57	W	108	6C	l
2	2	STX	24	18	CAN	46	2E	.	67	43	C	88	58	X	109	6D	m
3	3	ETX	25	19	EM	47	2F	/	68	44	D	89	59	Y	110	6E	n
4	4	EOT	26	1A	SUB	48	30	0	69	45	E	90	5A	Z	111	6F	o
5	5	ENQ	27	1B	ESC	49	31	1	70	46	F	91	5B	[	112	70	p
6	6	ACK	28	1C	FS	50	32	2	71	47	G	92	5C	\	113	71	q
7	7	BEL	29	1D	GS	51	33	3	72	48	H	93	5D	]	114	72	r
8	8	BS	30	1E	RS	52	34	4	73	49	I	94	5E	^	115	73	s
9	9	TAB	31	1F	US	53	35	5	74	4A	J	95	5F	_	116	74	t
10	A	LF	32	20		54	36	6	75	4B	K	96	60	′	117	75	u
11	B	VT	33	21	!	55	37	7	76	4C	L	97	61	a	118	76	v
12	C	FF	34	22	“	56	38	8	77	4D	M	98	62	b	119	77	w
13	D	CR	35	23	#	57	39	9	78	4E	N	99	63	c	120	78	x
14	E	SO	36	24	$	58	3A	:	79	4F	O	100	64	d	121	79	y
15	F	SI	37	25	%	59	3B	;	80	50	P	101	65	e	122	7A	z
16	10	DLE	38	26	&	60	3C	<	81	51	Q	102	66	f	123	7B	{
17	11	DC1	39	27	,	61	3D	=	82	52	R	103	67	g	124	7C	|
18	12	DC2	40	28	(	62	3E	>	83	53	S	104	68	h	125	7D	}
19	13	DC3	41	29	)	63	3F	?	84	54	T	105	69	i	126	7E	~
20	14	DC4	42	2A	*	64	40	@	85	55	U	106	6A	j	127	7F	△
21	15	NAK	43	2B	+												

Unicode 的扩展

Dez	Hex	Zch	Dez	Hex	Zch	Dez	Hex	Zch	Dez	Hex	Zch	Dez	Hex	Zch	Dez	Hex	Zch
128	80	€	150	96	–	172	AC	¬	193	C1	Á	214	D6	Ö	235	EB	ë
129	81	®	151	97	—	173	AD		194	C2	Â	215	D7	x	236	EC	Ì
130	82	,	152	98	-	174	AE	®	195	C3	Ã	216	D8	∅	237	ED	Í
131	83	ƒ	153	99	™	175	AF	–	196	C4	Ä	217	D9	Ù	238	EE	Î
132	84	″	154	9A	š	176	B0	°	197	C5	Å	218	DA	Ú	239	EF	Ï
133	85	…	155	9B	›	177	B1	±	198	C6	Æ	219	DB	Û	240	F0	ð
134	86	†	156	9C	œ	178	B2	²	199	C7	Ç	220	DC	Ü	241	F1	n̄
135	87	‡	157	9D		179	B3	³	200	C8	È	221	DD	Ý	242	F2	ò
136	88	ˆ	158	9E	ž	180	B4	´	201	C9	É	222	DE	ρ	243	F3	ó
137	89	‰	159	9F	Ÿ	181	B5	µ	202	CA	Ê	223	DF	β	244	F4	ô
138	8A	Š	160	A0		182	B6	¶	203	CB	Ë	224	E0	à	245	F5	ō
139	8B	‹	161	A1	¡	183	B7	·	204	CC	Ì	225	E1	á	246	F6	ö
140	8C	Œ	162	A2	¢	184	B8		205	CD	Í	226	E2	â	247	F7	÷
141	8D		163	A3	£	185	B9	í	206	CE	Î	227	E3	ā	248	F8	∅
142	8E	Ž	164	A4	¤	186	BA	0	207	CF	Ï	228	E4	ä	249	F9	ù
143	8F		165	A5	¥	187	BB	»	208	D0	θ	229	E5	å	250	FA	ú
144	90		166	A6	¦	188	BC	¼	209	D1	Ñ	230	E6	æ	251	FB	û
145	91	`	167	A7	§	189	BD	½	210	D2	Ò	231	E7	ç	252	FC	ü
146	92		168	A8	¨	190	BE	¾	211	D3	Ó	232	E8	è	253	FD	ý
147	93	``	169	A9	©	191	BF	¿	212	D4	Ô	233	E9	é	254	FE	þ
148	94		170	AA	ª	192	C0	À	213	D5	Ö	234	EA	ê	255	FF	ÿ
149	95	•	171	AB	«												

ASCII 控制符（举例）

十进制	指令	含义	十进制	指令	含义
2	STX	Start of Text = 文本开始	13	CR	Carriage Return = 车回驶
3	ETX	End of Text = 文本结束	17	DC1	Device Control = 装置控制符（其他是 18，19，20 = DC2，DC3，DC4）
7	BEL	Bell = 铃声			
10	LF	Line Feed = 行前移	26	SUB	Substitution = 替代符号
12	FF	Form Feed = 公式前移	27	ESC	Escape = 中断

Unicode 含 17 层，每层 16Bit，已定义为国际标准，目的是组成所有欧洲语言字符，尤其是阿拉伯语，汉语，日语或韩语字符。可组成 1 113 112 个字符。目前仅使用四层。
第一批 32 个字符主要是控制符，其他的字符也是 ANSI（美国国家标准研究院）码的组成成分。

识别系统

特征	解释	附注
RFID 系统		
技术	RFID-Transponder（Radio Frenquency Identification- 无线电射频识别，Transponder= 发射器，responder= 应答发射器，可应答数据载体）无线电射频识别发射站的组成成分是天线，发射与接收的模拟开关电路以及内置存储容量最大为 1MB 存储器的数字开关电路，目前采用微控制器。 数据由无线电发送。基站装有可读甚至写数据的部件。	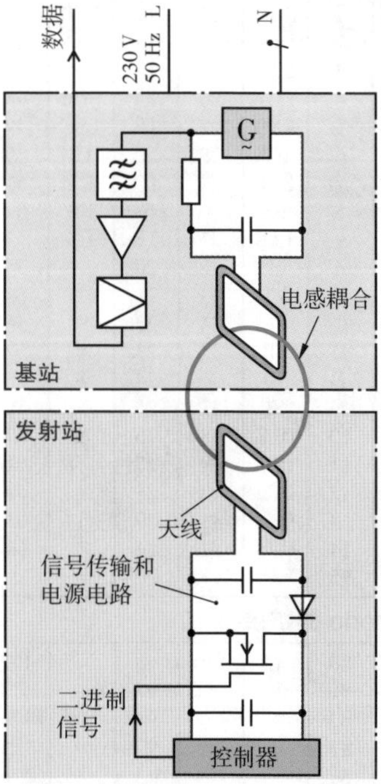 基站和发射站
电源	发射器分为两种：自带电源和无自带电源。无电池发射器的电源从基站（这里指读取站）的无线电信号中获取。数据常常只能读取。 使用电池电源的发射器能读也能写。静止状态下发射器不发送信息。如果接收到激活信号，发射站的发射器自动激活。	
频带	30 ~ 500 kHz 频率的作用半径是 1cm，10 kHz ~ 15 MHz 频率的作用半径是 1m，850 ~ 950 MHz 或 2.4 ~ 2.5 GHz 和 5.8 GHz 频率的作用半径超过 100 m。	
应用	商业产品和自动化运输设备的产品标记，工具标记，动物标记，专利标记，访问控制器芯片卡，道路使用费计费系统。其制造尺寸从几毫米至几厘米。	
条形码系统		
Code 2/5 （2/5 条码）	Code 2/5 interleaved（交插）是一种带有两个宽条和三个窄条或两个宽空位和三个窄空位的数字码。第 1 个数字用 5 个条表示，后续的第 2 个数字用第 1 个数字的空位表示。1 表示一个宽单元（条或空位），0 表示一个窄单元。信息顺序以一个起始符开始，以一个终止符结束。 Code 2/5 Industrial（工业）是每个数字均带有两个宽条和三个窄条结构的数字码。空位不含信息。一个宽条表示 1，一个窄条表示 0。字符 1 编码为 10001，其条形表达顺序是一宽，三窄，再次一宽。	交插 2/5 条码
EAN 码	欧洲物品编码的缩写。条表示二进制的 1，空位表示二进制的 0。编码采用 12 个数字。	包含字符句 A，B，C。字符句顺序 ABA ABB 用于德国物品。字符句 A 的数字 1 的表达法是 00110001，B 的数字 1 表达为 0110011。
双十进制码	双十进制码（例如 QR 码，Data Matrix Code）将信息按水平和垂直方向紧凑地编制成代码，例如字符 2000。可从所有方向读取。	举例： QR 码， Matrix 码

字符	E1	E2	E3	E4	E5
1	1	0	0	0	1
2	0	1	0	0	1
3	1	1	0	0	0
4	0	0	1	0	1
5	1	0	1	0	0
6	0	1	1	0	0
7	0	0	0	1	1
8	1	0	0	1	0
9	0	1	0	1	0
0	0	0	1	1	0

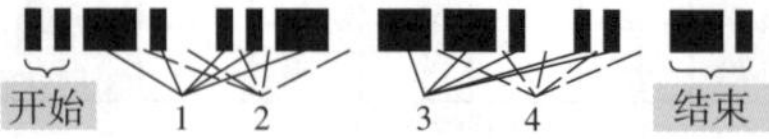

双稳触发电路

名称	线路符号	真值表		时间流程图

异步触发电路（无时钟脉冲输入端的触发电路）

名称	线路符号	S	R	Q	Q*	时间流程图
SR 触发器，RS 触发器，设置－复位触发器，锁存器	S, R, Q, Q*	0	0	q_n	$\bar{q}_n$	S, R, Q, Q*, ?, ?
		0	1	0	1	
		1	0	1	0	
		1	1	0	0	
		1→0	1→0	0 1 或 1 0（未定义状态）		

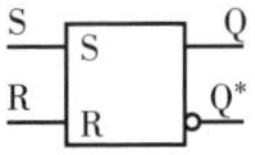

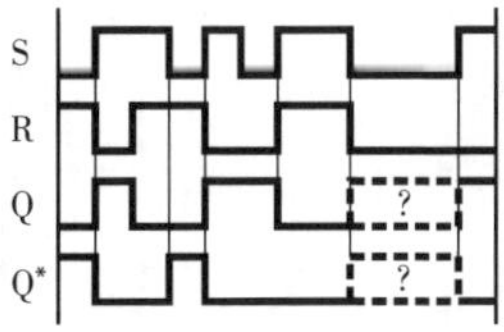

名称	线路符号	S	L	Q	Q*	时间流程图
$\overline{SL}$触发器，$\overline{RS}$触发器，S 输入端占优	S, L, S1 1, R 1, Q, Q*	0	0	q_n	$\bar{q}_n$	S, L, Q, Q*
		0	1	0	1	
		1	0	1	0	
		1	1	1	0	

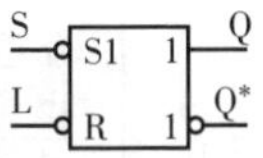

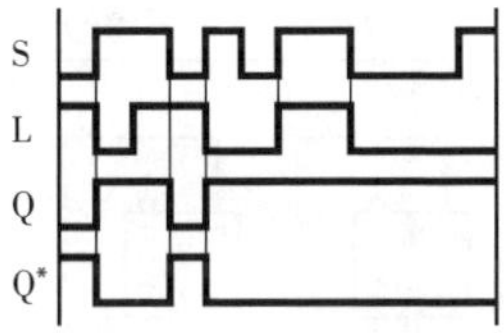

同步触发电路（有时钟脉冲输入端的触发电路）

名称	线路符号	C	J	K	Q	Q*	时间流程图
单脉冲波缘控制的 JK 触发器，负（n）波缘（fl）控制，JK-FF,nfl	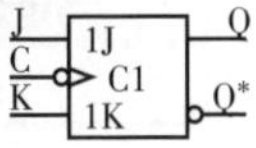 J, C, K, 1J, C1, 1K, Q, Q*	0.1	X	X	q_n	$\bar{q}_n$	C, J, K, Q
		↓	0	0	q_n	$\bar{q}_n$	
		↓	0	1	0	1	
		↓	1	0	1	0	
		↓	1	1	$\bar{q}_n$	q_n	

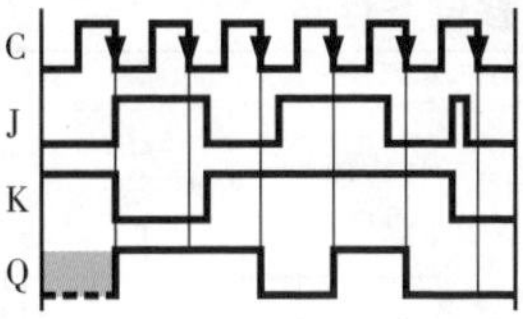

名称	线路符号	C[1]	J	K	Q	Q*	时间流程图
双脉冲缘波控制的 JK 触发器（主站－从站-JK 触发器），正波缘[1]控制	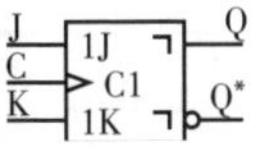 J, C, K, 1J, C1, 1K, Q, Q*	0.1	X	X	q_n	$\bar{q}_n$	C, J, K, Q
		↑	0	0	q_n	$\bar{q}_n$	
		↑	0	1	0	1	
		↑	1	0	1	0	
		↑	1	1	$\bar{q}_n$	q_n	

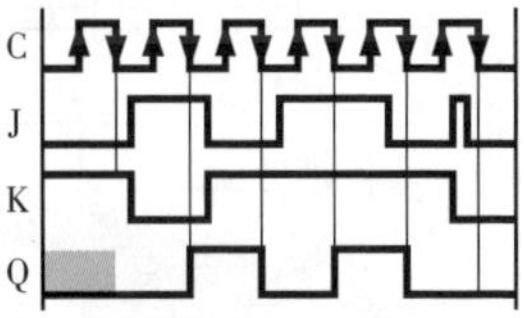

组合触发电路

名称	线路符号	说明	时间流程图
双脉冲缘波控制的 JK 触发器，正波缘[1]控制，S 输入端和 R 输入端与时钟脉冲无关（tu）	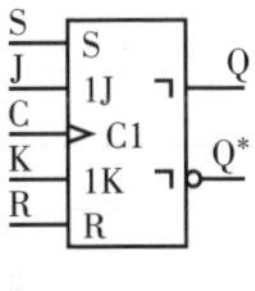 S, J, C, K, R, S, 1J, C1, 1K, R, Q, Q*	对应的 JK 触发器的真值表对 JK 部分有效，对应的异步触发电路的真值表对 RS 部分有效。 RS 部分优先。 双稳触发电路极为常见，因为其应用范围极广。	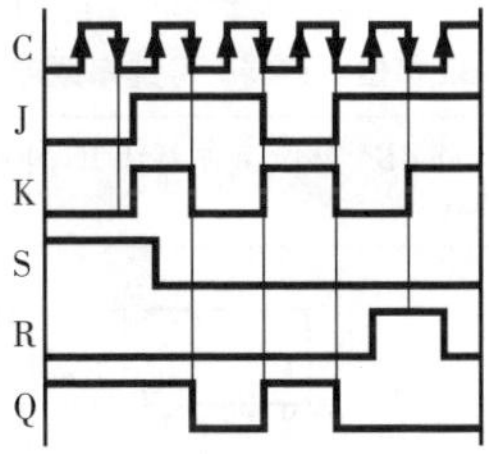 C, J, K, S, R, Q

[1] 给出的是主站触发电路的触发启动，从站触发电路的输出端信号延迟一个时钟脉冲的时长。

（灰色方块）时间流程图中触发电路设定初始状态的标记

C 时钟脉冲输入端（时钟 = 钟点，时钟脉冲发生器），J J- 输入端，K K- 输入端，D D- 输入端，Q 输出端，Q* 互补（相反）输出端，q_n 前一个时钟脉冲时施加给 Q 的信号，$\bar{q}_n$ 复位输入端，S 设置输入端，X 任意 0 或 1.
↓ 负波缘，↑ 正波缘

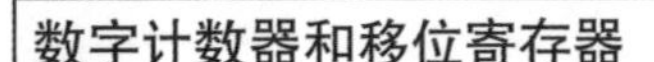

数字计数器和移位寄存器

电路	附注

异步计数器

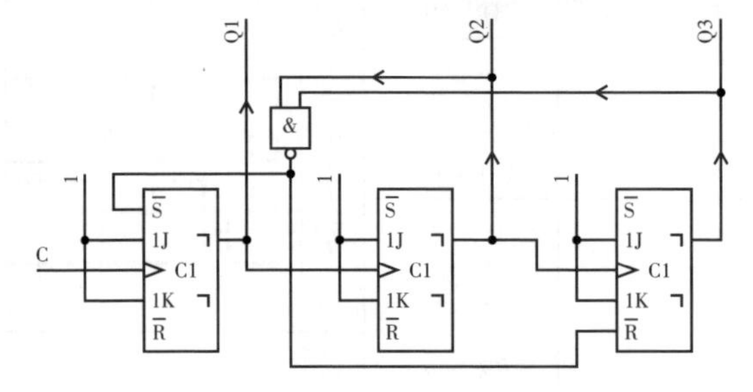

带双波缘控制 JK 触发器的 1 至 5 异步计数器

一旦达到所需计数器状态，最为简单的是先从 0～7 以及 0～15 计数器或相应的倒数计数器开始并通过 R 输入端复位。

1. 求出双稳触发器（触发级）的数量 n，这时的计数级数量必须是 $z \leq 2^n$。

2. n 个双稳触发器全计数范围的异步计数器图纸。

3. 应在哪种计数器状态时复位或重新设置的思路，本例中是 6。

4. 由“与”门元件实现复位和设置。

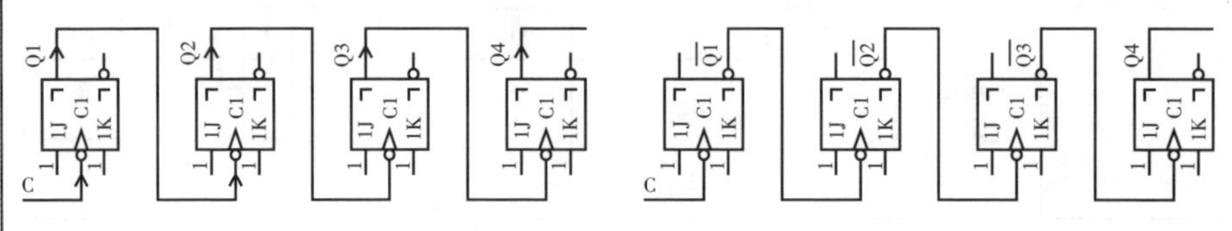

0 至 15 异步二进制计数器　　　　15 至 0 异步二进制计数器

移位寄存器

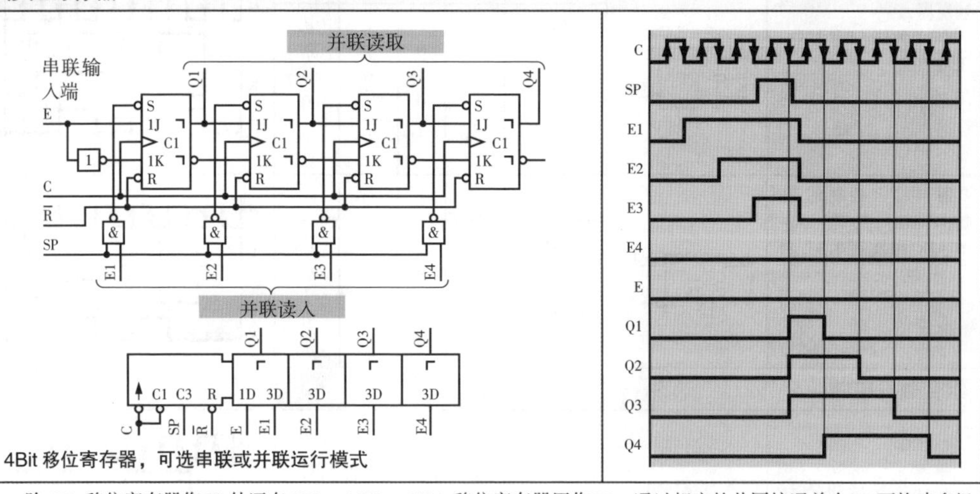

4Bit 移位寄存器，可选串联或并联运行模式

除 4Bit 移位寄存器作 IC 外还有 8Bit，16Bit，64Bit 移位寄存器用作 IC。通过相应的共同接通单个 IC 可构建多级移位寄存器。

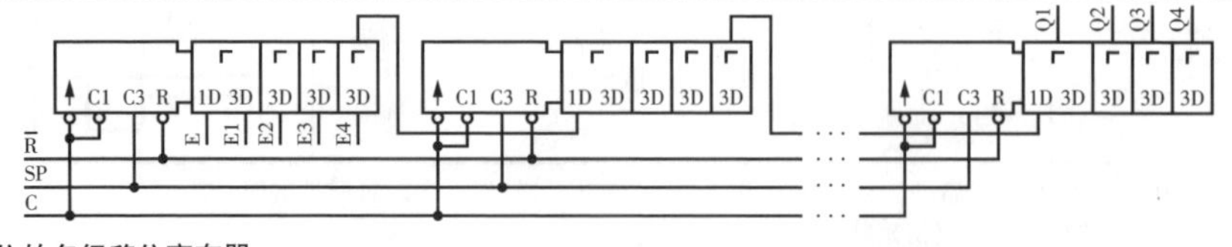

单向移位的多级移位寄存器

C 时钟脉冲，钟点输入端，E 串联输入端，E1 至 E4 并联输入端，H 高电平，Q1 至 Q4 并联输出端，Q4 串联输出端，R 复位输入端，S 设置输入端，SP 运行模式设定：串联，并联。

数模转换器和模数转换器

<table>
<tr><th>电路，原理</th><th>解释，作用方式</th><th>数据</th></tr>
<tr><td colspan="3">数字－模拟转换器（DAU（德语），DAC（英语））</td></tr>
<tr><td>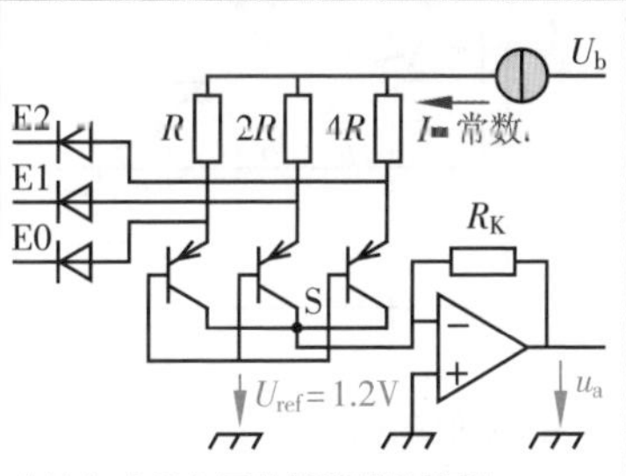

电流权（值）量化的数模转换器</td><td>电流权（值）量化的 DA 转换器由三极管接通的电源组成，该电源是二进制权（值）量化并由输入端 E0，E1 和 E2 接通。通过发射极电阻以其数值 R，$2R$，$4R \cdots 2^n R$ 进行二进制权（值）量化。集电极电流的总和由一个运算放大器转换成为输出端电压 Ua。</td><td>字长：
6～8bit.
线性：
0.5‰～2‰
转换频率最大至 100 MHz
相应位数的网络电阻值：
R，$2R$，$4R\cdots$</td></tr>
<tr><td>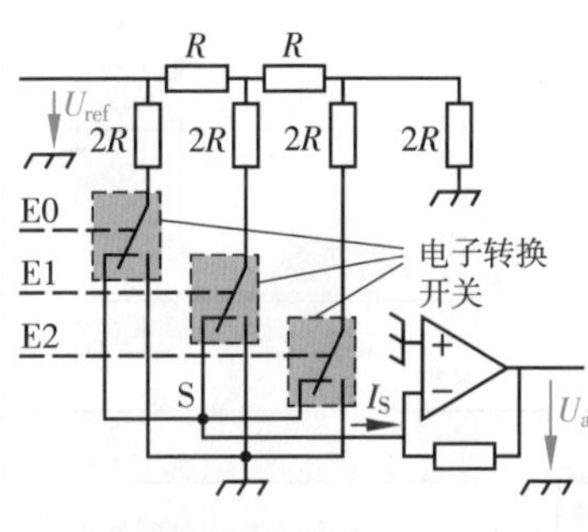

梯形网络数模转换器（R-2R 梯形网络）</td><td>R-$2R$ 转换器内含一个串联电阻值为 R，并联电阻值为 $2R$ 的网络。$2R$ 电阻的开放末端通过一个电子开关接机壳或接入电流总和点 S。单个电流：
$$I_S = \frac{U_{ref}}{R} \cdot \left(\frac{1}{2} + \frac{1}{4} + \cdots + \frac{1}{2^n}\right)$$ 1
所有电流总和：
$$I_S = \frac{U_{ref}}{R} \cdot \left(1 - \frac{1}{2^n}\right)$$ 2</td><td>字长：
6～11bit.
线性：
0.2‰～0.5‰
网络电阻值：
R 和 $2R$</td></tr>
<tr><td colspan="3">模拟－数字转换器（ADU（德语），ADC（英语））</td></tr>
<tr><td>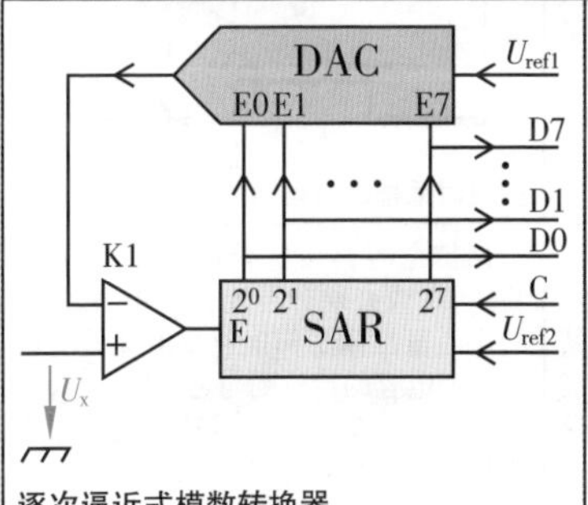

逐次逼近式模数转换器</td><td>逐次逼近式转换器是一种分级转换器，它装有一个 SAR（逐次逼近式寄存器的英语缩写）。SAR 控制一个数模转换器 DAC。数模转换器输出端信号在比较器 K1 内与检测电压比较。
SAR 从 MSB（最大值 Bit）开始。根据比较器输出电压的变化，SAR 输出各个 Bit 的数值 0 或 1。据此，随着分级越来越小，输出端电压渐次接近检测电压。</td><td>n 位时的转换步骤为 n。
分辨率：
8～18bit
微控制器中
10bit 分为两级：
2bit 和 8bit
转换频率：
8bit 时最大至 4MHz
18bit 时最大至 10kHz</td></tr>
<tr><td>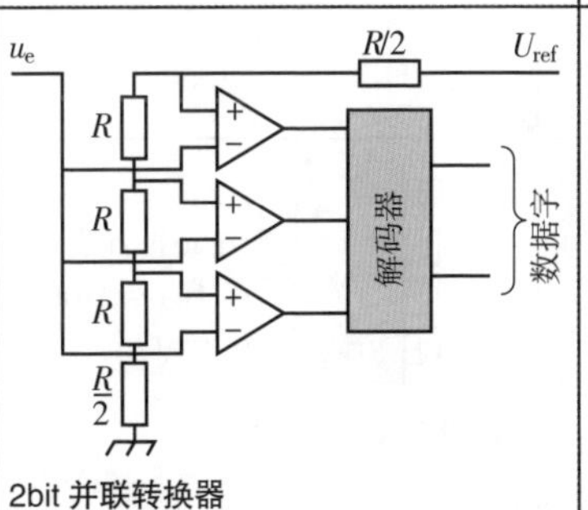

2bit 并联转换器</td><td>n-Bit 转换器的工作方法是直接将输入端电压与 n 参考电压值进行比较。因此需要 2^{n-1} 比较器用于 n-Bit 分辨率，其开关阈值根据电阻值作相应分级。比较器输出端信号控制一个解码器，在后者的输出端有一个已转换为二进制形式的信号可供使用。</td><td>转换频率最大至 100 MHz
比较器数量：
2bit：　3
3bit：　7
4bit：　15
8bit：　255
10bit：1023
分辨率最大至 12bit。</td></tr>
<tr><td colspan="3">I_S 总和电流，U_e 输入端电流，U_a 输出端电流，U_{ref} 参考电压，C 时钟脉冲</td></tr>
</table>

比较器，S & H– 电路

电路	解释	补充和附注

比较器

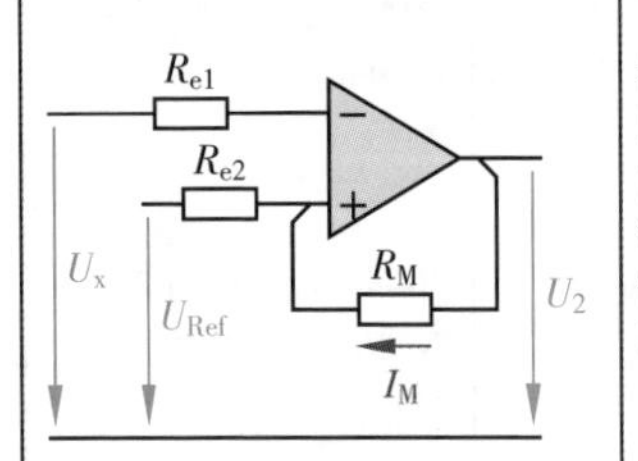

有滞后的双极比较器

带有模拟输入端的比较器是 1Bit 转换器。它将输入端电压 U_x 与参考电压 U_{ref} 比较，然后发出一个二进制信号 U_2。它由一个运算放大器组成。如果采用正反馈电阻，将出现一个开关差 ΔU。正反馈越小，这种滞后也越小。没有正反馈电阻 R_m，将不会出现滞后。

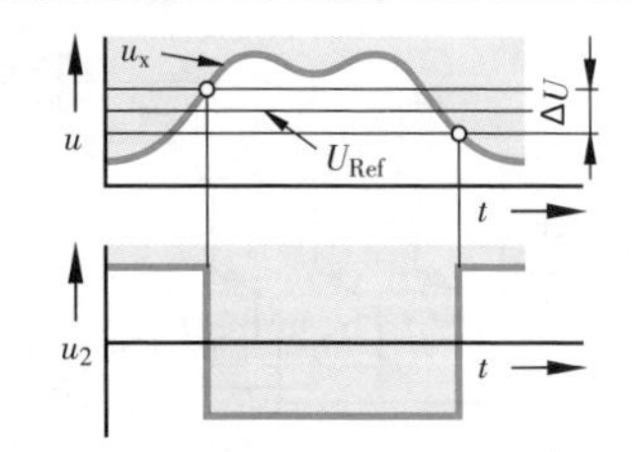

有滞后的开关特性

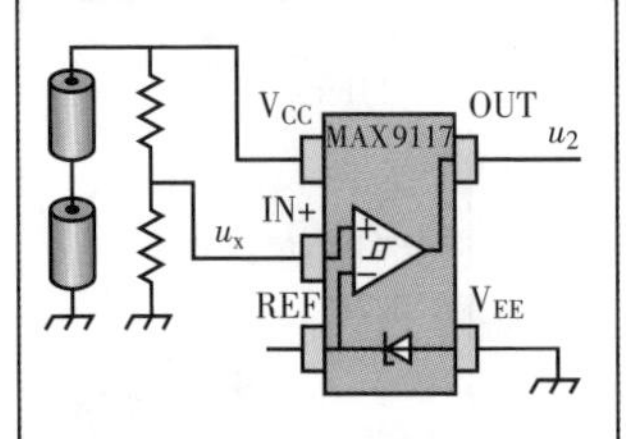

用于电池监视的单极比较器

商业常见比较器 IC 只使用正工作电压的运算放大器，它发出单极二进制信号。常规做法是将一个参考电压集成在 IC 内。这种比较器运行时的工作电压例如 1.8 V 至 5 V，工作电流 0.6 μA。应用：监视电池电压。将双极信号转换为单极。

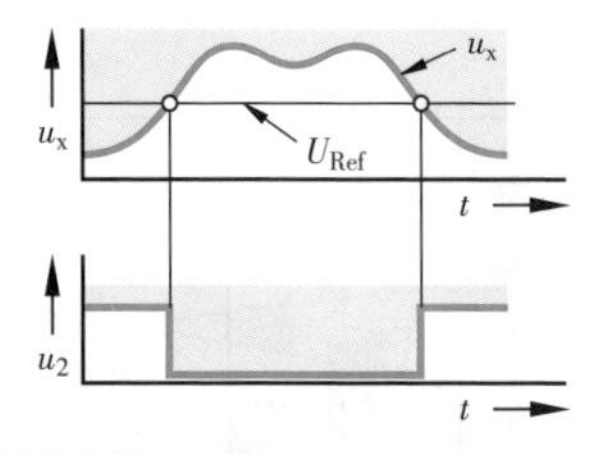

开关特性

采样保持电路（S&H 电路）

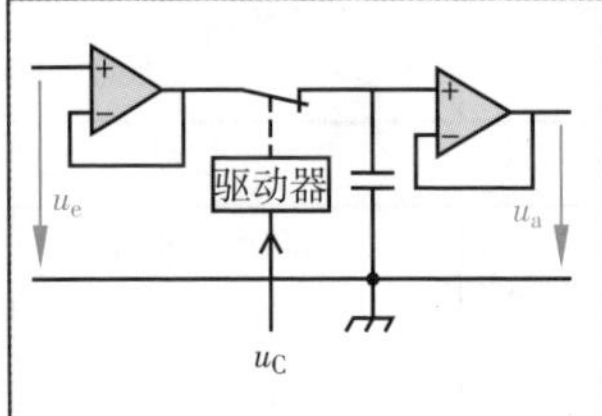

采样保持电路原理

采样保持电路用于扫描模拟信号并输出数值离散（由单个数值组成的）信号和时间离散（有前后间隔顺序的）信号。采样保持电路（采样保持放大器）由两个运算放大器，一个电容器，一个电子开关（模拟开关）组成。

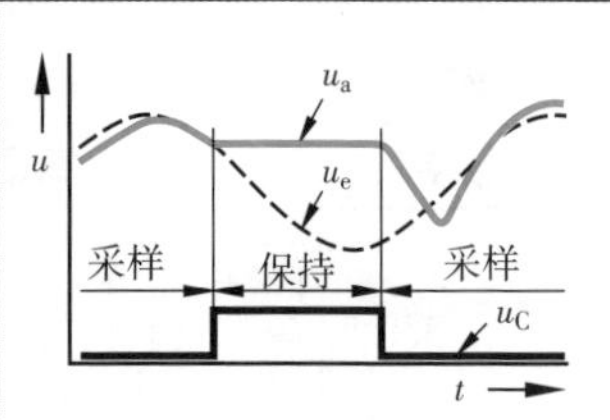

扫描时采样保持电路的电压

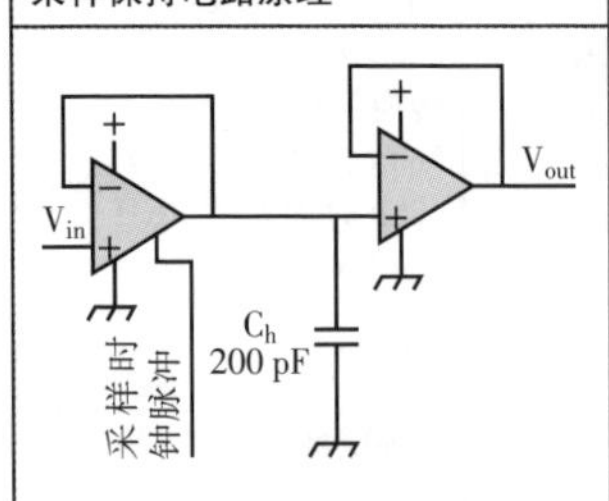

采样保持电路

在采样保持集成电路（IC）中一般使用单极运算放大器。它由强负反馈驱动，所以它可作为阻抗变量器工作，其放大系数 $V \approx 1$。因此其输入端电阻极高，以至于信号电压略有载荷，并在保持时保持与电容电压几乎相同。

保持电容器（保持电容器 C_h）可装入 IC 或必须分开连接。电容器 C_h 的小容量提高了扫描速率但降低了精度。大电容的特性则与之相反。

应用：采集模拟信号转换成为二进制信号，例如用于数字调节系统（乘法器技术）。

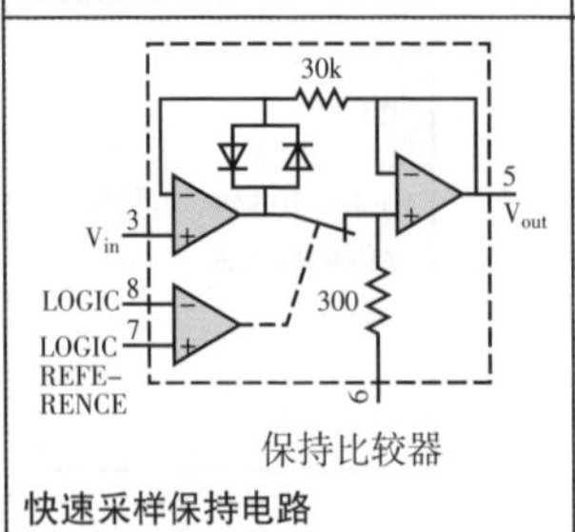

快速采样保持电路

对于特别快速的采样保持电路而言，反向并联二极管降低了第 1 个运算放大器的负反馈。不过在电路输出端附加的一个负反馈重又获得平衡。所以，虽然因负反馈较小而使其工作速率快于无二极管的电路，但这里的输入端电阻较大。

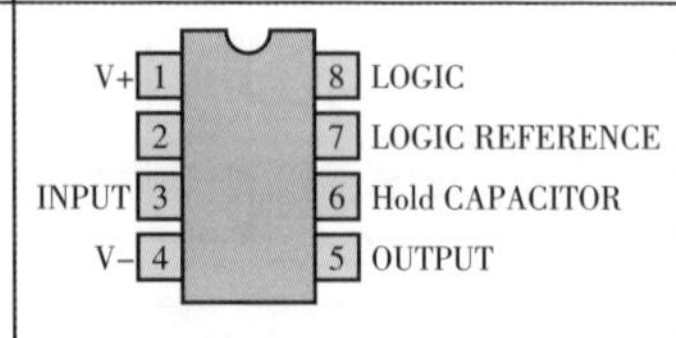

采样保持电路的机壳

采集时间（从采样转换至保持的转换时间）小于 4 μs。保持时的放电电流 6 pA。

半导体存储器

概念	解释	附注，数据，视图
种类与应用		
ROM-DILM	小型控制系统存储器。	
PROM-DILM	小型控制系统仅可一次性编程的存储器。	
EPROM-DILM EEPROM-DILM	由可电子书写并用紫外射线删除的 PROM 组成的存储器，可更新书写，例如用于控制系统。 由电子编程和电子删除 PROM 组成的存储器，可更新书写，例如用于 PLC（可编程序控制器）。	A3 至 A9 是行解码器，A0 至 A3 是列解码器，Q0 至 Q3 是输出端。 8192 位 PROM-DIMM
存储器芯片	带有触点接头或无线电接收天线的存储器	银行卡或信用卡。
存储器卡	极高容量的存储器，例如照相机。	最大容量超 48 GB，用途与 CD 和 DVD 相同，但略小。
存储棒	存储棒，例如用于插入计算机 USB 接头。	容量与存储器卡相同。用途与 CD 和 DVD 相同。
存储器元件		
存储器元件	最小的存储器功能件是存储器元件。	半导体存储器是 IC（集成电路）。存储器元件容量达 1 bit。
PROM 元件	仅可一次性编程的存储器元件。	通过烧穿熔丝或通过三极管进行编程。
EPROM 元件	可删除（擦除）的 PROM，可更新书写。	通过 FET 编程，通过紫外射线擦除。
SRAM （静态 RAM）	静态 RAM 由一个可通过双 FET 控制的双稳触发电路组成。	工作电压存续期间，触发电路便一直保持为设置状态。
DRAM （动态 RAM）	动态 RAM，一个 Bit 存储为 50aF 的充电电容，由一个 FET 控制。	由于极小电容的持续放电，每隔约 2ms 必须重新充电。
存储器结构		
3-D 矩阵 列解码器，行解码器 存储单元 字形式存储器组织	存储器元件排列在一个三维矩阵内（见图）。根据类型不同，一个存储单元内 z 方向构成 4,8,16 至 64 个存储器元件。列解码器确定 x 方向存储单元的位置，而行解码器确定 y 方向存储单元的位置。两个解码器各只有一个输出端激活。 各自选择的存储单元均位于已激活解码器输出端的交叉点。 字形式存储器组织中各有一个完整的字，例如写入已选存储单元内 8bit。存储器容量单位用 Byte 表示，例如 64 MB 或 1.6TB。	字宽 4bit 时以字划分的存储器
存储器模块	它由多个半导体存储器及其控制组成。它可插入插槽内，例如 PC 主机板插槽。	存储器最大容量达 GB 范围。插针（触点接头）数目前已超过 2000 枚。

DILM 双列直插存储器，EPROM 可擦编程只读存储器，EEPROM 电子程控只读存储器，ROM 只读存储器（固定数值存储器），RAM 随机存取存储器（短效存储器，写 - 读存储器）

移动式数据存储器

种类，原理	解释，应用	典型数据
可更换固定硬盘	其结构与固定硬盘相同。存储单元由一个或两个硬盘组成。主要用于数据运输或数据保护。3.5″ 驱动器有一个外部电源部件。 2.5″ 驱动器由 USB 接头供电。	M > 3 TB n 4600 ~ 5400/min r_b > 22 MB/s，读取时 r_b > 22 MB/s，写入时 t_z 10 ~ 18ms
LED 32 GB 4 极 USB 接头 USB 存储棒	USB 棒由一个装有 USB 控制芯片和应用芯片的印刷电路板组成： · 存储棒， · 指纹读取棒， · 互联网接入的 UMTS-LTE 棒， ·WLAN 棒， · 拷贝保护棒， · 蓝牙棒。	存储棒可保存数据最长达 10 年，容量最大至 256GB。 读取比特率：最快至 220 MB/s 写入比特率：例如 130 MB/s。 相应的 BIOS 时可将存储芯片用于（计算机）启动。 尺寸（例如）：长 50 mm，宽 20 mm，高 7 mm。 USB 是英语 Universal-Serial-Bus 的缩写，意为：通用串行总线。
圆柱体 扇形区 磁道 硬盘 固定硬盘存储器的磁盘	硬盘由铝或玻璃陶瓷制成，两面均为氧化铁涂层。硬盘磁层分为磁道和扇形区（见图）。信息存储在磁道内。读取头和写入头无接触地在磁盘上读取或写入。一个或多个硬盘构成一个存储器单元（驱动器）。	盘规格：5.25″ ,3.5″ 和 2.5″ M 200 GB 至 8 TB n 3800 ~ 10000/min r_b 1 ~ 16 MB/s t_z 8 ~ 26 ms L_{PB} 35 ~ 56 dB(A) 每个驱动器的盘数：1 ~ 8 使用寿命：≥ 5 年
SanDisk Ultra 8GB SDHC SD 卡	记忆卡用于移动装置的数据读写。 应用： MP3 播放器，平板电脑，平板 -Pad，智能手机，数字照相机，便携式摄像机。	SD 记忆卡（Secure Digital Memory Card- 安全数码记忆卡） SD 卡：容量最大至 8 GB SDHC 卡（HC- 大容量）：容量最大至 64 GB SDXC 卡（XC- 扩展容量）：容量最大至 2 TB
导柱 磁鼓 导柱 磁带 磁带的斜磁带记录	斜磁道记录法（DAT） DAT 是英语 Digital Audio Tape 的缩写，意为数码音频磁带。磁带与磁鼓的夹角为 6°，它分别通过读取头和写入头。 数据备份。	斜磁道记录法： M 1.3 ~ 20 GB r_b 180 KB/s ~ 4 MB/s t_z 62 s 磁带长度 90 ~ 120 m m 25 磁头转速 n 2000/ ~ 8500/min 保存时间：≥ 10 年

L_{peB} 运行时的运行噪声　n 转速　m 每个磁带的记录数量
M 存储器容量　r_b 比特率，传输速率
t_z 平均存取时间

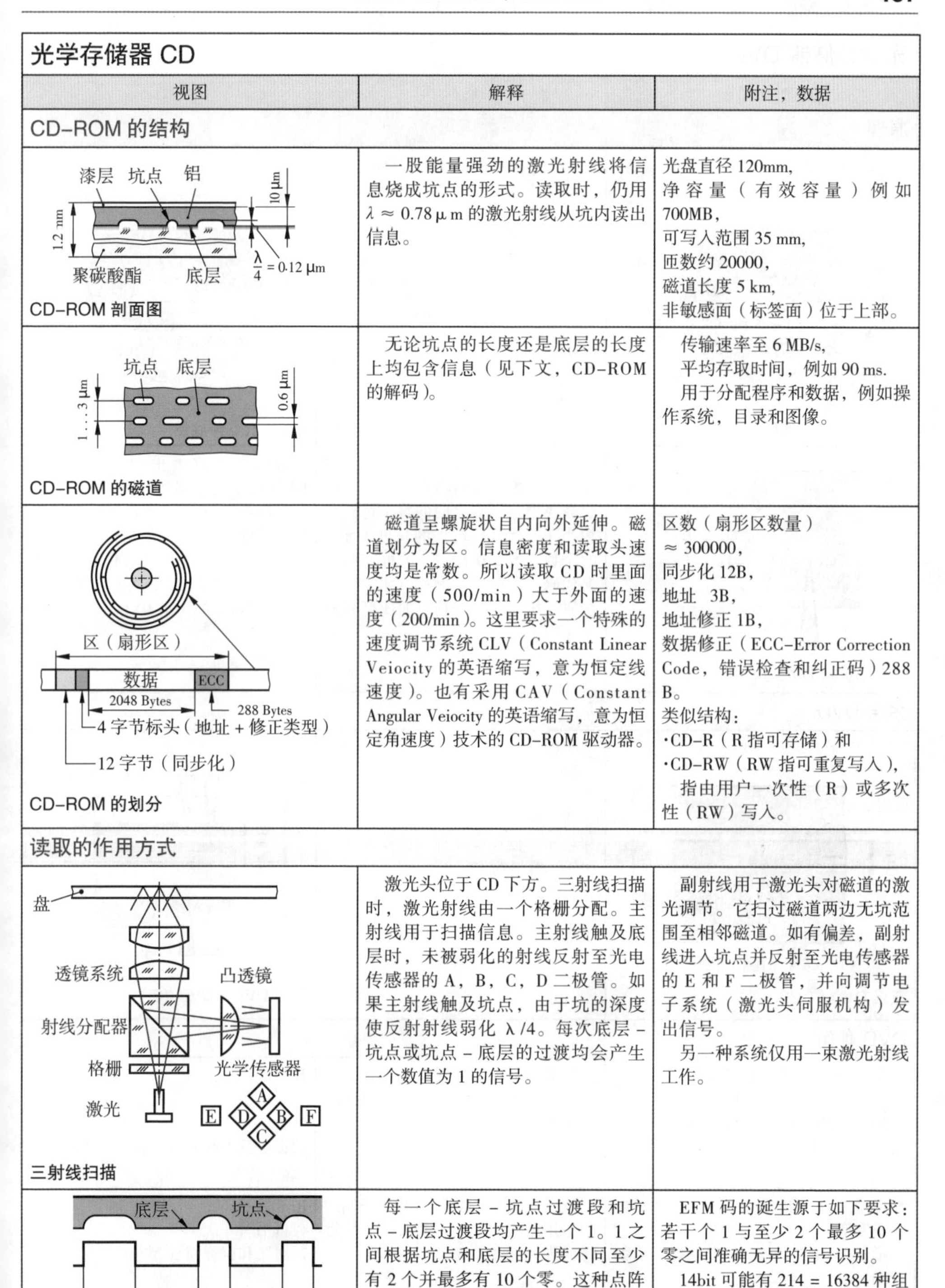

光学存储器 CD

视图	解释	附注，数据
CD-ROM 的结构		
漆层 坑点 铝 10 μm 1.2 mm 聚碳酸酯 底层 $\frac{\lambda}{4}$ = 0.12 μm CD-ROM 剖面图	一股能量强劲的激光射线将信息烧成坑点的形式。读取时，仍用 $\lambda \approx 0.78\mu m$ 的激光射线从坑内读出信息。	光盘直径 120mm， 净容量（有效容量）例如 700MB， 可写入范围 35 mm， 匝数约 20000， 磁道长度 5 km， 非敏感面（标签面）位于上部。
坑点 底层 1…3 μm 0.6 μm CD-ROM 的磁道	无论坑点的长度还是底层的长度上均包含信息（见下文，CD-ROM 的解码）。	传输速率至 6 MB/s， 平均存取时间，例如 90 ms. 用于分配程序和数据，例如操作系统，目录和图像。
区（扇形区） 数据 ECC 2048 Bytes 288 Bytes 4 字节标头（地址 + 修正类型） 12 字节（同步化） CD-ROM 的划分	磁道呈螺旋状自内向外延伸。磁道划分为区。信息密度和读取头速度均是常数。所以读取 CD 时里面的速度（500/min）大于外面的速度（200/min）。这里要求一个特殊的速度调节系统 CLV（Constant Linear Veiocity 的英语缩写，意为恒定线速度）。也有采用 CAV（Constant Angular Veiocity 的英语缩写，意为恒定角速度）技术的 CD-ROM 驱动器。	区数（扇形区数量）≈ 300000， 同步化 12B， 地址 3B， 地址修正 1B， 数据修正（ECC-Error Correction Code，错误检查和纠正码）288 B。 类似结构： ·CD-R（R 指可存储）和 ·CD-RW（RW 指可重复写入）， 指由用户一次性（R）或多次性（RW）写入。
读取的作用方式		
盘 透镜系统 凸透镜 射线分配器 格栅 光学传感器 激光 E D A B C F 三射线扫描	激光头位于 CD 下方。三射线扫描时，激光射线由一个格栅分配。主射线用于扫描信息。主射线触及底层时，未被弱化的射线反射至光电传感器的 A，B，C，D 二极管。如果主射线触及坑点，由于坑的深度使反射射线弱化 λ/4。每次底层 - 坑点或坑点 - 底层的过渡均会产生一个数值为 1 的信号。	副射线用于激光头对磁道的激光调节。它扫过磁道两边无坑范围至相邻磁道。如有偏差，副射线进入坑点并反射至光电传感器的 E 和 F 二极管，并向调节电子系统（激光头伺服机构）发出信号。 另一种系统仅用一束激光射线工作。
底层 坑点 010000100000100100001001 01000001001000 14-Bit-EFM 00010111 8 bit CD 的解码	每一个底层 - 坑点过渡段和坑点 - 底层过渡段均产生一个 1。1 之间根据坑点和底层的长度不同至少有 2 个并最多有 10 个零。这种点阵图构成通道位。将同步位与耦合位（合并位）分离之后，位于期间的字是每个字含 14Bit。EFM 码（8-14 调制法）将这些字转换为每字 8Bit。	EFM 码的诞生源于如下要求：若干个 1 与至少 2 个最多 10 个零之间准确无异的信号识别。 14bit 可能有 214 = 16384 种组合可满足 267 个 14bit 字的要求。据此选用的 EFM 28 = 256 个字。

光学存储器 DVD

尺寸，名称	解释	附注
原理		
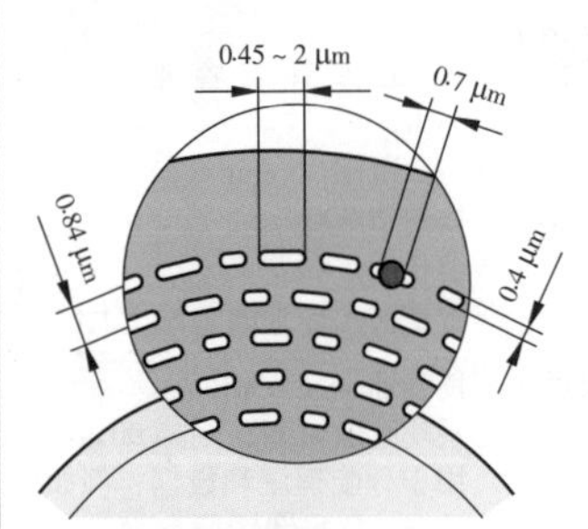 **DVD 的坑点与底层**	DVD（Digital Versatile Disc- 数字多功能光盘）是 CD 继续研发的成果，其概念与 CD 相同。 与 CD 的区别： · 激光波长更短（例如 635 nm）， · 更小的磁道间距，更小的坑点宽度，更小的坑点长度， · 按照 MPEG（运动图像）标准的数据简化， · 控制位少， · 用 16 位码调制 · 存储容量大得多。	 **CD 的坑点与底层**
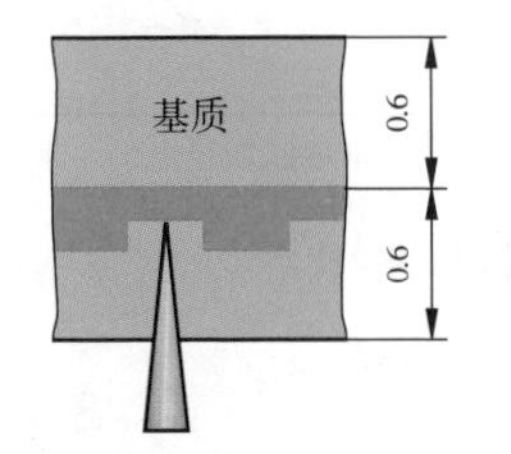 **单层 DVD（DVD 5）**	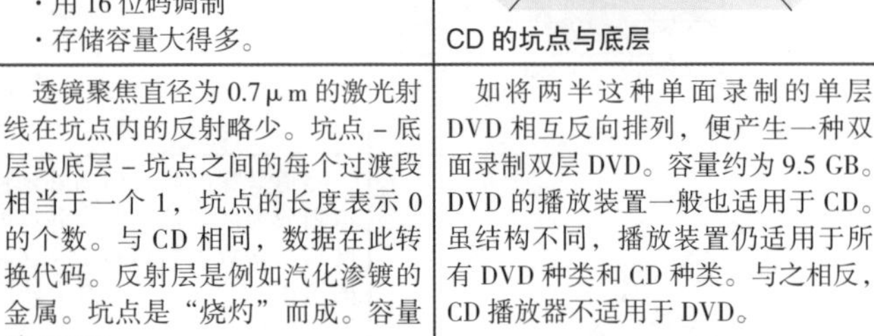透镜聚焦直径为 0.7 μm 的激光射线在坑点内的反射略少。坑点－底层或底层－坑点之间的每个过渡段相当于一个 1，坑点的长度表示 0 的个数。与 CD 相同，数据在此转换代码。反射层是例如汽化渗镀的金属。坑点是“烧灼”而成。容量约 4.7 GB。	如将两半这种单面录制的单层 DVD 相互反向排列，便产生一种双面录制双层 DVD。容量约为 9.5 GB。DVD 的播放装置一般也适用于 CD。虽结构不同，播放装置仍适用于所有 DVD 种类和 CD 种类。与之相反，CD 播放器不适用于 DVD。
多层 DVD		
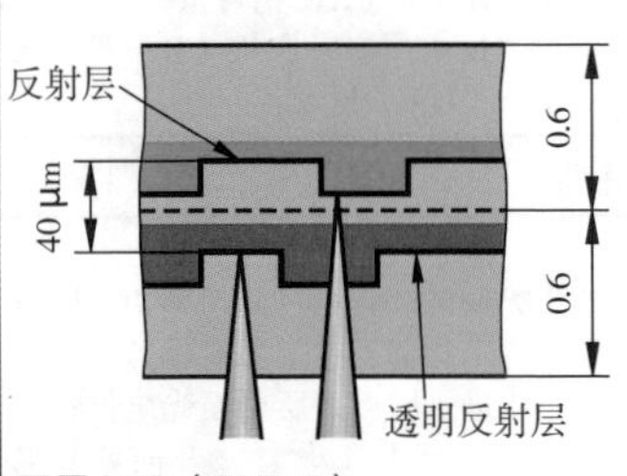 **双层 DVD（DVD 9）**	单面录制双层 DVD 的下层反射层是硅或金的透明层，所以激光可从上层透射。其容量约 8.5 GB。 将两种同类的排列相互反向相邻粘贴，便产生一种双面录制四层 DVD。容量约 17 GB。	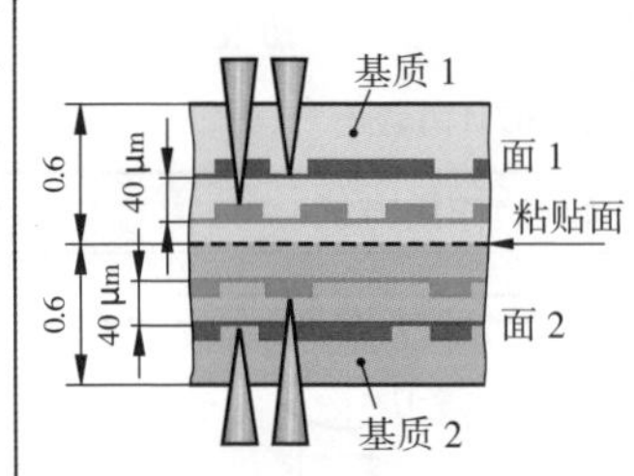 **四层 DVD（DVD 18）**
DVD 种类		
A 型 DVD（又称 DVD-ROM 或简称为 DVD，用于数据技术）， B 型 DVD（用于录像，DVD 录像光盘），C 型 DVD（用于音频，DVD 音频光盘）	以聚碳酸酯为原料采用喷铸和压制工艺大批量生产。用一种射线凹模作为凹坑压制出坑点。	反射层： 单数据层是铝，双数据层是金或硅。 容量： 根据层数不同分别达到 4.7～18 GB。
D 型 DVD（DVD-R，VDV+R 的后续研发型） 播放装置必须适用于－型（例如 DVD--R）或＋型。	坑点由沿 DVD 毛坯件预先压制的磁道用激光“烧制”而成（局部短时加热），例如在彩色层。	R=Recordable- 可录制 仅可书写一次。 反射层和容量同 A 型。
E 型 DVD（DVD-RAM，DVD-RW，DVD+RW 的后续研发型） 播放装置必须适用于－型（例如 DVD--R）或＋型。	DVD 毛坯件的磁道是预先压制的。激光“烧制”影响信息层的反射。坑点的反射不同于底层的反射。	RW=Rewritable- 可重复书写 多次书写。其反射弱于其他类型的 DVD。

信息技术的概念 1

概念	解释
信息表达法，数字表达法	
字母数字字符	这种字符包含字符组，字母，数字和特殊符号。
二进制字符	由带两个字符（一般是 0 和 1）的字符组构成。
Bit	二进制字符的缩写形式。
bit	一个二进制字的位数。
Byte（字节）	1 字节含 8 位。
Code（码）	一个字符组相对于其他字符组的配位。
数据	表达一个信息的字符。
数字的	数字的表达法。
定点书写方式	参与计算的数字的句号 / 逗号位于相对于数字开始或数字结尾的固定位置。
浮点书写方式	指数的数字表达法：$x \cdot b^y$ x 对数的尾数，b 基数，y 指数， b 自然数，例如 E 指 10；x，y 是定点数
数字字符	由数字和表达数字的特殊字符组成的字符组。
信号	信息的物理表达法。
字	一个处理器一次所能处理的最大位串，例如 8,16,32,64,128bit。
数字	一个数字的要素。
数字计算系统	
累加器	计算机构的存储器，首先包含运算数，然后包含结果。
ALU	算术 - 逻辑运算单元，用于算术运算和逻辑电路。
输出机构	从中央单元向外传输数据。
指令计数器	包含下一个待执行指令的地址。
代码转换器，编码器	将一个代码的字符配位给另一个代码。
控制器	过程控制的装置。
文件系统	对数据载体的文件管理，涉及文件名和文件地址。
解码器，解码	代码转换器，利用编码器的有效功能进行逆操作。
输入机构	从各输入单元将数据传输给中央单元。
双稳触发器	一个 Bit 的存储器。

概念	解释
控制装置	指令执行顺序的控制，译码指令。
模数 -n- 计数器	将计数单元 1 的 n 步骤反转回到其初始状态。
乘法器	将多个信息通道的信息传输进入一个信息通道。
外围设备	用于数据输入，数据输出或数据存储等计算机之外的装置
处理器	包括控制装置，计算机构。
缓冲器	临时收录数据的存储器。
计算机构	执行计算运算。
时钟脉冲发生器	控制各个运算的时间流程。
中央单元（CPU）	包含处理器，输入机构，输出机构，中央存储器等（CPU= 中央处理单元）
中央存储器	用于控制装置，计算机构，输入机构，输出机构存取的存储器。
存取时间	从一个存储器取出数据所需时长。
运行模式种类	
批处理运行	程序处理之前，所有数据必须已到位。
对话运行 / 交互运行	用户与计算机之间提问与回答交互进行。
多用户运行	多个用户同时在一台计算机上工作。
多程序运算	在一台数据处理设备上用乘法器运行模式同时处理多个程序（多任务运行模式）。
乘法器运行，多任务运行	按时间分段交替处理多个任务（准并列）。
多项处理	多个 CPU 核心真正并列处理任务。
离线运行	一个装置未持续连接计算机的运行模式。
在线运行	一个装置持续连接计算机的运行模式。
实时运行	处理突发数据的程序始终处于就绪状态。
遥控运行	通过网络还有互联网远程操作计算机。
单用户运行	一个用户使用一台计算机工作。

信息技术的概念 2

概念	解释
编程	
地址	标记一个存储位置的字。
地址部分	包含运算数或指令字的地址。
算法	按上下顺序步骤解决一个任务的运算规则。
语句	任何一种程序语言的工作规则。
汇编器	将汇编程序翻译成（二进制）机器语言。
指令	在所使用语言中不能再分解为子语句的语句。
指令字	计算机翻译为指令的字。
操作系统	使计算机运行成为可能的程序。
数据流	数据有组织的流程。
数据流程图	借助图形符号，文本和连接线表述数据流的表达法。
仿真程序	用于模拟一台计算机性能的硬件－软件系统。
翻译程序	将一种更高级程序语言翻译成机器语言的程序，但在程序处理时才进行翻译。
编译程序	在程序运行流程开始之前将一种更高级程序语言（源代码）翻译成机器语言的程序。
机器语言	机器内部指令的编码，一般使用二进制码。这类编码与设备相关（机器定向）。
运算数部分	指令字部分，内含运算数或它的地址。
运算部分	指令字部分，说明待执行的运算。
程序	解决一个指定任务的语句顺序。
程序单元	一个按其功能封闭的程序块。
编程语言	编制程序的语言。
寄存器	信息存储的小型单元，一般存储一个字。
结构化编程	由尽可能简单的子程序组成的程序结构（方法）。
任务	解决一个任务的计算机程序。

概念	解释
线程	修改一个计算机程序的执行顺序；一个任务的部分。
UML	统一建模语言。软件初稿时流程、状态，相关关系的图形表达法。
通讯，互联网	
防火墙	软件，用于过滤和控制对互联网的访问。
域	一个网络内的地址范围，可将多台计算机有组织地连接起来。
下载	下载存储于另一计算机（服务器）的软件。
FTP	文件传输协议。用于两个计算机之间的文件传输。
主机	提供更高层级服务的计算机，例如用于存储，准备和数据传输。
HTML	超文本标记语言。表达通过浏览器（程序）可读文件的语言（数据格式）。
超级链接，连接	连接例如另一个文件带地址的文本，点击鼠标即可跳至该文本。
JPEG	联合图像专家组。一种图像压缩表达的格式。
钓鱼	用假电子邮件骗取私人数据（因密码被钓鱼邮件窃取）。
服务器	提供接入互联网服务的提供者。
Proxi－服务器	中介者，互联网内 / 之间的过渡服务器。
Spam	也常用作调用 Web 网页的中间存储器。
特洛伊木马	垃圾。含不需要 / 危险内容的电子邮件。
蠕虫	一种程序安装时未标记却一同装入计算机的病毒程序。
XML	破坏性程序，通过网络或互联网广泛传播。 可扩展标记语言。用于通过浏览器读写文件的语言。

视窗操作系统

任务	行动	附注
启动程序（Apps）	点击窗口或视窗符号（启动）- 点击所有 Apps →程序。	启动所有应用程序中可点击的程序，用鼠标点击屏幕左下方。
编制新文件夹	视窗符号→ Explorer（视窗浏览器） 用鼠标右键点击所需文件夹位置→新→文件夹	文件夹也可标记为目录。点击文本框新文件夹给文件夹命名。
拷贝文件夹	打开 Explorer →点击所需文件夹→按下鼠标右键并拖至目标目录下→松开右键→拷贝	拷贝所有在文件夹内的文件。标记多个文件夹可将这些文件夹的文件一次全部拷贝。
移动文件	打开 Explorer →点击所需文件夹→点击待移动的文件→按下鼠标左键并拖至目标目录下	将文件移动至另一个文件夹时，该文件已被原文件夹删除。
删除文件	打开 Explorer →点击所需文件夹→用鼠标右键点击待删除文件→删除	先将文件移至废纸篓，必须在这里再次删除才能完全删除。
将程序图标移至桌面	打开 Explorer 所下需文件夹→点击待移动的文件→按下鼠标左键并拖至桌面，松开鼠标	这里将文件移至桌面的文件夹。位于桌面的文件出现在桌面屏幕并带有符号。
安装和卸载程序	鼠标右键移至视窗符号→设置→ Apps →程序和特点→系统控制的启动页面→程序→安装程序或→卸载程序	从程序列表中可将例如程序移除。 系统控制：视窗符号→鼠标右键→设置→程序和特点→系统控制的启动页面
安装打印机，安装装置	系统控制→硬件和声音→添加打印机或→添加设备	通常必须只用随机所提供的 CD 启动，然后按对话顺序直至驱动器安装完毕。
设置屏幕保护程序	用鼠标右键点击屏幕空白处→匹配→屏幕保护程序	选择屏幕保护程序的种类及其激活时间。
设置日期，钟点时间	系统控制→时间语言地区→日期和钟点时间	通过点击修改日期，钟点时间。也可点击任务栏内的时间栏进行修改。
激活 MS-DOS-Modus	所有 Apps →输入要求	随后激活 MS-DOS-Modus。输入 exit 即可结束 MS-DOS-Modus，然后点击回车键或关闭窗口。
连接或分离网络	系统控制→网络和互联网→建立网络连接	用分离键（用鼠标右键选择网络）分离网络。

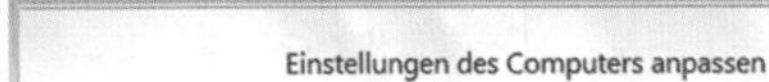

系统控制的选择取决于视窗版本

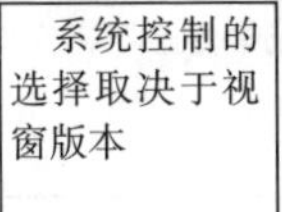
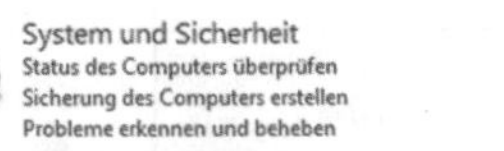

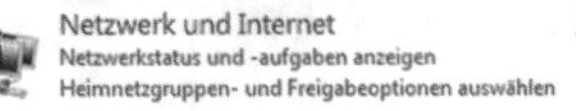

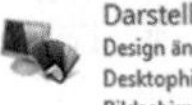

视窗操作系统的程序

使用计算机鼠标工作

动作	解释	附注，表达法
鼠标左键（点击左键）		
点击	点击菜单点或开关元件可执行软件功能。点击也可提供选择的可能性。 点击屏幕上文件内容可将光标定位在文件例如文本的该点。	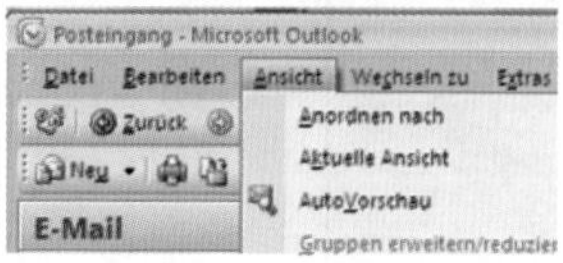 Posteingang - Microsoft Outlook Datei Bearbeiten Ansicht Wechseln zu Extras Zurück Neu E-Mail Anordnen nach Aktuelle Ansicht AutoVorschau Gruppen erweitern/reduzier 点击鼠标点
双击	双击 Windows-Explorer 的一个文件名即可调用并打开该文件。	在 Word,Powerpoint 中双击单词可标记该单词。
点中拖拉，松开	点中 Windows-Explorer 的一个文件或文件夹，接着将其拖至所需文件夹内然后松开，例如移动文件或文件夹至另一个文件夹。	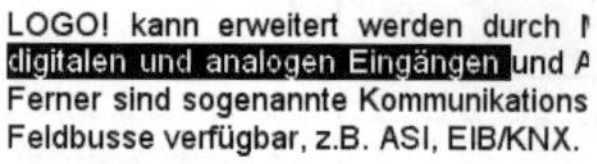 LOGO! kann erweitert werden durch digitalen und analogen Eingängen und Ferner sind sogenannte Kommunikations Feldbusse verfügbar, z.B. ASI, EIB/KNX. 标记一段文本。
鼠标右键（点击右键）		
点击	点击右键打开鼠标光标旁边的窗口（上下文菜单），它可根据用途提供不同的动作用于选择。在 Office 应用程序中（Word,Exel,Powerpoint），在上下文菜单中点击已标记文本，可选择将所选文本剪切，拷贝，插入，匹配字符句，设置列举符号等。 在 Windows-Explorer 的上下文菜单中点击文件夹或文件，可：打开、印刷、重命名和删除文件。 在主程序的上下文菜单中点击文件附录，可：打开、印刷、存储文件。 点击视窗启动键，在上下文菜单中可打开 Explorer 或搜寻文件。	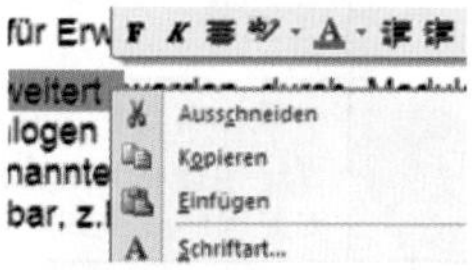 für Erw weitert logen nannte bar, z. Ausschneiden Kopieren Einfügen Schriftart... Office 程序中的上下文菜单 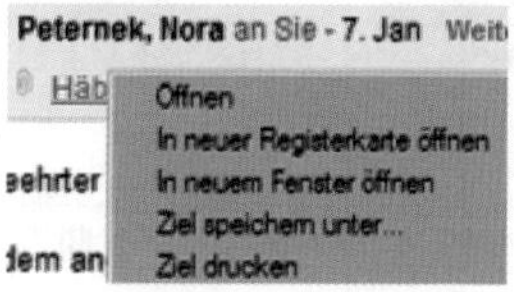 Peternek, Nora an Sie - 7. Jan Öffnen In neuer Registerkarte öffnen In neuem Fenster öffnen Ziel speichern unter... Ziel drucken 主程序中的上下文菜单
点中拖拉，松开	点击右键并拖拉然后松开，该动作可实现一些特殊操作，例如将已使用的文件或标记的文本移动，拷贝，建立超级链接，建立逻辑连接等。大多数 PC 程序均提供该功能（应用），例如 Windows-Explorer。	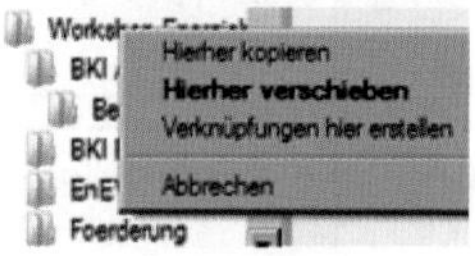 Hierher kopieren Hierher verschieben Verknüpfungen hier erstellen Abbrechen Foerderung Explorer 中的上下文菜单
滚动轮		
滚动	滚动鼠标的滚动轮可将文件夹或文件内容在该窗口的四个方向（上下左右）上滚动。	有些鼠标代替滚动轮的是光学传感器，它对手指运动做出相应反应。
点击	点击滚动轮可设置屏幕上的滚动模式，使文件内容在屏幕窗口内随鼠标的前后移动进行前后移动。再次点击滚动轮可关断该功能。	 无滚动　滚动：向上　向下 滚动模式的鼠标光标

可更换鼠标键用于左撇子，将它转换为：启动→系统控制→硬件和声音→装置和打印机→鼠标→按键→初级和次级按键。

视窗 10 键盘缩写符号

按键缩写	功能
桌面和虚拟桌面	
Strg Alt Entf	打开对话进行关断，更换用户，关闭指令和任务管理。
Strg Esc	选择 Win。打开启动菜单/启动页。
Strg F4	关闭激活的游标/激活的文件，而不是程序。
Strg ⇧ Esc	打开任务管理。
Win Alt ↵	打开媒体中心。
Win D	跳至桌面，小型化所有视窗；再次按下，回到初始点
Win R	打开指令“执行”。
Win H	打开指令“划分”。
Win I	打开“设置”。
Win + ,	按下并保持这两个键，渐显桌面。
Win Strg D	编制一个新虚拟桌面并显示。
Win Strg F4	关闭实时虚拟桌面。
Win Strg →	更换至右边的下一个虚拟桌面。
Win Strg ←	更换至左边的下一个虚拟桌面。
任务栏	
点击	启动应用。
⇧ +点击	启动应用的附加主管。
Strg ⇧ 点击	启动管理员应用。
Win 1 (或 2, 3 ...)	启动任务栏第一个（第二个，第三个…）程序。
Win Alt 1 (或 2, 3 ...)	打开任务栏第一个（第二个，第三个…）程序的上下文菜单。
屏幕截图	
Druck	将实时桌面的屏幕截图拷入剪贴板。
Alt Druck	将实时视窗的屏幕截图拷入剪贴板。
Win Druck	将桌面屏幕截图作为 PNG-Datel 存入 C:\Benutzer\<Benutzername>\Bilder\Screenshots。

按键缩写	功能
Explorer	
F1	打开帮助；也是程序专用。
F2	将标记的对象重命名。
F3 / Strg + E	跳至搜寻区。
Entf + ⇧	通过废纸篓直接删除文件。
×（数字键域的乘法键）	打开左列完整的树形菜单。
+（数字键域的加法键）	打开左列已标记文件夹的树形菜单。
Pos1	跳至文件夹内第一个要素。
Strg + A	标记已打开文件夹内所有要素。
Strg + C	拷贝。
Strg + N	打开附加的 Explorer 窗口。
Strg + V / ⇧ + Entf	插入。
Strg + Z	回到前一个动作。
Strg + ⇧ + N	在打开的文件夹内产生一个新的子文件夹。
Alt + ↑	跳至更高的文件夹层。
Alt + P	渐显和渐隐预览区。
窗口的排列，更换窗口	
Win + ↑	将已选窗口最大化。
Win + ↓	缩小窗口，最小化已缩小的窗口。
Win + ← / Win + →	将已激活窗口移至屏幕左/右边缘；第二次：将窗口移至下一个屏幕。
Win + Pos1	最小化所有窗口，已激活的除外。
Win + M	最小化所有窗口。
Win ⇧ M	撤回行动。Win + M
Win + ⇧ + ↑	向上和向下放大已激活的窗口。
Win + ⇧ + ↓	在 Windows 7+8.1：撤回向上/向下的放大；在 Windows10：最小化窗口。
Alt + F4	关闭已激活窗口。
Alt + Esc	在两个已激活窗口之间更换。
Alt + ⇆	显示所有已打开窗口的预览。

PowerPoint

任务	动作	附注
启动程序	启动→所有 Apps → Microsoft Office 程序→点击 PowerPoint。	用于屏幕展示，幻灯片薄膜，说明书和幻灯片。
编制新投影薄膜	启动菜单中选薄膜组→点击新薄膜，选择设计。	共有 9 种设计原稿，例如从 Larissa 到 Haemera。投影薄膜又称 Slide（滑动）。
确定薄膜平面结构图	草稿菜单→新薄膜→点击合适的平面图原稿→打开带有区域的薄膜开始处理（见图）。	这里有例如文本原稿，文本和图表原稿，文本和图片原稿，文本和媒体芯片（声音，音乐或录像）。
处理带有文本的薄膜	用鼠标排列文本区，将文本输入文本区。	设定字体类型，字体规格，字体颜色等。
插入文本区	插入菜单→点击文本区→按下鼠标左键→设定文本区规格。	可将文本区插入一个空白页或一个平面图原稿。
将文本插入文本区	点击待处理文本区，然后输入文本。	简而言之，使用有说服力的文本。
输入列举符号	点击进入一个文本区，在菜单中启动段落组→列举符号，选择一个符号→ OK，输入文本并在每一行都用回车键结束。	可以为例如线条标记的每一行选一个自己的标记符号。
用阴影框包围文本	点击待包围的文本区，然后在菜单中启动图纸组→点击形式效果，然后点击阴影类型。	共有 20 种不同的阴影框选择。
启动展示	屏幕展示菜单→选择开始图标。	也可以从任意一个薄膜开始或仅显示已选薄膜。
确定展示流程	在动画制作菜单中选下一个薄膜范围→ ☑点击鼠标，☑自动，例如设置为 5 s。	可自动展示或点击鼠标继续展示。
插入操作键	在插入菜单中选☒图像处→点击形式，进入互动操作键这一行→选择一个操作键，将薄膜置于该键并超级链接→点击下一个薄膜。	例如操作键： 返回，继续，开始，结束，启动（主页） **操作键的选择**
插入要素	在插入菜单中选图片组→例如选图像，然后点击相应文件夹中的图片，用光标移入薄膜。	从图像子菜单中可连接图形，芯片类型，图表和形式。在形式栏可选择例如箭头，线条，矩形和字符用于流程图。
薄膜分类	视图菜单，展示视图组→薄膜分类→点击所需薄膜，按下鼠标左键并将薄膜拖至新位置，松开鼠标左键。	在缩小表达法中按顺序显示已编号的薄膜。单个薄膜可任意分类。

投影薄膜原稿举例（模板）

使用 Exel 工作

任务	动作	附注，举例
输入文本	点击空白行，输入文本。	每行第一个字符不允许是数学运算符。
设定列宽	用鼠标移动列间线，例如 A 与 B 之间的线，按下鼠标左键设定所需列宽。	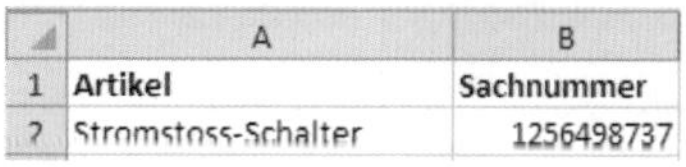
设定换行	在所涉单元格处点击鼠标右键→设置单元格的格式→选择对齐和换行→ OK。	若选多行，例如按下鼠标左键拖行，所选行格式适用于所选的所有行。
确定框架	用鼠标右键选择待框住的单元格，→设置单元格的格式→框，框形，→ OK	按下鼠标左键拖行单元格可选择单元格。
在单元格内计算	点击空白单元格，然后加入“=”，第 1 个数字，算术运算符，第 2 个数字。按下回车键或点击其他单元格后出现结果。	在一个单元格内可进行任意数量的算术逻辑运算。常见计算规则也适用于这里。
用一页的单元格计算	点击结果的空白单元格，然后加入“=”，点击第 1 个运算数的单元格，输入算术运算符，输入第 2 个运算数的数字或点击第 2 个运算数的第 2 个单元格。 也可直接输入单元格编号，例如 A2，代替数学运算时点击单元格。	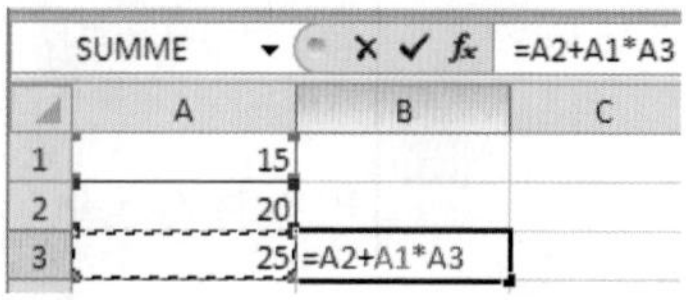 位于单元格 B3 的计算结果
单列的总数	点击结果的空白单元格，一般在带运算符的最后一个单元格下方，然后输入： =summe(起始单元格：结束单元格)	也可以点击符号栏内的总和字符符号 Σ，代替将总和输入单元格。
计算不同 Excel 页的单元格	点击结果的空白单元格，然后加入“=”，点击第 1 个运算数的单元格，输入算术运算符，输入页名称｜其他页的第 2 个运算数的单元格。	一个 Excel 页的单元格内容可与另一个 Exel 页的单元格内容连接。 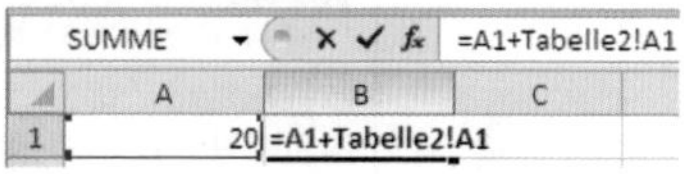
从带有数学运算的单元格内容中产生一个常数	用鼠标右键点击所涉单元格→拷贝，再次点击鼠标右键→插入内容→数值→ OK	如果单元格的关系是上下相关的，单元格内产生的常数是重要的。否则无法删除例如原始单元格的内容。
拷贝公式	点击带有后置公式的单元格→拷贝，点击新单元格→插入。	一个单元格内的公式可拷贝入多个单元格，方法是先点击→标记插入。
设置过滤器	用鼠标右键点击待过滤列内的单元格→过滤器。 待过滤的列必须填有数字或字符。在列内过滤时应打开列的组合框并点击所需过滤器标记。之后出现过滤结果。	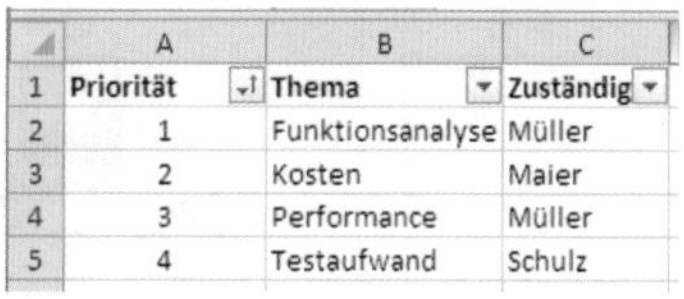
分类	用鼠标左键标记单元格的待分类范围，鼠标右键→分类，选择分类类型→ OK。	待分类范围可包括若干列。分类之前应有目的地保存 Exel 文件，因为分类过程可能失败。

计算机破坏的危险

可能性	解释	附注
计算机病毒	带有破坏性病毒的程序，病毒本身或作为调用指令藏匿在程序之内。因不经意的拷贝使病毒扩散至其他程序。	病毒 = 致病源。现将病毒划分为例如引导装入程序病毒，文件病毒，宏病毒，电子邮件病毒。
蠕虫	计算机蠕虫是通过计算机网络传播的程序。蠕虫可分为以网络过程为基础的蠕虫和通过电子邮件发送的蠕虫。电子邮件蠕虫筑巢于邮件内并产生邮件附件，这类附件是可以不经意间执行的程序，例如在编制 Visual Basic 时。	过程蠕虫具有在网络繁殖传播的过程并对其他过程造成损害。受害程序充分利用系统程序的薄弱点，例如使存储器范围产生过盈，通过未加密码保护的接口执行未经许可的通信。
特洛伊木马	特洛伊木马这个概念可回溯到古希腊人送给特洛伊人的礼物，即藏有士兵的一匹木马。	特洛伊 IT 木马是一种有害代码，藏匿在似乎很有帮助的程序内，例如屏幕保护程序，游戏程序等。 特洛伊 IT 木马经互联网下载传播。
侦探	侦探是电脑黑客可用其侦探出例如密码和信用卡号的程序。借助软件可监视并记录键盘的按键操作，例如在线银行业务时。 通过电子邮件或与黑客 Web 服务器的 HTML 连接可传输数据进行计算。侦探也可伪装成互联网浏览器工具，因此互联网连接结构中的防火墙常常不能识别。 为电子邮件加密可降低侦探程序的有效性。	受感染的 PC 互联网 采集程序 互联网连接结构 黑客 键盘 **一个侦探程序的作用方式**
钓鱼邮件	钓鱼邮件（钓取密码）通过连接一个例如类似于某银行的互联网网页诱骗接收者。钓鱼邮件发送者自称是某银行。其目的是获取保密数据，例如口令。 银行不会发送广告邮件给客户。询问账号数据的电子邮件，包括 Ebay 的邮件，是钓鱼邮件，应立即删除。	**对象**：德意志银行重要信息 **发自**：德意志银行 <info.db@deutsche-bank.de **日期**：周一，6 月 22 日，201x 14:25:32 **发至**：otto.m ü ller@t-online.de 亲爱的德意志银行客户， 我们需要检查您的客户数据。请您核实您的数据后发回本信… **钓鱼邮件节选举例**
DDoS	分布式拒绝服务攻击（DDoS）不是通过攻击一台计算机，而是通过同时攻击多台计算机造成危害。攻击者将特洛伊 IT 木马置入互联网上的不同计算机。由此可产生大面积攻击。	攻击者安装攻击计算机程序，它可执行时间控制或向所指目标发出 DDoS 共同攻击的指令。DDoS 攻击导致计算机停机或计算机崩溃（DoS 用于拒绝服务）。

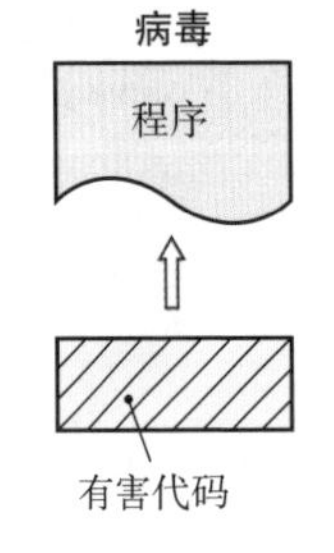

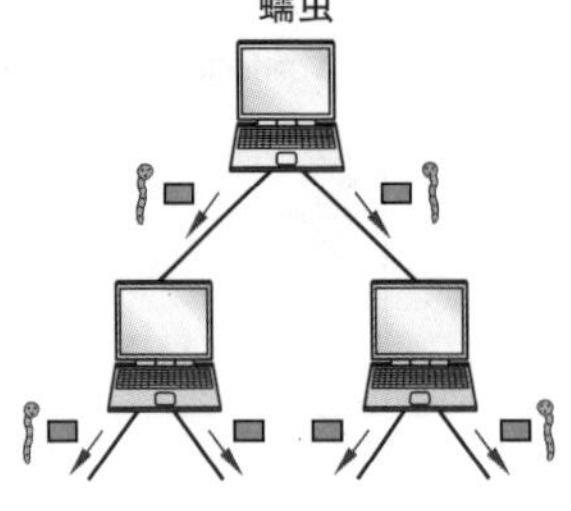

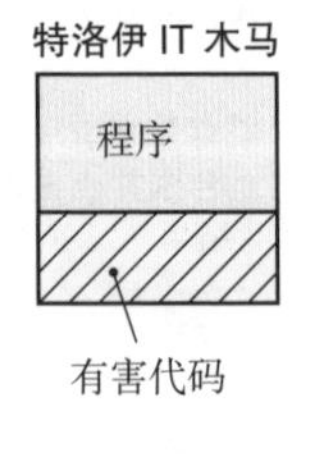

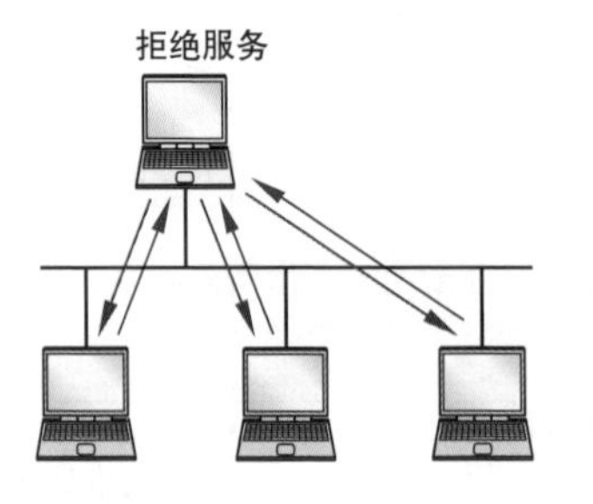

计算机设备的破坏

计算机防病毒措施

种类	措施，任务	附注
组织措施	·禁止在公司计算机设备上使用私人购置的软件。 ·建立访问检查和存取检查。 ·重复检查计算机内的软件成分。 ·在检测计算机上测试新装软件。 ·按时将重要程序和数据备份存储在例如DVD，CD，服务器上。 ·用反病毒程序检查新装程序和通过电子邮件接收的数据。 ·仅允许使用加密的 USB。 ·安装防火墙系统。	从不知名软件商店购买的游戏和廉价软件等特殊软件常常已感染病毒。通过明令禁止可达到无病毒从受感染的个人 PC 通过 USB，DVD 或 CD 传入公司计算机的目的。 使用密码可使未经授权的个人访问计算机设备并未经许可安装软件等行为难以实施。只有获取管理授权才能安装软件。 计算机设备负责人员应随时检查计算机内软件并调整正在使用和尚未使用的存储器。注意计算机的应答时间特性，因为受到病毒攻击后，该特性变差。 防火墙可控制计算机对外部的访问并检查和封锁数据中所含的计算机病毒。
检验程序，扫描仪	·检查数据载体，例如硬盘，感染病毒的位串。 ·扫描所有目录和文件。	按照位串文件搜寻的检验程序的缺点是，它只能识别已知的旧病毒。只有通过定期更新（新改编的软件版本）检验程序才能识别新病毒。
核对总数	·构成文件的核对总数并将核对总数的结果存储在分开的文件内。 ·通过重新计算并对比分离文件中存储和所属的核对总数来核查文件的核对总数。	分开存储核对总数是重要的，因为许多病毒在攻击文件后会修改其核对总数。根据重新计算的核对总数可得出“无病毒”的结论。理想的状态是，核对总数程序将采用两种计算算法得出的两个核对总数进行对比。这种方法也能识别新病毒。
门卫程序	·监视操作系统功能，例如调用 BIOS-UEFI 和对文件的写存取，要求用户进行操作。 ·直接确定病毒的攻击，例如某个文件。	门卫程序是存储器监督程序。它在计算机启动时激活。但却只在写入存储器时对特殊的操作系统流程做出反应。遗憾的是，门卫程序可能导致误判。
杀毒程序	·识别计算机病毒。 ·去除计算机病毒并建立文件的原始状态。（参见检验程序，扫描仪一节）	杀毒程序以核对总数计算为基础进行工作，并对比存储器内容中出现已知病毒的位串。杀毒程序可频繁清除病毒并重建受损文件。

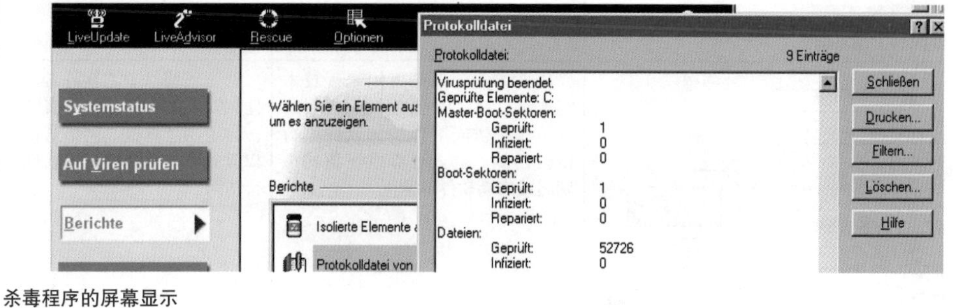

杀毒程序的屏幕显示

数据保护，拷贝保护

保护方法	原理	附注，应用
磁带驱动器 外置硬盘 保护性拷贝至磁带	通过与计算机设备连接的磁带装置，例如磁带机，将数据转录至磁带，卡式磁带。内部硬盘的内容可拷贝至外设硬盘，也可拷贝至云服务器（互联网）。	配有存储系统的服务设备可每天将数据保护性存入磁带，DVD或带硬盘NAS（网络附属存储）的网络存储器。 外置硬盘通过USB或eSATA与计算机连接。
保护性拷贝至CD，DVD或USB	待保护软件用烧制器写入CD或DVD。	只要CD或DVD没有受损，写入其中的数据可保存约10年。
	USB可提供一种补充的数据存储/数据保护。密码保护也是可行的。 遗憾的是数据窃贼也用这种方法行窃。	USB的存储容量约有若干GB。临时的快速存储过程。USB也有编码键。
Datei 1;n ⋰ Datei 1;2 Datei 1;1 … Datei 7;n ⋰ Datei 7;2 Datei 7;1 保存双份文件	如果用编辑器修改一份现有文件，存盘时该文件自动存入另一个版本号下或扩展（文件名扩展）号下。	如果需要大幅度修改一个文件，例如程序，如有需要可访问其原始文件。旧文件版本将在指定时间删除。
屏幕显示，例如： $ SHOW PROTECTION name.pas rwed zugriff.pas r.e. Lager.dat r... adressen.dat r... zins.dat rwed 访问调节文件	大部分操作系统将文件访问方式分为读，写，执行和删除。 这些访问方式可使用操作系统指令予以改变。此外这里还常可确定允许的用户范围。	通过密码程序或钥匙开关，例如NC，可调整允许修改的访问方式和有访问权限的人员范围。
Version 6.21 AN: 36362B8A 软件保护器（加密狗）	软件保护器是一种小型硬件盒，一般由一个微处理器组成，它必须插入例如计算机的USB接口。仅用软件保护器即可运行的软件随时启动这些接口并等待相应的应答信号。	推广销售带有附属软件保护器的软件，使软件盗版难以实施。这时，软件虽可拷贝，但没有软件保护器便无法运行。软件与软件保护器之间的数据交换是加密的。
开始安装 i:=i+1（安装计数器） i≥4? 允许的最大安装 是 → 中断安装 不 安装程序 不 安装保护	软件的安装保护可用编程技术实现。它即可用安装计数器工作，也可用提供安装保护的软件进行检验，例如输入计算机设备的识别码或启动软件的密码。	具有安装保护的软件常无法任意安装和调用或仅可安装在一台专用计算机。网络管理授权服务器才被允许对该软件进行访问。

信息技术网络

拓扑结构（网络形式）	应用	附注
用户 点对点连接	计算机技术： 从计算机 1 至计算机 2，从计算机至外围设备，从 NC（数字控制系统）至 PC（个人电脑），从 PC 至 PLC（可编程序控制器）。 远程通信： 通话点 1 至通话点 2。	技术上最容易实现。受接口规则限制，数据传输距离各有不同，例如 V.24 接口的受保护距离达 30 m，但一般使用至 8 m。 远程通讯中将持续存在的点对点连接称为点对点传输。
星形结构	计算机技术： 多台计算机通过星形耦合器（转换器或多端口转发器）连接。 远程通信： 从用户 1 至用户 n 的中央单元：中枢点	所有用户通过其自己的传输线与中央单元连接。用户获取的循环（上下顺序）传输权限取决于其自身容量，或采用与星形耦合器类似的电话连接。 缺点：导线费用高昂。
网眼结构	计算机技术： 互联网内。 远程通信： 针对中枢点，不针对用户。	网眼结构仅在数据传输规模极大且导线利用率极高时才有意义。 优点：可能是最短的连接距离以及极高的中断安全保障。 缺点：导线费用高昂，扩展费用不菲。
节点 树形结构	计算机技术： 节点是计算机，多端口转发器或转换器。LAN（局域网）结构。 远程通信： 中枢点表示节点，例如电信网（互联网）。	等级结构（按等级排列）的系统结构受到保障。 计算机技术中应用的分散结构。级联使网络分区成为可能。终端装置的连接采用双绞线或 WLAN。
环形结构	计算机技术： 连接计算机 1 至计算机 n。 已知：令牌环网，FDDI 环网，工业以太网。 远程通信： 无应用。	所有用户以环形相互连接并重复各自对相邻用户的信息。因此有远程传输距离的可能性。 缺点：始终只能一个用户发送（信息）。
总线结构	计算机技术： · 微处理器总线：数据总线，地址总线，控制总线。 · 控制系统的系统总线。 · 过程总线，现场总线，例如 AS-i，CAN。 · 串联 LAN，例如以太网，联网的 PC，NC，PLC。 远程通信：ISDN/DSL 从网络连接至终端装置	所有用户均通过一个共用传输路径相互连接。用户必须通过已定义的总线访问方法通报进行数据传输。 优点：快速的数据传输且断线保障安全性高。新用户接通简单快捷。 缺点：只能一个用户发送。
单元结构	计算机技术： WLAN（无线局域网） 远程通信： 移动无线网 可与其他结构连接。	用户通信实现无线化。其网络结构由接入点实现。这种结构覆盖范围广（无线单元）。这些范围相互叠加。此外，可能造成“通讯空洞”。 在一个单元范围内，例如总线－的拓扑结构。

数据网组件

名称	解释	附注，应用，数据
Bridge	该词是英语桥的意思。 一座桥有两个 LAN 分段相互连接，它们可以脱离连接独立工作。LAN= 局域网。	一旦桥与网络连接，它会自动学习用户地址。桥的运行与协议相关。桥的一端出现故障不会传输到另一端。
以太网转换器	以太网转换器接收数据包并发送至相应地址。 端口数量例如 12,48。	转换器的每个端口在同一协议下表达为一个全波特率路径，例如 10Mbit/s 或 1Gbit/s。
帧中继	帧中继是一种传输技术。它倍增数据并以数据包的形式发送数据。	组件之间的转换（桥，路由器，转换器）。它们均可连接 LAN 和 WAN（广域网）。
多端口转发器	英语 Hub 的意思是多点。 这里指一种装置，多台 PC 通过该装置可得到同一个数据包。有接收的含义。	中继器转发器还附加一个再生到达转发器信号的功能。
传输介质转换器	允许一个传输介质向另一个介质进行传输，例如从同轴电缆向双绞线传输。	传输介质转换器也支持例如由光纤电缆向双绞线的传输。
调制解调器	调制器和解调器的人造词汇。	使数字装置的连接成为可能，例如 PC 连接模拟信号的电话网。
调制解调器代用器	使调制解调器成为多余的装置。没有该代用器时，耦合两台装置需要两台调制解调器。	一台调制解调器代用器可连接例如两台计算机或一台计算机与外围设备。
乘法器， 局部（多路复用器，局部）路由器	数据技术中的一种装置，使时分电路多路通信法成为可能。 英语 route 是路径的意思。 该装置用于连接不同的 LAN。它检查（数据）包并在有错误时再造数据包，而不是将错误继续传输下去。路由器内含放大器（数据技术意义上的放大器）。	局部多路复用器可通过单根电缆实现例如 48 路连接。多重通讯协议路由器支持多份 LAN 协议。 路由器的配置和安装必须大范围进行。它可在最短时间内获取用户之间的不同网络线段。
转接板	一种转换插接盘，用连接缆线实现网络连接的接头，分配和分级（修改）。	转接板简化了设备的转换插接，也用于分析设备的接头。连接缆线例如最长可达 10 m。
中继器	英语 repeat 的意思是重复。 这里指一种重复、放大并改组信号的装置，使不同的网络系统可相互通信。	通过中继器可使例如不同电缆连接的以太网线段相互通讯。由于信号衰减，没有中继器将使网络线段的长度受限，例如最长 500 m。
收发两用机	这是个人造组合词，由 Transmit（传输，发送）与 receive（接收）组成。 这里指为实现或改善传输而在数据通道上接通的一种装置。	例如光缆收发两用机将电气信号转换成光信号或红外信号，用于通过光缆进行传输，并将光缆的光信号转换成电气信号。

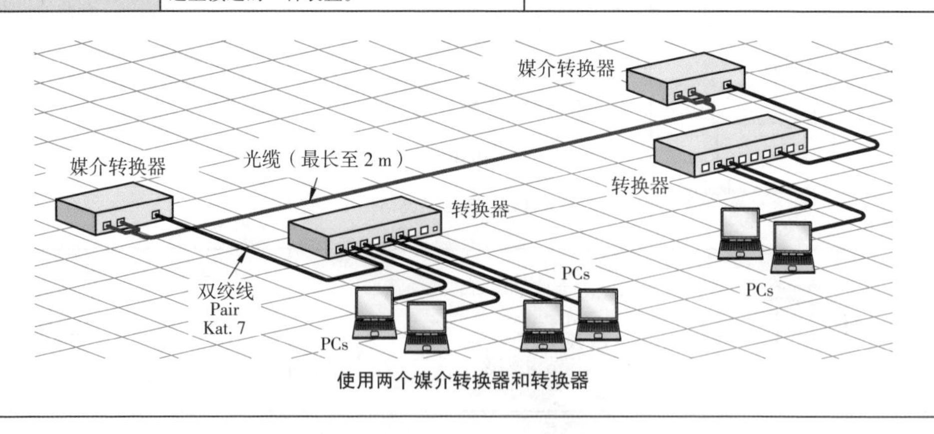

使用两个媒介转换器和转换器

AS-i- 总线系统

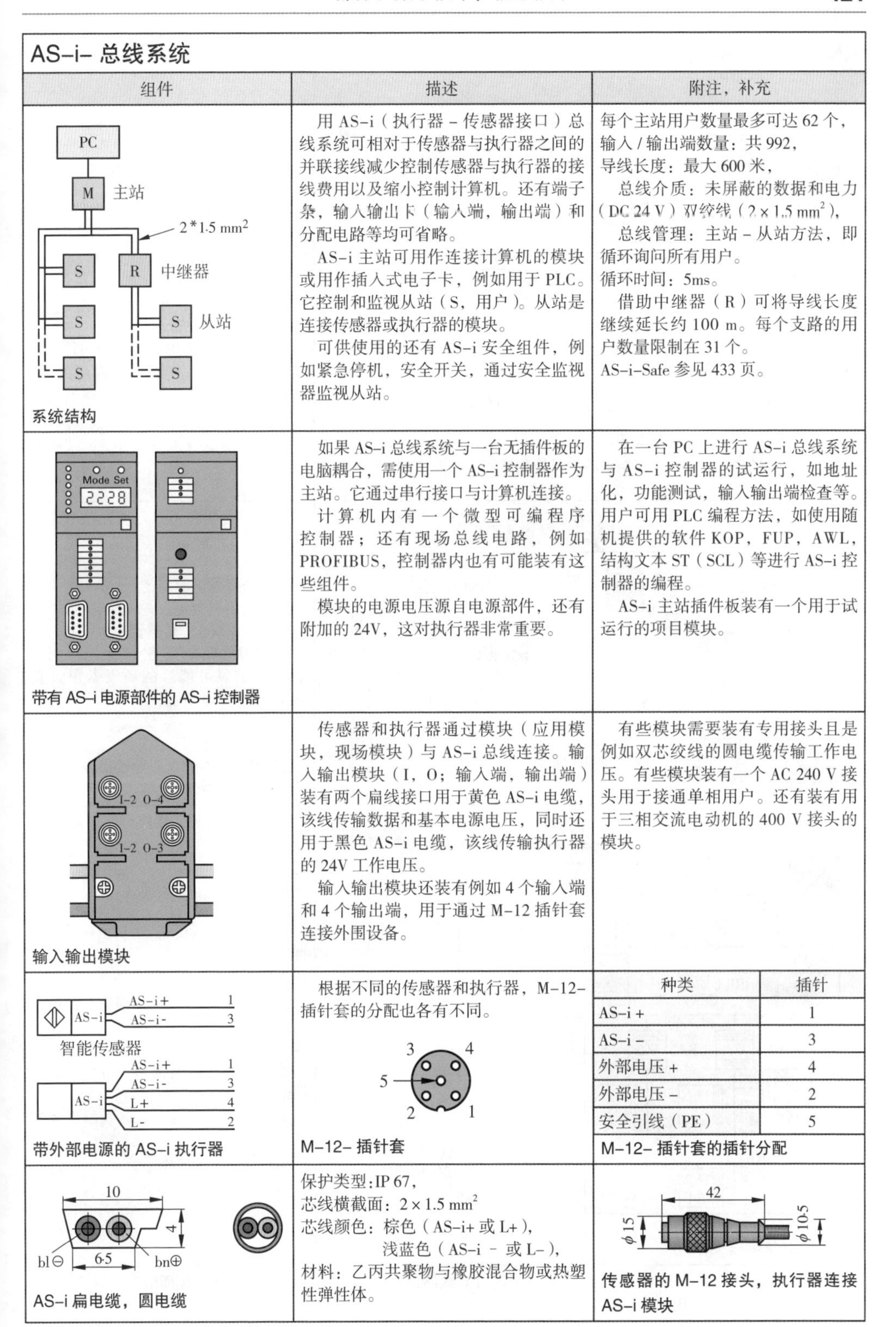

组件	描述	附注，补充
系统结构	用 AS-i（执行器 - 传感器接口）总线系统可相对于传感器与执行器之间的并联接线减少控制传感器与执行器的接线费用以及缩小控制计算机。还有端子条，输入输出卡（输入端，输出端）和分配电路等均可省略。 AS-i 主站可用作连接计算机的模块或用作插入式电子卡，例如用于 PLC。它控制和监视从站（S，用户）。从站是连接传感器或执行器的模块。 可供使用的还有 AS-i 安全组件，例如紧急停机，安全开关，通过安全监视器监视从站。	每个主站用户数量最多可达 62 个，输入 / 输出端数量：共 992，导线长度：最大 600 米， 总线介质：未屏蔽的数据和电力（DC 24 V）双绞线（$2 \times 1.5\ mm^2$）， 总线管理：主站 - 从站方法，即循环询问所有用户。 循环时间：5ms。 借助中继器（R）可将导线长度继续延长约 100 m。每个支路的用户数量限制在 31 个。 AS-i-Safe 参见 433 页。
带有 AS-i 电源部件的 AS-i 控制器	如果 AS-i 总线系统与一台无插件板的电脑耦合，需使用一个 AS-i 控制器作为主站。它通过串行接口与计算机连接。 计算机内有一个微型可编程序控制器；还有现场总线电路，例如 PROFIBUS，控制器内也有可能装有这些组件。 模块的电源电压源自电源部件，还有附加的 24V，这对执行器非常重要。	在一台 PC 上进行 AS-i 总线系统与 AS-i 控制器的试运行，如地址化，功能测试，输入输出端检查等。用户可用 PLC 编程方法，如使用随机提供的软件 KOP，FUP，AWL，结构文本 ST（SCL）等进行 AS-i 控制器的编程。 AS-i 主站插件板装有一个用于试运行的项目模块。
输入输出模块	传感器和执行器通过模块（应用模块，现场模块）与 AS-i 总线连接。输入输出模块（I，O；输入端，输出端）装有两个扁线接口用于黄色 AS-i 电缆，该线传输数据和基本电源电压，同时还用于黑色 AS-i 电缆，该线传输执行器的 24V 工作电压。 输入输出模块还装有例如 4 个输入端和 4 个输出端，用于通过 M-12 插针套连接外围设备。	有些模块需要装有专用接头且是例如双芯绞线的圆电缆传输工作电压。有些模块装有一个 AC 240 V 接头用于接通单相用户。还有装有用于三相交流电动机的 400 V 接头的模块。
智能传感器 带外部电源的 AS-i 执行器	根据不同的传感器和执行器，M-12-插针套的分配也各有不同。 M-12- 插针套	见下表：M-12- 插针套的插针分配
AS-i 扁电缆，圆电缆	保护类型：IP 67， 芯线横截面：$2 \times 1.5\ mm^2$ 芯线颜色：棕色（AS-i+ 或 L+）， 浅蓝色（AS-i － 或 L-）， 材料：乙丙共聚物与橡胶混合物或热塑性弹性体。	传感器的 M-12 接头，执行器连接 AS-i 模块

种类	插针
AS-i +	1
AS-i –	3
外部电压 +	4
外部电压 –	2
安全引线（PE）	5

M-12- 插针套的插针分配

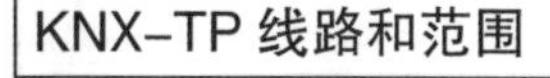

KNX–TP 线路和范围

<table>
<tr><th>电网形式，电路</th><th>解释</th></tr>
<tr><td>
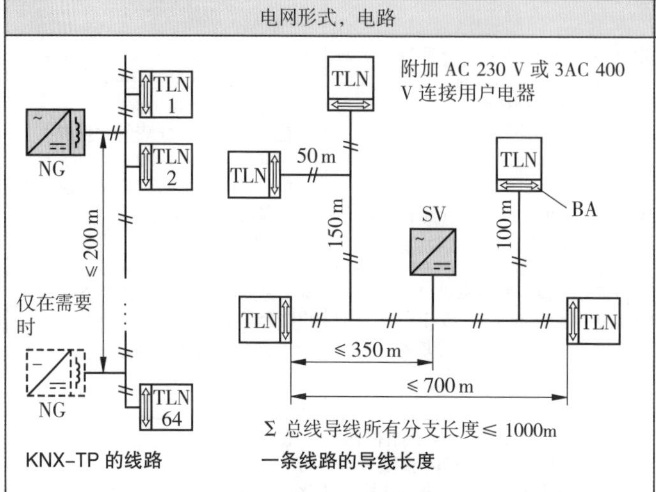

KNX–TP 的线路
一条线路的导线长度
</td><td>
欧洲安装总线 EIB 被称作 KNX（KNX=Konnex Association= 连接协会）。KNX–TP 是采用双绞线的 KNX。
一般每条线路一个电源单元。
用户 TLN：
传感器和执行器。
每条线路的用户数量：
最多 64 个（因为设置扩展可能性，新设备仅有 50 个），使用线路放大器 LV 后最多可达 252。
提示：KNX–TP 的数据与导线长度和用户数量相关，因版本不同而各异。这里给出的数字值仅是对其规模的一个说明。
</td></tr>
<tr><td>
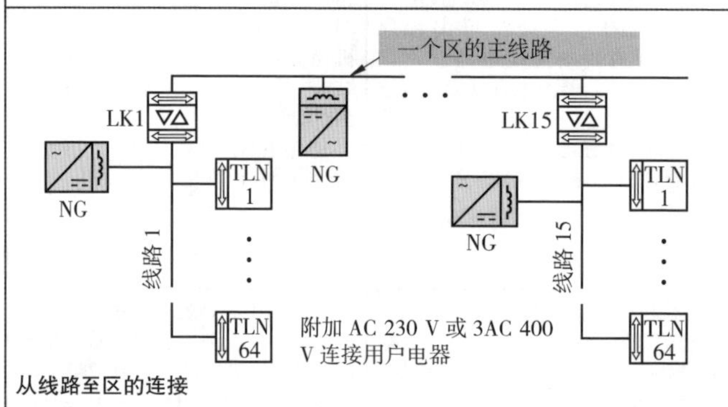

从线路至区的连接
</td><td>
通过耦合器和主线路可在一个区内最多连接 15 条线路。
耦合器电源：
主线路自身的电源装置。
一个区的用户数量：
≤ 15 · 64=960 个传感器或执行器。
必须遵守每条线路 64 个用户的限制。有扩展可能性的新设备仅设置 ≤ 15 · 50=750 个用户。
耦合器名称：
线路耦合器 LK。
另附加布设 230 V 导线以及 400 V 导线，例如连接执行器。
</td></tr>
<tr><td>
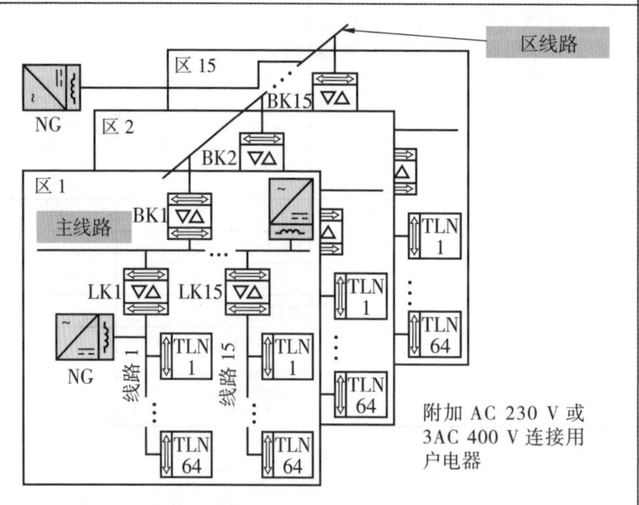

大型设备的区连接
</td><td>
通过耦合器和区线路可汇集最多 15 个区。
耦合器电源：
区线路自身的电源装置。
用户数量：
≤ 64 · 15 · 15=14400 个传感器或执行器。
耦合器名称：
区耦合器 BK（指与线路耦合器相同的装置）。
耦合器的任务：
线路以及区的连接和各自根据耦合器编程过滤信号（继续传输还是中断）。借助 KNX–TP 网关可在区线路连接互联网。
提示：注意上文所述。
</td></tr>
<tr><td colspan="2">BA 总线耦合器，BK 区耦合器，LK 线路耦合器，LV 线路放大器，NG 电源装置（带有扼流圈的电源单元），SV 电源（无扼流圈），TLN 用户（传感器或执行器）</td></tr>
</table>

KNX 项目计划与试运行

过程	解释	附注，举例
ETS 装入 PC（如果尚未发生）	KNX 协会的 ETS（英语工程工具软件的缩写）。供货形式是 DVD，CD 或互联网下载。根据菜单安装。ETS 适用于所有 KNX 认证的装置。	KNX 是按照 DIN EN 50090 的标准。 传输介质是双绞线（KNX-TP），KNX-RF（无线电频率）或 230-V- 电网（KNX-PL，电力线路）。
产品数据读入 ETS 产品数据库 进口	产品制造商将产品数据写入 CD 或直接从互联网下载。 将产品数据中所要求的部分录入 ETS 产品数据库（进口）。通过菜单目录进行进口作业→进口。	产品数据库只接受 KNX 认证的装置数据。这些总线用户（装置）主要是传感器和执行器。 执行器是例如控制用户电器的断路器。在 KNX 中，传感器是控制开关。
编制项目 确定建筑物结构	通过菜单新项目填入一个产品的项目名称以及传输介质，例如 TP（双绞线），并通过产品特性填入组地址的分级。	接着按建筑物的楼层和房间，例如具有居住睡眠功能的底楼，确定建筑物结构。
确定线路和区	根据设备环境确定线路和区的种类和数量。	按菜单进行确定。
选择装置	应从 ETS 产品数据库中选择所要求的总线用户用于实时项目。	按菜单进行选择。按房间分配装置。
用户电器的电源	规划时应考虑用户电器通过执行器与电网（230V 电网或 400V 电网）连接。其导线一般与总线导线同时布设。与电网的连接主要指 KNX 的执行器和电网电源装置。 与之相反，用户装置，例如传感器，通过总线导线供给电流。因此要求传感器不能连接电网。	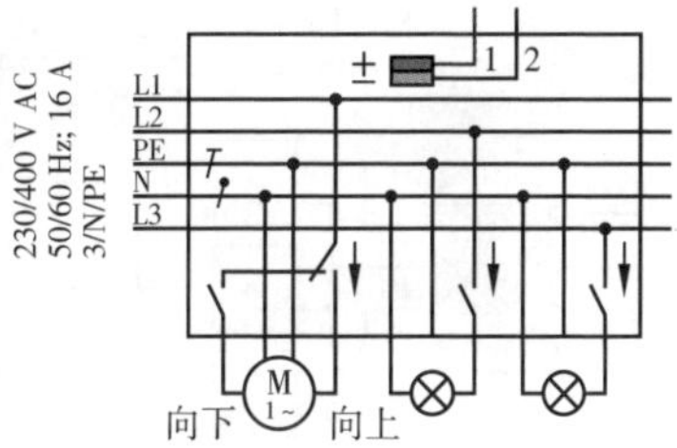 **多路开关元件**
选择应用	一般有多种应用可供用户使用。传感器按键就有例如接通和调光两种。	通过 ETS 按菜单选择总线用户。
给定装置参数	总线用户（装置）分配其地址和（需要时）应用软件的过程。	应用软件的给定参数确定例如开关元件的关断延迟。
物理地址的分配	每个总线用户均可得到一个保持不变的物理地址。该地址的结构：范围，线路，用户。	所有总线用户均已编号，例如按楼层，房间，地点，例如 1.1.1, 1.1.2…1.2.1…3.2.5。
分配组地址	多个总线用户相应同一个电报所使用的地址，例如控制同一个执行机构。	传感器按键和配属给它的开关元件必须分配到同一个组。分配过程按菜单进行。
试运行	按照菜单安装应用程序并通过例如 USB 接口将物理地址装入用户。为此必须按下用户的编程按键。	通过数据接口模块实施装有项目数据的计算机与 KNX 的连接。 小型项目时，也可以在试运行程序中实施项目。
文件	只有在用户编程无错误地建立文件之后才能更动或扩展一台 KNX 设备。	DVD 或 CD 以及设备的所有更动均属于文件。此外还有计划和其他表述。

带 FSK 的 KNX-PL（PL：动力线的英语缩写）

原理表达	解释

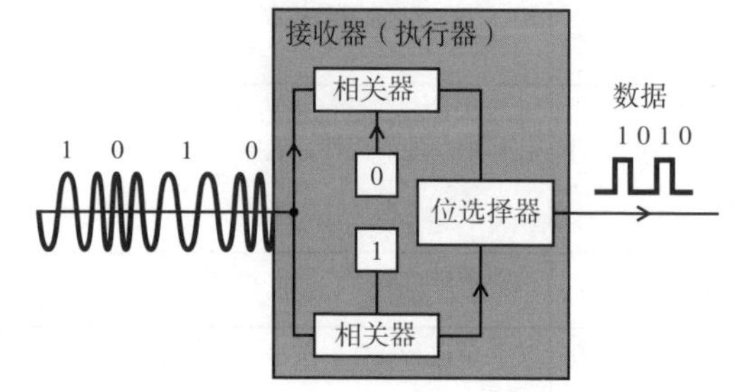

KNX-PL 的信号传输

带 FSK（频移键控）的 KNX，KNX-PL，与带总线导线的 KNX 一样是用户（传感器和执行器）的“智能化”，使它们相互之间可以通讯（连接）。与带总线导线的 KNX 不同的是，它没有总线导线。用户只与 230V 电网连接。所有用户的电源供给均来自 230 V 电网。这里不需要特殊的电源装置。此外，其线路和区的电网结构与带总线导线的 KNX 的一样。KNX-PL 在有利条件下运行，例如 8 个区，每个区 16 条线路，每条线路 256 个用户。但仍建议每个 KNX-PL 限制在低于上千个用户为宜。

所有用户（传感器和执行器）均有一个区具有约 104kHz 至 118kHz 的带通，它使自己的用户避开 50Hz 电网电压。传感器装有一个振荡器，其在数据 bit 为零时发出的频率是 105.6 kHz，但在数据 bit 为 1 时的发送频率是 115.2 kHz。执行器的电网耦合器从脉冲包发出数据信号。一个特殊电路（相关器）识别并修正因干扰损害的位串。

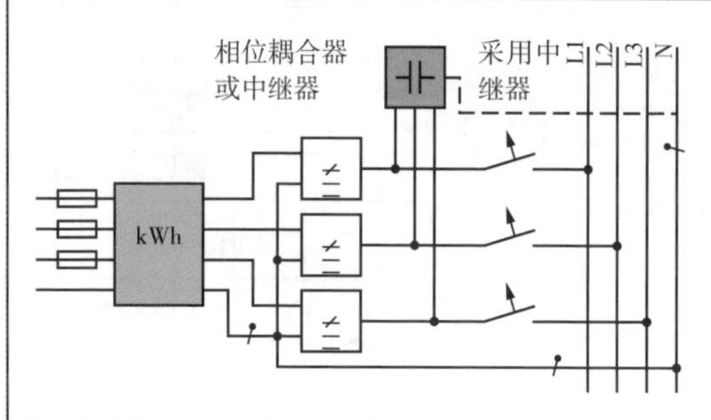

带阻滤波器和相位耦合器以及中继器的接线

由于振荡器的功率较小，接入公共电网的带阻滤波器必须内置信号频率（105.6 kHz 和 115.2 kHz）。用户设备的外馈电线必须通过相位耦合器（带通）或通过中继器（参见数据网组件一节）连接，因为外馈电线需分配接入不同的电流电路。与相位耦合器相比，采用中继器可在最远距离用户之间使用更多的装置或更长的导线。带阻滤波器，相位耦合器和中继器均为串联内置装置 REG，以便卡在配电设备的支条上。

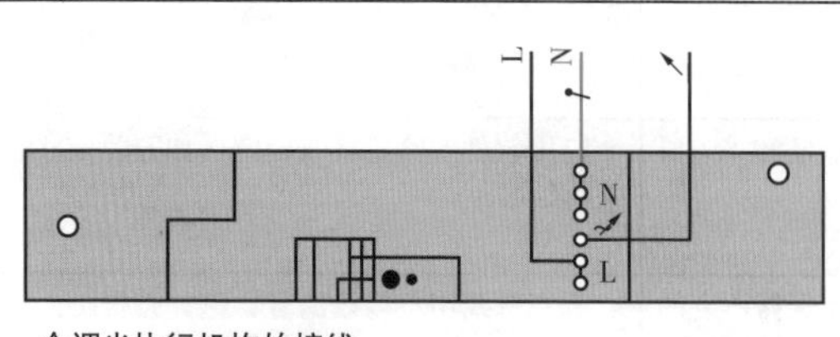

一个调光执行机构的接线

KNX-PL 的执行器是串联内置装置 REG，内置装置或 AP 装置（明线安装的装置）。

用户可通过

- PC 或
- 特殊的控制装置（控制器）。

给定参数。

这里通过数据接口实现与电网的耦合。给定参数时需要一种特殊的软件。

10000
1000
100
30
z
安全传输
不安全传输
不可能
1 10 100 1000
最大导线长度，单位：m

带相位耦合器设备最大可能的负载数量

负载数量 z

装置	z
KNX 装置	1
白炽灯泡	1
小型电子装置	10
HiFi- 装置	10
录像装置	10
电子变压器	50
电子镇流器	50
电视机	50
PC，监视器	50

局域控制网 LCN

电路	解释	附注
电网结构		
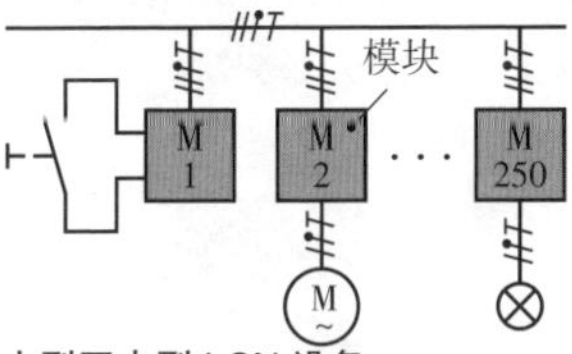 模块 M 1、M 2 … M 250 小型至中型 LCN 设备	LCN 的基本组成成分是模块。相同的模块用于指令装置（传感器）或执行器的接线，或自身用作执行器。 每一个模块均接入安装线，例如 NYM 或 NYIF。安装线必须有一个附加芯线作为数据线，即单相交流电时包括安全引线 PE 在内共四根芯线。	同一个模块可接入多个传感器，例如按键。一个作为执行器的模块的输出电压为 AC 230 V。 待接入负载要求较大功率，用于控制 LCN 模块，例如接触器或继电器模块。 数据传输由数据线和零线执行。
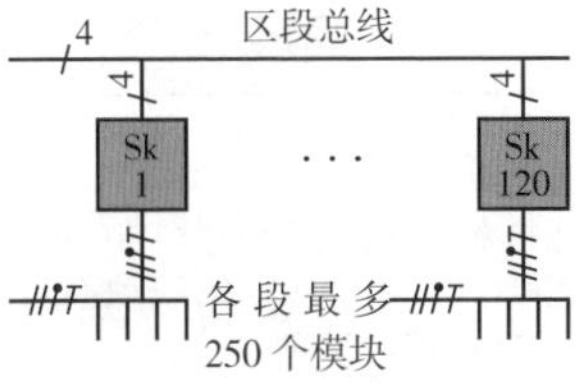 区段总线 Sk 1 … Sk 120 各段最多 250 个模块 大型 LCN 设备	带有多于 250 个模块的设备必须使用装有 LCN 区段总线的区段耦合器。一台设备内最多可使用 120 个区段耦合器，而且在电流电路中使用不同的相线。 为阻止电位接地，可使用 LCN 分离放大器。	区段耦合器用例如 IY（St）Y2 × 2 × 0.8 或同等价值的导线按上下顺序连接。 导线支路作用范围超过 1 公里时必须使用 LCN 分离放大器和光纤导线耦合器用于玻纤电缆。这些属于 REG（串联内置装置）。
模块与给定参数		
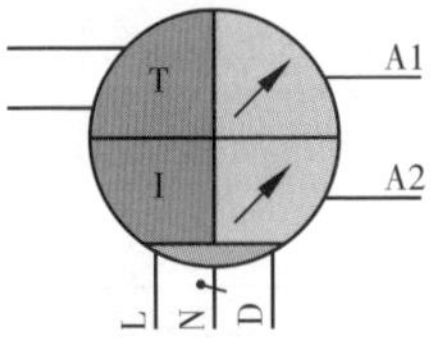 T、I、A1、A2、L、N、D LCN–UP 模块	LCN–UP 模块是一种组合式传感器 – 执行器模块，用于暗线安装。它有两个 AC 230 V 输出端，各输出端的断流容量最大达 300 VA。 输入端 T 可接入最多 10 个按键。输入端 I（脉冲检测输入端）用于连接红外接收模块。	控制电动机或电感和调光时要求附加一个抗干扰滤波器模块。 内置操作程序包含输出端的接通和调光。亮度和速度变动可分开设定。
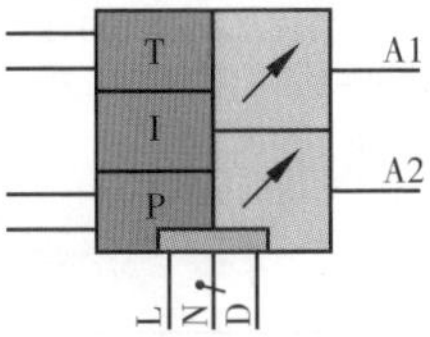 T、I、P、A1、A2、L、N、D LCN–SH 模块	LCN–SH 模块是一种组合式传感器 – 执行器模块，用于卡入端子支承条。其数据在很大程度上相当于 LCN–UP 模块的数据，但它内置了一个抗干扰滤波器并可在 P 接头输入或输出输入 – 输出信号。	继电器控制方面要求一个 LCN 基本负载模块。 最多可控制 32 个用户，并具有大量功能，例如舒适的电源启动（斜坡型舒缓曲线）。接通时 LCN–SH 用作欠压自动断路器。
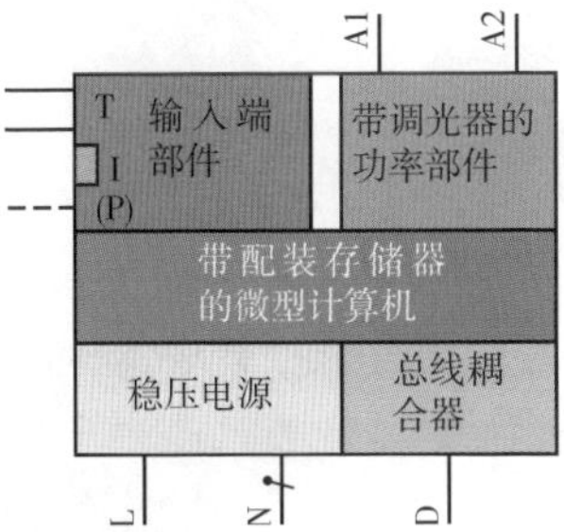 A1、A2 T、I、(P) 输入端部件 带调光器的功率部件 带配装存储器的微型计算机 稳压电源 总线耦合器 L、N、D 模块组成成分	传感器 – 执行器模块内装一个带有过压保护和电压调节器的稳压电源。总线耦合器由反极性保护，过压保护和访问控制组成。它控制带有配置存储器（用于待输入程序的存储器，配置 = 设计）的微控制器。 微控制器也受输入端部件的控制（只有 LCN–SH 模块有 P 接头）。它甚至控制带有调光器的功率部分。	配置程序由 PC 或手提电脑输入。为此目的需在 LCN 设备上接入一个耦合器模块。 为不同传感器 – 执行器模块给定参数要求一个特殊软件，该软件由 LCN 模块制造商提供。 电工的 PC 程序通过菜单在全网查寻所有模块并提供它们用于给定参数。

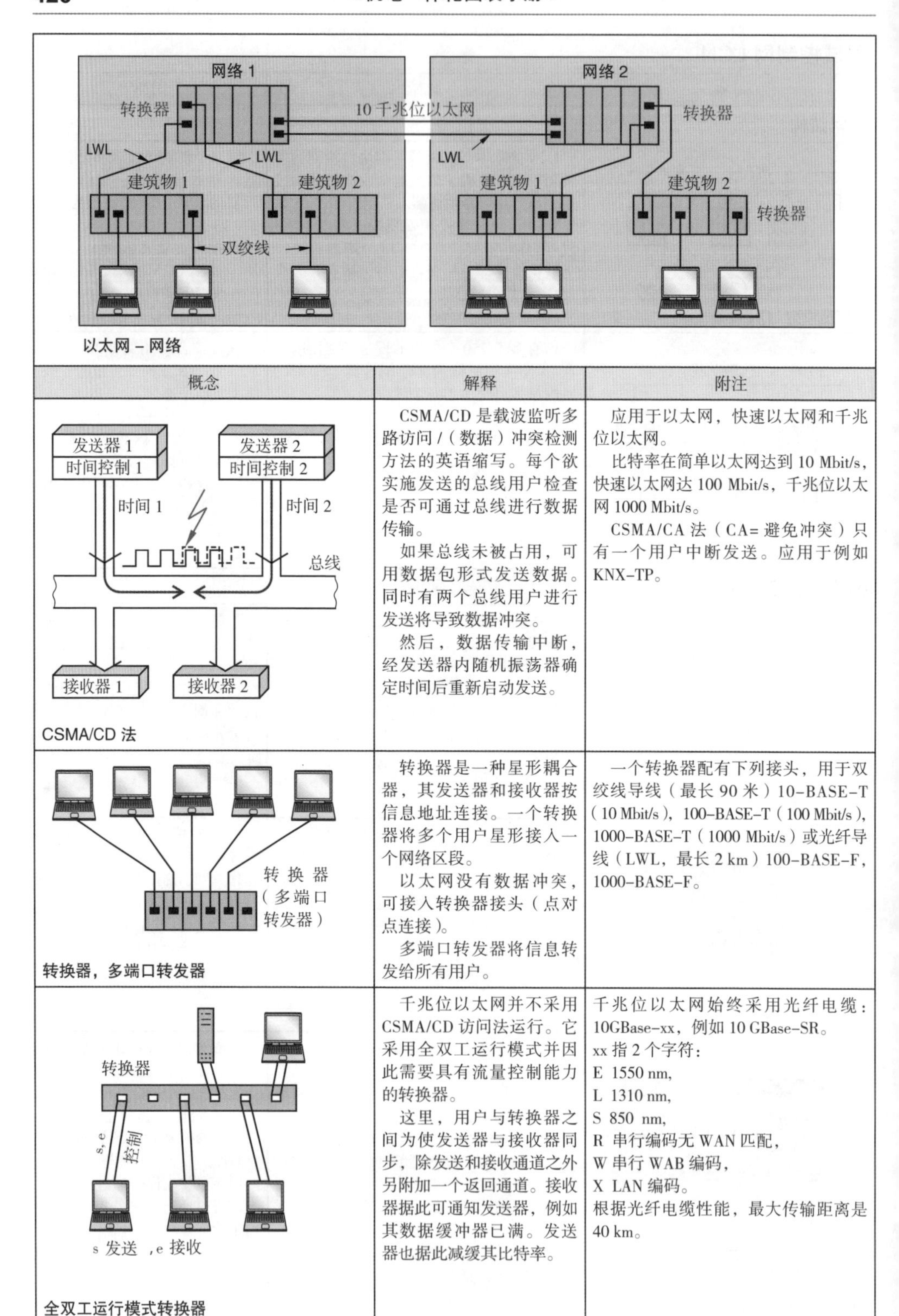

以太网－网络

概念	解释	附注
发送器 1 时间控制 1 发送器 2 时间控制 2 时间 1 时间 2 总线 接收器 1 接收器 2 CSMA/CD 法	CSMA/CD 是载波监听多路访问 /（数据）冲突检测方法的英语缩写。每个欲实施发送的总线用户检查是否可通过总线进行数据传输。 如果总线未被占用，可用数据包形式发送数据。同时有两个总线用户进行发送将导致数据冲突。 然后，数据传输中断，经发送器内随机振荡器确定时间后重新启动发送。	应用于以太网，快速以太网和千兆位以太网。 比特率在简单以太网达到 10 Mbit/s，快速以太网达 100 Mbit/s，千兆位以太网 1000 Mbit/s。 CSMA/CA 法（CA= 避免冲突）只有一个用户中断发送。应用于例如 KNX-TP。
转换器（多端口转发器） 转换器，多端口转发器	转换器是一种星形耦合器，其发送器和接收器按信息地址连接。一个转换器将多个用户星形接入一个网络区段。 以太网没有数据冲突，可接入转换器接头（点对点连接）。 多端口转发器将信息转发给所有用户。	一个转换器配有下列接头，用于双绞线导线（最长 90 米）10-BASE-T（10 Mbit/s），100-BASE-T（100 Mbit/s），1000-BASE-T（1000 Mbit/s）或光纤导线（LWL，最长 2 km）100-BASE-F，1000-BASE-F。
转换器 s，e 控制 s 发送 ，e 接收 全双工运行模式转换器	千兆位以太网并不采用 CSMA/CD 访问法运行。它采用全双工运行模式并因此需要具有流量控制能力的转换器。 这里，用户与转换器之间为使发送器与接收器同步，除发送和接收通道之外另附加一个返回通道。接收器据此可通知发送器，例如其数据缓冲器已满。发送器也据此减缓其比特率。	千兆位以太网始终采用光纤电缆：10GBase-xx，例如 10 GBase-SR。 xx 指 2 个字符： E 1550 nm, L 1310 nm, S 850 nm, R 串行编码无 WAN 匹配， W 串行 WAB 编码， X LAN 编码。 根据光纤电缆性能，最大传输距离是 40 km。

建立一个以太网网络

过程	解释	附注
规划	采集现有计算机和外围设备包括操作系统方面的信息。检查是否应实施扩展。之后确定纳入以太网的装置。	这里需决定哪些现有装置的组成成分可继续留用，更新或更换。绞合线电缆只能用于短距离，因为其衰减大于整体实心线电缆。
信息	关于以太网的信息主要源自互联网。既有技术方面的一般性信息，也有以太网组件供货商信息。	调用搜索引擎，例如 www.duckduckgo.com, www.google.de, 然后输入搜索词条，例如以太网。
关于系统的决策	小型简单的以太网主要考虑总线拓扑结构和星形拓扑结构，较大型以太网的星形拓扑结构更具意义。必要时计划转接板→设备的柔性匹配。 待决定的还有是否采用无线连接（WLAN）。	导线连接时，系统 100 Base-TX 采用铜线 U/UTP 或类别 7 的 U/FTP。100 Base FX 和 1000 Base SX 也有应用。
征询报价	值得推荐的是征询对所需组件的书面报价。首先应明确，例如星形耦合器（一般是转换器），路由器，服务器，软件，导线长度，电缆槽，空圆管，插座等的数量。	供货商举例： www.black-box.de www.rs-components.com www.bb-elec.com www.schukat.com
导线结构星形布局的购置需求	有 n 个待连接的 PC 就有 n 个网络卡需要购置（如果 PC 未内置网卡），作为星形耦合器要求至少一个转换器或一个多端口转发器，必要时还需有 WLAN 功能。PC 与星形耦合器的连接必须使用 n 连接缆线，这类电缆可按所需长度批量生产（已装插头）供货或自己用专用工具从成捆线缆中截取制作。连接两个房间由 k 支承的 PC 需使用 2k 插座 RJ45 和 2k 连接缆线。插座应成对相互连接 U/UTP 或 U/FTP 成捆缆线。	RJ 插孔 **网卡的导线连接**
订购	导线和必要时的软件订购以书面形式为宜。	应指出的是，必须根据供货才能实施网络运行。
导线布线	插座之间的导线应敷设在电子安装电缆槽内。它也适用于长距离连接缆线，它至少应有一部分受到电缆槽的保护。	光纤导线的弯曲半径 r 至少应达到导线直径的 4 倍。
试运行	所有 PC 和转换器均需与 230 V 电网隔离分开。然后将连接缆线的插头导入 PC 插孔。接着接通 PC 和星形耦合器。	请用软件按菜单实施网卡的接入，例如操作系统 Windows，或由 Plug-and-Play（即插即用）自动接入。

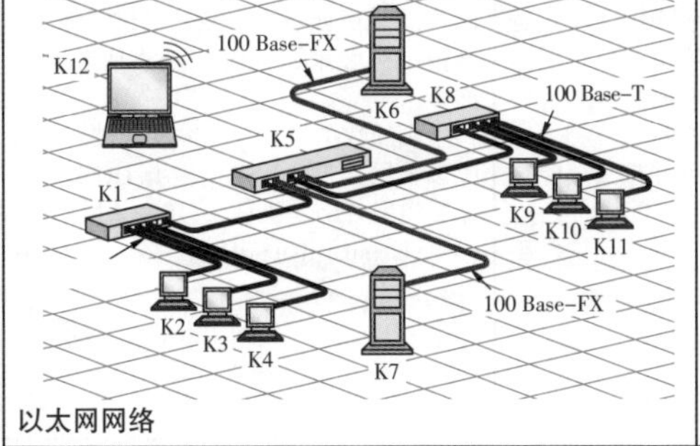

以太网网络

K1　微型多端口转发器（小型），可堆放
K2,K3,K4　PCs
K5　转换器
K6　服务器 1
K7　服务器 2
K8　微型多端口转发器（小型），可堆放
K9,K10,K11,K12　PC

转换器只向电报中列举的接收器或星形耦合器发送已接收电报，例如接收器 K2 只向 K1 发送。微型多端口转发器发送所有已接收的信号，例如 K1 发给 K2，K3 和 K4。

触摸屏，操作装置

视图，原理	解释	附注
触摸屏的扫描		
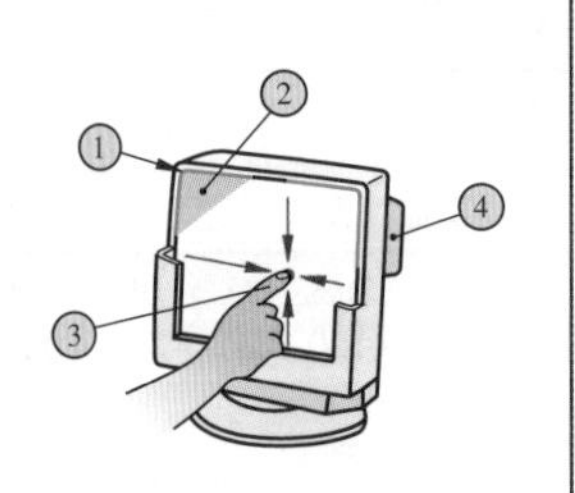 1. 电压应施加给 4 个角。 2. 电极以合适的形式在屏幕上产生均匀的电位场。 3. 接触，例如手指，引起 x 方向和 y 方向各一个电流。 4. 控制器从电流计算出手指位置。 **电阻和电容式扫描**	电阻式扫描：手指或触摸笔接触使电阻膜完全弯曲并触及电阻层。由此从电阻层按其与边缘的间距比例在 x 方向和 y 方向各流出一个电流。 优点：带手套也可以操作。 缺点：薄膜的敏感性大于保护玻璃。 电容式扫描：手指接触使 x 方向和 y 方向各导出一个最小电容性电流通过手指。两股电流均处于各自的间距比例。 优点：保护玻璃不敏感。 缺点：只能用手指接触。 www.medien.ifi.lmu.de	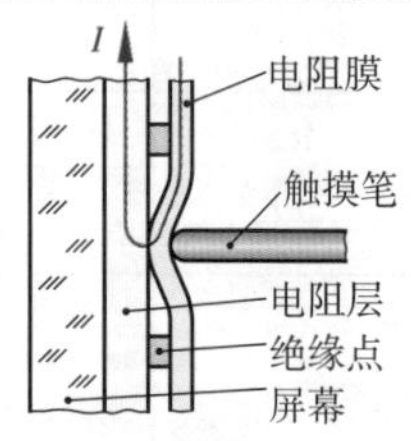 **电阻式扫描** 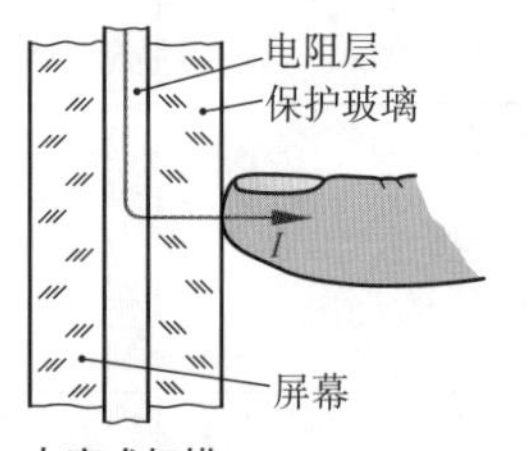 **电容式扫描**
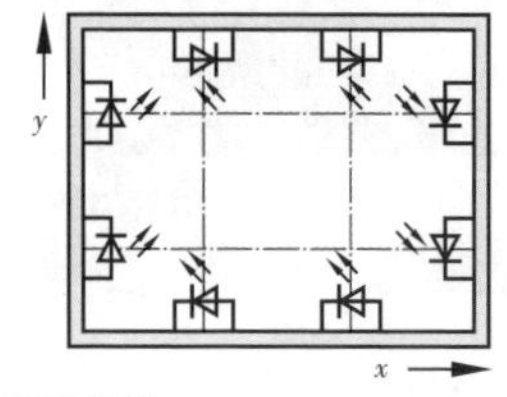 **红外扫描** 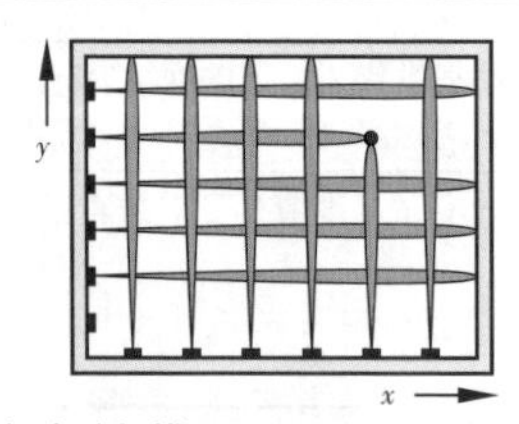 **超声波扫描**	红外扫描时，两边排列着 IRED（发送红外线的 LED）和各自相对的、对红外线敏感的二极管。接触导致红外射线强度衰减并按照 x–y 坐标产生相应的信号。 简单版本采用发光二极管（LED）和光敏二极管。 超声波扫描时，两边均安装带有超声波传感器的超声波发生器。屏幕玻璃内的超声波在相对的另一边得到反射，然后回到传感器。接触玻璃便产生声波衰减并因此产生较弱的信号。	红外扫描和超声波扫描与扫描元件的电阻无关，所以可以例如戴手套工作。 使用供货商提供的软件并按菜单给定参数（x–y 坐标分配给操作元件，例如虚拟按键）。 www.all-electronics.de www.beckhoff.de www.br-automation.com www.deltalogic.de www.beijerelectornics.de www.graf-systeco.de www.spectra.de www.visam.de
操作装置		
 **带触摸屏的操作装置**	操作装置，例如电控柜，用于输入和可视化（可以看到运行过程）。通过触摸屏的薄膜按键（由薄膜覆盖保护的按键）和/或通过软键（虚拟按键）进行输入作业。可视化则通过 LCD 实现。 使用供货商提供的软件并按菜单给定参数（文本输入和操作元件配属）。	带触摸屏的操作装置一般具有全图形功能，例如具有 1024 × 1024 像素。触摸屏一般采用电阻式扫描或红外扫描。 举例的数据： 以太网接口，USB，电源 DC 24 V，保护类型 IP65（正面），IP20（后面） www.phoenixcontact.de

PROFIBUS，PROFINET

概念	解释	结构，附注
PROFIBUS DP （现场总线，分散式外围设备）	用于传感器与执行器之间数据的循环传输。该总线接入 PROFIBUS 连接模块（从站）。该模块采用无线方式或用 RS-485 接口通过 PROFIBUS 进行通讯。PROFIBUS 主站集成在 PLC 或 PC 内。其比特率在导线连接 1200 m 且无中继器时可达到 9.6 kbit/s，100 m 时 12 Mbit/s。总线导线采用屏蔽的双芯绞合线或玻璃纤维导线。 www.siemens.de, www.profibus.com	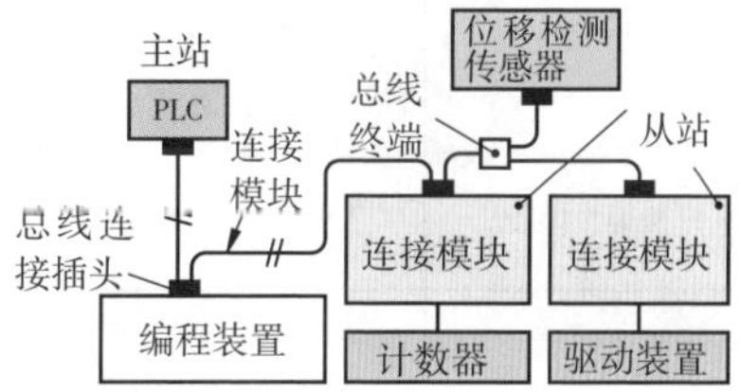 PROFIBUS DP 举例
PROFIBUS PA （现场总线，过程自动化）	同一根导线传输数据和电力。PROFIBUS-PA 现场用装置需要一个 PROFIBUS-DP 主站。 带有 RS485 接口和 IEC 61158-2 的 DP/PA 耦合器实现两个总线的耦合。导线长度 1800 m 时 PROFI-BUS PA 的比特率达到 31.25 kbit/s。 PROFIBUS-PA 现场用装置通过 DP/PA 耦合器向总线导线馈电 400 mA 以及 100 mA 电源电流。布局合理时也可用于有爆炸危险（自身安全）的领域，导线长度最大 1000 m。	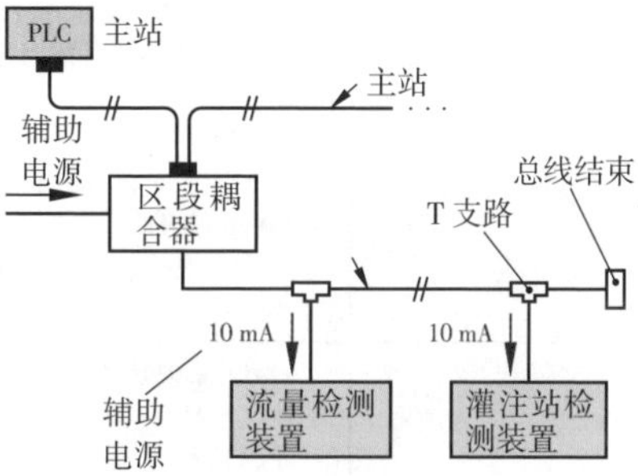 PROFIBUS PA 举例
PROFINET （过程现场网络） PROFINET-装置	比特率例如 100 Mbit/s 的工业以太网（IE）全双工改型用于连接自动化装置和现场用装置以及通过耦合装置（带有 PROFINET 接头的 PROFIBUS 主站）也可连接 PROFIBUS-DP 的装置。扩展 TCP/IP 协议（传输控制协议 / 互联网协议），使时间限制性很强的输入输出数据的传输成为可能（实时时间（RT），同步 RT（IRT）→移动控制）。 PROFINET- 装置配有一个 IE 接头，常见还附加一个 PROFIBUS 接头。它由多个插接位置组成，带有读取和过程信号输出通道的模块可插入其中。具体划分为 PROFINET IO 和 PROFINET CbA。	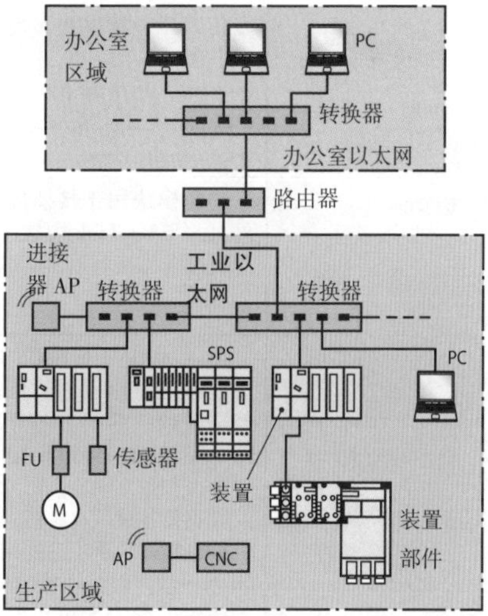 PROFINET 举例（FU- 变频器） 借助协议扩展 PROFlsafe 可加装具有安全功能的安全组件，例如紧急关断。
PROFINET IO （过程现场网络输入输出）	PROFINET IO 可使现场装置连接以太网。现场装置（IO 装置）已配属给控制系统（PLC，IO 控制器）。它们通过双绞线，光纤电缆或无线方式向控制系统循环传输其有效数据。	
PROFINET CbA（基于组件的自动化）	PROFINET CbA 用于连接可编程现场装置和自动化装置。自动化所需的功能可模块化编程并作为组件（模块）运行。	
项目化	由例如 SIMATIC/STEP7 实施自动化设备的项目化。这里需编制应用程序，并给各装置配属例如装置名称，装置编号，PROFIBUS 地址或 IP 地址，以太网子网络等。	带有 MAC 地址（媒体访问控制地址，识别来自网络的装置）的装置的通讯连接必须编程或通过编辑器用电路连接线做出图形标记。

通过 IO-Link 连接

特征	特性	附注
任务	自动化设备中的传感器，执行器必须通过合适的接口与用上级计算机（工业计算机，PLC）通讯。可通过现场总线或如下文所述，通过 IO-Link。	不仅能与装有微控制器的传感器和执行器交换过程数值，例如间距数值，还可以计算评估例如诊断数据（例如过载），事件数据（例如短路）。为此要求相应的通讯（输入，输出，IO）。
主站模块 IO-Link 主站 总线用户	传感器，执行器通过 IO-Link 主站或通过与该主站相连的 IO-Link 模块和功能模块与上级计算机连接。IO-Link 主站拥有多个 IO-Link 接头（端口，通道，5 极 M12 插孔）。主站可按不同时间应答与之连接的 IO-Link 装置。 主站可以是一个例如在 PROFINET，AS-i 总线的总线用户，或 IO 系统的一个部分，它与（现场）总线相连，例如分散的 IO 系统 ET200SP。	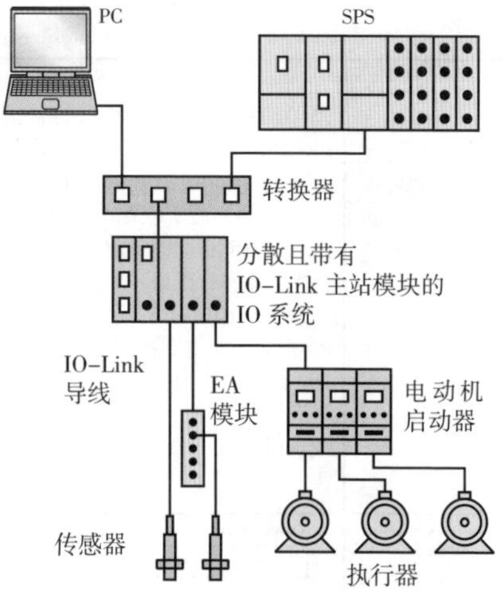 传感器，执行器通过 IO-Link 的连接
传感器信号处理 IO-Link 模块	IO-Link 模块为带有常闭触点，常开触点（M8-，M12- 接头）功能的二进制传感器提供接头。部分接头也可以连接模拟传感器。 带有 IO-Link 接口的传感器可从光电传感器，接近开关传感器，压力传感器，位移检测传感器等大范围中选用。 www.ifm.com, www.pepperl.fuchs.com, www.balluff.com, www.leuze.de, www.wenglor.com	
执行机构控制系统，功能模块	功能模块用于接插接触器，使之可由此与 IO-Link 主站连接。也可由此通过电力接触器接通电动机。	电动机启动器，过载继电器用于电动机过载保护，监视继电器用于与故障监视相关的电气和机械量值，还有阀门，它们同样可集成在 IO-Link 系统内。
接口 运行类型	IO-Link 是一种串联的、双向的点对点连接，用于信号传输和通过未经屏蔽的三芯至五芯导线的电力供给。主站端口可设定用于通信，数字输入和数字输出。 数据传输速率 4.8 kBit/s, 38.4 kBit/s, 230 kBit/s。至主站的最大导线长度 20 米。故障时数据传输可两次重复。 传输的数据是过程数据，状态数据（有利 / 不利），装置数据（参数，诊断数据），事件数据（故障信号）。	传感器有 4 极插头，执行器有 5 极插头。接头分布：插针 1 用于 24 V，插针 3 用于 0 V，插针 4 用作开关线和通讯线。在“IO-Link”运行模式下，端口插针 4 用于 IO-Link- 通信。 在“DI”运行模式下，端口插针 4 的特性与数字输入端相同，在“DQ”运行模式下，端口插针 4 的特性与数字输出端相同。在“去激活”运行模式下，可按制造商说明启用未占用的端口插针 2，插针 5。
配置	传感器，执行器，IO-Link 模块，功能模块通过一个 PC 配置工具，例如 PCT（端口配置工具）接入 IO-Link 系统。为此，该工具需配属 IO-Link 主站的端口以及 IO-Link 主站地址范围内这些端口的地址	配置工具装有一个装置目录，用于选择待接入 IO-Link 系统的装置。IO-Link 主站还必须通过配置工具给定参数，例如设定输入端 / 输出端的接头或通过相应的地址语句连接一个 PROFINET。

CAN 总线[1] 帧格式

特性区段	解释	特性区段	解释
数据传输块开始（帧起始符）	起始位标记一个信息的开始并同步所有的站。	故障识别区（CRC 段）	CRC 段 2 包含帧安全字，用于识别故障。
决定区（仲裁段）	仲裁段确定允许发送谁。	应答速率（应答段）	包含所有用户的确认信号，即信息已无误接收（应答）。
控制区（控制段）	控制区包含排在数据区的数据字节数量。	数据传输块结束（帧结束符）	帧结束符标记信息的结束。
数据区（数据段）	在数据范围内，在 0 字节与 8 字节之间传输。	强制暂停（暂停）	强制暂停后没有总线访问，总线处于静态（总线空闲）

CAN 总线常作为最结实耐用的数据总线用于工业领域。它借助两根相互绞合或用护套屏蔽的数据线传输数据。CAN 总线上有多个用户作为具有相同权限的站相互连接。这里的数据地址化与信息相关。每个站均接收所有数据，然后检查是否有对该站重要的信息，必要时将该信息存储。如果没有数据交换，所有的站均可发送（数据）。如果多个站同时要发数据，各站将根据优先级表处理发送顺序。高级别站（重要数据）可优先访问总线。传输速度取决于导线长度，从 1 Mbit/s（导线长 40 m）至 50 kbit/s（导线长 1000 m）。

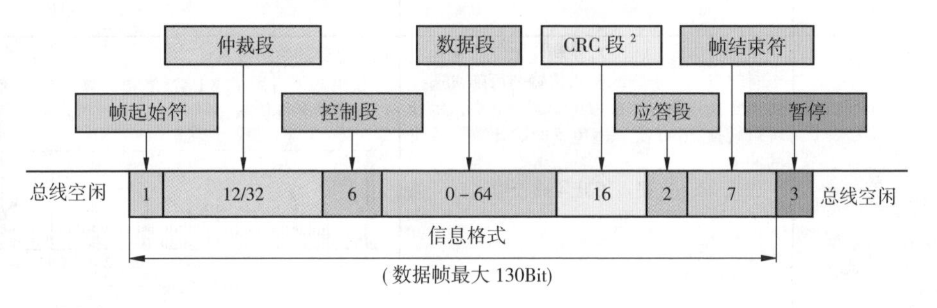

CAN 的数据传输单元、机动车的数据总线

名称	传输速度	应用举例
乘法器（低速 CAN1）	10 ~ 125 kbit/s	空调、座位调整、中控联锁的控制系统。
CAN 总线[1]（高速 CAN）	125 kbit/s ~ 1 Mbit/s	轿车发动机控制系统，防打滑调节 ASR。
D2B 优化总线[3]（光纤导线）	最快至 5.6 Mbit/s	通讯系统，如互联网，电话或录像。
MOST 系统[4]（光纤导线）	超过 20 Mbit/s	信息和导航系统
Flex Ray（车上网络协议标准）	最大至每个通道 10 Mbit/s	具有数据高传输速率的系统，实时能力，中断保护。

[1] CAN 指控制器局域网络
[2] CRC 指循环冗余校验
[3] D2B 指局域内数据总线，数字数据总线
[4] MOST 指面向媒体的系统传输

蓝牙在企业的应用

特征	解释	附注
蓝牙经典	适用于小型数据包的周期性传输，音频、视频数据的连续数据流以及文件传输。 同时激活7台，最多激活255台装置（从站）作为微微网与一台主站设备连接。	作用距离10~100米（理想状态），典型的工作距离是10米。数据传输2 Mbit/s。79个通道，带宽1 MHz，频率范围2.4 GHz。 应用于智能手机，平板电脑，笔记本电脑，头戴式受话器。
低功耗蓝牙 BTLE	又称智能蓝牙。适用于小数据量的周期性传输。其网络用户数量大于蓝牙经典。极小的能量消耗。源自"睡眠模式"的快速连接结构，例如1 ms。 所有的BTLE装置均在三个广告（Adversiting）通道之一产生低级别报警信号。 连接询问后，为传输有效数据，将转换至另外37个通道中的某一个。	作用距离10~100米（理想状态），典型的工作距离是30米。数据传输100 kbit/s。40个通道，带宽1 MHz，频率范围2.4 GHz，其中3个是广告通道。 BTLE装置又称蓝牙智能装置（Single-Mode-Deviece单模式设备）。 双模式设备可与BTLE并联并与蓝牙经典装置一起运行。 BTLE微微网可包含例如1000台装置。 www.bluetooth.com
自适应跳频 AFH	自适应跳频技术又称扩频技术。信息在某个时间点由一个频率通道传输。可随机选择快速转换到另一个未占用的频率通道，每秒钟可转换1600次→避免不同蓝牙数据传输的冲突。 如果WLAN损害了蓝牙的传输频率，跳频次数减少。	**用于载频的跳频技术** 如果蓝牙占用了WLAN通道，WLAN装置短时间处于等待状态。 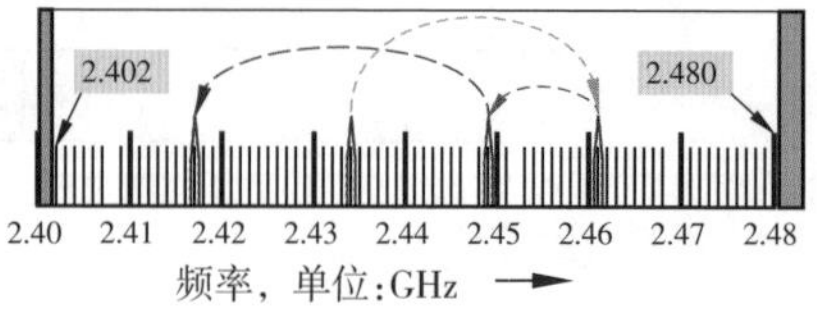 2.402 2.480 2.40 2.41 2.42 2.43 2.44 2.45 2.46 2.47 2.48 频率，单位:GHz →
蓝牙与其他接口耦合	网关使蓝牙网与例如工业以太网的耦合成为可能。 除LAN/蓝牙的耦合外 - 蓝牙/LAN也可以串联耦合，如RS232，RS422，RS485或USB与蓝牙耦合。	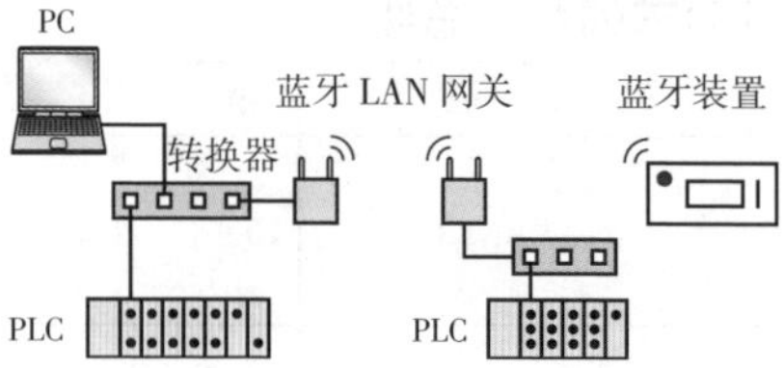 PC 蓝牙LAN网关 蓝牙装置 转换器 PLC PLC **蓝牙 LAN 网关**
蓝牙的局限/WLAN	WLAN装置的作用距离在理想状态下可达400米，数据传输最快为54 Mbit/s。WLAN数据传输大数据量时选用LAN。 蓝牙与附近装置耦合。	WLAN对蓝牙的较高传输速率以较大的22 MHz频率范围为基础。而非敏感性蓝牙传输则以跳频技术为基础。
应用举例 BTLE芯片	BTLE芯片（标签）可安装在例如容器或充电装置上，使之完成蓝牙连接。 除识别外，用芯片上合适的传感器可向另一个蓝牙装置传输例如温度数值或湿度数值。	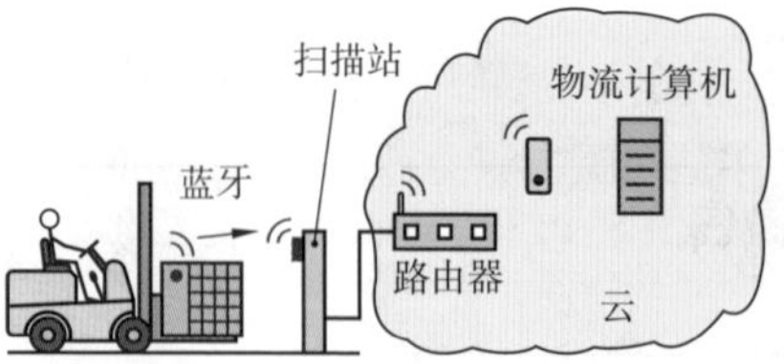 扫描站 物流计算机 蓝牙 路由器 云 **充电装置的识别**

安全总线系统

特征	解释	附注
任务	自动化设备装有现场总线，并通过该总线对传感器和执行器实施控制。借助现场总线控制和监视具有重要安全意义的组件要求安全无错的通信。	利用设备现有的现场总线传输具有重要安全意义的信号可节省附加的安全总线，从而避免成本高企。在设备现代化时这是优点。
PROFIsafe		
功能 F 产品	借助 PROFIsafe 协议与安全无错的产品（F 产品）通讯，意即这些产品必须理解 PROFIsafe 协议。通过 PROFIBUS 导线和 PROFINET 导线进行传输。	F 产品是 F-PLC，用于交流电用户的 F 电机启动器，F 输入端 / 输出端（F-EA）。利用它们可与例如光帘或与紧急停机、紧急关断、保护门监视等具有重要安全意义的装置进行通信。
协议 Time Out	在与重要安全组件通讯时不允许出现数据传输错误。 PROFIsafe 协议（安全总线协议）为此提供了检查措施： · 为传输的数据块编号， · 用时间监视 / 应答进行发送 / 接收， · 发送器 / 接收器只为明确的密码标记工作， · 通过 CRC（循环冗余校验）校验值保护数据安全。	出现错误时实施例如安全错误关断。数据块编号可检验接收的完整性，时间监视（Time Out）检验反应时间，密码检验错误传输的数据块。通过在发送前和接收后计算检验值，CRC 检验保证所传输的有效数据的正确性。
项目化 TIA 门户网站	给定参数，诊断 PROFIsafe 的功能组件等均在 PC 上进行，例如通过 PROFIBUS，PROFINET 与各组件联网。借助软件，例如 TIA（全集成自动化）门户网站，和从组件制造商处获取的组件基本数据，可为传感器以及执行器的处理时间 / 反应时间给定带有数值的参数。据此可计算整条安全链的反应时间。	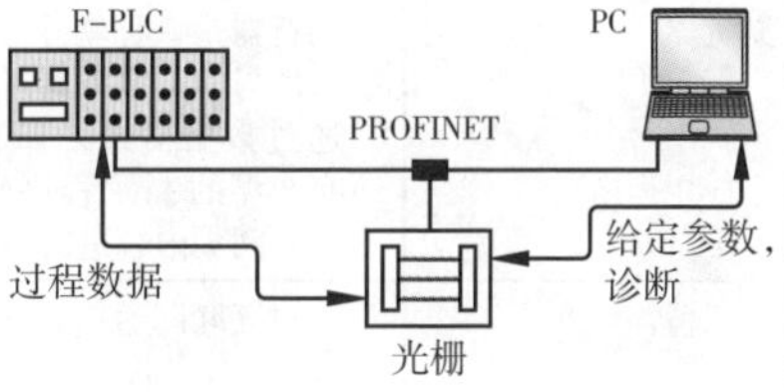 PROFIsafe 项目
AS-i-Safe		
功能 网关	将重要的安全装置（安全从站）如紧急停机，紧急关断，保护门开关或安全光栅等直接集成在 AS-i 总线内。所谓的安全监视器通过 AS-i 总线与安全从站通信。 也可以作为网关 PROFIBUS/PROFINET 与 AS-i 总线连接。这样便可以通过两个网络与分散的 EA（输入段 / 输出端）通信。	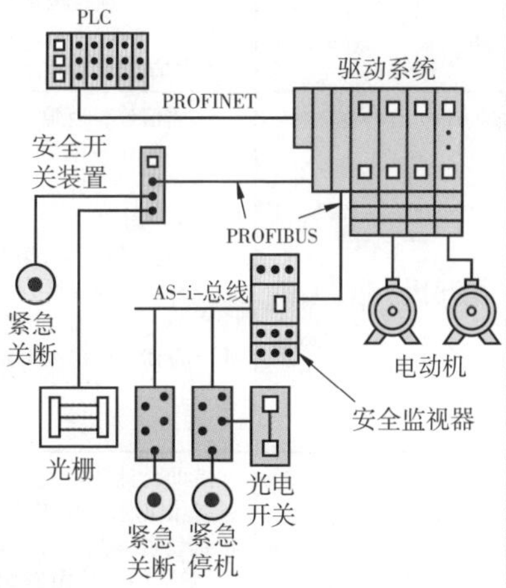 耦合 AS-i 总线，PROFIBUS 时 PROFINET 的安全组件
安全监视器 SM 使能电路 反馈电路	安全从站通过试运行的参数值获知安全监视器。从站配有一个代码表，其内容在通讯时由安全监视器负责检查。若出现偏差，超时，便由安全监视器通过 2 通道执行的使能电路（控制安全从站的电路）实施安全关断。 安全监视器计算用于控制使能电路的安全从站输入信号和来自反馈电路（用于监视受控接触器的电路）的信号。	

互联网及其服务

概念	解释	附注
互联网 网页服务器 IP 地址 DNS	互联网（Interconnected Networks）是一种世界范围的计算机网络，通过这个网络，用户可从自己的计算机出发访问其他与该网络（网页）连接的计算机，一般称为网页服务器，并与之交换数据。网络上的每一台计算机都拥有一个明确无误的 IP（Internet Protocol 互联网协议）地址。 IP 地址由互联网拨号接入服务商（提供者），例如电信公司，在每次拨号接入互联网时动态地，或由登记管理处，例如 RIPE，一次性静态地为企业/组织的网页服务器提供。 在域名系统（DNS）中赋予 IP 地址一个明确的用于交流的名称，例如 microsoft.com，（地址解译）。	 互联网内计算机的连接
基础设施 IXP 路由器	在用户方面，所有种类的 PC 以及智能手机均可以使用互联网。 通过例如网内路由器（中介计算机，IXP-互联网交换中心）将所有互联网内的计算机联网。用户 PC 可以借助导线（铜线，玻璃纤维线）或无线方式与位于附近的路由器连接，智能手机使用无线方式连接路由器，或直接向提供者拨号进入互联网。	公司/组织的互联网服务器通过防火墙（具有过滤功能的计算机）与公司/组织内部网络连接，从而使外部（网络）无法访问内部网络。
浏览器 格式 小应用程序	浏览器是一种软件，用于显示网页以及通过该软件与网页服务器进行交互式通信。 通过数据格式，如 HTML，XML，JPEG，还有小型的 Jave 程序或 PHP 程序（小应用程序）对网页内容进行表述和处理。	已知浏览器有互联网浏览器（Internet-Explorer），Chrome，Firefox，Safari，Opera 等。输入一个 www 地址（Word Wide Web-万维网），调用浏览器后即可选择企业，组织的服务器。
通讯博客 聊天	通过互联网通信必须借助 ·E-Mails（电子邮件）， ·常常是与未知其名的其他用户进行博客或讨论，指定话题的信息平台，例如 PLC 论坛，推特（www.sps.forum.de, www.twitter.com）。 ·聊天（聊天室）用于在线数据交换，即与在场的认识的人或组进行聊天，例如脸书。 ·电话业务（语音或 IP，VolP）。	电子邮件通讯需要在提供者的互联网服务器或提供该项服务的公司里有一个账号（资格）。一般通过例如 www.aol.com 进行选择。 博客，讨论，聊天时必须登记，一般选择相应的 www 地址免费登记。与聊天相反，博客和讨论时不需立即对问题作出答复。推特和脸书是社会网络。
应用 门户网站	除通信外，互联网中具有意义的应用当属：搜寻/找到，购物，计划街道路径，下载软件、音乐、文件、App（应用程序，小型软件应用）、播放电影。 上述应用由专业软件公司的门户网站提供，它们一般还提供所列举的通信可能性。但作为核心业务，并非 IT 的某些公司也在其网页地址下为其产品提供可对比的应用。	搜寻/找到功能见下页。 知名购物门户网站： www.ebay.de, www.amazon.de 音乐下载网站： www.onlinestreet.de, www.apple.com 的 iTunes, 知名录像门户网站是 www.clipfish.de 和 www.youtube.de。 火车票和飞机票由相应提供者的门户网站提供（www.bahn.de, www.lufhanse.de）。
云计算 SaaS	借助云计算可使用大计算容量，存储容量，网络和应用。用户不必担心运行问题。这由服务商负责。与这个“出租的”计算机世界在“云中”的连接由例如互联网实现。云应用有电子邮件，某个提供者的办公软件（软件即服务 SaaS）。	 云计算

物联网

特征	解释	附注
目标设定 物 应用	带有集成（嵌入式）计算机的装置或物品（“物”）直接或间接地例如使用智能手机通过互联网进行相互通信。 装置/物品的状态信息及其在过程中的行动均被存储并在其他装置/物品或人处触发反应。	人的行动得到支持，但这期间人并未有意识地操作计算机。 其应用领域是：诊断，维护保养任务，控制工业过程，接通/关断家居和建筑物内的电器，监视病人或运动员的身体功能。
前提条件 大数据存储器	物（装置/物品）必须在通讯时可准确无误地得到识别，并能存储信息。因此要求编码，存储器芯片，例如 RFID。	具有重要意义的是传感器和执行器。巨大的数据量（大数据）必须得到快速处理，目前通过云计算［在互联网上租用的中央计算机系统，例如谷歌（Google）］。这里有高效数据库可供使用。
可穿戴式计算机	装有小型计算机、传感器和执行器的可穿戴装置可给人以“辅助”支持。它对信息进行采集，处理和准备/显示。纳米技术。	通过 WLAN，蓝牙进行通讯。实例中有带投影仪的眼镜，助听装置，手带装置，鞋子，衣服，具有检测功能的隐形眼镜。 应用在工业过程和健康卫生领域的监视病人。
工业领域的应用 眼镜	容器，托盘，产品等均可装入存储芯片。它们因此得到例如目标信息和优先级，环境条件，订购或生产时的材料数据。因此，物流过程和生产过程可由它们自身控制。 眼镜作为可穿戴式装置（由身体承载的计算机）可引导人例如搬运零件。	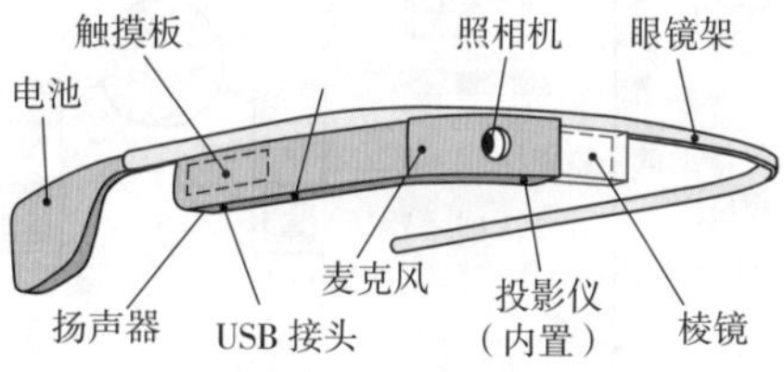 **作为可穿戴式装置的眼镜，内置投影仪和棱镜**
家居应用 智能电网 紧急呼救 智能家居	所有种类的家用电器，如厨房用具，咖啡机，冰箱，洗衣机等均可通过互联网相互通信。人通过例如智能手机介入控制。 智能电网技术理想的组合。这里，向家居和工业提供电力的信息已经根据每日最经济的电费价格准备就绪。根据这些信息可以激活例如洗衣机。 置入衣服、地板的小型计算机和传感器可以识别人的摔倒并发送紧急呼救信息，也可通过智能手机发出紧急呼救。 装有电子装置的 WLAN 或无线连接，例如按键，可实施自动化开关或手动互联网通信。	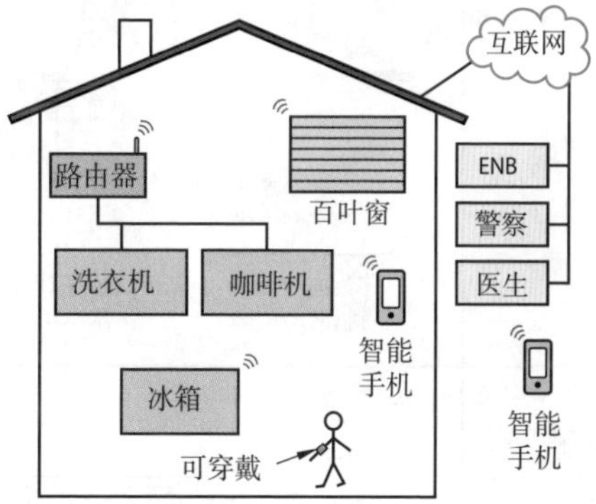 **用家用电器进行互联网通信** ENB– 供电网经营商
机动车的应用 连接小汽车/驾驶 GPS	常见的概念是连接汽车（机动车联网）。机动车传感器和执行器通过车载总线（CAN 或 Flexray）联网。通过车载路由器进行无线互联网通信可实现例如机动车外部诊断，自动紧急呼救，移动通信等。与 GPS（全球定位系统）联合使用可实现计算机支持的交通导航。	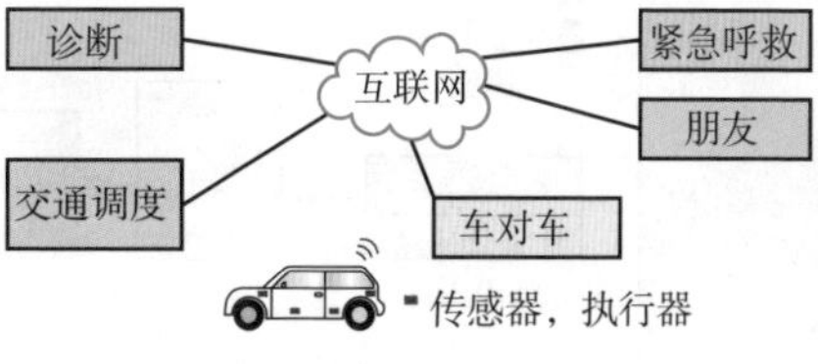 **互联网 – 机动车 – 通信**

用视窗系统远程维护

概念	表达法，过程	附注
远程维护 离线远程维护 在线远程维护	远程维护指在空间分离的状态下访问 IT 技术系统，由客户对设备、机器和计算机进行维护。 系统内部采集出现的故障并通过诊断程序发给用户，例如机器数据。 服务技术人员可例如在线访问机器和设备并看到他采取动作后的作用效果。	为实现桌面控制，远程控制协议 RDP（远程桌面协议）一般位于端口 3389（d3d hex）。 也可采用预防性维护。 用于维护，维修和调整工作，例如车床的切削数值。
远程维护的任务	· 数据保护， · 病毒防护， · 监视机器， · 错误和故障分析， · 支持， · 生产设备的远程操作。	收录安全补丁，软件更新，参数优化。 排除已报告的错误和故障。 注意安全包。
远程连接 客户 PC 和远程 PC 的装置 远程帮助的远程桌面	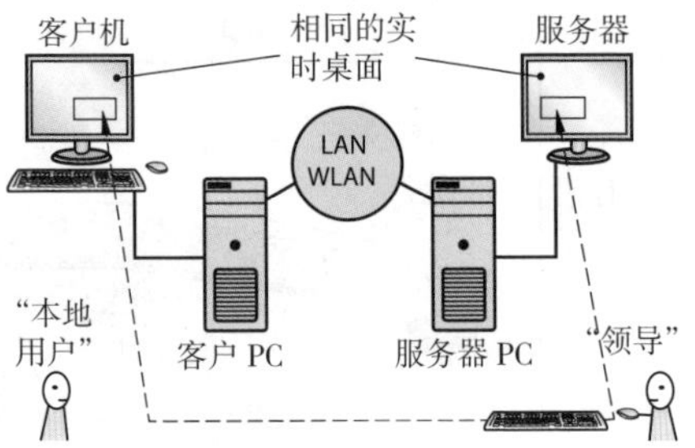 客户机　相同的实时桌面　服务器 LAN WLAN “本地用户”　客户 PC　服务器 PC　“领导”	在客户机上： 打开系统控制→选择系统→扩展系统设定→选择远程游标并进行调整设定。 在服务器上： ☑ 允许远程连接 ⊙ 允许计算机用某个远程桌面版本进行连接。 远程帮助： 客户 PC 允许服务器 PC 实施控制（见图）。
远程桌面运行模式访问客户 PC 的所有程序，文件和网络资源	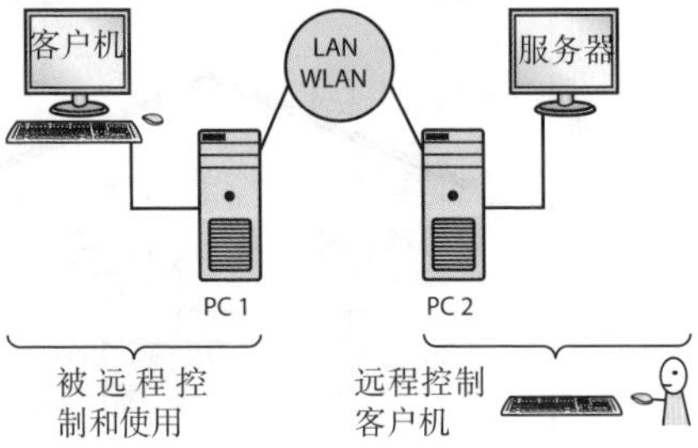 客户机　LAN WLAN　服务器 PC 1　PC 2 被远程控制和使用　远程控制客户机	连接客户机 C 和服务器 S： · 在 C 和 S 的搜索窗口中远程名下输入启动菜单， · 在 C 窗口执行：mstsc， · 在 C 和 S 键入 PC 名， · 在 C 输入安全数据，例如 PC 名，密码，连接，→按连接键， · 在客户机上接受认证， · 在 S 输入安全数据，例如 PC 名，密码，连接，→按连接键。
VPN（虚拟私人网络） 同时向两个方向传输数据	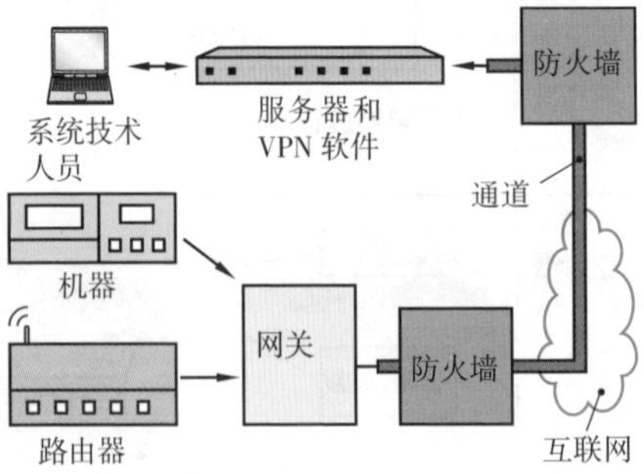 系统技术人员　服务器和 VPN 软件　防火墙 通道 机器　网关　防火墙 路由器　互联网	在 VPN，数据，例如机器数据，已在 VPN 网关加密，并包在 IP 包内，通过虚拟网络传输给接收器。 虚拟网络的作用像一个在互联网上发送器与接收器之间被屏蔽的网络电缆（通道），从而防止数据伪造。接收端将收到的数据在一台例如装有 VPN 软件的服务器中解密，然后传输给接收人，例如服务技术人员。

车间内无线电传输干扰

特征	解释	附注
RFID（无线电射频识别）		
问题 频率影响 标签	使用电磁波传输数据时，由于受到电动机、变频器、屏幕、WLAN 等的频率以及环境湿度和温度的影响而出现干扰。此外还有应答器（标签）的表面材质，应答器与对象物之间的隔离物材料以及应答器与读 / 写装置之间的空气等都是影响效率的因素。	应答器（标签）一般应用于工业、科学、医疗的备用频段（ISM 频段）。 金属固定的表面（产生涡流）或装液体的容器（衰减）不适用 2.4GHz 的 RFID 标签。较为适用的是 125 kHz 或 13.56 MHz 的 RFID 标签。 同一房间内多个标签→数据冲突或无法确定标签地址。
措施 应答器固定物	对应答器，读 / 写装置，必要时还有通信区间段实施部分屏蔽。同时也应注意应答器在对象物上的排列和安装，必要时装上隔离材料。天线定位对采集范围也有影响。应答器应有不同种类的天线。	选择合适的隔离材料，否则导致失调并缩短作用距离。 降低应答器与读 / 写装置之间的相对速度也能起到稳定数据通讯质量的作用。
无线 LAN（WLAN）		
问题 信号重叠	无线屏蔽材料在其作用范围内阻碍了 WLAN 通讯，例如钢筋混凝土地板、天花板、墙壁等。处于相同频段或频道的相邻系统工作时的无线电信号重叠也会产生干扰，例如 · 蓝牙装置， · 微波装置， · 产生电磁干扰的工业设备， · 同时并列运行的不同 WLAN。	网络用户可以改变其位置，由此变换接收地点（变换时间 < 50ms 的快速移动），例如地面搬运车辆。  **移动的地面搬运车辆**
措施 IWLAN 利用发送空挡	工业 WLAN（IWLAN）的接收点装有多个天线和一个金属机壳。信号传输受到时间监视并循环授权发送许可。这些措施可避免数据冲突。通过变换频道，也包括 2.4 GHz 与 5 GHz 之间，以及控制接收点，可有效利用其它传输信号的发送空挡。也可在出现干扰时变换频道。也可使用 500 MHz 频段。	尤其是 GHz 范围的电磁波从金属物体的反射效果各不相同→不同的运行时间，相互干扰。 2.4GHz 频段在欧洲可用 1 至 13 频道，在美国至 11 频道，在日本至 14 频道。由于 US-WLAN 装置的扩散，一般使用无信号叠加的 1,6,11 频道。在 5 GHz 频段内有 19 个无叠加频道。
有 / 无叠加的频道	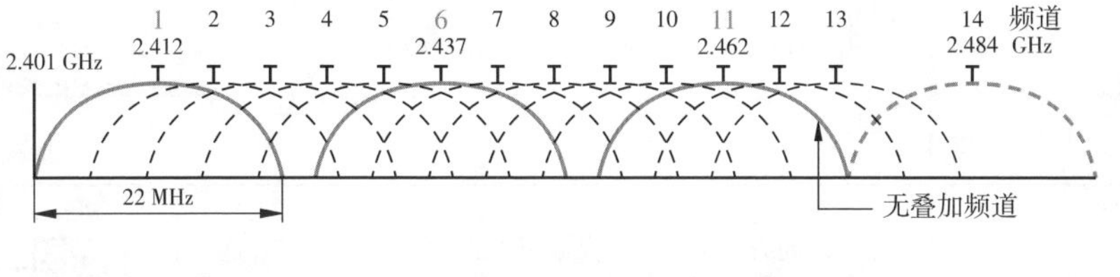 **2.4 GHz 频段及频道**	
光学 WLAN	利用 LED 的光脉冲传输数据。其脉冲变换速度极快，人无法察觉。	前提是在发送器与接收器之间的可视段无障碍物遮挡。

(W) LAN 的分段

特征	解释	附注
安全问题 隐藏的固件功能	无线网络中，发射器与接收器之间采用电磁波进行数据传输。因此，通过合适的装置可以不被察觉地控制和操纵数据交换。 由于存在着传感器和执行器被 WLAN 驱动的可能性，从外部对互联网施加不利影响的危险也随之增大。	与 IoT（物联网）和智能家居的相关关系中，具有 WLAN 能力的传感器和执行器可接通联网的装置，如照明灯，百叶窗或按键。这些装置均已由制造商安装了软件（固件），其范围用户并不知道。尤其是可联网的廉价大众商品鲜有保护功能或安全机制抵御外部的不良访问。
安全机制 验证 防火墙	网络访问应建立在各种不同种类验证的基础上（核查访问权限），并连接加密方法。 已知方法有例如 WPA 2（WiFi 保护访问），EAP（可扩展的身份验证协议），AES（高级加密标准）。路由器的防火墙过滤待传输的数据，例如根据地址和数据样式（内容）。	密码的位长因加密方法不同而各有所异，并因此产生多种类型的密码，例如动态密码，临时密码等。验证是根据例如口令，生物识别技术，装置的认证。装置和网络也可相互验证。 防火墙在建立非军事化区（DMZ）方面特别具有意义。
分区 www.avm.de	通过建立带有各种不同验证的分区（分段）可改善网络安全。在工业企业中一般建立一个用于机器的工业网络，一种与办公室 PC 所用办公室网络以及外部网络分离的网络。 在家居范围一般将办公区，待客区，IoT 区等相互分离，例如智能家居装置（暖气控制，百叶窗控制，按键控制）。	对网络分段后，攻击者不受欢迎地强行进入一个网络时，受到影响的只是一个区段，这也适用于防止病毒的扩散。 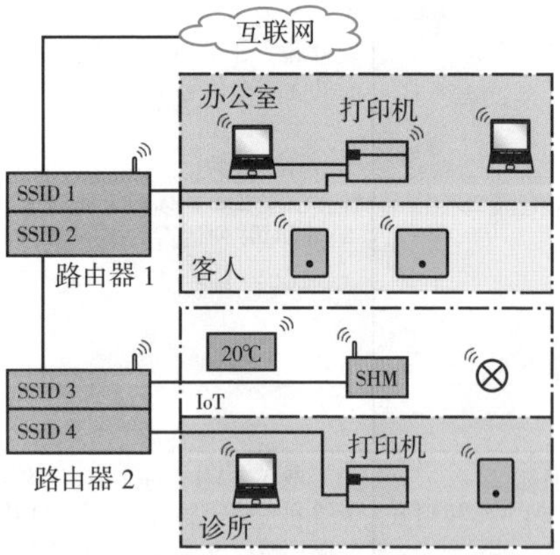
路由器级联 www.heise.de www.avm.de	可通过级联（级联原意为分级瀑布）路由器实施网络分段。也有用于家居的路由器，它可用自己的 SSID（服务集标识，WLAN 名称）与外网分开设置，即 2 个网络由 2 个 SSID 管理。	
智能家居路由器（SHM）	除传统的（W）LAN 接口外，它还有用于智能家居领域的已知接口 Zigbee, Z-Wave, KNX 并扮演智能家居服务中心的角色。	**用路由器级联划分区段**
Multi-LAN 路由器 VLAN www.admin-magazin.de	它使管理多个向内和向外进入互联网的网络成为可能。多个各带自己 SSID 的区段可以通过 LAN 导线构成一个向内的虚拟网络（VLAN）。通过 Multi-SSID 功能的接入点（AP），用户 / 网络用户可在不同的网络（区段）内通过部分相同的硬件组件进行通信。	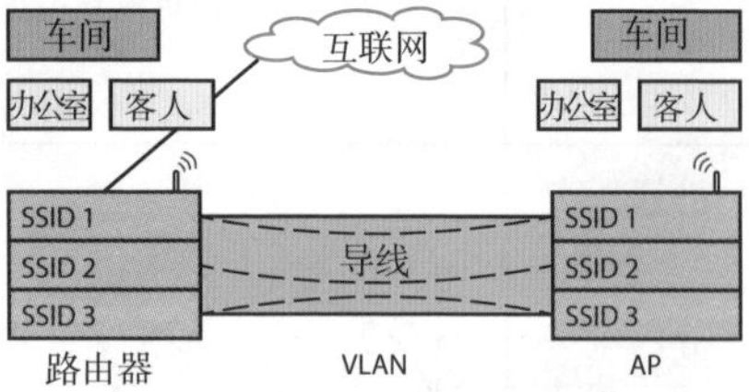
DMZ	在非军事化区，在例如两个过滤数据的路由器之间有一个具有防火墙功能的服务器。只有互联网和内部网络才能访问该服务器。但不能直接从互联网访问内部网络。	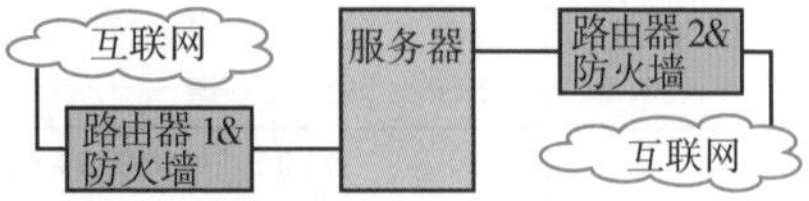 **非军事化区的服务器**

服务人员的 IT 装备

装置	解释	附注，数据
笔记本电脑，手提电脑	便携式 PC，由电网或电池供电。安装在笔记本电脑以及服务器并可用于通信的应用程序确定其功能范围。与互联网通信，或直接与外部企业服务器通信，均要求与智能手机或互联网 USB 连接。	8 GB RAM，1 TB 硬盘，USB 接口，显示器端口，HDMI，连接以太网的 RJ-45 插孔，无线 LAN，SD 卡插接位置。 笔记本电脑可执行试运行和扩展控制设备，例如 PROFIBUS/PROFINET 系统与 PLC。
智能手机 互联网 USB 棒	可进行互联网通讯。智能手机通过 WLAN 接口，蓝牙或 USB 可与笔记本电脑通信。	如果没有互联网接头可用，可通过本企业的互联网提供商用作为无线热点的智能手机进行连接，或通过互联网 USB 棒（UMTS）进行连接。
USB 适配器	USB 适配器，例如用于接口，例如 RS-232,RS-485,eSATA,LAN(RJ45)。	通过适配器可建立笔记本电脑与各种 IT 装置之间的通信。
微型打印机	现场打印例如检测数据。	通过 USB 接口连接 IT 装置。
USB- 多端口转发器	可连接多个有 USB 功能的装置。	USB 是 IT 装置中使用最为广泛的接口。笔记本电脑常配有几个 USB 接口。
电话机头戴式受话器	如果 PC 与计算机网络或互联网连接，用电话机头戴式受话器可通过 PC 打电话。	也可以进行视频电话会议。由例如 USB- 蓝牙插棒执行头戴式受话器与 PC 之间的通信。 www.skype.com
电源适配器	将插头插入墙壁上的电网电源插孔。	每个国家都有自己的适配器。旅行前需注意相关信息。
其他装置	备用电池，USB 棒或外部硬盘机用于外部数据存储。	备用电池应装入手提行李才有意义，因为电池工作一至两个小时即需充电。

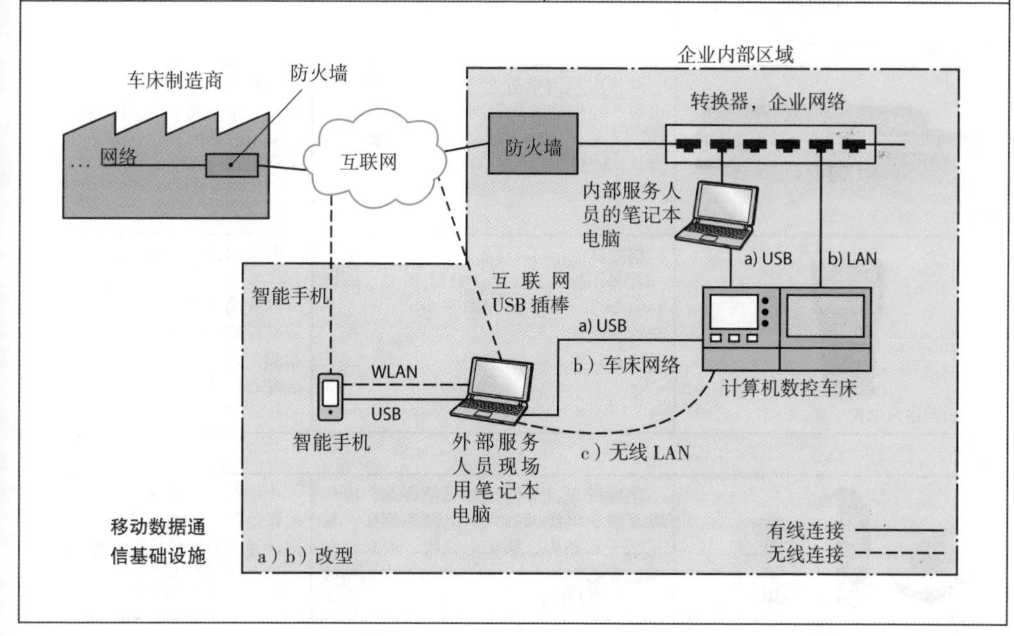

移动数据通信基础设施

电工工具

种类	工具	应用
工具		
手工工具	工具箱基本配备： VDE 成套螺丝刀，成套内六角扳手，钳工锤，水泵钳，斜口钳，组合钳，圆头钳，剥线钳，电缆芯端插挤压夹钳，成套开口扳手，折尺，可更换烙铁头的钎焊烙铁，老虎钳，电工刀，护目镜，手套。	打开和关闭机壳和装置，装配和拆卸，维修和排障，修整塑料护套电线，导线安装。
RJ 压线钳	压线钳，用于 Western 插头 RJ10，RJ 11，RJ 12，RJ 45 和 DEC 以及 MMP。 说明：不同制造商，如 Telegärtner，Hirose，他们对 RJ45 插头各有专用压线钳。 www.knipex.de	连接用于网络线和电话线 DSL，ISDN 等所有种类的 RJ 插头和模拟导线时需剥去包皮。将 RJ 插头插入压线钳，芯线接入 RJ，然后压接。多插头时应首先将芯线引入一个穿线盒。
组合工具	LSA[1] 组合工具用于拆解配电柜，接线盘和接线盒内端子固定螺栓。 [1] LSA= 钎焊，螺丝和剥线技术。	导线剥皮，芯线插入凹槽，插入组合工具压紧。最大线径 0.8mm，两根芯线同时压入一个接头的最大线径是 0.6mm。
检测和检验装置		
数字式插针式万用表	数字式插针式万用表的最大输入电压：AC 和 DC 1000 V，输入电阻：10 MΩ，最大输入电流：AC 和 DC 400 mA。二极管测试电压 3.4 V。	检测电流和电压（AC 和 DC），电阻，通路检验，二极管测试。
电压表	双极电压表带有光学显示屏，自身无电源。标称电压范围：AC 12 V 至 690 V，DC 12 V 至 750 V。最大允许接通时长（ED）30 秒。	检测交流电压，直流电极性检验，三相交流电的相位检验或显示旋转磁场的旋转方向。通过把手和用户检查接地容量。
导线和网络测试仪	网络测试仪： 配备 RJ45，RJ22，RJ11 插头，固件 1394 插头，USB 和 BNC 插头。 导线测试仪： 只能在导线无电时使用！	网络测试仪：用于检验屏蔽的连接缆线。 导线测试仪：芯线和芯线对的通路检验，检验跨接电路，短接检验，导线受损时查寻故障点。适配器检验。
耗材		
	绝缘胶带，焊锡，触点喷雾剂，冷却喷雾剂，电缆绑扎带，电缆芯端插，常见端子和插头，插套，导线，成套细保险丝 5×20 和 5.3×32，清洁毛巾，粘接剂，胶带和标记笔。	小型损伤的维修，更换出故障的保险丝，清洗，日常工作，润滑，导线和接插式连接的连接。

数控加工机床的图形符号

图形符号	名称	图形符号	名称	图形符号	名称
基本图形符号					参照 DIN 55003-3
	数据载体		**语句** 用于与某程序语句有关系的功能。		**存储器** 用于数据，组件或刀具的图形符号。
	功能箭头 图形符号中基本都使用表示机器功能的功能箭头。		**基准点（原始点）** 用于与基准点相关的功能。		**更换** 表示功能变换，例如更换刀具。
	补偿 （位移）		**修改** 表示功能变动，例如插入或改变程序部分。		**无机器功能的程序** 显示系统的功能。
在数控技术中，基本图形符号反复并组合使用。它们构成应用图形符号的基础。					
应用图形符号					
	继续前行 读取所有数据； 无机器功能		**数据从某个存储器输出**		**刀具补偿** 用于非旋转刀具。
	继续前行 读取所有数据； 有机器功能		**更改存储器内数据**		**刀具纵向补偿** 用于旋转刀具。
	逐句前行 读取所有数据； 有机器功能		**参照点** 与某已知基准点相关的刀架滑板位置。		**再次走轮廓** 例如更换加工刀具后。
	手工输入	RESET	**复位** 中断实时程序的处理，删除警报。		**绝对尺寸数据** 坐标尺寸指令，例如基准尺寸。
	更改程序	JOG	**低速** 选择“低速”运行模式。		**增量尺寸数据** 来自基准点
	编程停止	CYCLE START	**启动循环** 数控启动键		**零点位移**
	程序存储器	FEED STOP	**停止进给** 停止正在运行程序的处理，轴驱动停机。		**工件零点** 编程原始点
	数据输入某个存储器	RAPID	**快速** 按下方向键后轴快速行驶。		**机床零点** 机床坐标系原始点

数字控制系统的结构

模块	解释	表达法，附注
CNC 硬件部件	计算机数字控制的英语缩写。计算机支持的机床控制系统，例如工作母机，检测仪，机器人。它由 PC 及其操作区和专用可插拔计算机卡以及模块组成。 CNC 的硬件是根据其功能软件的模块划分。目前，插入新的硬件部件即可完成功能扩展，例如控制其他的轴驱动。	必要的行驶路径，例如加工机床的刀具驶向工件轮廓的动作将写入（编程）数控程序。程序由 CNC 计算并按照程序控制加工机床的轴驱动机构。
人机通讯（MMC，HMC） 数控核心接口 SPS	操作区（操作面板）。通过操作员输入，执行运行模式选择以及显示例如数控程序，刀具信息，机床信息，故障信号，警告信号等。 通过通向数控核心（NCK）的接口准备数控程序数据和刀具补偿数据，并通过接口向 PLC 传输机床数据，刀具补偿数据，刀库数据和扫描信号数据，与之相反，数控核心和 PLC 向操作区传输显示数据。	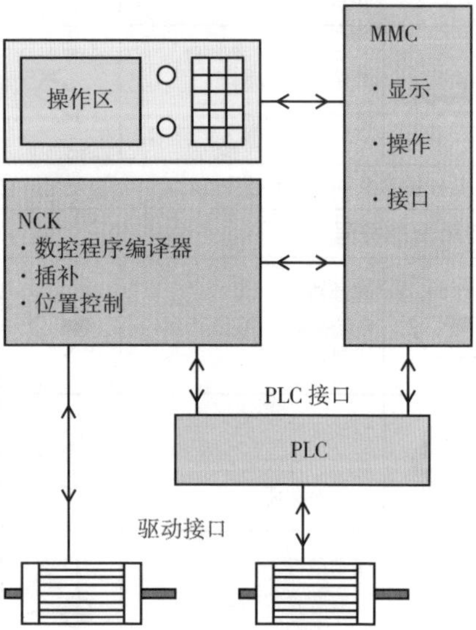 操作区 MMC · 显示 · 操作 · 接口 NCK · 数控程序编译器 · 插补 · 位置控制 PLC 接口 PLC 驱动接口 CNC 的结构
数控核心（NCK） 驱动机构接口 PLC 接口	它包括编译器（编译数控程序，（数控程序语句）），计算数控程序中已编程的数控轴与主轴之间位置的插补点（中间点），还有执行至编程目标位置的位置控制系统。通过至驱动机构的接口输出已计算的数据。 通过至 PLC 的接口将数控程序中已编程信息以及待执行的转换功能准备就绪。并为 PLC 将刀具补偿数据，机床数据，一般参数数据（R 参数）等准备就绪。	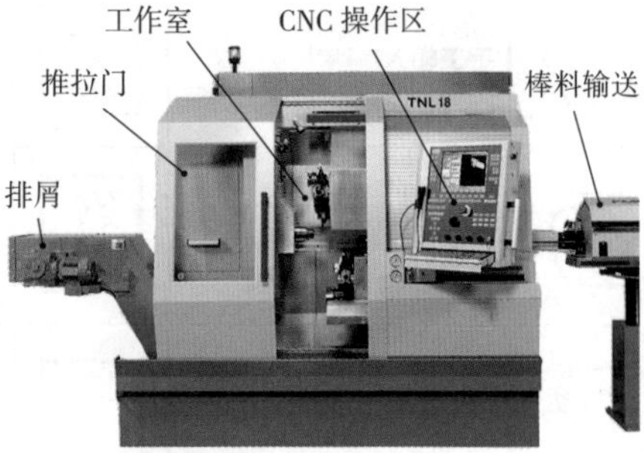 工作室 CNC 操作区 推拉门 棒料输送 排屑
PLC 驱动机构接口	执行转换功能，例如控制冷却剂输送，切削要素，刀库。控制监视装置的流程。 通过至主轴驱动，机床线性轴驱动和圆轴驱动的接口准备就绪控制数据，例如主轴或轴编号，主轴转速，主轴旋转方向，设定范围的轴，到达软件终端开关，手轮选择，闭锁进给，进给补偿（手控）等。	CNC 加工机床
外部接口	CNC 有连接 IT 外围设备的接口，例如数据存储器，打印机，以及至以太网的接口，例如连接加工主导计算机，用于 DNC（分布式数控）的 CAD 系统，BDE（运行数据采集），MDE（机床数据采集）。	连接以太网时可在 CNC 机床与其他计算机之间传输数控程序，运行数据，例如已加工工件件数，或故障信号，例如远程诊断等。

CNC 机床坐标系

坐标轴

参照 DIN66217

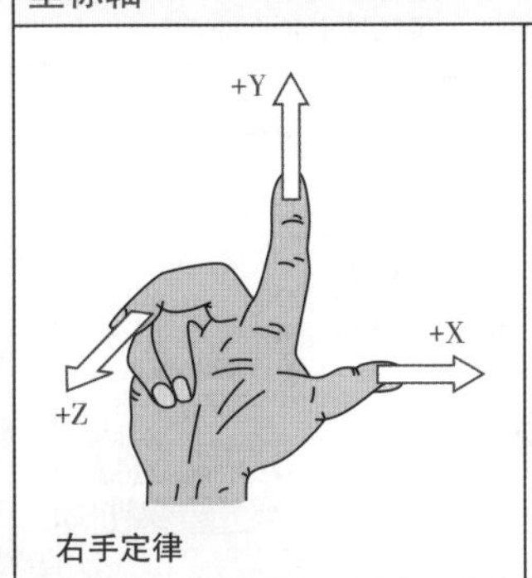

右手定律

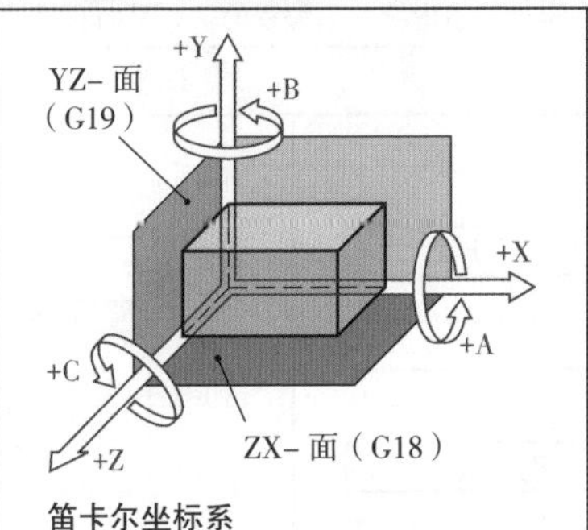

笛卡尔坐标系

坐标轴 X，Y 和 Z 相互垂直于端部。

用右手拇指，食指和中指可表示坐标轴的排序。

旋转轴 A，B 和 C 分别配属给 X，Y 和 Z。

从轴线零点向正方向看，是顺时针方向的正向旋转。

编程时的坐标轴

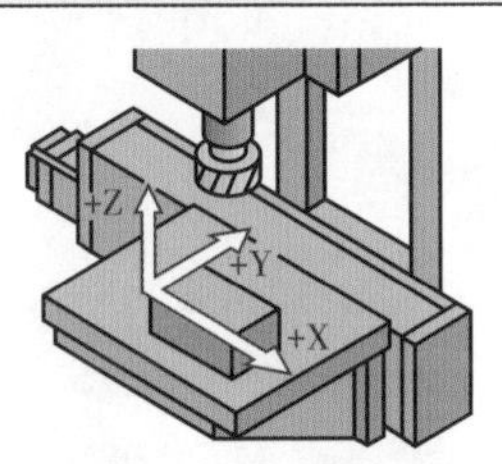

立式铣床

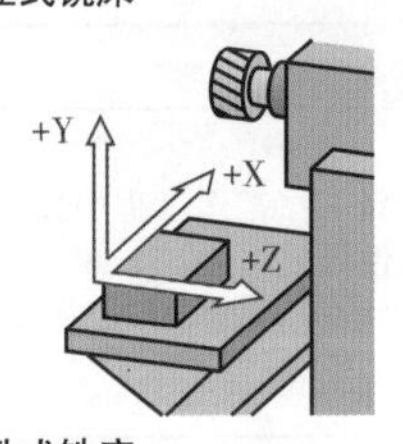

卧式铣床

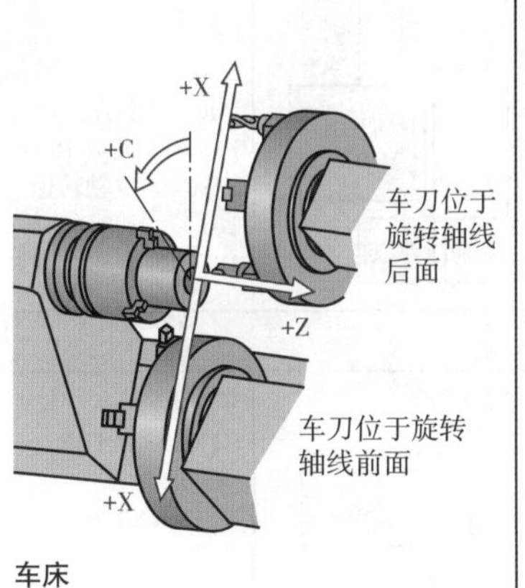

车床

在 CNC 机床的主导轨上校准坐标轴和由此产生的运动方向，它基本上以已夹紧的工件以及工件零点为基础。

正运动方向总是加大工件上的坐标数值。

Z 轴走向始终在主轴方向。

为简化编程，假设工件静止不动，只有刀具运动。

举例：

双刀架溜板车床及可编程主轴。

基准点

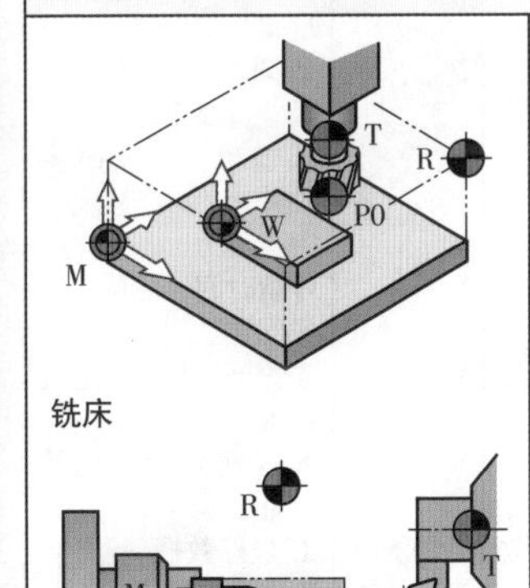

铣床

车床

M 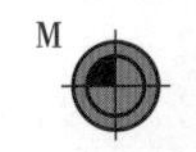	机床零点 M 机床坐标系原始点，由机床制造商确定。
P0 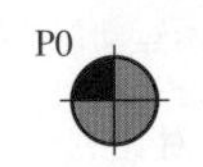	程序零点 P0[1] 给出程序启动前刀具所处位置的点坐标。 [1] 非标
R 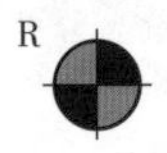	参照点 R 增量位移检测系统原始点以及制造商确定的至机床零点的间距。用于校准带有刀架基准点 T 的所有机床轴线的位移检测系统。
T[1] 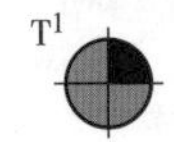	刀架基准点 T 位于刀具夹具止挡面中心。铣床的该点是主轴凸缘，车床的该点是刀具转塔上刀架的止挡面。
W 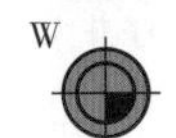	工件零点 W 工件坐标系原始点，由编程员确定。

CNC 机床程序结构 1

在切削加工机械师的职业培训中，车削和铣削 PAL 编程系统与 DIN66025 密切配合并集成于其中。车削和铣削循环程序符合当今的 CNC 控制技术且在全德国境内统一。编程的基础是向右旋转的，三维的笛卡尔坐标系。

程序结构

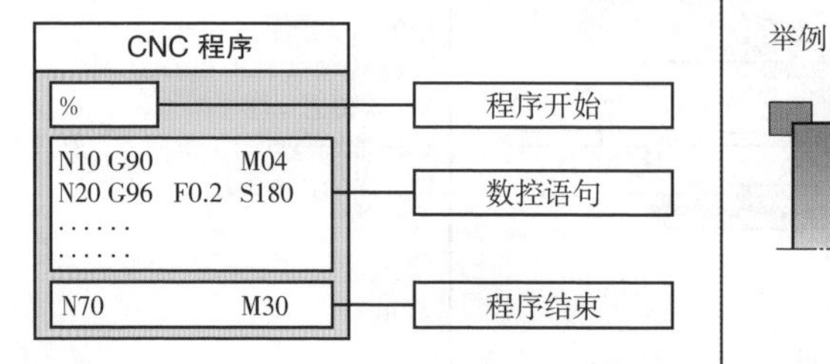

举例

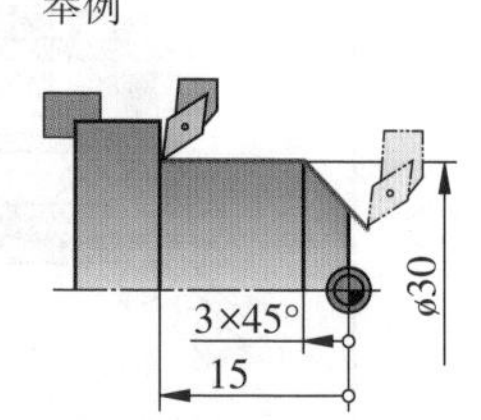

CNC 程序		
% 01		
N10 G90		M04
N20 G96	F0.2	S180
N30 G00	X20	Z2
N40 G01	X30	Z-3
N50		Z-15
N60 G00	X200	Z200
N70		M30

句结构

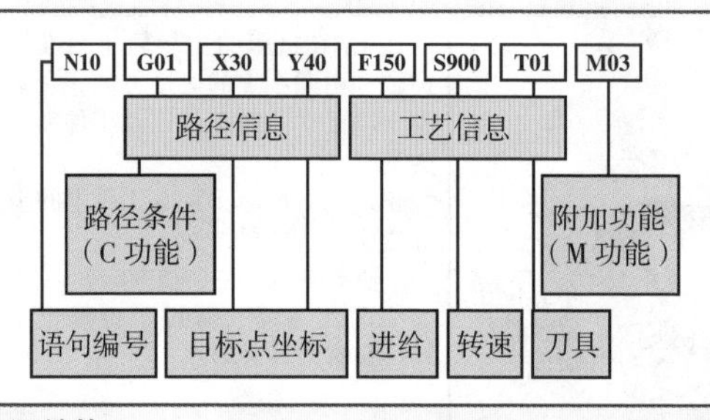

文本解释：

N10	语句编号 10
G01	进给，直线插补
X30	*X* 方向目标点坐标
Y40	*Y* 方向目标点坐标
F150	进给 150 mm/min
S900	主轴转速 900/min
T01	刀具编号 1
M03	主轴顺时针方向旋转

词结构

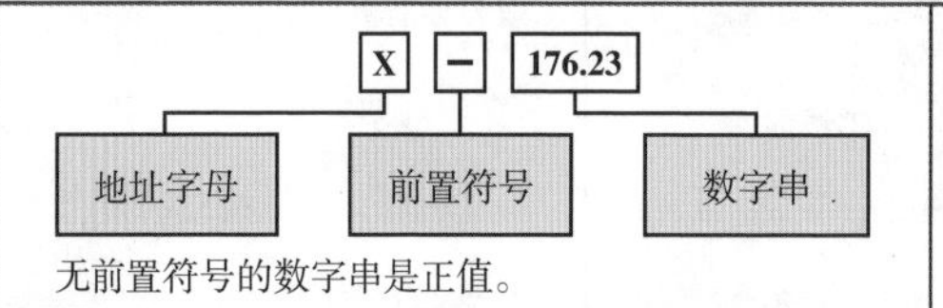

无前置符号的数字串是正值。

举例：

G1XA23ZA43;P3	点 3（解释）在工作过程中按绝对工件坐标线性行驶。
G23N31N42H2	语句 31 至语句 42 的程序段重复两次

地址字母

A	围绕 X 的旋转 – 回转轴
B	围绕 Y 的旋转 – 回转轴
C	围绕 Z 的旋转 – 回转轴
D	驶入和驶出长度，行驶距离长度，循环横向进给深度，螺距
E	轮廓切削精细进给，切深进给，回程进给（铰削）
F	进给，螺距
G	路径条件，循环（程序）
H	加工种类，面回转特性，重复次数，回程位置，启动角度标准，工件卸下模式
I/IA	X 中心点坐标
J/JA	Y 中心点坐标

K/KA	Z 中心点坐标
L	子程序编号
M	机床指令
N	语句编号，重复，跳跃指令
O	横向进给运动，选择轴方向，选择横向进给方向相对对比，开口角度，目标数量（分度盘），目标数量（线条），弧长标准
P	用户参数
Q	加工方向，按比例缩放时的轴选择

Q	面 – 分解选择，分度盘目标定向
R	节圆半径，圆弧半径，分度盘半径
S	圆槽半径，实时主轴转速 / 切削速度
T	刀具编号
U	停留时间，单位：秒或圈数
V	安全面间距，比较地址
W	回程面高度，比较地址
X.XI.XA	X[1] 坐标数据
Y.Y1.YA	Y 坐标数据
Z.Z1.ZA	Z 坐标数据

其他地址和地址组合位于加工循环程序内。一个语句中的地址顺序并无意义。前面的 0 和加号可以省略，例如 G1 代替 G01，地址前的空白符号提高了可识读性。

[1] G90/G91 控制 X 坐标数据，XI 实时位置的增量尺寸，XA 绝对尺寸；也可以混合编程；以此类推至 Y，Z，I，J，K。

CNC 机床程序结构 2

车削，PAL 制路径条件

参照 DIN66025

代码	含义	代码	含义
G0	快速行程	G50	取消增量零点位移和旋转
G1	加工过程的线性插补	G53	取消所有零点位移和旋转
G2	顺时针圆弧插补	G54–G57	可设置的绝对零点
G3	逆时针圆弧插补	G59	增量零点位移
G4	停留时间		笛卡尔坐标和旋转
G9	精确停机	G61	对轮廓特性的线性插补
G14	驶向已配置的刀具更换点	G62	对轮廓特性的顺时针圆弧插补
G17	正面加工面	G63	对轮廓特性的逆时针圆弧插补
G18	选择旋转面	G70	转换尺寸单位为英寸（Inch）
G19	外形轮廓面和弦面 – 加工面	G71	转换尺寸单位为毫米（mm）
G22	调用子程序	G90	接通绝对尺寸数据
G23	程序重复	G91	接通链接尺寸数据
G29	有限的程序跳跃	G92	转速限制
G30	更换装夹 / 对向顶轴接管 / 后顶尖座位置	G94	进给，单位:mm/min
G40	选择刀刃半径补偿（SRK）	G95	进给，单位:mm/ 每圈
G41	选择刀刃半径补偿（轮廓左侧）	G96	恒定切削速度
G42	选择刀刃半径补偿（轮廓右侧）	G97	恒定转速

车削，PAL 制附加功能

代码	含义	代码	含义
M0	编程停机	M9	关断冷却润滑剂泵
M3	接通主轴，右旋（顺时针）	M10	松开后顶尖座套筒
M4	接通主轴，左旋（逆时针）	M11	设置后顶尖座套筒
M5	关断主轴	M17	子程序结束
M7	接通第 2 冷却润滑剂泵	M30	主程序结束，复位至接通状态[1]
M8	接通第 1 冷却润滑剂泵		

车削，PAL 制特殊附加功能

代码	含义	代码	含义
M21	在 G17C 和 G19C 夹住 C 轴	M64	外主轴和内对向顶轴夹具
M22	在 G17C 和 G19C 释放 C 轴	M65	内主轴和外对向顶轴夹具
M23	G18 刀具主轴转换至右旋	M66	内主轴和内对向顶轴夹具
M24	G18 刀具主轴转换至左旋		
M25	关断 G18 刀具主轴		
M63	外主轴和外对向顶轴夹具		

PAL 制车削加工循环程序（G18 面）

代码	含义	代码	含义
G31	螺纹加工循环程序	G83	轮廓平行的拔荒循环程序
G32	螺纹攻丝循环程序	G84	钻孔循环程序
G33	螺纹梳刀切削螺纹	G85	退刀槽循环程序
G80	关断加工循环程序 – 轮廓描述	G86	径向切槽循环程序
G81	纵向拔荒循环程序	G87	径向轮廓切槽循环程序
G82	端面拔荒循环程序	G88	轴向切槽循环程序
		G89	轴向轮廓切槽循环程序

车削 / 铣削的特殊符号

符号	含义	符号	含义
%	程序开始	+	加法
;	注释起始符[2]	–	减法
( )	算术表达式，运算顺序	*	乘法
~	继续符号	/	除法
		=	赋值

[1] CNC 车削程序启动时的接通状态:G18，G90，G53，G71，G40，G1，G97，G95，M5，M9，M60，F0，0/E0，0/S0（用于刀具主轴和受驱动的刀具）

[2] 控制系统掠过（忽视）注释。

CNC 机床程序结构 3

铣削，PAL 制路径条件

参照 DIN 66025

代码	含义	代码	含义
G0	快速行程	G48	正切驶离¼圆弧的一个轮廓
G1	加工过程的线性插补	G50	取消增量零点位移和旋转
G2	顺时针圆弧插补	G53	取消所有零点位移和旋转
G3	逆时针圆弧插补	G54–G57	可设置的绝对零点
G4	停留时间	G58	增量零点位移 极坐标和旋转
G9	精确停机	G59	增量零点位移 笛卡尔坐标和旋转
G10	按极坐标快速行程	G61	对轮廓特性的线性插补
G11	按极坐标线性插补	G62	对轮廓特性的顺时针圆弧插补
G12	按极坐标顺时针圆弧插补	G63	对轮廓特性的逆时针圆弧插补
G13	按极坐标逆时针圆弧插补	G66	*X* 和 / 或 *Y* 轴镜像，或取消镜像
G17	面选择 2½ D- 加工[1]，XY	G67	缩放（放大 / 缩小），或取消缩放
G18	面选择 2½ D- 加工，XZ	G70	转换尺寸单位为英寸（Inch）
G19	面选择 2½ D- 加工，YZ	G71	转换尺寸单位为毫米（mm）
G22	调用子程序	G90	接通绝对尺寸数据
G23	程序重复	G91	接通链接尺寸数据
G29	有限的程序跳跃	G94	进给，单位:mm/min
G40	选择铣刀半径补偿	G95	进给，单位:mm/ 每圈
G41	选择铣刀半径补偿（轮廓左侧）	G96	恒定切削速度
G42	选择铣刀半径补偿（轮廓右侧）	G97	恒定转速
G45	正切线性驶向一个轮廓		
G46	正切线性驶离一个轮廓		
G47	正切驶向¼圆弧的一个轮廓		

铣削，PAL 制附加功能

代码	含义	代码	含义
M0	编程停机	M13	主轴右旋，冷却润滑剂 开
M3	接通主轴，右旋（顺时针）	M14	主轴左旋，冷却润滑剂 开
M4	接通主轴，左旋（逆时针）	M15	关断主轴冷却润滑剂
M5	关断主轴	M17	子程序结束
M6	更换刀具	M30	主程序结束，复位至接通状态[1]
M7	接通第 2 冷却润滑剂泵	M60	恒定进给量（刀具切削刃）
M8	接通冷却润滑剂泵	M61	恒定进给量，影响内角和外角
M9	关断冷却润滑剂泵		

PAL 制铣削加工循环程序

代码	含义	代码	含义
G34	打开孔内轮廓循环程序	G78	调用循环程序至某点（极坐标系）
G35	孔内轮廓循环程序的拔荒铣削工艺	G79	调用循环程序至某点（笛卡尔坐标系）
G36	孔内轮廓循环程序的剩余材料工艺	G80	结束 G38- 槽 - 内轮廓描述
G37	孔内轮廓循环程序的精铣工艺	G81	钻孔循环程序
G38	孔内轮廓循环程序的轮廓描述	G83	带切屑断裂的深孔钻循环程序
G39	用轮廓平行或蛇曲形清除策略调用孔内轮廓循环程序	G84	攻丝循环程序
		G85	铰孔循环程序
G72	矩形槽铣削循环程序	G86	镗孔循环程序
G73	圆形槽和轴颈铣削循环程序	G87	孔铣削循环程序
G74	铣槽循环程序	G88	内螺纹铣削循环程序
G75	圆弧槽铣削循环程序	G89	外螺纹铣削循环程序
G76	多次调用一排孔的循环程序		
G77	多次调用一圈孔的循环程序		

[1]CNC 铣削程序启动时的接通状态:G17，G90，G53，G71，G40，G1，G97，G94，M5，M9，M60，F0.0/E0.0/S0

CNC 机床的加工循环程序

PAL 制铣削循环程序（节选）

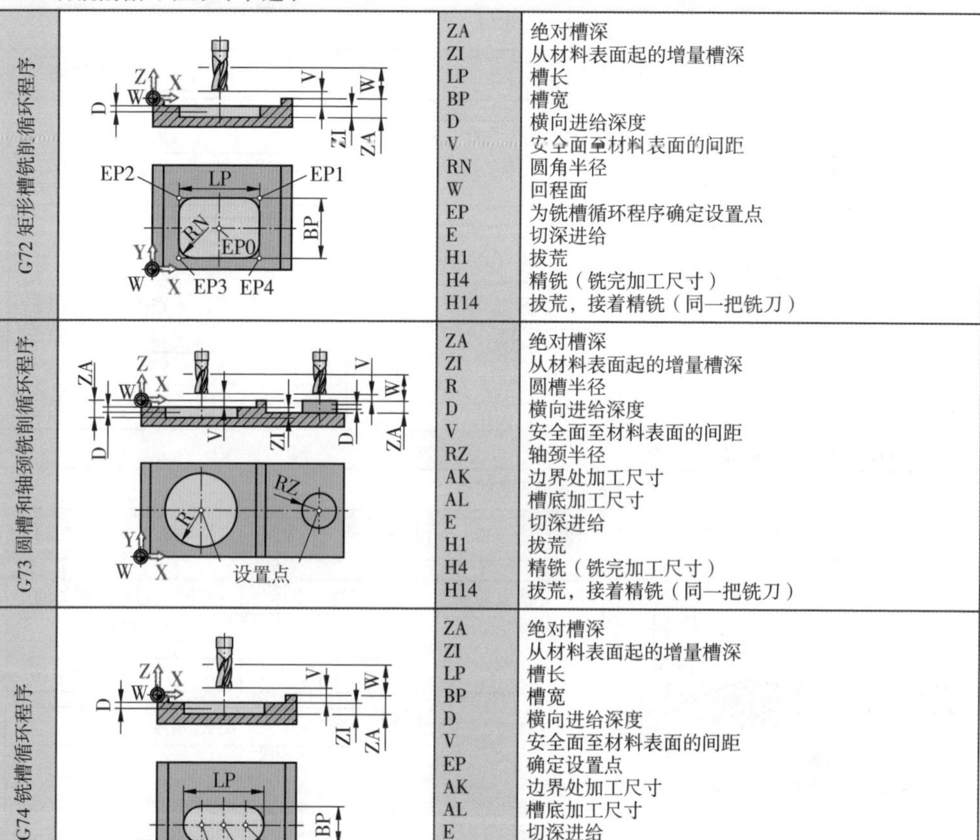

G72 矩形槽铣削循环程序

ZA	绝对槽深
ZI	从材料表面起的增量槽深
LP	槽长
BP	槽宽
D	横向进给深度
V	安全面至材料表面的间距
RN	圆角半径
W	回程面
EP	为铣槽循环程序确定设置点
E	切深进给
H1	拔荒
H4	精铣（铣完加工尺寸）
H14	拔荒，接着精铣（同一把铣刀）

G73 圆槽和轴颈铣削循环程序

ZA	绝对槽深
ZI	从材料表面起的增量槽深
R	圆槽半径
D	横向进给深度
V	安全面至材料表面的间距
RZ	轴颈半径
AK	边界处加工尺寸
AL	槽底加工尺寸
E	切深进给
H1	拔荒
H4	精铣（铣完加工尺寸）
H14	拔荒，接着精铣（同一把铣刀）

G74 铣槽循环程序

ZA	绝对槽深
ZI	从材料表面起的增量槽深
LP	槽长
BP	槽宽
D	横向进给深度
V	安全面至材料表面的间距
EP	确定设置点
AK	边界处加工尺寸
AL	槽底加工尺寸
E	切深进给
H1	拔荒
H4	精铣（铣完加工尺寸）
H14	拔荒，接着精铣（同一把铣刀）

PAL 制车削循环程序（节选）

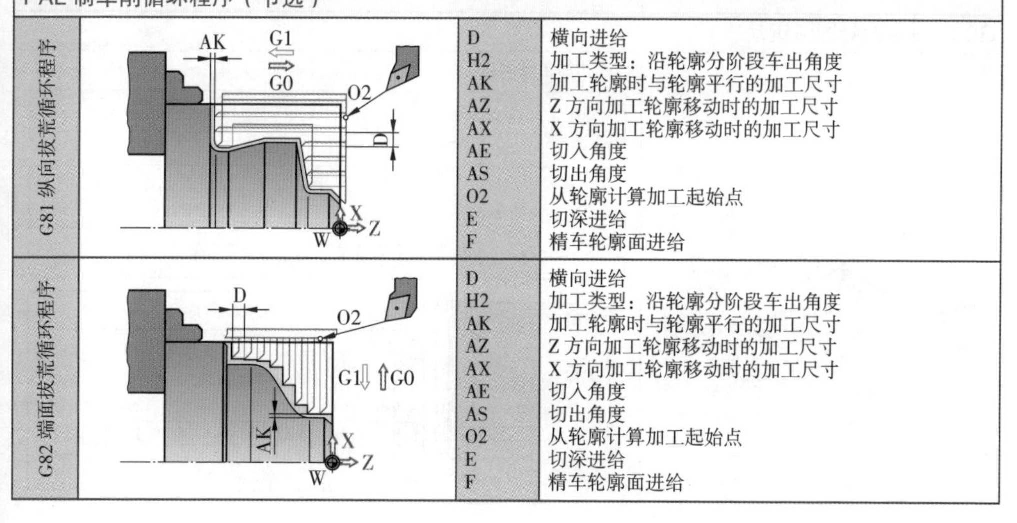

G81 纵向拔荒循环程序

D	横向进给
H2	加工类型：沿轮廓分阶段车出角度
AK	加工轮廓时与轮廓平行的加工尺寸
AZ	Z 方向加工轮廓移动时的加工尺寸
AX	X 方向加工轮廓移动时的加工尺寸
AE	切入角度
AS	切出角度
O2	从轮廓计算加工起始点
E	切深进给
F	精车轮廓面进给

G82 端面拔荒循环程序

D	横向进给
H2	加工类型：沿轮廓分阶段车出角度
AK	加工轮廓时与轮廓平行的加工尺寸
AZ	Z 方向加工轮廓移动时的加工尺寸
AX	X 方向加工轮廓移动时的加工尺寸
AE	切入角度
AS	切出角度
O2	从轮廓计算加工起始点
E	切深进给
F	精车轮廓面进给

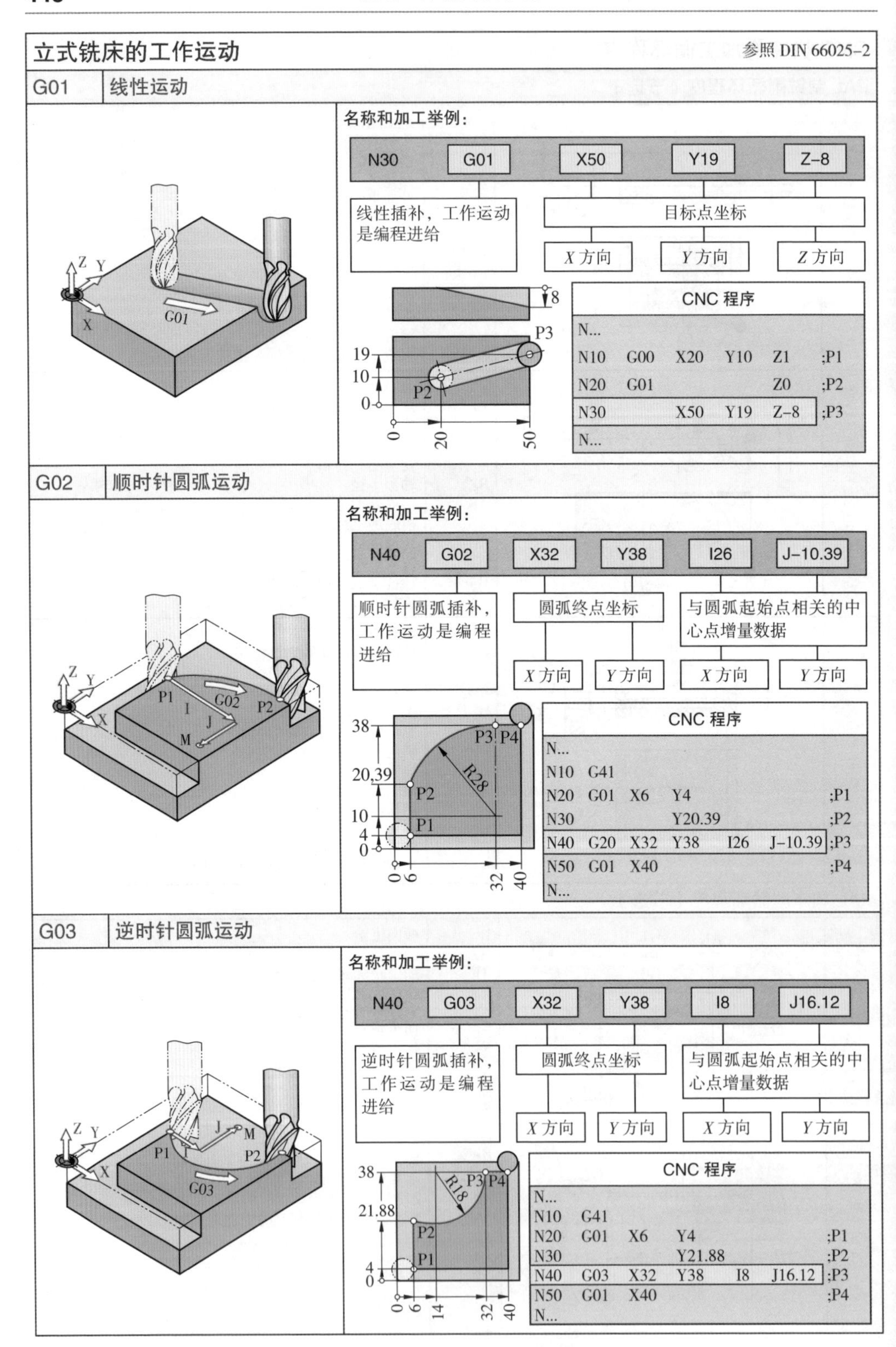

立式铣床的工作运动
参照 DIN 66025-2
G01
线性运动
Z
Y
X
G01
名称和加工举例：
N30
G01
X50
Y19
Z-8
线性插补，工作运动是编程进给
目标点坐标
X 方向
Y 方向
Z 方向
8
P3
19
10
0
P2
0
20
50
CNC 程序
N...
N10 G00 X20 Y10 Z1 ;P1
N20 G01 Z0 ;P2
N30 X50 Y19 Z-8 ;P3
N...
G02
顺时针圆弧运动
Z
Y
X
P1
I
J
G02
P2
M
名称和加工举例：
N40
G02
X32
Y38
I26
J-10.39
顺时针圆弧插补，工作运动是编程进给
圆弧终点坐标
与圆弧起始点相关的中心点增量数据
X 方向
Y 方向
X 方向
Y 方向
38
20,39
10
4
0
P3
P4
R28
P2
P1
0
6
32
40
CNC 程序
N...
N10 G41
N20 G01 X6 Y4 ;P1
N30 Y20.39 ;P2
N40 G20 X32 Y38 I26 J-10.39 ;P3
N50 G01 X40 ;P4
N...
G03
逆时针圆弧运动
Z
Y
X
P1
I
J
M
P2
G03
名称和加工举例：
N40
G03
X32
Y38
I8
J16.12
逆时针圆弧插补，工作运动是编程进给
圆弧终点坐标
与圆弧起始点相关的中心点增量数据
X 方向
Y 方向
X 方向
Y 方向
38
21.88
4
0
R18
P3
P4
P2
P1
0
6
14
32
40
CNC 程序
N...
N10 G41
N20 G01 X6 Y4 ;P1
N30 Y21.88 ;P2
N40 G03 X32 Y38 I8 J16.12 ;P3
N50 G01 X40 ;P4
N...

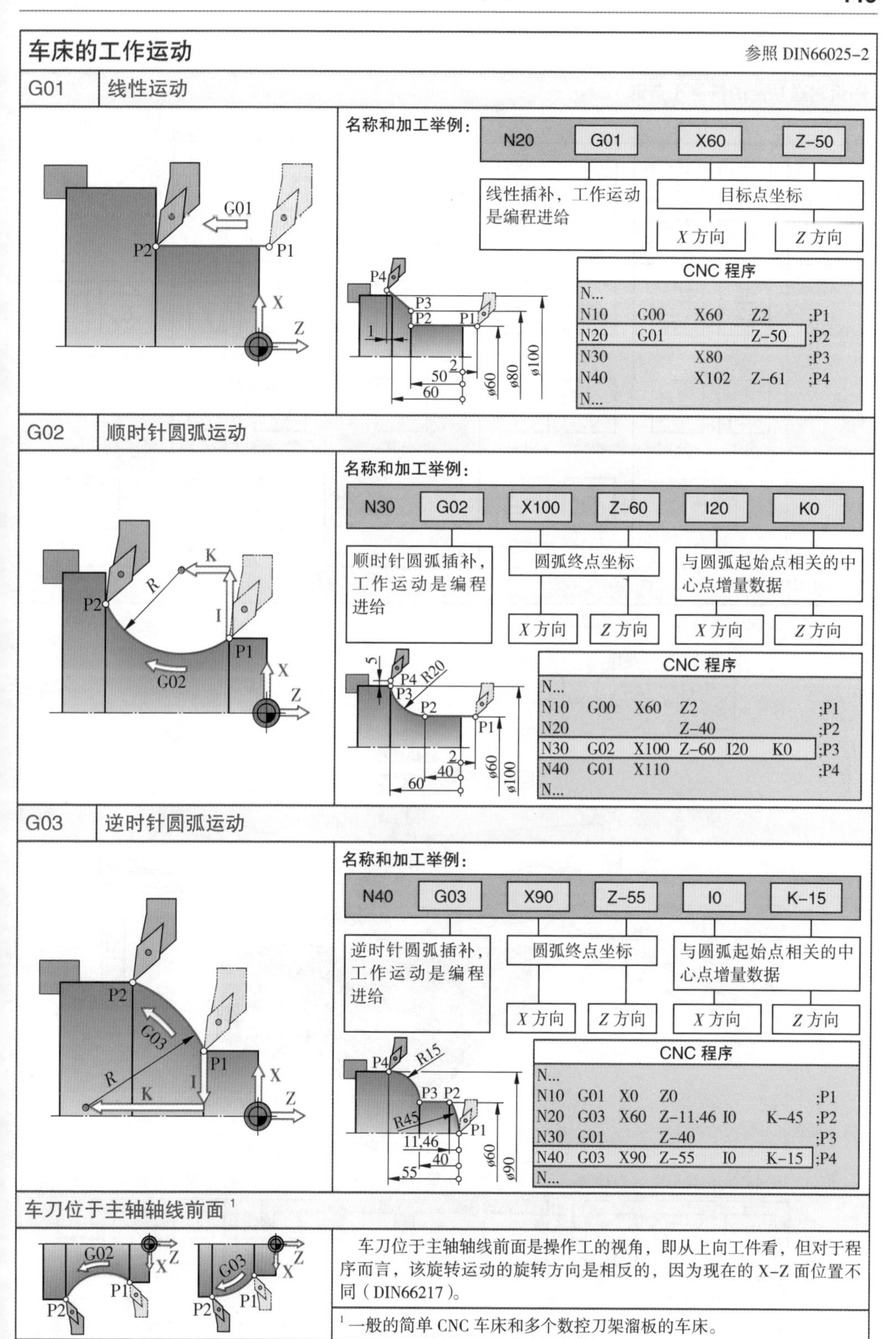
车床的工作运动
参照 DIN66025-2
G01
线性运动
G01
P2
P1
X
Z
名称和加工举例：
N20
G01
X60
Z-50
线性插补，工作运动是编程进给
目标点坐标
X 方向
Z 方向
P4
P3
P2
P1
1
2
50
60
ø60
ø80
ø100
CNC 程序
N...
N10 G00 X60 Z2 ;P1
N20 G01 Z-50 ;P2
N30 X80 ;P3
N40 X102 Z-61 ;P4
N...
G02
顺时针圆弧运动
K
R
I
P2
P1
G02
X
Z
名称和加工举例：
N30
G02
X100
Z-60
I20
K0
顺时针圆弧插补，工作运动是编程进给
圆弧终点坐标
与圆弧起始点相关的中心点增量数据
X 方向
Z 方向
X 方向
Z 方向
5
P4
R20
P3
P2
P1
2
40
60
ø60
ø100
CNC 程序
N...
N10 G00 X60 Z2 ;P1
N20 Z-40 ;P2
N30 G02 X100 Z-60 I20 K0 ;P3
N40 G01 X110 ;P4
N...
G03
逆时针圆弧运动
P2
G03
R
K
I
P1
X
Z
名称和加工举例：
N40
G03
X90
Z-55
I0
K-15
逆时针圆弧插补，工作运动是编程进给
圆弧终点坐标
与圆弧起始点相关的中心点增量数据
X 方向
Z 方向
X 方向
Z 方向
P4
R15
P3
P2
R45
P1
11,46
40
55
ø60
ø90
CNC 程序
N...
N10 G01 X0 Z0 ;P1
N20 G03 X60 Z-11.46 I0 K-45 ;P2
N30 G01 Z-40 ;P3
N40 G03 X90 Z-55 I0 K-15 ;P4
N...
车刀位于主轴轴线前面[1]
G02
Z
X
P1
P2
G03
Z
X
P1
P2
车刀位于主轴轴线前面是操作工的视角，即从上向工件看，但对于程序而言，该旋转运动的旋转方向是相反的，因为现在的 X-Z 面位置不同（DIN66217）。
[1] 一般的简单 CNC 车床和多个数控刀架溜板的车床。

输送技术

搬运输送功能的符号（节选）

种类	改变数量	运动	保护	检查	存储
基本功能	分开　合并	旋转　推移	保持　解答	检验　检测	
组合功能	划分　分配 分类　分支 汇合	回转　定位 推动　定向 引导　排序	夹紧 松开	识别检验　位置检验 位置检测　方向检测 形状检验　用途检验	有序存储　部分有序 无序存储

加工机构的送料

设定任务：柔性排序并向圆转台多工位机床送料

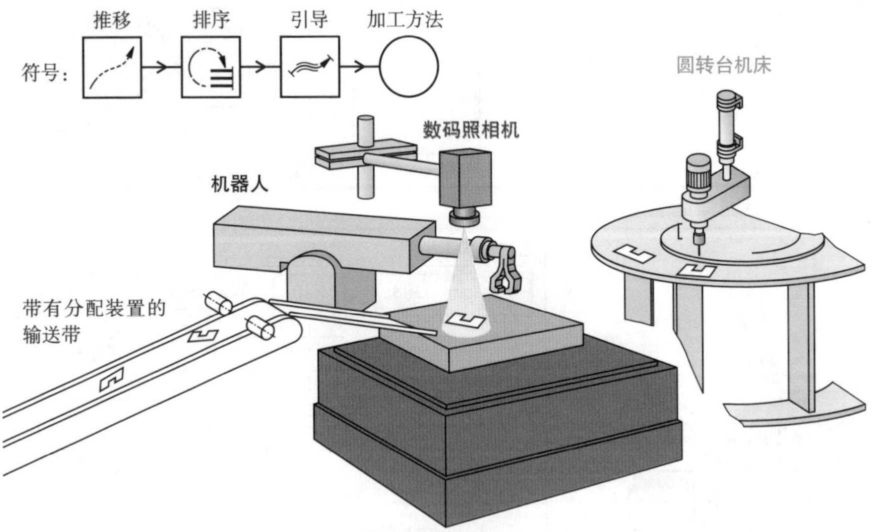

按照输送和分配的功能顺序

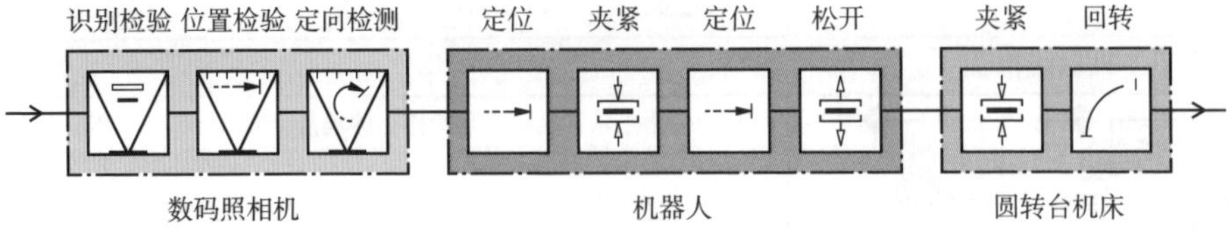

工业机器人

坐标系和旋转运动

参照 DIN EN ISO 9787

举例	解释
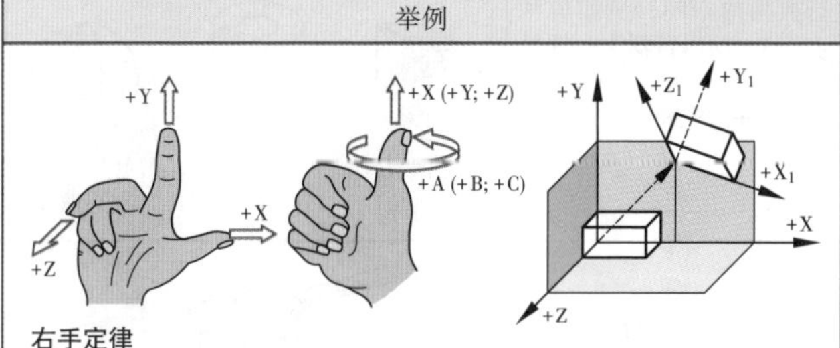	坐标轴 X.Y.Z 相互垂直于端部→用右手定律排序。 一个物体在空间上可进行六种相互独立的运动： · 3 种移动运动（直线平移）， · 3 种旋转运动（旋转）。 多种坐标系→由机器人控制系统转换坐标系。
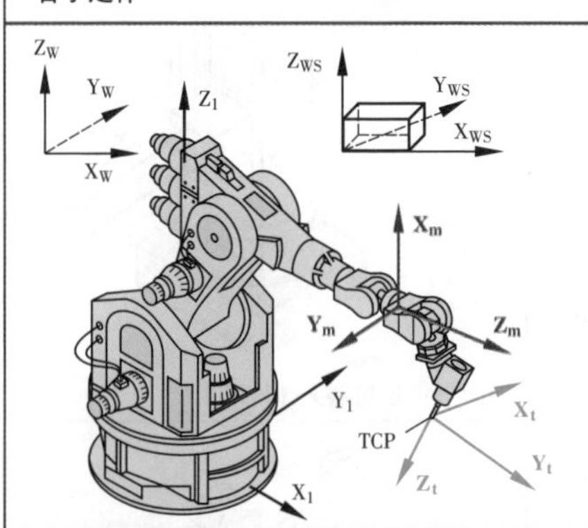 世界坐标系，例如工作空间 基本坐标系 法兰坐标系（机械接口） 刀具坐标系	机器人的基本坐标系（机器人坐标系）在 X–Y 面上参照装配平面，在 Z 轴上参照机器人中心。 法兰坐标系参照最后一根机器人轴的终端面。 刀具坐标系的原始点位于刀具中心点（TCP）。 工件坐标系 WS。 刀具尖的速度 → 机器人速度，位移过程 → 机器人移动轨迹。

机器人表达符号

名称	符号	举例	名称	符号	举例
平移轴（T 轴） 直线平移 非直线平移 移动轴			**工具**		喷枪，焊钳
			机械手		钳式机械手
			系统极限		分隔线， 接口， 例如用于刀具
旋转轴（R 轴） 直线旋转 非直线旋转			**分开主轴与副轴**		副轴 主轴

轴名称的转换

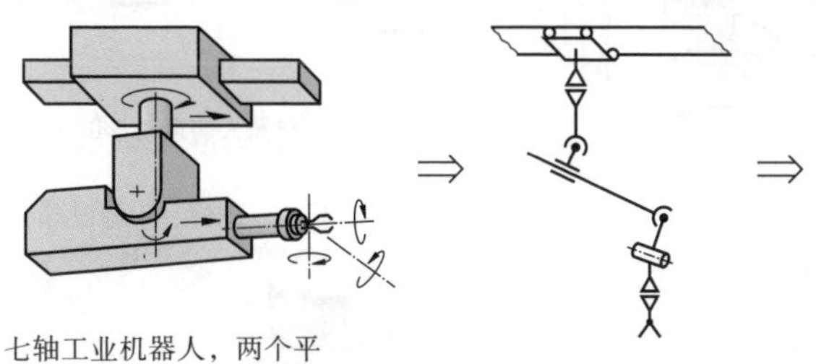

七轴工业机器人，两个平移轴，五个旋转轴，悬挂工位

⇒

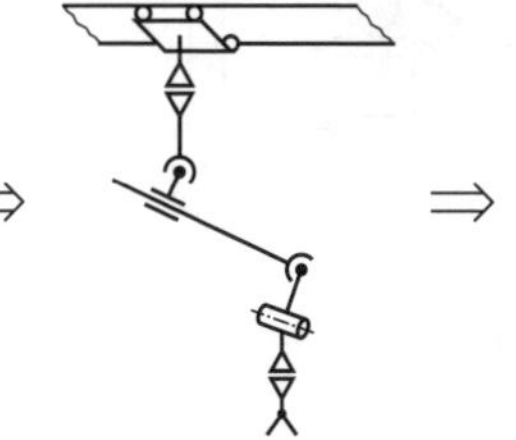

符号表达法

⇒

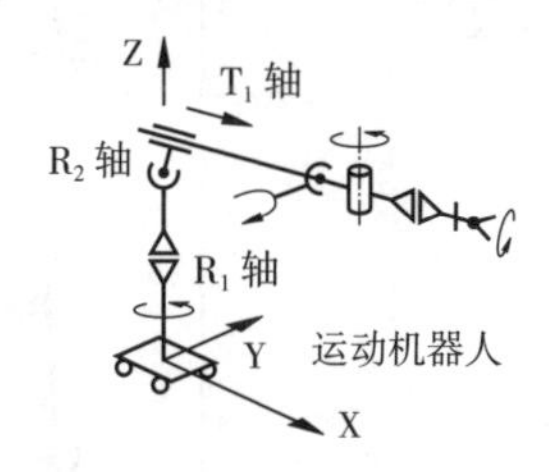

转换至基准坐标系的基本位置，用于确定轴名称

工业机器人的工作空间，坐标系

概念	解释，表达法	表达法
工作空间 **运动空间**	从接口至执行机构的空间，例如机械手，包括其几何布局，绘出机器人主轴最小和最大终端位置。 机器人所有运动部件的空间，包括执行机构运行时所需空间。	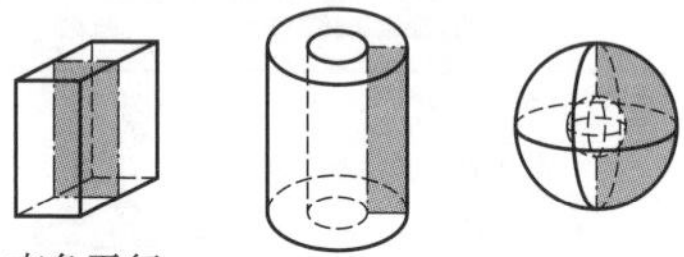 直角平行六面体　空心圆柱体　空心球体
运动轴： TTT（3个平移主轴） **工作空间：** 直角平行六面体 **坐标：** 笛卡尔坐标系 **运动轴：** RTT（主轴：1个旋转轴，2个平移轴） **工作空间：** 空心圆柱体 **坐标：** 柱面坐标系	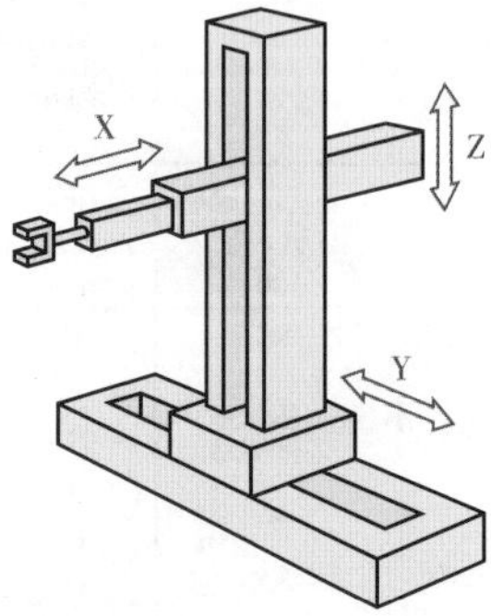 X Z Y **笛卡尔坐标系机器人（TTT）**	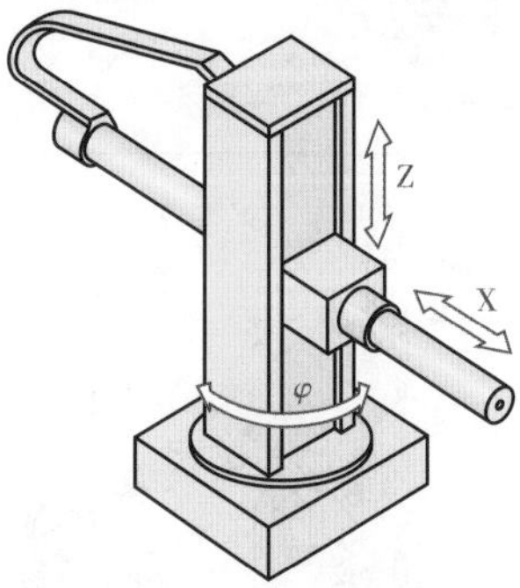 Z X φ **柱面坐标系机器人（RTT）**
运动轴： RRT（主轴：2个旋转轴，1个平移轴） **工作空间：** 空心圆柱体 **坐标：** 球坐标系 **运动轴：** RRR（3个旋转主轴） **工作空间：** 空心球体 **坐标：** 角坐标系	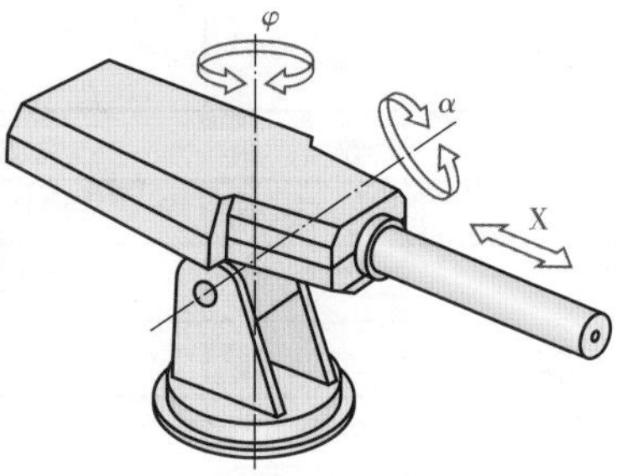 φ α X **极坐标机器人（RRT）**	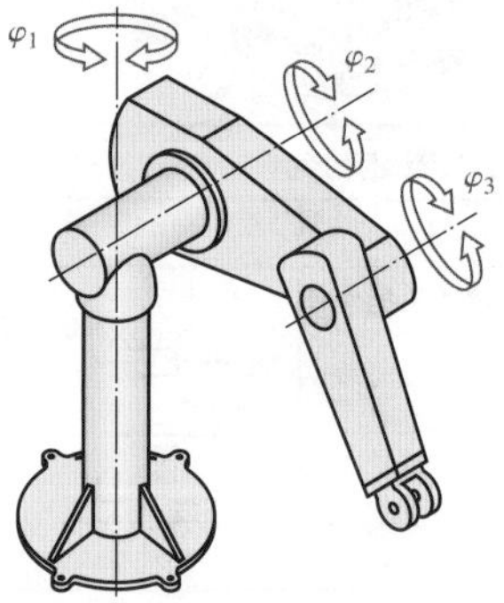 φ_1 φ_2 φ_3 **活节机器人（RRR）**
运动轴： RRT（主轴：2个旋转轴，1个平移轴） **工作空间：** 空心圆柱体 **坐标：** 柱面坐标系 / 角坐标系	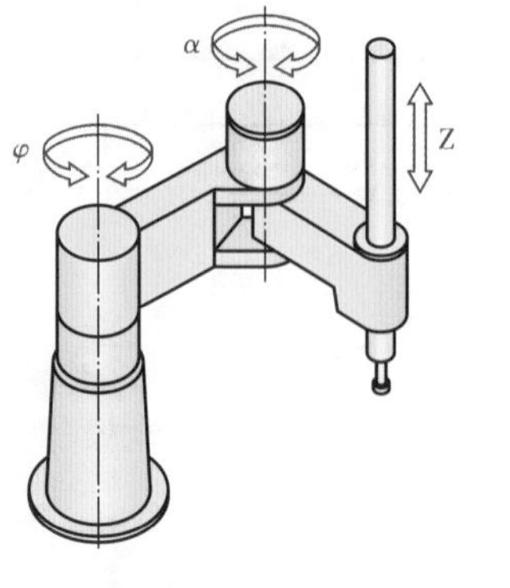 α φ Z **平面关节型机器人（RRT）**	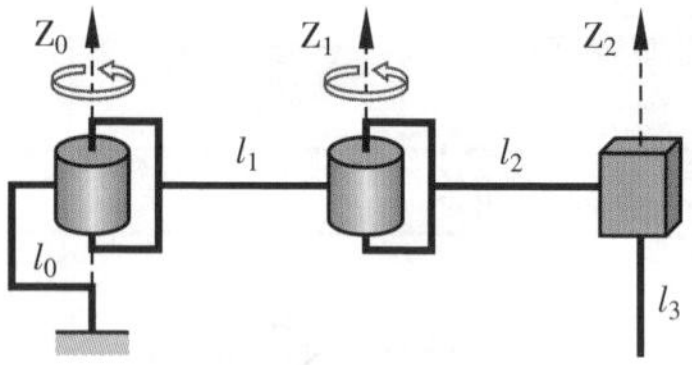 Z_0 Z_1 Z_2 l_0 l_1 l_2 l_3 **平面关节型机器人的运动学结构** 正视图　俯视图 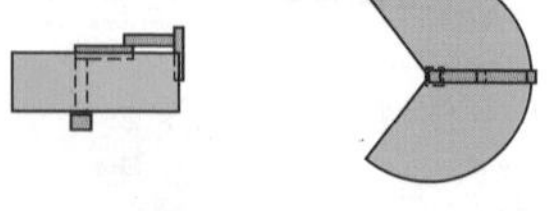 **平面关节型机器人的工作空间**

机器人的运行安全性

特征	解释	应用
工作空间和保护措施		
最大空间	涂漆标记的范围： · 机器人运动部件， · 刀具凸缘， · 终端执行机构，例如机械手， · 工件。	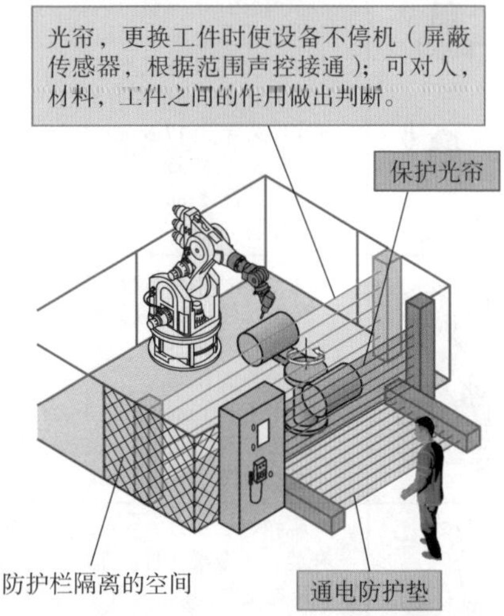 光帘，更换工件时使设备不停机（屏蔽传感器，根据范围声控接通）；可对人，材料，工件之间的作用做出判断。 保护光帘 防护栏隔离的空间 通电防护垫
受限空间	一个部件的最大空间，通过限制装置使该部件不能越过的空间（尤其是任务专属空间）。	
隔离性保护装置	隔离栏，盖板，固定罩壳，联锁装置。	
无接触式保护装置	危险区域安全保护： · 光帘和光栅， · 面监视：激光扫描， · 接触保护：光栅和光电开关，光帘	
机器人敏感件保护措施 www.bosch.com www.kuka.com	机器人的敏感元件在机器人表面的传感器蒙皮内，用于识别： · 压力，力，转矩 → 应变计，压电元件（也装在机器人关节内）， · 人的出现 → 接近开关	
机械手和机械手安全		参照 EN ISO 14539
爪式机械手	1 至 6 个自由度运动 www.schunk.de	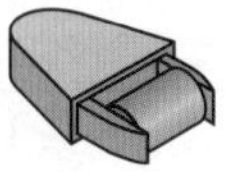 
钳式机械手	剪刀式机械手： 两个夹爪围绕一根基座固定的轴旋转。常用机械手。 平行式机械手： 两个夹爪相互平行且相对于机械手机壳移动。	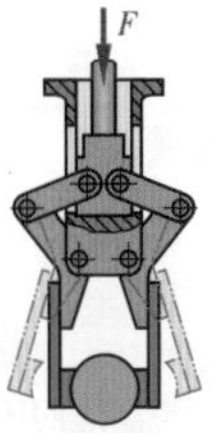 F　p 剪刀式机械手 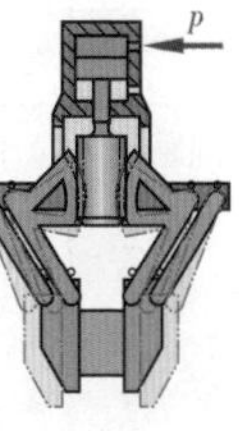　平行式机械手
夹爪式机械手	弹簧式夹爪机械手： 弹簧产生夹持力。通过压力打开机械手。 重力式夹爪机械手： 夹持物体的自重产生夹持力。通过压力打开机械手。	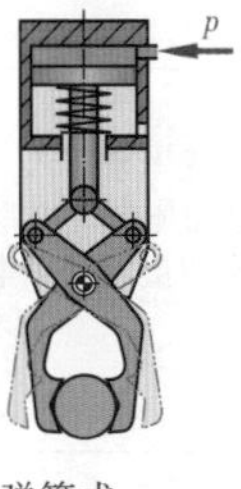 p　p　F 弹簧式 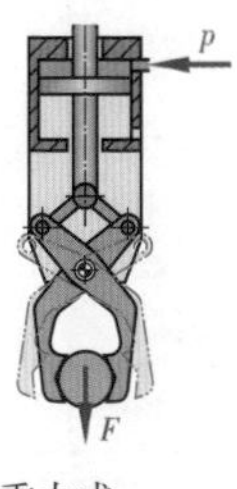　重力式
机械手敏感件保护措施 www.schunk.de	机械手表面/附近的传感器元件用于评估机械手安全程度，它们通过 · 应变计，压电元件（求出力的大小）， · 电感式接近开关（位置识别）， · 照相机（位置识别，机械手状态识别）。	

限位开关

特征	解释，数据（举例）	附注，表达法
限位开关（终端开关，终端位置开关，位置开关）		
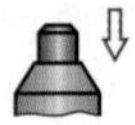 压杆 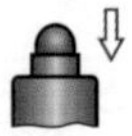 球头推杆	对垂直操作压力做出反应。滚轮推杆和球头推杆的操作力即可垂直，亦可侧边用力（最大 30° ~ 15°）。 开关：按压压杆或推杆。 · 开关元件：1 个常开触点，1 个常闭触点 · 操作力至少 17 N · 保护类型 IP65 · 操作速度 1 mm/min ~ 1 m/s · 强制打开触点	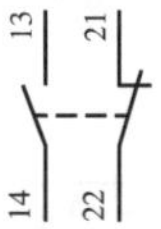 ▶◀ 运动方向 13 21 14 22 0 2 6 mm 13 14 21 22 1 按键 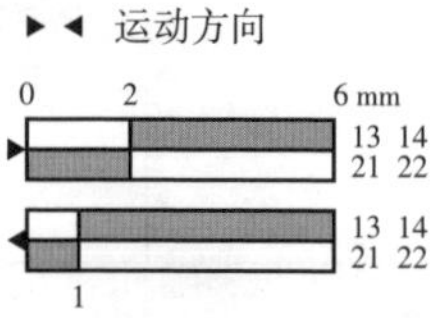　开关特性曲线图
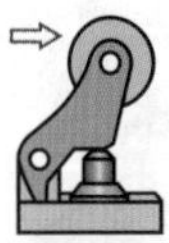 滚轮杠杆	开关：按压滚轮杠杆。 · 开关元件：1 个常开触点，1 个常闭触点 · 操作力至少 19 N · 保护类型 IP65 · 操作速度 1 mm/min ~ 1 m/s · 强制打开触点 · 侧边操作（倾斜至 40°）	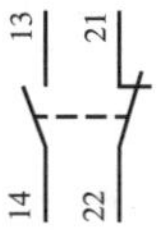 13 21 14 22 0 2,2 9 mm 13 14 21 22 1,2 按键 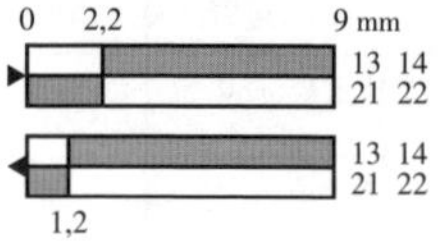　开关特性曲线图
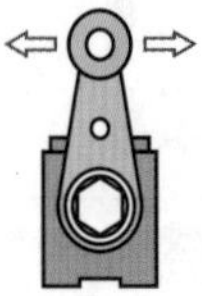 回转式滚轮杠杆	又称扭杆。 开关：改变操作杆的角度 · 开关元件：1 个常开触点，1 个常闭触点 · 可向左 / 右回转至 90° · 操作转矩 50.5 Ncm · 保护类型 IP67 · 操作速度 1 mm/min ~ 1 m/s · 强制打开触点（急停位置保护性脱离）	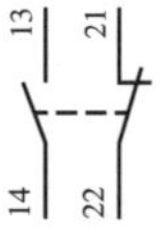 13 21 14 22 90° 24° 0° 24° 90° 度 13 14 21 22 14° 14° 按键 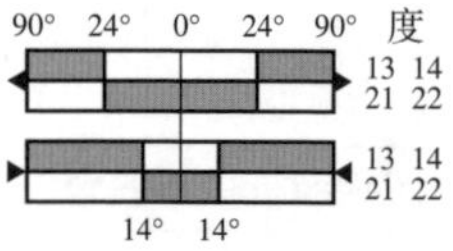　开关特性曲线图
接近开关用作限位开关（终端开关）		
选择	如果待采集对象物是金属材质，适宜使用电感式或电容式接近开关。一般也可使用磁场传感器。传感器的选择又与其要求的开关间距相关，例如 0 ~ 40 mm。	受限于使用空间，可使用立方体形或圆柱体形接近开关。也可选用槽形或环形接近开关。具体用途决定其形状和机壳材料。
开关间距 安装	传感器的触发接通取决于它与待采集对象物之间的轴向和径向间距，以及对象物对传感器有效表面的作用。材料材质也有影响。传感器与对象物的间距越大，其叠加面也必须越大。 安装类型和与相邻传感器的间距均需遵循制造商数据。接近与脱离之间产生开关滞后（参见数据页）。	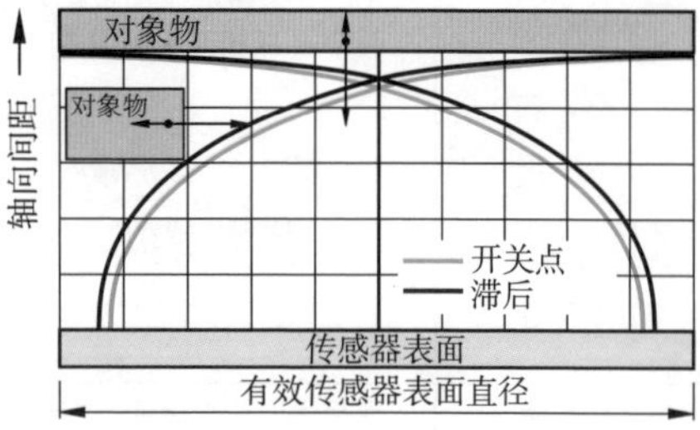 对象物　对象物　轴向间距　开关点　滞后　传感器表面　有效传感器表面直径 **接近开关响应曲线**
电路 串联 并联电路	为实现其功能，如“与”门，“或”门功能，接近开关可并联或串联接入。由接入的用户决定接近开关的数量限制。并联接入三线接近开关时，负载电流与接近开关电流的相互影响关系不大。	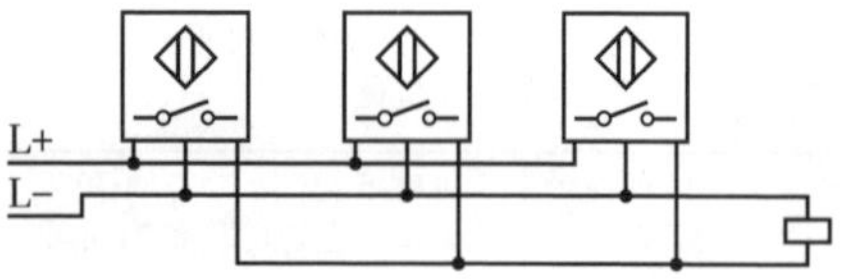 L+　L− **三线接近开关的并联电路**

连接位移检测系统或角度检测系统的多通道结构安全控制定位也可实现限位开关功能（参见安全功能一节 → SP，SLP，SOS）。

V 部分：连接技术，环境技术

连接技术

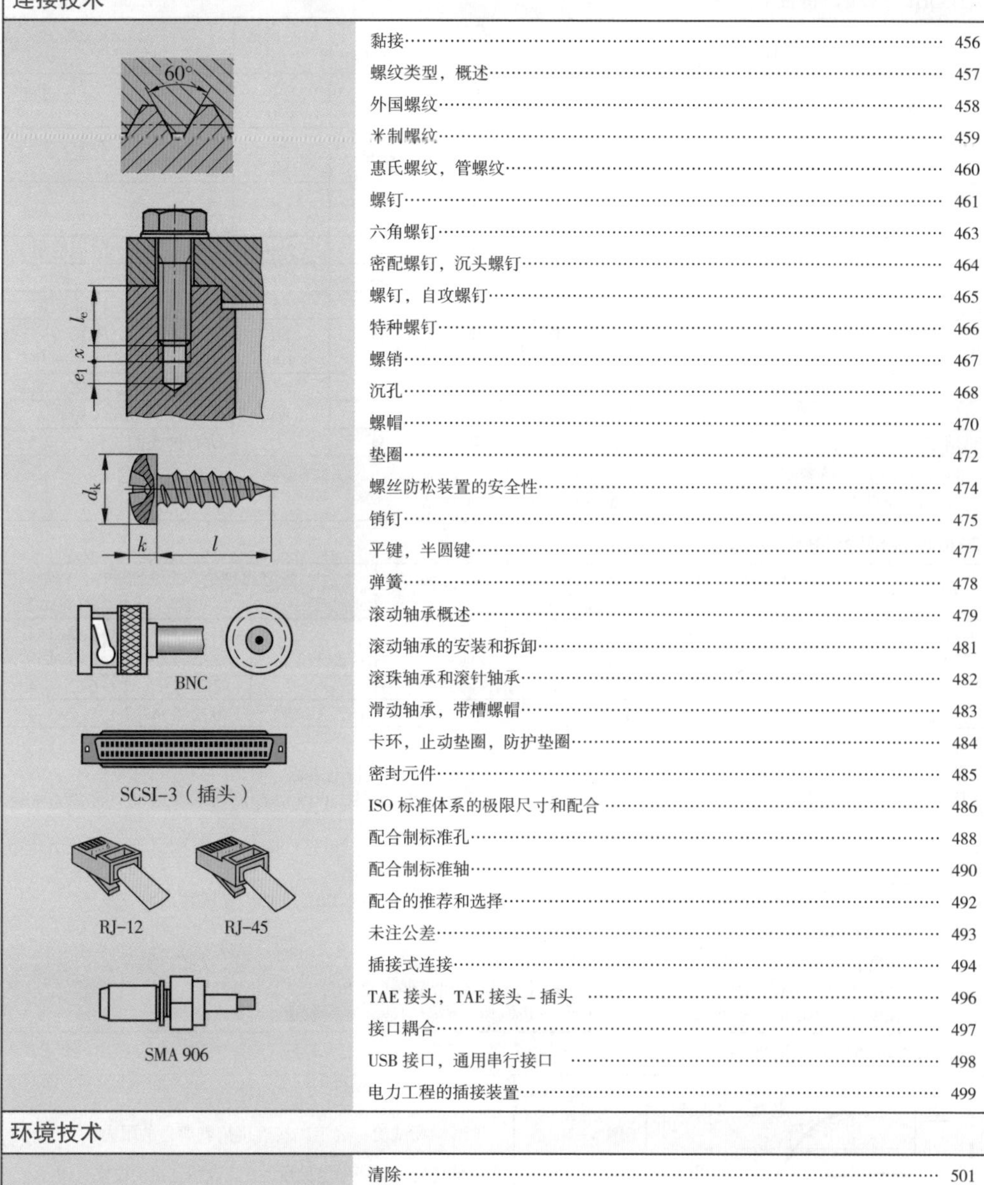

环境技术

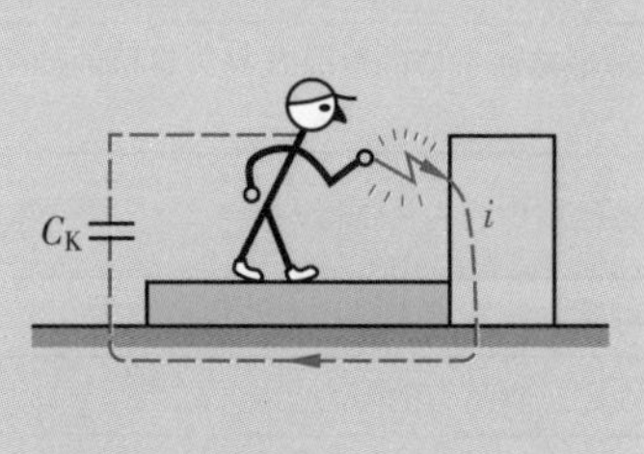

黏接

黏接剂的处理，特性和应用

黏接剂基本材料	组分	连接[1] 温度℃	连接[1] 压力 N/cm^2	黏接剂特性[2] 强度	可变形性	耐老化性	极限温度约℃	主要用途
环氧树脂	2	20	—	◕	◕	◑	55	金属，热固性塑料，陶瓷
	1	150		●	●	◕	120	金属，陶瓷
环氧树脂 – 聚氨酰胺	2	20	—	◕	◕	● ◕	55	金属，热固性塑料，PVC
	1	150	5	●	●		80	金属
环氧树脂 – 聚酰胺	1	175	10～30	●	◕	●	80	铝，钛，钢
酚醛树脂	1	150	80	●	◑	◕	250	金属，木头，热固性塑料
聚氯乙烯	1	180	—	◔	●	●	20	薄板
聚氨酯	2	20	—	◑	●	◔	55	金属，木头，泡沫塑料
甲基丙基酸甲酯	2	20	—	●	◕	◑	80	金属，塑料，陶瓷
	1	120	—	●	◕	◕	100	金属，玻璃
氯丁橡胶	1	20	< 100	◔	●	◕	80	接触黏合剂，金属，塑料
氰基丙烯酸酯	1	20	—	◕	◑	◑		快干胶，金属，橡胶
热熔型粘接剂	1	120	2	◔	●	◕		所有种类的材料

[1] 准确的处理规范请参阅制造商的规范。
[2] 抗拉强度示意图见下文；上表符号含义：● 很好；◕ 好；◑ 一般；◔ 差

粘接连接接合件的预处理

材料	各应力种类[4]的处理顺序[3] 低	中	高	材料	各应力种类[4]的处理顺序[3] 低	中	高
铝合金	1–2–3–4	1–6–5–3–4	1–2–7–8–3–4	钢，光亮	1–2–3–4	1–6–2–3–4	1–7–2–3–4
镁合金	1–2–3–4	1–6–2–3–4	1–7–2–9–3–4	钢，镀锌	1–2–3–4	1–2–3–4	1–2–3–4
钛合金	1–2–3–4	1–6–2–3–4	1–2–10–3–4	钢，磷化处理	1–2–3–4	1–2–3–4	1–6–2–3–4
铜合金	1–2–3–4	1–6–2–3–4	1–7–2–3–4	其他金属	1–2–3–4	1–6–2–3–4	1–7–2–3–4

[3] 处理顺序标记数字的解释：

1 清洗污物，氧化皮，锈迹，残余油漆
2 用有机溶剂或水性清洁剂脱脂
3 用清水冲洗，用脱盐水或消毒水再次清洗
4 最大至 65℃热风干燥
5 同时受化学侵袭表面的状态下脱脂（酸洗脱脂）
6 用打磨（粒度 100～150）或刷的机械方法打毛表面
7 用喷丸方法打毛表面
8 酸洗 30 分钟，60℃，酸洗用水性溶液中含 27.5% 硫酸和 7.5% 重铬酸钠
9 酸洗 1 分钟，20℃，酸洗用水性溶液中含 20% 硝酸和 15% 重铬酸钾
10 酸洗 3 分钟，20℃，15% 氢氟酸

[4] 黏接连接应力种类的解释

低：抗拉强度至 $5N/mm^2$；干燥环境；用于精密机械，电子技术
中：抗拉强度至 $10N/mm^2$；潮湿环境；接触油；用于机械制造和汽车制造
高：抗拉强度超过 $10N/mm^2$；直接接触液体；用于飞机制造，船舶制造和容器制造

黏接连接的特性 – 检验方法

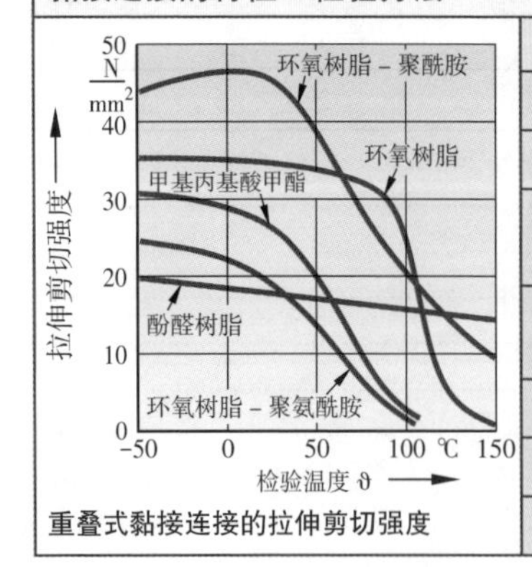

重叠式黏接连接的拉伸剪切强度

标准	内容
DIN 53282	**T 形剥离试验**：确定黏接连接抗剥离力的阻力。
DIN EN 1465	**拉伸剪切试验**：确定最强重叠式黏接连接的拉伸剪切强度。
DIN 53284	**持久强度试验**：确定单面剪切的重叠式黏接连接的持久强度和疲劳强度。
DIN EN ISO 9664	**疲劳试验**：确定黏接结构的疲劳特性。
DIN EN 26922	**抗拉试验**：确定对接黏接垂直于黏接面的抗拉强度。
DIN EN 1464	**滚动剥离试验**：确定抗剥离力的阻力。
DIN 54452	**压力剪切试验**：确定主要成分为厌氧黏接剂的抗剪强度。

螺纹类型，概述

右旋螺纹，单线

螺纹名称	螺纹断面形状	标记字母	名称举例	标称尺寸	应用
米制 ISO 螺纹	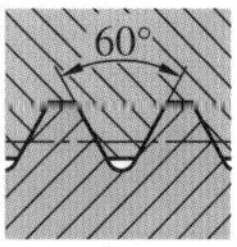	M	DIN 14–M 08	0.3 ~ 0.9 mm	钟表，精密机械
			DIN 13–M 30	1 ~ 68 mm	一般用途(标准螺纹)
			DIN 13–M 20 × 1	1 ~ 1000 mm	一般用途(细牙螺纹)
大间隙米制螺纹			DIN 2510–M 36	12 ~ 180 mm	腰状杆螺钉
米制圆柱形内螺纹			DIN 158–M 30 × 2	6 ~ 60 mm	螺塞和润滑油嘴
米制锥形外螺纹	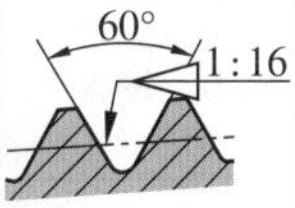		DIN 158–M 30 × 2 keg	6 ~ 60 mm	螺塞和润滑油嘴
圆柱形管螺纹		G	DIN ISO 228–G1 ½（内） DIN ISO 228–G ½ A（外）	⅛ ~ 6 inch	不在螺纹内密封
圆柱形管螺纹（内螺纹）		Rp	DIN 2999–Rp ½	1/16 ~ 6 inch	管螺纹，螺纹内密封
			DIN 3858–Rp ⅛	⅛ ~ 1½ inch	
锥形管螺纹（外螺纹）	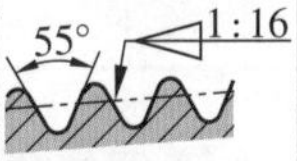	R	DIN 2999–Rp ½ DIN 3858–Rp ⅛ –1	1/16 ~ 6 inch ⅛ ~ 1½ inch	用于螺纹管，接头附件，管螺纹连接
米制 ISO 梯形螺纹	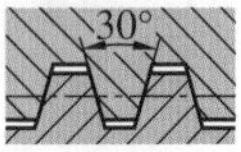	Tr	DIN 103–Tr 40 × 7	8 ~ 300 mm	一般用于滚动丝杠
锯齿螺纹	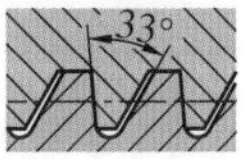	S	DIN 513–S 48 × 8	10 ~ 640 mm	一般用于滚动丝杠
圆螺纹	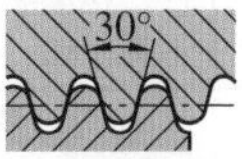	Rd	DIN 405–Rd 40 × ⅙	8 ~ 200 mm	一般用途
			DIN 20400–Rd 40 × 5	10 ~ 300 mm	大啮合深度圆螺纹
自攻螺钉螺纹		St	ISO 1478–ST 3.5	1.5 ~ 9.5 mm	自攻螺钉

左旋螺纹，多线米制螺纹

参照 DIN ISO 965–1

螺纹类型	解释	缩写名称（举例）
左旋螺纹	在螺纹全名称后标注缩写符号 LH（= 左手）	M 30–LH Tr 40 × 7–LH
多线螺纹右旋螺纹	在缩写名称和螺纹直径后标注螺距 Ph 和节距 P	M 16 × Ph 3 P 1.5 或 M 16 × Ph 3 P 1.5（2 线）
多线左旋螺纹	在多线螺纹的螺纹名称后标注符号 LH[1]	M 14 × Ph 6 P 2–LH 或 M 14 × Ph 6 P 2（3 线）–LH

[1] 工件上若有左旋和右旋螺纹，应在右旋螺纹名称后标注缩写符号 RH（= 右手）并在左旋螺纹时标注缩写符号 LH（= 左手）。

G 线数，多线螺纹
Ph 螺距
P 节距

$$G = \frac{Ph}{P}$$ (1)

外国螺纹[1]

螺纹名称	螺纹断面形状	缩写符号	螺纹名称举例	含义	国家[2]
粗牙标准螺纹 （UNC：Unified National Coarse Thread）	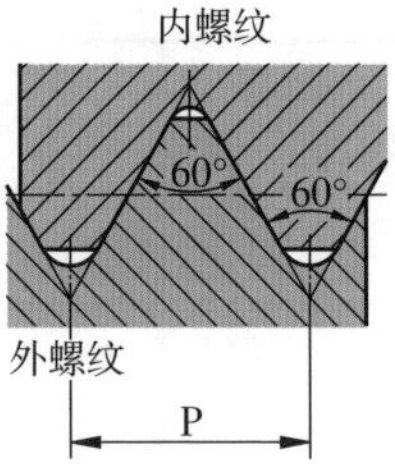 内螺纹 60° 60° 外螺纹 P	UNC	¼–20 UNC–2A	ISO–UNC–螺纹，¼英寸标称直径，20 螺纹线 / 每英寸，配合等级 2A	阿根廷，英国，澳大利亚，印度，日本，挪威，巴基斯坦，瑞典等
细牙标准螺纹 （UNF：Unified National Fine Thread）		UNF	¼–28 UNF–3A	ISO–UNF–螺纹，¼英寸标称直径，28 螺纹线 / 每英寸，配合等级 3A	阿根廷，英国，澳大利亚，印度，日本，挪威，巴基斯坦，瑞典等
超细牙标准螺纹 （UNEF：Unified National Extreafine Thread）		UNEF	¼–32 UNEF–3A	ISO–UNEF–螺纹，¼英寸标称直径，32 螺纹线 / 每英寸，配合等级 3A	英国，澳大利亚，印度，挪威，巴基斯坦，瑞典等
标准－特种螺纹，直径 / 螺距特殊组合 （UNS：Unified National Special Thread）		UNS	¼–27 UNS	UNS–螺纹，¼英寸标称直径，27 螺纹线 / 每英寸	英国，澳大利亚，新西兰，美国
机械连接的圆柱形管螺纹 （UPSM：National Standard Straight Pipe for Mechanical Joints）	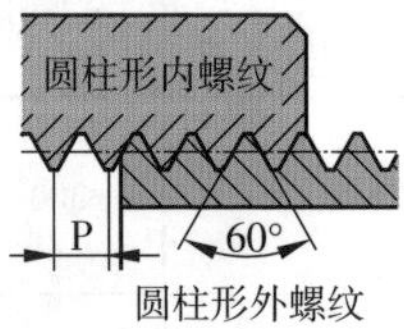 圆柱形内螺纹 P 60° 圆柱形外螺纹	NPSM	½–14 NPSM	NPSM–螺纹，½英寸标称直径，14 螺纹线 / 每英寸	美国
美国标准管螺纹，锥形 （NPT：American National Standard Taper–Pipe Thread）	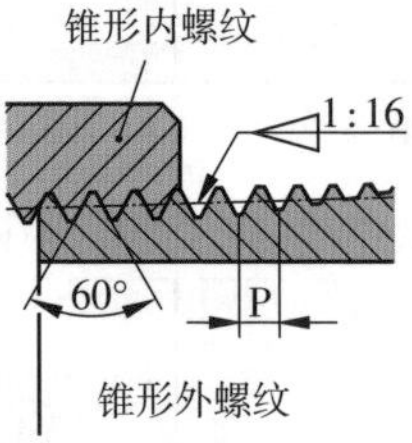 锥形内螺纹 1:16 60° P 锥形外螺纹	NPT	⅜–18 NPT	NPT–螺纹，⅜英寸标称直径，18 螺纹线 / 每英寸	巴西，法国，美国等
美国锥形细牙管螺纹 （NPTF：American National Taper Pipe Thread Fine）		NPTF	½–14 NPTF （干燥密封）	NPTF–螺纹，½英寸标称直径，14 螺纹线 / 每英寸（干燥密封）	巴西，美国
美国梯形螺纹 $h=0.5\cdot P$ （American Standard Acme Srew Threads）	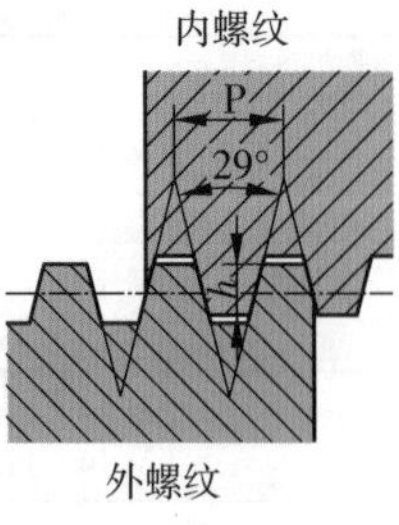 内螺纹 P 29° 外螺纹	Acme	1¾–4 Acme–2G	Acme–螺纹，1¾英寸标称直径，4 螺纹线 / 每英寸，配合等级 2G	美国，英国，新西兰，澳大利亚
美国短牙梯形螺纹 $h=0.3\cdot P$ （American Standard Stub Acme Srew Threads）		Stub–Acme	½–20 Stub–Acme	Stub–Acme–螺纹，½英寸标称直径，20 螺纹线 / 每英寸	美国

[1] 参照《各国标准螺纹指南》，DIN 注释，2000。
[2] 两字母编码用于国名，参照 DIN EN ISO 3166–1。

米制螺纹

一般用途米制 ISO 螺纹，标准螺纹断面形状

参照 DIN 13-19

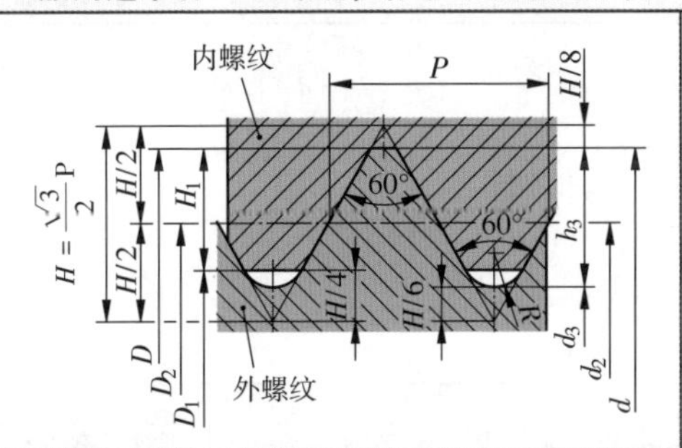

螺纹标称直径	$d=D$
螺距	P
外螺纹高度	$h_3=0.6134 \cdot P$
内螺纹高度	$H_1=0.5413 \cdot P$
倒圆	$R=0.1443 \cdot P$
节圆直径	$d_2=D_2=d-0.6495 \cdot P$
外螺纹根直径	$d_3=d-1.2269 \cdot P$
内螺纹根直径	$D_1=d-1.0825 \cdot P$
底孔钻头直径	$d_K=d-P$
螺纹啮合角	$\alpha=60°$
应力横截面	$S=\frac{\pi}{4} \cdot \left(\frac{d_2+d_3}{2}\right)^2$

标准螺纹系列 1[1] 的标称尺寸（尺寸单位：mm）

参照 DIN 13-1

螺纹名称 $d=D$	螺距 P	节圆直径 $d_2=D_2$	根圆直径 外螺纹 d_3	根圆直径 内螺纹 D_1	螺纹高度 外螺纹 h_3	螺纹高度 内螺纹 H_1	倒圆 R	应力横截面 S mm^2	螺纹底孔钻头直径[2]	六角扳手开口宽度[3]
M 1	0.25	0.84	0.69	0.73	0.15	0.14	0.04	0.46	0.75	—
M 1.2	0.25	1.04	0.89	0.93	0.15	0.14	0.04	0.73	0.95	—
M 1.6	0.35	1.38	1.17	1.22	0.22	0.19	0.05	1.27	1.25	3.2
M 2	0.4	1.74	1.51	1.57	0.25	0.22	0.06	2.07	1.6	4
M 2.5	0.45	2.21	1.95	2.01	0.28	0.24	0.07	3.39	2.05	5
M 3	0.5	2.68	2.39	2.46	0.31	0.27	0.07	5.03	2.5	5.5
M 3.5[4]	0.6	3.11	2.76	2.85	0.37	0.33	0.09	6.77	2.9	—
M 4	0.7	3.55	3.14	3.24	0.43	0.38	0.10	8.78	3.3	7
M 5	0.8	4.48	4.02	4.13	0.49	0.43	0.12	14.2	4.2	8
M 6	1	5.35	4.77	4.92	0.61	0.54	0.14	20.1	5.0	10
M 7[4]	1	6.35	5.77	5.92	0.61	0.54	0.14	28.84	6.0	11
M 8	1.25	7.19	6.47	6.65	0.77	0.68	0.18	36.6	6.8	13
M 10	1.5	9.03	8.16	8.38	0.92	0.81	0.22	58.0	8.5	16
M 12	1.75	10.86	9.85	10.11	1.07	0.95	0.25	84.3	10.2	18
M 14[4]	2	12.70	11.55	11.84	1.23	1.08	0.29	115.47	12	21
M 16	2	14.70	13.55	13.84	1.23	1.08	0.29	157	14	24
M 20	2.5	18.38	16.93	17.29	1.53	1.35	0.36	245	17.5	30
M 24	3	22.05	20.32	20.75	1.84	1.62	0.43	353	21	36
M 30	3.5	27.73	25.71	26.21	2.15	1.89	0.51	561	26.5	46
M 36	4	33.40	31.09	31.67	2.45	2.17	0.85	817	32	55
M 42	4.5	39.08	36.48	37.13	2.76	2.44	0.65	1121	37.5	65

细牙螺纹标称尺寸（尺寸单位：mm）

参照 DIN 13-2...10

螺纹名称 $d \times P$	节圆直径 $d_2=D_2$	根圆直径 外螺纹 d_3	根圆直径 内螺纹 D_1	螺纹名称 $d \times P$	节圆直径 $d_2=D_2$	根圆直径 外螺纹 d_3	根圆直径 内螺纹 D_1	螺纹名称 $d \times P$	节圆直径 $d_2=D_2$	根圆直径 外螺纹 d_3	根圆直径 内螺纹 D_1
M2 × 0.25	1.84	1.69	1.73	M10 × 0.25	9.84	9.69	9.73	M24 × 2	22.70	21.55	21.84
M3 × 0.25	2.84	2.69	2.73	M10 × 0.5	9.68	9.39	9.46	M30 × 1.5	29.03	28.16	28.38
M4 × 0.2	3.87	3.76	3.78	M10 × 1	9.35	8.77	8.92	M30 × 2	28.70	27.55	27.84
M4 × 0.35	3.77	3.57	3.62	M12 × 0.35	11.77	11.57	11.62	M36 × 1.5	35.03	34.16	34.38
M5 × 0.25	4.84	4.69	4.73	M12 × 0.5	11.68	11.39	11.46	M36 × 2	34.70	33.55	33.84
M5 × 0.5	4.68	4.39	4.46	M12 × 1	11.35	10.77	10.92	M42 × 1.5	41.03	40.16	40.38
M6 × 0.25	5.84	5.69	5.73	M16 × 0.5	15.68	15.39	15.46	M42 × 2	40.70	39.55	39.84
M6 × 0.5	5.68	5.39	5.46	M16 × 1	15.35	14.77	14.92	M48 × 1.5	47.03	46.16	46.38
M6 × 0.75	5.51	5.08	5.19	M16 × 1.5	15.03	14.16	14.38	M48 × 2	46.70	45.55	45.84
M8 × 0.25	7.84	7.69	7.73	M20 × 1	19.35	18.77	18.92	M56 × 1.5	55.03	54.16	54.38
M8 × 0.5	7.68	7.39	7.46	M20 × 1.5	19.03	18.16	18.38	M56 × 2	54.70	53.55	53.38
M8 × 1	7.35	6.77	6.92	M24 × 1.5	23.03	22.16	22.38	M64 × 2	62.70	61.55	61.84

[1] 系列 2 和系列 3 也包含中间尺寸（例如 M7，M9，M.4）。
[2] 参照 DIN 336　[3] 参照 DIN ISO 272　[4] 尽可能避免系列 2 的螺纹直径

惠氏螺纹，管螺纹

惠氏螺纹

（非标）

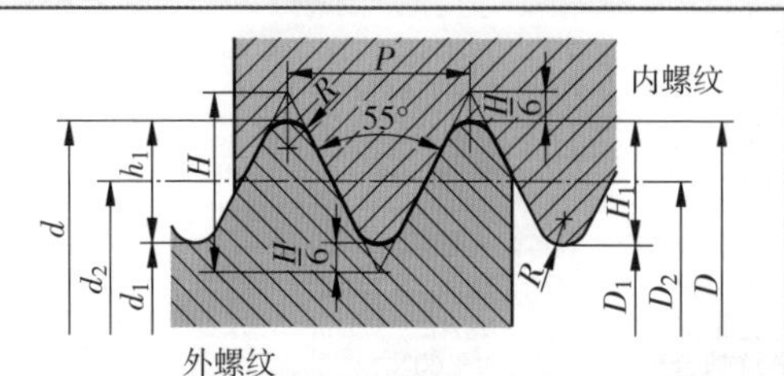

外径	$d=D$
根圆直径	$d_1=D_1=d-1.28\cdot P$ $=d-2\cdot H_1$
节圆直径	$d_2=D_2=d-0.640\cdot P$
每英寸螺纹线数	Z
螺距	$P=\frac{25.4\ \text{cm}}{Z}$
螺纹高度	$h_1=H_1=0.640\cdot P$
半径	$R=0.137\cdot P$
螺纹啮合角	$\alpha=55°$

螺纹名称 d	外螺纹和内螺纹尺寸单位:mm						螺纹名称 d	外螺纹和内螺纹尺寸单位:mm					
	外圆直径 $d=D$	根圆直径 $d_1=D_1$	节圆直径 $d_2=D_2$	每英寸螺纹线数 Z	螺纹高度 $h_1=H_1$	螺纹根径截面 mm^2		外圆直径 $d=D$	根圆直径 $d_1=D_1$	节圆直径 $d_2=D_2$	每英寸螺纹线数 Z	螺纹高度 $h_1=H_1$	螺纹根径截面 mm^2
¼″	6.35	4.72	5.54	20	0.18	17.5	11/4″	31.75	27.10	29.43	7	2.32	577
5/16″	7.94	7.03	7.03	18	0.90	29.5	11/2″	38.10	32.68	35.39	6	2.71	839
⅜″	9.53	7.49	8.51	16	1.02	44.1	13/4″	44.45	37.95	41.20	5	3.25	1131
½″	12.70	9.99	11.35	12	1.36	78.4	2″	50.80	43.57	47.19	4.5	3.61	1491
⅝″	15.88	12.92	14.40	11	1.48	131	21/4″	57.15	49.02	53.09	4	4.07	1886
¾″	19.05	15.80	17.42	10	1.63	196	21/2″	63.50	55.37	59.44	4	4.07	2408
⅞″	22.23	18.61	20.42	9	1.81	272	3″	76.20	66.91	72.56	3.5	4.65	3516
1″	25.40	21.34	23.37	8	2.03	358	31/2″	88.90	78.89	83.89	3.25	5.00	4888

管螺纹

参照 DIN ISO 228–1，DIN EN 10226–1

管螺纹 DIN ISO 228–1

用于不在螺纹上密封的连接；
内外螺纹均为圆柱形

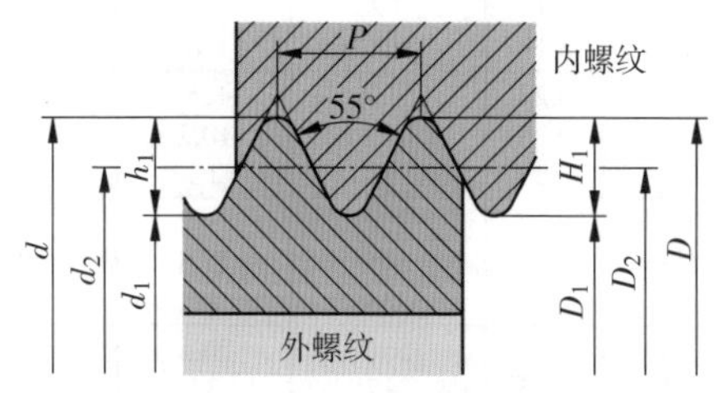

参照美国锥形标准管螺纹 NPT，见 458 页。

惠氏管螺纹 DIN EN 10226–1

螺纹内密封；
内螺纹圆柱形，外螺纹锥形

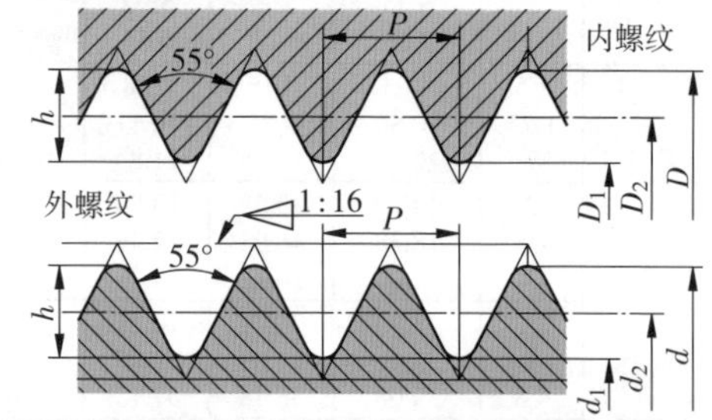

缩写名称			外圆直径 $d=D$	节圆直径 $d_2=D_2$	根圆直径 $d_1=D_1$	螺距 P	1″（25.4mm）上的节距数 Z	螺纹齿形截面高度 $h=h_1=H_1$	外螺纹有效长度 ≥
DIN ISO 228–1 外螺纹和内螺纹	DIN ISO 10226–1 外螺纹	内螺纹							
G1/16	R1/16	Rp1/16	7.72	7.14	6.56	0.91	28	0.56	6.5
G⅛	R⅛	Rp⅛	9.73	9.15	8.57	0.91	28	0.56	6.5
G¼	R¼	Rp¼	13.16	12.30	11.45	1.34	19	0.86	9.7
G⅜	R⅜	Rp⅜	16.66	15.81	14.95	1.34	19	0.86	10.1
G½	R½	Rp½	20.96	19.79	18.63	1.81	14	1.16	13.2
G¾	R¾	Rp¾	26.44	25.28	24.12	1.81	14	1.16	14.5
G1	R1	Rp1	33.25	31.77	30.29	2.31	11	1.48	16.8
G1¼	R1¼	Rp1¼	41.91	40.43	38.95	2.31	11	1.48	19.1
G1½	R1½	Rp1½	47.80	46.32	44.85	2.31	11	1.48	19.1
G2	R2	Rp2	59.61	58.14	56.66	2.31	11	1.48	23.4
G2½	R2½	Rp2½	75.18	73.71	72.23	2.31	11	1.48	26.7
G3	R3	Rp3	87.88	86.41	84.93	2.31	11	1.48	29.8
G4	R4	Rp4	113.03	111.55	110.07	2.31	11	1.48	35.8
G5	R5	Rp5	138.43	136.95	135.37	2.31	11	1.48	40.1
G6	R6	Rp6	163.83	162.35	160.87	2.31	11	1.48	40.1

螺钉

螺钉名称

参照 DIN 962

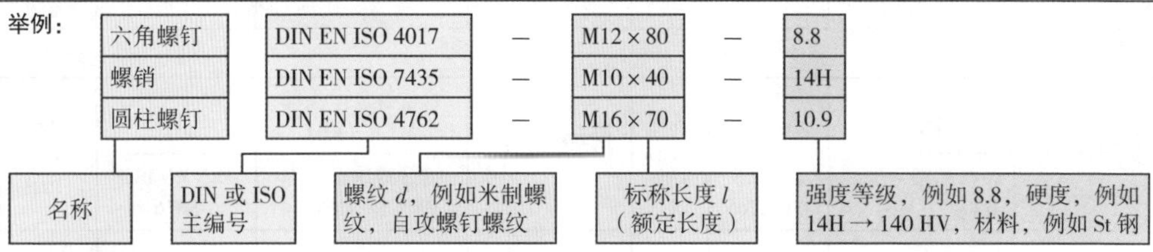

按 DIN EN 或 DIN EN ISO 标准化的螺钉在名称中包含 ISO 主编号。根据下述规则确定它们：

DIN-EN 标准：ISO 主编号 =（DIN-EN 主编号）- 20000

举例：DIN EN 24017　ISO 主编号 = 24017 - 20000 = 4017

DIN-EN-ISO 标准：ISO 主编号 = DIN-EN-ISO 主编号

螺钉的强度等级和产品等级

参照 DIN EN ISO 898-1
DIN EN ISO 4759-1

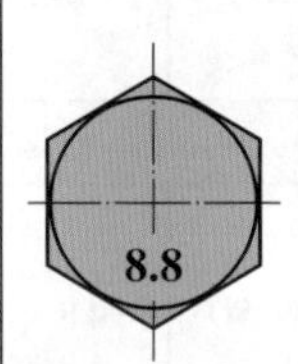

强度	3.6	4.6	4.8	5.6	5.8	6.8	8.8	9.8	10.9	12.9
抗拉强度 R_m，单位：N/mm^2	300	400		500		600	800	900	1000	1200
屈服强度 R_e，单位：N/mm^2	180	240	320	300	400	480	640	720	900	1080
断裂延伸率 A，单位：%	25	22	14	20	10	8	12	10	9	8

产品等级 A，B，C 确定产品质量和螺钉的公差等级。参照迄今为止的名称，下述排列规则有效：A → m（中等），B → mg（较粗糙），C → g（粗糙）

螺钉通孔

参照 DIN EN 20273

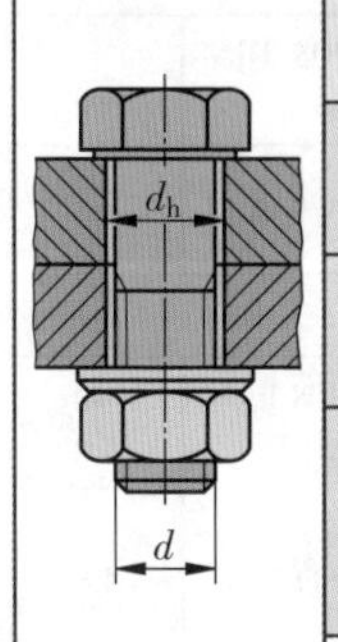

螺纹 d	通孔 d_h[1] 系列 精细	中等	粗糙	螺纹 d	通孔 d_h[1] 系列 精细	中等	粗糙	螺纹 d	通孔 d_h[1] 系列 精细	中等	粗糙
M1	1.1	1.2	1.3	M5	5.3	5.5	5.8	M24	25	26	28
M1.2	1.3	1.4	1.5	M6	6.4	6.6	7	M30	31	33	35
M1.6	1.7	1.8	2	M8	8.4	9	10	M36	37	39	42
M2	2.2	2.4	2.6	M10	10.5	11	12	M42	43	45	48
M2.5	2.7	2.9	3.1	M12	13	13.5	14.5	M48	50	52	56
M3	3.2	3.4	3.6	M16	17	17.5	18.5	M56	58	62	66
M4	4.3	4.5	4.8	M20	21	22	24	M64	66	70	74

[1] d_h 的公差等级；精细系列：H12，中等系列：H13，粗糙系列：H14

底孔螺纹的最小拧入深度

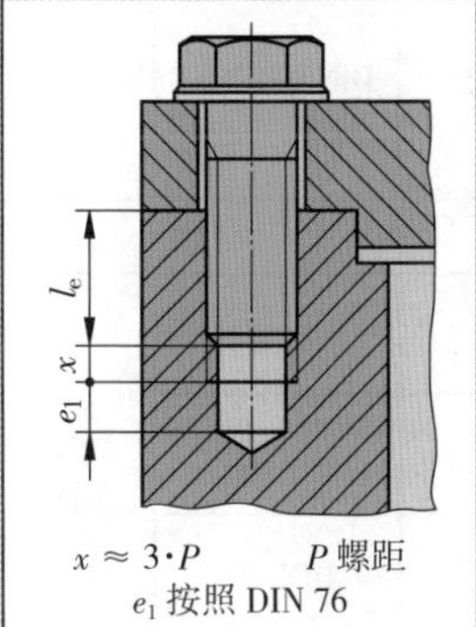

$x \approx 3 \cdot P$　P 螺距
e_1 按照 DIN 76

应用范围	下列强度等级的最小拧入深度 l_e 8.8	8.8	10.9	10.9
细牙螺纹 $\frac{d}{P}$	< 9	≥ 9	< 9	≥ 9
硬质铝合金，例如 AlCuMg1	$1.1 \cdot d$	$1.4 \cdot d$		—
片状石墨铸铁，例如 EN-GJL-250（GG-25）	$1.0 \cdot d$	$1.25 \cdot d$		$1.4 \cdot d$
低强度钢，例如 S235（St 37），C15	$1.0 \cdot d$	$1.25 \cdot d$		$1.4 \cdot d$
中等强度钢，例如 E295（St 50），C35+N	$0.9 \cdot d$	$1.0 \cdot d$		$1.2 \cdot d$
高强度钢，R_m > 800 N/mm^2，例如 34Cr4	$0.8 \cdot d$	$0.9 \cdot d$		$1.0 \cdot d$

螺钉概览

视图	结构，标准范围	标准	强度等级	视图	结构，标准范围	标准	强度等级
六角螺钉							
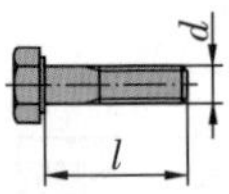	带杆和标准螺纹 M1.6～M64	DIN EN ISO 4014	5.6 8.8 10.9	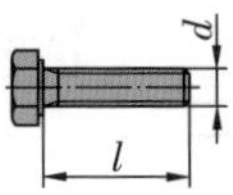	标准螺纹至头部 M1.6～M64	DIN EN ISO 4017	5.6 8.8 10.9
	带杆和细牙螺纹 M8×1～M64×4	DIN EN ISO 8765			细牙螺纹至头部 M8×1～M64×4	DIN EN ISO 8676	
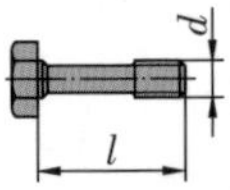	带细杆 M3～M20	DIN EN ISO 4015	5.8 6.8 8.8	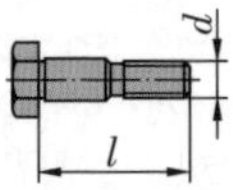	密配螺钉 M8～M48	DIN 609	5.8
用于钢结构的六角螺钉（HV 螺钉）							
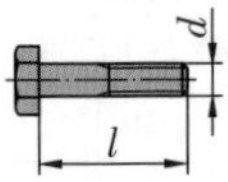	扳手开口度大 M12～M36	DIN 6914	10.9	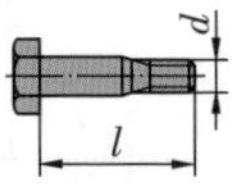	大扳手开口度的密配螺钉 M12～M30	DIN 7999	10.9
圆柱螺钉							
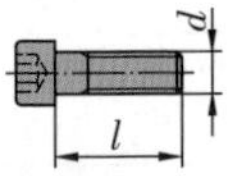	内六角 M1.6～M36	DIN EN ISO 4762	8.8 10.9 12.9	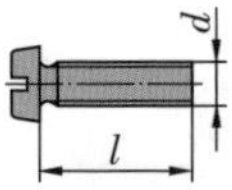	开槽 M1.6～M10	DIN EN ISO 1207	4.8 5.8
	浅头部 M3～M24	DIN 7984	8.8				
盘头螺钉				**螺塞**			
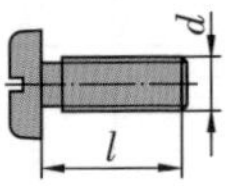	开槽 M1.6～M10	DIN EN ISO 1580	—	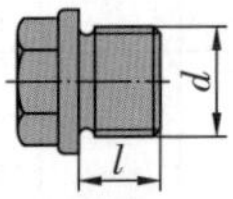	带凸缘 M10×1～M52×1.5	DIN 908 DIN 910	—
	十字槽 M1.6～M10	DIN EN ISO 7045	—		管螺纹 R⅜～R1½	DIN 906	—
沉头螺钉							
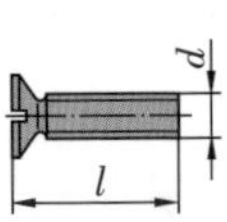	开槽 M1.6～M10	DIN EN ISO 2009	4.8 5.8	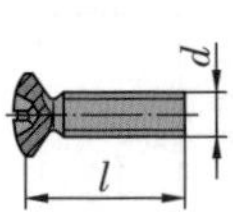	半沉头，开槽 M1.6～M10	DIN EN ISO 2010	4. 5.8
	内六角 M3～M20	DIN EN ISO 10642	8.8 10.9 12.9		半沉头，十字槽 M1.6～M10	DIN ISO 7047	4.8
自攻螺钉							
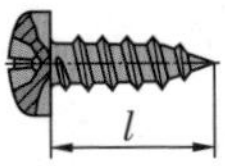	半圆头螺钉 ST2.2～ST9.5	DIN ISO 7049	—	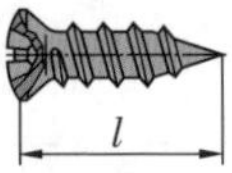	半沉头螺钉 ST2.2～ST9.5	DIN ISO 7051	—
	沉头螺钉 ST2.2～ST9.5	DIN ISO 7050	—				
方头螺钉				**双头螺钉**			
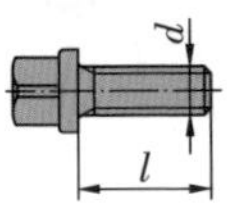	带凸缘 M5～M24	DIN 478	5.6 5.8 8.8	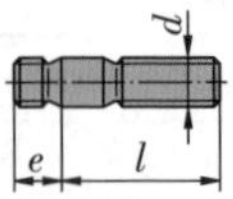	$e \approx 2 \cdot d$, M4～M24	DIN 835	5.6 8.8 10.8
	短圆柱端 M5～M24	DIN 479			$e \approx d$，M3～M48	DIN 938	
	倒圆端 M8～M24	DIN 480			$e \approx 1.25 \cdot d$, M4～M48	DIN 939	

六角螺钉

带杆六角螺钉

参照 DIN EN ISO 4014

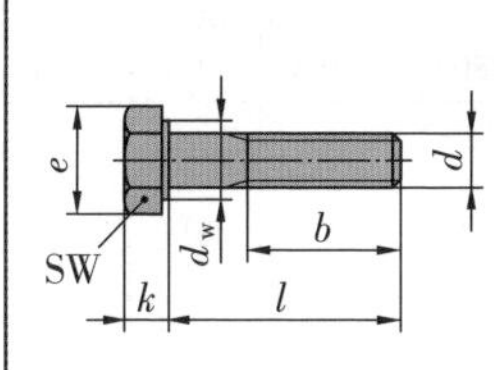

用开口扳手再次套上时其旋转角度小于方头螺钉→优点是节约空间。

[1] 适用于 l < 125 mmm
[2] 适用于 l = 125...200 mmm
[3] 适用于 l > 200 mmm

d	M1.6	M2	M2.5	M3	M4	M5	M6	M8	M10
SW	3.2	4	5	5.5	7	8	10	13	17
K_{max}	1.1	1.4	1.7	2	2.8	3.5	4	5.3	6.4
d_w	2.3	3.1	4.1	4.6	5.9	6.9	8.9	11.6	14.6
e	3.4	4.3	5.5	6	7.7	8.8	11.1	14.4	17.8
b	9	10	11	12	14	16	18	22	26
l 从	12	16	16	20	25	25	30	40	45
l 至	16	20	25	30	40	50	60	80	100
d	M12	M16	M20	M24	M30	M36	M42	M48	M56
SW	19	24	30	36	46	55	65	75	85
K_{max}	7.5	10	12.5	15	18.7	22.5	26	30	35
d_w	16.6	22	27.7	33.3	42.8	51.1	60	69.5	78.7
e	20	26.2	33	39.6	50.9	60.8	71.3	82.6	93.6
b[1]	30	38	46	54	66	—	—	—	—
b[2]	—	44	52	60	72	84	96	108	—
b[3]	—	—	—	73	85	97	109	121	137
l 从	50	65	80	90	110	140	160	180	220
l 至	120	160	200	240	300	360	440	480	500
标称长度 l mm	12，16，20，25，30，35 ~ 60，65，70，80，90 ~ 140，150，160，180，200 ~ 460，480，500								

⇒ **六角螺钉 ISO 4014 – M10 × 60 – 8.8**

d = M10，l = 60 mm，强度等级 8.8

螺纹 M10 的六角螺钉，杆长度 60mm，最低强度 800 N/mm²，

最低屈服强度 640 N/mm²。

螺纹直至头部的六角螺钉

参照 DIN EN ISO 4017

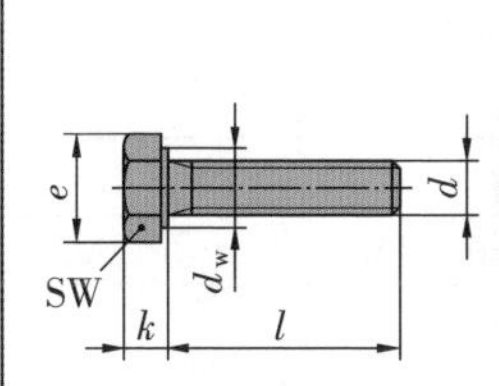

d	M1.6	M2	M2.5	M3	M4	M5	M6	M8	M10
SW	3.2	4	5	5.5	7	8	10	13	17
k	1.1	1.4	1.7	2	2.8	3.5	4	5.3	6.4
d_w	2.3	3.1	4.1	4.6	6	6.9	8.9	11.6	14.6
e	3.4	4.3	5.5	6	7.7	8.8	11.1	14.4	17.8
l 从	2	4	5	6	8	10	12	16	20
l 至	16	20	25	30	40	50	60	80	100
d	M12	M16	M20	M24	M30	M36	M42	M48	M56
SW	19	24	30	36	46	55	65	75	85
k	7.5	10	12.5	15	18.7	22.5	26	30	35
d_w	16.6	22.5	27.7	33.3	42.8	51.1	60	69.5	78.7
e	20	26.2	33	39.6	50.9	60.8	71.3	82.6	93.6
l 从	25	30	40	50	60	70	80	100	110
l 至	120	150	200	200	200	200	200	200	200
标称长度 l mm	2，3，4，5，6，8，10，12，16，20，25，30，35 ~ 60，65，70，80，90 ~ 140，150，160，180，200								

⇒ **六角螺钉 ISO 4017 – M8 × 40 – 10.9**

d = M8，l = 40 mm，强度等级 10.9

螺纹至头部的 M8 螺纹六角螺钉，杆长度 40 mm，

最低强度 1000 N/mm²，最低屈服强度 900 N/mm²。

密配螺钉，沉头螺钉

长螺纹末端六角密配螺钉

参照 DIN 609

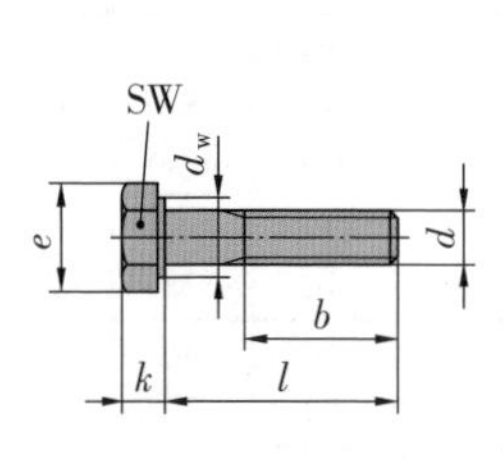

¹ 适用于 $l \leqslant 50$ mm
² 适用于 $l = 50...150$ mm
³ 适用于 $l > 150$ mm
⁴ NL– 标称长度 l（额定长度）

d $d \times P$	M8 M8 ×1	M10 M10 ×1	M12 M12 ×1	M16 M16 ×1.5	M20 M20 ×1.5	M24 M24 ×2	M30 M30 ×2	M36 M36 ×3	M42 M42 ×3	M48 M48 ×3
SW k	13 5.3	17 6.4	19 7.5	24 10	30 12.5	36 15	46 19	55 22	65 26	75 30
d_sk6 e	9 14.4	11 17.8	13 19.9	17 26.2	21 29.6	25 40	32 50.9	38 60.8	44 71.3	50 82.6
b^1 b^2 b^3	14.5 16.5 —	17.5 19.5 —	20.5 22.5 —	25 27 32	28.5 30.5 35.5	— 36.5 41.5	— 43 48	— 49 54	— 56 61	— 63 68
l 从 至	25 80	30 100	32 120	38 150	45 150	55 150	65 200	70 200	80 200	85 200
NL⁴ mm	25，28，30，32，35，38，40，42，45，48，50，55，60～150，160～200									

⇒ **密配螺钉 DIN 609 – M16 × 1.5 × 125 – 8.8**
d = M16 × 1.5; l = 125 mm，强度等级 8.8

内六角圆柱螺钉

参照 DIN EN ISO 4762

用于难以接近的位置，上紧和松开仅需较小空间

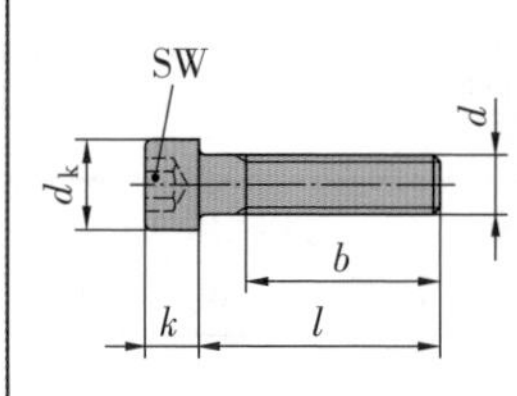

⁵ 否则螺纹接近至头部
⁶ NL 标称长度 l（额定长度）

d	M1.5	M2	M2.5	M3	M4	M5	M6	M8	M10
SW d_k k	1.5 3 1.6	1.5 3.8 2	2 4.5 2.5	2.5 5.5 3	3 7 4	4 8.5 5	5 10 6	6 13 8	8 16 10
b^1 适 用于 l	15 16	16 20	17 25	18 ≥ 25	20 ≥ 30	22 ≥ 30	24 ≥ 35	28 ≥ 40	32 ≥ 45
l 从 至	2.5 16	3 20	4 25	5 30	6 40	8 50	10 60	12 80	16 100
d	M12	M16	M20	M24	M30	M36	M42	M48	M56
SW d_k k	10 18 12	14 24 16	17 30 20	19 36 24	22 45 30	27 54 36	32 63 42	36 72 48	41 84 56
b^5 适 用于 l	36 ≥ 45	44 ≥ 65	52 ≥ 80	60 ≥ 90	72 ≥ 110	84 ≥ 120	96 ≥ 140	108 ≥ 160	124 ≥ 180
l 从 至	20 120	25 160	30 200	35 200	40 200	45 200	60 300	70 300	80 300
NL⁶ mm	2，5，3，4，5，6，8，10，12，16，20，25，30～65，70，80～150，160，180，200～280，300								

⇒ **圆柱螺钉 ISO 4762 – M10 × 55 – 10.9**
d = M10，l = 55 mm，强度等级 10.9

内六角沉头螺钉

参照 DIN EN ISO 10642

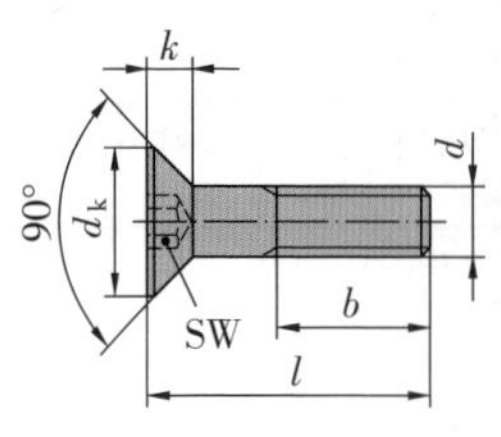

⁷ 适用于 $l \leqslant b$：螺纹接近至头部

d	M3	M4	M5	M6	M8	M10	M12	M16	M20
SW d_k	2 6.7	2.5 9	3 11.2	4 13.4	5 17.9	6 22.4	8 26.9	10 33.6	12 40.3
k b^7	1.9 18	2.5 20	3.1 22	3.7 24	5 28	6.2 32	7.4 36	8.8 44	10.2 52
l 从 至	8 30	8 40	8 50	8 60	10 80	12 100	20 100	30 100	35 100
NL⁶ mm	8，10，12，16，20，25～65，70～80，90，100								

⇒ **沉头螺钉 ISO 10642 – M5 x 30 – 8.8**
d = M5，l = 30 mm，强度等级 8.8

螺钉，自攻螺钉

PZ 十字槽半圆头螺钉

参照 DIN EN ISO 7045

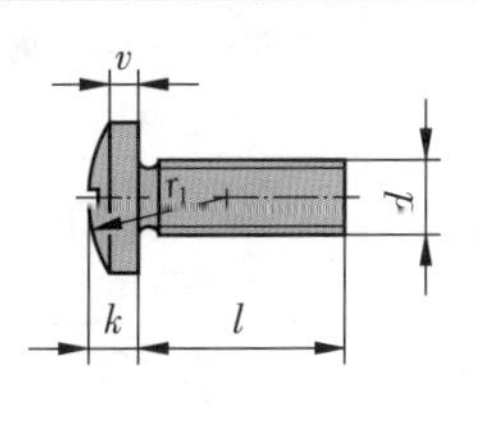

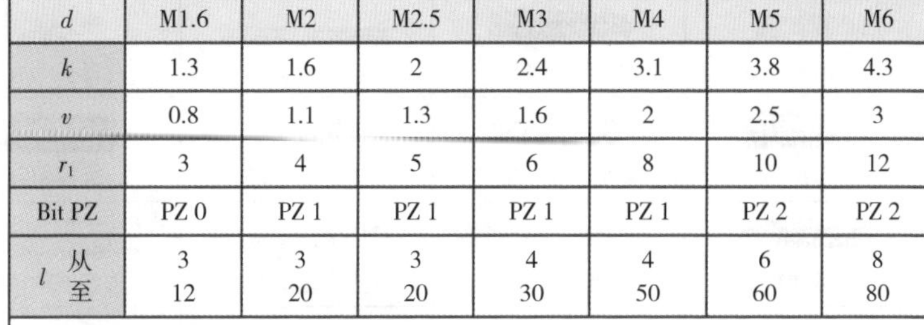

d	M1.6	M2	M2.5	M3	M4	M5	M6
k	1.3	1.6	2	2.4	3.1	3.8	4.3
v	0.8	1.1	1.3	1.6	2	2.5	3
r_1	3	4	5	6	8	10	12
Bit PZ	PZ 0	PZ 1	PZ 1	PZ 1	PZ 1	PZ 2	PZ 2
l 从	3	3	3	4	4	6	8
l 至	12	20	20	30	50	60	80

⇒ **半圆头螺钉 DIN 7985 - M4 x 20PZ**

d = M4; l = 20 mm; PZ = 米字槽

开槽和十字槽盘头螺钉

参照 DIN EN ISO 1580 和 7045

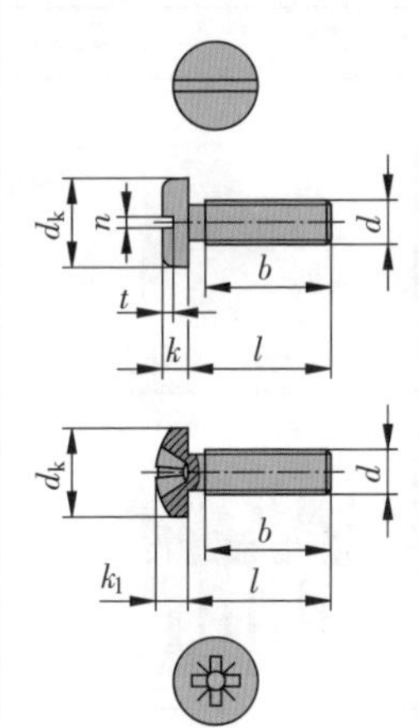

d	M1.6	M2	M2.5	M3	M4	M5	M6	M8	M10
d_k	3.2	4	5	5.6	8	9.5	12	16	20
k	1.3	1.3	1.5	1.8	2.4	3	3.6	4.8	6
k_1	1.3	1.6	2.1	2.4	3.1	3.7	4.6	6	7.5
n	0.4	0.5	0.6	0.8	1.2	1.2	1.6	2	2.5
t	0.4	0.5	0.6	0.7	1	1.2	1.4	1.9	2.4
K[1]	0		1		2		3	4	
l 从	3	3	3	4	5	6	8	10	12
l 至	16	20	25	30	40	50	60	60	60
b	适用于 $l < 45$mm → $b \approx l$；适用于 $l \geqslant 45$ mm → b = 38 mm								
标称长度 l mm	3，4，5，6，8，10，12，16，20，25 至 45，50，60								

⇒ **盘头螺钉 ISO 1580 – M4 × 16 – 4.8**

d = M4，l = 16 mm，强度等级 4.8

[1] 十字槽尺寸

星形内六圆角圆柱螺钉

参照 DIN EN ISO 14579

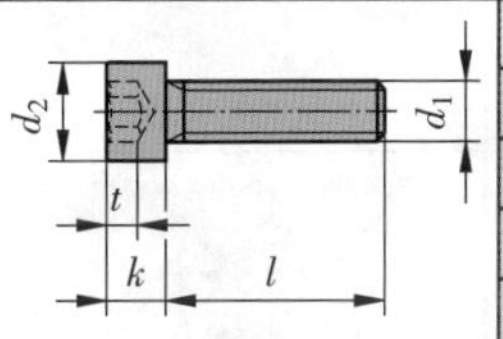

d_1	M2	M2.5	M3	M4	M5	M6
$d_{2\,max}$	3.8	4.5	5.5	7.0	8.5	10.0
k_{max}	2	2.5	3	4	5	6
Bit TX	TX 6	TX 8	TX 10	TX 20	TX 25	TX 30
l 从	3	3	4	5	6	8
l 至	20	20	50	80	100	150

⇒ **圆柱螺钉 ISO 14579 – M5 × 20TX**

d = M5，l = 20 mm；TX= 星形螺钉头

半圆头自攻螺钉

参照 DIN 835，938，939

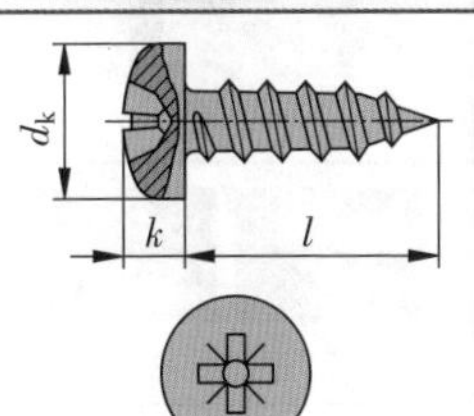

螺纹尺寸	ST2.2	ST2.9	ST3.5	ST4.2	ST4.8	ST5.5	ST6.3
d_k	4	5.6	7	8	9.5	11	13
k	1.8	2.4	2.6	3.1	3.7	4	5.6
其他尺寸和形状	长度，标称长度，形状，十字槽尺寸和十字槽形状均与 DIN ISO 7050 相同						

⇒ **自攻螺钉 ISO 7049 – ST2.9 × 13 – C – H：**

螺纹 ST2.9；l = 13 mm，形状 C，尖头，十字槽形状 H

特种螺钉

特种螺钉种类，地脚螺栓

www.fischer.de

支撑螺钉	通用木螺钉	长杆木螺钉	石膏板木螺钉	膨胀螺钉
板定位销	多孔混凝土螺钉	泡沫混凝土螺钉	黄铜螺钉	金属膨胀螺钉
地脚螺栓	长杆地脚螺栓	高强度地脚螺栓	重载地脚螺栓	空心盖地脚螺栓
Zykon 贯穿地脚螺栓	Zykon 打入式地脚螺栓	空心金属螺钉	内螺纹支撑螺钉	地脚螺栓螺套

特种螺钉的安装

www.tox.de

安装在混凝土和实心砖内

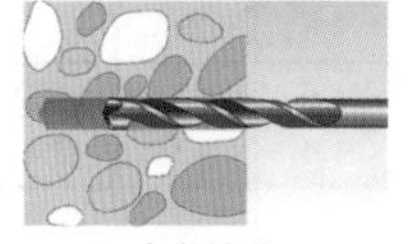
冲击钻孔

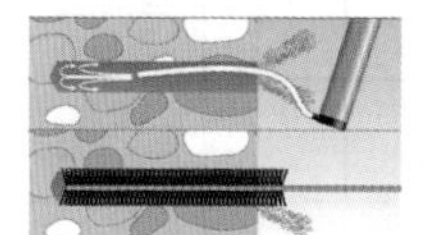
清理钻孔

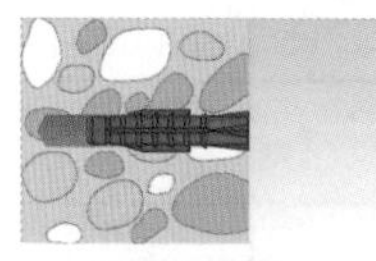
插入螺钉

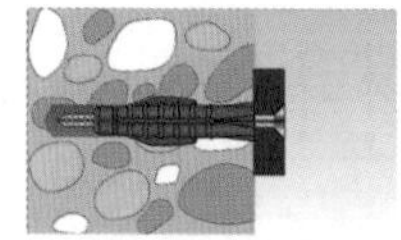
安装其余部分

安装在多孔墙壁内

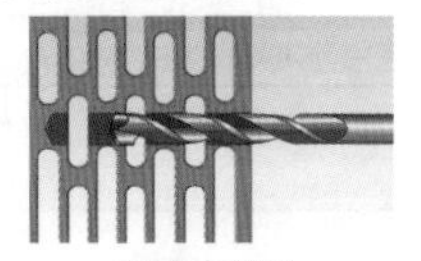
无冲击钻孔

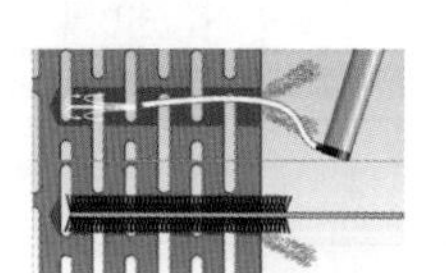
清理钻孔

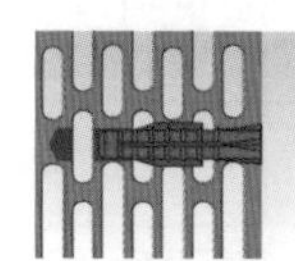
插入螺钉

安装其余部分

作用原理

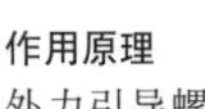
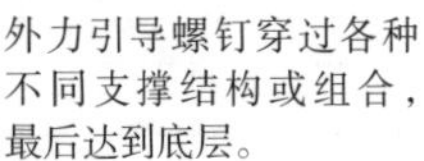

外力引导螺钉穿过各种不同支撑结构或组合，最后达到底层。

摩擦力接合型

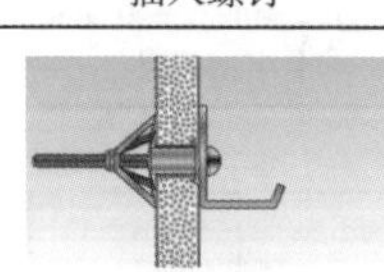
形状接合型

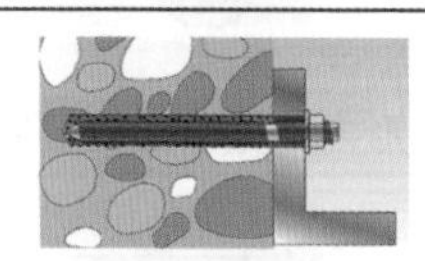
材料接合型

安装种类

根据构件的种类和用途而定。

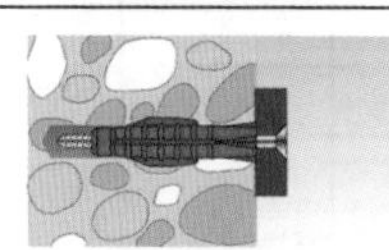
预插入式安装

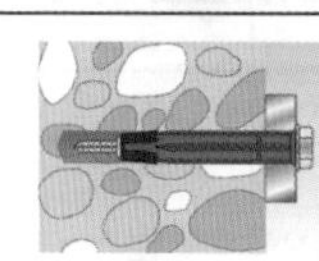
贯穿式安装

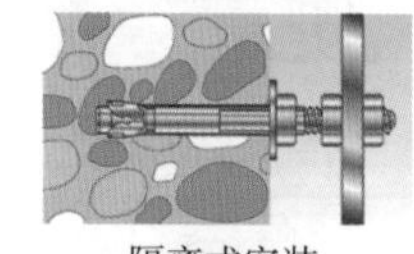
隔离式安装

钻孔直径，钻孔深度，螺钉长度，最小孔间距

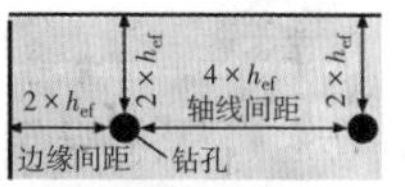
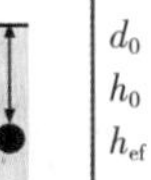

常用经验公式

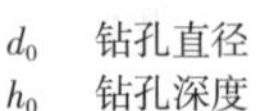

- d_0 钻孔直径
- h_0 钻孔深度
- h_{ef} 螺钉打入深度
- t_{fix} 安装件厚度
- L 螺钉长度

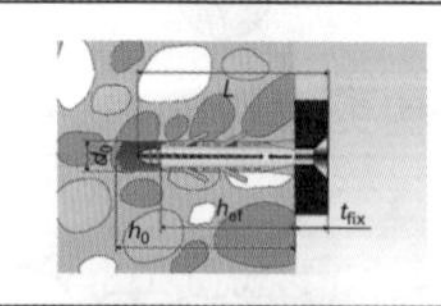

建筑材料

混凝土和实心砖

多孔砖

建筑板材

图片来源：MediaServiceOnline, Unternehmensgruppe Fischer 和 TOX-DÜBEL-TECHNIK GmbH

螺销

开槽螺销

锥端

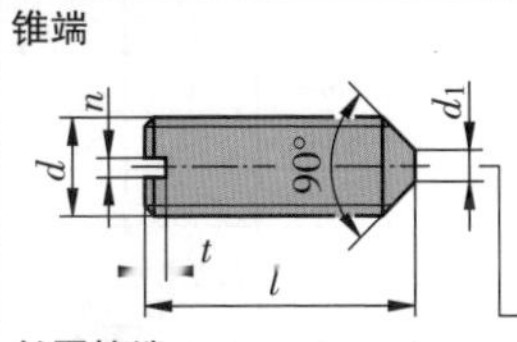

长圆柱端

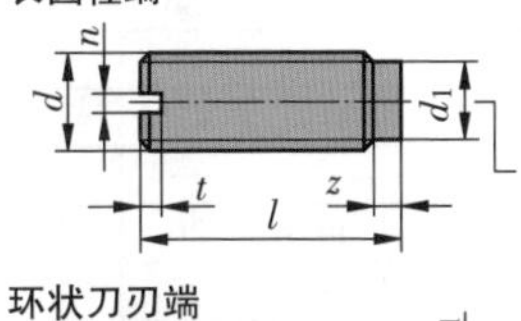

环状刀刃端

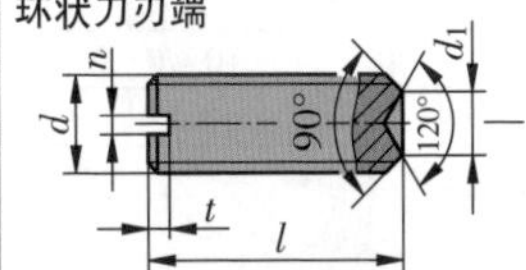

倒角端

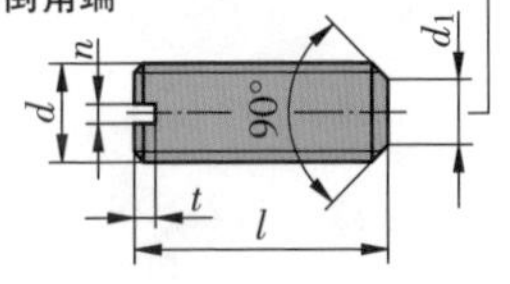

		d	M＜1.2	M1.6	M2	M2.5	M3	M4	M5	M6	M8	M10	M12
		n	0.2	0.3	0.3	0.4	0.4	0.6	0.8	1.0	1.2	1.6	2
		t ≈	0.5	0.7	0.8	1	1.1	1.4	1.6	2	2.5	3	3.6
DIN EN 27434		d_{1max}	0.1	0.2	0.2	0.3	0.3	0.4	0.5	1.5	2	2.5	3
	l	从	2	2	3	3	4	6	8	8	10	12	16
		至	6	8	10	12	16	25	30	35	40	55	60
DIN EN 27435		d_{1max}	—	0.8	1	1.5	2	2.5	3.5	4.3	5.5	7	8.5
		z_{max}	—	1.1	1.3	1.5	1.8	2.3	2.8	3.3	4.3	5.3	6.3
	l	从	—	2.5	3	4	5	6	8	8	10	12	16
		至	—	8	10	12	16	20	25	30	40	50	60
DIN EN 27436		d_{1max}	—	0.8	1	1.2	1.4	2	2.5	3	5	6	8
	l	从	—	2	2.5	3	3	4	5	6	8	10	12
		至	—	8	10	12	16	20	25	30	40	50	60
DIN EN 24766		d_{1max}	0.6	0.8	1	1.5	2	2.5	3.5	4	5.5	7	8.5
	l	从	2	2	2	2.5	3	4	5	6	8	10	12
		至	6	8	10	12	16	20	25	30	40	50	60
标称长度 *l* mm			2，2.5，3，4，5，6，8，10，12，16，20，25，30 至 50，55，60										

应用，例如用于定位环的位置保护。

⇒ **螺销 ISO 7434 – M6 × 25 – 14H**
d = M6，*l* = 25 mm；强度等级 14H

内六角双头螺销

倒角端

锥端

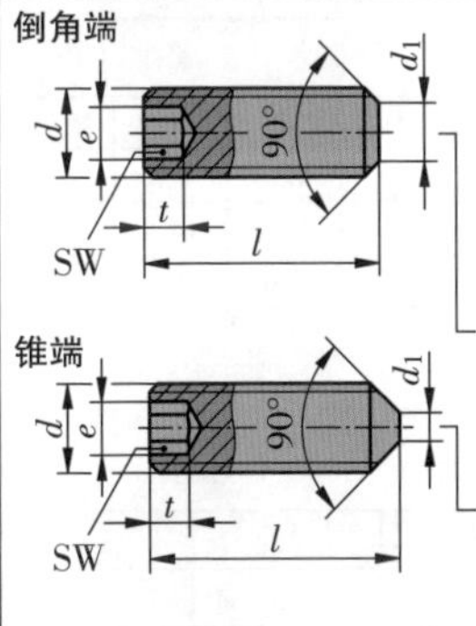

长圆柱端

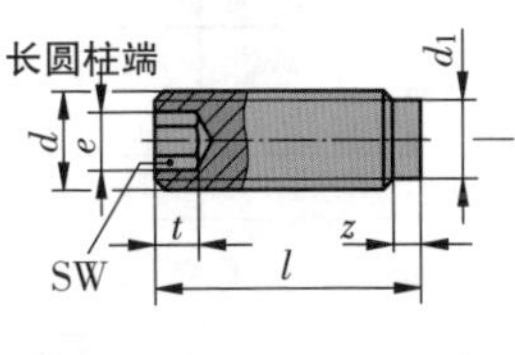

环状刀刃端

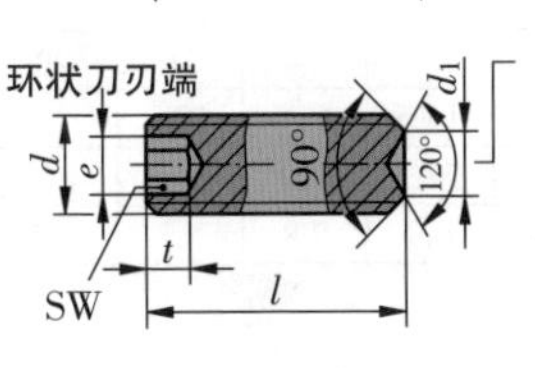

		d	M2	M2.5	M3	M4	M5	M6	M8	M10	M12	M16	M20
		SW	0.9	1.3	1.5	2	2.5	3	4	5	6	8	10
		e ≈	1	1.4	1.7	2.3	2.9	3.4	4.6	5.7	6.9	9.2	11.4
		t_{min}	0.8	1.2	1.2	1.5	2	2	3	4	4.8	6.4	8
DIN EN ISO 4026		d_{1max}	1	1.5	2	2.5	3.5	4	5.5	7	8.5	12	15
	l	从	3	3	3	4	5	6	8	10	16	20	20
		至	10	10	20	20	25	35	40	40	40	40	50
DIN EN ISO 4027		d_{1max}	—	—	—	—	—	1.5	2	2.5	3	4	5
	l	从	3	4	4	5	6	8	10	12	16	20	20
		至	10	10	20	20	25	35	40	40	40	40	50
DIN EN ISO 4028		d_{1max}	1	1.5	2	2.5	3.5	4	5.5	7	8.5	12	15
		z	1.3	1.5	1.8	2.3	2.8	3.3	4.3	5.3	6.3	8.4	—
	l	从	4	4	5	6	8	8	10	12	16	20	25
		至	10	10	20	20	25	35	40	40	40	40	50
DIN EN ISO 4029		d_{1max}	1	1.2	1.4	2	2.5	3	5	6	8	10	14
	l	从	3	3	4	5	5	6	8	12	16	20	25
		至	10	10	20	20	25	35	40	40	40	40	50
标称长度 *l* mm			3，4，5，6，8，10，12，16，20，25，30，35，40，45，50										

应用见上文

⇒ **螺销 DIN 913 – M6 × 25 – 14H**
d = M6，*l* = 25 mm，强度等级 45H

沉孔 1

按 ISO 7721 标准头部形状沉头螺钉的沉孔

参照 DIN EN ISO 15065

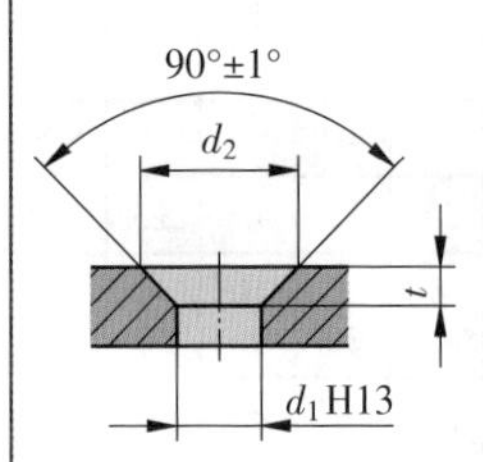

标称尺寸	1.6	2	2.5	3	3.5	4	5	5.5
米制螺纹	M1.6	M2	M2.5	M3	M3.5	M4	M5	—
自攻螺钉	—	ST2.2	—	ST2.9	ST3.5	ST4.2	ST4.8	ST5.5
d_1 H13（中等）	1.8	2.4	2.9	3.4	3.9	4.5	5.5	6
d_2	3.6	4.4	5.5	6.3	8.2	9.4	10.4	11.5
d_2 的极限偏差	+0.1/0			+0.2/0			+0.25/0	
$t_1 \approx$	1.0	1.1	1.4	1.6	2.3	2.6	2.6	2.9
标称尺寸	6	8	10	12	14	16	18	20
米制螺纹	M6	M8	M10	M12	M14	M16	M18	M20
自攻螺钉	ST6.3	ST8	ST9.5	—	—	—	—	—
d_1 H13（中等）	6.6	9	11	13.5	15.5	17.5	20	22
d_2	12.6	17.3	20	24	28	32	36	40
d_2 的极限偏差	+0.25/0		+0.3/0			+0.4/0		
$t_1 \approx$	3.1	4.3	4.7	5.4	6.4	7.5	8.2	9.2

沉孔的优点：
- 更小的受损危险
- 更令人喜欢的外观

螺钉的应用：
- 一字槽沉头螺钉 DIN EN ISO 2009
- 十字槽沉头螺钉 DIN EN ISO 7046–1
- 一字槽半沉头螺钉 DIN EN ISO 2010
- 十字槽半沉头螺钉 DIN EN ISO 7047
- 一字槽沉头自攻螺钉 DIN ISO 1482
- 十字槽沉头自攻螺钉 DIN ISO 7050
- 一字槽半沉头自攻螺钉 DIN ISO 1483
- 十字槽半沉头自攻螺钉 DIN ISO 7051
- 十字槽沉头钻孔螺钉 DIN 15482
- 十字槽半沉头钻孔螺钉 DIN 15483

⇒ **沉孔 DIN 66– 8：**标称尺寸 8（米制螺纹 M8 或自攻螺钉螺纹 ST8）

沉头螺钉的沉孔

参照 DIN74

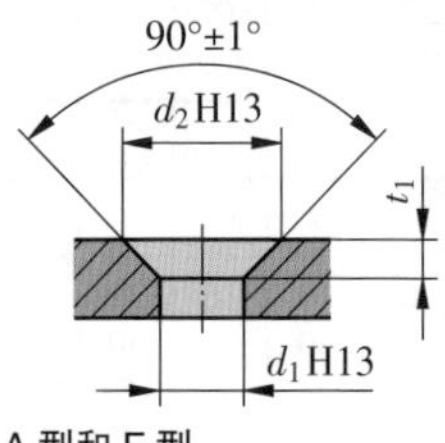

A 型和 F 型

螺纹直径		1.6	2	2.5	3	4	4.5	5	6	7	8
A 型	d_1H13[1]	1.8	2.4	2.9	3.4	4.5	5	5.5	6.6	7.6	9
	d_2H13[1]	3.7	4.6	5.7	6.5	8.6	9.5	10.4	12.4	14.4	16.4
	$t_1 \approx$	0.9	1.1	1.4	1.6	2.1	2.3	2.5	2.9	3.3	3.7

A 型应用于：
- 沉头木螺钉 DIN 97 和 DIN 7997
- 半沉头木螺钉 DIN 95 和 DIN 7995

⇒ **沉孔 DIN 74–A4：**A 型，螺纹直径 4 mm

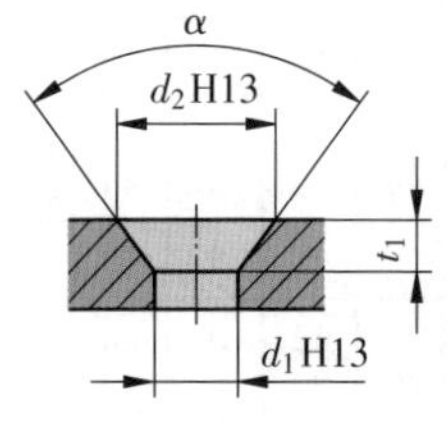

E 型

螺纹直径		10	12	16	20	22	24
E 型	d_1H13[1]	10.5	13	17	21	23	25
	d_2H13	19	24	31	34	37	40
	$t_1 \approx$	5.5	7	9	11.5	12	13
	α		75° ± 1°			60° ± 1°	

E 型应用于：钢结构沉头螺钉 DIN 7969

⇒ **沉孔 DIN 74–E12：**E 型，螺纹直径 12 mm

螺纹直径		3	4	5	6	8	10	12	14	16	20
F 型	d_1H13[1]	3.4	4.5	5.5	6.6	9	11	13.5	15.5	17.5	22
	d_2H13	6.9	9.2	11.5	13.7	18.3	22.7	27.2	31.2	34.0	40.7
	$t_1 \approx$	1.8	2.3	3.0	3.6	4.6	5.9	6.9	7.8	8.2	9.4

B，C 和 D 型不再标准化。

F 型应用于：内六角沉头螺钉 DIN EN ISO 10642

⇒ **沉孔 DIN 74–F12：**F 型，螺纹直径 12 mm

[1] 中等通孔按 DIN EN 20273–1（～介于精细与粗糙之间的中等数值）

沉孔 2

圆柱头螺钉沉孔的直径和深度

参照 DIN 974–1

d_1 H13　t　d_h H13

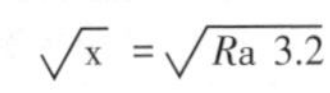

	d	3	4	5	6	8	10	12	16	20	24	27	30	36
d_h H13[2]		3.4	4.5	5.5	6.6	9	11	13.5	17.5	22	26	30	33	39
d_1 H13	系列 1	6.5	8	10	11	15	18	20	26	33	40	46	50	58
	系列 2	7	9	11	13	18	24	—	—	—	—	—	—	—
	系列 3	6.5	8	10	11	15	18	20	26	33	40	46	50	58
	系列 4	7	9	11	13	16	20	24	30	36	43	46	54	63
	系列 5	9	10	13	15	18	24	26	33	40	48	54	61	69
	系列 6	8	10	13	15	20	24	33	43	48	58	63	73	—
t_1	ISO 1207	2.4	3.0	3.7	4.3	5.6	6.6	—	—	—	—	—	—	—
	ISO 4762	3.4	4.4	5.4	6.4	8.6	10.6	12.6	16.6	20.6	24.8	—	31.0	37.0
	DIN 7984	2.4	3.2	3.9	4.4	5.6	6.6	7.6	9.6	11.6	13.8	—	—	—

系列	无垫圈圆柱头螺钉	
1	螺钉 ISO 1207，ISO 4762，DIN 6912，DIN 7984，DIN 34821，ISO 4579，ISO 4580	
2	螺钉 ISO 1580，ISO 7045，ISO 14583	
	圆柱头螺钉和下列垫圈：	
3	螺钉 ISO 1207，ISO 4762，DIN 7984 带弹簧垫圈 DIN 7980	
4	垫圈 DIN 433–1 和 DIN 433–2 弹簧垫片 DIN 137 A 型 弹簧垫圈 DIN 128+DIN 6905	齿形垫圈 DIN 6797 带齿垫圈 DIN 6798 带齿垫圈 DIN 6907
5	垫圈 DIN 125–1 和 DIN 125–2 垫圈 DIN 6902 A 型	弹簧垫片 DIN 137 B 型 弹簧垫片 DIN 6904
6	夹紧垫圈 DIN 6796	夹紧垫圈 DIN 6908

[1] 用于无垫圈螺钉

[2] 通孔按 DIN ISO 273，中等系列

六角螺钉和六角螺帽的沉孔

参照 DIN 974–2

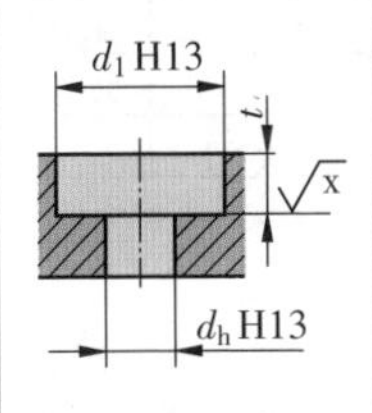

$\sqrt{x} = \sqrt{Ra\ 3.2}$ 或 $\sqrt{Rz\ 25}$

	d	4	5	6	8	10	12	14	16	20	24	27	30	33	36	42
s		7	8	10	13	16	18	21	24	30	36	41	46	50	55	65
d_hH13		4.5	5.5	6.6	9	11	13.5	15.5	17.5	22	26	30	33	36	39	45
d_1 H13	系列 1	13	15	18	24	28	33	36	40	46	58	61	73	76	82	98
	系列 2	15	18	20	26	33	36	43	46	54	73	76	82	89	93	107
	系列 3	10	11	13	18	22	26	30	33	40	48	54	61	69	73	82
t_1	六角螺钉	3.2	3.9	4.4	5.7	6.8	8.1	—	10.6	13.1	15.8	—	19.7	23.5	—	—

系列 1：用于套筒扳手 DIN 659，DIN 896，DIN 3112 或套筒扳手套件 DIN 3124

系列 2：用于梅花扳手 DIN 838，DIN 897 或套筒扳手套件 DIN 3129

系列 3：用于安装空间狭小时扩孔（不适用夹紧垫圈）

[1] 用于六角螺钉 ISO 4014，ISO 4017，ISO 8765，ISO 8676

接头处对齐的沉孔深度计算

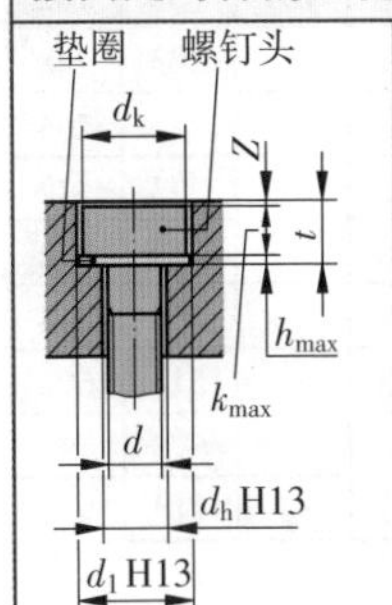

求余量 Z

螺纹标称直径 d	从 1～1.4	大于 1.4～6	大于 6～20	大于 20～27	大于 27～100
余量 Z	0.2	0.4	0.6	0.8	1.0

t　沉孔深度

k_{max}　最大螺钉头部高度

h_{max}　最大垫圈高度

Z　余量相当于螺纹标称直径（参照表值）

沉孔深度[1]

$$t = k_{max} + h_{max} + Z$$ (1)

[1] 如果不能采用数值 k_{max} 和 h_{max}，可采用 k（见 464 页）和 h（见 472 页）的近似值。

螺帽

螺帽的名称

参照 DIN 962

举例：

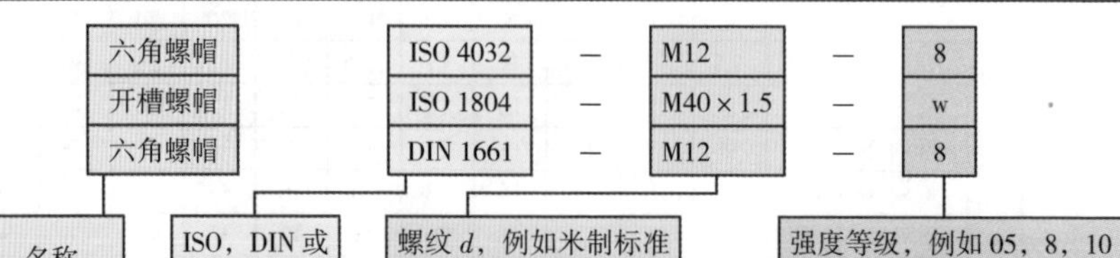

[1] 按 DIN EN ISO 标准化的螺帽在名称中包含 ISO 主编号。

DIN EN ISO 标准：　　ISO 主编号 → DIN EN ISO 编号

按 DIN EN 标准化的螺帽在名称中包含 EN 或 ISO 主编号。

DIN EN 标准：　　EN 主编号 → DIN EN 编号

或：　　ISO 主编号 →（DIN EN 编号 – 20 000）

举例：DIN EN 24032：ISO 主编号 → 24032 – 20000 = 4032

按 DIN 标准化的螺帽在名称中包含 DIN 主编号。

螺帽的强度等级

参照 DIN EN 20898–2

螺帽		螺帽 / 螺钉许用组合[2]：螺帽				螺钉
		标准螺纹的螺纹范围 d		细牙螺纹的螺纹范围 d		
强度等级	高度 m	1 型	2 型[3]	1 型	2 型	强度等级
4	$\geqslant 0.8 \cdot d$	M20 ~ M36	—	—	—	至 4.8
5		M5 ~ M36	—	—	—	至 5.8
6		M5 ~ M36	—	M8 × 1 ~ M36 × 3	—	至 6.8
8		M5 ~ M36	M20 ~ M36	M8 × 1 ~ M36 × 3	M8 × 1 ~ M16 × 1.5	至 8.8
9		M5 ~ M16	M5 ~ M16	—	—	至 9.8
10		M5 ~ M36	—	M8 × 1 ~ M16 × 1.5	M8 × 1 ~ M36 × 3	至 10.9
12		M5 ~ M16	M5 ~ M36	—	M8 × 1 ~ M16 × 1.5	至 12.9
04	$< 0.8 \cdot d$	强度等级 04 和 05 的螺帽未划入 1 型或 2 型。它们的可载荷能力小于高度 $m \geqslant 0.8 \cdot d$ 的螺帽。				
05						

[2] 如果螺钉和螺帽在给定范围内可以组合，该连接可按下表表值设定其负载能力。

[3] 2 型螺帽高于 1 型螺帽约 10%。

螺帽和螺钉的许用纵向力 F[4]

螺纹 d	用于下列螺钉强度等级的许用纵向力 F（KN）4.8	5.8	6.8	8.8	9.8	10.9	12.9	螺纹 d	用于下列螺钉强度等级的许用纵向力 F（KN）4.8	5.8	6.8	8.8	9.8	10.9	12.9
M5	4.40	5.40	6.25	8.23	9.23	11.8	13.8	M16 × 1.5	51.8	63.5	73.5	96.9	109	139	162
M6	6.23	7.64	8.84	11.6	13.1	16.7	19.5	M20	76.0	93.1	108	147	—	203	238
M8	11.4	13.9	16.1	21.2	23.8	30.4	35.5	M20 × 1.5	84.0	103	120	163	—	226	264
M8 × 1	12.2	14.9	17.2	22.7	25.5	32.5	38.0	M24	109	134	155	212	—	293	342
M10	18.0	22.0	25.5	33.7	37.7	48.1	56.3	M24 × 2	119	146	169	230	—	319	372
M10 × 1	20.0	24.5	28.4	37.4	41.9	53.5	62.7	M30	174	213	247	337	—	466	544
M12	26.1	32.0	37.1	48.9	54.8	70.0	81.8	M30 × 2	192	236	273	373	—	515	602
M12 × 1.5	28.6	35.0	40.5	53.4	59.9	76.4	89.3	M36	253	310	359	490	—	678	792
M16	48.7	59.7	69.1	91.0	102	130	152	M36 × 3	268	329	381	519	—	718	838

[1] 如果螺帽高度 $m \geqslant 0.8 \cdot d$，力 F 的载荷不允许对螺纹的退出构成伤害。

六角螺帽

视图	结构，标准范围	W[1]	标准	视图	结构，标准范围	W[1]	标准
六角螺帽							
	1 型		DIN EN 24032		1 型		DIN EN 28673
	M3～M36	6；8；10			M8×1～M12×1.5	6；8；10	
	M1.6～M2.5 和 M42～M63	n.V.			M16×1.5～M36×3	6；8	
					M42×3～M64×4	n.V.	DIN EN 28674
	2 型，M5～M36	9；10；12	DIN EN 24033		2 型，M8×1～M36×3	8；10；12	
六角螺帽，浅螺帽型							
	M1.6～M2.5	14H	DIN EN 24035		M8×1～M36×3	04；05	DIN EN 28675
	M3～M36	04；05					
	M42～M64	n.V.			M42×3～M63×4	n.V.	
冠状螺帽				**闷盖螺帽**			
	高型 M4～M36 M8×1～M36×3	6；8；10	DIN 935		高型 M4～M24 M8×1～M24×2	6	DIN 1587
	M42～M100×6 M42×3～M100×4	n.V.			低型 M4～M36 M8×1～M36×3	5；6	DIN 917
	低型 M6～M36 M8×1～M36×3	04；05	DIN 979		M42～M48 M42×3～M48×3	n.V.	
	M42～M48 M42×3～M48×3	n.V.					
锁紧螺帽				**开口销**			
	M4～M30	弹簧钢	DIN 7967		0.6×4～20×80	St	DIN EN ISO 1234

[1] W 材料：强度等级，例如 5，6，8 或硬度，例如 6H，11H 或钢，例如 St C 15 或可锻铸铁 GT。

标准螺纹六角螺帽，1 型和浅螺帽型

参照 DIN EN 24032,24035

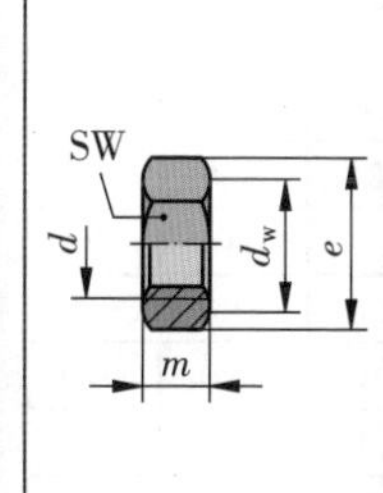

d	M1.6	M2	M2.5	M3	M4	M5	M6	M8	M10
SW	3.2	4	5	5.5	7	8	10	13	16
d_w	2.4	3.1	4.1	4.6	5.9	6.9	8.9	11.6	14.6
e	3.4	4.3	5.5	6	7.7	8.8	11.1	14.4	17.8
m[1]	1.3	1.6	2	2.4	3.2	4.7	5.2	6.8	8.4
m[2]	1	1.2	1.6	1.8	2.2	2.7	3.2	4	5
d	M12	M16	M20	M24	M30	M36	M42	M48	M56
SW	18	24	30	36	46	55	65	75	85
d_w	16.6	22.5	27.7	33.3	42.8	51.1	60	69.5	78.7
e	20	26.8	33	39.6	50.9	60.8	71.3	82.6	93.6
m[1]	10.8	14.8	18	21.5	25.6	31	34	38	45
m[2]	6	8	10	12	15	18	21	24	28

⇒ 六角螺帽 ISO 4032–M24–10：d = M24，强度等级 10

[1] DIN EN 24032：六角螺帽 1 型

[2] DIN EN 24035：六角螺帽浅螺帽型

垫圈 1

垫圈的任务和应用，名称举例

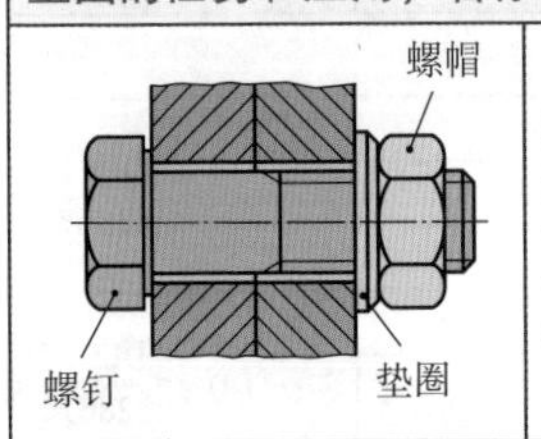

应用：垫圈位于螺钉头部与支承面之间或螺帽与支承面之间。

任务：
- 降低表面压力，尤其针对软材料
- 粗糙或未加工面更好的支承
- 保护镀铬或抛光表面免受损伤

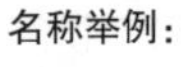
名称举例：

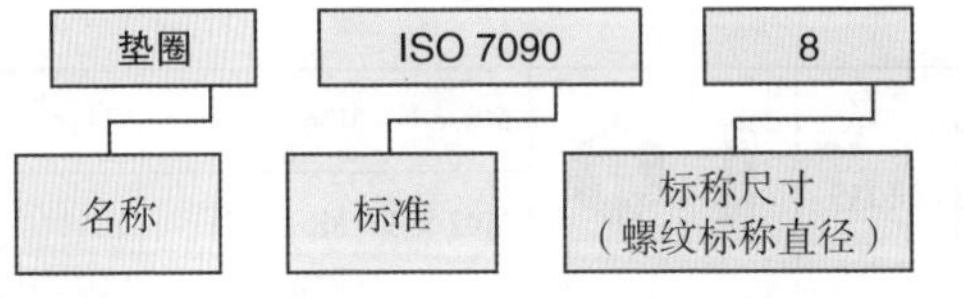

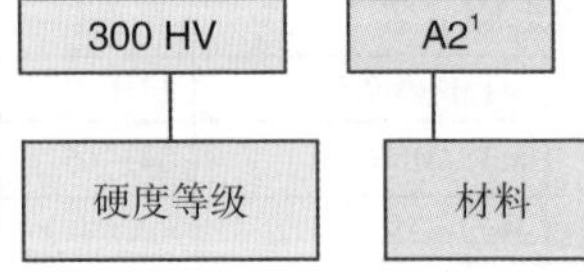

[1] 不锈钢，钢组 A2

带倒角平垫圈，普通系列

参照 EIN EN ISO 7090

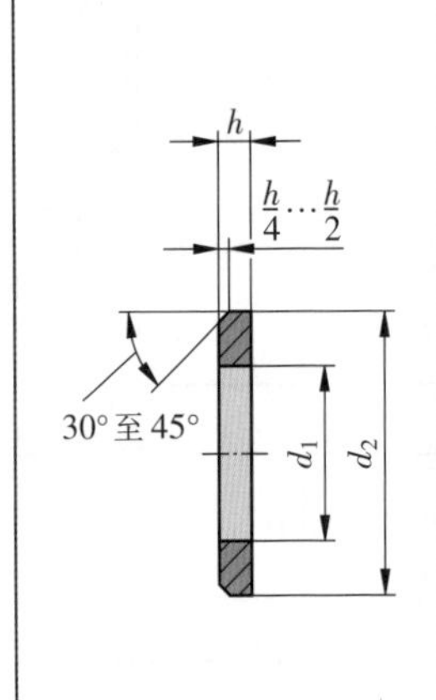

螺纹	M5	M6	M8	M10	M12	M16	M20
标称尺寸 d	5	6	8	10	12	16	20
d_1 min.	5.3	6.4	8.4	10.5	13.0	17.0	21.0
d_2 max.	10.0	12.0	16.0	20.0	24.0	30.0	37.0
h	1	1.6	1.6	2	2.5	3	3
螺纹	M24	M30	M36	M42	M48	M56	M64
标称尺寸 d	24	30	36	42	48	56	64
d_1 min.	25.0	31.0	37.0	45.0	52.0	62.0	70.0
d_2 max.	44.0	56.0	66.0	78.0	92.0	105.0	115.0
h	4	4	5	8	8	10	10

材料	钢		不锈钢
种类	—	—	A2，A4，F1，C1，C4（ISO 3506）
硬度等级	200 HV	300 HV（调质）	200 HV

平垫圈，小型系列

参照 EIN EN ISO 7092

螺纹	M1.6	M2	M2.5	M3	M4	M5	M6	M8
标称尺寸 d	1.6	2	2.5	3	4	5	6	8
d_1 min.	1.7	2.2	2.7	3.2	4.3	5.3	6.4	8.4
d_2 max.	3.5	4.5	5	6	8	9	11	15
h	0.35	0.35	0.55	0.55	0.55	1.1	1.8	1.8
螺纹	M10	M12	M14[2]	M16	M20	M24	M30	M36
标称尺寸 d	10	12	14	16	20	24	30	36
d_1 min.	10.5	13.0	15.0	17.0	21.0	25.0	31.0	37.0
d_2 max.	18.0	20.0	24.0	28.0	34.0	39.0	50.0	60.0
h	1.8	2.2	2.7	2.7	3.3	4.3	4.3	5.6

材料	钢		不锈钢
种类	—	—	A2，A4，F1，C1，C4（ISO 3506）
硬度等级	200 HV	300 HV（调质）	200 HV

[2] 尽可能避免

垫圈 2

用于强度等级 8.8 至 10.9 螺钉的夹紧垫圈

参照 DIN 6796

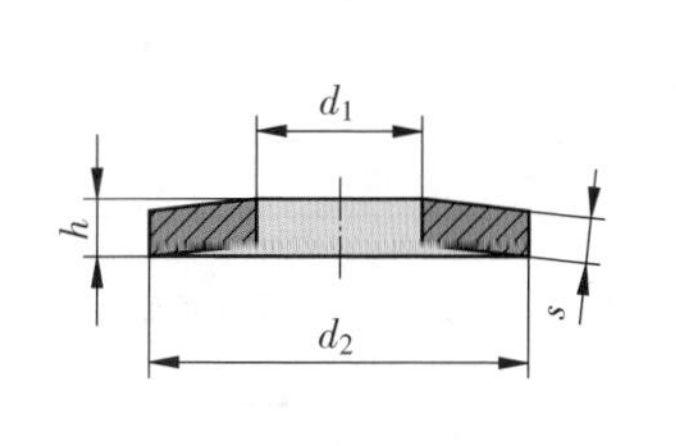

螺纹	d_1 H14	d_2 h14	h max.	s	螺纹	d_1 H14	d_2 h14	h max.	s
M2	2.2	5	0.6	3.4	M12	13	29	3.95	3
M3	3.2	7	0.85	0.6	M14	15	35	4.65	3.5
M4	4.3	9	1.3	1	M16	17	39	5.25	4
M5	5.3	11	1.55	1.2	M18	19	42	5.8	4.5
M6	6.4	14	2	1.5	M20	21	45	6.4	5
M7	7.4	17	2.3	1.75	M24	25	56	7.75	6
M8	8.4	18	2.6	2	M27	28	60	8.35	6.5
M10	10.5	23	3.2	2.5	M30	31	70	9.2	7

⇒夹紧垫圈 DIN 6796-8-FSt：用于 M8，弹簧钢

弹簧垫圈，拱起，用于强度等级＜8.8 的螺钉

A 型

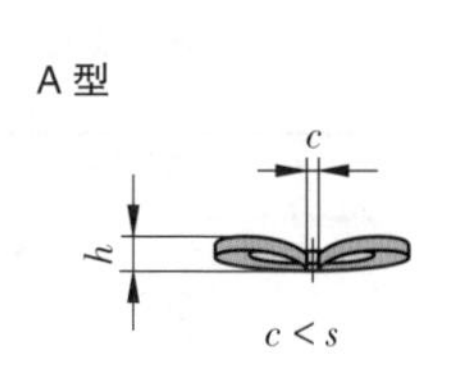

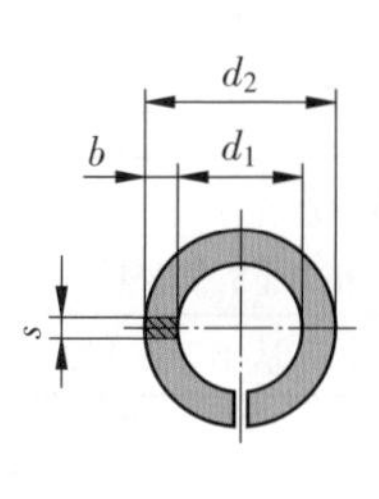

螺纹	d_1 min.	d_1 max.	d_2 max.	b	s	h min.	h max.
M2	2.1	2.4	4.4	0.9	0.5	0.7	0.9
M3	3.1	3.4	6.2	1.3	0.7	1.1	1.3
M4	4.1	4.4	7.6	1.5	0.8	1.2	1.4
M5	5.1	5.4	9.2	1.8	1	1.5	1.7
M6	6.1	6.5	11.8	2.5	1.3	2	2.2
M7	7.1	7.5	12.8	2.5	1.3	2	2.2
M8	8.1	8.5	14.8	3	1.6	2.45	2.75
M10	10.2	10.7	18.1	3.5	1.8	2.85	3.15
M12	12.2	12.7	21.1	4	2.1	3.35	3.65
M14	14.2	14.7	24.1	4.5	2.4	3.9	4.3
M16	16.2	17	27.4	5	2.8	4.5	5.1
M18	18.2	19	29.4	5	2.8	4.5	5.1
M20	20.2	21.2	33.6	6	3.2	5.1	5.9
M22	22.5	23.5	35.9	6	3.2	5.1	5.9
M24	24.5	25.5	40	7	4	6.5	7.5
M27	27.5	28.5	43	7	4	6.5	7.5
M30	30.5	31.7	48.2	8	6	9.5	10.5
M36	36.5	37.5	58.2	10	6	10.3	11.3

⇒弹簧垫圈 DIN 128-A8-FSt：A 型，用于 M8，弹簧钢

齿形垫圈和带齿垫圈

A 型 外齿　**DIN 6797**　J 型 内齿

V 型 可沉孔

A 型 外齿　**DIN 6798**　J 型 内齿

V 型 可沉孔

螺纹	标称尺寸 d_1 min.	标称尺寸 d_2 max.	d_3	s_1	s_2	最少齿数 DIN 6797（DIN 6798）A	J	V
M2	2.2	4.5	4.2	0.3	0.2	6（9）	6（7）	6（10）
M3	3.2	6	6	0.4	0.2	6（9）	6（7）	6（12）
M4	4.3	8	8	0.5	0.25	8（11）	8（8）	8（14）
M5	5.3	10	9.8	0.6	0.3	8（11）	8（8）	8（14）
M6	6.4	11	11.8	0.7	0.4	8（12）	8（9）	10（16）
M7	7.4	12.5	—	0.8	—	8（14）	8（10）	—（-）
M8	8.4	15	15.3	0.8	0.4	8（14）	8（10）	10（18）
M10	10.5	18	19	0.9	0.5	9（12）	9（12）	10（20）
M12	13	20.5	23	1	0.5	10（16）	10（12）	10（26）
M14	15	24	26.2	1	0.6	10（18）	10（14）	12（28）
M16	17	26	30.2	1.2	0.6	12（18）	12（14）	12（30）
M18	19	30	—	1.4	—	12（18）	12（14）	—（-）
M20	21	33	—	1.4	—	12（20）	12（16）	—（-）
M24	25	38	—	1.5	—	14（20）	14（16）	—（-）
M27	28	44	—	1.6	—	14（22）	14（18）	—（-）
M30	31	48	—	1.6	—	14（22）	14（18）	—（-）

⇒齿形垫圈 DIN 6797-A8.4-FSt：A 型，标称尺寸 8.4（用于 M8），弹簧钢

弹簧钢齿形垫圈和带齿垫圈（硬度 350 至 425 HV10）主要用于在螺纹管接头涂层零件上制造电气触点，此外也可用于低强度等级螺钉的防松动保护。

螺丝防松装置的安全性

锁紧力丧失

一般而言，安装空间充足和装配条件良好的螺钉连接没有加装螺丝防松装置的必要。锁紧力已能防止螺钉连接零件移动或螺孔内螺钉螺帽的松动。尽管如此，实际应用中仍会出现锁紧力丧失。

原因	解释	措施
螺钉连接松动	压强大可导致螺钉连接松动，导致塑性变形（位置）并降低螺钉连接的预拧紧力。	选用较高强度等级以加大预拧紧力。
防松锁紧螺钉连接	对于垂直于螺钉轴线的动态载荷螺钉连接可实施完全自动的防松锁紧。	通过下述零件实现防松保护： ·无效的防松元件：例如弹簧垫圈和齿形垫圈。 ·防脱锁紧：允许部分松动，但阻止螺钉连接相互脱离。 ·防松锁紧：黏接剂，棘齿螺钉；螺帽和螺钉无法脱离。

螺纹防松措施概述

连接	防松锁紧元件	类型，特性
共同夹紧连接，弹性的	弹簧垫圈，弹簧垫片，齿形垫圈，带齿垫圈	无效
形状接合型	止动垫圈，开口的锁紧螺帽，防脱钢丝	防脱锁紧
摩擦力接合型（夹紧）	锁紧螺帽	无效，可能松开
	螺钉和螺帽涂覆夹紧型聚酰胺涂层	防脱锁紧和少量的防松锁紧
夹紧的（形状接合型和摩擦力接合型）	头部下方带齿的螺钉	防松锁紧，不适用于淬火结构件
	锁紧环，锁紧垫圈，自锁垫圈对	防松锁紧
材料接合型	螺纹上涂微观隔离型粘接剂	防松锁紧，密封连接；温度范围 -50℃至 150℃
	液体粘接剂	防松锁紧

防松锁紧元件的振动检验

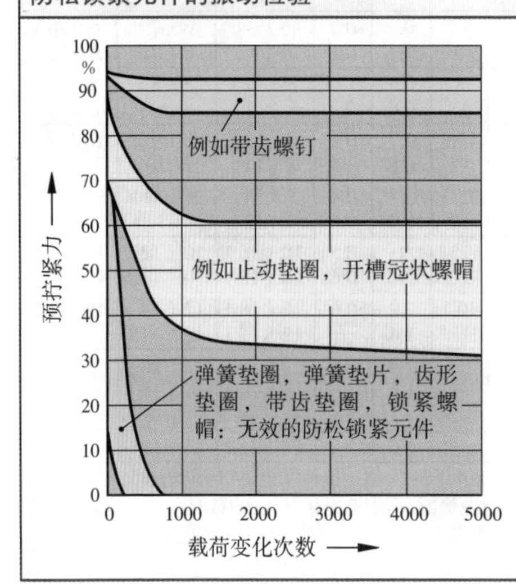

防松锁紧元件需进行振动检验。这里检测在螺钉轴线横向交变载荷作用下螺钉连接的预拧紧力。

对一个 M10 ISO 4014 螺钉使用各种不同防锁紧元件后施加交变横向载荷，求取的数据构成左边的曲线表。

优化的防松锁紧措施（粘接剂或棘齿螺钉）仅损失其原始预拧紧力的 10%～15%，与之相比，锁紧螺帽和带齿垫圈在 1000 次交变载荷后损失预拧紧力的 50%。

弹簧垫圈和齿形垫圈在 500 次交变载荷后已完全丧失了预拧紧力。

出现振动时，对与安全至关重要的螺钉连接采取有效的螺纹防松措施始终是必要的。

销钉，概述

销钉的任务和应用，名称举例

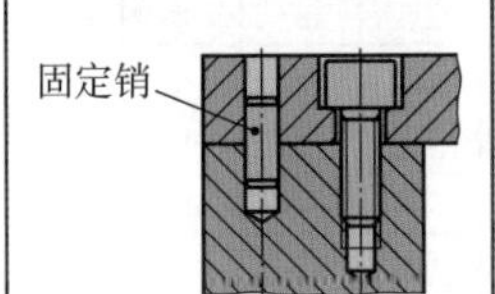

应用：销钉形成机器零件的连接。该类连接属形状接合型和摩擦力接合型，但花费相当时间和精力后仍可拆卸。

任务：

- 连接零件的定位保护（固定销）
- 阻止连接零件的过载（安全销）
- 防止机器零件的移动（止动销）

名称举例：

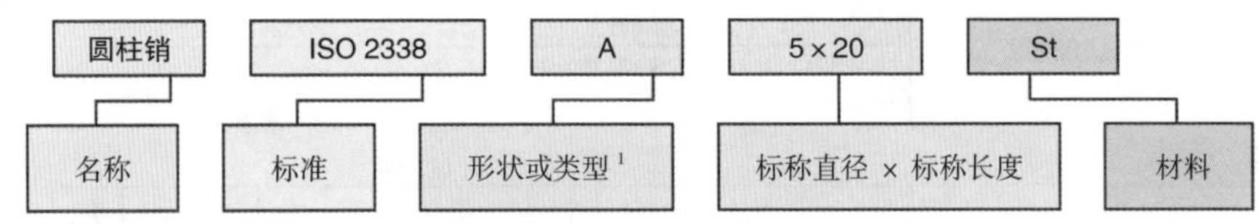

带有 DIN-EN 主编号的销钉名称中含 ISO 编号。
ISO 编号 =DIN-EN 编号 – 20000；举例：DIN EN 22338 = ISO 2338

例如 St= 钢

1 如果有的话

视图	名称，标准范围	标准	视图	名称，标准范围	标准
销钉					
1) 公差等级 m6 或 h8	圆柱销，未淬火 $d = 1 \sim 50$ mm	DIN EN ISO 2338		锥形销 $d_1 = 0.6 \sim 50$ mm	DIN EN 22339
	圆柱销，淬火 $d = 0.8 \sim 20$ mm	DIN EN ISO 8734		夹紧销（紧固套）开槽 $d_1 = 1 \sim 50$ mm	DIN EN ISO 8752
刻槽销，开口钉					
	圆柱刻槽销，带倒角 $d_1 = 1.5 \sim 25$ mm	DIN EN ISO 8740		锥形销 $d_1 = 1.5 \sim 25$ mm	DIN EN ISO 8744
	插式刻槽销 $d_1 = 1.5 \sim 25$ mm	DIN EN ISO 8741		切口销 $d_1 = 1.2 \sim 25$ mm	DIN EN ISO 8745 DIN EN ISO 13337
	贯头刻槽销，1/3 长度刻槽 $d_1 = 1.2 \sim 25$ mm	DIN EN ISO 8742		半圆头开口钉 $d_1 = 1.4 \sim 20$ mm	DIN EN ISO 8746
	长槽贯头刻槽销 $d_1 = 1.2 \sim 25$ mm	DIN EN ISO 8743		沉头开口钉 $d_1 = 1.4 \sim 20$ mm	DIN EN ISO 8747

销钉

非淬火钢和奥氏体不锈钢的圆柱销

参照 DIN EN ISO 2338

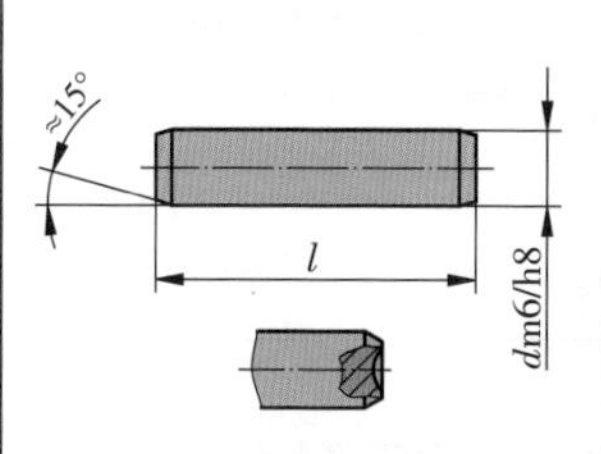

允许在销钉端部锪孔和倒圆

d m6/h8[1]	0.6	0.8	1	1.2	1.5	2	2.5	3	4	5
l 从	2	2	4	4	4	6	6	8	8	10
l 至	6	8	10	12	16	20	24	30	40	50
d	6	8	10	12	16	20	25	30	40	50
l 从	12	14	18	22	26	35	50	60	80	95
l 至	60	80	95	140	180	200	200	200	200	200
标称长度 *l*	2，3，4，5，6，7，8，10，12，14，16，18，20，22，24，26，28，30，32，35，40，~95，100，120，140，160，180，200 mm [1] 孔 H7 与 m6 形成过渡配合，与 h8 形成间隙配合。									

⇒**圆柱销 ISO 2338-6 m6×30-St**：d = 6 mm，公差等级 m6，l = 30 mm，钢制

圆柱销，淬火

参照 DIN EN ISO 8734

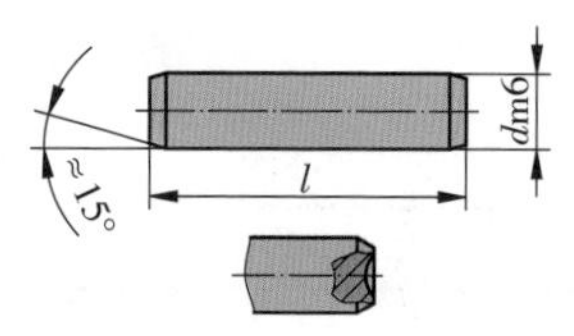

允许在销钉端部锪孔和倒圆

d m6	1	1.5	2	2.5	3	4	5	6	8	10	12	16	20
l 从	3	4	5	6	8	10	12	14	18	22	26	40	50
l 至	10	16	20	24	30	40	50	60	80	100			
标称长度 *l*	3，4，5，6，8，10，12，14，16，18，20，22，24，26，28，30，32，35，40，45，50，55，60，65，70，75，80，85，90，95，100 mm												
材料	· 钢：A 型销淬透，B 型销渗碳淬火 · 不锈钢种类 C1												

⇒**圆柱销 ISO 8734-6×30-C1**：d = 6 mm，l = 30 mm，C1 类不锈钢

锥形销，未淬火

参照 DIN EN 22339

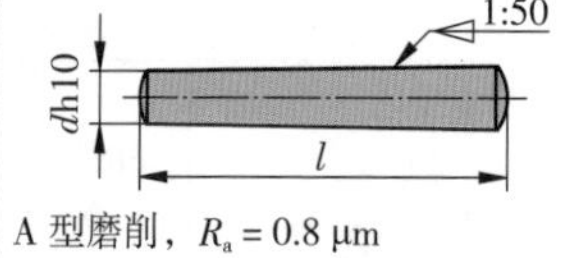

A 型磨削，R_a = 0.8 μm
B 型车削，R_a = 3.2 μm

d h10	1	2	3	4	5	6	8	10	12	16	20	25	30
l 从	6	10	12	14	18	22	22	26	32	40	45	50	55
l 至	10	35	45	55	60	90	120	160	180	200			
标称长度 *l*	2，3，4，5，6，8，10，12，14，16，18，20，22，24，26，28，30，32，35，40，45~95，100，120，~180，200 mm												

⇒**锥形销 ISO 2339-A-10×40-St**：A 型，d = 10 mm，l = 40 mm，钢制

夹紧销（紧固套），开槽，重型结构

参照 DIN EN ISO 8752

夹紧销（紧固套），开槽，轻型结构

参照 DIN EN ISO 8752

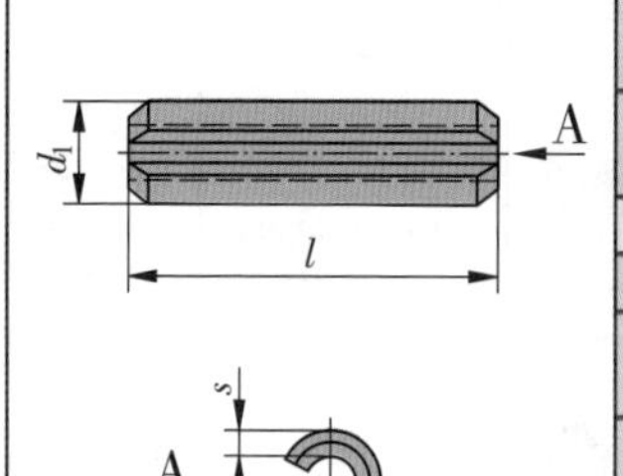

标称直径 d_1 ≥ 10 mm 的夹紧销只允许一端倒角。

标称直径 d_1	2	2.5	3	4	5	6	8	10	12
d_1 max.	2.4	2.9	3.5	4.6	5.6	6.7	8.8	10.8	12.8
S LSO 8752	0.4	0.5	0.6	0.8	1	1.2	1.5	2	2.5
S LSO 13337	0.2	0.25	0.3	0.5	0.5	0.75	0.75	1	1
l 从	4	4	4	4	5	10	10	10	10
l 至	20	30	40	50	80	100	120	160	180
标称直径	14	16	20	25	30	35	40	45	50
d_1 max.	14.8	16.8	20.9	25.9	30.9	35.9	40.9	45.9	50.9
S ISO 8752	3	3	4	5	6	7	7.5	8.5	9.5
S ISO 13337	1.5	1.5	2	2	2.5	3.5	4	4	5
l 从	10			14		20			
l 至	200			200		200			
标称长度 *l*	4，5，6，8，10，12，14，16，18，20，22，24，26，28，30，32，35，40，45~95，100，120，140，160，180，200 mm								
材料	· 钢：淬火和回火至 420 HV 30~520 HV 30 · 不锈钢种类：A 类或 C 类								
应用	装配孔直径（公差等级 H12）必须与配装的销钉直径 d_1 相等。销钉装入最小的装配孔后允许开槽不完全闭合。								

⇒**夹紧销 ISO 8752-6×30-St**：d_1 = 6 mm，l = 30 mm，钢制

平键，半圆键

任务和应用

应用：平键和半圆键通过其侧边承接转矩。属于形状接合型连接，且可拆卸。

任务：

· 在轴与轮毂之间形成型状接合型连接（例如轴与齿轮）。

· 较少适用于冲击型载荷和交变转矩。

· 轮毂与轴连接后可固定或纵向移动（例如变速箱的移动齿轮）。

平键（厚型）

参照 DIN 6885-1

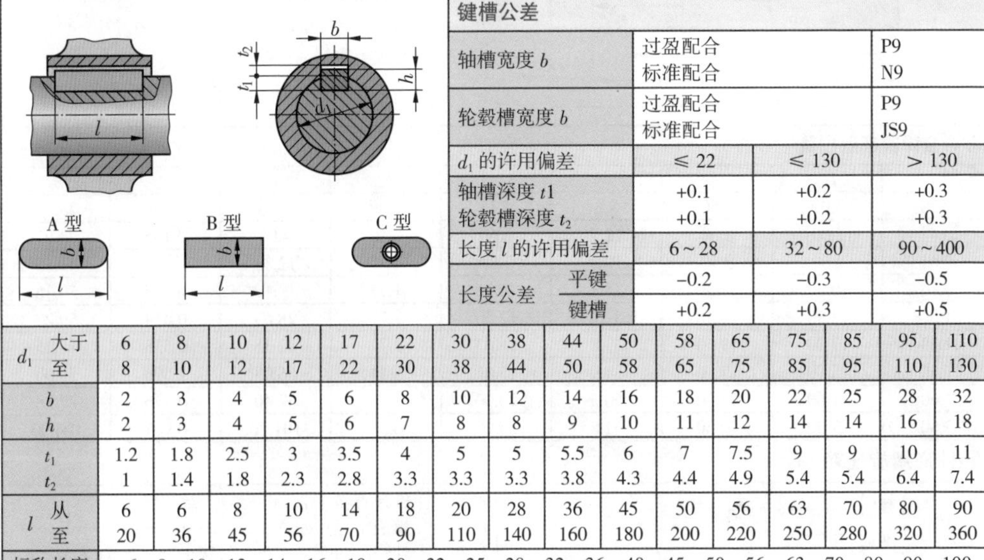

键槽公差			
轴槽宽度 b	过盈配合 标准配合		P9 N9
轮毂槽宽度 b	过盈配合 标准配合		P9 JS9
d_1 的许用偏差	≤ 22	≤ 130	> 130
轴槽深度 $t1$ 轮毂槽深度 t_2	+0.1 +0.1	+0.2 +0.2	+0.3 +0.3
长度 l 的许用偏差	6 ~ 28	32 ~ 80	90 ~ 400
长度公差 平键	−0.2	−0.3	−0.5
长度公差 键槽	+0.2	+0.3	+0.5

d_1 大于 至	6 8	8 10	10 12	12 17	17 22	22 30	30 38	38 44	44 50	50 58	58 65	65 75	75 85	85 95	95 110	110 130
b h	2 2	3 3	4 4	5 5	6 6	8 7	10 8	12 8	14 9	16 10	18 11	20 12	22 14	25 14	28 16	32 18
t_1 t_2	1.2 1	1.8 1.4	2.5 1.8	3 2.3	3.5 2.8	4 3.3	5 3.3	5 3.3	5.5 3.8	6 4.3	7 4.4	7.5 4.9	9 5.4	9 5.4	10 6.4	11 7.4
l 从 至	6 20	6 36	8 45	10 56	14 70	18 90	20 110	28 140	36 160	45 180	50 200	56 220	63 250	70 280	80 320	90 360
标称长度 l	6，8，10，12，14，16，18，20，22，25，28，32，36，40，45，50，56，63，70，80，90，100，110，125，140，160，180，200，220，250，280，320 mm															

⇒**平键 DIN 6885–A–12 × 8 × 56**：A 型，b = 12 mm，h = 8 mm，l = 56 mm

半圆键

参照 DIN 6888

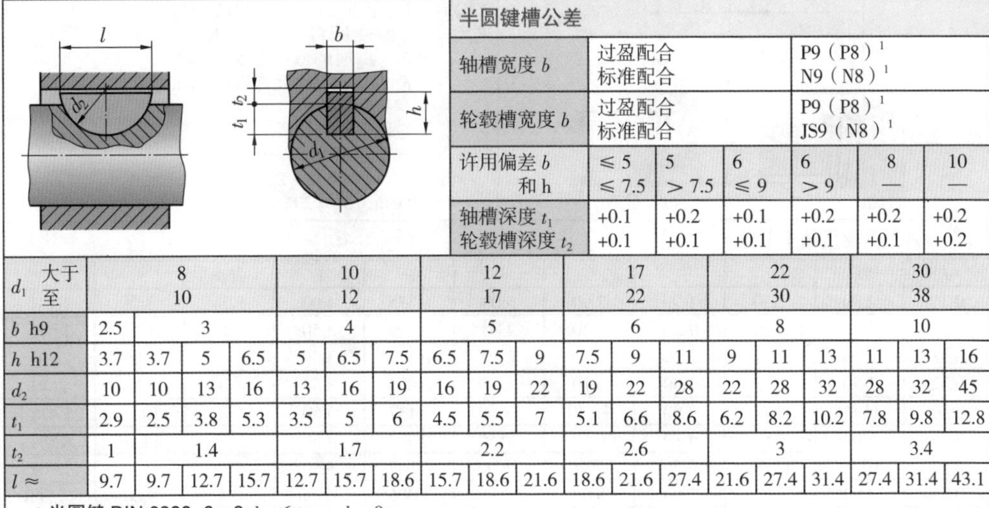

半圆键槽公差						
轴槽宽度 b	过盈配合 标准配合			P9（P8）[1] N9（N8）[1]		
轮毂槽宽度 b	过盈配合 标准配合			P9（P8）[1] JS9（N8）[1]		
许用偏差 b 和 h	≤ 5 ≤ 7.5	5 > 7.5	6 ≤ 9	6 > 9	8 —	10 —
轴槽深度 t_1 轮毂槽深度 t_2	+0.1 +0.1	+0.2 +0.1	+0.1 +0.1	+0.2 +0.1	+0.2 +0.1	+0.2 +0.2

d_1 大于 至	8 10				10 12			12 17			17 22			22 30			30 38		
b h9	2.5	3			4			5			6			8			10		
h h12	3.7	3.7	5	6.5	5	6.5	7.5	6.5	7.5	9	7.5	9	11	9	11	13	11	13	16
d_2	10	10	13	16	13	16	19	16	19	22	19	22	28	22	28	32	28	32	45
t_1	2.9	2.5	3.8	5.3	3.5	5	6	4.5	5.5	7	5.1	6.6	8.6	6.2	8.2	10.2	7.8	9.8	12.8
t_2	1	1.4			1.7			2.2			2.6			3			3.4		
l ≈	9.7	9.7	12.7	15.7	12.7	15.7	18.6	15.7	18.6	21.6	18.6	21.6	27.4	21.6	27.4	31.4	27.4	31.4	43.1

⇒**半圆键 DIN 6888–6 × 9**：b = 6 mm，h = 9 mm

[1] 括号内：拉削加工的键槽公差

弹簧

圆柱形螺旋拉簧

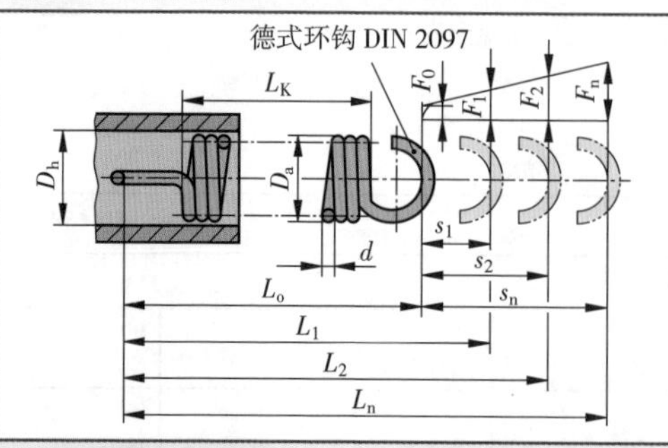

d	钢丝直径（mm）
D_a	螺旋外径（mm）
D_h	套筒最小直径（mm）
L_o	弹簧未载荷长度（mm）
L_K	弹簧体未载荷长度（mm）
F_o	内部预应力（N）
F_n	最大弹簧力（N）
R	弹簧刚度（N/mm）
s_n	弹簧最大位移（mm）

非合金弹簧钢丝拉簧（节选）

d	D_a	D_h	L_o	L_k	F_o	F_n	R	S_n
0.20	3.00	3.50	8.6	4.35	0.06	1.26	0.036	33.37
0.40	7.00	8.00	12.7	2.60	0.16	4.06	0.165	23.67
0.63	8.60	9.90	19.9	7.88	0.79	12.13	0.276	41.15
0.80	10.80	12.30	25.1	10.20	1.22	19.10	0.355	50.36
1.00	13.50	15.40	31.4	12.50	1.77	28.63	0.454	59.22
1.25	17.20	19.50	39.8	15.63	2.77	42.35	0.533	74.25
1.40	15.00	17.50	34.9	15.05	5.44	66.08	1.596	38.00
1.60	21.60	24.50	50.2	20.00	3.99	67.40	0.726	87.38
2.00	27.00	30.50	62.8	25.00	6.88	101.20	0.907	104.00

圆柱形螺旋压簧

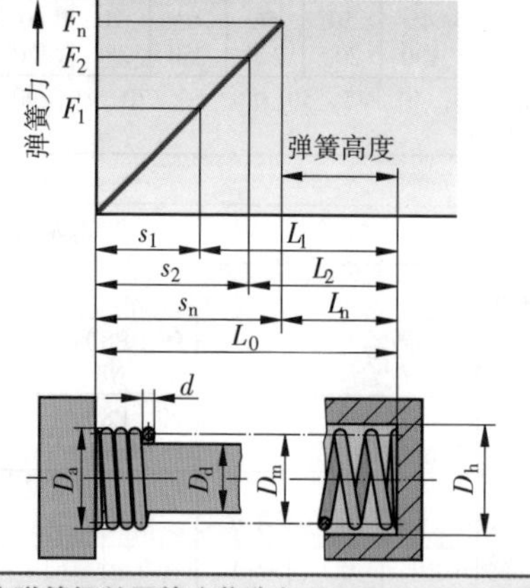

d	钢丝直径（mm）
D_m	螺旋中径（mm）
D_a	外径（mm）
D_d	螺旋内径（mm）
D_h	套筒直径（mm）
L_o	未载荷弹簧长度（mm）
L_1, L_2	F_1，F_2 时载荷弹簧长度（mm）
L_n	弹簧最小允许检测长度（mm）
F_1, F_2	L_1，L_2 时的弹簧力（N）
F_n	s_n 时最大许用弹簧力（N）
s_1, s_2	F_1，F_2 时的弹簧位移（mm）
s_n	F_n 时弹簧最大允许位移（mm）
i_f	弹簧螺旋匝数
i_g	总匝数（端部磨削）
R	弹簧刚度（N/mm）

⇒压簧 DIN 2098–2 × 20 × 94:
d = 20 mm，D_m = 20 mm 和 L_o = 94 mm

总匝数

$$i_g = i_f + 2$$ 1

非合金弹簧钢丝压簧（节选）

d	D_m	D_a	D_d	D_h	L_o	R	i_f	L_n	S_n	F_n
0.20	2.30	2.50	1.90	2.90	5.00	0.335	4.00	1.54	3.46	1.161
0.20	1.80	2.00	1.30	2.40	2.80	0.799	3.50	1.46	1.34	1.071
0.32	4.00	4.32	3.20	4.80	8.50	0.477	3.50	2.45	6.05	2.891
0.32	2.50	2.82	1.90	3.10	10.00	0.804	8.50	4.20	5.80	4.671
0.50	11.00	11.50	9.90	12.30	14.50	0.137	3.50	4.20	10.30	1.411
0.50	5.00	5.50	4.10	6.10	20.50	0.599	8.50	6.31	14.19	8.501
0.63	10.97	11.60	9.70	12.60	26.00	0.347	3.50	4.69	21.31	7.401
0.63	4.00	4.63	3.00	5.00	20.00	2.006	12.50	10.40	9.60	19.260
1.00	23.00	24.00	21.10	24.90	28.50	0.239	3.50	8.63	19.87	4.751
1.00	7.30	8.30	5.80	8.40	50.00	1.416	18.50	23.83	26.17	37.050

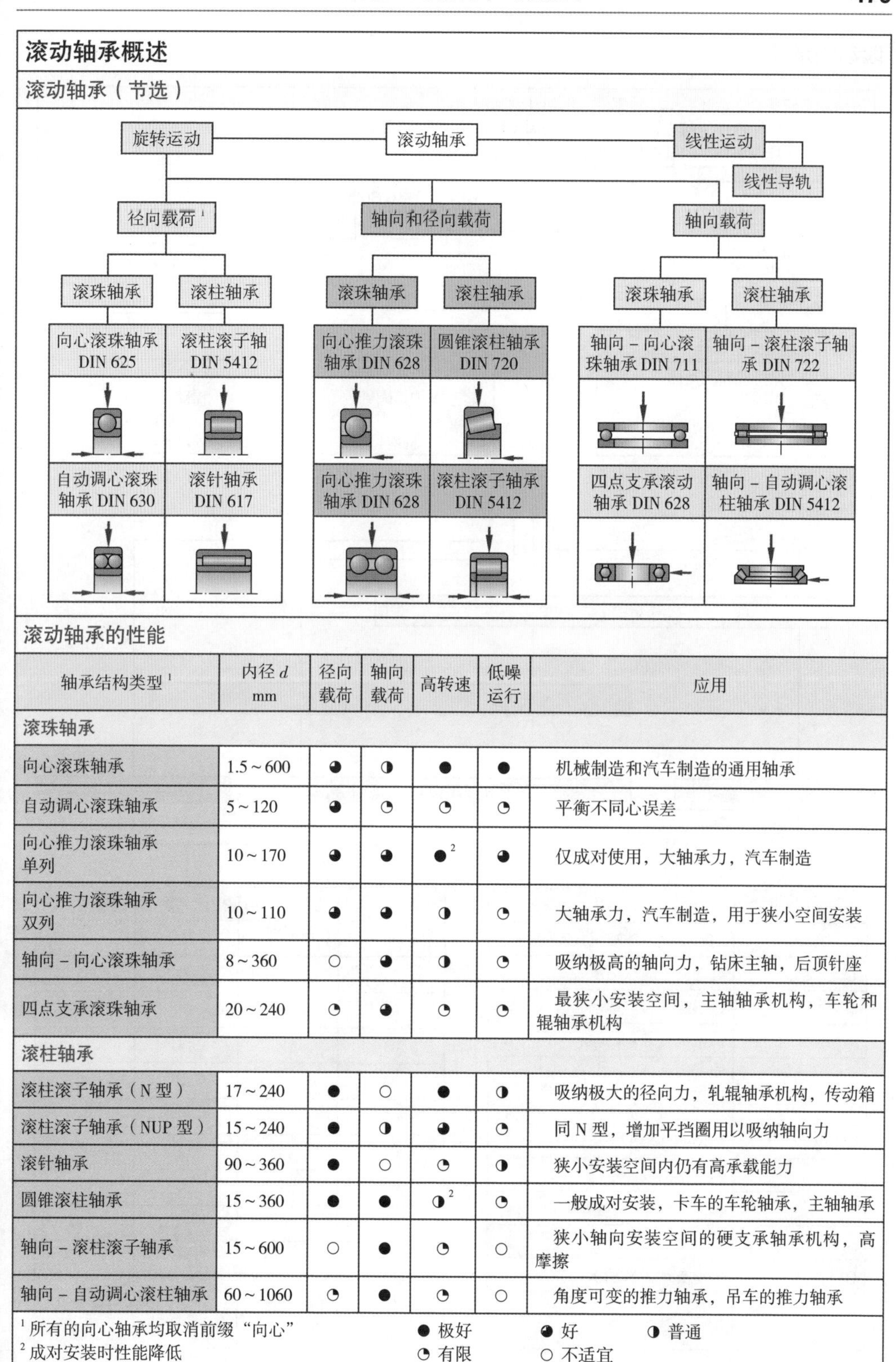

滚动轴承概述

滚动轴承（节选）

滚动轴承的性能

轴承结构类型[1]	内径 d mm	径向载荷	轴向载荷	高转速	低噪运行	应用
滚珠轴承						
向心滚珠轴承	1.5～600	◕	◑	●	●	机械制造和汽车制造的通用轴承
自动调心滚珠轴承	5～120	◕	◔	◔	◔	平衡不同心误差
向心推力滚珠轴承单列	10～170	◕	◕	●[2]	◕	仅成对使用，大轴承力，汽车制造
向心推力滚珠轴承双列	10～110	◕	◕	◑	◔	大轴承力，汽车制造，用于狭小空间安装
轴向－向心滚珠轴承	8～360	○	◕	◑	◔	吸纳极高的轴向力，钻床主轴，后顶针座
四点支承滚珠轴承	20～240	◔	◕	◔	◔	最狭小安装空间，主轴轴承机构，车轮和辊轴承机构
滚柱轴承						
滚柱滚子轴承（N 型）	17～240	●	○	●	◑	吸纳极大的径向力，轧辊轴承机构，传动箱
滚柱滚子轴承（NUP 型）	15～240	●	◑	◕	◔	同 N 型，增加平挡圈用以吸纳轴向力
滚针轴承	90～360	●	○	◔	◑	狭小安装空间内仍有高承载能力
圆锥滚柱轴承	15～360	●	●	◑[2]	◔	一般成对安装，卡车的车轮轴承，主轴轴承
轴向－滚柱滚子轴承	15～600	○	●	◔	○	狭小轴向安装空间的硬支承轴承机构，高摩擦
轴向－自动调心滚柱轴承	60～1060	◔	●	◔	○	角度可变的推力轴承，吊车的推力轴承

[1] 所有的向心轴承均取消前缀“向心”
[2] 成对安装时性能降低

● 极好　◕ 好　◑ 普通　◔ 有限　○ 不适宜

滚动轴承的名称

参照 DIN 632-1:1993-05

滚动轴承任务：支承和导引旋转零件，例如动轴和静轴。
作用：通过位于两环（向心轴承）之间或两圈（轴向轴承）之间的滚动体实现力的传导。
滚动体：滚珠，滚柱，圆锥滚柱，鼓形滚柱，滚针

举例：圆锥滚柱轴承 DIN 720 – S 30208 P2

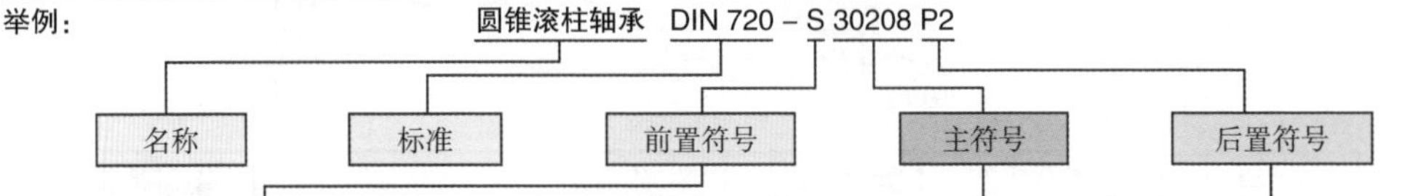

名称（圆锥滚柱轴承） 标准（DIN 720） 前置符号（S） 主符号（30208） 后置符号（P2）

前置符号	
K	保持架和滚动体
L	无环
R	装入滚动体的轴承环
S	不锈钢

后置符号（节选）			
K	带锥孔的轴承	RS	单侧密封圈轴承
Z	单侧挡圈轴承	2RS	双侧密封圈轴承
2Z	双侧挡圈轴承	P2	最大的尺寸、形状精度和运行精度
E	增强型结构		

主符号举例：3 0 2 08

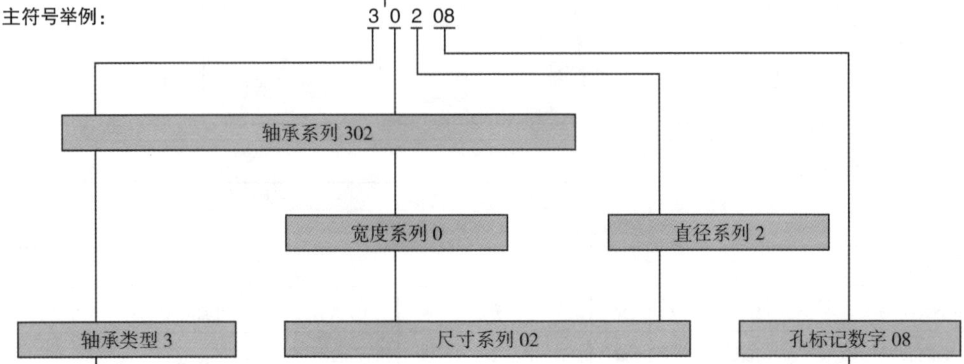

轴承系列 302
宽度系列 0
直径系列 2
轴承类型 3
尺寸系列 02
孔标记数字 08

轴承类型	结构
0	向心推力滚珠轴承，双列
1	自动调心滚珠轴承
2	鼓形滚柱和自动调心滚柱轴承
3	圆锥滚柱轴承
4	向心滚珠轴承，双列
5	轴向 – 向心滚珠轴承
6	向心滚珠轴承，单列
7	向心推力滚珠轴承，单列
8	轴向 – 滚柱滚子轴承
NA	滚针轴承
QJ	四点支承滚珠轴承
N, NJ, NJP, NN, NNU, NU, NUP	滚柱 – 滚子轴承

孔标记数字	孔径（mm）	孔标记数字	孔径（mm）
00	10	12	60
01	12	13	65
02	15	14	70
03	17	15	75
04	20	16	80
05	25	17	85
06	30	18	90
07	35	19	95
08	40	20	100
09	45	21	105
10	50	22	110
11	55	23	115

滚动轴承的安装和拆卸

原理，视图		解释

滚动轴承的装配

滚动轴承装配划分为： · 机械式装配， · 液压式装配， · 加热法装配	轴承装配时的压入力不允许通过滚动体传递。因此，必须在轴承环上使用固定配合的装配套筒。 机械式或液压式压入方式可快速和安全地装入轴承。	滚动轴承的制造类型和尺寸可以完全不同。因此采用滚珠，圆柱滚柱，圆锥滚柱，鼓形滚柱和滚针作为滚动体。基于这个原因，滚动轴承的装配也不能采取相同的方法。 请注意装配时保持整洁。

滚动轴承的装入

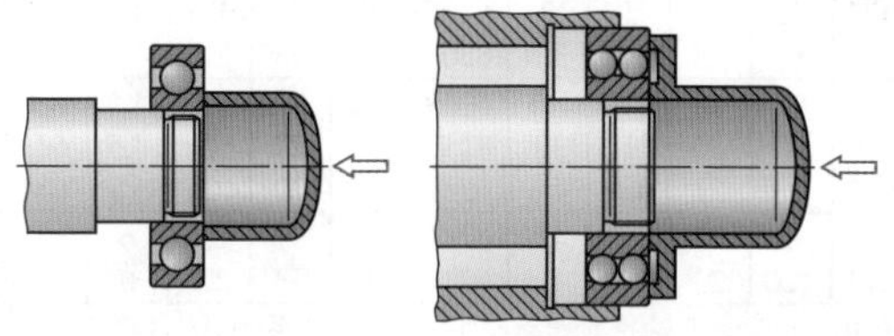
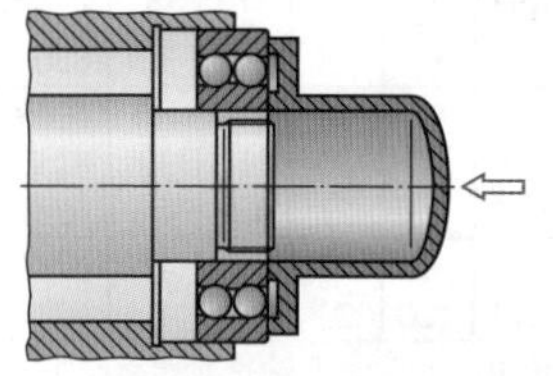

安装套筒

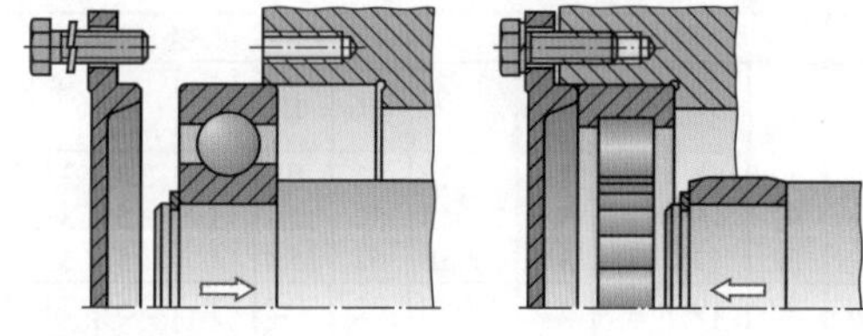
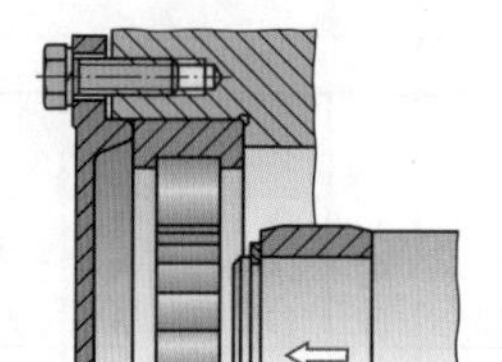

装配盘

不可拆卸式轴承总是先从固定配合的环插入。压入力不允许通过滚动体传递。压入力必须均匀作用，避免轴承倾斜。

过盈配合的轴承环可用安装套筒或装配盘，机械式或液压式压入，也可加油导入或加热膨胀后压入。加热膨胀的温度不允许超过 100℃。

安装可拆卸式轴承时，可将轴承环单个安装。通过螺旋运动小心地插入零件。

滚动轴承的拆卸

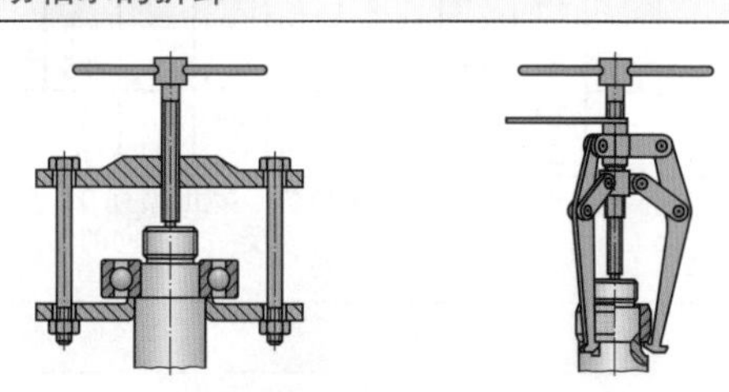

拆卸工装

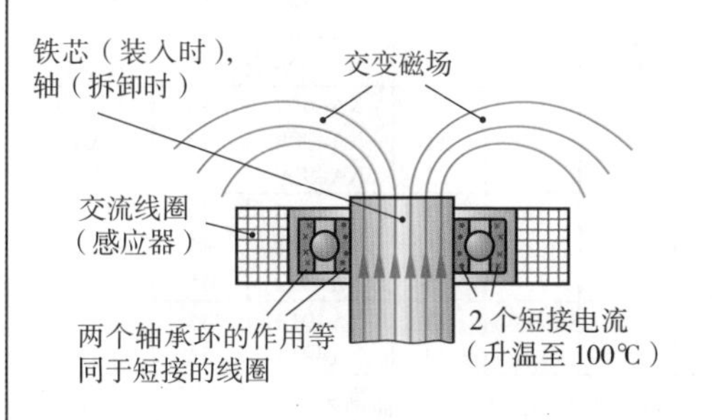

感应加热（原理）

可拆卸和不可拆卸轴承的拆卸方法均与其安装顺序相反。力不允许通过滚动体传递。

小型轴承可用拆卸工装拆卸。个别情况下，也可用软质金属芯棒加榔头轻击进行拆卸。用机械或液压压力机拆卸更为简单和准确。

与安装时相同，拆卸也可用加热法。合适的，预先加热至 200℃～300℃的加热环或感应加热均可使轴承内环加热至约 100℃。

加热后将轴承内环和加热环或感应装配装置一起从轴上取下。

滚珠轴承和滚针轴承

向心滚珠轴承

参照 DIN 625-1 和 DIN 5418

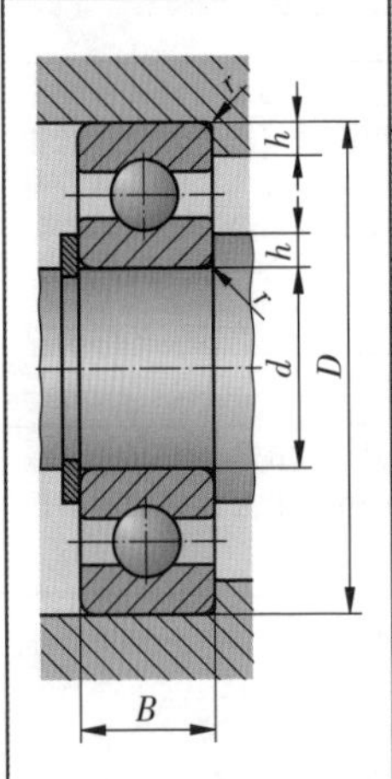

d	轴承系列 60					轴承系列 60					轴承系列 63				
	D	B	r max	h min	主符号	D	B	r max	h min	主符号	D	B	r max	h min	主符号
10	26	8	0.3	1	6000	30	9	0.6	2.1	6200	35	11	0.6	2.1	6300
12	28	8	0.3	1	6001	32	10	0.6	2.1	6201	37	12	1	2.8	6301
15	32	9	0.3	1	6002	35	11	0.6	2.1	6202	42	13	1	2.8	6302
20	42	12	0.6	1.6	6004	47	14	1	2	6204	52	15	1	3.5	6304
25	47	12	0.6	1.6	6005	52	15	1	2	6205	62	17	1	3.5	6305
30	55	13	1	2.3	6006	62	16	1	2	6206	72	19	1	3.5	6306
35	62	14	1	2.3	6007	72	17	1	2	6207	80	21	1.5	4.5	6307
40	68	15	1	2.3	6008	80	18	1	3.5	6208	90	23	1.5	4.5	6308
45	75	16	1	2.3	6009	85	19	1	3.5	6209	100	25	1.5	4.5	6309
50	80	16	1	2.3	6010	90	20	1	3.5	6210	110	27	2	5.5	6310
55	90	18	1	3	6011	100	21	1.5	4.5	6211	120	29	2	5.5	6311
60	95	18	1	3	6012	110	22	1.5	4.5	6212	130	31	2.1	6	6312
65	100	18	1	3	6013	120	23	1.5	4.5	6213	140	33	2.1	6	6313

向心滚珠轴承 DIN 625-6208： 向心滚珠轴承（轴承类型 6），宽度系列 0，直径系列 2，孔标记数字 08（$d = 8 \cdot 5$ mm = 40 mm）。适用于高转速以及低轴向载荷和中等径向载荷。

向心推力滚珠轴承

参照 DIN 628-1 和 -3 和 DIN 5418

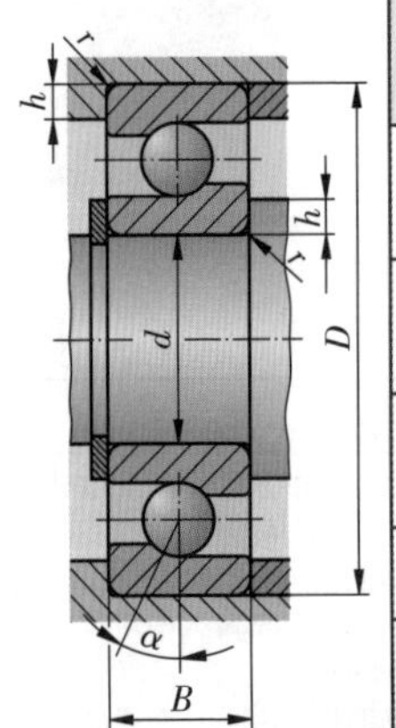

d	轴承系列 72					轴承系列 73					轴承系列 33（双列）				
	D	B	r max	h min	主符号	D	B	r max	h min	主符号	D	B	r max	h min	主符号
15	35	11	0.6	2.1	7202B	42	13	1	2.8	7302B	42	19	1	2.8	3302
20	47	14	1	2.8	7204B	52	15	1	3.5	7304B	52	22.2	1	3.5	3304
25	52	15	1	2.8	7205B	62	17	1	3.5	7305B	62	25.4	1	3.5	3305
30	62	16	1	2.8	7206B	72	19	1	3.5	7306B	72	30.2	1	3.5	3306
35	72	17	1	3.5	7207B	80	21	1.5	4.5	7307B	80	34.9	1.5	4.5	3307
40	80	18	1	3.5	7208B	90	23	1.5	4.5	7308B	90	36.5	1.5	4.5	3308
45	85	19	1	3.5	7209B	100	25	1.5	4.5	7309B	100	39.7	1.5	4.5	3309
50	90	20	1	3.5	7210B	110	27	2	5.5	7310B	110	44.4	2	5.5	3310
55	100	21	1.5	4.5	7211B	120	29	2	5.5	7311B	120	49.2	2	5.5	3311
60	110	22	1.5	4.5	7212B	130	31	2.1	6	7312B	130	54	2.1	6	3312
65	120	23	1.5	4.5	7213B	140	33	2.1	6	7313B	140	58.7	2.1	6	3313

向心推力滚珠轴承 DIN 628： 向心推力滚珠轴承（轴承类型 7），宽度系列 0，直径系列 3，孔标记数字 09（$d = 9 \cdot 5$ mm = 45 mm），接触角 $\alpha = 40°$。承受一个方向的轴向和径向力，一般采用成对安装并预加应力。

滚针轴承（节选）

参照 DIN 617

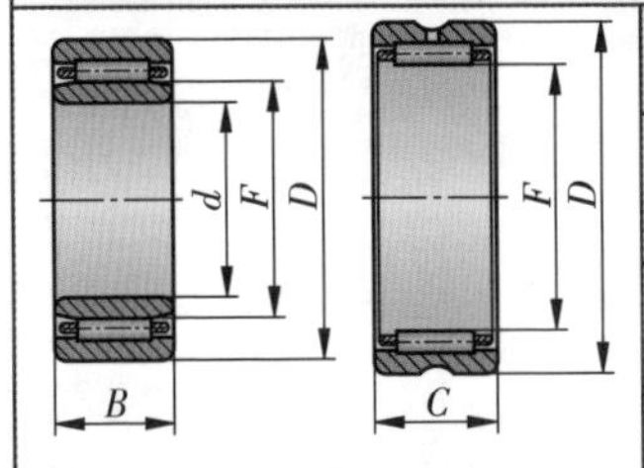

装配尺寸按 DIN 5418：

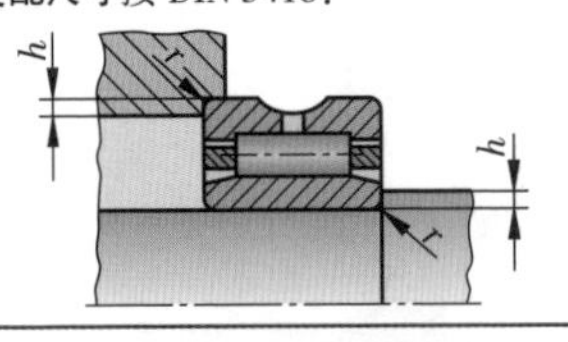

d	B	F	r max	h min	轴承系列 49		轴承系列 69	
					B	主符号	B	主符号
20	37	25	0.3	1	17	NA4904	30	NA6904
25	42	28	0.3	1	17	NA4905	30	NA6905
30	47	30	0.3	1	17	NA4906	30	NA6906
35	55	42	0.6	1.6	20	NA4907	36	NA6907
40	62	48	0.6	1.6	22	NA4908	40	NA6908
45	68	52	0.6	1.6	22	NA4909	40	NA6909
50	72	58	0.6	1.6	22	NA4910	40	NA6910
55	80	63	1	2.3	25	NA4911	45	NA6911
60	85	68	1	2.3	25	NA4912	45	NA6912
65	90	72	1	2.3	25	NA4913	45	NA6913
70	100	80	1	2.3	30	NA4914	54	NA6914

滚针轴承 DIN 617-NA4909： 滚针轴承，轴承系列 NA49，轴承类型 NA，宽度系列 4，直径系列 9，孔标记数字 09。占用空间小，无可装的轴承环（滚针保持架）

滑动轴承，带槽螺帽

滑动轴承

轴承类型	支承力的产生	特性	应用
动压液体滑动轴承	内部：通过轴与轴承套之间的运动产生可支承的润滑膜。	· 高转速 · 低磨损持续运行 · 高载荷	· 电动机 · 透平机，压缩机 · 传动箱 · 连杆 · 起重设备
静压液体滑动轴承	外部：支承的润滑膜由外部油泵提供。	· 低转速 · 无磨损持续运行 · 低摩擦损耗	· 加工机床 · 精密轴承机构 · 大作用力推力轴承 · 天文望远镜和天线
运行层 钢背 无润滑滑动轴承	因材料配对可无中间介质的滑动运行	· 免维护或少维护运行 · 有或无润滑剂	· 喷气发动机 · 包装机械 · 建筑机械 · 家用电器

滑动材料节选

参照 DIN ISO 6691，4381 和 4382–1 和 –2

缩写符号，材料代码	专用轴承载荷 P_L N/mm^2	滑动性能	滑动速度	自润滑性能	性能，应用
聚酰胺（PA6）	12	+++	–	+++	耐冲击，耐磨损；农业机械用轴承
聚甲醛（POM）	18	+++	–	+++	适宜无润滑运行，精密仪器
G–PbSb15Sn10 2.3391	7.2	+	++	++	中等载荷，普通滑动轴承，薄壁
G–SnSb1 2Cu6Pb 2.3790	10.2	+++	+++	++	用于冲击载荷，透平机，电气机械
CuPb20Sn5–C 2.1818	11.7	+++	+++	+++	适用于水润滑，耐硫酸
CuZn31Si1 2.1831	58.3	++	++	++	高冲击和撞击载荷

性能：+++ 很好，++ 好，+ 一般，– 差

用于滚动轴承的开槽螺帽

参照 DIN 981

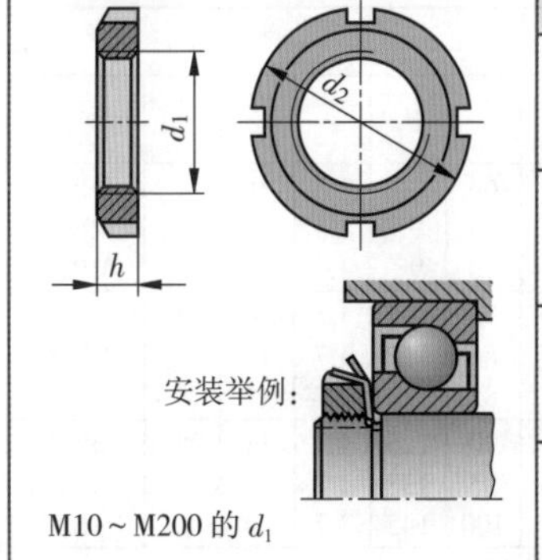

M10～M200 的 d_1

d_1	d_2	h	缩写符号	d_1	d_2	h	缩写符号
M10 × 0.75	18	4	KM0	M 60 × 2	80	11	KM12
M12 × 1	22	4	KM1	M 65 × 2	85	12	KM13
M15 × 1	25	5	KM2	M 70 × 2	92	12	KM14
M17 × 1	28	5	KM3	M 75 × 2	98	13	KM15
M20 × 1	32	6	KM4	M 80 × 2	105	15	KM16
M25 × 1.5	38	7	KM5	M 85 × 2	110	16	KM17
M30 × 1.5	45	7	KM6	M 90 × 2	120	16	KM18
M35 × 1.5	52	8	KM7	M 95 × 2	125	17	KM19
M40 × 1.5	58	9	KM8	M 100 × 2	130	18	KM20
M45 × 1.5	65	10	KM9	M 105 × 2	140	18	KM21
M50 × 1.5	70	11	KM10	M 110 × 2	145	19	KM22
M55 × 2	75	11	KM11	M 115 × 2	150	19	KM23

开槽螺帽 DIN 981–KM6：d_1 = M30 × 1.5 的开槽螺帽

卡环，止动垫圈，防护垫圈

卡环（标准结构）

轴卡环 参照 DIN 471 / 孔卡环 参照 DIN 472

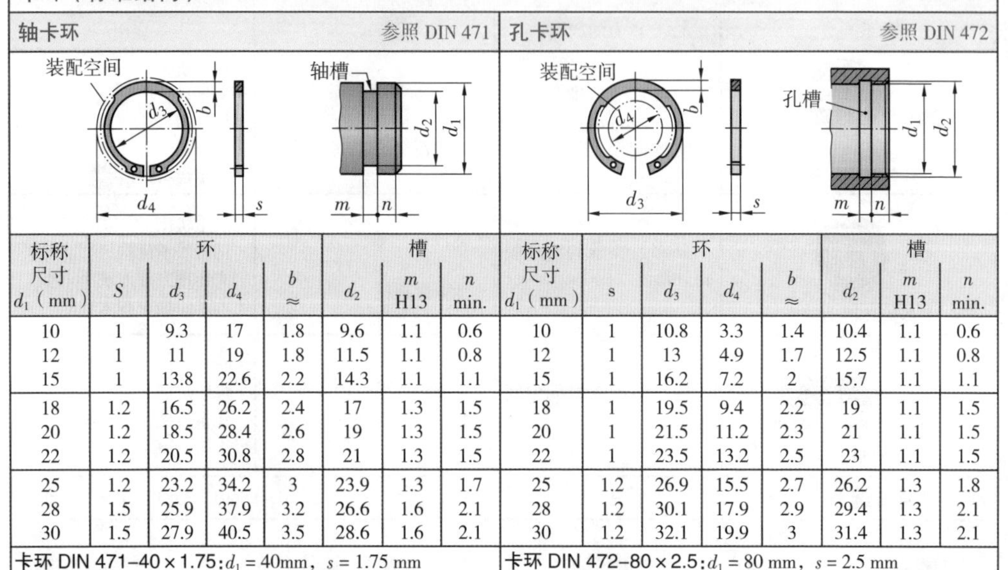

轴卡环（参照 DIN 471）

标称尺寸 d_1（mm）	环 S	环 d_3	环 d_4	环 b ≈	槽 d_2	槽 m H13	槽 n min.
10	1	9.3	17	1.8	9.6	1.1	0.6
12	1	11	19	1.8	11.5	1.1	0.8
15	1	13.8	22.6	2.2	14.3	1.1	1.1
18	1.2	16.5	26.2	2.4	17	1.3	1.5
20	1.2	18.5	28.4	2.6	19	1.3	1.5
22	1.2	20.5	30.8	2.8	21	1.3	1.5
25	1.2	23.2	34.2	3	23.9	1.3	1.7
28	1.5	25.9	37.9	3.2	26.6	1.6	2.1
30	1.5	27.9	40.5	3.5	28.6	1.6	2.1

卡环 DIN 471–40 × 1.75：d_1 = 40mm，s = 1.75 mm

孔卡环（参照 DIN 472）

标称尺寸 d_1（mm）	环 s	环 d_3	环 d_4	环 b ≈	槽 d_2	槽 m H13	槽 n min.
10	1	10.8	3.3	1.4	10.4	1.1	0.6
12	1	13	4.9	1.7	12.5	1.1	0.8
15	1	16.2	7.2	2	15.7	1.1	1.1
18	1	19.5	9.4	2.2	19	1.1	1.5
20	1	21.5	11.2	2.3	21	1.1	1.5
22	1	23.5	13.2	2.5	23	1.1	1.5
25	1.2	26.9	15.5	2.7	26.2	1.3	1.8
28	1.2	30.1	17.9	2.9	29.4	1.3	2.1
30	1.2	32.1	19.9	3	31.4	1.3	2.1

卡环 DIN 472–80 × 2.5：d_1 = 80 mm，s = 2.5 mm

卡环阻止零件在轴上和孔内移动。

止动垫圈 参照 DIN 6799

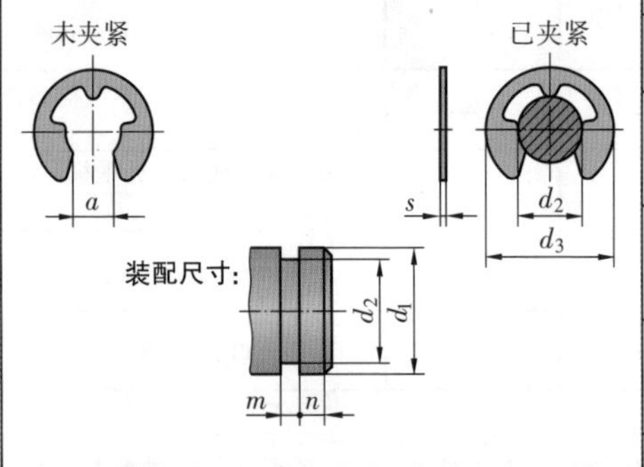

止动垫圈 d_2 H11	止动垫圈 d_3 已夹紧	止动垫圈 a	止动垫圈 s	轴槽 d_1	轴槽 m		轴槽 n min.
6	12.3	5.26	0.7	7 ~ 9	0.74	+0.05 0	1.2
7	14.3	5.84	0.9	8 ~ 11	0.94		1.5
8	16.3	6.52	1	9 ~ 12	1.05		1.8
9	18.8	7.63	1.1	10 ~ 14	1.15	+0.08 0	2
10	20.4	8.32	1.2	11 ~ 15	1.25		2
12	23.4	10.45	1.3	13 ~ 18	1.35		2.5
15	29.4	12.61	1.5	16 ~ 24	1.55		3
19	37.6	15.92	1.75	20 ~ 31	1.80		3.5
24	44.6	21.88	2	25 ~ 38	2.05		4

止动垫圈 DIN 6799–15：止动垫圈，d_2 = 15 mm。

可径向安装在轴槽内的止推环用于保持零件的轴向位置。

保护垫圈 参照 DIN 5406

d_1C11

压片

d_2

s

装配尺寸

b

t $^{+0.5}_{0}$

d_1 = 10...200

d_1	d_2	s	b H_{11}	t	缩写符号	d_1	d_2	s	b H_{11}	t	缩写符号
10	21	1	4	2	MB0	60	86	1.5	9	4	MB12
12	25	1	4	2	MB1	65	92	1.5	9	4	MB13
15	28	1	5	2	MB2	70	98	1.5	9	5	MB14
17	32	1	5	2	MB3	75	104	1.5	9	5	MB15
20	36	1	5	2	MB4	80	112	1.7	11	5	MB16
25	42	1.2	6	3	MB5	85	119	1.7	11	5	MB17
30	49	1.2	6	4	MB6	90	126	1.7	11	5	MB18
35	57	1.2	7	4	MB7	95	133	1.7	11	5	MB19
40	62	1.2	7	4	MB8	100	142	1.7	14	6	MB20

保护垫圈 DIN 5406–MB6：保护垫圈，d_1 = 30 mm。

保护开槽螺帽防止松动。内倒角卷边嵌入轴槽，外部压片也压入轴槽。

密封元件

径向轴密封环

参照 DIN 3760

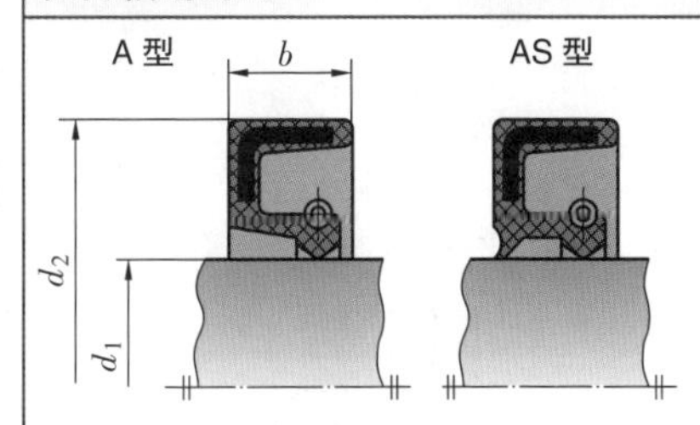

装配尺寸：

a）棱边倒钝

$c = d_1 - d_3$

d_1	d_2		b	d_3
10	22	26	7	8.5
	25	—		
12	22	30	7	10
	25	—		
14	24	30	7	12
15	26	35	7	13
	30	—		
16	30	35	7	14
18	30	35	7	16
20	30	40	7	18
	35	—		
22	35	47	7	19.5
	40	—		
25	35	47	7	22.5
	40	52		

d_1	d_2		b	d_3
28	40	52	7	25.5
	47	—		
30	40	47	8	27.5
	42	52		
32	45	52	8	29
	47	—		
35	47	52	8	32
	50	55	8	35
38	55	62		
40	52	62	8	37
	55	—	8	38.5
42	55	62		
45	60	65	8	41.5
	62	—		44.5
48	62	—		

d_1	d_2		b	d_3
50	65	72	8	46.5
	68	—		
55	70	80	8	51
	72	—		
60	75	85	8	56
	80	—		
65	85	90	10	61
70	90	95	10	66
75	95	100	10	70.5
80	100	110	10	75.5
85	110	120	12	80.5
90	110	120	12	85.5
95	120	125	12	90.5
100	120	130	12	94.5
	125	—		

⇒**径向轴密封环 DIN 3760–A25 × 40 × 7–NBR**：径向轴密封环（RWDR），A 型（无密封护唇），轴径 $d_1 = 25$ mm，外径 $d_2 = 40$ mm 和宽度 $b = 7$ mm，弹性体部分的材料是丁腈橡胶（NBR）。

毡垫圈

参照 DIN 5419

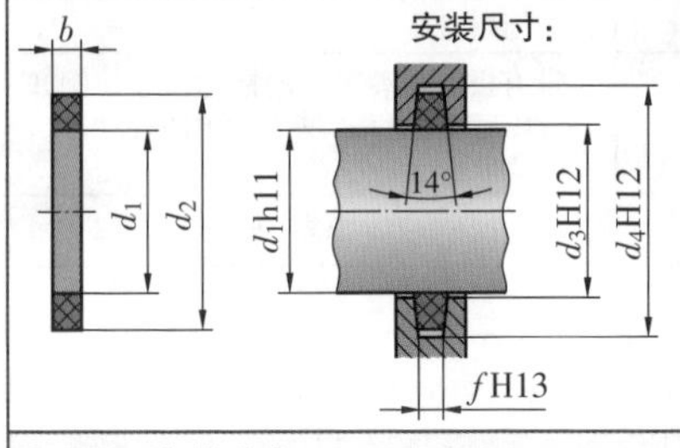

尺寸			安装尺寸			尺寸			安装尺寸		
d_1	d_2	b	d_3	d_4	f	d_1	d_2	b	d_3	d_4	f
20	30	4	21	31	3	60	76	6.5	61.5	77	5
25	37	5	26	38	4	65	81	6.5	71.5	82	5
30	42	5	31	43	4	70	88	7.5	76.5	89	6
35	47	5	36	48	4	75	93	7.5	76.5	94	6
40	50	5	41	53	4	80	98	7.5	81.5	99	6
45	57	5	46	58	4	85	103	7.5	86.5	104	6
50	66	6.5	51	67	5	90	110	8.5	92	111	7
55	71	6.5	56	72	5	100	124	10	102	125	8

O 形环（节选）

参照 DIN ISO 3601–1

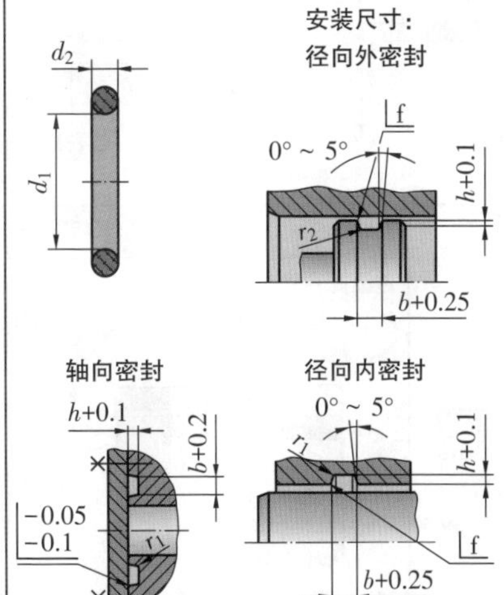

d_1	d_2	d_1	d_2	d_1	d_2	d_1	d_2
5.28	1.78	60.05	1.78	20.29	2.62	69.52	2.62
10.82	1.78	69.57	1.78	25.07	2.62	82.22	2.62
15.60	1.78	88.62	1.78	29.82	2.62	94.92	2.62
20.35	1.78	101.32	1.78	34.59	2.62	101.27	2.62
25.12	1.78	114.02	1.78	40.94	2.62	120.32	2.62
29.87	1.78	120.37	1.78	45.69	2.62	10.69	3.53
34.65	1.78	133.07	1.78	50.47	2.62	20.22	3.53
41.00	1.78	5.23	2.62	55.25	2.62	29.74	3.53
44.17	1.78	10.77	2.62	59.99	2.62	40.87	3.53
50.52	1.78	15.54	2.62	64.77	2.62	50.39	3.53

静态载荷时的装配尺寸

d_2	r_1	f	h	径向密封 b	轴向密封 b 液体	轴向密封 b 气体
1.78	0.2 ~ 0.4	+0.4 +0.2	1.3	2.8	3.2	2.9
2.62			2.0	3.8	4.0	3.6
3.53	0.4 ~ 0.8	+0.8 +0.4	2.7	5.0	5.3	4.8
5.33			4.2	7.2	7.6	7.0
6.99	0.8 ~ 1.2	+1.2 +0.8	5.7	9.5	9.0	8.5

ISO 标准体系的极限尺寸和配合 1

概念

参照 DIN EN ISO 286–1

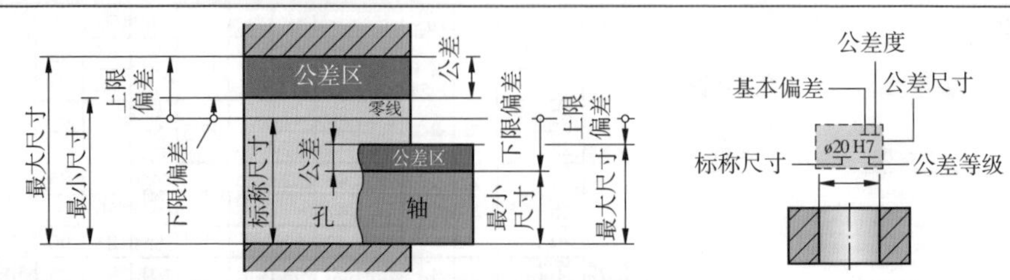

概念	解释	概念	解释
极限偏差尺寸 上限 下限	最大尺寸减去标称尺寸 最小尺寸减去标称尺寸	配合	孔与轴接合之前实际尺寸差的关系。
极限偏差尺寸 最大尺寸 最小尺寸	最大允许的工件尺寸 最小允许的工件尺寸	公差	最大尺寸与最小尺寸之间的差值，或上限偏差与下限偏差之间的差值。
基本偏差尺寸	零线与相应极限偏差尺寸之间的间距，它距零线距离最近。	公差区	图形表达的公差范围，即最大尺寸与最小尺寸之间的尺寸范围。
基本公差	配属于某个基本公差度，例如IT7，和某个标称尺寸范围，例如 30 至 50，的公差。	公差度	基本公差度的数字。
基本公差度	配属于相同精度等级的一组公差，例如 IT7。	公差等级	一个基本偏差尺寸与一个公差度的组合，例如 H7。
实际尺寸	检测所得的工件尺寸	公差尺寸	带有极限偏差尺寸的标称尺寸，例如 30 ± 0.1，或带有公差等级的标称尺寸，例如 20H7。
标称尺寸	作为偏差尺寸基础的尺寸。		

极限尺寸，偏差尺寸和公差

参照 DIN EN ISO 286–1

孔

N 标称尺寸　　ES 孔上限偏差尺寸[1]

G_{oB} 孔最大尺寸　　EI 孔下限偏差尺寸[1]

G_{uB} 孔最小尺寸　　T_B 孔公差

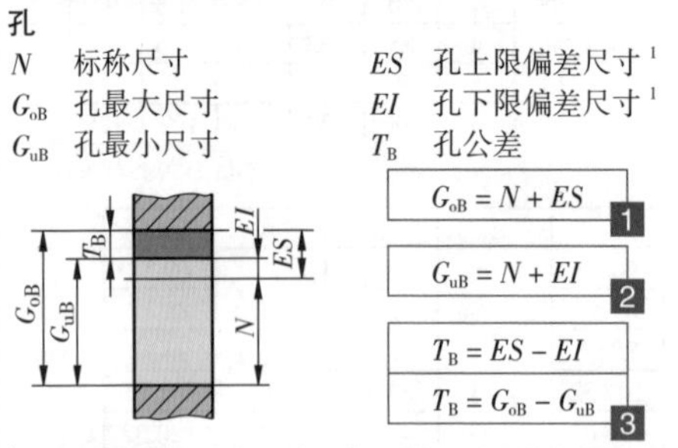

轴

N 标称尺寸　　es 轴上限偏差尺寸[1]

G_{oW} 轴最大尺寸　　ei 轴下限偏差尺寸[1]

G_{uW} 轴最小尺寸　　T_W 轴公差

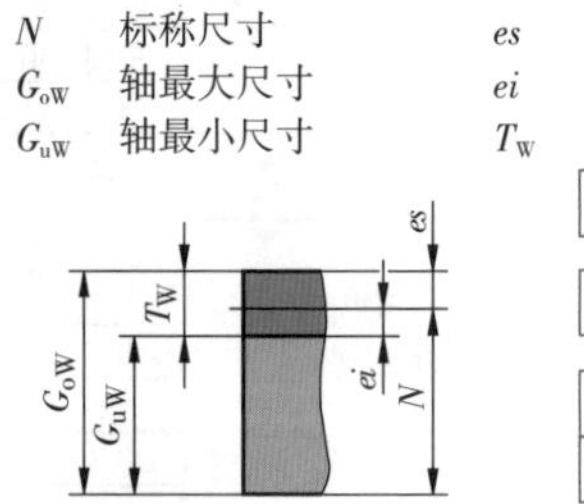

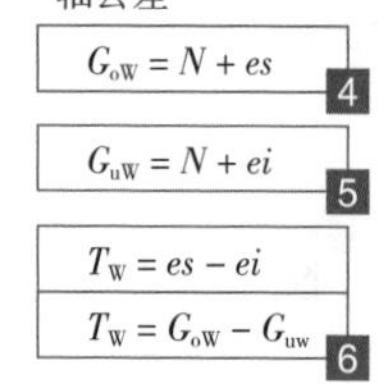

[1] e 或 E 指偏差尺寸；s 或 S 指上限；i 或 I 指下限。

配合

参照 DIN EN ISO 286–1

间隙配合

P_{SH} 最大间隙

P_{SM} 最小间隙

过渡配合

P_{SH} 最大间隙

$P_{ÜH}$ 最大过盈尺寸

过盈配合

$P_{ÜH}$ 最大过盈尺寸

$P_{ÜM}$ 最小过盈尺寸

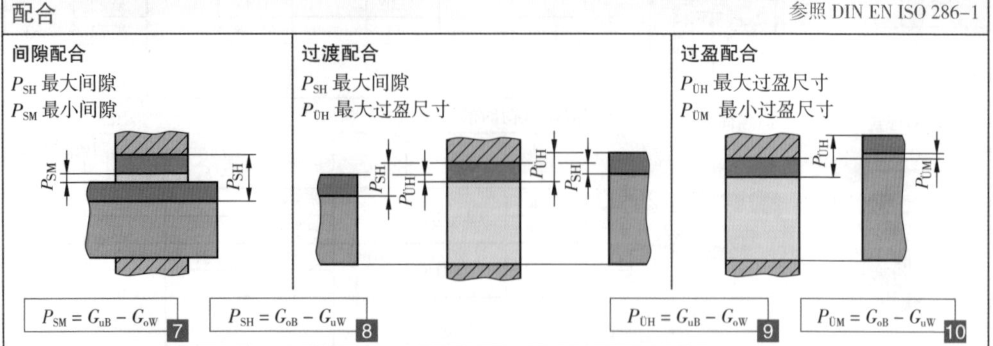

ISO 标准体系的极限尺寸和配合 2

配合制

参照 DIN ISO 286-1

配合制标准孔（孔的所有尺寸均达到基本偏差尺寸 H）

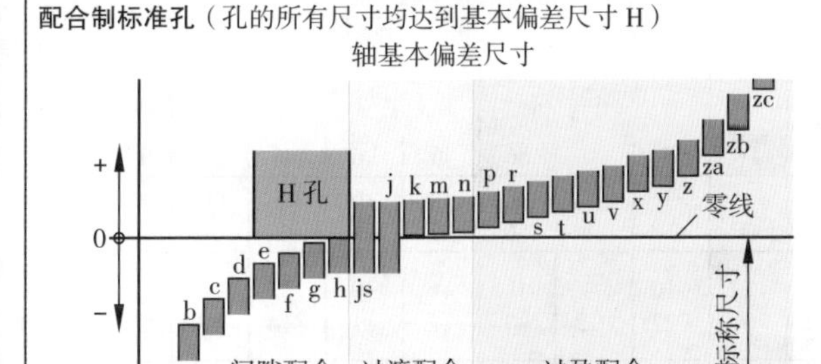

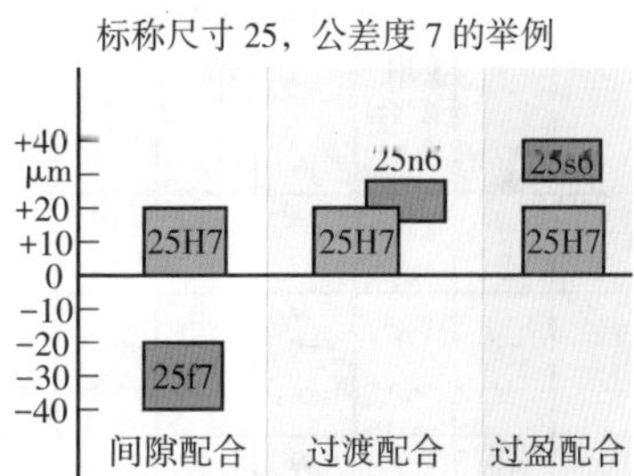

配合制标准轴（轴的所有尺寸均达到基本偏差尺寸 h）

孔基本偏差尺寸

A B C D E F G H JS h 轴 J K M N P R S T U V X Y Z ZA ZB ZC

零线

0 标称尺寸

间隙配合 过渡配合 过盈配合

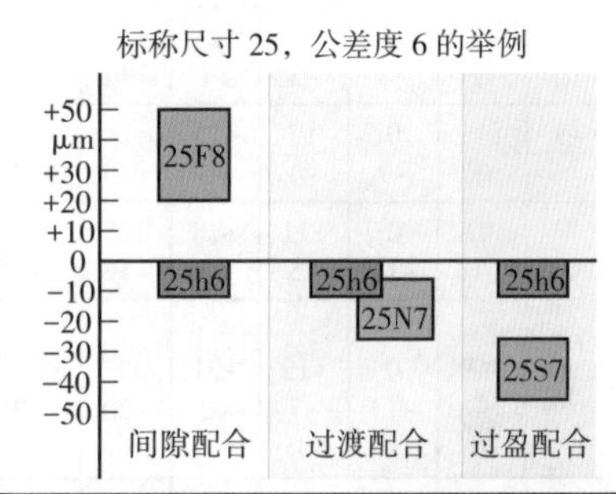

基本公差

参照 DIN ISO 286-1

标称尺寸范围	基本公差度																	
	IT1	IT2	IT3	IT4	IT5	IT6	IT7	IT8	IT9	IT10	IT11	IT12	IT13	IT14	IT15	IT16	IT17	IT18
	基本公差																	
	单位：μm											单位：mm						
~3	0.8	1.2	2	3	4	6	10	14	25	40	60	0.1	0.14	0.25	0.4	0.6	1	1.4
3~6	1	1.5	2.5	4	5	8	12	18	30	48	75	0.12	0.18	0.3	0.48	0.75	1.2	1.8
6~10	1	1.5	2.5	4	6	9	15	22	36	58	90	0.15	0.22	0.36	0.58	0.9	1.5	2.2
10~18	1.2	2	3	5	8	11	18	27	43	70	110	0.18	0.27	0.43	0.7	1.1	1.8	2.7
18~30	1.5	2.5	4	6	9	13	21	33	52	84	130	0.21	0.33	0.52	0.84	1.3	2.1	3.3
30~50	1.5	2.5	4	7	11	16	25	39	62	100	160	0.25	0.39	0.62	1	1.6	2.5	3.9
50~80	2	3	5	8	13	19	30	46	74	120	190	0.3	0.46	0.74	1.2	1.9	3	4.6
80~120	2.5	4	6	10	15	22	35	54	87	140	220	0.35	0.54	0.87	1.4	2.2	3.5	5.4
120~180	3.5	5	8	12	18	25	40	63	100	160	250	0.4	0.63	1	1.6	2.5	4	6.3
180~250	4.5	7	10	14	20	29	46	72	115	185	290	0.46	0.72	1.15	1.85	2.9	4.6	7.2
250~315	6	8	12	16	23	32	52	81	130	210	320	0.52	0.81	1.3	2.1	3.2	5.2	8.1
315~400	7	9	13	18	25	36	57	89	140	230	360	0.57	0.89	1.4	2.3	3.6	5.7	8.9
400~500	8	10	15	20	27	40	63	97	155	250	400	0.63	0.97	1.55	2.5	4	6.3	9.7
500~630	9	11	16	22	32	44	70	110	175	280	440	0.7	1.1	1.75	2.8	4.4	7	11
630~800	10	13	18	25	36	50	80	125	200	320	500	0.8	1.25	2	3.2	5	8	12.5
800~1000	11	15	21	28	40	56	90	140	230	360	560	0.9	1.4	2.3	3.6	5.6	9	14
1000~1250	13	18	24	33	47	66	105	165	260	420	660	1.05	1.65	2.6	4.2	6.6	10.5	16.5
1250~1600	15	21	29	39	55	78	125	195	310	500	780	1.25	1.95	3.1	5	7.8	12.5	19.5
1600~2000	18	25	35	46	65	92	150	230	370	600	920	1.5	2.3	3.7	6	9.2	15	23
2000~2500	22	30	41	55	78	110	175	280	440	700	1100	1.75	2.8	4.4	7	1	17.5	28

基本偏差尺寸 *h*，*js*，*H* 和 *JS* 的公差度极限偏差可从基本公差中推导：h: $es = 0$; $ei = -IT$　js: $es = +IT/2$　H: $ES = +IT$; $EI = 0$　JS: $ES = +IT/2$; $EI = -IT/2$

配合制标准孔 1

标称尺寸范围 mm	孔	轴					孔	轴								
		公差等级[1]的极限偏差尺寸，单位:μm													参照 DIN EN ISO 286–2	
		与 H6 孔配合产生						与 H7 孔配合产生								
		间隙配合	过渡配合			过盈配合		间隙配合			过渡配合				过盈配合	
	H6	h5	j6	k6	n5	p5	H7	f7	g6	h6	j6	k6	m6	n6	r6	s6
1～3	+6 0	0 –4	+4 –2	+6 0	+8 +4	+10 +6	+10 0	–6 –16	–2 –8	0 –6	+4 –2	+6 0	+8 +2	+10 +4	+16 +10	+20 +14
3～6	+8 0	0 –5	+6 –2	+9 +1	+13 +8	+17 +12	+12 0	–10 –22	–4 –12	0 –8	+6 –2	+9 +1	+12 +14	+16 +8	+23 +15	+27 +19
6～10	+9 0	0 –6	+7 –2	+10 +1	+16 +10	+21 +15	+15 0	–13 –28	–5 –14	0 –9	+7 –2	+10 +1	+15 +6	+19 +10	+28 +19	+32 +23
10～14 14～18	+11 0	0 –8	+8 –3	+21 +1	+20 +12	+26 +18	+18 0	–16 –34	–6 –17	0 –13	+8 –3	+12 +1	+18 +7	+23 +12	+34 +23	+39 +28
18～24 24～30	+13 0	0 –9	+9 –4	+15 +2	+24 +15	+31 +22	+21 0	–20 –41	–7 –20	0 –16	+9 –4	+15 +2	+21 +8	+28 +15	+41 +28	+48 +35
30～40 40～50	+16 0	0 –11	+11 –5	+18 +2	+28 +17	+37 +26	+25 0	–25 –50	–9 –25	0 –16	+11 –5	+18 +2	+25 +9	+33 +17	+50 +34	+59 +43
50～65	+19 0	0 –13	+12 –7	+21 +2	+33 +20	+45 +32	+30 0	–30 –60	–10 –29	0 –19	+12 –7	+21 +2	+30 +11	+39 +20	+60 +41	+72 +53
65～80															+62 +43	+78 +59
80～100	+22 0	0 –15	+13 –9	+25 +3	+38 +23	+52 +37	+35 0	–36 –71	–12 –34	0 –22	+13 –9	+25 +3	+35 +13	+45 +23	+73 +51	+93 +71
100～120															+76 +54	+101 +79
120～140	+25 0	0 –18	+14 –11	+28 +3	+45 +27	+61 +43	+40 0	–43 –83	–14 –39	0 –25	+14 –11	+28 +3	+40 +15	+52 +27	+88 +63	+117 +92
140～160															+90 +65	+125 +100
160～180															+93 +68	+133 +108
180～200	+29 0	0 –20	+16 –13	+33 +4	+51 +31	+70 +50	+46 0	–50 –96	–15 –44	0 –29	+16 –13	+33 +4	+46 +17	+60 +31	+106 +77	+151 +122
200～225															+109 +80	+159 +130
225～250															+113 +84	+169 +140
250～280	+32 0	0 –23	+16 –16	+36 +4	+57 +34	+79 +56	+52 0	–56 –108	–17 –49	0 –32	+16 –16	+36 +4	+52 +20	+66 +34	+126 +94	+190 +158
280～315															+130 +98	+202 +170
315～355	+36 0	0 –25	+18 –18	+40 +4	+62 +37	+87 +62	+57 0	–62 –119	–18 –54	0 –36	+18 –18	+40 +4	+57 +21	+73 +37	+144 +108	+226 +190
355～400															+150 +114	+244 +208
400～450	+40 0	0 –27	+20 –20	+45 +5	+67 +40	+95 +67	+63 0	–68 –131	–20 –60	0 –40	+20 –20	+45 +5	+63 +23	+80 +40	+166 +126	+272 +232
450～500															+172 +132	+292 +252

[1] 粗体公差等级相当于 DIN 7157 系列 1；应优先采用。

配合制标准孔 2

标称尺寸范围 mm	公差等级[1]的极限偏差尺寸，单位：μm										参照 DIN EN ISO 286-2			
	孔	轴						孔	轴					
		与 H8 孔配合产生							与 H11 孔配合产生					
		间隙配合				过盈配合			间隙配合					
	H8	d9	e8	f7	h9	u8[2]	x8[2]	H11	a11	c11	d9	d11	h9	h11
1～3	+14 0	-20 -45	-14 -28	-6 -16	0 -25	+32 +18	+34 +20	+60 0	-270 -330	-60 -120	-20 -45	-20 -80	0 -25	0 -60
3～6	+18 0	-30 -60	-20 -38	-10 -22	0 -30	+41 +23	+46 +28	+75 0	-270 -345	-70 -145	-30 -60	-30 -105	0 -30	0 -75
6～10	+22 0	-40 -76	-25 -47	-13 -28	0 -36	+50 +28	+56 +34	+90 0	-280 -370	-80 -170	-40 -76	-40 -130	0 -36	0 -90
10～14	+27 0	-50 -93	-32 -59	-16 -34	0 -43	+60 +33	+67 +40	+110 0	-290 -400	-95 -205	-50 -93	-50 -160	0 -43	0 -110
14～18							+72 +45							
18～24	+33 0	-65 -117	-40 -73	-20 -41	0 -52	+74 +41	+87 +54	+130 0	-300 -430	-110 -240	-65 -117	-65 -195	0 -52	0 -130
24～30						+81 +48	+97 +64							
30～40	+39 0	-80 -142	-50 -89	-25 -50	0 -62	+99 +60	+119 +80	+160 0	-310 -470	-120 -280	-80 -142	-80 -240	0 -62	0 -160
40～50						+109 +70	+136 +97		-320 -480	-130 -290				
50～65	+46 0	-100 -174	-60 -106	-30 -60	0 -74	+133 +87	+168 +122	+190 0	-340 -530	-140 -330	-100 -174	-100 -290	0 -74	0 -190
65～80						+148 +102	+192 +146		-360 -550	-150 -340				
80～100	+54 0	-120 -207	-72 -126	-36 -71	0 -87	+178 +124	+232 +178	+220 0	-380 -600	-170 -390	-120 -207	-120 -340	0 -87	0 -220
100～120						+198 +144	+264 +210		-410 -630	-180 -400				
120～140	+63 0	-145 -245	-85 -148	-43 -83	0 -100	+233 +170	+311 +248	+250 0	-460 -710	-200 -450	-145 -245	-145 -395	0 -100	0 -250
140～160						+253 +190	+343 +280		-520 -770	-210 -460				
160～180						+273 +210	+373 +310		-580 -830	-230 -480				
180～200	+72 0	-170 -285	-100 -172	-50 -96	0 -115	+308 +236	+422 +350	+290 0	-660 -950	-240 -530	-170 -285	-170 -460	0 -115	0 -290
200～225						+330 +258	+457 +385		-740 -1030	-260 -550				
225～250						+356 +284	+497 +425		-820 -1110	-280 -570				
250～280	+81 0	-190 -320	-110 -191	-56 -108	0 -130	+396 +315	+556 +475	+320 0	-920 -1240	-300 -620	-190 -320	-190 -510	0 -130	0 -320
280～315						+431 +350	+606 +525		-1050 -1370	-330 -650				
315～355	+89 0	-210 -350	-125 -214	-62 -119	0 -140	+479 +390	+679 +590	+360 0	-1200 -1560	-360 -720	-210 -350	-210 -570	0 -140	0 -360
355～400						+524 +435	+749 +660		-1350 -1710	-400 -760				
400～450	+97 0	-230 -385	-135 -232	-68 -131	0 -155	+587 +490	+837 +740	+400 0	-1500 -1900	-440 -840	-230 -385	-230 -630	0 -155	0 -400
450～500						+637 +540	+917 +820		-1650 -2050	-480 -880				

[1] 粗体公差等级相当于 DIN 7157 系列 1；应优先采用。

[2] DIN 7157 推荐：标称尺寸最大至 24 mm：H8/x8；标称尺寸超过 24 mm：H8/u8。

配合制标准轴 1

公差等级[1]的极限偏差尺寸，单位：μm　　参照 DIN EN ISO 286-2

标称尺寸范围 mm	轴	孔					轴	孔								
		与 h5 轴配合产生						与 h6 轴配合产生								
		间隙配合	过渡配合		过盈配合			间隙配合			过渡配合				过盈配合	
	h5	H6	J6	M6	N6	P6	h6	F8	G7	H7	J7	K7	M7	N7	R7	S7
1 ~ 3	0 −4	+6 0	+2 −4	−2 −8	−4 −10	−6 −12	0 −6	+20 +6	+12 +2	+10 0	+4 −6	0 −10	−2 −12	−4 −14	−10 −20	−14 −24
3 ~ 6	0 −5	+8 0	+5 −3	−1 −9	−5 −13	−9 −17	0 −8	+28 +10	+16 +4	+12 0	+6 −6	+3 −9	0 −12	−4 −16	−11 −23	−15 −27
6 ~ 10	0 −6	+9 0	+5 −4	−3 −12	−7 −16	−12 −21	0 −9	+35 +13	+20 +5	+15 0	+8 −7	+5 −10	0 −15	−4 −19	−13 −28	−17 −32
10 ~ 18	0 −8	+11 0	+6 −5	−4 −15	−9 −20	−15 −26	0 −11	+43 +16	+24 +6	+18 0	+10 −8	+6 −12	0 −18	−5 −23	−16 −34	−21 −39
18 ~ 30	0 −9	+13 0	+8 −5	−4 −17	−11 −24	−18 −31	0 −13	+53 +20	+28 +7	+21 0	+12 −9	+6 −15	0 −21	−7 −28	−10 −41	−27 −48
30 ~ 40 40 ~ 50	0 −11	+16 0	+10 −6	−4 −20	−12 −28	−21 −37	0 −16	+64 +25	+34 +9	+25 0	+14 −11	+7 −18	0 −25	−8 −33	−25 −50	−34 −59
50 ~ 65	0 −13	+19 0	+13 −6	−5 −24	−14 −33	−26 −45	0 −19	+76 +30	+40 +10	+30 0	+18 −12	+9 −21	0 −30	−9 −39	−30 −60	−42 −72
65 ~ 80															−32 −26	−48 −78
80 ~ 100	0 −15	+22 0	+16 −6	−6 −28	−16 −38	−30 −52	0 −22	+90 +36	+47 +12	+35 0	+22 −13	+10 −25	0 −35	−10 −45	−38 −73	−58 −93
100 ~ 120															−41 −76	−66 −101
120 ~ 140	0 −18	+25 0	+18 −7	−8 −33	−20 −45	−36 −61	0 −25	+106 +43	+54 +14	+40 0	+26 −14	+12 −28	0 −40	−12 −52	−48 −88	−77 −117
140 ~ 160															−50 −90	−85 −125
160 ~ 180															−53 −93	−93 −133
180 ~ 200	0 −20	+29 0	+22 −7	−8 −37	−22 −51	−41 −70	0 −29	+122 +50	+61 +15	+46 0	+30 −16	+13 −33	0 −46	−14 −60	−60 −106	−105 −151
200 ~ 225															−63 −109	−113 −159
225 ~ 250															−67 −113	−123 −169
250 ~ 280	0 −23	+32 0	+25 −7	−9 −41	−25 −57	−47 −79	0 −32	+137 +56	+69 +17	+52 0	+16 −36	+16 −36	0 −52	−14 −66	−74 −126	−138 −190
280 ~ 315															−78 −130	−150 −202
315 ~ 355	0 −25	+36 0	+29 −7	−10 −46	−26 −62	−51 −87	0 −36	+151 +62	+75 +18	+57 0	+39 −18	+17 −40	0 −57	−16 −73	−87 −144	−169 −226
355 ~ 400															−93 −150	−187 −244
400 ~ 450	0 −27	+40 0	+33 −7	−10 −50	−27 −67	−55 −95	0 −40	+165 +68	+83 +20	+63 0	+43 −20	+18 −45	0 −63	−17 −80	−103 −166	−209 −272
450 ~ 500															−109 −172	−229 −292

[1] 粗体公差等级相当于 DIN 7157 系列 1；应优先采用。

配合制标准轴 2

标称尺寸范围 mm	轴	公差等级[1]的极限偏差尺寸，单位：μm 与 h9 轴配合产生								轴	参照 DIN EN ISO 286-2 与 h11 轴配合产生			
		间隙配合						过渡配合			间隙配合			
	h9	C11	D10	E9	F8	H8	H11	J9/JS9[2]	P9	h11	A11	C11	D10	H11
1～3	0 -25	+120 +60	+60 +20	+39 +14	+20 +6	+14 0	+60 0	+12.5 -12.5	-6 -31	0 -60	+330 +270	+120 +60	+60 +20	+60 0
3～6	0 -30	+145 +70	+78 +30	+50 +20	+28 +10	+18 0	+75 0	+15 -15	-12 -42	0 -75	+345 +270	+145 +70	+78 +30	+75 0
6～10	0 -36	+170 +80	+98 +40	+61 +25	+35 +13	+22 0	+90 0	+18 -18	-15 -51	0 -90	+370 +280	+170 +80	+98 +40	+90 0
10～18	0 -43	+205 +95	+120 +50	+75 +32	+43 +16	+27 0	+110 0	+21.5 -21.5	-18 -61	0 -110	+400 +290	+205 +95	+120 +50	+110 0
18～30	0 -52	+240 +110	+149 +65	+92 +40	+53 +20	+33 0	+130 0	+26 -26	-22 -74	0 -130	+430 +300	+240 +110	+149 +65	+130 0
30～40	0 -62	+280 +120	+180 +80	+112 +50	+64 +25	+39 0	+160 0	+31 -31	-26 -88	0 -160	+470 +310	+280 +120	+180 +80	+160 0
40～50		+290 +130									+480 +320	+290 +130		
50～65	0 -74	+330 +140	+220 +100	+134 +60	+76 +30	+46 0	+190 0	+37 -37	-32 -106	0 -190	+530 +340	+330 +140	+220 +100	+190 0
65～80		+340 +150									+550 +360	+340 +150		
80～100	0 -87	+390 +170	+260 +120	+159 +72	+90 +36	+54 0	+220 0	+43.5 -43.5	-37 -124	0 -220	+600 +380	+390 +170	+260 +120	+220 0
100～120		+400 +180									+630 +410	+400 +180		
120～140	0 -100	+450 +200	+305 +145	+185 +85	+106 +43	+63 0	+250 0	+50 -50	-43 -143	0 -250	+710 +460	+450 +200	+305 +145	+250 0
140～160		+460 +210									+770 +520	+460 +210		
160～180		+480 +230									+820 +580	+480 +230		
180～200	0 -115	+530 +240	+355 +170	+215 +100	+122 +50	+72 0	+290 0	+57.5 -57.5	-50 -165	0 -290	+950 +660	+530 +240	+355 +170	+290 0
200～225		+550 +260									+1030 +740	+550 +260		
225～250		+570 +280									+1110 +820	+570 +280		
250～280	0 -130	+620 +300	+400 +190	+240 +110	+137 +56	+81 0	+320 0	+65 -65	-56 -186	0 -320	+1240 +920	+620 +300	+400 +190	+320 0
280～315		+650 +330									+1370 +1050	+650 +330		
315～355	0 -140	+720 +360	+440 +210	+265 +125	+151 +62	+89 0	+360 0	+70 -70	-62 -202	0 -360	+1560 +1200	+720 +360	+440 +210	+360 0
355～400		+760 +400									+1710 +1350	+760 +400		
400～450	0 -155	+840 +440	+480 +230	+290 +135	+165 +68	+97 0	+400 0	+77.5 -77.5	-68 -223	0 -400	+1900 +1500	+840 +440	+480 +230	+400 0
450～500		+880 +480									+2050 +1650	+880 +480		

[1] 粗体公差等级相当于 DIN 7157 系列 1；应优先采用。
[2] 公差范围 J9/JS9，J10/JS10 以此类推均各组相同，并对称于零线。

配合的推荐和选择

配合的推荐

参照 DIN 7157

选自第 1 系列	C11/h9, D10/h9, E9/h9, F8/h9, H8/f7, F8/h6, F7/h7, H8/h9, H7/h6, H7/n6, H7/r6, H8/x8 和 u8
选自第 2 系列	C11/h11, D10/h11, H8/d9, H8/e8, H7/g6, G7/h6, H11/h9, H7/j6, H7/k6, H7/s6

配合的选择

种类	配合制				配合的特征	
	标准孔[1]		标准轴[1]		特性	应用举例
间隙配合	H8/d9	0 H8 d9	**D10/h9**	D10 0 h9	配合间隙大	轴的间隔套
间隙配合	H8/e8	0 H8 e8	**E9/h9**	E9 0 h9	清晰可见的配合间隙，可用手非常轻松推动彼此相对的零件。	杠杆轴承机构，轴上的调节环
间隙配合	**H8/f7**	0 H8 f7	**F8/h9**	F8 0 h9	较大配合间隙，可用手轻松推动彼此相对的零件。	轴 – 滑动轴承机构
间隙配合	H7/g6	0 H7 g6	G7/h6	G7 0 h6	配合间隙小，用手尚能轻松推动彼此相对的零件。	孔内固定套筒，滑动轴承内的轴，立柱导轨
间隙配合	**H8/h9**	0 H8 h9	**H8/h9**	0 H8 h9	几乎已无配合间隙，用手尚能推动彼此相对的零件。	间隔轴套，轴上的定位环
间隙配合	H7/h6	0 H7 h6	**H7/h6**	0 H7 h6	极精细的配合间隙，偶尔用手用力可以推动彼此相对的零件。	立柱导轨，加工机床导轨，冲切模具的凸模
过渡配合	H7/j6	0 H7 j6	未作规定		配合间隙大于过盈配合尺寸，配合尺寸的公差极小，有时还能用手用力推动彼此相对的零件。	轴上的齿轮
过渡配合	**H7/n6**	n6 0 H7	未作规定		过盈配合尺寸大于配合间隙，要求用较小的力可以推动零件。	机座内的轴承套，钻套，工装的支承螺栓
过盈配合	**H7/r6**	0 H7 r6	未作规定		配合有较小的过盈尺寸，接合时要求用较大力推动零件。	机座衬套
过盈配合	H7/s6	0 H7 s6	未作规定		充分的过盈配合，接合时要求用大力推动零件。	机座内的滑动轴承衬套，蜗轮齿圈
过盈配合	**H7/u8**	u8 0 H7	未作规定		配合有很大的过盈尺寸，只有通过热涨或冷缩才能装配零件。	收缩环，静轴上的齿轮，动轴联轴器
过盈配合	**H7/x8**	x8 0 H7	未作规定		配合有极大的过盈尺寸，只能通过热涨或冷缩才能装配零件。	收缩环，静轴上的齿轮，动轴联轴器

鉴于加工的经济性，DIN 7157 推荐了少数几个受限的公差等级组合。除例外情况，例如滚动轴承的安装，一般应避免使用这些组合。

[1] 粗体公差等级相当于 DIN 7157 系列 1；应优先采用。

未注公差

长度和角度尺寸的未注公差

参照 DIN ISO 2768-1

公差等级	长度尺寸 标称尺寸范围内的极限偏差尺寸 单位:mm							
	0.5～3	大于 3～6	大于 6～30	大于 30～120	大于 120～400	大于 400～1000	大于 1000～2000	大于 2000～4000
f（精细）	±0.05	±0.05	±0.1	±0.15	±0.2	±0.3	±0.5	—
m（中等）	±0.1	±0.1	±0.2	±0.3	±0.5	±0.8	±1.2	±2
c（粗糙）	±0.2	±0.3	±0.5	±0.8	±1.2	±2	±3	±4
v（很粗糙）	—	±0.5	±1	±1.5	±2.5	±4	±6	±8

公差等级	整圆半径与倒角 标称尺寸范围内的极限偏差尺寸，单位:mm			角度尺寸 标称尺寸范围内的极限偏差尺寸，单位:° 和′				
	0.5～3	大于 3～6	大于 6	～10	大于 10～50	大于 50～120	大于 120～400	大于 400
f（精细） m（中等）	±0.2	±0.5	±1	±1°	±0°30′	±0°20′	±0°10′	±0°5′
c（粗糙）	±0.4	±1	±2	±1°30′	±1°	±0°30′	±0°15′	±0°10′
v（很粗糙）				±3°	±2°	±1°	±0°30′	±0°20′

形状和位置的未注公差

参照 DIN ISO 2768-2

公差等级	下列各项的公差，单位:mm 直线度和平面度 标称尺寸范围，单位:mm						垂直度 标称尺寸范围，单位:mm				对称度 标称尺寸范围，单位:mm				跳动
	～10	大于 10～30	大于 30～100	大于 100～300	大于 300～1000	大于 1000～3000	～100	大于 100～300	大于 300～1000	大于 1000～3000	～100	大于 100～300	大于 300～1000	大于 1000～3000	
H	0.02	0.05	0.1	0.2	0.3	0.4	0.2	0.3	0.4	0.5	0.5				0.1
K	0.05	0.1	0.2	0.4	0.6	0.8	0.4	0.6	0.8	1	0.6		0.8	1	0.2
L	0.1	0.2	0.4	0.8	1.2	1.6	0.6	1	1.5	2	0.6	1	1.5	2	0.5

未注公差的图纸数据标注

数据种类	解释	举例
自选偏差尺寸的数据（常用）Ⓐ	偏差尺寸作为单位相同的数字值直接标在标称尺寸后面	12-0.1/-0.2; 60±0.2; 0 30-0.2
标称尺寸的数据，无附加部分（常用）Ⓑ	如果缺少公差数据，一般常采用未注公差。如果未约定公差等级，最低等级 v 或 L 已够用。	30 相当于公差等级 v（很粗糙）: ±1
数据标注按 ISO（罕见）Ⓒ	ISO 标准和前表的公差等级用于标出标称尺寸。（见图）	83 ISO 2786-c 表明：标称尺寸 83，公差等级 c（粗糙）: ±0.8

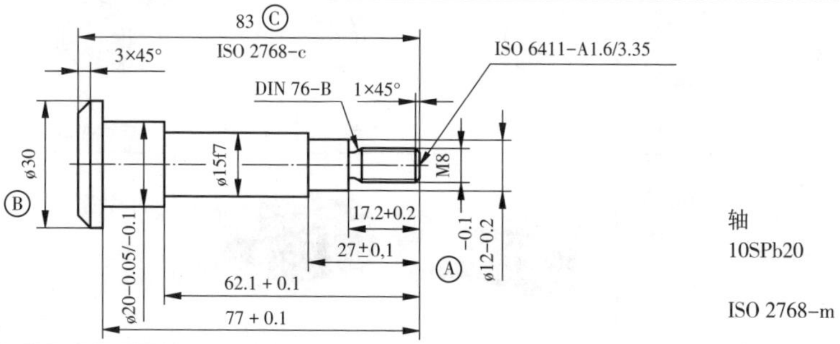

83 Ⓒ
ISO 2768-c
3×45°
ISO 6411-A1.6/3.35
DIN 76-B
1×45°
ø30
Ⓑ
ø15f7
M8
17.2+0.2
27±0,1
62.1 + 0.1
77 + 0.1
ø20-0.05/-0.1
-0.1
ø12-0.2
Ⓐ

轴
10SPb20

ISO 2768-m

不属于配合的公差数据

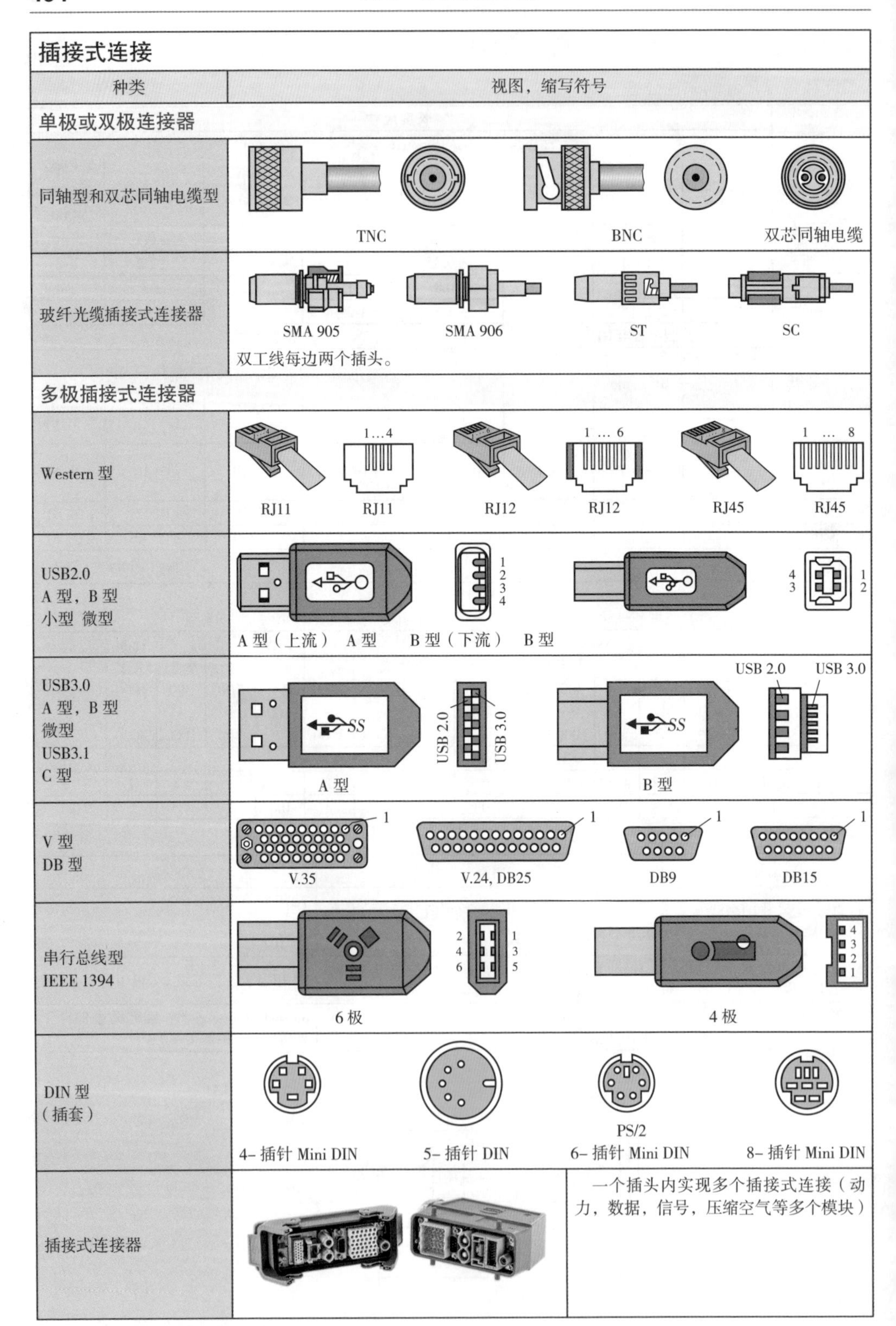

插接式连接

种类	视图，缩写符号
单极或双极连接器	
同轴型和双芯同轴电缆型	TNC　BNC　双芯同轴电缆
玻纤光缆插接式连接器	SMA 905　SMA 906　ST　SC 双工线每边两个插头。
多极插接式连接器	
Western 型	RJ11（1…4）　RJ11　RJ12（1 … 6）　RJ12　RJ45（1 … 8）　RJ45
USB2.0 A 型，B 型 小型 微型	A 型（上流）　A 型（1 2 3 4）　B 型（下流）　B 型（4 3 1 2）
USB3.0 A 型，B 型 微型 USB3.1 C 型	A 型（USB 2.0　USB 3.0）　B 型（USB 2.0　USB 3.0）
V 型 DB 型	V.35（1）　V.24, DB25（1）　DB9（1）　DB15（1）
串行总线型 IEEE 1394	6 极（2 4 6　1 3 5）　4 极（4 3 2 1）
DIN 型 （插套）	4- 插针 Mini DIN　5- 插针 DIN　PS/2 6- 插针 Mini DIN　8- 插针 Mini DIN
插接式连接器	一个插头内实现多个插接式连接（动力，数据，信号，压缩空气等多个模块）

插接式连接器 RJ45 和 RJ11

电路	解释	视图

连接单元 IAE 和 UAE

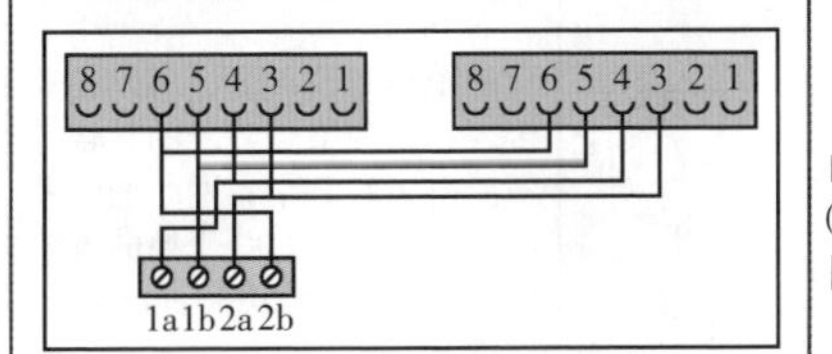

IAE 2×8（4）由两个宽 8（8 个触点）的插套组成，但仅使用中间的 4 个触点（触点 3 至 6）。两个插套的接线采用并联，因此可连接两台终端装置。

（用于 ISDN）

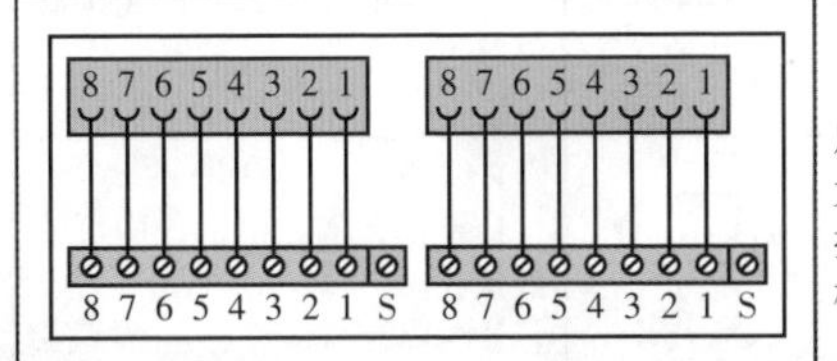

UAE 2×8 由两个 UAE 8（8）插套组成，它们并联连接或作为 UAE 8/8（8/8）无电气连接。还有 UAE，插头作用于它的插套 2 常闭触点，例如 UAE 8（8）+2。这样一台终端装置便可关断其他装置。

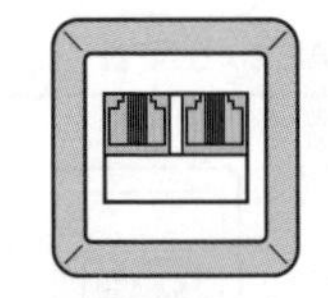

编码和接线

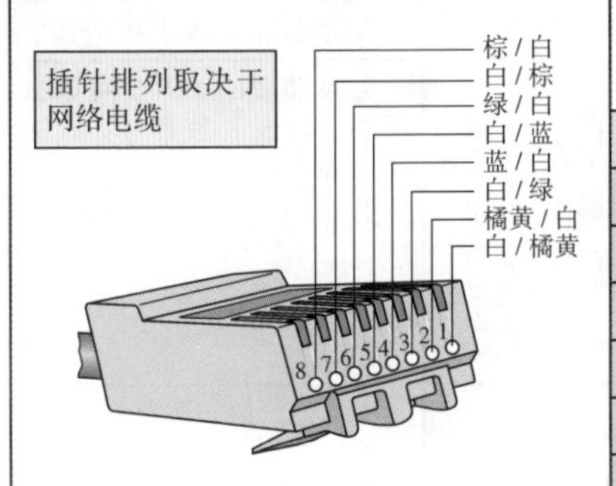

RJ45 插头的插针排列按用于 100 BASE-TX 的 TIA/EIA 568B

在欧洲，建筑物电缆布线采用 568A，在美国采用 568B，两者均用于 100 BASE-TX。

颜色	芯线对	568A 插针	568B 插针
WH/BU	1	5	5
BU/WH	1	4	4
WH/OR	2	3	1
OR/WH	2	6	2
WH/GN	3	1	3
GN/WH	3	2	6
WH/BN	4	7	7
BN/WH	4	8	8

568A

568B

采用 100 BASE-TX 芯线排列的 RJ 45 插套

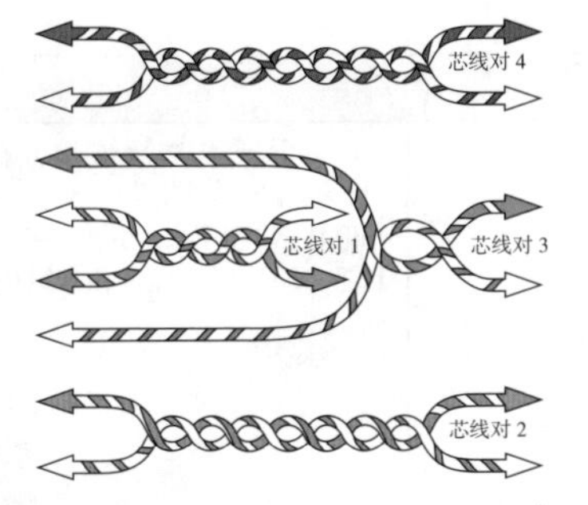

568B 中 DTE 连接 DCE

芯线颜色 BU（蓝），BR（棕），GN（绿），和 OR（橘黄或黄）是单色，或与 WH（白）组合。

DTE（数据终端设备，例如 PC）与 DCE（数据通信设备，例如转换器）的连接采用芯线 1:1 的连接方式，例如插针 1 对插针 1。

如果网络装置不能自己匹配，DTE 或 DCE 上下连接 → 芯线对交叉（交叉线）。

如果 IAE 仅需两个芯线对，在 8 个触点的 RJ45 插头上仅使用中间的触点，例如 IAE 8（4）。

DTE 上下连接或与 DCE 上下连接时，芯线必须交叉（交叉线）。

装置 1 插针　装置 2 插针

568A 连接 568B 的交叉线配对

BN 棕色，BU 蓝色，DCE 数据通讯设备，DTE 数据终端设备，EIA 电子工业协会，GN 绿色，IAE ISDN- 连接单元，ISDN 综合业务数字网络，OR 橘黄色，Pin 插针，RJ 注册的插孔，S 屏蔽，TIA 电信工业协会，UAE 通用接线单元，WH 白色

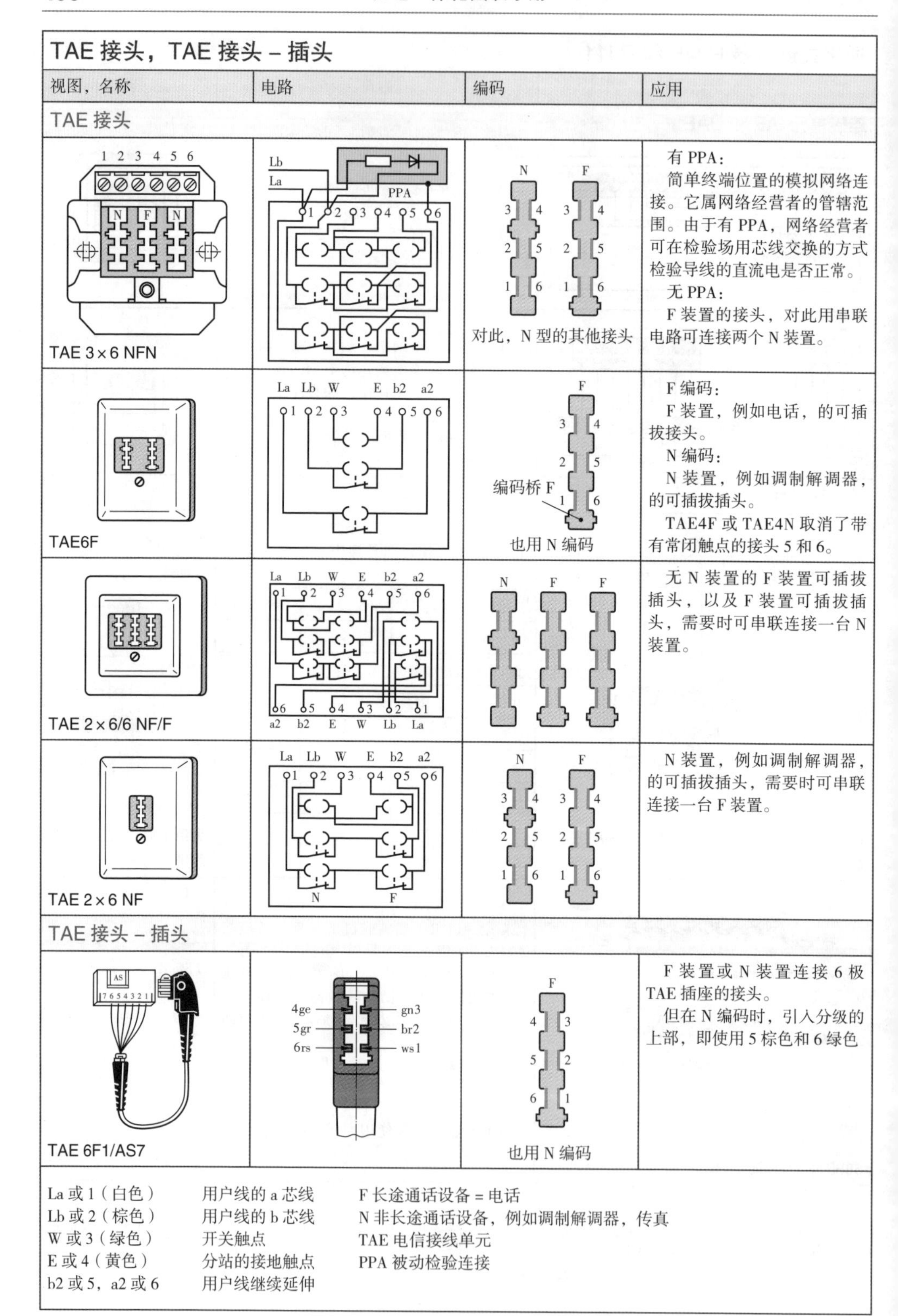

TAE 接头，TAE 接头 – 插头

视图，名称	电路	编码	应用
TAE 接头			
TAE 3×6 NFN		对此，N 型的其他接头	有 PPA： 简单终端位置的模拟网络连接。它属网络经营者的管辖范围。由于有 PPA，网络经营者可在检验场用芯线交换的方式检验导线的直流电是否正常。 无 PPA： F 装置的接头，对此用串联电路可连接两个 N 装置。
TAE6F		编码桥 F 也用 N 编码	F 编码： F 装置，例如电话，的可插拔接头。 N 编码： N 装置，例如调制解调器，的可插拔插头。 TAE4F 或 TAE4N 取消了带有常闭触点的接头 5 和 6。
TAE 2×6/6 NF/F			无 N 装置的 F 装置可插拔插头，以及 F 装置可插拔插头，需要时可串联连接一台 N 装置。
TAE 2×6 NF			N 装置，例如调制解调器，的可插拔插头，需要时可串联连接一台 F 装置。
TAE 接头 – 插头			
TAE 6F1/AS7		也用 N 编码	F 装置或 N 装置连接 6 极 TAE 插座的接头。 但在 N 编码时，引入分级的上部，即使用 5 棕色和 6 绿色

La 或 1（白色）　用户线的 a 芯线　F 长途通话设备 = 电话
Lb 或 2（棕色）　用户线的 b 芯线　N 非长途通话设备，例如调制解调器，传真
W 或 3（绿色）　开关触点　TAE 电信接线单元
E 或 4（黄色）　分站的接地触点　PPA 被动检验连接
b2 或 5，a2 或 6　用户线继续延伸

接口耦合

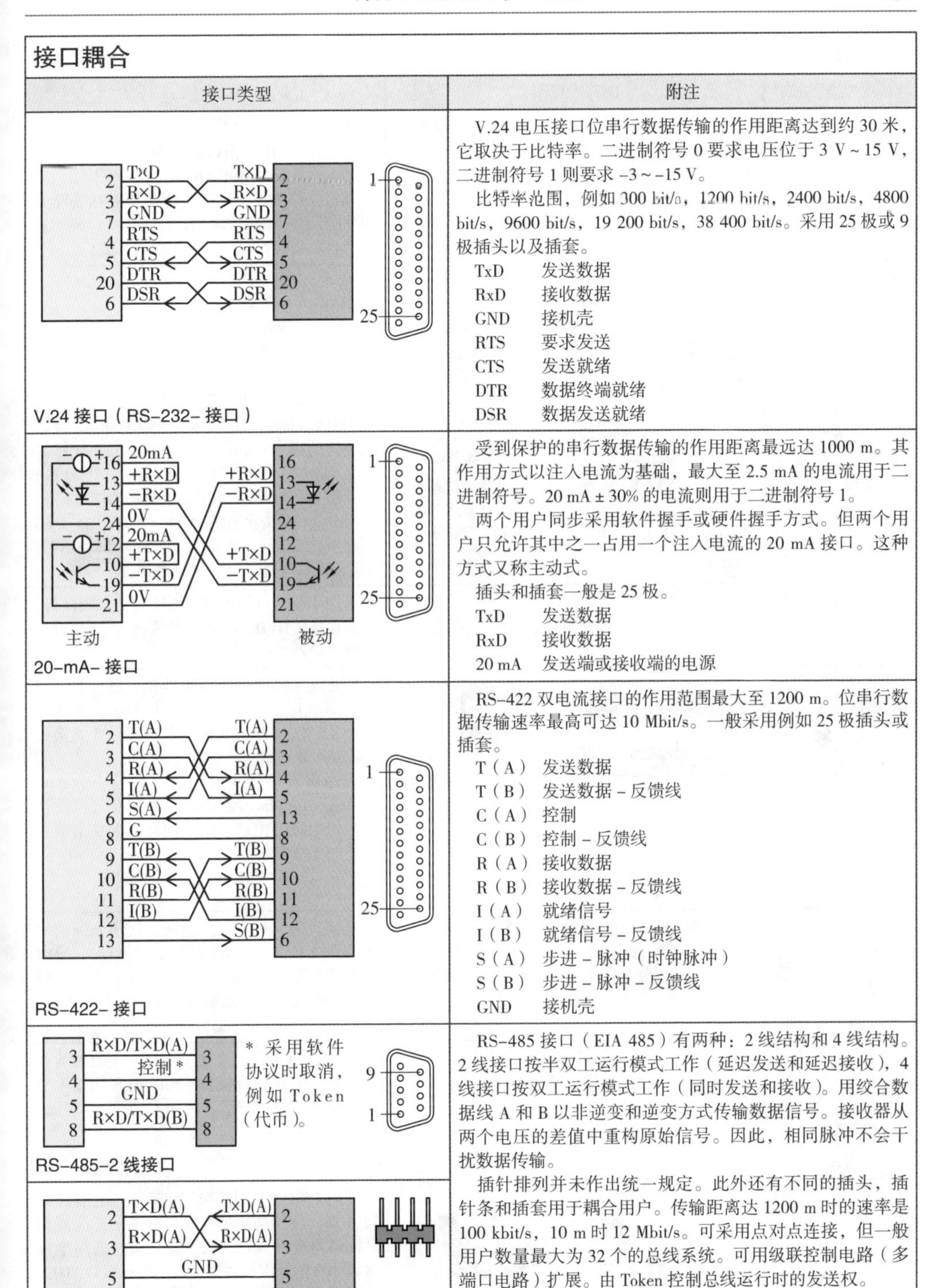

接口类型	附注
V.24 接口（RS-232- 接口）	V.24 电压接口位串行数据传输的作用距离达到约 30 米，它取决于比特率。二进制符号 0 要求电压位于 3 V ~ 15 V，二进制符号 1 则要求 −3 ~ −15 V。 比特率范围，例如 300 bit/s，1200 bit/s，2400 bit/s，4800 bit/s，9600 bit/s，19 200 bit/s，38 400 bit/s。采用 25 极或 9 极插头以及插套。 TxD 发送数据 RxD 接收数据 GND 接机壳 RTS 要求发送 CTS 发送就绪 DTR 数据终端就绪 DSR 数据发送就绪
20-mA- 接口	受到保护的串行数据传输的作用距离最远达 1000 m。其作用方式以注入电流为基础，最大至 2.5 mA 的电流用于二进制符号。20 mA ± 30% 的电流则用于二进制符号 1。 两个用户同步采用软件握手或硬件握手方式。但两个用户只允许其中之一占用一个注入电流的 20 mA 接口。这种方式又称主动式。 插头和插套一般是 25 极。 TxD 发送数据 RxD 接收数据 20 mA 发送端或接收端的电源
RS-422- 接口	RS-422 双电流接口的作用范围最大至 1200 m。位串行数据传输速率最高可达 10 Mbit/s。一般采用例如 25 极插头或插套。 T（A） 发送数据 T（B） 发送数据 – 反馈线 C（A） 控制 C（B） 控制 – 反馈线 R（A） 接收数据 R（B） 接收数据 – 反馈线 I（A） 就绪信号 I（B） 就绪信号 – 反馈线 S（A） 步进 – 脉冲（时钟脉冲） S（B） 步进 – 脉冲 – 反馈线 GND 接机壳
RS-485-2 线接口 RS-485-4 线接口	RS-485 接口（EIA 485）有两种：2 线结构和 4 线结构。2 线接口按半双工运行模式工作（延迟发送和延迟接收），4 线接口按双工运行模式工作（同时发送和接收）。用绞合数据线 A 和 B 以非逆变和逆变方式传输数据信号。接收器从两个电压的差值中重构原始信号。因此，相同脉冲不会干扰数据传输。 插针排列并未作出统一规定。此外还有不同的插头，插针条和插套用于耦合用户。传输距离达 1200 m 时的速率是 100 kbit/s，10 m 时 12 Mbit/s。可采用点对点连接，但一般用户数量最大为 32 个的总线系统。可用级联控制电路（多端口电路）扩展。由 Token 控制总线运行时的发送权。

USB 接口，通用串行接口

概念	解释，视图	附注
USB 热插拔	USB（通用串行总线）是一种外围设备总线。用它可将外围设备与计算机或控制系统连接起来。 USB 插头可在计算机运行过程中插拔。 点击后出现“安全拔出硬件”的符号（屏幕右下方边缘处）。	通过 USB 可将外围设备，例如键盘，鼠标，扫描仪，打印机，DVD/CD 驱动器，记忆棒，硬盘驱动器或照相机等接入一台计算机。 视窗操作系统自动识别具有 USB 接插能力的外围设备（即插即用）。合适的接口驱动程序会自动装载，必要时从互联网下载。
USB 接口， A 型， B 型  SS USB 2.0 USB 3.0 USB 3.1	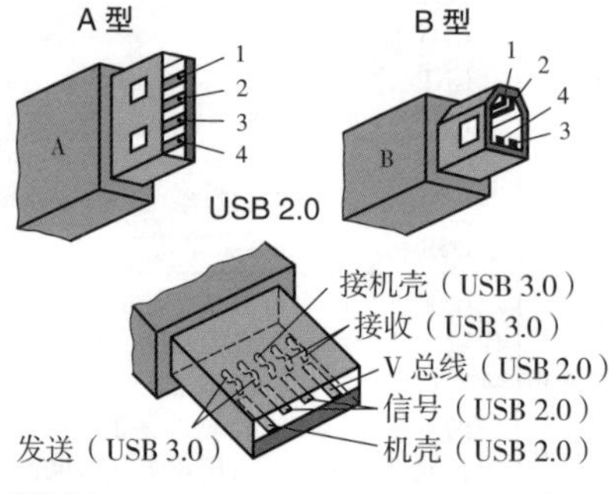 A 型 B 型 1 2 3 4 A 1 2 4 3 B USB 2.0 接机壳（USB 3.0） 接收（USB 3.0） V 总线（USB 2.0） 信号（USB 2.0） 机壳（USB 2.0） 发送（USB 3.0） USB 3.0	V_{CC} 电压 5 V（红色 1）， GND 接机壳（黑色 4）， $+S_D$ 信号线 +（绿色 3）， $-S_D$ 信号线 -（白色 2）， 发送功率达 2.5W。 导线长度最大达 5 米。 USB 2.0 的最大比特率为 480 Mbit/s，纯可用的仅达到 416 Mbit/s。USB 3.0 的毛比特率为 5 Gbit/s，实际利用为 1.3 Gbit/s，900 mA 电源用于终端装置。USB 3.1 插头两端可插。 USB 2.0 插头也可适合 USB 3.0 插套。USB 适配器用于接口 RS-232，RS-485，SCSL，Centronics，（e）SATA，SD 存储卡。
通用串行接口 400	连接外围设备与计算机的接口。IEEE 1394 或 i-Link 的名称均同样可用于通用串行接口 400。可热插拔。	通用串行接口用于例如连接数字音频设备，录像设备（DVD，便携式摄像机），照相机或硬盘驱动器。
通用串行接口 IEEE 1394  	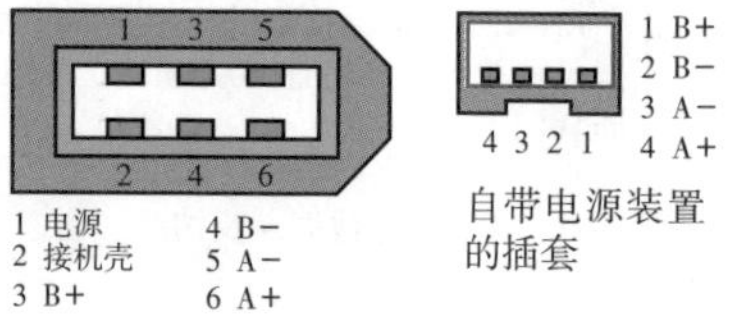 1 3 5 2 4 6 1 电源 4 B− 2 接机壳 5 A− 3 B+ 6 A+ 总线供电装置的插套 1 B+ 2 B− 3 A− 4 A+ 4 3 2 1 自带电源装置的插套 通用串行接口	6 极或 4 极绞合线传输数据，线长最大 5 米。B+，B−，A+，A− 均为信号线。发送功率为 45 W。4 极接头没有电源线。此类接头需附加一根导线。 通用串行接口 400 的运行比特率为 100 Mbit/s，200 Mbit/s，400 Mbit/s。所连接的计算机可根据外围设备的不同能力调整出最大可能的比特率。
通用串行接口 800	通用串行接口 800 是通用串行接口 400 的后续版本，名称为 IEEE 1394b。其比特率达到 800 Mbit/s。计划达到 1600 Mbit/s 和 3200 Mbit/s。	其接头为 9 极，包括电源。使用未屏蔽的双绞合线 CAT 5，CAT 7 或玻纤导线时，导线长度最大可达 100 m。通用串行接口 800 可将多台计算机连接，例如一台打印机或扫描仪。
Hub （多端口转发器）	使用 Hub 可通过 USB 同时驱动最多达 127 台外围设备，通过通用串行接口可同时驱动 63 台外围设备。	USB-Hub 拥有 5 个接头端口用于附加的外围设备。通用串行接口 -Hub 拥有例如 4 个接头端口。导线长度，使用 USB 可达 30 m，使用串行接口可达 72 米。
接头电缆，适配器电缆	 USB 接头电缆 通用串行接口的接头电缆	使用 USB 时采用适配器和适配器电缆 A 型对 B 型。使用通用串行接口时采用适配器和适配器电缆 9 极对 4 极。这样可使通用串行接口 400 的外围设备连接通用串行接口 800。 无论 USB 还是通用串行接口，其接头电缆均带有公插和母插的全部组合。

电力工程的插接装置

安装用插接装置

系统，商用名称	Schuko （F 型插头）	Perilex （五芯插头）		“IEC-，欧洲（CEE）-工业圆插头”											
典型的插座形状															
推荐的芯线颜色	—			紫色		蓝色		红色							
相位，电流强度	1 16A	3N 16A	3N 25A	1 16 或 32A		1 16 或 32A		3N 16 至 125A				3 16 至 125A			
极数	2P+PE	3P+N+PE		2 极 2P		3 极 2P+PE		5 极 3P+N+PE				4 极 3P+PE			
额定电压频率 50Hz	250V	400V/230V		至 50 V		230V		400V/230V				400V			
额定电流强度 A	10–16	16	25	16	32	16	32	16	32	63	125	16	32	63	125
端子范围（mm^2）	1.5～2.5	1.5～4	2.5～10	4～2×6		1.5～4	2.5～10	1.5～4	2.5～10	6～25	25～70	1.5～4	2.5～10	6～25	25～70
过流保护	前置过流保护装置的额定电流不允许超过插接装置的额定电流。														
优先应用于	家居安装及类似目的			工业及类似目的											
	农业，建筑工地	宾馆，实验室，纺织加工企业。大型厨房		农业，建筑工地								造船			

CEE- 工业插接装置

极数	防误插槽的保护触点插头位置（顺时针位置）									
3	频率（Hz） 电压（V） 保护触点插套	50，60 110～130 4h	50，60 220～240 6h	50，60 380～415 9h	50，60 500 7h	50，60 750 5h	50，60[1] 12h	50～250 3h	直流电 > 250 8h	—
	识别色	黄色	蓝色	红色	黑色	黑色		蓝色		
4	频率（Hz） 电压（V） 保护触点插套	50，60 110～130 4h	50，60 220～240 9h	50，60 380～415 6h	60 440 11h	50，60 500 7h	50，60 750 5h	50，60[1] 12h	100～300 50～440 10h	300～500 50～440 2h
								不用于 63 A 和 125 A		
	识别色	黄色	蓝色	红色	红色	黑色		绿色	绿色	
5	频率（Hz） 电压（V） 保护触点插套	50，60， 110～130 4h	50，60， 127/220～ 138/240 5h	50，60， 220/380～ 240/415 6h	50，60， 500 7h	50，60， 750 9h	60， 250/440 11h	—	—	—
	识别色	黄色	蓝色	红色	黑色	黑色	红色			

[1] 所有电压均按分离变压器。

国际单相插接装置

形状	应用区域	形状	应用区域
	所有英联邦国家，非洲，亚洲，英国，中东（组合插头系统英国标准用于圆形和矩形插孔的插座）		意大利
	欧洲，南非，非洲		北美 / 中美洲，日本，东南亚，东欧
	香港，印度，中国，英国		澳大利亚，新西兰，中国（由可更换插头芯组成组合插头系统用于有和无儿童保护的插座）

电力工程插头

类型	视图	应用，附注
CEE 插头		CEE 插头作为国际标准插接连接器为工业用途而研发。如今这类插头也应用于手工业和私人家居。其结构有 3 极（2P+PE），4 极（3P+PE）和 5 极（3P+N+PE）几种结构。其额定电压为 20～690 V，额定电流为 16 A，32 A，63 A 和 125 A。
Perilex（五芯插头）		Perilex 插头用于连接三相交流电用户，额定电压 400 V，额定电流 16 A 或 25 A。该插头为 5 极结构（3P+N+PE）。它主要用于面包房，大型厨房和私人家居。但 Perilex 插头系统已被 CEE 三相交流电插头系统广为替代。
保护触点（Schuko）插头		Schuko 插头用于 SK I（保护等级 I）的装置。3 极结构（2P+PE），额定电压 250 V。额定电流达到 DC 10 A 和 AC 16 A。其塑料插头用于干燥房间（家居，办公室），橡胶插头用于高机械载荷（建筑工地，车间）和潮湿房间。
轮廓插头		轮廓插头用于 SK II 的装置，其电流大于欧式扁插（最大可负载 2.5 A），其额定电压为 250 V。额定电流 DC 10 A 和 AC 16 A。 应用举例：吸尘器，头发热风机或手提电钻。
欧式扁插头		欧式扁插用于 SK II 的装置。其额定电流最大允许达到 2.5 A。其额定电压为 AC 250 V。一般将该扁插与连接导线（2×0.75 mm^2）成套供货。
冷机耦合插头		冷机耦合插头（KGK）用作运行热量不值一提的装置（例如 PC，示波仪或稳压电源）的电源接头。其额定电流为 10 A。耦合连接触点的最大温度不允许超过 70℃。KGK 是 3 极结构（2P+PE），额定电压为 AC 250 V。KGK 不适宜做发热装置的内置插头。
热机耦合插头		热机耦合插头（WGK）用于易发热的装置，如烤盘或华夫饼干烘制铁模。其运行温度可达 120℃，电流强度允许达到 10 A。另一种插头是加热装置耦合插头（HGK）。它的用户温度可达 155℃，电流强度可达 16 A。WGK 和 HGK 均为 3 极结构（2P+PE），其额定电压为 AC 250 V。WGK 和 HGK 也适宜用作冷机内置插头。
Harting（哈丁）工业插头		Harting 工业插头用于高要求的汽车制造业和机械制造业。它由不同的制造结构，从 3 触点 +PE 到 108 触点 +PE。根据其结构，此类插头的额定电压从 50～1000 V，额定电流从 5～100 A。 请参见 494 页。
阀门插头		阀门插头系列 GDM 用于电气－气动和电气－液压技术的电磁阀。阀门插头有和无功能显示 LED 以及保护接线。其结构有 3 极（2P+PE）和 4 极（3P+PE）。其额定电压最大至 AC/DC 250 V，额定电流最大至 16 A。

清除

废物法

参照循环经济法 KrWG

循环经济的重要原则：
· 避免废物的产生，例如通过设备内部的循环结构或低废料产品形状。
· 利用废物的材料，例如从废物中提取原材料（所谓的次级原材料）。
· 利用废物提取能源（能源利用），例如使用替代燃料。
· 根据此法律有序地利用废物，并使之无害化（不损害大众健康）。

清除废物应有主管当局（一般是县级）的监视。尤其是有害健康、空气或水的废物，有爆炸和易燃危险的废物应受到特别监督。废物产生者有清除和证明的义务与责任。

金属加工企业[1]中需特别监督的废物（特种废物）节选

废物索引	废物种类名称	过程，描述，产生	特别说明，措施
150199 D1	有害污染的包装材料	桶，油桶，提桶和罐子，剩余油漆，颜料，溶剂，冷清洗剂，除锈剂，除锈脱硅剂，灰浆填料等。 残留剩余物的喷雾罐。	清空，无残液，用刷子或刮刀清理容器，使之没有需特别关注的废物。可重复使用的包装材料。通过二元系统或金属容器废品商清理废物。仍有残留但油漆已干的罐子是与家具垃圾类似的工业垃圾。尽量弃用喷雾罐，并将之作为特种废物处理。
160602	镍镉电池	从手提电钻和电动螺丝刀中取下的蓄电池。	所有含有害物质的电池均应做出标记。它们必须由商业企业无偿回收。使用者有交回给商业企业或公共回收点的义务。
160603	汞干电池	纽扣电池，含汞单节电池。	
160604	碱电池	不可充电电池，例如袖珍计算器。	
060404	含汞废物	荧光灯具（所谓的“霓虹灯管”）	仍可利用。无损伤地交回给商业企业或清除企业。不能分类作为可循环利用的玻璃！
120106	用过的机加工油，含卤素，无乳浊液。	无水钻孔、车削、磨削和切削油；所谓的冷却润滑剂（KSS）。	尽量避免使用冷却润滑剂，例如 · 干加工， · 微量冷却润滑。 分离已汇集的各种冷却润滑剂，乳浊液，溶剂等。 使用过滤器。回收用于制备或燃烧（能源利用）的可能性需询问供货商。
120107	用过的机加工油，无卤素，无乳浊液。	人工合成油中提炼的冷却润滑剂，例如酯基冷却润滑剂。	
120110	人工合成机加工油		
130202	非氯化的机器油，变速箱油和润滑油。	旧油和变速箱油，液压油，活塞式压缩空气压缩机油。	供货商有回收义务。已知来源的旧油可通过二次精炼再次利用，或作能源利用。
150299 D1	抽吸和过滤器滤芯，含有害污物的抹布和保护服。	例如旧灯具，抹布；沾过油或蜡的刷子，油性胶合剂，油罐和润滑脂罐。	请利用抹布租赁服务的可能性。
130505	其他的乳浊液	压缩机冷凝水	使用具有反乳化作用的压缩机油；询问使用无油压缩机的可能性。
14012	其他含卤素的溶剂和溶剂混合液	全（氯乙烯） 三（氯乙烯） 混合溶剂	由供货商回收并审验水性清洁剂的替代性。

[1] 确定消除和利用需特别监视的废物的规定 –Bestb ü AbfV。附录 1：欧洲废物目录所列举的废物（EAK 废物）被视为特别危险。附录 2：需特别监视的 EAK 废物以及未列入 EAK 名录的废物种类（废物索引字母代码“D”）。

危险符号和危险标记

全球和谐系统（GHS）

自 2009 年元月起，一部危险品国际统一标记系统在德国生效。GHS 在欧洲的名称是 CLP，即“化学产品的分类，标签和包装”。

欧盟条例，编号 172/2008，规定自 2010 年 12 月 1 日起对危险品，自 2015 年 6 月 1 日起对化学混合物开始引进实施上述标记系统。

系统的标记符号

· 9 种危险图示均有编码（见下表）。

· 危险警告词指警告重大的危险

· 注意警告词提示较小的危险

· 危险提示，所谓的 H 语句（类似于以前的 S 语句），发出对危险的更准确的提示，例如“将严重刺激眼睛”。

· 安全提示，所谓的 P 语句，发出存在着何种危险和例如中毒时应如何反应等信息（例如电话联系毒物信息中心或医生）。

H 语句（见下页）的结构

H 2 03

- 序号
- 分组：1 = 未使用；2 = 物理危险；3 = 健康危险；4 = 环境危险
- 危险提示（危险说明）

P 语句（见 504 页）的结构

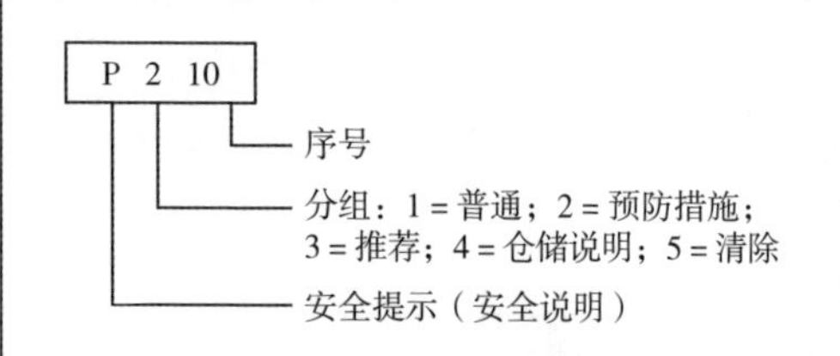

危险图示

GHS01 爆炸的炸弹	GHS02 火焰	GHS03 圆圈上的火焰
爆炸物及其混合物。	在高温和火焰附近可迅速点燃。	氧化的气体，液体或固体物增强爆炸或燃烧。
GHS04 气瓶	**GHS05 腐蚀作用**	**GHS06 骷颅头加交叉骨头**
处于压力状态下的气体，压缩或液化气体，油化气体。	短暂接触即可损害皮肤或眼睛；佩戴皮肤和眼睛保护装置！	极小量的吸入或吞入即可造成严重中毒或死亡。
GHS07 惊叹号	**GHS08 健康危险**	**GHS09 环境**
危害健康！不会造成死亡或严重的健康损害，主要是刺激皮肤或引发过敏。	严重的健康损害，可能造成儿童死亡。危及孕妇，致癌。	短期或长期损害环境；小型动物和土壤无机生物可能受到损害。不能用废水或作为生活垃圾清除！

危险提示 – H 语句

H- 语句	含义
	对物理性危险的危险提示
H200	不稳定的，易爆炸的
H202	易爆炸的，爆炸碎片、爆炸物和抛掷物具有很大危险
H203	易爆炸的，爆炸火焰、空气压力或爆炸碎片、爆炸物和抛掷物具有危险
H204	爆炸火焰或爆炸碎片、爆炸物和抛掷物具有危险
H205	着火产生大规模爆炸的危险
H220	特别易燃气体
H221	易燃气体
H222	特别易燃的气溶胶 [1]
H223	易燃的气溶胶
H224	极易燃的液体和蒸汽
H225	轻度易燃的液体和蒸汽
H226	易燃的液体和蒸汽
H228	易燃固体
H240	加热可能导致爆炸
H241	加热可能导致火灾或爆炸
H242	加热可能导致火灾
H250	与空气接触会自燃
H251	能自燃；可能导致火灾
H252	量大可自燃；可能导致火灾
H260	与水接触产生可燃气体，可能导致自燃
H261	与水接触产生可燃气体
H270	可能导致火灾或加强火势；氧化剂
H271	可能导致火灾或爆炸；强氧化剂
H272	可能加强火势；氧化剂
H280	压力下含气体；加热可能爆炸
H281	含深冷气体；可能导致冷燃或冻伤
H290	可能腐蚀金属
对健康危险的危险提示	
H300	吸入有生命危险
H301	吸入有毒
H302	吸入有害健康
H304	吸入和进入呼吸道可能致死
H310	皮肤接触有生命危险

H- 语句	含义
H310	皮肤接触有生命危险
H311	皮肤接触有毒
H312	皮肤接触有害健康
H314	导致皮肤重损和眼睛重伤
H315	导致皮肤刺激
H317	可能导致皮肤过敏反应
H318	导致眼睛重伤
H319	导致眼睛严重刺激
H330	吸入有生命危险
H331	吸入有毒
H332	吸入有害健康
H334	吸入可能导致过敏，哮喘类综合征或呼吸困难
H335	可能刺激呼吸道
H336	可能导致昏睡和恍惚
H340	可能导致基因缺陷 [2]
H341	据猜测，可能导致基因缺陷 [2]
H350	可能致癌 [2]
H351	据猜测，可能致癌 [2]
H360	可能损害生殖能力或胎儿在母体内受损 [2]
H361	据猜测，可能损害生殖能力或胎儿在母体内受损 [2]
H362	可能通过母乳伤害婴儿
H370	损害器官 [2,3]
H371	可能损害器官 [2,3]
H372	长期或反复暴露于此损害器官 [2,3]
H373	长期或反复暴露于此可能损害器官 [2,3]
对环境危险的危险提示	
H400	对水生物剧毒
H410	对水生物剧毒，伴长期作用
H411	对水生物有毒，伴长期作用
H412	对水生物有害，伴长期作用
H413	可能损害水生物，伴长期作用

[1] 固体或液体悬浮微粒与某种气体的混合物
[2] 有证据表明这种危险不存在于其他暴露途径
[3] 或列举所有已知的涉事器官

安全提示 – S 语句 1

P- 语句	含义
	概述
P101	要求医生建议，准备包装或标记标签
P102	不允许放入儿童手中
P103	使用前阅读标记标签
	预防保护
P201	使用前征求特殊说明
P202	使用前阅读并理解所有安全提示
P210	远离炽热 / 火花 / 开放的火焰 / 灼热表面，禁烟
P211	不要向开放的火焰或其他点火源喷射
P220	服装 /…远离 / 离开易燃物质存放
P221	避免与易燃材料 /…混合
P222	不允许与空气接触
P223	与水接触将发生剧烈反应，务必避免明火
P230	与…保湿
P231	在惰性气体中使用
P232	防潮保护
P233	容器密封保存
P234	只能保存在原始容器
P235	冷藏保存
P240	容器和待灌装设备放在地面
P241	使用电气设备 / 通风设备 / 照明设备等的防爆保护
P242	只能使用无火花工具
P243	采取防静电放电措施
P244	减压表防油和油脂保存
P250	不能磨 / 撞 /…. 摩擦
P251	容器保持压力；不能打孔或燃烧，即便用完后也不行
P260	不能吸入灰尘 / 烟 / 气体 / 雾 / 蒸汽 / 气溶胶
P261	避免吸入灰尘 / 烟 / 气体 / 雾 / 蒸汽 / 气溶胶
P262	不能进入眼睛，接触皮肤或黏上衣物
P263	怀孕 / 和哺乳期避免接触
P264	使用后彻底清洗
P270	使用过程中不允许饮食，饮水或抽烟
P271	只在空旷场地或通风良好的室内使用
P272	不允许在工作场地之外穿着沾污工作服
P273	避免暴露在环境中
P280	佩戴防护手套 / 防护服 / 防护眼镜 / 防护面具
P281	使用规定的人员防护装备
P282	佩戴防护手套 / 防护服 / 防寒防护眼镜
P283	穿戴重阻燃 / 阻燃服装
P284	穿戴呼吸保护装备
P285	通风不良时穿戴呼吸保护装备
P231+P232	在惰性气体中使用；防潮保护
P235+P410	冷藏保存；防太阳辐射保护
	反应
P301	吞咽时
P302	皮肤接触时
P303	皮肤接触时（或头发接触时）
P304	呼吸时
P305	眼睛接触时
P306	沾污衣物时
P307	暴露于外时
P308	暴露或接触时
P309	暴露或不适时
P 310	立即致电毒物信息中心或医生
P311	致电毒物信息中心或医生
P312	不适时致电毒物信息中心或医生
P313	征求医生建议 / 送医救助
P314	不适时征求医生建议 / 送医救助
P315	立即征求医生建议 / 送医救助
P320	要求紧急特别处理（参见…在标记标签上）
P321	特别处理（参见…在标记标签上）
P322	有目的的措施（参见…在标记标签上）
P330	冲洗口腔
P331	不要引发呕吐
P332	皮肤刺激时
P333	皮肤刺激或皮疹时
P334	泡入冷水 / 敷上湿绷带
P335	刷去皮肤上的松散杂物
P336	结冰部分泡入微温水中；不要摩擦相关部分
P337	眼睛持续刺激时
P338	根据可能性，必要时摘下接触镜。继续冲洗
P340	将相关人员送入新鲜空气环境中并以某种体位安静放置，减轻呼吸困难
P341	呼吸困难时，将相关人员送入新鲜空气环境中并以某种体位安静放置，减轻呼吸困难
P342	呼吸道综合征时
P350	小心地用大量清水和肥皂清洗

安全提示 – S 语句 2

P- 语句	含义
P351	用清水小心清洗若干分钟
P352	用大量清水和肥皂清洗
P353	用清水清洗 / 冲洗
P360	立即用大量清水清洗沾污衣物和皮肤，并脱去衣物
P361	立即脱去所有沾污衣物
P362	脱去沾污衣物并在重穿之前清洗
P363	沾污衣物重穿之前清洗
P370	火灾时
P371	大型火灾和大量时
P372	火灾中有暴露危险时
P373	如果火焰中有爆炸性材料 / 混合物 / 制品等时，不要灭火
P374	在适当距离外用常规安全措施灭火
P375	由于爆炸危险，在安全距离外灭火
P376	如有可能，拆除泄漏
P377	泄漏气体燃烧；不去熄灭，直至无危险后再去拆除泄漏
P378	…用于灭火
P380	清理环境
P381	如无危险，清除所有点火源
P390	为避免材料损失，收起溢出的材料
P391	收起溢出的材料
组合	
P301+ P310	吞咽时：立即致电毒物信息中心或医生
P301+ P312	吞咽时：不适时致电毒物信息中心或医生
P301+ P330+ P331	吞咽时：冲洗口腔。不要引发呕吐
P302+ P334	皮肤接触时：泡入冷水 / 敷上湿绷带
P302+ P350	皮肤接触时：小心地用大量清水和肥皂清洗
P302+ P352	皮肤接触时：用大量清水和肥皂清洗
P303+ P361+ P353	皮肤接触时（或头发接触时）：立即脱去所有沾污衣物。用清水清洗 / 冲洗
P304+ P340	呼吸时：送入新鲜空气环境中并以某种体位安静放置，减轻呼吸困难
P304+ P341	呼吸时：呼吸困难时送入新鲜空气环境中并以某种体位安静放置，减轻呼吸困难

P- 语句	含义
P305+ P351+ P338	眼睛接触时：用清水小心清洗若干分钟。根据可能性，必要时摘下接触镜。继续冲洗
P306+ P360	沾污衣物时；立即用大量清水清洗沾污衣物和皮肤，并脱去衣物
P307+ P311	暴露于外时：致电毒物信息中心或医生
P308+ P313	暴露或接触时：征求医生建议 / 送医救助
P309+ P311	暴露或不适时：致电毒物信息中心或医生
P332+ P313	皮肤刺激时：征求医生建议 / 送医救助
P333+ P313	皮肤刺激或皮疹时：征求医生建议 / 送医救助
P335+ P334	刷去皮肤上的松散杂物。泡入冷水 / 敷上湿绷带
P337+ P313	眼睛持续刺激时。征求医生建议 / 送医救助
P342+ P311	呼吸道综合征时：致电毒物信息中心或医生
P370+ P376	火灾时：如有可能，拆除泄漏
P370+ P378	火灾时：…用于灭火
P370+ P380	火灾时：清理环境
P370+ P380+ P375	火灾时：清理环境。由于爆炸危险，灭火时在安全距离外
P371+ P380+ P375	大型火灾和大量时：清理环境。由于爆炸危险，灭火时在安全距离外
保存	
P401	…保存
P402	保存在干燥地方
P403	保存在通风良好的地方
P404	保存在密闭容器内
P405	密封保存
P406	保存在耐腐蚀 /…且耐腐蚀外包装的容器内
P407	允许堆垛 / 垫板之间有间隙
P410	防太阳辐射保护
P411	保存在温度不大于…℃的地方
P412	所受温度不能大于 50℃
P413	散装货物包装量小于…千克且保存在温度不大于…℃的地方
P420	远离其他材料单独保存
P422	放入…/ 在…条件下保存

电子垃圾的处理

概念	解释	附注
废物 AVV	废物是可移动的物品，其拥有者已经，正想或必须与它分离。 通过废物索引编号对其进行分类，其依据是废物目录条例（AVV）。	移动物品也指利用废物的过程，直至使废物为经济循环做出贡献为止，如从其中提取有用物质或产生能量。
废物的清除	它包括从废物中提取有用物质或获取能量（废物利用）和废物的存放。它还包括这个过程中所必需的措施，汇集，运输，处理和存放。	与家居垃圾类似的工业垃圾一般由例如县级公共清除人员予以清除。其他的工业垃圾一般可由私人清除者予以清除。制造商，进口商也有义务进行回收（电子法）。
避免	汇集所有措施只为阻止废物。	这类物品的处理或存放是不必要的。
再次利用	重新利用已使用过的产品可将它用于相同 / 不同用途。	USB 记忆棒，CD-RW，DVD-RW，插头，开关，某些装置或零件均可再次利用或继续使用。
废物利用	重复使用旧材料，生产废物或工厂运行用料用于产生相同价值的材料。 在另外一个生产过程中投入旧材料，生产废物或工厂运行用料，这个过程与产生它们的过程有所不同。	这里，纯分类的材料分离以及高价值的制取方法是前提条件。 新产生的材料可能在质量方面劣于其初始材料。
回收利用（Recycling）	材料的利用或应用。	本词源自英语。Recycle 指再次制取。
下行循环	使产品使用价值更低的回收利用。	举例：将不能纯分类的热固性塑料一起熔合。
能量的再次利用	通过燃烧再次利用其释放出来的能量。	这个过程不允许排放有害环境的物质。

参照标准 2012/19/EU（WEEE）
电子法（ElektroG）

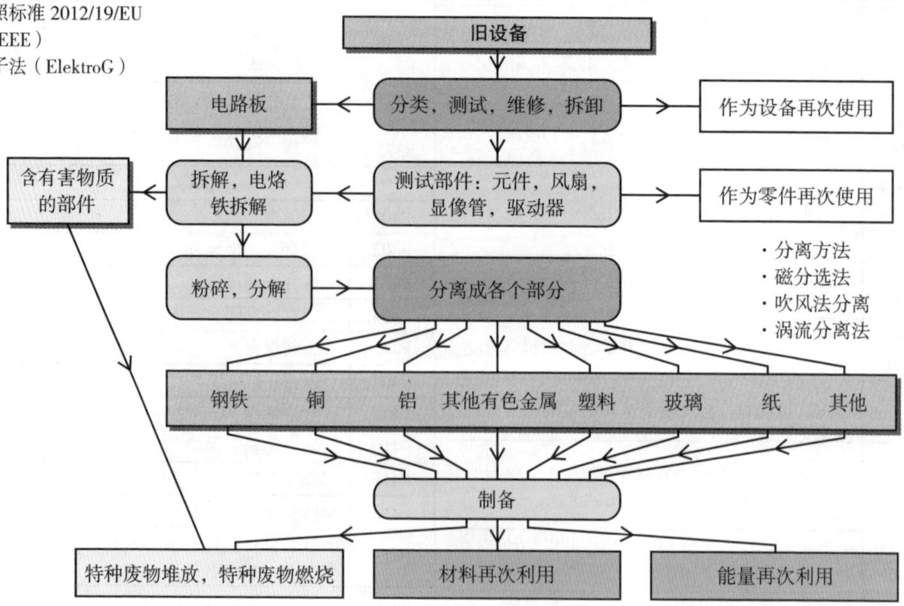

（回收，清除后）**电子垃圾的制备**

声音和噪声

声音的技术概念

概念	解释	概念	解释
声音	声音因机械振动而产生并在气体、液体和固体物体内传播。	噪音	不受欢迎的，令人厌烦的或令人痛苦的声波。其损害程度与强度和持续作用时间相关
声压级	声压级是声音响度和强度的计量单位。	频率	每秒振动的次数。单位：1 Hertz = 1 Hz = 1/s。音高随频率增加而增大。人耳频率范围是 16 ~ 20000Hz。
分贝	分贝（dB）标出的是对数比较参数。将测得的声压级与人耳能够听到的最小声压对比。0 dB 相当于听力阈值。每提升 3 dB 相当于声功率增加一倍（能量参数）。	dB（A）	人耳对相同声压级但不同音高可感受出其不同的声强。为使听觉印象能够相互比较，设置一个过滤器，例如 A → dB（A），消掉强低音，增强弱高音。过滤器 C → dB（C）用于冲击型噪声环境。

dB（A）– 数值

声音类型	dB（A）	声音类型	dB（A）	声音类型	dB（A）
听觉灵敏度的开始	4	1 m 距离的正常说话	70	重型冲剪	95 ~ 100
30 cm 距离听到的呼吸声	10	加工机床	75 ~ 90	圆角打磨机	95 ~ 115
耳语	30	气焊嘴，车床	85	迪斯科音乐	110 ~ 115
轻声交谈	50 ~ 60	冲击钻，摩托车	90	喷气式发动机	120 ~ 130

噪声和振动 – 劳动保护条例

噪声检测量：
- **白日噪声水平**：平均噪声发展水平，8 小时班次的平均量。
- **声压级峰值**：声压级最大值，例如因爆炸或爆裂而产生。

达到或超过触发值应采取的措施

触发值低限： 白日噪声水平 = 80 dB（A） 或声压级峰值 = 135 dB（C）		**触发值高限：** 白日噪声水平 = 85 dB（A） 或声压级峰值 = 137 dB（C）	
达到或超过触发值低限	· 有义务向员工通报有关健康损害方面的信息以及相关指导	达到或超过触发值上限	· 标记出噪声范围 · 有义务定期进行预防措施试验 · 有义务提供听力保护装备
超过触发值低限	· 必须配备可供使用的听力保护装备 · 必须提供预防措施试验（报告）	超过触发值上限	· 必须编制降噪程序并予以实施。目的：降低声压级 5 dB（A）

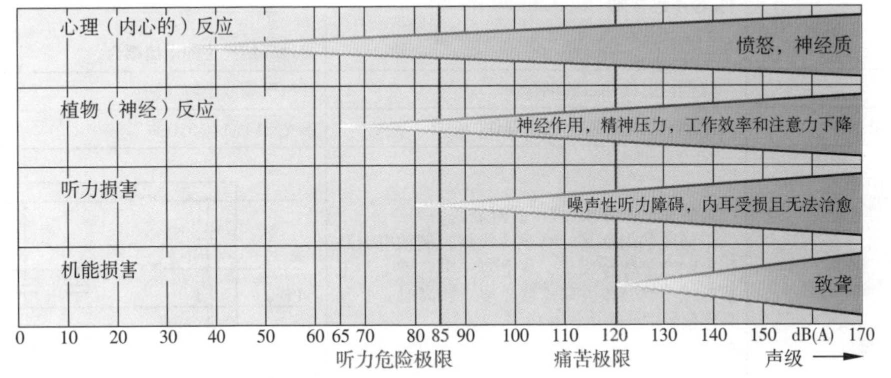

电磁兼容性 EMV

种类	解释	附注，补充
电磁兼容性的定义	电子技术装置可在电磁环境中无问题地工作且其自身不会产生问题的能力。	尽管存在着电磁干扰磁场仍能令人满意地工作。 不给环境增加电磁负荷。
电磁干扰的影响	从干扰源 Q 产生干扰，经过耦合 K 到达干扰对象 S。这里从 S 至 Q 还出现一个反馈作用。	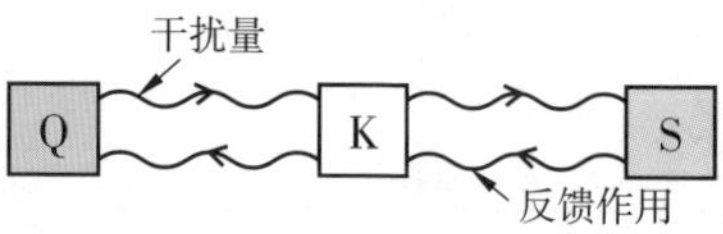 干扰影响的原理
大气环境干扰	参见 214 页闪电电流避雷器一节。 LEMP（雷电电磁脉冲）	闪电冲击进入或离开设备时产生的干扰。
电磁放电干扰	 电磁体放电	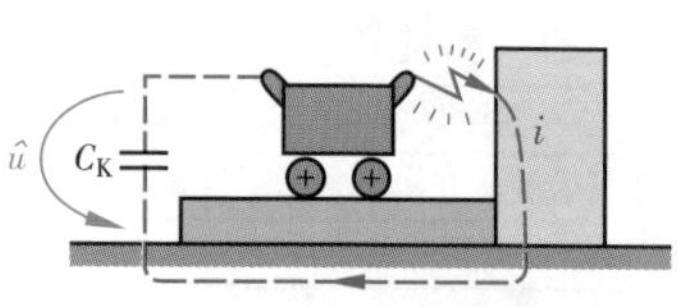 电磁移动性放电
电气设备干扰	主要因开关产生的脉冲电流上升波缘高频部分（SEMP）所致。尤其在： · 关断感应线圈时， · 接通电容器，白炽灯或 LED 时。	如果持续开关，干扰也持续发生，例如相位控制或较小范围内的分段控制时。 SEMP 指开关电磁脉冲。
对干扰对象的干扰强度和破坏强度	超过接地或接机壳电压所产生的干扰强度会导致出现功能干扰。 超过这个电压的破坏强度会使电气元器件无法继续使用或遭到破坏。	电压强度的基准值： · 强电导线，信号线最大至 20 kV， · 远程信号线，强电设备 5～8 kV， · 远程信号装置 1～3 kV， · 集成电路，运算放大器 50～500 V（与能量相关）。
干扰电压的影响	首先，干扰源与干扰对象之间的耦合干扰量必须尽可能小。 这里请注意电流、电容和电感耦合以及电磁射线的耦合。四等分系统 TN-C 和 TN-C-S 可能导致电流耦合，因此在工厂设备中应使用 TN-S 予以替代。	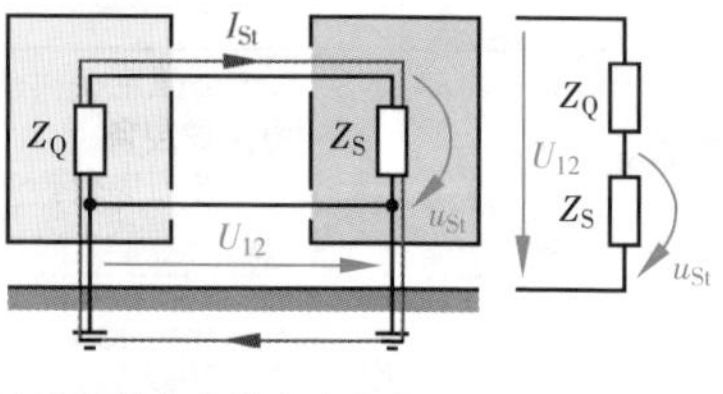 接地环线产生的电流耦合
屏蔽	降低因射线导致的耦合。	导电薄膜或金属丝网。
过压限制器	限制干扰电压对电气元器件的破坏。	参见 214 页和 510 页。
电网抗干扰滤波器（低通滤波器）	放置在干扰源和 / 或干扰对象处。 最简单的做法是，将感应线圈，例如电流路径上的铁氧体金属珠，或电容（电容器）与干扰源或干扰对象并联连接。要求较高时，必须采集接地的干扰电压并桥接。	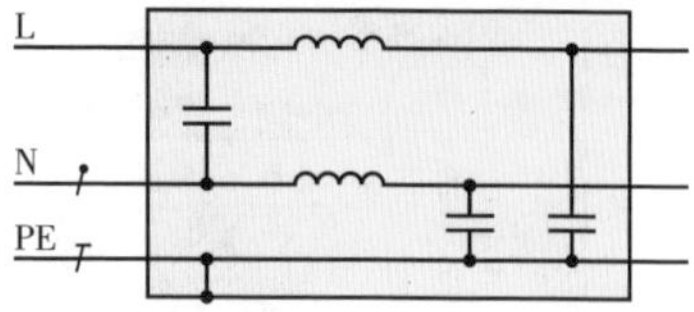 LC 低通滤波器

电磁干扰 EMI

种类	解释	附注，补充
出现电磁干扰，耦合种类		
电磁干扰的原因	所有的电磁过程均可产生电磁干扰，例如 · 附近或远方的闪电冲击， · 开关动作， · 短路电流。 每一个陡升的电流波缘都意味着如无线电发射器一样的高频出现。	电子控制，例如相位控制，也会产生电磁干扰，因为它们是半周期接通的。相同的还有装有换向器的机器的运行，因为换向器持续切换电流。标准和法律限定着电磁干扰最大允许值。
耦合	电磁干扰通过耦合从干扰源传输至干扰对象。 电流耦合，发生在相互适度连接的导电体之间，例如接地环路（见 508 页）。 电感耦合，由每一股电流流经的磁场产生。 电容耦合，每一根带电导线至每一个导电物体时产生，如果导体与物体相互之间与电容器一样是电气绝缘的。	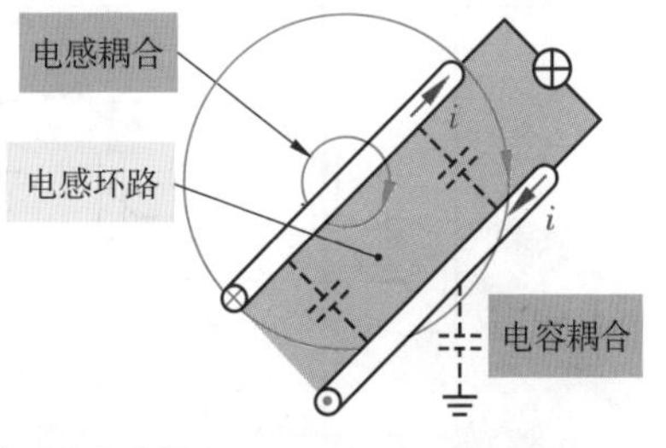 电感耦合 电感环路 电容耦合 **电感和电容耦合**
抗电磁干扰措施		
避免其产生的原因	无陡升电流波缘的电气元器件自然不会产生电磁干扰，例如鼠笼转子电动机。它只在接通时才会出现电磁干扰。	通过柔和启动电子电路（平缓关断电流波缘的分段控制）可调整启动电流不产生电磁干扰。
避免电流耦合	通过在待去耦合的装置之间布设电位均衡导线 PB 消除电流耦合。 · 使用屏蔽导线时必须将屏蔽层用作 PB。 · 屏蔽层单端接地。 ·PB 必须接至主接地汇流条并与 PE 连接。 ·PB 必须从装置单独接入基准点。	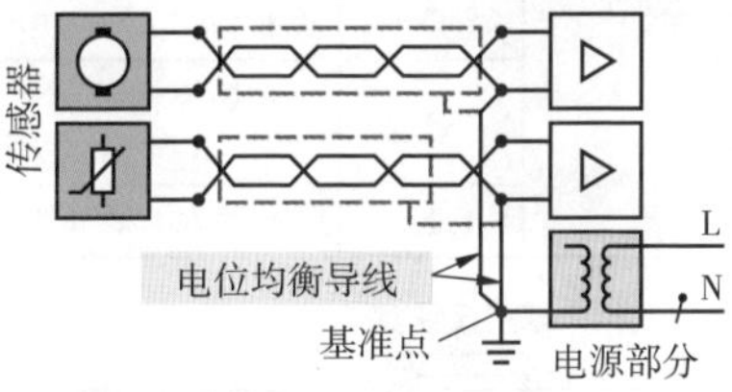 传感器 电位均衡导线 基准点 L N 电源部分 **抗电流耦合的措施**
避免电感耦合	电感耦合主要因感应环路（见上图）所致，因此 · 密封的导线套管，绞合，分开各个电路的导线套管，电缆槽内加入隔板。 · 使用低耦合导线，例如双绞合线（S/FTP，U/UTP）。 · 两端屏蔽接地，必要时一端加电容器后接地。 双绞合线在每次扭转时均会变换电磁场的方向，从而使耦合无效。	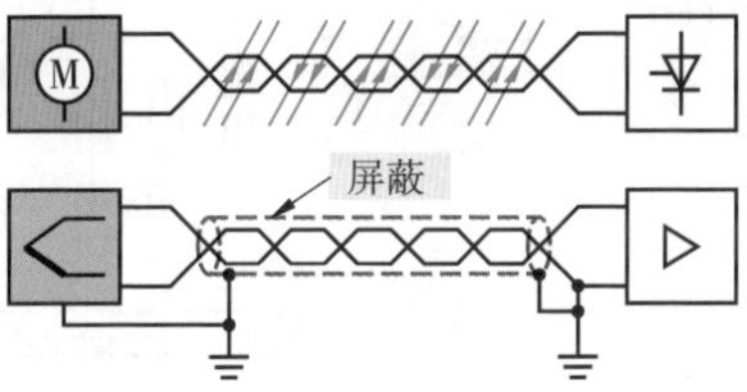 M 屏蔽 **抗电感耦合的措施**
避免电容干扰 抗干扰滤波器	通过屏蔽或间距可降低电容干扰。导电材料可作屏蔽，例如金属机壳，编织物或薄膜。它们还可阻止电磁射线的传播。IT 设备应根据各装置的重要性划分电磁干扰空间隔离区 0 至 2，各区之间实施屏蔽。 该抗干扰滤波器是低通滤波器。它阻止电磁干扰通过电网扩散。	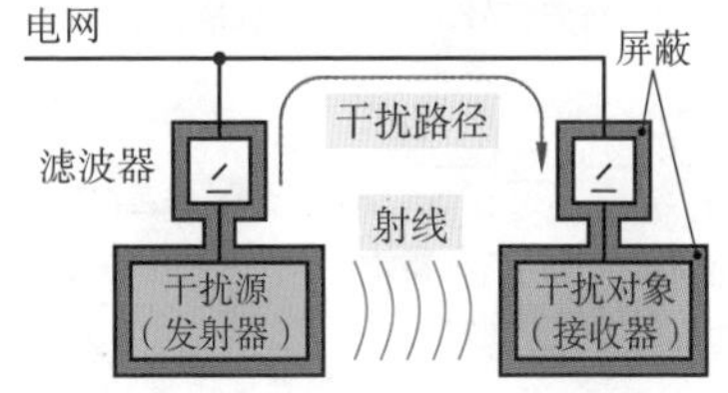 电网 屏蔽 干扰路径 滤波器 射线 干扰源（发射器） 干扰对象（接收器） **干扰的扩散**

防外部过压保护

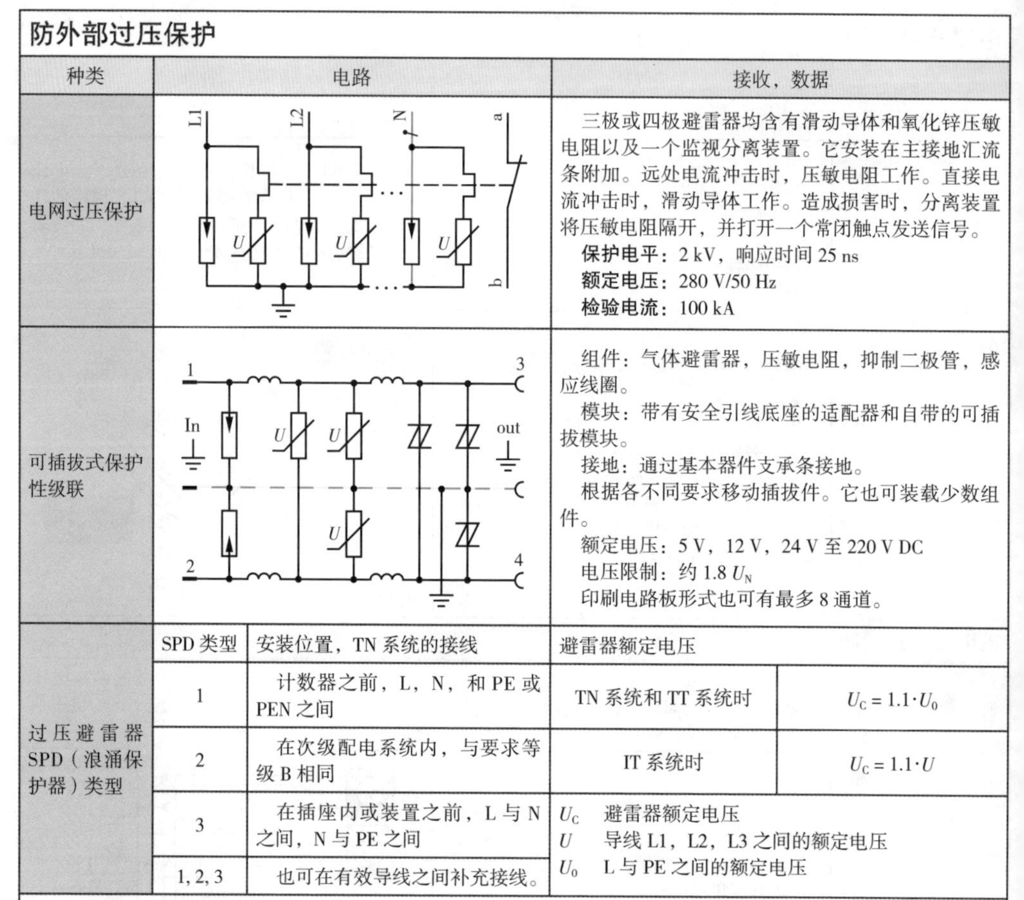

种类	电路	接收，数据
电网过压保护		三极或四极避雷器均含有滑动导体和氧化锌压敏电阻以及一个监视分离装置。它安装在主接地汇流条附加。远处电流冲击时，压敏电阻工作。直接电流冲击时，滑动导体工作。造成损害时，分离装置将压敏电阻隔开，并打开一个常闭触点发送信号。 **保护电平**：2 kV，响应时间 25 ns **额定电压**：280 V/50 Hz **检验电流**：100 kA
可插拔式保护性级联		组件：气体避雷器，压敏电阻，抑制二极管，感应线圈。 模块：带有安全引线底座的适配器和自带的可插拔模块。 接地：通过基本器件支承条接地。 根据各不同要求移动插拔件。它也可装载少数组件。 额定电压：5 V，12 V，24 V 至 220 V DC 电压限制：约 $1.8\ U_N$ 印刷电路板形式也可有最多 8 通道。

过压避雷器 SPD（浪涌保护器）类型	SPD 类型	安装位置，TN 系统的接线	避雷器额定电压	
	1	计数器之前，L，N，和 PE 或 PEN 之间	TN 系统和 TT 系统时	$U_C = 1.1 \cdot U_0$
	2	在次级配电系统内，与要求等级 B 相同	IT 系统时	$U_C = 1.1 \cdot U$
	3	在插座内或装置之前，L 与 N 之间，N 与 PE 之间	U_C　避雷器额定电压 U　导线 L1，L2，L3 之间的额定电压 U_0　L 与 PE 之间的额定电压	
	1, 2, 3	也可在有效导线之间补充接线。		

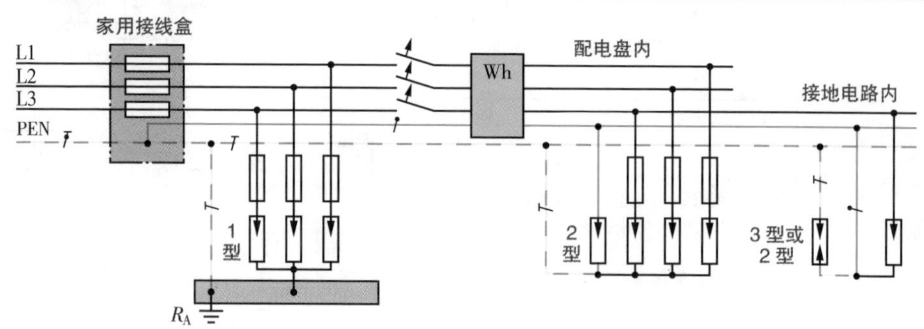

TN 系统中过压保护装置 SPD 的类型 1, 2, 3（参数 VDE 0100-534）

所使用的线路符号（一般均未标准化）：

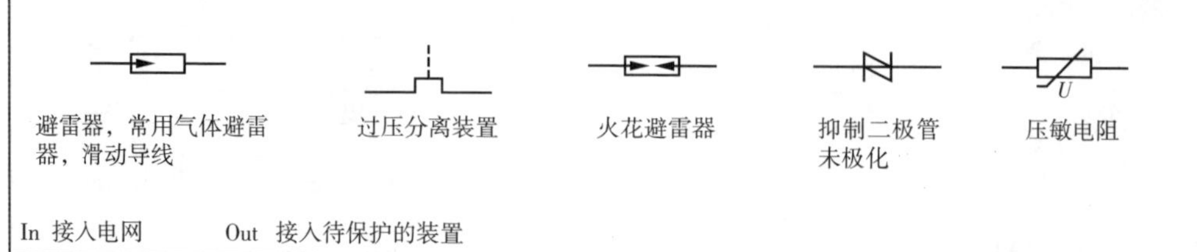

避雷器，常用气体避雷器，滑动导线　　过压分离装置　　火花避雷器　　抑制二极管未极化　　压敏电阻

In　接入电网　　　Out　接入待保护的装置

B 部分：企业及其环境，附录

事故与事故预防

特性数值，法律，质量管理

CE 标记，项目

企业内成本

附录，英语专业语言

DIN
VDE
ANSI

事故预防的标志和颜色 1					
标志	含义	标志	含义	标志	含义
禁止标志					
	禁止吸烟		禁止明火，无壳体灯具和吸烟		禁止步行者
	禁止用水灭火		非饮用水		禁止伸入
	禁止地面运输车		禁止接通		禁止触摸
	禁止携带金属物品和手表		禁止开机的移动电话		禁止拍照
	禁止靠放或放置		禁行区域		禁止饮食和饮水
警告标志					
	警告火灾危险物品		警告爆炸危险物品		警告有毒物质
	警告腐蚀性物品		警告放射性物质		警告悬浮重物
	警告危险电压		警告危险地点		警告激光射线

事故预防的标记和颜色 2

标志	含义	标志	含义	标志	含义
指示标志					
	使用眼睛保护		使用头部保护		使用噪音防护
	使用面部保护		打开前拔出电源插头		工作前关断
防火标志					
	壁式消防栓，消防水管		灭火器		火警电话
救生标志					
	急救		医生		逃生通道，紧急出口左边
	担架		急救电话		汇合点
附加标志		提示标志		组合标志	
正在工作！ 地点：　日期： 远离此牌 只允许：		放电时间长于 1 分钟		正在工作！ 地点：　日期： 远离此牌 只允许：	
高压 生命危险		零件处于带电 故障状态		高压 生命危险	

安全运行条例 BetrSichV

§3 危险判断
§4 雇主的基本责任
§5 对提供使用的生产用具的要求
§6 使用生产用具时的基本保护措施
§8 因动力，机器启动和停机所产生危险的保护措施
§9 使用生产用具时的其他保护措施
§10 生产设备的维修保养和更动
§11 特殊运行状态，故障，事故
§12 对企业员工的说明和特别授权
§14 生产用具的检验
§15 试运行前和规定检验更动后再次启动前的检验
§16 重复性检验
§17 检验标记和检验证明
§19 通报义务
§20 联邦德国对需特殊监视设备的特别规定
§22 违章行为
§23 犯罪行为

安全运行条例内容节选

特征	解释	附注
应用范围	安全运行条例适用于生产设备的使用。它也适用于需监视的设备，升降设备和在爆炸危险区域工作的设备。	需监视的设备这里指例如蒸汽锅炉设备，灌装设备，输送易燃、有毒、腐蚀性气体、蒸汽和液体的高压管道。 www.gesetze-im-intemet.de
雇主 §4，§3	使用生产用具之前必须对危险做出判断。执行规定的相关检验。	雇主必须检验的保护措施必须与其技术状态相符。必须采取相应的维护保养措施。
生产用具 §5，§6，§8	生产用具必须符合工位条件。按规定的使用过程中必须保证安全和健康保护。起吊重物的生产用具要求具备稳定性，强度和吊装装置。移动的生产用具要求对随行工作人员的危险降至最低。	生产用具指工具，装置，机床，设备。它们只允许在操作人员有意识的情况下启动运行。 生产用具上指令装置的安装位置必须人眼可见且无危险。出现故障时必须能够安全停机。生产用具的保护装置不允许弃用。
提示说明 §12	雇主必须以适当且定期的方式使其员工了解所使用的生产用具，必要时使用操作说明书。	操作说明书必须载有关于使用条件和可预见运行故障的说明内容。并对危险和措施展开研究。
检验 §14，§15，§16，§17	生产用具投入使用之前，应由专业人员对类型、范围和期限等进行所要求的检验。安全检查也应按照例如维护保养要求进行。 需监视的设备只允许在获得许可的授权监督机构检验其正常状态后投入运行。 检验结果必须予以记录并至少保留至下次检验。	雇主购置生产用具之时 / 之前所做的危险判断必须符合检验结果。必须事先考虑到与生产用具使用过程相关的危险，以及因更换其他生产用具或使用不同生产材料所导致的危险。 检验可分为定期检验和特别检验，例如受损后的检验。如果由监督机构实施检验，应算出该设备的检验期限，必要时由主管当局做出规定。
运行 §9，§12	应避免生产用具处于不稳定的运行状态，或此类状态必须可控。并预先采取防运行故障 / 事故的措施。	在有爆炸危险的环境中使用生产用具必须配套符合危险品条例的保护措施。
通报 §19	事故 / 受损情况必须向主管当局通报，必要时由获得许可的监督机构出具专家鉴定。	如果生产用具的缺陷可造成损害或危及第三方，应由获得许可的监督机构向主管当局的进行缺陷通报。

工业间谍

风险	解释，作用	措施
陌生人员 密码	陌生人在厂区或办公大楼内随意走动。陌生人向例如计算中心的员工自称是同事，找借口恳求泄露软件安装密码。	向陌生人搭讪，例如询问他要找谁。企业内，来访者必须有人始终陪同。 不能告知陌生人任何信息，无论如何不能泄露密码。
纸质文件 笔记本，黑板	机密纸质文件常能见诸于废纸篓，还有复印机旁，离人后的写字台，会议室，可翻页挂图，并任人随意接触。同样的情况还有笔记本，黑板和告示栏。	机密纸质文件不能随意放置。桌面清理原则必须与员工挂钩，意即应约定，工作结束后必须清理写字台。使用碎纸机。会议结束后擦黑板，挂图，告示栏等不能留有情报。
计算机 数据载体，电子邮件，手提电脑，PC	自由接触数据的计算机可以例如迅速地拷贝到 USB 记忆棒或可移动硬盘上。通过电子邮件发送数据也是简单易行。数据载体可以轻易拷贝。在火车或飞机上，陌生人可以与您一起舒适地阅读手提电脑的内容。	PC 在未关断状态下不能离开视线。USB 记忆棒，CD，DVD 不能乱放。应建立接触权限，例如对密码加上特殊符号。 在屏幕上加装视场保护膜（超过 30° 便无法看到屏幕内容 – 译注）
电话，手机 充电电池	电话和智能手机可以某种方式受到控制，激活装置内的远程通讯装置并从外部实施持续监听。 此外，智能手机充电电池带有内置窃听发送器（窃听器）。	防护外部对电话设备或智能手机的接触。智能手机不能离开主人的视野。
酒店 互联网 人员	酒店房间可能装有窃听发送器（窃听器）。酒店互联网接头未受保护。此外还应考虑的利用酒店房间写字台上的小型摄像机。酒店房间客服人员也可受训成为数据窃贼。	对硬盘和电子邮件加密上锁。手提电脑不能离开视野。不要通过商业伙伴而是自己预订酒店。
控制互联网入口	黑客可通过互联网入口访问联网的计算机。 在其他企业和酒店中所分配的互联网入口可能已受到控制并能够截取数据流。	计算机内设立防火墙和访问密码。计算机不应长期处于开机状态。 应对受控入口的风险有充分认识。
软件 特洛伊木马	在互联网上下载其所提供的软件中可能含有所谓的特洛伊木马（隐藏在软件组分中），安装间谍程序后可启动它。	避免从互联网下载软件或直接进行病毒查杀。
无线电装置	用适当的装置（扫描仪）可截取 WLAN 装置之间或无线麦克风之间的数据流。由于接收器的作用范围大（100 m），可在企业区域之外访问 WLAN。	数据流加密并对无线电装置安装安全锁。如有可能，工作时切换频率。
社会工程	通过建立和利用人员之间的关系进行有目的的询问，例如在展览会上，商业聚餐时或经过安排的商业活动中。	一般而言提高警惕。恪守商业伙伴之间的保密义务。拟定合适的工作方法说明并由安全组织进行审查。

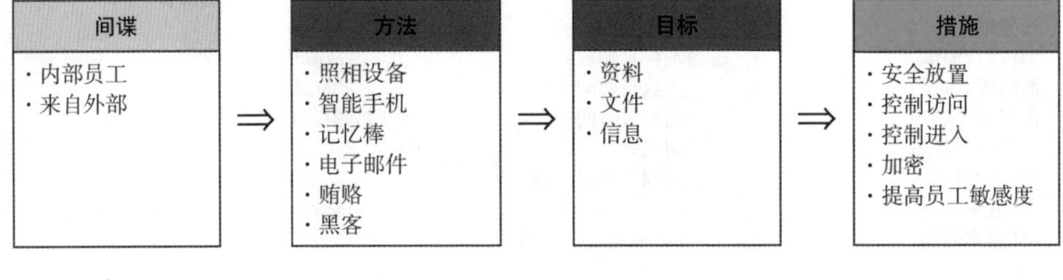

间谍与对应措施

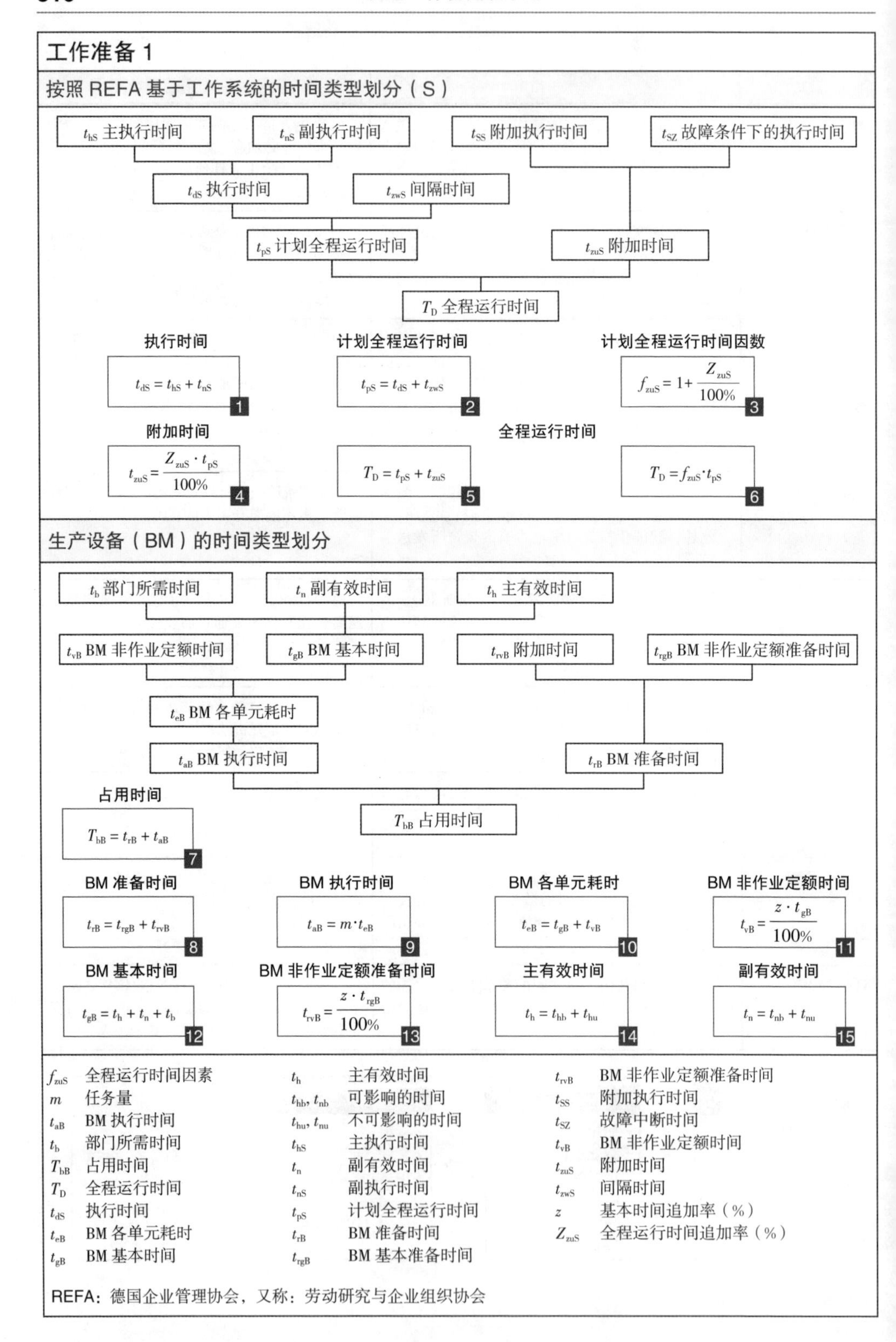

工作准备 1
按照 REFA 基于工作系统的时间类型划分（S）
t_{hS} 主执行时间
t_{nS} 副执行时间
t_{SS} 附加执行时间
t_{SZ} 故障条件下的执行时间
t_{dS} 执行时间
t_{zwS} 间隔时间
t_{pS} 计划全程运行时间
t_{zuS} 附加时间
T_D 全程运行时间
执行时间
$t_{dS} = t_{hS} + t_{nS}$ 1
计划全程运行时间
$t_{pS} = t_{dS} + t_{zwS}$ 2
计划全程运行时间因数
$f_{zuS} = 1 + \frac{Z_{zuS}}{100\%}$ 3
附加时间
$t_{zuS} = \frac{Z_{zuS} \cdot t_{pS}}{100\%}$ 4
全程运行时间
$T_D = t_{pS} + t_{zuS}$ 5
$T_D = f_{zuS} \cdot t_{pS}$ 6
生产设备（BM）的时间类型划分
t_b 部门所需时间
t_n 副有效时间
t_h 主有效时间
t_{vB} BM 非作业定额时间
t_{gB} BM 基本时间
t_{rvB} 附加时间
t_{rgB} BM 非作业定额准备时间
t_{eB} BM 各单元耗时
t_{aB} BM 执行时间
t_{rB} BM 准备时间
T_{bB} 占用时间
占用时间
$T_{bB} = t_{rB} + t_{aB}$ 7
BM 准备时间
$t_{rB} = t_{rgB} + t_{rvB}$ 8
BM 执行时间
$t_{aB} = m \cdot t_{eB}$ 9
BM 各单元耗时
$t_{eB} = t_{gB} + t_{vB}$ 10
BM 非作业定额时间
$t_{vB} = \frac{z \cdot t_{gB}}{100\%}$ 11
BM 基本时间
$t_{gB} = t_h + t_n + t_b$ 12
BM 非作业定额准备时间
$t_{rvB} = \frac{z \cdot t_{rgB}}{100\%}$ 13
主有效时间
$t_h = t_{hb} + t_{hu}$ 14
副有效时间
$t_n = t_{nb} + t_{nu}$ 15
f_{zuS} 全程运行时间因素
m 任务量
t_{aB} BM 执行时间
t_b 部门所需时间
T_{bB} 占用时间
T_D 全程运行时间
t_{dS} 执行时间
t_{eB} BM 各单元耗时
t_{gB} BM 基本时间
t_h 主有效时间
t_{hb}, t_{nb} 可影响的时间
t_{hu}, t_{nu} 不可影响的时间
t_{hS} 主执行时间
t_n 副有效时间
t_{nS} 副执行时间
t_{pS} 计划全程运行时间
t_{rB} BM 准备时间
t_{rgB} BM 基本准备时间
t_{rvB} BM 非作业定额准备时间
t_{SS} 附加执行时间
t_{SZ} 故障中断时间
t_{vB} BM 非作业定额时间
t_{zuS} 附加时间
t_{zwS} 间隔时间
z 基本时间追加率（%）
Z_{zuS} 全程运行时间追加率（%）
REFA：德国企业管理协会，又称：劳动研究与企业组织协会

工作准备 2

按照 REFA 基于人员的时间类型划分（S）

任务时间是员工完成一个订单任务所需的工时定额。

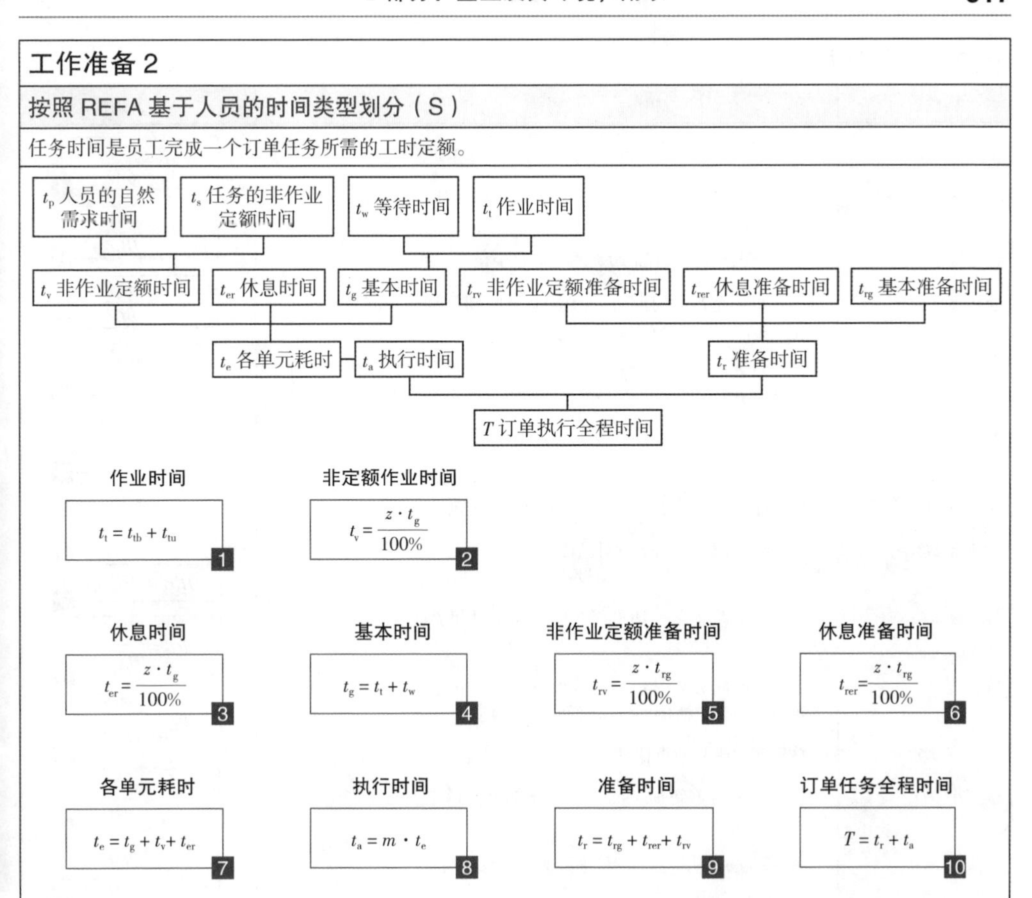

m **任务量，批量**
t_a **执行时间：** 执行一个批次的工时定额
t_{er} **休息时间：** 指员工的休息恢复时间
t_g **基本时间**
t_p **人员的自然需求时间：** 用于员工的个人需求
t_r **准备时间：** 完成全部任务的准备时间
t_{rg} **基本准备时间：** 调节设定机床
t_{rer} **休息准备时间：** 重要换装之后的恢复时间
t_{rv} **非作业定额准备时间：** 例如消除机器故障所需时间
t_s **任务的非作业定额时间：** 例如刀具磨锐，更换转位刀片
t_t **作业时间：** 任务的加工时间
t_{tb} **可影响的时间：** 例如打毛刺，装配
t_{tu} **不可影响的时间：** 例如机床程序运行时间
t_v **非作业定额时间：** t_p, t_s
t_w **等待时间：** 例如等待工件
T **订单执行全程时间：** 一个批次生产所需的工时定额
z **各个基本时间的追加率**

举例：在一台立式铣床上铣削 2（m）个零件

准备时间：	分钟	
任务准备		= 6.00
机床准备		= 15.50
刀具准备		= 8.50
基本准备时间	t_{rg}	= 30.00
休息准备时间	$t_{rer} = t_{rg}$ 的 5%	= 1.50
非作业定额准备时间	$t_{rv} = t_{rg}$ 的 15%	= 4.50
准备时间	$\mathbf{t_r = t_{rg} + t_{rer} + t_{rv}}$	**= 36.00**

执行时间：	分钟	
作业时间	t_t	= 15.80
等待时间	t_w	= 2.20
基本时间	$t_g = t_t + t_w$	= 18.00
休息时间	t_{er}	= 3.50
非作业定额时间	$t_v = t_g$ 的 6%	= 1.08
各单元耗时	$t_e = t_g + t_{er} + t_v$	= 22.58
执行时间	$\mathbf{t_a = m \cdot t_e}$	**= 45.16**

订单执行全程时间 $T = t_r + t_a$ = 36.00 min + 45.16 min = 81.16 min

REFA：德国企业管理协会，又称：劳动研究与企业组织协会

生产过程特性数值

特性数值	解释	公式，附注
员工生产率 *MP*	基于一个员工总出勤时间 *GAZ* 的、与生产任务相关的生产性工作时间 *PAZ*。	$MP = \frac{PAZ}{GAZ}$ 1
生产能力 *DS*	基于全程总运行时间 *DLZ* 的生产量 *PM*。	$DS = \frac{PM}{DLZ}$ 2
使用度 *NG*	一台机器总占用时间 *BLZ* 中主有效时间（创造产值的机器运行过程）*HNZ* 的一个占比部分。	$NG = \frac{HNZ}{BLZ}$ 3
可用性 *V*	一台机器的主有效时间 *HNZ*，它基于执行一个订单任务的计划占用时间 *PBZ*。	$V = \frac{HNZ}{PBZ}$ 4
效率 *E*	各单元的生产时间（*PEZ*）乘以基于主有效时间 *HNZ* 的生产量 *PM*。	$E = \frac{PEZ \cdot PM}{HNZ}$ 5
质量率 *Q*	好产品（好零件）*GM* 与生产量 *PM* 的比例。	$Q = \frac{GM}{PM}$ 6
OEE 指数	设备综合效率（*OEE*）对已使用的可用性，生产设备的效率及其质量率的表述，又称 *GAE*（设备总效率）。	$OEE = V \cdot E \cdot Q$ 7
准备度 *RG*	一台机器基于一个加工任务所需加工时间 *BAZ* 的实际准备时间 *TRZ*。	$RG = \frac{TRZ}{BAZ}$ 8
过程度 *PG*	主有效时间 *HNZ* 与全程运行时间 *DLZ*（从任务开始至任务结束之间的时间，包括例如停机时间）的比例。	$PG = \frac{HNZ}{DLZ}$ 9
废品率 *AQ*	总生产中废品的占比部分。废品量 *AM* 与生产量 *PM* 的比例。	$AQ = \frac{AM}{PM}$ 10
返工率 *NQ*	总生产中需重新加工的一个占比部分。返工量与生产量 *PM* 的比例。	$PG = \frac{NM}{PM}$ 11
下降率 *FOR*	第一道工序所产生生产量中的废品占比部分。	$FOR = \frac{AM}{PM_{1.AG}}$ 12
计划占用时间 *PBZ* 占用时间 *BLZ* 加工时间 *BAZ* 主有效时间 *HNZ*	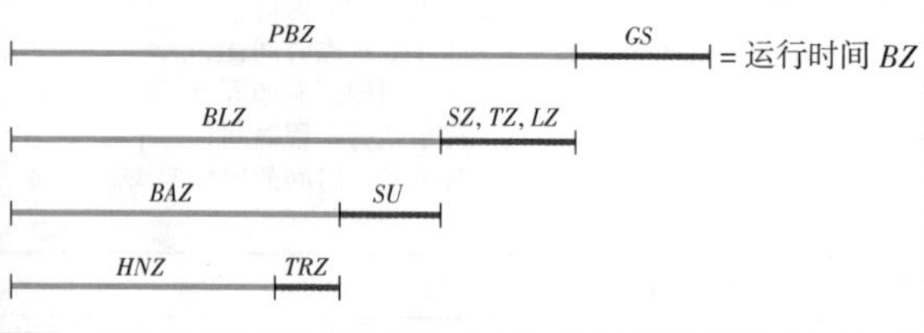 *PBZ* *GS* = 运行时间 *BZ* *BLZ* *SZ, TZ, LZ* *BAZ* *SU* *HNZ* *TRZ*	**根据订单任务展开的时间模式** 停机，运输，准备时间和故障等均需考虑在内。
订单全程时间 *AZ* 全程运行时间 *DLZ* 主有效时间 *BLZ*	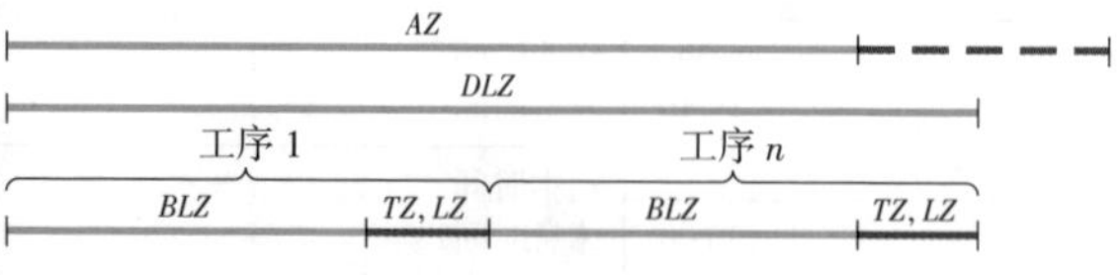 *AZ* *DLZ* 工序 1 工序 *n* *BLZ* *TZ, LZ* *BLZ* *TZ, LZ*	零件制造需要多道工序。
总出勤时间 *GAZ* 工作时间 *PAZ*	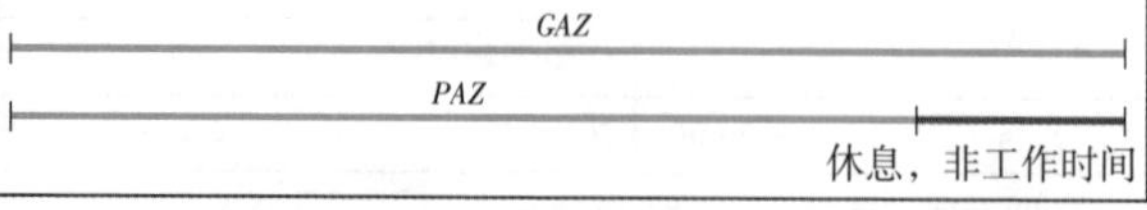 *GAZ* *PAZ* 休息，非工作时间	**使用员工的时间模式**

GS 计划停机，LZ 停机时间，SU 故障停机，SZ 停机时间（例如无原料），TRZ 实际准备时间，TZ 运输时间，MES（制造执行系统）的应用

劳动法的概念

概念	解释	附注
劳动法	囊括所有关于非独立和依赖性职业行为的法律和法规。 基础：基本法，民法典。	企业法令，劳资合同法，职业培训法均见下列网址： www.verzeichnis.de
劳动保护 企业职工代表委员会	通过职业协会，企业监督局，企业职工代表委员会，劳动安全监督员使劳动保护得到保证。 劳动保护分为技术性劳动保护 tAS 和社会性劳动保护 sAS。 从业满 5 年的员工可以参选企业职工代表委员会。	技术性劳动保护 tAS 的保证：例如工商业管理条例，事故预防条例，设备安全法，劳动安全法，劳动保护法。 社会性劳动保护 sAS 的保证：工作时间法，母亲保护法，严重残疾人法，青年劳动保护法，劳动工位保护法。
工作时间	不包括休息时间，达到例如 8 h/d。如果六个月内未超过日均 8 小时的工作时间，可以达到 10 小时（更多的发生在紧急情况下，例如火灾）。	休息时间必须至少达到 15 分钟。工作时间结束与再次开始工作之间必须有 11 个小时的休息时间。→ 工作时间法。
劳动合同	合同包含合同双方的姓名和通讯地址，雇佣关系，试用期，就职地点，周工作时间，薪酬数额，休假要求，解约期限，工作说明，工作受阻原因的出示义务，等等。	其他的组成成分有：参照劳资合同和企业约定，兼职的调整，保密责任。劳动合同是雇佣关系的基础。
解雇 解雇类型 解雇保护法	雇佣员工超过 10 人的雇主适用于解雇保护法。 人身原因的解雇，例如长期患病。行为原因的解雇，例如经常迟到，企业满意度受到伤害，贪污。企业原因的解雇，例如缺乏生产订单，一般因为奖金结算的支付问题。 保护雇员不受不合理解雇的伤害。	雇员始终可以根据劳动合同中的解雇约定宣布解约。由雇主宣布的解雇则要求听取企业职工代表委员会的意见。正常有序的解雇一般需遵循解约期限，非正常解雇则无期限，解雇立即生效。 解约变动时可在关系变动后延续新的雇佣关系，例如工作内容，薪酬等。
工作证明 密码	简单的工作证明含有如下内容：已做过的工作和劳动关系维系的时长。 含有职业技能的工作证明还进一步包含工作成绩的说明和雇员的领导职位等，可要求列举上述各项。也可要求开具阶段工作成绩证明。	根据工商业管理条例 § 109/ 民法典 BGB § 630 所赋予的权利。成绩的评定必须以友好的方式表述。其含义： · 完全满意 → 极佳的成绩 · 很满意 → 令人满意的成绩 · 满意 → 及格的成绩， · 乐于交际的 → 喜欢让自己多休息
劳动法庭	主管与劳动合同，培训合同，劳资合同等相关的法律争议。此外还处理企业法令，共同决策权等。	主管机构：劳动法庭 上诉法庭：州劳动法庭 复审法庭：联邦劳动法庭

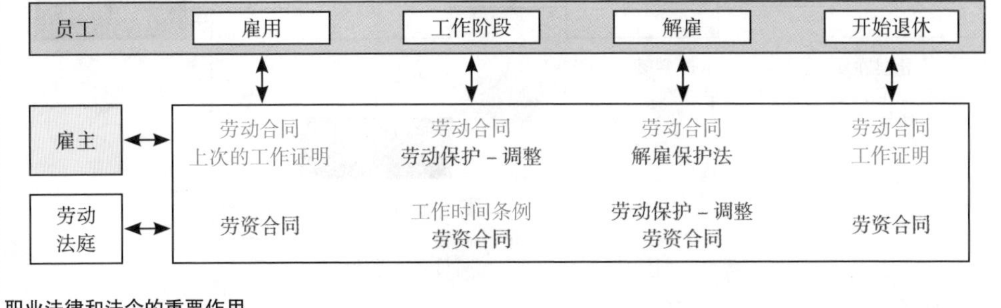

职业法律和法令的重要作用

劳资合同的组成成分

组成成分	解释	附注
工作时间	确定周工作时间。部分工作时间可分开调整。	每周的最大加班时间同样应予以确定。
工资按 ERA	薪酬框架协议 ERA 适用于金属工业和电子工业。工人 / 职员之间没有差别。工资和薪水的概念一律用薪酬代替。	奖金津贴是对劳资薪酬框架的补充，各企业之间差异极大。确定薪酬的 17 个 ERA 组也因地处不同的联邦州而各有不同。
培训酬金	确定各个培训年份的酬金。	培训酬金在各联邦州略有不同。
加班费	加班，轮班，夜班，周日班，休假班，12 月 24 日和 31 日上班。	各区不同。目前它还取决于日班工作时间。
停工的支付	停工分为运行故障和工作受阻，例如因孩子生病陪护，死亡，出生，结婚等。	因运行故障使雇主方面出现的停工时间，雇主应付平均工资。工作受阻的停工定义在待支付工资的工作日。
患病期间继续支付薪酬	由雇主保证至少六周内继续支付。	应在患病例如最迟第 3 天向雇主呈交无工作能力证明。
特殊付酬	即所谓的第 13 个月工资，它常少于月工资。还有其他的特殊付酬，例如奖金。	第 13 个月工资按在企业工作的年限分级。常常在工作四年后才开始享有全额的资格。
休假	确定作为工作日的年休假天数。	休假中继续支付平均工资。可补加休假补贴。
解职权利	举例如配偶亡故，孩子亡故，结婚，出生，父母假，在职培训等	看病一般应在工作时间之外。
试用期	在这段时间里企业可不说明理由解雇。	也可由雇主解雇。试用期最长六个月。
解雇	企业和雇主应遵守解雇期限。一般从 54 岁开始享受解雇保护（年龄保护）。	试用期的解雇期限明显短于之后的正常雇用期。一般 4 周至月末。如果雇主解约，解约时间取决于雇员在企业的就职时间。雇员有索要工作证明的权利。
薪酬保护	按照年龄和企业工作年限进行调整，例如从 55 岁起（年龄保护）。	算出一个年龄保护数额作为最低工资，例如截至年龄保护时间点的工资。
就业保护	降低周工作时间，避免在经济困难时期遭到解雇。	根据工资区域确定降低工作时间的幅度。常常选择短工。
技能培训	确定雇主与雇员之间的技能培训要求。	技能培训的成本由雇主承担。

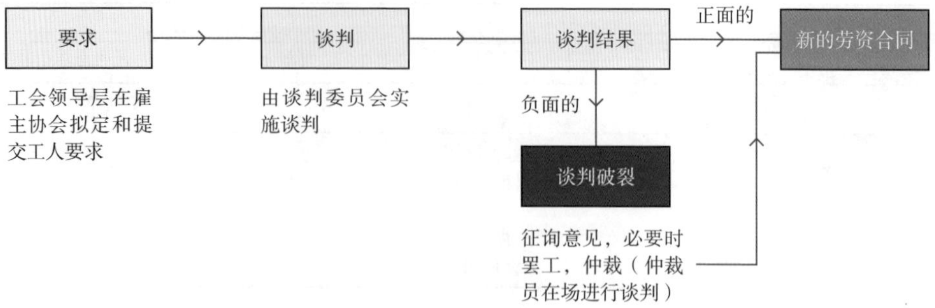

劳资合同的产生

质量管理方法

方法	解释	附注
KVP	连续性改进过程。员工和领导力量持续努力改进其工作流程（工作过程），目标是最终节约企业成本。工作流程优化常会导致组织的变动。	重要的是需认清，哪些行为是浪费或多余的。KVP 的优化范围一般在生产范围的购置过程和准备过程。
TQM	全面质量管理。这是一种管理方法，用于提高企业内的质量意识。企业内存在着客户 – 供货商关系。每一个企业领域内都有其内部客户。	客户（外部和内部）的期待和需求始终处于企业行为的中心位置，因为客户满意度被视为企业成绩的前提条件。TQM 改变企业文化。
EFQM	欧洲质量管理基金会，欧洲企业联合组织，目的是提高竞争力。并颁发欧洲质量奖。 EFQM 的基本原则： 企业领导层引导并控制策略和战略，员工定向以及资源（生产能力，资金）和企业流程。籍此打造员工满意度，客户满意度和社会责任。它将影响商业成绩。	例如定期进行员工谈话，设定目标等，将使企业能力更强。这样应产生可测的成绩，因为他们的学习结果是看得到的。EFQM 的目的是循环评估一个以自我完善为目标的企业（一般是自评），就是说，令人看到该企业的强项和改进的范围（潜力）。 在评估框架内求出各个范畴的达标点。对这些范畴权衡比重，构成 0 至 100 分的总成绩。
Six Sigma（六西格玛）	其基础是零缺陷质量战略。思考：生产过程中的每一个缺陷都将导致产品缺陷并付出代价。更好的质量导致成本更低。六西格玛缺陷是对客户目标的偏离。西格玛是希腊小写字母 σ，指正态分布（统计学）的标准偏差。	六西格玛战略由摩托罗拉公司首次引进。一个过程的质量表达为西格玛的数倍。这里划分为六个西格玛级。一个西格玛表示缺陷比率达 32%，3 个西格玛表示缺陷比率达 3%，6 个西格玛表示缺陷比率达 0.00034%。
6–S 法	日本的改进法（Kaizen–Methodik），源自 6 个日语单词的首字母：组织，秩序，清理，标准化，自律，劳动安全。	其基本看法是，以这个原则为基础的所有事务均可以优化并借此改进质量。
TPM	全员生产维护。目的是减少生产设备的故障时间以及改善生产设备的维护保养并提高企业的生产率。	人员，生产设备和劳动环境相互协调是这里强调的意义。除解决重点问题外，还有组织方面，即确定预防性维护保养的措施。

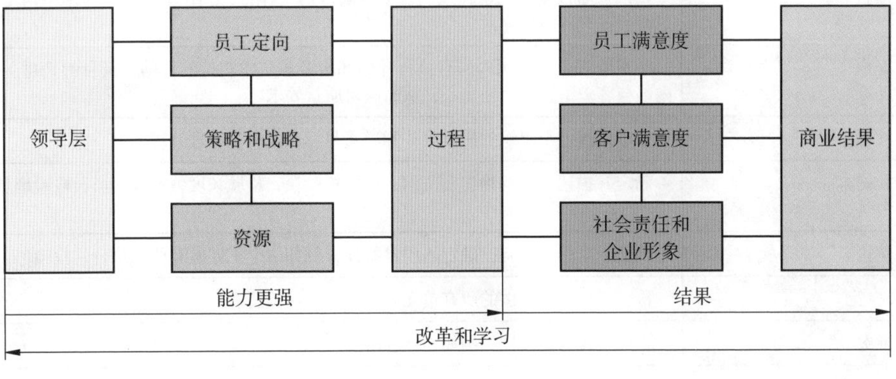

领导层
员工定向
策略和战略
资源
过程
员工满意度
客户满意度
社会责任和企业形象
商业结果
能力更强
结果
改革和学习

EFQM 模式的 9 个范畴

质量管理

参照 DIN EN ISO 9000

概念	定义 / 解释
与质量相关的概念	
质量	产品特征对产品要求的满足度。
质量特征	一个产品或过程可标记的特性，它们接近于为评判质量所提出的质量要求。
要求	单元特征提出的前提条件或责任要求，例如标称数值，公差，功能能力或安全性。
客户满意度	客户可接受的程度，这里，客户的要求得到满足。
能力	一个组织，系统或一个产品生产的过程满足对该产品要求的能力。
一致性	满足一个已确定的要求，例如一个尺寸公差。
缺陷	未能满足一个已确定的要求，例如未能遵守所要求的尺寸公差或表面材质。
返工	对缺陷产品采取的措施，使之能够满足要求。
与过程和产品相关的概念	
过程	处于关系变化中的方法和行动，将输入转换成为结果。这里的方法指例如人员，资金，设备和加工方法。
工作方法	已经确定的类型与方式，如执行某个行动或一个过程。书面表达形式又称为工艺指导文件。
产品	一个过程的结果，例如零件，装配结果，过程技术的结果，知识，草案，文件，合同，有害物质。
与组织相关的概念	
质量管理系统	实现质量管理所要求建立的组织和组织结构，运行的流程和过程。
质量管理 QM	所有用于引导和控制一个与质量相关的组织前后衔接协调的行动，其方法是： · 确定质量策略　　· 质量控制 · 确定质量目标　　· 质量安全 · 质量规划　　　　· 质量改进
质量规划	所有定向于确定质量目标及其必要执行过程以及所属资源并用于满足质量目标的行动。
质量控制	虽因质量波动但仍能持续满足质量要求的工作行为和技术。实际应用中则是保持过程监视并随时排除薄弱点。
质量安全	质量管理系统范围内所有执行计划和所要求技术文件的行动，其目的是建立企业内部与客户适宜的信任关系，从而满足质量要求。
质量管理手册	一本描述一个组织的质量策略和质量目标以及质量管理系统的书。
检验计划， 检验说明	确定并描述检验的种类和范围，例如检验仪，检验频度，检验人员，检验地点等。
完整检验	检验一个单元所有已确定的质量特征，例如一个工件所有要求执行的检验。
100% 检验	检验一个检验批次的所有单元，例如目视检验所有供货零件。
检验批次	相关单元的整体性，例如 5000 件相同产品的生产。
抽检样品	一个或多个单元，从基本整体或部分整体中抽取，例如日产 400 个零件中的 50 个零件。

统计数据评估

检验数据的表达	举例

原始数据表

原始数据表是一个检验批次或一个抽检样品按顺序所做的全部观察数值的文件

抽检范围：40 个零件
检验特征：零件直径 $d = 8\ \text{mm} \pm 0.05\ \text{mm}$

已检测的零件直径，单位:mm

零件										
零件 1 ~ 10	7.98	7.96	7.99	8.01	8.02	7.96	8.03	7.99	7.99	8.01
零件 11 ~ 20	7.96	7.99	8.00	8.02	8.02	7.99	8.02	8.00	8.01	8.01
零件 21 ~ 30	7.99	8.05	8.03	8.00	8.03	7.99	7.98	7.99	8.01	8.02
零件 31 ~ 40	8.02	8.01	8.05	7.94	7.98	8.00	8.01	8.02	8.02	8.00

（计数线）统计表

统计表是观察数值的一种概览性表达法，它可按指定等级幅度进行分级（范围）。

- n 单值的数量
- k 等级的数量
- w 等级幅度
- R 检测误差（见下页）
- n_i 绝对频度
- h_i 相对频度，单位:%

等级编号	检测数值 ≥	检测数值 <	统计表	n_i	h_i
1	7.94	7.96	|	1	2.5
2	7.96	7.98	|||	3	7.5
3	7.98	8.00	卌 卌 |	11	27.5
4	8.00	8.02	卌 卌 |||	13	32.5
5	8.02	8.04	卌 卌	10	25
6	8.04	8.06	||	2	5
			Σ =	40	100

$k = \sqrt{n} = \sqrt{40} = 6.3 \approx 6$

$w = \frac{R}{k} = \frac{0.11\ \text{mm}}{6} = 0.018\ \text{mm} \approx 0.02\ \text{mm}$

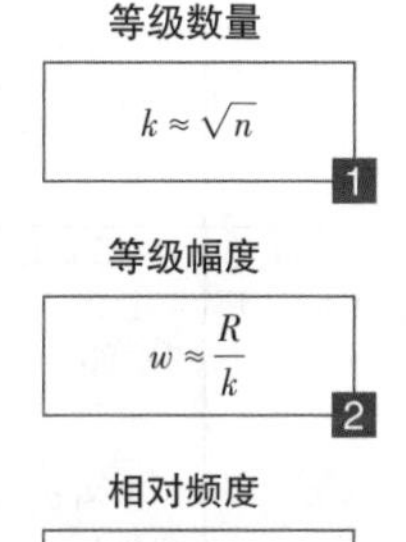

概率

出现结果 A 的概率等于情况 A 的出现次数除以所有情况的出现次数。

举例：

一个工件箱内 400 个工件中有 10 个缺陷工件。问：出现一个缺陷工件的概率有多大?

解题：

$p = \frac{g}{m} \cdot 100\% = \frac{10}{400} \cdot 100\% = 2.5\%$

概率

$$p = \frac{g}{m} \cdot 100\% \quad \boxed{4}$$

- p 概率
- g 有利情况的次数
- m 所有情况的次数

概率网的总数线

概率网内的总数线是一种简单和直观的图形表达法，用于检验现在呈现的正态分布（见 524 页）。

如果概率网内相对频度 F_j 的总数接近于一条直线，单个数值的正态分布可能闭合，就是说，允许按 DIN 53804-1（见 524 页）进行其他的计算。

此外，这种情况下可以提取抽检的特性数值。

识读举例：

算术平均值 $\bar{x}$ 和抽检样品的标准偏差 s:

$\bar{x} \approx 8.003\ \text{mm}; s \approx 0.02\ \text{mm}$

总检验批次中，可以预期超标工件的占比：

- 0.6% 的工件过薄
- 3% 的工件过厚

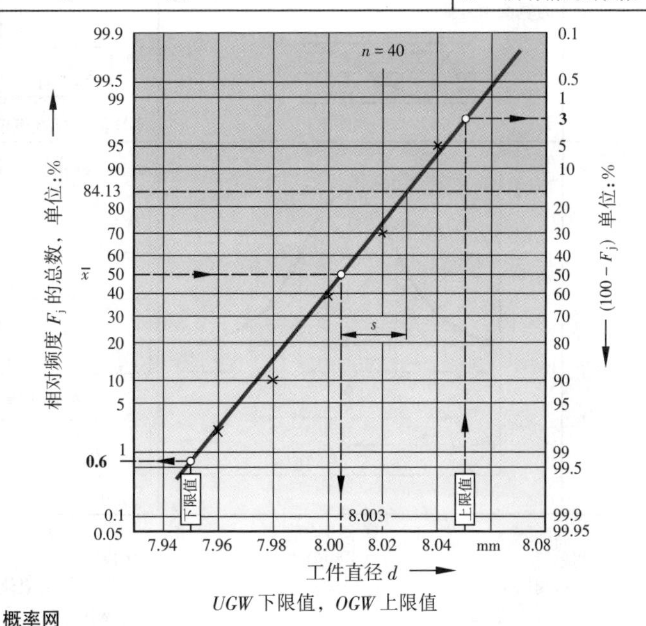

UGW 下限值，*OGW* 上限值

概率网

统计式过程控制 SPC1

概念	解释	附注，举例
过程控制卡	过程控制卡用于监视一个过程相对于设定值的变化或监视一个迄今为止的过程数值。	过程预估值确定介入极限和警告极限。
接收质量控制卡	用于在规定极限值（极限尺寸）框架内监视一个过程	通过公差极限计算介入极限。它只研究检测数值的位置而非其扩散。
原始数据卡	原始数据卡是所有检测数值的文件，是通过输入数据但不做进一步计算建立的。它以近似于正态分布的过程为前提，因为许多输入数据相对不具有概览性。	每次抽检 5 个单值的原始数据卡
平均值－标准偏差卡	$\bar{x}$-s-卡 这种卡清晰表明平均值的发展趋势。其建卡一般采用计算机支持。	平均值－标准偏差卡
自然流程	所有数值均位于介入极限范围之内，2/3 的数值位于 ±s 范围之内。该过程处于控制之中。	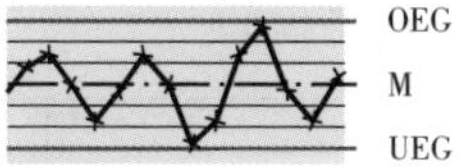
超过介入极限	必须介入这个过程，例如机床设置错误。	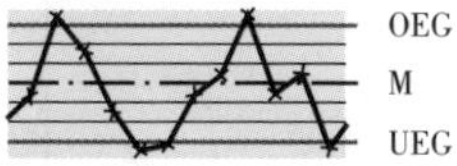
趋势曲线	前后连续的数值表明一种趋势，例如由于刀具磨损。	
正态分布 频度 = 次数		

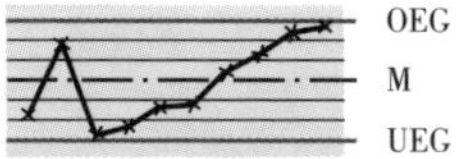

每次抽检 5 个单值的原始数据卡

检测值 mm：5.06, 5.04, 5.02, 5.00, 4.98, 4.96, 4.94；OGW, OEG, OWG, M, UWG, UEG, UGW

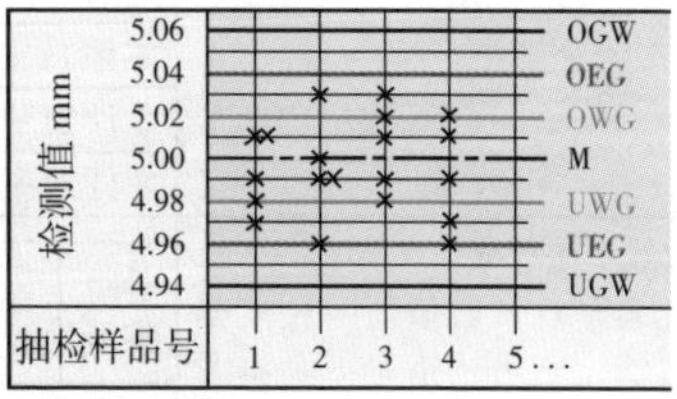

抽检样品号：1 2 3 4 5...

平均值－标准偏差卡

检验特征：ø		检查尺寸：5 ± 0.05			
抽检范围：n = 5		检查周期：60 分钟			
检测值 mm	x_1	4.98	4.96	5.03	4.97
	x_2	4.97	4.99	5.01	4.96
	x_3	4.99	5.03	5.02	5.01
	x_4	5.01	4.99	4.99	4.99
	x_5	5.01	5.00	4.98	5.02
	$\bar{x}$	4.992	4.994	5.006	4.990
	s	0.018	0.025	0.021	0.025
样品号		1	2	3	4
钟点时间		6^{00}	7^{00}	8^{00}	9^{00}

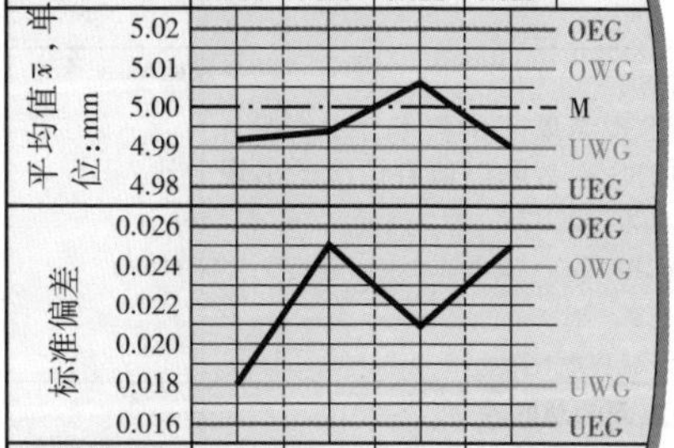

平均值 $\bar{x}$，单位：mm：5.02, 5.01, 5.00, 4.99, 4.98；OEG, OWG, M, UWG, UEG

标准偏差：0.026, 0.024, 0.022, 0.020, 0.018, 0.016；OEG, OWG, UWG, UEG

频度 x_i；$-3s$ $-2s$ $-s$ $+s$ $+2s$ $+3s$；x_{min} x_{max}；R；$\bar{x}$；中间值 x

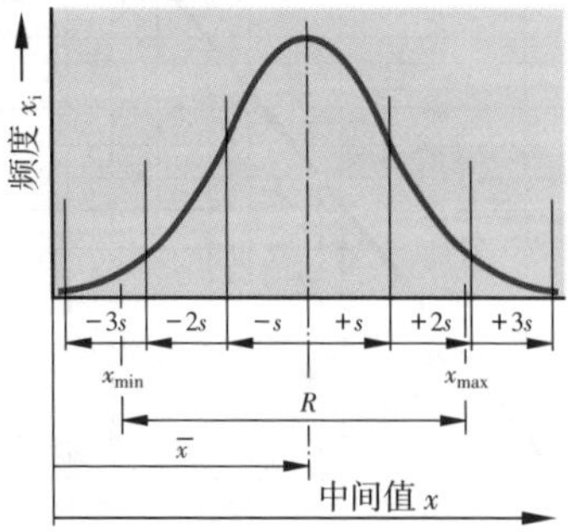

算术平均值

$$\bar{X} = \frac{X_1 + X_2 + \dots + X_n}{n} \quad (1)$$

总平均值

$$\bar{\bar{X}} = \frac{\bar{X}_1 + \bar{X}_2 + \dots + \bar{X}_m}{m} \quad (2)$$

标准偏差

$$s = \sqrt{\frac{\Sigma\left(X_i - \bar{X}\right)^2}{n-1}} \quad (3)$$

标准偏差平均值

$$\bar{s} = \frac{s_1 + s_2 + \dots + s_m}{m} \quad (4)$$

检测误差

$$R = x_{max} - x_{min} \quad (5)$$

平均检测误差

$$\bar{R} = \frac{R_1 + R_2 + \dots + R_m}{m} \quad (6)$$

n, m	单值的次数	$\bar{x}$	算术平均值	M	特征平均值
X_i	检测单值	$\bar{\bar{x}}$	总平均值	OEG，UEG	介入上限值，介入下限值
X_{max}	最大检测值	s	标准偏差	OGW，UGW	上限值，下限值
X_{min}	最小检测值	R	检测误差	OWG，UWG	警告上限值，警告下限值

统计式过程控制 SPC2

过程质量能力

通过能力特性数值（能力指数）判断过程质量能力时，必须区分短期能力（机器能力）与长期能力（过程能力）。

机器能力是对机器的评估，即该机器能否在正常波动概率框架内其加工质量处于规定极限值之内。

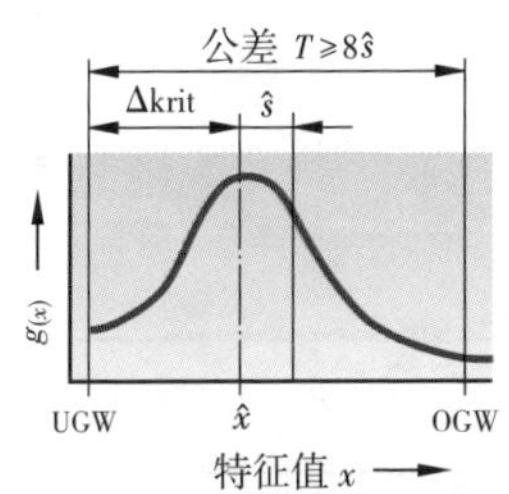
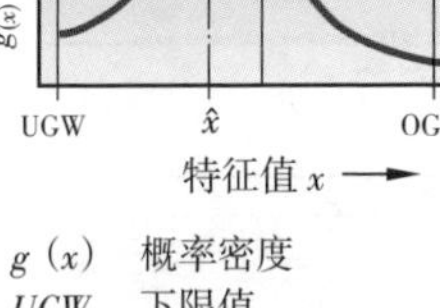

如果 $C_m > 1.33$ 和 $C_{mk} > 1.0$，这表明，特征值的 99.994%（范围 $\pm 4\hat{s}$）处于极限值范围之内，其平均值 $\hat{x}$ 距离公差极限值的量至少达到 $3\hat{s}$。

过程能力是对加工过程的评估，即该机器能否在正常波动概率框架内满足规定要求。

$g(x)$	概率密度	$\Delta krit$	平均值 / 公差极限之间的最小间距
UGW	下限值	C_m, C_{mk}	机器能力指数
OGW	上限值	C_p, C_{pk}	过程能力指数
$\hat{s}$	预估标准偏差	$\bar{\bar{x}}$	总平均值
$\hat{x}$	预估平均值		

举例：

加工尺寸 80 mm ± 0.05 mm 的机床能力试验；规定数值：$\hat{s} = 0.012$ mm；$\hat{x} = 79.99$

$$C_m = \frac{T}{6 \cdot \hat{s}} = \frac{0.1\,\text{mm}}{6 \cdot 0.012\,\text{mm}} = \mathbf{1.338};\ C_{mk} = \frac{\Delta krit}{3 \cdot \hat{s}} = \frac{0.04\text{mm}}{3 \cdot 0.012\text{mm}} = \mathbf{1.11}$$

⇒已证明对这种加工的机床能力。

机器能力指数

$$C_m = \frac{T}{6 \cdot \hat{s}} \quad (1)$$

$$C_{mk} = \frac{\Delta krit}{3 \cdot \hat{s}} \quad (2)$$

机器能力常被视为一种证明，如果

- $\boldsymbol{C_m \geqslant 1.33}$ **和** $\boldsymbol{C_{mk} \geqslant 1.0}$

$T = OGW - UGW$

$\Delta krit = OGW - \bar{\bar{x}}$

$\Delta krit = \bar{\bar{x}} - UGW$

过程能力指数

$$C_p = \frac{T}{6 \cdot \hat{s}} \quad (3)$$

$$C_{pk} = \frac{\Delta krit}{3 \cdot \hat{s}} \quad (4)$$

过程能力常被视为一种证明，如果

- $\boldsymbol{C_p \geqslant 1.33}$ **和** $\boldsymbol{C_{pk} \geqslant 1.0}$

缺陷汇集卡

缺陷汇集卡采集有缺陷的单元，缺陷类型和在抽检中出现的频度。

F3 的识读举例：

$n = 9 \cdot 50 = 450$

$$\text{缺陷（\%）} = \frac{\sum i_i}{n} \cdot 100\%$$

$$= \frac{3}{450} \cdot 100\% = \mathbf{0.67\%}$$

举例：

零件：盖		抽检范围 $n = 50$										检测周期：60 分钟		
缺陷类型		缺陷频度 i_j										$\sum i_j$	%	缺陷占比
油漆受损	F1		1					1				2	0.44	
受压点	F2	1	2		2	1	2	2	2	2		14	3.11	
腐蚀	F3		1			1			1			3	0.67	
毛刺	F4	1										1	0.22	
裂纹形成	F5		1									1	0.22	
角度错误	F6	2		3	1		3	1		2		12	2.66	
扭曲	F7					1						1	0.22	
螺纹缺失	F8		1									1	0.22	
每次抽检的缺陷		4	6	3	3	3	5	4	3	4		35		
抽检样品号		1	2	3	4	5	6	7	8	9				

帕累托[1]曲线图表

帕累托曲线图表按照类型和频度（例如缺陷）对规则进行分级，因此是一个重要的辅助工具，其目的是分析规则并求出优先级。

[1] Pareto，帕累托，意大利社会学家

举例：

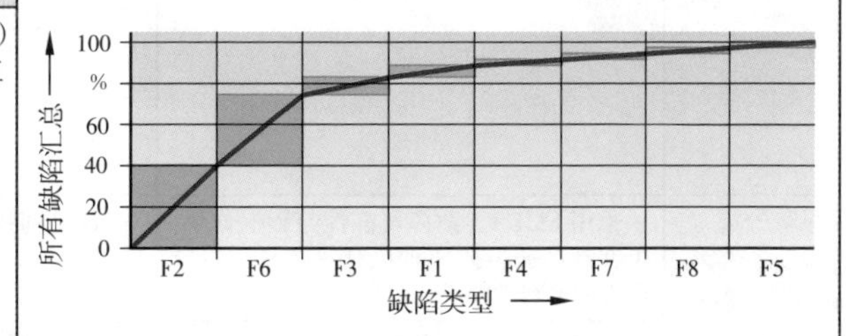

识读举例：受压点（F2）和角度错误（F6）共占总缺陷约 74%。

可靠性，可使用性

特征	解释	附注
可靠性 R 故障概率 F	指一个组件（或系统）的特性，描述它在一个时间周期内可靠运行。根据现有经验，可靠性的数据取自已做的负载测试以及故障的频度和原因。 对于可维修的组件而言，MTBF（平均故障间隔时间）是可靠性的一个衡量尺度，对于不可维修组件，即只能更换的组件，则适用 MTTF（平均无故障时间）。 附注：$e^x = \exp(x)$，代入 $e = 2.718...$	可靠性 $R(t_0) = 1 - \frac{n_a}{n}$ **1** $R(t) = e^{-\lambda t} = e^{-t/MTBF}$ **2** $F(t) = 1 - e^{-\lambda t}$ **3** 故障概率 **可靠性函数**
可使用性 A	是一种衡量尺度，指一个组件（或系统）在约定的时间点或在约定的时间范围内可以满足其已经证明的功能。对于系统而言，这里排除已定义的故障，例如因维护保养而停机不是故障。	可使用性 = $\frac{\text{运行时间} - \text{故障时间}}{\text{运行时间}}$ **4** 故障率和维修率保持不变时： $A = \frac{MTBF}{MTBF + MTTR}$ **5**
坚固性	是一个系统的能力，对于来自外部且与系统不匹配的变化以其稳定的功能做出反应。	产生此类影响的有例如外部温度，振动，错误操作等。
故障 故障率 λ 故障频度 L 故障比例 a	是一个组件（或系统）的技术错误，即无法使用已定义的功能。疲劳类的故障一般出现在机械部分。 是一个对象在每个时间单元内定义的平均故障。其单位是 1/s，1/h 或 FIT（单位时间故障率），它已标准化定义为每 10^9 h 内出现的故障。在一个指定的时间段内较多次数地观察相同组件后求出这个数据。1 FIT 意味着 10^9 小时内出现一次故障。 在一个观察时间段内出现的故障次数。 是在指定载荷的一定时长内故障组件的数量占比。	早期故障 / 固定不变的故障 / 疲劳 **故障特性** 故障频度 $L = \frac{n_g(t_1) - n_g(t_2)}{n}$ **6** 故障率 $\lambda = \frac{1}{MTBF}$ **7** 故障比例 $a = \frac{r}{n}$ **8**
风险分析	采用 FMEA（故障可能性与影响分析）可在产品研发阶段即已计算评估出可能出现的运行故障。	根据早期假设可能出现的故障和故障原因，计划采取的措施可降低故障产生的风险。

A 可使用性，a 故障比例，$F(t)$ 故障概率，L 故障频度，n 单元数量，n_a 故障单元的数量，n_g 好单元的数量，R 可靠性，r 故障次数，t 运行时间，t_0, t_1, t_2 时间点，λ 故障率，$MTBF$ 平均故障间隔时间，$MTTF$ 平均无故障时间，$MTTR$ 平均修复时间

欧盟机器准则

特征	解释	附注
目的	确定涉及投入使用的机器在设计和制造方面基本的安全与健康保护要求。机器制造商有对此的证明义务。	CE 标记被认可为唯一保证机器与这些标准及其他一些标准的要求相互一致的标记。农村运输车辆，水，空气不在其列。
特殊标准	现有与危险相关的特殊标准，例如 VDE 0013-1，机床电气装备，此类标准被视为特殊标准。	
安全与健康保护要求	机器的设计与制造应使它能够胜任其功能，即便理性地考虑到可预见的对机器的错误使用。	应注意的是，材料，照明设备，人体工程学，操作工位的造型等。
机械危险的保护措施	所使用的材料必须具有疲劳，老化，腐蚀和磨损方面的强度和耐受性。机器必须能够稳定站立。必须能够抵御因易跌落或甩出的零件，表面，边棱，角，使用条件的变化，不受控制的运动等所带来的危险。	在操作说明书中应说明，因安全原因而必须以何种时间间隔执行哪些维修和保养工作。还应说明，哪些零件是易磨损件以及必须按哪种标准进行更换。
对保护装置的要求	分开或不分开的保护装置均必须例如安装稳固，且与危险区域留有足够的间距，同时也不允许仅以简单的方法即可使其失效。	必须遵守对下述装置的要求，如固定分开的保护装置，装有联锁机构的动态分开的保护装置，接触受到限制的可调式保护装置以及不分开的保护装置
控制系统，指令装置，驱动装置	必须保证硬件和软件的故障不会导致出现危险，机器不能脱离控制。调节零件应能承受预计的负荷且处于良好的视线之内。	必须保证机器因紧急状况的停机或正常运行的停机。所选控制系统或运行类型的优先级必须大于除紧急停机外所有其他的控制功能和运行功能。电源故障不允许导致出现危险。
其他危险导致的风险	这里的风险涉及例如电源，静电，非电气的动力源，装配错误，外部温度，火灾，爆炸，噪音，振动等。	此外还有关于射线，废气排放，危险材料和物品，关在机器内的风险，滑倒、绊倒和跌倒以及雷击的危险。
维修	机器的设计必须便于维修保养，就是说，所有涉及运行、安装和维修保养方面的零件都必须易于接触，并且能够无危险地到达这些零部件的位置。	应预设连接诊断装置的接口，动力源必须可以分开。操作人员的介入行动必须能够安全地得以执行。必须保证无危险地清洗位于机器内部的零件。
信息	机器上的信息必须是易懂的形式，例如易懂的符号或示意图。警告说明，警报装置和机器上的标志意义重大。	每台机器都必须随机提供客户所在国语言的操作说明书。销售广告上关于安全和健康保护的说辞不允许有悖于操作说明书。

判断风险，满足安全要求 — 编制技术资料 — 编制操作说明书 — 执行一致性的方法 → CE 认证 CE

以欧盟机器准则为基础的 CE 认证流程

必须佩有 CE 标记的产品（节选）

名称 标准 年 / 编号	举例	名称 标准 年 / 编号	举例
建筑产品 2011/305/EU	水泥，石膏，隔音材料	机械制造标准 2006/42/EG	加工机床，木材加工机床，纺织机械
简单压力容器 2014/29/EU	压缩机设备内的压力容器	医疗产品 （EMV 单独标准） 93/42/EWG	射线装置，X 光机
电气元件 低压 2014/30/EU	开关装置	非自动天平仪 2014/31/EU	职业专用天平仪
EMV（电磁兼容性） 2014/30/EU	家用电器，无线电装置，计算机，电动机，电话机，工业机器	人员保护装备 2016/425/EU	保护头盔，保护眼镜，防护服
爆炸危险范围 2014/34/EU	爆炸范围内的电气元器件	玩具安全 2009/48/EG	儿童自行车，玩具汽车，玩具娃娃
燃气使用装置 2016/426/EU	燃气灶，燃气炉，直流式热水器	无线电设备，电信发射设备 2014/53/EU	电话机，传真机，调制解调器
机动车（EMV 单独标准） 2004/104/EG	机动车的电气装备	检测装置 2014/32/EU	检测装置的供给

CE 标记的申领步骤

步骤	解释	附注
研究 软件支持	明确负责一个产品的 EU 或 EG 标准。研究需注意遵守的要求和必须具备的证明。可寻求软件支持，例如安全专家。 www.ce-zeichen.de; www.ibf.at	EG 和 EU 标准是欧盟（EU）法律强制性规则。涉及某个标准应用范围的产品必须佩有 CE 标记。
满足基本要求	准则和标准均必须得到遵守执行。必须对相关危险进行分析，定义并实施辅助措施。	和谐化原则确定了对产品的要求，其目的是产品能够投入使用。
技术文件	必须编制操作说明书，同时也要求一致性解释。供货零件必须随行附带技术资料。	一致性解释中，产品提供者（制造商，供货商）需证明，产品与规定的标准相互一致。
CE 标记	制造商通过安装 CE（CE = Communauté Européenne- 是法语“欧盟”的缩写）标记证明其已遵守相关 EU/EG 标准。 CE 标记由制造商或获得授权的人进行安装。制造商自己负责证明，也可部分请求认证机构参与，其产品已满足标准要求。	CE 符号
产品监督	产品必须与标准的有效更动相一致。	在产品存续期内，必须根据需要执行标准的有效更动。

PLM，ERP，MES

概念	解释	附注
PLM 产品生命周期管理 PDM 产品数据管理系统 www.ptc.com www.siemens.com	IT 系统的完整性，它从数字技术的角度描述一个产品的全生命周期。属于这个范畴的还有，例如 · 项目管理系统， ·CAD 系统（计算机辅助设计）， · 计算程序， · 产品数据（还有成本），零部件明细表，软件，测试报告，数据页，标准等的管理系统 → PDM， · 控制产品投放和产品改动的 IT 系统 → PDM， · 用于生产准备，生产和销售的 IT 规划系统， · 与客户和供货商进行产品数据交换的 IT 系统， · 产品维护保养的 IT 系统。	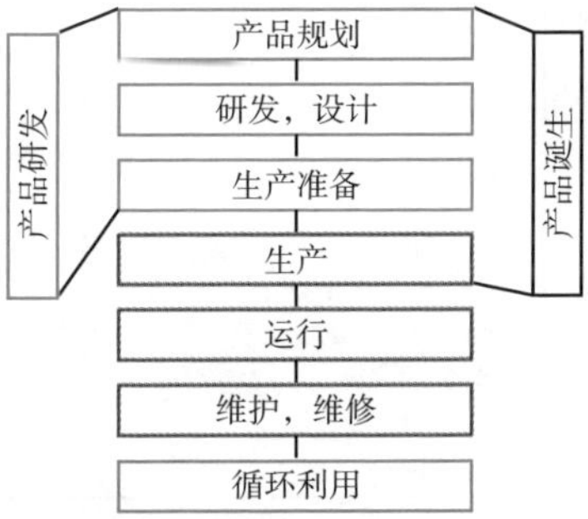 产品规划 研发，设计 生产准备 生产 运行 维护，维修 循环利用 产品研发 产品诞生 **产品生命周期**
ERP 企业资源规划 PPS 生产计划与控制 www.sap.com	用于开发客户订单的 IT 系统，包括从订货直至销售所有环节的成本核算单位。具体而言就是购置，对生产设施（生产设备，生产辅助装置）的高层计划与控制，生产技术资料，材料和产品制造人员。 ERP 系统支持一个企业内例如采购，物料经济（物流），生产准备，生产，财政会计和销售等诸多范围。	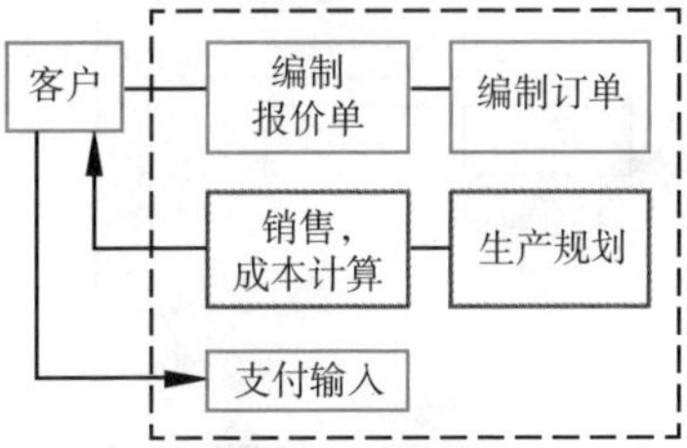 客户 编制报价单 编制订单 销售，成本计算 生产规划 支付输入 **ERP 系统的重要功能**
MES 制造执行系统 资源 特性数值 BDE MDE 接口 www.siemens.com	用于实时控制和检查生产状况的 IT 系统。其组成成分是运行数据采集 BDE 和机器数据采集 MDE 以及采集与生产过程相关的操作人员数据。 MES 的重要功能如下： · 直接用于实时生产时间段的生产计划， · 各个产品的生产流程计划， · 各个产品（生产设备，材料，人员）的资源计划和资源模拟。 · 生产设备管理（刀具，工装，机床）， · 生产设备的维护保养和维修计划， · 采集生产数据，例如完成加工的件数，报废，生产设备状态，材料供给问题，质量特性数值等。 · 接口，例如通向自动化系统，生产设备，ERP 系统。 · 生产控制台，用于人工控制并显示各种报告和分析的实时数据和设定数据。	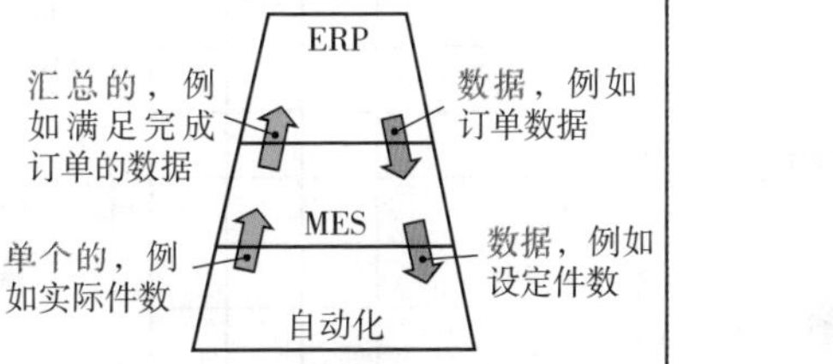 ERP 汇总的，例如满足完成订单的数据 数据，例如订单数据 MES 单个的，例如实际件数 数据，例如设定件数 自动化 **ERP 和 MES 中各种压缩的数据** 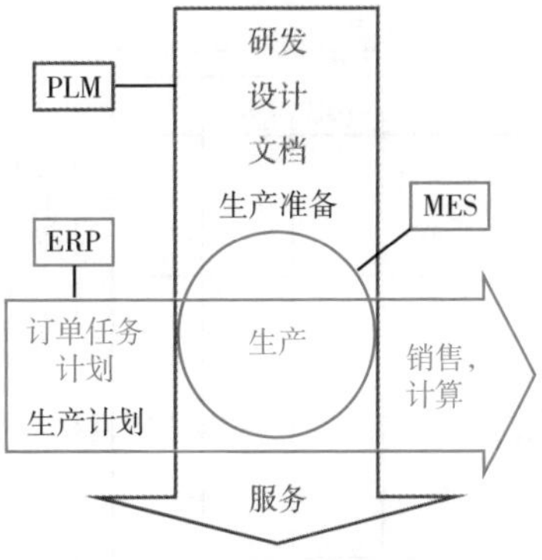 PLM 研发 设计 文档 生产准备 MES ERP 订单任务计划 生产计划 生产 销售，计算 服务 **PLM，ERP，MES 的共同作用**

项目的执行

概念：项目计划的内容

必要的解释

- 项目的原因，项目内容
- 与其他项目的关系
- 项目风险
- 经济性
- 项目目标
- 项目的限制
- 项目的前提条件
- 项目的组织
- 项目工作包
- 项目阶段计划

项目计划的内容

解释

从耗时数周的研发准备至项目开始，研发项目需要一个内容广泛的项目计划。该计划需对必须完成的任务，用工量，投资和成本等进行评估。

尤其是项目目标应作为设计说明书详加描述。按工作包划分项目（项目结构计划 PSP）。

若要快速完成项目，需将其逐步划分为阶段任务（冲刺），并付诸实施。这样便可以利用早期的阶段成果。

附注

要求较大型投资和人员成本的项目务必建立一个项目组织。为此必须设立项目领导，领导的副职，项目同事和一个决策机构。

决策机构必须根据项目需要也邀请企业领导层人员参与其中。项目参与人员必须确定其参与项目的工作时间。

概念：一个项目的工作包

项目举例“控制台”

- 方案
- 实施
  - 功能
  - 网络
    - 控制功能
    - 监视模块
    - 计算

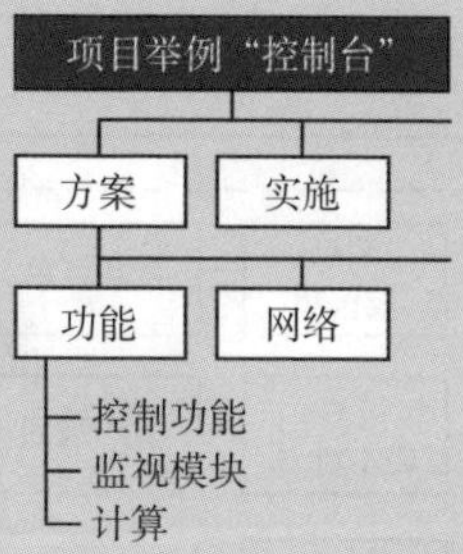

一个项目的工作包

解释

根据工作包所作的项目结构化具有重要意义。在项目运行过程中，工作包逐一得到处理。项目开始时，只能根据人员天数的工作投入（PT）和必要的投资对工作包进行粗略的评估（项目结构计划）。

根据预估的人员工作天数和已知的人员能力可编制包括期限计划在内的项目阶段计划。

附注

建议非常细心地对工作包进行结构化。只有这样才不会低估项目所需的期限和成本。

项目开始时即应确定，完成哪个工作包后应由项目决策机构举办一次里程碑性质的会议。只有这样才能保证管理层对项目的持续支持。

概念：项目阶段计划

阶段	1	2	3
阶段成果			
分配的工作包			
用工量			
投资			
外部成本			
成本总计			
里程碑期限			

项目阶段计划

解释

项目阶段计划中应根据项目阶段（项目状态）进行结构化处理。每个项目阶段都应描述分配过来的工作包特征（见图）。

用工量指各阶段（状态）投入的人员天数和由此产生的成本（人员日工资率的考量）。

里程碑期限指，决策机构应知道，已产生和即将产生哪些成本和用工量。

附注

建议根据工作包对其进行编号，这样在左表中只需列入数字即可。

投资一栏应填入硬件－软件的购置费用。

外部成本指例如培训成本，咨询成本和外部研发成本。

阶段成果应作标语式描述。

概念：成本－使用－观察

特征	2019	2020	2021
成本 · 一次性 · 连续性			
节约成本 · 一次性 · 连续性			
避免成本 · 一次性 · 连续性			

成本－使用－观察

解释

根据填入人员工作天数和投资数字的工作包实施成本使用状况观察。这里，成本栏有一次性和连续性成本，例如保养费用，看管费用，还应考虑到后续年份。

节约成本栏同样有一次性效应和持续性节约行为，例如更低的保养费用。

附注

成本使用观察还包括避免成本的效应。它指由于项目的转换而不需投入的成本，例如避免投入补充人员。

成本－使用－观察需实施多年方见成果。

设计说明书，责任手册

特征	解释	附注，举例
设计说明书的结构		
内容目录	内容目录包含设计说明书的章节标题。	每一章均有一个章节编号。
委托人	列举项目的委托人。	名称，部门，电话，电子邮件
项目目标	描述项目的起因和目标。	改进性能（时间），更少的保养费用。
初始状态	描述现有系统，数据结构，组织流程。	描述当前状态的缺点。
任务设置	以委托人的视角进行描述。	新功能，用户对话，对打印机输出数据
边际条件	考虑准则和标准，结合现有解决方案。	对现有装置的接口，数据库，程序。
期限范围	列举最终期限，必要时还有中段期限。	解释项目的重要性，例如客户愿望。
成本范围	对可供使用的资金做出说明。	投资，成本。
责任手册的结构		
内容目录	章节标题的列表。	带有章节编号的章节。
委托人	同设计说明书。	参见设计说明书。
项目目标	同设计说明书。	参见设计说明书。
分析实际状态	描述实际状态，例如用户数量，功能，性能，接口，数据流，相关的系统。	描述保养费用，解决方案的极限，IT 环境。
功能说明	以任务接受者的视角描述。子程序的划分。图形展示各功能之间的相互关系。	描述所要求功能及其相关关系实现的可能性。
数据说明	分析数据，数据量和数据流，以及所配属的功能。	确定数据类型，必要时还有数据库结构。
接口说明	从硬件和软件两方面对通向相关系统的接口进行定义。定义用户界面。	确定传输方法，显示掩码，打印机输出。
框架条件	描述研发的前提条件，测试，培训和生产流程。	列举采购成本，必要的项目伙伴。
质量观察	描述措施研发阶段的措施和引进阶段以及运行时的特性数值。	技术文档和软件编制的标准。根据时间执行检查表和检测，存储位置。
实现的建议	根据初始状态和各项说明，对项目的实现予以说明。	必须在经济的观点下实现项目。
项目计划	确定工作包，项目的实施步骤，期限计划等。还应做出成本预估。	确定项目委托人和接受人双方的责任。
成本利用分析	将利用潜力与预估将发生的成本进行对比，例如多个流程中较短期的流程时间。	不必将非必须的成分列入责任手册。

实作举例“加工机床的自动化”

分析	确定	计算评估	确定步骤
· 自动化功能 · 信号处理 · 传感器机构 · 执行机构，执行器 · 系统硬件	· 功能 · 信号处理 · 用户接口 · 传感器，执行器 · 系统硬件 · 标准	· 成本 · 费用 · 投资 · 期限	· 项目阶段 · 里程碑期限 · 项目团队

责任手册的产生

项目演示

流程	解释	附注，举例
事前准备	确定演示现场所需的演示用具，例如活动挂图板，留言板或投影仪等。	演示开始之前，检查演示房间内演示所用用具的可使用性。
人员介绍	演示开始时，演示人首先应自报姓与名并尽可能写在挂图板上。中学生还需介绍他的班级，从业人员也应介绍他的部门或企业，并对企业数据作简要介绍。然后解释本次演示的原因。	“尊敬的女士们，先生们，我的名字是 Max Maier，我来自 11a 班，今天我将向您们介绍我关于……的毕业论文。接下来，您们将听到，该论文的题目对于我而言是个挑战。我敢保证，这篇论文也给您们提供了一个有趣的视角。”
题目介绍	项目题目必须准确列举出任务的设置。此外，也应解释项目执行的目的及其原因。并对听众说明该题目的意义。	除报告人的姓名等数据之外，还应通过投影仪在演示的首页（幻灯片），或在挂图板上以清晰的字体写出项目任务的设立和日期。
项目的边际条件	通过展示边际条件，向听众展示项目中待克服的困难，尤其是项目的极限。	典型的边际条件是遵守规定的期限和成本。尽可能多地使用标准件，可扩展更多的功能，安装的限制，等。
任务设立所提出的要求	解释因任务设立而提出的要求。必须使听众明白任务的复杂性。这样在报告结束时可间接地说明报告人的权限所在。	这些要求可能是：解决方案对其他类似任务的可移植性。操作功能，最小功能范围，自动化数据准备，因安装位置有限的设计优化等。
演示	找到解决方案的方式方法，已实现的功能范围，操作以及技术实施的说明等，均应以听众水平相宜的语言予以说明。工作包可以例如预先准备在挂图板上，然后加以解释。	清注意，听众不会对过深的技术细节感兴趣。报告人必须注意观察听众的注意力，提前感知听众的非兴趣点。
总结	演示结束之前应再次简短地总结要点。尤其是项目工作过程中的挑战和悟解。并感谢重要的项目伙伴。	“在我演示结束之前，我想再次做个简短总结。根据对……的基本分析，现在已产生具有……性能的方案。该方案已经付诸实施。尤其值得注意的是……感谢本项目所有参与者的良好合作，我们遵守了本项目的期限和成本。”
讨论	演示结束时，报告人可要求听众提出问题。如果在讨论时某些听众提出无聊问题，可提示讨论的时间限制，并在小范围内继续讨论。	以解释的方式回答听众所提问题，不能仅回答是或不是。

活动式挂图板

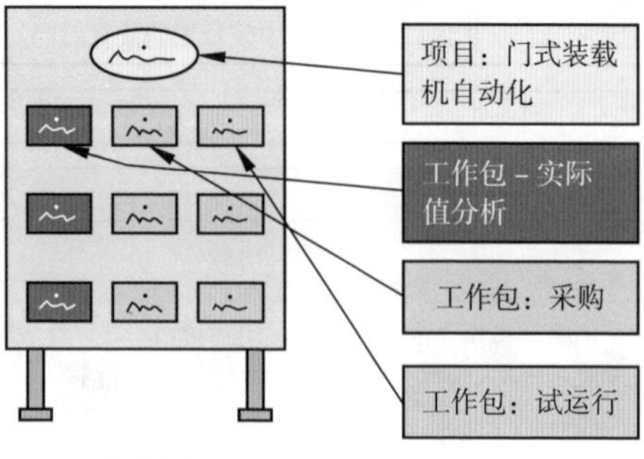

留言板

报告演示

特征	描述	附注，举例
准备	·解释题目的设立。 ·解释听众组：参加者的数量和专业知识。 ·解释或确定参加者的目的。 ·解释报告需耗时长。 ·解释报告厅内的技术装备。 ·选择制图的合适软件工具。	参加者的专业知识决定着报告在可使用时间段内的专业深度。重要的是，报告需获得参加者的回应。参加者必须能理解报告人。采用幻灯片演示进行报告时，报告的时长取决于幻灯片的数量。 一般使用 Power-Point 作为图形软件工具。
演示装置	·LCD 幻灯机（投影仪，DLP 幻灯机）用于演示由 PC 产生的图像。 ·活动挂图板，用于展示笔记等，必要时使用白板。 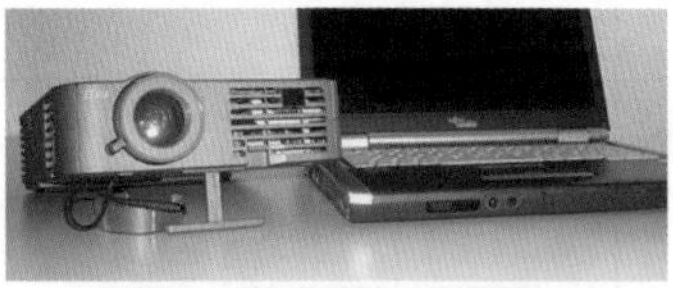 **与笔记本电脑连接的 LCD 幻灯机**	LCD 是英语液晶显示屏的缩写。 DLP 是英语数字光处理的缩写。 投影仪来自英语的射线一词。 LCD 幻灯机的技术数据： 光功率：3000 lm 对比度：12000∶1（白 / 黑） 分辨率：1024×768 画点 / 像素 亮度分布：80%（图像边缘 / 图像中心） 双灯系统 屏幕间距：1 米制 8 米 接口：HDMI，显示屏端口，VGA，USB，LAN，WLAN
制作报告	·一个向墙壁投影的图像页（图表，幻灯片）应至少可以保留一分钟。 ·字体规格，例如 18pt。 ·尽可能只看每个图像页的文字行，图像页不能过满。 ·图表和表格的数字不能过满。 ·每张图像页都应有自己的主题，流水序号，必要时还应有档案号和公司徽标（在图像页下方）。 ·所有图像页的结构均应相似。 ·报告按重点划分。 ·注意不要忘记制作标题页和报告分段目录页。 ·事先大声预演一次报告。	图像页必须能使听众安静地读完。不允许选取过小的字体规格。幻灯机的效率以及报告厅的规模均对报告效果有着共同作用。 字体颜色：背景亮色时宜选用黑体字。背景宜避免复杂结构。图像页过多的颜色会显得混乱不堪。使用不同颜色时应赋予颜色一定含义。 注意，屏幕动画应限制在动态元素。
演示	·简短地阐明报告的目的。 ·语速不宜过快。 ·不宜有过多的手部动作和身体动作。 ·选择词语时不宜使用生僻字，专业表达法或缩写词。 ·报告结束时应做简短总结。	报告结尾切忌过于匆忙。但要求说话方式具有一定的活力。为吸引听众注意力，也可插入合适且简短的逸闻趣事。但不宜过于逗乐。

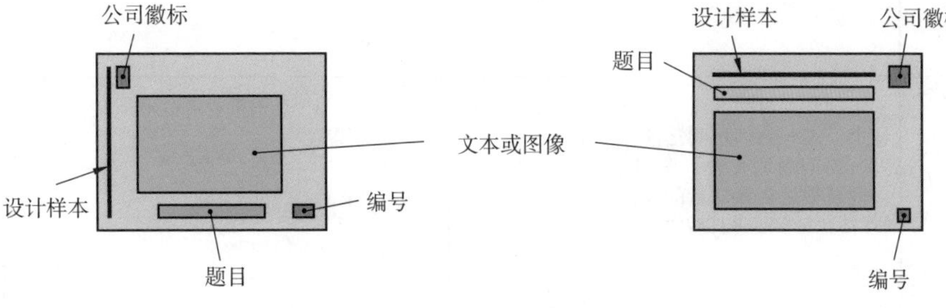

图像页的划分

客户培训

特征	解释	附注
培训准备 学习目的	需解释的内容：培训内容（学习目的）。培训成员的目的组，培训地点，培训类型，时间段，必要的基础设施，价格设定，市场营销，培训期间的接待，培训活动的粗略流程。	培训内容，例如产品的操作和使用，流程（过程）的应用。培训可在客户，制造商或销售商处举办。根据建议也可单独举行培训，如标准的培训便是自己报名。
培训通知 鲜明特征 任务	例如借助互联网，给客户的信件或销售产品的报价单等均可作为培训通知形式。 必须在例如培训公告中描述目的组的鲜明特征。应考虑的是，需在培训开始之前先对参加者的培训条件进行测试，例如在培训提供者互联网页上通过交互式解题进行测试。	**题目**:SIMATIC，与……的项目 **前提条件**：关于 SIMATICS7 的知识 **描述 / 学习目的**： 本次培训介绍关于……的知识。 **内容**：使用 SIMATIC 模块…… **目的组**：编程，组成项目…… **培训通知的结构**
基础设施，媒体 培训资料 在线学习	解释培训房间内的装备（基础设施）并购置必要的装置，检查设备能力。请注意，每个培训参加者均应有一个配备例如 PC 的工位，必要时还要求有实验位子。 培训开始时必须备齐培训资料。如果是在线学习形式的培训，必须配备在线学习软件并保证操作可用（WBT：以网页为基础的培训）。	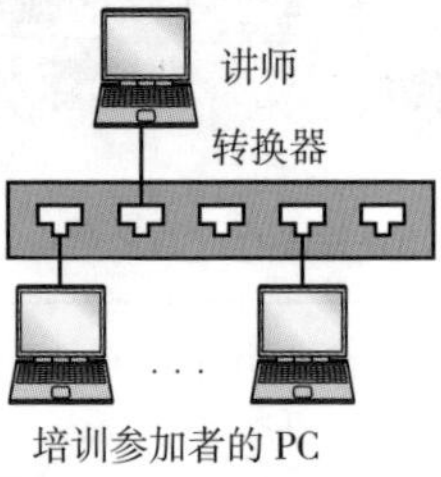 讲师 转换器 培训参加者的 PC **功能**： · 讲师向所有人发送 · 讲师查看每一个参加者 · 某个参加者向所有人发送 **联网的培训参加者工位**
培训资料 练习 专业概念	资料内容有：介绍培训主题的理论部分。此外还必须有练习部分，指培训期间解题并带有答案的练习题以及解题方法描述。练习部分也应适用于日后的再次查看。 培训资料必须划分章节，配有醒目的图片以及便于快速查询的重要专业概念、专业外语和缩写的解释附录。	5 位 2 通（5/2）换向阀控制冲压缸。气缸伸出的时间由 A3.2 输出端控制。 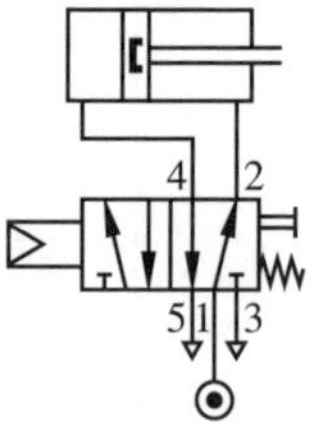 4 2 5 1 3 **培训技术资料节选**
培训流程 日程安排 接近实际	以固定的日程安排为定向。参加者应在培训开始时相互认识，同时也与讲师相互介绍。日程安排必须与参加者商议，必要时做出相应调整。 练习举例应具有实际意义。将培训重点放在实作。讲师的讲课必须简明易懂，并注意引导参加者参与思考。	· 介绍日程安排，必要时做出调整。 · 介绍参见者，讲师。 · 处理培训主题的理论部分。 · 进行实作练习。 · 测试已讲过的知识。 · 征询意见反馈。 · 向参加者颁发证书。 **培训流程**
结束 反馈	培训参加者均获得一份证明其参加培训的证书。离开培训房间之前应向培训参加者分发一份问卷调查表，询问参加者的满意度。以此获得培训参加者的评价，并用这些信息（反馈意见）改进日后的培训流程。	等级 1 至 4（从很重要到不适合） – 覆盖程度 □ – 接近实际 □ – 培训资料 □ – 介绍材料 □ – 材料量 □ **问卷调查表题目举例**

成本和特性数值

成本种类

种类	解释	附注，举例
加工－材料费 FMK 与材料相关的一般管理费 MGK	产品的材料费。它是一种成本计算对象。 因材料而发生的费用，不是加工－材料费。	从外部采购的零件被视为材料。 材料采购费，垃圾清除，仓储成本。
加工工资 FL 与加工相关的一般管理费（工资间接费用）FGK	加工产品所发生的工资。 因加工而发生的工资，不是加工工资或与材料相关的一般管理费。	生产小时工资，计件工资，还有周工资。 社会费用，雇主为社会保险，休假补贴，病假期已付工资等。
与管理相关的一般管理费 VwGK	因管理运营而发生的一般管理费（一般性成本）。	会计，人事管理，企业规划，信息技术和企业职工代表委员会等方面的费用。
与销售相关的一般管理费 VtGK	因销售而产生的一般管理费。	销售部的房屋费和人员管理费。

求取一般管理费率

附加费率	解释	附加费率的计算
材料－一般管理费率 *MGKS*	每一种加工－材料费中与材料相关的一般管理费	$MGKS = \frac{MGK \cdot 100\%}{FMK}$ 1
加工－一般管理费率 *FGKS*	每一种加工工资中与加工相关的一般管理费	$FGKS = \frac{FGK \cdot 100\%}{FL}$ 2
管理－一般管理费率 *VwGKS*	每一种制造费用中（参见 536 页）与管理相关的一般管理费	$VwGKS = \frac{VwGK \cdot 100\%}{HK}$ 3
销售－一般管理费率 *VtGKS*	每一种制造费用中（参见 536 页）与销售相关的一般管理费	$VtGKS = \frac{VtGK \cdot 100\%}{HK}$ 4

借助例如每年均需计算的一般管理费率可计算出对于各个具体位置（材料，工资等）的一般管理费附加费。

判断运营状态的重要特性数值

特性数值	解释	附注
自有资本盈利 *RdE*	$RdE = \frac{总盈利 \cdot 100\%}{自有资本}$	判断盈利能力的尺度
销售盈利 *RdU*	$RdU = \frac{总盈利 \cdot 100\%}{销售额}$	判断各销售单位盈利的尺度

FGK	与加工相关的一般管理费	*RdE*	自有资本盈利
FGKS	加工－一般管理费率	*RdU*	销售盈利
FL	加工工资	*VtGK*	销售－一般管理费
FMK	加工－材料费	*VtGKS*	销售－一般管理费率
HK	制造费	*VwGK*	管理－一般管理费
MGK	与材料相关的一般管理费	*VwGKS*	管理－一般管理费率
MGKS	材料－一般管理费		

成本核算

销售价格预算

从下列各项中计算	计算过程	举例：电控柜
材料费 *MK*	加工－材料费 +与材料相关的一般管理费	*FMK* € 850.00 *MGK*（例如 *FMK* 的 20%） € 170.00
制造费 *HK*	材料费 +加工工资 +与加工相关的一般管理费	*MK* € 1020.00 *FL* € 1100.00 *FGK*（例如 *FL* 的 70%） € 770.00
成本 *SeK*	制作费 +与管理相关的一般管理费 +与销售相关的一般管理费	*HK* € 2890.00 *VwGK*（例如 *HK* 的 10%） € 289.00 *VtGK*（例如 *HK* 的 20%） € 578.00
无佣金的现金销售价格 *BVP*	成本 +计算的盈利	*SeK* € 3757.00 盈利（例如 *SeK* 的 10%） € 375.70
付现折扣附加费 *S* 佣金附加费 *P* 无折扣的发票价格 *RP* 折扣附加费 *R*	无佣金的现金销售价格 $+\ S = \dfrac{SS \cdot BVP}{100\% - SS - PS}$ $+\ P = \dfrac{PS \cdot BVP}{100\% - SS - PS}$	*BVP* € 4132.70 *S*（例如 *SS*＝2%） € 88.88 *P*（例如 *PS*＝5%） € 222.19
净销售价格 *NVP*	无折扣的发票价格 $+\ R = \dfrac{RS \cdot RP}{100\% - RS}$	*RP* € 4443.77 *R*（例如 *RS*＝20%） € 1110.94
毛销售价格 *BRVP*	净销售价格 +增值税 *MwSt* 毛销售价格	*NVP* € 5554.71 *MwSt* € 1055.40 *BRVP* € 6610.11

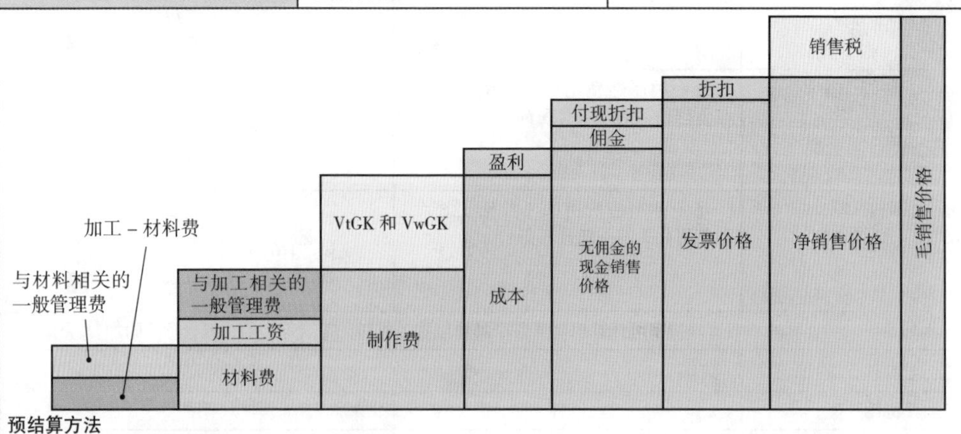

预结算方法

除法计算

求各数量单位的制作费 *HKM*	$HKM = \dfrac{\text{总制作费}}{\text{已制造的数量}}$	10 个电控柜产生 *HK* = € 28900.00 $HKM = \dfrac{€\ 28900.00}{10} = €\ 2890.00$

BRVP	毛销售价格	*HKM*	与数量相关的制作费	*R*	折扣
BVP	无佣金的现金销售价格	*MGK*	与材料相关的一般管理费	*RP*	无折扣的发票价格
FGK	与加工相关的一般管理费	*MK*	材料费	*RS*	折扣率（%）
FL	加工工资	*MwSt*	增值税	*S*	付现折扣
FMK	加工－材料费	*NVP*	净销售价格	*SeK*	成本
G	计算的盈利	*P*	佣金，例如销售代表	*SS*	付现折扣率（%）
HK	制造费	*PS*	佣金费率（%）	*VwGK*	与管理相关的一般管理费

生产成本核算单 BAB

成本种类	组成成分	解释，举例
人工费用	工资成本，薪水成本， 其他人工费用	月工资，月薪水，加班费，休假补贴，奖励，圣诞节津贴，已付的退休金，社会保险金的雇主应付部分（疾病保险，护理保险，养老保险，失业保险，事故保险）。 奖金，假期补助，餐饮补助，职业协会会费，破产保险（用于破产案），破产补薪，居住地至工作场所之间的通勤费，重伤残人补助金。
材料费	辅助材料费，动力燃料费 原料费	用于清洁剂，洗涤剂，润滑剂的费用。 用于乳浊液，易损件，数据载体，电池，燃料，推进剂的费用。 用于生产材料（原料，半成品零件，制成品，小型零件；外购件），垃圾清理费的费用。
估算的成本	估算的折旧费 估算的利息	应折旧的物品如下： · 生产装备，例如起重机，机床。 · 业务装备，例如家具，IT 装置。 · 低值资产，例如台灯，办公椅。 设备资产的利息，例如大楼，机床。
其他费用	租金，租赁费，能源费，外部的相关服务费用，会费办公材料费，电话费，邮费，文献费，广告费，保险费，继续教育费，差旅费	用于机动车，IT 装置，复印件，大楼的费用。 用于水，电，气和油的费用。 用于外部服务，外部维修的费用。 用于报纸广告，职业协会的费用。 笔，纸，表格。 还有传真费，互联网服务商费用。 书籍购置，报刊杂志订阅费。 购买新广告宣传页和展览费。 运输保险，劳务保险。 参见研讨会的费用，不含差旅费 运输费（汽车，火车，飞机），餐饮，酒店。
企业内部债务	债务分摊款项 商品和劳务交易结算	用于房间，计算机设备使用的费用。企业内部劳务，例如内部印刷厂。内部维修用工产生的费用。
贷记款项	商品和劳务交易结算	对企业其他范围成本核算点从事服务带来的收益（参照企业内部债务）。

为计算出企业不同范围（部门）的成本费用需建立部门成本核算点。每一个核算点均有生产成本核算单，例如一般为每月一份。

一个成本核算点的生产成本核算单所含内容有例如由该部门自己产生或因分摊款项产生的费用，并且按照成本种类归类整理。单级生产成本核算单仅包含主成本核算点，多级生产成本核算单则包含主成本核算点和辅助成本核算点。

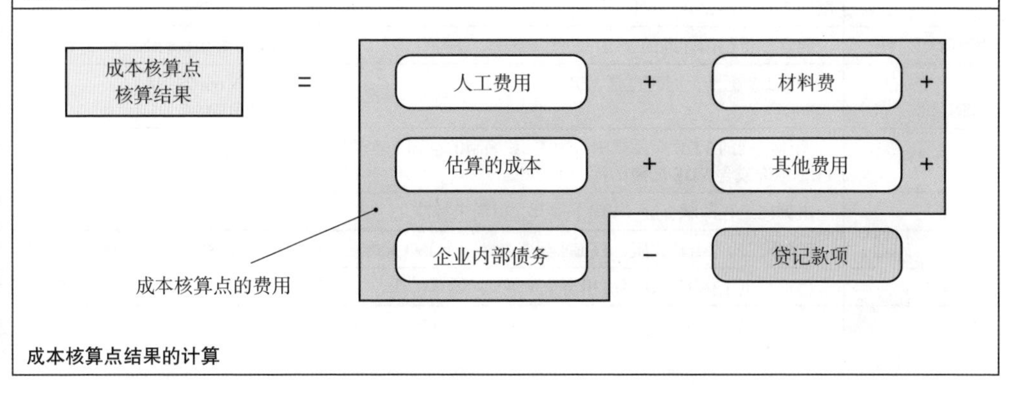

成本核算点结果的计算

标准

种类	解释	举例
标准的概念		
标准	标准是已公开发行的标准化的结果。冒号后面是发布的年份和月份，举例：2002-06.	DIN 1302: 2002-06
草案	由标准出版商为征询意见而出版的标准编制工作结果，并配有标准可能出现偏差的提示。	E DIN EN 46228-4
试行标准	试行标准是标准草案与标准之间阶段的标准编制工作结果，但日后仍可能出现偏差。	DIN V VDE V 0664-420（VDE V 0664-420）
部分	标准的部分，也可作为标准出版商单独的出版物。符号 - 后面是该部分的编号，例如 -520。	DIN VDE 0100-520
附页	附页一般由多页组成，是一个标准的补充内容。附页也可以作为单独出版物出版。	DIN VDE 0100-520: 2013-06 的附页 1
应用指南	对标准的使用提出指导，也可作为单独出版物出版。其编号在标准部分后面，例如 3-10。	DIN IEC 60300-3-10: 2004-04
主要段落	标准的部分，可作为单独出版物出版。部分 3 后面是编号，例如 -3-4。	DIN IEC 60300-3-4: 2008-06
勘误表	对已出版标准错误的更改，例如针对 DIN EN 61547: 2010-07 的勘误表是 DIN EN 61547 勘误表 1 或 VDE 0875-15-2 勘误表 1:2010-07。	DIN EN 61547 勘误表 1（VDE 0875-15-2 勘误表 1）:2010-07
按照出版商划分的标准种类		
DIN 标准	德国标准，由德国标准协会（DIN）出版，一般附有进一步的标准补充。	DIN 1302
EN 标准	欧洲标准，由 CEN（欧洲标准化委员会），CENELEC 或 ETSI 出版。	EN 60300-1: 2014
DIN-EN 标准	文本中包含一个德国标准的欧洲标准，由 DIN 出版。	DIN EN 60300-1: 2015-01
IEC 标准	国际电工委员会（IEC）的国际标准，主要涉及电气领域。	IEC 60300-1: 2014
DIN-IEC 标准	专业方面未加改变地从 IEC 标准转承过来的德国标准，不是前文所述的 EN 标准。	DIN IEC 60072-2
ISO 标准	位于日内瓦的国际标准化组织（ISO）的国际标准，主要涉及领域是机械制造。	ISO 1219-2: 2012-09
DIN-ISO 标准	内含一个 DIN 标准的 ISO 标准，内含一个 DIN 标准，不是前文所述的 EN 标准。	DIN ISO 1219-1: 2018-06（2018 年 6 月部分 1）
VDE 规定	它是标准，由电气、电子和信息技术协会（VDE）编制，例如 520 部分 ,2013 年 10 月。	VDE 0100-520: 2013-06
DIN-VDE 标准	内含一个德国标准的 VDE 规定。	DIN VDE 0100-520: 2013-06
DIN-EN 标准（VDE）	DIN-EN 标准，同时也是 VDE 规定。	DIN EN 60079-18（VDE 0170-9）
VDE-AR-N	低压电网的 VDE 应用规则。由 VDE 编制的推荐文本，以 VDE 标准或含 VDE 配属的标准为基础。	VDE-AR-N 4105
VDI 准则	由德国工程师联合会（VDI）推荐，但尚未标准化。	VDI 2229: 1979-06
DIN-EN-ISO	EN 标准的德语转化版，该 EN 标准内含一个 ISO 标准。	DIN EN ISO 4288: 1998-04
ÖVE	奥地利电工标准，其写法相当于 VDE。	ÖVE/ÖNORM EN 8007: 2007 12 01
UL ANSI，NEMA	保险商实验室的标准（一个美国的标准研究所）。其他的美国标准。	UL 508A

重要标准 1

N	编号	标准名称	页数
数学，工程物理，电工技术基础			
	1301	量与单位	13 f.
	1302	数学符号	15 ff.
	1304	公式符号	10 f.
	1311	振动理论	49 ff.
	1313	物理量	13 f.
	1314	压力	66
	1315	角度	23 f.
	1318	响度级	507
	1320	声学 - 概念	14
	1324	电场	41
	1325	磁场	42
	1332	声学公式符号	21
	1333	数字说明	18
	1338	公式书写方式	10 ff.
	5493	对数的量与单位	20
	40108	供电系统，概念	39
	40110	交流电量	51
	66000	信息处理	395 ff.
	50160	电压特性	39
	60027	公式符号，国际（SI）	12
	60038	IEC 标准电压	39
	60617	电路图，标记字母	96
	80000	电磁的量与单位	42 f.
	60469	脉冲技术	52
技术通讯			
	13	米制 ISO 螺纹	459
	74	沉孔	468 f.
	76	螺纹收尾，螺纹退刀槽	87
	202	螺纹种类概述	457
	406	尺寸标注	82
	406	公差	85
	461	坐标系	443
	824	符号页的折叠	79
	1304	公式符号	10 f.
	6776	字体	79
	19227	标记字母，图形符号	254
	19227	控制技术和调节技术的图形符号	255
	66261	结构图，示意图	120
	20273	螺钉通孔	461
	22553	电焊和钎焊示意图	91
	60617	电路图，电路图的图形符号和标记	107 ff. 97
	60848	GRAFCET	115
	61082	电气工程学文件	93
	81346	对象和标记字母	96
	81714	生产文件，图形符号	255
	128	技术图纸	79 ff.
	216	图纸格式	79
	286	ISO 公差系统	486 ff.
	1101	产品几何规格 - 公差	85
	1302	产品几何规格 - 表面质量	82
	3098	生产技术文件 - 字体	79
	128	投影法	81
	128	图纸线条	79
	128	阴影线	82
	1219	气动和液压线路符号	121 ff.
	1219	气动和液压线路图	125
	2162	弹簧，表达法	92
	2203	齿轮，表达法	88
	2768	未注公差	493
	5455	技术图纸比例尺	79
	5456	投影法	81
	6410	螺纹，表达法	87
	6411	定心孔，表达法	87
	6413	花键轴，表达法	92
	6947	焊接位置	195 f.
	8826	滚动轴承，表达法	89
	9222	密封件，表达法	90
	15787	热处理	36 f.
加工，刀具，材料，辅助材料			
	1414	麻花钻头	184
	1732	用于铝和铝合金的焊接添加料	200
	1871	气态燃料与其他气体	136, 197
	5418	滚动轴承，安装尺寸	482
	5520	有色金属弯曲半径	194
	6935	钢的弯曲半径	194
	7726	泡沫材料	155
	8062	聚氯乙烯（PVC）管	157
	8074	高密度聚乙烯（PE-HD）管	157
	8075	低密度聚乙烯（PE-LD）管	157
	17007	材料代码-有色金属	148
	41871	半导体元件机壳	209
	51385	冷却润滑材料	185
	51524	液压油	170
	439	保护气体焊	199 f.
	515	铝合金，材料状态	149
	573	铝合金名称	149
	754	铝 - 塑性合金	150
	755	铝型材和铝板	151
	1044	硬钎焊	169
	1045	硬钎焊焊料	169
	1057	铜合金，圆管	147
	1089	压缩气瓶 - 标记	197
	1173	有色金属：名称	148
	1412	铜合金：材料代码	148
	1560	铸铁材料	145
	1561	片状石墨铸铁	146
	1562	可锻铸铁	145
	1563	球状石墨铸铁	145
	1706	铸铝合金	148 ff.
	1922	铜合金	148
	10020	钢，分类	138 ff.
	10025	结构钢	141
	10027	钢，命名体系	138
	10051	热轧板材	141
	10058	钢型材	144
	10083	调质钢	142
	10084	渗碳钢	143
	10085	渗氮钢	142
	10087	易切削钢	141
	10088	不锈钢	143
	10089	弹簧钢	142 f.

N = 标准种类　= DIN　= DIN EN　= DIN EN ISO　= DIN IEC　= DIN ISO　= DIN VDE

重要标准 2

N	编号	标准名称	页数
	10130	冷轧板材	138 ff.
	10293	铸钢	138
	10305	精密钢管	147
	29454	软钎焊焊药	169
	60404	恒磁材料	137
	1043	基本聚合物	152
	2560	焊接添加物	201
	4063	焊接及其应用过程	195
	6947	焊接位置	195 f.
	8062	聚氯乙烯（PVC）管	157
	8072	聚乙烯（PE）软管，低密度（LD）	157
	8513	硬焊剂	169
	9453	软钎焊	169
	9692	焊接，焊缝准备	196
	13920	焊接结构，未注公差	195
	14341	电极丝	199
	513	切削材料，标记	180
	1832	可转位刀片	187
	6691	滑动轴承材料	483
	0282	橡胶绝缘导线	159
	0298	导线和电缆的应用	158
	0815	IT 技术领域的导线	163

检测，控制，调节，元件

N	编号	标准名称	页数
	471	轴卡环	484
	472	孔卡环	484
	609	六角密配螺栓	484
	611	滚动轴承概览	479
	617	滚针轴承	482
	623	滚动轴承 - 名称	480
	625	向心滚珠轴承	482
	628	向心推力滚珠轴承	482
	711	推力滚珠轴承	479
	720	圆锥滚柱轴承	479
	935	冠状螺帽	471
	938	双头螺钉	465
	962	螺钉名称	461
	962	螺帽名称	470
	974	沉孔	469
	981	用于滚动轴承的开槽螺帽	483
	2099	圆柱形螺旋压簧	478
	3760	径向轴密封环	485
	3771	O 形环	485
	5406	防护垫圈	484
	5412	滚柱滚子轴承	479
	5418	滚动轴承，安装尺寸	482
	5419	毡垫圈	485
	6796	夹紧垫圈	473
	6799	防护垫圈	484
	6885	平键	477
	6888	半圆键	477
	7157	配合的推荐	492
	19225	调节器	257 f.
	19227	图形符号，标记字母	255
	19237	控制技术（概念）	253
	40729	蓄电池	207
	41426	电阻和电容的标称数值	204
	41772	整流器	292 f.
	43802	可显示的检测装置	217
	44081	热敏电阻	208

N	编号	标准名称	页数
	53804	统计计算	523
	55003	数控加工机床图形符号	441
	66025	CNC 机床，程序结构	444 ff.
	66217	CNC 机床，坐标轴	443
	66257	NC 机床的概念	442
	4762	内六角圆柱螺钉	464
	10002	金属材料抗拉试验	171
	10226	惠氏管螺纹	460
	10642	内六角沉头螺钉	464
	20273	螺钉通孔	461
	22339	锥形销	476
	50090	室内和建筑物的电气系统工程	250 f.
	50249	电磁定位仪	220
	55016	无线电干扰检测仪	302
	60044	测量互感器	207
	60085	绝缘等级	227
	60086	原电池	255
	60539	与温度相关的电阻	213
	60617	电路图图形符号	374 ff.
	60747	光电耦合元件	232
	60848	流程控制	105
	60870	远程作用装置	208
	61010	检测范围	267 f.
	61051	压敏电阻	340
	61131	可编程序控制，SPS	55
	61557	保护措施的检验	
	61558	变压器的安全	
	898	螺钉的强度等级	461
	2009	开槽沉头螺钉	462
	2338	圆柱螺钉	476
	4014	带杆六角螺钉	463
	4017	六角螺钉	463
	4032	六角螺帽，1 型，标准螺纹	471
	4035	浅六角螺帽	471
	4759	螺钉产品等级	461
	4762	内六角圆柱螺钉	464
	6506	布氏硬度检验	172
	6507	维氏硬度检验	171
	6508	洛氏硬度检验	172
	7045	自攻螺钉	465
	7090	带倒角平垫圈	472
	7092	平垫圈	472
	8673	六角螺帽，1 型，细牙螺纹	471
	8734	圆柱销，淬火	476
	8740	圆柱刻槽销	475
	8752	夹紧销，重型结构	476
	10642	内六角沉头螺钉	464
	13337	夹紧销，轻型结构	476
	60050	-351 寄宿学校。电气工程学词典；导体技术	
	60072	电气机器的功率系列	302
	60351	示波仪性能	233
	60747	整流二极管	209
	228	管螺纹	460
	286	ISO 配合	486 ff.

N = 标准种类　= DIN　= DIN EN　= DIN EN ISO　= DIN IEC　= DIN ISO　= DIN VDE

重要标准 3

N	编号	标准名称	页数
	4026	内六角螺销	467
	4381	复合滑动轴承，滑动材料	483
	7049	半圆头自攻螺钉	465
	0532	变压器和扼流线圈	298
机电一体化系统，设备，电气机器，装置，接头			
	17007	有色金属材料代码	148
	18015	住宅楼电气设备	246 ff.
	25424	故障树分析	390
	31051	维修保养基础	393
	40200	标称值，额定值（概念）	204 f.
	42402	变压器和扼流线圈的接头名称	289
	42673	表面冷却的鼠笼转子电动机	303
	50013	低压配电装置 接头名称和特性数值	238
	50090	住宅和住宅大楼的系统工程	250 f.
	50110	电气设备内工作	285
	50178	强电设备的电子元件	97
	50522	大于 1 kV 的强电设备	159 f.
	55016	无线电干扰检测装置	
	60062	电阻和电容的标记	205
	60204	机床的电气装备，一般要求	362 f.
	60445	电气元器件接头标记	289
	60617	电路图的图形符号	96
	61140	防电击保护	344
	61175	工业系统，信号的标记	373
	61293	电气元器件的标记	96
	61346	电路图，线路符号	110
	61660	短路电流	327
	3166	螺纹，国家代码	458
	9787	工业机器人，坐标系	451
	10628	过程技术设备，图形符号	128
	11593	工业机器人，自动换刀系统	452
	14539	工业机器人，机械手	453
	50001	能源管理系统	
	60034	回转型电动机器	304
	60063	电阻和电容标称数值的优先系列	204
	60364	安装低压设备	350
	60971	整流器标记	293
	61156	数字信息传输电缆	163
	0100	–557 辅助电流电路	242
	0210	大于 1 kV 架空电线的架设	325
	0211	最大至 1000 V 架空电线的架设	325
	0293	最大至 1000 V 电缆芯线标记	159
	0510	蓄电池和电池设备	355
	0530	回转型电动机器	304
	0675	过压保护装置	510
	0838	供电网的反向作用	352 ff.

N	编号	标准名称	页数
信息技术，计算机技术			
	66000	信息处理；数学标记和符号	385
	66001	数据流和程序流程计划	120
	66021	数据传输	420 f.
	66025	CNC 机床程序结构	444 ff.
	66215	CLDATA	
	66253	PEARL – SafePEARL	
	66258	数据传输接口	497
	66304	计算机支持的设计	
	60617	电路图图形符号，一般标记	100 ff.
	60848	GRAFCET，流程控制功能图的规范语言	115
	9241	人－系统交互的人体工程学	
	13407	交互系统的形态	
	14915	多媒体接口的软件人体工程学	497 f.
环境安全技术，EMV，质量			
	4844	图形符号，安全色和安全标志	502
	55350	质量管理的概念	523
	626	机器安全	363
	1839	气体和蒸汽爆炸极限的规定	136
	55017	检测抗无线电干扰性能	
	60079	爆炸危险范围内的设备	290
	60204	机器安全，电气装备	362 f.
	60269	低压熔断器	330
	60529	机壳保护类型，IP 代码	290
	60721	环境条件分级	
	60825	激光设备的安全	
	61000	EMV，低压设备的电磁兼容性	508
	61010	电子检测、调节、控制和实验设备的安全规定	
	61140	防电击保护	344
	61243	带电工作，电压表	440
	61558	变压器的安全	326
	62040	USV，不间断电源	354
	62061	电子控制系统的功能安全	368
	62433	EMB，电磁影响	508
	12100	机器安全，风险评估	363
	13849	机器安全，控制	366
	13850	机器安全，紧急停机	363
	14644	无尘室	
	60479	电流对机器和操作者的影响	338
	9000	质量管理系统	521 f.
	14001	环境管理系统	501
	0185	闪电保护设备	214
	0833	危险报警设备	162

N = 标准种类　= DIN　= DIN EN　= DIN EN ISO　= DIN IEC　= DIN ISO　= DIN VDE

VDE 标准 1

VDE 标准组

组别	书写方式	内容	举例（亦请参见下页）
0	00××	一般性原则	VDE 0040-1，部分 1：规则
1	01××	动力设备	VDE 0100-100，低压设备
2	02××	电力线	VDE 0293-1，芯线标记
3	03××	绝缘材料	VDE 0370-7，绝缘油
4	04××	检测，控制，检验	VDE 0470-1，机壳保护
5	05××	电源，机器	VDE 0532，变压器
6	06××	安装材料，配电装置	VDE 0660，低压配电装置
7	07××	用户设备，生产用具	VDE 0701-0702，设备检验
8	08××	信息技术	VDE 0855，有线网络

电气技术人员手工操作节选

VDE 标准号	内容（已缩减）
VDE 0024	检验与认证规则
VDE 0040-1	电气技术文件，部分 1：规则
VDE 1000-10	对电气操作人员的要求
VDE 0100-100	安装低压设备，部分 1：一般性原则，一般特性的规定，概念
VDE 0100，页 1	设立规定的研发过程
VDE 0100，页 2	相关标准的目录
VDE 0100，页 3	标准序列的结构
VDE 0100，页 5	电缆和导线的允许长度
VDE 0100-200	安装低压设备，部分 200：概念
VDE 0100-410	保护措施 – 防电击保护
VDE 0100-420	防热保护
VDE 0100-430	过流保护
VDE 0100-442	因高压电网接地故障或开关过程产生临时过压时以及电压电网故障时对低压设备的保护
VDE 0100-443	因外部环境影响或开关过程影响的过压保护
VDE 0100-444	对干扰电压和电磁干扰的保护
VDE 0100-450	欠压保护
VDE 0100-460	保护措施 – 分离和关断
VDE 0100-510	电气元件的选择与安装
VDE 0100-520	电缆和导线设备
VDE 0100-520，页 1	部分 520 的解释和应用
VDE 0100-520，页 2	为遵守许用电压降的电缆与导线最大允许长度
VDE 0100-520，页 3	负载电流出现谐波时 3 相配电电路的电流负荷能力
VDE 0100-530	开关和控制装置
VDE 0100-534	过压保护装置（ÜSE）
VDE 0100-537	分离与关断装置
VDE 0100-540	接地设备与安全引线
VDE 0100-550	插接装置，开关和安装装置
VDE 0100-551	低压发电设备
VDE 0100-557	辅助电路
VDE 0100-559	灯和照明设备
VDE 0100-560	安全装置

VDE 标准 2

电气技术人员手工操作节选（续前表）

VDE 标准号	内容（已缩减）
VDE 0100–600	检验
VDE 0100–701 VDE 0100–702 VDE 0100–703 VDE 0100–704 VDE 0100–705	装有浴缸或淋浴设备的房间 游泳池水池，可移动式水池和喷泉 装有桑拿加热装置的房间和小室 建筑工地 农业和园艺企业的电气设备
VDE 0100–706 VDE 0100–708 VDE 0100–709 VDE 0100–710 VDE 0100–710，页 1	在有限移动自由度条件下的传导范围 房车广场，帐篷露营广场和类似范围 码头及类似范围 医学用途范围 解释 710 部分的标准要求
VDE 0100–711 VDE 0100–712 VDE 0100–714 VDE 0100–715 VDE 0100–717 VDE 0100–718 VDE 0100–718，页 1 VDE 0100–721 VDE 0100–722	展览会，表演场所和站场 PV 电源系统（PV= 太阳能光伏发电设备） 露天场所照明设备 低压照明设备 位置移动或可运输的设备 公用设施和工作场所 解释 718 部分的要求 房车和电动房车的电气设备 电动车电源
VDE 0100–723 VDE 0100–724 VDE 0100–729 VDE 0100–730 VDE 0100–731 VDE 0100–732 VDE 0100–737 VDE 0100–739	装有实验设备的教室 家具和类似物品内的设备 操作过程和维护保养过程 内河航运船只 – 机动车的电气接地 闭合的电气车间 公共电网的室内接线 湿度和潮湿环境和房间以及露天放置的设备 通过 TN 和 TT–S 系统的保护装置在住宅内实施附加故障保护
VDE 0100–740 VDE 0100–753	为游乐公园和马戏团临时建立的设备 加热装置导线和环状暖气设备
VDE 0100–801	能效
VDE–AR–N 4101 VDE–AR–N 4102	对低压电网电表位置的要求 位置固定的电控柜和控制柜，电表接线柱，电信设备和电动车充电站等的接线
VDE 0104 VDE–AR–N 4105	安装和驱动电气检验设备 对低压电网发电设备接线和并联运行的最低要求
VDE 0105–100 VDE 0105–115 VDE 0108–100	电气设备的运行，一般规定 农业运行场所的规定 安全照明设备
VDE 0113–1 VDE 0113–1/A1	机器的电气装备，部分 1：一般要求 一般要求

VDE 标准 3

电气技术人员手工操作节选（续前表）

VDE 标准号	内容（已缩减）
VDE 0165-1 VDE 0165-10-1 VDE 0165-101 VDE 0165-102	爆炸危险范围内电气设备的立项，选择和安装 爆炸危险范围内的检验和维护保养 气体爆炸危险范围的划分 粉尘爆炸危险范围的划分
VDE 0185-305-1 VDE 0185-305-3 VDE 0185-305-3，页 1 VDE 0185-305-3, 页 2 VDE 0185-305-3, 页 3 VDE 0185-305-3, 页 4 VDE 0185-305-3, 页 5 VDE 0185-305-4 VDE 0185-305-4, 页 1	闪电保护，部分 1：一般原则 闪电保护，部分 3：建筑施工设备和人员 使用 VDE 0185-305-3 的补充信息 特殊建筑施工设备的补充信息 闪电保护系统检验和保养的补充信息 闪电保护系统金属屋顶的使用 PV 电源系统的闪电保护和过压保护 闪电保护，部分 4：建筑施工设备中的电气和电子系统 闪电电流的划分
VDE 0197	电气元器件，接线线端和导线的接线标记
VDE 0293-1 VDE 0293-308	芯线标记，部分 1：国家规定的补充 芯线的颜色标记
VDE 0298-3 VDE 0298-4 VDE 0298-565-1 VDE 0298-565-2	去谐波强电导线的使用指南 电流负荷能力推荐值 不超过 450/750 V 低压电缆和导线的使用指南 电缆和导线制造类型的结构和使用条件
VDE 0470-1 VDE 0470-100 VDE 0470-100/A1	通过机壳实施保护的保护类型（IP 代码） 通过电气元器件机壳实施保护的保护类型（IK 代码，1997） 抗机械应力的保护类型（IK 代码）
VDE 0641-11，页 1	用于室内电气安装的导线保护开关以及该类开关的使用
VDE 0660-514 VDE 0660-600-1 VDE 0660-600-1，页 1 VDE 0660-600-2 VDE 0660-600-1，页 2 VDE 0660-600-2，页 1 VDE 0664-10，页 1	无意间直接接触危险有效零件的保护 低压开关组合装置，一般规定 开关组合装置规范指南 供电开关组合装置 通过计算证明温升 故障电弧条件下的检验指南 RCCBs 的使用说明
VDE 0701-0702	电气装置的重复检验，对电气安全的要求
VDE 0800-1 VDE 0800-174-2 VDE 0829-9-1	通信技术，对设备和装置安全性的一般概念，要求和检验（1989） 建筑物内通信电缆布线，安装计划和实施 双芯导线 ESHG 等级 1 的布线
VDE 0833-1 VDE 0833-2 VDE 0833-3 VDE 0833-4	火灾、入室盗窃、袭击的危险报警设备，部分 1：一般规定， 火灾危险报警设备的规定 入室盗窃和袭击的危险报警设备的规定 火灾时语音报警设备的规定
VDE 0849-6-1	对住宅和大楼电气系统的一般技术要求 ESHG 和建筑物自动化 GA，部分 6：安装和计划
VDE 0855-1	视频信号，音频信号和交互式服务的有线网络，部分 11：安全要求

标准的补充说明：

E	草案	KV	简单方法（宣布新标准）
BZ	有计划地撤回	TZ	撤回
KM	简单方法的原稿	Ü	有过渡阶段的撤回

专业概念的缩写形式 1

缩写形式	含义
3GPP	第 3 代伙伴关系项目
4PSK	4 符号相移键控（=QPSK 正交相移键控）
64QAM	64 符号正交振幅调制
AC	交流电
ACIM	交流感应电机
ACK	应答
ACM	自适应编码调制
ADC	模数转换器 / 苹果专用显示器接口
ADSL	非对称数字用户环线
AEC	主动能量控制
AF	天线系数 / 电弧故障
AFC	碱性燃料电池
AFD	电弧故障检测
AFDD	电弧故障检测设备
AFE	功能主动前端
AFH	自适应跳频
AFIS	自动指纹识别系统
AGC	自动增益控制
A-GPS	辅助全球定位系统
ALS	环境光传感器
ALU	算术逻辑单元
AM	调幅 / 空气质量
AMT	主动管理技术
ANSI	美国国家标准研究所
AOI	自动光学检测
AP	无线存取点
APD	雪崩式光电二极管
API	应用编程接口
AR	避雷器
ASA	美国标准协会
ASAM	自动和检测标准化协会
ASI	高级交换互联技术
AS-i	传感器 / 执行器接口
ASIC	专用集成电路
ASK	幅移键控
ASSP	专用标准产品
ASTM	美国材料与试验协会
ASU	有源供电单元
ASV	超视觉
ATA	高技术配置
ATE	自动检测装置
ATM	异步传输模式
ATS	自动刀具系统
AWG	美国线规
AWM	电器布线材料
B2B	公司对公司业务

缩写形式	含义
BCD	二进码十进数
BD	蓝光光盘
BDD	二元决策图
BDEW	联邦德国能源与水经济协会
BER	误码率
BetrSichV	安全运行条例
BGA	焊球阵列封装
BI	商业智能
BIOS	基本输入输出系统
BKZ	制造成本补贴
BLDC- 电机	无刷直流电机
BMBF	联邦德国教育与研究部
BN	连接网
BNC	插接式连接器
BOM	物料清单，理事会
BPON	宽带无源光网络
bps	比特每秒
BPS	字节每秒
BRC	连接环导体
BSS	业务支撑系统
BTS	基站收发站
C2C	消费者对消费者
CAN	控制器局域网络
CAV	恒定角速度
CBR	断路器
CCD	电荷耦合器件
CCFL	冷阴极荧光灯管
CCIR	国际无线电咨询委员会
CCM	恒定编码与调制
CCP	紧凑型冷却包装
CCT	清洁煤技术
CD	光盘
CDM	充电装置模式
CDMA	码分多址
CDN	耦合 - 去耦合网络
CE	消费类电子产品 / 欧洲通信 / 传导发射
CENELEC	欧洲电工标准化委员会
CFL	冷荧光灯
CGI	公共网关接口
CiA	自动化中的 CAN
CIB	转换器 - 逆变器 - 制动器
CIF	通用中间格式
CIP	通用工业协议
CISC	复杂指令计算机
CLL	长寿电容器
CLV	恒定线速度
CMD	接触器监视装置
CMI	共模干扰
CML	共模电平

专业概念的缩写形式 2

缩写形式	含义
CMOS	互补金属氧化物半导体
CMR	共模抑制
CMTC	电缆调制解调器终端系统
CMV	共模电压
CMYK	蓝，红，黄，黑－色彩四模式
CNC	计算机数控技术
COFDM	码分正交频分复用
CP	循环前缀
CPRI	通用公共无线电接口
CPS	控制保护开关
CPU	中央处理单元
CRC	循环冗余校验
CRM	客户关系管理
CRQ	循环冗余校验
CRT	阴极射线管
CS	电路交换
CSA	横截面
CSD	电路交换数据
CSI	电源逆变器
CSMA	载波监听多路访问
CSMA/CA	载波监听多路访问 / 防止相撞
CSS	层叠样式表 / 编码传感器安全
CT	电子计算机断层扫描
CTIA	美国无线电通信和互联网协会
CTL	电流转换逻辑技术
CUT	待测电路
CVP	聚光型太阳能电池
CWDM	粗波分复用
D2B	家用数字总线
DAB	数字音频广播
DAC	数模转换器
DALI	数字寻址照明接口
DAS	直连式存储
DC	直流电
DCT	设备连接技术
DDC	数据显示通道
DDS	直接数字式频率合成器
DECT	增强型数字无绳电话
DES	数据加密标准
DFP	数字平板接头
DFT	可测性设计 / 离散傅里叶变换
DGE	动态增益均衡器
DHTML	动态超文本标记语言
DIE	综合开发环境
DIL	双列直插法
DIMM	双列直插式内存模块
DIN	德国标准化研究所
DIP	双列直插式封装
DKE	德国电气技术，电子技术，信息技术委员会
DL	下行链路
DLP	数字光处理
DMB	数字多媒体广播
DMD	数字微镜器件
DMFC	直接甲醇燃料电池
DMM	数字万用表
DMO	数字微镜器件
DMS	数字计量系统
DMX	数字多路复用 / 数字多路复用信号
DNS	域名系统
DOE	衍射光学元件
DOM	设备运行模式
DP	显示端口
DRAM	动态 RAM
DRM	数字调幅广播 / 数字版权管理
DRX	非连续接收
DSC	数字信号控制器
DSL	数字用户线路
DSP	数字信号处理器
DSS	数字卫星系统
DTC	直接转矩控制
DTE	数据终端设备
DTX	非连续性传输
DVB	数字视频广播
DVD	数字通用光盘
DVI	数字视频接口
DVM	数字式电压表
DVR	数字式录像机
DWDM	密集波分复用
DWORD	双字
EAM	企业资产管理
EAN	欧洲商品条码
EAROM	电改写只读存储器
EBB	等电位连接带
EBIT	息税前利润
EBITA	息税摊销前利润
EBS	等电位连接系统
EC	电子整流
ECM	企业内容管理
ECT	嵌入式计算机技术
ECU	电子控制单元
EDI	电子数据交换
EFK	电子专业力量
EFKffT	指定项目的电子专业力量
EFM	八进十四调制
EFQM	欧洲质量管理基金会

专业概念的缩写形式 3

缩写形式	含义
EHCI	增强型主机控制器接口
EISA	扩展工业标准结构
E-LAN	以太网 -LAN
ELV	超低电压
EMF	电磁力
EMI	电磁干扰
EMV	电磁兼容性
EN	欧洲标准
EnEV	能源节约条例
ENX	欧洲网络交易所
EoF	光纤以太网
EoWDM	WDM 以太网
EPC	嵌入式 PC/ 演进分组核心
EPS	嵌入式电力系统
ERA	薪酬框架协议
ERP	企业资源规划
ESD	静电释放
ESL	电子系统级
ESMF	增强型单模光纤
ETDM	电时分复用
EU	工程单元 / 欧盟
EUP	电气技术专业人员
EV	电动车
EVC	以太网虚拟电路
EVÖ	奥地利电气技术协会
EVSE	电动车支援装备
FBD	功能框图
FC	光纤通道
FDD	频分双工
FDI	现场设备集成
FDT	设备类型管理器
FEM	有限单元法
FET	场效应三极管
FIR	快速红外线
FMEA	失效模式与影响分析
FNN	网络技术，网络运营论坛
FPGA	现场可编程逻辑门阵列
FPS,fps	每秒传输帧数
FRE	无线电中央控制接收器
FSB	前端总线
FSK	频移键控
FTP	文件传输协议
FWA	固定无线访问
FWD	续流二极管
GCT	门极换流关断晶闸管
GDT	气体放电管
GigE	千兆以太网
GIS	气体绝缘配电设备
GPIB	通用接口总线
GPON	千兆光纤网络
GPS	全球定位系统
GRAFCET	顺序功能图
GSM	移动通信全球系统
GTO	门极关断晶闸管
HCS	网络硬质包覆硅光纤
HD	高清 / 高密度
HDC	高清摄像机
HDMI	高清多媒体接口
HDSL	高速率数据传输 DSL
HDTV	高清电视
HE	住宅入口
HEV	混合动力车
HGÜ	高压直流传输
HIL	硬件在环
HMI	人机接口
HTML	超文本标记语言
HTTP	超文本传输协议
HÜP	室内交换点
HV	高压
HVDC	高压直流电
IBN	隔离连接网
IBS	智能教育系统
IC	集成电路
IDC	绝缘体置换连接
IEC	国际电工委员会
IED	智能电子设备
IEEE	电气和电子工程师协会
IEV	国际电工词汇
IFD	图像档案目录
IGBT	绝缘栅双极型三极管
IGCT	绝缘栅换流晶闸管
IGR	绝缘栅整流器
IM	突发事件管理
IMD	绝缘监视装置
IMS	IP 多媒体子系统
IN	智能网络
IO	输入 / 输出
IPC	工业 PC
IPM	智能电力模块
IR	红外线
IrDA	红外数据标准协会
IRED	红外线发射二极管
ISDN	综合业务数字网
ISO	国际标准组织

专业概念的缩写形式 4

缩写形式	含义	缩写形式	含义
IT	信息技术	MMI	人机接口
ITG	信息技术社会	MOV	金属氧化物压敏电阻
ITU	国际电信联盟	MRCD	剩余电流装置模块
JEDEC	电子器件工程联合委员会	MSB	多业务板网络 / 最高有效位
JFET	结型场效应晶体管	MSC	移动交换中心
JIG	联合利益集团	MSN	多用户号码
JMX	Java 管理扩展	$MTTF_d$	系统平均无危险故障时间
JPRG	联合图像专家组	MUC	多用途通信
KM	配置管理	MVD	多变量数字
KVP	连续改进过程	N	中线，零线
LabVIEW	实验室虚拟仪器工程平台	NACK	否定应答
LAD	梯形图编程语言	NAS	网络附属存储
LAN	局域网	NAT	网络地址转换
LAR	导线设备标准	NCC	网络通信控制器
LCD	液晶显示器	NEMA	美国国家电气制造商协会
LCoS	硅基液晶	NEXT	近端串扰
LED	发光二极管	NIC	网络接口卡
LEMP	光电磁脉冲	NIR	近红外光谱技术
LPL	避雷水平	NT	网络终端
LPS	避雷系统	NTBA	网络终端基本访问
LPZ	避雷区	NTP	网络时间协议
LSB	最低有效位	OAM	操作，管理和维护
LTE	长期演进技术	OCB	片上总线
LTV	直线运输车	OCh	光通道
LUT	查找表	OCP	片上协议
LVDS	低电压差分信号	OCPD	过流保护装置
LXI	局域网扩展至仪器	ODU	光数据单元
M2M	机器对机器	OEO	光电光学
MAC	多路累加器 / 媒体访问控制	OFDM	正交频分复用
MAP	制造自动化协议	OFDMA	正交频分复用多址
MC	动作控制	OLED	有机发光二极管
MCH	多播通道	OLM	光链路模块
MCM	电机状态监视器	ÖNORM	奥地利标准
MCS	移动内容服务器	ONT	光纤网络终端
MCT	MOS 控制晶闸管	ONU	光纤网络单元
MCU	微处理器单元	OPC UA	开放通讯平台统一架构
MDD	模块设备驱动程序	OSI	开放式系统互联
MEMS	微电子机械系统	OSSD	输出信号转换设备
MEPS	最低能效性能标准	OTDM	光时分复用技术
MES	制造扩展系统	OTN	光纤传输网
MHD	微型混合驱动	ÖVE	奥地利电气技术联合会
MID	移动互联网设备	OVPN	光虚拟专用网
MIMO	多输入多输出系统	PA	功率放大器
MIPS	每秒处理百万条指令	PAFC	磷酸燃料电池
MISO	多输入，单输出	PALC	等离子选址液晶显示
MIMC	多媒体记忆卡	PAM	功率放大器模块
		PAN	个人网

专业概念的缩写形式 5

缩写形式	含义
PAPR	峰值平均功率比
PB	保护连接
PC	个人计算机
PCB	印刷电路板
PCE	过程控制工程
PCI	外设部件互联标准
PCT	相控晶闸管
PCU	分组控制单元
PD	电源设备；动力装置
PDA	数据包应用 / 掌上电脑
PDF	便携式文档格式
PDP	等离子显示器
PDS	动力驱动系统
PDU	协议数据单元
PE	保护接地，安全引线
PEC	并联接地导体
PEFC	聚合物电解质燃料电池
PELV	保护性特低电压
PEN	导线 PE + N
PFC	功率因数校正
PGA	可编程增益放大器
PID	包标识符
PIR	被动红外线
PL	性能等级
PLC	可编程序控制器，电力线通讯
PLD	可编程逻辑器件
PLL	锁相回路
PND	个人导航设备
PNO	PROFIBUS 的用户组织
PoE	有源以太网
POF	塑料光纤
PON	无源光纤网络
PPP	点对点协议 / 公私伙伴关系
PPS	生产、计划、控制系统
PRCD	便携式 RCD
PSA	人员保护装备
PSK	相移键控 / 预共享密钥
PSTN	公共交换电话网络
PTP	点对点
PV	光伏发电
PWM	脉冲宽度调制
QAM	正交振幅调制
QMS	质量管理系统
QoS	服务质量
QPSK	正交相移键控
RAM	随机存取存储器
RCBO	剩余电流动作断路器
RCCB	剩余电流动作保护器
RCD	剩余电流保护器
RCD-K	短延时剩余电流保护器
RCD-S	可选式（延迟关断）剩余电流保护器
RC-IGBT	反向传导 IGBT
RCM	差动电流监视仪
RCU	剩余电流保护单元
RFID	射频识别
RIM	移动研究公司
RNC	无线网络控制器
ROM	只读存储器
RRC	无线资源控制器
RRM	无线资源管理
RSS	简易信息聚合
RTC	实时时钟
RTD	电阻式温度传感器
RTU	远程控制单元 / 远程终端单元
SAE	系统结构演化
SAR	逐次求近寄存器
SAS	变电站自动化系统
SBB	随着服务基本构件
SC	短路
SC-FDMA	单载波频分多址
SCP	传送命令
SCPD	短路保护装置
SCR	可控硅整流器
SCSI	小型计算机系统接口
SDM	空分复用
SDMA	空分复用接入
SDS	短数据业务
SED	表面传导电子发射显示
SELV	安全特低压
SEV	瑞士电气技术联合会
SFB	选择性熔断
SFTP	安全文件传送协议
SI	服务信息
SIL	安全完整性等级
SIP	会话初始协议 / 系统级封装
SIR	串行红外端口
SISO	单输入和单输出
SMA	微型适配器
SMD	表面贴装器件
SMPS	交换式电源，开关电源
SMS	短信服务
SOAP	简单对象访问协议

专业概念的缩写形式 6

缩写形式	含义
SOFC	固体氧化物燃料电池
SPC	统计过程控制
SPD	浪涌保护器（避雷器）
SPI	串行外设接口
SQL	结构化查询语言
SRAM	静态随机存取存储器
SSL	加密套接字协议层 / 固态照明
SSR	固态继电器
ST	结构化文本
STP	生成树协议
SUI	简单用户接口
TA	终端适配器
TAB	VDEW 的技术连接条件
TASE	远程控制应用服务单元
TCA	电信计算体系结构
TCI	工具调用接口
TCL	横向转换损耗
TCM	串联连接监视
TCO	总保有成本
TD	触发解码器
TDC	时间数字转换器
TDD	时分双工
TDM	时分复用
TFT	薄膜晶体管
TIFF	标签图像文件格式
TK	电信
TNV	电信网电压
ToD	关断装置
TOSA	光发射次模块
TPU	时间处理单元
TQM	全面质量管理
TRBS	运行安全技术规则
TSPD	瞬态浪涌保护装置
TTI	发送时间间隔
TV	电视
TVSD	瞬态电压抑制二极管
UCTE	输电协调联盟
UDP	用户数据报协议
UE	用户装备
UHP	超高纯度
UL	美国保险商试验所 / 上行链路
UML	统一建模语言
UMTS	通用移动通信系统
UPE	用户平面实体
UPnP	通用即插即用
UPS	不间断电源系统
URL	统一资源定位符
USB	通用串行总线
ÜSE	过压保护装置
ÜSG	过压保护装置
USV	不间断电源
UWB	超宽带
VAN	虚拟自动化网络
VCM	可变编码与调制
VCO	电压控制振荡器
VCSEL	垂直腔面发射激光器
VDA	德国汽车工业联合会
VDC	直流电压
VDE	电气、电子技术和信息技术联合会
VDEW	德国发电站联合会
VDMA	德国机械设备制造业协会
VDSL	超高速数字用户线路
VEFK	有责任感的电子专业力量
VLAN	虚拟 LAN
VNB	配电网经营者
VOA	可变光衰减器
VOB	建筑管理包工制度
VoIP	基于 IP 的语音传输
VoWLAN	基于 WLAN 的语音传输
VPN	虚拟专用网络
VRML	虚拟现实建模语言
VSC	电压源换流器
W3C	网际网路联盟
WAN	广域网
WCDMA	宽带码分多址
WDM	波分复用
Wimax	全球互通微波访问
Wi-Fi	无线网络（WLAN）
WLAN	无线局域网
WMM	无线多媒体
WRC	世界无线电通信大会
WSDL	网络服务描述语言
XAML	可扩展高级标记语言
XFC	极速控制
XML	可扩展标记语言
ZPL	区域修补位置
ZVEH	电子信息技术制造厂中央联合会
ZVEI	电气工业中央联合会

专业英语

a.c. (alternating current) Wechselstrom
a.c. converter Wechselstromumrichter
a.c. voltage Wechselspannung
abandon, to abbrechen
abatement Abnahme
ability Fähigkeit
ability to withstand short circuits Kurzschlussfestigkeit
abrasion Abnutzung
absolute maximum ratings Grenzdaten
absorb, to absorbieren, auffangen
abundance Häufigkeit, Überfluss
abuse Missbrauch
accelerate, to beschleunigen
acceleration Beschleunigung
accept, to annehmen, aufnehmen
access Anschluss, Zugriff
accident Störung, Unfall
account Rechnung, Berechnung, Konto
accumulation Anhäufung
accuracy Genauigkeit
acknowledge Anerkennung, Bestätigung
acquisition Erfassung, Erwerb
active aktiv, Wirk-
active power Wirkleistung
actor Wirkungselement
actual wirklich, effektiv
actuate, to auslösen, betätigen
adapt, to anpassen
adaption Anpassung, Lernfähigkeit
add, to addieren, hinzufügen
additional zusätzlich
advance, to fortschreiten, vorrücken
aerial Antenne(nanlage)
agenda Tagesordnung, Terminplaner
agent Mittel, Wirkstoff
air Luft
air conditioning Klimatisierung
aircraft Flugzeug
alarm Warnung, Störungsmeldung
algorithm Algorithmus
align, to ausrichten, abgleichen
alloy Legierung
ambient temperature Umgebungstemperatur
ampacity Strombelastbarkeit
amperage Stromstärke in Ampere
ampere turns elektrische Durchflutung, Amperewindungen
amplifier Verstärker
angular frequency Kreisfrequenz
antenna Antenne
application Anwendung
approach Näherung
approximation Näherung, näherungs...
area Fläche, Bereich
area medical medizinischer Bereich
arm's reach Handbereich
attenuation Dämpfung
available verfügbar, gültig
avalanche Lawine
avoid, to vermeiden
AWG (American wire gauge) amerikanisches Drahtmaß

back zurück, Rück...
back bias Rückwärtsspannung
back cover Rückwand
backbone Rückgrat
backing Belag, Überzug
backup Datensicherung
ball bearing Kugellager
bar nackt, bar
bare, to entblößen
barred gesperrt
barrier Abdeckung
base Sockel, Grundbase
base insulation Basisisolation
basic grundlegend, Grund...
basic insulation Basisisolierung
basic protection Basisschutz
batch Stapel
bathroom Bad
bayonet Bajonett
bayonet nut connector BNC-Stecker (Bajonett-Stecker mit Überwurfmutter)
beam Strahl, Strahlenbündel
beat, to schlagen
behaviour Verhalten, Benehmen
bench Bank, Werkbank
bias angelegte Spannung, Vorspannung
bias, to vorspannen, vormagnetisieren
big groß
bill of material Stückliste
binary binär, dual
binary code Binärcode
binary input Binäreingang
bistable multivibrator Flipflop
bitrate Bitrate
black schwarz
blackout Ausfall
blank leer, bloß
blink, to blinken
block diagram Blockschaltplan, Übersichtsschaltplan
blower Lüfter
blue blau
board Brett, Platine
body Hauptteil, Körper
bolt Bolzen, Stift
bond Kontaktierung, Verbindung
Boolean algebra boolesche Algebra
boost, to anheben, verstärken
booster Spannungsverstärker
booster diode Schaltdiode
boot, to laden, stoßen, nützen
bootstrap loader Urladeprogramm
boring Bohrung, langweilig
bracket Klammer
brain Gehirn
brainstorming Anstrengen des Gehirns, Nachdenken
brake Bremse
brake, to bremsen
branch Zweig
branch box Abzweigdose
branch, to verzweigen
branchpoint Verzweigungspunkt, Knoten
braze, to hartlöten
brazing solders Hartlote
breadboard circuit Versuchsschaltung
breakdown Durchbruch
break, to brechen, unterbrechen
breaking Abschaltung
breaking capacity Ausschaltvermögen
bridge Brücke
bridge connection Brückenschaltung
bridge, to überbrücken
brightness Leuchtdichte
broadcast, to senden
brown braun
browse, to blättern, suchen
buffer Puffer
buffered gepuffert
built-in eingebaut
built-in set Einbausatz
bulb Kolben, Glühbirne
busy besetzt, geschäftig
button Knopf, Taste, Schaltfläche

Cabinet Gehäuse, Schrank
cable Kabel, Leitung
cable code Leitungscode
cable ladder Kabelpritsche
cable tray Kabelwanne
calibrate, to abgleichen, kalibrieren
call, to rufen, anrufen
caller Rufer
canal Kanal
cancel, to abbrechen
cancer Krebs
capacitance Kapazität
capacitor Kondensator
carriage Vorschub
Cartesian coordinates kartesische Koordinaten
cartridge Kassette, Patrone
case Fall, Angelegenheit, Gehäuse
cash Bargeld
catalyst Katalysator (chemisch)
cathode ray oscilloscope Elektronenstrahl-Oszilloskop
cause Grund
cell Zelle
channel Kanal
characteristics for switchgears Kennzeichen für Schaltgeräte
charge elektrische Ladung

charging technique Ladetechnik
check Prüfung, Test
choke Luftklappe, Drosselspule
choose, to wählen
chop, to zerhacken
chopped abgeschnitten
circuit Stromkreis, Kreis
circuit breaker Sicherung
circuit diagram Schaltplan
clamp Klammer
cleansing Reinigung
clear, to klären, löschen
client Kunde, untergeordneter Computer
clip Klemme, Klammer
clock Takt
coat Mantel
code converter Code-Umsetzer
code letter Kennbuchstabe
coil Spule
coin Münze
color identification Farbkennzeichnung
commissioner Beauftragter
common gemeinsam
commutation Kommutierung
company Firma, Unternehmen
comparison Vergleich
compatibility Verträglichkeit, Kompatibilität
compile, to zusammensetzen
component Bestandteil, Bauteil
compose, to zusammensetzen
compound Verbund, eherne Verbindung
compound, to verbinden
concealed verdeckt, verborgen
condition Bedingung
conduct, to leiten
conductor Leiter
conduit Elektroinstallationsrohr
cone Kegel
configuration Anordnung
connect, to verbinden
connection diagram Anschlussplan
connector Verbinder
console Bedienplatz
construction types Bauformen
consultation Rücksprache, Beratung
contact protection Berührungsschutz
contactless kontaktlos
container Behälter
content Inhalt, Rauminhalt
continuous duty Dauerbetrieb
control Steuerung, Regelung (Vorgang)
control, to steuern, regeln
controlgear Steuergerät
controlled gesteuert
controller Steuerung, Regelung (Gerät)
conversion Umrichten
converter Umsetzer, Umrichter
copy, to kopieren
cosine Cosinus
counter Zähler
couple, to koppeln, umschalten
coupling Kupplung
cover Abdeckung
cover, to abdecken
create, to erzeugen
crest Scheitel, Gipfel
crimp, to quetschen
cross section Querschnitt
crossover point Umschaltpunkt
current Strom, elektrischer Strom
current booster Stromverstärker
current-carrying capacity Strombelastbarkeit
customize, to anpassen
cut, to abschneiden, trennen
cutout diode Durchbruchdiode

d.c. (direct current) Gleichstrom
danger Gefahr
dangerous gefährlich
data Daten, Angaben
data base Datenbank, Datenbestand
debug, to entwanzen, bereinigen
debugger Entwanzer, Fehlersuchprogramm
decoupling Entkopplung
decrease, to verringern, abnehmen
decrement Senkung
defrosting transformer Auftautransformator
deinsulate abisolieren
delay Laufzeit, Verzögerung
delay, to aufschieben, verzögern
delete, to zerstören
deletion Löschung
deliver, to abgeben, ausliefern
delivery Lieferung
delta voltage Dreieckspannung
density Dichte
dependence Abhängigkeit
dependent abhängig von
deplete, to ausräumen, entleeren
depress, to drücken
depth Tiefe
design current Betriebsstrom
desk Pult, Tisch
desktop computer Tischcomputer
despose of, to entsorgen
destination address Zieladresse
determine, to entscheiden
deviation Biegung, Neigung
device Bauelement, Baustein, Gerät
diagram Diagramm, Plan
dial code Rufnummer
dial, to (Nummer) wählen
digit Ziffer, Zeichen
digital control digitale Regelung
digital memory digitaler Speicher
digitalizing Digitalisierung
digitize, to digital darstellen
dimension Abmessung
direct contact direktes Berühren
directory Verzeichnis
dirt Schmutz, Verschmutzung
disabling Abschaltung
disc (USA) Platte, Scheibe
disconnector Abschaltautomat
disengage, to befreien, frei machen
disk (engl.) Platte, Scheibe
displacement Entfernung, Verlagerung
display Bildschirm, Anzeige
disposal site Deponie
distance Abstand, Distanz
distant entfernt
distribution circuit Verteilungsstromkreis
disturbance Störung
diversion Ablenkung
divide, to teilen, einteilen
domain Bereich, Gebiet
domestic network Inlandsnetz
dominate, to dominieren, vorherrschen
dominating dominierend
doped dotiert
dot Punkt
double doppelt, Doppel-
double-way connection Zweiwegschaltung
down abwärts, unten, nach unten
download, to herunterladen
downsized klein gebaut
downtime Stillstandszeit
drain Senke
draw, to zeichnen, ziehen, entnehmen
drawing Zeichnung, Plan
drift, to abweichen, verschieben
drill, to bohren
drive Antrieb, Laufwerk
drive, to antreiben
driver Treiber
dummy Attrappe, Blind-
dummy jack Blindbuchse
dye Farbe

earth Erde, Masse
earth electrode Erder
earth fault Erdschluss
earthing Erdung
earthing conductor Erdungsleiter
easy leicht
ecology Ökologie
edge Kante, Flanke
edge connector Steckerleiste
edge triggered flankengesteuert
edit, to aufbereiten, überarbeiten
edition Ausgabe
editor Text-Aufbereitungsprogramm
educate, to erziehen, ausbilden
effective tatsächlich, Wirk-
efficiency Wirkungsgrad
ejector Auswerfer
electric elektrisch
electric current elektrischer Strom
electric shock elektrischer Schlag

electric source Stromquelle
electrical elektrisch (adverbial)
electrical angle Phasenwinkel
electronic power-supply elektronisches Vorschaltgerät
embed, to einbetten, umgeben
embedded eingebaut
emergency Notfall, Not...
emergency stop NOT-Halt
enable Freigabe
enclosure Umhüllung
encoder Codierer
engage, to einschalten, kuppeln
engine Maschine, Motor
engineering Technik
enhancement Anreicherung
entry Eingabe, Eingabegerät
environment Umgebung, Umwelt
equipment Apparatur, Gerät
equipotential bonding Potenzialausgleich
equivalent circuit Ersatzschaltung
equivalent leakage current Ersatzableitstrom
erase, to löschen
error Fehler, Irrtum
error rate Fehlerrate
escape, to fliehen, entkommen
etch, to ätzen
evaluation Auswertung
excitement Erregung
exclude, to ausschließen
executive Ausführender, Leitender
exert, to anwenden
expand, to erweitern, ausdehnen
experience Erfahrung
experienced erprobt
explosible explosionsfähig, explodierbar
exposed-conductive-parts Körper elektrischer Betriebsmittel
expression Ausdruck
extended ausgedehnt
extension Erweiterung
external außen
extraneous conductive part fremdes leitfähiges Teil

failure Fehler, Ausfall
fall time Abfallzeit
fall, to fallen, abfallen
fan Fächer, Lüfter
fan-in Eingangslastfaktor
fast schnell
fatality Ausfall, Versagen
fatigue, to ermüden (Werkstoffe)
fault Fehler, Störung
fault current Fehlerstrom
fault protected mit Fehlerschutz
fault protection Fehlerschutz
fault voltage Fehlerspannung
feature Eigenschaft, Merkmal
feed, to füttern, speisen
feedback Rückkopplung
fetch Abruf
fiber Glasfaser, Lichtleitfaser
fiber optics Technik der Lichtwellenleiter
field Feld
field pattern Feldlinien-Verlauf
field strength Feldstärke
field winding Erregerwicklung
file Datei
final circuit Endstromkreis
fire alarm annunciator Brandmelder
fire prevention Brandverhütung
flag Flagge, Kennzeichen
flash Blitz
flashlight Blitzlicht, Taschenlampe
flat module flache Baugruppe
flicker, to flackern
floating fließend, erdfrei, potenzialfrei
floor heating Fußbodenheizung
floppy schlaff
fluid Flüssigkeit
flux density Flussdichte
flyback converter Sperrwandler
force Kraft
forward converter Durchflusswandler
forward direction Durchlassrichtung
frame Rahmen
frequency Frequenz, Häufigkeit
front panel Frontplatte
fuel Kraftstoff
fuel cell Brennstoffzelle
fuel cell power station Brennstoffzellen-Kraftwerk
fuse Sicherung, Schmelzsicherung
fuse switch Überstrom-Schutzschalter
fusible leicht schmelzbar
fusible link abschmelzbare Verbindung
fuzzy unklar, unscharf

gain Verstärkung
gamble Glücksspiel
gate Gitter, Tor
gate controlled über das Gate gesteuert
gate, to auslösen, durchlassen
gauge Maß, Drahtmaß
gauge, to messen, kalibrieren
gear motor Getriebemotor
general allgemein
general purpose Allzweck-, Mehrzweck-
generate, to erzeugen
giant Riesen-, Höchst-
glaze, to lasieren, verglasen
glitch kurzzeitiger Störimpuls
green grün
grey grau
grid Gitter, Versorgungsnetz
grind, to schleifen
grooved pin Kerbstift
ground (USA) Erde
group Gruppe
group hunting line Sammelleitung
guide Anleitung, Handbuch
guide wire Leitdraht
guideline Richtlinie
gun Kanone, Strahlsystem

half byte Halbbyte (4 Bits)
halogen bulb Halogenlampe
hand-held equipment Handgerät
handle Griff
handling Bearbeitung
handshake Händeschütteln
hard disk Festplatte
hash Gehacktes, Mischmasch
hazardous gefährlich
hazardous live part gefährliches aktives Teil
hazardous material Gefahrstoff
head Kopf
header Nachrichtenkopf, Überschrift
health Gesundheit
heap Haufen
heat Hitze, Wärme
heat engine Wärmekraftmaschine
heat reservoir Wärmespeicher
heat sink Kühlkörper
heavy current cable Starkstromleitung
heavy metal Schwermetall
hidden verborgen, versteckt
high-speed steel Schnellarbeitsstahl
host Wirt, Hauptcomputer
host computer übergeordneter Computer
hostile feindlich, unwirtlich
hot heiß, nicht geerdet
hotline Spannung führende Leitung, Direktverbindung
hour Stunde
housing Gehäuse
hub Speichenrad, Sternkoppler
hum trouble Brummstörung
hum, to brummen

icon (kleines) Bild
idle in Ruhe, spannungslos, leerlaufend, zwecklos
idle condition Ruhezustand
idle current Ruhestrom
idle interval stromlose Dauer
idle, to in Ruhe versetzen
image Bild, Abbild
image sensor Bildabtaster
imbalance Ungleichheit
immediate unmittelbar
immobile unbeweglich
implement Arbeitsgerät
inaccuracy Ungenauigleit
inching kurzes Einschalten
incident Störung
increment Zunahme
independent earth electrode unabhängiger Erder
index Stich-/Sachwortverzeichnis
inflammable site feuergefährdete Betriebsstätte

inhibit sperren, vermeiden
input Eingang
input unit Eingabegerät
input voltage Eingangsspannung
instant value Augenblickswert
insulance Isolationswiderstand
insulant classes Isolierstoffklassen
insulate, to isolieren, dämmen
insulated isoliert
insulation test Isolationsprüfung
integrate, to einbauen, integrieren
intensity Helligkeit, Strahlstärke
inter zwischen
interchange Austausch, Wechsel-
interface Anpassungsschaltung, Schnittstelle
interface, to anschließen, verbinden
interference Störung, Einmischung
interrupt Unterbrechung
intrinsic wirklich, eigenleitend
intrude, to aufschalten
invalid ungültig
inverse feedback Gegenkopplung
invert, to umkehren, invertieren
inverting input invertierener Eingang
iron Eisen, Lötkolben
isolate trennen, entriegeln

jack Buchse, Steckdose
jitter Zitterbewegung
job management Auftragsverwaltung
jogging Tastbetrieb, Tippen
join Verbindung, Übergang
join, to verbinden, vereinigen
jump, to springen, verzweigen
jumper Überbrückungsstecker
junction Anschluss, PN-Übergang
junction-box Verbindungsdose

kernel Hauptsache, innerster Kern
keyboard Tastatur
knock, to anklopfen

label Kennzeichen, Etikett
label, to kennzeichnen, markieren
land Land, Leiterbahn, Kontaktfleck
language Sprache
law Gesetz
layer Lage, Schicht
lead Blei, Anschlussdraht
lead voltage drop Spannungsfall
lead, to leiten, ableiten, voreilen
leading führend
leading current voreilender Strom
leakage current Ableitstrom
least geringst, kleinst
least significant bit niedrigstwertiges Bit
length Länge
letter symbol Formelzeichen
level Ebene, Niveau
library Bücherei, Bibliothek
light emitting diode Leuchtdiode, LED
lighting Beleuchtung
lightning protection Blitzschutz
limit Grenze, Grenzwert
limitation Begrenzung
line Linie, Leitung
line adapter Leitungsanschluss
line-to-line voltage Spannung Außenleiter-Außenleiter
link Bindeglied, Schmelzeinsatz
link, to verbinden, verknüpfen
liquid crystal device Flüssigkristallanzeige
liquids Flüssigkeiten
list Liste, Tabelle
list, to auflisten
listener Nachrichtenaufnehmer
live part aktiver Teil
load Last, Lastwiderstand
load cell Kraftmessdose
load, to laden
local lokal, örtlich
location Standort
lock, to einrasten
locking rastend
locking button rastende Taste
logic circuit Logikschaltkreis
longword Langwort (32 Bits)
loop Schleife
loss Verlust, Dämpfung
loss factor Verlustfaktor
LPZ (lightning protection zone) Blitzschutzzone

machine Anlage, Maschine, Computer
macro Unterprogramm
mail Post
main hauptsächlich
main cable Hauptkabel, Netzkabel
mainframe Grundgerät, Hauptcomputer
mains Stromnetz
mains failure Netzausfall
maintenance Wartung, Instanthaltung
management Verwaltung, Leitung
manual händisch, manuell, Handbuch
manually von Hand (Adverb)
mark Marke, Zeichen
master Meister, Hauptgerät
mean Mittelwert
mean delay mittlere Wartezeit
measure Maß
measurement Messung, Maß
measuring point Prüfpunkt
memory Gedächtnis, Speicher
mesh Masche
message Nachricht, Meldung
messenger Bote
meter Messgerät
micro Kleinst..., Mikro...
mill Fabrik
mill, to fräsen
milling Fräsen
mind, to beachten
minutes Protokoll
mobile beweglich, ortsveränderlich, Mobiltelefon
mode Art, Betriebsart
modification Änderung
module Modul, Baugruppe
moisture Feuchtigkeit
monitor Bildschirmgerät, Prüfprogramm, Prüfgerät
monitor, to abhorchen, kontrollieren
monitoring system Überwachungssystem
motherboard Hauptplatine
move, to bewegen, übertragen
multiaccess Mehrfachzugriff
multiple vielfach
multiple access Vielfachzugriff
multiplex line Multiplexverbindung
multiplex, to bündeln (von Kanälen), arbeiten im Multiplexbetrieb
multiplier Multiplizierer
multiply vielfach
multiply, to multiplizieren
multitag Mehrfachkennzeichnung
multitasking Mehrprozessverarbeitung
mush Störung
mute, to dämpfen
mutual gegenseitig
mutual conductance Steilheit

nail Nagel
narrow schmal
natural resource Rohstoff
network Netzwerk, Netz
neutral Mittelleiter, Neutralleiter
neutral conductor Neutralleiter
node Knoten
noise Lärm, Geräusch, Rauschen
noise immunity Störfestigkeit
noise value Rauschfaktor
nominal voltage Nennspannung, Bemessungsspannung
nonvolatile nichtflüchtig
notation Schreibweise, Darstellungsweise
number Nummer
nut Schraubenmutter, Nut

off abgeschaltet
office Büro
off-line nicht an Netz angeschlossen
off-state Sperrzustand
on eingeschaltet
one wave rectifier Einweggleichrichter
on-line an Netz angeschlossen
open offen
open circuit Leerlauf
open-circuit voltage Leerlaufspannung
operate, to bedienen, betätigen
operating instruction Betriebsanleitung

operating mode Betriebsart
operating system Betriebssystem
opposite entgegengesetzt
optical optisch
optical conductor Lichtwellenleiter
optical isolator Optokoppler
origin Ausgangspunkt, Nullpunkt
oscillation Schwingung
oscillator circuit Schwingkreis
out aus, heraus
output Abgabe, Ausbeute, Ausgang
output amplifier Ausgangsverstärker
output voltage Ausgangsspannung
output, to abgeben
over über
overcurrent Überstrom
overflow Überlauf
overhead line Freileitung
overload Überlast
overview Überblick, Übersichtsplan
overvoltage Überspannung
overvoltage protection Überspannungsschutz

pack, to bestücken, verdichten
package Pack, Verpackung, Zusammenstellung
pad Polster
page Seite
panel Feld, Platte
paper Papier
paper jam Papierstau
parallel operation Parallelbetrieb
parallel, to parallel schalten
parity Gleichheit
parity checker Paritätsprüfer
parser Analysesystem
part Teil, Bauteil
partial teilweise
partially teilweise (adverbial)
password Kennwort
paste, to einfügen, einkleben
patch cord Verbindungsschnur
patch, to einfügen, flicken, zusammenschalten
path Pfad, Weg
path-time diagram Weg-Zeit-Diagramm
pattern Charakteristik, Struktur
patterning Strukturierung
pause, to unterbrechen, warten
pay, to bezahlen
peak Spitze, Maximum
peak value Höchstwert
peak-to-peak Spitze zu Spitze
penetrate, to durchdringen, eindringen
people Leute, Volk
performance Arbeitsweise, Güte
period Zeitraum
periodic duty Aussetzbetrieb
periodic operation periodischer Betrieb
permanent magnet Dauermagnet
phase control Phasensteuerung
phase fired control Anschnittsteuerung
phase-locked loop Phasenregelkreis
photocopier Fotokopiergerät
pin Stift
pink rosa
pipe Rohr, Röhre
place Platz, Ort
place of fulfillment Erfüllungsort
plant Anlage, Fabrik
plate Platte, Elektrode
plate resistance Innenwiderstand
playback Wiedergabe
plot, to grafisch darstellen
plug (Verbindungs-)Stecker
plug connector Steckverbinder
plug, to stecken, stöpseln
plugged gesteckt
plug-in board (große) Steckkarte
plug-in jumper Steckbrücke
point Punkt
point charge Punktladung
poll, to abfragen, abrufen
pollutant Schadstoff
pollution Verunreinigung
port Ein-Ausgabe-Baustein, Kanal
port, to übertragen
portable tragbar
position Lage, Stellung
positive slope ansteigende Flanke
post, to abschicken
powder Staub
power Arbeit, Kraft, Leistung
power booster Leistungsverstärker
power cable Netzkabel
power electronics Leistungselektronik
power factor Leistungsfaktor
power frequency Netzfrequenz
power lead Netzleitung
power outage Netzausfall
power pack Netzteil
power plant Starkstromanlage
power stage Leistungsstufe
power supply Stromversorgung
prealign, to voreinstellen
preamplifier Vorverstärker
precaution Warnung, Richtlinie
preceding vorhergehend
precision Genauigkeit
predominant vorherrschend
prefetching Vorab-Abruf
prescribe, to vorschreiben
preset, to voreinstellen
press, to drücken, pressen
pressure Druck, mechanische Spannung
prevalent allgemein, verbreitet
prevent, to verhindern
print, to drucken
printer Drucker
private network privates Netz
profit Gewinn
profound gründlich
program abort Programmabbruch
projector Beamer
prompt Aufforderungszeichen
protect, to schützen
protection Schutz, Absicherung
protective schützend
provide, to abgeben, versorgen
provider Versorger
proxy Stellvertreter
pull, to ziehen
pulsatance Kreisfrequenz
pulse Impuls, Puls, Stoß
pulse edge Impulsflanke
pulse number Pulszahl
pulse operation Pulsbetrieb
pump Pumpe

quality group Gütegruppe
quench Funkenlöschung
query Anfrage, Abfrage
queue Warteschlange
quick schnell
quick fuse schnelle Sicherung
quicksort schnelle Sortierung
quiet ruhig, gedämpft
quit, to verlassen

rack Einschub, Gestell
radiation Strahlung
radiation dosage Strahlungsdosis
radio bearing Funkpeilung
radio interference suppression Funkentstörung
radio technology Rundfunktechnik
random zufällig, regellos
range Bereich
rate Rate, Tarif
rated current Nennstrom, Bemessungsstrom
rated power Bemessungsleistung
rating plate Leistungsschild
ratings Betriebsdaten
reactance Blindwiderstand
reaction rate Reaktionsgeschwindigkeit
reactive Blind...
reactive factor Blindleistungsfaktor
reactor Drosselspule
read, to lesen
rear hinterer Teil, Rück...
rear, to aufziehen, erheben
reason Grund
recall Rückruf
recall, to abrufen (Daten), zurückrufen
receive, to aufnehmen, empfangen
receiver Empfänger
recharge, to wiederaufladen
rechargeable wiederaufladbar
recognize, to erkennen
recombination Wiedervereinigung
record, to aufzeichnen
recovery Rückgewinnung

rectifier Gleichrichter
rectify, to gleichrichten
redundant überflüssig, redundant
reference arrow Bezugspfeil, Zählpfeil
reference power Bezugsleistung
region Bereich
regulate, to regeln
regulation Änderung
rehearsal Probedurchlauf
relay Relais
release Freigabe
release, to auslösen, abfallen, freigeben
releasing characteristic Auslösekennlinie
reliability Betriebssicherheit
reliable zuverlässig
remedy Fehlerbeseitigung
remote Fern-, entfernt
remote processing Fernverarbeitung
repeater Wiederholer, Zwischenverstärker
replacement Ersatz, Austausch
reply message Quittung
reply, to antworten, wiederholen
request Anforderung
resettable rücksetzbar
residual Rest...
residual current Differenzstrom, Fehlerstrom
residual current protective device Fehlerstrom-Schutzeinrichtung
resistance physikalischer Widerstand
resistivity spezifischer Widerstand
resistor Widerstand (als Bauelement)
resolver Drehmelder
restriction Beschränkung
restrictor Sperre
return, to zurückkehren
reversal Umkehrung
revolution Umdrehung
ring, to läuten, klingeln
ripple Welligkeit
ripple frequency Brummfrequenz
rise time Anstiegszeit
rod Stab, Stange
rotational speed Drehzahl
router Wegsucher, Pfadfinder
rubber Gummi
rule of three Dreisatzrechnung

Safety precaution Schutzmaßnahme
safety services Sicherheitszwecke
sample Abtastwert
sample, to abtasten, Probe entnehmen
sampling Abtastung
sampling rate Abtastrate
sampling theorem Abtasttheorem
satellite communication service Satellitenfunk
saturation Sättigung
save, to retten, abspeichern
scale Skala, Maßstab
scale, to maßstabgetreu ändern, skalieren
scaled skaliert, bemessen
scan, to abtasten
scanner Abtastgerät
scatter, to Funken sprühen
schedule Aufstellung, Plan
scheduling Planung
scope Bereich, Oszilloskop
score Einschnitt, Kerbe
scramble, to krabbeln, verrühren, verschlüsseln
scrap Schrott
screen Abschirmung, Bildschirm
screen dimension Bildschirmgröße
screened geschirmt
screw Schraube
screw locks Schraubensicherung
screw threads Gewinde
screwdriver Schraubendreher
scroll, to Bildschirm rollen
seal, to abdichten
sealing Abdichtung
section Abschnitt, Kapitel, Teilung
security Sicherheit
select, to auswählen
selectance Trennschärfe
selective amplifier Selektivverstärker
selector Wähler
self selbst
self-locking selbsthemmend
self-powered mit Batterie betrieben
semiconductor Halbleiter
sensitivity Empfindlichkeit
sensor Messfühler, Sensor
separate, to trennen
sequence Ablauf, Folge
sequential sequenziell, folgerichtig
server Diener, Bedieneinheit
service Dienst
service instruction Bedienungsanweisung
setup Geräte-Grundeinstellung
setting Einstellung
sewage Abwasser
sewage plant Kläranlage
shape Form, Gestalt
share, to teilen, aufteilen
shear stress Scherspannung
shearing Abscherung
sheet metal Blech
shielded abgeschirmt
shielding Abschirmung
shift, to verschieben, umschalten
shock current gefährlicher Körperstrom
short kurz
short circuit Kurzschluss
shower Dusche
side Seite
sieve Sieb
signaling, signalling Signal-Übertragung
silicon Silicium
silicone Silikon
simultaneously gleichzeitig
sine current Sinusstrom
single-board computer Einplatinencomputer
single-phase motor Einphasenmotor
single-way connection Einwegschaltung
site Standort, Lage
site, to anbringen, aufstellen
size Größe, Abmessung
skilled person Elektrofachkraft
skin Haut
skin, to abisolieren
skip Auslassung, Sprung
skip, to übergehen, überspringen
slack joint Wackelkontakt
slave Sklave, Untergerät
slave operation Master-Slave-Betrieb
slime Schlamm
smart intelligent
smoothing Glättung
socket Buchse, Fassung, Steckdose
socket outlet Steckdose
solder Lot, Lötzinn
solder lug Lötfahne, Lötöse
solder, to löten
solid Festkörper, fest, massiv
solvent Lösemittel
sonic frequency Schallfrequenz
sound Klang, Laut, Schall
source Quelle
space Abstand, Weltraum
spark Funke
spark gap Funkenstrecke
speaker Sprecher, Nachrichtengeber
specify, to spezifizieren, angeben
speech circuit Sprachkreis
speed Drehzahl, Geschwindigkeit
speed controller Drehzahlregler
spell check Rechtschreibprüfung
spell, to buchstabieren
sphere Bereich, Kugel, Sphäre
spring Feder
stability Stabilität
stage Gerüst, Stufe, Stadium
standby electric source Ersatzstromquelle
steel Stahl
stepper motor Schrittmotor
storage Speicher
stored program gespeichertes Programm
strength value Festigkeitswert
stresstest Belastungstest
strip Streifen
subroutine Unterprogramm
subscriber Teilnehmer
substance Stoff, Substanz
supplementory insulation zusätzliche Isolierung
supply Einspeisung, Versorgung
supply payment Einspeisevergütung
supply system Versorgungseinrichtung
supporting forces Auflagerkräfte

suppression Unterdrückung
surface Oberfläche
surface contours Oberflächenprofil
surface mounted oberflächenmontiert
surge Stoß, Stromstoß
surge dissipator Überspannungsableiter
surge impedance Wellenwiderstand
surge protection device Überspannungsableiter
surge relay Stromstoßrelais
switch Schalter
switchgear Schaltgerät
switching power supply Schaltnetzteil
switching-off Ausschalten
symmetrical symmetrisch

tag Etikett, Kennzeichen
tank Behälter
tape Band, Streifen
task Aufgabe, Rechenprozess
teach, to lehren, unterrichten
technician Techniker
telecontrol device Fernwirkgerät
telephone technology Fernsprechtechnik
temporary vorübergehend
tension springs Zugfedern
terminal Endstation, Endgerät
test bench Prüfstand
test board Prüfplatz
thermal strip Bimetallstreifen
thread, to aufreihen, einfädeln
three-phase current Drehstrom
three-phase power supply Drehstromnetz
three-state Schaltung mit 3 Ausgangszuständen
threshold Schwelle, Grenzwert
throughout power Durchgangsleistung
thumb Daumen
thumbnail Daumennagel, Miniaturansicht
time Zeit
time delay Zeitverzögerung
timeout Sperrzeit
timer Zeitmesser
timing diagram Zeitablaufdiagramm
toggle Kipphebel, Kipp-
tool Werkzeug
top oben, Oberteil
torque Drehmoment, Moment
touch current Berührungsstrom
touch voltage Berührungsspannung
tough zäh, robust
toxin Gift
track Schiene, Spur
trackball Rollkugel, Steuerkugel
trail Schwanz, Weg
trailer Nachsatz
transceiver Sende-Empfänger
transducer Wandler, Messwandler, Umformer
transformer Wandler, Transformator
transit Durchgang, Transit
transmitter Übertrager
trap Falle
triangle Dreieck
trigger Auslöser, Auslöseimpuls
trigger, to ansteuern durch Impulse
tube Schlauch
tunable abstimmbar
tune, to abstimmen
turning Drehen
turnover Umsatz
twisted verdrillt, verseilt

ultimate unbedingt
umbrella Schirm
unbalance Asymmetrie, Unwucht
unconditional unbedingt
uniphase motor Einphasenmotor
unit Bauelement, Baustein, Einheit
universal allgemein
user Anwender, Nutzer
user interface Benutzeroberfläche

validation Überprüfung
valley Tal, Minimum
value Wert
valve Ventil
versatile veränderlich, vielseitig
visible sichtbar
visual sichtbar, Seh-, Sicht-
visual power Scheinleistung
voice Stimme
volatile flüchtig
voltage elektrische Spannung
voltage glitch Spannungsspitze
volume Volumen, Lautstärke

wafer Halbleiter-Einkristallscheibe
waste Abfall
wattage elektrische Leistung in W
wattmeter Leistungsmesser
wave Welle
waveform Schwingungsform
wavelength Wellenlänge
web Gewebe, Netz
weld, to schweißen
welding Schweißen
white weiß
width Breite, Dicke
winding Windung, Wicklung
winding diagram Wicklungsplan
window Fenster
wire Draht, Leiter
wireless drahtlos, Funk-
wireless plant Funkanlage
wirewound drahtgewickelt
wiring Verdrahtung
wiring system Leitungssystem, Kabelsystem
work, to arbeiten, bearbeiten, funktionieren
work plan Arbeitsplan
working voltage Betriebsspannung
worst case ungünstigster Fall
wrap terminal Wickelanschluss
write, to schreiben, aufzeichnen
wrong unrichtig, falsch

X-ray Röntgenstrahlung

Y-amplifier Vertikalverstärker, Y-Verstärker
yellow gelb

Zero Null
zero flag Kennzeichen für Null
zoom schrittweise Vergrößerung

专业词汇索引

B

C

D

E

F

G

L

M

N

O

P

Q

R

S

T

V

W

X

Y

Z

按 ATEX 标准的防爆保护电气装置标记

爆炸危险范围标记

爆炸材料	性能	区	装置组，装置类别	装置防护水平
气体 雾 蒸汽	频繁或持续出现	0 区	II 1G	Ga
	偶然出现	1 区	II 1G; II 2G	Ga; Gb
	频繁或持续出现	2 区	II 1G; II 2G; II 3G	Ga; Gb; Gc
尘埃	频繁或持续出现	20 区	II 1D	Da
	偶然出现	21 区	II 1D; II 2D	Da; Db
	频繁或持续出现	22 区	II 1D; II 2D; II 3D	Da; Db; Dc

装置组 I 指矿用装置（地面运行或井下运行）;G 气体，D 尘埃

爆炸组标记

爆炸组	爆炸材料举例					
IIA；IIB；IIC	氨 甲烷 乙烷 丙烷	乙醇 环已烷 n- 丁烷	汽油 柴油 燃油 n- 已烷	脱水乙醛	—	—
IIB；IIC	城市煤气 丙烯腈	乙烯 环氧乙烷	乙二甘醇 硫化氢	乙醚	—	二硫化碳
IIC	氢	乙炔				
温度等级	T1 ＜ 450℃	T2 ＜ 300℃	T3 ＜ 200℃	T4 ＜ 135℃	T5 ＜ 100℃	T6 ＜ 85℃

尘埃组标记

尘埃组	解释	温度数据	附注
IIA；IIB；IIC	可燃绒毛	T× ×℃	尘埃爆炸防护中的最高表面温度的单位直接采用摄氏度，例如 T80℃
IIB；IIC	不导电尘埃	T× ×℃	
IIC	导电尘埃	T× ×℃	

防爆类型标记

防爆类型	耐压壳体	提高安全度	自身安全性	高压壳体	浇铸壳体
标记	E×d	E×e	E×ia / E×iaD	E×p / E×pD	E×ma / E×maD
区	1; 2	1; 2	0; 1; 2 / 20; 21; 22	1; 2 / 21; 22	0; 1; 2 / 20; 21; 22
防爆类型	防油壳体	防沙壳体	防爆类型 n（正常运行）	壳体提供保护	
标记	E×o	E×q	E×n	E×ta	
区域	1; 2	1; 2	2	20; 21; 22	

区域标记 ib，mb，tb → 1; 2/21; 22，用于标记 ic，mc，tc → 2; 22.

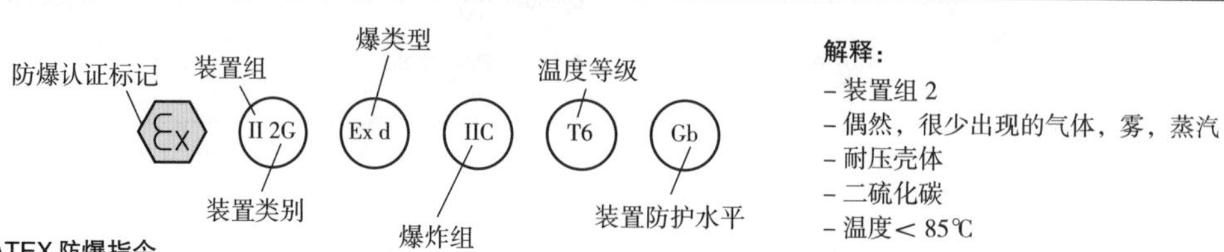

ATEX 防爆指令

DIN EN 81346 参照标记在设备上的应用

<table>
<tr><th>特征</th><th>解释</th><th>附注，举例</th></tr>
<tr><td>结构化</td><td>制定技术系统和设备的计划时要求其各单元呈等级型子结构。</td><td>对系统和设备的物体做出符合其状态和用途的标记。</td></tr>
<tr><td>与产品相关的结构</td><td>将物理物体的相互关系制成相应文档。这里的物品指设备，设备零件，部件，组件。</td><td>举例：
变电站：380 kV 配电设备→配电盘 1 →断路器 1 →信号开关 1</td></tr>
<tr><td>与功能相关的结构</td><td>确定零部件与其实现的功能和部分功能无关。</td><td>举例：
变电站：380 kV 配电盘→接通电力 1 →接通电力→信号</td></tr>
<tr><td>与地域相关的结构</td><td>描述设备的地域特性，例如地区，建筑物，楼层，房间，广场。</td><td>举例：
变电站：380 kV 设备→地区配电盘 1。</td></tr>
<tr><td>观察角度</td><td>指对物体的特殊观察方式。主要观察角度分别指产品，功能和地域。</td><td>将角度作为物体标记的前置符号。</td></tr>
<tr><td>与产品相关的结构的参照标记 -</td><td>一个系统在其结构内部对每一个物体均有自己的标记。通过其上一层物体的标记链对结构中处于最底层的物体进行描述。
减号（-）表示对产品描述的角度。</td><td>变电站：380 kV 配电设备：-C1 →配电盘 1：-Q1 →断路器 1：-QA1 →信号开关 1：-P1
信号开关 1 的参照标记在 380 kV 配电设备中的配电盘 1 中的断路器 1 中：-C2-Q1-QA1-P1
可选写法还有：
-C2Q1QA1P1;
-C2.Q1.QA1.P1</td></tr>
<tr><td>与功能相关的结构的参照标记 =</td><td>总结构的标记链与上相同。等号（=）表示对功能描述的角度。</td><td>变电站：380 kV 配电盘：= C1 →接通电力 1：= Q1 →接通电力：= QA1 →信号：= P1
380kV 配电功能的电力 1 的信号的参照标记 = C2 = Q1= QA1= P1 或 =C2Q1QA1P1 或 = C2.Q1.QA1.P1</td></tr>
<tr><td>与地域相关的结构的参照标记 +</td><td>总结构的标记链与上相同。加号（+）表示对地域描述的角度。</td><td>变电站：380kV 设备：+C1 →地区配电盘 1：+Q1
380kV 设备的配电盘 1 的参照标记：+C1+Q1 或 +C1Q1 或 +C1.Q1</td></tr>
<tr><td>电缆标记</td><td>电缆的标记既不从起始点开始也不至终点结束。它是高一个层级的物体的等值组件。</td><td><table><tr><th>电缆始自</th><th>电缆终至</th><th>电缆标记</th></tr><tr><td>-E2-Q1
-E2Q1
-E2.Q1</td><td>-E2-Q2
-E2Q2
-E2.Q2</td><td>-E1-W1
-E1W1
-E1.W1</td></tr></table></td></tr>
</table>

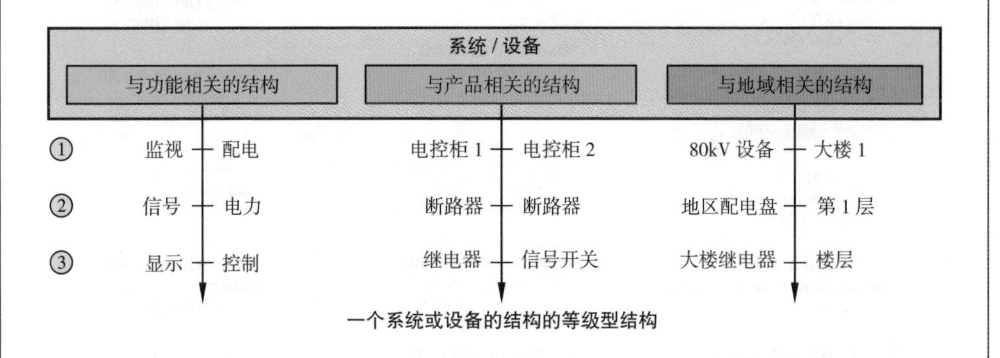

一个系统或设备的结构的等级型结构

仅有产品描述的简单电路图中，本书放置在物体标记之前的减号可因更方便的识读而予以省略。

支持本书出版的企业，办事处和培训机构 1

下文所列企业，办事处和培训机构的工作人员通过咨询和提供印刷品、照片与文件以及通过文本处理和图片制作等方式支持了本书的出版。在此谨表诚挚谢意。

ABB Deutschland AG
68309 Mannheim
www.abb.de

Adam Opel AG
65423 Rüsselsheim
www.opel.de

Agentur für erneuerbare Energien
10117 Berlin
www.unendlich-viel-energie.de

AGK Hochleistungswerkstoffe GmbH
44369 Dortmund
www.agk.eu

Ahlborn Mess- und Regelungstechnik GmbH
83607 Holzkirchen
www.ahlborn.com

Airbus Group SE
F31703 Blagnac
www. airbus.com

Airbus S.A.S.
F31000 Toulouse
www. airbus.com .

Albrecht Jung GmbH & Co. KG
58579 Schalksmühle
www.jung.de

ALSTOM Deutschland AG
68309 Mannheim
www. alstom.de

Audi AG
85045 Ingolstadt
www. audi.com

Autodesk Deutschland
81379 München
www.autodesk.de

Balluff GmbH
CH-8953 Dietikon
www. balluff.com

BASF SE
67056 Ludwigshafen
www. basf.com

Bayer AG
51368 Leverkusen
www.bayer.de

BEHA-AMPROBE GmbH
79286 Glottertal
www.beha-amprobe.com

Beuth Verlag GmbH
10787 Berlin
www.beuth.de

Black Box Deutschland GmbH
85399 Hallbergmoos
www.black- box.de

BMBF Bundesministerium für Bildung und Forschung
11055 Berlin
www.bmbf.de

BMW AG
80788 München
www.bmw.de.

Busch-Jaeger Elektro GmbH
58513 Lüdenscheid
www.busch-jaeger.de

Carl Zeiss AG
73447 Oberkochen
www.zeiss.de

ContiTech AG
30165 Hannover
www.contitech.de

Cooper Tools GmbH
74354 Besigheim
www.apextoolgroup.eu

Daimler AG
70546 Stuttgart
www.daimler.com

Dehn + Söhne GmbH & Co. KG
90489 Nürnberg
www.dehn.de

Deutsche Bahn AG
10785 Berlin
www.deutschebahn.com

DFZ, Deutsches Geo-Forschungszentrum Potsdam
14473 Potsdam
www.gfz- potsdam.de

Deutsche Lufthansa AG
60546 Frankfurt am Main
www.lufthansa.com

Diehl Stiftung & Co. KG
90478 Nürnberg
www.diehl.com

DIN, Deutsches Institut für Normung e.V.
10787 Berlin
www.din.de

DLR, Deutsches Zentrum für Luft- und Raumfahrt e.V.
51147 Köln
www.dlr.de.

DMG MORI AG
33689 Bielefeld
www.ag.dmgmori.com

Dr. Fritz Faulhaber GmbH & Co. KG
71101 Schönaich
www.faulhaber.com

Dr. Johannes Heidenhain GmbH
83292 Traunreut
www.heidenhain.de

Eaton Power Quality GmbH
77855 Achern
www.eaton.com

ebm-papst GmbH & Co. KG
74673 Mulfingen
www.ebmpapst.com

EnBW Energie Baden-Württemberg AG
76131 Karlsruhe
www.enbw.de

EON AG
40479 Düsseldorf
www. eon.com

Eurocopter Deutschland GmbH
86609 Donauwörth
www. eurocopter.com

Evonik Industries AG
45128 Essen
www. evonik.com

Farnell GmbH
82041 Oberhaching
www.farnell.de

FAG, Schaeffler KG
91074 Herzogenaurach
www.fag.de

Festo AG & Co. KG
73734 Esslingen
www.festo.com

支持本书出版的企业，办事处和培训机构 2

Fluke Deutschland GmbH
34123 Kassel
www.fluke.de

Fraunhofer Gesellschaft
80686 München
www.fraunhofer.de

Freudenberg & Co. KG
69469 Weinheim
www.freudenberg.de

Friwo Gerätebau GmbH
48346 Ostbevern
www.friwo.de

Fuchs-Schraubenwerk GmbH
57076 Siegen
www.fuchs- schrauben.de

GE, General Electric Deutschland
60313 Frankfurt am Main
www.ge.com

Giesserei Heunisch GmbH
91438 Bad Windsheim
www.heunisch-guss.com

Goethe-Institut e.V.
80637 München
www.goethe.de

Gossen-Metrawatt,
GMC-I Messtechnik GmbH
90449 Nürnberg
www.gmc-instruments.de

GRAF-SYTECO GmbH & Co. KG
78609 Tuningen
www.graf-syteco.de

Grob-Werke GmbH & Co. KG
87719 Mindelheim
www.grob.de

Gustav Hensel GmbH & Co. KG
57368 Lennestadt
www.hensel-electric.de

Hasso-Plattner-Institut für
Softwaresystemtechnik GmbH
14482 Potsdam
www.hpi.uni-potsdam.de

Hager Tehalit
Vertriebs GmbH & Co. KG
66440 Blieskastel
www.hager.de

Hirschmann,
Beiden Electronics GmbH
72654 Neckartenzlingen
www.hirschmann.com

IBM Deutschland GmbH
71139 Ehningen
www.ibm.de

ICP Deutschland GmbH
72768 Reutlingen
www.icp-deutschland.de

ifm electronic gmbh
45128 Essen
www.ifm-electronic.de

Index-Werke GmbH & Co. KG
73730 Esslingen
www.index-werke.de

Inge Herrmann GmbH
35687 Dillenburg
www.inge -herrmann.de

Institut für Verbundwerkstoffe GmbH
67663 Kaiserslautern
www.ivw.uni-kl.de

IZE, Informationszentrale der
Elektrizitätswirtschaft
60555 Frankfurt am Main
www.economia48.com

Jenoptik AG
07739 Jena
www.jenoptik.de

KIT, Karlsruher
Institut für Technologie
76131 Karlsruhe
www.kit.edu

KNIPEX-WERK
42334 Wuppertal
www.knipex.de

KUKA Roboter GmbH
86165 Augsburg
www.kuka-robotics.com

Lapp GmbH
70565 Stuttgart
www.lappkabel.de

Kyocera Fineceramics GmbH
41460 Neuss
www.kyocera.de

Leitz,
Hexagon Metrology GmbH
35578 Wetzlar
www.hexagonmi.com

Linde AG
82049 Pullach
www.linde-gas.de

Luitpoldhütte AG
92224 Amberg
www.luitpoldhuette.de

LumaSense,
Technologies GmbH
60326 Frankfurt am Main
www.lumasenseinc.com

Mahle GmbH
70376 Stuttgart
www.mahle.com

MAICO
Elektroapparate-Fabrik GmbH
78056 Villingen-Schwenningen
www.maico-ventilatoren.com

MAN SE
80805 München
www. man.eu

maxon motor ag
CH 6072 Sächseln
www. maxonmotor.com

Max Planck,
Gesellschaft zur Förderung
der Wissenschaft e.V.
80539 München
www.mpg.de

Maschinenfabrik
Berthold Hermle AG
78559 Gosheim
www.hermle.de

Megatron Elektronik AG & Co.
Industrietechnik
85640 Putzbrunn/München
www.megatron.de

Microsoft Deutschland GmbH
85716 Unterschleißheim
www.microsoft.de

Mitsubishi Electric Europe B.V.
40880 Ratingen
www.mitsubishielectric.de

Moeller GmbH (Eaton Electric GmbH)
53115 Bonn
www.moeller.net

MTU Aero Engines AG
80995 München
www.mtu.de

National Instruments
80339 München
www.ni.com

Nexans Deutschland GmbH
30179 Hannover
www.nexans.de

NTI AG
CH-8957 Spreitenbach
www.linmot.com

支持本书出版的企业，办事处和培训机构 3

OSRAM GmbH
81543 München
www.osram.de

Panasonic Deutschland GmbH
22525 Hamburg
www.panasonic.de

Pepperl + Fuchs GmbH
68307 Mannheim
www.pepperl-fuchs.de

Philips Deutschland GmbH
20001 Hamburg
www.philips.de

Phoenix Contact GmbH & Co. KG
32825 Blomberg
www.phoenixcontact.de

Piller Group GmbH
37520 Osterode
www.piller.com

Pilz GmbH & Co. KG
73760 Ostfildern
www.pilz.de

PROFIBUS International
76131 Karlsruhe
www.profibus.com

Rheinmetall AG
40476 Düsseldorf
www.rheinmetall.de

Robert Bosch GmbH
70839 Gerlingen-Schillerhöhe
www.bosch.com

RS Components GmbH
64546 Mörfelden-Walldorf
www.de.rs-online.com

RWE AG
45128 Essen
www.rwe.de

RWTH Aachen
52056 Aachen
www.rwth-aachen.de

Rolls-Royce Power Systems GmbH
88045 Friedrichshafen
www.rrpowersystems.com

Sandvik Coromant Deutschland GmbH
40549 Düsseldorf
www.coromant.sandvik.com

SAP Deutschland SE & Co. KG
69190 Walldorf
www. sap.com

Schenker Deutschland AG
60314 Frankfurt am Main
www. schenker.de

Schott AG
55122 Mainz
www.schott.com

Seeger-Orbis GmbH & Co. oHG
61462 Königstein
www.seeger-orbis.de

Siemens AG
80333 München
www.siemens.com

Spieth-Maschinenelemente GmbH & Co. KG
77730 Esslingen
www.spieth-maschinenelemente.de

SUMMIRA GmbH CNC Funkenerosion und Zerspanungstechnik
53332 Bornheim
www.summira.de

Toshiba Europe GmbH
41460 Neuss
www.toshiba.de

Traub Drehmaschinen GmbH
73262 Reichenbach
www.index-werke.de

Trumpf GmbH & Co.
71252 Ditzingen
www.trumpf.com

T-Systems
60385 Frankfurt am Main
www.t-systems.de

TU9, Der Verband der führenden TUs in Deutschland
13629 Berlin
www.tu9.de

TU Dortmund
44227 Dortmund
www.tu-dortmund.de

TU München
80333 München
www.tum.de

TÜV Rheinland Holding AG
51105 Köln
www.tuv.com

ThyssenKrupp AG
45143 Essen
www.thyssenkrupp.com

Umweltbundesamt
06813 Dessau-Roßlau
www.umweltbundesamt.de

Vattenfall Europe AG
10115 Berlin
www.vattenfall.de

VDE, Verband der Elektrotechnik, Elektronik, Informationstechnik e.V.
60596 Frankfurt am Main
www.vde.de

VDI, Verein Deutscher Ingenieure e.V.
40468 Düsseldorf
www.vdi.de

Vicor Europe
85737 Ismaning
www.vicoreurope.com

Voith GmbH
89522 Heidenheim
www.voith.com

Volkswagen AG
38440 Wolfsburg
www.volkswagen.de

WAGO Kontakttechnik GmbH & Co. KG
32423 Minden
www.wago.com

Walter Bautz GmbH
64347 Griesheim
www.walterbautz-gmbh.de

Wenglor Sensoric GmbH
88069 Tettnang
www.wenglor.com

Windenergie e.V.
10117 Berlin
www.darmstadtium.de

Wissenschafts- und Kongresszentrum Darmstadt GmbH
64283 Darmstadt
www.darmstadtium.de

ZF Friedrichshafen AG
88046 Friedrichshafen
www.zf.com

ZVEH Zentralverband der Dt. Elektro- und Informationstechnischen Handwerke
60487 Frankfurt am Main
www.zveh.de

ZVEI Zentralverband Elektrotechnik- und Elektroindustrie e.V.
60528 Frankfurt am Main
www.zvei.de

图片源索引

ABB LTD.	CH 8050 Zürich	www.abb.com	324
BENNING Elektrotechnik	46397 Bocholt	www.benning.de	440-5
Bohinec s.p.	SLO 9240 Ljutomer	www.bohinec.si	174-1
Doepke Schaltgeräte GmbH	26506 Norden	www.doepke.de	344-4
Dr. Fritz Faulhaber	71101 Schönaich	www.faulhaber.com	317-3, -4
Eaton Industries	53115 Bonn	www.eaton.com	351-2
Eisenmenger GmbH	56253 Ransbach-Baumbach	www.eisenmenger-gmbh.de	174-2
Fischer GmbH	87509 Immenstadt	www.fischer.de	466-1 bis -20
Fluke Deutschland GmbH	79286 Glottertal	www.fluke.com	50-1, 233-2
Geovision GmbH&Co.KG	85235 Wagenhofen	www.geovision.de	175-6
Gira	42477 Radevormwald	www.gira.de	250-3
Gossen Metrawatt GmbH	90449 Nürnberg	www.gmc-instruments.de	221-1
Hahn+Kolb Werkzeuge GmbH	71636 Ludwigsburg	www.hahn-kolb.de	193-1 bis -7
H. Zander GmbH&Co.KG	52070 Aachen	zander-aachen.de	365-11
Harting Stiftung & Co KG	32339 Espelkamp	www.harting.de	494-36
Heunisch-Guss	91438 Bad Windsheim	www.heunisch-guss.com	173-1
Hoffmann GmbH	81241 München	www.hoffmann-group.com	174-4
Index-Werke GmbH & Co KG Hahn & Tessky	73730 Esslingen	www.index-werke.de	442-2
Kistler Instrumente AG	CH 4808 Winterthur	www.kistler.com	174-5
KNIPEX-WERK	42234 Wuppertal	www.knipex.de	440-2
LumaSense Technologies	60326 Frankfurt	www.impacinfrared.com	227-7
maxon motor ag	CH 6072 Sachseln	www.maxonmotor.com	313-1, -2, 314-1, -2, -3, 316-2
MYVOLT.DE	15234 Frankfurt/Oder	www.myvolt.de	440-6
PCE Deutschland GmbH	59872 Meschede	www.pce-instruments.com	440-4
Phoenix Contact GmbH&Co.KG	32825 Blomberg	www.phoenixcontact.de	428-6,
Physik Instrumente GmbH	76228 Karlsruhe/Palmbach	www.physikinstrumente.de	317-5
Presswerk Krefeld GmbH&Co.KG	47809 Krefeld	www.pwk-mf.de	173-2
Profilex s.a.	L 9911 Troisvierges	www.profilex-systems.com	318-3
Rohde und Schwarz GmbH & Co. KG	81671 München	www.rohde-schwarz.com	233-1
Sandvik Tooling Deutschland GmbH	40549 Düsseldorf	www.sandvik.coromant.com	188-1, -2
S.Schmitt	76887 Bad Bergzabern	siegfriedschmitt44@gmx.de	440-1, -7
Schulte-Wiese GmbH&Co.KG	58840 Plettenberg	www.schulte-wiese.com	173-2
Schweißtechnik Burkhard GmbH	87600 Kaufbeuren	www.schweisstechnik-burkhard.de	174-3
Siemens AG	80333 München	www.siemens.com	封面，232-2, 261-1, 331-5

向本书提供图片的其他公司的通讯地址已列入“企业，办事处和培训机构”一节。本书作者在此谨向所有参与者表示诚挚地感谢。

文献索引

Bartenschlager u.a.	Fachkunde Mechatronik	Verlag Europa-Lehrmittel, Haan-Gruiten
Bastian u.a.	Praxis Elektrotechnik	Verlag Europa-Lehrmittel, Haan-Gruiten
Baumann u.a.	Automatisierungstechnik	Verlag Europa-Lehrmittel, Haan-Gruiten
Böge u.a.	Handbuch Elektrotechnik	Verlag Vieweg, Braunschweig/Wiesbaden
Brechmann u.a.	Mechatronik-Tabellen	Westermann Schulbuchverlag, Braunschweig
Budig	Drehzahlvariable Drehstromantriebe mit Asynchronmotoren	VDE-Verlag, Berlin
Dahlhoff u.a.	Tabellenbuch Automatisierungstechnik	Verlag Europa-Lehrmittel, Haan-Gruiten
Dillinger u.a.	Rechnen und Projektieren – Mechatronik	Verlag Europa-Lehrmittel, Haan-Gruiten
DIN VDE 0100	Errichten von Niederspannungsanlagen	VDE-Verlag, Berlin
DIN VDE 0105	Betrieb von elektrischen Anlagen	VDE-Verlag, Berlin
Döring u.a.	Elektrische Maschinen und Antriebe	Verlag Vieweg, Braunschweig/Wiesbaden
F. Kümmel	Elektrische Antriebstechnik	VDE-Verlag, Berlin
Fottner u.a.	Handbuch der Datenwandlung	DATEL GmbH, München
Fritsche u.a.	Fachwissen Betriebs- und Antriebstechnik	Verlag Europa-Lehrmittel, Haan-Gruiten
Gerdsen	Digitale Übertragungstechnik	Verlag B. G. Teubner, Stuttgart
Giersch u.a.	Elektrische Maschinen	Verlag Europa-Lehrmittel, Haan-Gruiten
G. Müller	Elektrische Maschinen	VDE-Verlag, Berlin
Gomeringer u.a.	Tabellenbuch Metall	Verlag Europa-Lehrmittel, Haan-Gruiten
Dehler u.a.	Informationstechnik und Kommunikationstechnik	Verlag Europa-Lehrmittel, Haan-Gruiten
Buchholz u.a.	Fachkunde Industrieelektronik und Informationstechnik	Verlag Europa-Lehrmittel, Haan-Gruiten
Grimm u.a.	Tabellenbuch industrielle Computertechnik	Verlag Europa-Lehrmittel, Haan-Gruiten
Günter u.a.	Industrielle Fertigung, Messen und Prüfen	Verlag Europa-Lehrmittel, Haan-Gruiten
Fritsche u.a.	Schutz durch DIN VDE	Verlag Europa-Lehrmittel, Haan-Gruiten
Habiger u.a.	Handbuch Elektromagnetische Verträglichkeit	VDE-Verlag, Berlin
Hofer	Moderne Leistungselektronik und Antriebe	VDE-Verlag, Berlin
Hübscher u.a.	IT-Handbuch	Westermann-Schulbuchverlag, Braunschweig
Huyer u.a.	Prüfungsbuch für Mechatroniker	Holland + Josenhans Verlag, Stuttgart
Jahn u.a.	Elektrische Messgeräte und Messverfahren	Springer-Verlag, Berlin
G. Häberle u.a.	Tabellenbuch Elektrotechnik	Verlag Europa-Lehrmittel, Haan-Gruiten
Schmid u.a.	Industrielle Fertigung, Fertigungsverfahren	Verlag Europa-Lehrmittel, Haan-Gruiten
Leidenroth u.a.	EIB-Anwenderhandbuch	Verlag Technik, Berlin
Lorbeer u.a.	Wie funktionieren Roboter?	Verlag B. G. Teubner, Stuttgart
Philipow u.a.	Taschenbuch Elektrotechnik	Carl Hanser Verlag, München
Rummich u.a.	Elektrische Schrittmotoren und -antriebe	expert-verlag, Renningen
Schmid u.a.	Steuern und Regeln für Maschinenbau und Mechatronik	Verlag Europa-Lehrmittel, Haan-Gruiten
Storm	Umwelt-Recht	Verlag C. H. Beck, München

机电一体化技师学习单元选择		
学习单元	学习单元（举例） **内容解释**	本图表手册内的主段落 **其他段落的补充内容**
1	机电一体化系统内各功能之间相互关系的分析（引言和概览）	K 部分：技术通讯 BM 部分：元器件，检测，控制，调节 A 部分：电气设备及其驱动，机电一体化系统
2	机电一体化分系统的制造 （零部件图纸，机床要素，配合，切削和变形，劳动保护，检测装置）	K 部分：技术文件 WF 部分：化学，材料，加工 V 部分：连接技术 M 部分：数学，工程物理 A 部分：电气设备及其驱动
3	电气元器件的安装，注意遵守安全技术规范 （电气参数，电气检测方法，电网，电流的危险，电气元器件的检测）	M 部分：数学，工程物理 BM 部分：元器件，检测，控制，调节 A 部分：电气设备及其驱动，机电一体化系统 K 部分：技术文件
4	电气、气动和液压部件的能量流与信息流研究	BM 部分：检测，控制，调节 D 部分：数字技术，信息技术 A 部分：电气设备及其驱动 K 部分：技术文件
5	借助数字处理系统的通信	D 部分：数字技术，信息技术 K 部分：技术文件 V 部分：连接技术
6	工作流程的计划与组织 （工作流程的分析，核算，质量管理）	B 部分：企业及其环境 K 部分：技术文件 V 部分：连接技术
7	实现机电一体化分系统的功能 （控制链和调节回路，传感器，线路图草案，驱动机构的基本线路图，功能图，运动流程和控制功能的编程）	BM 部分：检测，控制，调节 V 部分：连接技术 WF 部分：材料，加工 K 部分：技术文件 A 部分：电气设备及其驱动，机电一体化系统
8	机电一体化系统的设计与编制 （驱动机构的运行特性数值，保护装置的作用方式，定位过程，运动流程的编程，检测方法，使用计算机工作）	BM 部分：检测，控制，调节 K 部分：技术文件 WF 部分：材料，加工 A 部分：电气设备及其驱动，机电一体化系统 D 部分：数字技术，信息技术
9	复杂机电一体化系统的信息流研究	D 部分：数字技术，信息技术 BM 部分：检测，控制，调节 K 部分：技术文件
10	装配与拆卸计划 （企业装配计划，机电一体化系统的供给装置和清除装置，安全措施，废物清除）	K 部分：技术文件 B 部分：企业及其环境 V 部分：连接技术，环境技术 A 部分：电气设备及其驱动，机电一体化系统
11	试运行，故障查寻和维护保养	A 部分：电气设备及其驱动，机电一体化系统 D 部分：数字技术，信息技术
12	预防性维护 （检查，安全装置的检查，文档）	A 部分：电气设备及其驱动，机电一体化系统 D 部分：数字技术，信息技术
13	向客户移交机电一体化系统	B 部分：企业及其环境 A 部分：电气设备及其驱动，机电一体化系统

工伤急救

伤情类别	措施
电气事故	**低压**（指最高电压至1000V）时立即拔出插头，关断线路保护开关或取下线路熔断器。如果无法切断电路，用不导电物体将触电人员从触电处隔离开来。此时的救助人员本身必须绝缘，双手亦同时绝缘，例如使用干毛巾，衣物，绝缘手套或绝缘薄膜。 高压时，只允许由受过专业技术训练的专业人员切断电路。 呼吸暂停时需立即施以口对口人工呼吸，心脏骤停时实施心脏按压。
受伤	紧急止血。首先用绷带包扎受伤部位，出血严重时使用加压绷带。动脉血管（鲜红色血液从伤口处喷涌而出）受伤时，用绷带裹住某物体对伤口加压止血。较少数情况下需用宽橡皮筋（或裤腰带）绑扎伤口。 以最快速度呼叫医生。 如果动脉出血伤口处无法绑扎加压绷带，例如腋窝、腹股沟、脖颈或整个肢体断开，可用塑料丝网（药用纱布），手帕或类似物品压住伤口。 呼叫医生。
内伤	内出血的危险。若怀疑胸腔内伤，需立即抬高上身，迅速送医。腹部受伤送医时，取被卧位，曲腿，将被子卷起垫在腘窝处。 呼叫医生。 内伤或意识丧失时禁止喂饮料。
骨折	怀疑骨折（或脱臼）时，用硬板条固定肢体。不要试图进行脱臼复位。怀疑脊椎受伤时，必须将伤者小心平卧在硬垫（如床）上（小心！脊髓的再次伤害。）
烧伤	将烧伤患者裹上被子或大衣。根据烧伤的轻重程度用冷水冷却伤口。禁止剥离烧坏的衣服。所有的烧伤伤口只允许使用无菌丝网，禁用烫伤绷带，油，面粉或烫伤膏。需给伤者盖被保暖。 呼吸暂停时需立即施以口对口人工呼吸，心脏骤停时实施心脏按压。
意识丧失	**普通昏迷**（尤其在狭窄空间长时间站立）：面色惨白，脉搏微弱，呼吸浅。解开衣服，让伤者平躺（抬高双腿）。 **假死：**无脉搏，无呼吸。 立即实施口对口人工呼吸与心脏按压联合抢救。
口对口人工呼吸	清理呼吸道，然后将伤者头向后仰，向鼻腔或口腔吹气（此时需捏住鼻子）。深吹一口气后立即合住伤者嘴巴。吹气时需用力。按每分钟15次呼吸节奏进行人工呼吸，然后按压心脏。人工呼吸抢救需坚持到医生到达。
心脏按摩	双手掌心上下叠加按压胸骨下段3~5厘米处。（每分钟50~60次）。30次心脏按压按摩后两次吹气。 心脏按压只允许由医生或经专业培训的医护人员进行。
除颤器	有些企业，急救车以及公共建筑中均配备有除颤器。非专业医务人员也可以用该装置通过有目的的电击，消除心律失常，例如心室纤颤和心室扑动。
休克	任何一种受伤均可意外出现休克。休克是循环功能不全的结果：脉搏微弱，呼吸浅，出冷汗，焦躁不安，虚弱。可能会丧失意识和死亡。伤者平卧，保暖，鼓励并安慰，妥善送医。
急救电话112	